Éric Gourgoulhon

Relativité restreinte

Des particules à l'astrophysique

SAVOIRS ACTUELS

EDP Sciences/CNRS Éditions

Illustration de couverture : Cône de lumière et espace local de repos en un point d'une ligne d'univers.

Imprimé en France.

ISBN EDP Sciences 978-2-7598-0067-4

ISBN CNRS Éditions 978-2-271-07018-0

À Valérie et Maxime

Table des matières

Préface

La théorie de la relativité restreinte occupe une place à part au sein de la physique. Ce n'est pas une théorie physique particulière, mais plutôt, comme la thermodynamique ou la mécanique analytique, une *théorie-cadre*, c'est-à-dire un cadre théorique général au sein duquel on peut formuler diverses théories dynamiques particulières. À ce titre, un exposé moderne de la relativité restreinte se doit de faire ressortir ses structures essentielles, avant de les illustrer par leurs applications concrètes à divers problèmes dynamiques particuliers. Tel est le pari (ô combien réussi !) du beau livre d'Éric Gourgoulhon.

Contrairement à la plupart des ouvrages didactiques sur la relativité restreinte qui entremêlent l'exposé de cette théorie avec celui de son développement historique, et qui écrivent parfois la forme concrète des « transformations de Lorentz » avant d'indiquer qu'elles laissent invariante une certain forme quadratique, le livre d'Éric Gourgoulhon est centré, dès le début, sur la structure essentielle de la théorie, c'est-à-dire sur la structure chrono-géométrique de l'espace-temps quadridimensionnel de Poincaré-Minkowski. Le but étant d'habituer le lecteur à formuler toute question de relativité en termes de géométrie quadridimensionnelle. Le mot géométrie est pensé ici au sens de « géométrie synthétique » (à la Euclide), par opposition à la « géométrie analytique » (à la Descartes). Sous la houlette experte d'Éric Gourgoulhon, le lecteur apprendra à poser, et à résoudre, tout problème de relativité en dessinant des diagrammes d'espace-temps, faits de lignes, de droites, de plans, d'hyperplans, de cônes et de vecteurs. Il s'habituera à visualiser le mouvement d'une particule comme une ligne d'espace-temps, à penser le paradoxe des jumeaux comme une application de l'« inégalité des triangles d'espace-temps », à exprimer le référentiel local d'un observateur comme la généralisation quadridimensionnelle du trièdre de Serret-Frenet, à calculer une distance spatiale comme une moyenne géométrique d'intervalles temporels (en utilisant une généralisation hyperbolique de la puissance d'un point par rapport à une sphère), ou à voir l'effet Sagnac comme l'entrelac de deux brins d'hélice s'enroulant, en sens inverses, dans l'espace-temps.

Outre cette particularité pédagogique d'être centré sur une formulation géométrique, l'ouvrage d'Éric Gourgoulhon est remarquable par beaucoup d'autres aspects. D'abord, il est extrêmement complet et expose la plupart des notions et résultats où la relativité restreinte joue un rôle important : de la précession de Thomas aux fondements de la relativité générale, en passant par le calcul tensoriel, le calcul différentiel extérieur, l'électrodynamique classique, la notion générale de tenseur énergie-impulsion et un remarquable précis d'hydrodynamique relativiste. Ensuite, cet ouvrage est parsemé d'éclairantes notes historiques où l'auteur résume de façon condensée, mais très informative, la fine fleur des travaux (parfois très récents) des historiens des sciences. Enfin, le livre est très riche d'exemples d'application de la relativité restreinte à des problèmes physiques concrets. Le lecteur apprendra le rôle de la relativité restreinte dans divers domaines de l'astrophysique moderne (nébuleuses de supernova, jets relativistes, micro-quasars), dans la description du plasma quark-gluon créé dans les collisions d'ions lourds, ainsi que dans un grand nombre d'expériences de haute technologie : des gyromètres lasers au LHC en passant par les répétitions modernes de l'expérience de Michelson-Morley, les interféromètres à ondes de matière, les synchrotrons et leur rayonnement, et la comparaison d'horloges atomiques embarquées sur des avions, des satellites ou la station spatiale internationale.

Je suis sûr que le livre remarquablement riche d'Éric Gourgoulhon intéressera au plus haut point ses lecteurs et leur permettra de comprendre et de maîtriser l'un (avec la relativité générale et la théorie quantique) des piliers fondamentaux de la physique moderne.

Thibault DAMOUR
Professeur à l'Institut des Hautes Études Scientifiques
Membre de l'Académie des sciences

Avant-propos

Ce livre présente une introduction géométrique à la relativité restreinte. Par *géométrique*, il faut entendre que le point de vue adopté est d'emblée quadridimensionnel. Le cadre mathématique est en effet dès le premier chapitre celui de l'*espace-temps de Minkowski* et les objets fondamentaux sont les vecteurs de cet espace (appelés souvent *quadrivecteurs*) et le tenseur métrique. Les lois physiques sont traduites en terme d'opérations géométriques (produit scalaire, projection orthogonale, etc.) sur des objets de l'espace-temps de Minkowski (quadrivecteurs, lignes d'univers, etc.).

Beaucoup de manuels de relativité commencent plutôt par une approche tridimensionnelle, utilisant des décompositions espace + temps basées sur les observateurs inertiels. C'est seulement dans un deuxième temps qu'ils introduisent les quadrivecteurs et l'espace-temps de Minkowski. Ils sont fidèles en cela au cheminement historique de la relativité. On préfère ici suivre une démarche plus axiomatique, qui s'inscrit dans un cadre mathématique fixé à l'avance comme l'un des postulats de la théorie. De ce point de vue, l'approche adoptée est similaire à celle des manuels de mécanique classique ou de mécanique quantique, où d'ordinaire l'exposé ne suit pas l'histoire de la théorie. L'histoire de la relativité est certes riche et passionnante mais l'objectif de ce livre est l'apprentissage de la relativité restreinte dans un cadre cohérent et opérationnel, depuis les bases jusqu'à des aspects relativement avancés. Le texte est cependant agrémenté ici et là de notes historiques, dans lesquelles nous nous sommes efforcés de faire référence aux articles originaux, ainsi qu'à des études d'historiens des sciences.

Traditionnellement, l'approche géométrique est réservée à la *relativité générale*, c'est-à-dire à l'incorporation du champ gravitationnel dans la théorie de la relativité[1]. Nous l'appliquons ici à la relativité restreinte, tenant compte d'une structure géométrique beaucoup plus simple que celle de la relativité générale : alors que cette dernière est basée sur la notion de *variété différentielle*, la relativité restreinte repose entièrement sur la notion d'*espace affine*, que l'on peut identifier à l'ensemble $\mathbb{R}^4$. En conséquence, les prérequis mathématiques sont relativement limités ; il s'agit surtout d'algèbre linéaire au niveau des deux premières années de licence ou des classes préparatoires.

1. Deux exceptions notoires sont les livres de Costa de Beauregard (1949) [94] et de Synge (1956) [399].

En fait, les mathématiques utilisées ici sont les mêmes que celles d'un cours de mécanique classique, pourvu que l'on soit prêt à admettre deux choses : (i) les vecteurs n'appartiennent pas à un espace vectoriel de dimension trois, mais de dimension quatre ; (ii) les produits scalaires de deux vecteurs ne sont pas les produits scalaires usuels de l'espace euclidien, mais sont donnés par une forme bilinéaire symétrique privilégiée (que l'on appelle le *tenseur métrique*). Une fois cela intégré, on aboutit plus rapidement aux résultats physiques que par l'approche tridimensionnelle « classique » et on acquiert une compréhension plus profonde de la relativité. De plus, l'apprentissage de la relativité générale s'en trouve grandement facilité.

Une autre caractéristique du présent ouvrage, reliée à l'approche quadridimensionnelle, est de baser la discussion des effets physiques mesurables sur la notion d'un observateur tout à fait général, c'est-à-dire pouvant être accéléré ou en rotation. À l'opposé, la quasi-totalité (tous ?) des manuels de relativité restreinte sont basés sur une classe privilégiée d'observateurs : les *observateurs inertiels*. S'il est vrai que pour ces derniers la perception des phénomènes physiques est la plus simple qui soit (par exemple, pour un observateur inertiel, la lumière se déplace dans le vide en ligne droite et à vitesse constante), le monde réel est constitué d'observateurs accélérés et en rotation. Aussi, il paraît conceptuellement plus clair de discuter en premier des mesures effectuées par un observateur quelconque, et de traiter ensuite du cas particulier des observateurs inertiels. Inversement, si l'on se restreint d'emblée à ces derniers, il devient compliqué d'étendre la discussion aux observateurs généraux. C'est d'ailleurs en bonne partie la source des nombreux « paradoxes » qui ont émaillé l'histoire de la relativité. Ainsi que mentionné plus haut, l'approche tridimensionnelle de la relativité est basée sur les observateurs inertiels, puisque l'on peut associer à chaque observateur de ce type une décomposition globale de l'espace-temps en une partie « temps » et une partie « espace ».

Une des conséquences de l'approche « observateur général » est le moindre poids accordé à la fameuse *transformation de Lorentz*, qui relie les référentiels de deux observateurs inertiels. D'ordinaire introduite dès le premier chapitre d'un cours de relativité, elle n'apparaît ici qu'au Chap. 6. En particulier, les effets physiques de dilatation des temps ou d'aberration de la lumière sont dérivés (de manière géométrique) aux Chaps. 2 et 4, sans recourir explicitement à la transformation de Lorentz. Dans le même ordre d'idée, le *principe de relativité*, sur lequel la relativité restreinte a été fondée au début du XXe siècle (lui devant son nom !), n'apparaît ici qu'au Chap. 9, et encore à l'occasion d'une note historique.

Le plan de l'ouvrage est le suivant. Le cadre mathématique complet (espace-temps de Minkowski) est fixé dès le Chap. 1. Est ensuite introduite la notion de ligne d'univers et de temps propre (Chap. 2), illustrée par une discussion détaillée du fameux « paradoxe des jumeaux ». Le Chap. 3 est entièrement consacré à la définition d'un observateur et de son espace (local) de repos, dans un cadre tout à fait général, prenant en compte aussi bien l'accélération que la rotation de l'observateur. La notion d'observateur étant précisée, on passe à la cinématique, et ce en deux temps : (i) en fixant l'observateur au Chap. 4 (introduction du facteur de Lorentz, des vitesses et accélérations relatives) et (ii) en discutant au Chap. 5 tous les effets induits par un changement d'observateur (loi de composition des vitesses et des accélérations, effet Doppler, aberration, formation des images, mouvements « superluminiques » en astrophysique). Les deux chapitres qui suivent sont entièrement consacrés au groupe de Lorentz : à sa structure algébrique au Chap. 6, avec l'introduction des transformations de Lorentz spéciales et la rotation de Thomas, et à sa structure de groupe de Lie au Chap. 7. Le Chap. 8 discute de la classe privilégiée des observateurs inertiels, introduisant le groupe de Poincaré et son algèbre de Lie. La dynamique des particules commence au Chap. 9, où est présentée la notion de quadri-impulsion et le principe de sa conservation pour tout système isolé. Le Chap. 10 est quant à lui consacré à la conservation du moment cinétique et aux notions de centre d'inertie et de spin. La dynamique relativiste est ensuite reformulée au Chap. 11 sous la forme d'un principe de moindre action, les lois de conservation apparaissant alors comme des conséquences du théorème de Noether. On présente également dans ce chapitre une formulation hamiltonienne relativiste de la dynamique des particules. Le Chap. 12 se focalise sur les observateurs accélérés, discutant tout aussi bien des aspects cinématiques (horizon de Rindler, synchronisation des horloges, précession de Thomas) que des aspects dynamiques (décalage spectral, mouvement des particules libres). Un deuxième type d'observateurs non-inertiels est étudié au Chap. 13 : les observateurs en rotation. On y détaille notamment l'effet Sagnac et l'application aux gyromètres laser qui équipent aujourd'hui les centrales inertielles des avions.

À partir du Chap. 14 s'ouvre une deuxième partie du livre, où l'objet physique principal n'est plus une particule mais un champ. Cette partie débute par trois chapitres entièrement mathématiques, qui introduisent les notions de tenseur (Chap. 14), de champ tensoriel (Chap. 15) et d'intégration sur des domaines de l'espace-temps (Chap. 16). Dans ces chapitres sont notamment présentés les p-formes différentielles et le calcul extérieur, fort utiles pour l'électromagnétisme mais aussi l'hydrodynamique. Soulignons qu'il nous a paru nécessaire de consacrer un chapitre entier à l'intégration afin d'introduire avec suffisamment de détails et d'exemples les notions de sous-variété de l'espace-temps de Minkowski, d'élément d'aire et de volume, d'intégrale d'un champ scalaire ou vectoriel et d'intégrale de flux. Le chapitre se termine par le fameux théorème de Stokes et ses applications. Armés de ces outils mathématiques, nous abordons l'électromagnétisme au Chap. 17. Là encore l'accent est mis sur l'aspect quadridimensionnel avec l'introduction première du tenseur champ électromagnétique $\boldsymbol{F}$ et seulement dans un deuxième temps des vecteurs champ électrique $\vec{\boldsymbol{E}}$ et champ magnétique $\vec{\boldsymbol{B}}$. On discute bien évidemment dans ce chapitre du mouvement d'une particule chargée et des divers types d'accélérateurs de particules. Le chapitre suivant (Chap. 18) présente les équations de Maxwell, là aussi sous leur forme quadridimensionnelle, intrinsèquement plus simple que les équations tridimensionnelles classiques portant sur $\vec{E}$ et $\vec{B}$. On dérive également dans ce chapitre les potentiels de Liénard-Wiechert, conduisant au champ électromagnétique créé par une particule chargée en mouvement quelconque. Le Chap. 19 introduit le concept de tenseur énergie-impulsion, objet fondamental pour la dynamique des milieux continus en relativité. On présente notamment les principes de conservation de la quadri-impulsion et du moment cinétique sous une forme « continue », par opposition aux formes « discrètes » données aux Chaps. 9 et 10. On peut alors discuter en détail de l'énergie-impulsion du champ électromagnétique au Chap. 20. Dans ce chapitre sont calculées l'énergie et l'impulsion rayonnée par une particule chargée en mouvement. Un cas particulier est constitué par le rayonnement synchrotron, dont nous discutons les applications (astrophysique et installations synchrotron). Le Chap. 21 aborde l'hydrodynamique relativiste, tout d'abord sous la forme standard, puis en utilisant le calcul extérieur introduit aux Chaps. 14 et 15. Cette dernière approche facilite grandement l'obtention des généralisations relativistes des théorèmes classiques de la mécanique des fluides. Deux applications particulièrement importantes et contemporaines de l'hydrodynamique relativiste sont détaillées dans ce chapitre : les jets relativistes en astrophysique et le plasma quark-gluon créé dans les collisionneurs d'ions lourds. Enfin le livre se termine par le problème de la gravitation (Chap. 22) : après avoir discuté des tentatives infructueuses du traitement de la gravitation en relativité restreinte, nous présentons brièvement la relativité générale. Soulignons à cet égard que l'étude des observateurs accélérés au Chap. 12 permet, *via* le principe d'équivalence, de discuter aisément de divers effets relativistes de la gravitation : décalage spectral (effet Einstein) et déviation des rayons lumineux.

Ce livre contient six chapitres purement mathématiques (Chaps. 1, 6, 7, 14, 15 et 16). Le but est d'introduire de manière cohérente et progressive tous les outils nécessaires à la relativité restreinte, jusque dans des aspects relativement avancés. Par ailleurs, en tant qu'ouvrage consacré à une théorie dont les fondations sont centenaires, le livre ne contient pas vraiment de résultats originaux. On notera toutefois l'expression générale de la quadriaccélération d'une particule en fonction de son accélération et vitesse relatives à un observateur quelconque (*i.e.* accéléré et en rotation) (Éq. (4.60)), la loi de composition des accélérations relatives lors d'un changement d'observateur, faisant apparaître la généralisation relativiste des accélérations centripète et de Coriolis (Éq. (5.60)), la classification complète des transformations de Lorentz à partir d'une direction lumière invariante (§ 6.3), le calcul élémentaire et relativement court de la rotation de Thomas dans le cas le plus général (§ 6.6.2), les expressions de l'énergie et de l'impulsion relatives à un observateur tenant compte de l'accélération et de la rotation du dit observateur (Éqs. (9.12) et (9.13)), le calcul de l'écart entre l'hyperplan de repos d'un observateur et son hypersurface de simultanéité (§ 12.2), l'expression de la quadriaccélération d'un observateur en terme de quantités physiquement mesurables (Éq. (12.74)), l'équation du mouvement d'une particule libre en coordonnées de Rindler (Éqs. (12.76) et (12.83)) et la démonstration que la limite non-relativiste de l'équation canonique de la dynamique des fluides est constituée par l'équation de Crocco (§ 21.4.4).

Une des limitations du livre est le domaine classique : on n'y aborde pas les aspects ayant trait à la mécanique quantique. En particulier, on ne discute pas des représentations du groupe de Poincaré et des spineurs. Même si ces notions ne sont pas quantiques par elles-mêmes, elles sont essentiellement utilisées dans la théorie quantique relativiste, notamment pour écrire l'équation de Dirac — que nous n'abordons pas ici.

Remerciements

Ce livre doit énormément aux échanges que j'ai eus avec de nombreux collègues lors de sa rédaction. Qu'il me soit donc permis de remercier ici Miguel Angel Aloy, Silvano Bonazzola, Christian Bracco, Brandon Carter, Piotr Chrusciel, Bartolomé Coll, Jean-Louis Cornou, Thibault Damour, Olivier Darrigol, Nathalie Deruelle, Philippe Droz-Vincent, Guillaume Faye, Thierry Grandou, Jean Eisenstaedt, Gilles Esposito-Farèse, José María Ibañez, Marianne Impéror-Clerc, José Luis Jaramillo, Arnaud Landragin, Jean-Philippe Lenain, Gregory Malykin, Petar Mimica, Jean-Philippe Nicolas, Jérôme Novak, Micaela Oertel, Jean-Pierre Provost, Alain Riazuelo, Matteo Luca Ruggiero, Christophe Sauty, Hélène Sol, Pierre Teyssandier, Nicolas Vasset, Christiane Vilain, Loïc Villain, Frédéric Vincent, Scott Walter et Andreas Zech.

Je suis infiniment reconnaissant à Luc Blanchet, Thibault Damour, Olivier Darrigol, Thierry Grandou, Valérie Le Boulch, Micaela Oertel, Alain Riazuelo, Pierre Teyssandier, Loïc Villain, Frédéric Vincent et Scott Walter pour la lecture détaillée d'une version préliminaire du manuscrit. Leurs multiples corrections et suggestions ont été d'une valeur inestimable ! Je remercie par ailleurs vivement Thibault Damour de m'avoir fait l'honneur d'écrire la préface.

Ma gratitude va aussi au personnel de la bibliothèque de l'Observatoire de Paris (campus de Meudon) pour sa gentillesse et son efficacité. J'ai par ailleurs la chance de travailler dans un laboratoire animé par des personnels administratifs et techniques fort sympathiques et compétents. Merci donc à Jean-Yves Giot, Virginie Hababou, David Lépine, Stéphane Méné et Stéphane Thomas. Ce livre est en partie issu d'un cours de relativité générale au master *astronomie et astrophysique* de l'Observatoire de Paris et des universités Paris 6, 7 et 11. Je souhaite exprimer ici ma gratitude aux étudiants pour les échanges durant les cours, qui sont toujours une source inégalée de stimulation. J'ai également une pensée pour les auteurs des logiciels libres LaTeX, OpenOffice Draw, Gnuplot, Xmgrace et Subversion. Sans ces outils extraordinaires, la rédaction du livre aurait certainement été beaucoup plus difficile, voire impossible dans un délai raisonnable.

Enfin, je remercie du fond du cœur Michèle Leduc et Michel Le Bellac pour leur confiance, leurs conseils et leurs encouragements tout au long de la rédaction du livre.

Notes

Bibliographie : Dans la liste des références à la fin de l'ouvrage, lorsqu'une entrée contient une adresse Internet, il s'agit de l'URL à laquelle on peut télécharger librement une copie de l'article ou du livre. Soulignons que la plupart des articles historiques sont aujourd'hui accessibles de cette manière, des articles fondateurs de la relativité du début du XXe siècle aux articles de la « préhistoire » de la relativité du XVIIe siècle, par exemple ceux de Picard (premières observations de l'aberration des étoiles [324]) et de Rømer (première mesure de la vitesse de la lumière [362]). Lorsqu'une entrée bibliographique ne contient pas d'adresse Internet, l'article est en général téléchargeable depuis le site web de la revue, mais cela nécessite un abonnement. Notons toutefois que la plupart des articles récents sont librement accessibles, sous forme de prépublications, à l'adresse `http://fr.arxiv.org`.

Notations : Les notations et symboles mathématiques sont définis dans le texte au fur et à mesure des besoins. Pour faciliter la lecture, ils sont regroupés sous forme d'index p. 755. Dans l'écriture des nombres décimaux, on utilise le point et non la virgule.

Page web : Il existe une page web dédiée à ce livre :
`http://relativite.obspm.fr`.
Elle comprend des errata, la liste cliquable des références bibliographiques, tous les liens mentionnés à l'Annexe B, ainsi que des compléments et divers documents. Le lecteur est invité à utiliser cette page pour signaler toute erreur qu'il trouverait dans le livre.

Chapitre 1

L'espace-temps de Minkowski

Sommaire

Ce premier chapitre est purement mathématique : il n'y est pas directement question d'objets physiques. Le but est de poser le cadre géométrique de la relativité restreinte, c'est-à-dire d'introduire *l'espace-temps de Minkowski*. Lorsque par la suite il sera question de physique, les résultats d'opérations de mesure seront modélisés comme des opérations mathématiques dans cet espace, comme par exemple des produits scalaires.

Soulignons d'emblée que les notions mathématiques nécessaires aux fondements de la relativité restreinte sont relativement élémentaires : il s'agit surtout d'algèbre linéaire au niveau rencontré en classe préparatoire ou en première et deuxième année de licence. Pour faciliter la lecture, les définitions des différentes structures algébriques de base sont rappelées dans l'Annexe A, à laquelle nous renvoyons pour tous les termes marqués d'un astérisque (*) dans ce chapitre.

1.1 Les quatre dimensions

1.1.1 L'espace-temps comme espace affine

La relativité a opéré la fusion de l'*espace* et du *temps*, deux notions qui étaient complètement distinctes en mécanique galiléenne. Il faut quatre nombres pour déterminer un événement dans le « continuum » d'espace et de temps : trois pour sa localisation spatiale (par exemple ses coordonnées cartésiennes (x, y, z) ou sphériques (r, θ, ϕ)) et un pour sa date. La structure mathématique générale correspondant à ce « continuum » à quatre dimensions est celle de *variété*. Sans entrer dans des détails techniques[1], disons qu'une *variété de dimension* n est un ensemble qui « ressemble localement » à $\mathbb{R}^n$ (dans le cas présent $n = 4$), mais pas forcément globalement. En dimension $n = 2$, des exemples de variété sont le plan, le cylindre, la sphère et le tore.

Pour la relativité restreinte, la variété choisie est la plus simple qui soit : il s'agit d'un *espace affine* de dimension 4. La structure d'espace affine nous est familière à trois dimensions. Elle contient la notion de *points* que l'on peut joindre par des *vecteurs*. Plus précisément (*cf.* Fig. 1.1), un ***espace affine*** de dimension n sur $\mathbb{R}$ est un ensemble non vide $\mathscr{E}$ tel qu'il existe un espace vectoriel* E de dimension n sur $\mathbb{R}$ et une application

$$\begin{aligned} \mathscr{V} : \mathscr{E} \times \mathscr{E} &\longrightarrow E \\ (A, B) &\longmapsto \mathscr{V}(A, B) \end{aligned} \tag{1.1}$$

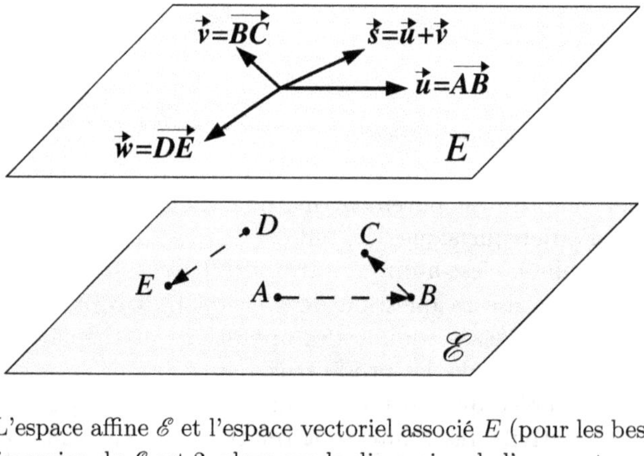

FIG. 1.1 – L'espace affine $\mathscr{E}$ et l'espace vectoriel associé E (pour les besoins du graphique, la dimension de $\mathscr{E}$ est 2, alors que la dimension de l'espace-temps relativiste est 4).

1. La définition précise d'une variété sera donnée au § 7.1.1.

vérifiant les deux propriétés suivantes :

- pour tout $O \in \mathscr{E}$, l'application

$$\begin{aligned} \mathscr{V}_O : \mathscr{E} &\longrightarrow E \\ M &\longmapsto \mathscr{V}(O, M) \end{aligned} \tag{1.2}$$

  est une bijection ;

- pour tout triplet (A, B, C) d'éléments de $\mathscr{E}$, on a la ***relation de Chasles*** :

$$\mathscr{V}(A, B) + \mathscr{V}(B, C) = \mathscr{V}(A, C). \tag{1.3}$$

Les éléments de $\mathscr{E}$ sont appelés des ***points*** et E est appelé l'***espace vectoriel associé à*** $\mathscr{E}$. On note généralement le vecteur $\mathscr{V}(A, B)$ à l'aide d'une flèche : $\overrightarrow{AB} := \mathscr{V}(A, B)$.

Exemple : En dimension 1, un espace affine est une droite et en dimension 2, un espace affine n'est autre qu'un plan. Un contre-exemple est une sphère.

Choisir la structure très simple d'espace affine pour l'espace-temps permet de traiter l'électromagnétisme, l'hydrodynamique et la théorie quantique des champs (relativistes). Par contre, cette structure ne permet pas d'incorporer de manière satisfaisante la gravitation à la théorie de la relativité. Nous verrons en effet au Chap. 22 que la gravitation relativiste requiert la notion générale de variété, non réduite à un espace affine : c'est le cadre de la relativité générale, que nous ne traiterons pas dans cet ouvrage (hormis une brève présentation au § 22.3).

Dans toute la suite, nous appellerons donc ***espace-temps***, et noterons $\mathscr{E}$, un espace affine de dimension quatre sur $\mathbb{R}$. Nous noterons E l'espace vectoriel associé, qui est isomorphe à $\mathbb{R}^4$. Les éléments de E sont appelés ***vecteurs***, ou encore ***quadrivecteurs*** ou ***4-vecteurs***.

Remarque : Les termes *quadrivecteur* ou *4-vecteur* introduits par le physicien ne désignent pas autre chose qu'un *vecteur* pour le mathématicien, c'est-à-dire un élément d'un espace vectoriel* (E en l'occurrence). Le « 4- » vient simplement rappeler que le vecteur en question appartient à un espace vectoriel de dimension 4 sur $\mathbb{R}$. On singularise ainsi ces vecteurs par rapport aux vecteurs des espaces vectoriels de dimension 3 habituellement manipulés par le physicien non-relativiste. Puisque dans cet ouvrage nous nous plaçons d'emblée dans un cadre quadridimensionnel, nous n'utiliserons pas le terme *quadrivecteur* et désignerons les éléments de E simplement comme des *vecteurs*.

1.1.2 Quelques notations

Les vecteurs de E seront désignés par des caractères gras surmontés d'une flèche, comme par exemple : $\vec{\boldsymbol{u}}$, $\vec{\boldsymbol{v}}$, $\vec{\boldsymbol{e}}_0$. Les composantes d'un vecteur par rapport à une base* de E seront notées par des indices placés en haut à droite du symbole désignant le vecteur, et seront numérotés de 0 à 3 (et non de 1 à 4). Ainsi si $(\vec{e}_0, \vec{e}_1, \vec{e}_2, \vec{e}_3)$ est une base de E, les composantes d'un vecteur $\vec{v}$ relativement à cette base sont les quatre nombres réels (v^0, v^1, v^2, v^3) tels que

$$\vec{v} = v^0\,\vec{e}_0 + v^1\,\vec{e}_1 + v^2\,\vec{e}_2 + v^3\,\vec{e}_3 = \sum_{\alpha=0}^{3} v^\alpha\,\vec{e}_\alpha. \tag{1.4}$$

Remarque : Les numéros des composantes d'un vecteur sont écrits comme des exposants, c'est-à-dire (v^0, v^1, v^2, v^3), et non comme des indices, c'est-à-dire (v_0, v_1, v_2, v_3). Cette notation sera pleinement justifiée au Chap. 14.

Des sommations sur un indice variant de 0 à 3, telles que (1.4), interviennent très souvent ; cela justifie d'utiliser une notation abrégée, dite ***convention de sommation d'Einstein*** : on supprime les signes $\sum$ et chaque fois qu'un indice apparaîtra à deux endroits différents dans une formule, la sommation sur toutes les valeurs de cet indice sera implicite. De plus, l'indice variera de 0 à 3 s'il s'agit d'une lettre de l'alphabet grec $(\alpha, \beta, ...)$ et de 1 à 3 seulement s'il s'agit d'une lettre de l'alphabet latin $(i, j, ...)$. Ainsi, la formule (1.4) s'écrira

$$\boxed{\vec{v} = v^\alpha \vec{e}_\alpha = v^0 \vec{e}_0 + v^i \vec{e}_i}. \tag{1.5}$$

Remarque : Toutes les sommations implicites résultant de la convention d'Einstein s'effectuent sur des indices répétés dont l'un est en exposant et l'autre en indice, comme dans (1.5). Si, dans de rares cas, on doit effectuer une sommation sur des indices de même niveau, nous l'indiquerons explicitement à l'aide du signe $\sum$.

1.1.3 Système de coordonnées affines

On appelle ***système de coordonnées affines*** de $\mathscr{E}$, ou encore ***repère affine*** de $\mathscr{E}$, l'ensemble constitué par un point O de $\mathscr{E}$ et une base $(\vec{e}_0, \vec{e}_1, \vec{e}_2, \vec{e}_3)$ de E. Tout point M de $\mathscr{E}$ est alors caractérisé par ses ***coordonnées affines*** (x^0, x^1, x^2, x^3), qui sont l'unique quadruplet de réels tel que

$$\overrightarrow{OM} = x^\alpha\,\vec{e}_\alpha. \tag{1.6}$$

Le point O est appelé ***origine*** du système de coordonnées affines considéré.

Remarque : Les coordonnées affines sont un système de repérage des points de $\mathscr{E}$ qui est purement *mathématique*. Nous introduirons au Chap. 3 des systèmes de repérage *physiques*, basés sur la notion d'observateur.

1.1.4 Constante c

Avoir introduit comme espace de base un espace de dimension quatre décrivant à la fois « l'espace » et le « temps » signifie implicitement que ces deux grandeurs se voient donner la même dimension physique, sinon les sommes du type (1.4) n'auraient pas de sens, car elles reviendraient à ajouter un temps à une longueur. Par convention, nous choisirons cette dimension commune être celle d'une longueur (donc mesurée en mètres dans le Système International). Pour obtenir les temps dans la dimension usuelle, il faut donc introduire un facteur de conversion qui a la dimension d'une vitesse : il s'agit de la constante[2]

$$\boxed{c := 2.99\,792\,458 \times 10^8 \text{ m.s}^{-1}}. \tag{1.7}$$

Au risque de tuer le suspense, disons tout de suite que cette constante correspondra à la vitesse de la lumière dans le vide telle que mesurée par un observateur inertiel. Nous le verrons explicitement au § 4.5.2.

1.1.5 L'espace-temps newtonien

Bien que la physique newtonienne se soit développée sans ce concept, on peut tout à fait introduire la notion d'*espace-temps* à son propos. L'espace-temps newtonien $\mathscr{E}_{\rm newt}$ est alors un espace affine de dimension 4, tout comme celui de la relativité restreinte discuté plus haut, mais doté d'une structure particulière qui traduit les notions newtoniennes de *temps absolu* et d'*espace absolu*. Cette structure est constituée par le feuilletage par une famille $(\Sigma_t)_{t\in\mathbb{R}}$ de sous-espaces affines de dimension 3 : chaque Σ_t est l'espace absolu newtonien au temps absolu newtonien t (*cf.* Fig. 1.2). Un sous-espace affine de dimension 3 de $\mathscr{E}$ est appelé ***hyperplan***. Le sous-espace vectoriel* de E associé est appelé ***hyperplan vectoriel***. Rappelons que, plus généralement, le préfixe *hyper* désigne un sous-espace de dimension une unité de moins que l'espace de base. En termes imagés, on peut dire que l'espace-temps newtonien est l'empilement des « photographies » de l'espace absolu aux différents instants absolus :

$$\mathscr{E}_{\rm newt} = \bigcup_{t\in\mathbb{R}} \Sigma_t. \tag{1.8}$$

Le feuilletage (Σ_t) est la traduction mathématique de la notion de *simultanéité newtonienne* : la date t d'un événement donné est la même pour tous les observateurs. Il s'agit là du *temps absolu newtonien*.

Remarque : Le concept d'espace-temps introduit ci-dessus n'est pas très productif en théorie newtonienne, où l'on préfère considérer l'évolution « au cours du temps t » de l'espace tridimensionnel Σ_t.

Note historique : *On peut trouver mention du temps comme quatrième dimension dans des textes du* XVIIIe *siècle [20] : dans l'article* dimension *de*

2. Dans tout cet ouvrage, nous utiliserons le symbole := pour marquer une définition.

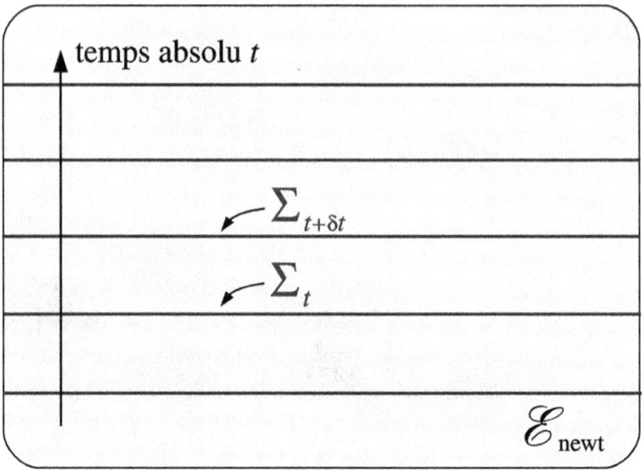

FIG. 1.2 – Espace-temps newtonien $\mathscr{E}_{\rm newt}$. Deux dimensions ont été supprimées si bien que l'espace affine $\mathscr{E}_{\rm newt}$ est représenté comme un plan. $\mathscr{E}_{\rm newt}$ est feuilleté par les hyperplans Σ_t (réduits à une droite pour le dessin, mais en réalité de dimension 3) qui représentent les états successifs de l'espace absolu newtonien.

la fameuse Encyclopédie *de D. Diderot et J. Le Rond d'Alembert et dans le* Traité des fonctions analytiques *de J.L. Lagrange (1797). On peut également mentionner la présentation des horaires des trains comme des diagrammes d'espace-temps qui apparaît au* XIX$^{\rm e}$ *siècle et dont on peut trouver une reproduction p. 55 du livre de Hartle [199]. Mais ce n'est qu'après l'apparition de la théorie de la relativité qu'un formalisme réellement quadridimensionnel a été développé pour traiter la physique newtonienne, notamment par Élie Cartan*[3] *en 1923–1925 [78–80] et Edward Milne*[4] *en 1934 [285].*

1.2 Le tenseur métrique

L'espace-temps de la relativité restreinte $\mathscr{E}$ et l'espace-temps newtonien $\mathscr{E}_{\rm newt}$ sont tous deux des espaces affines de dimension 4 sur $\mathbb{R}$. La distinction entre les deux théories se fait au niveau des structures fondamentales introduites sur ces deux espaces. Nous avons vu au paragraphe précédent que pour $\mathscr{E}_{\rm newt}$ il s'agit du feuilletage par les sous-espaces Σ_t (état de l'espace tridimensionnel newtonien au temps absolu t). Pour l'espace-temps relativiste, la

3. **Élie Cartan** (1869–1951) : Mathématicien français, fondateur du calcul sur les formes différentielles (dit *calcul extérieur* et que nous introduirons au paragraphe 15.4), il s'est beaucoup intéressé à la relativité ; il est le père d'Henri Cartan, membre fondateur du groupe Bourbaki.

4. **Edward A. Milne** (1896–1950) : Astrophysicien britannique, célèbre pour avoir développé un modèle cosmologique d'univers en expansion dans le cadre de la gravitation newtonienne – modèle aujourd'hui abandonné.

structure fondamentale est fournie par le tenseur métrique, que nous introduisons à présent.

1.2.1 Produit scalaire sur l'espace-temps

En physique classique non relativiste, où l'on ne parle en général pas de l'espace-temps $\mathscr{E}_{\text{newt}}$, le cadre de base est l'espace absolu newtonien, noté précédemment Σ_t. Ce dernier est un espace affine de dimension trois sur $\mathbb{R}$. Les objets primordiaux sont alors les vecteurs $\vec{v}$ de l'espace vectoriel $E_{\text{newt}} = \mathbb{R}^3$ associé[5]. Sur cet espace vectoriel, une structure très importante est le *produit scalaire* de deux vecteurs :

$$\vec{u} \cdot \vec{v} = u^1 v^1 + u^2 v^2 + u^3 v^3, \tag{1.9}$$

où les u^i et v^i sont les composantes des vecteurs $\vec{u}$ et $\vec{v}$ dans une base orthonormale. Le produit scalaire fonde toute la géométrie. Il permet notamment de définir la norme d'un vecteur, l'angle entre deux vecteurs et d'introduire des relations d'orthogonalité entre deux sous-espaces (droite et plan, par exemple). Le produit scalaire (1.9), qui ne comporte que des signes + entre les termes $u^i v^i$, est qualifié d'***euclidien***.

La géométrie de la physique relativiste diffère de celle de la physique newtonienne en deux points :

1. Comme discuté plus haut, l'espace de base n'est plus de dimension trois mais quatre sur $\mathbb{R}$ (il « incorpore » le temps !).

2. Le produit scalaire utilisé n'est plus euclidien, à savoir qu'il existe une base de l'espace vectoriel E où il s'écrit $\boldsymbol{\vec{u}} \cdot \boldsymbol{\vec{v}} = -u^0 v^0 + u^1 v^1 + u^2 v^2 + u^3 v^3$. Un produit scalaire euclidien ne contiendrait que des signes +, comme dans (1.9).

Plus précisément, on munit l'espace vectoriel E associé à l'espace-temps $\mathscr{E}$ d'une forme bilinéaire symétrique $\boldsymbol{g}$ qui est non dégénérée et de signature $(-,+,+,+)$. Rappelons que :

- ***forme bilinéaire*** signifie que $\boldsymbol{g}$ est une application $E \times E \longrightarrow \mathbb{R}$ (*i.e.* qui à tout couple de vecteurs $(\boldsymbol{\vec{u}}, \boldsymbol{\vec{v}})$ associe un réel $\boldsymbol{g}(\boldsymbol{\vec{u}}, \boldsymbol{\vec{v}})$), linéaire par rapport à chacun de ses arguments : pour tout $\lambda \in \mathbb{R}$ et $(\boldsymbol{\vec{u}}, \boldsymbol{\vec{v}}, \boldsymbol{\vec{w}}) \in E^3$,

$$\boldsymbol{g}(\lambda \boldsymbol{\vec{u}}, \boldsymbol{\vec{v}}) = \lambda \boldsymbol{g}(\boldsymbol{\vec{u}}, \boldsymbol{\vec{v}}), \quad \boldsymbol{g}(\boldsymbol{\vec{u}}, \lambda \boldsymbol{\vec{v}}) = \lambda \boldsymbol{g}(\boldsymbol{\vec{u}}, \boldsymbol{\vec{v}}),$$

$$\boldsymbol{g}(\boldsymbol{\vec{u}} + \boldsymbol{\vec{v}}, \boldsymbol{\vec{w}}) = \boldsymbol{g}(\boldsymbol{\vec{u}}, \boldsymbol{\vec{w}}) + \boldsymbol{g}(\boldsymbol{\vec{v}}, \boldsymbol{\vec{w}}) \quad \text{et} \quad \boldsymbol{g}(\boldsymbol{\vec{u}}, \boldsymbol{\vec{v}} + \boldsymbol{\vec{w}}) = \boldsymbol{g}(\boldsymbol{\vec{u}}, \boldsymbol{\vec{v}}) + \boldsymbol{g}(\boldsymbol{\vec{u}}, \boldsymbol{\vec{w}})\ ;$$

- ***symétrique*** signifie que l'on a $\boldsymbol{g}(\boldsymbol{\vec{v}}, \boldsymbol{\vec{u}}) = \boldsymbol{g}(\boldsymbol{\vec{u}}, \boldsymbol{\vec{v}})$ pour tout couple $(\boldsymbol{\vec{u}}, \boldsymbol{\vec{v}})$;

5. Nous notons les vecteurs des espaces vectoriels de dimension trois par un caractère non gras, surmonté d'une flèche (par exemple $\vec{v}$), ce qui permet de les distinguer des vecteurs de E (les quadrivecteurs), qui eux sont représentés par un caractère gras (par exemple $\boldsymbol{\vec{v}}$).

– ***non dégénérée*** signifie qu'il n'existe pas de vecteur $\vec{\boldsymbol{u}}$ autre que le vecteur nul vérifiant : $\forall \vec{\boldsymbol{v}} \in E,\ \boldsymbol{g}(\vec{\boldsymbol{u}}, \vec{\boldsymbol{v}}) = 0$;

– ***de signature*** $(-,+,+,+)$ signifie qu'il existe une base de l'espace vectoriel E telle que $\boldsymbol{g}(\vec{\boldsymbol{u}}, \vec{\boldsymbol{v}})$ s'exprime en fonction des composantes u^α et v^α de $\vec{\boldsymbol{u}}$ et $\vec{\boldsymbol{v}}$ dans cette base de la manière suivante :

$$\boldsymbol{g}(\vec{\boldsymbol{u}}, \vec{\boldsymbol{v}}) = -u^0v^0 + u^1v^1 + u^2v^2 + u^3v^3. \tag{1.10}$$

D'après un théorème classique d'algèbre linéaire, le théorème d'inertie de Sylvester [43, 111], dans toute autre base où $\boldsymbol{g}(\vec{\boldsymbol{u}}, \vec{\boldsymbol{v}})$ a une écriture diagonale (*i.e.* qui ne comprend pas de termes croisés du type u^0v^1), $\boldsymbol{g}(\vec{\boldsymbol{u}}, \vec{\boldsymbol{v}})$ est une somme algébrique de quatre termes dont un avec un signe moins et trois avec un signe plus, comme dans (1.10). Cette propriété ne dépend donc pas de la base où on diagonalise $\boldsymbol{g}$, elle est intrinsèque à $\boldsymbol{g}$ et constitue sa *signature*.

La signature $(-,+,+,+)$ est appelée ***lorentzienne***, par opposition à la signature $(+,+,+,+)$ qui est qualifiée d'***euclidienne*** ou encore ***riemannienne***. Enfin, rappelons que les propriétés de forme bilinéaire symétrique non dégénérée caractérisent ce que l'on appelle un ***produit scalaire***[6]. Par exemple, le produit scalaire classique (1.9) dans l'espace euclidien à trois dimensions est une forme bilinéaire symétrique non dégénérée de signature $(+,+,+)$. $\boldsymbol{g}$ est donc un produit scalaire sur E, ce qui justifie la notation suivante :

$$\boxed{\forall\, \vec{\boldsymbol{u}}, \vec{\boldsymbol{v}} \in E, \quad \vec{\boldsymbol{u}} \cdot \vec{\boldsymbol{v}} := \boldsymbol{g}(\vec{\boldsymbol{u}}, \vec{\boldsymbol{v}})}. \tag{1.11}$$

On dira que les vecteurs $\vec{\boldsymbol{u}}$ et $\vec{\boldsymbol{v}}$ sont ***orthogonaux*** (on omettra de préciser *pour le produit scalaire* $\boldsymbol{g}$) ssi[7] $\vec{\boldsymbol{u}} \cdot \vec{\boldsymbol{v}} = 0$.

La forme bilinéaire $\boldsymbol{g}$ définie ci-dessus est appelée ***tenseur métrique*** de l'espace-temps $\mathscr{E}$. On l'appellera aussi parfois ***la métrique*** de $\mathscr{E}$.

Remarque : La justification du terme *tenseur* sera donnée au Chap. 14. Notons que, d'un point de vue mathématique, on devrait plutôt qualifier $\boldsymbol{g}$ de *pseudo-métrique*, car $\boldsymbol{g}$ ne donne pas à $\mathscr{E}$ une structure d'*espace métrique* : pour deux points A et B de $\mathscr{E}$, la relation $d(A,B) := \sqrt{\boldsymbol{g}(\overrightarrow{AB}, \overrightarrow{AB})}$ ne définit pas une *distance* sur $\mathscr{E}$ (au sens mathématique du terme) puisqu'en raison de la signature de $\boldsymbol{g}$, on peut avoir $d(A,B) = 0$ pour deux points A et B distincts ou encore $d(A,B)$ complexe imaginaire (si $\boldsymbol{g}(\overrightarrow{AB}, \overrightarrow{AB}) < 0$, ce qui est permis par le signe $-$ dans (1.10)).

Le tenseur métrique définit entièrement la géométrie sur l'espace-temps : lorsque l'on parlera de vecteurs *orthogonaux*, ou d'un sous-espace *orthogonal* à un vecteur, il s'agira toujours d'orthogonalité par rapport au produit scalaire $\boldsymbol{g}$.

6. On ajoute souvent la condition de signature euclidienne ; nous ne le ferons pas ici.
7. Nous utilisons l'abréviation *ssi* pour *si, et seulement si.*

Remarque : On rencontre dans de nombreux ouvrages la signature $(+,-,-,-)$ pour le tenseur métrique, plutôt que $(-,+,+,+)$ (*cf.* Annexe C). Il s'agit d'un simple changement de convention, qui revient à utiliser $\boldsymbol{g}' = -\boldsymbol{g}$ à la place de $\boldsymbol{g}$. La physique qui en découle est identique. Nous attirons cependant l'attention du lecteur sur les multiples changements de signe que cela entraîne dans les formules ! Chaque convention a ses avantages et inconvénients, et bien entendu ses partisans et détracteurs ! Les raisons pour lesquelles la signature $(-,+,+,+)$ a été adoptée ici sont :

1. D'un point de vue purement mathématique, il est évident que trois signes plus et un seul signe moins sont plus simples que l'inverse, même si l'on ne sait pas à l'avance à quoi correspondent ces signes.
2. La convention $(-,+,+,+)$ est utilisée dans la quasi-totalité des livres de relativité générale (la totalité pour les livres récents, comme par exemple [75, 86, 199, 294, 394]), ce qui facilite l'apprentissage de la relativité générale à partir du présent ouvrage.
3. Avec la convention $(-,+,+,+)$, le produit scalaire induit par $\boldsymbol{g}$ sur les hyperplans du genre espace (les « coupes tridimensionnelles » à $t =$ const. de l'espace-temps, où t est une coordonnée du genre temps) est euclidien : il coïncide donc avec le produit scalaire « usuel », ce qui permet d'utiliser sans ambiguïté la notation (1.11), à savoir $\vec{u} \cdot \vec{v}$, sans avoir à préciser si le point désigne le produit scalaire induit par $\boldsymbol{g}$ ou le produit scalaire euclidien de l'espace de dimension trois auquel appartiennent $\vec{u}$ et $\vec{v}$. Autrement dit, la convention $(-,+,+,+)$ permet de ne pas distinguer entre « quadrivecteurs » et « trivecteurs ». Avec la convention $(+,-,-,-)$, on aurait au contraire $\boldsymbol{g}(\vec{u},\vec{v}) = -\vec{u} \cdot \vec{v}$, si le point désigne le produit scalaire euclidien tridimensionnel.

1.2.2 Matrice du tenseur métrique

Étant donnée une base $(\vec{e}_0, \vec{e}_1, \vec{e}_2, \vec{e}_3)$ de E, la ***matrice de g par rapport à cette base*** est la matrice $(g_{\alpha\beta})$ définie par

$$g_{\alpha\beta} := \boldsymbol{g}(\vec{e}_\alpha, \vec{e}_\beta). \tag{1.12}$$

Il s'agit d'une matrice symétrique, puisque $\boldsymbol{g}$ est une forme bilinéaire symétrique. La matrice $(g_{\alpha\beta})$ permet d'exprimer le produit scalaire de deux vecteurs $\vec{u}$ et $\vec{v}$ en fonction de leurs composantes (u^α) et (v^α) dans la base $(\vec{e}_\alpha)$ (*cf.* (1.4)). En effet, en utilisant la bilinéarité de $\boldsymbol{g}$, on peut écrire

$$\vec{u} \cdot \vec{v} = \boldsymbol{g}(\vec{u},\vec{v}) = \boldsymbol{g}\left(u^\alpha \vec{e}_\alpha,\, v^\beta \vec{e}_\beta\right) = u^\alpha v^\beta \underbrace{\boldsymbol{g}(\vec{e}_\alpha, \vec{e}_\beta)}_{g_{\alpha\beta}}.$$

Ainsi

$$\boxed{\vec{u} \cdot \vec{v} = g_{\alpha\beta}\, u^\alpha\, v^\beta}. \tag{1.13}$$

Remarque : Dans l'écriture ci-dessus, la convention de sommation d'Einstein, introduite au § 1.1.2, se comprend pour tous les indices répétés (α et β), c'est-à-dire qu'il faut lire

$$\vec{\boldsymbol{u}} \cdot \vec{\boldsymbol{v}} = \sum_{\alpha=0}^{3} \sum_{\beta=0}^{3} g_{\alpha\beta}\, u^\alpha\, v^\beta .$$

Le fait que la forme bilinéaire $\boldsymbol{g}$ soit non-dégénérée implique que la matrice $g := (g_{\alpha\beta})$ est inversible. En effet, soit $(u^\alpha) \in \mathbb{R}^4$ un élément du noyau* de g : $g_{\alpha\beta} u^\beta = 0$. Alors $\forall (v^\alpha) \in \mathbb{R}^4$, $g_{\alpha\beta} v^\alpha u^\beta = 0$. Mais d'après (1.13), $g_{\alpha\beta} v^\alpha u^\beta = \boldsymbol{g}(\vec{\boldsymbol{v}}, \vec{\boldsymbol{u}})$ où $\vec{\boldsymbol{v}}$ (resp. $\vec{\boldsymbol{u}}$) est le vecteur de E dont les composantes dans la base $(\vec{\boldsymbol{e}}_\alpha)$ sont (v^α) (resp. (u^α)). La condition de non-dégénérescence de $\boldsymbol{g}$ implique alors que $\vec{\boldsymbol{u}} = 0$, soit $u^\alpha = 0$. On en conclut que le noyau de la matrice g est réduit à $\{0\}$ et donc que g est inversible.

Par convention, les composantes de l'inverse de g sont notées $g^{\alpha\beta}$, de sorte que le produit matriciel $g^{-1} g = \mathbb{I}_4$, où $\mathbb{I}_4 := \mathrm{diag}(1,1,1,1)$ désigne la matrice identité de taille 4, s'écrit

$$\boxed{g^{\alpha\mu} g_{\mu\beta} = \delta^\alpha{}_\beta} . \tag{1.14}$$

Dans cette formule, on a bien entendu utilisé la convention de sommation d'Einstein sur l'indice répété μ et on a noté les composantes de $\mathbb{I}_4$ à l'aide du ***symbole de Kronecker*** : $\delta^\alpha{}_\beta := 1$ si $\alpha = \beta$ et $\delta^\alpha{}_\beta := 0$ sinon.

1.2.3 Bases orthonormales

Une base $(\vec{\boldsymbol{e}}_0, \vec{\boldsymbol{e}}_1, \vec{\boldsymbol{e}}_2, \vec{\boldsymbol{e}}_3)$ de l'espace vectoriel E est dite ***orthonormale*** (on omettra de préciser *pour le produit scalaire* $\boldsymbol{g}$) ssi :

$$\vec{\boldsymbol{e}}_0 \cdot \vec{\boldsymbol{e}}_0 = -1 \tag{1.15}$$

$$\vec{\boldsymbol{e}}_i \cdot \vec{\boldsymbol{e}}_i = 1 \qquad \text{pour} \quad 1 \leq i \leq 3 \tag{1.16}$$

$$\vec{\boldsymbol{e}}_\alpha \cdot \vec{\boldsymbol{e}}_\beta = 0 \qquad \text{pour} \quad \alpha \neq \beta . \tag{1.17}$$

Remarque : Il n'existe aucune base de E satisfaisant $\vec{\boldsymbol{e}}_\alpha \cdot \vec{\boldsymbol{e}}_\beta = \delta^\alpha{}_\beta$ pour toutes les valeurs entre 0 et 3 de α et β. On peut avoir $|\vec{\boldsymbol{e}}_\alpha \cdot \vec{\boldsymbol{e}}_\beta| = \delta^\alpha{}_\beta$, mais la signature $(-,+,+,+)$ de $\boldsymbol{g}$ impose que l'un des produits scalaires soit négatif (théorème d'inertie de Sylvester mentionné au paragraphe 1.2.1).

On lit sur (1.15)–(1.17) que la matrice de $\boldsymbol{g}$ par rapport à une base orthonormale est

$$g_{\alpha\beta} = \boldsymbol{g}(\vec{\boldsymbol{e}}_\alpha, \vec{\boldsymbol{e}}_\beta) = \eta_{\alpha\beta}, \tag{1.18}$$

où $(\eta_{\alpha\beta})$ désigne la matrice suivante :

$$\boxed{\eta_{\alpha\beta} := \begin{pmatrix} -1 & 0 & 0 & 0 \\ 0 & 1 & 0 & 0 \\ 0 & 0 & 1 & 0 \\ 0 & 0 & 0 & 1 \end{pmatrix}}, \tag{1.19}$$

que nous appellerons ***matrice de Minkowski***.

En vertu de (1.13), on déduit de (1.19) que, dans une base orthonormale, le produit scalaire de deux vecteurs $\vec{\boldsymbol{u}}$ et $\vec{\boldsymbol{v}}$ s'exprime en termes de leurs composantes (u^α) et (v^α) par

$$\boxed{\vec{\boldsymbol{u}} \cdot \vec{\boldsymbol{v}} = \eta_{\alpha\beta}\, u^\alpha\, v^\beta = -u^0 v^0 + u^1 v^1 + u^2 v^2 + u^3 v^3_{\text{base ortho}}}. \qquad (1.20)$$

On retrouve ainsi la formule (1.10). Les bases orthonormales sont donc celles où l'on lit directement la signature $(-,+,+,+)$ de $\boldsymbol{g}$.

1.2.4 Genre des vecteurs

Une propriété fondamentale du produit scalaire euclidien (1.9) de l'espace tridimensionnel newtonien est d'être ***défini positif***, c'est-à-dire que l'on a $\vec{v} \cdot \vec{v} \geq 0$ pour tout vecteur $\vec{v}$ et $\vec{v} \cdot \vec{v} = 0$ ssi $\vec{v} = \vec{0}$. Dans le cas présent, la signature $(-,+,+,+)$ de $\boldsymbol{g}$ ne lui permet pas d'être défini positif. Le produit scalaire d'un vecteur $\vec{\boldsymbol{v}}$ avec lui même peut *a priori* avoir n'importe quel signe et être nul sans que $\vec{\boldsymbol{v}}$ le soit. On peut en fait classer les vecteurs en trois catégories : un vecteur $\vec{\boldsymbol{v}} \in E$ est dit

- ***du genre temps*** ssi $\boldsymbol{g}(\vec{\boldsymbol{v}}, \vec{\boldsymbol{v}}) < 0$;
- ***du genre espace*** ssi $\boldsymbol{g}(\vec{\boldsymbol{v}}, \vec{\boldsymbol{v}}) > 0$;
- ***du genre lumière***, ou encore ***vecteur lumière***, ssi $\vec{\boldsymbol{v}} \neq 0$ et $\boldsymbol{g}(\vec{\boldsymbol{v}}, \vec{\boldsymbol{v}}) = 0$. Dans le vocabulaire de l'algèbre linéaire, les vecteurs lumière s'appellent aussi ***vecteurs isotropes*** de la forme bilinéaire $\boldsymbol{g}$.

Ces définitions à connotation physique seront justifiées au Chap. 2.

1.2.5 Norme d'un vecteur

Pour tout vecteur $\vec{\boldsymbol{v}} \in E$, on définit la ***norme de $\vec{v}$ vis-à-vis du tenseur métrique g*** comme le nombre réel positif ou nul

$$\boxed{\|\vec{\boldsymbol{v}}\|_{\boldsymbol{g}} := \sqrt{|\vec{\boldsymbol{v}} \cdot \vec{\boldsymbol{v}}|} = \sqrt{|\boldsymbol{g}(\vec{\boldsymbol{v}}, \vec{\boldsymbol{v}})|}}. \qquad (1.21)$$

Pour un vecteur du genre espace, $\|\vec{\boldsymbol{v}}\|_{\boldsymbol{g}} = \sqrt{\vec{\boldsymbol{v}} \cdot \vec{\boldsymbol{v}}}$, alors que pour un vecteur du genre temps, $\|\vec{\boldsymbol{v}}\|_{\boldsymbol{g}} = \sqrt{-\vec{\boldsymbol{v}} \cdot \vec{\boldsymbol{v}}}$. Par ailleurs, on a l'équivalence

$$\forall \vec{\boldsymbol{v}} \in E \setminus \{0\}, \quad \|\vec{\boldsymbol{v}}\|_{\boldsymbol{g}} = 0 \iff \vec{\boldsymbol{v}} \text{ est du genre lumière.} \qquad (1.22)$$

Remarque : $\| \ \|_{\boldsymbol{g}}$ ne définit pas une *norme* sur E au sens mathématique usuel du terme : une norme $\| \ \|$ sur un espace vectoriel doit en effet vérifier les propriétés suivantes : (i) $\forall \vec{\boldsymbol{v}} \in E$, $\|\vec{\boldsymbol{v}}\| \geq 0$; (ii) $\|\vec{\boldsymbol{v}}\| = 0 \Rightarrow \vec{\boldsymbol{v}} = 0$; (iii) $\forall (\lambda, \vec{\boldsymbol{v}}) \in \mathbb{R} \times E$, $\|\lambda \vec{\boldsymbol{v}}\| = |\lambda| \|\vec{\boldsymbol{v}}\|$ et (iv) $\forall (\vec{\boldsymbol{u}}, \vec{\boldsymbol{v}}) \in E^2$, $\|\vec{\boldsymbol{u}} + \vec{\boldsymbol{v}}\| \leq \|\vec{\boldsymbol{u}}\| + \|\vec{\boldsymbol{v}}\|$. La fonction $\| \ \|_{\boldsymbol{g}}$ définie par (1.21) satisfait aux conditions (i) et (iii) (cette dernière par bilinéarité de $\boldsymbol{g}$), mais pas à la condition (ii) ($\|\vec{v}\|_g = 0$ pour tout vecteur lumière $\vec{v}$), ni à la condition (iv) (il est facile de la violer en prenant pour $\vec{u}$ et $\vec{v}$ deux vecteurs lumière tels que $\vec{u}+\vec{v}$ ne soit pas du genre lumière). Ainsi le couple $(E, \|\ \|_g)$ ne constitue pas un espace vectoriel normé.

On dira qu'un vecteur $\vec{v} \in E$ est ***unitaire*** ssi $\|\vec{v}\|_g = 1$. On peut distinguer deux classes de vecteurs unitaires : les vecteurs unitaires du genre temps, pour lesquels $\boldsymbol{g}(\vec{v}, \vec{v}) = -1$, et les vecteurs unitaires du genre espace, qui vérifient $\boldsymbol{g}(\vec{v}, \vec{v}) = 1$. Nous reviendrons plus en détail sur ce point au § 1.3.3.

1.2.6 Diagrammes d'espace-temps

Pour dessiner des figures de l'espace-temps, on supprimera une ou deux dimensions : on aura alors respectivement des dessins à trois dimensions en perspective ou des dessins plans. On appelle ***diagramme d'espace-temps*** toute figure à deux dimension où l'on a placé dans la direction verticale un vecteur du genre temps et dans la direction horizontale un vecteur du genre espace, ces deux vecteurs étant orthogonaux vis-à-vis de la métrique $\boldsymbol{g}$. Les flèches qui représentent ces vecteurs sont orthogonales sur le dessin, c'est-à-dire au sens de l'équerre. Mais toutes les paires de vecteurs orthogonaux au sens de $\boldsymbol{g}$ ne peuvent être représentées ainsi, en raison du conflit entre la signature lorentzienne de $\boldsymbol{g}$ et la signature euclidienne de la métrique sous-jacente à la figure. Cet aspect des diagrammes d'espace-temps est illustré sur les Fig. 1.3 et Fig. 1.4, sur lesquelles nous invitons le lecteur à prendre le temps de réfléchir.

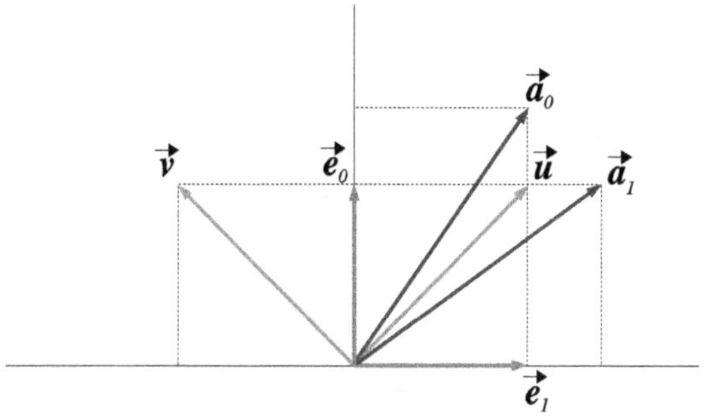

FIG. 1.3 – Vecteurs de l'espace vectoriel E associé à l'espace-temps $\mathscr{E}$: deux dimensions d'espace ont été supprimées si bien que la figure est plane. $\vec{e}_0$ et $\vec{e}_1$ sont les deux premiers vecteurs d'une base orthonormale, au sens défini au § 1.2.3 : $\vec{e}_0 \cdot \vec{e}_0 = -1$, $\vec{e}_0 \cdot \vec{e}_1 = 0$ et $\vec{e}_1 \cdot \vec{e}_1 = 1$. Les autres vecteurs sont $\vec{a}_0 = \sqrt{2}\vec{e}_0 + \vec{e}_1$, $\vec{a}_1 = \vec{e}_0 + \sqrt{2}\vec{e}_1$, $\vec{u} = \vec{e}_0 + \vec{e}_1$ et $\vec{v} = \vec{e}_0 - \vec{e}_1$.

Commençons par discuter la Fig. 1.3. On considère une base vectorielle $(\vec{e}_\alpha)$ orthonormale pour la métrique $\boldsymbol{g}$. Pour obtenir une figure bidimensionnelle, nous ne représenterons que les deux premiers vecteurs de cette base :

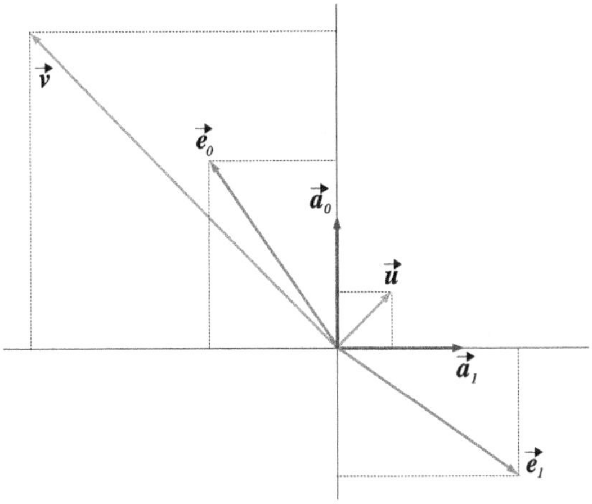

FIG. 1.4 – Même vecteurs de E que sur la Fig. 1.3, mais dans une représentation construite sur la base orthonormale $(\vec{a}_0, \vec{a}_1)$, plutôt que $(\vec{e}_0, \vec{e}_1)$. Même si la figure a l'air très différente de la Fig. 1.3, on peut constater que les égalités vectorielles $\vec{u} = \vec{e}_0 + \vec{e}_1$ et $\vec{v} = \vec{e}_0 - \vec{e}_1$ sont bien satisfaites. Par ailleurs, les vecteurs lumière, c'est-à-dire $\vec{u}$ et $\vec{v}$, sont dessinés à 45°, tout comme sur la Fig. 1.3.

$\vec{e}_0$ est par définition un vecteur du genre temps unitaire : $\vec{e}_0 \cdot \vec{e}_0 = -1$ (*cf.* (1.15)), $\vec{e}_1$ est un vecteur du genre espace unitaire : $\vec{e}_1 \cdot \vec{e}_1 = 1$ (*cf.* (1.16)), et $\vec{e}_0$ et $\vec{e}_1$ sont mutuellement orthogonaux : $\vec{e}_0 \cdot \vec{e}_1 = 0$ (*cf.* (1.17)). Sur la Fig. 1.3, on a choisi *arbitrairement* de représenter les vecteurs $\vec{e}_0$ et $\vec{e}_1$ par deux flèches perpendiculaires, avec le vecteur du genre temps vertical et celui du genre espace horizontal, si bien que la Fig. 1.3 correspond à la définition donnée ci-dessus d'un diagramme d'espace-temps. Par ailleurs, nous avons dessiné quatre autres vecteurs, $\vec{a}_0$, $\vec{a}_1$, $\vec{u}$ et $\vec{v}$, dont les composantes dans la base $(\vec{e}_0, \vec{e}_1, \vec{e}_2, \vec{e}_3)$ sont

$$a_0^\alpha = (\sqrt{2}, 1, 0, 0), \quad a_1^\alpha = (1, \sqrt{2}, 0, 0), \quad u^\alpha = (1, 1, 0, 0), \quad v^\alpha = (1, -1, 0, 0). \tag{1.23}$$

La première remarque que l'on peut faire est que, bien que les flèches qui les représentent sur la Fig. 1.3 ne soient pas perpendiculaires, les vecteurs $\vec{a}_0$ et $\vec{a}_1$ sont orthogonaux pour la métrique $\boldsymbol{g}$. Vérifions-le explicitement, en utilisant le fait que dans la base orthonormale $(\vec{e}_\alpha)$ le produit scalaire s'exprime à l'aide de la matrice de Minkowski suivant (1.20) :

$$\vec{a}_0 \cdot \vec{a}_1 = \eta_{\alpha\beta}\, a_0^\alpha\, a_1^\beta = -\sqrt{2} \times 1 + 1 \times \sqrt{2} + 0 \times 0 + 0 \times 0 = 0.$$

De plus, $\vec{a}_0$ et $\vec{a}_1$ sont des vecteurs unitaires, $\vec{a}_0$ étant du genre temps et $\vec{a}_1$ du genre espace :

$$\vec{a}_0 \cdot \vec{a}_0 = \eta_{\alpha\beta}\, a_0^\alpha\, a_0^\beta = -\sqrt{2} \times \sqrt{2} + 1 \times 1 + 0 \times 0 + 0 \times 0 = -1,$$
$$\vec{a}_1 \cdot \vec{a}_1 = \eta_{\alpha\beta}\, a_1^\alpha\, a_1^\beta = -1 \times 1 + \sqrt{2} \times \sqrt{2} + 0 \times 0 + 0 \times 0 = 1.$$

Ainsi la norme du vecteur $\vec{a}_1$ vis-à-vis de la métrique $\boldsymbol{g}$ est la même que celle du vecteur $\vec{e}_1$, à savoir 1, bien que sur la Fig. 1.3 ces deux vecteurs soient représentés par des flèches de longueurs différentes.

À l'inverse de $\vec{a}_0$ et $\vec{a}_1$, les vecteurs $\vec{u}$ et $\vec{v}$ sont représentés sur la Fig. 1.3 par des flèches perpendiculaires, bien qu'ils ne soient pas orthogonaux pour la métrique $\boldsymbol{g}$:

$$\vec{u} \cdot \vec{v} = \eta_{\alpha\beta}\, u^\alpha\, v^\beta = -1 \times 1 + 1 \times (-1) + 0 \times 0 + 0 \times 0 = -2 \neq 0.$$

Remarquons par ailleurs que ces vecteurs sont du genre lumière :

$$\vec{u} \cdot \vec{u} = \eta_{\alpha\beta}\, u^\alpha\, u^\beta = -1 \times 1 + 1 \times 1 + 0 \times 0 + 0 \times 0 = 0,$$
$$\vec{v} \cdot \vec{v} = \eta_{\alpha\beta}\, v^\alpha\, v^\beta = -1 \times 1 + (-1) \times (-1) + 0 \times 0 + 0 \times 0 = 0.$$

Les vecteurs $\vec{a}_0$ et $\vec{a}_1$ étant orthogonaux et unitaires, avec $\vec{a}_0 \cdot \vec{a}_0 = -1$ et $\vec{a}_1 \cdot \vec{a}_1 = 1$, ils forment le début d'une base orthonormale, que l'on peut compléter par exemple par $\vec{e}_2$ et $\vec{e}_3$. On définit ainsi la nouvelle base orthonormale $(\vec{a}_\alpha) := (\vec{a}_0, \vec{a}_1, \vec{e}_2, \vec{e}_3)$. Il est facile de voir que dans la base $(\vec{a}_\alpha)$ les composantes des vecteurs $\vec{e}_0$, $\vec{e}_1$, $\vec{u}$ et $\vec{v}$ sont les suivantes[8] :

$$e'^{\alpha}_{\ 0} = (\sqrt{2}, -1, 0, 0), \quad e'^{\alpha}_{\ 1} = (-1, \sqrt{2}, 0, 0), \quad u'^{\alpha} = (\sqrt{2} - 1, \sqrt{2} - 1, 0, 0),$$
$$v'^{\alpha} = (\sqrt{2} + 1, -\sqrt{2} - 1, 0, 0). \tag{1.24}$$

Nous avons souligné plus haut que la représentation des vecteurs $(\vec{e}_0, \vec{e}_1)$ par des flèches perpendiculaires sur la Fig. 1.3 était un choix arbitraire. Dessinons alors une nouvelle figure en privilégiant la base orthonormale fondée sur $(\vec{a}_0, \vec{a}_1)$ plutôt que $(\vec{e}_0, \vec{e}_1)$, c'est-à-dire en représentant $\vec{a}_0$ et $\vec{a}_1$ par deux flèches perpendiculaires, l'une verticale et l'autre horizontale. Le dessin des vecteurs $\vec{e}_0$, $\vec{e}_1$, $\vec{u}$ et $\vec{v}$ se déduit alors des composantes (1.24). On obtient ainsi la Fig. 1.4. Elle est d'aspect très différent de la Fig. 1.3, mais soulignons que les deux figures sont deux représentations du même espace vectoriel E associé à l'espace-temps $\mathscr{E}$. Les vecteurs dessinés y sont les mêmes, simplement ces deux représentations sont basées sur deux bases orthonormales différentes : $(\vec{e}_0, \vec{e}_1)$ pour la Fig. 1.3 et $(\vec{a}_0, \vec{a}_1)$ pour la Fig. 1.4. Aucune de ces deux bases orthonormales n'est privilégiée par rapport à la métrique $\boldsymbol{g}$, qui est la seule structure fondamentale introduite jusqu'ici.

Il y a tout de même deux points communs qu'il convient de souligner entre les Figs. 1.3 et 1.4 :

1. deux vecteurs orthogonaux au sens de $\boldsymbol{g}$ sont symétriques par rapport à l'une des deux bissectrices des axes de la figure (droites passant par l'origine et de pente $\pm 45°$) ;

2. les vecteurs lumière sont dessinés à $\pm 45°$.

8. Ces composantes sont notées avec des primes pour les distinguer des composantes dans la base $(\vec{e}_\alpha)$.

Ces deux propriétés se retrouveront dans tous les diagrammes d'espace-temps que nous construirons. La propriété 2 est un cas particulier de la première car un vecteur lumière est par définition orthogonal à lui-même, si bien que la seule façon d'être son propre symétrique par rapport à l'une des bissectrices est d'être sur cette bissectrice. Il est facile de démontrer la propriété 1 : si $(\vec{e}_0, \vec{e}_1)$ est la base orthonormale qui sert de support au diagramme d'espace-temps, la relation (1.20) donne, pour tout $\vec{u} = u^0\,\vec{e}_0 + u^1\,\vec{e}_1$ et $\vec{v} = v^0\,\vec{e}_0 + v^1\,\vec{e}_1$,

$$\vec{u}\cdot\vec{v} = 0 \iff -u^0v^0 + u^1v^1 = 0 \iff \frac{u^0}{u^1} = \frac{v^1}{v^0}.$$

La dernière égalité établit la propriété 1.

Le fait que les vecteurs lumière soient toujours dessinés à $\pm 45°$ montre que les diagrammes d'espace-temps privilégient les seules directions que l'on peut associer canoniquement au tenseur métrique $\boldsymbol{g}$, à savoir les directions isotropes (carré scalaire nul pour la métrique $\boldsymbol{g}$). Nous allons discuter de ces dernières plus en détail dans le paragraphe qui suit.

1.3 Cône isotrope et flèche du temps

1.3.1 Définitions

Dans l'espace vectoriel E, l'ensemble des vecteurs lumière constitue ce qu'en algèbre linéaire, on appelle le ***cône isotrope***[9] $\mathcal{I}$ de la forme bilinéaire $\boldsymbol{g}$. Le terme *cône* signifie que si $\vec{v} \in \mathcal{I}$, alors $\forall\lambda \in \mathbb{R}$, $\lambda\vec{v} \in \mathcal{I}$.

Le cône isotrope est représenté sur la Fig. 1.5. Il sépare les vecteurs du genre temps de ceux du genre espace : les premiers sont situés à l'intérieur du cône, les seconds à l'extérieur. Quant aux vecteurs lumière, ils sont par définition situés sur le cône. Le cône isotrope est formé du vecteur nul (son « sommet ») et de deux nappes. Nous conviendrons d'appeler ***nappe du futur*** l'une de ces deux nappes, soit $\mathcal{I}^+$. La deuxième nappe est alors appelée ***nappe du passé*** et notée $\mathcal{I}^-$. On peut alors ranger les vecteurs du genre temps et du genre lumière en deux catégories distinctes :

- les vecteurs situés à l'intérieur de, ou sur, la nappe du futur sont dits ***orientés vers le futur*** ;
- les vecteurs situés à l'intérieur de, ou sur, la nappe du passé sont dits ***orientés vers le passé***.

On qualifie de choix d'***une flèche du temps*** le choix de la nappe $\mathcal{I}^+$.

Remarque : Sur les Figs. 1.3 et 1.4 discutées au § 1.2.6, les directions des vecteurs $\vec{u}$ et $\vec{v}$ forment la trace du cône isotrope avec le plan de la figure.

9. On rencontre aussi l'appellation *cône de lumière*, mais nous réservons cette dernière au pendant affine de $\mathcal{I}$, c'est-à-dire au sous-ensemble de $\mathscr{E}$ formé des droites issues d'un même point et dont les vecteurs directeurs appartiennent à $\mathcal{I}$, ainsi que nous le verrons au § 2.4.2.

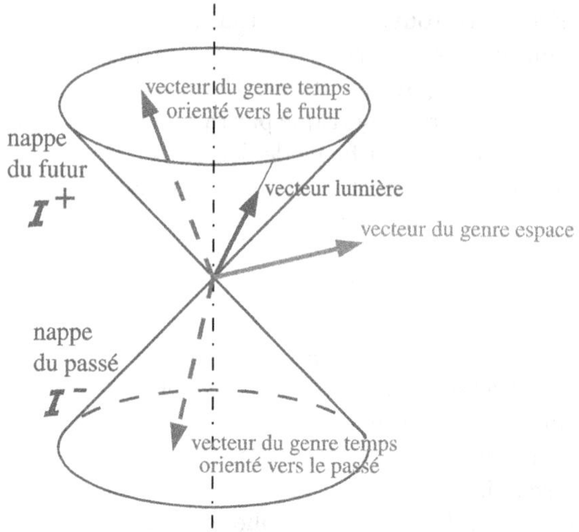

FIG. 1.5 – Cône isotrope de la métrique $\boldsymbol{g}$ (une dimension d'espace a été supprimée).

1.3.2 Deux petits lemmes bien utiles

Nous utiliserons souvent les deux lemmes suivants :

1. Deux vecteurs du genre temps, $\vec{\boldsymbol{u}}$ et $\vec{\boldsymbol{v}}$, sont à l'intérieur de la même nappe ($\mathcal{I}^+$ ou $\mathcal{I}^-$) du cône isotrope de $\boldsymbol{g}$ ssi $\vec{\boldsymbol{u}} \cdot \vec{\boldsymbol{v}} < 0$.

2. Deux vecteurs lumière non colinéaires, $\vec{\boldsymbol{u}}$ et $\vec{\boldsymbol{v}}$, sont sur la même nappe du cône isotrope de $\boldsymbol{g}$ ssi $\vec{\boldsymbol{u}} \cdot \vec{\boldsymbol{v}} < 0$.

Pour démontrer le lemme 1, introduisons une base orthonormale $(\vec{\boldsymbol{e}}_0, \vec{\boldsymbol{e}}_1, \vec{\boldsymbol{e}}_2, \vec{\boldsymbol{e}}_3)$ telle que $\vec{\boldsymbol{u}} = u^0 \vec{\boldsymbol{e}}_0$ avec $u^0 > 0$. Il suffit de prendre $\vec{\boldsymbol{e}}_0 := \|\vec{\boldsymbol{u}}\|_{\boldsymbol{g}}^{-1} \vec{\boldsymbol{u}}$ et de compléter la base par trois vecteurs $\vec{\boldsymbol{e}}_i$ orthogonaux à $\vec{\boldsymbol{e}}_0$. Décomposons alors $\vec{\boldsymbol{v}}$ sur cette base : $\vec{\boldsymbol{v}} = v^0 \vec{\boldsymbol{e}}_0 + v^i \vec{\boldsymbol{e}}_i$. $\vec{\boldsymbol{u}}$ et $\vec{\boldsymbol{v}}$ sont à l'intérieur de la même nappe du cône isotrope ssi $v^0 > 0$. Or

$$\vec{\boldsymbol{u}} \cdot \vec{\boldsymbol{v}} = (u^0 \vec{\boldsymbol{e}}_0) \cdot (v^0 \vec{\boldsymbol{e}}_0 + v^i \vec{\boldsymbol{e}}_i) = u^0 v^0 \underbrace{\vec{\boldsymbol{e}}_0 \cdot \vec{\boldsymbol{e}}_0}_{-1} + u^0 v^i \underbrace{\vec{\boldsymbol{e}}_0 \cdot \vec{\boldsymbol{e}}_i}_{0} = -u^0 v^0.$$

Puisque $u^0 > 0$, on a donc l'équivalence $v^0 > 0 \iff \vec{\boldsymbol{u}} \cdot \vec{\boldsymbol{v}} < 0$, ce qui achève la démonstration. Quant au lemme 2, il suffit de remarquer que l'on peut toujours trouver une base orthonormale $(\vec{\boldsymbol{e}}_0, \vec{\boldsymbol{e}}_1, \vec{\boldsymbol{e}}_2, \vec{\boldsymbol{e}}_3)$ telle que

$$\vec{\boldsymbol{u}} = u^0 (\vec{\boldsymbol{e}}_0 + \vec{\boldsymbol{e}}_1) \quad \text{et} \quad \vec{\boldsymbol{v}} = v^0 (\vec{\boldsymbol{e}}_0 + \cos\varphi\, \vec{\boldsymbol{e}}_1 + \sin\varphi\, \vec{\boldsymbol{e}}_2),$$

avec $u^0 \in \mathbb{R}^*$, $v^0 \in \mathbb{R}^*$ et $\varphi \in]0, 2\pi[$ (0 est exclu car $\vec{\boldsymbol{u}}$ et $\vec{\boldsymbol{v}}$ ne sont pas colinéaires). On a alors

$$\vec{\boldsymbol{u}} \cdot \vec{\boldsymbol{v}} = u^0 v^0 (-1 + \cos\varphi).$$

$\vec{u}$ et $\vec{v}$ sont sur la même nappe du cône isotrope ssi $u^0 v^0 > 0$. Comme $\cos\varphi < 1$ puisque $\varphi \neq 0$, l'égalité ci-dessus donne le lemme.

1.3.3 Classification des vecteurs unitaires

Au § 1.2.5 nous avons défini les vecteurs unitaires comme les vecteurs dont la norme vis-à-vis de $\boldsymbol{g}$ est égale à 1. Ils se classent en deux catégories : celle des vecteurs unitaires du genre temps, que nous noterons $\mathscr{U}$, et celle de ceux du genre espace, que nous noterons $\mathscr{S}$:

$$\boxed{\mathscr{U} := \{\vec{v} \in E, \quad \vec{v} \cdot \vec{v} = -1\} \subset E} \tag{1.25}$$

$$\boxed{\mathscr{S} := \{\vec{v} \in E, \quad \vec{v} \cdot \vec{v} = 1\} \subset E}. \tag{1.26}$$

De plus nous noterons $\mathscr{U}^+$ (resp. $\mathscr{U}^-$) le sous-ensemble de $\mathscr{U}$ constitué par les vecteurs orientés vers le futur (resp. le passé) :

$$\boxed{\mathscr{U}^+ := \{\vec{v} \in E, \quad \vec{v} \cdot \vec{v} = -1 \text{ et } \vec{v} \text{ orienté vers le futur}\} \subset E} \tag{1.27}$$

$$\boxed{\mathscr{U}^- := \{\vec{v} \in E, \quad \vec{v} \cdot \vec{v} = -1 \text{ et } \vec{v} \text{ orienté vers le passé}\} \subset E}. \tag{1.28}$$

On a bien évidemment $\mathscr{U} = \mathscr{U}^+ \cup \mathscr{U}^-$.

Étant donné un point quelconque $O \in \mathscr{E}$, on note $\mathscr{U}_O^+$, $\mathscr{U}_O^-$ et $\mathscr{S}_O$ l'ensemble des points de $\mathscr{E}$ reliés à O par un vecteur appartenant respectivement à $\mathscr{U}^+$, $\mathscr{U}^-$ et $\mathscr{S}$:

$$\boxed{\mathscr{U}_O^+ := \left\{M \in \mathscr{E}, \quad \overrightarrow{OM} \in \mathscr{U}^+\right\} \subset \mathscr{E}} \tag{1.29}$$

$$\boxed{\mathscr{U}_O^- := \left\{M \in \mathscr{E}, \quad \overrightarrow{OM} \in \mathscr{U}^-\right\} \subset \mathscr{E}} \tag{1.30}$$

$$\boxed{\mathscr{S}_O := \left\{M \in \mathscr{E}, \quad \overrightarrow{OM} \in \mathscr{S}\right\} = \left\{M \in \mathscr{E}, \quad \overrightarrow{OM} \cdot \overrightarrow{OM} = 1\right\} \subset \mathscr{E}}. \tag{1.31}$$

On notera également $\mathscr{U}_O := \mathscr{U}_O^+ \cup \mathscr{U}_O^-$. Les ensembles $\mathscr{U}_O^+$, $\mathscr{U}_O^-$ et $\mathscr{S}_O$ peuvent être considérés comme des représentations dans l'espace affine $\mathscr{E}$ des sous-ensembles $\mathscr{U}^+$, $\mathscr{U}^-$ et $\mathscr{S}$ de l'espace vectoriel E – représentations associées au point O.

Dans un espace euclidien, les ensembles $\mathscr{U}_O^+$ et $\mathscr{U}_O^-$ seraient vides et $\mathscr{S}_O$ serait une sphère de rayon unité centrée sur le point O. Il n'en va pas de même dans l'espace $(\mathscr{E}, \boldsymbol{g})$. Pour déterminer les ensembles $\mathscr{U}_O^+$, $\mathscr{U}_O^-$ et $\mathscr{S}_O$, donnons-nous une base orthonormale $(\vec{e}_0, \vec{e}_1, \vec{e}_2, \vec{e}_3)$ de $(E, \boldsymbol{g})$. Un point $M \in \mathscr{E}$ est dans $\mathscr{U}_O$ ou $\mathscr{S}_O$ ssi

$$\overrightarrow{OM} \cdot \overrightarrow{OM} = \pm 1, \tag{1.32}$$

avec +1 pour $\mathscr{S}_O$ et −1 pour $\mathscr{U}_O$. Désignons par (x^0, x^1, x^2, x^3) les coordonnées de M dans le repère affine défini par O et la base $(\vec{e}_0, \vec{e}_1, \vec{e}_2, \vec{e}_3)$. D'après (1.6) et (1.20), la condition (1.32) est équivalente à

$$-(x^0)^2 + (x^1)^2 + (x^2)^2 + (x^3)^2 = \pm 1. \tag{1.33}$$

Considérons tout d'abord le cas de $\mathscr{U}_O$, c'est-à-dire le cas où le membre de droite de l'équation ci-dessus vaut −1. On reconnaît alors dans (1.33) l'équation d'un hyperboloïde tridimensionnel[10] à deux nappes, les deux nappes n'étant autres que $\mathscr{U}_O^+$ et $\mathscr{U}_O^-$. Sa trace dans le plan (x^0, x^1) est une hyperbole équilatère, dont l'axe des foyers est la droite $x^1 = 0$; elle est représentée sur la Fig. 1.6. Une représentation bidimensionnelle de cet hyperboloïde est donnée sur la Fig. 1.7a ; elle est obtenue en faisant tourner la Fig. 1.6 autour de l'axe vertical passant par l'origine. $\mathscr{U}_O^+$ est la nappe supérieure et $\mathscr{U}_O^-$ la nappe inférieure. Remarquons que la nappe du futur (resp. du passé) du cône isotrope de $\boldsymbol{g}$ est asymptote à $\mathscr{U}_O^+$ (resp. à $\mathscr{U}_O^-$).

Si l'on considère à présent $\mathscr{S}_O$, le membre de droite de l'Éq. (1.33) vaut +1 et on reconnaît l'équation d'un hyperboloïde tridimensionnel à une nappe. Sa trace dans le plan (x^0, x^1) est une hyperbole équilatère, dont l'axe des foyers est la droite $x^0 = 0$; elle est représentée sur la Fig. 1.6. Une représentation bidimensionnelle de cet hyperboloïde est donnée sur la Fig. 1.7b.

Remarque : Tout comme pour la Fig. 1.3, il ne faut pas se laisser piéger par la métrique euclidienne (non physique !) sous-jacente aux Figs. 1.6 et 1.7. On pourrait en effet croire que l'hyperboloïde $\mathscr{U}_O$ définit des points privilégiés vis-à-vis de O dans l'espace-temps $\mathscr{E}$, à savoir les points où la distance entre les nappes $\mathscr{U}_O^+$ et $\mathscr{U}_O^-$ est minimale (points M tels que $\overrightarrow{OM} = \pm\vec{e}_0$) et que l'on pourrait appeler les « sommets » de $\mathscr{U}_O$. Mais la distance utilisée n'a rien de physique : c'est celle donnée par la métrique euclidienne de la figure. Ainsi, si l'on refaisait la Fig. 1.6 en privilégiant la base $(\vec{\boldsymbol{a}}_0, \vec{\boldsymbol{a}}_1)$ plutôt que $(\vec{e}_0, \vec{e}_1)$, comme on l'a fait pour la Fig. 1.4, alors les sommets de l'hyperboloïde $\mathscr{U}_O$ apparaîtraient comme les points M tels que $\overrightarrow{OM} = \pm\vec{\boldsymbol{a}}_0$ et seraient donc différents des sommets précédemment définis. Il y a en fait autant de paires de sommets de $\mathscr{U}_O$ que de vecteurs unitaires du genre temps. En d'autres termes, tous les points de $\mathscr{U}_O$ sont équivalents.

1.4 Orientation de l'espace-temps

1.4.1 Notion d'orientation

Nous allons définir sur l'espace-temps $\mathscr{E}$, ou plus précisément sur l'espace vectoriel associé E, une *orientation*. Dans le cas d'un espace à deux dimensions (un plan), définir une orientation revient à définir le *sens trigonométrique*. Pour un espace à trois dimensions, se donner une orientation revient à classer

10. Cet hyperboloïde a donc une dimension de plus qu'un hyperboloïde standard, qui est une surface bidimensionnelle.

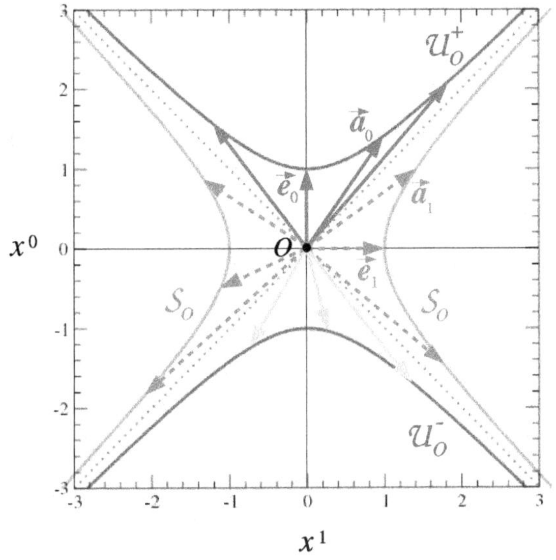

FIG. 1.6 – Vecteurs unitaires dans le plan $\mathrm{Vect}(\vec{e}_0, \vec{e}_1)$ (plan engendré* par les vecteurs $\vec{e}_0$ et $\vec{e}_1$) centré autour d'un point $O \in \mathscr{E}$. Les flèches en traits pleins représentent des vecteurs unitaires du genre temps ($\vec{v} \cdot \vec{v} = -1$) et celles en tirets des vecteurs unitaires du genre espace ($\vec{v} \cdot \vec{v} = 1$). $\vec{a}_0$ et $\vec{a}_1$ sont les mêmes vecteurs que sur les Figs. 1.3 et 1.4. Les extrémités des vecteurs unitaires du genre temps définissent l'hyperbole $(x^0)^2 - (x^1)^2 = 1$, dont les branches sont notées $\mathscr{U}_O^+$ et $\mathscr{U}_O^-$. Les extrémités des vecteurs unitaires du genre espace définissent l'hyperbole $(x^1)^2 - (x^0)^2 = 1$, notée $\mathscr{S}_O$ et dont l'axe des foyers est la droite horizontale $x^0 = 0$. Les lignes en pointillés, qui sont les asymptotes de ces deux hyperboles, sont aussi la trace du cône isotrope de $\boldsymbol{g}$.

les bases de vecteurs en deux catégories : les *bases directes* et les *bases indirectes* (dites encore *rétrogrades*). On les reconnaît graphiquement en utilisant la règle « du bonhomme d'Ampère » ou encore « du tire-bouchon ». Mathématiquement, choisir une orientation revient à choisir une base de référence, les bases directes (resp. indirectes) étant alors celles dont le *déterminant* par rapport à la base de référence est positif (resp. négatif). C'est cette dernière notion que nous allons utiliser pour étendre la notion d'orientation à l'espace quadridimensionnel E.

1.4.2 Le tenseur de Levi-Civita

Rappelons qu'en dimension trois, le déterminant n'est pas autre chose qu'une forme trilinéaire antisymétrique. Puisque nous sommes en dimension quatre, considérons donc l'ensemble $\mathscr{A}_4(E)$ des formes *quadri*linéaires

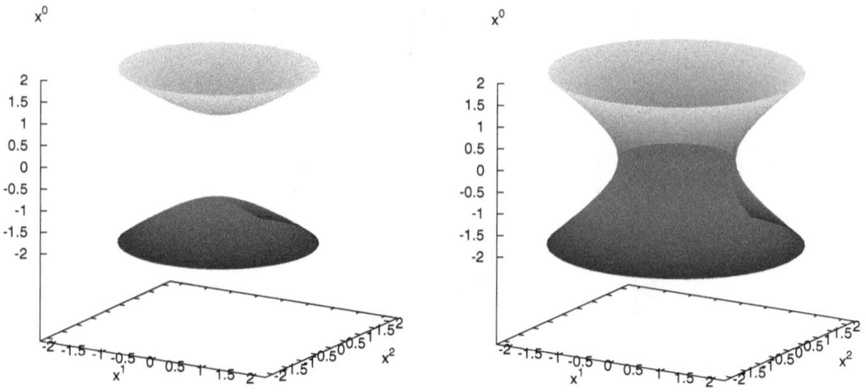

(a) (b)

FIG. 1.7 – Hyperboloïdes formés par les vecteurs unitaires issus d'un même point $O \in \mathscr{E}$: (a) vecteurs unitaires du genre temps : il s'agit d'un hyperboloïde à deux nappes, $\mathscr{U}_O^+$ et $\mathscr{U}_O^-$; (b) vecteurs unitaires du genre espace : il s'agit d'un hyperboloïde à une nappe, $\mathscr{S}_O$. La dimension x^3 a été supprimée pour la figure : en réalité ces hyperboloïdes sont des surfaces à trois (et non pas deux) dimensions.

antisymétriques sur E, autrement dit des applications

$$\begin{aligned} \boldsymbol{A} : E \times E \times E \times E &\longrightarrow \mathbb{R} \\ (\vec{\boldsymbol{u}}_1, \vec{\boldsymbol{u}}_2, \vec{\boldsymbol{u}}_3, \vec{\boldsymbol{u}}_4) &\longmapsto \boldsymbol{A}(\vec{\boldsymbol{u}}_1, \vec{\boldsymbol{u}}_2, \vec{\boldsymbol{u}}_3, \vec{\boldsymbol{u}}_4), \end{aligned} \tag{1.34}$$

linéaires* par rapport à chacun de leurs arguments et qui changent de signe dans toute permutation de deux arguments. La dimension de E étant quatre, un résultat classique d'algèbre linéaire dit que $\mathscr{A}_4(E)$ est un espace vectoriel sur $\mathbb{R}$ de dimension un. Ainsi toutes les formes quadrilinéaires antisymétriques sont proportionnelles entre elles. L'existence du tenseur métrique $\boldsymbol{g}$ permet de singulariser certains éléments de $\mathscr{A}_4(E)$: ceux qui donnent ± 1 lorsque appliqués à une base orthonormale (pour $\boldsymbol{g}$) de E. En effet, si $(\vec{\boldsymbol{e}}_0, \vec{\boldsymbol{e}}_1, \vec{\boldsymbol{e}}_2, \vec{\boldsymbol{e}}_3)$ est une base orthonormale de E et si $\boldsymbol{A} \in \mathscr{A}_4(E)$ est tel que $|\boldsymbol{A}(\vec{\boldsymbol{e}}_0, \vec{\boldsymbol{e}}_1, \vec{\boldsymbol{e}}_2, \vec{\boldsymbol{e}}_3)| = 1$, alors on peut montrer[11] que pour toute autre base orthonormale de E, $(\vec{\boldsymbol{e}}\,'_0, \vec{\boldsymbol{e}}\,'_1, \vec{\boldsymbol{e}}\,'_2, \vec{\boldsymbol{e}}\,'_3)$, $|\boldsymbol{A}(\vec{\boldsymbol{e}}\,'_0, \vec{\boldsymbol{e}}\,'_1, \vec{\boldsymbol{e}}\,'_2, \vec{\boldsymbol{e}}\,'_3)| = 1$.

Comme la dimension de $\mathscr{A}_4(E)$ est un, il n'y a que deux formes quadrilinéaires antisymétriques distinctes vérifiant la propriété ci-dessus. Ces deux formes sont l'opposée l'une de l'autre. Définir une ***orientation*** de E revient à choisir l'une de ces deux formes, que nous noterons $\boldsymbol{\epsilon}$ et appellerons ***tenseur de Levi-Civita***[12] associé à la métrique $\boldsymbol{g}$. On a alors

$$\boxed{(\vec{\boldsymbol{e}}_\alpha) \text{ base orthonormale } \Longrightarrow \boldsymbol{\epsilon}(\vec{\boldsymbol{e}}_0, \vec{\boldsymbol{e}}_1, \vec{\boldsymbol{e}}_2, \vec{\boldsymbol{e}}_3) = \pm 1}. \tag{1.35}$$

11. Nous l'établirons au § 14.3.4.

12. La justification du terme *tenseur* sera donnée au Chap. 14.

Une base (non nécessairement orthonormale) $(\vec{e}_0, \vec{e}_1, \vec{e}_2, \vec{e}_3)$ sera dite ***directe*** si $\epsilon(\vec{e}_0, \vec{e}_1, \vec{e}_2, \vec{e}_3) > 0$ et ***indirecte*** si $\epsilon(\vec{e}_0, \vec{e}_1, \vec{e}_2, \vec{e}_3) < 0$. ϵ appliqué à quatre vecteurs de E donne leur déterminant par rapport à une quelconque base orthonormale directe. En ce sens, ϵ généralise la notion de *produit mixte* de l'espace euclidien de dimension trois. L'antisymétrie du tenseur de Levi-Civita se traduit par le fait que pour une permutation quelconque de quatre éléments, σ, (*i.e.* pour un élément σ du *groupe symétrique* $\mathfrak{S}_4$) et pour tout quadruplet $(\vec{u}_1, \vec{u}_2, \vec{u}_3, \vec{u}_4)$ de vecteurs :

$$\boxed{\epsilon(\vec{u}_{\sigma(1)}, \vec{u}_{\sigma(2)}, \vec{u}_{\sigma(3)}, \vec{u}_{\sigma(4)}) = (-1)^{k(\sigma)} \epsilon(\vec{u}_1, \vec{u}_2, \vec{u}_3, \vec{u}_4)}, \tag{1.36}$$

où $k(\sigma)$ est le nombre de transpositions (permutation de deux éléments) en produit desquelles on peut décomposer σ. On dit que la permutation σ est ***paire*** si $k(\sigma)$ est pair et ***impaire*** si $k(\sigma)$ est impair.

Remarque : Le lecteur habitué à manipuler le tenseur de Levi-Civita à trois dimensions prendra garde au fait qu'à quatre dimensions, une permutation circulaire est impaire et non paire.

Comme le corps de base de E est $\mathbb{R}$ (dont la caractéristique est différente de 2), dire que ϵ est antisymétrique est équivalent à dire que ϵ est ***alternée***, c'est-à-dire donne zéro lorsque deux de ses arguments sont égaux. Par exemple $\epsilon(\vec{u}, \vec{v}, \vec{u}, \vec{w}) = 0$.

Remarque : Nous verrons au Chap. 16 qu'en plus de définir une orientation sur E, le tenseur de Levi-Civita joue le rôle d'*élément de volume* de l'espace-temps, et ce parce qu'il généralise le produit mixte et qu'il vaut ± 1 sur les bases orthonormales (propriété (1.35)).

1.5 Dualité vecteurs-formes linéaires

1.5.1 Formes linéaires et espace dual

Une notion fondamentale associée à tout espace vectoriel E est celle de ***forme linéaire***, c'est-à-dire d'une application qui à tout vecteur fait correspondre un nombre :

$$\begin{aligned} \boldsymbol{\omega} : E &\longrightarrow \mathbb{R} \\ \vec{u} &\longmapsto \boldsymbol{\omega}(\vec{u}), \end{aligned} \tag{1.37}$$

et ce de manière linéaire :

$$\forall \lambda \in \mathbb{R},\ \forall (\vec{u}, \vec{v}) \in E^2, \quad \boldsymbol{\omega}(\lambda \vec{u} + \vec{v}) = \lambda \boldsymbol{\omega}(\vec{u}) + \boldsymbol{\omega}(\vec{v}). \tag{1.38}$$

Les formes linéaires sont très utilisées en physique et plus particulièrement, comme nous le verrons, en relativité.

Comme en mécanique quantique, nous utiliserons la notation *bra-ket* pour désigner l'action d'une forme linéaire sur un vecteur :

$$\boxed{\langle \boldsymbol{\omega}, \vec{\boldsymbol{u}} \rangle := \boldsymbol{\omega}(\vec{\boldsymbol{u}})}. \tag{1.39}$$

L'ensemble des formes linéaires sur E est muni canoniquement d'une structure d'espace vectoriel. On le désigne par E^* et on l'appelle ***l'espace vectoriel dual*** de E. E^* a la même dimension que E (donc quatre).

Étant donnée une base $(\vec{e}_0, \vec{e}_1, \vec{e}_2, \vec{e}_3)$ de E, il existe un unique quadruplet de formes linéaires[13] $(\boldsymbol{e}^0, \boldsymbol{e}^1, \boldsymbol{e}^2, \boldsymbol{e}^3)$ qui constitue une base de E^* et qui vérifie

$$\langle \boldsymbol{e}^\alpha, \vec{\boldsymbol{e}}_\beta \rangle = \delta^\alpha{}_\beta, \tag{1.40}$$

où $\delta^\alpha{}_\beta$ est le symbole de Kronecker défini au § 1.2.2. $(\boldsymbol{e}^0, \boldsymbol{e}^1, \boldsymbol{e}^2, \boldsymbol{e}^3)$ est appelée ***base duale*** de la base $(\vec{e}_0, \vec{e}_1, \vec{e}_2, \vec{e}_3)$.

1.5.2 Dualité métrique

Le tenseur métrique $\boldsymbol{g}$ permet d'établir un isomorphisme* entre E et son dual E^*, *via*

$$\begin{array}{rcl} \Phi_{\boldsymbol{g}} : E & \longrightarrow & E^* \\ \vec{\boldsymbol{u}} & \longmapsto & \underline{\boldsymbol{u}} : \begin{array}{rcl} E & \longrightarrow & \mathbb{R} \\ \vec{\boldsymbol{v}} & \longmapsto & \boldsymbol{g}(\vec{\boldsymbol{u}}, \vec{\boldsymbol{v}}). \end{array} \end{array} \tag{1.41}$$

Autrement dit, $\Phi_{\boldsymbol{g}}$ est l'application qui à tout vecteur $\vec{\boldsymbol{u}}$ fait correspondre la forme linéaire $\underline{\boldsymbol{u}}$ dont l'action sur un vecteur consiste à former le produit scalaire de ce vecteur avec $\vec{\boldsymbol{u}}$. De par la bilinéarité de $\boldsymbol{g}$, $\Phi_{\boldsymbol{g}}$ est bien définie (*i.e.* est bien à valeurs dans E^*) et est clairement linéaire. De plus, le fait que $\boldsymbol{g}$ soit non dégénérée montre que le noyau* de $\Phi_{\boldsymbol{g}}$ est réduit au vecteur nul. Autrement dit $\Phi_{\boldsymbol{g}}$ est injective (*cf.* Annexe A). Il s'agit à présent de montrer qu'elle est également surjective, pour établir qu'il s'agit d'une bijection entre E et E^*. Soient $\boldsymbol{\omega}$ une forme linéaire sur E et $(\vec{e}_0, \vec{e}_1, \vec{e}_2, \vec{e}_3)$ une base de E. La linéarité de $\boldsymbol{\omega}$ donne, pour tout vecteur $\vec{\boldsymbol{v}} = v^\beta \vec{\boldsymbol{e}}_\beta$,

$$\langle \boldsymbol{\omega}, \vec{\boldsymbol{v}} \rangle = v^\beta \, \langle \boldsymbol{\omega}, \vec{\boldsymbol{e}}_\beta \rangle. \tag{1.42}$$

Soit alors $\vec{\boldsymbol{\omega}}$ le vecteur dont les composantes ω^α dans la base $(\vec{\boldsymbol{e}}_\alpha)$ sont définies par

$$\omega^\alpha := g^{\alpha\beta} \langle \boldsymbol{\omega}, \vec{\boldsymbol{e}}_\beta \rangle, \tag{1.43}$$

où $(g^{\alpha\beta})$ est la matrice inverse de la matrice des composantes de $\boldsymbol{g}$ dans la base $(\vec{\boldsymbol{e}}_\alpha)$ (*cf.* § 1.2.2). En multipliant matriciellement l'Éq. (1.43) par $(g_{\alpha\beta})$, il vient $\langle \boldsymbol{\omega}, \vec{\boldsymbol{e}}_\beta \rangle = g_{\alpha\beta}\omega^\alpha$, de sorte que (1.42) s'écrit

$$\langle \boldsymbol{\omega}, \vec{\boldsymbol{v}} \rangle = g_{\alpha\beta}\omega^\alpha v^\beta = \boldsymbol{g}(\vec{\boldsymbol{\omega}}, \vec{\boldsymbol{v}}), \tag{1.44}$$

13. *Attention aux notations :* On distingue le vecteur $\vec{\boldsymbol{e}}_\alpha$ de la forme linéaire $\boldsymbol{e}^\alpha$ uniquement par la présence d'une flèche et la position de l'indice α.

ce qui montre que $\vec{\omega}$ est l'antécédent de $\boldsymbol{\omega}$ par $\Phi_{\boldsymbol{g}}$ et achève la démonstration de la bijectivité de $\Phi_{\boldsymbol{g}}$. On peut même écrire explicitement l'inverse de $\Phi_{\boldsymbol{g}}$ comme

$$\begin{aligned} \Phi_{\boldsymbol{g}}^{-1} : E^* &\longrightarrow E \\ \boldsymbol{\omega} &\longmapsto \vec{\omega} \ / \ \forall \vec{v} \in E, \quad \langle \boldsymbol{\omega}, \vec{v} \rangle = \boldsymbol{g}(\vec{\omega}, \vec{v}). \end{aligned} \tag{1.45}$$

Les espaces vectoriels E et E^* étant tous deux de dimension quatre sur $\mathbb{R}$, ils sont isomorphes entre eux (ainsi qu'à $\mathbb{R}^4$). L'isomorphisme particulier exhibé ci-dessus, $\Phi_{\boldsymbol{g}}$, est le seul que l'on puisse associer naturellement au tenseur métrique $\boldsymbol{g}$. Nous appellerons ***g-dualité***, ou encore ***dualité métrique***, l'ensemble $(\Phi_{\boldsymbol{g}}, \Phi_{\boldsymbol{g}}^{-1})$, c'est-à-dire (i) l'association à tout vecteur de E d'une forme linéaire de E^* par $\Phi_{\boldsymbol{g}}$ et (ii) l'association à toute forme linéaire de E^* d'un vecteur de E par $\Phi_{\boldsymbol{g}}^{-1}$.

Étant donné un vecteur $\vec{u}$, nous désignerons par $\underline{\boldsymbol{u}}$ l'unique forme linéaire image de $\vec{u}$ par $\boldsymbol{g}$-dualité et donnée explicitement par (1.41). Réciproquement, étant donné une forme linéaire $\boldsymbol{\omega}$, nous noterons $\vec{\omega}$ l'unique vecteur image de $\boldsymbol{\omega}$ par $\boldsymbol{g}$-dualité, suivant (1.45).

Ainsi, le scalaire $\vec{u} \cdot \vec{v}$ peut être considéré tout aussi bien comme le produit scalaire des deux vecteurs $\vec{u}$ et $\vec{v}$ vis-à-vis du tenseur métrique $\boldsymbol{g}$ que comme la forme linéaire $\underline{\boldsymbol{u}}$ appliquée au vecteur $\vec{v}$ ou encore, $\boldsymbol{g}$ étant symétrique, comme la forme linéaire $\underline{\boldsymbol{v}}$ appliquée au vecteur $\vec{u}$:

$$\boxed{\vec{u} \cdot \vec{v} = \boldsymbol{g}(\vec{u}, \vec{v}) = \langle \underline{\boldsymbol{u}}, \vec{v} \rangle = \langle \underline{\boldsymbol{v}}, \vec{u} \rangle}. \tag{1.46}$$

De même le scalaire $\langle \boldsymbol{\omega}, \vec{v} \rangle$ peut être considéré tout aussi bien comme la forme linéaire $\boldsymbol{\omega}$ agissant sur le vecteur $\vec{v}$ que comme le produit scalaire des vecteurs $\vec{\omega}$ et $\vec{v}$ vis-à-vis du tenseur métrique $\boldsymbol{g}$:

$$\boxed{\langle \boldsymbol{\omega}, \vec{v} \rangle = \vec{\omega} \cdot \vec{v} = \boldsymbol{g}(\vec{\omega}, \vec{v})}. \tag{1.47}$$

Remarque 1 : Considérons une base $(\vec{e}_0, \vec{e}_1, \vec{e}_2, \vec{e}_3)$ de E. Nous avons vu au § 1.5.1 qu'il lui correspond une unique base de E^* : la base duale $(\boldsymbol{e}^0, \boldsymbol{e}^1, \boldsymbol{e}^2, \boldsymbol{e}^3)$. Par ailleurs, grâce à la dualité métrique introduite ci-dessus, on peut associer à chaque vecteur $\vec{e}_\alpha$ une forme linéaire $\underline{\boldsymbol{e}}_\alpha$. On peut alors se demander si le quadruplet $(\underline{\boldsymbol{e}}_0, \underline{\boldsymbol{e}}_1, \underline{\boldsymbol{e}}_2, \underline{\boldsymbol{e}}_3)$ coïncide avec la base $(\boldsymbol{e}^0, \boldsymbol{e}^1, \boldsymbol{e}^2, \boldsymbol{e}^3)$. La réponse est non car, suivant les Éqs. (1.40) et (1.12),

$$\langle \boldsymbol{e}^\alpha, \vec{e}_\beta \rangle = \delta^\alpha{}_\beta \qquad \text{et} \qquad \langle \underline{\boldsymbol{e}}_\alpha, \vec{e}_\beta \rangle = \boldsymbol{g}(\vec{e}_\alpha, \vec{e}_\beta) = g_{\alpha\beta}, \tag{1.48}$$

et la matrice $(g_{\alpha\beta})$ est nécessairement différente de la matrice $(\delta^\alpha{}_\beta) = \mathrm{diag}(1, 1, 1, 1)$ en raison de la signature $(-, +, +, +)$ de $\boldsymbol{g}$.

Remarque 2 : Les applications $\Phi_{\boldsymbol{g}}$ et $\Phi_{\boldsymbol{g}}^{-1}$ qui fondent la dualité métrique, sont parfois appelées ***isomorphismes musicaux***, en raison des notations bémol et dièse souvent utilisées pour noter respectivement les actions de $\Phi_{\boldsymbol{g}}$ et $\Phi_{\boldsymbol{g}}^{-1}$. La correspondance avec les notations introduites ici est

$$\boldsymbol{u}^\flat = \underline{\boldsymbol{u}} \qquad \text{et} \qquad \boldsymbol{\omega}^\sharp = \vec{\omega}.$$

1.6 Bilan : l'espace-temps de Minkowski

Nous avons désormais introduit tous les objets mathématiques nécessaires à la fondation de la relativité restreinte. Ainsi nous appellerons ***espace-temps de Minkowski***, le quadruplet $(\mathscr{E}, \boldsymbol{g}, \mathcal{I}^+, \boldsymbol{\epsilon})$ où

- $\mathscr{E}$ est un espace affine de dimension quatre sur $\mathbb{R}$, d'espace vectoriel associé E (E est isomorphe à $\mathbb{R}^4$) ; $\mathscr{E}$ est appelé *espace-temps* ;

- $\boldsymbol{g}$ est une forme bilinéaire sur E, symétrique, non dégénérée et de signature $(-,+,+,+)$, appelée *tenseur métrique* ;

- $\mathcal{I}^+$ est l'une des deux nappes du cône isotrope de $\boldsymbol{g}$, appelée *nappe du futur* ;

- $\boldsymbol{\epsilon}$ est une forme quadrilinéaire sur E, antisymétrique et donnant ± 1 lorsque appliquée à une quelconque base orthonormale de $\boldsymbol{g}$; $\boldsymbol{\epsilon}$ est appelée *tenseur de Levi-Civita* associé à la métrique $\boldsymbol{g}$.

Notons qu'une fois fixés $\mathscr{E}$ et $\boldsymbol{g}$, il n'y a que deux choix possibles pour $\mathcal{I}^+$ et également deux choix possibles pour $\boldsymbol{\epsilon}$. Choisir $\mathcal{I}^+$ correspond à choisir une *flèche du temps* et choisir $\boldsymbol{\epsilon}$ fait de E un espace vectoriel *orienté*, au sens où l'on pourra parler de bases directes et de bases indirectes. L'espace-temps de Minkowski est donc un espace affine réel de dimension quatre, muni d'un produit scalaire de signature $(-,+,+,+)$, doté d'une flèche du temps et orienté. De plus, le produit scalaire est utilisé pour établir la dualité entre l'espace vectoriel E et l'espace E^* des formes linéaires sur E.

Nous avions représenté l'espace-temps newtonien sur la Fig. 1.2 avec sa structure fondamentale, à savoir le feuilletage $(\Sigma_t)_{t\in\mathbb{R}}$ par des espaces tridimensionnels de temps absolu fixé. La structure fondamentale de l'espace-temps de Minkowski, le tenseur métrique $\boldsymbol{g}$, n'est pas simple à représenter graphiquement. On dessine plutôt le cône isotrope de $\boldsymbol{g}$ en chaque point, ce qui conduit à la Fig. 1.8.

À ce stade, le cadre mathématique de la relativité restreinte est complètement posé. Toute la physique va être contenue dans les propriétés de cet espace affine de dimension quatre muni d'un produit scalaire de signature $(-,+,+,+)$. Ce qu'il reste à faire, c'est (i) définir des relations entre des quantités ou notions « physiques » telles que temps, espace, particule, photon, etc. et des objets mathématiques de l'espace-temps de Minkowski et (ii) exprimer les lois physiques en termes d'opérations mathématiques dans l'espace-temps de Minkowski.

Remarque : Les définitions et propriétés énoncées dans ce chapitre restent valables dans des espaces de dimension $n > 4$, pourvu qu'on les munisse d'une métrique de signature $(-,+,\cdots,+)$ (1 signe moins et $n-1$ signes plus). De tels espaces se rencontrent par exemple en théorie des cordes ($n = 10$ ou $n = 11$) [318].

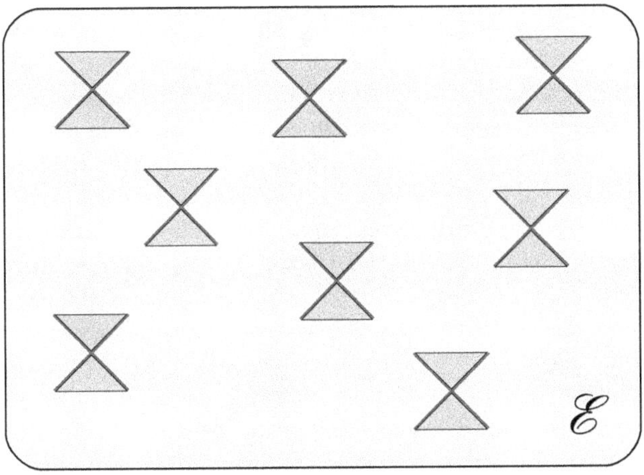

FIG. 1.8 – Espace-temps $\mathscr{E}$ de la relativité restreinte. Deux dimensions ont été supprimées si bien que l'espace affine $\mathscr{E}$ est représenté comme un plan. La structure fondamentale de la relativité est le tenseur métrique $\boldsymbol{g}$ dont on a représenté le cône isotrope en divers points. Il convient de comparer cette figure à la Fig. 1.2 de l'espace-temps newtonien.

Note historique : *La notion d'espace-temps quadridimensionnel ne se trouve pas dans l'article fondateur de la relativité restreinte, écrit par Albert Einstein*[14] *en 1905 [132]. Elle apparaît dans un long article d'Henri Poincaré*[15]*, dit « mémoire de Palerme », écrit en 1905 et publié l'année suivante [333]. Dans ce mémoire, Poincaré introduit* $(\mathrm{i}t, x, y, z)$*, où* $\mathrm{i}^2 = -1$*, comme les coordonnées d'un point dans un espace à quatre dimensions et considère la forme quadratique* $-t^2 + x^2 + y^2 + z^2$ *comme donnant la « distance » dans cet espace. Il utilise également la forme bilinéaire associée, que nous appellerions aujourd'hui tenseur métrique, pour former différents produits scalaires. Mais ce n'est qu'en 1908, avec Hermann Minkowski*[16]*, que le concept d'espace-temps quadridimensionnel prend toute son ampleur [289]. Le titre d'un ouvrage publié en 1909 et où Minkowski fait la synthèse de ses idées*

14. **Albert Einstein** (1879–1955) : Physicien théoricien allemand (naturalisé suisse en 1901 et américain en 1940), fondateur principal de la théorie de la relativité, restreinte et générale, et auteur de travaux décisifs en théorie quantique et sur le mouvement brownien ; il a obtenu le Prix Nobel de physique en 1921 pour son explication de l'effet photoélectrique et ses contributions à la physique théorique (sans mention explicite de la relativité !).

15. **Henri Poincaré** (1854–1912) : Mathématicien et physicien théoricien français, considéré comme le dernier grand savant universel, maîtrisant l'ensemble des mathématiques et de la physique de son temps. Ses travaux vont de la topologie algébrique aux équations différentielles, en passant par la mécanique céleste, la théorie du chaos et bien sûr la relativité.

16. **Hermann Minkowski** (1864–1909) : Mathématicien né dans l'empire russe et naturalisé allemand à l'âge de 8 ans. Spécialiste de théorie des nombres et de géométrie, c'est à l'université de Göttingen, au contact de David Hilbert, son ami, qu'il s'intéressa à la physique mathématique et plus particulièrement à l'électrodynamique et à la relativité. Il disparut prématurément, d'une crise d'appendicite à l'âge de 44 ans.

est d'ailleurs « L'espace et le temps » *[290]. Il contient la fameuse phrase :* « L'espace indépendant du temps, le temps indépendant de l'espace ne sont plus que des ombres vaines ; une sorte d'union des deux doit seule subsister encore » *[291]. L'espace-temps $\mathscr{E}$ y est clairement défini et appelé* Welt *(*Monde *ou* Univers*), avec les paramètres traditionnels (t, x, y, z) considérés comme de simples coordonnées d'un point de $\mathscr{E}$. Minkowski définit les vecteurs* (Vektor) *sur cet espace. Le tenseur métrique n'est pas introduit explicitement, mais Minkowski définit néanmoins l'orthogonalité de deux vecteurs par la condition $-c^2t_1t_2 + x_1x_2 + y_1y_2 + z_1z_2 = 0$, où (ct_1, x_1, y_1, z_1) et (ct_2, x_2, y_2, z_2) sont les composantes des vecteurs dans une base que nous qualifierions aujourd'hui d'orthonormale. Cela justifie pleinement l'appellation* matrice de Minkowski *donnée à la forme (1.19) du tenseur métrique dans une base orthonormale. Les appellations* vecteur du genre temps *et* vecteur du genre espace *sont dues à Minkowski. De plus, Minkowski a introduit les diagrammes d'espace-temps du type de celui de la Fig. 1.6. Pour plus de détails sur la contribution de Minkowski, on pourra consulter les Réfs. [284] (§ 7.4.6), [426] et [102], cette dernière mettant l'accent sur la comparaison avec Poincaré. Soulignons qu'Arnold Sommerfeld*[17] *a grandement contribué à rendre populaire l'approche quadridimensionnelle de Minkowski, et ce dès 1909. En particulier, c'est lui qui a forgé le terme* quadrivecteur *[386, 387].*

La notation $\boldsymbol{g}$ pour le tenseur métrique est quant à elle issue des travaux des mathématiciens italiens Gregorio Ricci (1853–1925) et Tullio Levi-Civita (1873–1941) autour de 1900. Ils l'employaient en tant qu'initiale de géométrie. *Elle apparaît pour la première fois dans le contexte de la relativité dans un article d'Einstein de 1913 [136].*

1.7 Avant d'aller plus loin...

Dans ce chapitre ont été définies les notions suivantes. Par ordre alphabétique :

- base directe
- base indirecte
- base duale
- base orthonormale (vis-à-vis du tenseur métrique)
- cône isotrope (du tenseur métrique)
- coordonnées affines
- espace-temps
- espace-temps de Minkowski

17. **Arnold Sommerfeld** (1868–1951) : Physicien théoricien allemand, pionnier de la mécanique quantique. Il est l'auteur de nombreux travaux en physique atomique et a introduit la constante de structure fine α en 1915. Sommerfeld a encadré de nombreux étudiants en thèse, dont Werner Heisenberg et Wolfgang Pauli (*cf.* p. 535), et a écrit des manuels de physique renommés.

- espace vectoriel dual
- flèche du temps
- forme bilinéaire
- forme bilinéaire non dégénérée
- forme bilinéaire symétrique
- forme linéaire
- forme quadrilinéaire
- forme quadrilinéaire antisymétrique
- forme quadrilinéaire alternée
- $\boldsymbol{g}$-dualité
- matrice du tenseur métrique par rapport à une base vectorielle
- métrique
- nappe du futur
- nappe du passé
- norme d'un vecteur vis-à-vis du tenseur métrique
- orientation de l'espace-temps
- permutation paire
- permutation impaire
- produit scalaire
- quadrivecteurs
- repère affine
- signature d'une forme bilinéaire
- système de coordonnées affines
- tenseur de Levi-Civita
- tenseur métrique
- vecteur
- vecteur du genre espace
- vecteur du genre lumière
- vecteur du genre temps
- vecteur du genre temps orienté vers le futur
- vecteur du genre temps orienté vers le passé
- vecteur isotrope d'une forme bilinéaire
- vecteurs orthogonaux
- vecteur unitaire.

Le lecteur est invité à vérifier s'il a assimilé chacune de ces notions, avant de passer à la suite.

Chapitre 2

Lignes d'univers et temps propre

Sommaire

Ayant introduit le cadre mathématique de la relativité restreinte au chapitre précédent, nous allons passer à présent au b.a.- ba de la physique (non quantique), à savoir la description du mouvement d'une particule ou « point matériel ». Nous verrons notamment l'interprétation physique du tenseur métrique $\boldsymbol{g}$ comme l'opérateur donnant le temps qui s'écoule le long de la trajectoire d'un point matériel.

2.1 Ligne d'univers d'un point matériel

La relativité restreinte étant une théorie non quantique[1], les particules y sont décrites par des points matériels, comme en mécanique classique. Ainsi « une particule à un instant donné » sera représentée par un point de l'espace-temps $\mathscr{E}$ et les « positions successives » de cette particule dessineront une ligne (c'est-à-dire une courbe de dimension 1) dans l'espace affine $\mathscr{E}$. Remarquons que nous ne pouvons à ce stade donner un sens à l'expression « à un instant donné » si l'on veut préserver à $\mathscr{E}$ son caractère mixte espace + temps et ne pas

1. L'espace-temps de Minkowski sert cependant de cadre à la théorie quantique des champs relativistes.

le décomposer en une partie spatiale et une partie temporelle. Nous définirons donc une particule par sa totalité spatio-temporelle, à savoir une ligne de $\mathscr{E}$. Plus précisément, nous emploierons le terme de ***particule*** ou ***point matériel*** pour désigner tout objet physique dont on néglige l'extension spatiale dans le phénomène étudié. Ainsi, il pourra s'agir d'une particule élémentaire mais aussi d'un objet macroscopique.

La correspondance entre la physique et la mathématique introduite au Chap. 1 consiste à dire que les points matériels ou les particules dites *massives* ne suivent pas n'importe quelles courbes de l'espace-temps de Minkowski, mais seulement celles du genre temps :

> Tout point matériel, ou ***particule massive***, est représenté par une courbe $\mathscr{L}$ de classe C^2 par morceaux de l'espace-temps de Minkowski $(\mathscr{E}, \boldsymbol{g})$, telle que tout vecteur tangent à cette courbe soit du genre temps. $\mathscr{L}$ est appelée ***ligne d'univers*** du point matériel.

Rappelons qu'un vecteur $\vec{\boldsymbol{v}} \in E$ est *du genre temps* ssi $\vec{\boldsymbol{v}} \cdot \vec{\boldsymbol{v}} = \boldsymbol{g}(\vec{\boldsymbol{v}}, \vec{\boldsymbol{v}}) < 0$ (*cf.* § 1.2.4) et précisons que ***courbe de classe*** C^2 ***par morceaux*** signifie qu'il existe une application

$$\begin{aligned} \varphi : \mathbb{R} &\longrightarrow \mathscr{E} \\ \lambda &\longmapsto A = \varphi(\lambda) \end{aligned} \tag{2.1}$$

de classe C^2 par morceaux (c'est-à-dire deux fois dérivable et à dérivée seconde continue sur chaque intervalle d'une subdivision finie de $\mathbb{R}$) telle que $\mathscr{L}$ soit l'image de φ. Si φ est une application injective, nous l'appellerons ***paramétrage*** de $\mathscr{L}$.

Remarque 1 : Bien entendu, pour une ligne d'univers $\mathscr{L}$ donnée, il existe une infinité de paramétrages : si φ en est un, toute bijection $f : \mathbb{R} \to \mathbb{R}$ de classe C^2 induit un nouveau paramétrage $\tilde{\varphi} := \varphi \circ f$. Un paramétrage de $\mathscr{L}$ est *a priori* une opération purement mathématique. Nous introduirons au § 2.2 un paramétrage physique : le paramétrage de $\mathscr{L}$ par le « temps écoulé » (dit *temps propre*) le long de $\mathscr{L}$.

Remarque 2 : Nous pouvons voir l'énoncé ci-dessus comme la définition formelle d'une *particule massive*. La notion de masse sera introduite au Chap. 9 et nous verrons alors qu'une particule massive a une masse non nulle.

Remarque 3 : En astreignant les lignes d'univers à être du genre temps, nous excluons certaines particules hautement spéculatives appelées ***tachyons*** [56, 149, 151]. Si elles existaient, ces dernières se déplaceraient sur des lignes d'univers qui seraient toujours du genre espace. Notons qu'il n'existe pas de théorie relativiste cohérente qui autorise les lignes d'univers à changer de genre sur certaines portions : une ligne d'univers est soit toujours du genre temps (particules massives ordinaires), soit toujours du genre espace (tachyons). Nous reviendrons sur les tachyons au § 4.2.3.

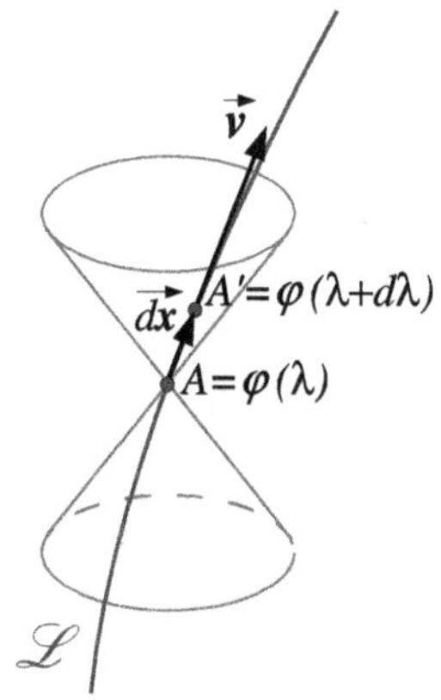

FIG. 2.1 – Ligne d'univers d'un point matériel, avec le vecteur tangent $\vec{v}$ associé au paramétrage $\varphi(\lambda)$. On a fait figurer le cône isotrope au point considéré. Étant donné que $\vec{v}$ est du genre temps, il est à l'intérieur du cône isotrope.

Il est naturellement associé à tout paramétrage φ de $\mathscr{L}$ un champ de vecteurs de E, défini en chaque point de $\mathscr{L}$ par le vecteur dérivé de φ en ce point :

$$\forall\lambda \in \mathbb{R}, \qquad \vec{v}(\lambda) := \lim_{\varepsilon\to 0} \frac{1}{\varepsilon}\, \overrightarrow{A(\lambda)A(\lambda+\varepsilon)}, \tag{2.2}$$

où nous avons utilisé la notation $A(\lambda)$ pour $\varphi(\lambda)$ (point générique de $\mathscr{L}$, *cf.* (2.1)). $\vec{v}$ est appelé ***champ de vecteurs tangents*** associé au paramétrage φ. On peut donner une expression « plus physique » de $\vec{v}$: en notant $d\lambda$ l'accroissement ε du paramètre λ et $d\vec{x}$ le vecteur infinitésimal qui joint le point $A(\lambda)$ au point $A(\lambda + d\lambda)$ (*cf.* Fig. 2.1), il vient

$$\forall\lambda \in \mathbb{R}, \qquad \boxed{\vec{v}(\lambda) = \frac{d\vec{x}}{d\lambda}}. \tag{2.3}$$

De par la définition d'une ligne d'univers, le vecteur $\vec{v}(\lambda)$ doit être du genre temps pour toutes les valeurs du paramètre λ : $\vec{v}(\lambda)\cdot\vec{v}(\lambda) < 0$.

Si $(O;\vec{e}_\alpha)$ est un repère affine de $\mathscr{E}$ (*cf.* § 1.1.3) et $(x^\alpha(\lambda))$ les coordonnées affines du point $A = \varphi(\lambda)$ dans ce repère, les composantes du vecteur tangent $\vec{v}(\lambda)$ dans la base $(\vec{e}_\alpha)$ sont les dérivées des fonctions $x^\alpha(\lambda)$: $v^\alpha(\lambda) = dx^\alpha/d\lambda$, d'où

$$\vec{v}(\lambda) = \frac{dx^\alpha}{d\lambda}\,\vec{e}_\alpha. \tag{2.4}$$

Dans l'optique d'interpréter une ligne d'univers comme les positions « successives » d'un même point matériel, définissons un ***événement*** comme un point d'une ligne d'univers. Étant donné qu'en tout point de $\mathscr{E}$, on peut faire passer une ligne d'univers, on constate qu'événement est synonyme de point de l'espace-temps.

2.2 Temps propre

2.2.1 Définition

Nous avons déjà remarqué au § 1.2.1 que le tenseur métrique $\boldsymbol{g}$ ne définit pas une métrique sur $\mathscr{E}$ au sens mathématique du terme et qu'il conviendrait plutôt de l'appeler *tenseur pseudo-métrique*. Une conséquence est que la norme vis-à-vis de $\boldsymbol{g}$, $\| \ \|_{\boldsymbol{g}}$, introduite au § 1.2.5, n'est pas une norme au sens mathématique du terme. En particulier, elle ne s'annule pas seulement pour le vecteur nul. Cependant, si on restreint l'application de $\| \ \|_{\boldsymbol{g}}$ à des vecteurs $\vec{\boldsymbol{v}}$ du genre temps, comme les vecteurs tangents à une ligne d'univers, c'est-à-dire si l'on forme l'application

$$\begin{array}{ccc} E_{\text{genre temps}} & \longrightarrow & \mathbb{R}^+ \\ \vec{\boldsymbol{v}} & \longmapsto & \|\vec{\boldsymbol{v}}\|_{\boldsymbol{g}} = \sqrt{-\boldsymbol{g}(\vec{\boldsymbol{v}}, \vec{\boldsymbol{v}})}, \end{array} \tag{2.5}$$

alors on obtient une fonction qui ne s'annule que lorsque $\vec{\boldsymbol{v}} = 0$, tout comme une norme[2]. On peut par conséquent utiliser $\boldsymbol{g}$ pour mesurer des « longueurs » le long des lignes d'univers. L'interprétation physique fondamentale du tenseur métrique $\boldsymbol{g}$ consiste à dire que ces « longueurs » correspondent au temps écoulé le long de la ligne d'univers considérée.

Plus précisément, soient deux événements A et A' infiniment voisins sur la ligne d'univers $\mathscr{L}$ d'un point matériel donné (*cf.* Fig. 2.1). Soit $d\vec{\boldsymbol{x}}$ le vecteur infinitésimal joignant A et A'. $d\vec{\boldsymbol{x}}$ est un vecteur tangent à $\mathscr{L}$. D'après la définition d'une ligne d'univers, le vecteur $d\vec{\boldsymbol{x}}$ est du genre temps. On pose alors

$$\boxed{\begin{cases} c\,d\tau := \|d\vec{\boldsymbol{x}}\|_{\boldsymbol{g}} = \sqrt{-\boldsymbol{g}(d\vec{\boldsymbol{x}}, d\vec{\boldsymbol{x}})} & \text{si } d\vec{\boldsymbol{x}} \text{ est orienté vers le futur} \\ c\,d\tau := -\|d\vec{\boldsymbol{x}}\|_{\boldsymbol{g}} = -\sqrt{-\boldsymbol{g}(d\vec{\boldsymbol{x}}, d\vec{\boldsymbol{x}})} & \text{si } d\vec{\boldsymbol{x}} \text{ est orienté vers le passé} \end{cases}}\,. \tag{2.6}$$

Rappelons que les propriétés d'orientation vers le futur ou le passé des vecteurs du genre temps ont été définies au § 1.3 (choix d'une flèche du temps). En raison du facteur c (*cf.* § 1.1.4), la quantité $d\tau$ définie ci-dessus a la dimension d'un temps, car $\boldsymbol{g}$ est sans dimension et $d\vec{\boldsymbol{x}}$ a la dimension d'une longueur (convention adoptée au § 1.1.4). On l'appelle le ***temps propre*** écoulé entre les événements A et A' de $\mathscr{L}$.

Si on représente le déplacement $d\vec{\boldsymbol{x}}$ par ses composantes (dx^α) dans une base orthonormale de $(E, \boldsymbol{g})$, le produit scalaire $\boldsymbol{g}(d\vec{\boldsymbol{x}}, d\vec{\boldsymbol{x}})$ s'exprime suivant la formule (1.20), si bien que (2.6) s'écrit

$$\boxed{c\,d\tau = \pm\sqrt{(dx^0)^2 - (dx^1)^2 - (dx^2)^2 - (dx^3)^2}}_{\text{base orthonormale}}, \tag{2.7}$$

où le signe $\pm$ correspond aux deux cas distingués en (2.6).

2. Il ne s'agit cependant toujours pas d'une norme au sens mathématique, car elle ne vérifie pas l'égalité triangulaire $\|\vec{\boldsymbol{v}} + \vec{\boldsymbol{w}}\| \leq \|\vec{\boldsymbol{v}}\| + \|\vec{\boldsymbol{w}}\|$.

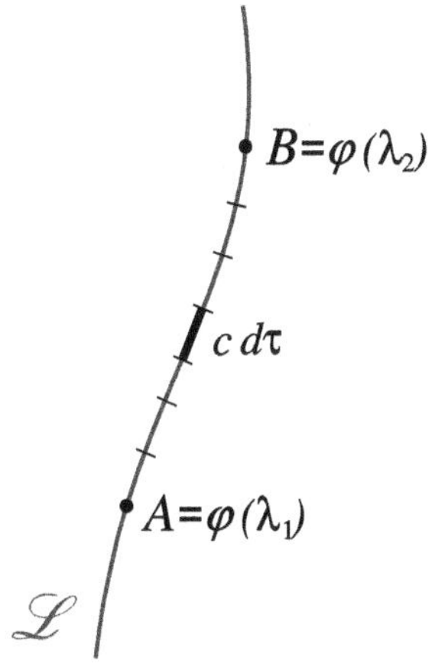

FIG. 2.2 – Temps propre entre deux événements A et B le long d'une ligne d'univers $\mathscr{L}$.

Étant donné un paramétrage $\varphi(\lambda)$ de $\mathscr{L}$, on peut exprimer simplement le temps propre en fonction du champ de vecteurs tangents associé $\vec{\boldsymbol{v}}$. Supposons $\vec{\boldsymbol{v}}$ orienté vers le futur. Si tel n'était pas le cas, le changement de paramétrage $\lambda \mapsto -\lambda$ fournirait un champ de vecteurs tangents orientés vers le futur. On a alors

$$d\vec{\boldsymbol{x}} = \vec{\boldsymbol{v}}\, d\lambda, \tag{2.8}$$

où $d\lambda$ est la différence de paramètre entre A' et A : $A = \varphi(\lambda)$, $A' = \varphi(\lambda + d\lambda)$ (*cf.* Fig. 2.1). La relation (2.6) peut donc s'écrire, en utilisant la bilinéarité de $\boldsymbol{g}$,

$$c\, d\tau = \sqrt{-\boldsymbol{g}(\vec{\boldsymbol{v}}, \vec{\boldsymbol{v}})}\, d\lambda. \tag{2.9}$$

Remarque : Le fait de choisir le paramétrage tel que $\vec{\boldsymbol{v}}$ soit orienté vers le futur assure que $d\tau$ a le bon signe, c'est-à-dire est positif (resp. négatif) si $d\vec{\boldsymbol{x}}$ est orienté vers le futur (resp. vers le passé). Soulignons que bien que l'expression (2.9) fasse apparaître explicitement le paramétrage φ de $\mathscr{L}$, la valeur de $d\tau$ est indépendante de ce paramétrage, comme il est clair sur (2.6).

On peut étendre la définition du temps propre à deux événements non infiniment proches d'une ligne d'univers, en intégrant (2.6) entre les deux événements. Ainsi si A et B sont deux points d'une ligne d'univers $\mathscr{L}$ (*cf.* Fig. 2.2), et si φ est un paramétrage de $\mathscr{L}$ tel que $A = \varphi(\lambda_1)$ et $B = \varphi(\lambda_2)$, on pose

$$\boxed{\tau(A, B) := \int_A^B d\tau = \frac{1}{c} \int_{\lambda_1}^{\lambda_2} \sqrt{-\boldsymbol{g}(\vec{\boldsymbol{v}}(\lambda), \vec{\boldsymbol{v}}(\lambda))}\, d\lambda}, \tag{2.10}$$

où $\vec{\boldsymbol{v}}(\lambda)$ est le champ de vecteurs tangents à $\mathscr{L}$ associé au paramétrage φ. Tout comme $d\tau$, $\tau(A, B)$ ne dépend pas du choix du paramétrage φ.

2.2.2 Horloges idéales

On appelle ***horloge*** tout dispositif physique que l'on peut réduire à un point matériel (à l'échelle du problème considéré) et qui « fournit une suite de signaux », c'est-à-dire qui échantillonne sa ligne d'univers $\mathscr{L}$ en une suite d'événements $E_0, E_1, E_2, \ldots$ (Fig. 2.3). Les E_i sont appelés les ***tics*** de l'horloge.

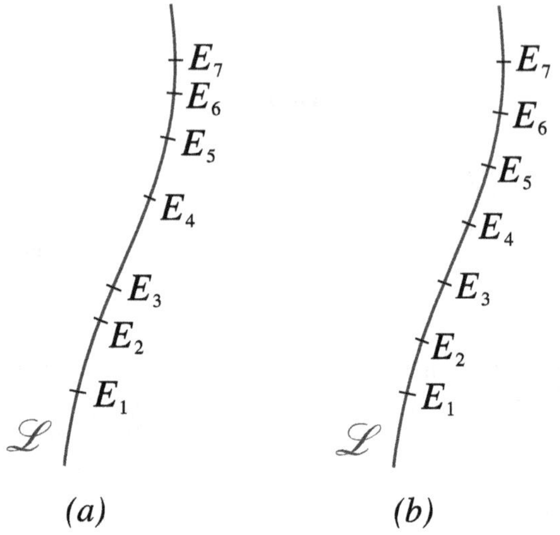

FIG. 2.3 – *(a)* Horloge quelconque ; *(b)* horloge idéale.

On définit alors une ***horloge idéale*** comme une horloge pour laquelle le temps propre $\tau(E_k, E_{k+N})$ entre deux tics quelconques E_k et E_{k+N} le long de sa ligne d'univers est égale à une constante K fois le nombre N de tics écoulés :

$$\tau(E_k, E_{k+N}) = K\,N. \tag{2.11}$$

Parmi toutes les horloges, les horloges idéales sont caractérisées par le fait que le coefficient de proportionnalité K est le même en tout point de leur ligne d'univers (Fig. 2.3).

Remarque : La relativité a banni la notion de *temps absolu* (*cf.* § 1.1.5). Cependant le long de chaque ligne d'univers, elle introduit un temps privilégié, celui donné par le tenseur métrique suivant (2.6). Une horloge idéale est alors une horloge qui affiche ce temps-là. Évidemment ce temps varie d'une ligne d'univers à l'autre, c'est-à-dire que la quantité $\tau(A, B)$ définie par (2.10) dépend de la ligne d'univers suivie pour aller de A à B. C'est dans ce sens que la relativité abandonne la notion de temps absolu.

Une horloge idéale est un dispositif « théorique » qui peut être plus ou moins bien approché par des appareillages réels. Pour savoir si une horloge réelle donnée constitue une bonne approximation d'une horloge idéale, il suffit de contrôler si les lois de la cinématique et de la dynamique qui vont être développées dans la suite (exprimées avec le temps des horloges idéales), sont vérifiées lorsqu'on décrit des expériences à l'aide du temps donné par cette horloge. Par exemple un pendule fixe par rapport à la Terre constitue une approximation relativement bonne (à l'échelle humaine!) d'une horloge idéale. Par contre, il ne correspond plus du tout à une horloge idéale dans un référentiel fortement accéléré par rapport à la Terre, son mouvement perdant toute périodicité si l'accélération n'est pas constante. Une horloge atomique constitue une bien meilleure approximation d'une horloge idéale car le temps qu'elle fournit dépend assez peu de son état d'accélération, du moins pour des accélérations faibles devant l'accélération centripète d'un électron autour d'un noyau atomique, qui est de l'ordre de $10^{23}\,\mathrm{m.s}^{-2}$.

Remarque 1 : Puisqu'il est relié à l'objet fondamental de la théorie de la relativité, à savoir le tenseur métrique $\boldsymbol{g}$, par lequel toutes les lois physiques vont être énoncées, le temps propre est le seul temps réellement physique au sens suivant. La définition d'un temps le long d'une ligne d'univers est *a priori* arbitraire : on peut choisir le temps donné par un horloge quelconque. Ce qui distingue le temps propre, c'est qu'étant lié au tenseur métrique, les lois physiques exprimées par son intermédiaire ont une forme plus simple que si on utilisait un temps quelconque. Pour reprendre l'exemple mentionné ci-dessus, les battements d'un pendule dans un référentiel non accéléré sont périodiques en terme du temps propre. Pour paraphraser Poincaré [328], on peut donc dire que c'est pour une raison de *commodité* que l'on emploie le temps propre et non le temps donné par une horloge quelconque.

Lorsque l'on considère un être humain, le temps propre le long de sa ligne d'univers est également le temps le plus commode pour décrire son évolution physiologique, étant donnée la nature physique des processus biologiques. En admettant que le temps physiologique soit effectivement celui perçu par la conscience, on pourra imaginer le temps propre le long d'une ligne d'univers comme le temps ressenti par un observateur humain qui se déplacerait le long de cette ligne d'univers.

Remarque 2 : La notion fondamentale qui apparaît une fois introduit le tenseur métrique et les lignes d'univers est celle de temps et non de distance. Nous y reviendrons par la suite.

2.3 Quadrivitesse et quadriaccélération

2.3.1 Quadrivitesse

Nous avons vu au § 2.1 qu'étant donnée une ligne d'univers $\mathscr{L}$, on peut lui associer une infinité de champs de vecteurs, à savoir les champs de vecteurs tangents liés à tous les paramétrages possibles de $\mathscr{L}$. L'introduction du temps propre au § 2.2 va permettre de sélectionner un champ de vecteurs indépendant de tout paramétrage, et par là intrinsèque à la ligne d'univers : on appelle ***quadrivitesse*** ou ***4-vitesse*** d'un point matériel décrivant une ligne d'univers $\mathscr{L}$ le vecteur de E défini en tout point A de $\mathscr{L}$ par

$$\boxed{\vec{u} := \frac{1}{c}\frac{d\vec{x}}{d\tau}}, \tag{2.12}$$

où $d\vec{x}$ est un vecteur infinitésimal tangent à $\mathscr{L}$ en A et orienté vers le futur (au sens du § 1.3) et $d\tau$ est l'intervalle de temps propre correspondant à $d\vec{x}$ par (2.6). Si l'on désire donner un sens mathématique rigoureux à la dérivée (2.12), il suffit de considérer le paramétrage de la ligne d'univers $\mathscr{L}$ par c fois son temps propre, $\lambda = c\tau$; un tel paramétrage est unique à un choix d'origine des temps propres près. $\vec{u}$ n'est alors pas autre chose que le vecteur tangent associé tel que défini au § 2.1. En tant que dérivée du paramétrage, il ne dépend évidemment pas de l'origine choisie du temps propre.

Si $\vec{v}$ est un champ de vecteurs tangents orientés vers le futur associé à un certain paramétrage $\varphi(\lambda)$ de $\mathscr{L}$, les relations (2.8) et (2.9) reportées dans (2.12) conduisent à

$$\vec{u} = \frac{\vec{v}}{\sqrt{-\boldsymbol{g}(\vec{v},\vec{v})}} = \frac{\vec{v}}{\|\vec{v}\|_{\boldsymbol{g}}}. \tag{2.13}$$

Cette identité peut être considérée comme la définition d'un vecteur tangent unitaire à partir d'un vecteur tangent quelconque. Il est d'ailleurs immédiat de vérifier sur (2.13) que l'on a[3]

$$\boxed{\vec{u}\cdot\vec{u} = -1}. \tag{2.14}$$

On aurait même pu introduire la 4-vitesse $\vec{u}$ comme l'unique vecteur unitaire tangent à $\mathscr{L}$ et orienté vers le futur. La définition (2.12) a davantage la forme de ce que l'on appelle généralement une « vitesse ». Notons cependant que $\vec{u}$ est sans dimension, ceci en raison du facteur $1/c$ dans la définition (2.12).

Remarque : De nombreux auteurs définissent la 4-vitesse comme ayant la dimension d'une vitesse, c'est-à-dire suivant $\vec{u} := d\vec{x}/d\tau$ au lieu de (2.12). La relation (2.14) devient alors $\vec{u}\cdot\vec{u} = -c^2$. Nous préférons la définition sans dimension car le vecteur $\vec{u}$ est alors unitaire (Éq. (2.14)), ce qui permet de simplifier de nombreuses expressions. Nous suivons en cela la convention de Landau & Lifchitz [231]. D'un point de vue pédagogique, le caractère sans dimension de la 4-vitesse permet d'éviter toute confusion avec une vitesse « physique », c'est-à-dire telle que mesurée par un observateur (*cf.* remarque ci-dessous).

La propriété (2.14) implique que la 4-vitesse appartient à l'ensemble $\mathscr{U}^+$ introduit au § 1.3.3 :

$$\boxed{\vec{u} \in \mathscr{U}^+}. \tag{2.15}$$

3. Rappelons que la notation $\vec{u}\cdot\vec{u}$ désigne le produit scalaire $\boldsymbol{g}(\vec{u},\vec{u})$.

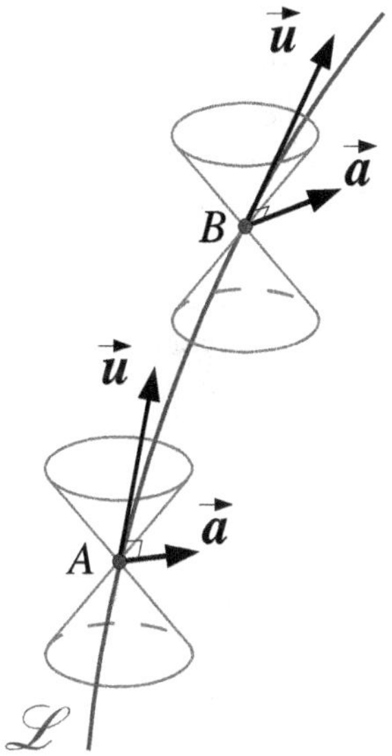

FIG. 2.4 – 4-vitesse $\vec{u}$ et 4-accélération $\vec{a}$ en deux points A et B d'une ligne d'univers $\mathscr{L}$.

Réciproquement, tout élément de $\mathscr{U}^+$ peut être considéré comme une 4-vitesse. Ainsi on peut voir $\mathscr{U}^+$ comme l'ensemble des 4-vitesses.

La 4-vitesse en deux points A et B d'une ligne d'univers est représentée sur la Fig. 2.4. On a également fait figurer en A et B le cône isotrope de $\boldsymbol{g}$ (*cf.* § 1.3) : en tant que vecteur du genre temps orienté vers le futur, $\vec{u}$ se trouve à l'intérieur de la nappe du futur $\mathcal{I}^+$ de ce cône.

Remarque : Le lecteur aura pu être surpris par le fait que la 4-vitesse de la théorie de la relativité n'ait pas été définie *relativement* à un référentiel ou un observateur donné, mais comme une quantité *absolue*, qui ne dépend que de la ligne d'univers considérée (cette dernière étant évidemment indépendante de tout observateur). En fait la 4-vitesse n'est pas une quantité directement mesurable. Lorsque nous aurons introduit la notion d'observateur au Chap. 3, nous définirons au Chap. 4 la vitesse d'un point matériel par rapport à un observateur ; elle s'exprimera en fonction de la 4-vitesse du point matériel et de celle de l'observateur. Il s'agira alors d'une quantité qui dépendra du choix de l'observateur et qui sera directement mesurable comme le quotient d'une distance mesurée avec une règle par une durée lue sur une horloge.

2.3.2 Quadriaccélération

Il est naturel de définir la ***quadriaccélération*** ou ***4-accélération*** comme le vecteur de E qui mesure la variation du champ de quadrivitesses $\vec{u}$ le long de la ligne d'univers $\mathscr{L}$:

$$\boxed{\vec{\boldsymbol{a}} := \frac{1}{c}\frac{d\vec{\boldsymbol{u}}}{d\tau}}, \tag{2.16}$$

où τ désigne le temps propre le long de $\mathscr{L}$. Cette expression est pleinement justifiée si l'on paramètre $\mathscr{L}$ par $\lambda = c\tau$: $\vec{\boldsymbol{a}}$ n'est alors pas autre chose que le vecteur dérivée seconde de ce paramétrage.

$\vec{\boldsymbol{u}}$ étant sans dimension et $c\tau$ ayant la dimension d'une longueur (*cf.* Éq. (2.6)), la 4-accélération a la dimension de l'inverse d'une longueur, et non celle d'une accélération[4].

On peut déduire immédiatement deux propriétés fondamentales de la 4-accélération :

- $\vec{\boldsymbol{a}}$ est orthogonal à $\vec{\boldsymbol{u}}$ (pour la métrique $\boldsymbol{g}$) :

$$\boxed{\vec{\boldsymbol{a}} \cdot \vec{\boldsymbol{u}} = 0}. \tag{2.17}$$

  En effet :

$$\vec{\boldsymbol{a}} \cdot \vec{\boldsymbol{u}} = \frac{1}{c}\frac{d\vec{\boldsymbol{u}}}{d\tau} \cdot \vec{\boldsymbol{u}} = \frac{1}{2c}\frac{d}{d\tau}(\vec{\boldsymbol{u}} \cdot \vec{\boldsymbol{u}}) = \frac{1}{2c}\frac{d}{d\tau}(-1) = 0.$$

- $\vec{\boldsymbol{a}}$ est soit le vecteur nul, soit un vecteur du genre espace : en effet, si $\vec{\boldsymbol{a}} \neq 0$, grâce à (2.17) et en employant le procédé d'orthogonalisation de Gram-Schmidt [111], on peut trouver une base de E de la forme $(\vec{\boldsymbol{u}}, \vec{\boldsymbol{a}}, \vec{\boldsymbol{e}}_1, \vec{\boldsymbol{e}}_2)$ et qui soit une base orthogonale (relativement à $\boldsymbol{g}$). Dans cette base, en tenant compte de (2.14), la matrice de $\boldsymbol{g}$ est de la forme :

$$g_{\alpha\beta} = \begin{pmatrix} -1 & 0 & 0 & 0 \\ 0 & \vec{\boldsymbol{a}} \cdot \vec{\boldsymbol{a}} & 0 & 0 \\ 0 & 0 & \vec{\boldsymbol{e}}_1 \cdot \vec{\boldsymbol{e}}_1 & 0 \\ 0 & 0 & 0 & \vec{\boldsymbol{e}}_2 \cdot \vec{\boldsymbol{e}}_2 \end{pmatrix}.$$

  Puisque la signature de $\boldsymbol{g}$ est $(-,+,+,+)$, les termes de la diagonale autres que -1 sont nécessairement strictement positifs (théorème d'inertie de Sylvester, § 1.2.1) ; donc, en particulier $\vec{\boldsymbol{a}} \cdot \vec{\boldsymbol{a}} > 0$, c'est-à-dire que $\vec{\boldsymbol{a}}$ est bien du genre espace. En réintroduisant la possibilité $\vec{\boldsymbol{a}} = 0$, on peut donc écrire

$$\boxed{\vec{\boldsymbol{a}} \cdot \vec{\boldsymbol{a}} \geq 0}. \tag{2.18}$$

Notons au passage que la démonstration ci-dessus n'utilise que le fait que $\vec{\boldsymbol{a}}$ soit orthogonal à $\vec{\boldsymbol{u}}$; on en déduit donc une propriété fort utile pour la suite :

---

4. Tout comme la 4-vitesse introduite plus haut n'a pas la dimension d'une vitesse, *cf.* remarque p. 36.

Tout vecteur orthogonal à un vecteur du genre temps est nécessairement du genre espace.

La 4-accélération en deux points distincts d'une ligne d'univers est représentée sur la Fig. 2.4. Étant du genre espace, elle est située « en dehors » du cône de lumière. Notons que l'orthogonalité entre $\vec{a}$ et $\vec{u}$ ne se reflète pas dans l'orthogonalité « ordinaire » des flèches du dessin de la Fig. 2.4 (*cf.* la discussion sur la représentation graphique des vecteurs au § 1.2.6). Nous verrons au § 2.6.3 une interprétation géométrique de la 4-accélération la reliant à la *courbure* de la ligne d'univers.

Remarque : Tout comme la 4-vitesse (*cf.* remarque à la fin du § 2.3.1), la 4-accélération est une quantité absolue, indépendante de tout observateur.

Note historique : *Les concepts de* ligne d'univers, 4-vitesse *et* 4-accélération *sont dus à Hermann Minkowski* (cf. *p. 25). Ils apparaissent dans une publication de 1908 [289] et sont au centre du fameux article sur l'espace-temps [290] publié l'année suivante et discuté à la fin du Chap. 1. Notons toutefois que dès 1905, dans le « mémoire de Palerme » [333], Henri Poincaré* (cf. *p. 25) avait fait apparaître un vecteur quadridimensionnel qui n'était autre que la 4-vitesse, mais sans faire explicitement référence à la notion de ligne d'univers. Le concept de* temps propre, *tel que nous l'avons exposé, à savoir la longueur donnée par le tenseur métrique le long d'une ligne d'univers, est également dû à Minkowski, qui a écrit dans [289] et [290] les relations (2.6) et (2.10) (en utilisant les composantes (1.19) de* $\boldsymbol{g}$ *dans une base orthonormale). Par ailleurs, la relation (2.17) d'orthogonalité de la 4-accélération avec la 4-vitesse se trouve clairement dans le texte de 1909 [290].*

2.4 Les photons

2.4.1 Géodésiques lumière

Au § 2.1, nous avons postulé que les particules massives suivent des lignes dont les vecteurs tangents sont du genre temps. Nous allons maintenant définir les trajectoires des particules de masse nulle, au premier rang desquelles figurent les photons. En tant que particules ponctuelles, les photons sont représentés par des courbes de dimension 1 de l'espace-temps de Minkowski, tout comme les points matériels. Toutefois, alors que les particules matérielles ont une grande variété de lignes d'univers possibles (toutes les courbes dont les vecteurs tangents sont du genre temps), les photons sont astreints à se déplacer sur des courbes bien particulières : des *droites* dont le vecteur directeur est du genre lumière :

Une ***particule de masse nulle***, en particulier un photon (dans le vide), est représentée par une droite de $\mathscr{E}$ ayant pour vecteur directeur un vecteur isotrope du tenseur métrique $\boldsymbol{g}$, c'est-à-dire un vecteur $\vec{\boldsymbol{v}}$ vérifiant $\vec{\boldsymbol{v}} \cdot \vec{\boldsymbol{v}} = 0$. Cette droite est appelée une ***géodésique lumière***.

Ce principe justifie le terme de vecteur *du genre lumière* donné au § 1.2.4 aux vecteurs isotropes de $\boldsymbol{g}$. Lorsqu'on traitera de l'électromagnétisme (Chaps. 17–20), on vérifiera que les solutions en ondes progressives des équations de Maxwell dans le vide se propagent selon les droites isotropes du tenseur métrique.

Remarque : On ne peut étendre aux photons la notion de temps propre introduite pour les points matériels car l'égalité (2.6) donnerait $d\tau = 0$, c'est-à-dire que l'horloge portée par un photon serait « figée ». Par conséquent on ne peut définir la 4-vitesse d'un photon ; une autre façon de le voir est de constater qu'il n'existe pas de vecteur lumière qui soit unitaire (puisque, par définition, les vecteurs lumière ont tous un carré scalaire nul).

2.4.2 Cône de lumière

Dans l'espace-temps $\mathscr{E}$, considérons un point matériel et un événement A sur sa ligne d'univers. Tous les photons qui rencontrent le point matériel en A, ou en partent, ont des lignes d'univers qui forment un sous-ensemble de $\mathscr{E}$ qui se déduit du cône isotrope de $\boldsymbol{g}$ dans E (§ 1.3) par identification de l'espace affine $\mathscr{E}$ pointé en A et de l'espace vectoriel E (*cf.* Fig. 2.4). Plus précisément, soit $\vec{\boldsymbol{u}}$ la 4-vitesse du point matériel en A et $(\vec{\boldsymbol{e}}_1, \vec{\boldsymbol{e}}_2, \vec{\boldsymbol{e}}_3)$ trois vecteurs tels que $(\vec{\boldsymbol{u}}, \vec{\boldsymbol{e}}_1, \vec{\boldsymbol{e}}_2, \vec{\boldsymbol{e}}_3)$ soit une base orthonormale de E. $(A; \vec{\boldsymbol{u}}, \vec{\boldsymbol{e}}_1, \vec{\boldsymbol{e}}_2, \vec{\boldsymbol{e}}_3)$ constitue alors un système de coordonnées affines de $\mathscr{E}$, de plus orthonormal. Un point $M \in \mathscr{E}$ de coordonnées affines (x^0, x^1, x^2, x^3) appartient à la ligne d'univers d'un photon qui part ou arrive en A ssi $\overrightarrow{AM}$ est un vecteur lumière :

$$\boldsymbol{g}(\overrightarrow{AM}, \overrightarrow{AM}) = 0.$$

D'après (1.6) et (1.20), cela équivaut à

$$-(x^0)^2 + (x^1)^2 + (x^2)^2 + (x^3)^2 = 0. \tag{2.19}$$

Dans l'espace affine $\mathscr{E}$, une telle équation est celle d'un cône à trois dimensions (en tant que sous-variété affine de $\mathscr{E}$) de sommet A, qui est appelé ***cône de lumière*** de l'événement A. On le notera $\mathcal{I}(A)$ et on désignera par $\mathcal{I}^+(A)$ la nappe du futur de $\mathcal{I}(A)$ et par $\mathcal{I}^-(A)$ celle du passé. On appellera également $\mathcal{I}^+(A)$ ***cône de lumière futur*** de l'événement A et $\mathcal{I}^-(A)$ ***cône de lumière passé*** de A.

Le cône de lumière de sommet A sépare les événements qui sont reliés à A par un vecteur du genre temps de ceux qui sont reliés à A par un vecteur du genre espace. La Fig. 2.4 représente le cône de lumière en deux points A et B de la ligne d'univers d'un point matériel.

Remarque : Un cône de lumière est entièrement spécifié par l'événement considéré et ne dépend pas de la ligne d'univers qui passe par cet événement. Remarquons également que les cônes de lumière en différents événements sont simplement translatés les uns par rapport aux autres : il s'agit de l'unique cône isotrope de $\boldsymbol{g}$ introduit au § 1.3 et placé en différents points (*cf.* Fig. 1.8). En particulier, il n'y a pas de rotation des cônes de lumière.

2.5 Voyageur de Langevin et paradoxe des jumeaux

Ayant introduit formellement le temps propre au § 2.2, nous allons à présent l'étudier dans un cas concret, qui met en évidence sa dépendance vis-à-vis de la ligne d'univers considérée. L'« expérience » que nous allons décrire a été mise en scène par Paul Langevin[5] en 1911 [233]. Elle est connue sous le nom de *voyageur de Langevin* ou encore *paradoxe des jumeaux*. Outre son intérêt propre, elle constitue une très bonne occasion d'illustrer les concepts de 4-vitesse et 4-accélération introduits au § 2.3.

2.5.1 Lignes d'univers des jumeaux

Considérons deux observateurs $\mathcal{O}$ et $\mathcal{O}'$ que nous modéliserons comme des points matériels munis d'horloges idéales[6]. On suppose que la ligne d'univers $\mathscr{L}$ de $\mathcal{O}$ est la plus simple qui soit, à savoir une droite de $\mathscr{E}$. La ligne d'univers $\mathscr{L}'$ de $\mathcal{O}'$ est alors choisie comme coïncidant avec $\mathscr{L}$ jusqu'à un événement A ; c'est en ce sens que $\mathcal{O}$ et $\mathcal{O}'$ sont des « jumeaux ». En A, $\mathcal{O}'$ se sépare de $\mathcal{O}$ et voyage jusqu'à un événement P. Il fait alors marche arrière et rejoint $\mathcal{O}$ à l'événement B, où les lignes d'univers $\mathscr{L}$ et $\mathscr{L}'$ coïncident de nouveau (*cf.* Fig. 2.5).

Puisque $\mathscr{L}$ est une droite, la 4-vitesse $\vec{\boldsymbol{u}}$ de $\mathcal{O}$ est constante. Cela implique que la 4-accélération de $\mathcal{O}$ est nulle. Soit alors $(\vec{e}_0, \vec{e}_1, \vec{e}_2, \vec{e}_3)$ une base orthonormale de $(E, \boldsymbol{g})$ telle que $\vec{\boldsymbol{u}}$ soit égal au vecteur (constant) $\vec{e}_0$. Introduisons le système de coordonnées affines de $\mathscr{E}$ $(x^0 = ct, x^1 = x, x^2 = y, x^3 = z)$ défini par cette base et ayant comme origine A (*cf.* § 1.1.3). Les points M de $\mathscr{L}$ vérifient la relation $\overrightarrow{AM} = ct\,\vec{e}_0$. La différentielle de cette dernière étant $d\overrightarrow{AM} = c\,dt\,\vec{e}_0$, on en déduit, par la formule (2.6) et la propriété $\boldsymbol{g}(\vec{e}_0, \vec{e}_0) = -1$ que la coordonnée t coïncide avec le temps propre de $\mathcal{O}$.

5. **Paul Langevin** (1872–1946) : Physicien français, connu pour ses travaux sur les propriétés magnétiques des matériaux et le mouvement brownien. Ami d'Einstein depuis 1911, il contribua grandement à diffuser la théorie de la relativité en France [312]. Il fut président de la Ligue des Droits de l'Homme de 1944 à 1946.

6. Nous définirons plus précisément la notion d'observateur au Chap. 3, la version présente suffisant à notre propos.

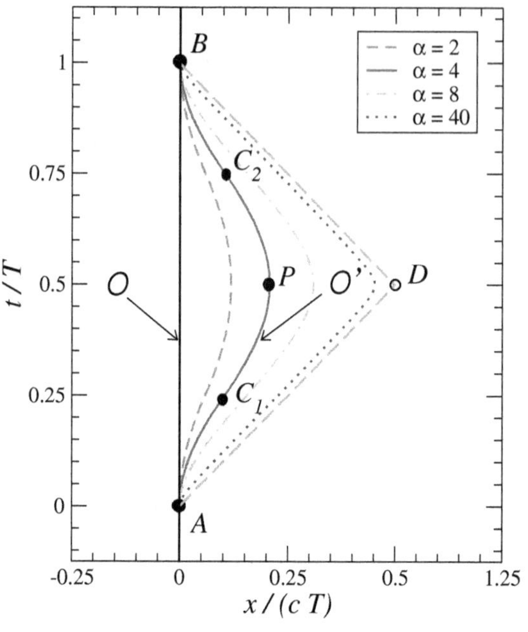

FIG. 2.5 – Lignes d'univers des jumeaux $\mathcal{O}$ et $\mathcal{O}'$: celle de $\mathcal{O}$ est la droite verticale $x = 0$ et celle de $\mathcal{O}'$ est représentée pour différentes valeurs du paramètre α. Entre les événements A (départ de $\mathcal{O}'$) et B (retour de $\mathcal{O}'$ vers $\mathcal{O}$), il s'agit de trois arcs d'hyperbole AC_1, C_1C_2 et C_2B définis par les Éqs. (2.20)–(2.22). Les points C_1, C_2 et P n'ont été dessinés que pour $\alpha = 4$. On a également indiqué par des tirets longs une géodésique lumière issue de A (segment $[AD]$) et une deuxième arrivant en B (segment $[DB]$) ; $[AD] \cup [DB]$ est la ligne d'univers d'un photon émis en A dans la direction x, et réfléchi en D de manière à retrouver l'observateur $\mathcal{O}$ en B.

Précisons à présent la trajectoire de $\mathcal{O}'$; par simplicité, nous supposerons que $\mathcal{O}'$ voyage toujours dans la même direction spatiale, que nous prendrons être celle de $\vec{e}_1$. La trajectoire spatiale de $\mathcal{O}'$ perçue par $\mathcal{O}$ est alors un segment de droite, parcouru dans un sens (aller) puis dans le sens inverse (retour). La ligne d'univers correspondante dans l'espace-temps de Minkowski $\mathscr{E}$ sera donc comprise dans le plan passant par A et généré par les vecteurs $(\vec{e}_0, \vec{e}_1)$, autrement dit le plan (t, x). La forme précise de $\mathscr{L}'$ dépend de la vitesse de $\mathcal{O}'$. Nous la choisirons formée de trois arcs d'hyperbole, AC_1, C_1C_2 et C_2B (*cf.* Fig. 2.5), définis en terme des coordonnées affines (ct, x, y, z) par les équations suivantes :

$$\text{si } t \in \left[0, \frac{T}{4}\right], \quad x(t) = \frac{cT}{\alpha}\left[\sqrt{1+\alpha^2 (t/T)^2} - 1\right] \tag{2.20}$$

$$\text{si } t \in \left[\frac{T}{4}, \frac{3T}{4}\right], \quad x(t) = \frac{cT}{\alpha}\left[-\sqrt{1+\alpha^2 (t/T-1/2)^2} + 2\sqrt{1+\frac{\alpha^2}{16}} - 1\right] \tag{2.21}$$

$$\text{si } t \in \left[\frac{3T}{4}, T\right], \quad x(t) = \frac{cT}{\alpha}\left[\sqrt{1+\alpha^2 (t/T-1)^2} - 1\right], \tag{2.22}$$

où T est le temps propre de $\mathcal{O}$ écoulé entre les événements A et B, de sorte que $t(A) = 0$, $t(C_1) = T/4$, $t(C_2) = 3T/4$ et $t(B) = T$, et $\alpha \in \mathbb{R}$ est un paramètre sans dimension ; ce dernier permet en fait de considérer toute une famille de lignes d'univers possibles pour $\mathcal{O}'$, ainsi qu'on le voit sur la Fig. 2.5. Si $\alpha = 0$, $\mathscr{L}'$ coïncide en tout point avec $\mathscr{L}$ et pour $\alpha \neq 0$, l'Éq. (2.20) conduit à

$$\left(\alpha\frac{x}{cT} + 1\right)^2 - \left(\alpha\frac{t}{T}\right)^2 = 1, \tag{2.23}$$

ce qui correspond bien à l'équation d'une hyperbole dans le plan (t, x), avec comme axe des foyers la droite « horizontale » $t = 0$. De même, (2.22) définit une hyperbole d'axe des foyers la droite $t = T/2$ et (2.22) une hyperbole d'axe des foyers la droite $t = T$ (*cf.* Fig. 2.5). Le choix d'arcs d'hyperbole sera justifié au § 2.5.3, où nous verrons qu'il conduit à une norme constante de la 4-accélération. Cela constitue une généralisation relativiste du mouvement uniformément accéléré, ainsi que nous le discuterons au § 12.1. Nous appellerons l'observateur $\mathcal{O}'$ qui suit la ligne d'univers définie ci-dessus ***voyageur de Langevin***.

Désignons par P l'événement de mi-voyage (éloignement maximal de $\mathcal{O}'$ vis-à-vis de $\mathcal{O}$, *cf.* Fig. 2.5). Sa position dépend de α. Elle est donnée en faisant $t = T/2$ dans (2.22) :

$$x(P) = \frac{2cT}{\alpha}\left(\sqrt{1+\frac{\alpha^2}{16}} - 1\right) = \frac{\alpha}{8}\frac{cT}{\sqrt{1+\alpha^2/16}+1}. \tag{2.24}$$

2.5.2 Temps propre de chaque jumeau

Nous avons vu plus haut que le temps propre de $\mathcal{O}$ n'est autre que la coordonnée t du système de coordonnées affines (ct, x, y, z). Pour calculer le temps propre t' de $\mathcal{O}'$, paramétrons la ligne d'univers $\mathscr{L}'$ par $\lambda = t$. Un petit déplacement $\vec{dx'}$ le long de $\mathscr{L}'$ a pour composantes dans la base orthonormale $(\vec{e}_\alpha)$: $dx'^\alpha = (c\,dt, dx, 0, 0)$, où dx est relié à dt en différenciant (2.20)–(2.22). On trouve

$$dx = (-1)^k \frac{\alpha(t/T - k/2)}{\sqrt{1+\alpha^2 (t/T-k/2)^2}} c\,dt, \tag{2.25}$$

où l'entier k prend les valeurs suivantes : $k = 0$ pour $0 \leq t \leq T/4$, $k = 1$ pour $T/4 \leq t \leq 3T/4$ et $k = 2$ pour $3T/4 \leq t \leq T$. La base $(\vec{e}_\alpha)$ étant orthonormale, le temps propre t' le long de $\mathscr{L}'$ est donné par la formule (2.7) :

$$dt' = \frac{1}{c}\sqrt{(dx'^0)^2 - (dx'^1)^2 - (dx'^2)^2 - (dx'^3)^2} = \frac{1}{c}\sqrt{c^2dt^2 - dx^2}. \quad (2.26)$$

En remplaçant dx par (2.25), on obtient

$$dt' = \frac{dt}{\sqrt{1 + \alpha^2 (t/T - k/2)^2}}. \quad (2.27)$$

En effectuant le changement de variable $\alpha(t/T - k/2) = \sinh u$, cette équation s'intègre facilement[7] et conduit à la relation suivante entre les temps propres de $\mathcal{O}$ et $\mathcal{O}'$:

$$t' = \frac{T}{\alpha}\left\{\text{argsinh}\left[\alpha\left(\frac{t}{T} - \frac{k}{2}\right)\right] + 2k \,\text{argsinh}\left(\frac{\alpha}{4}\right)\right\}, \quad (2.28)$$

où argsinh désigne l'argument sinus hyperbolique, c'est-à-dire la fonction réciproque de sinh. Rappelons l'expression logarithmique $\text{argsinh}\, x = \ln(x + \sqrt{x^2+1})$. La constante d'intégration $2k \,\text{argsinh}\,(\alpha/4)$ qui apparaît dans (2.28) a été choisie dans chacun des domaines $k = 0$ $(t \in [0, T/4])$, $k = 1$ $(t \in [T/4, 3T/4])$ et $k = 2$ $(t \in [3T/4, T])$ de manière à assurer la continuité de t', en partant de $t' = 0$ à $t = 0$. La relation (2.28) entre les temps propres t et t' est représentée sur la Fig. 2.6. Aux points particuliers A $(k = 0, t = 0)$, C_1 $(k = 0, t = T/4)$, P $(k = 1, t = T/2)$, C_2 $(k = 1, t = 3T/4)$ et B $(k = 2, t = T)$, elle donne

$$t'(A) = 0, \quad t'(C_1) = \frac{1}{4}t'(B), \quad t'(P) = \frac{1}{2}t'(B), \quad (2.29)$$

$$t'(C_2) = \frac{3}{4}t'(B), \quad t'(B) = \frac{4T}{\alpha}\,\text{argsinh}\left(\frac{\alpha}{4}\right)\cdot \quad (2.30)$$

On constate que l'on a toujours $t' \leq t$. En particulier, lorsque $\mathcal{O}$ et $\mathcal{O}'$ se retrouvent (événement B), le temps propre écoulé pour $\mathcal{O}$ est $t(B) = T$, alors que celui écoulé pour $\mathcal{O}'$, $t'(B) =: T'$, est donné par la formule (2.30). Si $\alpha \neq 0$, on constate que $T' \neq T$, et le rapport des deux temps propres écoulés est

$$\boxed{\frac{T'}{T} = \frac{t'(B) - t'(A)}{t(B) - t(A)} = \frac{4}{\alpha}\,\text{argsinh}\left(\frac{\alpha}{4}\right) \leq 1}. \quad (2.31)$$

Ce rapport est représenté sur la Fig. 2.7. Pour les lignes d'univers dessinées sur la Fig. 2.5, il vaut 0.96 ($\alpha = 2$), 0.88 ($\alpha = 4$), 0.72 ($\alpha = 8$) et 0.30 ($\alpha = 40$).

7. Rappelons que $d(\sinh u) = \cosh u \, du$ et $\sqrt{1 + \sinh^2 u} = \cosh u$.

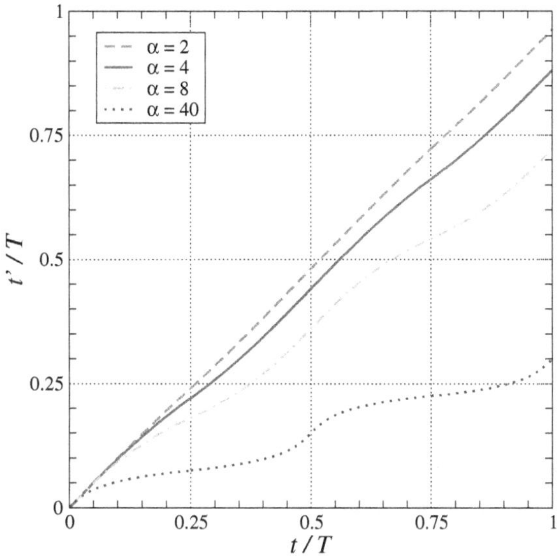

FIG. 2.6 – Temps propre t' du jumeau $\mathcal{O}'$ (voyageur de Langevin) en fonction du temps propre t du jumeau $\mathcal{O}$, pour différentes valeurs du paramètre α. On remarque qu'aux instants $t = 0$, $t = T/2$ et $t = T$, où les deux lignes d'univers sont parallèles (*cf.* Fig. 2.5), t' s'écoule au même rythme que t (pente de la courbe égale à 45°). Inversement, aux instants $t = T/4$ et $t = 3T/4$, où l'inclinaison de $\mathscr{L}'$ s'écarte le plus de celle de $\mathscr{L}$, la pente de la courbe est la plus faible.

Le résultat (2.31) constitue le ***paradoxe des jumeaux***. Il ne s'agit en fait pas d'un paradoxe car il ne génère aucune contradiction dans la théorie de la relativité (*cf.* remarque ci-dessous), mais simplement d'un résultat surprenant pour un physicien « non relativiste ». En théorie newtonienne, le temps indiqué par les montres des deux jumeaux lorsqu'ils se retrouvent en B serait bien évidemment le même, pourvu qu'ils aient ajusté leurs montres en A.

Remarque 1 : L'aspect paradoxal de l'expérience des jumeaux est lié à une interprétation un peu hâtive du principe de relativité : du point de vue du jumeau $\mathcal{O}$, c'est $\mathcal{O}'$ qui voyage et le calcul ci-dessus montre que lorsque ce dernier est de retour, il a moins vieilli que $\mathcal{O}$. Mais, puisque « tout est relatif », on peut se placer plutôt du point de vue de $\mathcal{O}'$ et dire que c'est $\mathcal{O}$ qui voyage. Au retour c'est donc $\mathcal{O}$ qui devrait être plus jeune que $\mathcal{O}'$, d'où le paradoxe. En fait ce raisonnement n'est pas valable car les deux observateurs $\mathcal{O}$ et $\mathcal{O}'$ ne suivent pas des lignes d'univers équivalentes. Ainsi, dans l'exemple choisi, la ligne d'univers de $\mathcal{O}$ est une courbe très particulière de l'espace-temps de Minkowski, puisqu'il s'agit d'une droite. En particulier la 4-accélération de $\mathcal{O}$ est nulle, ce qui n'est pas le cas de celle de $\mathcal{O}'$ comme nous le verrons plus bas. Pour une discussion plus détaillée du paradoxe des jumeaux et sa relation avec le principe de causalité, nous renvoyons le lecteur à la référence [183].

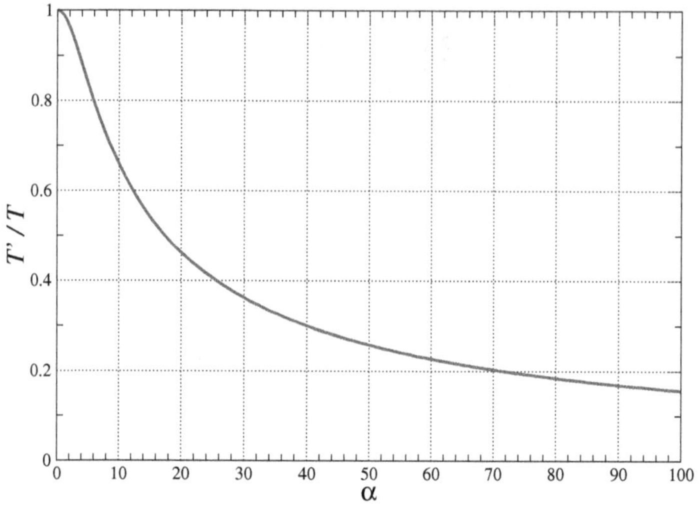

FIG. 2.7 – Rapport entre le temps propre écoulé de A à B pour $\mathcal{O}'$ et celui écoulé pour $\mathcal{O}$, en fonction du paramètre α, suivant la formule (2.31).

Remarque 2 : Avec le point de vue d'emblée quadridimensionnel adopté dans ce livre, le « paradoxe » des jumeaux apparaît comme une trivialité : le temps propre a été défini comme la longueur donnée par le tenseur métrique $\boldsymbol{g}$ le long d'une ligne d'univers et il paraît évident que la longueur parcourue entre deux points A et B dépend du chemin emprunté entre ces deux points. Un esprit sceptique pourrait alors dire : « il n'y a rien de révolutionnaire vis-à-vis de la physique newtonienne là-dessous car tout repose sur la définition du temps propre comme longueur des lignes d'univers relativement à $\boldsymbol{g}$. C'est une définition arbitraire sur laquelle on a mis le nom de « temps ». Il ne faut donc pas s'étonner qu'il en résulte un comportement étrange ». Cependant, nous avons déjà mentionné au § 2.2 que le temps ainsi défini est bien le temps physique, au sens où les équations de la dynamique y prennent une forme simple (nous le verrons explicitement au Chap. 9). Ainsi le temps propre est le temps vis-à-vis duquel les oscillations d'un pendule sont périodiques ; c'est également le temps donné par une horloge atomique transportée le long de la ligne d'univers. Nous verrons d'ailleurs au § 2.5.5 des reproductions expérimentales du paradoxe des jumeaux à l'aide d'horloges atomiques : le temps donné par les horloges entre deux événements A et B dépend bien de la ligne d'univers empruntée entre A et B. Il ne s'agit donc pas d'un pur effet de sémantique !

Remarque 3 : Puisque $\operatorname{argsinh} x = \ln(x + \sqrt{x^2+1})$, on déduit de la formule (2.31) que lorsque $\alpha \to +\infty$, le rapport T'/T tend vers 0 (comme $4 \ln \alpha / \alpha$). Cela n'est pas surprenant si l'on observe que sur la Fig. 2.5, lorsque $\alpha \to +\infty$, la ligne d'univers $\mathscr{L}'$ tend vers la ligne d'univers $[AD] \cup [DB]$ du photon émis en A et réfléchi en D. Chacune des portions $[AD]$ et $[DB]$ est une géodésique lumière et a par définition une longueur métrique nulle (*cf.* Remarque p. 40).

On comprend donc pourquoi T', qui n'est pas autre chose que la longueur métrique de $\mathscr{L}'$ entre A et B, tend vers zéro lorsque $\alpha \to +\infty$.

Note historique : *C'est en en fait Albert Einstein qui, dès l'article historique de 1905 [132], a fait remarquer que deux horloges initialement synchronisées et à la même position, n'indiqueraient plus la même heure si elles se retrouvent en un même lieu après avoir suivi des trajectoires différentes. Einstein donne une formule approchée (valable pour les vitesses faibles) du retard de t' vis-à-vis de t. Lors d'une conférence à Zurich en 1911, il illustre l'effet en imaginant un voyage aller-retour d'un organisme vivant enfermé dans une boîte* (cf. *[99], p. 34). Afin de rendre l'effet plus frappant, Paul Langevin* (cf. *p. 41) a mis en scène en 1911 un voyageur qui quitte la Terre à bord d'« un projectile », voyage vers une étoile à une vitesse voisine de celle de la lumière et revient sur Terre au bout de deux ans, alors qu'il s'est écoulé 200 ans sur notre planète [233, 312]. Remarquons que dans le texte de 1911 [233], Langevin ne parle pas explicitement de deux « jumeaux », mais d'un « voyageur » et de « la Terre ». Par ailleurs, il donne clairement l'explication de la dissymétrie entre les deux en mentionnant l'accélération subie par le voyageur.*

2.5.3 4-vitesse et 4-accélération

Calculons la 4-vitesse $\vec{u}'$ du voyageur de Langevin $\mathcal{O}'$ en chaque point de sa ligne d'univers. En partant de la définition (2.12), il vient

$$\vec{u}' = \frac{1}{c}\frac{d\vec{x}'}{dt'}.$$

Les composantes de $\vec{u}'$ dans la base orthonormale $(\vec{e}_\alpha)$ sont donc $u'^\alpha = c^{-1}dx'^\alpha/dt'$. Puisque $dx'^\alpha = (c\,dt, dx, 0, 0)$, on a $u'^2 = 0$, $u'^3 = 0$,

$$u'^0 = \frac{1}{c}\frac{dx'^0}{dt'} = \frac{dt}{dt'} \qquad \text{et} \qquad u'^1 = \frac{1}{c}\frac{dx'^1}{dt'} = \frac{1}{c}\frac{dx}{dt'} = \frac{1}{c}\frac{dx}{dt}\frac{dt}{dt'}.$$

En utilisant (2.27) et (2.25), il vient immédiatement

$$u'^0 = \sqrt{1 + \alpha^2\,(t/T - k/2)^2} \tag{2.32}$$

$$u'^1 = (-1)^k \alpha\,(t/T - k/2)\,. \tag{2.33}$$

Vue la définition de l'entier k, on constate que si $\alpha > 0$, alors pour $0 \le t \le T/2$, $u'^1 \ge 0$ ($\mathcal{O}'$ s'éloigne de $\mathcal{O}$ dans la direction des x croissants), tandis que pour $T/2 \le t \le T$, $u'^1 \le 0$ ($\mathcal{O}'$ se rapproche de $\mathcal{O}$). Le vecteur $\vec{u}'$, tel que donné par (2.32)–(2.33), est dessiné en quelques points de $\mathscr{L}'$ sur la Fig. 2.8.

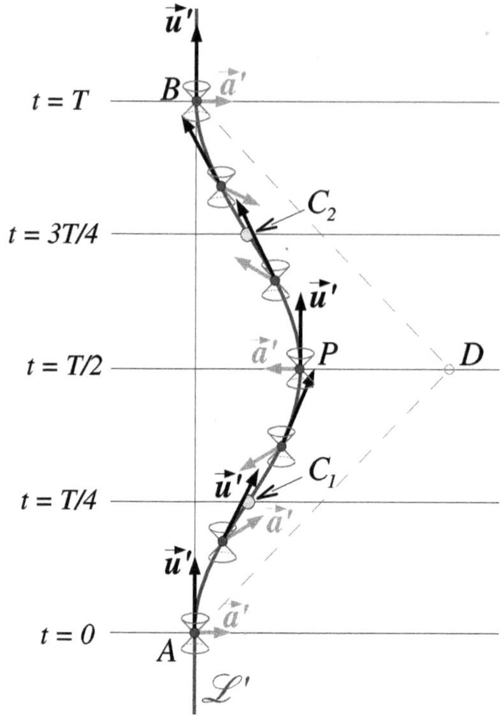

FIG. 2.8 – Ligne d'univers $\mathscr{L}'$ du jumeau $\mathcal{O}'$ avec la 4-vitesse $\vec{u}'$ et la 4-accélération $\vec{a}'$ dessinées en quelques points. Cette figure correspond au cas $\alpha = 4$ (courbe en trait continu sur la Fig. 2.5), c'est-à-dire à l'accélération $\gamma = 4c/T$. Lors de l'événement A, la 4-accélération passe brusquement de 0 à $\vec{a}' = \gamma c^{-2}\,\vec{e}_1$ (allumage du moteur fusée). Sa norme reste ensuite constante, et égale à γc^{-2}, jusqu'à l'événement B, où $\vec{a}'$ s'annule de nouveau (extinction du moteur fusée). L'événement C_1 est le changement brutal du sens de la 4-accélération (inversion de poussée), $\mathcal{O}'$ est alors freiné jusqu'en P puis accéléré vers $\mathcal{O}$, jusqu'en C_2 où une nouvelle inversion de poussée intervient, de manière à ralentir $\mathcal{O}'$ jusqu'en B.

Remarquons que d'après (2.28),

$$\alpha\left(\frac{t}{T}-\frac{k}{2}\right) = \sinh\left[\alpha\frac{t'}{T} - 2k\,\mathrm{argsinh}\left(\frac{\alpha}{4}\right)\right], \tag{2.34}$$

si bien que l'on peut exprimer les composantes de $\vec{u}'$ en fonction du temps propre t' suivant

$$u'^0 = \cosh\left[\alpha\frac{t'}{T} - 2k\,\mathrm{argsinh}\left(\frac{\alpha}{4}\right)\right] \tag{2.35}$$

$$u'^1 = (-1)^k \sinh\left[\alpha\frac{t'}{T} - 2k\,\mathrm{argsinh}\left(\frac{\alpha}{4}\right)\right]\cdot \tag{2.36}$$

En vertu de la propriété $\cosh^2 x - \sinh^2 x = 1$, on vérifie immédiatement sur ces formules que $\vec{\boldsymbol{u}}' \cdot \vec{\boldsymbol{u}}' = -(u'^0)^2 + (u'^1)^2 = -1$, comme il se doit pour toute 4-vitesse (Éq. (2.14)).

Calculons à présent la 4-accélération $\vec{\boldsymbol{a}}'$ de $\mathcal{O}'$. En partant de la définition (2.16), il vient

$$\vec{\boldsymbol{a}}' = \frac{1}{c}\frac{d\vec{\boldsymbol{u}}'}{dt'}.$$

Les composantes de $\vec{\boldsymbol{a}}'$ dans la base orthonormale $(\vec{\boldsymbol{e}}_\alpha)$ sont donc

$$a'^0 = \frac{1}{c}\frac{du'^0}{dt'}, \quad a'^1 = \frac{1}{c}\frac{du'^1}{dt'}, \quad a'^2 = 0, \quad \text{et} \quad a'^3 = 0.$$

En dérivant (2.35) et (2.36) par rapport à t', on obtient

$$a'^0 = \frac{\alpha}{cT}\sinh\left[\alpha\frac{t'}{T} - 2k\,\mathrm{argsinh}\left(\frac{\alpha}{4}\right)\right] \tag{2.37}$$

$$a'^1 = (-1)^k\frac{\alpha}{cT}\cosh\left[\alpha\frac{t'}{T} - 2k\,\mathrm{argsinh}\left(\frac{\alpha}{4}\right)\right]\cdot \tag{2.38}$$

À titre de vérification, on retrouve à partir de (2.35)–(2.36) et (2.37)–(2.38) la relation d'orthogonalité de la 4-accélération avec la 4-vitesse (Éq. (2.17)) : $\vec{\boldsymbol{a}}' \cdot \vec{\boldsymbol{u}}' = -a'^0 u'^0 + a'^1 u'^1 = 0$. Par ailleurs, grâce à la relation (2.34), on peut exprimer les composantes de $\vec{\boldsymbol{a}}'$ en fonction de t au lieu de t' :

$$a'^0 = \frac{\alpha^2}{cT}\left(\frac{t}{T} - \frac{k}{2}\right) \tag{2.39}$$

$$a'^1 = (-1)^k\frac{\alpha}{cT}\sqrt{1 + \alpha^2\left(\frac{t}{T} - \frac{k}{2}\right)^2}. \tag{2.40}$$

On constate que a'^1 change brusquement de signe lorsque k passe de 0 à 1, c'est-à-dire lorsque $t = T/4$, ainsi que lorsque k passe de 1 à 2, c'est-à-dire lorsque $t = 3T/4$. Plus précisément, si $\alpha > 0$, on lit sur (2.40) que

$$t \in \left[0, \frac{T}{4}\right] \implies a'^1 > 0, \quad t \in \left[\frac{T}{4}, \frac{3T}{4}\right] \implies a'^1 < 0,$$
$$t \in \left[\frac{3T}{4}, T\right] \implies a'^1 > 0. \tag{2.41}$$

Physiquement, le changement brutal de signe de a'^1 correspond à une inversion de poussée des moteurs de la fusée utilisée par $\mathcal{O}'$ pour son voyage (événements C_1 et C_2 sur la Fig. 2.8).

Évaluons le carré scalaire de $\vec{\boldsymbol{a}}'$. Puisque la base $(\vec{\boldsymbol{e}}_\alpha)$ est orthonormale, on a $\vec{\boldsymbol{a}}' \cdot \vec{\boldsymbol{a}}' = -(a'^0)^2 + (a'^1)^2$. En partant de (2.37)–(2.38) ou encore de (2.39)–(2.40), on obtient tout aussi facilement

$$\vec{\boldsymbol{a}}' \cdot \vec{\boldsymbol{a}}' = \frac{\alpha^2}{c^2T^2}\cdot \tag{2.42}$$

Le membre de droite étant assurément positif, on retrouve la propriété (2.18), à savoir que $\vec{a}'$ est un vecteur du genre espace. Mais il y a plus remarquable : (2.42) montre que la norme de la 4-accélération,

$$a' := \left\|\vec{a}'\right\|_g = \sqrt{\vec{a}' \cdot \vec{a}'} = \frac{|\alpha|}{cT}, \tag{2.43}$$

est indépendante de t' : elle est donc constante tout le long de la ligne d'univers $\mathscr{L}'$ entre A et B. Cette propriété est caractéristique du mouvement spatio-temporel en arc d'hyperbole que nous avons choisi pour $\mathcal{O}'$. Nous avons vu au § 2.3.2 que la dimension de a' est l'inverse d'une longueur, ce que l'on constate d'ailleurs sur (2.43). Pour faire apparaître une quantité qui a la dimension d'une accélération, il suffit de multiplier a' par c^2. Introduisons donc le paramètre

$$\gamma := \alpha \frac{c}{T}, \tag{2.44}$$

en lieu et place de α. γ a la dimension d'une accélération et est relié à la norme de la 4-accélération de $\mathcal{O}'$ par

$$\boxed{a' = \frac{|\gamma|}{c^2}}. \tag{2.45}$$

Nous verrons au Chap. 12 que γ est en fait l'accélération ressentie par l'observateur $\mathcal{O}'$ dans son référentiel local.

Remarque 1 : Notons que $\gamma \neq d^2x/dt^2$, dérivée seconde de la fonction $x(t)$ définissant la ligne d'univers de $\mathcal{O}'$. Cette dernière s'obtient en dérivant dx/dt tel que donné par (2.25). Il vient, en remplaçant α/T par γ/c,

$$\frac{d^2x}{dt^2} = (-1)^k \gamma \left[1 + \frac{\gamma^2}{c^2}\left(t - \frac{k}{2}T\right)^2\right]^{-3/2}. \tag{2.46}$$

On constate donc que ce n'est que lorsque $|\gamma| T \ll c$ (limite non relativiste) que l'on peut écrire $|\gamma| \simeq |d^2x/dt^2|$.

Remarque 2 : Dans de nombreux ouvrages[8], le paradoxe des jumeaux est exposé à partir d'une ligne d'univers $\mathscr{L}'$ plus simple que les trois arcs d'hyperbole considérés ici, à savoir une ligne droite de A à P, ainsi que de P à B (*cf.* Fig. 2.9). Les calculs sont alors plus simples que ceux présentés ci-dessus, l'équation de $\mathscr{L}'$ étant $x(t) = Vt$ pour $t \in [0, T/2]$ et $x(t) = V(T-t)$ pour $t \in [T/2, T]$, avec $V := 2x(P)/T$. On a donc $dx = \pm V dt$, de sorte qu'en évaluant dt' suivant la formule (2.26), il vient $dt' = \sqrt{1-(V/c)^2}\, dt$, ce qui s'intègre immédiatement et conduit au rapport des temps propres

$$\frac{T'}{T} = \sqrt{1 - \frac{V^2}{c^2}} \leq 1. \tag{2.47}$$

8. Deux exceptions sont les livres de Møller (1952) [298] et de Marder (1971) [271].

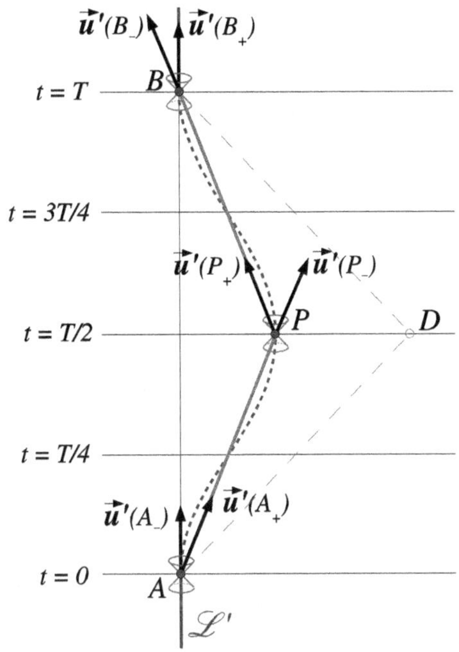

FIG. 2.9 – Ligne d'univers simplifiée pour le voyageur de Langevin $\mathcal{O}'$: $\mathscr{L}'$ se réduit à un segment de droite entre A et P, ainsi qu'entre P et B. La 4-accélération de $\mathcal{O}'$ est alors infinie en A, P et B, ainsi que le montrent les sauts de la 4-vitesse $\vec{u}'$ en ces points. Au contraire, la ligne d'univers « tri-hyperbolique » dessinée en pointillés (la même que sur les Figs. 2.5 et 2.8) donne lieu à une 4-accélération toujours finie.

Cependant, cette configuration n'est pas physique car elle correspond à une accélération de $\mathcal{O}'$ infinie en A (sa 4-vitesse passe brutalement de $\vec{u}'(A_-)$ à $\vec{u}'(A_+)$, *cf.* Fig. 2.9), ainsi qu'en P et B. Au contraire, la ligne d'univers « tri-hyperbolique » considérée ici met en jeu une accélération toujours finie (et même constante en amplitude). Elle admet donc une interprétation physique claire en terme d'un moteur (fusée) que l'on allume en A, que l'on inverse en C_1 et C_2 et que l'on éteint en B.

2.5.4 Un aller-retour vers le centre de la Galaxie

Posons $d := x(P)$ (distance maximale d'éloignement de $\mathcal{O}'$ vis-à-vis de $\mathcal{O}$) et réexprimons les formules (2.24) et (2.31) en terme de l'accélération γ *via* (2.44) ; il vient

$$d = \frac{2c^2}{\gamma}\left[\sqrt{1+\left(\frac{\gamma T}{4c}\right)^2}-1\right] \qquad \text{et} \qquad \frac{T'}{T} = \frac{4c}{\gamma T}\,\text{argsinh}\left(\frac{\gamma T}{4c}\right) \cdot \qquad (2.48)$$

La deuxième relation permet d'exprimer T en fonction de T' comme

$$\boxed{T = T_* \sinh\left(\frac{T'}{T_*}\right)}, \qquad \text{avec} \quad T_* := \frac{4c}{\gamma} = \frac{4}{\alpha}T. \tag{2.49}$$

T_* est l'échelle de temps que l'on peut construire à partir de l'accélération γ et de la vitesse de la lumière ; en théorie newtonienne, ce serait 4 fois le temps mis pour atteindre la vitesse de la lumière en partant d'une vitesse nulle avec l'accélération γ. En remplaçant T par la valeur ci-dessus dans l'expression de d et en remarquant que $\sqrt{1+\sinh^2 x} = \cosh x$, on obtient

$$\boxed{d = \frac{cT_*}{2}\left[\cosh\left(\frac{T'}{T_*}\right) - 1\right]}. \tag{2.50}$$

Lorsque $T' \ll T_*$, le développement limité des formules (2.49) et (2.50) conduit à

$$T' \ll T_* \Longrightarrow \begin{cases} T \simeq T' \\ d \simeq \dfrac{c}{4T_*}(T')^2 = 2 \times \dfrac{1}{2}\gamma\left(\dfrac{T'}{4}\right)^2. \end{cases} \tag{2.51}$$

Si $T' \ll T_*$, $\mathcal{O}'$ n'a pas eu le temps d'atteindre une vitesse relativiste par rapport à $\mathcal{O}$ et (2.51) redonne les résultats de la physique newtonienne, comme il se doit : pas de décalage temporel et la distance $d/2$ parcourue pendant la phase d'accélération à γ constant (phase $[AC_1]$ qui dure $T'/4$) égale à $\gamma/2$ fois le carré du temps de parcours, ce qui est bien le résultat standard pour une vitesse initiale nulle.

Inversement si $T' \gg T_*$, on atteint un régime ultra-relativiste et les relations (2.49) et (2.50) conduisent à

$$T' \gg T_* \Longrightarrow \begin{cases} T \simeq \dfrac{T_*}{2}\exp(T'/T_*) \\ d \simeq \dfrac{cT_*}{4}\exp(T'/T_*) = \dfrac{1}{2}cT. \end{cases} \tag{2.52}$$

Remarque : La formule (2.49) qui relie T et T' ne dépend que d'un paramètre : l'accélération γ, *via* le temps $T_* = 4c/\gamma$. Il ne faudrait pas en déduire pour autant que le paradoxe des jumeaux est un phénomène intrinsèquement lié à l'accélération. C'est avant tout le reflet de la dissymétrie des lignes d'univers entre A et B. Il se trouve que dans l'espace-temps de Minkowski $\mathscr{E}$, la seule façon pour $\mathscr{L}'$ de se départir d'une droite (ligne d'univers $\mathscr{L}$) est d'avoir une période de 4-accélération non nulle. Si l'on donne à $\mathscr{E}$ une autre topologie que celle d'un espace affine, alors il est possible d'avoir $T \neq T'$ avec $\mathscr{L}$ et $\mathscr{L}'$ toutes deux à 4-accélération identiquement nulle. Il faut pour cela que $\mathscr{E}$ ait une topologie multiplement connexe[9], comme le montre l'étude [418].

9. Comme par exemple la topologie d'un tore ou, plus généralement, d'un domaine compact aux conditions au contour périodiques.

T' [an]	T [an]	d [années-lumière]
1	1.01	0.065
2	2.09	0.26
4	4.75	1.13
8	15.0	5.82
16	120	58
32	7.50×10^3	3.74×10^3
39.5	5.20×10^4	2.60×10^4
56	3.68×10^6	1.84×10^6
64	2.90×10^7	1.45×10^7
80	1.81×10^9	9.03×10^8
90	2.39×10^{10}	1.19×10^{10}
100	3.15×10^{11}	1.58×10^{11}

TAB. 2.1 – Caractéristiques de différentes missions du voyageur de Langevin, lorsque son accélération est fixée à $\gamma = 9.81\,\mathrm{m.s^{-2}}$: T' est la durée du voyage aller-retour qu'il mesure, T est la durée du même voyage mais mesurée par l'observateur « sédentaire » $\mathscr{O}$ et d est l'éloignement maximal entre $\mathscr{O}'$ et $\mathscr{O}$ (1 année-lumière = 9.46×10^{15} m). On vérifie que pour $T \gg T_* = 3.87$ an, $d \simeq cT/2$, en accord avec la relation (2.52).

Appliquons les formules ci-dessus au cas « concret » où le voyageur de Langevin $\mathscr{O}'$ est un astronaute naviguant dans un vaisseau spatial. Pour avoir une accélération supportable par un être humain, nous prendrons pour γ la valeur de l'accélération de la pesanteur terrestre : $\gamma = 1\ g = 9.81$ m.s^{-2}. Cela présente même l'avantage de créer une pesanteur artificielle à bord du vaisseau qui simule l'environnement terrestre et rend le voyage très confortable. Le temps T_* correspondant est $T_* = 4c/\gamma = 1.22 \times 10^8$ s $= 3.87$ an et les formules (2.49) et (2.50) conduisent aux valeurs présentées dans la Table 2.1 pour T et d en fonction de T'. On constate que si $\mathscr{O}'$ voyage pendant plus d'un an, alors la différence entre les temps propres T' et T est notable. Avec un voyage d'environ 8 ans, $\mathscr{O}'$ peut atteindre les étoiles les plus proches du système solaire. S'il voyage pendant $T' = 16$ ans, à son retour sur Terre, il se sera écoulé $T = 120$ ans, ce qui signifie qu'il ne pourra pas raconter son aventure à ses proches mais à leurs descendants. La Table 2.1 montre que le centre de la Galaxie, situé à environ 26 000 années-lumière, peut être atteint lors d'un voyage aller-retour de seulement 39.5 ans. Là par contre, il n'est pas sûr qu'au retour quelqu'un soit intéressé par le récit du voyageur, car il se sera écoulé 52 000 ans sur Terre ! Ne parlons pas d'un aller-retour vers la galaxie d'Andromède, à environ 2 millions d'années-lumière, car, s'il ne prend que 56 ans pour l'astronaute, son retour s'effectuera sur une Terre vieillie de plus de 3 millions d'années et c'est au minimum un problème de langue qui va se poser...

Bien entendu, dans la description des voyages ci-dessus, nous nous sommes limités à des considérations cinématiques et n'avons pas estimé le coût énergétique de la mission : maintenir une accélération de 1 g pendant plusieurs années nécessite une énergie énorme, et interdit de tels voyages avec la technologie actuelle. Néanmoins, on peut retenir que la relativité permet de visiter le centre de notre Galaxie et même d'aller aux confins de l'univers observable en une vie humaine ($d \sim 12$ milliards d'années-lumière pour un aller-retour de 90 ans, *cf.* Tab. 2.1), tout en voyageant moins vite que la lumière ! (La ligne d'univers de $\mathscr{O}'$ reste en tout point à l'intérieur du cône de lumière, *cf.* Fig. 2.8.) Ainsi, il est faux d'affirmer qu'on ne peut pas aller au-delà d'une centaine d'années-lumière de la Terre parce que la relativité interdit de voyager plus vite que la lumière. La solution vient de la relativité elle-même : il est vrai que pour n'importe quel observateur qu'il croise en chemin, $\mathscr{O}'$ voyage moins vite que la lumière[10] ; cela implique que pour les personnes qui l'observent depuis la Terre, $\mathscr{O}'$ mettra forcément plus de 26 000 ans pour atteindre le centre de la Galaxie. Par contre, pour $\mathscr{O}'$ lui-même, il ne sera écoulé que 20 ans lorsqu'il arrivera dans les parages du centre galactique, si bien qu'en ~ 40 ans, il a le temps de faire l'aller-retour.

Une des conclusions importantes de l'exemple donné ci-dessus est que la relativité permet le ***voyage vers le futur*** : on peut tout à fait dire que $\mathscr{O}'$ voyage vers le futur de $\mathscr{O}$, étant donné que lorsqu'il retrouve $\mathscr{O}$ en B celui-ci est à un âge plus avancé que lui. Les chiffres donnés dans la Table 2.1 montrent même que ce voyage vers le futur peut, en théorie, se monter à des milliers, voire des millions d'années. Par contre, la relativité restreinte ne permet pas le *voyage vers le passé*. Même si l'on prend le point de vue de $\mathscr{O}$, et non plus celui de $\mathscr{O}'$: lorsque $\mathscr{O}$ retrouve $\mathscr{O}'$ en B, ce dernier est certes plus jeune que lui, mais il est tout de même plus âgé que lorsqu'il l'avait quitté en A.

Remarque : C'est la structure de l'espace-temps de Minkowski qui interdit le voyage vers le passé : tous les cônes de lumières étant parallèles (*cf.* Figs. 1.8 et 2.8), on peut se convaincre facilement qu'il est impossible pour la ligne d'univers $\mathscr{L}'$ de rejoindre $\mathscr{L}$ en un point B situé dans le passé de A, tout en restant à l'intérieur du cône de lumière de chacun de ses points. Par contre, en présence d'un champ gravitationnel, la structure de l'espace-temps n'est plus celle d'un espace affine, ainsi que nous le verrons au Chap. 22, mais un espace « courbe » (théorie de la relativité générale). Les cônes de lumière ne sont alors plus parallèles entre eux et il est possible, sous certaines conditions (un peu extrêmes tout de même...), d'avoir des lignes d'univers telles que B soit antérieur à A. C'est le voyage dans le temps cher aux auteurs de science-fiction ! Nous ne discuterons pas plus en avant ce sujet et renvoyons le lecteur intéressé (mais qui ne le serait pas ?) aux références [110, 248, 412].

10. Nous préciserons la notion de vitesse par rapport à un observateur au Chap. 4.

2.5.5 Vérifications expérimentales

Indubitablement, le paradoxe des jumeaux met en évidence un effet auquel la vie quotidienne ne nous a pas habitués : celui de la dépendance du temps vis-à-vis du mouvement des corps. Les vitesses des êtres et des objets qui nous entourent sont faibles devant la vitesse de la lumière et l'on a vu que le décalage temporel n'est appréciable que lorsque T' est de l'ordre de T_*, ce qui signifie que la vitesse atteinte est de l'ordre de c (*cf.* (2.49) sous la forme $V_* := \gamma T_* \sim c$). Néanmoins, même si l'effet est trop petit pour nos sens, on peut le mettre en évidence grâce à un appareillage suffisamment sensible. Cela a été possible à partir des années 1970 grâces aux horloges atomiques.

Expérience de Hafele et Keating (1971)

La première reproduction expérimentale du paradoxe des jumeaux fut réalisée en 1971 par J.C. Hafele de l'Université Washington à Saint Louis dans le Missouri et Richard E. Keating de l'U.S. Naval Observatory [193–195] (*cf.* également [192]). Quatre horloges atomiques au césium furent embarquées sur des avions de ligne pour faire le tour de la Terre et comparées au retour avec des horloges atomiques restées au sol. Deux vols ont eu lieu. Le premier tour du monde a été effectué d'ouest en est du 4 au 7 octobre 1971, en 12 escales, 3 changements d'avion (Boeing 747 et 707) et 41 heures de vol. Le second a été effectué en sens inverse du 13 au 17 octobre, en 13 escales, 2 changements d'avion (Boeing 707) et 49 heures de vol. Les lignes d'univers correspondantes sont assez différentes de celle du voyageur de Langevin définie au § 2.5.1 : le mouvement des horloges étant circulaire et non linéaire, on obtient plutôt des lignes d'univers en forme d'hélice. La trajectoire précise des horloges était relativement compliquée en raison des différentes escales, l'expérience étant réalisée sur des lignes commerciales. Mais grâce aux données de vol fournies par les pilotes, on a pu reconstruire la ligne d'univers $\mathscr{L}'$ empruntée par les horloges embarquées. Une autre différence avec le § 2.5.1 est que la ligne d'univers $\mathscr{L}$ de l'horloge au sol n'est pas une droite mais également une hélice en raison de la rotation de la Terre. Cependant, même si les lignes d'univers $\mathscr{L}$ et $\mathscr{L}'$ sont plus compliquées qu'au § 2.5.1, on procède de la même façon, en calculant, *via* (2.10), les temps propres T le long de $\mathscr{L}$ et T' le long de $\mathscr{L}'$ entre le départ de l'avion (événement A) et son retour (événement B). On compare alors ces estimations théoriques aux mesures réelles sur les horloges.

Outre la forme des lignes d'univers, une deuxième complication vient de ce qu'en raison du voyage en altitude, les horloges embarquées sont plus hautes dans le potentiel gravitationnel de la Terre que celles restées au sol. Il intervient alors un effet de relativité générale, l'*effet Einstein*, que nous discuterons au Chap. 22. Ce dernier induit une différence entre les temps propres T' et T, dans le sens d'allonger T'. Cet effet est du même ordre de grandeur que l'effet de relativité restreinte que nous voulons mettre en évidence ici. La vérification du paradoxe des jumeaux doit donc en tenir compte.

Nous effectuerons au Chap. 13 un calcul de la valeur de $T'-T$ dans le cadre de la relativité restreinte, en utilisant une trajectoire des avions simplifiée. Le calcul précis, qui tient compte des trajectoires réelles, conduit à $T' = T-184\pm18$ ns pour le voyage vers l'est. La barre d'erreur de 18 ns est liée aux incertitudes dans la reconstruction de la ligne d'univers de l'avion (incertitudes sur la position et la vitesse). Ainsi, les horloges qui ont voyagé d'est en ouest doivent être plus jeunes que celles restées au sol de 184 nanosecondes. On doit corriger cette valeur de l'effet de relativité générale mentionné plus haut ; ce dernier va dans le sens inverse : il augmente T' de 144 ± 14 ns. Au final la prédiction théorique est $T' = T - 40 \pm 32$ ns. La valeur observée, obtenue en moyennant sur les quatre horloges, afin de réduire l'erreur expérimentale, est $T' = T - 59 \pm 10$ ns.

Pour le voyage vers l'ouest (en sens contraire de la rotation de la Terre), la ligne d'univers $\mathscr{L}'$ (en première approximation une hélice) s'écarte moins d'une ligne droite que la ligne d'univers $\mathscr{L}$. On est donc dans le cas où la relativité restreinte prédit $T' > T$, ainsi que le verrons explicitement au Chap. 13. Le calcul montre que $T' = T+96\pm10$ ns, auquel il faut ajouter l'effet Einstein (toujours dans le sens d'augmenter T'), pour arriver à $T' = T + 275 \pm 21$ ns. La valeur observée est $T' = T + 273 \pm 7$ ns.

En conclusion, compte tenu des barres d'erreur, on peut dire que l'expérience de Hafele et Keating a confirmé que le temps propre écoulé entre deux événements dépend de la ligne d'univers choisie pour relier ces deux événements. C'est la démonstration expérimentale que le temps réel n'est pas le temps absolu de Newton, mais celui de la relativité.

Expérience de Alley (1975)

Une expérience d'horloges atomiques embarquées plus précise a été réalisée en 1975 par Carroll O. Alley de l'Université du Maryland (USA) [8]. Cette fois-ci, c'est un avion entièrement dédié à l'expérience, et non plus des avions de ligne, qui a été utilisé. Il s'agissait d'un avion de patrouille anti-sous-marine de l'US Navy du type Lockheed P-3C Orion, qui a la caractéristique de pouvoir voler 16 heures d'affilée. Le 22 novembre 1975, six horloges atomiques (trois au césium et trois au rubidium) ont été embarquées pour un vol de 15 heures en boucle au-dessus de la baie de Chesapeake, sur la côte Nord-Est des États-Unis (ligne d'univers $\mathscr{L}'$). Un ensemble d'horloges atomiques identiques était disposé dans une remorque sur la base de départ de l'avion (ligne d'univers $\mathscr{L}$) (*cf.* Fig. 2.10). La vitesse moyenne de l'avion était de 540 km.h^{-1} ($= 150$ m.s^{-1} $= 5 \times 10^{-7}\, c$) et l'altitude de 7600 m pendant les 5 premières heures, 9100 m pendant les 5 heures suivantes et 10 700 m pendant les 5 dernières heures. Le calcul des temps propres le long de $\mathscr{L}'$ et $\mathscr{L}$ conduit à la prédiction suivante :

$$T' = T \underbrace{- 5.7 \text{ ns}}_{\text{RR}} \underbrace{+ 52.8 \text{ ns}}_{\text{RG}} = T + 47.1 \text{ ns}, \qquad (2.53)$$

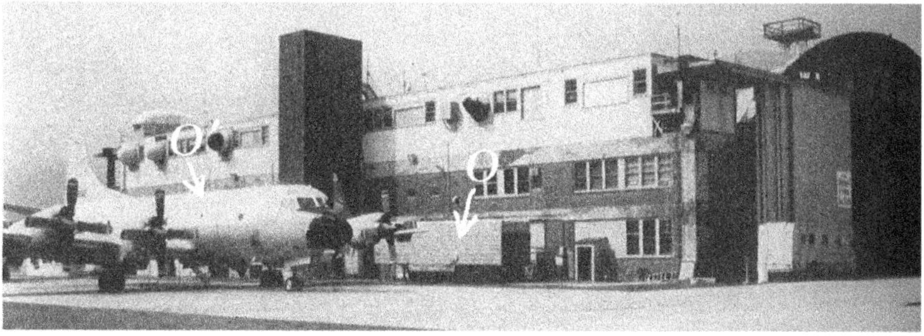

FIG. 2.10 – Expérience de Alley (1975) : On voit ici l'avion transportant les horloges atomiques (observateur $\mathcal{O}'$) stationné à proximité de la semi-remorque contenant les horloges atomiques de référence (observateur $\mathcal{O}$), sur la base aéronavale de Patuxent River (côte Est des États-Unis). Cette photo peut être considérée comme une vue de l'événement A, où $\mathcal{O}$ et $\mathcal{O}'$, qui partageaient la même ligne d'univers, sont sur le point de se séparer. (source : C.O. Alley [8].)

où RR dénote la contribution de la relativité restreinte (effet cinématique étudié ici) et RG la contribution de la relativité générale (effet Einstein mentionné plus haut). La valeur mesurée au retour des horloges est en accord avec (2.53) avec une précision relative de 1.5 %. Comme l'effet cinématique est d'environ un dixième de l'effet total, on en conclut que l'expérience de Alley a vérifié le paradoxe des jumeaux avec une précision de l'ordre de 15 %.

Remarque : D'autres tests relatifs à la dépendance du temps propre vis-à-vis du mouvement des corps seront présentés aux Chap. 4 et 5. Ils sont beaucoup plus précis que les expériences relatées ci-dessus. Nous nous sommes limités ici à ces dernières car elles sont directement interprétables en terme du paradoxe des jumeaux.

2.6 Propriétés géométriques d'une ligne d'univers

2.6.1 Géodésiques du genre temps

Dans le problème du voyageur de Langevin, nous avons constaté que $T > T'$ dès que la ligne d'univers $\mathscr{L}'$ se démarquait de $\mathscr{L}$ (c'est-à-dire pour $\alpha \neq 0$). Au vu de la définition du temps propre, nous pouvons dire de manière équivalente qu'entre les événements A et B, la ligne d'univers droite $\mathscr{L}$ a une longueur (donnée par le tenseur métrique $\boldsymbol{g}$) *supérieure* à celle de la ligne d'univers courbe $\mathscr{L}'$. Nous allons montrer ici que le problème du voyageur de Langevin reflète bien le cas le plus général, à savoir que si deux points de $\mathscr{E}$ peuvent être reliés par une ligne droite du genre temps, toutes les autres

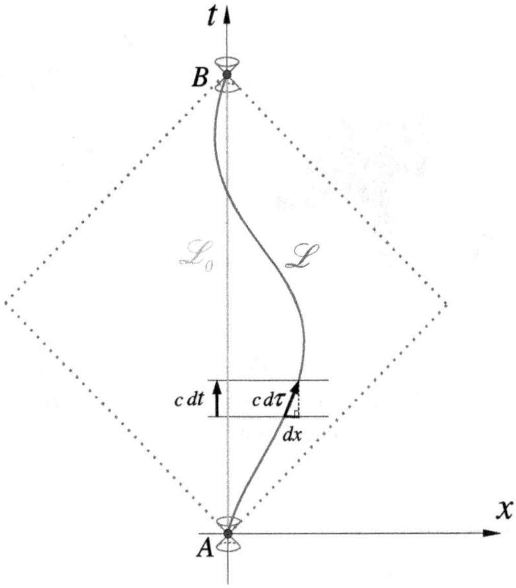

FIG. 2.11 – Comparaison de la longueur métrique (temps propre) de deux lignes d'univers reliant deux événements A et B : une droite et une ligne courbe. Puisque $c^2 d\tau^2 = c^2 dt^2 - dx^2$, la ligne courbe est, vis-à-vis de la métrique $\boldsymbol{g}$, plus courte que la droite.

lignes du genre temps reliant ces deux points ont une longueur vis-à-vis de $\boldsymbol{g}$ plus petite. Ce résultat est bien entendu l'exact opposé de celui d'un espace euclidien, pour lequel la ligne droite constitue le plus court chemin entre deux points.

Soient donc A et B deux points de $\mathscr{E}$ tels que B soit à l'intérieur du cône de lumière de A. On peut alors relier ces deux points par des lignes du genre temps (*i.e.* des lignes d'univers de points matériels). Une ligne d'univers particulière est la droite $\mathscr{L}_0$ qui passe par ces deux points. Soit $(\vec{\boldsymbol{e}}_\alpha)$ une base orthonormale de $(E, \boldsymbol{g})$ telle que $\vec{\boldsymbol{e}}_0$ coïncide avec la 4-vitesse de $\mathscr{L}_0$. Introduisons alors le système de coordonnées affines $(x^0 = ct, x^1 = x, x^2 = y, x^3 = z)$ associé à $(\vec{\boldsymbol{e}}_\alpha)$ et centré sur A (*cf.* Fig. 2.11). Soit $\mathscr{L}$ une ligne d'univers quelconque joignant A et B. Comme $\mathscr{L}$ est astreinte à rester à l'intérieur du cône de lumière en chacun de ses points, on peut utiliser la coordonnée affine t pour paramétrer[11] $\mathscr{L}$. Soient alors X, Y et Z les trois fonctions $\mathbb{R} \to \mathbb{R}$ donnant l'équation de $\mathscr{L}$ dans les coordonnées affines (x^α), suivant

$$x = X(t), \quad y = Y(t), \quad z = Z(t). \tag{2.54}$$

11. Si la contrainte du genre temps était relâchée, alors $\mathscr{L}$ pourrait « revenir en arrière » et t ne serait pas un bon paramètre.

Les composantes dans la base $(\vec{e}_\alpha)$ du vecteur déplacement élémentaire $d\vec{x}$ le long de $\mathscr{L}$ sont alors

$$dx^\alpha = (c\,dt, \dot{X}dt, \dot{Y}dt, \dot{Z}dt), \tag{2.55}$$

où l'on a indiqué les dérivées des fonctions X, Y et Z par un point. La longueur (vis-à-vis de $\boldsymbol{g}$) de $\mathscr{L}$ entre les points A et B est donnée par la formule (2.10) :

$$c\,\tau(A,B) = c\int_A^B d\tau = \int_A^B \sqrt{-\boldsymbol{g}(d\vec{x}, d\vec{x})}. \tag{2.56}$$

Or puisque $(\vec{e}_\alpha)$ est une base orthonormale, $-\boldsymbol{g}(d\vec{x}, d\vec{x}) = -\eta_{\alpha\beta}dx^\alpha dx^\beta = c^2dt^2 - (\dot{X}\,dt)^2 - (\dot{Y}\,dt)^2 - (\dot{Z}\,dt)^2$. D'où

$$\begin{aligned} c\,\tau(A,B) &= c\int_A^B \sqrt{1 - \frac{1}{c^2}\left[(\dot{X})^2 + (\dot{Y})^2 + (\dot{Z})^2\right]}\,dt \\ &\leq c\int_A^B dt = c[t(B) - t(A)]. \end{aligned} \tag{2.57}$$

Puisque $c[t(B)-t(A)] = c\,\tau_0(A,B)$ est la longueur de la ligne d'univers droite $\mathscr{L}_0$ entre A et B, on en conclut que $\mathscr{L}_0$ réalise un *maximum* de la longueur métrique (temps propre) entre A et B, parmi toutes les lignes d'univers possibles.

Pour cette raison, on appelle ***géodésique du genre temps*** toute droite de $\mathscr{E}$ du genre temps (c'est-à-dire dont tout vecteur tangent est du genre temps). Il faut bien entendu comprendre *géodésique* comme courbe de longueur extrémale et non nécessairement minimale. Pour résumer, les géodésiques lumière introduites au § 2.4.1 réalisent un minimum de la longueur définie par le tenseur métrique et les géodésiques du genre temps un maximum de cette longueur.

Remarque : La géodésique du genre temps entre deux points A et B fournissant la distance maximale entre ces deux points, on peut se demander quelle est la borne inférieure de cette distance, sachant qu'elle doit être positive ou nulle (*cf.* l'intégrale (2.56)). La réponse nous est fournie par l'exemple du voyageur de Langevin : la borne inférieure est zéro. En effet, en faisant tendre le paramètre α vers l'infini, on construit des lignes d'univers entre A et B dont la longueur tend vers zéro, ainsi que le montre la formule (2.31) (*cf.* également la Remarque 3 du § 2.5.2).

2.6.2 Champ de vecteur le long d'une ligne d'univers

Étant donnée une ligne d'univers, $\mathscr{L}$, nous avons déjà rencontré deux types de champs de vecteurs définis le long de celle-ci : les champs de vecteurs tangents associés aux divers paramétrages de $\mathscr{L}$, dont le champ de 4-vitesse est un cas particulier, et le champ de 4-accélération introduit au § 2.3.2.

D'une manière plus générale, définissons un ***champ de vecteurs le long de la ligne d'univers*** $\mathscr{L}$ comme une application

$$\begin{aligned} \vec{v} : \mathscr{L} &\longrightarrow E \\ A &\longmapsto \vec{v}(A). \end{aligned} \tag{2.58}$$

On repérera souvent les points A de $\mathscr{L}$ par leur temps propre τ. On écrira alors plutôt $\vec{v}(\tau)$ pour $\vec{v}(A(\tau))$.

On dit que le champ de vecteurs $\vec{v}$ est ***différentiable*** au point $A(\tau) \in \mathscr{L}$ ssi la limite

$$\boxed{\frac{d\vec{v}}{d\tau} := \lim_{\varepsilon \to 0} \frac{1}{\varepsilon} \left[\vec{v}(\tau + \varepsilon) - \vec{v}(\tau) \right]} \tag{2.59}$$

existe. Le vecteur $d\vec{v}/d\tau$ est alors appelé ***dérivée de $\vec{v}$ le long de*** $\mathscr{L}$ au point $A(\tau)$. Étant donnée une base $(\vec{e}_\alpha)$ de E, on peut écrire $\vec{v}(\tau) = v^\alpha(\tau)\,\vec{e}_\alpha$. Il est alors facile de voir que $\vec{v}$ est différentiable ssi les composantes $v^\alpha(\tau)$ sont des fonctions $\mathbb{R} \to \mathbb{R}$ différentiables. De plus, les composantes de la dérivée ne sont autres que les dérivées des composantes :

$$\boxed{\frac{d\vec{v}}{d\tau} = \frac{dv^\alpha}{d\tau}\,\vec{e}_\alpha}. \tag{2.60}$$

2.6.3 Courbure et torsions

Remarque : Ce paragraphe peut être sauté en première lecture.

Le long de toute ligne d'univers $\mathscr{L}$ d'un point matériel, on peut définir, de manière purement géométrique, une base orthonormale, la ***tétrade de Serret-Frenet*** $(\vec{e}_0, \vec{e}_1, \vec{e}_2, \vec{e}_3)$, qui caractérise la *courbure* et la *torsion* de la ligne d'univers. La tétrade de Serret-Frenet est habituellement construite dans un espace euclidien à partir de l'*abscisse curviligne* s le long de la courbe. Dans l'espace-temps de Minkowski, qui n'est pas euclidien (*cf.* § 1.2.1), la tétrade de Serret-Frenet est construite en utilisant, à la place de l'abscisse curviligne s, la longueur métrique $c\tau$, où τ est le temps propre le long de la ligne d'univers.

Le premier vecteur de la tétrade de Serret-Frenet n'est autre que la 4-vitesse $\vec{u}$ de $\mathscr{L}$: $\vec{e}_0 := \vec{u}$. $\vec{e}_0$ est donc un vecteur unitaire (du genre temps) tangent à $\mathscr{L}$. Plaçons-nous dans le cas où la 4-accélération $\vec{a}$ de $\mathscr{L}$ est non nulle. Dans le cas contraire, $\mathscr{L}$ se réduit à une droite et le formalisme de Serret-Frenet perd tout intérêt. Le deuxième vecteur de la tétrade de Serret-Frenet est donc défini par

$$\vec{e}_1 := \frac{1}{a}\vec{a} = \frac{1}{ac}\frac{d\vec{e}_0}{d\tau}, \qquad \text{où} \qquad a := \|\vec{a}\|_g = \sqrt{\vec{a}\cdot\vec{a}}, \tag{2.61}$$

la deuxième égalité étant justifiée par le fait que $\vec{a}$ est un vecteur du genre espace (*cf.* Éq. (2.18)). a est appelé **courbure** de la ligne d'univers $\mathscr{L}$ au point considéré. D'après nos conventions (*cf.* § 2.3.2), a a la dimension de l'inverse d'une longueur. Son inverse, a^{-1}, est appelé ***rayon de courbure*** de $\mathscr{L}$ au point considéré. Dans un espace euclidien, a^{-1} serait le rayon du cercle qui approche le mieux $\mathscr{L}$ au point considéré. Mais l'espace-temps de Minkowski n'étant pas un espace métrique, la notion de cercle n'y est pas définie. Une deuxième interprétation du rayon de courbure est quant à elle transposable à l'espace-temps de Minkowski : a^{-1} est la distance de $\mathscr{L}$ à laquelle deux hyperplans orthogonaux à $\vec{u}$ en deux points voisins de $\mathscr{L}$ se rencontrent. Nous le démontrerons au § 3.6.

Considérons à présent le vecteur dérivée de $\vec{e}_1$ le long de $\mathscr{L}$, au sens de (2.59), $d\vec{e}_1/d\tau$. Le vecteur $\vec{e}_1$ étant unitaire, $d\vec{e}_1/d\tau$ est orthogonal à $\vec{e}_1$; on peut donc l'écrire comme combinaison linéaire de $\vec{e}_0$ et d'un vecteur unitaire $\vec{e}_2$ orthogonal à la fois à $\vec{e}_0$ et à $\vec{e}_1$:

$$\frac{1}{c}\frac{d\vec{e}_1}{d\tau} = a\,\vec{e}_0 + T_1\,\vec{e}_2. \tag{2.62}$$

Le fait que le coefficient de $\vec{e}_0$ dans la formule ci-dessus est a peut être vérifié en développant l'identité $d/d\tau(\vec{e}_0 \cdot \vec{e}_1) = 0$. Si $d\vec{e}_1/d\tau$ n'est pas colinéaire à $\vec{e}_0$, la relation (2.62) constitue la définition du scalaire $T_1 \geq 0$ et du vecteur unitaire $\vec{e}_2$. T_1 est appelée ***première torsion*** de la ligne d'univers $\mathscr{L}$. Si $T_1 = 0$, $\mathscr{L}$ est contenue dans le plan $(\vec{e}_0, \vec{e}_1)$. Dans le cas général, considérons un point O de $\mathscr{L}$ et posons $\tau(O) = 0$. Pour tout point $A(\tau) \in \mathscr{L}$ voisin de O et de temps propre τ, effectuons un développement limité du vecteur $\overrightarrow{OA}$ dans le paramètre sans dimension

$$\varepsilon := a_0 c\tau, \tag{2.63}$$

où a_0 désigne la courbure de $\mathscr{L}$ en O. La formule de Taylor à l'ordre 3 donne :

$$\overrightarrow{OA}(\tau) = \varepsilon\frac{d\overrightarrow{OA}}{d\varepsilon} + \frac{\varepsilon^2}{2}\frac{d^2\overrightarrow{OA}}{d\varepsilon^2} + \frac{\varepsilon^3}{6}\frac{d^3\overrightarrow{OA}}{d\varepsilon^3} + O(\varepsilon^4), \tag{2.64}$$

avec, d'après la définition de ε, $d^k\overrightarrow{OA}/d\varepsilon^k = (ca_0)^{-k}\, d^k\overrightarrow{OA}/d\tau^k$, et d'après les Éqs. (2.12), (2.61) et (2.62),

$$\frac{1}{c}\frac{d\overrightarrow{OA}}{d\tau} = \vec{e}_0 \tag{2.65}$$

$$\frac{1}{c^2}\frac{d^2\overrightarrow{OA}}{d\tau^2} = a\vec{e}_1 \tag{2.66}$$

$$\frac{1}{c^3}\frac{d^3\overrightarrow{OA}}{d\tau^3} = a^2\vec{e}_0 + \frac{1}{c}\frac{da}{d\tau}\vec{e}_1 + aT_1\vec{e}_2. \tag{2.67}$$

Par conséquent

$$\boxed{\begin{aligned}\overrightarrow{OA}(\tau) = &\left(1 + \tfrac{(ac\tau)^2}{6}\right) c\tau\,\vec{e}_0 + \left(a + \tfrac{da}{d\tau}\tfrac{\tau}{3}\right)\tfrac{(c\tau)^2}{2}\vec{e}_1 \\ &+ \tfrac{aT_1}{6}(c\tau)^3\,\vec{e}_2 + O((ac\tau)^4)\end{aligned}}. \tag{2.68}$$

Dans cette égalité, les quantités a, $da/d\tau$ et T_1, ainsi que les vecteurs $\vec{e}_0$, $\vec{e}_1$ et $\vec{e}_2$, doivent être pris au point O.

Le développement (2.68) montre qu'à l'ordre $(ac\tau)^2$, la ligne d'univers reste dans le plan $(O; \vec{e}_0, \vec{e}_1)$. Ce plan est appelé ***plan osculateur*** de $\mathscr{L}$ en O. La première torsion T_1, qui apparaît à l'ordre $(ac\tau)^3$ dans le développement limité (2.68), mesure donc le degré d'écartement de la ligne d'univers par rapport à son plan osculateur (*cf.* Fig. 2.12).

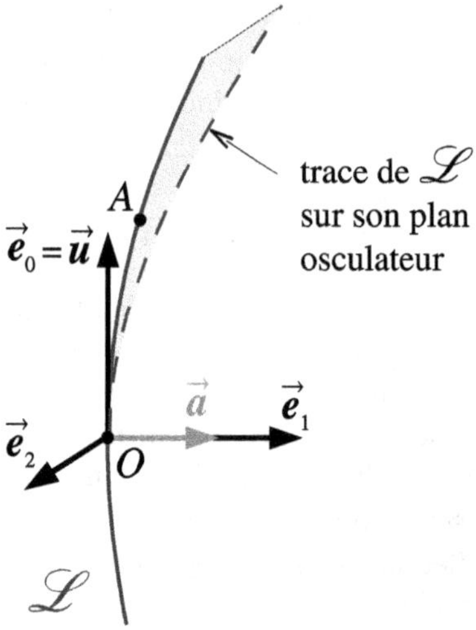

FIG. 2.12 – Tétrade de Serret-Frenet en un point O de la ligne d'univers $\mathscr{L}$ (le vecteur $\vec{e}_3$ n'est pas représenté).

Plaçons-nous dans le cas où $T_1 \neq 0$, c'est-à-dire où $\vec{e}_2$ est bien défini. Comme ce dernier est unitaire ($\vec{e}_2 \cdot \vec{e}_2 = 1$), $d\vec{e}_2/d\tau$ est un vecteur orthogonal à $\vec{e}_2$, que l'on peut écrire comme combinaison linéaire de $\vec{e}_0$, $\vec{e}_1$ et d'un vecteur unitaire $\vec{e}_3$ orthogonal à la fois à $\vec{e}_0$, $\vec{e}_1$ et $\vec{e}_2$:

$$\frac{1}{c}\frac{d\vec{e}_2}{d\tau} = \alpha\vec{e}_0 + \beta\vec{e}_1 + T_2\vec{e}_3.$$

On détermine les coefficients α et β à partir des produits scalaires $\vec{e}_0 \cdot \vec{e}_2 = 0$ et $\vec{e}_1 \cdot \vec{e}_2 = 0$; en dérivant le premier par rapport à τ on obtient $\alpha = 0$ et en dérivant le deuxième, $\beta = -T_1$. Ainsi

$$\frac{1}{c}\frac{d\vec{e}_2}{d\tau} = -T_1\vec{e}_1 + T_2\vec{e}_3. \qquad (2.69)$$

Si $d\vec{e}_2/d\tau$ n'est pas colinéaire à $\vec{e}_1$, cette relation constitue la définition du scalaire $T_2 \geq 0$ et du vecteur unitaire $\vec{e}_3$. T_2 est appelée ***deuxième torsion*** de la ligne d'univers $\mathscr{L}$. Si $T_2 = 0$, $\mathscr{L}$ est contenue dans le sous-espace affine de $\mathscr{E}$ de dimension 3 (hyperplan) engendré par $(\vec{e}_0, \vec{e}_1, \vec{e}_2)$. Dans le cas général, l'égalité (2.68) montre qu'à l'ordre $(ac\tau)^3$, $\mathscr{L}$ est contenue dans l'hyperplan $(O; \vec{e}_0, \vec{e}_1, \vec{e}_2)$ que nous appellerons ***hyperplan osculateur*** de la ligne d'univers au point O. On peut voir facilement que $T_2\vec{e}_3$ intervient à l'ordre $(ac\tau)^4$ dans le développement de $\overrightarrow{OA}(\tau)$. La deuxième torsion mesure donc le degré avec lequel $\mathscr{L}$ s'écarte de son hyperplan osculateur.

Plaçons-nous dans le cas $T_2 \neq 0$ et calculons $d\vec{e}_3/d\tau$. $\vec{e}_3$ étant un vecteur unitaire, $d\vec{e}_3/d\tau$ est un vecteur orthogonal à $\vec{e}_3$ que l'on peut par conséquent écrire comme combinaison linéaire de $\vec{e}_0$, $\vec{e}_1$ et $\vec{e}_2$:

$$\frac{1}{c}\frac{d\vec{e}_3}{d\tau} = \alpha\vec{e}_0 + \beta\vec{e}_1 + \gamma\vec{e}_2.$$

En dérivant par rapport à τ les identités $\vec{e}_0 \cdot \vec{e}_3 = 0$, $\vec{e}_1 \cdot \vec{e}_3 = 0$ et $\vec{e}_2 \cdot \vec{e}_3 = 0$, on obtient $\alpha = 0$, $\beta = 0$ et $\gamma = -T_2$, si bien que finalement

$$\frac{1}{c}\frac{d\vec{e}_3}{d\tau} = -T_2\vec{e}_2. \tag{2.70}$$

En rassemblant les égalités (2.61), (2.62), (2.69) et (2.70), on peut écrire

$$\boxed{c^{-1}\begin{pmatrix} d\vec{e}_0/d\tau \\ d\vec{e}_1/d\tau \\ d\vec{e}_2/d\tau \\ d\vec{e}_3/d\tau \end{pmatrix} = \begin{pmatrix} 0 & a & 0 & 0 \\ a & 0 & T_1 & 0 \\ 0 & -T_1 & 0 & T_2 \\ 0 & 0 & -T_2 & 0 \end{pmatrix}\begin{pmatrix} \vec{e}_0 \\ \vec{e}_1 \\ \vec{e}_2 \\ \vec{e}_3 \end{pmatrix}}. \tag{2.71}$$

Nous verrons au § 3.4.3 que la matrice qui apparaît ci-dessus s'interprète en terme de la *quadrirotation* de la tétrade de Serret-Frenet.

Note historique : *L'interprétation de la norme de la 4-accélération comme la courbure de la ligne d'univers au point considéré apparaît dès 1908 dans un article d'Hermann Minkowski* (cf. *p. 25*) *[289] et se retrouve dans le fameux texte de 1909 sur l'espace-temps [290].*

Chapitre 3

Observateurs

Sommaire

La notion de *système de coordonnées affines* ou *repère affine* introduite au § 1.1.3 est purement mathématique. Le but de ce chapitre est de définir proprement ce que l'on entend par *observateur* et *référentiel* en relativité. Avec ce que nous avons introduit jusqu'à présent, la seule mesure physique que peut réaliser un « point matériel » muni d'une horloge idéale est celle du temps propre écoulé entre deux événements sur sa ligne d'univers. Pour passer de la notion de « point matériel muni d'une horloge idéale » à celle d'« observateur », il faut étendre le domaine de l'espace-temps où le point matériel est susceptible d'effectuer des mesures à des domaines du genre espace (et non plus seulement du genre temps). Cela pose le problème de la simultanéité, que nous examinerons donc en premier.

3.1 Simultanéité et mesure du temps

3.1.1 Position du problème

Considérons un point matériel $\mathcal{O}$, de ligne d'univers $\mathscr{L}_0$, que nous identifierons à un observateur, après l'avoir doté d'un référentiel au § 3.3. Nous supposerons que $\mathcal{O}$ est équipé d'une horloge idéale (*cf.* § 2.2) ; il peut donc

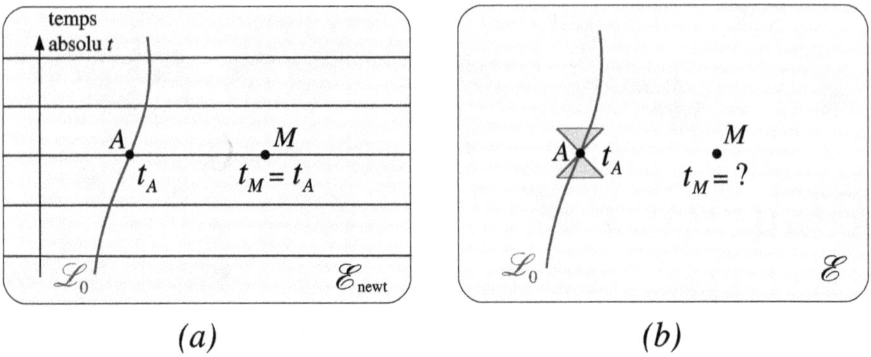

FIG. 3.1 – Problème de la datation : (a) dans l'espace-temps newtonien ; (b) dans l'espace-temps de Minkowski.

mesurer le temps propre entre deux événements quelconques le long de sa ligne d'univers. Il effectue alors une datation des événements de $\mathscr{L}_0$ en choisissant un événement de $\mathscr{L}_0$ comme origine des temps propres ($t = 0$). Mais comment peut-il dater les événements qui ne se produisent pas sur sa ligne d'univers ?

Une première réponse consiste à attribuer la date t_A à tout événement simultané avec l'événement A de temps propre t_A le long de la ligne d'univers de $\mathcal{O}$. Mais une telle définition de la date suppose donnée *a priori* la notion de *simultanéité*. Cette notion va de soi dans la théorie de Newton qui stipule l'existence d'un temps absolu, indépendant de tout observateur, (*cf.* § 1.1.5 et Fig. 3.1a). Mais il n'en est pas de même pour l'espace-temps de Minkowski où aucun « découpage » temporel n'est donné *a priori* (*cf.* § 1.6 et Fig. 3.1b). Les seules structures privilégiées dans l'espace-temps de Minkowski sont celles liées au tenseur métrique $\boldsymbol{g}$, à savoir les cônes de lumière (*cf.* Fig. 1.8 et § 2.4.2). Or ces derniers n'induisent aucun feuilletage de $\mathscr{E}$ par des hypersurfaces du genre espace, similaire au feuilletage de l'espace-temps newtonien dessiné sur les Figs. 1.2 et 3.1a. Par contre, nous allons les utiliser pour définir la simultanéité.

3.1.2 Critère de simultanéité d'Einstein-Poincaré

Nous supposerons que l'observateur $\mathcal{O}$ est équipé, en plus de son horloge idéale, d'un dispositif d'émission et de réception de photons. Soient A un événement de temps propre t le long de la ligne d'univers de $\mathcal{O}$ et M un événement quelconque de $\mathscr{E}$. On dira que M est ***simultané à A pour l'observateur*** $\mathcal{O}$ ssi :

$$\boxed{t = \frac{1}{2}(t_1 + t_2)}, \tag{3.1}$$

où t_1 est le temps propre (vis-à-vis de $\mathcal{O}$) d'émission par $\mathcal{O}$ d'un photon qui atteint l'événement M et est réfléchi (sans délai) en M pour atteindre

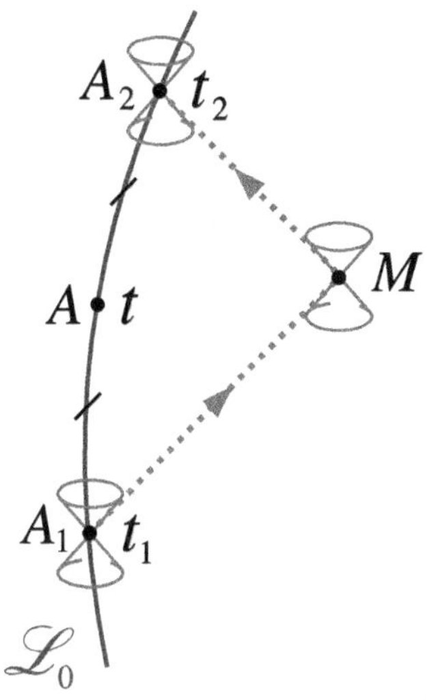

FIG. 3.2 – Définition de la simultanéité au sens d'Einstein-Poincaré : A et M sont simultanés pour l'observateur $\mathcal{O}$ ssi A est à mi-temps de l'aller-retour d'un photon de $\mathcal{O}$ vers M.

de nouveau l'observateur $\mathcal{O}$ au temps propre t_2 (*cf.* Fig. 3.2). La ***date de l'événement*** M ***par rapport à l'observateur*** $\mathcal{O}$ est alors définie comme étant t.

La définition ci-dessus est très naturelle et peut s'interpréter naïvement en admettant que le « temps » mis par la lumière pour aller de $\mathcal{O}$ à M est le même que celui pour aller de M à $\mathcal{O}$. Nous disons « naïvement » car la notion de « temps de parcours » dépend de la définition de date adoptée, et donc de la notion de simultanéité.

Remarque 1 : Dans l'optique d'Einstein [132], la définition de la simultanéité ainsi formulée s'accorde bien avec son postulat de constance de la vitesse de la lumière. Dans le cadre plus géométrique adopté ici, cette définition est tout à fait acceptable car elle ne fait intervenir que les cônes de lumière (*cf.* Fig. 3.2), qui constituent la seule structure canonique de l'espace-temps de Minkowski. De plus, cette définition est opérationnelle : elle est basée sur un critère physiquement réalisable (mesure du temps d'aller-retour d'un signal électromagnétique).

Remarque 2 : Hans Reichenbach a proposé en 1924 [343] une définition de la simultanéité basée sur le critère

$$t = (1-\varepsilon)t_1 + \varepsilon t_2, \tag{3.2}$$

où ε est une constante dans l'intervalle $]0,1[$. Ce critère, appelé ***ε-simultanéité***, redonne le critère d'Einstein-Poincaré (3.1) pour $\varepsilon = 1/2$. Il n'y aurait pas d'incohérence logique à choisir (3.2) avec $\varepsilon \neq 1/2$, mais on aboutirait à une description inutilement compliquée de la relativité restreinte (*cf.* [169] et [419] pour une discussion).

Note historique : *Henri Poincaré* (cf. *p. 25) a été l'un des premiers à remettre en cause la notion de simultanéité comme allant de soi, dès 1898 [328]. Il a fait remarquer que nous n'avons pas d'intuition directe de la simultanéité de deux événements distants, ni même de leur ordre d'occurrence. Il a montré que ces notions sont intimement liées à la définition du temps lui-même. Poincaré arrive à la conclusion que la simultanéité doit résulter d'une* convention *qu'il convient de préciser. Un critère de sélection entre différentes conventions pourra être la recherche d'une forme la plus simple possible pour l'énoncé des lois physiques. C'est ce même critère qui nous a fait préférer au § 2.2 l'usage du temps propre plutôt que toute autre échelle de temps le long d'une ligne d'univers donnée. En 1900, Poincaré avance l'idée de synchronisation des horloges d'un observateur en mouvement par l'échange de signaux lumineux [329]. Albert Einstein utilise la même méthode en 1905 [132] pour donner la définition (3.1) de la simultanéité de deux événements par rapport à un observateur donné. Une différence importante entre les analyses de Poincaré et d'Einstein est que pour Poincaré le temps t donné par la formule (3.1) n'est qu'un* « temps apparent » *[329], qui diffère du* « temps vrai » *lorsque l'observateur est en mouvement par rapport à l'éther. En revanche, pour Einstein, il n'y a pas d'éther et le temps (3.1) de l'observateur « en mouvement » est tout aussi valable que le temps d'un observateur « au repos ». Pour plus de détail sur cette perception différente du temps entre Poincaré et Einstein, on pourra consulter les références [99, 101, 106, 108, 171, 344, 366, 429]. En particulier, l'article d'O. Darrigol [106] discute en détail l'influence de Poincaré sur la définition (3.1) de la simultanéité et l'article de S. Walter [429] présente une analyse approfondie de la conception de Poincaré de l'espace-temps.*

3.1.3 Espace local de repos

L'ensemble des événements simultanés à un point A de la ligne d'univers de $\mathcal{O}$ constitue une surface de dimension 3 de l'espace affine $\mathscr{E}$, qui coupe $\mathscr{L}_0$ en A (*cf.* Fig. 3.3). Étant de dimension 3 dans un espace de dimension 4, il s'agit d'une ***hypersurface***[1]. Nous l'appellerons ***hypersurface de simultanéité de*** A ***pour*** $\mathcal{O}$ et la noterons $\Sigma_{\boldsymbol{u}}(A)$ ou bien $\Sigma_{\boldsymbol{u}}(t)$, $\vec{\boldsymbol{u}}$ étant la 4-vitesse de l'observateur $\mathcal{O}$ et t le temps propre de A vis-à-vis de $\mathcal{O}$.

Une propriété géométrique importante de l'hypersurface de simultanéité est son orthogonalité (vis-à-vis du tenseur métrique $\boldsymbol{g}$) à la ligne d'univers de l'observateur considéré, ainsi que nous allons le montrer.

Considérons donc un événement A sur $\mathscr{L}_0$, de temps propre t et un événement B qui n'appartient pas à $\mathscr{L}_0$. Soit A_1 l'événement d'émission par $\mathcal{O}$ d'un photon qui va se réfléchir en B, pour être reçu par $\mathcal{O}$ en A_2 (*cf.* Fig. 3.4).

1. Un cas particulier d'hypersurface est bien entendu un hyperplan (*cf.* § 1.1.5).

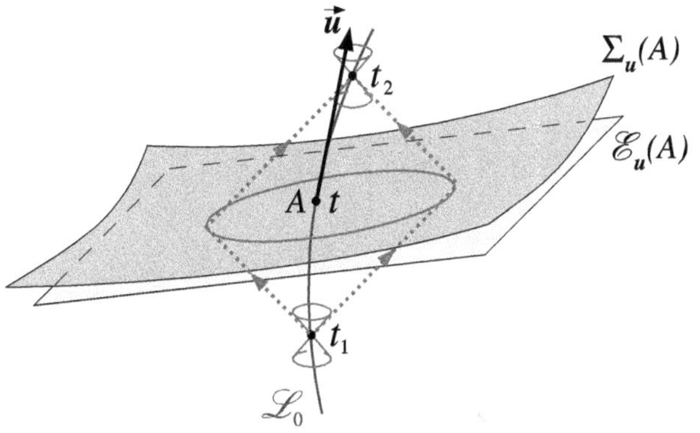

FIG. 3.3 – Hypersurface de simultanéité $\Sigma_{\boldsymbol{u}}(A)$ et espace local de repos $\mathscr{E}_{\boldsymbol{u}}(A)$ d'un événement A d'une ligne d'univers $\mathscr{L}_0$.

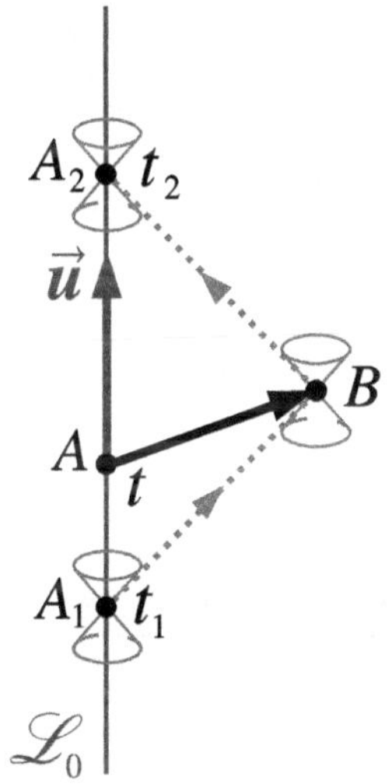

FIG. 3.4 – Événement B voisin de la ligne d'univers $\mathscr{L}_0$: un signal lumineux émis depuis $\mathscr{L}_0$ en A_1 est réfléchi instantanément en B pour atteindre de nouveau $\mathscr{L}_0$ en A_2.

On suppose que B est situé *au voisinage de* A, au sens où l'on peut négliger la courbure de $\mathscr{L}_0$ entre A_1 et A_2. On peut alors considérer que les vecteurs $\overrightarrow{A_1A}$ et $\overrightarrow{A_2A}$ sont colinéaires :

$$\overrightarrow{A_1A} = c(t - t_1)\,\vec{\boldsymbol{u}}(A) \quad \text{et} \quad \overrightarrow{A_2A} = c(t - t_2)\,\vec{\boldsymbol{u}}(A), \tag{3.3}$$

où t_1 (resp. t_2) est le temps propre de $\mathscr{O}$ en A_1 (resp. A_2). Les égalités (3.3) résultent de la définition même du temps propre et du caractère unitaire de

$\vec{u}(A)$. Par définition de A_1, le vecteur $\overrightarrow{A_1B}$ est du genre lumière. On a donc $\overrightarrow{A_1B}\cdot\overrightarrow{A_1B} = 0$, soit, en utilisant la relation de Chasles $\overrightarrow{A_1B} = \overrightarrow{A_1A} + \overrightarrow{AB}$ et en développant,

$$\overrightarrow{A_1A}\cdot\overrightarrow{A_1A} + 2\overrightarrow{A_1A}\cdot\overrightarrow{AB} + \overrightarrow{AB}\cdot\overrightarrow{AB} = 0.$$

Or, d'après (3.3) et $\vec{u}(A)\cdot\vec{u}(A) = -1$, on a $\overrightarrow{A_1A}\cdot\overrightarrow{A_1A} = -c^2(t-t_1)^2$ et $\overrightarrow{A_1A}\cdot\overrightarrow{AB} = c(t-t_1)\,\vec{u}(A)\cdot\overrightarrow{AB}$. Il vient donc

$$-c^2(t-t_1)^2 + 2c(t-t_1)\,\vec{u}(A)\cdot\overrightarrow{AB} + \overrightarrow{AB}\cdot\overrightarrow{AB} = 0. \tag{3.4}$$

De même le genre lumière de $\overrightarrow{A_2B}$ conduit à

$$-c^2(t-t_2)^2 + 2c(t-t_2)\,\vec{u}(A)\cdot\overrightarrow{AB} + \overrightarrow{AB}\cdot\overrightarrow{AB} = 0. \tag{3.5}$$

Si l'on se donne les temps propres t, t_1 et t_2 comme résultats de la lecture de l'horloge idéale de $\mathcal{O}$, les Éqs. (3.4) et (3.5) forment un système linéaire à deux inconnues : les produits scalaires $\vec{u}(A)\cdot\overrightarrow{AB}$ et $\overrightarrow{AB}\cdot\overrightarrow{AB}$. Le déterminant de ce système vaut $2c(t-t_1) - 2c(t-t_2) = 2c(t_2-t_1) \neq 0$ si B n'est pas sur la ligne d'univers de $\mathcal{O}$. Il y a donc une solution unique. Celle-ci s'obtient aisément en soustrayant (3.5) de (3.4) :

$$\vec{u}(A)\cdot\overrightarrow{AB} = c\left[t - \frac{1}{2}(t_1+t_2)\right] \tag{3.6}$$

$$\overrightarrow{AB}\cdot\overrightarrow{AB} = c^2(t-t_1)(t_2-t). \tag{3.7}$$

En comparant (3.6) au critère de simultanéité d'Einstein-Poincaré (3.1), on en déduit immédiatement que

$$\boxed{B \text{ est simultané à } A \text{ pour } \mathcal{O} \iff \vec{u}(A)\cdot\overrightarrow{AB} = 0}. \tag{3.8}$$

Nous avons donc obtenu la propriété fondamentale suivante :

> Au voisinage d'un événement A de la ligne d'univers d'un observateur $\mathcal{O}$, les événements simultanés à A pour $\mathcal{O}$ sont situés dans des directions orthogonales – vis-à-vis de la métrique $\boldsymbol{g}$ – à la ligne d'univers de $\mathcal{O}$.

Les événements simultanés à A forment ainsi un sous-espace affine de $\mathscr{E}$, à savoir le sous-espace affine passant par A et orthogonal à $\vec{u}(A)$. La forme bilinéaire $\boldsymbol{g}$ étant non dégénérée, ce sous-espace est de dimension 3 ; il s'agit donc d'un hyperplan de $\mathscr{E}$ (*cf.* § 1.1.5). De plus, cet hyperplan est ***du genre espace***, au sens où tous les vecteurs qui lui sont parallèles sont du genre espace. Nous avons en effet vu au § 2.3.2 que tout vecteur orthogonal à un vecteur du genre temps ($\vec{u}(A)$ en l'occurrence) est nécessairement du genre espace. Nous le noterons $\mathscr{E}_{\boldsymbol{u}}(A)$ et l'appellerons ***espace local de repos de l'observateur $\mathcal{O}$ en A***. Si t est le temps propre de l'événement A, on désignera souvent $\mathscr{E}_{\boldsymbol{u}}(A)$ par $\mathscr{E}_{\boldsymbol{u}}(t)$.

Remarque 1 : Dans cette définition, l'adjectif *local* vient rappeler que la simultanéité des événements de $\mathscr{E}_{\boldsymbol{u}}(A)$ et de A n'a été établie *a priori* que pour des événements voisins de A au sens où l'on peut négliger la courbure de $\mathscr{L}_0$. L'espace affine $\mathscr{E}_{\boldsymbol{u}}(A)$ est en fait l'espace tangent en A à l'hypersurface de simultanéité $\Sigma_{\boldsymbol{u}}(A)$ (*cf.* Fig. 3.3). Nous verrons au § 12.2 que $\Sigma_{\boldsymbol{u}}(A)$ et $\mathscr{E}_{\boldsymbol{u}}(A)$ coïncident – c'est-à-dire que $\mathscr{E}_{\boldsymbol{u}}(A)$ contient tous les événements simultanés à A, même éloignés – lorsque la 4-accélération $\vec{\boldsymbol{a}}$ de $\mathcal{O}$ est nulle ($\mathscr{L}_0$ est alors une droite de $\mathscr{E}$ et $\mathcal{O}$ est un observateur dit inertiel), ou lorsque $\|\vec{\boldsymbol{a}}\|_{g}$ est constante et que $\mathscr{L}_0$ ne présente pas de torsion. Pour les autres mouvements, $\mathscr{E}_{\boldsymbol{u}}(A)$ constitue une approximation de l'hypersurface de simultanéité de A dont la validité en fonction de la distance à $\mathscr{L}_0$ sera discutée au § 12.2.

Remarque 2 : Le critère d'ε-simultanéité proposé par Reichenbach (Éq. (3.2)) conduirait à un espace local de repos qui ne serait pas orthogonal à la ligne d'univers si $\varepsilon \neq 1/2$. La simultanéité ainsi définie n'aurait pas de rapport direct avec le tenseur métrique $\boldsymbol{g}$.

Le sous-espace vectoriel de E constitué par les vecteurs orthogonaux à $\vec{\boldsymbol{u}}(A)$ est noté $E_{\boldsymbol{u}}(A)$, ou encore $E_{\boldsymbol{u}}(t)$, t étant le temps propre de l'événement A. $E_{\boldsymbol{u}}(A)$ est un espace vectoriel de dimension 3 (car $\boldsymbol{g}$ est non dégénérée) et dont tous les vecteurs sont du genre espace. Il s'agit de l'espace vectoriel associé à l'espace affine $\mathscr{E}_{\boldsymbol{u}}(A)$. Nous l'appellerons ***espace local de repos de $\mathcal{O}$ en** A*, tout comme $\mathscr{E}_{\boldsymbol{u}}(A)$.

3.1.4 Inexistence d'un temps absolu

La définition qui vient d'être donnée de la simultanéité permet à un observateur $\mathcal{O}$ de dater les événements de $\mathscr{E}$, même s'ils se trouvent en dehors de sa ligne d'univers. Une conséquence de cette définition est que deux observateurs différents n'attribueront pas, en général, la même date à un même événement donné. Ceci parce que les deux observateurs n'auront pas en général les mêmes hypersurfaces de simultanéité, ainsi qu'on peut le voir explicitement sur la Fig. 3.5. Sur cette dernière, nous avons considéré deux observateurs $\mathcal{O}$ et $\mathcal{O}'$, de 4-vitesses respectives $\vec{\boldsymbol{u}}$ et $\vec{\boldsymbol{u}}'$ et dont les lignes d'univers se croisent en l'événement O. De plus, nous nous sommes placés suffisamment près de O pour que l'on puisse assimiler les lignes d'univers $\mathscr{L}$ et $\mathscr{L}'$ de $\mathcal{O}$ et $\mathcal{O}'$ à des droites. En convenant de dessiner $\mathscr{L}$ comme une droite verticale, l'espace local de repos de $\mathcal{O}$ en O, $\mathscr{E}_{\boldsymbol{u}}(O)$, qui lui est orthogonal, apparaît comme une droite horizontale (*cf.* la discussion du § 1.2.6). Les rayons lumineux étant des droites à $\pm 45°$ dans ce diagramme, la construction établie sur la Fig. 3.5 montre que l'espace local de repos de $\mathcal{O}'$ en O, $\mathscr{E}_{\boldsymbol{u}'}(O)$, est incliné par rapport à $\mathscr{E}_{\boldsymbol{u}}(O)$, du même angle que $\mathscr{L}'$ par rapport à $\mathscr{L}$ (*cf.* la propriété de symétrie par rapport à la première bissectrice mentionnée au § 1.2.6). Les deux espaces ne coïncident donc pas.

En conséquence, deux événements simultanés pour un observateur donné ne le seront pas nécessairement pour un deuxième observateur. Ce point important est illustré sur la Fig. 3.6 : les événements A et B sont simultanés

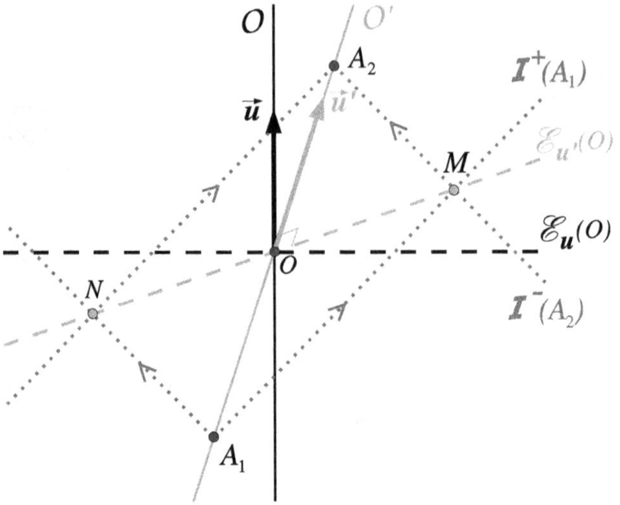

FIG. 3.5 – Construction géométrique de l'espace local de repos $\mathscr{E}_{\boldsymbol{u}'}(O)$ de l'événement O pour l'observateur $\mathcal{O}'$: les événements A_1 et A_2 sont symétriques par rapport à O le long de la ligne d'univers de $\mathcal{O}'$; les événements M et N, intersections de la nappe du futur $\mathcal{I}^+(A_1)$ du cône de lumière issu de A_1 avec la nappe du passé $\mathcal{I}^-(A_2)$ du cône de lumière issu de A_2, sont simultanés avec O pour $\mathcal{O}'$. On peut répéter la construction en variant A_1 et A_2 et obtenir de nouveaux événements dans $\mathscr{E}_{\boldsymbol{u}'}(O)$. L'espace local de repos $\mathscr{E}_{\boldsymbol{u}'}(O)$ ainsi construit est réduit à une dimension sur la figure (droite en tirets passant par N, O et M). Il est orthogonal à la 4-vitesse $\vec{u}'$, bien qu'il ne soit pas dessiné à 90° de $\vec{u}'$ (*cf.* la discussion du § 1.2.6 sur les représentations graphiques de l'espace-temps de Minkowski).

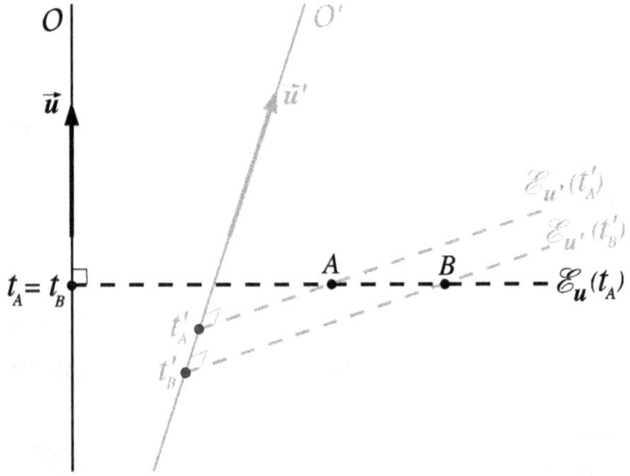

FIG. 3.6 – Relativité de la notion de simultanéité : les événements A et B sont simultanés pour l'observateur $\mathcal{O}$ mais pas pour l'observateur $\mathcal{O}'$.

pour l'observateur $\mathcal{O}$, qui leur attribue la même date $t_A = t_B$, mais pas pour l'observateur $\mathcal{O}'$, qui affecte à A une date ultérieure à celle de B ($t'_A > t'_B$). Il n'y a donc pas un temps unique associé à chaque événement de $\mathscr{E}$, mais seulement des temps définis relativement à des observateurs.

3.1.5 Projecteur orthogonal sur l'espace local de repos

L'introduction de l'espace local de repos $\mathscr{E}_{\boldsymbol{u}}(A)$ en tout événement A de la ligne d'univers d'un observateur $\mathcal{O}$ s'accompagne naturellement de la décomposition des vecteurs de E en une partie tangente à $\mathscr{E}_{\boldsymbol{u}}(A)$, autrement dit appartenant au sous-espace vectoriel $E_{\boldsymbol{u}}(A)$, et une partie orthogonale, autrement dit colinéaire à $\vec{\boldsymbol{u}}(A)$ (*cf.* Fig. 3.7) :

$$\forall \vec{\boldsymbol{v}} \in E, \quad \vec{\boldsymbol{v}} = \perp_{\boldsymbol{u}} \vec{\boldsymbol{v}} + \alpha \vec{\boldsymbol{u}}, \qquad \text{avec} \quad \perp_{\boldsymbol{u}} \vec{\boldsymbol{v}} \in E_{\boldsymbol{u}}(A) \text{ et } \alpha \in \mathbb{R}. \tag{3.9}$$

Dans l'écriture ci-dessus, il faut lire $\vec{\boldsymbol{u}} = \vec{\boldsymbol{u}}(A)$. La décomposition (3.9) est unique : en prenant le produit scalaire par $\vec{\boldsymbol{u}}$, il vient en effet

$$\vec{\boldsymbol{u}} \cdot \vec{\boldsymbol{v}} = \underbrace{\vec{\boldsymbol{u}} \cdot \perp_{\boldsymbol{u}} \vec{\boldsymbol{v}}}_{=0} + \alpha \underbrace{\vec{\boldsymbol{u}} \cdot \vec{\boldsymbol{u}}}_{=-1}, \tag{3.10}$$

ce qui détermine complètement α : $\alpha = -\vec{\boldsymbol{u}} \cdot \vec{\boldsymbol{v}}$. On peut donc récrire (3.9) comme

$$\boxed{\forall \vec{\boldsymbol{v}} \in E, \quad \vec{\boldsymbol{v}} = \perp_{\boldsymbol{u}} \vec{\boldsymbol{v}} - (\vec{\boldsymbol{u}} \cdot \vec{\boldsymbol{v}})\, \vec{\boldsymbol{u}}}. \tag{3.11}$$

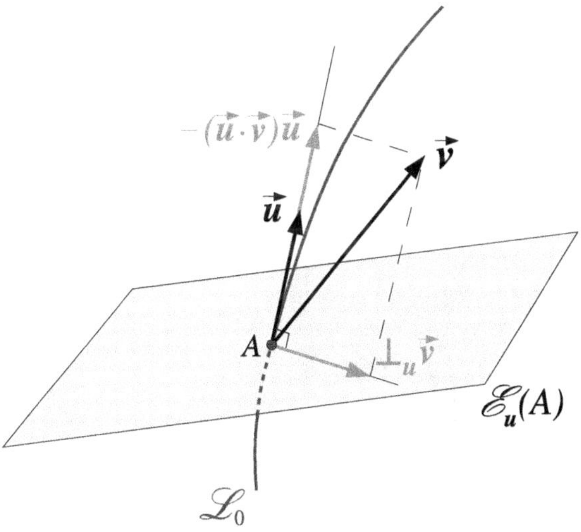

FIG. 3.7 – Décomposition orthogonale d'un vecteur $\vec{\boldsymbol{v}}$ en une partie $\perp_{\boldsymbol{u}} \vec{\boldsymbol{v}}$ orthogonale à la 4-vitesse $\vec{\boldsymbol{u}}$ d'un observateur et une partie colinéaire à $\vec{\boldsymbol{u}}$. $\perp_{\boldsymbol{u}} \vec{\boldsymbol{v}} \in E_{\boldsymbol{u}}(A)$, où $E_{\boldsymbol{u}}(A)$ est l'hyperplan vectoriel associé à l'espace local de repos de l'observateur en A.

La partie $\perp_{\boldsymbol{u}}\vec{\boldsymbol{v}}$ de cette décomposition s'appelle ***projection orthogonale du vecteur $\vec{\boldsymbol{v}}$ sur le sous-espace vectoriel*** $E_{\boldsymbol{u}}(A)$. L'application

$$\begin{aligned} \perp_{\boldsymbol{u}} : E &\longrightarrow E_{\boldsymbol{u}}(A) \\ \vec{\boldsymbol{v}} &\longmapsto \perp_{\boldsymbol{u}}\vec{\boldsymbol{v}} = \vec{\boldsymbol{v}} + (\vec{\boldsymbol{u}} \cdot \vec{\boldsymbol{v}})\,\vec{\boldsymbol{u}} \end{aligned} \tag{3.12}$$

est un endomorphisme de E (*cf.* Annexe A). On l'appelle ***projecteur orthogonal sur le sous-espace vectoriel*** $E_{\boldsymbol{u}}(A)$. Puisque $\vec{\boldsymbol{u}} \cdot \vec{\boldsymbol{v}} = \langle \underline{\boldsymbol{u}}, \vec{\boldsymbol{v}} \rangle$ (dualité métrique entre les vecteurs et les formes linéaires discutée au § 1.5), on peut écrire cet endomorphisme sous la forme

$$\boxed{\perp_{\boldsymbol{u}} = \mathrm{Id} + \langle \underline{\boldsymbol{u}}, . \rangle\, \vec{\boldsymbol{u}}}, \tag{3.13}$$

où Id désigne l'opérateur identité.

Remarque : Dans l'espace euclidien $\mathbb{R}^3$, le projecteur orthogonal sur le plan orthogonal à un vecteur unitaire $\vec{u}$ s'écrit suivant la formule habituelle $\perp_u = \mathrm{Id} - \langle \underline{u}, . \rangle\, \vec{u}$. Le changement de signe par rapport à (3.13) est évidemment dû à la signature $(-,+,+,+)$ de la métrique $\boldsymbol{g}$ et au genre temps du vecteur $\vec{\boldsymbol{u}}$, alors que pour le produit scalaire euclidien, la signature est $(+,+,+)$ et tous les vecteurs sont du genre espace.

Trois propriétés découlent immédiatement de la définition du projecteur orthogonal :

$$\perp_{\boldsymbol{u}}\vec{\boldsymbol{u}} = 0, \tag{3.14}$$

$$\forall \vec{\boldsymbol{v}} \in E_{\boldsymbol{u}}(A), \quad \perp_{\boldsymbol{u}}\vec{\boldsymbol{v}} = \vec{\boldsymbol{v}} \tag{3.15}$$

$$\perp_{\boldsymbol{u}} \circ \perp_{\boldsymbol{u}} = \perp_{\boldsymbol{u}}. \tag{3.16}$$

Les deux premières propriétés, jointes à celle de linéarité, suffiraient à définir entièrement $\perp_{\boldsymbol{u}}$. La troisième s'appelle ***idempotence*** et est caractéristique d'un projecteur.

Par ailleurs, la décomposition (3.11) des vecteurs de E se traduit en disant que E est la ***somme directe*** des sous-espaces vectoriels $E_{\boldsymbol{u}}(A)$ (hyperplan) et $\mathrm{Vect}(\vec{\boldsymbol{u}}(A))$ (droite vectorielle engendrée par $\vec{\boldsymbol{u}}(A)$) :

$$\boxed{E = E_{\boldsymbol{u}}(A) \overset{\perp}{\oplus} \mathrm{Vect}(\vec{\boldsymbol{u}}(A))}. \tag{3.17}$$

3.1.6 Caractère euclidien de l'espace local de repos

Nous avons vu plus haut au § 3.1.3 que tous les vecteurs de $E_{\boldsymbol{u}}(A)$ sont du genre espace. Il s'ensuit que la restriction du tenseur métrique $\boldsymbol{g}$ à $E_{\boldsymbol{u}}(A)$ constitue une forme bilinéaire *définie positive* (*cf.* § 1.2.4) :

$$\forall \vec{\boldsymbol{v}} \in E_{\boldsymbol{u}}(A), \quad \vec{\boldsymbol{v}} \cdot \vec{\boldsymbol{v}} := \boldsymbol{g}(\vec{\boldsymbol{v}}, \vec{\boldsymbol{v}}) \geq 0 \quad \text{et} \quad \boldsymbol{g}(\vec{\boldsymbol{v}}, \vec{\boldsymbol{v}}) = 0 \iff \vec{\boldsymbol{v}} = 0. \tag{3.18}$$

Cela signifie que l'espace local de repos $\mathscr{E}_{\boldsymbol{u}}(A)$ muni de la métrique $\boldsymbol{g}|_{E_{\boldsymbol{u}}(A)}$ ($\boldsymbol{g}$ restreint à $E_{\boldsymbol{u}}(A)$) est un *espace euclidien* (*cf.* § 1.2.1). Il est donc tout à fait similaire à l'espace $\mathbb{R}^3$ muni du produit scalaire « usuel ». En particulier, la restriction à $E_{\boldsymbol{u}}(A)$ de l'application $\| \ \|_{\boldsymbol{g}}$ introduite au § 1.2.5 ($\|\vec{\boldsymbol{v}}\|_{\boldsymbol{g}} = \sqrt{\vec{\boldsymbol{v}} \cdot \vec{\boldsymbol{v}}}$ pour $\vec{\boldsymbol{v}} \in E_{\boldsymbol{u}}(A)$) définit bien une norme, au sens mathématique du terme. À son tour, cette norme induit une distance entre les points de $\mathscr{E}_{\boldsymbol{u}}(A)$, conférant à ce dernier la structure d'un *espace métrique* :

$$\forall (M,N) \in \mathscr{E}_{\boldsymbol{u}}(A) \times \mathscr{E}_{\boldsymbol{u}}(A), \quad d(M,N) := \left\| \overrightarrow{MN} \right\|_{\boldsymbol{g}}. \tag{3.19}$$

La distance d satisfait le *théorème de Pythagore*. De plus, on peut définir l'***angle*** θ entre deux vecteurs $\vec{\boldsymbol{v}}$ et $\vec{\boldsymbol{w}}$ de $E_{\boldsymbol{u}}(A)$ par la formule habituelle :

$$\cos\theta = \frac{\vec{\boldsymbol{v}} \cdot \vec{\boldsymbol{w}}}{\|\vec{\boldsymbol{v}}\|_{\boldsymbol{g}} \ \|\vec{\boldsymbol{w}}\|_{\boldsymbol{g}}} = \frac{\boldsymbol{g}(\vec{\boldsymbol{v}}, \vec{\boldsymbol{w}})}{\sqrt{\boldsymbol{g}(\vec{\boldsymbol{v}}, \vec{\boldsymbol{v}})\, \boldsymbol{g}(\vec{\boldsymbol{w}}, \vec{\boldsymbol{w}})}}. \tag{3.20}$$

En conclusion, dans l'espace local de repos $\mathscr{E}_{\boldsymbol{u}}(A)$, tous les calculs sur les vecteurs sont identiques aux calculs dans l'espace euclidien tridimensionnel usuel.

3.2 Mesure de distances spatiales

Ayant discuté les processus de datation par un observateur, intéressons-nous à présent à la mesure de distances spatiales, c'est-à-dire à la mesure des longueurs vis-à-vis du tenseur métrique $\boldsymbol{g}$ de vecteurs du genre espace. Nous allons voir qu'on peut réaliser ce type de mesure uniquement à l'aide d'horloges et d'un dispositif d'émission et de réception de photons (§ 3.2.1). Il n'y a notamment pas besoin d'une « règle ». Au contraire, la notion de règle sera définie à partir de la mesure temporelle des longueurs (§ 3.2.2).

3.2.1 Formule de Synge

Considérons un observateur $\mathscr{O}$ de ligne d'univers $\mathscr{L}_0$ et de 4-vitesse $\vec{\boldsymbol{u}}$. On se pose le problème d'évaluer la longueur d'un segment $\overrightarrow{AB}$ du genre espace, où A est un point de $\mathscr{L}_0$ et B un point voisin de A. « Voisin » signifie que la longueur $\|\overrightarrow{AB}\|_{\boldsymbol{g}}$ est petite devant le rayon de courbure de $\mathscr{L}_0$ (Fig. 3.4). Par ailleurs, nous ne supposerons pas que $\overrightarrow{AB}$ est orthogonal à $\vec{\boldsymbol{u}}$; B n'est donc pas nécessairement dans $\mathscr{E}_{\boldsymbol{u}}(A)$. Soit A_1 l'événement correspondant à l'émission par $\mathscr{O}$ d'un photon en direction de B. Puisqu'on suppose $\overrightarrow{AB}$ du genre espace, A_1 précède nécessairement A sur la ligne d'univers $\mathscr{L}_0$. Soit A_2 l'événement réception par $\mathscr{O}$ du photon réfléchi en B. A_2 succède nécessairement à A sur la ligne d'univers $\mathscr{L}_0$ (*cf.* Fig. 3.4). Au § 3.1.3, nous avons calculé le carré scalaire $\overrightarrow{AB} \cdot \overrightarrow{AB}$ en fonction des temps propres t, t_1 et t_2 de A, A_1 et A_2

respectivement : il est donné par la formule (3.7), que nous n'avons pas encore exploitée. Elle conduit à

$$\boxed{\left\| \overrightarrow{AB} \right\|_{\boldsymbol{g}} = c\sqrt{(t - t_1)(t_2 - t)}}. \tag{3.21}$$

Cette égalité permet de calculer la longueur spatiale AB uniquement à partir de la mesure des temps propres t, t_1 et t_2 le long de $\mathscr{L}_0$. Nous l'appellerons ***formule de Synge***. Elle montre que l'on peut estimer la longueur vis-à-vis de $\boldsymbol{g}$ d'un vecteur du genre espace à l'aide de mesures purement temporelles. Le temps est donc une notion fondamentale en relativité et la distance une notion dérivée. La définition actuelle de l'étalon de longueur est d'ailleurs en accord avec ce point de vue puisqu'en 1983 la Conférence Générale des Poids et Mesures a défini le mètre comme la fraction 1/299 792 458 de la distance parcourue par la lumière dans le vide pendant une seconde.

Remarque : La formule de Synge peut être vue comme l'équivalent « minkowskien » d'une formule bien connue de la géométrie euclidienne : celle qui donne la ***puissance d'un point par rapport à un cercle*** [103]. Considérons en effet dans le plan euclidien un cercle $\mathcal{C}$ de centre B et de rayon R, ainsi qu'une droite $\mathscr{L}_0$ qui coupe $\mathcal{C}$ en deux points A_1 et A_2 (*cf.* Fig. 3.8). Soit A un point du segment A_1A_2. La puissance de A par rapport à $\mathcal{C}$ est définie par $P(A) := \|\overrightarrow{AB}\|^2 - R^2$. Elle vérifie $P(A) = \overrightarrow{AA_1} \cdot \overrightarrow{AA_2}$ indépendamment du choix de $\mathscr{L}_0$, d'où

$$\|\overrightarrow{AB}\|^2 = \overrightarrow{AA_1} \cdot \overrightarrow{AA_2} + R^2.$$

La version « minkowskienne » de cette relation s'obtient en faisant $R = 0$. En effet, $R = \|\overrightarrow{BA_1}\| = \|\overrightarrow{BA_2}\|$ et puisque B et A_1 (resp. A_2) sont reliés par une

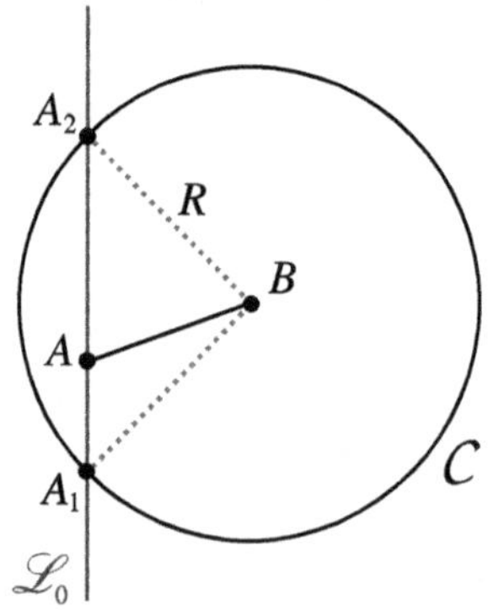

FIG. 3.8 – Puissance du point A par rapport au cercle $\mathcal{C}$ de centre B dans le plan euclidien. Cette figure est à comparer avec la Fig. 3.4 dans l'espace-temps de Minkowski. Dans ce dernier cas, le rayon de $\mathcal{C}$, mesuré à l'aide de $\boldsymbol{g}$, est nul.

géodésique lumière, $\|\overrightarrow{BA_1}\|_g = \|\overrightarrow{BA_2}\|_g = 0$. On obtient ainsi

$$\left\|\overrightarrow{AB}\right\|_g^2 = \overrightarrow{AA_1} \cdot \overrightarrow{AA_2}.$$

En écrivant $\overrightarrow{AA_1} = c(t_1 - t)\,\vec{u}$ et $\overrightarrow{AA_2} = c(t_2 - t)\,\vec{u}$ et en utilisant $\vec{u} \cdot \vec{u} = -1$, on constate qu'il ne s'agit pas d'autre chose que le carré de la formule de Synge (3.21).

Note historique : *Il semblerait que la formule (3.21) ait été établie pour la première fois par Alfred A. Robb*[2] *en 1936 [360]. Elle a été mise en valeur en 1956 par John L. Synge*[3] *dans son traité de relativité restreinte [399] (Éq. (70) du Chap. I;* cf. *également Éq. (16) du Chap. III de [400]). Nous l'avons nommée en son honneur.*

3.2.2 Critère de rigidité de Born

Dire que l'observateur $\mathcal{O}$ est muni d'une ***règle infinitésimale*** revient à considérer un point matériel, de ligne d'univers $\mathscr{L}_1$ supposée toujours rester dans un voisinage infinitésimal de $\mathscr{L}_0$ (*cf.* Fig. 3.9). Par « voisinage infinitésimal » il faut comprendre que la distance spatiale[4] entre $\mathscr{L}_0$ et $\mathscr{L}_1$ est négligeable devant le rayon de courbure de $\mathscr{L}_0$. Les points matériels de ligne d'univers $\mathscr{L}_0$ et $\mathscr{L}_1$ constituent les deux extrémités de la règle.

Supposons que $\mathcal{O}$ envoie un photon en direction de l'extrémité $\mathscr{L}_1$ de la règle et que cette dernière le réfléchisse dès sa réception en direction de $\mathcal{O}$. Soit A_1 l'événement de l'émission du photon par $\mathcal{O}$, B celui de sa réflexion sur $\mathscr{L}_1$ et A_2 celui de sa réception par $\mathcal{O}$. Soit enfin A la projection orthogonale de B sur $\mathscr{L}_0$ (*cf.* Fig. 3.9). D'après ce que nous avons vu au § 3.1.3, A et B sont deux événements simultanés pour $\mathcal{O}$. Autrement dit, B appartient à $\mathscr{E}_{\boldsymbol{u}}(A)$. On suppose que $\mathscr{L}_1$ est suffisamment proche de $\mathscr{L}_0$ pour que $\|\overrightarrow{AB}\|_g$ soit négligeable devant le rayon de courbure de $\mathscr{L}_0$ en A (*cf.* § 2.6.3). On peut donc approximer l'arc A_1A_2 de $\mathscr{L}_0$ par un segment de droite et utiliser la formule de Synge (3.21) pour obtenir la longueur de $\overrightarrow{AB}$. Dans le cas présent, $t_2 - t = t - t_1$ puisque B est simultané à A. La formule de Synge se réduit alors à $\|\overrightarrow{AB}\|_g = c(t - t_1) = c(t_2 - t)$, expression que l'on peut réécrire uniquement en termes des instants d'émission (t_1) et de réception (t_2) :

$$\boxed{\left\|\overrightarrow{AB}\right\|_g = \frac{1}{2}\,c\,(t_2 - t_1)}. \tag{3.22}$$

2. **Alfred A. Robb** (1873–1936) : Physicien britannique, essentiellement connu pour ses travaux en relativité restreinte, pour laquelle il a développé une approche axiomatique [66].

3. **John L. Synge** (1897–1995) : Physicien mathématicien irlandais, qui a exploré de nombreux domaines : mathématiques appliquées, géométrie différentielle, hydrodynamique, optique, élasticité et relativité. Il a en particulier écrit deux traités de relativité célèbres : l'un de relativité restreinte [399], où il privilégie l'approche géométrique, et l'autre de relativité générale [400].

4. Définie par $d := \|\vec{s}\|_g = \sqrt{\vec{s} \cdot \vec{s}}$ où $\vec{s}$ est un vecteur joignant $\mathscr{L}_0$ et $\mathscr{L}_1$ et orthogonal à $\vec{u}$.

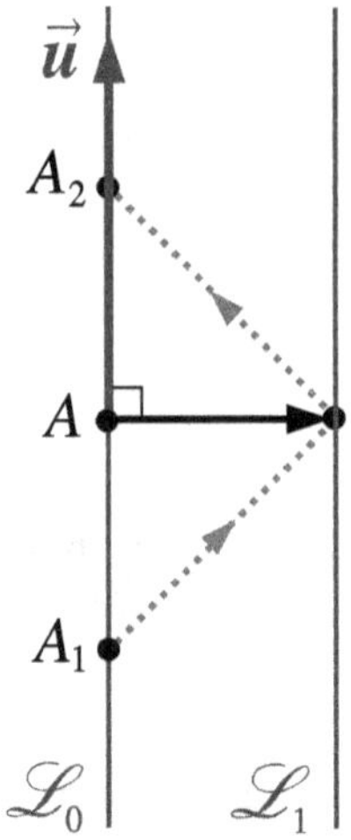

FIG. 3.9 – Règle dans l'espace-temps : $\mathscr{L}_0$ et $\mathscr{L}_1$ sont les lignes d'univers des deux extrémités de la règle.

Le membre de gauche de cette égalité constitue la longueur vis-à-vis du tenseur métrique $\boldsymbol{g}$ du vecteur du genre espace $\overrightarrow{AB}$. Ce vecteur appartient à l'espace local de repos de A pour l'observateur $\mathcal{O}$, ce qui justifie la définition suivante : la quantité définie par (3.22) est appelée ***longueur*** de la règle infinitésimale ***vis-à-vis de l'observateur*** $\mathcal{O}$ ***au temps*** $t = (t_1 + t_2)/2$.

On définit naturellement une règle ***rigide*** comme une règle dont la longueur ne varie pas, c'est-à-dire une règle pour laquelle le carré scalaire $\overrightarrow{AB} \cdot \overrightarrow{AB}$ ne dépend pas des points A et B sur les lignes d'univers $\mathscr{L}_0$ et $\mathscr{L}_1$ (pourvu que $\overrightarrow{AB}$ soit orthogonal à $\vec{u}$). L'égalité (3.22) fournit un critère « physique » pour tester la rigidité d'une règle : il suffit de s'assurer que le temps d'aller-retour d'un photon d'une extrémité à l'autre de la règle est constant. Ce critère est appelé ***critère de rigidité de Born***.

Remarque : La notion de rigidité définie ci-dessus est unidimensionnelle, dans la mesure où elle ne concerne que des paires de points matériels, qui constituent les extrémités d'une règle infinitésimale. Pour passer à une définition tridimensionnelle, il serait naturel de définir un objet étendu comme rigide ssi toutes les paires de points matériels adjacents dans l'objet forment une règle rigide. On peut montrer qu'une telle définition est trop contraignante – bien au-delà de l'équivalent newtonien – pour être vraiment utile (*cf.* Chap. I de Synge (1956) [399] pour plus de détails). Ainsi, il n'y a pas de définition naturelle d'un solide rigide en relativité.

Note historique : *Le critère de rigidité présenté ci-dessus a été proposé dans le cas d'un solide tridimensionnel par Max Born*[5] *en 1909 [61].*

3.3 Référentiel local

La notion de *référentiel* renvoie à un étiquetage des événements de l'espace-temps $\mathscr{E}$ par un quadruplet de nombres réels (t, x^1, x^2, x^3) où t est un « temps » et (x^1, x^2, x^3) trois coordonnées « spatiales ». La différence avec un *système de coordonnées* de $\mathscr{E}$, comme par exemple le système de coordonnées affines introduit au § 1.1.3, est que cet étiquetage est réalisé par un observateur, par le biais d'opérations physiques, comme l'émission et la réception de signaux lumineux ainsi que la lecture d'une horloge.

3.3.1 Observateur et son référentiel local

Considérons un observateur $\mathcal{O}$, de ligne d'univers $\mathscr{L}_0$, et dont on veut définir le référentiel. Nous avons vu au § 3.1.2 comment attribuer un temps t aux événements proches de $\mathscr{L}_0$, par le feuilletage de $\mathscr{E}$ par les espaces locaux de repos $\mathscr{E}_{\boldsymbol{u}}(t)$ par rapport à $\mathcal{O}$ (Fig. 3.10). Il reste donc à attribuer les trois coordonnées spatiales (x^1, x^2, x^3). Ayant vu au § 3.2.2 comment déplacer des règles rigides le long d'une ligne d'univers, nous sommes en mesure de définir le référentiel local de $\mathcal{O}$ comme suit.

On appelle ***référentiel local*** le long de $\mathscr{L}_0$ un quadruplet de vecteurs $(\vec{e}_0(t), \vec{e}_1(t), \vec{e}_2(t), \vec{e}_3(t))$ défini en tout point $O(t)$ de $\mathscr{L}_0$ vérifiant (*cf.* Fig. 3.11) :

1. $(\vec{e}_0(t), \vec{e}_1(t), \vec{e}_2(t), \vec{e}_3(t))$ est une base orthonormale directe de $(E, \boldsymbol{g})$ pour tout $O(t) \in \mathscr{L}_0$, c'est-à-dire
$$\forall t \in \mathbb{R}, \quad \boldsymbol{g}(\vec{e}_\alpha(t), \vec{e}_\beta(t)) = \eta_{\alpha\beta} \quad \text{et} \quad \boldsymbol{\epsilon}(\vec{e}_0(t), \vec{e}_1(t), \vec{e}_2(t), \vec{e}_3(t)) = 1, \tag{3.23}$$
où $(\eta_{\alpha\beta})$ est la matrice de Minkowski (1.19) et $\boldsymbol{\epsilon}$ le tenseur de Levi-Civita, la deuxième condition étant celle de base directe (*cf.* § 1.4.2) ;

2. $\vec{e}_0 = \vec{\boldsymbol{u}}$ où $\vec{\boldsymbol{u}}$ est la 4-vitesse de $\mathscr{L}_0$;

3. le champ $(\vec{e}_0(t), \vec{e}_1(t), \vec{e}_2(t), \vec{e}_3(t))$ est de classe C^1 (*cf.* § 2.6.2). Cela signifie que lorsque que l'on passe d'un événement $O(t)$ sur $\mathscr{L}_0$ à un événement voisin $O(t + dt)$, la base orthonormale $(\vec{e}_0, \vec{e}_1, \vec{e}_2, \vec{e}_3)$ varie de manière infinitésimale.

5. **Max Born** (1882–1970) : Physicien allemand, auteur de nombreux travaux en mécanique quantique, optique et physique du solide. Il a reçu le Prix Nobel de physique en 1954 pour avoir introduit (en 1926) l'interprétation probabiliste de la fonction d'onde en mécanique quantique.

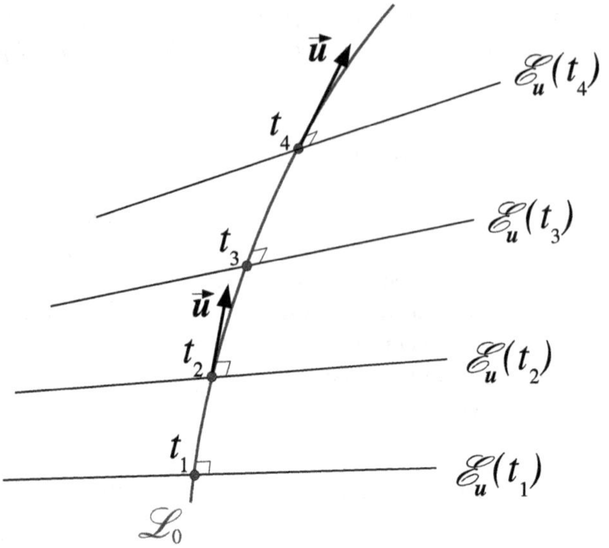

FIG. 3.10 – Feuilletage de l'espace-temps par les espaces locaux de repos $\mathscr{E}_{\boldsymbol{u}}$ d'une ligne d'univers $\mathscr{L}_0$ donnée : les événements sur $\mathscr{E}_{\boldsymbol{u}}(t)$ se voient attribuer la coordonnée temporelle t, qui est le temps propre le long de $\mathscr{L}_0$.

On peut alors définir formellement un ***observateur*** $\mathcal{O}$ comme la donnée d'une ligne d'univers $\mathscr{L}_0$ et d'un référentiel local $(\vec{e}_0, \vec{e}_1, \vec{e}_2, \vec{e}_3)$ le long de $\mathscr{L}_0$.

La propriété (3.23) implique que les trois vecteurs $(\vec{e}_1(t), \vec{e}_2(t), \vec{e}_3(t))$ sont orthogonaux à $\vec{e}_0 = \vec{u}$ et donc appartiennent à $E_{\boldsymbol{u}}(t) := E_{\boldsymbol{u}}(O(t))$.

Physiquement un référentiel local est réalisé de la manière suivante : on se donne quatre points matériels infiniment proches les uns des autres. L'un d'entre eux est choisi comme « origine » et les trois autres disposés aux sommets d'un trièdre « rectangle » ayant pour origine la premier point matériel. Ces points matériels sont représentés par quatre lignes d'univers $\mathscr{L}_0$, $\mathscr{L}_1$, $\mathscr{L}_2$ et $\mathscr{L}_3$ (*cf.* Fig. 3.11). Chacun des quatre points matériels est équipé d'une horloge idéale ainsi que d'un système d'émission et de réception de photons. Soit $d\vec{\ell}_i$ le vecteur spatial orthogonal à $\vec{u}$ et séparant $\mathscr{L}_0$ et $\mathscr{L}_i$ (*cf.* Fig. 3.11). On définit les vecteurs unitaires $\vec{e}_i$ par

$$d\vec{\ell}_i = d\ell_i \, \vec{e}_i, \qquad (3.24)$$

où $d\ell_i := \|d\vec{\ell}_i\|_{\boldsymbol{g}}$. On contrôle la rigidité de chaque règle $(\mathscr{L}_0, \mathscr{L}_i)$ par la méthode donnée au § 3.2.2. Quant à l'orthogonalité de chacun des couples $(\vec{e}_i, \vec{e}_j)$ $(i \neq j)$, elle est vérifiée en mesurant la longueur du vecteur séparation $d\vec{\ell}_{ij} := d\vec{\ell}_j - d\vec{\ell}_i$ suivant la formule de Synge (3.21)[6] et en vérifiant qu'à

6. Il faut utiliser (3.21) et non la formule (3.22) car *a priori* $d\vec{\ell}_{ij}$ n'est orthogonal ni à $\mathscr{L}_i$, ni à $\mathscr{L}_j$.

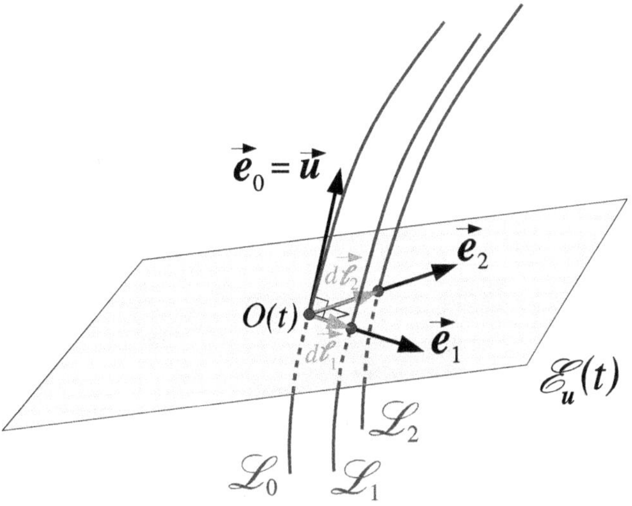

FIG. 3.11 – Référentiel local d'un observateur de ligne d'univers $\mathscr{L}_0$. Une dimension étant supprimée pour les besoins de la figure, ni la ligne d'univers $\mathscr{L}_3$, ni le vecteur $\vec{e}_3$ ne sont représentés.

chaque instant on ait la relation de Pythagore

$$d\vec{\ell}_{ij} \cdot d\vec{\ell}_{ij} = d\vec{\ell}_i \cdot d\vec{\ell}_i + d\vec{\ell}_j \cdot d\vec{\ell}_j. \tag{3.25}$$

Cette relation implique bien que $d\vec{\ell}_i \cdot d\vec{\ell}_j = 0$ et de plus, chaque quantité intervenant dans (3.25) est mesurable chronométriquement suivant (3.21).

3.3.2 Coordonnées relatives au référentiel local

Nous sommes à présent en mesure de définir les quatre ***coordonnées*** (t, x^1, x^2, x^3) ***d'un événement*** M ***relatives à un observateur*** $\mathcal{O}$ (*cf.* Fig. 3.12). Nous supposerons que M se situe au voisinage de la ligne d'univers $\mathscr{L}_0$ de $\mathcal{O}$, dans un sens qui sera précisé au § 3.6. La coordonnée t de M vis-à-vis de l'observateur $\mathcal{O}$ est choisie comme la date de M par rapport à $\mathcal{O}$, telle que définie au § 3.1. Soit alors $O(t)$ le point de $\mathscr{L}_0$ de temps propre t, c'est-à-dire simultané à M pour $\mathcal{O}$. Pour M suffisamment proche de $\mathscr{L}_0$ (au sens du § 3.6), on peut considérer que M appartient à l'espace local de repos $\mathscr{E}_{\boldsymbol{u}}(t)$.

Les trois coordonnées spatiales x^i de M sont ensuite définies à partir du référentiel local $(\vec{e}_\alpha)$ de $\mathcal{O}$ au point $O(t)$ par (*cf.* Fig. 3.12)

$$\overrightarrow{O(t)M} = x^i \vec{e}_i(t). \tag{3.26}$$

Note historique : *Les coordonnées associées au référentiel local d'un observateur quelconque, telles que définies ci-dessus, ont été introduites par Charles*

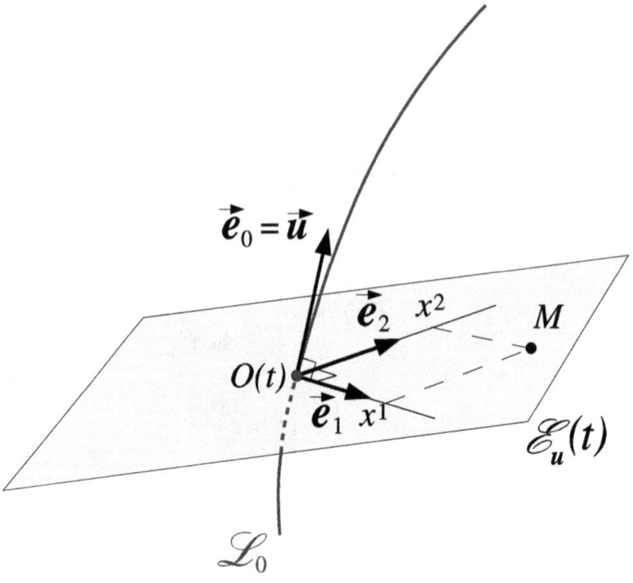

FIG. 3.12 – Coordonnées (t, x^1, x^2, x^3) d'un événement M par rapport au référentiel local d'un observateur de ligne d'univers $\mathscr{L}_0$.

W. Misner[7]*, Kip S. Thorne*[8] *et John A. Wheeler*[9] *dans leur ouvrage* Gravitation *[294]. Elles généralisent au cas d'un observateur avec rotation (ce dernier concept sera défini au § 3.4) des coordonnées introduites précédemment par John L. Synge (*cf. *p. 77) [400] et baptisées par lui* ***coordonnées de Fermi.***

3.3.3 Espace de référence d'un observateur

Les espaces locaux de repos $\mathscr{E}_{\boldsymbol{u}}(t)$ d'un observateur de 4-vitesse $\vec{u}$ forment une famille d'hyperplans de l'espace-temps de Minkowski $\mathscr{E}$, famille paramétrée par le temps propre t de cet observateur (Fig. 3.10). En tant que tels ce sont des espaces abstraits. L'introduction du référentiel local et des coordonnées associées va nous permettre de définir un espace vectoriel de dimension trois qui sera plus en accord avec l'espace « physique usuel » tridimensionnel « perçu » par l'observateur considéré. De plus cet espace sera

7. **Charles W. Misner** : Physicien théoricien américain né en 1932, spécialiste de relativité générale et de cosmologie ; coauteur avec K.S. Thorne et J.A. Wheeler du plus célèbre traité de relativité générale, le monumental *Gravitation* [294] (1280 pages !), paru en 1973 et dont 6 chapitres sont dédiés à la relativité restreinte.

8. **Kip S. Thorne** : Physicien théoricien américain né en 1940, spécialiste de relativité générale et d'astrophysique relativiste. Outre le traité *Gravitation* [294], on lui doit l'excellent ouvrage de vulgarisation [412].

9. **John A. Wheeler** (1911–2008) : Physicien théoricien américain, auteur de travaux décisifs en physique des particules, fission nucléaire et relativité générale. Il fut l'un des derniers collaborateurs d'Einstein à Princeton. On lui doit le terme *trou noir*.

unique, contrairement aux espaces locaux de repos qui forment une famille à un paramètre réel.

La construction de cet espace est très naturelle : elle correspond à la cartographie de son environnement qu'effectue l'observateur $\mathcal{O}$ lorsqu'il représente l'événement M de coordonnées spatiales (x^1, x^2, x^3) dans son référentiel local comme le point (x^1, x^2, x^3) de l'espace $\mathbb{R}^3$. On appelle ainsi ***espace de référence de l'observateur*** $\mathcal{O}$ un espace vectoriel réel euclidien de dimension trois, $R_{\mathcal{O}}$, muni d'une base orthonormale $(\vec{e}_1, \vec{e}_2, \vec{e}_3)$ et d'une application

$$\begin{array}{rccc} \varphi : & \mathscr{E} & \longrightarrow & R_{\mathcal{O}} \\ & M(t, x^i) & \longmapsto & \vec{x} = x^i \vec{e}_i \end{array}, \qquad (3.27)$$

où (t, x^i) sont les coordonnées de M dans le référentiel local de $\mathcal{O}$. À strictement parler, φ n'est pas une application de $\mathscr{E}$ vers $R_{\mathcal{O}}$, mais seulement du domaine d'applicabilité du référentiel local de $\mathcal{O}$ (domaine qui sera défini au § 3.6) vers $R_{\mathcal{O}}$.

Il est à noter que φ induit un isomorphisme $\bar{\varphi}_t$ de chaque hyperplan vectoriel normal à la 4-vitesse $\vec{\boldsymbol{u}}(t)$ de $\mathcal{O}$ vers $R_{\mathcal{O}}$ suivant

$$\begin{array}{rccc} \bar{\varphi}_t : & E_{\boldsymbol{u}}(t) & \longrightarrow & R_{\mathcal{O}} \\ & \vec{\boldsymbol{v}} = v^i \, \vec{\boldsymbol{e}}_i(t) & \longmapsto & \vec{v} = v^i \vec{e}_i \end{array}. \qquad (3.28)$$

Cet isomorphisme envoie la base $(\vec{\boldsymbol{e}}_i(t))$ du référentiel local à l'instant t sur la base euclidienne $(\vec{e}_i)$ de $R_{\mathcal{O}}$: $\bar{\varphi}_t(\vec{\boldsymbol{e}}_i(t)) = \vec{e}_i$. Ainsi, on peut dire que les trois vecteurs spatiaux du référentiel local de $\mathcal{O}$ sont « fixes » dans $R_{\mathcal{O}}$, alors qu'ils « évoluent » avec t dans E (*cf.* Fig. 3.13). D'une manière plus générale, un champ de vecteurs, $\vec{\boldsymbol{v}} = \vec{\boldsymbol{v}}(t)$, défini le long de $\mathscr{L}_0$ est dit ***fixe par rapport à*** $\mathcal{O}$ ssi

$$\forall t \in \mathbb{R}, \quad \vec{\boldsymbol{v}}(t) = v^\alpha \, \vec{\boldsymbol{e}}_\alpha(t), \qquad (3.29)$$

où v^α sont quatre constantes. Suivant cette définition, un champ de vecteurs $\vec{\boldsymbol{v}}$ défini le long de $\mathscr{L}_0$ et tel que $\forall t \in \mathbb{R}$, $\vec{\boldsymbol{v}}(t) \in E_{\boldsymbol{u}}(t)$ est fixe par rapport à $\mathcal{O}$ ssi $\bar{\varphi}_t(\vec{\boldsymbol{v}}(t))$ ne dépend pas de t.

De même, un point matériel est dit ***fixe par rapport à l'observateur*** $\mathcal{O}$ ssi les coordonnées spatiales x^i dans le référentiel local de $\mathcal{O}$ sont les mêmes pour tous les événements de la ligne d'univers du point matériel. Un point matériel fixe par rapport à $\mathcal{O}$ est représenté sur la Fig. 3.13.

3.4 Quadrirotation d'un référentiel local

Examinons l'évolution du référentiel local $(\vec{\boldsymbol{e}}_\alpha(t))$ le long de la ligne d'univers de l'observateur $\mathcal{O}$. Cette évolution a été représentée sur la Fig. 3.13. Nous allons notamment établir que la dérivée de $\vec{\boldsymbol{e}}_\alpha(t)$ par rapport au temps propre t ne fait intervenir que la 4-accélération $\vec{\boldsymbol{a}}$ de $\mathcal{O}$ et un vecteur de l'espace local de repos de $\mathcal{O}$ appelé *quadrirotation du référentiel local.*

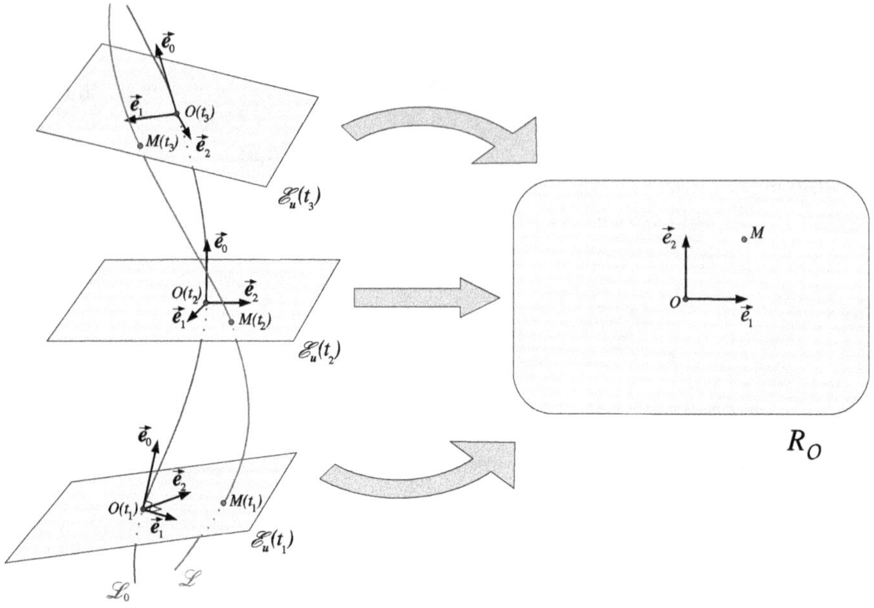

FIG. 3.13 – Référentiel local $\vec{e}_\alpha(t)$ et espace de référence $R_\mathcal{O}$ d'un observateur $\mathcal{O}$. $\mathscr{L}$ est la ligne d'univers d'un point matériel M fixe par rapport à $\mathcal{O}$.

3.4.1 Variation du référentiel local le long de la ligne d'univers

Plaçons-nous en un point fixé sur la ligne d'univers $\mathscr{L}_0$ de l'observateur $\mathcal{O}$, de temps propre t. Considérons la dérivée de l'un des quatre vecteurs $\vec{e}_\alpha$ de son référentiel par rapport à t, telle que définie au § 2.6.2. Il s'agit d'un vecteur et puisque $(\vec{e}_\alpha)$ est une base de E, il existe quatre nombres réels $(\Omega^\beta{}_\alpha)_{0\leq\beta\leq 3}$ (fonctions de t) tels que

$$\frac{d\vec{e}_\alpha}{dt} = \Omega^\beta{}_\alpha \, \vec{e}_\beta. \tag{3.30}$$

L'ordre des indices α et β est choisi pour commodité ultérieure.

Plus généralement, exprimons la variation temporelle d'un champ de vecteurs $\vec{v}(t)$ *fixe* par rapport à l'observateur $\mathcal{O}$, au sens précisé au § 3.3.3. On a, d'après (3.29),

$$\frac{d\vec{v}}{dt} = v^\alpha \frac{d\vec{e}_\alpha}{dt} = \Omega^\beta{}_\alpha \, v^\alpha \, \vec{e}_\beta = (\Omega^\alpha{}_\beta \, v^\beta) \, \vec{e}_\alpha,$$

d'où

$$\vec{v} \text{ fixe par rapport à } \mathcal{O} \implies \boxed{\frac{d\vec{v}}{dt} = \boldsymbol{\Omega}(\vec{v})}, \tag{3.31}$$

où $\boldsymbol{\Omega}$ est l'endomorphisme de E ayant pour matrice $(\Omega^\alpha{}_\beta)$ dans la base $(\vec{e}_\alpha)$. Notons que $\boldsymbol{\Omega}$ est une fonction de t puisque $\Omega^\alpha{}_\beta = \Omega^\alpha{}_\beta(t)$. En particulier, en appliquant (3.31) à $\vec{v} = \vec{u}$ et en utilisant la définition de la 4-accélération $\vec{a}$ de $\mathcal{O}$,

$$\boldsymbol{\Omega}(\vec{u}) = c\,\vec{a}. \tag{3.32}$$

Grâce à la $\boldsymbol{g}$-dualité introduite au § 1.5, on peut associer à $\boldsymbol{\Omega}$ une unique forme bilinéaire $\underline{\boldsymbol{\Omega}}$ sur E. En effet, pour tout vecteur $\vec{w}$, $\boldsymbol{\Omega}(\vec{w})$ est un vecteur de E. $\vec{v}$ étant un autre vecteur de E, $\vec{v} \cdot \boldsymbol{\Omega}(\vec{w})$ est alors un scalaire, que l'on définira comme la forme bilinéaire $\underline{\boldsymbol{\Omega}}$ appliquée au couple $(\vec{v}, \vec{w})$:

$$\underline{\boldsymbol{\Omega}}(\vec{v}, \vec{w}) := \vec{v} \cdot \boldsymbol{\Omega}(\vec{w}). \tag{3.33}$$

Remarque : Attirons l'attention sur l'ordre des arguments de $\underline{\boldsymbol{\Omega}}$: le deuxième est celui auquel est appliqué l'endomorphisme $\boldsymbol{\Omega}$.

La matrice $(\Omega_{\alpha\beta})$ de la forme bilinéaire $\underline{\boldsymbol{\Omega}}$ dans la base $(\vec{e}_\alpha)$ est obtenue *via* l'égalité

$$\underline{\boldsymbol{\Omega}}(\vec{v}, \vec{w}) = \boldsymbol{g}(\vec{v}, \boldsymbol{\Omega}(\vec{w})) = g_{\alpha\mu}\, v^\alpha\, \Omega^\mu{}_\beta\, w^\beta = (g_{\alpha\mu}\, \Omega^\mu{}_\beta)\, v^\alpha\, w^\beta, \tag{3.34}$$

où $(g_{\alpha\beta})$ désigne la matrice de $\boldsymbol{g}$ dans la base $(\vec{e}_\alpha)$ (*cf.* Éq. (1.12)). On lit sur (3.34) que

$$\Omega_{\alpha\beta} = g_{\alpha\mu}\, \Omega^\mu{}_\beta. \tag{3.35}$$

L'orthonormalité de la base $(\vec{e}_\alpha)$ implique que la forme bilinéaire $\underline{\boldsymbol{\Omega}}$ soit antisymétrique. En effet, on a $\vec{e}_\alpha \cdot \vec{e}_\beta = \eta_{\alpha\beta}$, où $(\eta_{\alpha\beta})$ est la matrice de Minkowski (1.19), d'où

$$\frac{d}{dt}(\vec{e}_\alpha \cdot \vec{e}_\beta) = 0 = \frac{d\vec{e}_\alpha}{dt} \cdot \vec{e}_\beta + \vec{e}_\alpha \cdot \frac{d\vec{e}_\beta}{dt},$$

ce que l'on peut réécrire $\boldsymbol{\Omega}(\vec{e}_\alpha) \cdot \vec{e}_\beta = -\vec{e}_\alpha \cdot \boldsymbol{\Omega}(\vec{e}_\beta)$. Compte tenu de la définition (3.33) de $\underline{\boldsymbol{\Omega}}$, il vient alors

$$\underline{\boldsymbol{\Omega}}(\vec{e}_\beta, \vec{e}_\alpha) = -\underline{\boldsymbol{\Omega}}(\vec{e}_\alpha, \vec{e}_\beta), \tag{3.36}$$

ce qui montre que $\underline{\boldsymbol{\Omega}}$ est antisymétrique.

Remarque : L'égalité (3.36) est équivalente à $\Omega_{\beta\alpha} = -\Omega_{\alpha\beta}$, mais n'implique pas $\Omega^\beta{}_\alpha = -\Omega^\alpha{}_\beta$. En effet, étant donnée la signature $(-,+,+,+)$ de $\boldsymbol{g}$, il est facile de voir, *via* (3.35), que (3.36) est équivalent à

$$\Omega^0{}_0 = 0, \quad \Omega^i{}_0 = \Omega^0{}_i \quad \text{et} \quad \Omega^i{}_j = -\Omega^j{}_i. \tag{3.37}$$

(Rappelons que les indices latins i, j varient de 1 à 3 seulement.)

Nous allons décomposer $\underline{\boldsymbol{\Omega}}$ par rapport à la 4-vitesse $\vec{u}$ suivant une méthode que l'on peut appliquer à toute forme bilinéaire antisymétrique. Ce type de décomposition sera utilisé à plusieurs reprises dans la suite de l'ouvrage.

3.4.2 Décomposition orthogonale des formes bilinéaires antisymétriques

Soit $\boldsymbol{A}$ une forme bilinéaire antisymétrique sur E :

$$\forall(\vec{\boldsymbol{v}},\vec{\boldsymbol{w}}) \in E^2, \quad \boldsymbol{A}(\vec{\boldsymbol{v}},\vec{\boldsymbol{w}}) = -\boldsymbol{A}(\vec{\boldsymbol{w}},\vec{\boldsymbol{v}}). \tag{3.38}$$

Étant donné un vecteur unitaire du genre temps $\vec{\boldsymbol{u}}$ (dans les applications, il s'agira bien sûr de la 4-vitesse d'un observateur), il existe une unique forme linéaire $\boldsymbol{q} \in E^*$ et un unique vecteur $\vec{\boldsymbol{b}} \in E$ tels que

$$\boxed{\boldsymbol{A} = \underline{\boldsymbol{u}} \otimes \boldsymbol{q} - \boldsymbol{q} \otimes \underline{\boldsymbol{u}} + \boldsymbol{\epsilon}(\vec{\boldsymbol{u}},\vec{\boldsymbol{b}},.,.)}, \quad \boxed{\langle \boldsymbol{q},\vec{\boldsymbol{u}}\rangle = 0} \quad \text{et} \quad \boxed{\vec{\boldsymbol{u}}\cdot\vec{\boldsymbol{b}} = 0}. \tag{3.39}$$

Dans cette expression $\boldsymbol{\epsilon}$ désigne le tenseur de Levi-Civita introduit au § 1.4.2 et $\otimes$ le produit tensoriel : étant données deux formes linéaires $\boldsymbol{q}_1$ et $\boldsymbol{q}_2$ sur E, le ***produit tensoriel*** de $\boldsymbol{q}_1$ par $\boldsymbol{q}_2$ est la forme bilinéaire définie par

$$\boxed{\begin{array}{rl} \boldsymbol{q}_1 \otimes \boldsymbol{q}_2 : E \times E & \longrightarrow \mathbb{R} \\ (\vec{\boldsymbol{v}},\vec{\boldsymbol{w}}) & \longmapsto \langle \boldsymbol{q}_1,\vec{\boldsymbol{v}}\rangle\langle \boldsymbol{q}_2,\vec{\boldsymbol{w}}\rangle \end{array}}, \tag{3.40}$$

où le membre de droite n'est autre que le produit des deux nombres réels $\langle \boldsymbol{q}_1,\vec{\boldsymbol{v}}\rangle$ et $\langle \boldsymbol{q}_2,\vec{\boldsymbol{w}}\rangle$. On peut donc expliciter la formule (3.39) comme

$$\forall(\vec{\boldsymbol{v}},\vec{\boldsymbol{w}}) \in E^2, \quad \boldsymbol{A}(\vec{\boldsymbol{v}},\vec{\boldsymbol{w}}) = \langle \underline{\boldsymbol{u}},\vec{\boldsymbol{v}}\rangle\langle \boldsymbol{q},\vec{\boldsymbol{w}}\rangle - \langle \boldsymbol{q},\vec{\boldsymbol{v}}\rangle\langle \underline{\boldsymbol{u}},\vec{\boldsymbol{w}}\rangle + \boldsymbol{\epsilon}(\vec{\boldsymbol{u}},\vec{\boldsymbol{b}},\vec{\boldsymbol{v}},\vec{\boldsymbol{w}}), \tag{3.41}$$

avec, par définition de la forme linéaire $\underline{\boldsymbol{u}}$, $\langle \underline{\boldsymbol{u}},\vec{\boldsymbol{v}}\rangle = \vec{\boldsymbol{u}}\cdot\vec{\boldsymbol{v}}$ (Éq. (1.46)).

Démontrons (3.39). Avant toute chose, remarquons que son membre de droite définit bien une forme bilinéaire antisymétrique, notamment en raison du caractère totalement antisymétrique du tenseur de Levi-Civita. Posons ensuite

$$\boxed{\boldsymbol{q} := \boldsymbol{A}(.,\vec{\boldsymbol{u}})}. \tag{3.42}$$

$\boldsymbol{q}$ est ainsi la forme linéaire définie par $\forall\vec{\boldsymbol{v}} \in E$, $\langle \boldsymbol{q},\vec{\boldsymbol{v}}\rangle = \boldsymbol{A}(\vec{\boldsymbol{v}},\vec{\boldsymbol{u}})$. Par antisymétrie de $\boldsymbol{A}$, il est clair que $\langle \boldsymbol{q},\vec{\boldsymbol{u}}\rangle = 0$. La deuxième équation de (3.39) est donc satisfaite. Définissons alors

$$\boldsymbol{B} := \boldsymbol{A} - \underline{\boldsymbol{u}} \otimes \boldsymbol{q} + \boldsymbol{q} \otimes \underline{\boldsymbol{u}}. \tag{3.43}$$

$\boldsymbol{B}$ est clairement une forme bilinéaire antisymétrique. Elle s'annule si l'un de ses arguments est $\vec{\boldsymbol{u}}$, car

$$\boldsymbol{B}(.,\vec{\boldsymbol{u}}) = \underbrace{\boldsymbol{A}(.,\vec{\boldsymbol{u}})}_{=\boldsymbol{q}} - \underline{\boldsymbol{u}}\underbrace{\langle \boldsymbol{q},\vec{\boldsymbol{u}}\rangle}_{=0} + \boldsymbol{q}\underbrace{\langle \underline{\boldsymbol{u}},\vec{\boldsymbol{u}}\rangle}_{=-1} = 0.$$

Cela montre que $\boldsymbol{B}$ n'agit que dans l'hyperplan $E_{\boldsymbol{u}}$ normal à $\vec{\boldsymbol{u}}$. Ainsi que nous l'avons vu au § 3.1.6, $(E_{\boldsymbol{u}},\boldsymbol{g})$ est un espace euclidien. Soit alors

$(\vec{e}_i) = (\vec{e}_1, \vec{e}_2, \vec{e}_3)$ une base orthonormale de $(E_{\boldsymbol{u}}, \boldsymbol{g})$. Si $\vec{\boldsymbol{u}}$ est la 4-vitesse d'un observateur, on peut évidemment prendre pour les $\vec{\boldsymbol{e}}_i$ les trois vecteurs du genre espace de son référentiel local. Définissons les trois nombres réels

$$b^1 := \boldsymbol{B}(\vec{e}_2, \vec{e}_3), \quad b^2 := \boldsymbol{B}(\vec{e}_3, \vec{e}_1), \quad b^3 := \boldsymbol{B}(\vec{e}_1, \vec{e}_2), \tag{3.44}$$

et formons le vecteur

$$\vec{\boldsymbol{b}} := b^i \, \vec{e}_i \; \in E_{\boldsymbol{u}}. \tag{3.45}$$

Il est clair qu'il vérifie la troisième équation de (3.39) : $\vec{\boldsymbol{u}} \cdot \vec{\boldsymbol{b}} = 0$. De plus, pour tout couple $(\vec{\boldsymbol{v}}, \vec{\boldsymbol{w}})$ de vecteurs de $E_{\boldsymbol{u}}$, l'antisymétrie de $\boldsymbol{B}$ conduit à

$$\begin{aligned} \boldsymbol{B}(\vec{\boldsymbol{v}}, \vec{\boldsymbol{w}}) &= \boldsymbol{B}(v^i \vec{e}_i, w^j \vec{e}_j) = v^i w^j \, \boldsymbol{B}(\vec{e}_i, \vec{e}_j) \\ &= v^1 w^2 b^3 - v^2 w^1 b^3 - v^1 w^3 b^2 + v^3 w^1 b^2 + v^2 w^3 b^1 - v^3 w^2 b^1 \\ &= \begin{vmatrix} b^1 & v^1 & w^1 \\ b^2 & v^2 & w^2 \\ b^3 & v^3 & w^3 \end{vmatrix} . \end{aligned} \tag{3.46}$$

Cela montre que $\boldsymbol{B}(\vec{\boldsymbol{v}}, \vec{\boldsymbol{w}})$ est le produit mixte des vecteurs $(\vec{\boldsymbol{b}}, \vec{\boldsymbol{v}}, \vec{\boldsymbol{w}})$ dans l'espace euclidien $(E_{\boldsymbol{u}}, \boldsymbol{g})$, pour peu que l'on ait choisi une orientation de ce dernier telle que $(\vec{e}_i)$ soit une base directe. Rappelons que le choix d'une orientation d'un espace vectoriel de dimension n revient au choix d'une forme n-linéaire complètement antisymétrique, ainsi que nous l'avons fait au § 1.4 dans le cas $n = 4$ en choisissant le tenseur de Levi-Civita $\boldsymbol{\epsilon}$. Dans le contexte présent, $n = 3$ et il est naturel de choisir comme forme trilinéaire antisymétrique l'application $\boldsymbol{\epsilon}_{\boldsymbol{u}}$ définie à partir de $\boldsymbol{\epsilon}$ par

$$\forall \, \vec{\boldsymbol{v}}_1, \vec{\boldsymbol{v}}_2, \vec{\boldsymbol{v}}_3 \in E_{\boldsymbol{u}}, \quad \boldsymbol{\epsilon}_{\boldsymbol{u}}(\vec{\boldsymbol{v}}_1, \vec{\boldsymbol{v}}_2, \vec{\boldsymbol{v}}_3) := \boldsymbol{\epsilon}(\vec{\boldsymbol{u}}, \vec{\boldsymbol{v}}_1, \vec{\boldsymbol{v}}_2, \vec{\boldsymbol{v}}_3). \tag{3.47}$$

Puisque $\boldsymbol{\epsilon}$ est une forme quadrilinéaire antisymétrique, il est clair que $\boldsymbol{\epsilon}_{\boldsymbol{u}}$ constitue une forme trilinéaire antisymétrique sur $E_{\boldsymbol{u}}$. Elle vérifie de plus $\boldsymbol{\epsilon}_{\boldsymbol{u}}(\vec{e}_1, \vec{e}_2, \vec{e}_3) = 1$ si $(\vec{\boldsymbol{u}}, \vec{e}_1, \vec{e}_2, \vec{e}_3)$ est une base orthonormale directe de $(E, \boldsymbol{g}, \boldsymbol{\epsilon})$, ce que nous supposerons à présent. Par dualité métrique, nous pouvons utiliser $\boldsymbol{\epsilon}_{\boldsymbol{u}}$ pour définir le ***produit vectoriel*** de deux vecteurs de $E_{\boldsymbol{u}}$ par

$$\forall (\vec{\boldsymbol{v}}, \vec{\boldsymbol{w}}) \in E_{\boldsymbol{u}}^2, \quad \boxed{\vec{\boldsymbol{v}} \times_{\boldsymbol{u}} \vec{\boldsymbol{w}} := \vec{\boldsymbol{\epsilon}}_{\boldsymbol{u}}(\vec{\boldsymbol{v}}, \vec{\boldsymbol{w}}, .) = \vec{\boldsymbol{\epsilon}}(\vec{\boldsymbol{u}}, \vec{\boldsymbol{v}}, \vec{\boldsymbol{w}}, .)}, \tag{3.48}$$

où la notation $\vec{\boldsymbol{\epsilon}}_{\boldsymbol{u}}(\vec{\boldsymbol{v}}, \vec{\boldsymbol{w}}, .\,)$ désigne le vecteur de $E_{\boldsymbol{u}}$ associé par $\boldsymbol{g}$-dualité (*cf.* § 1.5) à la forme linéaire $E_{\boldsymbol{u}} \longrightarrow \mathbb{R}$, $\vec{\boldsymbol{z}} \longmapsto \boldsymbol{\epsilon}_{\boldsymbol{u}}(\vec{\boldsymbol{v}}, \vec{\boldsymbol{w}}, \vec{\boldsymbol{z}})$. De même $\vec{\boldsymbol{\epsilon}}(\vec{\boldsymbol{u}}, \vec{\boldsymbol{v}}, \vec{\boldsymbol{w}}, .)$ désigne le vecteur de E $\boldsymbol{g}$-dual de la forme linéaire $E \longrightarrow \mathbb{R}$, $\vec{\boldsymbol{z}} \longmapsto \boldsymbol{\epsilon}(\vec{\boldsymbol{u}}, \vec{\boldsymbol{v}}, \vec{\boldsymbol{w}}, \vec{\boldsymbol{z}})$. Ainsi, on peut écrire le ***produit mixte*** de trois vecteurs $(\vec{\boldsymbol{v}}_1, \vec{\boldsymbol{v}}_2, \vec{\boldsymbol{v}}_3)$ de $E_{\boldsymbol{u}}$ comme

$$\boldsymbol{\epsilon}_{\boldsymbol{u}}(\vec{\boldsymbol{v}}_1, \vec{\boldsymbol{v}}_2, \vec{\boldsymbol{v}}_3) = (\vec{\boldsymbol{v}}_1 \times_{\boldsymbol{u}} \vec{\boldsymbol{v}}_2) \cdot \vec{\boldsymbol{v}}_3 = (\vec{\boldsymbol{v}}_2 \times_{\boldsymbol{u}} \vec{\boldsymbol{v}}_3) \cdot \vec{\boldsymbol{v}}_1 = (\vec{\boldsymbol{v}}_3 \times_{\boldsymbol{u}} \vec{\boldsymbol{v}}_1) \cdot \vec{\boldsymbol{v}}_2. \tag{3.49}$$

Puisque $\boldsymbol{\epsilon}_{\boldsymbol{u}}(\vec{e}_1, \vec{e}_2, \vec{e}_3) = 1$, on peut réécrire (3.46) comme

$$\forall (\vec{\boldsymbol{v}}, \vec{\boldsymbol{w}}) \in E_{\boldsymbol{u}}^2, \quad \boldsymbol{B}(\vec{\boldsymbol{v}}, \vec{\boldsymbol{w}}) = \boldsymbol{\epsilon}_{\boldsymbol{u}}(\vec{\boldsymbol{b}}, \vec{\boldsymbol{v}}, \vec{\boldsymbol{w}}) = \boldsymbol{\epsilon}(\vec{\boldsymbol{u}}, \vec{\boldsymbol{b}}, \vec{\boldsymbol{v}}, \vec{\boldsymbol{w}}). \tag{3.50}$$

Étant donnée la définition (3.43) de $\boldsymbol{B}$, cela prouve la décomposition (3.39) de $\boldsymbol{A}$. Il reste alors à établir l'unicité de la forme linéaire $\boldsymbol{q}$ et du vecteur $\vec{\boldsymbol{b}}$. Pour $\boldsymbol{q}$, c'est facile : si les deux premières identités de (3.39) sont satisfaites, alors nécessairement

$$\forall \vec{v} \in E, \quad \boldsymbol{A}(\vec{v}, \vec{u}) = \langle \underline{u}, \vec{v} \rangle \underbrace{\langle \boldsymbol{q}, \vec{u} \rangle}_{=0} - \langle \boldsymbol{q}, \vec{v} \rangle \underbrace{\langle \underline{u}, \vec{u} \rangle}_{=-1} + \underbrace{\epsilon(\vec{u}, \vec{b}, \vec{v}, \vec{u})}_{=0} = \langle \boldsymbol{q}, \vec{v} \rangle,$$

ce qui montre que $\boldsymbol{q} = \boldsymbol{A}(., \vec{u})$. Le choix (3.42) était donc le seul possible. Quant à $\vec{b}$, on constate sur (3.41) que si l'on restreint l'action de $\boldsymbol{A}$ à $E_{\boldsymbol{u}}$, il vient

$$\forall (\vec{v}, \vec{w}) \in E_{\boldsymbol{u}}^2, \quad \boldsymbol{A}(\vec{v}, \vec{w}) = \epsilon(\vec{u}, \vec{b}, \vec{v}, \vec{w}) = \epsilon_{\boldsymbol{u}}(\vec{b}, \vec{v}, \vec{w}). \tag{3.51}$$

Si $\vec{b}' \in E_{\boldsymbol{u}}$ est tel que la décomposition (3.39) soit également satisfaite en remplaçant $\vec{b}$ par $\vec{b}'$, on déduit de (3.51) que

$$\forall (\vec{v}, \vec{w}) \in E_{\boldsymbol{u}}^2, \quad \epsilon_{\boldsymbol{u}}(\vec{b}' - \vec{b}, \vec{v}, \vec{w}) = 0.$$

Puisque la forme trilinéaire $\epsilon_{\boldsymbol{u}}$ sur $E_{\boldsymbol{u}}$ n'est pas dégénérée, on en déduit $\vec{b}' - \vec{b} = 0$, ce qui montre l'unicité de $\vec{b}$ et achève la démonstration de la décomposition (3.39).

Remarque 1 : La représentation d'une forme bilinéaire antisymétrique par une forme linéaire et un vecteur, tous deux orthogonaux à $\vec{u}$, se comprend bien si on compte les degrés de liberté : la matrice de $\boldsymbol{A}$ dans la base $(\vec{e}_\alpha)$ est une matrice 4×4 antisymétrique : elle n'a donc que six composantes indépendantes. La forme linéaire $\boldsymbol{q}$ qui doit vérifier $\langle \boldsymbol{q}, \vec{u} \rangle = 0$ n'a quant à elle que trois composantes indépendantes. Il en est de même pour le vecteur $\vec{b}$ qui obéit à la contrainte $\vec{u} \cdot \vec{b} = 0$. On a donc bien $3 + 3 = 6$.

Remarque 2 : La forme linéaire $\boldsymbol{q}$ et le vecteur $\vec{b}$ sont parfois appelés respectivement ***partie électrique*** et ***partie magnétique*** de la forme bilinéaire $\boldsymbol{A}$ vis-à-vis de $\vec{u}$. Nous verrons au Chap. 17 que ces dénominations sont issues de la décomposition du tenseur champ électromagnétique, qui est une forme bilinéaire antisymétrique.

Remarque 3 : Nous procéderons au Chap. 14 à une réécriture de la décomposition (3.39), en termes d'opérations définies sur les formes multilinéaires antisymétriques (produit extérieur et étoile de Hodge) ; il s'agit de l'Éq. (14.95).

3.4.3 Application à la variation du référentiel local

Appliquons la décomposition (3.39) à la forme bilinéaire antisymétrique $\underline{\boldsymbol{\Omega}}$ introduite plus haut. D'après (3.42), $\boldsymbol{q} = \underline{\boldsymbol{\Omega}}(., \vec{u})$. Or, en utilisant successivement (3.33) et (3.32), il vient

$$\forall \vec{v} \in E, \quad \underline{\boldsymbol{\Omega}}(\vec{v}, \vec{u}) = \vec{v} \cdot \boldsymbol{\Omega}(\vec{u}) = c\vec{a} \cdot \vec{v},$$

ce qui montre que $\underline{\boldsymbol{\Omega}}(., \vec{u}) = c\underline{\boldsymbol{a}}$, d'où $\boldsymbol{q} = c\underline{\boldsymbol{a}}$. Quant au vecteur $\vec{b}$ de la décomposition (3.39), nous considérerons plutôt son opposé que nous noterons $\vec{\omega}$. On peut donc écrire la décomposition (3.39) comme

$$\boxed{\underline{\boldsymbol{\Omega}} = c\, \underline{\boldsymbol{u}} \otimes \underline{\boldsymbol{a}} - c\, \underline{\boldsymbol{a}} \otimes \underline{\boldsymbol{u}} - \boldsymbol{\epsilon}(\vec{u}, \vec{\omega}, ., .)}. \tag{3.52}$$

Ainsi, d'après (3.33), pour tout couple de vecteurs $(\vec{v}, \vec{w})$,

$$\begin{aligned} \boldsymbol{\Omega}(\vec{v}) \cdot \vec{w} &= \underline{\boldsymbol{\Omega}}(\vec{w}, \vec{v}) \\ &= c\,(\vec{u} \cdot \vec{w})(\vec{a} \cdot \vec{v}) - c\,(\vec{a} \cdot \vec{w})(\vec{u} \cdot \vec{v}) \underbrace{- \boldsymbol{\epsilon}(\vec{u}, \vec{\omega}, \vec{w}, \vec{v})}_{+\boldsymbol{\epsilon}(\vec{u}, \vec{\omega}, \vec{v}, \vec{w})}. \end{aligned}$$

En utilisant (3.48) sous la forme $\boldsymbol{\epsilon}(\vec{u}, \vec{\omega}, \vec{v}, \vec{w}) = (\vec{\omega} \times_{\boldsymbol{u}} \vec{v}) \cdot \vec{w}$, on en déduit l'expression suivante de l'endomorphisme $\boldsymbol{\Omega}$:

$$\forall \vec{v} \in E, \quad \boxed{\boldsymbol{\Omega}(\vec{v}) = c(\vec{a} \cdot \vec{v})\, \vec{u} - c(\vec{u} \cdot \vec{v})\, \vec{a} + \vec{\omega} \times_{\boldsymbol{u}} \vec{v}}. \tag{3.53}$$

En réécrivant cette relation pour chacun des vecteurs $\vec{e}_\alpha$ du référentiel local de $\mathcal{O}$, on obtient

$$\boxed{\frac{d\vec{e}_\alpha}{dt} = \underbrace{c(\vec{a} \cdot \vec{e}_\alpha)\, \vec{u} - c(\vec{u} \cdot \vec{e}_\alpha)\, \vec{a}}_{\text{partie Fermi-Walker}} \quad + \quad \underbrace{\vec{\omega} \times_{\boldsymbol{u}} \vec{e}_\alpha}_{\substack{\text{partie} \\ \text{rotation spatiale}}}}, \tag{3.54}$$

où les dénominations *Fermi-Walker* et *rotation spatiale* vont être justifiées ci-après.

Remarque : Puisque $\vec{e}_0 = \vec{u}$, $\vec{a} \cdot \vec{u} = 0$, $\vec{u} \cdot \vec{u} = -1$ et $\vec{\omega} \times_{\boldsymbol{u}} \vec{u} = \vec{\epsilon}(\vec{u}, \vec{\omega}, \vec{u}, .) = 0$, on vérifie que (3.54) redonne bien $d\vec{e}_0/dt = d\vec{u}/dt = c\,\vec{a}$.

Dans le cas de l'espace classique de dimension trois, la variation dans le temps d'un repère mobile de trois vecteurs unitaires orthogonaux $(\vec{e}_i)$ est due uniquement à la rotation de ce repère. Dans le cas présent, le repère mobile contient un quatrième vecteur, $\vec{e}_0 = \vec{u}$, qui peut varier même en l'absence de toute rotation spatiale, lorsque l'observateur est accéléré (*cf.* § 2.3). Il est donc naturel de décomposer $\boldsymbol{\Omega}$ en deux parties :

$$\boxed{\boldsymbol{\Omega} = \boldsymbol{\Omega}_{\mathrm{FW}} + \boldsymbol{\Omega}_{\mathrm{rot}}}, \tag{3.55}$$

avec

$$\forall \vec{v} \in E, \quad \boldsymbol{\Omega}_{\mathrm{FW}}(\vec{v}) := c(\vec{a} \cdot \vec{v})\, \vec{u} - c(\vec{u} \cdot \vec{v})\, \vec{a} \tag{3.56}$$

$$\boldsymbol{\Omega}_{\mathrm{rot}}(\vec{v}) := \vec{\omega} \times_{\boldsymbol{u}} \vec{v}. \tag{3.57}$$

$\boldsymbol{\Omega}_{\mathrm{FW}}$ est lié uniquement à la 4-accélération $\vec{a}$ de l'observateur $\mathcal{O}$, qui fait que $\vec{e}_0 = \vec{u}$ change de direction lorsque t varie, ainsi donc que l'hyperplan $E_{\boldsymbol{u}}$

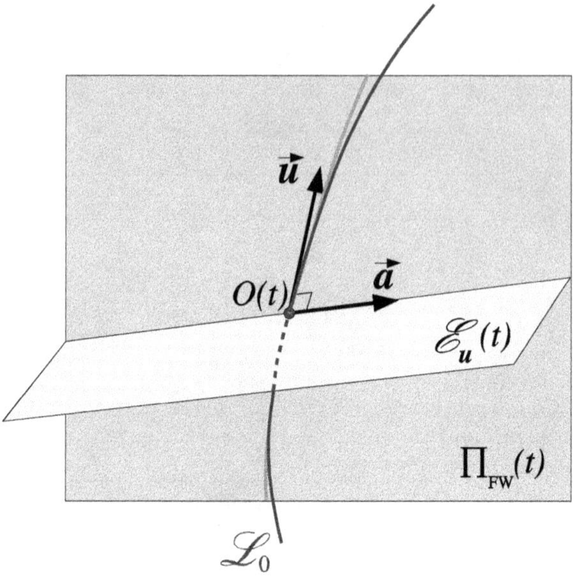

FIG. 3.14 – Évolution de la 4-vitesse et de la 4-accélération le long d'une ligne d'univers $\mathscr{L}_0$: le plan vertical $\Pi_{FW}(t)$ est le plan défini par $(\vec{u}(t), \vec{a}(t))$ (plan osculateur de $\mathscr{L}_0$), l'hyperplan (graphiquement réduit à deux dimensions) $\mathscr{E}_{\boldsymbol{u}}(t)$ est l'hyperplan orthogonal à $\vec{u}(t)$; il contient $\vec{a}(t)$.

orthogonal à $\vec{u}$. $\boldsymbol{\Omega}_{FW}$ est appelé ***tenseur de Fermi-Walker***. $\boldsymbol{\Omega}_{FW}$ n'affecte que les composantes des vecteurs dans le plan $(\vec{u}, \vec{a})$, qui est le plan osculateur de la ligne d'univers de $\mathcal{O}$, ainsi que nous l'avons vu au § 2.6.3 (*cf.* Fig. 3.14).

La partie restante de $\boldsymbol{\Omega}$, à savoir $\boldsymbol{\Omega}_{rot}$, représente la *rotation spatiale* du trièdre $(\vec{e}_i)$; on l'appelle ***tenseur de rotation spatiale***. Le vecteur $\vec{\omega} \in E_{\boldsymbol{u}}$ est appelé ***quadrirotation*** ou encore ***4-rotation*** du référentiel local $(\vec{e}_\alpha)$ et, par extension, de l'observateur $\mathcal{O}$. La dimension de $\boldsymbol{\Omega}_{rot}$ se lit sur (3.31) : il s'agit de l'inverse d'un temps. Puisque $\vec{u}$ et $\boldsymbol{\epsilon}$ sont sans dimension, on en déduit que la dimension de $\vec{\omega}$ est également l'inverse d'un temps, soit la dimension d'une vitesse angulaire. $\vec{\omega}$ est un vecteur du genre espace et orthogonal à $\vec{u}$ (puisque appartenant à l'hyperplan $E_{\boldsymbol{u}}$) :

$$\boxed{\vec{u} \cdot \vec{\omega} = 0}. \tag{3.58}$$

De plus, on a $\boldsymbol{\Omega}_{rot}(\vec{\omega}) = \vec{\omega} \times_{\boldsymbol{u}} \vec{\omega} = 0$, ce qui montre que $\boldsymbol{\Omega}_{rot}$ n'agit que dans le sous-espace (de dimension 2) de $E_{\boldsymbol{u}}$ orthogonal à $\vec{\omega}$. Autrement dit, l'action de $\boldsymbol{\Omega}_{rot}$ consiste en une rotation dans le plan (de dimension 2) orthogonal à la fois à $\vec{u}$ et $\vec{\omega}$.

On dira que $\mathcal{O}$ est un ***observateur accéléré*** ssi $\vec{a} \neq 0$ et que $\mathcal{O}$ est un ***observateur en rotation***, ou encore ***observateur tournant***, ssi $\vec{\omega} \neq 0$. Nous verrons aux Chaps. 12 et 13 que $\vec{a}$ et $\vec{\omega}$ sont des quantités mesurables par l'observateur $\mathcal{O}$, contrairement à la 4-vitesse $\vec{u}$: par des expériences physiques, $\mathcal{O}$ peut déterminer sa 4-accélération (§ 12.3.5) et sa 4-rotation (§ 13.1.2).

Exemple : La tétrade de Serret-Frenet $(\vec{e}_\alpha)$, introduite au § 2.6.3 pour la description géométrique d'une ligne d'univers, satisfait aux critères de définition d'un référentiel local énoncés au § 3.3.1. Étant donnée une ligne d'univers $\mathscr{L}_0$, on peut donc, en théorie, considérer l'observateur qui aurait (i) pour ligne d'univers $\mathscr{L}_0$ et (ii) pour référentiel local la tétrade de Serret-Frenet de $\mathscr{L}_0$. Nous ne discuterons pas ici de la réalisation physique d'un tel observateur, c'est-à-dire des procédés physiques par lesquels un observateur s'assure que son référentiel local suit la tétrade de Serret-Frenet de sa ligne d'univers.

L'évolution de la tétrade de Serret-Frenet le long de la ligne d'univers est donnée par l'Éq. (2.71). La matrice qui apparaît dans cette écriture n'est pas autre chose que la matrice $-\Omega^\beta{}_\alpha$ (indice de ligne : α ; indice de colonne : β) considérée au § 3.4.1 (Éq. (3.30)). On peut d'ailleurs vérifier que la matrice (2.71) satisfait aux propriétés (3.37) (seule la partie spatiale est antisymétrique).

En comparant les écritures (3.54) et (2.71), on obtient le tenseur de Fermi-Walker en terme de la courbure a de la ligne d'univers :

$$\boldsymbol{\Omega}_{\rm FW} = ca(\vec{e}_1 \otimes \vec{e}_0 - \vec{e}_0 \otimes \vec{e}_1) \tag{3.59}$$

et la 4-rotation de la tétrade de Serret-Frenet en termes des premières et deuxièmes torsions, T_1 et T_2, de la ligne d'univers :

$$\vec{\omega} = cT_2\, \vec{e}_1 + cT_1\, \vec{e}_3. \tag{3.60}$$

Note historique : *La dénomination* Fermi-Walker *pour le changement de la tétrade* $(\vec{e}_\alpha)$ *qui n'est pas liée à une rotation spatiale a pour origine les systèmes de coordonnées « non tournantes » introduits au voisinage d'une ligne d'univers par Enrico Fermi*[10] *en 1922 [152] et Arthur G. Walker*[11] *en 1932 [424].*

3.4.4 Observateurs inertiels

Parmi tous les observateurs, il est naturel de distinguer ceux dont le référentiel local est constant le long de leur ligne d'univers, c'est-à-dire qui vérifient

$$\boxed{\frac{d\vec{e}_\alpha}{dt} = 0}. \tag{3.61}$$

On appelle ***observateur inertiel*** un tel observateur.

10. **Enrico Fermi** (1901–1954) : Physicien italien, auteur de travaux fondamentaux en mécanique quantique, physique statistique et physique nucléaire, Prix Nobel de physique en 1938. Il a écrit l'article [152] sur les coordonnées au voisinage d'une ligne d'univers à l'âge de 21 ans, alors qu'il était encore étudiant à l'École Normale Supérieure de Pise.

11. **Arthur G. Walker** (1909–2001) : Mathématicien britannique, spécialiste de géométrie différentielle et connu pour ses travaux en cosmologie ; c'était aussi un danseur talentueux.

Au vu de la loi de variation (3.54), un observateur $\mathcal{O}$ dont à la fois la 4-accélération $\vec{a}$ et la 4-rotation $\vec{\omega}$ sont nulles est un observateur inertiel. Réciproquement, si $\mathcal{O}$ est un observateur qui vérifie (3.61), alors, *via* la définition (2.16) de la 4-accélération, $\vec{a} = c^{-1}d\vec{u}/dt = c^{-1}d\vec{e}_0/dt = 0$. Pour $i \in \{1,2,3\}$, l'Éq. (3.54) se réduit alors à $d\vec{e}_i/dt = \vec{\omega}\times_{\boldsymbol{u}}\vec{e}_i$. Comme $d\vec{e}_i/dt = 0$, cela implique $\vec{\omega} = 0$. On conclut donc qu'un observateur est inertiel ssi

$$\forall t \in \mathbb{R}, \quad \boxed{\vec{a}(t) = 0} \quad \text{et} \quad \boxed{\vec{\omega}(t) = 0}, \tag{3.62}$$

où t, $\vec{a}$ et $\vec{\omega}$ désignent respectivement le temps propre, la 4-accélération et la 4-rotation de l'observateur.

Les observateurs inertiels sont les observateurs « les plus simples » de l'espace-temps de Minkowski $(\mathscr{E}, \boldsymbol{g})$. Nous les étudierons plus en détail au Chap. 8.

Remarque : Les observateurs inertiels sont parfois appelés *observateurs galiléens*. Nous n'utiliserons pas cette terminologie ici, en partie pour éviter toute confusion avec la mécanique pré-relativiste.

3.5 Dérivée d'un vecteur le long d'une ligne d'univers

3.5.1 Dérivée absolue

Soit $\vec{v} = \vec{v}(t)$ un champ vectoriel défini en chaque point de la ligne d'univers $\mathscr{L}_0$ d'un observateur $\mathcal{O}$, de temps propre t. La dérivée de $\vec{v}$ le long de $\mathscr{L}_0$, $d\vec{v}/dt$, a été définie au § 2.6.2 (Éq. (2.59)). Nous la qualifierons de ***dérivée absolue du champ*** $\vec{v}$ ***le long de*** $\mathscr{L}_0$, pour la distinguer des autres types de dérivées définies ci-après.

En désignant par $v^\alpha(t)$ les composantes de $\vec{v}(t)$ dans le référentiel local $(\vec{e}_\alpha(t))$ de $\mathcal{O}$, on a $\vec{v}(t) = v^\alpha(t)\,\vec{e}_\alpha(t)$, si bien que

$$\frac{d\vec{v}}{dt} = \frac{dv^\alpha}{dt}\,\vec{e}_\alpha + v^\alpha \frac{d\vec{e}_\alpha}{dt}. \tag{3.63}$$

En remplaçant $d\vec{e}_\alpha/dt$ par l'expression (3.54), il vient immédiatement

$$\boxed{\frac{d\vec{v}}{dt} = \frac{dv^\alpha}{dt}\,\vec{e}_\alpha + c(\vec{a}\cdot\vec{v})\,\vec{u} - c(\vec{u}\cdot\vec{v})\,\vec{a} + \vec{\omega}\times_{\boldsymbol{u}}\vec{v}}. \tag{3.64}$$

3.5.2 Dérivée par rapport à un observateur

Avec les mêmes notations que ci-dessus, on appelle ***dérivée de*** $\vec{v}$ ***par rapport à l'observateur*** $\mathcal{O}$, le champ vectoriel défini le long de $\mathscr{L}_0$ par

$$\boxed{\boldsymbol{D}_{\mathcal{O}}\vec{v} := \frac{dv^\alpha}{dt}\,\vec{e}_\alpha}. \tag{3.65}$$

Ainsi $\boldsymbol{D}_{\mathcal{O}}\vec{\boldsymbol{v}}$ mesure la variation de $\vec{\boldsymbol{v}}$ le long de la ligne d'univers $\mathscr{L}_0$ qui est uniquement due à la variation des composantes de $\vec{\boldsymbol{v}}$ dans le référentiel local de $\mathcal{O}$. D'après la définition d'un vecteur fixe par rapport à $\mathcal{O}$ donnée au § 3.3.3, on a d'ailleurs

$$\boxed{\vec{\boldsymbol{v}} \text{ fixe par rapport à } \mathcal{O} \iff \boldsymbol{D}_{\mathcal{O}}\vec{\boldsymbol{v}} = 0}. \tag{3.66}$$

En particulier, la dérivée de chacun des vecteurs du référentiel de $\mathcal{O}$ est nulle :

$$\forall \alpha \in \{0, 1, 2, 3\}, \quad \boldsymbol{D}_{\mathcal{O}}\vec{\boldsymbol{e}}_\alpha = 0. \tag{3.67}$$

Pour $\alpha = 0$, on peut bien évidemment remplacer $\vec{\boldsymbol{e}}_0$ par $\vec{\boldsymbol{u}}$:

$$\boldsymbol{D}_{\mathcal{O}}\vec{\boldsymbol{u}} = 0. \tag{3.68}$$

Une propriété importante de $\boldsymbol{D}_{\mathcal{O}}$ est que la dérivée d'un vecteur de l'espace local de repos de $\mathcal{O}$ reste dans cet espace :

$$\forall \vec{\boldsymbol{v}} \in E_{\boldsymbol{u}}, \quad \boldsymbol{D}_{\mathcal{O}}\vec{\boldsymbol{v}} \in E_{\boldsymbol{u}}. \tag{3.69}$$

En effet, si $\vec{\boldsymbol{v}} \in E_{\boldsymbol{u}}$, alors $\vec{\boldsymbol{v}} = v^i\,\vec{\boldsymbol{e}}_i$ et $\vec{\boldsymbol{u}} \cdot \boldsymbol{D}_{\mathcal{O}}\vec{\boldsymbol{v}} = (dv^i/dt)\,\vec{\boldsymbol{u}} \cdot \vec{\boldsymbol{e}}_i = 0$, puisque $\vec{\boldsymbol{u}} \cdot \vec{\boldsymbol{e}}_i = 0$.

Remarque : La propriété (3.69) n'est pas vérifiée par la dérivée absolue. En effet, si $\vec{\boldsymbol{v}} \in E_{\boldsymbol{u}}$, on a $\vec{\boldsymbol{u}} \cdot d\vec{\boldsymbol{v}}/dt = -d\vec{\boldsymbol{u}}/dt \cdot \vec{\boldsymbol{v}} = -c\,\vec{\boldsymbol{a}} \cdot \vec{\boldsymbol{v}} \neq 0$ en général, car $\vec{\boldsymbol{a}}$ et $\vec{\boldsymbol{v}}$ sont deux vecteurs de l'hyperplan $E_{\boldsymbol{u}}$ qui n'ont pas *a priori* de raison d'être orthogonaux.

En utilisant (3.64), on peut exprimer la dérivée par rapport à un observateur en terme de la dérivée absolue, de la 4-accélération de l'observateur et de sa 4-rotation :

$$\boxed{\boldsymbol{D}_{\mathcal{O}}\vec{\boldsymbol{v}} = \frac{d\vec{\boldsymbol{v}}}{dt} - c(\vec{\boldsymbol{a}} \cdot \vec{\boldsymbol{v}})\,\vec{\boldsymbol{u}} + c(\vec{\boldsymbol{u}} \cdot \vec{\boldsymbol{v}})\,\vec{\boldsymbol{a}} - \vec{\boldsymbol{\omega}} \times_{\boldsymbol{u}} \vec{\boldsymbol{v}}}. \tag{3.70}$$

En particulier, si $\mathcal{O}$ est un observateur inertiel, (3.62) conduit immédiatement à

$$\boldsymbol{D}_{\mathcal{O}}\vec{\boldsymbol{v}} = \frac{d\vec{\boldsymbol{v}}}{dt} \qquad (\mathcal{O} \text{ inertiel}). \tag{3.71}$$

3.5.3 Dérivée de Fermi-Walker

On appelle ***dérivée de Fermi-Walker*** d'un vecteur $\vec{\boldsymbol{v}}$ le long de la ligne d'univers $\mathscr{L}_0$ le champ de vecteurs défini en tout point de $\mathscr{L}_0$ par (*cf.* (3.56))

$$\boxed{\boldsymbol{D}^{\mathrm{FW}}_{\boldsymbol{u}}\vec{\boldsymbol{v}} := \frac{d\vec{\boldsymbol{v}}}{dt} - \boldsymbol{\Omega}_{\mathrm{FW}}(\vec{\boldsymbol{v}}) = \frac{d\vec{\boldsymbol{v}}}{dt} - c(\vec{\boldsymbol{a}} \cdot \vec{\boldsymbol{v}})\,\vec{\boldsymbol{u}} + c(\vec{\boldsymbol{u}} \cdot \vec{\boldsymbol{v}})\,\vec{\boldsymbol{a}}}. \tag{3.72}$$

En comparant avec (3.70), on constate que la dérivée de Fermi-Walker est la dérivée par rapport à un observateur sans rotation ($\vec{\omega} = 0$). Dans le cas d'un observateur en rotation, les deux dérivées sont reliées par

$$\boxed{\boldsymbol{D}_{\mathcal{O}}\vec{\boldsymbol{v}} = \boldsymbol{D}^{\mathrm{FW}}_{\boldsymbol{u}}\vec{\boldsymbol{v}} - \vec{\boldsymbol{\omega}} \times_{\boldsymbol{u}} \vec{\boldsymbol{v}}}. \tag{3.73}$$

On dit qu'un champ de vecteurs $\vec{\boldsymbol{v}}$ est ***transporté au sens de Fermi-Walker*** le long de la ligne d'univers $\mathscr{L}_0$ ssi $\boldsymbol{D}^{\mathrm{FW}}_{\boldsymbol{u}}\vec{\boldsymbol{v}} = 0$. L'équivalence (3.66) signifie alors que, si l'observateur $\mathcal{O}$ est sans rotation, les notions de vecteur fixe et de transport de Fermi-Walker sont équivalentes :

$$\boxed{\vec{\boldsymbol{v}} \text{ fixe par rapport à } \mathcal{O} \iff \begin{array}{c}\vec{\boldsymbol{v}} \text{ transporté au sens de} \\ \text{Fermi-Walker le long de } \mathscr{L}.\end{array}}_{\vec{\boldsymbol{\omega}}=0} \tag{3.74}$$

Remarque 1 : Comme on le voit sur la définition (3.72), la notion de dérivée de Fermi-Walker ne fait appel qu'à la 4-vitesse et la 4-accélération de $\mathcal{O}$, mais pas à sa 4-rotation. On peut donc dire que la dérivation de Fermi-Walker est un opérateur associé univoquement à une ligne d'univers, plutôt qu'à un observateur particulier (rappelons que pour une ligne d'univers $\mathscr{L}_0$ donnée, il existe une infinité d'observateurs ayant $\mathscr{L}_0$ comme ligne d'univers ; ils diffèrent par leurs états de rotation).

Remarque 2 : La dérivée de Fermi-Walker étant un cas particulier de dérivée par rapport à un observateur (celui où $\vec{\boldsymbol{\omega}} = 0$), elle vérifie les propriétés (3.68), (3.69) et (3.71) :

$$\boldsymbol{D}^{\mathrm{FW}}_{\boldsymbol{u}}\vec{\boldsymbol{u}} = 0 \qquad \text{et} \qquad \forall \vec{\boldsymbol{v}} \in E_{\boldsymbol{u}}, \quad \boldsymbol{D}^{\mathrm{FW}}_{\boldsymbol{u}}\vec{\boldsymbol{v}} \in E_{\boldsymbol{u}}, \tag{3.75}$$

$$\boldsymbol{D}^{\mathrm{FW}}_{\boldsymbol{u}}\vec{\boldsymbol{v}} = \frac{d\vec{\boldsymbol{v}}}{dt} \qquad (\mathcal{O} \text{ inertiel}). \tag{3.76}$$

Remarque 3 : Certains auteurs [202, 394] utilisent les termes *dérivée de Fermi* et *transport au sens de Fermi* à la place de *dérivée de Fermi-Walker* et *transport au sens de Fermi-Walker*. La terminologie *Fermi-Walker* que nous employons ici est utilisée entre autre par [153, 294, 400].

Supposons que le vecteur $\vec{\boldsymbol{v}}$ soit orthogonal à la 4-vitesse $\vec{\boldsymbol{u}}$ en tout point de la ligne d'univers : $\vec{\boldsymbol{u}} \cdot \vec{\boldsymbol{v}} = 0$, c'est-à-dire $\vec{\boldsymbol{v}} \in E_{\boldsymbol{u}}$. Le dernier terme dans (3.72) est alors nul et il vient

$$\boldsymbol{D}^{\mathrm{FW}}_{\boldsymbol{u}}\vec{\boldsymbol{v}} = \frac{d\vec{\boldsymbol{v}}}{dt} - c(\vec{\boldsymbol{a}} \cdot \vec{\boldsymbol{v}})\,\vec{\boldsymbol{u}} = \frac{d\vec{\boldsymbol{v}}}{dt} - \left(\frac{d\vec{\boldsymbol{u}}}{dt} \cdot \vec{\boldsymbol{v}}\right)\vec{\boldsymbol{u}} = \frac{d\vec{\boldsymbol{v}}}{dt} + \left(\vec{\boldsymbol{u}} \cdot \frac{d\vec{\boldsymbol{v}}}{dt}\right)\vec{\boldsymbol{u}}.$$

On reconnaît le projecteur orthogonal sur l'espace local de repos $E_{\boldsymbol{u}}$ (*cf.* (3.12)) :

$$\boxed{\forall \vec{\boldsymbol{v}} \in E_{\boldsymbol{u}}, \quad \boldsymbol{D}^{\mathrm{FW}}_{\boldsymbol{u}}\vec{\boldsymbol{v}} = \perp_{\boldsymbol{u}} \frac{d\vec{\boldsymbol{v}}}{dt}}. \tag{3.77}$$

Ainsi, pour les vecteurs de l'espace local de repos $E_{\boldsymbol{u}}$, la dérivée de Fermi-Walker n'est pas autre chose que la projection orthogonale sur $E_{\boldsymbol{u}}$ de la dérivée absolue du vecteur le long de la ligne d'univers. En particulier, on retrouve le fait que la dérivée de Fermi-Walker d'un vecteur de $E_{\boldsymbol{u}}$ est un vecteur de $E_{\boldsymbol{u}}$ (propriété (3.75)).

3.6 Localité du référentiel d'un observateur

Nous allons montrer que si la 4-accélération $\vec{\boldsymbol{a}}$ de l'observateur $\mathcal{O}$ n'est pas nulle, l'étiquetage des événements de $\mathscr{E}$ par les coordonnées dans le référentiel local de $\mathcal{O}$, telles que définies au § 3.3.2, n'est plus univoque pour les événements situés trop loin de $\mathscr{L}_0$. Cela justifie le qualificatif de *local* attribué au référentiel.

Soit O un événement de temps propre t sur $\mathscr{L}_0$ où $\vec{\boldsymbol{a}} \neq 0$ (*cf.* Fig. 3.15). Considérons le système de coordonnées affines (x^α) de $\mathscr{E}$ (*cf.* § 1.1.3) défini par le point O et les vecteurs $\vec{\boldsymbol{u}}(t)$, $\vec{\boldsymbol{\varepsilon}}_1$, $\vec{\boldsymbol{\varepsilon}}_2$, et $\vec{\boldsymbol{\varepsilon}}_3$, où

$$\vec{\boldsymbol{\varepsilon}}_1 := a^{-1}\,\vec{\boldsymbol{a}}(t), \qquad a := \|\vec{\boldsymbol{a}}(t)\|_g = \sqrt{\vec{\boldsymbol{a}}(t)\cdot\vec{\boldsymbol{a}}(t)} \tag{3.78}$$

et $\vec{\boldsymbol{\varepsilon}}_2$ et $\vec{\boldsymbol{\varepsilon}}_3$ sont deux vecteurs unitaires orthogonaux entre eux et à $\vec{\boldsymbol{u}}$ et $\vec{\boldsymbol{\varepsilon}}_1$. En particulier, $\vec{\boldsymbol{\varepsilon}}_1$ est le deuxième vecteur de la tétrade de Serret-Frenet introduite au § 2.6.3. La base de E $(\vec{\boldsymbol{u}}(t), \vec{\boldsymbol{\varepsilon}}_i)$ ainsi construite est orthonormale. Chaque événement M de $\mathscr{E}$ est repéré par ses coordonnées affines (x^α) qui sont telles

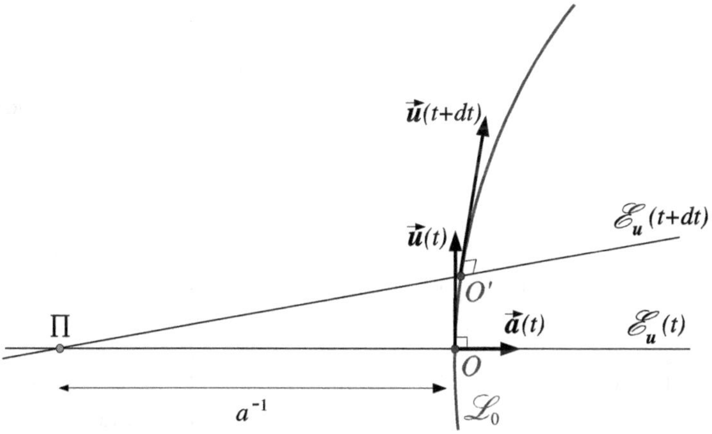

FIG. 3.15 – Non globalité du référentiel local pour un observateur accéléré : les espaces locaux de repos $\mathscr{E}_{\boldsymbol{u}}(t)$ et $\mathscr{E}_{\boldsymbol{u}}(t+dt)$ s'intersectent en un plan Π situé à la distance $a^{-1} = (\vec{\boldsymbol{a}}\cdot\vec{\boldsymbol{a}})^{-1/2}$ de O. Sur cette figure bidimensionnelle, Π est réduit à un point et $\mathscr{E}_{\boldsymbol{u}}(t)$ et $\mathscr{E}_{\boldsymbol{u}}(t+dt)$ à des droites.

que (*cf.* (1.6))

$$\overrightarrow{OM} = x^0 \vec{u} + x^i \vec{\varepsilon}_i. \tag{3.79}$$

Le système de coordonnées affines (x^α) est purement mathématique et ne correspond pas au système de coordonnées dans le référentiel local de l'observateur $\mathcal{O}$ introduit au § 3.3.2. En particulier, le système de coordonnées affines est global : à chaque point de $\mathscr{E}$ correspond un unique quadruplet (x^α).

L'équation de l'hyperplan $\mathscr{E}_{\boldsymbol{u}}(t)$ dans le système de coordonnées affines (x^α) est

$$\mathscr{E}_{\boldsymbol{u}}(t) : \qquad x^0 = 0. \tag{3.80}$$

L'équation de l'hyperplan « voisin » $\mathscr{E}_{\boldsymbol{u}}(t+dt)$ est déterminée comme suit. Un point M appartient à cet hyperplan ssi $\vec{u}(t+dt)\cdot\overrightarrow{OM} = \text{const}$. La constante est déterminée en remarquant que le point $O' := O + c\,dt\,\vec{u}$ appartient à cet hyperplan (*cf.* Fig. 3.15) et qu'au premier ordre en dt, $\vec{u}(t+dt)\cdot\overrightarrow{OO'} = -c\,dt$. On a donc

$$M \in \mathscr{E}_{\boldsymbol{u}}(t+dt) \iff \vec{u}(t+dt)\cdot\overrightarrow{OM} = -c\,dt.$$

Or, par définition de la 4-accélération, $\vec{u}(t+dt) = \vec{u}(t) + c\,dt\,\vec{a} = \vec{u}(t) + ac\,dt\,\vec{\varepsilon}_1$. En utilisant cette relation ainsi que (3.79), on obtient

$$M \in \mathscr{E}_{\boldsymbol{u}}(t+dt) \iff (\vec{u}(t) + ac\,dt\,\vec{\varepsilon}_1)\cdot(x^0\,\vec{u} + x^i\,\vec{\varepsilon}_i) = -c\,dt.$$

En développant le produit scalaire et en utilisant l'orthonormalité de la base $(\vec{u}, \vec{\varepsilon}_i)$, on obtient l'équation de l'hyperplan $\mathscr{E}_{\boldsymbol{u}}(t+dt)$ dans le système de coordonnées affines (x^α) :

$$\mathscr{E}_{\boldsymbol{u}}(t+dt) : \qquad -x^0 + ac\,dt\,x^1 = -c\,dt. \tag{3.81}$$

Des équations (3.80) et (3.81), on déduit l'équation de l'intersection des hyperplans $\mathscr{E}_{\boldsymbol{u}}(t)$ et $\mathscr{E}_{\boldsymbol{u}}(t+dt)$: $x^0 = 0$ et $0 + ac\,dt\,x^1 = -c\,dt$, c'est-à-dire

$$\begin{cases} x^0 = 0 \\ x^1 = -a^{-1}. \end{cases} \tag{3.82}$$

En conclusion, si $\vec{a}(t) = 0$, a^{-1} n'est pas défini et les deux hyperplans $\mathscr{E}_{\boldsymbol{u}}(t)$ et $\mathscr{E}_{\boldsymbol{u}}(t+dt)$ ne se rencontrent jamais. Si $\vec{a}(t) \neq 0$, les deux hyperplans $\mathscr{E}_{\boldsymbol{u}}(t)$ et $\mathscr{E}_{\boldsymbol{u}}(t+dt)$ se croisent en un plan (de dimension 2), Π, dont l'équation dans le système de coordonnées affines (x^α) est donnée par (3.82) (*cf.* Fig. 3.15). Ce plan constitue la limite d'applicabilité du référentiel local de l'observateur $\mathcal{O}$. Considérons en effet un événement M de Π. Il lui correspond un unique quadruplet de coordonnées affines $x^\alpha = (0, -a^{-1}, x^2, x^3)$. Il s'agit là du repérage mathématique du point M. Par contre, pour ce qui est du repérage physique de M dans le référentiel local de $\mathcal{O}$, on a deux étiquetages possibles, suivant la prescription du § 3.3.2. Tout d'abord, M appartient à l'espace local de repos $\mathscr{E}_{\boldsymbol{u}}(t)$. L'observateur $\mathcal{O}$ lui attribue donc les coordonnées (t, y^i) où, suivant (3.26), les y^i sont trois réels tels que $\overrightarrow{OM} = y^i \vec{e}_i(t)$. Mais M appartient également à l'espace local de repos $\mathscr{E}_{\boldsymbol{u}}(t + dt)$. Toujours suivant (3.26), l'observateur $\mathcal{O}$ lui attribue donc aussi les coordonnées $(t + dt, z^i)$ où les z^i sont trois réels tels que $\overrightarrow{O'M} = z^i \vec{e}_i(t + dt)$. Il n'y a donc pas unicité de l'étiquetage des points de Π dans le référentiel local de $\mathcal{O}$. Il en va de même pour les événements situés au-delà de Π, c'est-à-dire pour tous les événements $x^1 < -a^{-1}$. Par contre, pour $x^1 > -a^{-1}$, on a unicité du repérage, du moins dans un certain domaine Δt autour de t. En effet, si la 4-accélération de $\mathcal{O}$ change avec t, l'hyperplan $\mathscr{E}_{\boldsymbol{u}}(t + \Delta t)$ peut recouper $\mathscr{E}_{\boldsymbol{u}}(t)$ pour $x^1 > -a^{-1}$.

Remarquons que le vecteur $\vec{\varepsilon}_1$ étant unitaire, x^1 constitue la distance vis-à-vis du tenseur métrique $\boldsymbol{g}$ entre le point O et le plan Π. Nous conclurons donc que le référentiel local d'un observateur dont la 4-accélération est $\vec{\boldsymbol{a}}$ ne permet de repérer que les événements situés à une distance r de sa ligne d'univers vérifiant

$$\boxed{r \ll a^{-1} = \|\vec{\boldsymbol{a}}\|_{\boldsymbol{g}}^{-1} = (\vec{\boldsymbol{a}} \cdot \vec{\boldsymbol{a}})^{-1/2}}. \tag{3.83}$$

Nous verrons au Chap. 4 que $a = \gamma/c^2$, où γ est l'amplitude de l'accélération de l'observateur $\mathcal{O}$ mesurée par un observateur inertiel dont la ligne d'univers est tangente à celle de $\mathcal{O}$ (Éq. (4.64)). Pour des accélérations modestes, le critère (3.83) n'est pas très contraignant à l'échelle d'un laboratoire. En effet, pour $\gamma = 10$ m.s^{-2}, $c^2/\gamma \simeq 9 \times 10^{15}$ m $\simeq 1$ année-lumière !

Chapitre 4

Cinématique

Sommaire

Ayant introduit la notion d'observateur au chapitre précédent, nous pouvons passer à la cinématique, c'est-à-dire à la description du mouvement d'une particule vis-à-vis d'un observateur. Nous distinguerons le cas d'une particule massive (§ 4.1 à 4.4) de celui d'une particule de masse nulle (§ 4.5), ce dernier cas correspondant au photon et donc à la propagation de la lumière vis-à-vis d'un observateur.

4.1 Facteur de Lorentz

4.1.1 Définition

Considérons un observateur $\mathcal{O}$, de ligne d'univers $\mathscr{L}$ et de 4-vitesse $\vec{\boldsymbol{u}}$, ainsi qu'une particule massive (point matériel) $\mathscr{P}$, de ligne d'univers $\mathscr{L}'$ et de 4-vitesse $\vec{\boldsymbol{u}}'$ (*cf.* Fig. 4.1). On suppose que $\mathscr{L}'$ est située au voisinage de $\mathscr{L}$, au sens où $\mathscr{L}'$ peut être décrite dans le référentiel local de $\mathcal{O}$. D'après les résultats du § 3.6, cela signifie que la distance spatiale entre $\mathscr{L}$ et $\mathscr{L}'$ est toujours bien inférieure à $\|\vec{\boldsymbol{a}}\|_g^{-1}$, où $\vec{\boldsymbol{a}}$ désigne la 4-accélération de $\mathcal{O}$.

Au temps propre t de $\mathcal{O}$, la position de $\mathscr{P}$ « perçue » par $\mathcal{O}$ est l'intersection $M(t)$ de la ligne d'univers de $\mathscr{P}$ avec l'espace local de repos de $\mathcal{O}$

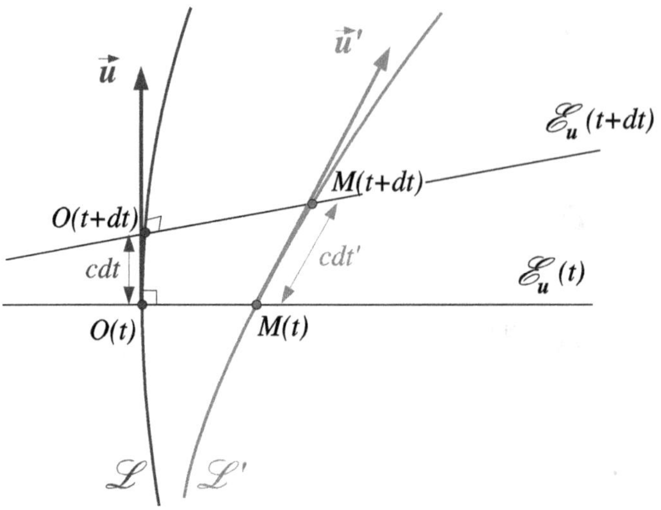

FIG. 4.1 – Mouvement d'un point matériel (ligne d'univers $\mathscr{L}'$ et 4-vitesse $\vec{u}'$) par rapport à un observateur (ligne d'univers $\mathscr{L}$, 4-vitesse $\vec{u}$ et espace local de repos $\mathscr{E}_{\boldsymbol{u}}(t)$).

en t, $\mathscr{E}_{\boldsymbol{u}}(t)$ (*cf.* Fig. 4.1). Étant donné un incrément infinitésimal dt du temps propre de $\mathcal{O}$, soit dt' le temps propre du point matériel $\mathscr{P}$ écoulé lorsqu'il passe de $M(t)$ à $M(t+dt)$ le long de sa ligne d'univers. Contrairement à ce qu'affirmerait la physique newtonienne, dt' n'est pas *a priori* égal à dt. Le rapport de ces deux intervalles de temps propre (l'un pour $\mathcal{O}$: dt, l'autre pour $\mathscr{P}$: dt') définit le ***facteur de Lorentz*** Γ du point matériel $\mathscr{P}$ par rapport à l'observateur $\mathcal{O}$:

$$\boxed{dt = \Gamma\, dt'}. \tag{4.1}$$

Exemple 1 : L'exemple de mouvement le plus simple qui soit est celui représenté sur la Fig. 4.2 : les lignes d'univers $\mathscr{L}$ et $\mathscr{L}'$ sont deux droites de $\mathscr{E}$. Cela implique que la 4-vitesse $\vec{u}$ de $\mathcal{O}$ est constante. Nous supposerons de plus que tout le référentiel local $(\vec{e}_\alpha)$ de $\mathcal{O}$ est constant, de sorte que $\mathcal{O}$ est un observateur inertiel (*cf.* § 3.4.4). Dénotons par $(x^0 = ct,\ x^1 = x,\ x^2 = y,\ x^3 = z)$ les coordonnées associées à $\mathcal{O}$ et considérons le cas où la ligne d'univers $\mathscr{L}'$ est la droite d'équation

$$x(t) = vt, \quad y(t) = 0, \quad z(t) = 0, \tag{4.2}$$

où v est une constante telle que $|v| < c$. $\mathscr{P}$ est alors animé d'un mouvement rectiligne uniforme par rapport à $\mathcal{O}$, de vitesse v dans la direction de l'axe des x. Le vecteur $\overrightarrow{M(t)M(t+dt)}$ le long de $\mathscr{L}'$ a pour composantes $dx^\alpha = (c\,dt, v\,dt, 0, 0)$ sur la base $(\vec{e}_\alpha)$. D'après la formule (2.7) avec $\tau = t'$, l'accroissement de temps propre dt' correspondant est

$$dt' = \frac{1}{c}\sqrt{(c\,dt)^2 - (v\,dt)^2} = dt\,\sqrt{1-(v/c)^2}.$$

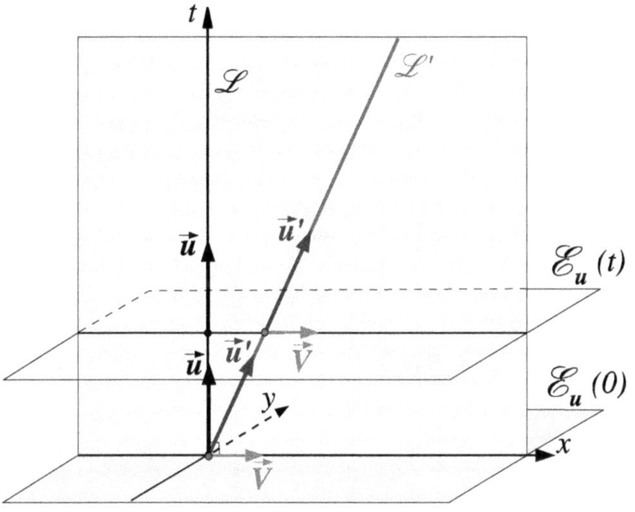

FIG. 4.2 – Exemple 1 : mouvement rectiligne uniforme.

En comparant avec (4.1), on en déduit le facteur de Lorentz de $\mathscr{P}$ par rapport à $\mathcal{O}$:

$$\Gamma = \left(1 - \frac{v^2}{c^2}\right)^{-1/2}. \tag{4.3}$$

Puisque v est constant, Γ l'est également.

Exemple 2 : Un deuxième exemple est fourni par le voyageur de Langevin traité au § 2.5 et dont la ligne d'univers entre les événements A (allumage du moteur fusée) et C_1 (inversion de poussée) est représentée sur la Fig. 4.3. Le jumeau « sédentaire » $\mathcal{O}$ est alors un observateur inertiel, tout comme dans l'exemple 1. Son temps propre t coïncide avec la coordonnée affine t introduite au § 2.5.1 et les espaces locaux de repos de $\mathcal{O}$ sont les hyperplans $\mathscr{E}_{\boldsymbol{u}}(t)$ définis par $t =$ const. Dans ces conditions, la formule (2.27) donne immédiatement, par comparaison avec (4.1), le facteur de Lorentz du voyageur de Langevin $\mathcal{O}'$ par rapport à $\mathcal{O}$:

$$\Gamma = \sqrt{1 + \frac{\gamma^2}{c^2}\left(t - \frac{k}{2}T\right)^2} \tag{4.4}$$

(nous avons utilisé (2.44) pour faire apparaître l'accélération γ à la place du paramètre α). On constate que $\Gamma = 1$ en A $(t = 0, k = 0)$, P $(t = T/2, k = 1)$, B $(t = T, k = 2)$ et que Γ est maximum en C_1 $(t = T/4, k = 0)$ et C_2 $(t = 3T/4, k = 1)$ et vaut

$$\Gamma_{\max} = \sqrt{1 + (T/T_*)^2}, \tag{4.5}$$

où $T_* := 4c/\gamma$ est le temps introduit au § 2.5.4.

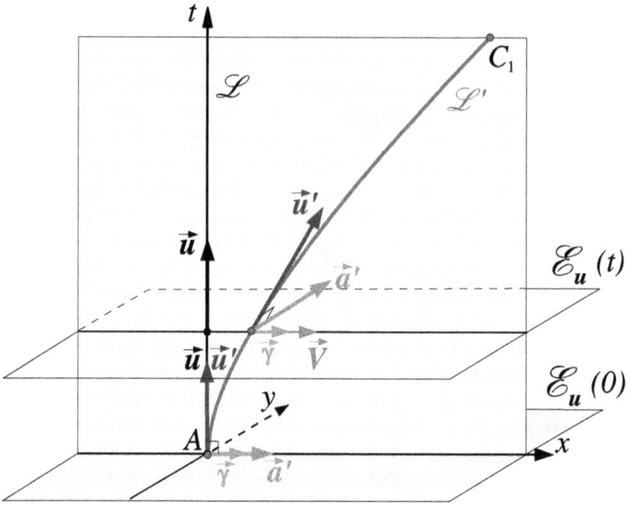

FIG. 4.3 – Exemple 2 : mouvement uniformément accéléré (voyageur de Langevin entre les événements A et C_1).

Exemple 3 : Comme dernier exemple, considérons le cas où $\mathscr{P}$ est un point matériel en ***mouvement circulaire uniforme*** dans le plan $z = 0$ de l'espace de référence de $\mathcal{O}$, que nous supposerons toujours inertiel. Cela signifie que la ligne d'univers de $\mathscr{P}$ obéit aux équations suivantes :

$$\begin{cases} x(t) = R\cos\Omega t, \\ y(t) = R\sin\Omega t, \\ z(t) = 0, \end{cases} \tag{4.6}$$

où R et Ω sont deux constantes positives telles que $R\Omega < c$. La ligne d'univers $\mathscr{L}'$ est une hélice lorsqu'on la représente dans un diagramme d'espace-temps basé sur les coordonnées de $\mathcal{O}$, comme sur la Fig. 4.4. En particulier, $\mathscr{L}'$ n'est pas confinée dans un plan comme dans les exemples 1 et 2. Le long de $\mathscr{L}'$, le vecteur déplacement élémentaire $\overrightarrow{M(t)M(t+dt)}$ a pour composantes $dx^\alpha = (c\,dt, -R\Omega\sin\Omega t\,dt, R\Omega\cos\Omega t\,dt, 0)$ sur la base $(\vec{e}_\alpha)$. D'après la formule (2.7), l'accroissement de temps propre dt' correspondant est

$$dt' = \frac{1}{c}\sqrt{(c\,dt)^2 - (R\Omega\sin\Omega t\,dt)^2 - (R\Omega\cos\Omega t\,dt)^2} = dt\,\sqrt{1-(R\Omega/c)^2}.$$

En comparant avec (4.1), on en déduit le facteur de Lorentz de $\mathscr{P}$ par rapport à $\mathcal{O}$:

$$\Gamma = \left[1 - \left(\frac{R\Omega}{c}\right)^2\right]^{-1/2}. \tag{4.7}$$

Puisque R et Ω sont constants, Γ l'est également.

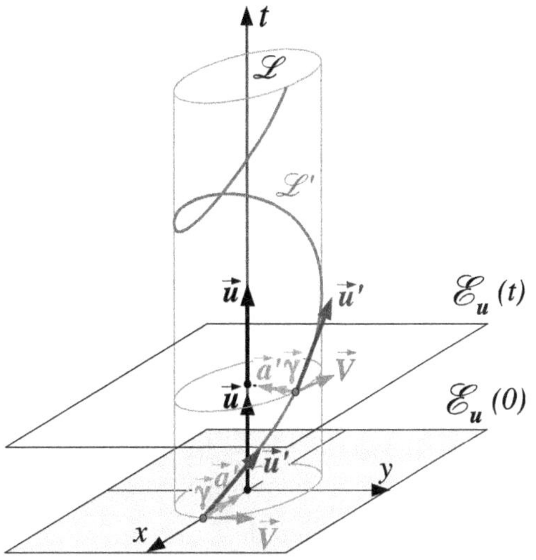

FIG. 4.4 – Exemple 3 : mouvement circulaire uniforme.

4.1.2 Expression en terme de 4-vitesses et 4-accélération

Soit $O(t)$ l'événement de temps propre t le long de la ligne d'univers de l'observateur $\mathcal{O}$. Nous allons voir que le facteur de Lorentz Γ s'exprime en terme de $\vec{\boldsymbol{u}}$ (4-vitesse de $\mathcal{O}$), $\vec{\boldsymbol{u}}'$ (4-vitesse de $\mathscr{P}$), $\vec{\boldsymbol{a}}$ (4-accélération de $\mathcal{O}$) et $\overrightarrow{OM}$ (vecteur position de $\mathscr{P}$ dans l'espace local de repos de $\mathcal{O}$). Écrivons en effet la condition d'appartenance de $M(t+dt)$ à l'espace local de repos $\mathscr{E}_{\boldsymbol{u}}(t+dt)$, c'est-à-dire l'orthogonalité des vecteurs $\vec{\boldsymbol{u}}$ et $\overrightarrow{OM}$ au temps propre $t+dt$ (Éq. (3.8)) :

$$\vec{\boldsymbol{u}}(t+dt)\cdot\overrightarrow{O(t+dt)M(t+dt)}=0. \tag{4.8}$$

Or, par définition de la 4-accélération,

$$\vec{\boldsymbol{u}}(t+dt)=\vec{\boldsymbol{u}}(t)+c\,dt\,\vec{\boldsymbol{a}}(t)$$

et, par la relation de Chasles,

$$\overrightarrow{O(t+dt)M(t+dt)}=\overrightarrow{O(t+dt)O(t)}+\overrightarrow{O(t)M(t)}+\overrightarrow{M(t)M(t+dt)}.$$

Dans cette dernière relation, on peut écrire, par définition de la 4-vitesse, $\overrightarrow{O(t+dt)O(t)}=-c\,dt\,\vec{\boldsymbol{u}}(t)$ et $\overrightarrow{M(t)M(t+dt)}=c\,dt'\,\vec{\boldsymbol{u}}'(t)$ (*cf.* Fig. 4.1). Lorsqu'on tient compte des relations ci-dessus, l'Éq. (4.8) devient

$$-c\,dt\,\vec{\boldsymbol{u}}(t)\cdot\vec{\boldsymbol{u}}(t)+\vec{\boldsymbol{u}}(t)\cdot\overrightarrow{O(t)M(t)}+c\,dt'\,\vec{\boldsymbol{u}}(t)\cdot\vec{\boldsymbol{u}}'(t)-c^2\,dt^2\,\vec{\boldsymbol{a}}(t)\cdot\vec{\boldsymbol{u}}(t)$$
$$+c\,dt\,\vec{\boldsymbol{a}}(t)\cdot\overrightarrow{O(t)M(t)}+c^2\,dt\,dt'\,\vec{\boldsymbol{a}}(t)\cdot\vec{\boldsymbol{u}}'(t)=0.$$

Or $\vec{u}(t) \cdot \vec{u}(t) = -1$ (Éq. (2.14)), $\vec{u}(t) \cdot \overrightarrow{O(t)M(t)} = 0$ (appartenance de $M(t)$ à l'espace local de repos $\mathscr{E}_{\boldsymbol{u}}(t)$, *cf.* § 3.1.3), $\vec{a}(t) \cdot \vec{u}(t) = 0$ (propriété de la 4-accélération, *cf.* Éq. (2.17)). De plus, le terme $c^2\, dt\, dt' \vec{a}(t) \cdot \vec{u}'(t)$ est d'ordre deux en dt. Au premier ordre en dt, il ne reste donc que

$$c\, dt + c\, dt'\, \vec{u} \cdot \vec{u}' + c\, dt\, \vec{a} \cdot \overrightarrow{OM} = 0.$$

Dans l'écriture ci-dessus, tous les vecteurs sont à prendre au temps t, si bien que la mention explicite de la dépendance en t a été omise. En remplaçant dt par son expression (4.1) en terme de dt' et du facteur de Lorentz Γ, on obtient au final

$$\boxed{\Gamma = -\frac{\vec{u} \cdot \vec{u}'}{1 + \vec{a} \cdot \overrightarrow{OM}}}. \tag{4.9}$$

Remarquons que dans les cas où (i) $\mathscr{P}$ coupe la ligne d'univers de l'observateur $\mathcal{O}$ ($\overrightarrow{OM} = 0$) ou (ii) la 4-accélération de $\mathcal{O}$ est nulle (en particulier si $\mathcal{O}$ est un observateur inertiel), l'expression ci-dessus se simplifie en

$$\boxed{\Gamma = -\vec{u} \cdot \vec{u}'}_{M \in \mathscr{L} \text{ ou } \vec{a}=0}. \tag{4.10}$$

Ainsi, d'un point de vue géométrique, le facteur de Lorentz entre deux observateurs dont les lignes d'univers se croisent n'est autre que l'opposé du produit scalaire de leurs 4-vitesses.

Remarque : L'expression (4.10) de Γ est symétrique par rapport à $\mathcal{O}$ et $\mathscr{P}$, mais pas (4.9). Autrement dit, si les lignes d'univers de $\mathcal{O}$ et de $\mathscr{P}$ se croisent, le facteur de Lorentz de $\mathscr{P}$ par rapport à $\mathcal{O}$ est le même que le facteur de Lorentz de $\mathcal{O}$ par rapport à $\mathscr{P}$.

Exemple : Reprenons l'exemple 2 ci-dessus, à savoir celui du voyageur de Langevin du § 2.5. Puisque la 4-accélération de $\mathcal{O}$ est nulle, c'est la formule (4.10) qu'il convient d'appliquer. De plus, la 4-vitesse $\vec{u}$ est égale au vecteur $\vec{e}_0$ de la base orthonormale introduite au § 2.5. La formule (4.10) se réduit alors à $\Gamma = -\vec{e}_0 \cdot \vec{u}' = -\vec{e}_0 \cdot (u'^{\alpha} \vec{e}_{\alpha}) = -u'^{\alpha} \eta_{0\alpha} = -u'^{0}(-1)$, soit

$$\Gamma = u'^{0}. \tag{4.11}$$

À titre de vérification, en utilisant l'expression (2.32) de u'^{0}, on retrouve bien (4.4). De plus (2.35) fournit une expression alternative du facteur de Lorentz, en terme du temps propre de $\mathcal{O}'$:

$$\Gamma = \cosh\left[\frac{4}{T_*}\left(t' - \frac{k}{2}T'\right)\right], \tag{4.12}$$

où l'on a utilisé (2.49). Γ est maximum en C_1 ($t' = T'/4, k = 0$) et C_2 ($t' = 3T'/4, k = 1$) et vaut

$$\Gamma_{\max} = \cosh(T'/T_*), \tag{4.13}$$

ce qui est en parfait accord avec le résultat (4.5), compte tenu des relations $T/T_* = \sinh(T'/T_*)$ (Éq. (2.49)) et $\cosh x = \sqrt{1 + \sinh^2 x}$.

4.1.3 Dilatation des temps

On peut déduire facilement de la relation (4.10) une borne inférieure sur le facteur de Lorentz. En effet, introduisons les composantes de la 4-vitesse de $\mathscr{P}$ par rapport au référentiel local de $\mathcal{O}$, $(\vec{e}_\alpha) = (\vec{e}_0 = \vec{u}, \vec{e}_i)$ (*cf.* § 3.3.1) : $\vec{u}' = u'^0 \vec{u} + u'^i \vec{e}_i$. Puisque $(\vec{e}_\alpha)$ est une base orthonormale, (4.10) donne alors

$$\Gamma = -\vec{u} \cdot (u'^0 \vec{u} + u'^i \vec{e}_i) = -u'^0 \underbrace{\vec{u} \cdot \vec{u}}_{-1} - u'^i \underbrace{\vec{u} \cdot \vec{e}_i}_{0} = u'^0. \qquad (4.14)$$

Par ailleurs, la contrainte $\vec{u}' \cdot \vec{u}' = -1$, à laquelle doit obéir toute 4-vitesse, s'écrit (toujours en utilisant l'orthonormalité de la base $(\vec{e}_\alpha)$) :

$$\vec{u}' \cdot \vec{u}' = -(u'^0)^2 + \sum_{i=1}^{3} (u'^i)^2 = -1,$$

d'où, puisque $u'^0 > 0$ (car $\vec{u}$ et $\vec{u}'$ sont tous deux orientés vers le futur),

$$u'^0 = \sqrt{1 + \sum_{i=1}^{3} (u'^i)^2}.$$

Le membre de droite est manifestement supérieur ou égal à 1, si bien qu'en reportant dans (4.14), on conclut que

$$\boxed{\Gamma \geq 1}_{M \in \mathscr{L} \text{ ou } \vec{a}=0}, \qquad (4.15)$$

l'égalité n'étant réalisée que si $u'^i = 0$, c'est-à-dire si $\vec{u}' = \vec{u}$, autrement dit si le point matériel $\mathscr{P}$ coïncide avec l'observateur $\mathcal{O}$.

Étant donnée la définition (4.1) du facteur de Lorentz comme rapport de deux temps propres, la propriété $\Gamma \geq 1$ est appelée ***dilatation des temps*** :

$$\boxed{dt \geq dt'}_{M \in \mathscr{L} \text{ ou } \vec{a}=0}. \qquad (4.16)$$

Autrement dit, lorsque la ligne d'univers de $\mathscr{P}$ croise celle de $\mathcal{O}$, ou si $\mathcal{O}$ a une 4-accélération nulle, le temps propre mesuré par $\mathcal{O}$ entre les événements $M(t)$ et $M(t + dt)$ sur la ligne d'univers de $\mathscr{P}$ est supérieur ou égal à celui mesuré par $\mathscr{P}$ lui-même entre ces deux événements.

Nous retrouvons là la relativité du temps, déjà discutée au Chap. 2, avec le paradoxe des jumeaux. Notons une différence toutefois : au Chap. 2, il n'était question que de temps propres pris le long de la ligne d'univers d'un observateur. Ici, grâce à la définition de la simultanéité introduite au Chap. 3, nous traitons d'intervalles de temps entre des événements qui sont éloignés de la ligne d'univers de l'observateur $\mathcal{O}$.

Remarque : Contrairement à ce que pourrait suggérer la Fig. 4.1, on a bien $dt \geq dt'$, et non $dt \leq dt'$. N'oublions pas que dt et dt' sont les longueurs des segments $O(t)O(t+dt)$ et $M(t)M(t+dt)$ données par le tenseur métrique ; elles ne correspondent donc pas aux longueurs « euclidiennes » des segments dessinés sur la Fig. 4.1.

Exemple 1 : Le facteur de Lorentz de l'exemple 1 du § 4.1.1 (mouvement rectiligne uniforme) vérifie clairement $\Gamma \geq 1$ (*cf.* Éq. (4.3)). On a même $\Gamma > 1$ si $v \neq 0$.

Exemple 2 : Sur chacune des expressions (4.4) et (4.12) obtenues plus haut pour le facteur de Lorentz du voyageur de Langevin, il est évident que $\Gamma \geq 1$, en accord avec (4.15). De plus, on peut remarquer que la formule (2.31) obtenue au § 2.5.2 implique $T \geq T'$, ce qui est une forme intégrée de (4.16).

Exemple 3 : De même, dans l'exemple 3 du § 4.1.1 (mouvement circulaire uniforme), on a clairement $\Gamma \geq 1$ (*cf.* Éq. (4.7)) et même $\Gamma > 1$ si $R \neq 0$ et $\Omega \neq 0$.

4.2 Vitesse relative à un observateur

4.2.1 Définition

Pour chaque instant de temps propre t de $\mathcal{O}$, la position du point matériel $\mathscr{P}$ est repérée dans le référentiel local de $\mathcal{O}$, $(\vec{e}_\alpha(t))$, par trois nombres réels $(x^1(t), x^2(t), x^3(t))$ tels que (*cf.* § 3.3.2)

$$\overrightarrow{O(t)M(t)} = x^i(t)\,\vec{e}_i(t). \tag{4.17}$$

Le mouvement de $\mathscr{P}$ par rapport à $\mathcal{O}$ est ainsi défini par le « vecteur position » $\vec{x}(t) = x^i(t)\,\vec{e}_i$ de l'espace de référence $R_{\mathcal{O}}$ de l'observateur $\mathcal{O}$ (*cf.* § 3.3.3). Il est alors naturel de définir la ***vitesse du point matériel*** $\mathscr{P}$ ***relative à l'observateur*** $\mathcal{O}$ comme la variation du vecteur $\vec{x}(t)$ vis-à-vis du temps propre t :

$$\vec{V} := \frac{d\vec{x}}{dt}, \tag{4.18}$$

$\vec{V}$ est un vecteur de l'espace de référence $R_{\mathcal{O}}$. Par la correspondance (3.28), $\vec{V}$ s'identifie à un vecteur unique $\vec{\boldsymbol{V}}$ de l'espace local de repos $E_{\boldsymbol{u}}(t)$, *via*

$$\boxed{\vec{\boldsymbol{V}}(t) := \frac{dx^i}{dt}\,\vec{\boldsymbol{e}}_i(t)}. \tag{4.19}$$

Étant donné que $(0, x^i(t))$ sont les composantes du vecteur $\overrightarrow{O(t)M(t)}$ dans le référentiel local de $\mathcal{O}$ (Éq. (4.17)), on peut dire que $\vec{\boldsymbol{V}}(t)$ est la dérivée de $\overrightarrow{O(t)M(t)}$ par rapport à l'observateur $\mathcal{O}$, au sens défini au § 3.5.2 :

$$\boxed{\vec{\boldsymbol{V}}(t) = \boldsymbol{D}_{\mathcal{O}}\,\overrightarrow{O(t)M(t)}}. \tag{4.20}$$

Exemple 1 : Pour l'exemple 1 du § 4.1.1, l'équation du mouvement (4.2) conduit immédiatement à

$$\vec{V}(t) = v\,\vec{e}_1, \tag{4.21}$$

c'est-à-dire à une vitesse constante dans la direction de l'axe des x (*cf.* Fig. 4.2).

Exemple 2 : Poursuivons avec l'exemple du voyageur de Langevin (exemple 2 du § 4.1.1). Le référentiel local du jumeaux « sédentaire » $\mathcal{O}$ est constitué par la base orthonormale constante $(\vec{e}_0, \vec{e}_1, \vec{e}_2, \vec{e}_3)$ introduite au § 2.5.1. Le mouvement du voyageur de Langevin obéit à l'équation

$$\overrightarrow{OM(t)} = ct\vec{e}_0 + x(t)\vec{e}_1,$$

où $O := A$ et la fonction $x(t)$ est définie par les Éqs. (2.20)–(2.22). La définition (4.19) conduit alors à la vitesse $\vec{V}(t) = dx/dt\,\vec{e}_1$, avec dx/dt donné par l'expression (2.25), soit

$$\vec{V}(t) = (-1)^k \frac{\gamma\,(t - kT/2)}{\sqrt{1 + \gamma^2\,(t - kT/2)^2\,/c^2}}\,\vec{e}_1. \tag{4.22}$$

La vitesse de $\mathcal{O}'$ relative à $\mathcal{O}$ est donc toujours colinéaire à $\vec{e}_1$ (*cf.* Fig. 4.3), ce qui correspond bien au mouvement unidirectionnel du voyageur de Langevin.

Exemple 3 : Dans le cas de l'exemple 3 du § 4.1.1, l'équation du mouvement (4.6) conduit à

$$\vec{V}(t) = -R\Omega \sin \Omega t\,\vec{e}_1 + R\Omega \cos \Omega t\,\vec{e}_2. \tag{4.23}$$

Remarquons que dans le cas général $\vec{V} \neq d\overrightarrow{OM}/dt$, où $d\overrightarrow{OM}/dt$ désigne la dérivée du champ de vecteur $\overrightarrow{O(t)M(t)}$ le long de la ligne d'univers de $\mathcal{O}$, au sens défini aux § 2.6.2 et § 3.5.1. En effet, $\vec{V}$ est la dérivée de $\overrightarrow{OM}$ *par rapport à l'observateur* $\mathcal{O}$ (Éq. (4.20)) et on a vu au § 3.5.2 que les dérivées $\boldsymbol{D}_{\mathcal{O}}$ et d/dt sont reliées par la formule (3.70). Puisque dans le cas présent $\vec{u} \cdot \overrightarrow{OM} = 0$, cette formule conduit à

$$\boxed{\vec{V} = \frac{d\overrightarrow{OM}}{dt} - c(\vec{a} \cdot \overrightarrow{OM})\,\vec{u} - \vec{\omega} \times_{u} \overrightarrow{OM}}. \tag{4.24}$$

On peut réécrire cette expression en fonction de la dérivée de Fermi-Walker du vecteur $\overrightarrow{OM}$ le long de la ligne d'univers de $\mathcal{O}$ (*cf.* § 3.5.3 et Éq. (3.72) avec $\vec{u} \cdot \overrightarrow{OM} = 0$) :

$$\boxed{\boldsymbol{D}^{\mathrm{FW}}_{u}\,\overrightarrow{OM} = \vec{V} + \vec{\omega} \times_{u} \overrightarrow{OM}}. \tag{4.25}$$

4.2.2 4-vitesse et facteur de Lorentz en fonction de la vitesse

Écrivons

$$\begin{aligned} d\overrightarrow{OM} &= \overrightarrow{O(t+dt)M(t+dt)} - \overrightarrow{O(t)M(t)} \\ &= \overrightarrow{O(t+dt)O(t)} + \overrightarrow{O(t)M(t)} + \overrightarrow{M(t)M(t+dt)} - \overrightarrow{O(t)M(t)} \\ &= \overrightarrow{O(t+dt)O(t)} + \overrightarrow{M(t)M(t+dt)}. \end{aligned} \tag{4.26}$$

Puisque $\overrightarrow{O(t+dt)O(t)} = -c\,dt\,\vec{\boldsymbol{u}}$ et $\overrightarrow{M(t)M(t+dt)} = c\,dt'\,\vec{\boldsymbol{u}}' = c\Gamma^{-1}dt\,\vec{\boldsymbol{u}}'$, on en déduit

$$\frac{d\overrightarrow{OM}}{dt} = c\left(\Gamma^{-1}\vec{\boldsymbol{u}}' - \vec{\boldsymbol{u}}\right).$$

En combinant cette relation avec (4.24), on obtient une expression de la 4-vitesse $\vec{\boldsymbol{u}}'$ de $\mathscr{P}$ en terme de quantités définies relativement à $\mathcal{O}$:

$$\boxed{\vec{\boldsymbol{u}}' = \Gamma\left[(1+\vec{\boldsymbol{a}}\cdot\overrightarrow{OM})\,\vec{\boldsymbol{u}} + \frac{1}{c}\left(\vec{\boldsymbol{V}} + \vec{\boldsymbol{\omega}}\times_u \overrightarrow{OM}\right)\right]}. \tag{4.27}$$

D'un point de vue géométrique, cette relation constitue la décomposition orthogonale de la 4-vitesse $\vec{\boldsymbol{u}}'$ en une partie suivant $\vec{\boldsymbol{u}}$ (le terme $\Gamma(1+\vec{\boldsymbol{a}}\cdot\overrightarrow{OM})\,\vec{\boldsymbol{u}}$) et une partie dans l'hyperplan vectoriel E_u normal à $\vec{\boldsymbol{u}}$ (le terme $\Gamma/c\,(\vec{\boldsymbol{V}} + \vec{\boldsymbol{\omega}}\times_u \overrightarrow{OM})$).

En reportant la valeur de Γ donnée par (4.9) dans (4.27), on obtient

$$\vec{\boldsymbol{u}}' = -(\vec{\boldsymbol{u}}\cdot\vec{\boldsymbol{u}}')\,\vec{\boldsymbol{u}} + \frac{\Gamma}{c}\left(\vec{\boldsymbol{V}} + \vec{\boldsymbol{\omega}}\times_u \overrightarrow{OM}\right).$$

On en déduit une expression de la vitesse relative $\vec{\boldsymbol{V}}$ en fonction de la 4-vitesse $\vec{\boldsymbol{u}}'$, du facteur de Lorentz Γ et de la 4-rotation de l'observateur $\vec{\boldsymbol{\omega}}$:

$$\boxed{\vec{\boldsymbol{V}} = \frac{c}{\Gamma}\perp_u\vec{\boldsymbol{u}}' - \vec{\boldsymbol{\omega}}\times_u \overrightarrow{OM}}, \tag{4.28}$$

où $\perp_u$ désigne l'opérateur de projection orthogonale sur l'hyperplan vectoriel E_u orthogonal à $\vec{\boldsymbol{u}}$: $\perp_u := \mathrm{Id} + \langle \underline{\boldsymbol{u}}, .\rangle\,\vec{\boldsymbol{u}}$ (*cf.* § 3.1.5).

Insérons à présent l'expression (4.27) de $\vec{\boldsymbol{u}}'$ dans la relation de normalisation de la 4-vitesse $\vec{\boldsymbol{u}}'\cdot\vec{\boldsymbol{u}}' = -1$. En développant et en utilisant l'orthogonalité des vecteurs $\vec{\boldsymbol{V}}$ et $\vec{\boldsymbol{\omega}}\times_u \overrightarrow{OM}$ avec $\vec{\boldsymbol{u}}$, il vient

$$-1 = \Gamma^2\left[-(1+\vec{\boldsymbol{a}}\cdot\overrightarrow{OM})^2 + \frac{1}{c^2}\left(\vec{\boldsymbol{V}} + \vec{\boldsymbol{\omega}}\times_u \overrightarrow{OM}\right)\cdot\left(\vec{\boldsymbol{V}} + \vec{\boldsymbol{\omega}}\times_u \overrightarrow{OM}\right)\right], \tag{4.29}$$

d'où

$$\boxed{\Gamma = \left[(1 + \vec{\boldsymbol{a}} \cdot \overrightarrow{OM})^2 - \frac{1}{c^2}\left(\vec{\boldsymbol{V}} + \vec{\omega} \times_{\boldsymbol{u}} \overrightarrow{OM}\right) \cdot \left(\vec{\boldsymbol{V}} + \vec{\omega} \times_{\boldsymbol{u}} \overrightarrow{OM}\right)\right]^{-1/2}}. \tag{4.30}$$

Remarque : Même si $\vec{\boldsymbol{V}} = 0$ (point matériel $\mathscr{P}$ fixe par rapport à $\mathcal{O}$), la formule (4.30) montre que l'on peut avoir $\Gamma \neq 1$ si $\vec{\boldsymbol{a}} \neq 0$ (observateur accéléré) ou $\vec{\omega} \neq 0$ (observateur en rotation). Nous reviendrons sur ce point aux Chap. 12 et 13.

Dans les cas où (i) la ligne d'univers du point matériel croise celle de l'observateur $\mathcal{O}$ au temps propre t ($\overrightarrow{OM} = 0$) ou (ii) $\mathcal{O}$ est un observateur inertiel (ce qui implique $\vec{\boldsymbol{a}} = 0$ et $\vec{\omega} = 0$, *cf.* § 3.4.4), les expressions (4.27), (4.28) et (4.30) se simplifient en

$$\boxed{\vec{\boldsymbol{u}}' = \Gamma\left(\vec{\boldsymbol{u}} + \frac{1}{c}\vec{\boldsymbol{V}}\right)}_{M\in\mathscr{L} \text{ ou } \mathcal{O} \text{ inertiel}} \tag{4.31}$$

$$\boxed{\vec{\boldsymbol{V}} = \frac{c}{\Gamma}\perp_{\boldsymbol{u}}\vec{\boldsymbol{u}}'}_{M\in\mathscr{L} \text{ ou } \mathcal{O} \text{ inertiel}} \tag{4.32}$$

$$\boxed{\Gamma = \left(1 - \frac{1}{c^2}\vec{\boldsymbol{V}} \cdot \vec{\boldsymbol{V}}\right)^{-1/2}}_{M\in\mathscr{L} \text{ ou } \mathcal{O} \text{ inertiel}} . \tag{4.33}$$

Les vecteurs $\vec{\boldsymbol{u}}$, $\vec{\boldsymbol{u}}'$ et $\vec{\boldsymbol{V}}$ sont représentés sur la Fig. 4.5.

Remarque : On retrouve sur l'expression (4.33) le fait que $\Gamma \geq 1$ (Éq. (4.15)), quelle que soit la valeur de la vitesse relative $\vec{\boldsymbol{V}}$, car $\vec{\boldsymbol{V}} \cdot \vec{\boldsymbol{V}} \geq 0$, $\vec{\boldsymbol{V}}$ étant un vecteur du genre espace.

Exemple 1 : Pour le mouvement rectiligne uniforme de l'exemple 1 du § 4.1.1, l'Éq. (4.31), combinée avec l'expression (4.21) de la vitesse relative conduit à

$$\vec{\boldsymbol{u}}' = \Gamma\left(\vec{e}_0 + \frac{v}{c}\vec{e}_1\right), \tag{4.34}$$

où Γ est la fonction de v donnée par (4.3). Puisque v est une constante, le vecteur $\vec{\boldsymbol{u}}'$ est constant le long de $\mathscr{L}'$; il est représenté sur la Fig. 4.2.

Exemple 2 : La 4-vitesse du voyageur de Langevin considéré au § 2.5 est donnée par les formules (2.32) et (2.33) :

$$\vec{\boldsymbol{u}}' = \sqrt{1 + \frac{\gamma^2}{c^2}\left(t - \frac{k}{2}T\right)^2}\,\vec{e}_0 + (-1)^k\frac{\gamma}{c}\left(t - \frac{k}{2}T\right)\vec{e}_1. \tag{4.35}$$

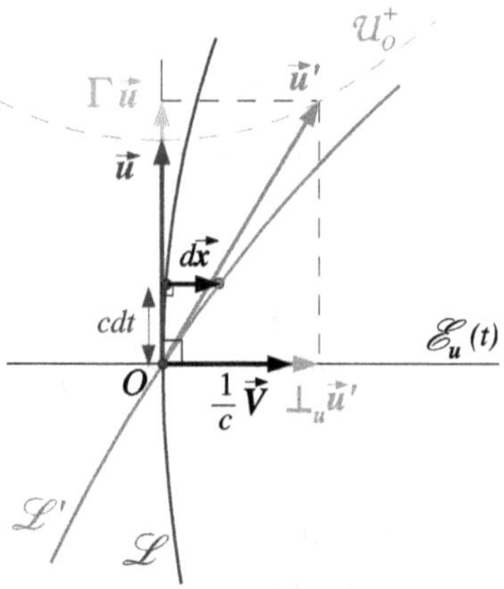

FIG. 4.5 – Mouvement d'un point matériel $\mathscr{P}$ (ligne d'univers $\mathscr{L}'$ et 4-vitesse $\vec{u}'$) par rapport à un observateur $\mathcal{O}$ (ligne d'univers $\mathscr{L}$ et 4-vitesse $\vec{u}$) : cas où les lignes d'univers se croisent (événement O). $\mathscr{U}^+_O$ est l'hyperboloïde introduit au § 1.3.3. La vitesse $\vec{V}$ de $\mathscr{P}$ relative à l'observateur $\mathcal{O}$ est alors, à un facteur de Lorentz près, la projection orthogonale de $\vec{u}'$ sur l'espace local de repos $\mathscr{E}_u$ de $\mathcal{O}$: $\vec{V} = c\Gamma^{-1} \perp_u \vec{u}'$.

Puisque la 4-vitesse de $\mathcal{O}$ est $\vec{u} = \vec{e}_0$, on en déduit que la projection orthogonale de $\vec{u}'$ sur E_u est

$$\perp_u \vec{u}' = (-1)^k \frac{\gamma}{c}\left(t - \frac{k}{2}T\right) \vec{e}_1.$$

Au vu des expressions (4.4) et (4.22) obtenues pour respectivement Γ et $\vec{V}$, on constate que $\perp_u \vec{u}' = (\Gamma/c)\vec{V}$. Autrement dit la relation (4.32) est vérifiée. L'équation (4.35), combinée à (4.4), redonne alors (4.31). On vérifie de même aisément la relation (4.33) à partir de (4.4) et (4.22).

Exemple 3 : Pour le mouvement circulaire uniforme considéré dans l'exemple 3 du § 4.1.1, l'Éq. (4.31), combinée avec l'expression (4.23) de la vitesse relative conduit à

$$\vec{u}' = \Gamma\left(\vec{e}_0 - \frac{R\Omega}{c}\sin\Omega t\, \vec{e}_1 + \frac{R\Omega}{c}\cos\Omega t\, \vec{e}_2\right), \qquad (4.36)$$

où Γ est la fonction de R et Ω donnée par (4.7). Le vecteur $\vec{u}'$ est représenté sur la Fig. 4.4.

4.2.3 Vitesse relative maximale

Plaçons-nous dans l'un des deux cas considérés ci-dessus :

(i) la ligne d'univers du point matériel croise celle de l'observateur au temps propre t ($\overrightarrow{OM} = 0$) ;

(ii) $\mathcal{O}$ est un observateur inertiel ($\vec{a} = 0$ et $\vec{\omega} = 0$).

La formule (4.29), qui traduit la normalisation de la 4-vitesse $\vec{u}'$ de $\mathscr{P}$, se réduit alors à

$$-1 = \Gamma^2 \left(-1 + \frac{1}{c^2} \vec{V} \cdot \vec{V} \right).$$

On en déduit immédiatement que $-1 + c^{-2} \vec{V} \cdot \vec{V} < 0$, c'est-à-dire que

$$\boxed{\left\| \vec{V} \right\|_{g} < c}, \qquad (4.37)$$

où $\| \vec{V} \|_{g} = \sqrt{\vec{V} \cdot \vec{V}}$ désigne la norme du vecteur vitesse vis-à-vis du tenseur métrique $\boldsymbol{g}$ (*cf.* § 1.2.5).

Ainsi la constante c introduite au § 1.1.4 apparaît comme une borne supérieure stricte pour la vitesse relative de n'importe quel point matériel (particule massive) qui croise la ligne d'univers d'un observateur. Ce résultat s'étend aux points matériels distants de la ligne d'univers de l'observateur si ce dernier est inertiel.

Exemple 1 : Pour le mouvement rectiligne uniforme de l'exemple 1 du § 4.1.1, (4.21) donne $\| \vec{V} \|_{g} = v$, si bien que (4.37) est vérifiée au vu de l'hypothèse sur le paramètre v.

Exemple 2 : Vérifions (4.37) pour le voyageur de Langevin. La norme de $\vec{V}$ se lit directement sur (4.22), puisque $\vec{e}_1$ est un vecteur unitaire. $\| \vec{V} \|_{g}$ est maximale aux points d'inversion de poussée C_1 ($t = T/4$, $k = 0$) et C_2 ($t = 3T/4$, $k = 1$) et vaut

$$\max \left\| \vec{V} \right\|_{g} = \frac{\gamma T/4}{\sqrt{1 + (\gamma T/4c)^2}} = c \frac{T/T_*}{\sqrt{1 + (T/T_*)^2}} = c \frac{\alpha/4}{\sqrt{1 + (\alpha/4)^2}}.$$

Il est clair sur cette expression que $\max \| \vec{V} \|_{g} < c$ et que

$$\lim_{\gamma T \to \infty} \max \left\| \vec{V} \right\|_{g} = \lim_{T/T_* \to \infty} \max \left\| \vec{V} \right\|_{g} = \lim_{\alpha \to \infty} \max \left\| \vec{V} \right\|_{g} = c.$$

Ce dernier résultat est en accord avec la Fig. 2.5 où l'on constate que lorsque $\alpha \to \infty$, la ligne d'univers du voyageur de Langevin s'approche de celle d'un photon.

Exemple 3 : Pour le mouvement circulaire uniforme de l'exemple 3 du § 4.1.1, (4.23) donne $\| \vec{V} \|_{g} = R\Omega$, si bien que (4.37) est vérifiée au vu des hypothèses sur les paramètres R et Ω.

Remarque : Pour les particules hypothétiques de la classe des tachyons, qui se déplacent sur des lignes d'univers du genre espace et non temps (*cf.* Remarque p. 30), on trouverait $\| \vec{V} \|_{g} > c$ au lieu de (4.37). La vitesse de la lumière est donc la vitesse *minimale* que peut avoir un tachyon par rapport à un observateur « ordinaire ». Cependant on peut montrer que les tachyons ne peuvent pas transmettre d'information plus rapidement que la lumière entre deux observateurs [151]. Soulignons qu'il n'y a à ce jour aucune preuve expérimentale de l'existence de tachyons et que, pour citer M. Boratav et R. Kerner [56], « le tachyon est la particule la moins nécessaire (ou la plus inutile) de tout le catalogue de la physique sub-nucléaire ». De plus, le tachyon est source d'instabilité en théorie quantique des champs.

4.2.4 Expressions en terme de composantes

$(\vec{e}_\alpha(t))$ étant la base orthonormale associée à l'observateur $\mathcal{O}$ (référentiel local défini au § 3.3.1), on a $\vec{e}_0 = \vec{u}$. Les composantes de $\vec{u}$ par rapport à cette base sont donc tout simplement

$$u^\alpha = (1, 0, 0, 0). \tag{4.38}$$

Les composantes de la vitesse $\vec{V}$ du point matériel $\mathscr{P}$ relative à $\mathcal{O}$ dans cette base sont par définition (*cf.* Éq. (4.19))

$$V^\alpha = (0, V^1, V^2, V^3) \quad \text{avec} \quad V^i = \frac{dx^i}{dt}, \tag{4.39}$$

où $x^i = x^i(t)$ est l'équation de la trajectoire de $\mathscr{P}$ dans l'espace de référence de $\mathcal{O}$. Puisque la base $(\vec{e}_\alpha)$ est orthonormale, on a $\vec{V} \cdot \vec{V} = (V^i \vec{e}_i) \cdot (V^j \vec{e}_j) = V^i V^j \, \vec{e}_i \cdot \vec{e}_j = V^i V^j \eta_{ij} = V^i V^j \delta_{ij} = \sum_{i=1}^{3} (V^i)^2$. En particulier, la norme de $\vec{V}$ introduite plus haut s'exprime comme

$$\left\| \vec{V} \right\|_{\boldsymbol{g}} = \sqrt{(V^1)^2 + (V^2)^2 + (V^3)^2}. \tag{4.40}$$

Plaçons-nous dans l'un des cas (i) ou (ii) du § 4.2.3, c'est-à-dire dans l'un des cas où les formules (4.31)–(4.33) sont valables. L'expression (4.33) du facteur de Lorentz conduit alors à

$$\boxed{\Gamma = \left[1 - \frac{1}{c^2} \sum_{i=1}^{3} (V^i)^2 \right]^{-1/2}}_{M \in \mathscr{L} \text{ ou } \mathcal{O} \text{ inertiel}} \; . \tag{4.41}$$

Les composantes de la 4-vitesse du point matériel $\mathscr{P}$ se déduisent immédiatement des formules (4.31), (4.38) et (4.39) :

$$\boxed{u'^\alpha = \left(\Gamma, \; \Gamma \frac{V^1}{c}, \; \Gamma \frac{V^2}{c}, \; \Gamma \frac{V^3}{c} \right)}_{M \in \mathscr{L} \text{ ou } \mathcal{O} \text{ inertiel}} \; . \tag{4.42}$$

Exemple : Pour le voyageur de Langevin (pour lequel $\mathcal{O}$ est inertiel), les formules ci-dessus sont assez triviales à vérifier, les composantes de $\vec{u}'$ étant $u'^\alpha = (u'^0, u'^1, 0, 0)$, avec u'^0 et u'^1 qui se lisent sur (4.35). Les composantes de $\vec{V}$ sont $V^i = (V^1, 0, 0)$, avec V^1 donné par (4.22). On a déjà constaté que $u'^0 = \Gamma$ (Éq. (4.11)) et on vérifie aisément que $u'^1 = \Gamma V^1 / c$.

Note historique : *Le facteur de Lorentz, tel que donné par (4.41) et apparaissant comme facteur de proportionnalité entre deux temps, a été introduit en 1904 par Hendrik A. Lorentz*[1] *[263]. Ce facteur apparaît bien dans des travaux antérieurs de Lorentz, remontant à 1895 [262], mais seulement comme rapport entre deux longueurs. Il convient de noter que dans l'interprétation de Lorentz de 1904, les deux temps dont le rapport est* Γ *n'ont pas le même statut : l'un est le temps « vrai » et l'autre est qualifié de* « temps local » *par Lorentz. Ce n'est qu'avec le travail de 1905 d'Albert Einstein (*cf. *p. 25) [132] que le facteur de Lorentz acquiert sa signification actuelle, comme le rapport entre deux temps tout aussi physiques l'un que l'autre. Le phénomène de dilatation des temps (§ 4.1.3) est clairement décrit dans l'article de 1905 d'Einstein [132] comme un effet réellement mesurable à l'aide d'horloges.*

*Le fait que la vitesse de la lumière soit une vitesse limite pour tous les corps matériels a été énoncé par Henri Poincaré (*cf. *p. 25) en 1904 [330], comme conséquence de l'augmentation de l'inertie d'un corps avec sa vitesse (alors que le résultat obtenu au § 4.2.3 est purement cinématique).*

4.3 Vérifications expérimentales de la dilatation des temps

Nous présentons ci-dessous quelques expériences clés qui ont confirmé la dilatation des temps. Pour une revue beaucoup plus complète, le lecteur pourra consulter le Chap. 9 du livre de Zhang [449].

4.3.1 Muons atmosphériques

Le ***muon*** (symbole μ^-) est, avec l'électron et le tau, l'un des trois représentants chargés de la famille des *leptons*, ces particules qui ne subissent pas l'interaction forte. Il possède la même charge électrique que l'électron mais une masse 207 fois plus grande. Contrairement à l'électron, le muon est instable et sa durée de vie moyenne est $\tau_0 = 2.2 \times 10^{-6}$ s. Le muon se désintègre en donnant un électron (e^-), un neutrino muonique (ν_μ) et un antineutrino électronique ($\bar{\nu}_e$) :

$$\mu^- \longrightarrow e^- + \nu_\mu + \bar{\nu}_e.$$

Des muons sont en permanence produits dans la haute atmosphère par l'interaction des rayons cosmiques (*cf.* p. 279) avec les atomes d'azote et d'oxygène[2]. Ils sont créés avec une vitesse proche de c (car les rayons cosmiques

1. **Hendrik A. Lorentz** (1853–1928) : Physicien théoricien hollandais, auteur de nombreux travaux sur l'électromagnétisme, la théorie de l'électron et la relativité ; il a reçu le Prix Nobel de physique en 1902 pour l'explication de l'effet Zeeman (*cf.* p. 150).

2. C'est d'ailleurs comme cela que le muon a été découvert, en 1937, *cf.* note historique plus bas.

sont ultra-relativistes, ainsi que nous le verrons au § 9.1.3). En physique non-relativiste, les muons ne devraient pas atteindre le sol car, pendant leur durée de vie moyenne, ils parcourent seulement la distance $d = c\tau_0 \simeq 660$ m. Or on observe un flux de muons appréciable au niveau du sol. C'est parce que la distance moyenne parcourue par les muons est en fait $d = c\tau$, avec $\tau = \Gamma\tau_0$, où Γ est le facteur de Lorentz des muons par rapport à un observateur terrestre.

En 1941, Bruno Rossi[3] et David B. Hall ont comparé les flux de muons dans des détecteurs situés en deux points différents du Colorado : Echo Lake (altitude $z_1 = 3240$ m) et Denver (altitude $z_2 = 1616$ m) [364]. Le flux en $z = z_2$, corrigé de l'absorption par l'atmosphère, se trouve être inférieur à celui mesuré en $z = z_1$. Rossi et Hall en ont déduit que les muons se désintègrent entre z_1 et z_2 et ont pu estimer la durée de vie moyenne du muon (à 10 % de la valeur moderne). De plus, en sélectionnant les muons dans deux gammes d'impulsions différentes, *via* des plaques de plomb plus ou moins épaisses, Rossi et Hall ont noté que les muons d'impulsion plus faible (et donc de vitesse plus faible, *cf.* Éq. (9.17)) ont un taux de désintégration supérieur entre z_1 et z_2 que ceux d'impulsion plus grande. Ceci est en accord qualitatif avec la relation $\tau = \Gamma\tau_0$, avec $\Gamma > 1$. Mais Rossi et Hall n'ont pas pu effectuer un test quantitatif car ils n'avaient pas une mesure précise de l'impulsion des muons les plus rapides (seulement une borne inférieure).

Le test quantitatif a été réalisé en 1963 par les physiciens américains David H. Frisch (1918–1991) et James H. Smith [170]. Ils ont mesuré le flux de muons entre le Mont Washington dans le New Hampshire (altitude $z_1 = 1910$ m) et Cambridge dans le Massachusetts (altitude $z_2 = 3$ m), en prenant soin de sélectionner des muons ayant une vitesse[4] $0.9950\,c \leq V \leq 0.9954\,c$ en $z = z_1$. Le temps de décroissance des muons observé est $\tau = (8.8 \pm 0.8)\tau_0$, ce qui est en bon accord avec le facteur de Lorentz calculé à partir de la vitesse suivant la formule (4.33) : $\Gamma = (1 - V^2/c^2)^{-1/2} = 8.4 \pm 2.0$.

Note historique : *Les premiers muons ont été observés dans le rayonnement cosmique en 1937 par Carl D. Anderson*[5] *et son étudiant Seth H. Neddermeyer (1907–1988) [302], ainsi que par Jabez C. Street (1906–1989) et Edward C. Stevenson [395]. Mais à l'époque cette particule a été prise pour le méson prédit en 1935 par Hideki Yukawa*[6]*, comme médiateur de l'interaction entre les protons et les neutrons dans le noyau atomique. C'est en 1947*

3. **Bruno Rossi** (1905–1993) : Physicien italien, émigré aux États-Unis en 1939 pour fuir le fascisme. Spécialiste des rayons cosmiques, il fut également un pionnier de l'astronomie X dans les années 1960.

4. En réalité la sélection des muons a été effectuée à partir de leur profondeur de pénétration dans des plaques de fer, d'où l'on déduit leur énergie E, et dans un deuxième temps leur vitesse, en supposant la relation $E = mc^2/\sqrt{1 - V^2/c^2}$, *cf.* Éq. (9.16).

5. **Carl D. Anderson** (1905–1991) : Physicien américain travaillant au Caltech, qui a découvert deux particules élémentaires : le positron (l'antiparticule de l'électron) en 1932 [12, 13], ce qui lui valut le Prix Nobel de physique en 1936, et le muon en 1937.

6. **Hideki Yukawa** (1907–1981) : Physicien théoricien japonais, pionnier de la physique des particules ; Prix Nobel de physique 1949 (le premier japonais !) pour avoir prédit l'existence du méson.

que trois physiciens italiens, Marcello Conversi (1917–1988), Ettore Pancini (1915–1981) et Oreste Piccioni (1915–2002) [92] ont montré que la particule observée en 1937 ne pouvait pas être le méson, car elle interagissait trop faiblement avec les noyaux. Le premier véritable méson fut découvert en cette même année 1947, sous la forme d'un ***méson π*** *ou* ***pion****, par le brésilien Cesare Lattes (1924–2005), l'italien Giuseppe Occhialini[7] (1907–1993) et le britannique Cecil F. Powell (1903–1969) [240].*

4.3.2 Autres tests

Les muons peuvent être produits dans un accélérateur de particules, à partir de la décroissance de pions (π^+ ou π^-) créés en bombardant une cible avec des protons. Les pions, dont la durée de vie moyenne est 2.6×10^{-8} s, se transforment en muons (ou antimuons μ^+) suivant les réactions $\pi^- \longrightarrow \mu^- + \bar{\nu}_\mu$ et $\pi^+ \longrightarrow \mu^+ + \nu_\mu$. Les muons ainsi produits sont ensuite « mis en orbite » dans un anneau de stockage (cf § 17.4.5). En étudiant la décroissance des muons dans un tel anneau construit au CERN, on a ainsi pu vérifier la dilatation des temps avec un facteur de Lorentz $\Gamma = 29.3$ ($V = 0.9994\,c$) à 10^{-3} près [32].

Une autre expérience célèbre a constitué un test de la dilatation des temps : celle de Ives et Stilwell (1938). Comme elle fait appel à l'effet Doppler, nous la discuterons au § 5.4. Enfin mentionnons que les expériences de Hafele et Keating (1971) et de Alley (1975) décrites au § 2.5.5 constituent également un support expérimental de la dilatation des temps.

4.4 Accélération relative à un observateur

4.4.1 Définition

De même qu'au § 4.2.1 nous avons défini la vitesse du point matériel $\mathscr{P}$ relative à l'observateur $\mathcal{O}$ comme la dérivée première du vecteur position $\vec{x}(t)$ de $\mathscr{P}$ dans l'espace de référence $R_{\mathcal{O}}$, nous définirons l'***accélération de*** $\mathscr{P}$ ***relative à l'observateur*** $\mathcal{O}$ comme la dérivée seconde du vecteur position :

$$\vec{\gamma} := \frac{d^2\vec{x}}{dt^2}. \tag{4.43}$$

Rappelons que dans cette expression t est le temps propre de l'observateur $\mathcal{O}$. Par la correspondance (3.28), $\vec{\gamma}$ s'identifie à un vecteur $\vec{\boldsymbol{\gamma}}$ de l'espace local de repos $E_{\boldsymbol{u}}(t)$, *via*

$$\boxed{\vec{\boldsymbol{\gamma}}(t) := \frac{d^2x^i}{dt^2}\,\vec{\boldsymbol{e}}_i(t)}. \tag{4.44}$$

7. Le satellite BeppoSAX (1996–2003), dédié à l'astronomie en rayons X, a été baptisé en son honneur, Beppo étant le diminutif de Giuseppe.

Exemple 1 : Pour l'exemple 1 du § 4.1.1, l'équation du mouvement (4.2) conduit immédiatement à $\vec{\gamma}(t) = 0$, ce qui correspond bien à un mouvement rectiligne uniforme.

Exemple 2 : Pour l'exemple 2 du § 4.1.1 (voyageur de Langevin), l'accélération du jumeau voyageur relative au jumeau sédentaire $\mathcal{O}$ obéit à la formule $\vec{\gamma} = d^2x/dt^2\, \vec{e}_1$, avec d^2x/dt^2 donné par l'Éq. (2.46) ; ainsi

$$\vec{\gamma}(t) = (-1)^k \gamma \left[1 + \frac{\gamma^2}{c^2}\left(t - \frac{k}{2}T\right)^2\right]^{-3/2} \vec{e}_1. \tag{4.45}$$

Notons que la norme de $\vec{\gamma}$ n'est pas égale au paramètre γ du membre de droite de la formule ci-dessus, sauf lorsque $t = 0$, $T/2$ ou T (*cf.* la Remarque 1 du § 2.5.3).

Exemple 3 : Quant à l'exemple 3 du § 4.1.1, l'équation du mouvement (4.6) conduit à

$$\vec{\gamma}(t) = -R\Omega^2 \cos \Omega t\, \vec{e}_1 - R\Omega^2 \sin \Omega t\, \vec{e}_2 = -\Omega^2\, \overrightarrow{O(t)M(t)}. \tag{4.46}$$

Ce vecteur accélération relative est donc purement centripète.

4.4.2 Relation avec la dérivée seconde du vecteur position

D'après les définitions (4.19) et (4.44) de $\vec{V}$ et $\vec{\gamma}$, $\vec{\gamma}$ est la dérivée du vecteur $\vec{V}$ par rapport à l'observateur $\mathcal{O}$ (*cf.* § 3.5.2) :

$$\boxed{\vec{\gamma} = \boldsymbol{D}_{\mathcal{O}} \vec{V} = \boldsymbol{D}_{\mathcal{O}} \boldsymbol{D}_{\mathcal{O}}\, \overrightarrow{OM}}, \tag{4.47}$$

où l'on a utilisé (4.20) pour écrire la deuxième égalité, ayant abrégé le vecteur $\overrightarrow{O(t)M(t)}$ en $\overrightarrow{OM}$. Ainsi l'accélération relative $\vec{\gamma}$ est la dérivée seconde du vecteur position $\overrightarrow{OM}$ *par rapport à l'observateur* $\mathcal{O}$. Dans ce qui suit, nous allons relier $\vec{\gamma}$ à la dérivée seconde *absolue* du vecteur position, soit $d^2\overrightarrow{OM}/dt^2$.

Commençons par exprimer $\vec{\gamma}$ en fonction de la dérivée de Fermi-Walker de $\vec{V}$, suivant la formule (3.73) :

$$\vec{\gamma} = \boldsymbol{D}^{\mathrm{FW}}_{\boldsymbol{u}} \vec{V} - \vec{\omega} \times_{\boldsymbol{u}} \vec{V}. \tag{4.48}$$

Le vecteur $\vec{V}$ est lui-même relié à la dérivée de Fermi-Walker du vecteur position suivant (4.25). En dérivant cette formule une nouvelle fois, il vient

$$\boldsymbol{D}^{\mathrm{FW}}_{\boldsymbol{u}} \boldsymbol{D}^{\mathrm{FW}}_{\boldsymbol{u}}\, \overrightarrow{OM} = \boldsymbol{D}^{\mathrm{FW}}_{\boldsymbol{u}} \vec{V} + \boldsymbol{D}^{\mathrm{FW}}_{\boldsymbol{u}} \left(\vec{\omega} \times_{\boldsymbol{u}} \overrightarrow{OM}\right). \tag{4.49}$$

Comme $\vec{\omega} \times_{\boldsymbol{u}} \overrightarrow{OM}$ est par définition un vecteur orthogonal à $\vec{\boldsymbol{u}}$, on peut lui appliquer la formule (3.77) :

$$\boldsymbol{D}^{\mathrm{FW}}_{\boldsymbol{u}} \left(\vec{\omega} \times_{\boldsymbol{u}} \overrightarrow{OM}\right) = \perp_{\boldsymbol{u}} \left[\frac{d}{dt}\left(\vec{\omega} \times_{\boldsymbol{u}} \overrightarrow{OM}\right)\right] = \perp_{\boldsymbol{u}} \left[\frac{d}{dt} \vec{\epsilon}\left(\vec{\boldsymbol{u}}, \vec{\omega}, \overrightarrow{OM}, .\right)\right], \tag{4.50}$$

où la deuxième égalité résulte de la définition (3.48) du produit vectoriel. Puisque $\boldsymbol{\epsilon}$ est une forme multilinéaire (constante), on calcule la dérivée de $\vec{\epsilon}(\vec{\boldsymbol{u}}, \vec{\omega}, \overrightarrow{OM}, .)$ par la règle de Leibniz :

$$\begin{aligned}\frac{d}{dt}\vec{\epsilon}(\vec{\boldsymbol{u}}, \vec{\omega}, \overrightarrow{OM}, .) &= \vec{\epsilon}\left(\frac{d\vec{\boldsymbol{u}}}{dt}, \vec{\omega}, \overrightarrow{OM}, .\right) + \vec{\epsilon}\left(\vec{\boldsymbol{u}}, \frac{d\vec{\omega}}{dt}, \overrightarrow{OM}, .\right) \\ &\quad + \vec{\epsilon}\left(\vec{\boldsymbol{u}}, \vec{\omega}, \frac{d\overrightarrow{OM}}{dt}, .\right) \\ &= c\vec{\epsilon}(\vec{\boldsymbol{a}}, \vec{\omega}, \overrightarrow{OM}, .) + \frac{d\vec{\omega}}{dt} \times_{\boldsymbol{u}} \overrightarrow{OM} + \vec{\omega} \times_{\boldsymbol{u}} \frac{d\overrightarrow{OM}}{dt} \\ &= c\vec{\epsilon}(\vec{\boldsymbol{a}}, \vec{\omega}, \overrightarrow{OM}, .) + \frac{d\vec{\omega}}{dt} \times_{\boldsymbol{u}} \overrightarrow{OM} \\ &\quad + \vec{\omega} \times_{\boldsymbol{u}} \left(\vec{\boldsymbol{V}} + \vec{\omega} \times_{\boldsymbol{u}} \overrightarrow{OM}\right), \end{aligned} \tag{4.51}$$

où, pour écrire la dernière ligne, on a utilisé (4.24) et le fait que $\vec{\omega} \times_{\boldsymbol{u}} \vec{\boldsymbol{u}} = 0$. Calculons les composantes du vecteur $\vec{\boldsymbol{b}} := \vec{\epsilon}(\vec{\boldsymbol{a}}, \vec{\omega}, \overrightarrow{OM}, .)$ sur la base $(\vec{\boldsymbol{e}}_\alpha)$. Puisque cette dernière est orthonormale, on a $b^0 = -\vec{\boldsymbol{e}}_0 \cdot \vec{\boldsymbol{b}} = -\vec{\boldsymbol{u}} \cdot \vec{\boldsymbol{b}} = -\boldsymbol{\epsilon}(\vec{\boldsymbol{a}}, \vec{\omega}, \overrightarrow{OM}, \vec{\boldsymbol{u}}) = \boldsymbol{\epsilon}(\vec{\boldsymbol{u}}, \vec{\omega}, \overrightarrow{OM}, \vec{\boldsymbol{a}}) = (\vec{\omega} \times_{\boldsymbol{u}} \overrightarrow{OM}) \cdot \vec{\boldsymbol{a}}$. Par ailleurs $b^i = \vec{\boldsymbol{e}}_i \cdot \vec{\boldsymbol{b}} = \boldsymbol{\epsilon}(\vec{\boldsymbol{a}}, \vec{\omega}, \overrightarrow{OM}, \vec{\boldsymbol{e}}_i)$. Or $\vec{\boldsymbol{a}}$, $\vec{\omega}$, $\overrightarrow{OM}$ et $\vec{\boldsymbol{e}}_i$ sont quatre vecteurs de l'espace vectoriel $E_{\boldsymbol{u}}$, qui est de dimension 3. Ils ne sont donc pas indépendants ; $\boldsymbol{\epsilon}$ étant une forme quadrilinéaire totalement antisymétrique, on en déduit que $b^i = 0$. Ainsi $\vec{\boldsymbol{b}} = b^0\,\vec{\boldsymbol{u}} = [\vec{\boldsymbol{a}} \cdot (\vec{\omega} \times_{\boldsymbol{u}} \overrightarrow{OM})]\,\vec{\boldsymbol{u}}$, c'est-à-dire

$$\vec{\epsilon}(\vec{\boldsymbol{a}}, \vec{\omega}, \overrightarrow{OM}, .) = [\vec{\boldsymbol{a}} \cdot (\vec{\omega} \times_{\boldsymbol{u}} \overrightarrow{OM})]\,\vec{\boldsymbol{u}}. \tag{4.52}$$

En reportant cette identité dans (4.51), on obtient la relation utile

$$\frac{d}{dt}\left(\vec{\omega} \times_{\boldsymbol{u}} \overrightarrow{OM}\right) = \frac{d\vec{\omega}}{dt} \times_{\boldsymbol{u}} \overrightarrow{OM} + \vec{\omega} \times_{\boldsymbol{u}} \left(\vec{\boldsymbol{V}} + \vec{\omega} \times_{\boldsymbol{u}} \overrightarrow{OM}\right) + c[\vec{\boldsymbol{a}} \cdot (\vec{\omega} \times_{\boldsymbol{u}} \overrightarrow{OM})]\,\vec{\boldsymbol{u}}. \tag{4.53}$$

Pour insérer ce résultat dans (4.50), il faut le projeter sur $E_{\boldsymbol{u}}$. Les deux premiers termes, en tant que produits vectoriels $\times_{\boldsymbol{u}}$, sont déjà dans $E_{\boldsymbol{u}}$. La projection du dernier, colinéaire à $\vec{\boldsymbol{u}}$, donne zéro. On obtient donc

$$\boldsymbol{D}^{\rm FW}_{\boldsymbol{u}}\left(\vec{\omega} \times_{\boldsymbol{u}} \overrightarrow{OM}\right) = \frac{d\vec{\omega}}{dt} \times_{\boldsymbol{u}} \overrightarrow{OM} + \vec{\omega} \times_{\boldsymbol{u}} \vec{\boldsymbol{V}} + \vec{\omega} \times_{\boldsymbol{u}} \left(\vec{\omega} \times_{\boldsymbol{u}} \overrightarrow{OM}\right). \tag{4.54}$$

Au final, la combinaison des Éqs. (4.49), (4.48) et (4.54) donne

$$\boxed{\boldsymbol{D}^{\rm FW}_{\boldsymbol{u}}\boldsymbol{D}^{\rm FW}_{\boldsymbol{u}}\overrightarrow{OM} = \vec{\gamma} + \vec{\omega} \times_{\boldsymbol{u}} \left(\vec{\omega} \times_{\boldsymbol{u}} \overrightarrow{OM}\right) + 2\vec{\omega} \times_{\boldsymbol{u}} \vec{\boldsymbol{V}} + \frac{d\vec{\omega}}{dt} \times_{\boldsymbol{u}} \overrightarrow{OM}}. \tag{4.55}$$

Le terme $\vec{\omega} \times_{\boldsymbol{u}} \left(\vec{\omega} \times_{\boldsymbol{u}} \overrightarrow{OM}\right)$ est appelé ***accélération centripète*** et le terme $2\vec{\omega} \times_{\boldsymbol{u}} \vec{\boldsymbol{V}}$ ***accélération de Coriolis***.

Relions à présent la dérivée de Fermi-Walker seconde $\boldsymbol{D}^{\rm FW}_{\boldsymbol{u}}\boldsymbol{D}^{\rm FW}_{\boldsymbol{u}}\overrightarrow{OM}$ à la dérivée seconde absolue du vecteur position le long de $\mathscr{L}$, soit $d^2\overrightarrow{OM}/dt^2$. De par la définition (3.72) de la dérivée de Fermi-Walker, il vient (en utilisant $\vec{\boldsymbol{u}}\cdot\overrightarrow{OM}=0$)

$$\boldsymbol{D}^{\rm FW}_{\boldsymbol{u}}\overrightarrow{OM} = \frac{d\overrightarrow{OM}}{dt} - c(\vec{\boldsymbol{a}}\cdot\overrightarrow{OM})\,\vec{\boldsymbol{u}}.$$

En utilisant une nouvelle fois (3.72) et la propriété $\boldsymbol{D}^{\rm FW}_{\boldsymbol{u}}\vec{\boldsymbol{u}}=0$ (Éq. (3.75)), il vient

$$\begin{aligned}\boldsymbol{D}^{\rm FW}_{\boldsymbol{u}}\boldsymbol{D}^{\rm FW}_{\boldsymbol{u}}\overrightarrow{OM} &= \frac{d^2\overrightarrow{OM}}{dt^2} - c\left(\vec{\boldsymbol{a}}\cdot\frac{d\overrightarrow{OM}}{dt}\right)\vec{\boldsymbol{u}} + c\left(\vec{\boldsymbol{u}}\cdot\frac{d\overrightarrow{OM}}{dt}\right)\vec{\boldsymbol{a}}\\ &\quad -c\left[\frac{d}{dt}(\vec{\boldsymbol{a}}\cdot\overrightarrow{OM})\right]\vec{\boldsymbol{u}}.\end{aligned}$$

Or, d'après (4.24),

$$\vec{\boldsymbol{a}}\cdot\frac{d\overrightarrow{OM}}{dt} = \vec{\boldsymbol{a}}\cdot\left(\vec{\boldsymbol{V}}+\vec{\boldsymbol{\omega}}\times_{\boldsymbol{u}}\overrightarrow{OM}\right) \quad \text{et} \quad \vec{\boldsymbol{u}}\cdot\frac{d\overrightarrow{OM}}{dt} = -c(\vec{\boldsymbol{a}}\cdot\overrightarrow{OM}),$$

d'où

$$\begin{aligned}\boldsymbol{D}^{\rm FW}_{\boldsymbol{u}}\boldsymbol{D}^{\rm FW}_{\boldsymbol{u}}\overrightarrow{OM} &= \frac{d^2\overrightarrow{OM}}{dt^2} - c\left[2\vec{\boldsymbol{a}}\cdot\left(\vec{\boldsymbol{V}}+\vec{\boldsymbol{\omega}}\times_{\boldsymbol{u}}\overrightarrow{OM}\right)+\frac{d\vec{\boldsymbol{a}}}{dt}\cdot\overrightarrow{OM}\right]\vec{\boldsymbol{u}}\\ &\quad -c^2(\vec{\boldsymbol{a}}\cdot\overrightarrow{OM})\vec{\boldsymbol{a}}.\end{aligned}$$

En reportant cette relation dans (4.55), on obtient

$$\boxed{\begin{aligned}\frac{d^2\overrightarrow{OM}}{dt^2} &= \vec{\gamma}+\vec{\boldsymbol{\omega}}\times_{\boldsymbol{u}}\left(\vec{\boldsymbol{\omega}}\times_{\boldsymbol{u}}\overrightarrow{OM}\right)+2\vec{\boldsymbol{\omega}}\times_{\boldsymbol{u}}\vec{\boldsymbol{V}}+\frac{d\vec{\boldsymbol{\omega}}}{dt}\times_{\boldsymbol{u}}\overrightarrow{OM}\\ &\quad +c^2(\vec{\boldsymbol{a}}\cdot\overrightarrow{OM})\vec{\boldsymbol{a}}+c\left[2\vec{\boldsymbol{a}}\cdot\left(\vec{\boldsymbol{V}}+\vec{\boldsymbol{\omega}}\times_{\boldsymbol{u}}\overrightarrow{OM}\right)+\frac{d\vec{\boldsymbol{a}}}{dt}\cdot\overrightarrow{OM}\right]\vec{\boldsymbol{u}}.\end{aligned}} \tag{4.56}$$

Remarque : Les termes de la première ligne, qui comprennent l'accélération centripète et l'accélération de Coriolis, sont « newtoniens » (ils persistent à la limite non relativiste), alors que ceux de la seconde ligne sont relativistes. On peut le voir en écrivant, suivant l'Éq. (4.64) ci-dessous, $\vec{\boldsymbol{a}}=\vec{\gamma}_0/c^2$ où $\vec{\gamma}_0$ est l'accélération de $\mathcal{O}$ par rapport à un observateur inertiel dont la 4-vitesse coïncide momentanément avec celle de $\mathcal{O}$. Le passage à la limite non relativiste consiste alors à faire $\vec{\gamma}_0\cdot\overrightarrow{OM}/c^2\to 0$ et $\vec{\boldsymbol{V}}/c\to 0$.

4.4.3 Expression de la 4-accélération

Dérivons à présent l'analogue de (4.27), à savoir l'expression de la 4-accélération $\vec{\boldsymbol{a}}'$ du point matériel $\mathscr{P}$ en fonction de son accélération relative à l'observateur $\mathcal{O}$, $\vec{\gamma}$, et de la 4-vitesse $\vec{\boldsymbol{u}}$, 4-accélération $\vec{\boldsymbol{a}}$ et 4-rotation $\vec{\boldsymbol{\omega}}$ de $\mathcal{O}$. On a, par définition de la 4-accélération (Éq. (2.16)),

$$\vec{\boldsymbol{a}}' = \frac{1}{c}\frac{d\vec{\boldsymbol{u}}'}{dt'} = \frac{1}{c}\frac{d\vec{\boldsymbol{u}}'}{dt}\frac{dt}{dt'} = \frac{\Gamma}{c}\frac{d\vec{\boldsymbol{u}}'}{dt},$$

où l'on a utilisé la définition (4.1) du facteur de Lorentz. En dérivant l'expression (4.27) de $\vec{\boldsymbol{u}}'$ par rapport à t, il vient donc

$$\begin{aligned}\vec{\boldsymbol{a}}' = \frac{\Gamma}{c}\Bigg\{ & \frac{d\Gamma}{dt}\left[(1+\vec{\boldsymbol{a}}\cdot\overrightarrow{OM})\,\vec{\boldsymbol{u}} + \frac{1}{c}\left(\vec{\boldsymbol{V}} + \vec{\boldsymbol{\omega}} \times_{\boldsymbol{u}} \overrightarrow{OM}\right)\right] \\ & + \Gamma\left[\frac{d}{dt}(\vec{\boldsymbol{a}}\cdot\overrightarrow{OM})\vec{\boldsymbol{u}} + c(1+\vec{\boldsymbol{a}}\cdot\overrightarrow{OM})\,\vec{\boldsymbol{a}}\right. \\ & \left.+ \frac{1}{c}\frac{d}{dt}\left(\vec{\boldsymbol{V}} + \vec{\boldsymbol{\omega}} \times_{\boldsymbol{u}} \overrightarrow{OM}\right)\right]\Bigg\}. \end{aligned} \tag{4.57}$$

Or, en utilisant (4.24),

$$\frac{d}{dt}(\vec{\boldsymbol{a}}\cdot\overrightarrow{OM}) = \frac{d\vec{\boldsymbol{a}}}{dt}\cdot\overrightarrow{OM} + \vec{\boldsymbol{a}}\cdot\left(\vec{\boldsymbol{V}} + \vec{\boldsymbol{\omega}} \times_{\boldsymbol{u}} \overrightarrow{OM}\right). \tag{4.58}$$

Par ailleurs, d'après (3.72) et (4.48),

$$\frac{d\vec{\boldsymbol{V}}}{dt} = \boldsymbol{D}^{\mathrm{FW}}_{\boldsymbol{u}}\vec{\boldsymbol{V}} + c(\vec{\boldsymbol{a}}\cdot\vec{\boldsymbol{V}})\,\vec{\boldsymbol{u}} = \vec{\gamma} + \vec{\boldsymbol{\omega}} \times_{\boldsymbol{u}} \vec{\boldsymbol{V}} + c(\vec{\boldsymbol{a}}\cdot\vec{\boldsymbol{V}})\,\vec{\boldsymbol{u}},$$

si bien qu'en combinant avec (4.53), il vient

$$\begin{aligned}\frac{d}{dt}\left(\vec{\boldsymbol{V}} + \vec{\boldsymbol{\omega}} \times_{\boldsymbol{u}} \overrightarrow{OM}\right) = {} & \vec{\gamma} + \vec{\boldsymbol{\omega}} \times_{\boldsymbol{u}} \left(\vec{\boldsymbol{\omega}} \times_{\boldsymbol{u}} \overrightarrow{OM}\right) + 2\vec{\boldsymbol{\omega}} \times_{\boldsymbol{u}} \vec{\boldsymbol{V}} + \frac{d\vec{\boldsymbol{\omega}}}{dt} \times_{\boldsymbol{u}} \overrightarrow{OM} \\ & + c\left[\vec{\boldsymbol{a}}\cdot\left(\vec{\boldsymbol{V}} + \vec{\boldsymbol{\omega}} \times_{\boldsymbol{u}} \overrightarrow{OM}\right)\right]\vec{\boldsymbol{u}}. \end{aligned} \tag{4.59}$$

En reportant (4.58) et (4.59) dans (4.57), on obtient

$$\boxed{\begin{aligned}\vec{\boldsymbol{a}}' = \frac{\Gamma^2}{c^2}\Bigg\{ & \vec{\gamma} + \vec{\boldsymbol{\omega}} \times_{\boldsymbol{u}} \left(\vec{\boldsymbol{\omega}} \times_{\boldsymbol{u}} \overrightarrow{OM}\right) + 2\vec{\boldsymbol{\omega}} \times_{\boldsymbol{u}} \vec{\boldsymbol{V}} + \frac{d\vec{\boldsymbol{\omega}}}{dt} \times_{\boldsymbol{u}} \overrightarrow{OM} \\ & + c^2(1+\vec{\boldsymbol{a}}\cdot\overrightarrow{OM})\,\vec{\boldsymbol{a}} + \frac{1}{\Gamma}\frac{d\Gamma}{dt}\left(\vec{\boldsymbol{V}} + \vec{\boldsymbol{\omega}} \times_{\boldsymbol{u}} \overrightarrow{OM}\right) \\ & + c\left[2\vec{\boldsymbol{a}}\cdot\left(\vec{\boldsymbol{V}} + \vec{\boldsymbol{\omega}} \times_{\boldsymbol{u}} \overrightarrow{OM}\right) + \frac{d\vec{\boldsymbol{a}}}{dt}\cdot\overrightarrow{OM} + \frac{1}{\Gamma}\frac{d\Gamma}{dt}(1+\vec{\boldsymbol{a}}\cdot\overrightarrow{OM})\right]\vec{\boldsymbol{u}}\Bigg\}. \end{aligned}} \tag{4.60}$$

La dérivée $d\Gamma/dt$ qui apparaît dans cette formule peut être évaluée à partir de l'expression (4.30) ; en utilisant (4.58) et (4.59), il vient

$$\boxed{\begin{aligned}\frac{1}{\Gamma}\frac{d\Gamma}{dt} = \frac{\Gamma^2}{c^2}\Bigg\{&(\vec{\boldsymbol{V}} + \vec{\omega} \times_{\boldsymbol{u}} \overrightarrow{OM}) \cdot \bigg[\vec{\gamma} + \vec{\omega} \times_{\boldsymbol{u}} (\vec{\omega} \times_{\boldsymbol{u}} \overrightarrow{OM}) + 2\vec{\omega} \times_{\boldsymbol{u}} \vec{\boldsymbol{V}} \\ &+ \frac{d\vec{\omega}}{dt} \times_{\boldsymbol{u}} \overrightarrow{OM}\bigg] - c^2(1 + \vec{\boldsymbol{a}} \cdot \overrightarrow{OM})\bigg[\vec{\boldsymbol{a}} \cdot (\vec{\boldsymbol{V}} + \vec{\omega} \times_{\boldsymbol{u}} \overrightarrow{OM}) \\ &+ \frac{d\vec{\boldsymbol{a}}}{dt} \cdot \overrightarrow{OM}\bigg]\Bigg\}.\end{aligned}} \tag{4.61}$$

Dans le cas où la 4-rotation de l'observateur $\mathcal{O}$ est nulle, les expressions ci-dessus se simplifient quelque peu. En utilisant (4.30), il vient

$$\boxed{\begin{aligned}\vec{\boldsymbol{a}}' = \frac{\Gamma^2}{c^2}\Bigg\{&\vec{\gamma} + \frac{\Gamma^2}{c^2}\left[\vec{\gamma} \cdot \vec{\boldsymbol{V}} - c^2(1 + \vec{\boldsymbol{a}} \cdot \overrightarrow{OM})\left(\vec{\boldsymbol{a}} \cdot \vec{\boldsymbol{V}} + \frac{d\vec{\boldsymbol{a}}}{dt} \cdot \overrightarrow{OM}\right)\right]\vec{\boldsymbol{V}} \\ &+ c^2(1 + \vec{\boldsymbol{a}} \cdot \overrightarrow{OM})\vec{\boldsymbol{a}} + \frac{\Gamma^2}{c}\bigg[(1 + \vec{\boldsymbol{a}} \cdot \overrightarrow{OM})\vec{\gamma} \cdot \vec{\boldsymbol{V}} \\ &- \vec{\boldsymbol{V}} \cdot \vec{\boldsymbol{V}}\left(\vec{\boldsymbol{a}} \cdot \vec{\boldsymbol{V}} + \frac{d\vec{\boldsymbol{a}}}{dt} \cdot \overrightarrow{OM}\right) + \frac{c^2}{\Gamma^2}\vec{\boldsymbol{a}} \cdot \vec{\boldsymbol{V}}\bigg]\vec{\boldsymbol{u}}\Bigg\}.\end{aligned}}_{(\vec{\omega}=0)} \tag{4.62}$$

Si en plus d'avoir $\vec{\omega} = 0$, on a $\vec{\boldsymbol{a}} = 0$, c'est-à-dire si l'observateur $\mathcal{O}$ est inertiel, la simplification est encore plus grande :

$$\boxed{\vec{\boldsymbol{a}}' = \frac{\Gamma^2}{c^2}\left[\vec{\gamma} + \frac{\Gamma^2}{c^2}(\vec{\gamma} \cdot \vec{\boldsymbol{V}})\left(\vec{\boldsymbol{V}} + c\vec{\boldsymbol{u}}\right)\right]}_{\mathcal{O} \text{ inertiel}} . \tag{4.63}$$

De plus, si à l'instant t considéré, $\mathscr{P}$ et $\mathcal{O}$ ont la même 4-vitesse : $\vec{\boldsymbol{u}}' = \vec{\boldsymbol{u}}$, alors $\Gamma = 1$ et $\vec{\boldsymbol{V}} = 0$, la formule ci-dessus se réduit à

$$\boxed{\vec{\boldsymbol{a}}' = \frac{1}{c^2}\vec{\gamma}}_{\mathcal{O} \text{ inertiel et } \vec{\boldsymbol{u}}'=\vec{\boldsymbol{u}}} . \tag{4.64}$$

Ainsi :

> Le vecteur 4-accélération de $\mathscr{P}$ peut être interprété (à un facteur c^2 près) comme l'accélération relative à un observateur inertiel dont la ligne d'univers est tangente à celle de $\mathscr{P}$ au point considéré.

Remarque : En physique newtonienne, l'accélération $\vec{\gamma}$ d'un point matériel relative à un observateur *inertiel* est indépendante de cet observateur. Il n'en va pas de même en relativité : la formule (4.63) montre que $\vec{\gamma}$ dépend de la vitesse $\vec{V}$ par rapport à l'observateur inertiel. Cette dernière quantité n'étant évidemment pas invariante par changement d'observateur inertiel, $\vec{\gamma}$ ne l'est donc pas non plus.

Exemple 1 : Pour l'exemple 1 du § 4.1.1, on a vu plus haut que $\vec{\gamma} = 0$, si bien que (4.63) donne $\vec{a}' = 0$, en accord avec le fait que la ligne d'univers $\mathscr{L}'$ est une droite de $\mathscr{E}$.

Exemple 2 : Pour le voyageur de Langevin, la relation (4.63), combinée aux expressions (4.4), (4.22) et (4.45) de respectivement Γ, $\vec{V}$ et et $\vec{\gamma}$, conduit à

$$\vec{a}' = \frac{\gamma}{c^2}\left[\frac{\gamma}{c}\left(t - \frac{k}{2}T\right)\vec{e}_0 + (-1)^k\sqrt{1 + \frac{\gamma^2}{c^2}\left(t - \frac{k}{2}T\right)^2}\,\vec{e}_1\right]. \tag{4.65}$$

Ce résultat est en parfait accord avec les formules (2.39), (2.40) et (2.44) obtenues au Chap. 2. Nous avons déjà remarqué au Chap. 2 que la norme de $\vec{a}'$ est constante (*cf.* Éq. (2.45)) :

$$\|\vec{a}'\|_g = \frac{|\gamma|}{c^2}. \tag{4.66}$$

Par contre, la norme de l'accélération relative $\vec{\gamma}$ n'est pas constante, ainsi qu'on le voit sur l'Éq. (4.45). Le vecteur $\vec{a}'$ est représenté à deux instants différents sur la Fig. 4.3.

Exemple 3 : Dans le cas de l'exemple 3 introduit au § 4.1.1, les formules (4.23) et (4.46) montrent que $\vec{\gamma} \cdot \vec{V} = 0$, si bien que la relation (4.63) se réduit à

$$\vec{a}' = \frac{\Gamma^2}{c^2}\vec{\gamma}. \tag{4.67}$$

Les vecteurs 4-accélération et accélération relative à $\mathcal{O}$ sont donc colinéaires dans ce cas (contrairement à la situation de l'exemple 2), ainsi qu'on peut le voir sur la Fig. 4.4. En évaluant la norme de $\vec{a}'$ à partir de la relation ci-dessus et de (4.7) et (4.46), il vient

$$\|\vec{a}'\|_g = \frac{1}{R}\left(\frac{c^2}{R^2\Omega^2} - 1\right)^{-1}. \tag{4.68}$$

Ainsi, la norme de la 4-accélération est constante dans ce cas également.

Une formule utile est celle qui relie la norme vis-à-vis du tenseur métrique de la 4-accélération $\vec{a}'$ à la norme de l'accélération relative $\vec{\gamma}$. En prenant le carré scalaire de (4.63), il vient

$$\begin{aligned}
\vec{a}' \cdot \vec{a}' &= \frac{\Gamma^4}{c^4}\left[\vec{\gamma}\cdot\vec{\gamma} + 2\frac{\Gamma^2}{c^2}(\vec{\gamma}\cdot\vec{V})(\vec{\gamma}\cdot\vec{V} + c\underbrace{\vec{\gamma}\cdot\vec{u}}_{0}) + \frac{\Gamma^4}{c^4}(\vec{\gamma}\cdot\vec{V})^2\left(\vec{V}\cdot\vec{V} - c^2\right)\right] \\
&= \frac{\Gamma^4}{c^4}\left\{\vec{\gamma}\cdot\vec{\gamma} + \frac{\Gamma^2}{c^2}(\vec{\gamma}\cdot\vec{V})^2\left[2 + \Gamma^2\underbrace{\left(\frac{1}{c^2}\vec{V}\cdot\vec{V} - 1\right)}_{-\Gamma^{-2}}\right]\right\},
\end{aligned}$$

d'où la formule relativement simple

$$\boxed{\vec{a}' \cdot \vec{a}' = \frac{\Gamma^4}{c^4}\left[\vec{\gamma}\cdot\vec{\gamma} + \frac{\Gamma^2}{c^2}\left(\vec{\gamma}\cdot\vec{V}\right)^2\right]}_{\mathcal{O}\text{ inertiel}} . \qquad (4.69)$$

En utilisant l'identité $(\vec{\gamma} \times_u \vec{V})^2 = \gamma^2 V^2 - (\vec{\gamma}\cdot\vec{V})^2$, on peut mettre cette formule sous la forme

$$\boxed{\vec{a}' \cdot \vec{a}' = \frac{\Gamma^6}{c^4}\left[\vec{\gamma}\cdot\vec{\gamma} - \frac{1}{c^2}(\vec{\gamma} \times_u \vec{V})^2\right]}_{\mathcal{O}\text{ inertiel}} . \qquad (4.70)$$

Par ailleurs, dans le cas où $\vec{V} \neq 0$, décomposons $\vec{\gamma}$ en une partie parallèle à $\vec{V}$ et une partie orthogonale à $\vec{V}$, suivant $\vec{\gamma} =: \gamma_\parallel \vec{n} + \vec{\gamma}_\perp$, $\vec{V} = V\vec{n}$, $\vec{n}\cdot\vec{n} = 1$ et $\vec{n}\cdot\vec{\gamma}_\perp = 0$. On a alors $\vec{\gamma}\cdot\vec{\gamma} = \gamma_\parallel^2 + \gamma_\perp^2$ et $(\vec{\gamma}\cdot\vec{V})^2 = \gamma_\parallel^2 V^2$, de sorte que (4.69) se met sous la forme

$$\boxed{\vec{a}' \cdot \vec{a}' = \frac{\Gamma^4}{c^4}\left(\Gamma^2\gamma_\parallel^2 + \gamma_\perp^2\right)}_{\mathcal{O}\text{ inertiel}} . \qquad (4.71)$$

Il est facile d'inverser la formule (4.63) pour exprimer $\vec{\gamma}$ en fonction de $\vec{a}'$. En effet le produit scalaire de (4.63) par $\vec{V}$ conduit à

$$\vec{a}' \cdot \vec{V} = \frac{\Gamma^2}{c^2}\left[\vec{\gamma}\cdot\vec{V} + \frac{\Gamma^2}{c^2}(\vec{\gamma}\cdot\vec{V})(\vec{V}\cdot\vec{V} + 0)\right] = \frac{\Gamma^2}{c^2}\Bigg(\underbrace{1 + \frac{\Gamma^2}{c^2}\vec{V}\cdot\vec{V}}_{\Gamma^2}\Bigg)\vec{\gamma}\cdot\vec{V}$$

$$= \frac{\Gamma^4}{c^2}\vec{\gamma}\cdot\vec{V}.$$

En utilisant cette relation pour exprimer $\vec{\gamma}\cdot\vec{V}$ dans (4.63), on obtient

$$\boxed{\vec{\gamma} = \Gamma^{-2}\left[c^2\,\vec{a}' - (\vec{a}'\cdot\vec{V})\left(\vec{V} + c\vec{u}\right)\right]}_{\mathcal{O}\text{ inertiel}} . \qquad (4.72)$$

4.5 Mouvement des photons

Passons à présent à la description du mouvement des photons (ou plus généralement de toute particule de masse nulle) vis-à-vis d'un observateur donné. Rappelons que la particularité de ces particules est d'avoir des lignes d'univers qui sont des droites de $\mathscr{E}$ dont les vecteurs directeurs sont du genre lumière (*cf.* § 2.4.1). Ces droites sont appelées géodésiques lumières.

4.5.1 Direction de propagation d'un photon

Tout comme au § 4.1.1, considérons un observateur $\mathcal{O}$, de ligne d'univers $\mathscr{L}$ et de 4-vitesse $\vec{\boldsymbol{u}}$. Soit un photon se déplaçant sur la géodésique lumière Δ, au voisinage de $\mathscr{L}$ (*cf.* Fig. 4.6). Soit $M(t)$ la position du photon au temps propre t (relatif à $\mathcal{O}$) : $M(t)$ est l'intersection de Δ avec l'espace local de repos $\mathscr{E}_{\boldsymbol{u}}(t)$ de $\mathcal{O}$ au temps propre t.

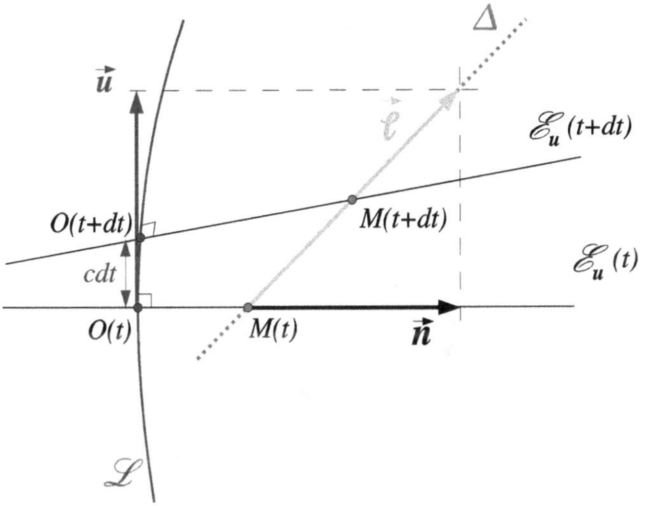

FIG. 4.6 – Mouvement d'un photon (géodésique lumière Δ) par rapport à un observateur (ligne d'univers $\mathscr{L}$, 4-vitesse $\vec{\boldsymbol{u}}$ et espace local de repos $\mathscr{E}_{\boldsymbol{u}}(t)$).

La différence principale avec le mouvement d'une particule matérielle décrit au § 4.1.1 est qu'il n'existe pas de vecteur tangent unitaire à la ligne d'univers du photon : on ne peut pas normaliser les vecteurs tangents à Δ car ils sont tous de carré scalaire nul, puisque du genre lumière. Tout ce que l'on peut faire c'est sélectionner un vecteur lumière adapté à l'observateur $\mathcal{O}$, de la manière suivante : au point $M(t)$ de Δ, on définit le vecteur $\vec{\boldsymbol{\ell}}(t)$ comme l'unique vecteur lumière parallèle à Δ tel que

$$\vec{\boldsymbol{\ell}}(t) \cdot \vec{\boldsymbol{u}}(t) = -1. \tag{4.73}$$

Cela revient à dire que la décomposition orthogonale de $\vec{\boldsymbol{\ell}}$ vis-à-vis de $\vec{\boldsymbol{u}}$ est de la forme $\vec{\boldsymbol{\ell}} = \alpha\vec{\boldsymbol{u}} + \perp_{\boldsymbol{u}}\vec{\boldsymbol{\ell}}$, avec $\alpha = 1$ (*cf.* Éq. (3.11)). Posons $\vec{\boldsymbol{n}} := \perp_{\boldsymbol{u}}\vec{\boldsymbol{\ell}}$, de sorte que l'on a (*cf.* Fig. 4.6)

$$\boxed{\vec{\boldsymbol{\ell}} = \vec{\boldsymbol{u}} + \vec{\boldsymbol{n}}} \qquad \text{avec} \quad \vec{\boldsymbol{u}} \cdot \vec{\boldsymbol{n}} = 0. \tag{4.74}$$

Par définition le vecteur $\vec{n}$ est tangent à l'espace local de repos de $\mathcal{O}$: $\vec{n} \in E_{\boldsymbol{u}}$. De plus, il s'agit d'un vecteur unitaire. En effet, la propriété $\vec{\ell}\cdot\vec{\ell} = 0$ implique

$$\underbrace{\vec{u}\cdot\vec{u}}_{-1} + 2\underbrace{\vec{u}\cdot\vec{n}}_{0} + \vec{n}\cdot\vec{n} = 0,$$

d'où

$$\boxed{\vec{n}\cdot\vec{n} = 1}. \qquad (4.75)$$

Le vecteur unitaire $\vec{n}$ est appelé ***direction de propagation*** du photon considéré ***vis-à-vis de l'observateur*** $\mathcal{O}$.

4.5.2 Vitesse de la lumière

La ***vitesse du photon relative à l'observateur*** $\mathcal{O}$ est définie de la même manière que la vitesse d'un point matériel au § 4.2.1, c'est-à-dire comme la dérivée du vecteur position du photon par rapport à l'observateur $\mathcal{O}$:

$$\boxed{\vec{V}(t) := \frac{dx^i}{dt}\,\vec{e}_i(t)}, \qquad (4.76)$$

où les $(\vec{e}_i(t))$ sont les trois vecteurs spatiaux du référentiel local de $\mathcal{O}$ au temps t et $x^i(t)$ les coordonnées du point $M(t)$ dans ce référentiel :

$$\overrightarrow{O(t)M(t)} = x^i(t)\,\vec{e}_i(t). \qquad (4.77)$$

Le calcul de $\vec{V}$ effectué au § 4.2.1 pour un point matériel reste valable dans le cas présent, si bien que l'on aboutit à la même équation que (4.24). La différence avec le § 4.2 vient de l'expression de $d\overrightarrow{OM}/dt$. Pour estimer ce dernier, on peut toujours partir de (4.26). Il y apparaît le vecteur élémentaire $\overrightarrow{M(t)M(t+dt)}$. Il est par définition parallèle à Δ et donc colinéaire au vecteur $\vec{\ell}(t)$ introduit ci-dessus (*cf.* Fig. 4.6) ; de plus il est du premier ordre en dt, si bien que l'on peut écrire

$$\overrightarrow{M(t)M(t+dt)} = \lambda\, c\, dt\, \vec{\ell}(t),$$

où $\lambda \in \mathbb{R}$ est un coefficient que nous allons déterminer. Tout comme au § 4.1.2, écrivons l'orthogonalité des vecteurs $\vec{u}(t+dt)$ et $\overrightarrow{O(t+dt)M(t+dt)}$ qui exprime que l'événement $M(t+dt)$ appartient à l'espace local de repos $\mathscr{E}_{\boldsymbol{u}}(t+dt)$.

On obtient successivement

$$\begin{aligned}
&\vec{u}(t+dt)\cdot\overrightarrow{O(t+dt)M(t+dt)} = 0\\
&[\vec{u}(t)+c\,dt\,\vec{a}(t)]\cdot\left[\overrightarrow{O(t+dt)O(t)}+\overrightarrow{O(t)M(t)}+\overrightarrow{M(t)M(t+dt)}\right] = 0\\
&[\vec{u}(t)+c\,dt\,\vec{a}(t)]\cdot\left[-c\,dt\,\vec{u}(t)+\overrightarrow{O(t)M(t)}+\lambda\,c\,dt\,\vec{\ell}(t)\right] = 0\\
&-c\,dt(-1)+0+\lambda\,c\,dt(-1)-c^2\,dt^2\times 0+c\,dt\,\vec{a}(t)\cdot\overrightarrow{O(t)M(t)}\\
&\qquad + c^2dt^2\,\lambda\vec{a}(t)\cdot\vec{\ell}(t) = 0\\
&c\,dt-\lambda\,c\,dt+c\,dt\,\vec{a}(t)\cdot\overrightarrow{OM}(t) = 0\\
&\lambda = 1+\vec{a}(t)\cdot\overrightarrow{OM}(t).
\end{aligned}$$

Notons que l'on a utilisé la propriété (4.73) et que l'on a négligé les termes d'ordre deux en dt. Ainsi

$$\overrightarrow{M(t)M(t+dt)} = (1+\vec{a}\cdot\overrightarrow{OM})\,c\,dt\,\vec{\ell}.$$

En reportant dans (4.26) et en écrivant $\overrightarrow{O(t+dt)O(t)} = -c\,dt\,\vec{u}$, il vient

$$\frac{d\overrightarrow{OM}}{dt} = -c\,\vec{u}+c(1+\vec{a}\cdot\overrightarrow{OM})\,\vec{\ell} = c(\vec{a}\cdot\overrightarrow{OM})\,\vec{u}+c(1+\vec{a}\cdot\overrightarrow{OM})\,\vec{n},$$

où la deuxième égalité découle du remplacement de $\vec{\ell}$ par $\vec{u}+\vec{n}$ (Éq. (4.74)). Il n'y a plus qu'à insérer ce résultat dans (4.24) pour obtenir l'expression finale de la vitesse du photon relative à l'observateur $\mathcal{O}$:

$$\boxed{\vec{V} = c(1+\vec{a}\cdot\overrightarrow{OM})\,\vec{n}-\vec{\omega}\times_u\overrightarrow{OM}}. \tag{4.78}$$

Dans les cas où (i) la ligne d'univers du photon croise celle de $\mathcal{O}$ au temps propre t ($\overrightarrow{OM} = 0$) ou (ii) $\mathcal{O}$ est un observateur inertiel ($\vec{a} = 0$ et $\vec{\omega} = 0$), l'expression ci-dessus se simplifie en

$$\boxed{\vec{V} = c\,\vec{n}}_{M\in\mathscr{L}\text{ ou }\mathcal{O}\text{ inertiel}}. \tag{4.79}$$

Puisque $\vec{n}$ est un vecteur unitaire, on en déduit immédiatement que la norme de $\vec{V}$ est égale à c :

$$\boxed{\left\|\vec{V}\right\|_g = c}_{M\in\mathscr{L}\text{ ou }\mathcal{O}\text{ inertiel}}. \tag{4.80}$$

Notons que ce résultat est valable quel que soit l'observateur $\mathcal{O}$, pour tout photon qui croise sa ligne d'univers ($M \in \mathscr{L}$). Autrement dit :

La vitesse de la lumière mesurée par tout observateur en un point où il se trouve est toujours égale à la constante c.	(4.81)

On retrouve ainsi l'un des deux postulats historiques d'Einstein (1905) [132]. Remarquons toutefois que le postulat d'Einstein ne s'appliquait qu'aux observateurs inertiels. On obtient ici le résultat pour tout type d'observateur, pourvu que la mesure soit effectuée au point où se trouve l'observateur ($\overrightarrow{OM} = 0$). Dans le cas contraire, la formule (4.78) peut conduire à $\|\vec{\boldsymbol{V}}\|_g \neq c$, pour peu que l'observateur ne soit pas inertiel, c'est-à-dire soit accéléré ($\vec{\boldsymbol{a}} \neq 0$) ou en rotation ($\vec{\boldsymbol{\omega}} \neq 0$).

Remarque : La constance de la vitesse de la lumière, qui est un postulat dans la formulation originale d'Einstein [132], apparaît ici comme un résultat dérivé. Il s'agit en fait d'une conséquence du principe énoncé au § 2.4.1, selon lequel les photons ont des lignes d'univers du genre lumière. On peut donc voir ce dernier comme une version géométrique du postulat d'Einstein.

Note historique : *Le premier à avoir montré la finitude de la vitesse de la lumière et estimé sa valeur est Ole C. Rømer*[8]*. En 1676 [362], il a déduit la valeur* $c \simeq 2.1 \times 10^8\ \mathrm{m.s^{-1}}$ *des observations des éclipses du satellite Io de Jupiter : en raison de la variation de la distance Terre-Jupiter et du temps fini de propagation de la lumière, les éclipses observées depuis la Terre se produisent avec un retard ou une avance de 10 minutes par rapport aux éphémérides moyennes. Même si la valeur de c obtenue par Rømer n'est que les 2/3 de la valeur correcte, sa mesure a établi le caractère fini de c. Une mesure plus précise a été effectuée en 1728 par James Bradley*[9]*, à partir de l'aberration des étoiles (*cf. *§ 5.5). Il a obtenu* $c = 10210\, V_\oplus$ *[63], où* $V_\oplus$ *est la vitesse de la Terre sur son orbite, par rapport à un référentiel inertiel centré sur le Soleil, et en a déduit que la lumière mettait* 8 min 12 s *pour parcourir la distance Terre-Soleil (la valeur moderne est* 8 min 19 s*). Comme à l'époque la valeur de* $V_\oplus$ *était assez mal connue, Bradley n'a pas traduit sa mesure en unité usuelle de vitesse. La première détermination précise de c en mètres par seconde n'a été réalisée qu'au* XIXe *siècle, par Hippolyte Fizeau*[10]*. En 1849, il obtient* $c = 3.15 \times 10^8\ \mathrm{m.s^{-1}}$ *à l'aide d'un dispositif à roue dentée [159]. Cette valeur sera affinée à* $c = 2.98 \times 10^8\ \mathrm{m.s^{-1}}$ *par Léon Foucault*[11] *en 1862 [165], à l'aide d'un dispositif à miroir tournant. Rappelons que depuis 1983, c est fixée à la valeur* $c = 2.99\,792\,458 \times 10^8\ \mathrm{m.s^{-1}}$ *(Éq. (1.7)) et fournit la définition du mètre.*

---

8. **Ole C. Rømer** (1644–1710) : Astronome danois qui séjourna à l'Observatoire de Paris à l'invitation de Louis XIV de 1672 à 1679.

9. **James Bradley** (1693–1762) : Astronome britannique, célèbre pour son explication de l'aberration des étoiles (§ 5.5.3) et la découverte de la nutation de la Terre.

10. **Hippolyte Fizeau** (1819–1896) : Physicien français auteur de nombreux travaux sur la lumière ; en plus de la mesure de c, il a notamment découvert l'effet Doppler sur les ondes lumineuses (§ 5.4).

11. **Léon Foucault** (1819–1868) : Physicien et astronome français, célèbre pour ses travaux en optique (mesure de c, test de Foucault pour les miroirs des télescopes), électromagnétisme (courants de Foucault) et mécanique (pendule de Foucault).

4.5.3 Vérifications expérimentales de l'invariance de la vitesse de la lumière

Dans toute cette partie, l'observateur $\mathcal{O}$ est un expérimentateur attaché à la Terre et nous notons $\vec{\boldsymbol{V}}_{\rm lum}$ la vitesse de la lumière vis-à-vis de $\mathcal{O}$, telle que définie par l'Éq. (4.76), et $V_{\rm lum}$ sa norme (vis-à-vis de $\boldsymbol{g}$). D'après (4.80), la prédiction de la relativité est que, pour une mesure locale, $V_{\rm lum} = c$, quelque que soit l'état de mouvement de l'observateur $\mathcal{O}$.

Lorsqu'on souhaite tester la prédiction d'une théorie, comme la constance de la vitesse de la lumière (4.80), il convient en toute rigueur de le faire dans le cadre d'une ***théorie test***, c'est-à-dire d'une théorie plus large et qui contient des paramètres libres, de telle sorte qu'elle se réduise à la théorie à tester pour des valeurs bien précises de ces paramètres. L'avantage d'une telle approche est de pouvoir quantifier aisément les violations éventuelles de la théorie, par la détermination expérimentale des paramètres libres. On obtient en général des bornes supérieures aux valeurs absolues des paramètres lorsque la théorie à tester est obtenue pour la valeur zéro des paramètres. Dans le cas de la relativité restreinte, une théorie test souvent utilisée est celle développée par H.P. Robertson (1949) [361, 415] et R. Mansouri & R.U. Sexl (1977) [270] ; elle contient trois paramètres libres. Il s'agit d'une théorie test *cinématique*, dans le sens où elle ne concerne que les relations entre les observateurs. Les travaux plus récents utilisent plutôt une théorie test *dynamique*, c'est-à-dire une théorie basée sur une généralisation des équations du mouvement : il s'agit d'une extension du modèle standard de la physique des particules, introduite par D. Colladay et V.A. Kostelecký (1998) [89] et appelée ***SME*** (pour *Standard Model Extension*). Elle contient $19 + 48n$ paramètres libres, n étant le nombre de types de particules élémentaires (électrons, protons, etc.) pris en compte par le modèle. Dans ce livre, nous présentons assez succinctement les tests expérimentaux et ne les discuterons pas dans le cadre d'une théorie test. Pour une telle présentation, nous renvoyons à l'ouvrage de Zhang [449] ou aux articles de revues de Lämmerzahl [228], Wolf *et al.* [442] ou Mattingly [277].

Expérience d'Arago (1810)

En 1810, François Arago[12] a montré que la lumière qui vient des étoiles se propage, par rapport à un observateur terrestre, à la même vitesse quelle que soit la direction de l'étoile par rapport à celle du mouvement de la Terre autour du Soleil [18][13]. Si l'on appliquait la loi galiléenne de composition des vitesses, on s'attendrait à ce que la vitesse de la lumière par rapport à l'observateur terrestre soit, en valeur absolue, $V_{\rm lum} = c_\odot - V_\oplus$ lorsque l'étoile est située dans

12. **François Arago** (1786–1853) : Astronome français, connu pour ses travaux en optique. Il fut directeur de l'Observatoire de Paris et ministre de la Seconde République, où il œuvra pour l'abolition de l'esclavage dans les colonies françaises (1848).

13. Les résultats d'Arago ont été présentés à l'Académie des sciences en 1810, mais l'article correspondant n'a été publié qu'en 1853 car le manuscrit original avait été égaré.

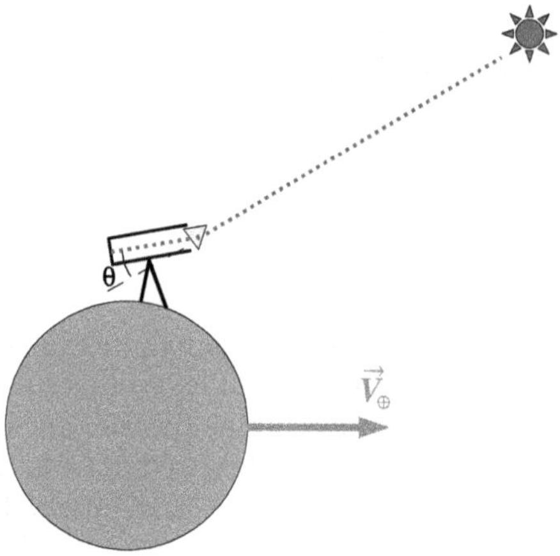

FIG. 4.7 – Expérience d'Arago (1810) : mesure de la vitesse de la lumière par rapport à la Terre en provenance de diverses étoiles, en utilisant la réfraction par un prisme placé à l'entrée du télescope.

la direction du mouvement de la Terre autour du Soleil et $V_{\text{lum}} = c_\odot + V_\oplus$ dans la direction opposée. Dans ces formules, $V_\oplus = 30$ km.s^{-1} représente la vitesse de la Terre autour du Soleil par rapport à un référentiel inertiel centré sur le Soleil et $c_\odot \simeq c$ la vitesse de la lumière par rapport à ce même référentiel.

Pour son expérience, Arago a placé un prisme devant l'objectif d'une lunette astronomique et a mesuré l'angle de déviation pour des étoiles situées dans différentes directions (*cf.* Fig. 4.7). L'hypothèse sous-jacente est que cet angle est donné par la loi de Snell-Descartes, $n_1 \sin\theta_1 = n_2 \sin\theta_2$, appliquée à chaque interface du prisme. Dans cette loi, l'indice de réfraction n_1 est inversement proportionnel à la vitesse (par rapport au prisme) de la lumière dans le milieu. On devrait donc trouver des angles de déviation différents suivant la direction de l'étoile par rapport à celle du mouvement de la Terre autour du Soleil. Compte tenu de $V_\oplus = 30$ km.s^{-1} et de l'indice du prisme utilisé, l'amplitude des différences devrait être de $28''$. Or il n'est en rien : tous les angles de déviation sont égaux avec une précision de l'ordre de $5''$ et les écarts ne sont pas corrélés avec la direction de l'étoile par rapport à celle du mouvement de la Terre. Soulignons qu'Arago a réalisé l'expérience avec deux prismes différents et à deux époques différentes de l'année (mars et octobre). La conclusion est donc que la vitesse de la lumière par rapport à la Terre est constante et ne dépend ni de l'étoile source, ni du mouvement de la Terre par rapport à cette étoile.

Remarque : L'expérience d'Arago constitue la toute première mise en évidence d'un effet relativiste, près d'un siècle avant l'introduction de la théorie de la relativité restreinte ! Pour une discussion plus détaillée de cette expérience, on pourra consulter les Réfs. [146, 154].

Note historique : *Le résultat de l'expérience a évidemment laissé perplexe Arago, qui à cette époque était partisan de la théorie corpusculaire de la lumière (peu après, il se rangea en faveur de la théorie ondulatoire). Pour expliquer l'absence de déviation, il avança les hypothèses que (i) une étoile émet des « rayons lumineux » avec toute une gamme de vitesses, ces vitesses se composant avec celle de la Terre suivant la loi galiléenne, et (ii) l'œil n'est sensible qu'aux rayons ayant une vitesse bien définie, d'où le résultat. L'hypothèse (i) colle bien avec la théorie corpusculaire de la lumière (chaque corpuscule peut avoir une vitesse différente des autres) [146]. Par contre, elle s'accommode mal avec la théorie ondulatoire (l'expérience des fentes d'Young date de 1801 !), car pour cette dernière la vitesse de la lumière est constante par rapport à l'éther, qui est le « substrat » des ondes lumineuses. Pour réconcilier le résultat d'Arago avec la théorie ondulatoire, Augustin Fresnel*[14] *a introduit l'hypothèse d'un entraînement partiel de l'éther par les matériaux transparents [168]* (cf. *§ 2.6 de l'ouvrage [153]).*

Expérience de Michelson et Morley (1887)

En 1887 Albert A. Michelson[15] et Edward W. Morley[16] ont effectué une mesure de la différence de la vitesse de la lumière dans deux directions orthogonales [283]. L'appareil utilisé par Michelson et Morley, connu aujourd'hui sous le nom d'***interféromètre de Michelson***, est représenté sur la Fig. 4.8 : une source S émet un faisceau lumineux qui est séparé en deux par une lame semi-réfléchissante L. Chaque demi-faisceau fait ensuite un aller-retour jusqu'aux miroirs M_1 et M_2. Les deux faisceaux sont alors recombinés au niveau de la lame L, ce qui génère des franges d'interférence, observées par le détecteur D. L'appareil de Michelson et Morley était monté sur une table en marbre flottant sur du mercure. Cela permet de tourner facilement l'ensemble du dispositif.

Michelson et Morley n'ont pas observé de déplacement des franges d'interférences lorsqu'on fait tourner l'appareil de 90°. Cela implique que la vitesse de la lumière est la même dans les deux directions. En particulier, ce résultat contredit les prédictions basées sur le modèle de l'éther et de l'addition galiléenne des vitesses : du fait du mouvement de la Terre par rapport à l'éther, la vitesse de la lumière par rapport au laboratoire ne serait pas la même dans des directions différentes.

Note historique : *C'est pour expliquer le résultat négatif de Michelson et Morley, c'est-à-dire l'absence de trace du mouvement de la Terre par rapport à*

14. **Augustin Fresnel** (1788–1827) : Physicien français, co-fondateur de la théorie ondulatoire de la lumière ; il inventa la lentille qui porte son nom et équipe les phares en bord de mer.

15. **Albert A. Michelson** (1852–1931) : Physicien américain qui a consacré sa vie à l'optique de précision et, en particulier, à la mesure de $V_{\rm lum}$; prix Nobel de physique en 1907 (le premier américain).

16. **Edward W. Morley** (1838–1923) : Chimiste américain, surtout connu pour ses travaux avec Michelson.

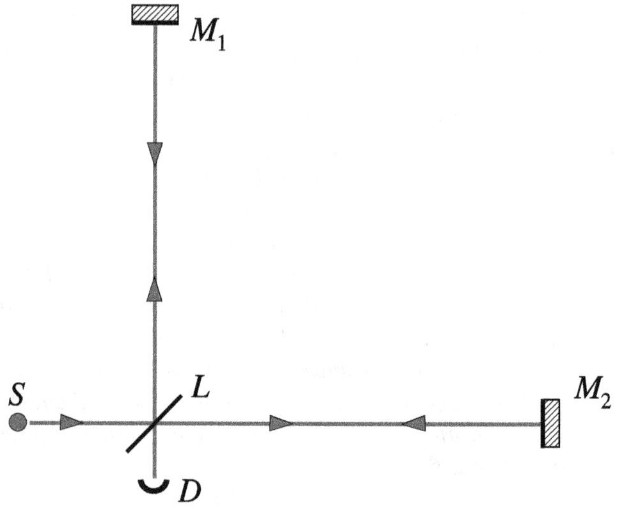

FIG. 4.8 – Schéma de principe d'un interféromètre de Michelson : S est la source de lumière, L une lame semi-réfléchissante, M_1 et M_2 deux miroirs et D le détecteur.

l'éther, que George F. FitzGerald[17] *a émis en 1889 l'hypothèse de la contraction des longueurs des corps matériels dans la direction de leur mouvement vis-à-vis de l'éther [158]. Le facteur de contraction proposé par FitzGerald n'est autre que le facteur de Lorentz* $\Gamma = (1 - V^2/c^2)^{-1/2}$, *où* V *est la vitesse de la Terre par rapport à l'éther. La contraction du bras de l'interféromètre dans la direction du mouvement de la Terre permet alors d'expliquer le résultat obtenu par Michelson et Morley. Hendrik A. Lorentz (*cf. *p. 113) a fait la même remarque trois ans plus tard [261] et a montré que, dans la théorie de l'éther, le facteur de contraction* Γ *peut être dérivé en considérant que les forces de cohésion des bras de l'interféromètre sont d'origine électromagnétique : la contraction résulte alors de la modification des forces induite par le mouvement de le Terre à travers l'éther.*

Expérience de Kennedy et Thorndike (1932)

L'expérience de Michelson et Morley est sensible à la variation de V_{lum} dans deux directions différentes, c'est-à-dire qu'elle teste l'isotropie de $\vec{V}_{\text{lum}}$. Plus précisément, elle montre que la vitesse de la lumière mesurée par un observateur $\mathcal{O}$ ne dépend pas de la *direction* du mouvement de $\mathcal{O}$ par rapport à un quelconque référentiel privilégié (l'éther). Mais elle ne montre pas que la vitesse de la lumière est indépendante de la *norme* de la vitesse de $\mathcal{O}$ par rapport à l'éther. Cette dernière propriété a été établie en 1932 par Roy J.

17. **George F. FitzGerald** (1851–1901) : Physicien irlandais, qui a beaucoup travaillé sur la théorie de Maxwell de l'électromagnétisme.

Kennedy et Edward M. Thorndike [224], sur la base d'une expérience qui diffère de celle de Michelson et Morley en trois points :

- l'interféromètre a des bras de longueurs L_1 et L_2 différentes ;
- l'interféromètre est laissé fixe dans le laboratoire (pas de rotation des bras) ;
- on observe les franges d'interférence sur une longue période : plusieurs mois.

Du fait de la révolution de la Terre autour du Soleil, la norme de la vitesse de l'observateur par rapport à l'éther change appréciablement sur une échelle de plusieurs mois. Un calcul simple montre que la différence de phase des deux faisceaux de l'interféromètre qui en résulte est proportionnelle à $L_1 - L_2$ (*cf.* § 5.4 de [176] ou § 3.IV.2 de [384]). Or Kennedy et Thorndike n'ont observé aucun déplacement des franges d'interférence, ce qui montre l'invariance de $V_{\rm lum}$ vis-à-vis de l'amplitude de la vitesse de l'observateur par rapport à un quelconque éther.

Indépendance vis-à-vis du mouvement de la source

On peut se poser la question de la dépendance de $\vec{V}_{\rm lum}$ vis-à-vis du mouvement de la source de lumière. Écrivons

$$\vec{V}_{\rm lum} = \vec{V}_0 + k\vec{V}_{\rm s}, \qquad (4.82)$$

où $\vec{V}_{\rm s}$ est la vitesse de la source par rapport à l'observateur $\mathcal{O}$, $\vec{V}_0$ est la vitesse qu'aurait la lumière si la source était immobile par rapport à $\mathcal{O}$ et k une constante. On peut résumer la prédiction (4.80) de la relativité par $k = 0$.

Une confirmation de cette prédiction a été fournie par l'observation des étoiles doubles. Comme l'a fait remarquer de Sitter[18] en 1913 [114–116], si la vitesse de la lumière s'additionnait avec celle de la source, cela se traduirait par une irrégularité dans le mouvement apparent des étoiles doubles. On le comprend aisément si l'on considère l'orbite circulaire d'une étoile légère autour d'un compagnon massif et que l'on place l'observateur dans le plan orbital. En calculant le temps de parcours de la lumière, on constate que l'image de l'étoile mettrait moins de temps à effectuer la demi-orbite du côté de l'observateur que celle située du côté opposé (*Exercice :* le faire). À l'époque de de Sitter, les observations ont permis d'établir $|k| < 0.002$ [115].

Un point faible de la démonstration de de Sitter est que l'on ne perçoit pas directement la lumière des étoiles : elle est en effet diffusée par le milieu interstellaire, c'est-à-dire que les photons sont absorbés et réémis de multiples fois avant d'atteindre la Terre. Par conséquent, dans (4.82), $\vec{V}_{\rm s}$ devrait plutôt

18. **Willem de Sitter** (1872–1934) : Physicien et astronome hollandais, célèbre pour avoir introduit un modèle cosmologique dans le cadre de la relativité générale, appelé *univers de de Sitter*.

être la vitesse moyenne du milieu interstellaire par rapport à la Terre. Cette dernière étant constante, on n'observerait pas d'effet même si $k \neq 0$. Cependant, la diffusion par le milieu interstellaire n'est importante qu'aux longueurs d'onde optiques ou plus petites. Elle est par contre quasi inexistante pour les rayons X. En observant trois pulsars X, c'est-à-dire trois systèmes doubles dont l'une des étoiles est une étoile à neutrons qui accrète de la matière depuis son compagnon, Kenneth Brecher a pu montrer en 1977 [65] que

$$|k| < 2 \times 10^{-9}, \tag{4.83}$$

ce qui constitue un excellent test pour la relativité.

Un autre test de l'indépendance de la vitesse de la lumière vis-à-vis de la source provient de la physique des particules. Lors d'une expérience réalisée au CERN en 1964, T. Alväger *et al.* [10] ont déterminé la vitesse des photons gamma émis lors de la désintégration de pions neutres. Un pion π^0 (*cf.* p. 115) a en effet une durée de vie moyenne de 8×10^{-17} s et sa principale voie de désintégration consiste en l'émission de deux photons :

$$\pi^0 \longrightarrow \gamma + \gamma.$$

Les pions produits lors de collisions dans le synchrotron PS du CERN étant ultra-relativistes ($\Gamma \sim 45$), on est dans le cas où $\|\vec{\boldsymbol{V}}_{\mathrm{s}}\|_{\boldsymbol{g}} \simeq c$ dans (4.82). La vitesse des photons gamma a été mesurée par leur temps de vol entre deux détecteurs séparés de 31 m et a conduit à [10]

$$k = (-3 \pm 13) \times 10^{-5}, \tag{4.84}$$

soit une valeur tout à fait compatible avec le $k = 0$ de la relativité restreinte.

Expériences modernes

Les expériences modernes sur la constance de V_{lum} sont basées sur la détermination précise des fréquences de résonance d'une cavité optique ou micro-onde, de type Fabry-Perot ou circulaire. En effet la fréquence d'un mode propre de la cavité est

$$\nu = \frac{N V_{\mathrm{lum}}}{2nL}, \tag{4.85}$$

où L est la longueur de la cavité, n l'indice du milieu qu'elle contient et $N \in \mathbb{N}$ le numéro du mode. Si V_{lum} variait, d'une valeur δV_{lum}, cette formule implique qu'il en serait de même pour ν. En 1979, en utilisant une cavité Fabry-Perot et un laser hélium-néon à la longueur d'onde $\lambda = 3.39\ \mu$m, Alain Brillet et J.L. Hall ont obtenu

$$\frac{|\delta V_{\mathrm{lum}}|}{c} < 10^{-14}$$

pour un trajet aller-retour dans la cavité [67]. On utilise à présent des cavités cryogéniques circulaires [300, 441, 442, 444] ou un système de deux cavités optiques perpendiculaires [144, 207]. Cela a permis d'atteindre des bornes supérieures de l'ordre de 10^{-15} [442, 444] et même 10^{-17} [144, 207] sur certains des paramètres du cadre théorique SME mentionné plus haut, ces paramètres valant 0 pour la relativité restreinte.

Par ailleurs, mentionnons que sans réaliser aucune expérience, en utilisant uniquement des données publiques du système de positionnement global GPS qui comprend des horloges atomiques embarquées à bord de satellites et d'autres au sol, Peter Wolf et Gérard Petit ont obtenu $|\delta V_{\text{lum}}|/c < 5 \times 10^{-9}$ sur un trajet aller simple d'un signal électromagnétique [443].

Enfin, des observations astrophysiques récentes ont fourni des preuves remarquables sur l'indépendance de V_{lum} vis-à-vis de l'énergie E des photons. En observant à l'aide du télescope à effet Cherenkov HESS les photons gamma de haute énergie ($\sim$ 800 GeV) émis par une explosion survenue le 28 juillet 2006 dans la galaxie à noyau actif PKS 2155-304, les chercheurs [5] ont pu apporter des contraintes sur les décalages des temps d'arrivée des photons dans deux gammes d'énergie différentes et, connaissant la distance de la galaxie, en déduire que

$$\frac{V_{\text{lum}}}{c} = 1 + \alpha \frac{E}{1\ \text{GeV}} + \beta \left(\frac{E}{1\ \text{GeV}}\right)^2, \quad \text{avec } |\alpha| < 2\times 10^{-18} \text{ et } |\beta| < 5\times 10^{-19}.$$

Pour une revue plus détaillée des expériences, on consultera [129, 277, 439, 442]. Les expériences historiques du XIXe siècle et début du XXe siècle sont discutées, entre autres, dans [105, 284, 413]. On lira également avec profit l'article [147] sur les différents aspects de c (vitesse de la lumière, constante de conversion temps/longueur, vitesse de propagation de la gravitation, etc.) et leur relation avec l'expérience.

Chapitre 5

Changement d'observateur

Sommaire

Le chapitre précédent discutait du mouvement d'une particule tel que perçu par un observateur donné, introduisant les notions de vitesse et d'accélération. Nous abordons à présent la façon dont deux observateurs distincts perçoivent le même mouvement. Nous établirons notamment les diverses lois de transformations de quantités relatives lorsqu'on passe d'un observateur à l'autre : transformation des longueurs (contraction de FitzGerald-Lorentz, § 5.1), des vitesses (§ 5.2), des accélérations (§ 5.3), des fréquences (effet Doppler, § 5.4), des angles d'observations (aberration, § 5.5) et des images (§ 5.6).

5.1 Relations entre deux observateurs

Dans tout ce chapitre, on considère deux observateurs, $\mathcal{O}$ et $\mathcal{O}'$, de lignes d'univers $\mathscr{L}$ et $\mathscr{L}'$ et de 4-vitesses $\vec{u}$ et $\vec{u}'$.

5.1.1 Réciprocité de la vitesse relative

L'observateur $\mathcal{O}'$ a une certaine vitesse relative à $\mathcal{O}$ et, de même, $\mathcal{O}$ a une vitesse relative à $\mathcal{O}'$. Comment ces deux vitesses sont-elles reliées ? En

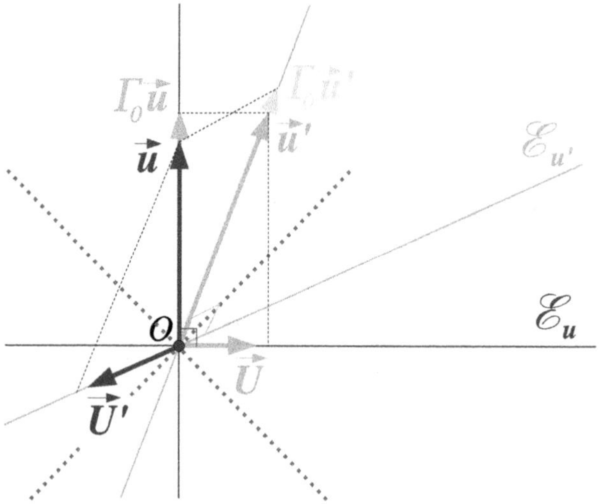

FIG. 5.1 – Vitesses relatives de deux observateurs $\mathcal{O}$ (4-vitesse $\vec{u}$ et espace local de repos $\mathscr{E}_u$) et $\mathcal{O}'$ (4-vitesse $\vec{u}'$ et espace local de repos $\mathscr{E}_{u'}$) : $\vec{U}$ est la vitesse de $\mathcal{O}'$ relative à $\mathcal{O}$ et $\vec{U}'$ la vitesse de $\mathcal{O}$ relative à $\mathcal{O}'$.

physique galiléenne, elles seraient simplement l'opposée l'une de l'autre. Nous allons voir qu'il n'en est pas de même dans le cadre relativiste.

Pour simplifier le problème, on se place dans le cas où les lignes d'univers $\mathscr{L}$ et $\mathscr{L}'$ des deux observateurs se croisent en un même événement O. On peut alors utiliser les formules réduites (4.31)–(4.33). Pour mettre les observateurs $\mathcal{O}$ et $\mathcal{O}'$ sur le même pied, effectuons un petit changement de notation : nous désignerons par $\vec{U}$ (et non plus par $\vec{V}$), la vitesse de $\mathcal{O}'$ relative à $\mathcal{O}$. Nous noterons alors $\vec{U}'$ la vitesse de $\mathcal{O}$ relative à $\mathcal{O}'$. Compte tenu de ces notations, la formule (4.31) conduit aux relations suivantes entre les 4-vitesses des deux observateurs (*cf.* Fig. 5.1) :

$$\vec{u}' = \Gamma_0 \left(\vec{u} + \frac{1}{c}\vec{U} \right) \quad \text{avec} \quad \vec{u}\cdot\vec{U} = 0, \tag{5.1}$$

$$\vec{u} = \Gamma_0 \left(\vec{u}' + \frac{1}{c}\vec{U}' \right) \quad \text{avec} \quad \vec{u}'\cdot\vec{U}' = 0, \tag{5.2}$$

où $\Gamma_0 = -\vec{u}\cdot\vec{u}'$ est le facteur de Lorentz de $\mathcal{O}'$ par rapport à $\mathcal{O}$. C'est le même dans les deux expressions (5.1) et (5.2) en raison de la symétrie du produit scalaire $\vec{u}\cdot\vec{u}'$ (*cf.* remarque page 104). La formule (4.33) conduit aux deux relations suivantes

$$\Gamma_0 = \left(1 - \frac{1}{c^2}\vec{U}\cdot\vec{U} \right)^{-1/2} = \left(1 - \frac{1}{c^2}\vec{U}'\cdot\vec{U}' \right)^{-1/2}. \tag{5.3}$$

On en déduit immédiatement que les carrés scalaires des vitesses relatives des deux observateurs sont les mêmes :

$$\vec{\boldsymbol{U}} \cdot \vec{\boldsymbol{U}} = \vec{\boldsymbol{U}}' \cdot \vec{\boldsymbol{U}}', \tag{5.4}$$

ou, de manière équivalente, que $\|\vec{\boldsymbol{U}}\|_{\boldsymbol{g}} = \|\vec{\boldsymbol{U}}'\|_{\boldsymbol{g}}$. En physique galiléenne, cette propriété serait immédiate puisque la vitesse de l'observateur $\mathcal{O}$ relative à l'observateur $\mathcal{O}'$ serait l'opposé de celle de $\mathcal{O}'$ relative à $\mathcal{O}$:

$$\vec{\boldsymbol{U}}' = -\vec{\boldsymbol{U}} \qquad \text{(non relativiste)}. \tag{5.5}$$

La relation (5.5) n'est *a priori* pas possible dans le cadre relativiste puisque les vecteurs $\vec{\boldsymbol{U}}$ et $\vec{\boldsymbol{U}}'$ appartiennent à deux espaces vectoriels différents (sauf si les observateurs $\mathcal{O}$ et $\mathcal{O}'$ coïncident) : $\vec{\boldsymbol{U}} \in E_{\boldsymbol{u}}$ et $\vec{\boldsymbol{U}}' \in E_{\boldsymbol{u}'}$ (*cf.* Fig. 5.1). Les espaces vectoriels $E_{\boldsymbol{u}}$ et $E_{\boldsymbol{u}'}$ ont certes une intersection non nulle[1], mais $\vec{\boldsymbol{U}}$ et $\vec{\boldsymbol{U}}'$ n'en font pas partie. En partant des Éqs. (5.1) et (5.2), il est facile d'établir la relation entre $\vec{\boldsymbol{U}}$ et $\vec{\boldsymbol{U}}'$. En remplaçant $\vec{\boldsymbol{u}}'$ par (5.1) dans (5.2), il vient en effet

$$\vec{\boldsymbol{u}} = \Gamma_0 \left[\Gamma_0 \left(\vec{\boldsymbol{u}} + \frac{1}{c} \vec{\boldsymbol{U}} \right) + \frac{1}{c} \vec{\boldsymbol{U}}' \right].$$

À l'aide de l'identité $1 - \Gamma_0^{-2} = c^{-2} \vec{\boldsymbol{U}} \cdot \vec{\boldsymbol{U}}$ (*cf.* (5.3)), on réécrit cette équation comme

$$\boxed{\vec{\boldsymbol{U}}' = -\Gamma_0 \left[\vec{\boldsymbol{U}} + \frac{1}{c} (\vec{\boldsymbol{U}} \cdot \vec{\boldsymbol{U}}) \, \vec{\boldsymbol{u}} \right]}. \tag{5.6}$$

À la limite non-relativiste, $c \to +\infty$, $\Gamma_0 \to 1$ et on retrouve bien (5.5). Par ailleurs, on vérifie que la propriété (5.4) est bien satisfaite :

$$\begin{aligned} \vec{\boldsymbol{U}}' \cdot \vec{\boldsymbol{U}}' &= \Gamma_0^2 \left[\vec{\boldsymbol{U}} \cdot \vec{\boldsymbol{U}} + \frac{2}{c} (\vec{\boldsymbol{U}} \cdot \vec{\boldsymbol{U}}) \underbrace{\vec{\boldsymbol{u}} \cdot \vec{\boldsymbol{U}}}_{0} + \frac{1}{c^2} (\vec{\boldsymbol{U}} \cdot \vec{\boldsymbol{U}})^2 \underbrace{\vec{\boldsymbol{u}} \cdot \vec{\boldsymbol{u}}}_{-1} \right] \\ &= \vec{\boldsymbol{U}} \cdot \vec{\boldsymbol{U}} \underbrace{\Gamma_0^2 \left[1 - \frac{1}{c^2} (\vec{\boldsymbol{U}} \cdot \vec{\boldsymbol{U}}) \right]}_{1} = \vec{\boldsymbol{U}} \cdot \vec{\boldsymbol{U}}. \end{aligned}$$

On peut mettre la relation (5.6) sous une forme plus géométrique. Calculons en effet la projection orthogonale de $\vec{\boldsymbol{U}}$ sur l'hyperplan $E_{\boldsymbol{u}'}$ normal à la 4-vitesse de $\mathcal{O}'$: d'après les formules (3.13) et (5.1),

$$\begin{aligned} \perp_{\boldsymbol{u}'} \vec{\boldsymbol{U}} &= \vec{\boldsymbol{U}} + (\vec{\boldsymbol{u}}' \cdot \vec{\boldsymbol{U}}) \, \vec{\boldsymbol{u}}' = \vec{\boldsymbol{U}} + \left[\Gamma_0 \left(\vec{\boldsymbol{u}} + \frac{1}{c} \vec{\boldsymbol{U}} \right) \cdot \vec{\boldsymbol{U}} \right] \Gamma_0 \left(\vec{\boldsymbol{u}} + \frac{1}{c} \vec{\boldsymbol{U}} \right) \\ &= \vec{\boldsymbol{U}} + \frac{\Gamma_0^2}{c^2} (\vec{\boldsymbol{U}} \cdot \vec{\boldsymbol{U}}) \left(c \vec{\boldsymbol{u}} + \vec{\boldsymbol{U}} \right) = \Gamma_0^2 \left[\vec{\boldsymbol{U}} + \frac{1}{c} (\vec{\boldsymbol{U}} \cdot \vec{\boldsymbol{U}}) \, \vec{\boldsymbol{u}} \right], \end{aligned}$$

1. Il s'agit d'un sous-espace vectoriel de dimension 2 (un plan vectoriel) constitué par tous les vecteurs orthogonaux à la fois à $\vec{\boldsymbol{u}}$ et $\vec{\boldsymbol{u}}'$.

où l'on a utilisé l'identité $1 + \Gamma_0^2(\vec{U} \cdot \vec{U})/c^2 = \Gamma_0^2$ que l'on déduit de (5.3). En comparant l'expression ci-dessus avec (5.6), on constate, qu'à un facteur de Lorentz près, $\vec{U}'$ n'est pas autre chose que l'opposé de la projection orthogonale de $\vec{U}$ sur l'espace vectoriel $E_{u'}$ associé à l'espace local de repos de l'observateur $\mathcal{O}'$:

$$\boxed{\vec{U}' = -\frac{1}{\Gamma_0} \perp_{u'}\vec{U}}. \tag{5.7}$$

Remarque : Sur cette formule on comprend bien la limite galiléenne $\vec{U}' = -\vec{U}$, car dans cette limite tous les espaces locaux de repos se fondent en un seul et même sous-espace affine de $\mathscr{E}$: l'ensemble des événements de même temps absolu newtonien, noté Σ_t au § 1.1.5. On a donc, à la limite galiléenne, $\perp_{u'}\vec{U} = \perp_u\vec{U} = \vec{U}$. Comme de plus, $\Gamma_0 \to 1$, on en déduit $\vec{U}' = -\vec{U}$.

Par symétrie $\mathcal{O} \leftrightarrow \mathcal{O}'$, on a évidemment les formules suivantes :

$$\boxed{\vec{U} = -\Gamma_0 \left[\vec{U}' + \frac{1}{c}(\vec{U}' \cdot \vec{U}')\,\vec{u}'\right] = -\frac{1}{\Gamma_0} \perp_u\vec{U}'}. \tag{5.8}$$

5.1.2 Contraction des longueurs

Introduisons le vecteur unitaire dans la direction de la vitesse de $\mathcal{O}'$ relative à $\mathcal{O}$:

$$\boxed{\vec{e} := \frac{1}{U}\vec{U}}, \qquad \text{où} \quad U := \left\|\vec{U}\right\|_{g}. \tag{5.9}$$

Rappelons que la norme suivant g a été définie par (1.21). $\vec{e}$ est un vecteur unitaire du genre espace : $\vec{e} \cdot \vec{e} = 1$ ($\vec{e} \in \mathscr{S}$, *cf.* § 1.3.3). Il est de plus tangent à l'espace local de repos de $\mathcal{O}$: $\vec{e} \in E_u$ (*cf.* Fig. 5.2)[2].

En combinant (5.7) et (5.9), la vitesse de $\mathcal{O}$ relative à $\mathcal{O}'$ s'écrit $\vec{U}' = -(U/\Gamma_0) \perp_{u'}\vec{e}$, ce que l'on peut mettre sous la forme

$$\boxed{\vec{U}' = U'\,\vec{e}\,'}, \qquad \text{avec} \quad \boxed{U' := -U} \tag{5.10}$$

et

$$\boxed{\vec{e}\,' := \frac{1}{\Gamma_0} \perp_{u'}\vec{e}}. \tag{5.11}$$

D'après la propriété $\vec{U}' \cdot \vec{U}' = \vec{U} \cdot \vec{U}$ (Éq. (5.4)), on doit avoir $U^2\vec{e}\,' \cdot \vec{e}\,' = U^2$. Le vecteur $\vec{e}\,'$ est donc nécessairement unitaire : $\vec{e}\,' \cdot \vec{e}\,' = 1$ ($\vec{e}\,' \in \mathscr{S}$). Par

2. Dans le cas où $\vec{U} = 0$, la formule (5.9) ne permet pas de définir $\vec{e}$; nous choisirons alors n'importe quel vecteur unitaire de E_u.

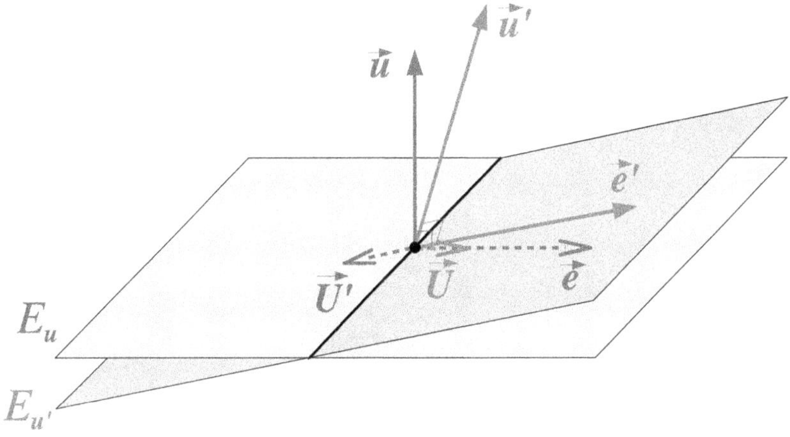

FIG. 5.2 – 4-vitesses $\vec{u}$ et $\vec{u}'$ des observateurs $\mathcal{O}$ et $\mathcal{O}'$ et vecteurs unitaires spatiaux $\vec{e}$ et $\vec{e}'$.

définition $\vec{e}\,' \in E_{u'}$ (*cf.* Fig. 5.2) et une expression explicite est obtenue en comparant les écritures (5.6) (avec $\vec{U} = U\vec{e}$) et (5.10) de $\vec{U}'$:

$$\boxed{\vec{e}\,' = \Gamma_0 \left(\vec{e} + \frac{U}{c}\,\vec{u} \right)}. \tag{5.12}$$

Cette formule s'inverse aisément en permutant les rôles de $\mathcal{O}$ et $\mathcal{O}'$:

$$\vec{e} = \Gamma_0 \left(\vec{e}\,' + \frac{U'}{c}\vec{u}' \right) = \Gamma_0 \left(\vec{e}\,' - \frac{U}{c}\vec{u}' \right). \tag{5.13}$$

Cette relation entre un vecteur unitaire de l'espace local de repos de $\mathcal{O}'$, $\vec{e}\,'$, et un vecteur unitaire de l'espace local de repos de $\mathcal{O}$, $\vec{e}$, est à l'origine du phénomène de la « contraction des longueurs ». En effet supposons que $\mathcal{O}'$ voyage avec une règle alignée dans la direction $\vec{e}\,'$ (*cf.* § 3.2.2). La ligne d'univers d'une des extrémités de la règle est alors la ligne d'univers de $\mathcal{O}'$, soit $\mathscr{L}'$; désignons par $\mathscr{L}'_1$ la ligne d'univers de la deuxième extrémité (*cf.* Fig. 5.3). Soit B' le point de $\mathscr{L}'_1$ simultané vis-à-vis de $\mathcal{O}'$ de l'événement O où la ligne d'univers de $\mathcal{O}'$ croise celle de $\mathcal{O}$: $B' = \mathscr{L}'_1 \cap \mathscr{E}_{u'}(O)$. La longueur ℓ' de la règle mesurée par $\mathcal{O}'$ est alors la norme du vecteur $\overrightarrow{OB'}$ vis-à-vis de $\boldsymbol{g}$ (*cf.* § 3.2.2). Puisque $\vec{e}\,'$ est unitaire et que la règle est alignée suivant $\vec{e}\,'$, on a donc

$$\overrightarrow{OB'} = \ell'\,\vec{e}\,'. \tag{5.14}$$

Du point de vue de l'observateur $\mathcal{O}$, l'extrémité de la règle à l'instant où il se trouve en O est le point B de $\mathscr{L}'_1$ simultané de O vis-à-vis de $\mathcal{O}$:

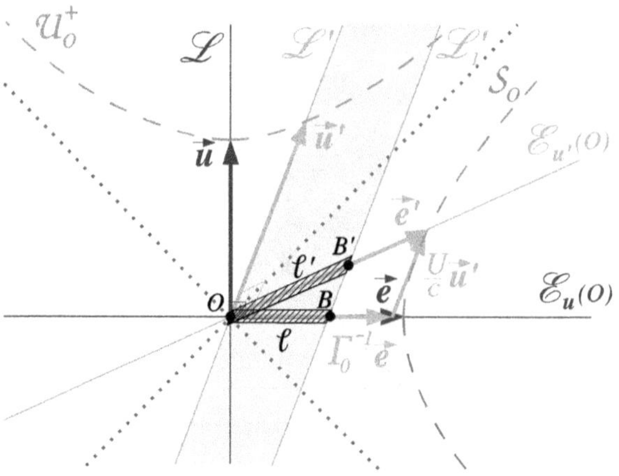

FIG. 5.3 – Mouvement d'une règle associée à l'observateur $\mathcal{O}'$: les extrémités de la règle suivent les lignes d'univers $\mathscr{L}'$ et $\mathscr{L}'_1$. La zone colorée est la portion d'espace-temps couverte par la règle. $\mathscr{U}_O^+$ (resp. $\mathscr{S}_O$) est l'hyperboloïde construit avec les vecteurs unitaires du genre temps (resp. espace) issus de O (*cf.* § 1.3.3 et Fig. 1.6). Lors de l'événement O, la règle perçue par $\mathcal{O}'$ est le segment $[OB']$ contenu dans l'espace de repos $\mathscr{E}_{u'}(O)$. Pour le même événement O, l'observateur $\mathcal{O}$ voit la règle comme le segment $[OB]$ contenu dans l'espace de repos $\mathscr{E}_{\boldsymbol{u}}(O)$.

$B = \mathscr{L}'_1 \cap \mathscr{E}_{\boldsymbol{u}}(O)$ (*cf.* Fig. 5.3). La longueur ℓ de la règle mesurée par $\mathcal{O}$ est alors la norme du vecteur $\overrightarrow{OB}$. Par ailleurs ce vecteur est nécessairement dans la direction de la projection orthogonale de $\vec{e}\,'$ sur $E_{\boldsymbol{u}}$; cette dernière étant parallèle à $\vec{e}$ (*cf.* Éq. (5.12)), et $\vec{e}$ étant unitaire, on en déduit que

$$\overrightarrow{OB} = \ell\,\vec{e}. \tag{5.15}$$

Par ailleurs, pour une règle dont la longueur est négligeable devant le rayon de courbure de $\mathscr{L}'_1$, on a $\overrightarrow{BB'} = \alpha\,\vec{u}'$, avec $\alpha \in \mathbb{R}$ (*cf.* Fig. 5.3). Il vient alors

$$\overrightarrow{OB'} = \overrightarrow{OB} + \overrightarrow{BB'} = \ell\,\vec{e} + \alpha\,\vec{u}'.$$

Or en combinant (5.14) et (5.13), on obtient

$$\overrightarrow{OB'} = \frac{\ell'}{\Gamma_0}\,\vec{e} + \frac{U\ell'}{c\Gamma_0}\,\vec{u}'. \tag{5.16}$$

En comparant les deux expressions ci-dessus de $\overrightarrow{OB'}$ et en invoquant le fait que les vecteurs $\vec{e}$ et $\vec{u}'$ ne sont pas colinéaires, on déduit que

$$\boxed{\ell = \frac{\ell'}{\Gamma_0}} \tag{5.17}$$

et $\alpha = U\ell'/(c\Gamma_0)$.

Le résultat (5.17) est connu sous le nom de ***contraction des longueurs***, ou également ***contraction de FitzGerald-Lorentz***[3]. Puisque $\Gamma_0 \geq 1$ (*cf.* Éqs. (4.15)), (5.17) implique en effet que $\ell \leq \ell'$. Autrement dit, la règle est plus courte pour l'observateur vis-à-vis duquel elle est en mouvement.

Il est important de noter que la contraction des longueurs n'intervient que dans la direction du mouvement de $\mathscr{O}'$ par rapport à $\mathscr{O}$. En effet, dans les directions orthogonales, les espaces locaux de repos de $\mathscr{O}$ et $\mathscr{O}'$ coïncident (*cf.* Fig. 5.2), ce qui implique l'égalité des vecteurs unitaires : $\vec{e} = \vec{e}\,'$, et donc l'égalité des longueurs des règles alignées dans ces directions. Par ailleurs, nous verrons au § 5.6 que la contraction des longueurs n'est pas directement observable sur des images que l'on prendrait d'un objet animé d'une grande vitesse.

Remarque : La dérivation de la formule (5.17) montre clairement que le « phénomène » de contraction des longueurs est une conséquence directe de la relativité de la notion de simultanéité. Si les espaces locaux de repos $\mathscr{E}_{\boldsymbol{u}}(O)$ et $\mathscr{E}_{\boldsymbol{u}'}(O)$ coïncidaient, il n'y aurait pas d'effet.

5.2 Loi de composition des vitesses

5.2.1 Forme générale

Considérons un point matériel $\mathscr{P}$ et deux observateurs, $\mathscr{O}$ et $\mathscr{O}'$. Nous allons établir une relation entre la vitesse de $\mathscr{P}$ relative à $\mathscr{O}$, soit $\vec{V}$, et celle relative à $\mathscr{O}'$, soit $\vec{V}'$ (*cf.* Table 5.1). Nous nous restreindrons au cas où les lignes d'univers de $\mathscr{P}$, $\mathscr{O}$ et $\mathscr{O}'$ se rencontrent en un même événement O (*cf.* Fig. 5.4). Les formules à utiliser sont alors les formules réduites (4.31)–(4.33). Dénotons par $\vec{v}$ la 4-vitesse du point matériel $\mathscr{P}$ et par $\vec{u}$ et $\vec{u}'$ celles des observateurs $\mathscr{O}$ et $\mathscr{O}'$ respectivement. La relation (4.31) conduit alors aux deux décompositions suivantes de $\vec{v}$:

$$\vec{v} = \Gamma\left(\vec{u} + \frac{1}{c}\vec{V}\right) = \Gamma'\left(\vec{u}' + \frac{1}{c}\vec{V}'\right), \quad \text{avec} \quad \vec{u}\cdot\vec{V} = \vec{u}'\cdot\vec{V}' = 0, \tag{5.18}$$

où Γ (resp. Γ') est le facteur de Lorentz de $\mathscr{P}$ par rapport à l'observateur $\mathscr{O}$ (resp. $\mathscr{O}'$) : d'après (4.10) et (4.33),

$$\Gamma = -\vec{u}\cdot\vec{v} = \left(1 - \frac{1}{c^2}\vec{V}\cdot\vec{V}\right)^{-1/2}, \tag{5.19}$$

$$\Gamma' = -\vec{u}'\cdot\vec{v} = \left(1 - \frac{1}{c^2}\vec{V}'\cdot\vec{V}'\right)^{-1/2}. \tag{5.20}$$

3. *Cf.* note historique p. 129.

	4-vitesse	4-accél.	fact. Lor. / $\mathcal{O}$	fact. Lor. / $\mathcal{O}'$	vitesse / $\mathcal{O}$	vitesse / $\mathcal{O}'$	accélér. / $\mathcal{O}$	accélér. / $\mathcal{O}'$
$\mathcal{O}$	$\vec{u}$	$\vec{a}_{\mathcal{O}}$	1	$\Gamma'_{\mathcal{O}}$	0	$\vec{U}'$	0	$\vec{\gamma}'_{\mathcal{O}}$
$\mathcal{O}'$	$\vec{u}'$	$\vec{a}_{\mathcal{O}'}$	$\Gamma_{\mathcal{O}'}$	1	$\vec{U}$	0	$\vec{\gamma}_{\mathcal{O}'}$	0
$\mathscr{P}$	$\vec{v}$	$\vec{a}_{\mathscr{P}}$	Γ	Γ'	$\vec{V}$	$\vec{V}'$	$\vec{\gamma}$	$\vec{\gamma}'$

TAB. 5.1 – Notations employées dans ce chapitre. Aux § 5.1 et 5.2, on a $\Gamma'_{\mathcal{O}} = \Gamma_{\mathcal{O}'} = \Gamma_0$.

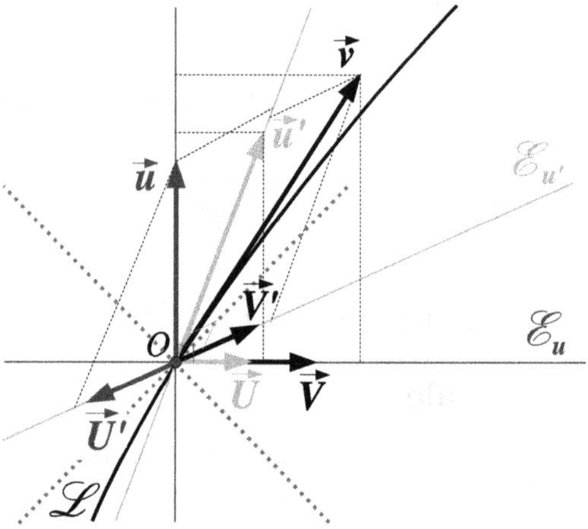

FIG. 5.4 – Mouvement d'un point matériel $\mathscr{P}$ perçu par deux observateurs $\mathcal{O}$ et $\mathcal{O}'$, en un même événement O. $\mathscr{L}$ est la ligne d'univers de $\mathscr{P}$, $\vec{v}$ sa 4-vitesse, $\vec{V}$ sa vitesse relative à $\mathcal{O}$ et $\vec{V}'$ sa vitesse relative à $\mathcal{O}'$. $\vec{u}$ est la 4-vitesse de $\mathcal{O}$ et $\vec{U}'$ sa vitesse relative à $\mathcal{O}'$. Enfin $\vec{u}'$ est la 4-vitesse de $\mathcal{O}'$ et $\vec{U}$ sa vitesse relative à $\mathcal{O}$. Notons que les vecteurs $\vec{U}$ et $\vec{V}$ appartiennent à l'espace vectoriel $E_{\boldsymbol{u}}$ associé à l'espace local de repos $\mathscr{E}_{\boldsymbol{u}}$ de $\mathcal{O}$, alors que les vecteurs $\vec{U}'$ et $\vec{V}'$ appartiennent à l'espace vectoriel $E_{\boldsymbol{u}'}$ associé à l'espace local de repos $\mathscr{E}_{\boldsymbol{u}'}$ de $\mathcal{O}'$. La figure correspond au cas où $\vec{u}$, $\vec{u}'$ et $\vec{v}$ sont coplanaires.

On déduit des identités (5.18) que

$$\vec{V}' = \frac{\Gamma}{\Gamma'}\left(c\vec{u} + \vec{V}\right) - c\vec{u}'. \tag{5.21}$$

Projetons cette relation sur $E_{\boldsymbol{u}'}$, *via* l'opérateur $\perp_{\boldsymbol{u}'}$ (*cf.* § 3.1.5) ; puisque $\perp_{\boldsymbol{u}'}\vec{V}' = \vec{V}'$, $\perp_{\boldsymbol{u}'}\vec{u} = \Gamma_0 c^{-1}\vec{U}'$ (*cf.* Éq. (5.2)) et $\perp_{\boldsymbol{u}'}\vec{u}' = 0$, il vient

$$\vec{V}' = \frac{\Gamma}{\Gamma'}\left[\Gamma_0\vec{U}' + \perp_{\boldsymbol{u}'}\vec{V}\right]. \tag{5.22}$$

Pour évaluer le terme Γ/Γ' procédons comme suit. La vitesse relative $\vec{V}'$ est par définition orthogonale à la 4-vitesse de l'observateur $\mathcal{O}'$: $\vec{u}' \cdot \vec{V}' = 0$. En remplaçant $\vec{V}'$ par l'expression (5.21) et en développant, il vient

$$\frac{\Gamma}{\Gamma'}(c\underbrace{\vec{u}' \cdot \vec{u}}_{-\Gamma_0} + \vec{u}' \cdot \vec{V}) - c\underbrace{\vec{u}' \cdot \vec{u}'}_{-1} = 0. \quad (5.23)$$

Or, d'après (5.1) et la propriété $\vec{u} \cdot \vec{V} = 0$,

$$\vec{u}' \cdot \vec{V} = \Gamma_0 \left(\vec{u} + \frac{1}{c}\vec{U} \right) \cdot \vec{V} = \frac{\Gamma_0}{c} \vec{U} \cdot \vec{V}. \quad (5.24)$$

En reportant cette valeur dans (5.23), on obtient l'expression suivante du facteur de Lorentz de $\mathscr{P}$ par rapport à $\mathcal{O}'$:

$$\boxed{\Gamma' = \Gamma\Gamma_0 \left(1 - \frac{1}{c^2}\vec{U} \cdot \vec{V} \right)}. \quad (5.25)$$

Éliminons $\vec{U}$ de cette formule : de (5.6) et $\vec{u} \cdot \vec{V} = 0$ on déduit immédiatement

$$\vec{U}' \cdot \vec{V} = -\Gamma_0 \vec{U} \cdot \vec{V}. \quad (5.26)$$

De plus, puisque $\vec{U}' \in E_{u'}$, on peut écrire $\vec{U}' \cdot \vec{V} = \vec{U}' \cdot \perp_{u'}\vec{V}$ et donc mettre (5.25) sous la forme

$$\boxed{\Gamma' = \Gamma \left[\Gamma_0 + \frac{1}{c^2}\vec{U}' \cdot \perp_{u'}\vec{V} \right]}. \quad (5.27)$$

En reportant cette valeur dans (5.22), il vient

$$\boxed{\vec{V}' = \frac{1}{\Gamma_0 + \frac{1}{c^2}\vec{U}' \cdot \perp_{u'}\vec{V}} \left[\perp_{u'}\vec{V} + \Gamma_0 \vec{U}' \right]}, \quad (5.28)$$

avec, d'après les Éqs. (3.13), (5.24) et (5.26),

$$\perp_{u'}\vec{V} := \vec{V} + (\vec{u}' \cdot \vec{V})\,\vec{u}' = \vec{V} + \frac{\Gamma_0}{c}(\vec{U} \cdot \vec{V})\,\vec{u}' = \vec{V} - \frac{1}{c}(\vec{U}' \cdot \vec{V})\,\vec{u}'. \quad (5.29)$$

La formule (5.28) est la loi de composition des vitesses recherchée : elle exprime la vitesse $\vec{V}'$ du point matériel $\mathscr{P}$ relative au « nouvel » observateur, $\mathcal{O}'$, en fonction de la vitesse $\vec{V}$ de $\mathscr{P}$ relative à l'« ancien » observateur, $\mathcal{O}$, et de la vitesse $\vec{U}'$ de $\mathcal{O}$ relative à $\mathcal{O}'$. Γ_0 doit y être vu comme la fonction de $\vec{U}'$ donnée par (5.3). À la limite non relativiste, $c \to +\infty$, $\Gamma_0 \to 1$, et (5.29) conduit à $\perp_{u'}\vec{V} \simeq \vec{V}$ (*cf.* aussi la remarque p. 138) ; la formule (5.28) se réduit alors à

$$\vec{V}' = \vec{V} + \vec{U}' \qquad \text{(non relativiste)}. \quad (5.30)$$

Remarque 1 : Il est clair sur la formule (5.28) que les vecteurs $\vec{V}'$ et $\vec{V}$ n'appartiennent pas au même sous-espace vectoriel de E (sauf si $\vec{U}' = 0$, *cf.* ci-dessous) : on doit d'abord projeter $\vec{V}$ sur $E_{u'}$, *via* l'opérateur $\perp_{u'}$, avant d'additionner la « vitesse d'entraînement » $\vec{U}'$.

Remarque 2 : Dans le cas où $\vec{U}' = 0$, les observateurs $\mathcal{O}$ et $\mathcal{O}'$ coïncident en O, la formule (5.29) se réduit à $\perp_{u'}\vec{V} = \vec{V}$ et (5.28) se réduit bien à $\vec{V}' = \vec{V}$.

5.2.2 Décomposition en parties parallèle et transverse

L'observateur $\mathcal{O}$ mesure deux vitesses : la vitesse $\vec{V}$ du point matériel $\mathscr{P}$ et la vitesse $\vec{U}$ de l'observateur $\mathcal{O}'$. Il est alors instructif de décomposer $\vec{V}$ en une partie parallèle à $\vec{U}$ et une partie transverse à $\vec{U}$ (c'est-à-dire orthogonale du point de vue de la métrique $\boldsymbol{g}$). On fera de même pour les vitesses mesurées par l'observateur $\mathcal{O}'$, c'est-à-dire que l'on décomposera orthogonalement $\vec{V}'$ vis-à-vis de $\vec{U}'$. On suppose que $\vec{U} \neq 0$ (sinon, les observateurs $\mathcal{O}$ et $\mathcal{O}'$ coïncident en O et on est dans la situation triviale où $\vec{V}' = \vec{V}$).

Les parties parallèle et transverse de $\vec{V}$ vis-à-vis de $\vec{U}$ sont définies par

$$\vec{V} =: V_{\parallel}\,\vec{e} + \vec{V}_{\perp}, \qquad \text{avec} \quad \vec{e}\cdot\vec{V}_{\perp} = 0, \tag{5.31}$$

où $\vec{e}$ est le vecteur unitaire dans la direction de $\vec{U}$ introduit au § 5.1.2 (Éq. (5.9)). Il est important de noter que le vecteur $\vec{V}_{\perp}$ est à la fois orthogonal à $\vec{u}$ et $\vec{u}'$:

$$\vec{V}_{\perp} \in E_{u} \cap E_{u'}. \tag{5.32}$$

En effet, $\vec{V}_{\perp} \in E_{u}$ puisque $\vec{V} \in E_{u}$ et $\vec{e} \in E_{u}$. De plus, en utilisant (5.1),

$$\vec{u}'\cdot\vec{V}_{\perp} = \Gamma_0\left(\vec{u} + \frac{1}{c}U\vec{e}\right)\cdot\vec{V}_{\perp} = \Gamma_0\Big(\underbrace{\vec{u}\cdot\vec{V}_{\perp}}_{0} + \frac{1}{c}U\underbrace{\vec{e}\cdot\vec{V}_{\perp}}_{0}\Big) = 0,$$

ce qui montre que $\vec{V}_{\perp} \in E_{u'}$ et établit (5.32).

De même, les parties parallèle et transverse de $\vec{V}'$ vis-à-vis de $\vec{U}'$ sont définies par

$$\vec{V}' =: V'_{\parallel}\,\vec{e}\,' + \vec{V}'_{\perp}, \qquad \text{avec} \quad \vec{e}\,'\cdot\vec{V}'_{\perp} = 0, \tag{5.33}$$

où $\vec{e}\,'$ est le vecteur unitaire dans la direction de $\vec{U}'$ introduit au § 5.1.2 (Éq. (5.10)). Tout comme pour $\vec{V}_{\perp}$, on a

$$\vec{V}'_{\perp} \in E_{u} \cap E_{u'}. \tag{5.34}$$

Exprimons la projection de $\vec{V}$ sur $E_{u'}$ qui intervient dans la loi de composition des vitesses (5.28). L'opérateur $\perp_{u'}$ étant linéaire, il vient

$$\perp_{u'}\vec{V} = \perp_{u'}(V_{\parallel}\,\vec{e} + \vec{V}_{\perp}) = V_{\parallel}\perp_{u'}\vec{e} + \perp_{u'}\vec{V}_{\perp}.$$

Or d'après (5.11), $\perp_{u'}\vec{e} = \Gamma_0\,\vec{e}\,'$ et d'après (5.32), $\perp_{u'}\vec{V}_\perp = \vec{V}_\perp$. On a donc

$$\perp_{u'}\vec{V} = \Gamma_0 V_\| \,\vec{e}\,' + \vec{V}_\perp. \tag{5.35}$$

En particulier

$$\vec{U}' \cdot \perp_{u'}\vec{V} = U'\Gamma_0 V_\| \underbrace{\vec{e}\,'\cdot\vec{e}\,'}_{1} + U'\,\vec{e}\,'\cdot\vec{V}_\perp.$$

Or $\vec{e}\,'\cdot\vec{V}_\perp = \Gamma_0[\vec{e} + (U/c)\vec{u}]\cdot\vec{V}_\perp = \Gamma_0[0 + (U/c)\times 0] = 0$; d'où

$$\vec{U}' \cdot \perp_{u'}\vec{V} = \Gamma_0 U' V_\|. \tag{5.36}$$

Au vu de (5.35) et (5.36), la formule (5.28) s'écrit

$$\vec{V}' = \frac{1}{1 + U'V_\|/c^2}\left[(V_\| + U')\vec{e}\,' + \frac{1}{\Gamma_0}\vec{V}_\perp\right]. \tag{5.37}$$

En comparant avec (5.33), on en déduit

$$\boxed{V'_\| = \frac{V_\| + U'}{1 + U'V_\|/c^2}} \tag{5.38}$$

$$\boxed{\vec{V}'_\perp = \frac{1}{\Gamma_0\left(1 + U'V_\|/c^2\right)}\,\vec{V}_\perp}. \tag{5.39}$$

Par ailleurs, en reportant (5.36) dans (5.27), on obtient l'expression suivante du facteur de Lorentz de $\mathscr{P}$ par rapport à $\mathscr{O}'$:

$$\boxed{\Gamma' = \Gamma\Gamma_0\left(1 + \frac{U'V_\|}{c^2}\right)}. \tag{5.40}$$

Puisque $U' = -U$ (Éq. (5.10)), les formules ci-dessus sont bien évidemment équivalentes à

$$\boxed{V'_\| = \frac{V_\| - U}{1 - UV_\|/c^2}} \tag{5.41}$$

$$\boxed{\vec{V}'_\perp = \frac{1}{\Gamma_0\left(1 - UV_\|/c^2\right)}\,\vec{V}_\perp} \tag{5.42}$$

$$\boxed{\Gamma' = \Gamma\Gamma_0\left(1 - \frac{UV_\|}{c^2}\right)}. \tag{5.43}$$

Remarque : De nombreux auteurs présentent une version de la loi de composition des vitesses en considérant tous les vecteurs vitesse relative comme membres d'un même espace vectoriel de dimension trois (*cf.* par exemple les livres de Møller [298], Fock [161], ou dans la limite des faibles vitesses, Landau et Lifchitz [231]). Cela revient à introduire le « représentant » suivant de $\vec{V}$ dans l'espace $E_{u'}$:

$$\vec{V}_* := V_\parallel \, \vec{e}\,' + \vec{V}_\perp. \tag{5.44}$$

On a bien $\vec{V}_* \in E_{u'}$, puisque $\vec{e}\,' \in E_{u'}$ et $\vec{V}_\perp \in E_{u'}$, de sorte que les trois vecteurs $\vec{V}_*$, $\vec{V}'$ et $\vec{U}'$ appartiennent au même espace vectoriel, à savoir $E_{u'}$. L'identification $\vec{V} \leftrightarrow \vec{V}_*$ revient en fait à considérer une base orthonormale $(\vec{e}_i)$ de l'espace local de repos de $\mathcal{O}$, et une base orthonormale $(\vec{e}'_i)$ de l'espace local de repos de $\mathcal{O}'$, telles que $\vec{e}_1 = \vec{e} = U^{-1}\vec{U}$ (*cf.* Éq. (5.9)) et $\vec{e}'_1 = \vec{e}' = (U')^{-1}\vec{U}'$ (*cf.* Éq. (5.10)). Si (V^i) dénote les composantes de $\vec{V}$ dans la base $(\vec{e}_i)$, le vecteur $\vec{V}_*$ est alors défini par $\vec{V}_* := V^i \vec{e}'_i$. En comparant (5.35) et (5.44), il vient

$$\Gamma_0^{-1} \perp_{u'} \vec{V} = \vec{V}_* + (\Gamma_0^{-1} - 1)\vec{V}_\perp.$$

En particulier,

$$\vec{U}' \cdot \Gamma_0^{-1} \perp_{u'} \vec{V} = \vec{U}' \cdot \vec{V}_* + (\Gamma_0^{-1} - 1)\underbrace{\vec{U}' \cdot \vec{V}_\perp}_{0} = \vec{U}' \cdot \vec{V}_*.$$

La loi de composition des vitesses (5.28) peut alors s'écrire

$$\vec{V}' = \frac{1}{1 + \frac{1}{c^2}\vec{U}' \cdot \vec{V}_*}\left[\vec{V}_* + (\Gamma_0^{-1} - 1)\vec{V}_\perp + \vec{U}'\right]. \tag{5.45}$$

Or, d'après (5.44), $\vec{V}_\perp = \vec{V}_* - V_\parallel \, \vec{e}\,' = \vec{V}_* - (\vec{e}\,' \cdot \vec{V}_*)\, \vec{e}\,'$, ce que l'on peut écrire, compte tenu de (5.10),

$$\vec{V}_\perp = \vec{V}_* - \frac{1}{U'^2}(\vec{U}' \cdot \vec{V}_*)\,\vec{U}'.$$

En reportant cette valeur dans (5.45) et en utilisant l'identité $(\Gamma_0^{-1} - 1)/U'^2 = -c^{-2}\Gamma_0/(1 + \Gamma_0)$, que l'on déduit facilement de $\Gamma_0 = (1 - U'^2/c^2)^{-1/2}$ (Éq. (5.3)), on obtient

$$\vec{V}' = \frac{1}{1 + \frac{1}{c^2}\vec{U}' \cdot \vec{V}_*}\left\{\vec{V}_* + \vec{U}' + \frac{\Gamma_0}{c^2(1 + \Gamma_0)}\left[(\vec{U}' \cdot \vec{V}_*)\,\vec{U}' - (\vec{U}' \cdot \vec{U}')\,\vec{V}_*\right]\right\}.$$

C'est cette relation entre $\vec{V}'$, $\vec{V}_*$ et $\vec{U}'$ (Γ_0 étant la fonction de $\vec{U}'$ donnée par (5.3)) qui est parfois présentée comme la loi de composition des vitesses[4]. La structure plus compliquée de cette équation, comparée à (5.28), montre bien l'avantage que l'on a à adopter un point de vue quadridimensionnel, plutôt que tridimensionnel.

4. *Cf.* par exemple Éq. (55') du Chap. II de [298], Éq. (16.08) de [161], Éq. (4) de [402], Éq. (4) de [417] et Éq. (25) de [95].

5.2.3 Cas des vitesses colinéaires

Dans le cas où les vitesses $\vec{V}$ et $\vec{U}$ de $\mathscr{P}$ et $\mathcal{O}'$ relatives à $\mathcal{O}$ sont colinéaires, les formules ci-dessus se simplifient substantiellement. Remarquons tout d'abord que ce cas particulier correspond à celui où les trois 4-vitesses $\vec{u}$, $\vec{u}'$ et $\vec{v}$ sont coplanaires et où les vitesses relatives $\vec{V}$ et $\vec{V}'$ ont une partie transverse nulle :

$$\vec{V}_\perp = 0 \qquad \text{et} \qquad \vec{V}'_\perp = 0. \tag{5.46}$$

C'est le cas représenté sur la Fig. 5.4. En posant $V := V_\|$ et $V' := V'_\|$, on peut ainsi écrire

$$\vec{V} = V\vec{e} \qquad \text{et} \qquad \vec{V}' = V'\vec{e}\,'. \tag{5.47}$$

La loi de composition des vitesses (5.38) donne immédiatement

$$\boxed{V' = \frac{V + U'}{1 + U'V/c^2}}, \tag{5.48}$$

tandis que (5.39) se réduit à $0 = 0$. Par ailleurs, la loi (5.40) de transformation du facteur de Lorentz devient dans le cas présent

$$\boxed{\Gamma' = \Gamma\Gamma_0\left(1 + \frac{U'V}{c^2}\right)}. \tag{5.49}$$

Remarque : Puisque $U' = -U$ (Éq. (5.10)), les formules ci-dessus peuvent tout aussi bien s'écrire

$$V' = \frac{V - U}{1 - UV/c^2} \qquad \text{et} \qquad \Gamma' = \Gamma\Gamma_0\left(1 - \frac{UV}{c^2}\right). \tag{5.50}$$

La norme de la vitesse relative $\vec{V}$ est $\|\vec{V}\|_g := \sqrt{\vec{V}\cdot\vec{V}} = |V|$ et celle de $\vec{V}'$ est $\|\vec{V}'\|_g := \sqrt{\vec{V}'\cdot\vec{V}'} = |V'|$. Nous avons vu au § 4.2.3 que l'on a toujours $\|\vec{V}\|_g < c$. La formule (5.48) assure que $\|\vec{V}'\|_g < c$ pour toute valeur de U' telle que $|U'| < c$, ainsi qu'on peut le voir sur la Fig. 5.5. Ce ne serait évidemment pas le cas de la formule galiléenne $V' = V + U'$.

5.2.4 Formule alternative

On peut également établir une formule pour $\vec{V}'$ qui généralise la formule non relativiste

$$\vec{V}' = \vec{V} - \vec{U} \qquad \text{(non relativiste)}, \tag{5.51}$$

$\vec{U}$ étant la vitesse de l'observateur $\mathcal{O}'$ relative à $\mathcal{O}$. La formule (5.51) est bien évidemment équivalente à (5.30) puisque dans le cas non relativiste, $\vec{U}' = -\vec{U}$.

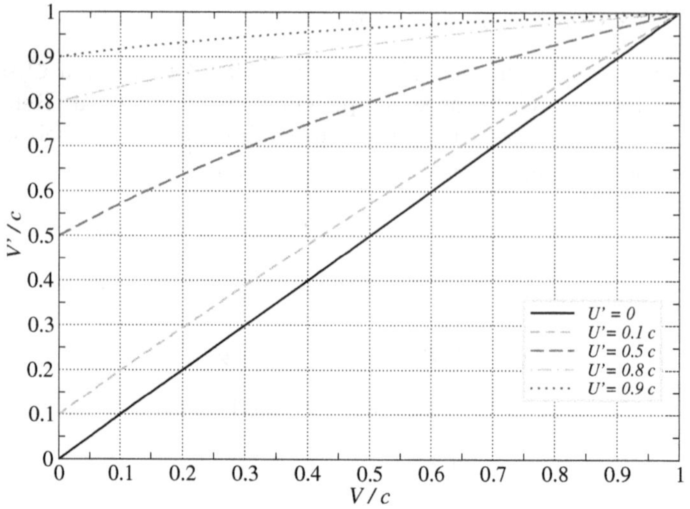

FIG. 5.5 – Vitesse V' du point matériel $\mathscr{P}$ relative à l'observateur $\mathcal{O}'$ en fonction de la vitesse V de $\mathscr{P}$ relative à l'observateur $\mathcal{O}$ et de la vitesse U' de $\mathcal{O}$ par rapport à $\mathcal{O}'$, telle que donnée par la formule (5.48). C'est le cas où les vitesses sont colinéaires : $\vec{\boldsymbol{V}} = V\,\vec{\boldsymbol{e}}$, $\vec{\boldsymbol{V}}' = V'\,\vec{\boldsymbol{e}}\,'$ et $\vec{\boldsymbol{U}}' = U'\,\vec{\boldsymbol{e}}\,'$.

Le point de départ est l'identité (5.21). En utilisant (5.25) pour exprimer Γ/Γ' et (5.1) pour remplacer $\vec{\boldsymbol{u}}'$, on obtient

$$\vec{\boldsymbol{V}}' = \frac{1}{\Gamma_0\left(1 - \frac{1}{c^2}\vec{\boldsymbol{U}}\cdot\vec{\boldsymbol{V}}\right)}(c\vec{\boldsymbol{u}} + \vec{\boldsymbol{V}}) - \Gamma_0(c\vec{\boldsymbol{u}} + \vec{\boldsymbol{U}}), \tag{5.52}$$

ce que l'on peut écrire

$$\vec{\boldsymbol{V}}' = \frac{\Gamma_0}{1 - \frac{1}{c^2}\vec{\boldsymbol{U}}\cdot\vec{\boldsymbol{V}}}\left[\left(\Gamma_0^{-2} - 1 + \frac{1}{c^2}\vec{\boldsymbol{U}}\cdot\vec{\boldsymbol{V}}\right)c\vec{\boldsymbol{u}} + \Gamma_0^{-2}\vec{\boldsymbol{V}} - \left(1 - \frac{1}{c^2}\vec{\boldsymbol{U}}\cdot\vec{\boldsymbol{V}}\right)\vec{\boldsymbol{U}}\right].$$

Or, d'après (5.3), $\Gamma_0^{-2} = 1 - c^{-2}\vec{\boldsymbol{U}}\cdot\vec{\boldsymbol{U}}$. D'où

$$\boxed{\begin{aligned}\vec{\boldsymbol{V}}' = \frac{\Gamma_0}{1 - \frac{1}{c^2}\vec{\boldsymbol{U}}\cdot\vec{\boldsymbol{V}}}\Bigg\{\vec{\boldsymbol{V}} - \vec{\boldsymbol{U}} + \frac{1}{c^2}\left[(\vec{\boldsymbol{U}}\cdot\vec{\boldsymbol{V}})\,\vec{\boldsymbol{U}} - (\vec{\boldsymbol{U}}\cdot\vec{\boldsymbol{U}})\,\vec{\boldsymbol{V}}\right] \\ + \frac{1}{c}\left[\vec{\boldsymbol{U}}\cdot(\vec{\boldsymbol{V}} - \vec{\boldsymbol{U}})\right]\vec{\boldsymbol{u}}\Bigg\}.\end{aligned}} \tag{5.53}$$

Cette formule exprime la vitesse $\vec{\boldsymbol{V}}'$ du point matériel $\mathscr{P}$ relative au « nouvel » observateur, $\mathcal{O}'$, en fonction de la vitesse $\vec{\boldsymbol{V}}$ de $\mathscr{P}$ relative à l'« ancien » observateur, $\mathcal{O}$, et de la vitesse $\vec{\boldsymbol{U}}$ de $\mathcal{O}'$ relative à $\mathcal{O}$ (contrairement à la formule (5.28) qui fait intervenir la vitesse $\vec{U}'$ de $\mathcal{O}$ relative à $\mathcal{O}'$). À la limite non relativiste, $c \to +\infty$ et $\Gamma_0 \to 1$, et la formule (5.53) se réduit à la formule classique de composition des vitesses (5.51).

Remarque : Les vecteurs $\vec{\boldsymbol{V}}$, $\vec{\boldsymbol{U}}$ et $\vec{\boldsymbol{V}}'$ n'appartiennent pas au même sous-espace vectoriel de E : $\vec{\boldsymbol{V}} \in E_{\boldsymbol{u}}$, $\vec{\boldsymbol{U}} \in E_{\boldsymbol{u}}$ et $\vec{\boldsymbol{V}}' \in E_{\boldsymbol{u}'}$ (*cf.* Fig. 5.4). Dans la formule (5.53), le terme non relativiste $\vec{\boldsymbol{V}} - \vec{\boldsymbol{U}}$, ainsi que le terme relativiste $c^{-2}[(\vec{\boldsymbol{U}}\cdot\vec{\boldsymbol{V}})\,\vec{\boldsymbol{U}} - (\vec{\boldsymbol{U}}\cdot\vec{\boldsymbol{U}})\,\vec{\boldsymbol{V}}]$ sont dans $E_{\boldsymbol{u}}$. C'est le dernier terme, à savoir celui le long de $\vec{\boldsymbol{u}}$, qui « fait sortir » le résultat de l'espace $E_{\boldsymbol{u}}$ pour l'envoyer dans $E_{\boldsymbol{u}'}$.

Note historique : *La loi de composition des vitesses, sous une forme équivalente à (5.38)-(5.39) a été obtenue en 1905 par Albert Einstein* (cf. *p. 25) [132] et Henri Poincaré* (cf. *p. 25) [333].*

5.2.5 Vérification expérimentale : expérience de Fizeau

En 1850 Hippolyte Fizeau (*cf.* p. 126) a réalisé une expérience que l'on interprète aujourd'hui comme la démonstration de la formule de composition des vitesse (5.48) [160]. Le dispositif expérimental est représenté sur la Fig. 5.6 : la lumière émise par une source S atteint une lame semi-réfléchissante L et est séparée ensuite en deux faisceaux. Chaque faisceau traverse un tube en forme de U dans lequel on fait circuler de l'eau. Le faisceau du haut sur la Fig. 5.6, que nous appellerons n° 1 (flèche pleine), traverse l'eau en sens inverse du mouvement de celle-ci, avant d'atteindre le miroir M et de passer dans la branche inférieure du tube, toujours dans le sens contraire à celui de l'eau. Inversement, le faisceau n° 2, qui part initialement en bas (flèche creuse sur la Fig. 5.6), voyage toujours dans le même sens que l'eau. Grâce à la lentille ℓ_1, les deux faisceaux interfèrent au niveau du détecteur D. La différence de marche traduit la dissymétrie entre les deux faisceaux, que l'on interprète comme une différence de vitesse de propagation entre les faisceaux 1 et 2. Par rapport à l'eau, la vitesse de propagation de chaque faisceau est c/n, où

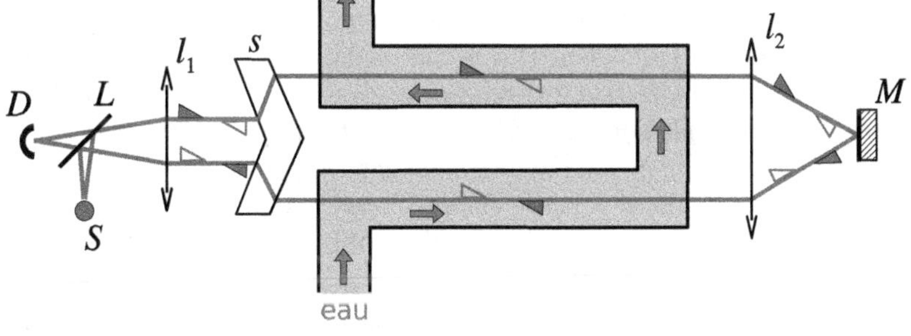

FIG. 5.6 – Expérience de Fizeau.

$n \simeq 1.33$ est l'indice de réfraction de l'eau. On peut alors écrire la vitesse de chacun des faisceaux par rapport au laboratoire comme

$$c_1 = \frac{c}{n} - \alpha V \qquad \text{et} \qquad c_2 = \frac{c}{n} + \alpha V, \tag{5.54}$$

où V est la vitesse de l'eau par rapport au laboratoire et α est un coefficient qui vaut 1 pour la loi galiléenne d'addition des vitesses. Pour la loi relativiste, on détermine α à partir de (5.48) :

$$c_1 = \frac{c/n - V}{1 - (c/n)V/c^2} \simeq \frac{c}{n} - \left(1 - \frac{1}{n^2}\right) V,$$

où dans la deuxième égalité nous n'avons gardé que les termes du premier ordre en V/c. On en déduit qu'en relativité,

$$\alpha = 1 - \frac{1}{n^2}. \tag{5.55}$$

Le développement limité de c_2 conduirait au même résultat. Si ℓ est la longueur d'une branche du tube, la différence des temps de parcours est $\Delta t = 2\ell/(c_2 - c_1)$. Elle conduit à un déphasage $\Delta\phi = 2\pi\Delta t/T$, T étant la période du rayonnement, reliée à la longueur d'onde par $T = \lambda/c$. À partir de (5.54) et en restant toujours au premier ordre en V/c, on obtient

$$\Delta\phi = 8\pi n^2 \,\frac{\ell}{\lambda}\,\frac{V}{c}\,\alpha. \tag{5.56}$$

La mesure de ce déphasage, *via* la position des franges d'interférence, fournit une valeur de α conforme à la prédiction (5.55) issue de la loi relativiste de composition des vitesses. En particulier, la valeur $\alpha = 1$ de la loi galiléenne n'est pas retrouvée.

Note historique : *L'expérience a été réalisée par Fizeau plus d'un demi-siècle avant l'élaboration de la théorie de la relativité ! À l'époque, Fizeau l'a interprétée comme la confirmation de l'hypothèse de l'entraînement partiel de l'éther par les corps transparents en mouvement. Cette dernière hypothèse avait été émise par Augustin Fresnel (*cf. *p. 129) en 1818 pour expliquer le résultat de l'expérience d'Arago (*cf. *note historique p. 129). Dans l'hypothèse de Fresnel, α représente le coefficient d'entraînement de l'éther et vaut justement $1 - 1/n^2$, tout comme le résultat relativiste (5.55). L'expérience de Fizeau a été répétée avec une plus grande précision par Michelson (*cf. *p. 129) et Morley (*cf. *p. 129) en 1886 [282], puis dans les années 1914–1919 par Pieter Zeeman*[5] *en remplaçant l'eau par des corps solides (verre ou quartz), de façon à augmenter l'indice de réfraction n. Sur le plan théorique, la prédiction (5.55) de*

5. **Pieter Zeeman** (1865–1943) : Physicien hollandais, ancien assistant de Lorentz et découvreur de l'effet qui porte son nom et lui a valu le prix Nobel de physique en 1902, à savoir la décomposition d'une raie spectrale en plusieurs raies sous l'effet d'un champ magnétique.

la relativité restreinte fut établie par Max Laue[6] *en 1907 [241]. Pour Albert Einstein, l'expérience de Fizeau constituait un des supports principaux de la théorie de la relativité, au même niveau, si ce n'est plus, que celle de Michelson et Morley décrite au § 4.5.3 [141]. Il faut cependant noter qu'aucune de ces deux expériences n'est mentionnée dans son article de 1905 [132].*

5.3 Loi de composition des accélérations

Après les vitesses, intéressons-nous à la composition des accélérations relatives introduites au § 4.4. Autrement dit, cherchons à exprimer l'accélération $\vec{\gamma}'$ du point matériel $\mathscr{P}$ relative à l'observateur $\mathcal{O}'$ en fonction de l'accélération $\vec{\gamma}$ de $\mathscr{P}$ relative à l'observateur $\mathcal{O}$ et, entre autre, de l'accélération $\vec{\gamma}'_{\mathcal{O}}$ de $\mathcal{O}$ relative à $\mathcal{O}'$ (*cf.* Table 5.1 pour les notations). Contrairement à ce que nous avons fait pour les vitesses, nous ne supposerons plus que $\mathcal{O}$, $\mathcal{O}'$ et $\mathscr{P}$ coïncident en un même événement O. Par contre, afin de simplifier le problème, nous supposerons que $\mathcal{O}'$ est un observateur inertiel : sa 4-accélération et sa 4-rotation sont alors nulles.

La 4-accélération de $\mathscr{P}$, $\vec{a}_{\mathscr{P}}$, est reliée à l'accélération et la vitesse de $\mathscr{P}$ relatives à $\mathcal{O}$, respectivement $\vec{\gamma}$ et $\vec{V}$ par la formule (4.60) (*cf.* Table 5.1 pour les changements de notations) :

$$\begin{aligned}\vec{a}_{\mathscr{P}} = \frac{\Gamma^2}{c^2}\Bigg\{ & \vec{\gamma} + \vec{\omega} \times_u \left(\vec{\omega} \times_u \overrightarrow{OM}\right) + 2\vec{\omega} \times_u \vec{V} + \frac{d\vec{\omega}}{dt} \times_u \overrightarrow{OM} \\ & + c^2(1 + \vec{a}_{\mathcal{O}} \cdot \overrightarrow{OM})\, \vec{a}_{\mathcal{O}} + \frac{1}{\Gamma}\frac{d\Gamma}{dt}\left(\vec{V} + \vec{\omega} \times_u \overrightarrow{OM}\right) + c\Bigg[\frac{d\vec{a}_{\mathcal{O}}}{dt} \cdot \overrightarrow{OM} \\ & + 2\vec{a}_{\mathcal{O}} \cdot \left(\vec{V} + \vec{\omega} \times_u \overrightarrow{OM}\right) + \frac{1}{\Gamma}\frac{d\Gamma}{dt}(1 + \vec{a}_{\mathcal{O}} \cdot \overrightarrow{OM})\Bigg]\vec{u}\Bigg\}. \end{aligned} \qquad (5.57)$$

Dans cette formule, $\vec{\omega}$ est la 4-rotation de l'observateur $\mathcal{O}$ et la dérivée temporelle du facteur de Lorentz Γ est donnée par (4.61), où l'on aura remplacé $\vec{a}$ par $\vec{a}_{\mathcal{O}}$. Si par contre, on exprime la même 4-accélération $\vec{a}_{\mathscr{P}}$ en fonction de quantités relatives à $\mathcal{O}'$, et non plus à $\mathcal{O}$, on peut utiliser la formule simplifiée (4.63). En l'adaptant aux notations de la Table 5.1, elle donne

$$\vec{a}_{\mathscr{P}} = \frac{\Gamma'^2}{c^2}\left[\vec{\gamma}' + \frac{\Gamma'^2}{c^2}(\vec{\gamma}' \cdot \vec{V}')\left(\vec{V}' + c\vec{u}'\right)\right]. \qquad (5.58)$$

6. **Max Laue** (1879–1960) : Physicien allemand, prix Nobel de physique 1914 pour la découverte de la diffraction des rayons X dans les cristaux. Ancien étudiant et assistant de Planck (*cf.* p. 282), il contribua notablement au développement de la relativité restreinte, dont il écrivit le tout premier manuel en 1911 [244]. Son père ayant été anobli en 1913, il prit dès lors le nom de **Max von Laue**.

De même, en appliquant (4.63) à la 4-accélération de $\mathcal{O}$, il vient (toujours avec les notations de la Table 5.1)

$$\vec{a}_{\mathcal{O}} = \frac{{\Gamma'_{\mathcal{O}}}^2}{c^2}\left[\vec{\gamma}'_{\mathcal{O}} + \frac{{\Gamma'_{\mathcal{O}}}^2}{c^2}(\vec{\gamma}'_{\mathcal{O}}\cdot\vec{U}')\left(\vec{U}' + c\vec{u}'\right)\right]. \tag{5.59}$$

De (5.57), on déduit que

$$\vec{\gamma}' + \frac{\Gamma'^2}{c^2}(\vec{\gamma}'\cdot\vec{V}')\vec{V}' = \frac{c^2}{\Gamma'^2}\perp_{u'}\vec{a}_{\mathscr{P}},$$

où $\perp_{u'}$ désigne le projecteur orthogonal sur l'espace vectoriel $E_{u'}$ (*cf.* § 3.1.5). Remplaçons dans le membre de droite $\vec{a}_{\mathscr{P}}$ par son expression (5.57). En utilisant $\perp_{u'}\vec{u} = (\Gamma'_{\mathcal{O}}/c)\,\vec{U}'$ (Éq. (4.32)) et la relation suivante déduite de (5.59),

$$\perp_{u'}\vec{a}_{\mathcal{O}} = \frac{{\Gamma'_{\mathcal{O}}}^2}{c^2}\left[\vec{\gamma}'_{\mathcal{O}} + \frac{{\Gamma'_{\mathcal{O}}}^2}{c^2}(\vec{\gamma}'_{\mathcal{O}}\cdot\vec{U}')\vec{U}'\right],$$

il vient

$$\boxed{\begin{aligned}\vec{\gamma}' + \frac{\Gamma'^2}{c^2}(\vec{\gamma}'\cdot\vec{V}')\vec{V}' \;=\; & \frac{\Gamma^2}{\Gamma'^2}\Bigg\{\perp_{u'}\Bigg[\vec{\gamma} + \vec{\omega}\times_u\left(\vec{\omega}\times_u\overrightarrow{OM}\right) + 2\vec{\omega}\times_u\vec{V} \\ & + \frac{d\vec{\omega}}{dt}\times_u\overrightarrow{OM}\Bigg] + {\Gamma'_{\mathcal{O}}}^2(1+\vec{a}_{\mathcal{O}}\cdot\overrightarrow{OM})\left[\vec{\gamma}'_{\mathcal{O}} + \frac{{\Gamma'_{\mathcal{O}}}^2}{c^2}(\vec{\gamma}'_{\mathcal{O}}\cdot\vec{U}')\vec{U}'\right] \\ & + \frac{1}{\Gamma}\frac{d\Gamma}{dt}\perp_{u'}\left(\vec{V} + \vec{\omega}\times_u\overrightarrow{OM}\right) + \Gamma'_{\mathcal{O}}\Bigg[2\vec{a}_{\mathcal{O}}\cdot\left(\vec{V} + \vec{\omega}\times_u\overrightarrow{OM}\right) \\ & + \frac{d\vec{a}_{\mathcal{O}}}{dt}\cdot\overrightarrow{OM} + \frac{1}{\Gamma}\frac{d\Gamma}{dt}(1+\vec{a}_{\mathcal{O}}\cdot\overrightarrow{OM})\Bigg]\vec{U}'\Bigg\}.\end{aligned}} \tag{5.60}$$

À la limite galiléenne, $c \to \infty$, tous les espaces locaux de repos coïncident, ce qui entraîne $\perp_{u'} = \mathrm{Id}$ et $\times_u = \times$. De plus, $\Gamma = \Gamma' = \Gamma'_{\mathcal{O}} = 1$ et d'après (5.59), tous les termes en $\vec{a}_{\mathcal{O}}$ sont en c^{-2} ; ils tendent donc vers zéro. D'après (4.61), il en est de même pour $d\Gamma/dt$. Au final, (5.60) se réduit donc à

$$\vec{\gamma}' = \vec{\gamma} + \vec{\gamma}'_{\mathcal{O}} + \vec{\omega}\times\left(\vec{\omega}\times\overrightarrow{OM}\right) + 2\vec{\omega}\times\vec{V} + \frac{d\vec{\omega}}{dt}\times\overrightarrow{OM} \qquad \text{(non relativiste)}. \tag{5.61}$$

On reconnaît là l'expression classique de la composition des accélérations en mécanique non-relativiste, avec le terme d'entraînement centripète $\vec{\omega}\times(\vec{\omega}\times\overrightarrow{OM})$ (donnant lieu à la force centrifuge) et le terme de Coriolis $2\vec{\omega}\times\vec{V}$.

5.4 Effet Doppler

L'effet Doppler est le changement de fréquence d'un phénomène périodique induit par le mouvement de l'« émetteur » par rapport au « récepteur ». L'effet est bien connu dans le cas des ondes sonores : l'expérience commune montre qu'un son émis par une voiture qui s'approche est plus aigu que celui émis lorsqu'elle s'éloigne. Nous allons étudier ici l'effet Doppler dans le cadre de la relativité et l'appliquer principalement aux ondes électromagnétiques.

5.4.1 Dérivation

Considérons un observateur $\mathcal{O}'$ qui émet des signaux lumineux à intervalles réguliers $\Delta t'_{\rm em}$ de son temps propre t'. Ces signaux sont reçus par un deuxième observateur, $\mathcal{O}$, à un intervalle $\Delta t_{\rm rec}$ de son temps propre t. Cherchons la relation entre $\Delta t_{\rm rec}$ et $\Delta t'_{\rm em}$, en supposant que (i) $\mathcal{O}$ et $\mathcal{O}'$ sont suffisamment proches pour que l'on puisse négliger la courbure de leurs lignes d'univers ou (ii) $\mathcal{O}$ est un observateur inertiel. Dans les deux cas, on peut alors traiter la ligne d'univers de $\mathcal{O}$ comme une droite (Fig. 5.7).

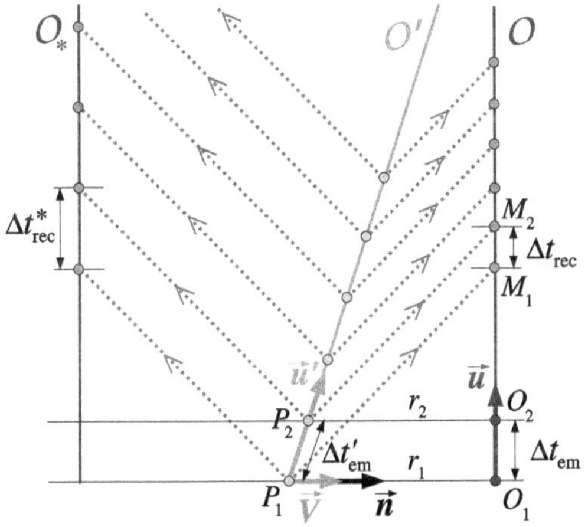

FIG. 5.7 – Effet Doppler : la période $\Delta t_{\rm rec}$ de réception mesurée par l'observateur $\mathcal{O}$ des signaux lumineux émis par l'observateur $\mathcal{O}'$ est différente de la période d'émission $\Delta t'_{\rm em}$. Sur la figure $\vec{n} \cdot \vec{V} > 0$, de sorte que $\Delta t_{\rm rec} < \Delta t'_{\rm em}$. On a fait figurer un deuxième récepteur, $\mathcal{O}_*$, de même 4-vitesse que $\mathcal{O}$, mais pour lequel $\vec{n} \cdot \vec{V} < 0$, si bien que $\Delta t^*_{\rm rec} > \Delta t'_{\rm em}$.

Soit P_1 et P_2 les événements d'émission de deux signaux lumineux successifs par $\mathcal{O}'$ et M_1 et M_2 les événements de réception de ces signaux par $\mathcal{O}$ (*cf.* Fig. 5.7). Le temps propre de $\mathcal{O}'$ écoulé entre P_1 et P_2 est alors $\Delta t'_{\rm em}$ et celui de $\mathcal{O}$ entre M_1 et M_2 est $\Delta t_{\rm rec}$. Désignons par $t_1^{\rm rec}$, $t_2^{\rm rec}$, $t_1^{\rm em}$, $t_2^{\rm em}$ les dates, *toutes relatives à l'observateur* $\mathcal{O}$, des événements P_1, P_2, M_1 et M_2 respectivement. Elles sont reliées par

$$t_1^{\rm rec} = t_1^{\rm em} + \frac{r_1}{c} \quad \text{et} \quad t_2^{\rm rec} = t_2^{\rm em} + \frac{r_2}{c},$$

où r_1 (resp. r_2) est la distance entre $\mathcal{O}'$ et $\mathcal{O}$ à l'instant $t_1^{\rm em}$ (resp. $t_2^{\rm em}$), distance mesurée dans l'espace local de repos de $\mathcal{O}$. Autrement dit $r_1 = \|\overrightarrow{O_1P_1}\|_{\boldsymbol{g}}$ et $r_2 = \|\overrightarrow{O_2P_2}\|_{\boldsymbol{g}}$, O_1 (resp. O_2) étant l'événement de la ligne d'univers de $\mathcal{O}$ simultané à P_1 (resp. P_2) (*cf.* Fig. 5.7). On tire des relations ci-dessus l'expression de l'intervalle $\Delta t_{\rm rec} := t_2^{\rm rec} - t_1^{\rm rec}$:

$$\Delta t_{\rm rec} = \Delta t_{\rm em} + \frac{1}{c}(r_2 - r_1), \tag{5.62}$$

où $\Delta t_{\rm em} := t_2^{\rm em} - t_1^{\rm em}$ est la période d'émission en terme du temps propre de $\mathcal{O}$ (et non de $\mathcal{O}'$). Évaluons $r_2 - r_1$: d'après la définition même de la vitesse $\vec{\boldsymbol{V}}$ de $\mathcal{O}'$ relative à $\mathcal{O}$, on a

$$\overrightarrow{O_2P_2} = \overrightarrow{O_1P_1} + \Delta t_{\rm em}\,\vec{\boldsymbol{V}}.$$

Soit $\vec{\boldsymbol{n}}$ le vecteur unitaire dans l'espace local de repos de $\mathcal{O}$ à l'instant $t_1^{\rm em}$ dirigé de P_1 vers O_1. On a alors $\overrightarrow{O_1P_1} = -r_1\,\vec{\boldsymbol{n}}$ et le carré scalaire de la relation ci-dessus donne

$$r_2^2 = \overrightarrow{O_2P_2}\cdot\overrightarrow{O_2P_2} = r_1^2 - 2r_1\Delta t_{\rm em}\,\vec{\boldsymbol{n}}\cdot\vec{\boldsymbol{V}} + (\Delta t_{\rm em})^2 V^2,$$

d'où l'on tire

$$r_2 - r_1 = \frac{r_2^2 - r_1^2}{r_2 + r_1} = -\Delta t_{\rm em}\frac{2}{1 + r_2/r_1}\left(\vec{\boldsymbol{n}}\cdot\vec{\boldsymbol{V}} - \frac{\Delta t_{\rm em}V^2}{2r_1}\right).$$

En reportant cette formule dans (5.62), on obtient

$$\Delta t_{\rm rec} = \Delta t_{\rm em}\left[1 - \frac{2}{1 + r_2/r_1}\left(\frac{\vec{\boldsymbol{n}}\cdot\vec{\boldsymbol{V}}}{c} - \frac{\Delta t_{\rm em}V^2}{2cr_1}\right)\right]. \tag{5.63}$$

Supposons à présent que la période d'émission $\Delta t_{\rm em}$ est très petite, dans le sens où $V\Delta t_{\rm em}/r_1 \ll 1$. On peut alors négliger le dernier terme dans l'expression ci-dessus et faire $r_2/r_1 \simeq 1$, si bien qu'il vient

$$\Delta t_{\rm rec} \simeq \left(1 - \frac{\vec{\boldsymbol{n}}\cdot\vec{\boldsymbol{V}}}{c}\right)\Delta t_{\rm em}. \tag{5.64}$$

Par ailleurs, $\Delta t_{\rm em}$ est reliée à la période d'émission propre $\Delta t'_{\rm em}$ par le facteur de Lorentz $\Gamma = (1 - V^2/c^2)^{-1/2}$ entre $\mathcal{O}$ et $\mathcal{O}'$, suivant l'Éq. (4.1) : $\Delta t_{\rm em} = \Gamma\Delta t'_{\rm em}$. On obtient donc, au final

$$\boxed{\Delta t_{\rm rec} = \Gamma\left(1 - \frac{\vec{\boldsymbol{n}}\cdot\vec{\boldsymbol{V}}}{c}\right)\Delta t'_{\rm em}}. \tag{5.65}$$

Si l'on considère toute une série de signaux, ainsi qu'illustré sur la Fig. 5.7, et que la période entre deux signaux est constante, il est naturel d'introduire les fréquences d'émission ${f'}_{\rm em} = (\Delta {t'}_{\rm em})^{-1}$ et de réception $f_{\rm rec} = (\Delta t_{\rm rec})^{-1}$. La relation (5.65) devient alors

$$\boxed{f_{\rm rec} = \frac{{f'}_{\rm em}}{\Gamma(1 - \vec{n} \cdot \vec{V}/c)}}. \qquad (5.66)$$

Le fait que $f_{\rm rec} \neq {f'}_{\rm em}$ (sauf si $\vec{V} = 0$) constitue l'***effet Doppler*** (également appelé parfois ***effet Doppler-Fizeau***). Le coefficient de proportionnalité $[\Gamma(1 - \vec{n} \cdot \vec{V}/c)]^{-1}$ entre ${f'}_{\rm em}$ et $f_{\rm rec}$ est appelé ***facteur Doppler***.

À la limite non relativiste $\|\vec{V}\|_g \ll c$, la formule ci-dessus se réduit à

$$f_{\rm rec} = \left(1 + \frac{\vec{n} \cdot \vec{V}}{c}\right) {f'}_{\rm em} \qquad \text{(non relativiste)}. \qquad (5.67)$$

On appelle le changement de fréquence donné par cette formule ***effet Doppler du premier ordre***, car il s'agit du terme du premier ordre en V/c. À cet ordre, l'effet Doppler disparaît si la vitesse de la source est orthogonale à la direction d'observation ($\vec{n} \cdot \vec{V} = 0$). Au second ordre, apparaît l'***effet Doppler transverse***, qui existe même si $\vec{n} \cdot \vec{V} = 0$, en raison du facteur de Lorentz dans (5.66).

Si la vitesse $\vec{V}$ de la source par rapport à l'émetteur est dans la direction d'observation $\vec{n}$, on peut écrire $\vec{V} = V\vec{n}$, avec $V = \pm\|\vec{V}\|_g$ (signe + si $\mathcal{O}'$ se dirige vers $\mathcal{O}$, signe − dans le cas contraire). Alors $\vec{n} \cdot \vec{V} = V$ et $\Gamma = (1 - V^2/c^2)^{-1/2}$, si bien que la formule (5.66) devient

$$\boxed{f_{\rm rec} = \sqrt{\frac{1 + V/c}{1 - V/c}}\, {f'}_{\rm em}}_{\,\vec{V} = V\vec{n}} . \qquad (5.68)$$

Note historique : *L'effet Doppler a été prédit par Christian Doppler*[7] *en 1842 [124], à la fois pour les ondes sonores et pour la lumière, sur la base de la propagation dans l'éther. Doppler a donné l'exemple des étoiles doubles, où l'effet pourrait être observé du fait du mouvement de chaque étoile autour du centre de masse. L'effet a également été prédit par Hippolyte Fizeau (*cf. *p. 126), de manière indépendante, en 1848. La première mise en évidence observationnelle a été effectuée sur des étoiles en 1868 par l'astronome anglais William Huggins (1824–1910). La première observation en laboratoire date quant à elle de 1895. Doppler et Fizeau avaient obtenu la formule non relativiste (5.67). C'est Albert Einstein qui en 1905, dans l'article historique [132], a établi la formule relativiste (5.66) (en fait une forme équivalente). En 1907, il suggéra de rechercher l'effet dans l'observation de raies atomiques [134], ce qui fut réalisé par Ives et Stilwell en 1938 (*cf. *ci-dessous).*

7. **Christian A. Doppler** (1804–1853) : Mathématicien et physicien autrichien, surtout connu pour la prédiction de l'effet qui porte son nom.

5.4.2 Vérifications expérimentales

Les observations de l'effet Doppler mentionnées ci-dessus ne testaient que l'effet Doppler du premier ordre (Éq. (5.67)). La mesure de l'effet Doppler transverse, qui est propre à la relativité, est beaucoup plus délicate car, étant en V^2/c^2, cet effet est beaucoup plus petit que l'effet Doppler du premier ordre, qui est quant à lui en V/c.

Expérience de Ives et Stilwell

Il faudra attendre 1938 pour que la première détection de l'effet Doppler transverse soit effectuée. Ce fut l'œuvre de Herbert Ives[8] et G.R. Stilwell [215]. Pour s'affranchir de l'effet Doppler du premier ordre, Ives et Stilwell ont eu l'idée de mesurer le rayonnement émis par des atomes se déplaçant dans deux directions opposées et alignées avec l'observateur. Pour les atomes se dirigeant vers l'observateur, la fréquence mesurée, soit f_1, est donnée par la formule (5.68). Pour ceux se déplaçant en sens inverse, la fréquence f_2 s'obtient en remplaçant V par $-V$. La moyenne des fréquences est alors

$$\frac{f_1 + f_2}{2} = \frac{1}{2}\left(\sqrt{\frac{1+V/c}{1-V/c}} + \sqrt{\frac{1-V/c}{1+V/c}}\right) f_0, \quad \Longrightarrow \quad \frac{f_1+f_2}{2} = \Gamma f_0, \qquad (5.69)$$

où f_0 est la fréquence d'émission des atomes s'ils étaient au repos ($f_0 = f'_{\text{em}}$ dans les notations de l'Éq. (5.68)). Une théorie non relativiste, basée sur (5.67), prédirait $(f_1 + f_2)/2 = f_0$. La présence du facteur de Lorentz Γ dans (5.69) est donc la chose à tester. Ives et Stilwell ont utilisé des atomes d'hydrogène. Pour obtenir des vitesses appréciables, de l'ordre de $V \sim 4 \times 10^{-3} c$, Ives et Stilwell ont produit des ions H_2^+ et H_3^+ à l'aide d'un arc électrique dans un tube rempli d'hydrogène et les ont accélérés dans une différence de potentiel électrique de l'ordre de 10^4 V. Ces ions se décomposent ensuite en atomes d'hydrogène, qui gardent la vitesse initiale. Les atomes d'hydrogène sont formés dans un état excité et se désexcitent en émettant des raies dans la série de Balmer. À l'aide d'un spectrographe à réseau, on détecte la seconde raie de cette série, la raie H_β à la longueur d'onde $\lambda_0 = 486$ nm. Ives et Stilwell ont pu mettre en évidence un décalage de la raie moyenne $(f_1 + f_2)/2$ de quelques picomètres par rapport à la raie f_0 et confirmer ainsi la formule (5.69), au premier ordre en V^2/c^2 dans le développement de Γ, avec une précision de l'ordre de 1 %.

Remarque : Lors du calcul effectué au § 5.4.1, le facteur Γ dans (5.69) apparaît comme un terme de dilatation des temps lors du passage de l'Éq. (5.64) à

8. **Herbert E. Ives** (1882–1953) : Physicien et ingénieur américain, pionnier du développement de la télévision et du fax. Toute sa vie, il fut un détracteur de la théorie de la relativité ! Il interpréta notamment le résultat de sa fameuse expérience avec Stilwell comme une preuve en faveur de la théorie électromagnétique de Larmor et Lorentz, basée sur l'éther.

l'Éq. (5.65). On peut donc considérer que l'expérience de Ives et Stilwell constitue une vérification de la dilatation des temps discutée au Chap. 4. C'est même historiquement la première, puisqu'elle a été réalisée trois ans avant la mesure des muons atmosphériques présentée au § 4.3.1.

Expériences modernes

À ce jour, le test le plus précis de l'effet Doppler relativiste a été réalisé en 2007 par une équipe de l'Institut Max Planck à Heidelberg [345]. Comme dans l'expérience de Ives et Stilwell, on considère l'émission de deux groupes de particules se propageant dans des directions opposées. L'idée est cette fois de mesurer, non pas la fréquence moyenne comme dans (5.69), mais le produit des fréquences :

$$f_1 f_2 = \sqrt{\frac{1+V/c}{1-V/c}}\sqrt{\frac{1-V/c}{1+V/c}}\, f_0^2 \quad \Longrightarrow \quad f_1 f_2 = f_0^2. \tag{5.70}$$

On obtient donc une relation indépendante de la vitesse V des particules. C'est intéressant car V est difficile à mesurer avec une grande précision. Notons qu'une théorie non relativiste, basée sur (5.67), aurait prédit $f_1 f_2 = (1 - V^2) f_0^2$, plutôt que (5.70). En observant les raies émises par des ions $^7\mathrm{Li}^+$ accélérés à $V = 0.03c$ et $V = 0.064c$ dans un anneau de stockage (*cf.* § 17.4.5), les chercheurs ont confirmé la formule (5.70), et par là la relativité restreinte, à mieux que 10^{-9} près [345].

5.5 Aberration

L'aberration est la différence entre les directions d'incidence d'un même rayon lumineux perçues par deux observateurs en mouvement relatif. Tout comme l'effet Doppler, il ne s'agit pas d'un effet purement relativiste, car elle traduit surtout le caractère fini de la vitesse de propagation d'un signal, ainsi que le montre l'exemple du piéton qui marche sous la pluie : la pluie tombant verticalement par rapport au sol, le piéton doit incliner son parapluie vers l'avant s'il ne veut pas être mouillé.

5.5.1 Expression théorique

L'aberration apparaît lorsqu'on cherche à relier la vitesse $\vec{\boldsymbol{V}}$ d'un photon relative à un observateur $\mathcal{O}$ et la vitesse $\vec{\boldsymbol{V}}'$ de ce photon relative à un deuxième observateur $\mathcal{O}'$. Plaçons-nous dans le cas où les lignes d'univers du photon et des deux observateurs se croisent en un même événement O. On a alors, d'après (4.79),

$$\vec{\boldsymbol{V}} = c\vec{\boldsymbol{n}} \quad \text{et} \quad \vec{\boldsymbol{V}}' = c\vec{\boldsymbol{n}}', \tag{5.71}$$

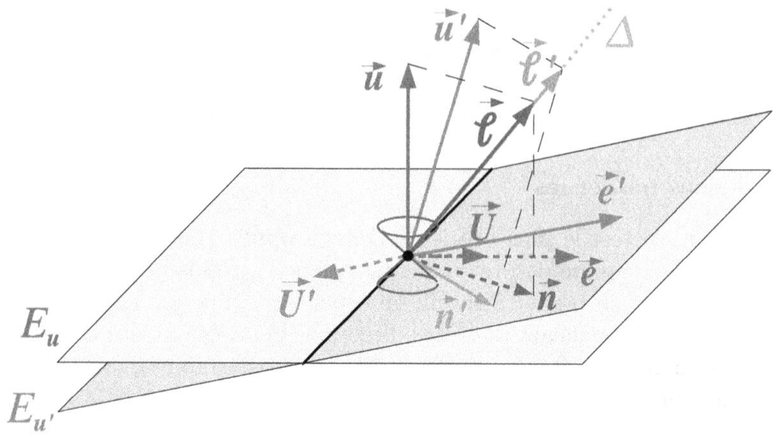

FIG. 5.8 – Mouvement d'un photon (géodésique lumière Δ) par rapport à deux observateurs, $\mathcal{O}$ et $\mathcal{O}'$, de 4-vitesses respectives $\vec{u}$ et $\vec{u}'$. Le vecteur unitaire $\vec{n} \in E_u$ (resp. $\vec{n}' \in E_{u'}$) donne la direction de propagation du photon vis-à-vis de $\mathcal{O}$ (resp. $\mathcal{O}'$).

où les vecteurs direction de propagation $\vec{n}$ et $\vec{n}'$ vis-à-vis de $\mathcal{O}$ et $\mathcal{O}'$ sont définis respectivement par

$$\vec{\ell} = \vec{u} + \vec{n}, \qquad \vec{\ell} \parallel \Delta, \qquad \vec{u} \cdot \vec{n} = 0, \tag{5.72}$$

$$\vec{\ell}' = \vec{u}' + \vec{n}', \qquad \vec{\ell}' \parallel \Delta, \qquad \vec{u}' \cdot \vec{n}' = 0, \tag{5.73}$$

Δ étant la géodésique lumière du photon et $\vec{u}$ (resp. $\vec{u}'$) la 4-vitesse de l'observateur $\mathcal{O}$ (resp. $\mathcal{O}'$) (*cf.* Fig. 5.8). Le vecteur $\vec{\ell}$ (resp. $\vec{\ell}'$) est le vecteur lumière tangent à Δ et adapté à l'observateur $\mathcal{O}$ (resp. $\mathcal{O}'$). Ces deux vecteurs sont bien évidemment colinéaires :

$$\vec{\ell}' = \lambda \vec{\ell}, \tag{5.74}$$

où λ est un nombre strictement positif, qui sera déterminé ci-dessous.

Tout comme au § 5.2, désignons par Γ_0 le facteur de Lorentz reliant $\mathcal{O}$ et $\mathcal{O}'$, et par $\vec{U}$ (resp. $\vec{U}'$) la vitesse de $\mathcal{O}'$ (resp. $\mathcal{O}$) relative à $\mathcal{O}$ (resp. $\mathcal{O}'$). Toutes ces quantités obéissent aux Éqs. (5.1)–(5.3). Introduisons les mêmes vecteurs unitaires $\vec{e} \in E_u$ et $\vec{e}\,' \in E_{u'}$ qu'au § 5.2.2 (*cf.* Fig. 5.2) :

$$\vec{U} = U\vec{e} \quad \text{et} \quad \vec{U}' = U'\vec{e}\,', \quad \text{avec} \quad U' = -U. \tag{5.75}$$

Soit $\theta \in [0, \pi]$ l'angle d'incidence du photon par rapport à la direction du mouvement de $\mathcal{O}'$, tel que mesuré par $\mathcal{O}$: θ est le supplémentaire de l'angle entre les vecteurs $\vec{e}$ et $\vec{n}$ (*cf.* Fig. 5.9 et Éq. (3.20)), si bien que l'on peut écrire :

$$\vec{e} \cdot \vec{n} = -\cos\theta. \tag{5.76}$$

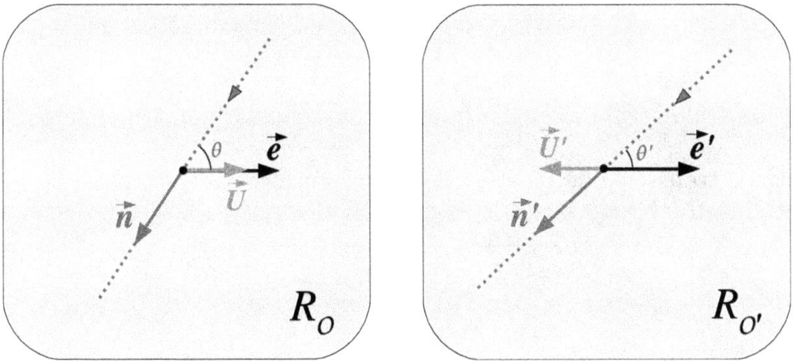

FIG. 5.9 – Phénomène d'aberration. *À gauche :* trajectoire d'un photon dans l'espace de référence de $\mathcal{O}$; *à droite :* trajectoire du même photon dans l'espace de référence de $\mathcal{O}'$. Le vecteur $\vec{U} = U\,\vec{e}$ (resp. $\vec{U}' = -U\vec{e}\,'$) est la vitesse de $\mathcal{O}'$ par rapport à $\mathcal{O}$ (resp. de $\mathcal{O}$ par rapport à $\mathcal{O}'$). Les angles θ et θ' sont reliés par la formule (5.81), ou encore (5.83).

La décomposition parallèle/transverse de $\vec{n}$ est ainsi

$$\vec{n} =: -\cos\theta\,\vec{e} + \vec{n}_\perp, \qquad \text{avec} \quad \vec{e}\cdot\vec{n}_\perp = 0 \quad \text{et} \quad \vec{n}_\perp\cdot\vec{n}_\perp = \sin^2\theta. \tag{5.77}$$

Par ailleurs, la combinaison de (5.2) et (5.75) donne $\vec{u} = \Gamma_0[\vec{u}' - (U/c)\vec{e}\,']$. En insérant cette identité, ainsi que (5.77) et (5.13) dans la relation $\vec{\ell} = \vec{u} + \vec{n}$ (Éq. (5.72)), on obtient

$$\vec{\ell} = \Gamma_0\left(\vec{u}' - \frac{U}{c}\vec{e}\,'\right) - \cos\theta\,\Gamma_0\left(\vec{e}\,' - \frac{U}{c}\vec{u}'\right) + \vec{n}_\perp,$$

ce que l'on peut écrire

$$\vec{\ell} = \Gamma_0\left(1 + \frac{U}{c}\cos\theta\right)\left[\vec{u}' - \frac{\cos\theta + \frac{U}{c}}{1 + \frac{U}{c}\cos\theta}\,\vec{e}\,' + \frac{1}{\Gamma_0\left(1 + \frac{U}{c}\cos\theta\right)}\,\vec{n}_\perp\right]. \tag{5.78}$$

En comparant avec (5.73) et (5.74), on en déduit le coefficient λ de proportionnalité entre $\vec{\ell}$ et $\vec{\ell}'$: $\lambda = \Gamma_0[1 + (U/c)\cos\theta]$, ainsi que le vecteur direction de propagation vis-à-vis de $\mathcal{O}'$:

$$\boxed{\vec{n}' = -\frac{\cos\theta + \frac{U}{c}}{1 + \frac{U}{c}\cos\theta}\,\vec{e}\,' + \frac{1}{\Gamma_0\left(1 + \frac{U}{c}\cos\theta\right)}\,\vec{n}_\perp}. \tag{5.79}$$

D'une manière analogue à (5.76), l'angle d'incidence θ' du photon mesuré par $\mathcal{O}'$ avec la direction $\vec{e}\,'$ vérifie (*cf.* Fig. 5.9)

$$\cos\theta' = -\vec{e}\,'\cdot\vec{n}'. \tag{5.80}$$

Puisque $\vec{e}\,' \cdot \vec{n}_\perp = 0$ (car $\vec{n}_\perp \in E_{\boldsymbol{u}} \cap E_{\boldsymbol{u}'}$), on déduit de (5.79) que

$$\boxed{\cos\theta' = \frac{\cos\theta + \frac{U}{c}}{1 + \frac{U}{c}\cos\theta}}. \tag{5.81}$$

La partie transverse de $\vec{n}'$ étant définie par une formule similaire à (5.77) : $\vec{n}' =: -\cos\theta'\,\vec{e}\,' + \vec{n}'_\perp$, avec $\vec{e}\,' \cdot \vec{n}'_\perp = 0$, on déduit de (5.79) que

$$\boxed{\vec{n}'_\perp = \frac{1}{\Gamma_0\left(1 + \frac{U}{c}\cos\theta\right)}\,\vec{n}_\perp}. \tag{5.82}$$

Remarque : Puisque la vitesse du photon relative à $\mathcal{O}$ est $\vec{V} = c\vec{n}$ (Éq. (4.79)), et celle relative à $\mathcal{O}'$ est $\vec{V}' = c\vec{n}'$, on constate, en posant $V_\parallel = -c\cos\theta$ (*cf.* Éq. (5.76)) et $V'_\parallel = -c\cos\theta'$, que les formules (5.81) et (5.82) sont en accord avec les formules (5.41)–(5.42) établies pour un point matériel.

En utilisant la formule trigonométrique $\tan^2(\theta/2) = (1-\cos\theta)/(1+\cos\theta)$, on peut mettre (5.81) sous la forme

$$\boxed{\tan\frac{\theta'}{2} = \sqrt{\frac{1-\frac{U}{c}}{1+\frac{U}{c}}}\,\tan\frac{\theta}{2}}. \tag{5.83}$$

Cette formule admet une interprétation géométrique très simple, que nous discuterons au § 5.6.3.

Le fait que l'angle θ' soit différent de l'angle θ est appelé ***aberration*** (ou également ***aberration de la lumière***). On constate sur (5.83) que l'on a toujours (*cf.* aussi Fig. 5.9)

$$\boxed{\theta' \leq \theta}. \tag{5.84}$$

Notons deux cas particuliers :

- Le cas où, pour $\mathcal{O}$, le photon et $\mathcal{O}'$ se propagent suivant la même direction et dans le même sens ($\theta = \pi$) (resp. dans le sens opposé ($\theta = 0$)) ; la formule (5.81) conduit alors à $\cos\theta' = -1$ (resp. $\cos\theta = 1$), c'est-à-dire $\theta' = \pi$ (resp. $\theta' = 0$) : il n'y a pas d'effet d'aberration.

- Le cas où, pour $\mathcal{O}$, la direction de propagation de la lumière est perpendiculaire à la vitesse de $\mathcal{O}'$: $\theta = \pi/2$ et $\vec{n} = \vec{n}_\perp$. C'est le cas classique du « piéton sous la pluie ». La formule (5.81) se réduit alors à

$$\cos\theta' = \frac{U}{c}, \tag{5.85}$$

ce qui implique $\theta' < \pi/2$ pour $U > 0$. L'observateur $\mathcal{O}'$ ne perçoit donc pas la lumière dans la direction perpendiculaire au mouvement de $\mathcal{O}$ (le piéton doit incliner son parapluie).

Note historique : *La formule d'aberration (5.81) a été obtenue en 1905 par Albert Einstein dans l'article historique [132].*

5.5.2 Distorsion de la sphère céleste

Le phénomène d'aberration se visualise très bien en considérant une grille uniforme sur la sphère céleste de l'observateur $\mathcal{O}$. Par ***sphère céleste***, on entend la sphère $\mathscr{S}$ de l'espace de référence de $\mathcal{O}$ centrée sur O (la position de $\mathcal{O}$) et de rayon unité, ce dernier choix étant arbitraire. Chaque rayon lumineux qui arrive en O traverse $\mathscr{S}$ en un unique point. On peut donc identifier $\mathscr{S}$ à l'ensemble des directions centrées sur O et établir une correspondance biunivoque entre $\mathscr{S}$ et l'ensemble des géodésiques lumière qui forment la nappe du passé du cône de lumière $\mathcal{I}^-(O(t))$, $O(t)$ étant la position de $\mathcal{O}$ à un instant t de son temps propre. On aurait également pu définir $\mathscr{S}$ comme l'intersection de $\mathcal{I}^-(O(t))$ avec l'hyperplan $\mathscr{E}_{\boldsymbol{u}}(t_0)$ pour $t_0 < t$ (*cf.* Fig. 6.1).

Repérons les points de $\mathscr{S}$ par leurs coordonnées sphériques (ϑ, φ) basées sur la triade $(\vec{e}_i)$ du référentiel local de $\mathcal{O}$: $\vartheta \in [0, \pi]$ est la colatitude, avec $\vartheta = 0$ suivant l'axe $\vec{e}_3$, et $\varphi \in [0, 2\pi[$ est l'azimut dans le plan $(\vec{e}_1, \vec{e}_2)$, avec $\varphi = 0$ suivant l'axe $\vec{e}_1$. La Fig. 5.10a montre une partie de la grille des coordonnées sphériques, vue depuis la position de $\mathcal{O}$ avec un angle d'ouverture de 90° dans la direction du mouvement de $\mathcal{O}'$. Chaque carreau du damier correspond à un incrément de 5° en ϑ et en φ. On visualise l'effet de l'aberration en dessinant ce même damier, mais vu par l'observateur $\mathcal{O}'$, toujours avec angle d'ouverture de 90° dans la direction de son mouvement, et ce pour différentes valeurs de la vitesse de $\mathcal{O}'$ par rapport à $\mathcal{O}$. En d'autres termes, on représente la grille des coordonnées sphériques de $\mathcal{O}$ sur la sphère céleste de $\mathcal{O}'$. Pour $U = 0$, l'image est évidemment identique à celle vue par $\mathcal{O}$ (Fig. 5.10a). Par contre, pour $U > 0$, du fait de la propriété $\theta' \leq \theta$ (Éq. (5.84)), $\mathcal{O}'$ voit apparaître dans son champ de vision des directions qui était complètement en dehors de celui de $\mathcal{O}$, jusqu'à voir les deux pôles des coordonnées sphériques (ϑ, φ) pour $U = 0.9c$ (Fig. 5.10d) !

5.5.3 Vérifications expérimentales

La vérification principale de l'aberration est fournie par l'observation des étoiles, l'observateur $\mathcal{O}'$ étant solidaire de la Terre. En première approximation, on peut considérer que la Terre est en orbite circulaire autour du Soleil, à la vitesse $\vec{\boldsymbol{U}}$ vis-à-vis d'un observateur inertiel $\mathcal{O}$ immobile par rapport au Soleil (référentiel dit *de Copernic*). Le plan orbital est appelé ***plan de l'écliptique*** et la direction perpendiculaire ***axe des pôles de l'écliptique***, La lumière en provenance d'une étoile située dans la direction d'un des pôles de l'écliptique est perçue par un observateur terrestre avec un angle d'aberration donné par la formule (5.85). L'angle par rapport à l'axe de l'orbite terrestre est $\alpha = \pi/2 - \theta'$ (*cf.* Fig. 5.9, où l'axe des pôles de l'écliptique apparaîtrait comme la direction verticale), si bien que (5.85) conduit à

$$\sin\alpha = \frac{U}{c}\cdot \tag{5.86}$$

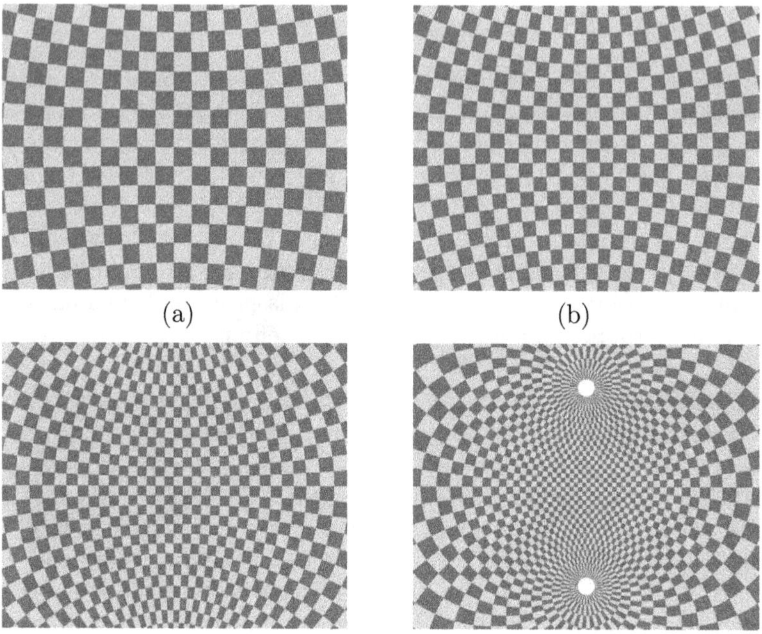

(a) (b) (c) (d)

FIG. 5.10 – Images perçues par l'observateur $\mathcal{O}'$ de la grille des coordonnées sphériques sur la sphère céleste de $\mathcal{O}$. L'axe de chaque vue est la direction du mouvement de $\mathcal{O}'$ par rapport à $\mathcal{O}$, avec un angle d'ouverture fixe de 90°. Les différentes figures correspondent à diverses valeurs de la vitesse U de $\mathcal{O}'$ par rapport à $\mathcal{O}$: (a) $U = 0$, (b) $U = 0.3\,c$, (c) $U = 0.6\,c$ et (d) $U = 0.9\,c$. Ces images ont été calculées par Alain Riazuelo [348], à partir de la formule d'aberration (5.83).

Dans le cas de la Terre, $U = 30$ km.s^{-1}, ce qui donne $\alpha = 10^{-4}$ rad $= 20''$. Si la Terre avait un mouvement rectiligne uniforme, cet angle ne serait pas détectable, mais du fait de son mouvement orbital, la Terre change constamment de direction. L'image d'une étoile située au pôle nord de l'écliptique ($\theta = \pi/2$) décrit ainsi en une année un cercle de rayon $20''$ autour de ce pôle. Pour une étoile située à une latitude écliptique quelconque, il s'agit d'une ellipse.

Il convient de mentionner un deuxième effet dû au mouvement orbital de la Terre : la ***parallaxe***. Il s'agit tout simplement de la variation de l'angle de vue d'une étoile située à distance finie lorsque la Terre parcourt son orbite. L'aberration se distingue de la parallaxe par deux propriétés :

- une amplitude nettement supérieure : la parallaxe vaut au maximum $0.77''$ pour l'étoile la plus proche (Proxima Centauri) et elle décroît avec la distance, alors que l'angle d'aberration est le même pour toutes les étoiles ($20''$) ;

– la phase du parcours de l'ellipse dessinée sur le plan du ciel n'est pas la même fonction de la position la Terre sur son orbite pour les deux effets (*cf.* § 2.3 de [153] pour les détails).

Depuis le XVIIIe siècle, l'aberration est mesurée de manière courante en astronomie.

Note historique : *L'aberration des étoiles a été observée pour la première fois en 1680 par Jean Picard*[9]*, sur l'étoile polaire et en utilisant un des premiers télescope à réticule [324] (Article VIII). Mais il n'a pas su interpréter ses observations, pas plus que ses successeurs, dont John Flamsteed*[10]*, pendant près d'un demi-siècle* (cf. *[256]), d'où le nom d'*aberration *donné à ce phénomène. Ce n'est qu'en 1728 que James Bradley* (cf. *p. 126) fournit l'explication correcte [63] (dans un cadre évidemment non relativiste !). Il avait lui-même effectué la mesure de l'aberration de l'étoile γ Draconis, obtenant la valeur correcte de* $20''$*. Suivant la formule (5.86), il en déduit au passage la valeur de c, en unité de U (vitesse de la Terre sur son orbite), comme nous l'avons déjà indiqué au § 4.5.2.*

5.6 Images des objets en mouvement

5.6.1 Image et position instantanée

Ayant mis en évidence le phénomène de contraction des longueurs au § 5.1.2, on pourrait penser naïvement que l'image perçue par un observateur d'un objet animé d'un mouvement rapide se déduit de son image au repos par une simple contraction de FitzGerald-Lorentz dans la direction du mouvement. Ainsi un objet sphérique apparaîtrait comme un ellipsoïde de révolution avec le petit axe dans la direction de propagation. Nous allons voir qu'il n'en est pas ainsi. Il ne faut en effet pas confondre la *position* d'un objet à un instant fixé t du temps propre d'un observateur et son *image* perçue à l'instant t par ce même observateur.

Plus précisément, considérons un événement O de temps propre t sur la ligne d'univers d'un observateur $\mathcal{O}$. Un objet tridimensionnel décrit un tube d'univers dans $\mathscr{E}$ (*cf.* Fig. 5.11). Pour l'observateur $\mathcal{O}$, la position de l'objet à l'instant t est l'intersection $\mathcal{T}_1$ entre le tube d'univers de l'objet et l'espace local de repos de $\mathcal{O}$ à l'instant t, $\mathscr{E}_{\mathbf{u}}(O)$. Par contre l'image ou photographie de l'objet perçue par $\mathcal{O}$ à l'instant t est générée par l'ensemble des photons qui arrivent en O. Géométriquement cela signifie que l'image de l'objet est formée à partir de l'intersection $\mathcal{T}_2$ du tube d'univers avec la nappe du passé du cône

9. **Jean Picard** (1620–1682) : Astronome français, il fut le premier à mesurer précisément le rayon de la Terre, en obtenant la longueur d'un degré de latitude par triangulation. Il a effectué les observations conduisant à la découverte de l'aberration à partir d'Uraniborg, l'observatoire de Tycho Brahé.

10. **John Flamsteed** (1646–1719) : Premier Astronome Royal britannique, fondateur de l'Observatoire de Greenwich et auteur d'un catalogue de près de 3000 étoiles.

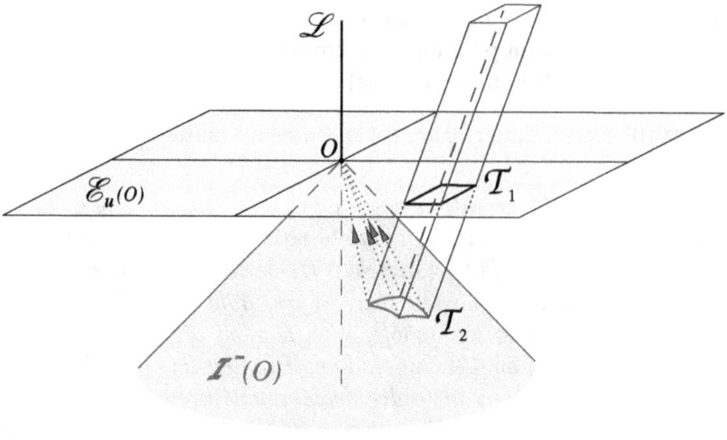

FIG. 5.11 – Différence entre la position $\mathcal{T}_1$ d'un objet à un instant donné dans l'espace de repos $\mathscr{E}_u(O)$ d'un observateur et son image perçue par cet observateur.

de lumière de sommet O, $\mathcal{I}^-(O)$ (*cf.* Fig. 5.11). $\mathcal{T}_1$ est l'ensemble des événements du tube d'univers qui sont simultanés à O, alors que les événements qui constituent $\mathcal{T}_2$ ne sont pas simultanés vis-à-vis de $\mathcal{O}$. Puisque $\mathcal{T}_1 \neq \mathcal{T}_2$, on conçoit que la relation entre l'image et la position instantanée d'un objet puisse être compliquée. En particulier, la contraction de FitzGerald-Lorentz décrite au § 5.1.2 concerne la position de l'objet et non son image. Cette dernière peut d'ailleurs très bien apparaître allongée plutôt que raccourcie, ainsi que le montre la Fig. 5.12 : une règle qui se déplace vers l'observateur apparaît allongée (dessin du haut), alors que si elle se déplace perpendiculairement à la ligne de visée, elle apparaît effectivement raccourcie (dessin du bas).

5.6.2 Rotation apparente

Un effet important dans l'aspect visuel des objets en mouvement est la rotation apparente. Il est facile d'estimer cet effet dans le cas particulier d'un cube qui se déplace perpendiculairement à la ligne de visée d'un observateur inertiel $\mathcal{O}$. Ce dernier perçoit, en plus de la face du cube orientée vers lui, la face arrière par rapport à la direction du mouvement, comme si le cube était tourné d'un angle $\theta \neq 0$ (*cf.* Fig. 5.13). Supposons $\mathcal{O}$ très éloigné du cube de sorte que les rayons lumineux qui lui parviennent soient tous parallèles. Désignons par a la longueur propre[11] d'une arrête du cube, par $\vec{V} = V\,\vec{e}_x$ la vitesse du cube par rapport à $\mathcal{O}$ et par $\Gamma = (1 - V^2/c^2)^{-1/2}$ le facteur de Lorentz correspondant. Dans l'espace de repos de $\mathcal{O}$, le cube est contracté dans la direction du mouvement d'un facteur Γ (contraction de FitzGerald-Lorentz). Considérons un photon émis à l'instant $t = 0$ du temps propre de

11. C'est-à-dire la longueur mesurée par un observateur au repos par rapport au cube.

Fig. 5.12 – Règles en mouvement. *Haut :* mouvement dans la direction de l'observateur : la règle de gauche se rapproche à la vitesse $0.7\,c$, celle du milieu est immobile et celle de droite s'éloigne à la vitesse $0.7\,c$. *Bas :* mouvement perpendiculaire à la ligne de visée : la règle du fond va vers la gauche à la vitesse $0.7\,c$, celle du milieu est immobile et celle de devant va vers la droite à la vitesse $0.7\,c$. (Source : U. Kraus [226].)

$\mathcal{O}$ depuis l'arrête en arrière du mouvement et opposée à la ligne de visée (*cf.* Fig. 5.13). À l'instant $t = a/c$, ce photon se retrouve au même niveau que ceux juste émis depuis la face du cube tournée vers l'observateur. Tous ces photons arriveront donc en même temps à l'observateur pour former l'image qui apparaît dans l'encadré de la Fig. 5.13. Sur cette image, la largeur de la face arrière est $\ell_1 = Va/c$ alors que celle de la face orientée vers l'observateur est $\ell_2 = a/\Gamma = a\sqrt{1 - V^2/c^2}$. En posant

$$\theta := \arcsin(V/c), \tag{5.87}$$

on a donc $\ell_1 = a \sin\theta$ et $\ell_2 = a\cos\theta$. On en déduit que l'image est identique à celle d'un cube qui serait fixe par rapport à $\mathcal{O}$ et aurait subi une rotation d'un angle θ donné par (5.87) (*cf.* Fig. 5.13).

Remarque 1 : Le phénomène de rotation apparente décrit ci-dessus n'est pas relativiste en soi : il est dû au temps fini de propagation de la lumière. Là où intervient la relativité, c'est à travers la contraction de FitzGerald-Lorentz de la face orientée vers l'observateur. Si cette dernière était absente, l'image du cube serait plus allongée et ne correspondrait pas à une rotation pure, puisqu'on aurait alors $\ell_2 = a \neq a\cos\theta$.

Remarque 2 : L'effet de rotation apparaît sur l'image des règles en mouvement dans le dessin du bas de la Fig. 5.12.

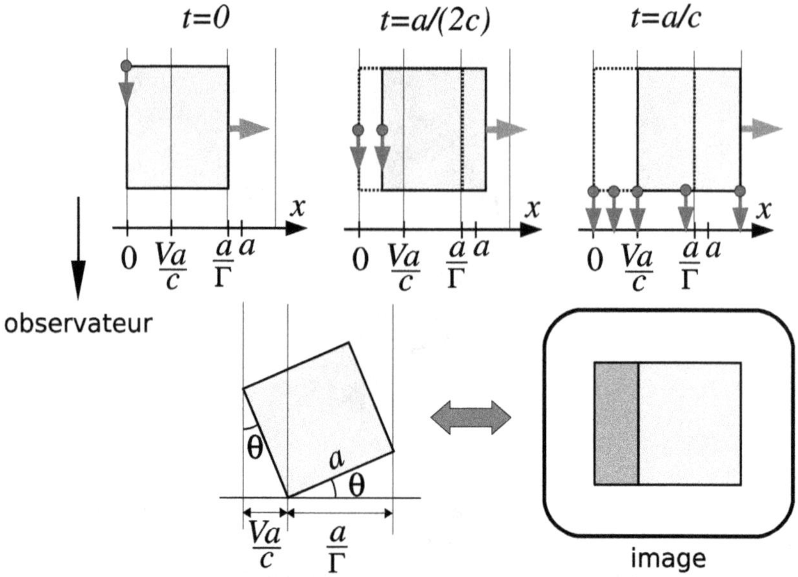

FIG. 5.13 – Image d'un cube qui se déplace perpendiculairement à la direction d'observation.

5.6.3 Image d'une sphère

Après l'image d'un cube, déterminons celle d'une sphère en mouvement. Le résultat est quelque peu surprenant : l'image est un disque parfaitement circulaire, tout comme si la sphère était immobile. En particulier, on ne voit pas de contraction dans la direction du mouvement. Cette propriété peut s'établir à partir de la formule d'aberration établie au § 5.5.1.

Considérons en effet deux observateurs $\mathcal{O}$ et $\mathcal{O}'$ dont les lignes d'univers se coupent en un événement O. Soit $\mathscr{S}$ la sphère céleste de $\mathcal{O}$ (*cf.* § 5.5.2). Chaque rayon lumineux qui arrive en O correspond à un unique point de $\mathscr{S}$ (*cf.* Fig. 5.14). Soit Q le point de $\mathscr{S}$ situé dans la direction du mouvement de $\mathcal{O}'$ par rapport à $\mathcal{O}$, c'est-à-dire tel que[12] $\overrightarrow{OQ} = \vec{e}$, la vitesse $\vec{U}$ de $\mathcal{O}'$ par rapport à $\mathcal{O}$ étant $\vec{U} = U\vec{e}$. Π étant le plan orthogonal à $\mathscr{S}$ en Q et P le point de $\mathscr{S}$ diamétralement opposé à Q, on définit la ***projection stéréographique*** de pôle P comme l'application qui à tout point $A \in \mathscr{S} \setminus \{P\}$ fait correspondre un point de Π : l'intersection B de la droite PA avec Π (*cf.* Fig 5.14). À l'exception de celui qui passe par P, on peut repérer tout rayon lumineux arrivant en O par les coordonnées polaires (ρ, φ) du point B dans le plan Π, en choisissant Q comme origine : ρ est la distance de Q à B et φ est l'angle de rotation autour de l'axe PQ. Il est facile de voir que si le rayon lumineux

12. Rappelons que, par convention, $\mathscr{S}$ a une rayon unité.

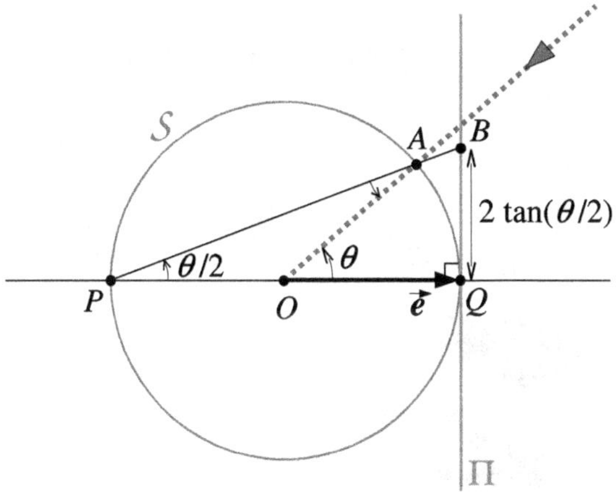

FIG. 5.14 – Sphère céleste et projection stéréographique.

fait un angle θ avec la direction PQ, alors[13]

$$\rho = 2\tan\frac{\theta}{2}. \tag{5.88}$$

La formule d'aberration (5.83) s'interprète alors comme une contraction d'un facteur constant $\sqrt{(1-U/c)/(1+U/c)}$ lorsqu'on passe du plan de projection stéréographique de l'observateur $\mathcal{O}$ à celui de $\mathcal{O}'$. Or la projection stéréographique a la propriété de transformer tout cercle de la sphère céleste $\mathscr{S}$ ne rencontrant pas P en un cercle de Π (*cf.* par exemple [44]). Un cercle qui passe par P est quant à lui transformé en une droite de Π. La réciproque est vraie : tout cercle de Π est transformé en un cercle sur $\mathscr{S}$ par la projection stéréographique inverse. On en déduit que si un objet apparaît sphérique à l'observateur $\mathcal{O}$, il en est de même pour $\mathcal{O}'$. En effet, si le contour d'un objet est un cercle (ne passant pas par P) sur la sphère céleste de $\mathcal{O}$, sa projection stéréographique est un cercle de Π. La transformation (5.83), associée à $\varphi' = \varphi$, envoie ce cercle sur un cercle du plan stéréographique Π' associé à $\mathcal{O}'$. Par transformation stéréographique inverse, on obtient donc un cercle sur la sphère céleste $\mathscr{S}'$ de $\mathcal{O}'$. La seule chose qui peut changer est la taille angulaire du cercle.

Remarque : Si l'on ne prenait en compte que le caractère fini de la vitesse de la lumière dans une théorie non-relativiste (galiléenne), une sphère apparaîtrait allongée dans la direction du mouvement, ainsi qu'illustré sur la Fig. 5.15. C'est grâce à la contraction de FitzGerald-Lorentz qu'elle apparaît exactement sphérique. On note également sur la Fig. 5.15 que la sphère en mouvement rapide paraît avoir subi une rotation et présente sa face opposée au mouvement. Il s'agit de l'effet décrit au § 5.6.2.

13. Le triangle POA étant isocèle, l'angle OPA est nécessairement égal à $\theta/2$ et QB est le côté opposé à cet angle dans le triangle rectangle PQB avec $PQ = 2$, d'où la formule (5.88).

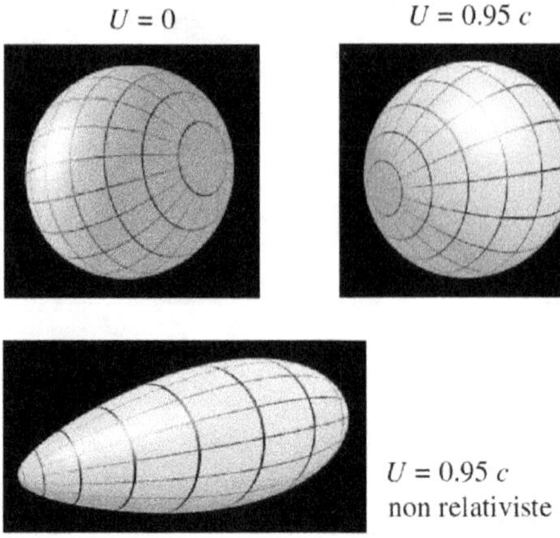

FIG. 5.15 – Images d'une sphère en mouvement. La figure du bas est obtenue en théorie galiléenne, c'est-à-dire en ne tenant compte que du caractère fini de la vitesse de la lumière. (Source : U. Kraus *et al.* [227].)

Note historique : *Il semble que le premier à s'être posé la question de l'image d'un objet en mouvement relativiste soit Anton Lampa*[14] *en 1924 [229]. Il a explicitement calculé l'aspect d'une règle en mouvement. Mais son travail est resté ignoré, la plupart des auteurs supposant plus ou moins explicitement que l'image d'un objet est simplement déformée par la contraction de FitzGerald-Lorentz dans la direction du mouvement. Par exemple, les illustrations du célèbre ouvrage de vulgarisation de George Gamow*[15], Mr Tompkins in Wonderland, *paru en 1939 [173], montrent les roues d'un « vélo relativiste » sous la forme d'ellipses aplaties dans la direction du mouvement, alors que la forme exacte est plus compliquée, ainsi qu'on peut le voir p. 30 de l'ouvrage [304]. Ce n'est qu'en 1959 que Roger Penrose*[16] *[317] a établi qu'une sphère apparaît exactement circulaire à tout observateur, quel que soit son état de mouvement par rapport à elle. La même année, le physicien américain James Terrell a effectué une étude systématique de l'apparence des objets en mouvement [408], mettant en évidence l'effet de rotation décrit au § 5.6.2. Avec le développement des ordinateurs, de nombreuses images et films d'objets ou de paysages en mouvement relativistes ont été produites,* cf. *par exemple [304], [226], [227], [W4] à [W7] (Annexe B).*

14. **Anton Lampa** (1868–1938) : Physicien autrichien ; très tôt intéressé par la relativité, il soutint Einstein pour l'obtention d'un poste de professeur à l'université de Prague en 1911.

15. **George Gamow** (1904–1968) : Physicien russe (naturalisé américain en 1940), ami de Landau (*cf.* p. 443) avec qui il étudia à Leningrad ; c'est un des pères du modèle du Big Bang.

16. **Roger Penrose** : Mathématicien britannique né en 1931, auteur de travaux importants en relativité générale et inventeur des pavages non-périodiques du plan qui portent son nom.

5.6.4 Mouvements superluminiques

Les exemples d'images « relativistes » qui précèdent sont académiques : on n'a jamais vu une règle, un cube ou une sphère se déplacer à une vitesse proche de c en laboratoire. Par contre, en astrophysique on rencontre assez fréquemment des mouvements relativistes macroscopiques, notamment sous la forme de jets. Nous discuterons plus en détail ces derniers au § 21.6.1, alors qu'ici nous nous focaliserons sur une propriété cinétique remarquable de certains jets relativistes, à savoir une vitesse *apparente* supérieure à c ! On qualifie un tel mouvement de ***superluminique***. Ceci est illustré sur la Fig. 5.16 où l'on voit la progression sur plusieurs années de structures (nodules) dans le jet émis par le noyau de la galaxie M87. Sur le plan du ciel, la vitesse angulaire observée est de l'ordre de $\omega = 0.024''$ par an. Connaissant la distance de M87 à la Terre, $D = 52$ millions d'années-lumière, on en déduit une vitesse de déplacement $V_{\rm app} = D\omega \simeq 6c$! Il n'y a cependant pas de contradiction avec le résultat du § 4.2.3, suivant lequel la vitesse d'un corps matériel par rapport à un observateur inertiel doit être inférieure à c. En effet $V_{\rm app}$ n'est pas une vitesse relative à un observateur, telle que nous l'avons définie au § 4.2.1. Cette dernière s'obtient à partir de la position de l'objet dans l'espace local de repos de l'observateur à deux instants successifs de temps propre, or la vitesse apparente $V_{\rm app}$ est mesurée à partir de deux *images* successives de l'objet. On retrouve ici la différence entre image et position instantanée soulignée au § 5.6.1.

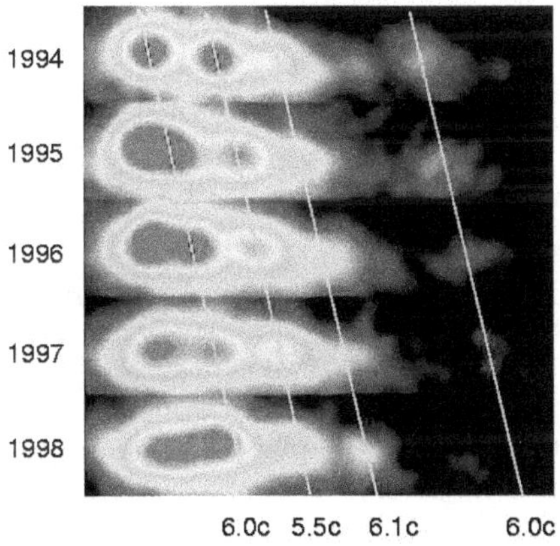

FIG. 5.16 – Images sur plusieurs années prises par le télescope spatial Hubble de nodules dans le jet de la galaxie M87. Les images ci-dessus ne concernent que la partie centrale du jet. Une vue de la totalité de celui-ci est fournie par la Fig. 21.4. (Source : Biretta *et al.* [53].)

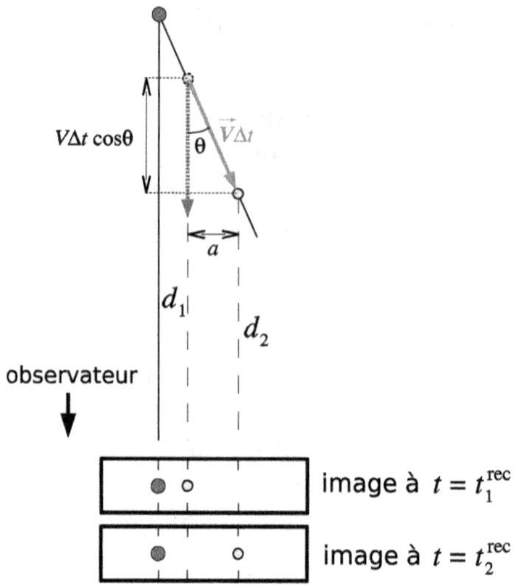

FIG. 5.17 – Mouvement apparent superluminique. Figure dans l'espace de référence de l'observateur $\mathcal{O}$. $\Delta t := t_2^{\rm em} - t_1^{\rm em}$.

Il est facile de voir que $V_{\rm app}$ peut être supérieure à c à l'aide du modèle simplifié suivant, illustré par la Fig. 5.17. Considérons une source qui émet une quantité de matière (nodule) à la vitesse $\vec{V}$ constante par rapport à un observateur inertiel $\mathcal{O}$ que nous supposerons très éloigné (situation astrophysique). À l'instant $t_1^{\rm em}$ (du temps propre de $\mathcal{O}$), le nodule émet un signal lumineux qui atteint $\mathcal{O}$ à l'instant $t_1^{\rm rec} = t_1^{\rm em} + d_1/c$, où d_1 est la distance séparant le point d'émission de $\mathcal{O}$ dans l'espace de référence de ce dernier. À l'instant $t_2^{\rm em} > t_1^{\rm em}$, le nodule émet un deuxième signal lumineux qui atteint $\mathcal{O}$ à l'instant $t_2^{\rm rec} = t_2^{\rm em} + d_2/c$, avec (*cf.* Fig. 5.17),

$$d_2 = d_1 - V(t_2^{\rm em} - t_1^{\rm em})\cos\theta,$$

où $V := \|\vec{V}\|_g$ et θ est l'angle entre $\vec{V}$ et la ligne de visée. La distance transverse à la ligne de visée parcourue entre les deux émissions est (*cf.* Fig. 5.17)

$$a = V(t_2^{\rm em} - t_1^{\rm em})\sin\theta.$$

La vitesse apparente n'est autre que cette distance divisée par la durée qui sépare les réceptions des signaux :

$$V_{\rm app} = \frac{a}{t_2^{\rm rec} - t_1^{\rm rec}} = \frac{V(t_2^{\rm em} - t_1^{\rm em})\sin\theta}{t_2^{\rm em} + \frac{1}{c}\left[d_1 - V(t_2^{\rm em} - t_1^{\rm em})\cos\theta\right] - t_1^{\rm em} - \frac{1}{c}d_1},$$

soit

$$V_{\rm app} = \frac{V\sin\theta}{1 - \frac{V}{c}\cos\theta}. \qquad (5.89)$$

Il est clair que si V est suffisamment grand (tout en restant inférieur à c !) et θ suffisamment petit, la quantité $V_{\rm app}$ peut être arbitrairement grande. Les vitesses apparentes superluminiques sont donc engendrées par des mouvements (subluminiques !) dans une direction proche de la ligne de visée. Dans le cas du jet de M87 montré sur la Fig. 21.4, on a $V \geq 0.986\,c$ (ce qui correspond à un facteur de Lorentz $\Gamma \geq 6$) et $\theta \leq 19°$.

Note historique : *L'existence de mouvements apparents superluminiques dans des sources astrophysiques relativistes a été prédite en 1966 par Martin Rees*[17] *[342]. Les premières observations de ce phénomène ont eu lieu en 1970 sur le quasar 3C 279, à partir d'images radio à haute résolution angulaire (obtenues par interférométrie à très longue base) [435]* (cf. *le livre de Suzy Collin-Zahn [90] pour plus de détails). Des mouvements superluminiques sont depuis observés couramment dans les quasars et les galaxies à noyaux actifs, comme par exemple M 87 (Fig. 5.16). En 1994, on en a observé un dans notre galaxie, dans le micro-quasar GRS 1915+105 (un système binaire contenant un trou noir qui accrète de la matière depuis une étoile compagnon,* cf. *§ 21.6.1) [292, 293]. La vitesse apparente est $V_{\rm app} = 1.25\,c$, ce qui correspond à une éjection de matière à la vitesse $V = 0.92\,c$ et suivant l'angle $\theta \simeq 70°$.*

17. **Martin Rees** : Astrophysicien britannique né en 1942, auteur de nombreux travaux en cosmologie, physique des galaxies et des quasars.

Chapitre 6

Groupe de Lorentz

Sommaire

Tel que nous l'avons introduit au Chap. 3, un observateur est caractérisé par sa ligne d'univers $\mathscr{L}$ et son référentiel local $(\vec{e}_\alpha(t))$. Ce dernier constitue, en tout point de $\mathscr{L}$, une base orthonormale de $(E, \boldsymbol{g})$. L'étude du passage d'un observateur à un autre est ainsi équivalente à celle des transformations de E qui envoient une base orthonormale sur une autre. Il s'agit des fameuses transformations de Lorentz, auxquelles nous consacrons ce chapitre. Tout comme le Chap. 1, il s'agit d'un chapitre purement mathématique. De même qu'au Chap. 1, les termes marqués d'un astérisque (*) ont leurs définitions rappelées dans l'Annexe A.

6.1 Transformations de Lorentz

6.1.1 Définition et caractérisation

On appelle ***transformation de Lorentz*** toute application linéaire*

$$\begin{aligned} \boldsymbol{\Lambda} : E &\longrightarrow E \\ \vec{\boldsymbol{v}} &\longmapsto \boldsymbol{\Lambda}(\vec{\boldsymbol{v}}) \end{aligned} \qquad (6.1)$$

telle que[1]

$$\boxed{\forall(\vec{\boldsymbol{v}}, \vec{\boldsymbol{w}}) \in E \times E, \quad \boldsymbol{g}(\boldsymbol{\Lambda}(\vec{\boldsymbol{v}}), \boldsymbol{\Lambda}(\vec{\boldsymbol{w}})) = \boldsymbol{g}(\vec{\boldsymbol{v}}, \vec{\boldsymbol{w}})}. \qquad (6.2)$$

$\boldsymbol{\Lambda}$ étant une application linéaire de l'espace vectoriel E dans lui-même, on la qualifie d'***endomorphisme*** (*cf.* Annexe A). La propriété (6.2) s'exprime souvent en disant que $\boldsymbol{\Lambda}$ ***préserve le produit scalaire*** induit par la métrique $\boldsymbol{g}$. En particulier, le carré scalaire d'un vecteur est préservé par $\boldsymbol{\Lambda}$. On en déduit qu'il en est de même pour la norme vis-à-vis de $\boldsymbol{g}$, telle qu'introduite au § 1.2.5 :

$$\forall \vec{\boldsymbol{v}} \in E, \quad \|\boldsymbol{\Lambda}(\vec{\boldsymbol{v}})\|_{\boldsymbol{g}} = \|\vec{\boldsymbol{v}}\|_{\boldsymbol{g}} . \qquad (6.3)$$

Pour cette raison, on dit qu'une transformation de Lorentz est une ***isométrie vectorielle*** de l'espace $(E, \boldsymbol{g})$.

Un endomorphisme de E est entièrement caractérisé par sa matrice dans une base donnée. On appelle ainsi ***matrice de Lorentz*** toute matrice réelle 4×4 qui représente une transformation de Lorentz dans une base orthonormale de $(E, \boldsymbol{g})$, c'est-à-dire toute matrice $\Lambda = (\Lambda^{\alpha}{}_{\beta})$ telle qu'il existe une transformation de Lorentz $\boldsymbol{\Lambda}$ et une base orthonormale $(\vec{\boldsymbol{e}}_{\alpha})$ de $(E, \boldsymbol{g})$ telle que

$$\boxed{\boldsymbol{\Lambda}(\vec{\boldsymbol{e}}_{\beta}) = \Lambda^{\alpha}{}_{\beta}\, \vec{\boldsymbol{e}}_{\alpha}}. \qquad (6.4)$$

Remarque : Le premier indice, α, numérote les lignes de la matrice Λ ; il est en position haute et donne les composantes du vecteur $\boldsymbol{\Lambda}(\vec{\boldsymbol{e}}_{\beta})$ sur la base $(\vec{\boldsymbol{e}}_{\alpha})$. Le second indice, β, numérote les colonnes de la matrice Λ ; il est en position basse et désigne le vecteur de base dont on prend l'image par $\boldsymbol{\Lambda}$. La matrice Λ est ainsi formée en écrivant colonne par colonne les images des vecteurs de la base $(\vec{\boldsymbol{e}}_{\alpha})$.

Grâce à cette convention, les composantes w^{α} de l'image $\vec{\boldsymbol{w}} = \boldsymbol{\Lambda}(\vec{\boldsymbol{v}})$ s'expriment en fonction des composantes v^{α} de $\vec{\boldsymbol{v}}$ suivant

$$\boxed{w^{\alpha} = \Lambda^{\alpha}{}_{\beta}\, v^{\beta}}. \qquad (6.5)$$

Pour le voir, il suffit d'écrire $\vec{\boldsymbol{w}} = w^{\alpha}\vec{\boldsymbol{e}}_{\alpha} = \boldsymbol{\Lambda}(\vec{\boldsymbol{v}}) = \boldsymbol{\Lambda}(v^{\beta}\vec{\boldsymbol{e}}_{\beta}) = v^{\beta}\boldsymbol{\Lambda}(\vec{\boldsymbol{e}}_{\beta})$ (linéarité de $\boldsymbol{\Lambda}$) et d'appliquer la formule (6.4).

1. Nous avons explicité le tenseur métrique $\boldsymbol{g}$ dans l'expression du produit scalaire, mais on aurait évidemment tout aussi bien pu écrire $\forall(\vec{\boldsymbol{v}}, \vec{\boldsymbol{w}}) \in E \times E,\ \boldsymbol{\Lambda}(\vec{\boldsymbol{v}}) \cdot \boldsymbol{\Lambda}(\vec{\boldsymbol{w}}) = \vec{\boldsymbol{v}} \cdot \vec{\boldsymbol{w}}$ à la place de (6.2).

Montrons que, parmi tous les endomorphismes de E, les transformations de Lorentz se caractérisent par le fait de transformer toute base orthonormale de $(E, \boldsymbol{g})$ en une autre. Soient $\boldsymbol{\Lambda}$ une transformation de Lorentz et $(\vec{\boldsymbol{e}}_\alpha)$ une base orthonormale de $(E, \boldsymbol{g})$. Par définition $\vec{\boldsymbol{e}}_\alpha \cdot \vec{\boldsymbol{e}}_\beta = \eta_{\alpha\beta}$, où η est la matrice de Minkowski (1.19). Puisque $\boldsymbol{\Lambda}$ préserve le produit scalaire, on a immédiatement $\boldsymbol{\Lambda}(\vec{\boldsymbol{e}}_\alpha) \cdot \boldsymbol{\Lambda}(\vec{\boldsymbol{e}}_\beta) = \eta_{\alpha\beta}$, c'est-à-dire que $(\boldsymbol{\Lambda}(\vec{\boldsymbol{e}}_\alpha))$ constitue une base orthonormale de $(E, \boldsymbol{g})$. La réciproque est facile à établir : considérons un endomorphisme de E qui transforme toute base orthonormale en une base orthonormale. Considérons deux vecteurs $\vec{\boldsymbol{v}}$ et $\vec{\boldsymbol{w}}$ de E et décomposons-les sur une base orthonormale $(\vec{\boldsymbol{e}}_\alpha)$: $\vec{\boldsymbol{v}} = v^\alpha \, \vec{\boldsymbol{e}}_\alpha$ et $\vec{\boldsymbol{w}} = w^\alpha \, \vec{\boldsymbol{e}}_\alpha$. On a alors, par linéarité de $\boldsymbol{\Lambda}$, $\boldsymbol{\Lambda}(\vec{\boldsymbol{v}}) \cdot \boldsymbol{\Lambda}(\vec{\boldsymbol{w}}) = v^\alpha w^\beta \boldsymbol{\Lambda}(\vec{\boldsymbol{e}}_\alpha) \cdot \boldsymbol{\Lambda}(\vec{\boldsymbol{e}}_\beta)$. Mais puisque $\boldsymbol{\Lambda}$ transforme toute base orthonormale en une base orthonormale, $\boldsymbol{\Lambda}(\vec{\boldsymbol{e}}_\alpha) \cdot \boldsymbol{\Lambda}(\vec{\boldsymbol{e}}_\beta) = \eta_{\alpha\beta} = \vec{\boldsymbol{e}}_\alpha \cdot \vec{\boldsymbol{e}}_\beta$, si bien que $\boldsymbol{\Lambda}(\vec{\boldsymbol{v}}) \cdot \boldsymbol{\Lambda}(\vec{\boldsymbol{w}}) = v^\alpha w^\beta \, \vec{\boldsymbol{e}}_\alpha \cdot \vec{\boldsymbol{e}}_\beta = \vec{\boldsymbol{v}} \cdot \vec{\boldsymbol{w}}$, ce qui montre que $\boldsymbol{\Lambda}$ est une transformation de Lorentz.

Remarque : Rappelons que l'ordre des vecteurs est important dans la définition d'une base orthonormale (*cf.* § 1.2.3) : si $(\vec{\boldsymbol{e}}_\alpha)$ est une base orthonormale de $(E, \boldsymbol{g})$, alors $\vec{\boldsymbol{e}}_0$ est le vecteur de carré scalaire -1 et $\vec{\boldsymbol{e}}_1$, $\vec{\boldsymbol{e}}_2$ et $\vec{\boldsymbol{e}}_3$ sont les vecteurs de carré scalaire $+1$. En conséquence, un endomorphisme $\boldsymbol{\Lambda}$ de E qui transforme une base orthonormale $(\vec{\boldsymbol{e}}_0, \vec{\boldsymbol{e}}_1, \vec{\boldsymbol{e}}_2, \vec{\boldsymbol{e}}_3)$ de manière telle que $(\boldsymbol{\Lambda}(\vec{\boldsymbol{e}}_1), \boldsymbol{\Lambda}(\vec{\boldsymbol{e}}_0), \boldsymbol{\Lambda}(\vec{\boldsymbol{e}}_2), \boldsymbol{\Lambda}(\vec{\boldsymbol{e}}_3))$ soit une base orthonormale, n'est pas une transformation de Lorentz.

6.1.2 Groupe de Lorentz

L'ensemble des transformations de Lorentz, muni de la loi de composition $\circ$, forme un groupe*. Il satisfait en effet à tous les axiomes de définition d'un groupe (*cf.* Annexe A) :

- la loi $\circ$ est une loi interne pour l'ensemble des transformations de Lorentz : si $\boldsymbol{\Lambda}_1$ et $\boldsymbol{\Lambda}_2$ sont deux transformations de Lorentz, alors pour tout couple $(\vec{\boldsymbol{v}}, \vec{\boldsymbol{w}})$ de vecteurs de E,

$$(\boldsymbol{\Lambda}_1 \circ \boldsymbol{\Lambda}_2)(\vec{\boldsymbol{v}}) \cdot (\boldsymbol{\Lambda}_1 \circ \boldsymbol{\Lambda}_2)(\vec{\boldsymbol{w}}) = \boldsymbol{\Lambda}_1(\boldsymbol{\Lambda}_2(\vec{\boldsymbol{v}})) \cdot \boldsymbol{\Lambda}_1(\boldsymbol{\Lambda}_2(\vec{\boldsymbol{w}})) = \boldsymbol{\Lambda}_2(\vec{\boldsymbol{v}}) \cdot \boldsymbol{\Lambda}_2(\vec{\boldsymbol{w}}) = \vec{\boldsymbol{v}} \cdot \vec{\boldsymbol{w}},$$

  ce qui montre que l'application composée $\boldsymbol{\Lambda}_1 \circ \boldsymbol{\Lambda}_2$ est bien une transformation de Lorentz ;

- la loi $\circ$ est évidemment associative : $\boldsymbol{\Lambda}_1 \circ (\boldsymbol{\Lambda}_2 \circ \boldsymbol{\Lambda}_3) = (\boldsymbol{\Lambda}_1 \circ \boldsymbol{\Lambda}_2) \circ \boldsymbol{\Lambda}_3$: elle l'est pour toutes les applications $E \to E$, donc en particulier pour les transformations de Lorentz ;

- il existe un élément neutre : l'application identité $\mathrm{Id} : E \to E$, $\vec{\boldsymbol{v}} \mapsto \vec{\boldsymbol{v}}$, qui est évidemment une transformation de Lorentz ;

- tout élément admet un inverse : soient $\mathbf{\Lambda}$ une transformation de Lorentz et $(\vec{e}_\alpha)$ une base orthonormale de $(E, \boldsymbol{g})$. Alors, en vertu de (6.2), $(\mathbf{\Lambda}(\vec{e}_\alpha))$ est une base orthonormale de $(E, \boldsymbol{g})$. $\mathbf{\Lambda}$ est donc un endomorphisme inversible. Il s'agit de montrer que son inverse, $\mathbf{\Lambda}^{-1}$, est également une transformation de Lorentz : puisque $\mathbf{\Lambda} \circ \mathbf{\Lambda}^{-1} = \mathrm{Id}$, on a évidemment $\forall(\vec{\boldsymbol{v}}, \vec{\boldsymbol{w}}) \in E \times E$, $[\mathbf{\Lambda} \circ \mathbf{\Lambda}^{-1}(\vec{\boldsymbol{v}})] \cdot [\mathbf{\Lambda} \circ \mathbf{\Lambda}^{-1}(\vec{\boldsymbol{w}})] = \vec{\boldsymbol{v}} \cdot \vec{\boldsymbol{w}}$. Par ailleurs, comme $\mathbf{\Lambda}$ est une transformation de Lorentz, on a $[\mathbf{\Lambda} \circ \mathbf{\Lambda}^{-1}(\vec{\boldsymbol{v}})] \cdot [\mathbf{\Lambda} \circ \mathbf{\Lambda}^{-1}(\vec{\boldsymbol{w}})] = \mathbf{\Lambda}^{-1}(\vec{\boldsymbol{v}}) \cdot \mathbf{\Lambda}^{-1}(\vec{\boldsymbol{w}})$. Ainsi $\mathbf{\Lambda}^{-1}(\vec{\boldsymbol{v}}) \cdot \mathbf{\Lambda}^{-1}(\vec{\boldsymbol{w}}) = \vec{\boldsymbol{v}} \cdot \vec{\boldsymbol{w}}$, ce qui montre que $\mathbf{\Lambda}^{-1}$ est bien une transformation de Lorentz.

Ce groupe est appelé ***groupe de Lorentz*** et noté $\mathrm{O}(3,1)$. Il s'agit d'un sous-groupe du ***groupe linéaire de*** E, $\mathrm{GL}(E)$, qui est le groupe des automorphismes* de E. Rappelons qu'***automorphisme*** signifie endomorphisme inversible, c'est-à-dire application linéaire bijective de l'espace vectoriel E dans lui-même (*cf.* Annexe A). Dans le vocabulaire de l'algèbre linéaire, le groupe de Lorentz est le ***groupe orthogonal*** associé au produit scalaire $\boldsymbol{g}$. Cela explique la notation $\mathrm{O}(3,1)$: O pour « orthogonal » et $(3,1)$ pour la signature de $(-,+,+,+)$ de $\boldsymbol{g}$ (trois + et un −).

Remarque : La notation $\mathrm{O}(3,1)$ constitue une extension des notations bien connues $\mathrm{O}(2)$ et $\mathrm{O}(3)$ pour les groupes des isométries du plan euclidien et de l'espace euclidien à trois dimensions. En effet la signature du produit scalaire euclidien est $(+,+)$ (plan) ou $(+,+,+)$ (espace), si bien que les groupes orthogonaux correspondants sont $\mathrm{O}(2,0)$ et $\mathrm{O}(3,0)$, que l'on abrège respectivement en $\mathrm{O}(2)$ et $\mathrm{O}(3)$.

Un corollaire immédiat de la structure de groupe de $\mathrm{O}(3,1)$ est que l'ensemble des matrices de Lorentz, muni de la loi de multiplication matricielle, forme un sous-groupe du groupe des matrices réelles 4×4 inversibles.

6.1.3 Propriétés des transformations de Lorentz

Étant donnés $\mathbf{\Lambda} \in \mathrm{O}(3,1)$ et un sous-ensemble F de E, on dit que F est ***invariant*** par $\mathbf{\Lambda}$, ou encore ***stable*** par $\mathbf{\Lambda}$, ssi

$$\forall \vec{\boldsymbol{v}} \in F, \quad \mathbf{\Lambda}(\vec{\boldsymbol{v}}) \in F. \tag{6.6}$$

On traduit cette dernière propriété par[2] $\mathbf{\Lambda}(F) = F$. De plus, on dit que F est ***strictement invariant*** par $\mathbf{\Lambda}$ ssi la restriction de $\mathbf{\Lambda}$ à F est l'identité :

$$\forall \vec{\boldsymbol{v}} \in F, \quad \mathbf{\Lambda}(\vec{\boldsymbol{v}}) = \vec{\boldsymbol{v}}. \tag{6.7}$$

Si F est strictement invariant, il est évidemment invariant tout court.

Une propriété immédiate des transformations de Lorentz est de laisser invariant le cône isotrope $\mathcal{I}$ de $\boldsymbol{g}$ (*cf.* § 1.3) :

$$\boxed{\forall \mathbf{\Lambda} \in \mathrm{O}(3,1), \quad \mathbf{\Lambda}(\mathcal{I}) = \mathcal{I}}. \tag{6.8}$$

2. *A priori*, (6.6) est équivalent à $\mathbf{\Lambda}(F) \subset F$; mais comme $\mathbf{\Lambda}$ est bijective, on peut remplacer le signe d'inclusion par une égalité.

En effet,

$$\forall \vec{v} \in E, \quad \vec{v} \in \mathcal{I} \iff \vec{v} \cdot \vec{v} = 0 \iff \mathbf{\Lambda}(\vec{v}) \cdot \mathbf{\Lambda}(\vec{v}) = 0 \iff \mathbf{\Lambda}(\vec{v}) \in \mathcal{I},$$

où la partie $\Leftarrow$ de la deuxième équivalence est justifiée par le fait que si $\mathbf{\Lambda}$ est une transformation de Lorentz, son inverse l'est également.

Une autre propriété importante des transformations de Lorentz est d'avoir un déterminant toujours égal à $+1$ ou -1 :

$$\boxed{\forall \mathbf{\Lambda} \in \mathrm{O}(3,1), \quad \det \mathbf{\Lambda} = \pm 1}. \tag{6.9}$$

Rappelons que le ***déterminant d'un endomorphisme*** est le déterminant Δ de n'importe quelle matrice représentant cet endomorphisme dans une base vectorielle de E, Δ étant indépendant du choix de la base vectorielle. En utilisant les notations de l'Éq. (6.4) : $\det \mathbf{\Lambda} = \det(\Lambda^\alpha{}_\beta)$. Pour montrer la propriété (6.9), considérons une base orthonormale de $(E, \boldsymbol{g})$, soit $(\vec{e}_\alpha)$, et désignons par Λ la matrice de $\mathbf{\Lambda}$ dans cette base. En terme des composantes relatives à la base $(\vec{e}_\alpha)$, la propriété (6.2) définissant une transformation de Lorentz s'écrit

$$\forall (\vec{v}, \vec{w}) \in E \times E, \quad \eta_{\alpha\beta} \, [\mathbf{\Lambda}(\vec{v})]^\alpha [\mathbf{\Lambda}(\vec{w})]^\beta = \eta_{\mu\nu} \, v^\mu w^\nu,$$

où nous avons tenu compte du caractère orthonormal de la base $(\vec{e}_\alpha)$ en remplaçant les composantes $g_{\alpha\beta}$ de $\boldsymbol{g}$ par les composantes $\eta_{\alpha\beta}$ de la matrice de Minkowski (1.19) : $\eta_{\alpha\beta} = \mathrm{diag}(-1, 1, 1, 1)$. En utilisant (6.5), il vient

$$\forall (\vec{v}, \vec{w}) \in E \times E, \quad \underbrace{\eta_{\alpha\beta} \, \Lambda^\alpha{}_\mu \, v^\mu \, \Lambda^\beta{}_\nu \, w^\nu}_{= \eta_{\alpha\beta} \, \Lambda^\alpha{}_\mu \, \Lambda^\beta{}_\nu \, v^\mu w^\nu} = \eta_{\mu\nu} \, v^\mu w^\nu .$$

Cette identité étant valable pour tous les couples $(\vec{v}, \vec{w})$ de vecteurs de E, on en déduit que

$$\boxed{\eta_{\alpha\beta} \, \Lambda^\alpha{}_\mu \, \Lambda^\beta{}_\nu = \eta_{\mu\nu}}. \tag{6.10}$$

Faisons apparaître des produits matriciels dans cette expression. On reconnaît dans $\eta_{\alpha\beta} \, \Lambda^\beta{}_\nu$ le produit matriciel $\eta \, \Lambda$. Par contre, pour $\eta_{\alpha\beta} \, \Lambda^\alpha{}_\mu = \Lambda^\alpha{}_\mu \, \eta_{\alpha\beta}$, l'indice de sommation α est mal placé pour voir directement un produit matriciel ; il faut en fait considérer la transposée de Λ, c'est-à-dire la matrice ${}^{\mathrm{t}}\Lambda$ définie comme suit

$$({}^{\mathrm{t}}\Lambda)_\alpha{}^\beta := \Lambda^\beta{}_\alpha . \tag{6.11}$$

On a alors $\Lambda^\alpha{}_\mu \, \eta_{\alpha\beta} = ({}^{\mathrm{t}}\Lambda)_\mu{}^\alpha \, \eta_{\alpha\beta} = ({}^{\mathrm{t}}\Lambda \, \eta)_{\mu\beta}$. Au final, l'Éq. (6.10) s'écrit

$$\boxed{{}^{\mathrm{t}}\Lambda \, \eta \, \Lambda = \eta}. \tag{6.12}$$

Puisque le déterminant d'un produit matriciel est égal au produit des déterminants, on en déduit immédiatement

$$(\det {}^{\mathrm{t}}\Lambda)(\det \eta)(\det \Lambda) = \det \eta .$$

$\det \eta$ n'étant pas nul, on peut simplifier cette expression et utiliser l'identité $\det {}^{\mathrm{t}}\Lambda = \det \Lambda$ pour obtenir $(\det \Lambda)^2 = 1$. Cela établit la propriété (6.9).

6.2 Sous-groupes de O(3,1)

6.2.1 Groupe de Lorentz propre SO(3,1)

Au vu de (6.9), les transformations de Lorentz se répartissent en deux catégories : celles de déterminant +1 et celles de déterminant −1. Une transformation de Lorentz de déterminant +1 est appelée ***transformation de Lorentz propre***. Si au contraire, son déterminant vaut −1, elle est appelée ***transformation de Lorentz impropre***. Une transformation de Lorentz propre conserve l'orientation des bases vectorielles de E : si $(\vec{e}_\alpha)$ est une base directe, au sens défini au § 1.4, alors $(\mathbf{\Lambda}(\vec{e}_\alpha))$ est également une base directe. Cette propriété est une conséquence immédiate de la formule suivante :

$$\boldsymbol{\epsilon}(\mathbf{\Lambda}(\vec{e}_0), \mathbf{\Lambda}(\vec{e}_1), \mathbf{\Lambda}(\vec{e}_2), \mathbf{\Lambda}(\vec{e}_3)) = (\det \mathbf{\Lambda})\, \boldsymbol{\epsilon}(\vec{e}_0, \vec{e}_1, \vec{e}_2, \vec{e}_3), \tag{6.13}$$

où $\boldsymbol{\epsilon}$ est le tenseur de Levi-Civita introduit au § 1.4. En fait la formule (6.13) est très générale : elle est valable pour tout endomorphisme $\mathbf{\Lambda}$ et toute forme quadrilinéaire antisymétrique $\boldsymbol{\epsilon}$. On pourrait même la prendre comme définition du déterminant d'un endomorphisme.

Il est évident, au vu de la formule classique $\det(\mathbf{\Lambda}_1 \circ \mathbf{\Lambda}_2) = (\det \mathbf{\Lambda}_1)(\det \mathbf{\Lambda}_2)$, que l'ensemble des transformations de Lorentz propres forme un sous-groupe du groupe de Lorentz O(3, 1). On appelle ce sous-groupe ***groupe de Lorentz propre*** et on le note SO(3, 1).

Remarque 1 : Là encore, la notation SO(3, 1) constitue une généralisation des notations SO(2) et SO(3) pour les groupes de rotation de respectivement le plan et l'espace euclidiens. Rappelons en effet que les rotations ne sont rien d'autres que les isométries de l'espace euclidien de déterminant +1.

Remarque 2 : L'ensemble des transformations de Lorentz impropres ne forme pas un groupe, car l'identité n'y appartient pas. De plus, la composition de deux transformations de Lorentz impropres est une transformation de Lorentz propre.

On déduit immédiatement de (6.13) que si $\mathbf{\Lambda}$ est une transformation de Lorentz propre, alors $\boldsymbol{\epsilon}(\mathbf{\Lambda}(\vec{e}_0), \mathbf{\Lambda}(\vec{e}_1), \mathbf{\Lambda}(\vec{e}_2), \mathbf{\Lambda}(\vec{e}_3)) = \boldsymbol{\epsilon}(\vec{e}_0, \vec{e}_1, \vec{e}_2, \vec{e}_3)$. En utilisant la quadrilinéarité de $\boldsymbol{\epsilon}$, on peut alors écrire

$$\forall \mathbf{\Lambda} \in \mathrm{SO}(3,1),\ \forall (\vec{\boldsymbol{v}}_1, \vec{\boldsymbol{v}}_2, \vec{\boldsymbol{v}}_3, \vec{\boldsymbol{v}}_4) \in E^4,$$
$$\boxed{\boldsymbol{\epsilon}(\mathbf{\Lambda}(\vec{\boldsymbol{v}}_1), \mathbf{\Lambda}(\vec{\boldsymbol{v}}_2), \mathbf{\Lambda}(\vec{\boldsymbol{v}}_3), \mathbf{\Lambda}(\vec{\boldsymbol{v}}_4)) = \boldsymbol{\epsilon}(\vec{\boldsymbol{v}}_1, \vec{\boldsymbol{v}}_2, \vec{\boldsymbol{v}}_3, \vec{\boldsymbol{v}}_4)}. \tag{6.14}$$

6.2.2 Transformations de Lorentz orthochrones

Considérons le référentiel local $(\vec{e}_\alpha)$ d'un observateur. Le vecteur $\vec{e}_0$ est alors du genre temps et orienté vers le futur, au sens défini au § 1.3. Étant donnée une transformation de Lorentz, $\mathbf{\Lambda} \in \mathrm{O}(3,1)$, le vecteur $\mathbf{\Lambda}(\vec{e}_0)$ est nécessairement du genre temps (puisque $\mathbf{\Lambda}$ préserve le produit scalaire) ; la question qui se pose est de savoir s'il est également orienté vers le futur. En vertu du lemme 1 démontré au § 1.3.2, c'est le cas ssi

$$\mathbf{\Lambda}(\vec{e}_0) \cdot \vec{e}_0 < 0. \tag{6.15}$$

Le point important est que cette propriété ne dépend pas du choix du vecteur $\vec{e}_0$. Considérons en effet un deuxième vecteur $\vec{e}\,'_0$, du genre temps, unitaire et orienté vers le futur. Par définition d'une transformation de Lorentz, on a $\mathbf{\Lambda}(\vec{e}\,'_0) \cdot \mathbf{\Lambda}(\vec{e}_0) = \vec{e}\,'_0 \cdot \vec{e}_0 < 0$, $\vec{e}_0$ et $\vec{e}\,'_0$ étant tous deux orientés vers le futur. Comme $\mathbf{\Lambda}(\vec{e}_0)$ est lui-même orienté vers le futur, on peut à nouveau invoquer le lemme 1 du § 1.3.2 pour conclure que $\mathbf{\Lambda}(\vec{e}\,'_0)$ est orienté vers le futur. Ainsi si une transformation de Lorentz transforme un vecteur du genre temps orienté vers le futur en un vecteur du genre temps orienté vers le futur, elle fait de même pour tous les vecteurs du genre temps orientés vers le futur. On peut donc décomposer les transformations de Lorentz en deux classes :

- celles qui transforment tout vecteur du genre temps orienté vers le futur en un vecteur du genre temps orienté vers le futur ; on les appelle ***transformations de Lorentz orthochrones*** ;
- celles qui transforment tout vecteur du genre temps orienté vers le futur en un vecteur du genre temps orienté vers le passé ; on les appelle ***transformations de Lorentz antichrones***.

Il est évident que l'ensemble des transformations de Lorentz orthochrones forme un sous-groupe du groupe de Lorentz. Nous le noterons $\mathrm{O_o}(3,1)$ et l'appellerons ***groupe de Lorentz orthochrone***.

Remarque : Par contre, l'ensemble des transformations de Lorentz antichrones ne forme pas un groupe, car l'identité n'y appartient pas.

La condition d'orthochronie se traduit simplement en terme de la matrice Λ d'une transformation de Lorentz $\mathbf{\Lambda}$ dans une base orthonormale $(\vec{e}_\alpha)$. En effet, d'après (6.4),

$$\mathbf{\Lambda}(\vec{e}_0) \cdot \vec{e}_0 = \Lambda^\alpha{}_0 \underbrace{\vec{e}_\alpha \cdot \vec{e}_0}_{-\delta_{0\alpha}} = -\Lambda^0{}_0. \tag{6.16}$$

Nous avons vu que $\mathbf{\Lambda}$ est orthochrone ssi $\mathbf{\Lambda}(\vec{e}_0) \cdot \vec{e}_0 < 0$ (Éq. (6.15)). Cette dernière condition est donc équivalente à $\Lambda^0{}_0 > 0$. En fait on a nécessairement dans ce cas $\Lambda^0{}_0 \geq 1$. En effet, en spécifiant $\mu = 0$ et $\nu = 0$ dans l'égalité (6.10), il vient successivement

$$\Lambda^\alpha{}_0 \, \eta_{\alpha\beta} \, \Lambda^\beta{}_0 = \eta_{00} = -1,$$

$$-(\Lambda^0{}_0)^2 + \sum_{i=1}^{3} (\Lambda^i{}_0)^2 = -1,$$

$$(\Lambda^0{}_0)^2 = 1 + \sum_{i=1}^{3} (\Lambda^i{}_0)^2.$$

On a donc toujours $(\Lambda^0{}_0)^2 \geq 1$, de sorte que $\Lambda^0{}_0 > 0$ (resp. $\Lambda^0{}_0 < 0$) est en fait équivalente à $\Lambda^0{}_0 \geq 1$ (resp. $\Lambda^0{}_0 \leq -1$). En conclusion, une transformation de Lorentz est orthochrone ssi sa matrice Λ dans n'importe quelle base orthonormale vérifie

$$\boxed{\Lambda^0{}_0 \geq 1}. \qquad (6.17)$$

Dans le cas contraire, on a nécessairement $\Lambda^0{}_0 \leq -1$.

6.2.3 Transformations de Lorentz restreintes

Une transformation de Lorentz qui est à la fois propre et orthochrone est appelée ***transformation de Lorentz restreinte***. En terme de sa matrice Λ dans une base orthonormale de $(E, \boldsymbol{g})$, une transformation de Lorentz restreinte est caractérisée par

$$\det \Lambda = 1 \qquad \text{et} \qquad \Lambda^0{}_0 \geq 1. \qquad (6.18)$$

Le référentiel local $(\vec{e}_\alpha)$ d'un observateur étant une base directe de E avec $\vec{e}_0$ orienté vers le futur (c'est une 4-vitesse !), on note que les transformations de Lorentz restreintes sont celles qui relient les référentiels locaux de deux observateurs, d'où leur importance.

Il est évident que l'ensemble des transformations de Lorentz restreintes forme un sous-groupe de $\mathrm{SO}(3,1)$ et de $\mathrm{O_o}(3,1)$. Nous le noterons naturellement $\mathrm{SO_o}(3,1)$ et l'appellerons ***groupe de Lorentz restreint***.

6.2.4 Réduction du groupe de Lorentz à $\mathrm{SO_o}(3,1)$

En faisant le bilan de ce qui précède, on peut écrire le groupe de Lorentz comme l'union disjointe de quatre composantes :

$$\mathrm{O}(3,1) = \underbrace{\mathrm{SO_o}(3,1) \cup \mathrm{SO_a}(3,1)}_{\mathrm{SO}(3,1)} \cup \mathrm{O_o^-}(3,1) \cup \mathrm{O_a^-}(3,1), \qquad (6.19)$$

où $\mathrm{SO_a}(3,1)$ désigne l'ensemble des transformations de Lorentz propres antichrones, $\mathrm{O_o^-}(3,1)$ l'ensemble des transformations de Lorentz impropres orthochrones et $\mathrm{O_a^-}(3,1)$ l'ensemble des transformations de Lorentz impropres antichrones. Notons que des quatre composantes ci-dessus, seule $\mathrm{SO_o}(3,1)$ constitue un groupe.

Il est facile de ramener une transformation de Lorentz quelconque à une transformation de Lorentz restreinte (c'est-à-dire à un élément de $\mathrm{SO_o}(3,1)$). Définissons en effet l'***opérateur d'inversion spatio-temporelle*** comme l'opposé de l'opérateur identité : $\boldsymbol{I} := -\mathrm{Id}$. De plus, étant donnée une base orthonormale directe de $(E, \boldsymbol{g})$, soit $(\vec{e}_\alpha)$, introduisons les endomorphismes $E \to E$ suivants :

$$\forall \vec{v} = v^\alpha \vec{e}_\alpha \in E, \quad \boldsymbol{T}(\vec{v}) := -v^0 \vec{e}_0 + v^i \vec{e}_i, \quad \boldsymbol{P}(\vec{v}) := v^0 \vec{e}_0 - v^i \vec{e}_i. \qquad (6.20)$$

Nous appellerons naturellement ***T* opérateur d'inversion temporelle associé à la base** $(\vec{e}_\alpha)$ et ***P* opérateur d'inversion spatiale associé à la base** $(\vec{e}_\alpha)$. $\boldsymbol{P}$ est également appelé **opérateur d'inversion de parité associé à la base** $(\vec{e}_\alpha)$ (d'où la lettre P). Les matrices de chacun de ces opérateurs par rapport à la base $(\vec{e}_\alpha)$ sont

$$I^\alpha{}_\beta = \mathrm{diag}(-1,-1,-1,-1),$$

$$T^\alpha{}_\beta = \mathrm{diag}(-1,1,1,1) \qquad \text{et} \qquad P^\alpha{}_\beta = \mathrm{diag}(1,-1,-1,-1).$$

Comme ils transforment une base orthonormale en une base orthonormale, ces trois opérateurs sont des transformations de Lorentz. Plus précisément, puisque $\det \boldsymbol{I} = 1$, $\boldsymbol{I}(\vec{e}_0) = -\vec{e}_0$, $\det \boldsymbol{T} = -1$, $\boldsymbol{T}(\vec{e}_0) = -\vec{e}_0$, $\det \boldsymbol{P} = -1$ et $\boldsymbol{P}(\vec{e}_0) = \vec{e}_0$, on a

$$\boldsymbol{I} \in \mathrm{SO_a}(3,1), \quad \boldsymbol{T} \in \mathrm{O_a^-}(3,1), \quad \boldsymbol{P} \in \mathrm{O_o^-}(3,1). \tag{6.21}$$

Par ailleurs, chacun de ces opérateurs est involutif : $\boldsymbol{I}^{-1} = \boldsymbol{I}$, $\boldsymbol{T}^{-1} = \boldsymbol{T}$ et $\boldsymbol{P}^{-1} = \boldsymbol{P}$. Considérons à présent une transformation de Lorentz $\boldsymbol{\Lambda}$ qui ne soit pas restreinte. On a trois possibilités :

1. $\boldsymbol{\Lambda} \in \mathrm{SO_a}(3,1)$: dans ce cas, $\boldsymbol{I} \circ \boldsymbol{\Lambda} \in \mathrm{SO_o}(3,1)$ car $\det(\boldsymbol{I} \circ \boldsymbol{\Lambda}) = (+1)(+1) = +1$ et $\boldsymbol{I} \circ \boldsymbol{\Lambda}(\vec{e}_0) = \boldsymbol{I}(-\vec{e}_0) = \vec{e}_0$. Puisque $\boldsymbol{I}$ est son propre inverse, on peut alors écrire

$$\boldsymbol{\Lambda} = \boldsymbol{I} \circ \boldsymbol{\Lambda}_0, \quad \text{avec} \quad \boldsymbol{\Lambda}_0 \in \mathrm{SO_o}(3,1). \tag{6.22}$$

2. $\boldsymbol{\Lambda} \in \mathrm{O_o^-}(3,1)$: dans ce cas, $\boldsymbol{P} \circ \boldsymbol{\Lambda} \in \mathrm{SO_o}(3,1)$ car $\det(\boldsymbol{P} \circ \boldsymbol{\Lambda}) = (-1)(-1) = +1$ et $\boldsymbol{P} \circ \boldsymbol{\Lambda}(\vec{e}_0) = \boldsymbol{P}(\vec{e}_0) = \vec{e}_0$. Puisque $\boldsymbol{P}$ est son propre inverse, on peut alors écrire

$$\boldsymbol{\Lambda} = \boldsymbol{P} \circ \boldsymbol{\Lambda}_0, \quad \text{avec} \quad \boldsymbol{\Lambda}_0 \in \mathrm{SO_o}(3,1). \tag{6.23}$$

3. $\boldsymbol{\Lambda} \in \mathrm{O_a^-}(3,1)$: dans ce cas, $\boldsymbol{T} \circ \boldsymbol{\Lambda} \in \mathrm{SO_o}(3,1)$ car $\det(\boldsymbol{T} \circ \boldsymbol{\Lambda}) = (-1)(-1) = +1$ et $\boldsymbol{T} \circ \boldsymbol{\Lambda}(\vec{e}_0) = \boldsymbol{T}(-\vec{e}_0) = \vec{e}_0$. Puisque $\boldsymbol{T}$ est son propre inverse, on peut alors écrire

$$\boldsymbol{\Lambda} = \boldsymbol{T} \circ \boldsymbol{\Lambda}_0, \quad \text{avec} \quad \boldsymbol{\Lambda}_0 \in \mathrm{SO_o}(3,1). \tag{6.24}$$

Les résultats (6.22), (6.23) et (6.24) montrent qu'à l'aide des opérateurs d'inversion $\boldsymbol{I}$, $\boldsymbol{P}$ et $\boldsymbol{T}$, on peut toujours réduire une transformation de Lorentz quelconque à une transformation de Lorentz restreinte.

Remarque 1 : L'ensemble des quatre opérateurs $\{\mathrm{Id}, \boldsymbol{I}, \boldsymbol{T}, \boldsymbol{P}\}$, muni de la loi de composition $\circ$, forme un sous-groupe fini du groupe de Lorentz $\mathrm{O}(3,1)$. En effet, on a $\boldsymbol{I} \circ \boldsymbol{T} = \boldsymbol{P}$, $\boldsymbol{I} \circ \boldsymbol{P} = \boldsymbol{T}$, etc., c'est-à-dire que $\{\mathrm{Id}, \boldsymbol{I}, \boldsymbol{T}, \boldsymbol{P}\}$ est stable pour la loi $\circ$. De plus, chaque élément est son propre inverse. Ce groupe à quatre éléments est isomorphe* au ***groupe de Klein***[3] $\mathbb{Z}/2\mathbb{Z}\times\mathbb{Z}/2\mathbb{Z}$. Rappelons qu'il n'existe que deux groupes d'ordre 4 (tous deux abéliens*) : le groupe de Klein et le groupe cyclique $\mathbb{Z}/4\mathbb{Z}$.

Remarque 2 : En raisonnant sur les déterminants et les images de $\vec{e}_0$ comme ci-dessus, il est facile de voir que

$$\forall \mathbf{\Lambda}_0 \in \mathrm{SO_o}(3,1), \quad \forall \mathbf{\Lambda} \in \mathrm{O}(3,1), \quad \mathbf{\Lambda} \circ \mathbf{\Lambda}_0 \circ \mathbf{\Lambda}^{-1} \in \mathrm{SO_o}(3,1). \tag{6.25}$$

Cette propriété signifie que $\mathrm{SO_o}(3,1)$ est un sous-groupe distingué* de $\mathrm{O}(3,1)$ (*cf.* Éq. (A.3)). On peut alors former le groupe quotient* $\mathrm{O}(3,1)/\mathrm{SO_o}(3,1)$. Ce dernier est isomorphe* au groupe $\{\mathrm{Id}, \boldsymbol{I}, \boldsymbol{T}, \boldsymbol{P}\}$ considéré ci-dessus :

$$\mathrm{O}(3,1)/\mathrm{SO_o}(3,1) \simeq \{\mathrm{Id}, \boldsymbol{I}, \boldsymbol{T}, \boldsymbol{P}\} \simeq \mathbb{Z}/2\mathbb{Z} \times \mathbb{Z}/2\mathbb{Z}. \tag{6.26}$$

6.3 Classification des transformations de Lorentz restreintes

En vertu du résultat du § 6.2.4, nous nous restreignons désormais à l'étude de $\mathrm{SO_o}(3,1)$, c'est-à-dire des transformations de Lorentz restreintes. Nous allons exhiber la forme générale de celles-ci et les classer en différents types.

6.3.1 Direction lumière invariante

Définissons une ***direction lumière*** comme une droite vectorielle $\Delta \subset E$ formée de vecteurs lumière : $\Delta = \mathrm{Vect}(\vec{\boldsymbol{\ell}})$, avec $\vec{\boldsymbol{\ell}} \cdot \vec{\boldsymbol{\ell}} = 0$. Les droites affines de $\mathscr{E}$ correspondant aux directions lumière ne sont autres que les géodésiques lumière définies au § 2.4.1 (lignes d'univers des photons).

Le point de départ de notre étude est la propriété suivante[4] :

> Toute transformation de Lorentz restreinte laisse invariante au moins une direction lumière.

Autrement dit, étant donnée $\mathbf{\Lambda} \in \mathrm{SO_o}(3,1)$, il existe une direction lumière $\Delta = \mathrm{Vect}(\vec{\boldsymbol{\ell}})$ telle que $\mathbf{\Lambda}(\Delta) = \Delta$. Il est équivalent d'affirmer que $\mathbf{\Lambda}(\vec{\boldsymbol{\ell}}) = \lambda\vec{\boldsymbol{\ell}}$, avec $\lambda \in \mathbb{R} \setminus \{0\}$. $\vec{\boldsymbol{\ell}}$ est alors un vecteur propre du genre lumière de $\mathbf{\Lambda}$. Si $\lambda = 1$, la droite Δ est strictement invariante par $\mathbf{\Lambda}$.

Nous démontrerons cette propriété par une méthode algébrique au § 7.4.5. On peut également l'établir par une méthode topologique, que nous présentons ici : considérons l'intersection de la nappe du passé du cône de lumière d'un événement $O \in \mathscr{E}$, $\mathcal{I}^-(O)$, avec un hyperplan Σ du genre espace, c'est-à-dire un sous-espace affine de $\mathscr{E}$ de dimension 3 dont tous les vecteurs sont du genre espace (*cf.* § 3.1.3). $\mathcal{S} := \mathcal{I}^-(O) \cap \Sigma$ a la topologie d'une sphère (*cf.* Fig. 6.1). On peut la voir comme la sphère céleste d'un observateur qui aurait Σ comme

3. *Cf.* p. 258.
4. *Cf.* § 6.1.3 pour la définition de l'invariance par une transformation de Lorentz.

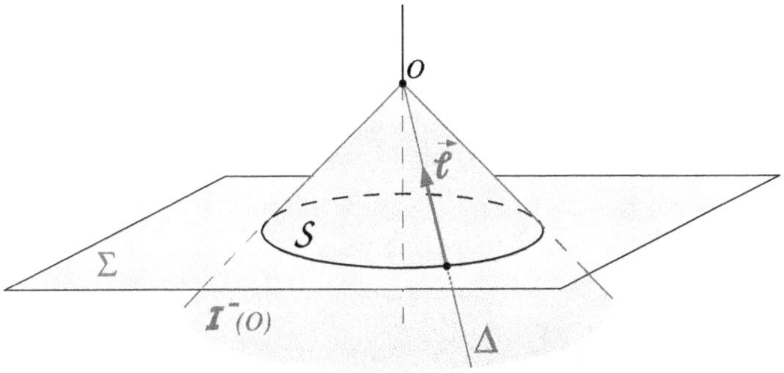

FIG. 6.1 – Sphère $\mathcal{S}$, intersection de la nappe $\mathcal{I}^-(O)$ du cône de lumière issu de O avec un hyperplan Σ du genre espace. Sur le dessin, une dimension a été supprimée, si bien que $\mathcal{S}$ apparaît comme un cercle.

espace local de repos (*cf.* § 5.5.2 et Fig. 5.11). Chaque direction lumière Δ s'identifie à un point de $\mathcal{S}$: ce « point » définit, à un facteur près, un vecteur directeur de Δ. La propriété (6.8) d'invariance globale du cône isotrope $\mathcal{I}$ par $\mathbf{\Lambda}$ signifie que sous l'action de $\mathbf{\Lambda}$ chaque direction lumière est transformée en une direction lumière. Cela implique que $\mathbf{\Lambda}$ induit une transformation de la sphère $\mathcal{S}$ dans elle-même. Cette transformation $\mathcal{S} \to \mathcal{S}$ est continue car, en tant qu'application linéaire, $\mathbf{\Lambda}$ l'est. De plus, elle préserve l'orientation, $\mathbf{\Lambda}$ étant une transformation de Lorentz restreinte. Or un théorème de topologie[5] stipule que toute application de la sphère dans elle-même qui est continue et préserve l'orientation admet un point fixe. Il existe donc un « point » Δ de $\mathcal{S}$ tel que $\mathbf{\Lambda}(\Delta) = \Delta$, ce qui démontre la propriété énoncée ci-dessus.

6.3.2 Décomposition à partir d'une direction lumière invariante

La propriété énoncée au § 6.3.1 simplifie grandement l'étude des transformations de Lorentz : elle garantit pour tout $\mathbf{\Lambda} \in \mathrm{SO}_o(3,1)$ l'existence d'un vecteur propre $\vec{\ell}$ du genre lumière. Nous allons partir de ce vecteur propre pour décomposer $\mathbf{\Lambda}$. Choisissons $\vec{\ell}$ orienté vers le futur et désignons (provisoirement) la valeur propre associée par λ : $\mathbf{\Lambda}(\vec{\ell}) = \lambda\vec{\ell}$. Comme $\mathbf{\Lambda}$ est un isomorphisme de E, on a $\lambda \neq 0$. De plus, $\mathbf{\Lambda}$ étant orthochrone, on a nécessairement $\lambda > 0$. Nous pouvons donc poser $\psi := \ln\lambda$ et écrire

$$\boxed{\mathbf{\Lambda}(\vec{\ell}) = \mathrm{e}^{\psi}\,\vec{\ell}}, \qquad \psi \in \mathbb{R}. \tag{6.27}$$

5. *Cf.* par exemple le corollaire 18.2.5.6 du livre de Berger sur la sphère [44], selon lequel toute application $\mathcal{S} \to \mathcal{S}$ continue et de degré différent de -1 admet au moins un point fixe ; cela s'applique à une application qui préserve l'orientation car son degré est positif (par définition même du degré). On peut également obtenir le théorème comme conséquence d'un théorème plus général, dit *théorème du point fixe de Lefschetz*.

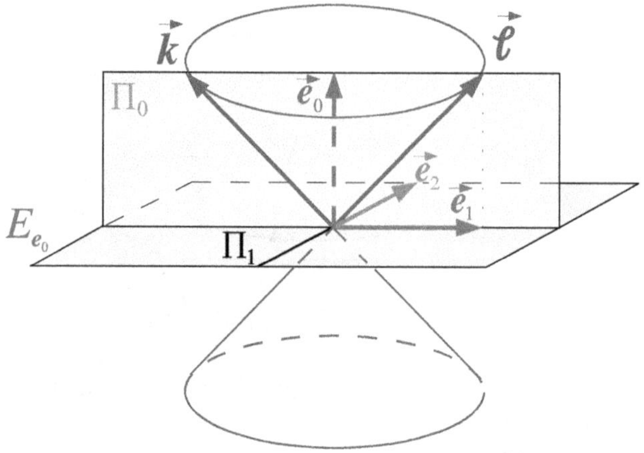

FIG. 6.2 – Définition des vecteurs $\vec{e}_0$ et $\vec{e}_1$ à partir de deux vecteurs lumière, $\vec{\ell}$ et $\vec{k}$, dont le premier est un vecteur propre de $\mathbf{\Lambda}$. Le plan $\Pi_0 = \mathrm{Vect}(\vec{\ell}, \vec{k}) = \mathrm{Vect}(\vec{e}_0, \vec{e}_1)$ est un plan du genre temps. Sur la figure, son complémentaire orthogonal, Π_1, a été réduit à une dimension.

La deuxième étape de la décomposition consiste à considérer un deuxième vecteur lumière orienté vers le futur, $\vec{k}$, qui n'est pas colinéaire à $\vec{\ell}$. En vertu du lemme 2 du § 1.3.2, on a nécessairement $\vec{\ell} \cdot \vec{k} < 0$. Quitte à le multiplier par un nombre positif, on peut toujours choisir $\vec{k}$ tel que

$$\vec{\ell} \cdot \vec{k} = -2. \tag{6.28}$$

Posons alors

$$\vec{e}_0 := \frac{1}{2}(\vec{\ell} + \vec{k}) \qquad \text{et} \qquad \vec{e}_1 := \frac{1}{2}(\vec{\ell} - \vec{k}). \tag{6.29}$$

Ces formules s'inversent en (*cf.* Fig. 6.2)

$$\boxed{\vec{\ell} = \vec{e}_0 + \vec{e}_1} \qquad \text{et} \qquad \boxed{\vec{k} = \vec{e}_0 - \vec{e}_1}. \tag{6.30}$$

Compte tenu de $\vec{\ell} \cdot \vec{\ell} = 0$, $\vec{k} \cdot \vec{k} = 0$ et $\vec{\ell} \cdot \vec{k} = -2$, on constate que $\vec{e}_0 \cdot \vec{e}_0 = -1$, $\vec{e}_1 \cdot \vec{e}_1 = 1$ et $\vec{e}_0 \cdot \vec{e}_1 = 0$. $(\vec{e}_0, \vec{e}_1)$ est donc une base orthonormale du plan vectoriel

$$\Pi_0 := \mathrm{Vect}(\vec{e}_0, \vec{e}_1) = \mathrm{Vect}(\vec{\ell}, \vec{k}). \tag{6.31}$$

Un plan tel que Π_0, c'est-à-dire engendré* par un vecteur du genre temps ($\vec{e}_0$) et un vecteur du genre espace ($\vec{e}_1$), est appelé ***plan du genre temps***. La métrique induite par $\boldsymbol{g}$ sur Π_0 est lorentzienne : $\mathrm{sign}\, \boldsymbol{g}|_{\Pi_0} = (-, +)$. Le complémentaire orthogonal (vis-à-vis de $\boldsymbol{g}$) de Π_0, $\Pi_0^{\perp}$, est également un plan, que nous appellerons Π_1. On a la décomposition

$$E = \Pi_0 \overset{\perp}{\oplus} \Pi_1. \tag{6.32}$$

Cela signifie que tout vecteur de E s'écrit de manière unique comme la somme de deux vecteurs orthogonaux, l'un dans Π_0 et l'autre dans Π_1. La signature de $\boldsymbol{g}$ restreint à Π_0 étant $(-,+)$, on doit avoir sign $\boldsymbol{g}|_{\Pi_1} = (+,+)$ pour retrouver la signature globale $(-,+,+,+)$ de $\boldsymbol{g}$. Il est équivalent de dire que tous les vecteurs de Π_1 sont du genre espace. Π_1 est qualifié de ***plan du genre espace***.

Remarque 1 : La décomposition orthogonale (6.32) peut être qualifiée de *décomposition 2+2* de E (puisque les sous-espaces vectoriels Π_0 et Π_1 sont tous deux de dimension 2), par opposition à la décomposition orthogonale (3.17) que l'on peut qualifier de *3+1*.

Remarque 2 : La signature de la métrique $\boldsymbol{g}$ restreinte à Π_0 est $(-,+)$, alors que celle de $\boldsymbol{g}$ restreinte à Π_1 est $(+,+)$. On dit que $(\Pi_1, \boldsymbol{g})$ constitue un ***plan euclidien*** et $(\Pi_0, \boldsymbol{g})$ un ***plan minkowskien***. Ce dernier est un analogue bidimensionnel de l'espace vectoriel $(E, \boldsymbol{g})$ associé à l'espace-temps de Minkowski. En particulier, il possède un cône isotrope, constitué des deux droites vectorielles $\mathrm{Vect}(\vec{\boldsymbol{\ell}})$ et $\mathrm{Vect}(\vec{\boldsymbol{k}})$ qui forment l'intersection du cône isotrope de $(E, \boldsymbol{g})$ avec Π_0 (*cf.* Fig. 6.2). On rencontre également l'appellation ***plan artinien*** [43] comme synonyme de *plan minkowskien*.

En vertu de (6.32), $\boldsymbol{\Lambda}(\vec{\boldsymbol{k}})$ peut être décomposé en une partie appartenant à Π_0, soit $a\,\vec{\boldsymbol{\ell}} + b\,\vec{\boldsymbol{k}}$, et un vecteur (éventuellement nul) appartenant à Π_1, soit $\vec{\boldsymbol{m}}$: $\boldsymbol{\Lambda}(\vec{\boldsymbol{k}}) = a\,\vec{\boldsymbol{\ell}} + b\,\vec{\boldsymbol{k}} + \vec{\boldsymbol{m}}$. Or, puisque $\boldsymbol{\Lambda}$ est une transformation de Lorentz et que $\vec{\boldsymbol{\ell}} \cdot \vec{\boldsymbol{k}} = -2$, on doit avoir (*cf.* Éq. (6.2))

$$\underbrace{\boldsymbol{\Lambda}(\vec{\boldsymbol{\ell}})}_{\mathrm{e}^{\psi}\,\vec{\boldsymbol{\ell}}} \cdot \underbrace{\boldsymbol{\Lambda}(\vec{\boldsymbol{k}})}_{a\,\vec{\boldsymbol{\ell}}+b\,\vec{\boldsymbol{k}}+\vec{\boldsymbol{m}}} = -2.$$

Comme $\vec{\boldsymbol{\ell}} \cdot \vec{\boldsymbol{\ell}} = 0$, $\vec{\boldsymbol{\ell}} \cdot \vec{\boldsymbol{k}} = -2$ et $\vec{\boldsymbol{\ell}} \cdot \vec{\boldsymbol{m}} = 0$ (car $\vec{\boldsymbol{m}} \in \Pi_1 = \Pi_0^{\perp}$), on obtient $\mathrm{e}^{\psi} b(-2) = -2$, soit $b = \mathrm{e}^{-\psi}$. Par ailleurs, toujours puisque $\boldsymbol{\Lambda}$ est une transformation de Lorentz, la condition $\vec{\boldsymbol{k}} \cdot \vec{\boldsymbol{k}} = 0$ implique $\boldsymbol{\Lambda}(\vec{\boldsymbol{k}}) \cdot \boldsymbol{\Lambda}(\vec{\boldsymbol{k}}) = 0$, soit

$$(a\,\vec{\boldsymbol{\ell}} + \mathrm{e}^{-\psi}\,\vec{\boldsymbol{k}} + \vec{\boldsymbol{m}}) \cdot (a\,\vec{\boldsymbol{\ell}} + \mathrm{e}^{-\psi}\,\vec{\boldsymbol{k}} + \vec{\boldsymbol{m}}) = 0.$$

En développant, il vient

$$\vec{\boldsymbol{m}} \cdot \vec{\boldsymbol{m}} = 4\mathrm{e}^{-\psi} a.$$

Or $\vec{\boldsymbol{m}}$ est soit nul, soit du genre espace, car il appartient à Π_1. On en déduit que $a \geq 0$. Posons alors $\alpha := \sqrt{a}\mathrm{e}^{\psi/2}/2$, de sorte que l'équation ci-dessus soit équivalente à $\|\vec{\boldsymbol{m}}\|_{\boldsymbol{g}} = 4\alpha \mathrm{e}^{-\psi}$. Si $\alpha \neq 0$, $\|\vec{\boldsymbol{m}}\|_{\boldsymbol{g}} \neq 0$ et l'on peut définir le vecteur unitaire $\vec{\boldsymbol{e}}_2 := \|\vec{\boldsymbol{m}}\|_{\boldsymbol{g}}^{-1} \vec{\boldsymbol{m}} = \mathrm{e}^{\psi}/(4\alpha)\,\vec{\boldsymbol{m}}$ dans Π_1. Si $\alpha = 0$, on considère un vecteur unitaire $\vec{\boldsymbol{e}}_2$ quelconque de Π_1. En conclusion, on peut écrire

$$\boxed{\boldsymbol{\Lambda}(\vec{\boldsymbol{k}}) = \mathrm{e}^{-\psi}\left(4\alpha^2\,\vec{\boldsymbol{\ell}} + \vec{\boldsymbol{k}} + 4\alpha\,\vec{\boldsymbol{e}}_2\right)}. \tag{6.33}$$

Associons à $\vec{e}_2$ un vecteur unitaire $\vec{e}_3 \in \Pi_1$ de manière à former une base orthonormale de $(\Pi_1, \boldsymbol{g})$, de telle sorte que $(\vec{e}_0, \vec{e}_1, \vec{e}_2, \vec{e}_3)$ soit une base orthonormale *directe* de $(E, \boldsymbol{g})$. Puisque $\vec{\boldsymbol{\ell}}$ et $\vec{\boldsymbol{k}}$ sont deux vecteurs non colinéaires de Π_0, une base de E est également

$$(\vec{e}^{\,*}_\alpha) := (\vec{\boldsymbol{\ell}}, \vec{\boldsymbol{k}}, \vec{e}_2, \vec{e}_3). \tag{6.34}$$

Bien entendu, cette dernière n'est pas une base orthonormale. Décomposons $\boldsymbol{\Lambda}(\vec{e}_2)$ sur cette base :

$$\boldsymbol{\Lambda}(\vec{e}_2) = u\,\vec{\boldsymbol{\ell}} + v\,\vec{\boldsymbol{k}} + x\,\vec{e}_2 + y\,\vec{e}_3.$$

On détermine les coefficients (u, v, x, y) à partir de la propriété de conservation des produits scalaires par $\boldsymbol{\Lambda}$. Ainsi la condition $\boldsymbol{\Lambda}(\vec{\boldsymbol{\ell}}) \cdot \boldsymbol{\Lambda}(\vec{e}_2) = \vec{\boldsymbol{\ell}} \cdot \vec{e}_2 = 0$, jointe à (6.27) et (6.28), se traduit par $-2\mathrm{e}^{\psi} v = 0$, d'où $v = 0$. La condition $\boldsymbol{\Lambda}(\vec{e}_2) \cdot \boldsymbol{\Lambda}(\vec{e}_2) = \vec{e}_2 \cdot \vec{e}_2 = 1$ conduit quant à elle à $x^2 + y^2 = 1$, si bien que l'on peut introduire $\varphi \in [0, 2\pi[$ tel que $x = \cos\varphi$ et $y = \sin\varphi$. Enfin la condition $\boldsymbol{\Lambda}(\vec{\boldsymbol{k}}) \cdot \boldsymbol{\Lambda}(\vec{e}_2) = \vec{\boldsymbol{k}} \cdot \vec{e}_2 = 0$, jointe à (6.33), donne

$$\mathrm{e}^{-\psi}\left(4\alpha^2\,\vec{\boldsymbol{\ell}} + \vec{\boldsymbol{k}} + 4\alpha\,\vec{e}_2\right) \cdot \left(u\,\vec{\boldsymbol{\ell}} + \cos\varphi\,\vec{e}_2 + \sin\varphi\,\vec{e}_3\right) = 0.$$

En développant, on obtient $-2u + 4\alpha\cos\varphi = 0$, d'où $u = 2\alpha\cos\varphi$ et

$$\boxed{\boldsymbol{\Lambda}(\vec{e}_2) = 2\alpha\cos\varphi\,\vec{\boldsymbol{\ell}} + \cos\varphi\,\vec{e}_2 + \sin\varphi\,\vec{e}_3}. \tag{6.35}$$

Décomposons de même $\boldsymbol{\Lambda}(\vec{e}_3)$ sur la base $(\vec{e}^{\,*}_\alpha)$:

$$\boldsymbol{\Lambda}(\vec{e}_3) = u'\,\vec{\boldsymbol{\ell}} + v'\,\vec{\boldsymbol{k}} + x'\,\vec{e}_2 + y'\,\vec{e}_3.$$

La conservation par $\boldsymbol{\Lambda}$ des produits scalaires $\vec{\boldsymbol{\ell}} \cdot \vec{e}_3 = 0$, $\vec{\boldsymbol{k}} \cdot \vec{e}_3 = 0$, $\vec{e}_2 \cdot \vec{e}_3 = 0$ et $\vec{e}_3 \cdot \vec{e}_3 = 1$ conduit à $u' = -2\alpha\sin\varphi$, $v' = 0$, $x' = -\sin\varphi$ et $y' = \cos\varphi$. On a donc

$$\boxed{\boldsymbol{\Lambda}(\vec{e}_3) = -2\alpha\sin\varphi\,\vec{\boldsymbol{\ell}} - \sin\varphi\,\vec{e}_2 + \cos\varphi\,\vec{e}_3}. \tag{6.36}$$

Regroupons les résultats (6.27), (6.33), (6.35) et (6.36) en écrivant la matrice de $\boldsymbol{\Lambda}$ dans la base $(\vec{e}^{\,*}_\alpha) := (\vec{\boldsymbol{\ell}}, \vec{\boldsymbol{k}}, \vec{e}_2, \vec{e}_3)$:

$$\boxed{(\Lambda^*)^\alpha_{\ \beta} = \begin{pmatrix} \mathrm{e}^{\psi} & 4\alpha^2\mathrm{e}^{-\psi} & 2\alpha\cos\varphi & -2\alpha\sin\varphi \\ 0 & \mathrm{e}^{-\psi} & 0 & 0 \\ 0 & 4\alpha\mathrm{e}^{-\psi} & \cos\varphi & -\sin\varphi \\ 0 & 0 & \sin\varphi & \cos\varphi \end{pmatrix}}. \tag{6.37}$$

À partir de (6.29), il est facile d'en déduire la matrice de $\boldsymbol{\Lambda}$ dans la base orthonormale $(\vec{e}_\alpha) := (\vec{e}_0, \vec{e}_1, \vec{e}_2, \vec{e}_3)$:

$$\boxed{\Lambda^\alpha_{\ \beta} = \begin{pmatrix} \cosh\psi + 2\alpha^2\mathrm{e}^{-\psi} & \sinh\psi - 2\alpha^2\mathrm{e}^{-\psi} & 2\alpha\cos\varphi & -2\alpha\sin\varphi \\ \sinh\psi + 2\alpha^2\mathrm{e}^{-\psi} & \cosh\psi - 2\alpha^2\mathrm{e}^{-\psi} & 2\alpha\cos\varphi & -2\alpha\sin\varphi \\ 2\alpha\mathrm{e}^{-\psi} & -2\alpha\mathrm{e}^{-\psi} & \cos\varphi & -\sin\varphi \\ 0 & 0 & \sin\varphi & \cos\varphi \end{pmatrix}}, \tag{6.38}$$

où l'on a utilisé les formules $e^{\psi} + e^{-\psi} = 2\cosh\psi$ et $e^{\psi} - e^{-\psi} = 2\sinh\psi$. La matrice de $\mathbf{\Lambda}$ dans l'une ou l'autre des bases $(\vec{e}^{\,*}_{\alpha})$ et $(\vec{e}_{\alpha})$ dépend de trois paramètres : $\psi \in \mathbb{R}$, $\alpha \in \mathbb{R}^{+}$ et $\varphi \in [0, 2\pi[$. Les formules (6.37) et (6.38) constituent l'expression la plus générale d'une transformation de Lorentz restreinte. Examinons à présent les cas où certains des paramètres ψ, α et φ s'annulent.

6.3.3 Rotations spatiales

Si $\psi = 0$ et $\alpha = 0$, la matrice de $\mathbf{\Lambda}$ dans la base orthonormale $(\vec{e}_{\alpha})$ est identique à celle dans la base $(\vec{e}^{\,*}_{\alpha})$ et vaut

$$\boxed{\Lambda^{\alpha}{}_{\beta} = (\Lambda^{*})^{\alpha}{}_{\beta} = \begin{pmatrix} 1 & 0 & 0 & 0 \\ 0 & 1 & 0 & 0 \\ 0 & 0 & \cos\varphi & -\sin\varphi \\ 0 & 0 & \sin\varphi & \cos\varphi \end{pmatrix}}. \qquad (6.39)$$

On constate que le plan $\Pi_0 = \mathrm{Vect}(\vec{e}_0, \vec{e}_1) = \mathrm{Vect}(\vec{\boldsymbol{\ell}}, \vec{\boldsymbol{k}})$ est strictement invariant dans une telle transformation et que l'action de $\mathbf{\Lambda}$ dans le plan $\Pi_1 = \Pi_0^{\perp} = \mathrm{Vect}(\vec{e}_2, \vec{e}_3)$, où la métrique $\boldsymbol{g}$ est euclidienne, se réduit à une rotation « ordinaire » d'angle φ. Cela justifie la définition suivante :

> On appelle ***rotation spatiale*** toute transformation de Lorentz restreinte qui laisse strictement invariant un plan du genre temps. Le complémentaire orthogonal de ce plan, qui est du genre espace, est appelé ***plan de la rotation spatiale***. Il est invariant par la rotation spatiale.

Il est clair que $\mathbf{\Lambda}$ définie par (6.39) est une rotation spatiale, de plan Π_1 (*cf.* Fig. 6.3). Réciproquement, si $\mathbf{\Lambda} \in \mathrm{SO}_o(3,1)$ laisse strictement invariant un plan Π_0 du genre temps, il est facile de voir, en reprenant le raisonnement du § 6.3.2 avec $\psi = 0$ et $\alpha = 0$, que sa matrice dans une base orthonormale directe de $(E, \boldsymbol{g})$ où les deux premiers vecteurs sont dans Π_0 est nécessairement du type (6.39). On appelle alors ***angle de la rotation spatiale*** le paramètre $\varphi \in [0, 2\pi[$ qui apparaît dans (6.39). Une rotation spatiale est ainsi entièrement définie par son plan et son angle. Le cosinus de ce dernier est relié à la trace de la transformation par

$$\boxed{\cos\varphi = \frac{1}{2}\mathrm{tr}\mathbf{\Lambda} - 1}. \qquad (6.40)$$

Cette formule se déduit immédiatement de la matrice (6.39). Rappelons que la trace d'un endomorphisme est indépendante de la base de E choisie pour écrire sa matrice.

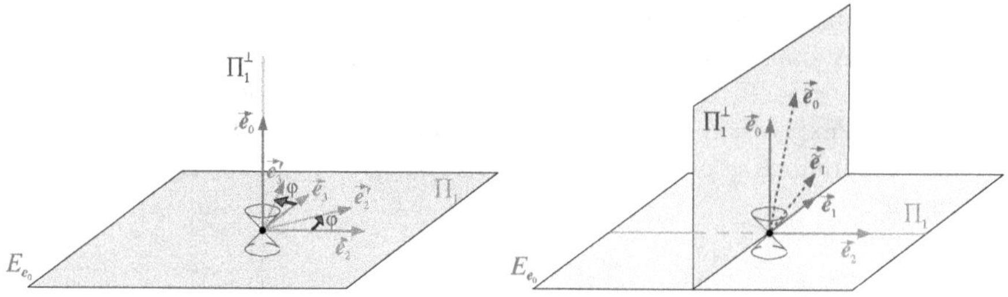

FIG. 6.3 – Deux représentations d'une rotation spatiale de plan Π_1 et d'angle φ. *À gauche :* la dimension suivant $\vec{e}_1$ a été supprimée, si bien que $\Pi_1^\perp = \mathrm{Vect}(\vec{e}_0, \vec{e}_1) = \Pi_0$ est dessiné comme une droite alors qu'il s'agit d'un plan vectoriel. De plus Π_1 semble coïncider avec l'hyperplan $E_{\boldsymbol{e}_0}$, alors qu'il ne s'agit que d'un sous-espace vectoriel de dimension 2 de $E_{\boldsymbol{e}_0}$ (qui est lui de dimension 3). *À droite :* la dimension suivant $\vec{e}_3$ a été supprimée, si bien que c'est le plan de rotation $\Pi_1 = \mathrm{Vect}(\vec{e}_2, \vec{e}_3)$ qui est dessiné comme une droite. Du point de vue de la rotation spatiale, toutes les bases orthonormales de $\Pi_1^\perp$, comme $(\vec{e}_0, \vec{e}_1)$ et $(\overrightarrow{\vec{e}}_0, \overrightarrow{\vec{e}}_1)$ représentées ici, sont équivalentes et conduisent à la matrice (6.39).

Remarque : Dans l'espace euclidien tridimensionnel $(\mathbb{R}^3, \cdot)$, on définit une rotation par un angle φ et une direction appelée *axe de la rotation*. Cet axe, généralement représenté par un vecteur unitaire $\vec{\boldsymbol{n}}$, est le complémentaire orthogonal du plan Π dans lequel la rotation agit. Dans le cas quadridimensionnel qui nous intéresse ici, la notion d'axe de rotation perd son sens, puisque le complémentaire orthogonal de Π n'est pas une droite mais un plan vectoriel, ainsi qu'illustré sur la Fig. 6.3.

L'action d'une rotation spatiale sur un vecteur $\vec{\boldsymbol{v}} = v^\alpha \vec{\boldsymbol{e}}_\alpha \in E$ se déduit de la matrice (6.39) *via* (6.5) :

$$\boldsymbol{\Lambda}(\vec{\boldsymbol{v}}) = \Lambda^\alpha{}_\beta v^\beta \, \vec{\boldsymbol{e}}_\alpha = v^0 \, \vec{\boldsymbol{e}}_0 + v^1 \, \vec{\boldsymbol{e}}_1 + (v^2 \cos\varphi - v^3 \sin\varphi) \vec{\boldsymbol{e}}_2 + (v^2 \sin\varphi + v^3 \cos\varphi) \vec{\boldsymbol{e}}_3.$$

En posant $\vec{\boldsymbol{n}} := \vec{\boldsymbol{e}}_1$ pour désigner le vecteur unitaire de l'axe de la rotation dans l'hyperplan* euclidien $E_{\boldsymbol{e}_0}$ (*cf.* Remarque ci-dessus), on peut réécrire cette formule comme

$$\boldsymbol{\Lambda}(\vec{\boldsymbol{v}}) = \underbrace{v^0}_{-\vec{\boldsymbol{e}}_0 \cdot \vec{\boldsymbol{v}}} \, \vec{\boldsymbol{e}}_0 + \underbrace{v^1}_{\vec{\boldsymbol{n}} \cdot \vec{\boldsymbol{v}}} \, \vec{\boldsymbol{n}} + \cos\varphi \underbrace{(v^2 \vec{\boldsymbol{e}}_2 + v^3 \vec{\boldsymbol{e}}_3)}_{\vec{\boldsymbol{v}} - v^0 \vec{\boldsymbol{e}}_0 - v^1 \vec{\boldsymbol{n}}} + \sin\varphi \underbrace{(v^2 \vec{\boldsymbol{e}}_3 - v^3 \vec{\boldsymbol{e}}_2)}_{\vec{\boldsymbol{n}} \times_{\boldsymbol{e}_0} \vec{\boldsymbol{v}}}.$$

On obtient ainsi la ***formule de Rodrigues***[6] :

$$\boxed{\boldsymbol{\Lambda}(\vec{\boldsymbol{v}}) = \cos\varphi \, \vec{\boldsymbol{v}} + \sin\varphi \, \vec{\boldsymbol{n}} \times_{\boldsymbol{e}_0} \vec{\boldsymbol{v}} + (1 - \cos\varphi) \left[(\vec{\boldsymbol{n}} \cdot \vec{\boldsymbol{v}}) \vec{\boldsymbol{n}} - (\vec{\boldsymbol{e}}_0 \cdot \vec{\boldsymbol{v}}) \vec{\boldsymbol{e}}_0 \right]}. \quad (6.41)$$

6. **Olinde Rodrigues** (1795–1851) : Mathématicien français, disciple du philosophe socialiste utopique Saint-Simon. Il a dérivé la formule (6.41) en 1840 (sans le terme en $\vec{e}_0$ puisqu'il ne considérait qu'un espace tridimensionnel) et l'a utilisée pour étudier la composition de deux rotations quelconques.

Cette formule exprime la rotation spatiale $\boldsymbol{\Lambda}$ en fonction de son angle φ et d'une base orthonormale $(\vec{e}_0, \vec{n})$ du plan Π_0 laissé invariant par $\boldsymbol{\Lambda}$.

6.3.4 Transformations de Lorentz spéciales

Si $\alpha = 0$ et $\varphi = 0$, la matrice (6.37) de $\boldsymbol{\Lambda}$ dans la base $(\vec{e}^{\,*}_\alpha)$ se réduit à

$$\boxed{(\Lambda^*)^\alpha{}_\beta = \begin{pmatrix} e^{\psi} & 0 & 0 & 0 \\ 0 & e^{-\psi} & 0 & 0 \\ 0 & 0 & 1 & 0 \\ 0 & 0 & 0 & 1 \end{pmatrix}}, \qquad (6.42)$$

tandis que la matrice (6.38) dans la base orthonormale $(\vec{e}_\alpha)$ devient

$$\boxed{\Lambda^\alpha{}_\beta = \begin{pmatrix} \cosh\psi & \sinh\psi & 0 & 0 \\ \sinh\psi & \cosh\psi & 0 & 0 \\ 0 & 0 & 1 & 0 \\ 0 & 0 & 0 & 1 \end{pmatrix}}. \qquad (6.43)$$

On constate que $\boldsymbol{\Lambda}$ laisse strictement invariant le plan $\Pi_1 = \mathrm{Vect}(\vec{e}_2, \vec{e}_3)$, qui est du genre espace. On introduit alors la définition suivante :

> On appelle ***transformation de Lorentz spéciale*** toute transformation de Lorentz restreinte qui laisse strictement invariant un plan du genre espace. Le complémentaire orthogonal de ce plan, qui est du genre temps, est appelé ***plan de la transformation de Lorentz spéciale***. Il est invariant par la transformation de Lorentz spéciale.

Il est clair que $\boldsymbol{\Lambda}$ définie par (6.42) ou (6.43) est une transformation de Lorentz spéciale de plan Π_0 (*cf.* Fig. 6.4). Réciproquement, si $\boldsymbol{\Lambda} \in \mathrm{SO}_o(3,1)$ laisse strictement invariant un plan Π_1 du genre espace, on peut toujours introduire une base orthonormale directe de $(E, \boldsymbol{g})$, $(\vec{e}_\alpha)$, telle que $\Pi_1 = \mathrm{Vect}(\vec{e}_2, \vec{e}_3)$ et $\Pi_1^\perp = \mathrm{Vect}(\vec{e}_0, \vec{e}_1)$. Décomposons $\boldsymbol{\Lambda}(\vec{e}_0)$ et $\boldsymbol{\Lambda}(\vec{e}_1)$ sur cette base :

$$\boldsymbol{\Lambda}(\vec{e}_0) = a^\alpha\, \vec{e}_\alpha \qquad \text{et} \qquad \boldsymbol{\Lambda}(\vec{e}_1) = b^\alpha\, \vec{e}_\alpha.$$

Les propriétés $\boldsymbol{\Lambda}(\vec{e}_0) \cdot \boldsymbol{\Lambda}(\vec{e}_2) = \vec{e}_0 \cdot \vec{e}_2 = 0$ et $\boldsymbol{\Lambda}(\vec{e}_2) = \vec{e}_2$ impliquent $a^2 = 0$. On montre de même que $a^3 = 0$, $b^2 = 0$ et $b^3 = 0$, d'où $\boldsymbol{\Lambda}(\vec{e}_0) = a^0\, \vec{e}_0 + a^1\, \vec{e}_1$ et $\boldsymbol{\Lambda}(\vec{e}_1) = b^0\, \vec{e}_0 + b^1\, \vec{e}_1$. Puisque $\boldsymbol{\Lambda}$ conserve les produits scalaires, on a alors

$$\boldsymbol{\Lambda}(\vec{e}_0) \cdot \boldsymbol{\Lambda}(\vec{e}_0) = -1 = -(a^0)^2 + (a^1)^2 \qquad (6.44)$$

$$\boldsymbol{\Lambda}(\vec{e}_0) \cdot \boldsymbol{\Lambda}(\vec{e}_1) = 0 = -a^0 b^0 + a^1 b^1 \qquad (6.45)$$

$$\boldsymbol{\Lambda}(\vec{e}_1) \cdot \boldsymbol{\Lambda}(\vec{e}_1) = 1 = -(b^0)^2 + (b^1)^2. \qquad (6.46)$$

De plus, le caractère orthochrone de $\boldsymbol{\Lambda}$ implique $\vec{e}_0 \cdot \boldsymbol{\Lambda}(\vec{e}_0) = -a^0 < 0$ (Éq. (6.15)), soit $a^0 > 0$. L'équation (6.44) montre alors que $a^0 \geq 1$.

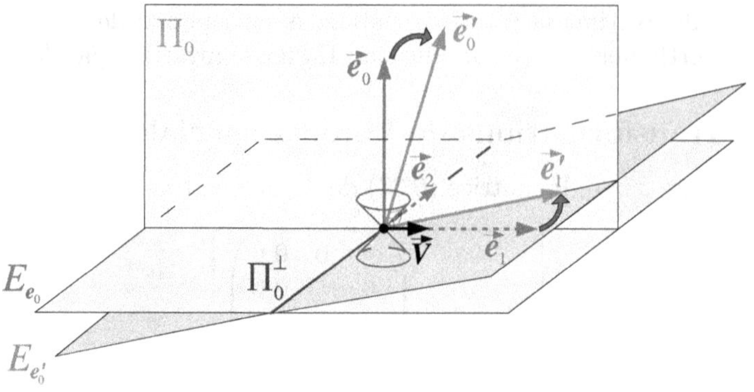

FIG. 6.4 – Transformation de Lorentz spéciale de plan Π_0. On a noté $\vec{e}\,'_0 := \mathbf{\Lambda}(\vec{e}_0)$ et $\vec{e}\,'_1 := \mathbf{\Lambda}(\vec{e}_1)$.

On peut par conséquent poser $a^0 =: \cosh\psi$ avec $\psi \in \mathbb{R}$ et résoudre (6.44) par $a^1 = \sinh\psi$. L'équation (6.46) implique quant à elle $|b^1| \geq 1$. Le cas $b^1 < 0$ est exclu car il conduirait à un changement d'orientation entre les bases $(\vec{e}_0, \vec{e}_1)$ et $(\mathbf{\Lambda}(\vec{e}_0), \mathbf{\Lambda}(\vec{e}_1))$ de $\Pi_1^\perp$. Or en tant que transformation de Lorentz restreinte, $\mathbf{\Lambda}$ doit conserver l'orientation de la base $(\vec{e}_\alpha)$, ce qui revient à conserver l'orientation de $(\vec{e}_0, \vec{e}_1)$, puisque $\mathbf{\Lambda}(\vec{e}_2) = \vec{e}_2$ et $\mathbf{\Lambda}(\vec{e}_3) = \vec{e}_3$. On peut donc poser $b^1 =: \cosh\psi'$ avec $\psi' \in \mathbb{R}$ et résoudre l'Éq. (6.46) par $b^0 = \sinh\psi'$. L'Éq. (6.45) s'écrit alors

$$-\cosh\psi\sinh\psi' + \sinh\psi\cosh\psi' = 0,$$

soit $\sinh(\psi - \psi') = 0$. On en déduit immédiatement $\psi' = \psi$, ce qui montre que la matrice de $\mathbf{\Lambda}$ est bien de la forme (6.43).

Le paramètre $\psi \in \mathbb{R}$ qui apparaît dans l'expression (6.43) de toute transformation de Lorentz spéciale dans une base orthonormale adaptée au plan de ladite transformation est appelé ***rapidité***. La démonstration ci-dessus montre que

> Une transformation de Lorentz spéciale est entièrement déterminée par son plan et sa rapidité.

Le cosinus hyperbolique de la rapidité est relié à la trace de la transformation par une formule analogue à (6.40) :

$$\boxed{\cosh\psi = \frac{1}{2}\mathrm{tr}\mathbf{\Lambda} - 1}. \qquad (6.47)$$

Cette formule se déduit tout aussi bien de la matrice (6.43), que de la matrice (6.42), illustrant par là l'invariance de la trace d'un endomorphisme.

Un paramétrage alternatif des transformations de Lorentz spéciales utilise la quantité

$$\boxed{V := c \tanh \psi} \tag{6.48}$$

plutôt que ψ. En raison du facteur c, V a la dimension d'une vitesse. De part les propriétés d'une tangente hyperbolique, $|V| < c$. Nous appellerons V ***paramètre de vitesse*** de $\mathbf{\Lambda}$. La formule $1 - \tanh^2 \psi = \cosh^{-2} \psi$ se traduit par

$$\boxed{\cosh \psi = \left(1 - \frac{V^2}{c^2}\right)^{-1/2} =: \Gamma}. \tag{6.49}$$

Le paramètre Γ est appelé ***facteur de Lorentz*** de la transformation de Lorentz spéciale $\mathbf{\Lambda}$. En vertu des définitions de V et Γ, on peut réécrire la matrice (6.43) comme

$$\boxed{\Lambda^{\alpha}{}_{\beta} = \begin{pmatrix} \Gamma & \Gamma V/c & 0 & 0 \\ \Gamma V/c & \Gamma & 0 & 0 \\ 0 & 0 & 1 & 0 \\ 0 & 0 & 0 & 1 \end{pmatrix}}. \tag{6.50}$$

Nous discuterons de l'interprétation cinématique de Γ et V comme facteur de Lorentz et vitesse relative entre deux observateurs au § 6.5.1.

Remarque : On rencontre quelquefois l'appellation transformation de Lorentz *pure* plutôt que *spéciale* ; nous ne l'utiliserons pas ici. Par analogie avec les rotations spatiales, on aurait également pu appeler les transformations de Lorentz spéciales des *rotations temporelles*, d'« angle » ψ. Les Anglo-Saxons utilisent quant à eux le terme *boost*, qui a l'avantage d'être beaucoup plus court que *transformation de Lorentz spéciale* !

6.3.5 Rotations lumière

Le dernier cas où seul l'un des paramètres (ψ, α, φ) définis au § 6.3.2 est non nul est celui où $\psi = 0$ et $\varphi = 0$. La matrice (6.37) de $\mathbf{\Lambda}$ dans la base $(\vec{e}^{\,*}_{\alpha})$ est alors

$$\boxed{(\Lambda^*)^{\alpha}{}_{\beta} = \begin{pmatrix} 1 & 4\alpha^2 & 2\alpha & 0 \\ 0 & 1 & 0 & 0 \\ 0 & 4\alpha & 1 & 0 \\ 0 & 0 & 0 & 1 \end{pmatrix}}, \tag{6.51}$$

tandis que la matrice (6.38) dans la base orthonormale $(\vec{e}_{\alpha})$ devient

$$\boxed{\Lambda^{\alpha}{}_{\beta} = \begin{pmatrix} 1 + 2\alpha^2 & -2\alpha^2 & 2\alpha & 0 \\ 2\alpha^2 & 1 - 2\alpha^2 & 2\alpha & 0 \\ 2\alpha & -2\alpha & 1 & 0 \\ 0 & 0 & 0 & 1 \end{pmatrix}}. \tag{6.52}$$

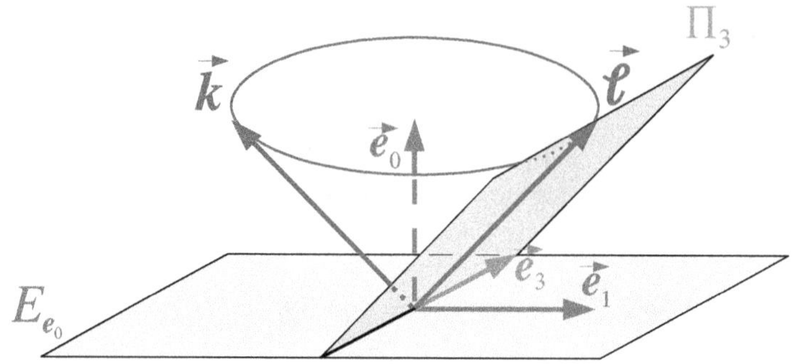

FIG. 6.5 – Plan du genre lumière $\Pi_3 = \mathrm{Vect}(\vec{\ell}, \vec{e}_3)$. La dimension suivant $\vec{e}_2$ a été supprimée de la figure, si bien que le plan orthogonal à Π_3, $\Pi_3^\perp = \mathrm{Vect}(\vec{\ell}, \vec{e}_2)$, est réduit à la droite suivant $\vec{\ell}$.

On constate sur (6.51) que $\mathbf{\Lambda}$ laisse invariants les vecteurs $\vec{e}_0^{\,*} = \vec{\ell}$ et $\vec{e}_3^{\,*} = \vec{e}_3$. On en déduit que le plan vectoriel

$$\Pi_3 := \mathrm{Vect}(\vec{\ell}, \vec{e}_3) \tag{6.53}$$

est strictement invariant par $\mathbf{\Lambda}$ (*cf.* Fig. 6.5). Contrairement aux plans Π_0 et Π_1 considérés plus haut, Π_3 n'est ni du genre temps, ni du genre espace. En effet, la métrique induite par $\boldsymbol{g}$ sur Π_3 est dégénérée[7], ce qui n'est jamais le cas dans un plan du genre temps ou espace : le vecteur $\vec{\ell}$ appartient à Π_3 et est orthogonal à tous les vecteurs de Π_3. Cette dernière propriété est immédiate car $\vec{\ell}$ est par construction orthogonal à $\vec{e}_3$ et, étant du genre lumière, il est également orthogonal à lui-même. On dit que Π_3 est un ***plan du genre lumière***, complétant ainsi les genres espace et temps définis au § 6.3.2.

Remarque : On traduit parfois la dégénérescence de $\boldsymbol{g}$ sur Π_3 en écrivant $\mathrm{sign}\, \boldsymbol{g}|_{\Pi_3} = (0, +)$.

Tous les vecteurs de Π_3 sont soit colinéaires à $\vec{\ell}$, soit du genre espace. En effet, si $\vec{v} \in \Pi_3$, $\vec{v} = a\,\vec{\ell} + b\,\vec{e}_3$ et les conditions $\vec{\ell}\cdot\vec{\ell} = 0$ et $\vec{\ell}\cdot\vec{e}_3 = 0$ conduisent à $\vec{v}\cdot\vec{v} = b^2 \geq 0$, avec égalité ssi $b = 0$, c'est-à-dire $\vec{v}$ colinéaire à $\vec{\ell}$. Tous les plans du genre lumière ont cette propriété, à savoir ils ne contiennent qu'une direction lumière, les autres étant du genre espace. En effet, en vertu de la propriété montrée au § 2.3.2, un vecteur du genre temps ne peut être orthogonal qu'à un vecteur du genre espace, ce qui exclut qu'il soit orthogonal à $\vec{\ell}$.

Comme $\mathrm{Vect}(\vec{\ell})$ est la seule direction lumière qu'il contient, l'intersection de Π_3 avec le cône isotrope $\mathcal{I}$ de $\boldsymbol{g}$ est réduite à cette direction : un plan du genre lumière est donc tangent au cône isotrope (*cf.* Fig. 6.5). Par contraste,

7. *Cf.* la définition de non-dégénérescence donnée au § 1.2.1.

un plan du genre temps coupe $\mathcal{I}$ en deux directions lumière distinctes (*cf.* Fig. 6.2) et un plan du genre espace ne rencontre $\mathcal{I}$ qu'en 0.

Une propriété qui caractérise les plans du genre lumière est qu'on ne peut pas décomposer E en somme directe de Π_3 et $\Pi_3^\perp$, comme dans (6.32). En effet, dans le cas présent

$$\Pi_3^\perp = \mathrm{Vect}(\vec{\boldsymbol{\ell}}, \vec{e}_2) \tag{6.54}$$

et $\Pi_3 \cap \Pi_3^\perp = \mathrm{Vect}(\vec{\boldsymbol{\ell}}) \neq \{0\}$. De plus, $\Pi_3 \cup \Pi_3^\perp$ n'engendre pas tout E, mais seulement l'hyperplan $\mathrm{Vect}(\vec{\boldsymbol{\ell}}, \vec{e}_2, \vec{e}_3)$.

Remarque : $\Pi_3^\perp$ est lui-même un plan du genre lumière, $\vec{e}_2$ y jouant le rôle de $\vec{e}_3$.

Au vu de ce qui précède,

> On appelle ***rotation lumière*** toute transformation de Lorentz restreinte qui laisse strictement invariant un plan du genre lumière. Ce plan est appelé ***plan de la rotation lumière***.

Remarque : Le lecteur aura noté une certaine dissymétrie dans nos définitions des plans des transformations : le plan d'une rotation spatiale ou le plan d'une transformation de Lorentz spéciale est le plan où la transformation agit. Il n'est donc pas strictement invariant, contrairement au plan d'une rotation lumière.

L'application $\boldsymbol{\Lambda}$ dont la matrice est (6.51) est donc une rotation lumière. Réciproquement, si $\boldsymbol{\Lambda} \in \mathrm{SO}_\mathrm{o}(3,1)$ laisse un plan du genre lumière strictement invariant, en notant $\vec{\boldsymbol{\ell}}$ l'un des vecteurs de la direction lumière dans ce plan et $\vec{e}_3$ un vecteur unitaire (du genre espace) qui lui est orthogonal, on peut compléter $\vec{e}_3$ pour former une base orthonormale $(\vec{e}_\alpha)$ telle que $\vec{\boldsymbol{\ell}} = \vec{e}_0 + \vec{e}_1$. En définissant $\vec{\boldsymbol{k}} := \vec{e}_0 - \vec{e}_1$, on peut alors reprendre le raisonnement du § 6.3.2 avec comme conditions supplémentaires $\boldsymbol{\Lambda}(\vec{\boldsymbol{\ell}}) = \vec{\boldsymbol{\ell}}$ et $\boldsymbol{\Lambda}(\vec{e}_3) = \vec{e}_3$, qui se traduisent respectivement par $\psi = 0$ et $\varphi = 0$ (*cf.* Éqs. (6.27) et (6.36)). On aboutit alors forcément à la matrice (6.51). On en conclut qu'une rotation lumière est entièrement déterminée par son plan et un paramètre $\alpha \in \mathbb{R}^+$, ce dernier étant relié à la matrice de $\boldsymbol{\Lambda}$ par (6.51) ou (6.52), suivant la base considérée.

Remarque : Les rotations lumière sont parfois appelées *transformations de Lorentz singulières* [310, 399] ou encore *transformations de Lorentz paraboliques*. Dans la littérature anglo-saxonne, on les désigne généralement sous le vocable de *null rotations* [319, 381] ou *lightlike rotation* [381]. Une page web consacrée aux rotations lumière est [W17].

6.3.6 Quadrivis

Étant donné un plan vectoriel Π du genre temps, on appelle ***quadrivis***, ou ***4-vis, de plan*** Π toute transformation de Lorentz restreinte qui est la composée d'une transformation de Lorentz spéciale de plan Π par une rotation spatiale dans le plan orthogonal à Π. Une quadrivis correspond au cas $\alpha = 0$ dans la décomposition effectuée au § 6.3.2. Sa matrice dans la base $(\vec{e}^{\,*}_\alpha)$ est

$$\boxed{(\Lambda^*)^\alpha{}_\beta = \begin{pmatrix} e^\psi & 0 & 0 & 0 \\ 0 & e^{-\psi} & 0 & 0 \\ 0 & 0 & \cos\varphi & -\sin\varphi \\ 0 & 0 & \sin\varphi & \cos\varphi \end{pmatrix}}, \qquad (6.55)$$

alors que celle dans la base $(\vec{e}_\alpha)$ vaut

$$\boxed{\Lambda^\alpha{}_\beta = \begin{pmatrix} \cosh\psi & \sinh\psi & 0 & 0 \\ \sinh\psi & \cosh\psi & 0 & 0 \\ 0 & 0 & \cos\varphi & -\sin\varphi \\ 0 & 0 & \sin\varphi & \cos\varphi \end{pmatrix}}. \qquad (6.56)$$

Il est alors clair que

$$\mathbf{\Lambda} = \boldsymbol{S} \circ \boldsymbol{R} = \boldsymbol{R} \circ \boldsymbol{S}, \qquad (6.57)$$

où $\boldsymbol{S}$ est la transformation de Lorentz spéciale de plan $\Pi_0 = \mathrm{Vect}(\vec{\boldsymbol{\ell}}, \vec{\boldsymbol{k}}) = \mathrm{Vect}(\vec{e}_0, \vec{e}_1)$ et de rapidité ψ et $\boldsymbol{R}$ est la rotation spatiale de plan $\Pi_0^\perp = \Pi_1 = \mathrm{Vect}(\vec{e}_2, \vec{e}_3)$ et d'angle φ. Soulignons que la décomposition (6.57) est commutative. C'est évident d'après la structure en bloc des matrices (6.55) et (6.56).

Remarque : Les 4-vis sont parfois appelées *transformations de Lorentz loxodromiques* [381].

On a la caractérisation suivante :

Une transformation de Lorentz restreinte laisse invariantes deux directions lumière distinctes ssi il s'agit d'une 4-vis.

Il est clair sur (6.55) qu'une 4-vis a cette propriété, $\vec{\boldsymbol{\ell}}$ et $\vec{\boldsymbol{k}}$ étant deux vecteurs propres de $\mathbf{\Lambda}$. Réciproquement, si $\mathbf{\Lambda} \in \mathrm{SO}_o(3,1)$ admet deux droites lumière invariantes, on peut choisir un vecteur $\vec{\boldsymbol{\ell}}$ sur la première, un vecteur $\vec{\boldsymbol{k}}$ sur la seconde et les normaliser par $\vec{\boldsymbol{\ell}} \cdot \vec{\boldsymbol{k}} = -2$. On peut alors reprendre le raisonnement du § 6.3.2, avec de plus $\vec{\boldsymbol{k}}$ vecteur propre de $\mathbf{\Lambda}$. D'après (6.33), cela implique $\alpha = 0$, de sorte que $\mathbf{\Lambda}$ est bien une 4-vis.

6.3.7 Vecteurs propres d'une transformation de Lorentz restreinte

Un avantage de la décomposition générale (6.37) d'une transformation de Lorentz restreinte $\mathbf{\Lambda}$ est de pouvoir calculer facilement ses valeurs propres et vecteurs propres. En effet, le polynôme caractéristique $P(\lambda) = \det(\Lambda^* - \lambda \mathbb{I}_4)$ de la matrice (6.37) se calcule aisément :

$$P(\lambda) = (\lambda - e^{\psi})(\lambda - e^{-\psi})(\lambda^2 - 2\lambda\cos\varphi + 1).$$

Si $\varphi \neq 0$ et $\varphi \neq \pi$, le trinôme $\lambda^2 - 2\lambda\cos\varphi + 1$ n'admet aucune racine réelle. Dans ce cas $\mathbf{\Lambda}$ n'a que deux valeurs propres réelles : $\lambda_1 = e^{\psi}$ et $\lambda_2 = e^{-\psi}$. Si $\varphi = 0$ (resp. π), il faut ajouter la valeur propre $\lambda_3 = 1$ (resp. $\lambda_3 = -1$), avec une multiplicité de 2. Les vecteurs propres correspondants sont

$$\lambda_1 = e^{\psi} : \quad \vec{\boldsymbol{v}}_1 = \vec{\boldsymbol{\ell}} \tag{6.58}$$

$$\lambda_2 = e^{-\psi} : \quad \vec{\boldsymbol{v}}_2 = \alpha^2 e^{-\psi}\, \vec{\boldsymbol{\ell}} + \tfrac{1}{2}(\cosh\psi - \cos\varphi)\, \vec{\boldsymbol{k}} + \alpha(e^{-\psi} - \cos\varphi)\, \vec{\boldsymbol{e}}_2 + \alpha\sin\varphi\, \vec{\boldsymbol{e}}_3 \tag{6.59}$$

$$\text{si } \varphi = 0, \quad \lambda_3 = 1 : \quad \vec{\boldsymbol{v}}_3 = \vec{\boldsymbol{e}}_3 \ \text{ et } \ \vec{\boldsymbol{v}}'_3 = -2\alpha\, \vec{\boldsymbol{\ell}} + (e^{\psi} - 1)\, \vec{\boldsymbol{e}}_2 \tag{6.60}$$

$$\text{si } \varphi = \pi, \quad \lambda_3 = -1 : \quad \vec{\boldsymbol{v}}_3 = \vec{\boldsymbol{e}}_3 \ \text{ et } \ \vec{\boldsymbol{v}}'_3 = 2\alpha\, \vec{\boldsymbol{\ell}} + (e^{\psi} + 1)\, \vec{\boldsymbol{e}}_2. \tag{6.61}$$

Exercice : Vérifier à l'aide de (6.37) que $\mathbf{\Lambda}(\vec{\boldsymbol{v}}_2) = e^{-\psi}\, \vec{\boldsymbol{v}}_2$, $\mathbf{\Lambda}(\vec{\boldsymbol{v}}'_3) = \vec{\boldsymbol{v}}'_3$ pour $\varphi = 0$ et $\mathbf{\Lambda}(\vec{\boldsymbol{v}}'_3) = -\vec{\boldsymbol{v}}'_3$ pour $\varphi = \pi$.

Les vecteurs propres $\vec{\boldsymbol{v}}_1$ et $\vec{\boldsymbol{v}}_2$ sont toujours du genre lumière. C'est évident pour $\vec{\boldsymbol{v}}_1$ et le calcul de $\vec{\boldsymbol{v}}_2 \cdot \vec{\boldsymbol{v}}_2$ le montre pour $\vec{\boldsymbol{v}}_2$. Dans le cas où $\mathbf{\Lambda}$ est une 4-vis ($\alpha = 0$), $\vec{\boldsymbol{v}}_2 \propto \vec{\boldsymbol{k}}$. Si $\mathbf{\Lambda}$ est une rotation lumière ($\psi = \varphi = 0$), $\vec{\boldsymbol{v}}_2 \propto \vec{\boldsymbol{\ell}}$. Dans le cas $\varphi = 0$ ou π, $\vec{\boldsymbol{v}}_3$ est toujours du genre espace. Quant à $\vec{\boldsymbol{v}}'_3$, on a $\vec{\boldsymbol{v}}'_3 \cdot \vec{\boldsymbol{v}}'_3 = (e^{\psi} \pm 1)^2$ ($-$ pour $\varphi = 0$, $+$ pour $\varphi = \pi$). On en conclut que $\vec{\boldsymbol{v}}'_3$ est toujours du genre espace, sauf si $\varphi = 0$ et $\psi = 0$ ($\mathbf{\Lambda}$ = rotation lumière), auquel cas $\vec{\boldsymbol{v}}'_3$ est du genre lumière et colinéaire à $\vec{\boldsymbol{\ell}}$.

6.3.8 Bilan

Nous avons vu ci-dessus qu'une transformation de Lorentz restreinte $\mathbf{\Lambda}$ admet deux directions lumière invariantes : celles générées par les vecteurs propres[8] $\vec{\boldsymbol{v}}_1$ et $\vec{\boldsymbol{v}}_2$. Ces deux directions lumière sont confondues ssi $\vec{\boldsymbol{v}}_2$ est colinéaire à $\vec{\boldsymbol{v}}_1 = \vec{\boldsymbol{\ell}}$. Or d'après (6.59),

$$\vec{\boldsymbol{v}}_2 \propto \vec{\boldsymbol{\ell}} \iff \begin{cases} \cosh\psi - \cos\varphi = 0 \\ \alpha(e^{-\psi} - \cos\varphi) = 0 \\ \alpha\sin\varphi = 0. \end{cases} \iff (\psi = 0 \ \text{ et } \ \varphi = 0).$$

Ainsi $\mathbf{\Lambda}$ admet une seule direction lumière invariante ssi $\mathbf{\Lambda}$ est une rotation lumière.

Dans le cas où $\mathbf{\Lambda}$ laisse invariantes deux directions lumière distinctes, Δ_1 et Δ_2, il est judicieux de reprendre la décomposition du § 6.3.2 en choisissant le vecteur $\vec{\boldsymbol{k}}$ sur Δ_2, plutôt que n'importe quel vecteur lumière non colinéaire

8. Si $\varphi = 0$ et $\psi = 0$, $\vec{\boldsymbol{v}}'_3$ est également un vecteur propre du genre lumière, mais il n'y a pas lieu de distinguer ce cas puisque $\vec{\boldsymbol{v}}'_3$ est alors colinéaire à $\vec{\boldsymbol{v}}_1$.

à $\vec{\boldsymbol{\ell}}$. Cela en fait alors un deuxième vecteur propre de $\boldsymbol{\Lambda}$, de valeur propre $\mathrm{e}^{-\psi}$ (c'est nécessaire pour conserver le produit scalaire $\vec{\boldsymbol{\ell}} \cdot \vec{\boldsymbol{k}}$) : $\boldsymbol{\Lambda}(\vec{\boldsymbol{k}}) = \mathrm{e}^{-\psi}\vec{\boldsymbol{k}}$. En comparant avec (6.33), on constate que $\alpha = 0$. La transformation $\boldsymbol{\Lambda}$ est donc nécessairement une 4-vis.

Au vu des résultats qui précèdent, nous pouvons énoncer :

> Tout élément $\boldsymbol{\Lambda}$ du groupe de Lorentz restreint $\mathrm{SO_o}(3,1)$ laisse invariant au moins une direction lumière ; de plus
>
> - si une telle direction est unique, $\boldsymbol{\Lambda}$ est une rotation lumière (avec $\alpha \neq 0$) ;
> - s'il existe exactement deux directions lumière invariantes, $\boldsymbol{\Lambda}$ est une 4-vis de rapidité non nulle ou d'angle de rotation non nul ;
> - s'il existe plus de trois directions lumière invariantes, $\boldsymbol{\Lambda}$ est l'identité.

En particulier :

> Il n'existe pas d'autre transformation de Lorentz restreinte que les rotations lumière et les 4-vis (l'identité étant considérée comme le cas limite $\alpha = 0$ d'une rotation lumière ou le cas limite $(\psi, \varphi) = (0, 0)$ d'une 4-vis).

Autrement dit, étant donnée $\boldsymbol{\Lambda} \in \mathrm{SO_o}(3,1)$, il existe nécessairement une base $(\vec{\boldsymbol{e}}^*_\alpha) = (\vec{\boldsymbol{\ell}}, \vec{\boldsymbol{k}}, \vec{\boldsymbol{e}}_2, \vec{\boldsymbol{e}}_3)$ de E, avec $\vec{\boldsymbol{\ell}}$, $\vec{\boldsymbol{k}}$ du genre lumière, $\vec{\boldsymbol{e}}_2$, $\vec{\boldsymbol{e}}_3$ unitaires du genre espace, les plans $\Pi_0 = \mathrm{Vect}(\vec{\boldsymbol{\ell}}, \vec{\boldsymbol{k}})$ et $\Pi_1 = \mathrm{Vect}(\vec{\boldsymbol{e}}_2, \vec{\boldsymbol{e}}_3)$ orthogonaux et telle que la matrice de $\boldsymbol{\Lambda}$ dans cette base est soit de la forme (6.51) (rotation lumière), soit de la forme (6.55) (4-vis).

Note historique : *Les transformations de Lorentz spéciales ont en fait été découvertes assez tôt, dès 1887, par Woldemar Voigt*[9] *[423], comme des changements de coordonnées*[10] $(ct, x, y, z) \mapsto (ct', x', y,', z')$ *qui laissent invariante l'équation d'onde* $-c^{-2}\partial^2\Phi/\partial t^2 + \partial^2\Phi/\partial x^2 + \partial^2\Phi/\partial y^2 + \partial^2\Phi/\partial z^2 = 0$. *Elles ont ensuite été redécouvertes par Joseph Larmor*[11] *en 1900 [239] et par Hendrik A. Lorentz (*cf.* p. 113) en 1904 [263], comme des changements de coordonnées qui laissent invariantes les équations de l'électrodynamique de*

9. **Woldemar Voigt** (1850–1919) : Physicien allemand, auteur de travaux en physique des cristaux, thermodynamique et électro-optique. Il a notamment découvert une biréfringence dans les gaz induite par un champ magnétique (effet Voigt).

10. Dans notre langage, nous dirions qu'il s'agit des coordonnées affines de $\mathscr{E}$, $(x^\alpha) = (ct, x, y, z)$, associées à une base orthonormale de E. Par ailleurs, la transformation trouvée par Voigt était en fait $\Gamma^{-1}\boldsymbol{\Lambda}$, où $\boldsymbol{\Lambda}$ est une transformation de Lorentz spéciale et Γ son facteur de Lorentz.

11. **Joseph Larmor** (1857–1942) : Physicien britannique originaire d'Irlande du Nord, qui a travaillé en électromagnétisme et thermodynamique ; auteur d'un traité sur « l'éther et la matière » [239]. Il a laissé son nom à la *précession de Larmor* (précession d'un corps doté d'un moment magnétique dans un champ magnétique externe).

Maxwell. Le nom de transformations de Lorentz *leur a été donné en 1905 par Henri Poincaré* (cf. *p. 25) [332]. Le fait que l'ensemble des transformations de Lorentz spéciales de même plan forme un groupe*[12] *a été établi indépendamment par Einstein [132] et Poincaré [333] en 1905. C'est Poincaré [333] qui a ajouté l'ensemble des rotations spatiales pour former le groupe de Lorentz au sens où nous l'avons défini ici (plus précisément, Poincaré ne considère que le groupe de Lorentz restreint* $\mathrm{SO}_o(3,1)$*). L'appellation* groupe de Lorentz *est d'ailleurs due à Poincaré [333].*

6.4 Décomposition polaire

Au § 6.3, nous avons effectué une décomposition des transformations de Lorentz restreintes à partir d'une direction lumière invariante. Nous présentons ici une deuxième décomposition, également très utile, qui est basée sur un vecteur unitaire du genre temps.

6.4.1 Énonce et démonstration

Étant donné un vecteur unitaire du genre temps $\vec{e}_0 \in E$, toute transformation de Lorentz restreinte $\mathbf{\Lambda} \in \mathrm{SO}_o(3,1)$ s'écrit de manière unique comme le produit

$$\boxed{\mathbf{\Lambda} = \boldsymbol{S} \circ \boldsymbol{R}}, \qquad (6.62)$$

où $\boldsymbol{S}$ est une transformation de Lorentz spéciale dont le plan contient $\vec{e}_0$ et $\boldsymbol{R}$ est une rotation spatiale dont le plan est orthogonal à $\vec{e}_0$. L'écriture (6.62) est appelée ***décomposition polaire de $\mathbf{\Lambda}$ relativement à $\vec{e}_0$***.

Remarque : Le membre de droite de (6.62), même s'il est similaire à (6.57), n'est pas nécessairement une 4-vis, car *a priori* les plans de $\boldsymbol{S}$ et $\boldsymbol{R}$ ne sont pas orthogonaux. Nous verrons d'ailleurs au § 6.4.2 que si $\mathbf{\Lambda}$ est une rotation lumière, les plans de $\boldsymbol{S}$ et $\boldsymbol{R}$ ne sont pas orthogonaux.

Pour démontrer (6.62), notons $\vec{e}\,'_0 := \mathbf{\Lambda}(\vec{e}_0)$ et distinguons deux cas : $\vec{e}\,'_0 = \vec{e}_0$ et $\vec{e}\,'_0 \neq \vec{e}_0$.

Dans le premier cas, $\mathbf{\Lambda}$ n'agit que dans l'hyperplan normal à $\vec{e}_0$, $E_{\boldsymbol{e}_0}$. En effet, par définition même d'une transformation de Lorentz (Éq. (6.2)),

$$\forall \vec{v} \in E_{\boldsymbol{e}_0}, \quad \vec{e}_0 \cdot \mathbf{\Lambda}(\vec{v}) = \mathbf{\Lambda}(\vec{e}_0) \cdot \mathbf{\Lambda}(\vec{v}) = \vec{e}_0 \cdot \vec{v} = 0,$$

ce qui montre que $\mathbf{\Lambda}(\vec{v}) \in E_{\boldsymbol{e}_0}$ et donc que l'hyperplan $E_{\boldsymbol{e}_0}$ est invariant par $\mathbf{\Lambda}$. $(E_{\boldsymbol{e}_0}, \boldsymbol{g})$ étant un espace tridimensionnel euclidien, on en déduit que $\mathbf{\Lambda}$ est

12. C'est trivial d'après la définition que nous avons donnée d'une transformation de Lorentz spéciale au § 6.3.4, mais cela ne l'était pas pour Einstein et Poincaré qui partaient de l'expression (6.50).

nécessairement une rotation spatiale telle qu'étudiée au § 6.3.3. On a donc établi (6.62) avec $\boldsymbol{S} = \mathrm{Id}$ et $\boldsymbol{R} = \boldsymbol{\Lambda}$.

Considérons à présent le cas où $\vec{e}\,'_0 \neq \vec{e}_0$. Le vecteur $\vec{e}\,'_0$ est alors nécessairement non colinéaire à $\vec{e}_0$. En effet, comme $\vec{e}_0$ et $\vec{e}\,'_0$ sont deux vecteurs unitaires, la seule possibilité de colinéarité compatible avec $\vec{e}\,'_0 \neq \vec{e}_0$ serait $\vec{e}\,'_0 = -\vec{e}_0$. Mais $\vec{e}_0$ et $\vec{e}\,'_0$ n'auraient pas la même orientation temporelle, ce qui est impossible puisque $\boldsymbol{\Lambda}$ est orthochrone. En conséquence, le sous-espace vectoriel $\Pi := \mathrm{Vect}(\vec{e}_0, \vec{e}\,'_0)$ est de dimension deux : il s'agit d'un plan vectoriel. Il est du genre temps, au sens défini au § 6.3.2, car il contient des directions du genre temps (celles de $\vec{e}_0$ et $\vec{e}\,'_0$). Soit alors $\boldsymbol{S}$ la transformation de Lorentz spéciale de plan Π et de facteur de Lorentz

$$\Gamma := -\vec{e}_0 \cdot \vec{e}\,'_0.$$

Ces deux conditions définissent entièrement $\boldsymbol{S}$ car, ainsi que nous l'avons vu au § 6.3.4, une transformation de Lorentz spéciale est complètement déterminée par son plan et sa rapidité $\psi = \mathrm{argcosh}\,\Gamma$. Par construction, $\boldsymbol{S}$ envoie $\vec{e}_0$ sur $\vec{e}\,'_0$:

$$\boldsymbol{S}(\vec{e}_0) = \vec{e}\,'_0.$$

Définissons

$$\boldsymbol{R} := \boldsymbol{S}^{-1} \circ \boldsymbol{\Lambda}. \tag{6.63}$$

$\boldsymbol{R}$ est une transformation de Lorentz restreinte, car composée de deux telles transformations. De plus, elle vérifie

$$\boldsymbol{R}(\vec{e}_0) = \boldsymbol{S}^{-1}(\boldsymbol{\Lambda}(\vec{e}_0)) = \boldsymbol{S}^{-1}(\vec{e}\,'_0) = \vec{e}_0.$$

La discussion ci-dessus du cas $\vec{e}\,'_0 = \vec{e}_0$ appliquée à $\boldsymbol{R}$ montre que $\boldsymbol{R}$ est une rotation spatiale dont le plan est orthogonal à $\vec{e}_0$. La relation (6.63) étant équivalente (6.62), on a donc démontré la décomposition annoncée.

Pour montrer son unicité, supposons que $\boldsymbol{\Lambda} = \boldsymbol{S}' \circ \boldsymbol{R}'$ avec $\boldsymbol{S}'$ et $\boldsymbol{R}'$ ayant les mêmes propriétés vis-à-vis de $\vec{e}_0$ que $\boldsymbol{S}$ et $\boldsymbol{R}$. On a alors $\boldsymbol{S}' = \boldsymbol{S} \circ \boldsymbol{R} \circ \boldsymbol{R}'^{-1}$, si bien que $\boldsymbol{S}'(\vec{e}_0) = \boldsymbol{S} \circ \boldsymbol{R} \circ \boldsymbol{R}'^{-1}(\vec{e}_0)$. Or $\vec{e}_0$ est invariant par les rotations $\boldsymbol{R}'^{-1}$ et $\boldsymbol{R}$, d'où $\boldsymbol{S}'(\vec{e}_0) = \boldsymbol{S}(\vec{e}_0)$. On en conclut que les transformations de Lorentz spéciales $\boldsymbol{S}$ et $\boldsymbol{S}'$ ont le même plan et le même facteur de Lorentz $\Gamma = -\vec{e}_0 \cdot \boldsymbol{S}(\vec{e}_0) = -\vec{e}_0 \cdot \boldsymbol{S}'(\vec{e}_0)$. Elles coïncident donc (*cf.* § 6.3.4) : $\boldsymbol{S}' = \boldsymbol{S}$. Il s'ensuit immédiatement que $\boldsymbol{R}' = \boldsymbol{R}$.

Remarque : La décomposition polaire (6.62) est un cas particulier de ce que l'on appelle en algèbre le ***théorème de décomposition polaire***. Ce dernier stipule que toute matrice réelle inversible Λ s'exprime de manière unique comme le produit d'une matrice symétrique définie positive[13] S et d'une matrice orthogonale[14] R : $\Lambda = SR$ (*cf.* par exemple [295]). On peut appliquer ce théorème au cas présent car la matrice d'une rotation spatiale est orthogonale

13. C'est-à-dire dont toutes les valeurs propres sont strictement positives.

14. Au sens usuel du terme, c'est-à-dire une matrice dont la transposée est aussi l'inverse : ${}^{\mathrm{t}}RR = \mathbb{I}_4$, et non au sens de l'orthogonalité par rapport au tenseur métrique $\boldsymbol{g}$.

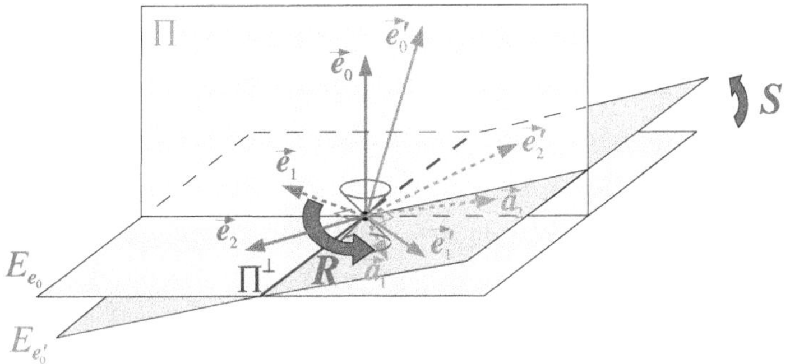

FIG. 6.6 – Décomposition polaire d'une transformation de Lorentz restreinte $\mathbf{\Lambda}$, cette dernière étant définie par son action sur la base orthonormale $(\vec{e}_\alpha)$: $\vec{e}\,'_\alpha = \mathbf{\Lambda}(\vec{e}_\alpha)$. $\mathbf{\Lambda}$ se décompose en une rotation $\boldsymbol{R}$ dans l'hyperplan E_{e_0}, suivie d'une transformation de Lorentz spéciale $\boldsymbol{S}$ de plan $\Pi = \mathrm{Vect}(\vec{e}_0, \vec{e}\,'_0)$. On a noté $\vec{a}_i := \boldsymbol{R}(\vec{e}_i)$.

(*cf.* (6.39)) et celle d'une transformation de Lorentz spéciale est symétrique : nous l'avons vu explicitement sur l'Éq. (6.43), valable dans une base adaptée et nous le verrons dans une base générale au § 6.5.2. De plus, nous avons vu au § 6.3.7 que, si ψ est la rapidité de $\boldsymbol{S}$, les valeurs propres de $\boldsymbol{S}$ sont e^{ψ}, $\mathrm{e}^{-\psi}$ et 1 et sont donc strictement positives.

La décomposition polaire est illustrée sur la Fig. 6.6, où l'on a représenté $\mathbf{\Lambda}$ par son action sur une base orthonormale $(\vec{e}_\alpha)$, en dessinant les deux bases $(\vec{e}_\alpha)$ et $(\vec{e}\,'_\alpha)$, avec $\vec{e}\,'_\alpha := \mathbf{\Lambda}(\vec{e}_\alpha)$.

6.4.2 Formes explicites

Nous avons vu au § 6.3.8 qu'une transformation de Lorentz restreinte est soit une 4-vis, soit une rotation lumière. Dans le cas d'une 4-vis, la décomposition polaire vis-à-vis d'un vecteur $\vec{e}_0$ appartenant au plan de $\mathbf{\Lambda}$ est immédiate : il s'agit de l'écriture (6.57). De plus, dans ce cas, les plans de $\boldsymbol{S}$ et de $\boldsymbol{R}$ sont orthogonaux et le produit $\boldsymbol{S} \circ \boldsymbol{R}$ commute.

Dans le cas où $\mathbf{\Lambda}$ est une rotation lumière de paramètre α (*cf.* § 6.3.5), on lit sur (6.52) que

$$\vec{e}\,'_0 = \mathbf{\Lambda}(\vec{e}_0) = (1 + 2\alpha^2)\,\vec{e}_0 + 2\alpha^2\,\vec{e}_1 + 2\alpha\,\vec{e}_2.$$

$\boldsymbol{S}$ est la transformation de Lorentz spéciale de plan $\Pi := \mathrm{Vect}(\vec{e}_0, \vec{e}\,'_0)$ et de facteur de Lorentz $\Gamma = -\vec{e}_0 \cdot \vec{e}\,'_0$, soit

$$\Gamma = 1 + 2\alpha^2. \tag{6.64}$$

On vérifie aisément qu'une base orthonormale de Π est $(\vec{e}_0, \vec{\varepsilon}_1)$, où $\vec{\varepsilon}_1$ est le vecteur unitaire du genre espace défini par

$$\vec{\varepsilon}_1 = \frac{1}{\sqrt{1+\alpha^2}} \left(\alpha\, \vec{e}_1 + \vec{e}_2\right). \tag{6.65}$$

On peut par ailleurs choisir une base orthonormale $(\vec{\varepsilon}_2, \vec{\varepsilon}_3)$ de $\Pi^\perp$ comme suit :

$$\vec{\varepsilon}_2 := -\frac{1}{\sqrt{1+\alpha^2}} \left(\vec{e}_1 - \alpha\, \vec{e}_2\right) \qquad \text{et} \qquad \vec{\varepsilon}_3 := \vec{e}_3.$$

$(\vec{e}_0, \vec{\varepsilon}_1, \vec{\varepsilon}_2, \vec{\varepsilon}_3)$ constitue alors une base orthonormale de $(E, \boldsymbol{g})$. La forme explicite de $\boldsymbol{R}$ s'obtient à partir de (6.63), qui conduit à la matrice de $\boldsymbol{R}$ dans la base $(\vec{e}_\alpha)$:

$$R = S^{-1}\, \Lambda,$$

où Λ est la matrice (6.52) et S^{-1} la matrice de $\boldsymbol{S}^{-1}$ dans la base $(\vec{e}_\alpha)$. Cette dernière s'obtient aisément à partir de (i) la matrice de $\boldsymbol{S}$ dans la base $(\vec{e}_0, \vec{\varepsilon}_1, \vec{\varepsilon}_2, \vec{\varepsilon}_3)$, qui est de la forme (6.50), et (ii) la matrice de passage de $(\vec{e}_0, \vec{\varepsilon}_1, \vec{\varepsilon}_2, \vec{\varepsilon}_3)$ à $(\vec{e}_\alpha)$ (*Exercice :* le faire). On obtient ainsi

$$R^\alpha{}_\beta = \begin{pmatrix} 1 & 0 & 0 & 0 \\ 0 & \frac{1-\alpha^2}{1+\alpha^2} & \frac{2\alpha}{1+\alpha^2} & 0 \\ 0 & -\frac{2\alpha}{1+\alpha^2} & \frac{1-\alpha^2}{1+\alpha^2} & 0 \\ 0 & 0 & 0 & 1 \end{pmatrix}.$$

En comparant avec (6.39), on en déduit que $\boldsymbol{R}$ est une rotation spatiale de plan $\Pi_R = \mathrm{Vect}(\vec{e}_1, \vec{e}_2)$ et d'angle φ tel que

$$\cos\varphi = \frac{1-\alpha^2}{1+\alpha^2} \qquad \text{et} \qquad \sin\varphi = -\frac{2\alpha}{1+\alpha^2}. \tag{6.66}$$

Remarque 1 : Si $\alpha = 0$, les formules (6.64) et (6.66) conduisent à $\Gamma = 1$ et $\varphi = 0$, soit $\boldsymbol{S} = \mathrm{Id}$ et $\boldsymbol{R} = \mathrm{Id}$, comme il se doit.

Remarque 2 : Puisque le plan de $\boldsymbol{S}$ est $\Pi = \mathrm{Vect}(\vec{e}_0, \vec{\varepsilon}_1)$, avec $\vec{\varepsilon}_1$ relié à $\vec{e}_1$ et $\vec{e}_2$ par (6.65), et celui de $\boldsymbol{R}$ est $\Pi_R = \mathrm{Vect}(\vec{e}_1, \vec{e}_2)$, on note que, pour une rotation lumière, les facteurs $\boldsymbol{S}$ et $\boldsymbol{R}$ de la décomposition polaire n'agissent pas dans des plans orthogonaux, contrairement au cas d'une 4-vis.

6.5 Compléments sur les transformations de Lorentz spéciales

Les transformations de Lorentz spéciales ont été introduites au § 6.3.4. Nous examinons ici plus en détail certaines de leurs propriétés.

6.5.1 Interprétation cinématique

Considérons une transformation de Lorentz spéciale de plan Π. Soit $(\vec{e}_\alpha)$ une base orthonormale directe de $(E, \boldsymbol{g})$ telle que (*cf.* Fig. 6.4)

$$\Pi = \mathrm{Vect}(\vec{e}_0, \vec{e}_1) \quad \text{et} \quad \Pi^\perp = \mathrm{Vect}(\vec{e}_2, \vec{e}_3). \tag{6.67}$$

De plus, imposons à $\vec{e}_0$ d'être orienté vers le futur. Nous qualifierons une telle base $(\vec{e}_\alpha)$ de ***base adaptée*** à $\boldsymbol{\Lambda}$. La base $(\vec{e}_\alpha)$ considérée au § 6.3.4 est une telle base. On en déduit immédiatement que la matrice d'une transformation de Lorentz spéciale dans une base adaptée est du type (6.43) (expression en fonction de la rapidité ψ) ou (6.50) (expression en fonction de $\Gamma := \cosh\psi$ et $V := c\tanh\psi$).

Remarque : On peut avoir $V < 0$: c'est équivalent à $\psi < 0$ et signifie que le vecteur $\vec{e}_1$ est de sens opposé à la projection orthogonale de $\boldsymbol{\Lambda}(\vec{e}_0)$ sur l'hyperplan $E_{\boldsymbol{e}_0}$.

Posons

$$\vec{e}\,'_0 := \boldsymbol{\Lambda}(\vec{e}_0). \tag{6.68}$$

On constate sur (6.50) que

$$\boxed{\Gamma = -\vec{e}_0 \cdot \vec{e}\,'_0}. \tag{6.69}$$

Puisque $\boldsymbol{\Lambda}$ est orthochrone, on a $\Gamma \geq 1$ (*cf.* Éqs. (6.16) et (6.17)). Physiquement Γ s'interprète comme le facteur de Lorentz entre deux observateurs qui sont inertiels ou dont les lignes d'univers se croisent en un même événement (*cf.* Éq. (4.10)). En effet, les vecteurs $\vec{e}_0$ et $\vec{e}\,'_0$ sont deux vecteurs unitaires du genre temps orientés vers le futur et par là éligibles au titre de 4-vitesse. Soit alors $\mathcal{O}$ un observateur de 4-vitesse

$$\vec{\boldsymbol{u}} := \vec{e}_0 \tag{6.70}$$

et de référentiel local $(\vec{e}_\alpha)$. Soit également $\mathcal{O}'$ un observateur de 4-vitesse $\vec{\boldsymbol{u}}' := \vec{e}\,'_0$ et de référentiel local $(\vec{e}\,'_0, \vec{e}\,'_1 := \boldsymbol{\Lambda}(\vec{e}_1), \vec{e}_2, \vec{e}_3)$. La décomposition orthogonale de $\vec{e}\,'_0$ par rapport à $\mathcal{O}$ est donnée par la formule (4.31) où l'on fait $\vec{\boldsymbol{u}}' = \vec{e}\,'_0$ et $\vec{\boldsymbol{u}} = \vec{e}_0$ (*cf.* Fig. 6.4) :

$$\vec{e}\,'_0 = \Gamma\left(\vec{e}_0 + \frac{1}{c}\vec{\boldsymbol{V}}\right). \tag{6.71}$$

Dans cette formule, $\vec{\boldsymbol{V}} \in E_{\boldsymbol{e}_0}$ est la vitesse de l'observateur $\mathcal{O}'$ relative à l'observateur $\mathcal{O}$. Par ailleurs, d'après la matrice (6.50),

$$\vec{e}\,'_0 = \Gamma\left(\vec{e}_0 + \frac{V}{c}\vec{e}_1\right). \tag{6.72}$$

En comparant avec (6.71), il vient immédiatement

$$\vec{\boldsymbol{V}} = V\,\vec{e}_1. \tag{6.73}$$

La relation (6.49) entre Γ et V redonne ainsi l'expression classique (4.33) du facteur de Lorentz.

Exprimons à présent l'action de la transformation de Lorentz spéciale $\mathbf{\Lambda}$ sur un vecteur quelconque $\vec{\boldsymbol{v}} \in E$. Désignons par (v^α) les composantes de $\vec{\boldsymbol{v}}$ dans la base $(\vec{\boldsymbol{e}}_\alpha)$ adaptée à $\mathbf{\Lambda}$: $\vec{\boldsymbol{v}} = v^\alpha\, \vec{\boldsymbol{e}}_\alpha$. Au vu de la matrice (6.50) de $\mathbf{\Lambda}$ dans la base $(\vec{\boldsymbol{e}}_\alpha)$, on a

$$\mathbf{\Lambda}(\vec{\boldsymbol{v}}) = \Gamma\left(v^0 + \frac{V}{c}v^1\right)\vec{\boldsymbol{e}}_0 + \Gamma\left(\frac{V}{c}v^0 + v^1\right)\vec{\boldsymbol{e}}_1 + v^2\vec{\boldsymbol{e}}_2 + v^3\vec{\boldsymbol{e}}_3.$$

Exprimons le terme $v^2\vec{\boldsymbol{e}}_2 + v^3\vec{\boldsymbol{e}}_3$ en fonction de la projection orthogonale $\perp_{e_0}\vec{\boldsymbol{v}}$ de $\vec{\boldsymbol{v}}$ sur l'hyperplan E_{e_0} (*cf.* § 3.1.5) ; on a $\perp_{e_0}\vec{\boldsymbol{v}} = v^i\vec{\boldsymbol{e}}_i$, d'où

$$v^2\vec{\boldsymbol{e}}_2 + v^3\vec{\boldsymbol{e}}_3 = \perp_{e_0}\vec{\boldsymbol{v}} - v^1\vec{\boldsymbol{e}}_1$$

et

$$\mathbf{\Lambda}(\vec{\boldsymbol{v}}) = \Gamma v^0\vec{\boldsymbol{e}}_0 + \Gamma\frac{V}{c}\left(v^1\vec{\boldsymbol{e}}_0 + v^0\vec{\boldsymbol{e}}_1\right) + \perp_{e_0}\vec{\boldsymbol{v}} + (\Gamma - 1)v^1\vec{\boldsymbol{e}}_1.$$

Or puisque $(\vec{\boldsymbol{e}}_\alpha)$ est une base orthonormale, $v^0 = -\vec{\boldsymbol{e}}_0 \cdot \vec{\boldsymbol{v}}$ et $v^1 = \vec{\boldsymbol{e}}_1 \cdot \vec{\boldsymbol{v}}$. En utilisant (6.73) sous la forme $\vec{\boldsymbol{e}}_1 = V^{-1}\vec{\boldsymbol{V}}$ et remplaçant $\vec{\boldsymbol{e}}_0$ par $\vec{\boldsymbol{u}}$ (4-vitesse de l'observateur $\mathcal{O}$) (Éq. (6.70)), il vient donc

$$\boxed{\mathbf{\Lambda}(\vec{\boldsymbol{v}}) = -\Gamma(\vec{\boldsymbol{u}}\cdot\vec{\boldsymbol{v}})\,\vec{\boldsymbol{u}} + \frac{\Gamma}{c}\left[(\vec{\boldsymbol{V}}\cdot\vec{\boldsymbol{v}})\,\vec{\boldsymbol{u}} - (\vec{\boldsymbol{u}}\cdot\vec{\boldsymbol{v}})\,\vec{\boldsymbol{V}}\right] + \perp_{\boldsymbol{u}}\vec{\boldsymbol{v}} + \frac{\Gamma - 1}{V^2}(\vec{\boldsymbol{V}}\cdot\vec{\boldsymbol{v}})\,\vec{\boldsymbol{V}}}. \qquad (6.74)$$

Remarquons que d'après (6.49) $\Gamma - 1 = (\Gamma^2 - 1)/(1+\Gamma) = \Gamma^2V^2/[c^2(1+\Gamma)]$, si bien qu'une expression alternative à (6.74) est

$$\boxed{\begin{aligned}\mathbf{\Lambda}(\vec{\boldsymbol{v}}) = {} & -\Gamma(\vec{\boldsymbol{u}}\cdot\vec{\boldsymbol{v}})\,\vec{\boldsymbol{u}} + \tfrac{\Gamma}{c}\left[(\vec{\boldsymbol{V}}\cdot\vec{\boldsymbol{v}})\,\vec{\boldsymbol{u}} - (\vec{\boldsymbol{u}}\cdot\vec{\boldsymbol{v}})\,\vec{\boldsymbol{V}}\right] \\ & + \perp_{\boldsymbol{u}}\vec{\boldsymbol{v}} + \frac{\Gamma^2}{c^2(1+\Gamma)}(\vec{\boldsymbol{V}}\cdot\vec{\boldsymbol{v}})\,\vec{\boldsymbol{V}}\end{aligned}}. \qquad (6.75)$$

La relation (6.74) ou (6.75) montre qu'une transformation de Lorentz spéciale de plan Π s'exprime entièrement en fonction d'un vecteur du genre temps unitaire $\vec{\boldsymbol{u}}$ (4-vitesse) qui appartient au plan Π et d'un vecteur du genre espace $\vec{\boldsymbol{V}}$ qui vérifie : (i) $\vec{\boldsymbol{V}}$ est dans le plan Π ; (ii) $\vec{\boldsymbol{V}}$ est orthogonal à $\vec{\boldsymbol{u}}$ et (iii) $\vec{\boldsymbol{V}}\cdot\vec{\boldsymbol{V}} < c^2$. Le facteur Γ qui apparaît dans (6.74) et (6.75) est entièrement déterminé par $\vec{\boldsymbol{V}}$ suivant $\Gamma = (1 - \vec{\boldsymbol{V}}\cdot\vec{\boldsymbol{V}}/c^2)^{-1/2}$. Nous appellerons $\vec{\boldsymbol{V}}$ la ***vitesse de la transformation de Lorentz spéciale $\mathbf{\Lambda}$ par rapport à $\vec{\boldsymbol{u}}$***.

Remarque 1 : La formule (6.74) (ou (6.75)) est en quelque sorte l'analogue pour les transformations de Lorentz spéciales de la formule de Rodrigues (6.41) pour les rotations spatiales.

Remarque 2 : Pour une transformation de Lorentz spéciale donnée, le paramètre de vitesse V, défini par l'Éq. (6.48), est unique. Par contre, le vecteur $\vec{\boldsymbol{V}}$ dépend du choix de la 4-vitesse $\vec{\boldsymbol{u}}$. On a cependant toujours $\|\vec{\boldsymbol{V}}\|_g = |V|$.

Considérons deux observateurs $\mathcal{O}$ et $\mathcal{O}'$ et deux valeurs $\vec{u}(A)$ et $\vec{u}'(A')$ de leurs 4-vitesses en deux points A et A' de leurs lignes d'univers respectives. Il existe une unique transformation de Lorentz spéciale $\mathbf{\Lambda}$ telle que

$$\mathbf{\Lambda}(\vec{u}(A)) = \vec{u}'(A').$$

Son plan est $\mathrm{Vect}(\vec{u}(A), \vec{u}'(A'))$ et son facteur de Lorentz $\Gamma = -\vec{u}(A)\cdot\vec{u}'(A')$. De plus, si $A = A'$ (les lignes d'univers se croisent), le vecteur $\vec{V}$ qui apparaît dans les expressions (6.74) ou (6.75) de $\mathbf{\Lambda}$ n'est autre que la vitesse de $\mathcal{O}'$ relative à $\mathcal{O}$.

6.5.2 Expression dans une base générale

Étant donnée une transformation de Lorentz spéciale $\mathbf{\Lambda}$ de plan Π, considérons une base orthonormale directe $(\vec{e}_\alpha)$ de E telle que

$$\vec{e}_0 \in \Pi. \tag{6.76}$$

Cette condition est plus lâche que la condition (6.67) de base adaptée puisqu'on n'exige plus $\vec{e}_1 \in \Pi$. Nous qualifierons une telle base orthonormale de ***base semi-adaptée*** à $\mathbf{\Lambda}$.

Soit $\vec{V}$ la vitesse de $\mathbf{\Lambda}$ par rapport à $\vec{e}_0$ (*cf.* Éq. (6.74) avec $\vec{u} = \vec{e}_0$). Puisque $\vec{V} \in E_{\mathbf{e}_0}$, on peut écrire $\vec{V} = V^i\,\vec{e}_i$. En particulier

$$\forall \vec{v} \in E, \quad \vec{V}\cdot\vec{v} = \eta_{\alpha\beta} V^\alpha v^\beta = \delta_{ij} V^i v^j = \sum_{i=1}^{3} V^i v^i.$$

Par ailleurs,

$$\forall \vec{v} \in E, \quad \vec{u}\cdot\vec{v} = \vec{e}_0\cdot\vec{v} = -v^0 \quad \text{et} \quad \perp_{\mathbf{u}}\vec{v} = \perp_{\mathbf{e}_0}\vec{v} = v^i\vec{e}_i = \delta^i{}_j v^j\,\vec{e}_i.$$

Compte tenu de ces relations, on lit directement sur (6.74) l'expression de la matrice de $\mathbf{\Lambda}$ par rapport à la base semi-adaptée $(\vec{e}_\alpha)$:

$$\boxed{\Lambda^\alpha{}_\beta = \left(\begin{array}{c|c} \Lambda^0{}_0 & \Lambda^0{}_j \\ \hline \Lambda^i{}_0 & \Lambda^i{}_j \end{array}\right) = \left(\begin{array}{c|c} \Gamma & \Gamma\dfrac{V^j}{c} \\ \hline \Gamma\dfrac{V^i}{c} & \delta^i{}_j + \dfrac{\Gamma-1}{V^2} V^i V^j \end{array}\right)}. \tag{6.77}$$

Si l'on utilise plutôt (6.75), on obtient la forme alternative

$$\boxed{\Lambda^\alpha{}_\beta = \left(\begin{array}{c|c} \Lambda^0{}_0 & \Lambda^0{}_j \\ \hline \Lambda^i{}_0 & \Lambda^i{}_j \end{array}\right) = \left(\begin{array}{c|c} \Gamma & \Gamma\dfrac{V^j}{c} \\ \hline \Gamma\dfrac{V^i}{c} & \delta^i{}_j + \dfrac{\Gamma^2}{c^2(1+\Gamma)} V^i V^j \end{array}\right)}. \tag{6.78}$$

On vérifie que dans le cas particulier où $(V^1, V^2, V^3) = (V, 0, 0)$, (6.77) et (6.78) redonnent (6.50).

Une propriété intéressante apparaît immédiatement sur les expressions (6.77) et (6.78) : la matrice d'une transformation de Lorentz spéciale dans une base orthonormale semi-adaptée est symétrique :

$$\boxed{\Lambda^\alpha{}_\beta = \Lambda^\beta{}_\alpha}. \tag{6.79}$$

6.5.3 Rapidité

La rapidité ψ d'une transformation de Lorentz spéciale $\mathbf{\Lambda}$ a été définie au § 6.3.4. Elle est reliée à la vitesse V de $\mathbf{\Lambda}$ par la formule (6.48) : $V = c \tanh \psi$ et au facteur de Lorentz Γ de $\mathbf{\Lambda}$ par la formule (6.49) : $\Gamma = \cosh \psi$. Ces deux formules s'inversent en respectivement

$$\boxed{\psi = \operatorname{argtanh} \frac{V}{c} = \frac{1}{2} \ln \left(\frac{1 + V/c}{1 - V/c} \right)}, \tag{6.80}$$

$$\boxed{\psi = \operatorname{argcosh} \Gamma = \ln(\Gamma + \sqrt{\Gamma^2 - 1})}. \tag{6.81}$$

Dans ces équations, la deuxième égalité découle des expressions logarithmiques classiques des fonctions argument tangente hyperbolique et argument cosinus hyperbolique.

Remarquons qu'à la limite non relativiste, $V \ll c$, l'Éq. (6.80) se réduit à

$$\psi \simeq \frac{V}{c} \qquad (V \ll c). \tag{6.82}$$

La rapidité coïncide donc dans cette limite avec la vitesse normalisée par c. Dans le cas général, la rapidité est représentée en fonction de V sur la Fig. 6.7.

Rappelons que la matrice d'une transformation de Lorentz spéciale dans une base adaptée s'exprime en fonction de la rapidité suivant l'Éq. (6.43).

Remarque : La forme (6.43) fait penser à une matrice de rotation dans laquelle on aurait remplacé les sinus et cosinus par leurs pendants hyperboliques. On peut en effet comparer (6.43) à la matrice (6.39) d'une rotation spatiale d'angle φ dans le plan $\mathrm{Vect}(\vec{e}_2, \vec{e}_3)$. Notons le signe $-$ en facteur du terme $\sin \varphi$ de la deuxième ligne de (6.39), qui n'apparaît pas dans (6.43). Pour approfondir cette analogie, associons à la rapidité ψ d'une transformation de Lorentz spéciale l'« angle » complexe imaginaire

$$\varphi^* := \mathrm{i}\psi. \tag{6.83}$$

Alors, par la formule d'Euler,

$$\cosh \psi = \frac{\mathrm{e}^{\psi} + \mathrm{e}^{-\psi}}{2} = \frac{\mathrm{e}^{-\mathrm{i}\varphi^*} + \mathrm{e}^{\mathrm{i}\varphi^*}}{2} = \cos \varphi^*,$$

$$\sinh \psi = \frac{\mathrm{e}^{\psi} - \mathrm{e}^{-\psi}}{2} = \frac{\mathrm{e}^{-\mathrm{i}\varphi^*} - \mathrm{e}^{\mathrm{i}\varphi^*}}{2} = -\mathrm{i} \sin \varphi^*.$$

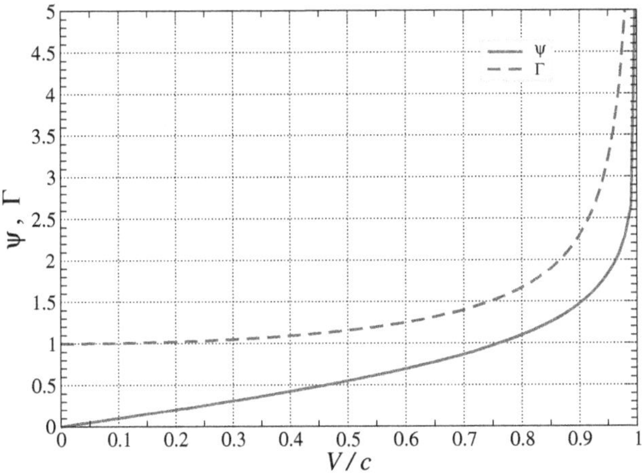

FIG. 6.7 – Rapidité ψ et facteur de Lorentz Γ en fonction du paramètre de vitesse V d'une transformation de Lorentz spéciale.

Introduisons de plus le « vecteur » complexe imaginaire $\vec{e}^{\,*}_0 := \mathrm{i}\,\vec{e}_0$. Cela revient à considérer des valeurs complexes pour la première composante de n'importe quel vecteur $\vec{v} \in E$, puisque l'on peut écrire $\vec{v} = v^\alpha \vec{e}_\alpha = v^0_* \,\vec{e}^{\,*}_0 + v^i\,\vec{e}_i$, avec

$$v^0 = \mathrm{i}v^0_*.$$

Un tel procédé est appelé ***rotation de Wick***, la multiplication par i étant équivalente à une rotation de $\pi/2$ dans le plan complexe. La rotation de Wick est très utilisée en théorie quantique des champs (*cf.* par exemple [267]). D'après (6.43), il vient

$$\begin{aligned}
\mathbf{\Lambda}(\vec{e}^{\,*}_0) &= \mathrm{i}\,\mathbf{\Lambda}(\vec{e}_0) = \mathrm{i}\ (\cosh\psi\,\vec{e}_0 + \sinh\psi\,\vec{e}_1) = \mathrm{i}\ (\cos\varphi^*\,\vec{e}_0 - \mathrm{i}\sin\varphi^*\,\vec{e}_1) \\
&= \cos\varphi^*\,\vec{e}^{\,*}_0 + \sin\varphi^*\,\vec{e}_1 \\
\mathbf{\Lambda}(\vec{e}_1) &= \sinh\psi\,\vec{e}_0 + \cosh\psi\,\vec{e}_1 = -\mathrm{i}\sin\varphi^*\,\vec{e}_0 + \cos\varphi^*\,\vec{e}_1 \\
&= -\sin\varphi^*\,\vec{e}^{\,*}_0 + \cos\varphi^*\,\vec{e}_1,
\end{aligned}$$

si bien que la matrice de $\mathbf{\Lambda}$ dans la « base » complexe $(\vec{e}^{\,*}_0, \vec{e}_1, \vec{e}_2, \vec{e}_3)$ est

$$\Lambda^{*\alpha}{}_\beta = \begin{pmatrix} \cos\varphi^* & -\sin\varphi^* & 0 & 0 \\ \sin\varphi^* & \cos\varphi^* & 0 & 0 \\ 0 & 0 & 1 & 0 \\ 0 & 0 & 0 & 1 \end{pmatrix}.$$

En comparant avec (6.39), on reconnaît la matrice d'une rotation d'angle φ^* dans le plan $\Pi = \mathrm{Vect}(\vec{e}^{\,*}_0, \vec{e}_1)$. Le fait qu'en introduisant des nombres complexes une transformation de Lorentz spéciale de plan Π apparaisse comme une rotation dans ce plan n'est pas surprenant si l'on exprime les composantes du tenseur métrique dans la « base » complexe $(\vec{e}^{\,*}_0, \vec{e}_1, \vec{e}_2, \vec{e}_3)$; puisque $\vec{e}^{\,*}_0 \cdot \vec{e}^{\,*}_0 = \mathrm{i}^2\,\vec{e}_0 \cdot \vec{e}_0 = (-1)(-1) = 1$, ces composantes se réduisent en effet à

$$g^*_{\alpha\beta} = \mathrm{diag}(1, 1, 1, 1).$$

Ainsi $\boldsymbol{g}$ apparaît comme une métrique « euclidienne » (*cf.* § 1.2.1). C'est toute la vertu de la rotation de Wick : transformer un problème minkowskien en un problème euclidien. Les transformations de Lorentz étant définies comme les transformations qui préservent $\boldsymbol{g}$, elles se réduisent donc aux isométries d'un espace euclidien quadridimensionnel. Les transformations de Lorentz restreintes se décomposent alors toutes en des rotations dans des plans vectoriels. Si le plan Π de la rotation est du genre espace, la rotation est une rotation spatiale standard, si Π est du genre temps, il s'agit d'une transformation de Lorentz spéciale et si Π est du genre lumière, il s'agit d'une rotation lumière (*cf.* § 6.3.5).

Enfin, mentionnons que l'on peut interpréter géométriquement la rapidité comme l'aire hachurée sur la Fig. 6.8. *Exercice :* le faire.

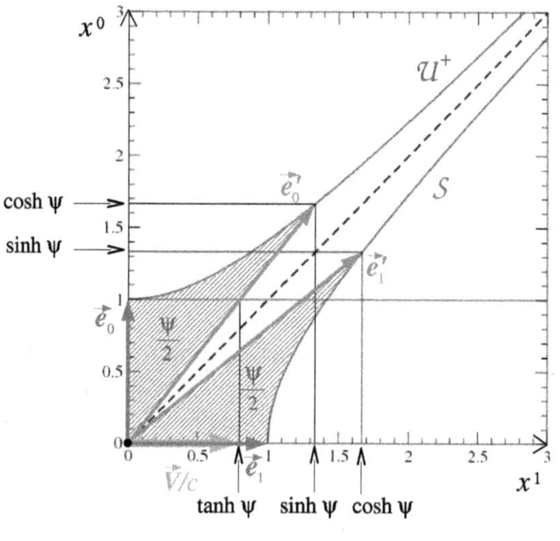

FIG. 6.8 – Interprétation graphique de la rapidité ψ d'une transformation de Lorentz spéciale $\boldsymbol{\Lambda}$. $(\vec{e}_0, \vec{e}_1)$ est une base orthonormale du plan de $\boldsymbol{\Lambda}$, $\vec{e}\,'_0 := \boldsymbol{\Lambda}(\vec{e}_0)$ et $\vec{e}\,'_1 := \boldsymbol{\Lambda}(\vec{e}_1)$. En désignant par (x^0, x^1) des coordonnées affines associées à $(\vec{e}_0, \vec{e}_1)$, la courbe $\mathscr{U}^+$ est une branche de l'hyperbole $(x^0)^2 - (x^1)^2 = 1$ et la courbe $\mathscr{S}$ une branche de l'hyperbole $(x^1)^2 - (x^0)^2 = 1$. Ce sont les mêmes que sur la Fig. 1.6. La rapidité ψ n'est autre que la valeur totale des aires hachurées. Pour la figure, $\psi = \ln 3 \simeq 1.0986$, ce qui correspond à $\Gamma = \cosh\psi = 5/3$, $\sinh\psi = 4/3$ et $V = 4c/5$.

Note historique : *La rapidité a été introduite en 1908 [289] par Hermann Minkowski* (cf. *p. 25), qui préférait manipuler* iψ *plutôt que* ψ (cf. *Éq. (6.83) et la discussion dans [427]). La rapidité a aussi été employée sous cette forme par Arnold Sommerfeld* (cf. *p. 26) en 1909 [385] pour réduire les transformations de Lorentz spéciales à de la trigonométrie ordinaire,* via *des angles imaginaires. Le terme « rapidité » a été proposé par Alfred A. Robb* (cf. *p. 77) en 1911 [359]. Notons cependant que, dès 1905 [333], Henri Poincaré* (cf. *p. 25)*

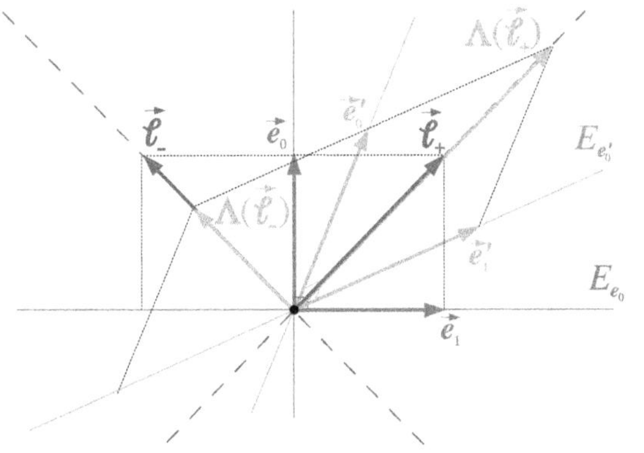

FIG. 6.9 – Vecteurs propres $\vec{\ell}_+$ et $\vec{\ell}_-$ d'une transformation de Lorentz spéciale $\mathbf{\Lambda}$, correspondant respectivement aux valeurs propres $\lambda_+ = \mathrm{e}^{\psi}$ et $\lambda_- = \mathrm{e}^{-\psi}$. Puisque $\vec{\ell}_+ = \vec{e}_0 + \vec{e}_1$ et $\vec{\ell}_- = \vec{e}_0 - \vec{e}_1$, on a $\mathbf{\Lambda}(\vec{\ell}_+) = \lambda_+ \vec{\ell}_+ = \vec{e}\,'_0 + \vec{e}\,'_1$ et $\mathbf{\Lambda}(\vec{\ell}_-) = \lambda_- \vec{\ell}_- = \vec{e}\,'_0 - \vec{e}\,'_1$, avec $\vec{e}\,'_0 := \mathbf{\Lambda}(\vec{e}_0)$ et $\vec{e}\,'_1 := \mathbf{\Lambda}(\vec{e}_1)$. Il est alors clair sur la figure que $\lambda_+ \geq 1$ et $\lambda_- \leq 1$.

*a montré que les transformations de Lorentz spéciales peuvent être considérées comme des rotations « complexes » dans l'espace-temps (*cf.* remarque p. 204). La rotation de Wick doit son nom au physicien théoricien italien Gian-Carlo Wick (1909–1992). Au vu de ce qui précède, il serait plus correct de l'appeler* rotation de Wick-Poincaré.

6.5.4 Valeurs propres

Nous avons vu au § 6.3 que toute transformation de Lorentz spéciale $\mathbf{\Lambda}$ est diagonalisable (*cf.* Éq. (6.42)) et que ses valeurs propres et vecteurs propres sont[15]

$$\boxed{\lambda_+ = \mathrm{e}^{\psi}} : \quad \vec{\ell}_+ = \vec{e}_0 + \vec{e}_1 \tag{6.84}$$

$$\boxed{\lambda_- = \mathrm{e}^{-\psi}} : \quad \vec{\ell}_- = \vec{e}_0 - \vec{e}_1 \tag{6.85}$$

$$\boxed{\lambda_0 = 1} : \quad \vec{e}_2 \text{ et } \vec{e}_3, \tag{6.86}$$

où ψ est la rapidité de $\mathbf{\Lambda}$ et $(\vec{e}_\alpha)$ une base orthonormale adaptée à $\mathbf{\Lambda}$. Les vecteurs propres $\vec{\ell}_+$ et $\vec{\ell}_-$ sont du genre lumière. Ils sont représentés sur la Fig. 6.9. *Via* la formule (6.80), on peut réexprimer les valeurs propres λ_+ et

15. C'est immédiat sur la matrice diagonale (6.42) ; on le retrouve également en faisant $\alpha = 0$ et $\varphi = 0$ dans (6.58)–(6.61), avec le changement de notation $\vec{\ell} \to \vec{\ell}_+$ et $\vec{k} \to \vec{\ell}_-$.

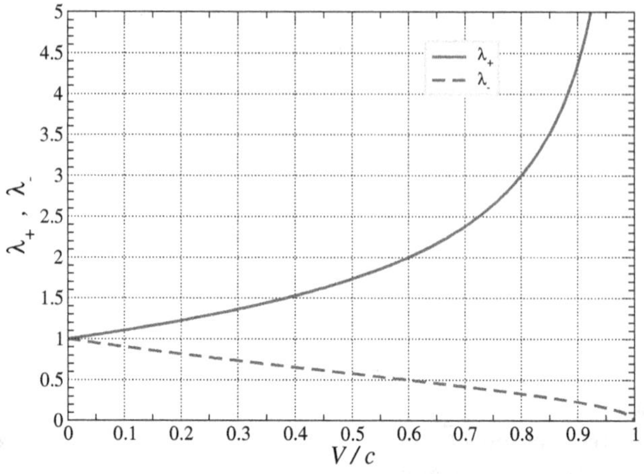

FIG. 6.10 – Valeurs propres différentes de 1 d'une transformation de Lorentz spéciale en fonction du paramètre de vitesse V.

λ_- en fonction du paramètre de vitesse V de $\mathbf{\Lambda}$:

$$\boxed{\lambda_+ = \sqrt{\frac{1+V/c}{1-V/c}}} \quad \text{et} \quad \boxed{\lambda_- = \sqrt{\frac{1-V/c}{1+V/c}}}. \qquad (6.87)$$

La variation de λ_+ et λ_- en fonction de V est représentée sur la Fig. 6.10.

Remarque : On peut retrouver le fait qu'une transformation de Lorentz spéciale possède deux vecteurs propres du genre lumière sans faire appel aux résultats du § 6.3. Il suffit de remarquer que $\mathbf{\Lambda}$ laisse invariant à la fois son plan Π et le cône isotrope $\mathcal{I}$ de $\boldsymbol{g}$ (*cf.* Éq. (6.8)). L'image d'un vecteur de $\mathcal{I} \cap \Pi$, tel $\vec{\boldsymbol{\ell}}_+$ ou $\vec{\boldsymbol{\ell}}_-$, est donc à la fois dans $\mathcal{I}$ et dans Π, donc dans $\mathcal{I} \cap \Pi$. Ce dernier ensemble étant constitué de seulement deux droites vectorielles (dessinées en tirets sur la Fig. 6.9), on en déduit que $\mathbf{\Lambda}(\vec{\boldsymbol{\ell}}_+)$ doit être colinéaire soit à lui-même, soit à $\vec{\boldsymbol{\ell}}_-$. Mais ce dernier cas est exclu par un argument de continuité (passage à la limite $V \to 0$ où $\mathbf{\Lambda}$ se réduit à l'identité).

6.6 Composition des transformations spéciales et rotation de Thomas

Soient $\mathbf{\Lambda}_1$ et $\mathbf{\Lambda}_2$ deux transformations de Lorentz spéciales, de plans respectifs Π_1 et Π_2 et de facteurs de Lorentz Γ_1 et Γ_2. Proposons-nous de déterminer l'application composée

$$\mathbf{\Lambda} := \mathbf{\Lambda}_2 \circ \mathbf{\Lambda}_1. \qquad (6.88)$$

Nous savons déjà qu'il s'agit d'une transformation de Lorentz restreinte, puisque $SO_o(3,1)$ est un groupe. Mais s'agit-il d'une transformation de Lorentz spéciale ou d'une transformation plus générale, à savoir la composée d'une transformation spéciale par une rotation ainsi que montré au § 6.4 ? Nous allons examiner en premier le cas le plus simple, celui où les plans Π_1 et Π_2 coïncident (§ 6.6.1), avant de passer au cas général (§ 6.6.2), qui nous conduira à la rotation de Thomas.

6.6.1 Transformations de même plan

On suppose donc ici que $\Pi_1 = \Pi_2$. De par la définition même d'une transformation de Lorentz spéciale donnée au § 6.3.4, il est clair que dans ce cas $\mathbf{\Lambda} = \mathbf{\Lambda}_2 \circ \mathbf{\Lambda}_1$ est une transformation de Lorentz spéciale de plan

$$\Pi := \Pi_1 = \Pi_2. \tag{6.89}$$

En effet, Π est un plan vectoriel du genre temps et $\mathbf{\Lambda}_2 \circ \mathbf{\Lambda}_1$ laisse invariants tous les vecteurs de $\Pi^\perp$ puisque $\mathbf{\Lambda}_1$ et $\mathbf{\Lambda}_2$ le font individuellement.

Puisque $\Pi_1 = \Pi_2$, toute base adaptée à $\mathbf{\Lambda}_1$ l'est également à $\mathbf{\Lambda}_2$ (*cf.* la condition (6.67)). Soit alors $(\vec{e}_\alpha)$ une telle base. Les matrices de $\mathbf{\Lambda}_1$ et $\mathbf{\Lambda}_2$ dans cette base sont données par la formule (6.50) où l'on remplace (Γ, V) par respectivement (Γ_1, V_1) et (Γ_2, V_2), avec

$$\Gamma_1 := \left(1 - V_1^2/c^2\right)^{-1/2} \quad \text{et} \quad \Gamma_2 := \left(1 - V_2^2/c^2\right)^{-1/2}.$$

La matrice de $\mathbf{\Lambda} := \mathbf{\Lambda}_2 \circ \mathbf{\Lambda}_1$ dans la base $(\vec{e}_\alpha)$ est donnée par le produit des matrices de $\mathbf{\Lambda}_2$ et $\mathbf{\Lambda}_1$:

$$\Lambda^\alpha{}_\beta = \begin{pmatrix} \Gamma_1\Gamma_2(1 + V_1V_2/c^2) & \Gamma_1\Gamma_2(V_1 + V_2)/c & 0 & 0 \\ \Gamma_1\Gamma_2(V_1 + V_2)/c & \Gamma_1\Gamma_2(1 + V_1V_2/c^2) & 0 & 0 \\ 0 & 0 & 1 & 0 \\ 0 & 0 & 0 & 1 \end{pmatrix}. \tag{6.90}$$

En comparant avec (6.50), on en conclut que $\mathbf{\Lambda}_2 \circ \mathbf{\Lambda}_1$ est une transformation de Lorentz spéciale de plan Π, de facteur de Lorentz Γ et de vitesse V donnés par

$$\boxed{\Gamma = \Gamma_1\Gamma_2\left(1 + \frac{V_1V_2}{c^2}\right)} \quad \text{et} \quad \boxed{V = \frac{V_1 + V_2}{1 + V_1V_2/c^2}}. \tag{6.91}$$

On reconnaît dans (6.91) la loi de composition des vitesses établie au Chap. 5 dans le cas des vitesses colinéaires (formule (5.48)). On a en effet l'interprétation cinématique suivante (*cf.* Fig. 6.11) : soit $\mathcal{O}'$ un observateur de 4-vitesse $\vec{u}\,' = \vec{e}_0$, $\mathcal{O}$ un observateur de 4-vitesse $\vec{u} = \mathbf{\Lambda}_1(\vec{e}_0)$ et $\mathscr{P}$ un point matériel de 4-vitesse $\vec{v} = \mathbf{\Lambda}_2 \circ \mathbf{\Lambda}_1(\vec{e}_0)$. La transformation composée $\mathbf{\Lambda}_2 \circ \mathbf{\Lambda}_1$ est alors la transformation de Lorentz qui fait passer de $\mathcal{O}'$ à $\mathscr{P}$, de sorte que la vitesse obtenue en (6.91) est la vitesse notée V' au § 5.2.3. Plus généralement,

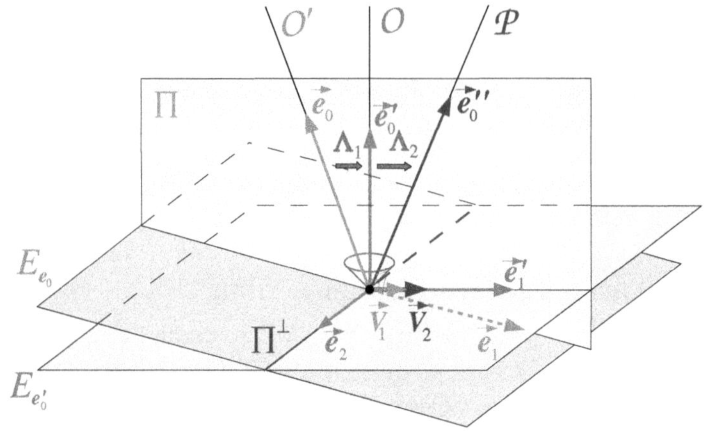

FIG. 6.11 – Composition de deux transformations de Lorentz spéciales, $\mathbf{\Lambda}_1$ et $\mathbf{\Lambda}_2$, de même plan Π. Les observateurs $\mathscr{O}'$ et $\mathscr{O}$, de 4-vitesses respectives $\vec{u}\,' = \vec{e}_0$ et $\vec{u} = \vec{e}\,'_0 := \mathbf{\Lambda}_1(\vec{e}_0)$, ainsi que le point matériel $\mathscr{P}$, de 4-vitesse $\vec{v} = \vec{e}\,''_0 := \mathbf{\Lambda_2}\circ\mathbf{\Lambda_1}(\vec{e}_0)$, sont les mêmes que ceux considérés au Chap. 5.

TAB. 6.1 – Interprétation cinématique de la composition de deux transformations de Lorentz spéciales. Cette table établit la correspondance entre les notations du § 5.2 (membres de gauche des égalités) et celles du présent chapitre (membres de droite des égalités). $(\vec{e}_\alpha)$ est une base orthonormale adaptée à $\mathbf{\Lambda}_1$ et dont le premier vecteur coïncide avec la 4-vitesse de l'observateur $\mathscr{O}'$. On a noté $\boldsymbol{e}'_1 := \mathbf{\Lambda}_1(\vec{e}_1)$. $\vec{\varepsilon}$ est le vecteur unitaire de $\Pi_2 \cap E_{\boldsymbol{u}}$ qui coïncide avec $\vec{e}\,'_1$ dans le cas de transformations coplanaires.

Observateur	$\mathscr{O}'$	$\longrightarrow$	$\mathscr{O}$	$\longrightarrow$	$\mathscr{P}$
4-vitesse	$\vec{u}' = \vec{e}_0$		$\vec{u} = \mathbf{\Lambda}_1(\vec{e}_0)$		$\vec{v} = \mathbf{\Lambda}_2 \circ \mathbf{\Lambda}_1(\vec{e}_0)$
Trans. de Lorentz		$\mathbf{\Lambda}_1$		$\mathbf{\Lambda}_2$	
Fact. de Lorentz		$\Gamma_0 = \Gamma_1$		$\Gamma = \Gamma_2$	
Vitesse/$\mathscr{O}'$		$\vec{U}' = V_1\vec{e}_1$			
Vitesse/$\mathscr{O}$		$-\vec{U} = \vec{V}_1$		$\vec{V} = \vec{V}_2$	
		$= V_1\vec{e}\,'_1$		$= V_2\vec{\varepsilon}$	
			$\mathbf{\Lambda}_2 \circ \mathbf{\Lambda}_1$		
			$\Gamma' = \Gamma$		
			$\vec{V}' = \vec{V}$		

la correspondance avec les notations utilisées au Chap. 5 est donnée dans la Table 6.1. Nous sommes bien dans le cas traité au § 5.2.3, à savoir celui où les 4-vitesses $\vec{u}$, $\vec{u}\,'$ et $\vec{v}$ sont coplanaires (elles sont toutes dans le plan $\Pi = \Pi_1 = \Pi_2$, *cf.* Fig. 6.11). Les vitesses $\vec{U} = -V_1\,\vec{e}\,'_1$ ($\vec{e}\,'_1 := \mathbf{\Lambda}_1(\vec{e}_1)$) et $\vec{V} = V_2\,\vec{e}\,'_1$ de respectivement $\mathscr{O}'$ et $\mathscr{P}$ par rapport à $\mathscr{O}$ sont alors colinéaires et la formule à appliquer est (5.48). En tenant compte des changements de notation indiqués dans la Table 6.1, c'est exactement l'Éq. (6.91) obtenue ici. De même, on vérifie que la formule (6.91) donnant le facteur de Lorentz de $\mathbf{\Lambda}_2 \circ \mathbf{\Lambda}_1$ est exactement la formule (5.49) obtenue au Chap. 5.

La symétrie des formules (6.91) en $(\Gamma_1, V_1) \leftrightarrow (\Gamma_2, V_2)$ montre que la composition des transformations de Lorentz spéciales de même plan est commutative :

$$\mathbf{\Lambda}_2 \circ \mathbf{\Lambda}_1 = \mathbf{\Lambda}_1 \circ \mathbf{\Lambda}_2. \tag{6.92}$$

Exprimons à présent $\mathbf{\Lambda}_2 \circ \mathbf{\Lambda}_1$ en terme des rapidités ψ_1 et ψ_2 de $\mathbf{\Lambda}_1$ et $\mathbf{\Lambda}_2$. Au vu des relations (6.49) et (6.48), la rapidité ψ de $\mathbf{\Lambda}_2 \circ \mathbf{\Lambda}_1$ se déduit du résultat (6.91) :

$$\cosh\psi = \cosh\psi_1 \cosh\psi_2 + \sinh\psi_1 \sinh\psi_2.$$

On reconnaît dans le membre de droite la formule qui donne le cosinus hyperbolique d'une somme. On conclut donc :

$$\boxed{\psi = \psi_1 + \psi_2}. \tag{6.93}$$

Ainsi, la composition des transformations de Lorentz spéciales de même plan s'exprime on ne peut plus simplement en terme de rapidité : la rapidité du résultat n'est autre que la somme des rapidités de chacune des composantes.

Remarque : Si l'on considère les transformations de Lorentz spéciales comme des « rotations » d'angle imaginaire $\varphi^* = \mathrm{i}\psi$ (*cf.* la Remarque p. 204), le résultat (6.93) exprime simplement le fait que la composée de deux rotations de même plan est une rotation dont l'angle est la somme des angles de chacune des deux rotations. Par ailleurs, nous verrons au Chap. 7 une interprétation profonde de ce résultat, à savoir qu'il devait nécessairement exister un paramétrage des transformations de Lorentz spéciales de même plan tel que la composition se réduise à l'addition des paramètres (Remarque 2 du § 7.1.3).

6.6.2 Rotation de Thomas

Examinons à présent le cas où les plans Π_1 et Π_2 des transformations spéciales $\mathbf{\Lambda}_1$ et $\mathbf{\Lambda}_2$ sont différents. Nous ne traiterons que le cas qui correspond physiquement à un changement d'observateur, c'est-à-dire que nous supposerons que l'intersection de Π_1 et Π_2 est du genre temps. Dans ce cas, on peut introduire la 4-vitesse $\vec{\boldsymbol{u}} = \vec{\boldsymbol{e}}'_0$ de l'observateur « intermédiaire » $\mathscr{O}$ (*cf.* Fig. 6.12) :

$$\Pi_1 \cap \Pi_2 = \mathrm{Vect}(\vec{\boldsymbol{e}}'_0), \quad \vec{\boldsymbol{e}}'_0 \cdot \vec{\boldsymbol{e}}'_0 = -1.$$

La 4-vitesse du premier observateur[16], $\mathscr{O}'$, est alors

$$\vec{e}_0 := \mathbf{\Lambda}_1^{-1}(\vec{\boldsymbol{e}}'_0) \in \Pi_1 \tag{6.94}$$

16. Comme au § 6.6.1, nous utilisons les notations de la Table 6.1 pour faire le lien avec le Chap. 4.

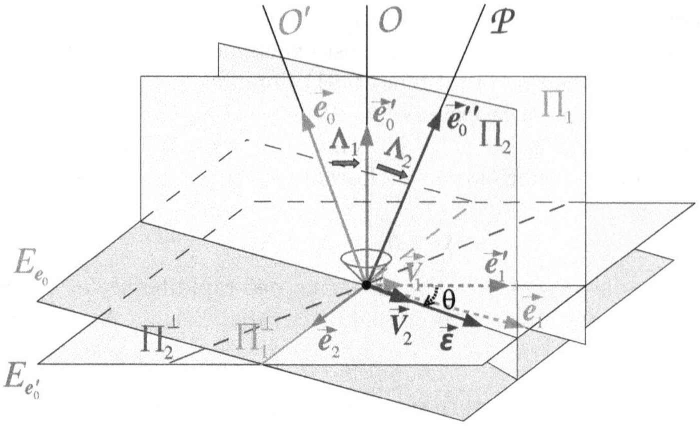

FIG. 6.12 – Composition de deux transformations de Lorentz spéciales, $\mathbf{\Lambda}_1$ et $\mathbf{\Lambda}_2$, de plans Π_1 et Π_2 différents. La base orthonormale $(\vec{e}_\alpha)$ est adaptée à $\mathbf{\Lambda}_1$ et telle que $\vec{e}_3 \in \Pi_1^\perp \cap \Pi_2^\perp$. La figure est alors une vue en perspective de l'espace tridimensionnel orthogonal à $\vec{e}_3$. On a noté $\vec{e}\,'_0 := \mathbf{\Lambda}_1(\vec{e}_0)$, $\boldsymbol{e'}_1 := \mathbf{\Lambda}_1(\vec{e}_1)$ et $\vec{e}\,''_0 := \mathbf{\Lambda}_2 \circ \mathbf{\Lambda}_1(\vec{e}_0)$. Le vecteur unitaire $\vec{\varepsilon} \in \Pi_2 \cap E_{\boldsymbol{e'}_0}$ est tel que $\vec{\varepsilon} = \cos\theta\, \vec{e}\,'_1 + \sin\theta\, \vec{e}_2$.

et celle du point matériel $\mathscr{P}$ est

$$\vec{e}\,''_0 := \mathbf{\Lambda}_2(\vec{e}\,'_0) = \mathbf{\Lambda}_2 \circ \mathbf{\Lambda}_1(\vec{e}_0) \in \Pi_2. \tag{6.95}$$

Deux vecteurs qui apparaissent naturellement dans le problème sont les vecteurs unitaires suivants (*cf.* Fig. 6.12) :

$$\vec{e}_1 \in \Pi_1 \cap E_{\boldsymbol{e}_0}, \qquad \vec{e}_1 \cdot \vec{e}_1 = 1 \tag{6.96}$$

$$\vec{\varepsilon} \in \Pi_2 \cap E_{\boldsymbol{e'}_0}, \qquad \vec{\varepsilon} \cdot \vec{\varepsilon} = 1. \tag{6.97}$$

Les conditions (6.96) et (6.97) définissent $\vec{e}_1$ et $\vec{\varepsilon}$ au signe près ; nous choisirons ce signe de manière à assurer que $\vec{e}_1$ soit dans la même direction que la projection orthogonale de $\vec{e}\,'_0$ sur l'hyperplan $E_{\boldsymbol{e}_0}$ et $\vec{\varepsilon}$ dans la même direction que la projection orthogonale de $\vec{e}\,''_0$ sur l'hyperplan $E_{\boldsymbol{e'}_0}$. Posons

$$\vec{e}\,'_1 := \mathbf{\Lambda}_1(\vec{e}_1) \in \Pi_1 \cap E_{\boldsymbol{e'}_0}. \tag{6.98}$$

$\vec{e}\,'_1$ et $\vec{\varepsilon}$ sont deux vecteurs de $E_{\boldsymbol{e'}_0}$ reliés aux vitesses $\vec{\boldsymbol{V}}_1$ et $\vec{\boldsymbol{V}}_2$ des transformations $\mathbf{\Lambda}_1$ et $\mathbf{\Lambda}_2$ par rapport à $\vec{e}\,'_0$ *via*

$$\vec{\boldsymbol{V}}_1 = V_1\, \vec{e}\,'_1 \qquad \text{et} \qquad \vec{\boldsymbol{V}}_2 = V_2\, \vec{\varepsilon}. \tag{6.99}$$

Remarquons que $\vec{\boldsymbol{V}}_1$ et $\vec{\boldsymbol{V}}_2$ s'interprètent comme des vitesses physiques : $-\vec{\boldsymbol{V}}_1$ est la vitesse de $\mathscr{O}'$ relative à $\mathscr{O}$ et $\vec{\boldsymbol{V}}_2$ est la vitesse de $\mathscr{P}$ relative à $\mathscr{O}$ (*cf.* Fig. 6.12 et Table 6.1).

Le paramètre fondamental du problème est l'angle θ entre les vecteurs vitesses $\vec{\boldsymbol{V}}_1$ et $\vec{\boldsymbol{V}}_2$, autrement dit l'angle θ défini par

$$\cos\theta := \vec{e}\,'_1 \cdot \vec{\varepsilon}, \quad \theta \in [0, \pi]. \tag{6.100}$$

Si $\theta = 0$ ou $\theta = \pi$, les plans Π_1 et Π_2 coïncident et on se retrouve dans le cas traité au § 6.6.1.

Considérons à présent les deux plans vectoriels $\Pi_1^\perp$ et $\Pi_2^\perp$. Ils sont tous deux entièrement contenus dans l'hyperplan du genre espace $E_{e'_0}$ (*cf.* Fig. 6.12). Si Π_1 et Π_2 ne coïncident pas, les plans $\Pi_1^\perp$ et $\Pi_2^\perp$ ne coïncident pas non plus et leur intersection est nécessairement une droite vectorielle[17] de $E_{e'_0}$. Introduisons donc le vecteur unitaire $\vec{e}_3 \in E_{e'_0}$ tel que

$$\Pi_1^\perp \cap \Pi_2^\perp = \mathrm{Vect}(\vec{e}_3), \qquad \vec{e}_3 \cdot \vec{e}_3 = 1. \tag{6.101}$$

Cette identité définit $\vec{e}_3$ au signe près. L'importance du vecteur $\vec{e}_3$ vient de ce qu'il correspond à une direction invariante par l'application composée $\mathbf{\Lambda}_2 \circ \mathbf{\Lambda}_1$. En effet, puisque $\vec{e}_3 \in \Pi_1^\perp$, $\mathbf{\Lambda}_1(\vec{e}_3) = \vec{e}_3$ et puisque $\vec{e}_3 \in \Pi_2^\perp$, $\mathbf{\Lambda}_2(\vec{e}_3) = \vec{e}_3$.

Comme $\vec{e}\,'_1 \in \Pi_1$ (*cf.* (6.98)), $\vec{e}\,'_1$ et $\vec{e}_3$ sont deux vecteurs unitaires orthogonaux de $E_{e'_0}$. Soit alors $\vec{e}_2$ l'unique vecteur de $E_{e'_0}$ tel que $(\vec{e}\,'_1, \vec{e}_2, \vec{e}_3)$ soit une base orthonormale directe de $E_{e'_0}$. On a ainsi

$$\Pi_1^\perp = \mathrm{Vect}(\vec{e}_2, \vec{e}_3).$$

Puisque par ailleurs $\Pi_1 = \mathrm{Vect}(\vec{e}_0, \vec{e}_1)$, le quadruplet $(\vec{e}_\alpha) = (\vec{e}_0, \vec{e}_1, \vec{e}_2, \vec{e}_3)$ constitue une base orthonormale de $E = \Pi_1 \oplus \Pi_1^\perp$. De plus, elle est adaptée à $\mathbf{\Lambda}_1$. Nous allons calculer la matrice de $\mathbf{\Lambda}_2 \circ \mathbf{\Lambda}_1$ dans cette base.

Commençons donc par évaluer l'action de $\mathbf{\Lambda}_1$ sur la base $(\vec{e}_\alpha)$. Étant une base adaptée, il suffit d'utiliser la matrice (6.43) pour obtenir

$$\begin{aligned}
\mathbf{\Lambda}_1(\vec{e}_0) &= \vec{e}\,'_0 = c_1\, \vec{e}_0 + s_1\, \vec{e}_1 \\
\mathbf{\Lambda}_1(\vec{e}_1) &= \vec{e}\,'_1 = s_1\, \vec{e}_0 + c_1\, \vec{e}_1 \\
\mathbf{\Lambda}_1(\vec{e}_2) &= \vec{e}_2, \qquad \mathbf{\Lambda}_1(\vec{e}_3) = \vec{e}_3,
\end{aligned}$$

où nous avons introduit les abréviations suivantes

$$c_1 := \cosh\psi_1 = \Gamma_1 \quad \text{et} \quad s_1 := \sinh\psi_1 = \Gamma_1 V_1/c. \tag{6.102}$$

Pour évaluer l'action de $\mathbf{\Lambda}_2$, remarquons tout d'abord que la base image de $(\vec{e}_\alpha)$ par $\mathbf{\Lambda}_1$, à savoir $(\vec{e}\,'_0, \vec{e}\,'_1, \vec{e}_2, \vec{e}_3)$, est une base semi-adaptée à $\mathbf{\Lambda}_2$, puisque $\vec{e}\,'_0 \in \Pi_2$ (*cf.* § 6.5.2). Dans l'hyperplan normal à $\vec{e}\,'_0$, $E_{e'_0}$, la direction de $\mathbf{\Lambda}_2$ est définie par le vecteur $\vec{\varepsilon}$. Décomposons ce dernier sur la base $(\vec{e}\,'_1, \vec{e}_2, \vec{e}_3)$ de $E_{e'_0}$. Puisque $\vec{\varepsilon} \in \Pi_2$ et $\vec{e}_3 \in \Pi_2^\perp$, la composante de $\vec{\varepsilon}$ suivant $\vec{e}_3$ est nécessairement nulle et l'on peut écrire, compte tenu de (6.100), $\vec{\varepsilon} = \cos\theta\, \vec{e}\,'_1 \pm \sin\theta\, \vec{e}_2$.

17. Cette droite est réduite à un point sur la Fig. 6.12.

Mais on peut toujours choisir $\vec{e}_2$ de manière à avoir le signe + devant $\sin\theta$, c'est-à-dire à assurer que la composante de $\vec{\varepsilon}$ sur $\vec{e}_2$ soit positive (puisqu'on a toujours $\sin\theta \geq 0$, étant donné que $\theta \in [0, \pi]$). En effet on a vu plus haut que l'on avait la liberté du choix du signe de $\vec{e}_3$. On peut en profiter pour choisir $(\vec{e}_2, \vec{e}_3)$ de manière à satisfaire les deux conditions : (i) $(\vec{e}\,'_1, \vec{e}_2, \vec{e}_3)$ est une base orthonormale directe de $(E_{e'_0}, \boldsymbol{g})$ et (ii) $\vec{e}_2 \cdot \vec{\varepsilon} \geq 0$. On a donc

$$\vec{\varepsilon} = \cos\theta\, \vec{e}\,'_1 + \sin\theta\, \vec{e}_2. \tag{6.103}$$

Les composantes de la vitesse $\vec{\boldsymbol{V}}_2 = V_2\,\vec{\varepsilon}$ (Éq. (6.99)) de $\boldsymbol{\Lambda}_2$ par rapport à $\vec{e}\,'_0$ s'en déduisent immédiatement : $V_2^i = (V_2\cos\theta, V_2\sin\theta, 0)$. On peut alors utiliser l'expression (6.77) d'une transformation de Lorentz spéciale dans une base semi-adaptée pour obtenir

$$\boldsymbol{\Lambda}_2(\vec{e}\,'_0) = c_2\,\vec{e}\,'_0 + s_2\cos\theta\,\vec{e}\,'_1 + s_2\sin\theta\,\vec{e}_2 \tag{6.104}$$

$$\boldsymbol{\Lambda}_2(\vec{e}\,'_1) = s_2\cos\theta\,\vec{e}\,'_0 + \left[1 + (c_2 - 1)\cos^2\theta\right]\,\vec{e}\,'_1 + (c_2 - 1)\sin\theta\cos\theta\,\vec{e}_2 \tag{6.105}$$

$$\boldsymbol{\Lambda}_2(\vec{e}_2) = s_2\sin\theta\,\vec{e}\,'_0 + (c_2 - 1)\sin\theta\cos\theta\,\vec{e}\,'_1 + \left[1 + (c_2 - 1)\sin^2\theta\right]\,\vec{e}_2 \tag{6.106}$$

$$\boldsymbol{\Lambda}_2(\vec{e}_3) = \vec{e}_3, \tag{6.107}$$

avec les abréviations analogues à (6.102) :

$$c_2 := \cosh\psi_2 = \Gamma_2 \quad \text{et} \quad s_2 := \sinh\psi_2 = \Gamma_2 V_2/c. \tag{6.108}$$

En substituant dans le système (6.104)–(6.107) les valeurs de $\vec{e}\,'_0$ et $\vec{e}\,'_1$ données par (6.102) et (6.102), il vient

$$\begin{aligned}
\boldsymbol{\Lambda}_2 \circ \boldsymbol{\Lambda}_1(\vec{e}_0) &= (c_1c_2 + s_1s_2\cos\theta)\,\vec{e}_0 + (s_1c_2 + c_1s_2\cos\theta)\,\vec{e}_1 \\
&\quad + s_2\sin\theta\,\vec{e}_2 && (6.109)\\
\boldsymbol{\Lambda}_2 \circ \boldsymbol{\Lambda}_1(\vec{e}_1) &= \left[s_1 + c_1s_2\cos\theta + s_1(c_2 - 1)\cos^2\theta\right]\vec{e}_0 \\
&\quad + \left[c_1 + s_1s_2\cos\theta + c_1(c_2 - 1)\cos^2\theta\right]\vec{e}_1 \\
&\quad + (c_2 - 1)\sin\theta\cos\theta\,\vec{e}_2 && (6.110)\\
\boldsymbol{\Lambda}_2 \circ \boldsymbol{\Lambda}_1(\vec{e}_2) &= \sin\theta\left[c_1s_2 + s_1(c_2 - 1)\cos\theta\right]\vec{e}_0 \\
&\quad + \sin\theta\left[s_1s_2 + c_1(c_2 - 1)\cos\theta\right]\vec{e}_1 \\
&\quad + \left[1 + (c_2 - 1)\sin^2\theta\right]\vec{e}_2 && (6.111)\\
\boldsymbol{\Lambda}_2 \circ \boldsymbol{\Lambda}_1(\vec{e}_3) &= \vec{e}_3. && (6.112)
\end{aligned}$$

Comme annoncé précédemment, le vecteur $\vec{e}_3$ est bien invariant par $\boldsymbol{\Lambda}_2 \circ \boldsymbol{\Lambda}_1$. La matrice $\Lambda^\alpha{}_\beta$ de $\boldsymbol{\Lambda} = \boldsymbol{\Lambda}_2 \circ \boldsymbol{\Lambda}_1$ dans la base $(\vec{e}_\alpha)$ s'obtient en rangeant les quatre vecteurs (6.109)–(6.112) dans quatre colonnes. Remarquons tout d'abord que si $\theta = 0$, cette matrice se réduit à la matrice (6.90), comme il se doit (cas de deux transformations coplanaires). Si $\theta \neq 0$ et $\theta \neq \pi$, on constate que la matrice $\Lambda^{\alpha}{}_{\beta}$ n'est pas symétrique. Il ne peut donc pas s'agir de la matrice d'une transformation de Lorentz spéciale dans une base semi-adaptée, puisque ces dernières sont toujours symétriques (*cf.* § 6.5.2). D'après la décomposition polaire établie au § 6.4, on peut mettre $\boldsymbol{\Lambda}$ sous la forme du produit d'une rotation spatiale $\boldsymbol{R}$ par une transformation de Lorentz spéciale $\boldsymbol{S}$ (Éq. (6.62)) :

$$\boxed{\boldsymbol{\Lambda} = \boldsymbol{\Lambda}_2 \circ \boldsymbol{\Lambda}_1 = \boldsymbol{S} \circ \boldsymbol{R}}. \tag{6.113}$$

De plus, nous avons vu que l'on peut choisir $\boldsymbol{R}$ de manière à ce que son plan soit contenu dans E_{e_0} et $\boldsymbol{S}$ telle que son plan contienne $\vec{e}_0$. Le couple $(\boldsymbol{S}, \boldsymbol{R})$ est alors unique. Attachons-nous donc à déterminer $\boldsymbol{S}$ et $\boldsymbol{R}$.

Puisque le plan de la rotation spatiale $\boldsymbol{R}$ est orthogonal à $\vec{e}_0$, on a nécessairement $\boldsymbol{R}(\vec{e}_0) = \vec{e}_0$, si bien que l'image de $\vec{e}_0$ par $\boldsymbol{S}$ n'est pas autre chose que $\boldsymbol{\Lambda}_2 \circ \boldsymbol{\Lambda}_1(\vec{e}_0)$. Cette image est donnée directement par (6.109) :

$$\vec{e}_0^{\,\prime\prime} = \boldsymbol{S}(\vec{e}_0) = (c_1c_2+s_1s_2\cos\theta)\,\vec{e}_0+(s_1c_2+c_1s_2\cos\theta)\,\vec{e}_1+s_2\sin\theta\,\vec{e}_2. \tag{6.114}$$

Le plan Π de la transformation de Lorentz spéciale $\boldsymbol{S}$ est entièrement déterminé par $\vec{e}_0$ et $\vec{e}_0^{\,\prime\prime}$:

$$\Pi = \mathrm{Vect}(\vec{e}_0, \vec{e}_0^{\,\prime\prime}).$$

Le facteur de Lorentz de $\boldsymbol{S}$ est $\Gamma = -\vec{e}_0 \cdot \vec{e}_0^{\,\prime\prime}$ (*cf.* Éq. (6.69)). En utilisant (6.114), il vient

$$\Gamma = c_1c_2 + s_1s_2\cos\theta, \tag{6.115}$$

soit, au vu de (6.102) et (6.108),

$$\boxed{\Gamma = \Gamma_1\Gamma_2\left(1 + \frac{V_1V_2}{c^2}\cos\theta\right)}. \tag{6.116}$$

À titre de vérification, si $\theta = 0$, on retrouve (6.91). La vitesse $\vec{\boldsymbol{V}}$ de $\boldsymbol{S}$ par rapport à $\vec{e}_0$ est donnée par la formule (6.71) : $\Gamma/c\,\vec{\boldsymbol{V}}$ n'est pas autre chose que la projection orthogonale de $\boldsymbol{S}(\vec{e}_0)$ sur E_{e_0}. On lit donc sur (6.114) que

$$\frac{\Gamma}{c}\vec{\boldsymbol{V}} = (s_1c_2 + c_1s_2\cos\theta)\,\vec{e}_1 + s_2\sin\theta\,\vec{e}_2. \tag{6.117}$$

En remplaçant Γ par (6.116), il vient

$$\boxed{\vec{\boldsymbol{V}} = \frac{1}{1+\frac{V_1V_2\cos\theta}{c^2}}\left[(V_1 + V_2\cos\theta)\,\vec{e}_1 + \frac{V_2}{\Gamma_1}\sin\theta\,\vec{e}_2\right]}. \tag{6.118}$$

Si $\theta = 0$, on obtient $\vec{\boldsymbol{V}} = V\vec{e}_1$ avec $V = (V_1+V_2)/(1+V_1V_2/c^2)$; on retrouve donc bien (6.91). Par ailleurs, en se rappelant que $\boldsymbol{S}$ décrit le passage de l'observateur $\mathcal{O}'$ au point matériel $\mathscr{P}$ (*cf.* Table 6.1), $\vec{\boldsymbol{V}}$ n'est pas autre chose que la vitesse de $\mathscr{P}$ relative à $\mathcal{O}'$, notée $\vec{\boldsymbol{V}}'$ au Chap. 5. De même $-\vec{\boldsymbol{V}}_1$ est la vitesse de $\mathcal{O}'$ relative à $\mathcal{O}$, notée $\vec{\boldsymbol{U}}$ au Chap. 5 et $\vec{\boldsymbol{V}}_2$ est la vitesse de $\mathscr{P}$ relative à $\mathcal{O}$, notée $\vec{\boldsymbol{V}}$ au Chap. 5. De plus, $-\vec{\boldsymbol{e}}_1$ est le vecteur noté $\vec{\boldsymbol{e}}\,'$ au § 5.2.2 et $-\vec{\boldsymbol{e}}\,'_1$ est le vecteur noté $\vec{\boldsymbol{e}}$, de sorte que $U' = V_1$ et la décomposition (5.31) s'écrit $\vec{\boldsymbol{V}}_2 = -V_{\parallel}\,\vec{\boldsymbol{e}}\,'_1 + \vec{\boldsymbol{V}}_{\perp}$ avec, d'après (6.99) et (6.103), $V_{\parallel} = -V_2\cos\theta$ et $\vec{\boldsymbol{V}}_{\perp} = -V_2 \sin\theta\,\vec{\boldsymbol{e}}_2$. La décomposition (5.33) s'écrit quant à elle $\vec{\boldsymbol{V}}' = -V'_{\parallel}\,\vec{\boldsymbol{e}}_1 + \vec{\boldsymbol{V}}'_{\perp}$. La relation (6.118) est alors en parfait accord avec les formules (5.41)–(5.42). Bien évidemment (6.116) est en accord avec (5.43).

Au vu de (6.78) et (6.117), nous sommes en mesure d'écrire la matrice de la transformation de Lorentz spéciale $\boldsymbol{S}$ dans la base $(\vec{\boldsymbol{e}}_\alpha)$:

$$S^{\alpha}{}_{\beta} = \begin{pmatrix} c_1c_2 + s_1s_2\cos\theta & s_1c_2 + c_1s_2\cos\theta & s_2\sin\theta & 0 \\ s_1c_2 + c_1s_2\cos\theta & 1 + \frac{(s_1c_2+c_1s_2\cos\theta)^2}{1+\Gamma} & \frac{s_2\sin\theta(s_1c_2+c_1s_2\cos\theta)}{1+\Gamma} & 0 \\ s_2\sin\theta & \frac{s_2\sin\theta(s_1c_2+c_1s_2\cos\theta)}{1+\Gamma} & 1 + \frac{s_2^2\sin^2\theta}{1+\Gamma} & 0 \\ 0 & 0 & 0 & 1 \end{pmatrix}. \tag{6.119}$$

Passons à présent à la détermination de la rotation spatiale $\boldsymbol{R}$, deuxième élément de la décomposition (6.113) de $\boldsymbol{\Lambda}_2 \circ \boldsymbol{\Lambda}_1$. Puisque $\boldsymbol{\Lambda}_2 \circ \boldsymbol{\Lambda}_1(\vec{\boldsymbol{e}}_3) = \vec{\boldsymbol{e}}_3$ et $\boldsymbol{S}(\vec{\boldsymbol{e}}_3) = \vec{\boldsymbol{e}}_3$, on a $\boldsymbol{R}(\vec{\boldsymbol{e}}_3) = \boldsymbol{S}^{-1}\circ\boldsymbol{\Lambda}_2\circ\boldsymbol{\Lambda}_1(\vec{\boldsymbol{e}}_3) = \vec{\boldsymbol{e}}_3$. Comme de plus $\boldsymbol{R}(\vec{\boldsymbol{e}}_0) = \vec{\boldsymbol{e}}_0$, on en déduit que le plan de la rotation spatiale $\boldsymbol{R}$ est (*cf.* § 6.3.3)

$$\Pi_{\boldsymbol{R}} = \mathrm{Vect}(\vec{\boldsymbol{e}}_1, \vec{\boldsymbol{e}}_2) \tag{6.120}$$

et que la matrice de $\boldsymbol{R}$ dans la base $(\vec{\boldsymbol{e}}_\alpha)$ a la forme (6.39), avec la permutation $(\vec{\boldsymbol{e}}_1, \vec{\boldsymbol{e}}_2, \vec{\boldsymbol{e}}_3) \to (\vec{\boldsymbol{e}}_3, \vec{\boldsymbol{e}}_1, \vec{\boldsymbol{e}}_2)$:

$$R^{\alpha}{}_{\beta} = \begin{pmatrix} 1 & 0 & 0 & 0 \\ 0 & \cos\varphi_{\mathrm{T}} & -\sin\varphi_{\mathrm{T}} & 0 \\ 0 & \sin\varphi_{\mathrm{T}} & \cos\varphi_{\mathrm{T}} & 0 \\ 0 & 0 & 0 & 1 \end{pmatrix}, \tag{6.121}$$

où $\varphi_{\mathrm{T}} \in [0, 2\pi[$. $\boldsymbol{R}$ est appelée ***rotation de Thomas***.

Remarque 1 : La rotation de Thomas est appelée par certains auteurs *rotation de Wigner* (par exemple [153]) ou encore *rotation de Thomas-Wigner* (par exemple [347]). φ_{T} est parfois appelé *angle de Wigner* [19]. La rotation de Thomas est à l'origine de la *précession de Thomas* que nous étudierons au § 12.4. Nous discuterons plus bas de l'historique de la rotation de Thomas.

Remarque 2 : Nous n'avons pas rencontré la rotation de Thomas au Chap. 5 car il n'y était finalement question que du passage d'une 4-vitesse à une autre, opération qui est entièrement décrite par la transformation de Lorentz spéciale $\boldsymbol{S}$. La rotation supplémentaire qui apparaît ici vient de ce que l'on considère la transformation de bases orthonormales, dont la 4-vitesse n'est qu'une composante.

6.6.3 Expressions de l'angle de la rotation de Thomas

On lit sur (6.121) que

$$\cos\varphi_{\mathrm{T}} = \boldsymbol{R}(\vec{e}_1)\cdot\vec{e}_1 = [\boldsymbol{S}^{-1}\circ\boldsymbol{\Lambda}_2\circ\boldsymbol{\Lambda}_1(\vec{e}_1)]\cdot\vec{e}_1 = [\boldsymbol{\Lambda}_2\circ\boldsymbol{\Lambda}_1(\vec{e}_1)]\cdot\boldsymbol{S}(\vec{e}_1),$$

où la dernière égalité découle du fait que $\boldsymbol{S}$ est une transformation de Lorentz. En reportant (6.110) pour $\boldsymbol{\Lambda}_2\circ\boldsymbol{\Lambda}_1(\vec{e}_1)$ et en lisant $\boldsymbol{S}(\vec{e}_1)$ sur (6.119), il vient

$$\begin{aligned}\cos\varphi_{\mathrm{T}} = &-\left[s_1 + c_1 s_2\cos\theta + s_1(c_2-1)\cos^2\theta\right](s_1c_2 + c_1s_2\cos\theta)\\ &+\left[c_1 + s_1s_2\cos\theta + c_1(c_2-1)\cos^2\theta\right]\left[1+\frac{(s_1c_2+c_1s_2\cos\theta)^2}{1+\Gamma}\right]\\ &+(c_2-1)\sin\theta\cos\theta\,\frac{s_2\sin\theta(s_1c_2+c_1s_2\cos\theta)}{1+\Gamma}.\end{aligned}$$

En développant et en tenant compte des nombreuses simplifications issues des identités $c_1^2 - s_1^2 = 1$, $c_2^2 - s_2^2 = 1$ et $\sin^2\theta = 1-\cos^2\theta$, on obtient

$$\cos\varphi_{\mathrm{T}} = \frac{1}{1+\Gamma}\left[c_1 + c_2 + s_1s_2\cos\theta + (c_1-1)(c_2-1)\cos^2\theta\right],$$

ce que l'on peut réécrire grâce à (6.115),

$$\cos\varphi_{\mathrm{T}} = 1 - \frac{(c_1-1)(c_2-1)}{1+\Gamma}\sin^2\theta. \tag{6.122}$$

De même, on lit sur (6.121) que

$$\sin\varphi_{\mathrm{T}} = \boldsymbol{R}(\vec{e}_1)\cdot\vec{e}_2 = [\boldsymbol{S}^{-1}\circ\boldsymbol{\Lambda}_2\circ\boldsymbol{\Lambda}_1(\vec{e}_1)]\cdot\vec{e}_2 = [\boldsymbol{\Lambda}_2\circ\boldsymbol{\Lambda}_1(\vec{e}_1)]\cdot\boldsymbol{S}(\vec{e}_2).$$

En reportant (6.110) pour $\boldsymbol{\Lambda}_2\circ\boldsymbol{\Lambda}_1(\vec{e}_1)$ et en lisant $\boldsymbol{S}(\vec{e}_2)$ sur (6.119), il vient

$$\begin{aligned}\sin\varphi_{\mathrm{T}} = &-\left[s_1 + c_1s_2\cos\theta + s_1(c_2-1)\cos^2\theta\right]s_2\sin\theta\\ &+\left[c_1 + s_1s_2\cos\theta + c_1(c_2-1)\cos^2\theta\right]\frac{s_2\sin\theta(s_1c_2+c_1s_2\cos\theta)}{1+\Gamma}\\ &+(c_2-1)\sin\theta\cos\theta\left(1+\frac{s_2^2\sin^2\theta}{1+\Gamma}\right).\end{aligned}$$

En développant, on obtient

$$\sin\varphi_{\mathrm{T}} = -\frac{\sin\theta}{1+\Gamma}\left[s_1s_2 + (c_1-1)(c_2-1)\cos\theta\right]. \tag{6.123}$$

Réexprimons les résultats (6.122) et (6.123) en explicitant c_1, s_1, c_2 et s_2 *via* (6.102) et (6.108) :

$$\boxed{\cos\varphi_{\mathrm{T}} = 1 - \frac{(\Gamma_1-1)(\Gamma_2-1)}{1+\Gamma}\sin^2\theta} \tag{6.124}$$

$$\boxed{\sin\varphi_{\mathrm{T}} = -\sin\theta\frac{\Gamma_1\Gamma_2}{1+\Gamma}\frac{V_1V_2}{c^2}\left(1+\frac{\Gamma_1}{1+\Gamma_1}\frac{\Gamma_2}{1+\Gamma_2}\frac{V_1V_2}{c^2}\cos\theta\right)}. \tag{6.125}$$

On peut faire plusieurs commentaires sur ces formules. Tout d'abord, si $\theta = 0$, elles donnent immédiatement $\varphi_{\mathrm{T}} = 0$, ce qui implique $\boldsymbol{R} = \mathrm{Id}$. $\boldsymbol{\Lambda}_2 \circ \boldsymbol{\Lambda}_1$ est alors une pure transformation de Lorentz spéciale, en accord avec l'analyse du § 6.6.1. Ensuite, on remarque que puisque $\sin\theta \geq 0$ (car par définition $\theta \in [0, \pi]$), on a toujours $\sin\varphi_{\mathrm{T}} \leq 0$, d'où

$$\boxed{-\pi \leq \varphi_{\mathrm{T}} \leq 0}. \qquad (6.126)$$

Ainsi la rotation de Thomas s'effectue dans le sens trigonométrique inverse du plan $\Pi_{\boldsymbol{R}} = \mathrm{Vect}(\vec{e}_1, \vec{e}_2)$. Rappelons que l'on a choisi le vecteur $\vec{e}_2$ de manière à ce que $\vec{e}\,'_1 \times_{e'_0} \vec{e}_2$ soit de même sens que $\vec{V}_1 \times_{e'_0} \vec{V}_2$.

Dans le cas particulier où $\theta = \pi/2$ (plans Π_1 et Π_2 orthogonaux), (6.116) conduit à $\Gamma = \Gamma_1\Gamma_2$ et les formules ci-dessus se simplifient en

$$\cos\varphi_{\mathrm{T}} = \frac{\Gamma_1 + \Gamma_2}{1 + \Gamma_1\Gamma_2} \qquad \left(\theta = \frac{\pi}{2}\right) \qquad (6.127)$$

$$\sin\varphi_{\mathrm{T}} = -\frac{\Gamma_1\Gamma_2}{1 + \Gamma_1\Gamma_2}\frac{V_1V_2}{c^2} \qquad \left(\theta = \frac{\pi}{2}\right) \cdot \qquad (6.128)$$

En utilisant la formule (6.116) qui donne le facteur de Lorentz Γ, on peut éliminer l'angle θ de la formule (6.124). En effet (6.116) conduit à

$$\sin^2\theta = 1 - \cos^2\theta = 1 - c^4\frac{(\Gamma - \Gamma_1\Gamma_2)^2}{(\Gamma_1V_1)^2(\Gamma_2V_2)^2} = 1 - \frac{(\Gamma - \Gamma_1\Gamma_2)^2}{(\Gamma_1^2 - 1)(\Gamma_2^2 - 1)} \cdot \qquad (6.129)$$

En reportant cette expression de $\sin^2\theta$ dans (6.124), il vient

$$\cos\varphi_{\mathrm{T}} = 1 - \frac{1}{1 + \Gamma}\left[(\Gamma_1 - 1)(\Gamma_2 - 1) - \frac{(\Gamma - \Gamma_1\Gamma_2)^2}{(\Gamma_1 + 1)(\Gamma_2 + 1)}\right].$$

En réduisant tout au même dénominateur $(1 + \Gamma)(1 + \Gamma_1)(1 + \Gamma_2)$ et en développant, on obtient une formule remarquablement symétrique dans les trois facteurs de Lorentz :

$$\boxed{\cos\varphi_{\mathrm{T}} = \frac{(1 + \Gamma + \Gamma_1 + \Gamma_2)^2}{(1 + \Gamma)(1 + \Gamma_1)(1 + \Gamma_2)} - 1.} \qquad (6.130)$$

Au vu de l'identité $\cos\varphi_{\mathrm{T}} = 2\cos^2(\varphi_{\mathrm{T}}/2) - 1$, on peut mettre cette formule sous la forme

$$\cos\frac{\varphi_{\mathrm{T}}}{2} = \frac{1 + \Gamma + \Gamma_1 + \Gamma_2}{\sqrt{2(1 + \Gamma)(1 + \Gamma_1)(1 + \Gamma_2)}} \cdot \qquad (6.131)$$

De plus, on peut faire apparaître les rapidités ψ, ψ_1 et ψ_2 des transformations de Lorentz spéciales $\boldsymbol{S}$, $\boldsymbol{\Lambda}_1$ et $\boldsymbol{\Lambda}_2$, qui sont reliées au facteurs de Lorentz par $\Gamma = \cosh\psi$ et utiliser l'identité $1 + \cosh\psi = \cosh^2(\psi/2)$ pour obtenir la ***formule de Macfarlane*** :

$$\boxed{\cos\frac{\varphi_{\mathrm{T}}}{2} = \frac{1 + \cosh\psi + \cosh\psi_1 + \cosh\psi_2}{4\cosh(\psi/2)\cosh(\psi_1/2)\cosh(\psi_2/2)}}. \qquad (6.132)$$

De la même manière, on peut réécrire la formule (6.125) pour $\sin\varphi_{\mathrm{T}}$ en y exprimant $V_1V_2\cos\theta$ en fonction de Γ, Γ_1 et Γ_2 à l'aide de (6.116). On obtient ainsi la ***formule de Stapp*** :

$$\boxed{\sin\varphi_{\mathrm{T}} = -\sin\theta\,\Gamma_1\Gamma_2\frac{V_1V_2}{c^2}\frac{1+\Gamma+\Gamma_1+\Gamma_2}{(1+\Gamma)(1+\Gamma_1)(1+\Gamma_2)}}. \tag{6.133}$$

Au vu de l'identité $\sin\varphi_{\mathrm{T}} = 2\sin(\varphi_{\mathrm{T}}/2)\cos(\varphi_{\mathrm{T}}/2)$ et de (6.131), il vient alors

$$\boxed{\sin\frac{\varphi_{\mathrm{T}}}{2} = -\sin\theta\,\frac{\Gamma_1\Gamma_2\,V_1V_2/c^2}{\sqrt{2(1+\Gamma)(1+\Gamma_1)(1+\Gamma_2)}}}. \tag{6.134}$$

On peut également utiliser l'identité $\Gamma_1V_1 = c\sqrt{\Gamma_1^2-1}$ pour ne faire apparaître que des facteurs de Lorentz dans cette formule et obtenir l'expression très simple

$$\boxed{\sin\frac{\varphi_{\mathrm{T}}}{2} = -\sin\theta\,\sqrt{\frac{(\Gamma_1-1)(\Gamma_2-1)}{2(1+\Gamma)}}}. \tag{6.135}$$

Compte tenu des identités $\cosh\psi_1 - 1 = 2\sinh^2(\psi_1/2)$ et $\cosh\psi + 1 = 2\cosh^2(\psi/2)$, on peut écrire cette formule comme

$$\boxed{\sin\frac{\varphi_{\mathrm{T}}}{2} = -\sin\theta\,\frac{\sinh(\psi_1/2)\sinh(\psi_2/2)}{\cosh(\psi/2)}}. \tag{6.136}$$

Remarque : Si nécessaire, on peut éliminer $\sin\theta$ des formules ci-dessus et ne faire apparaître que les facteurs de Lorentz Γ, Γ_1 et Γ_2. Il suffit pour cela d'utiliser la formule (6.129) qui conduit à

$$\sin\theta = \left[\frac{1+2\Gamma\Gamma_1\Gamma_2-\Gamma^2-\Gamma_1^2-\Gamma_1^2}{(\Gamma_1^2-1)(\Gamma_2^2-1)}\right]^{1/2}. \tag{6.137}$$

Note historique : *Le problème de la composition de deux transformations de Lorentz spéciales de plans différents a été étudié par Arnold Sommerfeld* (cf. *p. 26) en 1909 [385] et par Émile Borel*[18] *en 1913 [59, 60]. Ces deux auteurs ont notamment obtenu la formule (6.116) qui donne la valeur du facteur de Lorentz de la transformation de Lorentz spéciale* ***S****. Remarquons qu'ils ont d'abord écrit la formule (6.115) basée sur les rapidités et la trigonométrie hyperbolique.*

18. **Émile Borel** (1871–1956) : Mathématicien français, pionnier de la théorie de la mesure et des probabilités, fondateur de l'Institut Henri Poincaré et cofondateur du CNRS.

Quant à la rotation de Thomas proprement dite, il semblerait que ce soit Émile Borel qui l'ait mentionnée le premier en 1913 [59]. Le phénomène aurait été entrevu dès 1909 par Arnold Sommerfeld [385], au moins dans le cas particulier $\theta = \pi/2$ (cf. la discussion dans [41]). Toujours dans ce cas, la formule (6.128) a été obtenue par Paul Langevin (cf. p. 41) en 1926 [235]. L'expression de l'angle de rotation a été obtenue par Llewellyn Thomas[19] *en 1926 dans le cas particulier où la vitesse V_2 est infiniment petite [410, 411]. C'est le cas qui survient dans l'étude de la* précession de Thomas, *que nous discuterons au § 12.4. Dans une série de travaux démarrée en 1939 [437, 438], Eugene P. Wigner*[20] *s'est intéressé aux transformations de Lorentz qui laissent invariant le vecteur 4-impulsion $\vec{\boldsymbol{p}}$ d'une particule (ce dernier sera défini au Chap. 9 ; il est parallèle à la 4-vitesse de la particule). Il souligne en particulier que le produit de trois transformations de Lorentz spéciales de plan différents qui laisse $\vec{\boldsymbol{p}}$ invariant n'est pas l'identité, mais une rotation spatiale dans l'hyperplan normal à $\vec{\boldsymbol{p}}$: c'est la rotation de Thomas, comme on le voit aisément en réécrivant l'Éq. (6.113) comme $\boldsymbol{S}^{-1} \circ \boldsymbol{\Lambda}_2 \circ \boldsymbol{\Lambda}_1 = \boldsymbol{R}$, l'application successive des trois transformations de Lorentz spéciales $\boldsymbol{\Lambda}_1$, $\boldsymbol{\Lambda}_2$ et $\boldsymbol{S}^{-1}$ envoyant $\vec{\boldsymbol{e}}_0$ sur lui-même (on peut toujours définir $\vec{\boldsymbol{e}}_0$ comme $\vec{\boldsymbol{e}}_0 := \vec{\boldsymbol{p}}/\|\vec{\boldsymbol{p}}\|_{\boldsymbol{g}}$). Il semblerait que ce soit le physicien français Amitabha Chakrabarti qui ait baptisé $\boldsymbol{R}$* rotation de Wigner *en 1964 [84]. Notons que Wigner ne donne l'expression de l'angle φ_{T} dans aucun de ses travaux, sauf dans le cas particulier $\theta = \pi/2$ [438], où il retrouve la formule de Langevin (6.128) [235]. Ce n'est en fait qu'en 1956, soit 30 ans après le travail de Thomas, qu'une formule explicite et générale apparaît dans la littérature pour φ_{T}. C'est l'œuvre du physicien américain Henry P. Stapp en 1956 [391], qui a obtenu la formule (6.133) pour $\sin \varphi_{\mathrm{T}}$. La même formule a également été dérivée par le physicien russe Vladimir Ivanovitch Ritus en 1961 [354]. La formule (6.132) relative au cosinus a quant à elle été obtenue par A.J. Macfarlane en 1962 [266].*

6.6.4 Bilan

L'ensemble des transformations de Lorentz spéciales *de même plan* forme un sous-groupe du groupe de Lorentz restreint $\mathrm{SO_o}(3, 1)$. De plus ce sous-groupe est abélien* (*cf.* (6.92)). Par contre l'ensemble de toutes les transformations de Lorentz spéciales ne forme pas un sous-groupe de $\mathrm{SO_o}(3, 1)$: la composée de deux transformations de Lorentz spéciales de plans différents est le produit d'une transformation de Lorentz spéciale par une rotation spatiale, appelée rotation de Thomas. Une conséquence en est que la décomposition polaire (6.62) ne génère pas une « factorisation » du groupe de Lorentz restreint

19. **Llewellyn H. Thomas** (1903–1992) : Physicien britannique, émigré aux États-Unis à partir de 1929 ; connu pour ses travaux en physique atomique.

20. **Eugene P. Wigner** (1902–1995) : Mathématicien et physicien théoricien hongrois, naturalisé américain en 1937, auteur de travaux fondamentaux sur les symétries en mécanique quantique ainsi qu'en physique nucléaire et physique des particules ; il a reçu le Prix Nobel de physique en 1963.

$SO_o(3,1)$ en deux groupes. On peut même montrer qu'une telle factorisation n'existe pas, dans le sens où $SO_o(3,1)$ est un groupe simple*. Nous n'établirons pas ici la simplicité de $SO_o(3,1)$. On peut trouver la démonstration p. 146 de l'ouvrage [381].

Note historique : *La simplicité du groupe de Lorentz restreint* $SO_o(3,1)$ *a été établie par Eugene P. Wigner (*cf. *p. 220) en 1939 [437].*

Chapitre 7

Le groupe de Lorentz en tant que groupe de Lie

Sommaire

Ce chapitre, purement mathématique comme le précédent, peut être sauté en première lecture. Il contient des mathématiques (en particulier de la topologie) d'un niveau légèrement plus élevé que celles rencontrées jusqu'à présent (algèbre linéaire). Cependant aucune connaissance *a priori* de la théorie des groupes de Lie n'est requise, toutes les notions utiles étant introduites dans le texte, sur l'exemple particulier du groupe de Lorentz. Tout comme aux Chap. 1 et 6, les termes marqués d'un astérisque (*) ont leurs définitions rappelées dans l'Annexe A.

7.1 Structure de groupe de Lie

7.1.1 Définition

Le groupe de Lorentz $O(3,1)$ est un groupe « continu », au sens où ses éléments dépendent de paramètres continus (par exemple la rapidité ou l'angle d'une rotation). Plus précisément, $O(3,1)$ est ce que l'on appelle un ***groupe de Lie*** [87, 180] :

- il s'agit d'un groupe* (pour la loi de composition $\circ$) ;
- il s'agit également d'une variété différentielle ;
- les opérations $(\mathbf{\Lambda}_1, \mathbf{\Lambda}_2) \mapsto \mathbf{\Lambda}_1 \circ \mathbf{\Lambda}_2$ et $\mathbf{\Lambda} \mapsto \mathbf{\Lambda}^{-1}$ sont continues[1].

Rappelons qu'une ***variété*** (réelle) est un espace topologique tel qu'en chacun de ses points on puisse définir un voisinage homéomorphe[2] à un ouvert de $\mathbb{R}^n$. L'entier n, qui doit être le même pour tous les voisinages, est appelé ***dimension de la variété***. En langage imagé, cela veut dire que sur n'importe quelle partie pas trop grande de la variété, on peut étiqueter les points par n nombres réels et considérer que *localement* la variété « ressemble » à $\mathbb{R}^n$. Lorsque l'on considère une partie plus étendue de la variété, il se peut que la ressemblance à $\mathbb{R}^n$ soit perdue ; des exemples typiques sont la sphère et le tore : tous deux ressemblent localement à $\mathbb{R}^2$, mais évidemment pas de manière globale. Dans le cas d'un groupe de Lie, la dimension n du groupe considéré comme variété est également appelée ***dimension du groupe de Lie***. Enfin précisons que ***variété différentielle*** signifie que lorsque deux systèmes d'étiquetage[3] se recoupent, l'application qui fait passer d'un système à l'autre est une application $\mathbb{R}^n \to \mathbb{R}^n$ différentiable. On peut alors définir la différentiabilité des fonctions sur la variété.

Exemple : Le groupe des rotations de l'espace euclidien à trois dimensions, SO(3), est un de groupe de Lie ; sa dimension est 3, les trois paramètres pouvant être les 3 angles d'Euler qui définissent une rotation (*cf.* Éq. (7.80) ci-dessous) ou encore les trois angles (θ, ϕ, φ), (θ, ϕ) donnant la direction de l'axe de rotation et φ étant l'angle de la rotation. Le groupe des rotations du plan, SO(2), est quant à lui un groupe de Lie de dimension 1, car il n'a qu'un seul paramètre : l'angle de la rotation.

7.1.2 Dimension de O(3,1)

Le groupe de Lorentz $\mathrm{O}(3,1)$ est un groupe de Lie de dimension 6 sur $\mathbb{R}$. On peut le voir d'au moins deux façons. Tout d'abord, la donnée d'une base orthonormale $(\vec{e}_\alpha)$ de $(E, \boldsymbol{g})$ permet de représenter de manière unique chaque transformation de Lorentz $\mathbf{\Lambda}$ par sa matrice $\Lambda = (\Lambda^\alpha{}_\beta)$ par rapport à $(\vec{e}_\alpha)$. L'ensemble des matrices 4×4 à valeurs réelles est évidemment une variété de dimension 16. La condition nécessaire et suffisante pour que $\mathbf{\Lambda}$ soit une transformation de Lorentz est que la matrice Λ obéisse à la condition (6.12) : ${}^{\mathrm{t}}\Lambda\, \eta\, \Lambda = \eta$. Il est crucial de noter que cette dernière est une identité entre des matrices symétriques, quelle que soit la valeur de Λ : c'est évident pour la matrice de Minkowski $\eta = \mathrm{diag}(-1, 1, 1, 1)$ qui occupe le membre de droite. Quant au membre de gauche, il suffit de prendre la transposée,

$${}^{\mathrm{t}}\left({}^{\mathrm{t}}\Lambda\, \eta\, \Lambda\right) = {}^{\mathrm{t}}\Lambda \underbrace{{}^{\mathrm{t}}\eta}_{=\eta} \underbrace{{}^{\mathrm{t}}\left({}^{\mathrm{t}}\Lambda\right)}_{=\Lambda} = {}^{\mathrm{t}}\Lambda\, \eta\, \Lambda,$$

1. On peut montrer qu'elles sont alors nécessairement différentiables.
2. Bijection continue dont la réciproque est également continue.
3. Deux ***cartes*** dans la terminologie de la géométrie différentielle.

pour constater qu'il est également symétrique. L'Éq. (6.12) est ainsi un ensemble de 10 conditions indépendantes – les 10 composantes indépendantes d'une matrice 4×4 symétrique. Des 16 degrés de liberté initiaux d'une matrice réelle 4×4, il n'en reste donc que $16 - 10 = 6$. Cela veut dire que l'on peut paramétrer les matrices de Lorentz par six nombres réels et donc que la dimension du groupe de Lie $O(3,1)$ est 6.

La deuxième façon d'obtenir ce résultat est de partir de la décomposition polaire obtenue au § 6.4. Nous avons en effet vu qu'étant donné un vecteur $\vec{e}_0$ unitaire du genre temps, tout élément $\mathbf{\Lambda}$ du groupe de Lorentz restreint $SO_o(3,1)$ se décompose de manière unique en une rotation spatiale $\boldsymbol{R}$ dont le plan est normal à $\vec{e}_0$ et une transformation de Lorentz spéciale $\boldsymbol{S}$ dont le plan contient $\vec{e}_0$ (*cf.* Éq. (6.62)). Il faut trois paramètres pour spécifier la rotation $\boldsymbol{R}$: en se plaçant dans l'espace euclidien tridimensionnel $(E_{\boldsymbol{e}_0}, \boldsymbol{g})$, il peut s'agir des deux angles qui définissent la direction de l'axe de rotation et de l'angle de la rotation. On peut également choisir les trois angles d'Euler (*cf.* Éq. (7.80) ci-dessous). Quant à la transformation spéciale $\boldsymbol{S}$, nous avons vu au § 6.5.2 qu'elle était entièrement définie par la donnée d'un vecteur $\vec{\boldsymbol{V}}$ de $E_{\boldsymbol{e}_0}$, que nous avons appelé vitesse de $\boldsymbol{S}$ par rapport à $\vec{e}_0$. Comme $\vec{\boldsymbol{V}}$ a trois composantes indépendantes, nous concluons qu'il faut trois paramètres pour représenter $\boldsymbol{S}$. Au total, il faut donc $3 + 3 = 6$ paramètres réels pour représenter $\mathbf{\Lambda}$. Autrement dit, la dimension du groupe de Lie $SO_o(3,1)$ est 6. Par ailleurs, nous avons vu au § 6.2.4 que le groupe de Lorentz complet $O(3,1)$ n'est autre que le produit de $SO_o(3,1)$ par le groupe de Klein $\mathbb{Z}/2\mathbb{Z} \times \mathbb{Z}/2\mathbb{Z}$ (*cf.* Éq. (6.26)). Comme ce dernier est fini (quatre éléments seulement), nous en concluons que $O(3,1)$ est un groupe de Lie de même dimension que $SO_o(3,1)$, à savoir 6.

Le groupe formé par les transformations de Lorentz spéciales d'un même plan Π (*cf.* § 6.6.1) est quant à lui un groupe de Lie de dimension 1, l'unique paramètre étant le facteur de Lorentz Γ, ou encore la rapidité ψ.

Remarque : $O(3,1)$ est en fait un sous-groupe du groupe de Lie $GL(E)$, ensemble des endomorphismes* de E qui sont inversibles. La dimension de $GL(E)$ est 16. De même $SO(3,1)$ et $SO_o(3,1)$ sont des sous-groupes du groupe de Lie $SL(E)$, ensemble des endomorphismes de E de déterminant 1. La dimension de $SL(E)$ est 15.

7.1.3 Topologie de $SO_o(3,1)$ et $O(3,1)$

Une conséquence immédiate de la décomposition en rotation spatiales et transformations de Lorentz spéciales établie au § 6.4 est que l'espace des paramètres du groupe de Lorentz restreint $SO_o(3,1)$ peut être choisi comme suit :

$$(\theta_1, \phi_1, \varphi, \theta_2, \phi_2, \psi) \in [0,\pi] \times [0, 2\pi[\times [0,\pi] \times [0,\pi] \times [0, 2\pi[\times [0, \infty[, \quad (7.1)$$

où (θ_1, ϕ_1) définissent l'axe de la rotation spatiale $\boldsymbol{R}$ (intersection de son plan avec $E_{\boldsymbol{e}_0}$, $\theta_1 \in [0,\pi]$ étant la colatitude et $\phi_1 \in [0, 2\pi[$ l'angle azimutal), φ est l'angle de $\boldsymbol{R}$: $\varphi \in [0, \pi]$ car une rotation d'angle $\varphi \in]\pi, 2\pi[$ est égale à une rotation d'angle $2\pi - \varphi$ dans la direction opposée $(\pi - \theta_1, 2\pi - \phi_1)$. De plus, si $\varphi = \pi$ on doit identifier les points de paramètres (θ_1, ϕ_1) et $(\pi - \theta_1, 2\pi - \varphi_1)$ car ils correspondent à la même rotation. Par ailleurs, (θ_2, ϕ_2) définissent l'axe de la transformation de Lorentz spéciale $\boldsymbol{S}$ (intersection de son plan avec $E_{\boldsymbol{e}_0}$, $\theta_2 \in [0, \pi]$ étant la colatitude et $\phi_2 \in [0, 2\pi[$ l'angle azimutal) et $\psi \in [0, \infty[$ est la rapidité de $\boldsymbol{S}$.

Puisque $\psi \in [0, \infty[$, on déduit du paramétrage (7.1) que $\mathrm{SO_o}(3,1)$ n'est pas compact. En conséquence, le groupe de Lorentz $\mathrm{O}(3,1)$ n'est pas un espace compact.

Remarque 1 : La conclusion aurait évidemment été la même si l'on avait choisit le facteur de Lorentz $\Gamma \in [1, \infty[$ comme paramètre à la place de ψ, ou encore la vitesse $V \in [0, c[$, ce dernier intervalle n'étant pas compact (il est borné mais non fermé). Par contre, le groupe des rotations de l'espace euclidien à trois dimensions, $\mathrm{SO}(3)$, est quant à lui un espace compact.

Remarque 2 : Nous avons vu au § 6.6.1 que l'ensemble des transformations de Lorentz spéciales d'un même plan forme un sous-groupe de $\mathrm{SO_o}(3,1)$. Il s'agit d'un groupe de Lie de dimension un et non compact, puisqu'on peut paramétrer ses éléments par la rapidité ψ, ou le facteur de Lorentz Γ. Or un théorème de la théorie des groupes de Lie stipule que tout groupe de Lie de dimension un et non compact admet un paramétrage qui le rend difféomorphe à $(\mathbb{R}, +)$ (groupe formé de l'ensemble des réels muni de l'addition) [251]. Dans le cas présent, le paramétrage qui exhibe ce difféomorphisme est la rapidité, en raison de la loi d'addition (6.93).

Une autre conséquence de (7.1) est la connexité de $\mathrm{SO_o}(3,1)$, car $[0, \pi] \times [0, 2\pi[\times [0, \pi] \times [0, \pi] \times [0, 2\pi[\times [0, \infty[$ est clairement un espace connexe. Par contre $\mathrm{O}(3,1)$ n'est pas connexe : la propriété (6.26),

$$\mathrm{O}(3,1) \simeq \{\mathrm{Id}, \boldsymbol{I}, \boldsymbol{T}, \boldsymbol{P}\} \times \mathrm{SO_o}(3,1),$$

montre que $\mathrm{O}(3,1)$ possède quatre composantes connexes (*cf.* (6.19)) :

$$\mathrm{SO_o}(3,1), \quad \boldsymbol{I}\,\mathrm{SO_o}(3,1) = \mathrm{SO_a}(3,1),$$

$$\boldsymbol{T}\,\mathrm{SO_o}(3,1) = \mathrm{O_a^-}(3,1) \quad \text{et} \quad \boldsymbol{P}\,\mathrm{SO_o}(3,1) = \mathrm{O_o^-}(3,1).$$

Notons que seul $\mathrm{SO_o}(3,1)$ est un sous-groupe de Lie. De plus, il s'agit de la composante connexe de $\mathrm{O}(3,1)$ qui contient l'identité.

7.2 Générateurs et algèbre de Lie

7.2.1 Transformations de Lorentz infinitésimales

Intéressons-nous aux transformations de Lorentz *infinitésimales*, c'est-à-dire proches de l'identité. Elles sont nécessairement dans la composante connexe de O(3, 1) contenant l'identité, à savoir $\mathrm{SO}_o(3,1)$. Autrement dit, ce sont des transformations de Lorentz restreintes. Écrivons une telle transformation sous la forme

$$\boxed{\boldsymbol{\Lambda} = \mathrm{Id} + \varepsilon \boldsymbol{L}}, \qquad (7.2)$$

où $\varepsilon \in \mathbb{R}$ est un petit paramètre et $\boldsymbol{L} \in \mathcal{L}(E)$, $\mathcal{L}(E)$ désignant l'ensemble des endomorphismes de E (applications linéaires $E \to E$). En partant de la définition d'une transformation de Lorentz, il vient les équivalences suivantes :

$$\begin{aligned}
\boldsymbol{\Lambda} \text{ tr. Lorentz} &\iff \forall(\vec{\boldsymbol{u}}, \vec{\boldsymbol{v}}) \in E^2, \quad \boldsymbol{\Lambda}(\vec{\boldsymbol{u}}) \cdot \boldsymbol{\Lambda}(\vec{\boldsymbol{v}}) = \vec{\boldsymbol{u}} \cdot \vec{\boldsymbol{v}} \\
&\iff \forall(\vec{\boldsymbol{u}}, \vec{\boldsymbol{v}}) \in E^2, \quad [\vec{\boldsymbol{u}} + \varepsilon \boldsymbol{L}(\vec{\boldsymbol{u}})] \cdot [\vec{\boldsymbol{v}} + \varepsilon \boldsymbol{L}(\vec{\boldsymbol{v}})] = \vec{\boldsymbol{u}} \cdot \vec{\boldsymbol{v}} \\
&\iff \forall(\vec{\boldsymbol{u}}, \vec{\boldsymbol{v}}) \in E^2, \quad \vec{\boldsymbol{u}} \cdot \vec{\boldsymbol{v}} + \varepsilon[\vec{\boldsymbol{u}} \cdot \boldsymbol{L}(\vec{\boldsymbol{v}}) + \vec{\boldsymbol{v}} \cdot \boldsymbol{L}(\vec{\boldsymbol{u}})] = \vec{\boldsymbol{u}} \cdot \vec{\boldsymbol{v}} \\
\boldsymbol{\Lambda} \text{ tr. Lorentz} &\iff \forall(\vec{\boldsymbol{u}}, \vec{\boldsymbol{v}}) \in E^2, \quad \vec{\boldsymbol{u}} \cdot \boldsymbol{L}(\vec{\boldsymbol{v}}) = -\vec{\boldsymbol{v}} \cdot \boldsymbol{L}(\vec{\boldsymbol{u}}), \qquad (7.3)
\end{aligned}$$

où, pour passer à l'avant-dernière ligne, on est resté au premier ordre en ε. Introduisons donc l'ensemble

$$\boxed{\mathrm{so}(3,1) := \Big\{\boldsymbol{L} \in \mathcal{L}(E) \ / \ \forall(\vec{\boldsymbol{u}}, \vec{\boldsymbol{v}}) \in E^2, \quad \vec{\boldsymbol{u}} \cdot \boldsymbol{L}(\vec{\boldsymbol{v}}) = -\vec{\boldsymbol{v}} \cdot \boldsymbol{L}(\vec{\boldsymbol{u}})\Big\}}. \qquad (7.4)$$

Remarquons la notation so(3, 1) en lettres minuscules, à ne pas confondre avec SO(3, 1) (le groupe de Lorentz propre introduit au § 6.2.1). En vertu de (7.3), à tout élément de so(3, 1) correspond une transformation de Lorentz infinitésimale. Nous verrons même plus bas qu'on peut lui faire correspondre une transformation de Lorentz finie.

7.2.2 Structure d'algèbre de Lie

Il est clair que so(3, 1) forme un sous-espace vectoriel de $\mathcal{L}(E)$. En effet, si $\boldsymbol{L}_1$ et $\boldsymbol{L}_2$ vérifient chacun (7.3), alors pour tout $\alpha \in \mathbb{R}$, $\alpha\boldsymbol{L}_1 + \boldsymbol{L}_2$ vérifie également (7.3). Déterminons la dimension de cet espace vectoriel. Rappelons tout d'abord que celle de $\mathcal{L}(E)$ est 16 (car on peut identifier chaque élément de $\mathcal{L}(E)$ à sa matrice dans une base donnée et la dimension de l'espace vectoriel formé par l'ensemble des matrices réelles 4×4 est 16). Traduisons la condition d'appartenance de $\boldsymbol{L}$ à so(3, 1) en terme de sa matrice $L = (L^\alpha{}_\beta)$ vis-à-vis d'une base orthonormale $(\vec{\boldsymbol{e}}_\alpha)$. La matrice de $\boldsymbol{g}$ dans $(\vec{\boldsymbol{e}}_\alpha)$ étant la matrice de Minkowski $\eta = (\eta_{\alpha\beta})$, la condition (7.3) s'écrit $\eta_{\alpha\beta} u^\alpha L^\beta{}_\gamma v^\gamma = -\eta_{\alpha\beta} v^\alpha L^\beta{}_\gamma u^\gamma$, c'est-à-dire $\eta_{\alpha\beta} L^\beta{}_\gamma u^\alpha v^\gamma = -\eta_{\gamma\beta} L^\beta{}_\alpha u^\alpha v^\gamma$, d'où l'on déduit $\eta_{\alpha\beta} L^\beta{}_\gamma = -\eta_{\gamma\beta} L^\beta{}_\alpha$. On reconnaît dans $\eta_{\alpha\beta} L^\beta{}_\gamma$ le produit matriciel de η par L ; la condition d'appartenance à so(3, 1) s'écrit donc

$$\boxed{\eta\, L = -{}^{\mathrm{t}}(\eta\, L)}. \qquad (7.5)$$

Autrement dit, $\boldsymbol{L} \in \mathrm{so}(3,1)$ ssi la matrice $\eta\, L$ est antisymétrique. Il s'agit là de 10 conditions sur $\eta\, L$, et donc 10 conditions sur $L = \eta\,(\eta\, L)$ (rappel :

$\eta^{-1} = \eta$). On en déduit que la dimension de l'espace vectoriel so(3, 1) est $16 - 10 = 6$.

Par ailleurs, on sait que l'espace vectoriel $\mathcal{L}(E)$ muni de la loi de composition des applications $\circ$ est une algèbre* sur $\mathbb{R}$. La question qui se pose est donc de savoir si, en plus d'être un sous-espace vectoriel de $\mathcal{L}(E)$, so(3, 1) est une sous-algèbre de $(\mathcal{L}(E), \circ)$. La réponse est non, car so(3, 1) n'est pas stable par $\circ$: si $\boldsymbol{L}_1 \in \mathrm{so}(3,1)$ et $\boldsymbol{L}_2 \in \mathrm{so}(3,1)$, en général $\boldsymbol{L}_1 \circ \boldsymbol{L}_2 \notin \mathrm{so}(3,1)$. En effet, en appliquant la définition d'un élément de so(3, 1) à successivement $\boldsymbol{L}_1$ et $\boldsymbol{L}_2$, il vient

$$\forall(\vec{\boldsymbol{u}}, \vec{\boldsymbol{v}}) \in E^2, \quad \vec{\boldsymbol{u}} \cdot \boldsymbol{L}_1 \circ \boldsymbol{L}_2(\vec{\boldsymbol{v}}) = -\boldsymbol{L}_2(\vec{\boldsymbol{v}}) \cdot \boldsymbol{L}_1(\vec{\boldsymbol{u}}) = \vec{\boldsymbol{v}} \cdot \boldsymbol{L}_2 \circ \boldsymbol{L}_1(\vec{\boldsymbol{u}}), \tag{7.6}$$

ce qui montre que $\boldsymbol{L}_1 \circ \boldsymbol{L}_2$, *a priori*, ne satisfait pas à (7.3). Par contre, en permutant les rôles de $\boldsymbol{L}_1$ et $\boldsymbol{L}_2$ dans l'identité (7.6) et en soustrayant, il vient

$$\forall(\vec{\boldsymbol{u}}, \vec{\boldsymbol{v}}) \in E^2, \quad \vec{\boldsymbol{u}} \cdot [\boldsymbol{L}_1, \boldsymbol{L}_2](\vec{\boldsymbol{v}}) = -\vec{\boldsymbol{v}} \cdot [\boldsymbol{L}_1, \boldsymbol{L}_2](\vec{\boldsymbol{u}}), \tag{7.7}$$

où nous avons introduit le ***commutateur*** de $\boldsymbol{L}_1$ et $\boldsymbol{L}_2$:

$$\boxed{[\boldsymbol{L}_1, \boldsymbol{L}_2] := \boldsymbol{L}_1 \circ \boldsymbol{L}_2 - \boldsymbol{L}_2 \circ \boldsymbol{L}_1}. \tag{7.8}$$

$[\boldsymbol{L}_1, \boldsymbol{L}_2]$ est un endomorphisme de E et la propriété (7.7) montre que

$$\forall(\boldsymbol{L}_1, \boldsymbol{L}_2) \in \mathrm{so}(3,1) \times \mathrm{so}(3,1), \quad [\boldsymbol{L}_1, \boldsymbol{L}_2] \in \mathrm{so}(3,1). \tag{7.9}$$

so(3, 1) est donc stable par le commutateur. De plus, ce dernier vérifie les trois propriétés suivantes, où $\boldsymbol{L}_1$, $\boldsymbol{L}_2$ et $\boldsymbol{L}_3$ sont trois éléments quelconques de so(3, 1) et $\alpha \in \mathbb{R}$:

– $[,]$ est antisymétrique :

$$[\boldsymbol{L}_1, \boldsymbol{L}_2] = -[\boldsymbol{L}_2, \boldsymbol{L}_1]\,; \tag{7.10}$$

– $[,]$ est bilinéaire, c'est-à-dire linéaire par rapport à chacun de ces arguments :

$$[\alpha\boldsymbol{L}_1 + \boldsymbol{L}_2, \boldsymbol{L}_3] = \alpha[\boldsymbol{L}_1, \boldsymbol{L}_3] + [\boldsymbol{L}_2, \boldsymbol{L}_3]\,; \tag{7.11}$$

– $[,]$ satisfait à l'***identité de Jacobi*** :

$$[\boldsymbol{L}_1, [\boldsymbol{L}_2, \boldsymbol{L}_3]] + [\boldsymbol{L}_2, [\boldsymbol{L}_3, \boldsymbol{L}_1]] + [\boldsymbol{L}_3, [\boldsymbol{L}_1, \boldsymbol{L}_2]] = 0. \tag{7.12}$$

Cette dernière identité se vérifie aisément à partir de la définition (7.8) du commutateur.

Tout espace vectoriel muni d'une loi de composition interne $[,]$ qui vérifie les propriétés (7.10), (7.11) et (7.12) est appelé ***algèbre de Lie***. La loi de composition interne $[,]$ est appelée ***crochet de Lie***. L'espace so(3, 1), muni du commutateur $[,]$ défini par (7.8), est donc une algèbre de Lie. On l'appelle ***algèbre de Lie du groupe de Lorentz***, ou encore ***algèbre de Lorentz*** tout court.

Notons que la dimension de so(3,1), en tant qu'espace vectoriel sur $\mathbb{R}$, est la même que celle du groupe de Lorentz $O(3,1)$, en tant que variété sur $\mathbb{R}$, à savoir 6. Cette propriété est en fait commune à toutes les algèbres de Lie associées à des groupes de Lie.

Remarque 1 : Une algèbre de Lie est une algèbre* sur $\mathbb{R}$, en raison de la bilinéarité du crochet de Lie, mais cette algèbre n'est pas associative*, car en général $[\boldsymbol{L}_1, [\boldsymbol{L}_2, \boldsymbol{L}_3]] \neq [[\boldsymbol{L}_1, \boldsymbol{L}_2], \boldsymbol{L}_3]$.

Remarque 2 : Pour le lecteur familier avec les variétés différentielles, mentionnons que so(3,1) peut être vu comme l'espace tangent à la variété $O(3,1)$ au point Id (*cf.* Éq. (7.2)). Il n'est donc pas étonnant que sa dimension soit la même que celle de la variété de base !

Remarque 3 : En théorie des groupes, le ***commutateur*** de deux éléments a et b est l'élément $aba^{-1}b^{-1}$. Il est égal à l'identité ssi a et b commutent. Dans le groupe $(\mathrm{SO}_\circ(3,1), \circ)$ le commutateur de deux transformations de Lorentz $\boldsymbol{\Lambda}_1$ et $\boldsymbol{\Lambda}_2$ est donc $\boldsymbol{\Lambda}_1 \circ \boldsymbol{\Lambda}_2 \circ \boldsymbol{\Lambda}_1^{-1} \circ \boldsymbol{\Lambda}_2^{-1}$. Si $\boldsymbol{\Lambda}_1$ et $\boldsymbol{\Lambda}_2$ sont deux transformations infinitésimales, de la forme (7.2), $\boldsymbol{\Lambda}_1 = \mathrm{Id} + \varepsilon \boldsymbol{L}_1$, $\boldsymbol{\Lambda}_2 = \mathrm{Id} + \varepsilon \boldsymbol{L}_2$, alors il est facile de voir que le commutateur de $\boldsymbol{\Lambda}_1$ et $\boldsymbol{\Lambda}_2$, au sens de la théorie des groupes, est relié au commutateur de $\boldsymbol{L}_1$ et $\boldsymbol{L}_2$, au sens de l'algèbre de Lie (c'est-à-dire défini par (7.8)) par

$$\boldsymbol{\Lambda}_1 \circ \boldsymbol{\Lambda}_2 \circ \boldsymbol{\Lambda}_1^{-1} \circ \boldsymbol{\Lambda}_2^{-1} = \mathrm{Id} + \varepsilon^2 [\boldsymbol{L}_1, \boldsymbol{L}_2] + O(\varepsilon^3). \tag{7.13}$$

Pour établir cette formule, il suffit de remarquer qu'au deuxième ordre en ε, $\boldsymbol{\Lambda}_1^{-1} = \mathrm{Id} - \varepsilon \boldsymbol{L}_1 + \varepsilon^2 \boldsymbol{L}_1 \circ \boldsymbol{L}_1$ (idem pour $\boldsymbol{\Lambda}_2^{-1}$) et d'effectuer le calcul de $\boldsymbol{\Lambda}_1 \circ \boldsymbol{\Lambda}_2 \circ \boldsymbol{\Lambda}_1^{-1} \circ \boldsymbol{\Lambda}_2^{-1}$, toujours en restant au deuxième ordre en ε. En particulier, si $\boldsymbol{\Lambda}_1$ et $\boldsymbol{\Lambda}_2$ commutent, $[\boldsymbol{L}_1, \boldsymbol{L}_2] = 0$.

7.2.3 Générateurs

Cherchons une base de so(3,1). Pour cela utilisons une représentation matricielle des éléments de so(3,1). Fixons donc une base orthonormale de E, soit $(\vec{e}_\alpha)$. Nous avons vu plus haut qu'un endomorphisme $\boldsymbol{L}$ appartient à so(3,1) ssi sa matrice $L = (L^\alpha{}_\beta)$ par rapport à $(\vec{e}_\alpha)$ est telle que $\eta\, L$ soit une matrice antisymétrique (Éq. (7.5)), autrement dit ssi il existe six nombres réels k_1, k_2, k_3, j_1, j_2 et j_3 tels que

$$(\eta\, L)^\alpha{}_\beta = \begin{pmatrix} 0 & k_1 & k_2 & k_3 \\ k_1 & 0 & -j_3 & j_2 \\ -k_2 & j_3 & 0 & -j_1 \\ -k_3 & -j_2 & j_1 & 0 \end{pmatrix}.$$

La matrice L s'en déduit par $L = \eta^{-1}(\eta L)$. Puisque $\eta^{-1} = \eta = \mathrm{diag}(-1, 1, 1, 1)$, il vient

$$L^\alpha{}_\beta = \begin{pmatrix} 0 & k_1 & k_2 & k_3 \\ k_1 & 0 & -j_3 & j_2 \\ k_2 & j_3 & 0 & -j_1 \\ k_3 & -j_2 & j_1 & 0 \end{pmatrix}. \tag{7.14}$$

On remarque le changement de signe des termes en k_i dans la première colonne, qui fait que la matrice L n'est ni antisymétrique, ni symétrique. Au vu de (7.14), une base de so(3, 1) est constituée par les six endomorphismes $\boldsymbol{K}_1$, $\boldsymbol{K}_2$, $\boldsymbol{K}_3$, $\boldsymbol{J}_1$, $\boldsymbol{J}_2$, et $\boldsymbol{J}_3$ dont les matrices dans la base orthonormale $(\vec{e}_\alpha)$ sont les suivantes :

$$(K_1)^\alpha{}_\beta = \begin{pmatrix} 0&1&0&0 \\ 1&0&0&0 \\ 0&0&0&0 \\ 0&0&0&0 \end{pmatrix}, \quad (K_2)^\alpha{}_\beta = \begin{pmatrix} 0&0&1&0 \\ 0&0&0&0 \\ 1&0&0&0 \\ 0&0&0&0 \end{pmatrix}, \tag{7.15}$$

$$(K_3)^\alpha{}_\beta = \begin{pmatrix} 0&0&0&1 \\ 0&0&0&0 \\ 0&0&0&0 \\ 1&0&0&0 \end{pmatrix}, \quad (J_1)^\alpha{}_\beta = \begin{pmatrix} 0&0&0&0 \\ 0&0&0&0 \\ 0&0&0&-1 \\ 0&0&1&0 \end{pmatrix}, \tag{7.16}$$

$$(J_2)^\alpha{}_\beta = \begin{pmatrix} 0&0&0&0 \\ 0&0&0&1 \\ 0&0&0&0 \\ 0&-1&0&0 \end{pmatrix}, \quad (J_3)^\alpha{}_\beta = \begin{pmatrix} 0&0&0&0 \\ 0&0&-1&0 \\ 0&1&0&0 \\ 0&0&0&0 \end{pmatrix}. \tag{7.17}$$

Ainsi tout élément $\boldsymbol{L}$ de so(3, 1) s'écrit de manière unique

$$\boldsymbol{L} = k_1\boldsymbol{K}_1 + k_2\boldsymbol{K}_2 + k_3\boldsymbol{K}_3 + j_1\boldsymbol{J}_1 + j_2\boldsymbol{J}_2 + j_3\boldsymbol{J}_3, \tag{7.18}$$

avec $(k_1, k_2, k_3, j_1, j_2, j_3) \in \mathbb{R}^6$. Les endomorphismes $\boldsymbol{K}_1$, $\boldsymbol{K}_2$, $\boldsymbol{K}_3$, $\boldsymbol{J}_1$, $\boldsymbol{J}_2$, et $\boldsymbol{J}_3$ sont appelés ***générateurs du groupe de Lorentz*** associés à la base orthonormale $(\vec{e}_\alpha)$. Notons que les matrices des $\boldsymbol{K}_i$ sont symétriques et celles des $\boldsymbol{J}_i$ antisymétriques. De plus l'action de $\boldsymbol{J}_i$ n'est autre que le produit vectoriel par $\vec{e}_i$ dans E_{e_0}. En effet, d'après la définition (3.48) du produit vectoriel, on a, pour tout vecteur $\vec{v} = v^\alpha \vec{e}_\alpha \in E$,

$$\begin{aligned} \vec{e}_1 \times_{\mathbf{e_0}} \vec{v} &= \vec{\epsilon}(\vec{e}_0, \vec{e}_1, \vec{v}, .\,) = v^\alpha \vec{\epsilon}(\vec{e}_0, \vec{e}_1, \vec{e}_\alpha, .\,) \\ &= v^2 \vec{\epsilon}(\vec{e}_0, \vec{e}_1, \vec{e}_2, .\,) + v^3 \vec{\epsilon}(\vec{e}_0, \vec{e}_1, \vec{e}_3, .\,) = v^2\, \vec{e}_3 - v^3 \vec{e}_2 = \boldsymbol{J}_1(\vec{v}). \end{aligned}$$

On établit de même les formules analogues pour $\boldsymbol{J}_2$ et $\boldsymbol{J}_3$, si bien que l'on peut conclure :

$$\forall \vec{v} \in E, \quad \boxed{\boldsymbol{J}_i(\vec{v}) = \vec{e}_i \times_{\mathbf{e_0}} \vec{v}}, \qquad 1 \leq i \leq 3. \tag{7.19}$$

Les générateurs peuvent s'écrire sous une forme condensée en introduisant les six endomorphismes de E définis par

$$\boxed{\boldsymbol{\mathcal{J}}_{\alpha\beta} := \langle \underline{\boldsymbol{e}}_\alpha, \cdot\rangle\, \vec{\boldsymbol{e}}_\beta - \langle \underline{\boldsymbol{e}}_\beta, \cdot\rangle\, \vec{\boldsymbol{e}}_\alpha}, \quad \alpha, \beta \in \{0,1,2,3\} \;/\; \alpha < \beta, \tag{7.20}$$

où, rappelons-le, $\underline{\boldsymbol{e}}_\alpha$ est la forme linéaire associée au vecteur $\vec{\boldsymbol{e}}_\alpha$ par le tenseur métrique $\boldsymbol{g}$ (*cf.* § 1.5) et la notation ci-dessus signifie que pour tout vecteur $\vec{\boldsymbol{v}} \in E$, $\boldsymbol{\mathcal{J}}_{\alpha\beta}(\vec{\boldsymbol{v}})$ est le vecteur de E défini par $\boldsymbol{\mathcal{J}}_{\alpha\beta}(\vec{\boldsymbol{v}}) = \langle \underline{\boldsymbol{e}}_\alpha, \vec{\boldsymbol{v}}\rangle\, \vec{\boldsymbol{e}}_\beta - \langle \underline{\boldsymbol{e}}_\beta, \vec{\boldsymbol{v}}\rangle\, \vec{\boldsymbol{e}}_\alpha = (\vec{\boldsymbol{e}}_\alpha \cdot \vec{\boldsymbol{v}})\, \vec{\boldsymbol{e}}_\beta - (\vec{\boldsymbol{e}}_\beta \cdot \vec{\boldsymbol{v}})\, \vec{\boldsymbol{e}}_\alpha$. Puisque $\langle \underline{\boldsymbol{e}}_0, \vec{\boldsymbol{e}}_0\rangle = -1$, $\langle \underline{\boldsymbol{e}}_0, \vec{\boldsymbol{e}}_i\rangle = 0$ et $\langle \underline{\boldsymbol{e}}_i, \vec{\boldsymbol{e}}_j\rangle = \delta_{ij}$, on vérifie aisément que

$$\boldsymbol{K}_i = -\boldsymbol{\mathcal{J}}_{0i}, \quad \boldsymbol{J}_1 = \boldsymbol{\mathcal{J}}_{23}, \quad \boldsymbol{J}_2 = -\boldsymbol{\mathcal{J}}_{13}, \quad \boldsymbol{J}_3 = \boldsymbol{\mathcal{J}}_{12}. \tag{7.21}$$

Considérons comme transformation de Lorentz infinitésimale une rotation spatiale $\boldsymbol{R}$ d'angle $\delta\varphi \ll 1$ et d'axe $\vec{\boldsymbol{n}} = n^i \vec{\boldsymbol{e}}_i$ dans $E_{\boldsymbol{e}_0}$. En développant la formule de Rodrigues (6.41) au premier ordre en $\delta\varphi$, il vient, pour tout $\vec{\boldsymbol{v}} \in E$,

$$\boldsymbol{R}(\vec{\boldsymbol{v}}) = \vec{\boldsymbol{v}} + \delta\varphi\, n^i\, \vec{\boldsymbol{e}}_i \times_{\boldsymbol{e}_0} \vec{\boldsymbol{v}}.$$

Or d'après (7.19), $\vec{\boldsymbol{e}}_i \times_{\boldsymbol{e}_0} \vec{\boldsymbol{v}} = \boldsymbol{J}_i(\vec{\boldsymbol{v}})$. On en déduit

$$\boxed{\boldsymbol{R} = \mathrm{Id} + \delta\varphi\, n^i\, \boldsymbol{J}_i}. \tag{7.22}$$

Cette expression est du type (7.2), $\delta\varphi$ jouant le rôle du petit paramètre ε. Ainsi, on en conclut que

> $\boldsymbol{J}_i$ est le générateur des rotations spatiales dans le plan orthogonal à $\vec{\boldsymbol{e}}_0$ et $\vec{\boldsymbol{e}}_i$.

Si l'on choisit cette fois-ci comme transformation de Lorentz infinitésimale une transformation spéciale $\boldsymbol{S}$ de rapidité $\delta\psi \ll 1$ et de plan $\mathrm{Vect}(\vec{\boldsymbol{e}}_0, \vec{\boldsymbol{n}})$, avec $\vec{\boldsymbol{n}} = n^i \vec{\boldsymbol{e}}_i$ unitaire, sa matrice est donnée par (6.78), où l'on fait $\Gamma = \cosh(\delta\psi)$, $V^i = V n^i$, $V = c \tanh \delta\psi$. Au premier ordre en $\delta\psi$, il vient alors

$$S^\alpha{}_\beta = \left(\begin{array}{c|c} 1 & \delta\psi\, n^j \\ \hline \delta\psi\, n^i & \delta^i{}_j \end{array}\right).$$

En comparant avec les matrices K_1, K_2 et K_3 données par (7.15)–(7.16), on en conclut que

$$\boxed{\boldsymbol{S} = \mathrm{Id} + \delta\psi\, n^i \boldsymbol{K}_i}. \tag{7.23}$$

Cette expression est du type (7.2), $\delta\psi$ jouant le rôle du petit paramètre ε. Ainsi

> $\boldsymbol{K}_i$ est le générateur des transformations de Lorentz spéciales de plan $\mathrm{Vect}(\vec{\boldsymbol{e}}_0, \vec{\boldsymbol{e}}_i)$.

Enfin, considérons la rotation lumière de plan $\mathrm{Vect}(\vec{e}_0 + \vec{e}_1, \vec{e}_3)$ et de paramètre infinitésimal $\delta\alpha$ ($|\delta\alpha| \ll 1$). Sa matrice est donnée par (6.52), qui, au premier ordre en $\delta\alpha$, se réduit à

$$\Lambda^\alpha{}_\beta = \begin{pmatrix} 1 & 0 & 2\delta\alpha & 0 \\ 0 & 1 & 2\delta\alpha & 0 \\ 2\delta\alpha & -2\delta\alpha & 1 & 0 \\ 0 & 0 & 0 & 1 \end{pmatrix}.$$

En comparant avec les matrices (7.15)–(7.17), on en déduit

$$\boxed{\mathbf{\Lambda} = \mathrm{Id} + 2\delta\alpha(\boldsymbol{K}_2 - \boldsymbol{J}_3)}. \tag{7.24}$$

Remarque : On vérifie que le vecteur lumière $\vec{\boldsymbol{\ell}} := \vec{e}_0 + \vec{e}_1$ est bien invariant par (7.24) :

$$\begin{aligned}\mathbf{\Lambda}(\vec{\boldsymbol{\ell}}) &= \vec{\boldsymbol{\ell}} + 2\delta\alpha[\boldsymbol{K}_2(\vec{\boldsymbol{\ell}}) - \boldsymbol{J}_3(\vec{\boldsymbol{\ell}})] \\ &= \vec{\boldsymbol{\ell}} + 2\delta\alpha\big[\underbrace{\boldsymbol{K}_2(\vec{e}_0)}_{\vec{e}_2} + \underbrace{\boldsymbol{K}_2(\vec{e}_1)}_{0} - \underbrace{\boldsymbol{J}_3(\vec{e}_0)}_{0} - \underbrace{\boldsymbol{J}_3(\vec{e}_1)}_{\vec{e}_2}\big] \;=\; \vec{\boldsymbol{\ell}}.\end{aligned}$$

7.2.4 Lien avec la variation du référentiel local d'un observateur

Il est instructif de faire le lien entre ce qui précède et la loi établie au Chap. 3 pour la variation du référentiel local d'un observateur. Paramétrons en effet le référentiel local d'un observateur $\mathcal{O}$ par le temps propre t de ce dernier : $(\vec{e}_\alpha) = (\vec{e}_\alpha(t))$. Le passage de $(\vec{e}_\alpha(t))$ à $(\vec{e}_\alpha(t+dt))$ le long de la ligne d'univers de $\mathcal{O}$ (*cf.* Fig. 3.13) constitue un changement de base orthonormale de $(E, \boldsymbol{g})$; il lui correspond donc une unique transformation de Lorentz. De plus, cette transformation est infinitésimale. On est donc dans le cas traité au § 7.2.1 :

$$\vec{e}_\alpha(t + dt) = [\mathrm{Id} + dt\,\boldsymbol{L}]\,\vec{e}_\alpha(t), \tag{7.25}$$

dt jouant le rôle du petit paramètre ε et $\boldsymbol{L} \in \mathrm{so}(3,1)$. Notons que $\boldsymbol{L}$ dépend *a priori* de t. On déduit immédiatement de (7.25) que l'opérateur $\boldsymbol{L}$ appliqué à $\vec{e}_\alpha(t)$ n'est autre que la dérivée de $\vec{e}_\alpha(t)$ par rapport à t : $\boldsymbol{L}(\vec{e}_\alpha(t)) = d\vec{e}_\alpha/dt$. L'endomorphisme $\boldsymbol{L}$ est donc complètement déterminé par la formule (3.54) obtenue au Chap. 3 pour $d\vec{e}_\alpha/dt$. En remplaçant la 4-vitesse $\vec{\boldsymbol{u}}$ par $\vec{e}_0$, cette formule donne

$$\boldsymbol{L}(\vec{e}_\alpha) = c(\vec{\boldsymbol{a}} \cdot \vec{e}_\alpha)\,\vec{e}_0 - c(\vec{e}_0 \cdot \vec{e}_\alpha)\,\vec{\boldsymbol{a}} + \vec{\boldsymbol{\omega}} \times_{e_0} \vec{e}_\alpha, \tag{7.26}$$

où $\vec{\boldsymbol{a}}$ est la 4-accélération de l'observateur $\mathcal{O}$ et $\vec{\boldsymbol{\omega}}$ sa 4-rotation. Vérifions que l'opérateur $\boldsymbol{L}$ défini par (7.26) a bien la forme requise pour un élément de l'algèbre de Lie $\mathrm{so}(3,1)$, à savoir qu'on peut le décomposer sur la base des $\boldsymbol{K}_i$ et $\boldsymbol{J}_i$ suivant (7.18). Introduisons les composantes a^i et ω^i des vecteurs $\vec{\boldsymbol{a}}$ et

$\vec{\omega}$ dans la base orthonormale $(\vec{e}_i)$ de $E_{\boldsymbol{e}_0}$[4] : $\vec{a} = a^i \vec{e}_i$ et $\vec{\omega} = \omega^i \vec{e}_i$. À l'aide de (7.19) et (7.20), on peut alors réécrire (7.26) comme

$$\boldsymbol{L}(\vec{e}_\alpha) = -ca^i\, \boldsymbol{\mathcal{J}}_{0i}(\vec{e}_\alpha) + \omega^i \boldsymbol{J}_i(\vec{e}_\alpha).$$

Or d'après (7.21), $-\boldsymbol{\mathcal{J}}_{0i} = \boldsymbol{K}_i$. On obtient ainsi

$$\boldsymbol{L} = ca^i \boldsymbol{K}_i + \omega^i \boldsymbol{J}_i. \tag{7.27}$$

Nous avons donc vérifié que $\boldsymbol{L}$ est bien de la forme (7.18). En reportant ce résultat dans (7.25), il vient

$$\boxed{\vec{e}_\alpha(t+dt) = \left[\mathrm{Id} + dt\, \left(ca^i \boldsymbol{K}_i + \omega^i \boldsymbol{J}_i\right)\right]\, \vec{e}_\alpha(t)}. \tag{7.28}$$

On peut donc réinterpréter la 4-accélération et la 4-rotation de l'observateur $\mathcal{O}$ comme suit : les composantes a^i de la 4-accélération (multipliées par $c\,dt$) ne sont pas autre chose que les coefficients des trois générateurs des transformations de Lorentz spéciales $\boldsymbol{K}_i$ lors du passage de $(\vec{e}_\alpha(t))$ à $(\vec{e}_\alpha(t+dt))$. De même, les composantes ω^i de la 4-rotation (multipliées par dt) sont les coefficients des trois générateurs des rotations spatiales $\boldsymbol{J}_i$ lors du passage de $(\vec{e}_\alpha(t))$ à $(\vec{e}_\alpha(t+dt))$.

7.3 Réduction de O(3,1) à son algèbre de Lie

7.3.1 Application exponentielle

On appelle ***exponentielle*** l'application qui à tout endomorphisme de l'espace vectoriel E, $\boldsymbol{A} \in \mathcal{L}(E)$, associe un endomorphisme inversible, $\exp \boldsymbol{A} \in \mathrm{GL}(E)$, suivant[5]

$$\begin{aligned} \exp : \mathcal{L}(E) &\longrightarrow \mathrm{GL}(E) \\ \boldsymbol{A} &\longmapsto \exp \boldsymbol{A} \; := \mathrm{Id} + \boldsymbol{A} + \frac{1}{2}\boldsymbol{A}\circ\boldsymbol{A} + \frac{1}{6}\boldsymbol{A}\circ\boldsymbol{A}\circ\boldsymbol{A} + \cdots \\ &\qquad\qquad = \sum_{n=0}^{\infty} \frac{1}{n!}\boldsymbol{A}^n, \end{aligned} \tag{7.29}$$

où l'on a noté $\boldsymbol{A}^n := \boldsymbol{A}\circ\cdots\circ\boldsymbol{A}$ (n fois), avec la convention $\boldsymbol{A}^0 = \mathrm{Id}$. Le fait que l'espace d'arrivée soit $\mathrm{GL}(E)$ résulte de la propriété suivante (*cf.* par exemple [295])

$$\forall \boldsymbol{A} \in \mathcal{L}(E), \quad \det(\exp \boldsymbol{A}) = \mathrm{e}^{\mathrm{tr}\boldsymbol{A}}. \tag{7.30}$$

On a donc nécessairement $\det(\exp \boldsymbol{A}) \neq 0$, de sorte que $\exp \boldsymbol{A}$ est toujours inversible.

4. Rappelons que $\vec{a}$ et $\vec{\omega}$ sont tous deux dans l'hyperplan $E_{\boldsymbol{e}_0}$ orthogonal à la 4-vitesse $\vec{u} = \vec{e}_0$ de $\mathcal{O}$.

5. Rappelons que $\mathrm{GL}(E)$ désigne le groupe linéaire de E, formé par l'ensemble des endomorphismes inversibles de E (*cf.* p. 176).

La définition de l'exponentielle s'étend aux matrices des endomorphismes en remplaçant dans (7.29) l'opérateur de composition $\circ$ par la multiplication matricielle. Autrement dit, pour toute matrice A réelle 4×4, on définit l'***exponentielle*** par

$$\exp A := \mathbb{I}_4 + A + \frac{1}{2} A\,A + \frac{1}{6} A\,A\,A + \cdots = \sum_{n=0}^{\infty} \frac{1}{n!} A^n, \tag{7.31}$$

avec $A^n := A \cdots A$ (n fois) et la convention $A^0 = \mathbb{I}_4$ (matrice identité de taille 4). On montre facilement que la série (7.31) est convergente pour toutes les normes matricielles standard (ce qui, soit dit en passant, justifie la convergence de la série (7.29) pour les endomorphismes). Si A est la matrice d'un endomorphisme $\boldsymbol{A}$ dans une base de E, $\exp A$ est la matrice de $\exp \boldsymbol{A}$ dans cette même base. En particulier, $\exp A$ obéit à la formule de changement de base

$$\exp(P\,A\,P^{-1}) = P\,(\exp A)\,P^{-1}, \tag{7.32}$$

où P est n'importe quelle matrice inversible (et représente donc un changement de base). La formule (7.32) découle de l'identité triviale $(P\,A\,P^{-1})^n = P\,A^n\,P^{-1}$ reportée dans (7.31). Une autre propriété utile de l'exponentiation matricielle est qu'elle commute avec la transposition :

$$\exp({}^{\mathrm{t}}A) = {}^{\mathrm{t}}(\exp A). \tag{7.33}$$

À nouveau cela résulte de l'identité triviale $({}^{\mathrm{t}}A)^n = {}^{\mathrm{t}}(A^n)$ reportée dans (7.31). Par ailleurs, si deux matrices commutent, l'exponentielle de leur somme est le produit de leurs exponentielles :

$$A\,B = B\,A \implies \exp(A + B) = \exp A \, \exp B. \tag{7.34}$$

En effet si les matrices commutent, elles se comportent formellement comme des nombres réels et l'on peut développer les termes $(A + B)^n$ de la série (7.31) suivant la formule du binôme. On obtient alors la même propriété que pour l'exponentielle de la somme de deux nombres réels. Une conséquence immédiate de (7.34) avec $B = -A$ est que pour toute matrice A,

$$(\exp A)^{-1} = \exp(-A). \tag{7.35}$$

L'intérêt de l'application exponentielle pour notre propos est qu'elle établit une correspondance entre l'algèbre de Lie du groupe de Lorentz et le groupe de Lorentz restreint :

$$\boxed{\begin{array}{rcl} \exp : \mathrm{so}(3,1) & \longrightarrow & \mathrm{SO}_\mathrm{o}(3,1) \\ \boldsymbol{L} & \longmapsto & \exp \boldsymbol{L} \end{array}}. \tag{7.36}$$

Remarque : La formule (7.2) apparaît comme un cas particulier de la correspondance ci-dessus, à savoir celui où on limite le développement de $\exp(\varepsilon \boldsymbol{L})$ au premier ordre en ε pour obtenir une transformation de Lorentz infinitésimale.

Pour établir (7.36), il faut montrer que pour tout $\boldsymbol{L} \in \mathrm{so}(3,1)$, $\exp \boldsymbol{L} \in \mathrm{SO_o}(3,1)$. Raisonnons sur les matrices. D'après (7.5), la matrice L de $\boldsymbol{L}$ dans une base orthonormale de E vérifie nécessairement $\eta\, L = -{}^{\mathrm{t}}(\eta\, L) = -{}^{\mathrm{t}}L\,{}^{\mathrm{t}}\eta = -{}^{\mathrm{t}}L\,\eta$, puisque la matrice de Minkowski η est symétrique. Comme elle est également son propre inverse, on peut écrire la relation ci-dessus comme $\eta\, L\, \eta = -{}^{\mathrm{t}}L$. En prenant l'exponentielle matricielle, il vient $\exp(\eta\, L\, \eta) = \exp(-{}^{\mathrm{t}}L)$. En réexprimant le membre de gauche *via* (7.32) (car $\eta^{-1} = \eta$) et le membre de droite *via* (7.35), on obtient $\eta\,(\exp L)\,\eta = (\exp {}^{\mathrm{t}}L)^{-1}$, soit

$$(\exp {}^{\mathrm{t}}L)\,\eta\,(\exp L)\,\eta = \mathbb{I}_4.$$

En multipliant à droite par $\eta^{-1} = \eta$ et en utilisant (7.33), il vient finalement

$${}^{\mathrm{t}}(\exp L)\,\eta\, \exp L = \eta.$$

On reconnaît là le critère (6.12) d'appartenance au groupe de Lorentz ; on a donc $\exp \boldsymbol{L} \in \mathrm{O}(3,1)$. Par ailleurs, la formule (7.30) donne $\det(\exp \boldsymbol{L}) = 1$, car $\mathrm{tr}\,\boldsymbol{L} = 0$ pour tout $\boldsymbol{L} \in \mathrm{so}(3,1)$ (*cf.* Éq. (7.14)). On a donc $\exp \boldsymbol{L} \in \mathrm{SO}(3,1)$. Or $\mathrm{SO}(3,1)$ a deux composantes connexes : $\mathrm{SO_o}(3,1)$ et $\mathrm{SO_a}(3,1)$ (*cf.* § 7.1.3). Mais comme $\mathrm{so}(3,1)$ est connexe (car il s'agit d'un espace vectoriel sur $\mathbb{R}$) et que l'application exp est continue, l'image de $\mathrm{so}(3,1)$ par exp doit être connexe, et donc nécessairement contenue dans l'une des deux composantes connexes de $\mathrm{SO}(3,1)$. Puisque l'image de 0 est $\mathrm{Id} \in \mathrm{SO_o}(3,1)$, on en déduit qu'il s'agit de la composante $\mathrm{SO_o}(3,1)$. On a donc

$$\forall \boldsymbol{L} \in \mathrm{so}(3,1), \quad \exp \boldsymbol{L} \in \mathrm{SO_o}(3,1), \tag{7.37}$$

ce qui établit (7.36).

On peut montrer, mais c'est difficile (*cf.* [172]), que l'application (7.36) est surjective. Autrement dit, toute transformation de Lorentz restreinte est l'exponentielle d'un élément de l'algèbre de Lie du groupe de Lorentz.

Remarque : La surjectivité de l'exponentielle est bien connue pour les groupes de Lie connexes et compacts, comme par exemple $\mathrm{SO}(3)$. La difficulté vient de ce que $\mathrm{SO_o}(3,1)$ n'est pas compact. Pour les groupes de Lie non compacts, un résultat classique est que les éléments du groupe sont des produits d'un nombre fini d'exponentielles. Le fait que pour $\mathrm{SO_o}(3,1)$ on puisse réduire ce nombre à un est remarquable. Par ailleurs, l'exponentielle (7.36) n'est pas injective, ainsi que nous le verrons plus bas.

Les différentes structures algébriques et topologiques introduites jusqu'à présents sont représentées sur la Fig. 7.1.

7.3.2 Génération des transformations de Lorentz spéciales

Considérons une transformation de Lorentz spéciale $\boldsymbol{\Lambda}$ de rapidité ψ et de plan Π. Soit $(\vec{e}_\alpha)$ une base orthonormale semi-adaptée à $\boldsymbol{\Lambda}$: $\vec{e}_0 \in \Pi$ (*cf.*

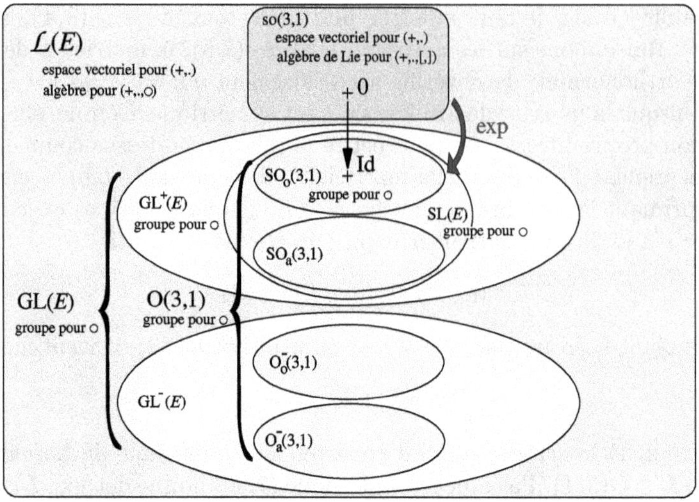

FIG. 7.1 – Le groupe de Lorentz $O(3,1)$ et son algèbre de Lie $so(3,1)$, en tant que sous-ensembles de $\mathcal{L}(E)$, ensemble des endomorphismes de l'espace vectoriel E associé à l'espace-temps de Minkowski $\mathscr{E}$. Pour chaque ensemble, on a indiqué la structure algébrique relative aux lois de composition + (addition), . (multiplication par un nombre réel), ∘ (composition des applications) et [,] (commutateur). $GL(E)$ est le *groupe linéaire de* E, ensemble des applications linéaires inversibles. $GL^+(E)$ est le sous-groupe de $GL(E)$ constitué des endomorphismes de déterminant positif et $GL^-(E)$ la partie de $GL(E)$ constituée des endomorphismes de déterminant négatif. $SL(E)$, le *groupe spécial linéaire de* E, est le sous-groupe de $GL^+(E)$ constitué des endomorphismes de déterminant égal à un. $O(3,1)$ est le *groupe de Lorentz* et $SO_o(3,1)$ le *groupe de Lorentz restreint* (ensemble des transformations de Lorentz propres et orthochrones) ; ce dernier est un sous-groupe de $SL(E)$. $SO_a(3,1)$ est la partie de $O(3,1)$ constituée des transformations de Lorentz propres antichrones, $O_o^-(3,1)$ celle constituée des transformations de Lorentz impropres orthochrones et $O_a^-(3,1)$ celle constituée des transformations de Lorentz impropres antichrones. $so(3,1)$ est l'*algèbre de Lie du groupe de Lorentz* ; c'est un sous-espace vectoriel de $\mathcal{L}(E)$, dont l'image par l'application exponentielle est le groupe de Lorentz restreint $SO_o(3,1)$. En tant qu'espace vectoriel, $so(3,1)$ contient l'élément 0 (application nulle), alors qu'en tant que groupe pour ∘, $SO_o(3,1)$ contient l'élément Id (application identité). Ce dernier est d'ailleurs l'image de 0 par l'exponentielle. En ce qui concerne la topologie, la figure respecte la connexité : $GL(E)$ apparaît avec ses deux composantes connexes : $GL^+(E)$ et $GL^-(E)$ et $O(3,1)$ avec ses quatre composantes connexes : $SO_o(3,1)$, $SO_a(3,1)$, $O_o^-(3,1)$ et $O_a^-(3,1)$. Par contre la compacité n'est pas respectée : aucun des espaces ci-dessus n'est compact, bien qu'ils soient tous représentés par des ellipses ou des rectangles. De même, les dimensions ne sont pas respectées : $\mathcal{L}(E)$ et $so(3,1)$ sont des espaces vectoriels de dimensions respectives 16 et 6 (difficiles à dessiner !). $GL(E)$, $SL(E)$, $O(3,1)$ et $SO_o(3,1)$ sont des groupes de Lie de dimensions respectives 16, 15, 6 et 6.

§ 6.5.2). La vitesse de $\mathbf{\Lambda}$ par rapport à $\vec{e}_0$ est $\vec{V} = V\vec{n} = c\tanh\psi\,\vec{n}$, où $\vec{n} = n^i\,\vec{e}_i$ est un vecteur unitaire dans E_{e_0}. Soit $N \in \mathbb{N} \setminus \{0\}$. Puisque la composée de deux transformations de Lorentz spéciales de même plan Π est une transformation spéciale de plan Π et de rapidité la somme des rapidités individuelles (*cf.* § 6.6.1), on peut écrire

$$\mathbf{\Lambda} = \prod_{p=1}^{N} \mathbf{\Lambda}_{(\delta\psi)}, \tag{7.38}$$

où $\delta\psi := \psi/N$ et $\mathbf{\Lambda}_{(\delta\psi)}$ désigne la transformation de Lorentz spéciale de plan Π et de rapidité $\delta\psi$. Lorsque $N \to +\infty$, $\mathbf{\Lambda}_{(\delta\psi)}$ est une transformation infinitésimale ; elle est donc de la forme (7.23) :

$$\mathbf{\Lambda}_{(\delta\psi)} = \mathrm{Id} + \delta\psi\, n^i \boldsymbol{K}_i = \exp(\delta\psi\, n^i \boldsymbol{K}_i).$$

La deuxième égalité, où nous avons fait apparaître l'exponentielle, est valable au premier ordre en $\delta\psi$. La relation (7.38) devient alors

$$\mathbf{\Lambda} = \prod_{p=1}^{N} \exp(\delta\psi\, n^i \boldsymbol{K}_i).$$

Or, l'opérateur $\delta\psi\, n^i \boldsymbol{K}_i$ commutant avec lui-même, on peut appliquer la formule (7.34) et écrire le produit des exponentielles comme l'exponentielle de la somme. Puisque $\sum_{p=1}^{N} \delta\psi\, n^i \boldsymbol{K}_i = N\delta\psi\, n^i \boldsymbol{K}_i = \psi\, n^i \boldsymbol{K}_i$, on obtient ainsi

$$\boxed{\mathbf{\Lambda} = \exp(\psi\, n^i \boldsymbol{K}_i)}. \tag{7.39}$$

Cette égalité montre que les endomorphismes $\boldsymbol{K}_i$ de so(3, 1) génèrent non seulement les transformations de Lorentz spéciales infinitésimales, ainsi que nous l'avons vu au § 7.2.3, mais, *via* la fonction exponentielle, *toutes* les transformations de Lorentz spéciales. Ils méritent donc bien le nom de *générateurs du groupe de Lorentz* (sans faire mention du caractère infinitésimal) que nous leur avons donné au § 7.2.3.

Remarque : Dans le cas où $\vec{n}$ est l'un des vecteurs $\vec{e}_i$, par exemple $\vec{n} = \vec{e}_1$, on peut établir la relation (7.39) en calculant directement l'exponentielle de la matrice ψK_1, suivant la définition (7.31), sans passer par des transformations infinitésimales. Il suffit de remarquer pour que, pour $n > 0$, $(K_1)^n = (K_1)^2$ si n est pair et $(K_1)^n = K_1$ si n est impair, avec $(K_1)^2 = \mathrm{diag}(1, 1, 0, 0)$. Cela simplifie grandement la série (7.31), qui devient

$$\exp(\psi K_1) = \mathbb{I}_4 + \sum_{p=0}^{\infty} \left[\frac{\psi^{2p+1}}{(2p+1)!} K_1 + \frac{\psi^{2p+2}}{(2p+2)!} (K_1)^2 \right]$$

$$= \begin{pmatrix} \sum\limits_{p=0}^{\infty} \frac{\psi^{2p}}{(2p)!} & \sum\limits_{p=0}^{\infty} \frac{\psi^{2p+1}}{(2p+1)!} & 0 & 0 \\ \sum\limits_{p=0}^{\infty} \frac{\psi^{2p+1}}{(2p+1)!} & \sum\limits_{p=0}^{\infty} \frac{\psi^{2p}}{(2p)!} & 0 & 0 \\ 0 & 0 & 1 & 0 \\ 0 & 0 & 0 & 1 \end{pmatrix}.$$

On reconnaît dans cette expression les développements en série des fonctions $\cosh \psi$ et $\sinh \psi$. En comparant avec (6.43), on conclut que $\exp(\psi \boldsymbol{K}_1)$ est la transformation de Lorentz spéciale de rapidité ψ et de plan $\Pi = \mathrm{Vect}(\vec{e}_0, \vec{e}_1)$, ce qui établit (7.39) pour $(n^i) = (1, 0, 0)$.

7.3.3 Génération des rotations spatiales

Considérons à présent une rotation spatiale $\boldsymbol{R}$ telle que $\boldsymbol{R}(\vec{e}_0) = \vec{e}_0$. Soit $\varphi \in [0, 2\pi[$ l'angle de $\boldsymbol{R}$ et $\vec{n}$ le vecteur unitaire définissant l'axe de $\boldsymbol{R}$ dans $E_{\boldsymbol{e}_0}$. La composée de deux rotations laissant invariant $\vec{e}_0$ et ayant le même axe $\vec{n}$ étant une rotation du même type, on peut écrire, pour $N \in \mathbb{N} \setminus \{0\}$,

$$\boldsymbol{R} = \prod_{p=1}^{N} \boldsymbol{R}_{(\delta\varphi)},$$

où $\delta\varphi := \varphi/N$ et $\boldsymbol{R}_{(\delta\varphi)}$ désigne la rotation d'angle $\delta\varphi$ autour de $\vec{n}$ dans $E_{\boldsymbol{e}_0}$. Le raisonnement est alors en tout point similaire à celui du § 7.3.2, en partant de l'expression (7.22) d'une rotation infinitésimale. On obtient ainsi

$$\boxed{\boldsymbol{R} = \exp(\varphi\, n^i \boldsymbol{J}_i)}. \tag{7.40}$$

Ainsi les endomorphismes $\boldsymbol{J}_i$ de so(3, 1) génèrent non seulement les rotations infinitésimales, ainsi que nous l'avons vu au § 7.2.3, mais, *via* la fonction exponentielle, *toutes* les rotations spatiales[6]. Ils méritent donc bien le nom de *générateurs du groupe de Lorentz* (sans faire mention du caractère infinitésimal) que nous leur avons donné au § 7.2.3.

Remarque 1 : L'écriture (7.40), que l'on peut expliciter sous la forme

$$\boldsymbol{R} = \exp(\varphi_1 \boldsymbol{J}_1 + \varphi_2 \boldsymbol{J}_2 + \varphi_3 \boldsymbol{J}_3),$$

avec $\varphi_i := \varphi n^i$, ne signifie pas que $\boldsymbol{R}$ est le produit de trois rotations d'angles φ_1, φ_2 et φ_3, c'est-à-dire se décompose en une rotation d'angle φ_3 dans le

6. Ce résultat traduit en fait la surjectivité de l'exponentielle dans le cas du groupe de Lie SO(3), qui est connexe et compact, *cf.* la remarque faite au § 7.3.1.

plan Vect($\vec{e}_1, \vec{e}_2$), suivie d'une rotation d'angle φ_2 dans le plan Vect($\vec{e}_3, \vec{e}_1$) et d'une rotation d'angle φ_1 dans le plan Vect($\vec{e}_2, \vec{e}_3$). En effet, en général,

$$\exp(\varphi_1 \boldsymbol{J}_1 + \varphi_2 \boldsymbol{J}_2 + \varphi_3 \boldsymbol{J}_3) \neq \exp(\varphi_1 \boldsymbol{J}_1) \circ \exp(\varphi_2 \boldsymbol{J}_2) \circ \exp(\varphi_3 \boldsymbol{J}_3),$$

car les endomorphismes $\boldsymbol{J}_1$, $\boldsymbol{J}_2$ et $\boldsymbol{J}_3$ ne commutent pas, de sorte que l'on ne peut pas appliquer la formule (7.34) réduisant l'exponentielle d'une somme au produit des exponentielles.

Remarque 2 : On peut faire la même remarque qu'au § 7.3.2 et établir la formule (7.40) directement à partir de la définition (7.31) de l'exponentielle, dans le cas particulier où, par exemple $\vec{n} = \vec{e}_1$. Il suffit de remarquer que $(J_1)^2 = -(J_1)^4$ et $(J_1)^3 = -J_1$, avec $(J_1)^4 = \mathrm{diag}(0, 0, 1, 1)$. On reconnaît alors dans l'expression de la matrice $\exp(\varphi J_1)$ les développements en série de $\cos\varphi$ et $\sin\varphi$. La comparaison avec (6.39) établit (7.40), dans le cas où $(n^i) = (1, 0, 0)$.

7.3.4 Constantes de structure

On a mentionné plus haut que le groupe de Lorentz restreint $\mathrm{SO_o}(3,1)$ est entièrement généré, *via* l'application exponentielle, par l'algèbre de Lie so(3, 1) (§ 7.3.1). On l'a même vu explicitement pour les transformation de Lorentz spéciales (§ 7.3.2) et les rotations spatiales (§ 7.3.3). Qu'en est-il de la loi de groupe de $\mathrm{SO_o}(3,1)$? En d'autres termes, existe-t-il une correspondance simple entre la composition de deux éléments $\boldsymbol{\Lambda}_1$ et $\boldsymbol{\Lambda}_2$ de $\mathrm{SO_o}(3,1)$ et une opération dans l'algèbre de Lie so(3, 1) ? D'après la surjectivité de l'exponentielle (7.36) (*cf.* § 7.3.1), on peut toujours trouver deux éléments $\boldsymbol{L}_1$ et $\boldsymbol{L}_2$ de so(3, 1) tels que $\boldsymbol{\Lambda}_1 = \exp \boldsymbol{L}_1$ et $\boldsymbol{\Lambda}_2 = \exp \boldsymbol{L}_2$. Si $\boldsymbol{L}_1$ et $\boldsymbol{L}_2$ commutent la réponse à la question soulevée ci-dessus est simple : on déduit en effet immédiatement de (7.34) que

$$[\boldsymbol{L}_1, \boldsymbol{L}_2] = 0 \implies \boldsymbol{\Lambda}_1 \circ \boldsymbol{\Lambda}_2 = \exp(\boldsymbol{L}_1 + \boldsymbol{L}_2). \tag{7.41}$$

Ainsi dans ce cas, la loi de composition $\circ$ se réduit à une simple addition dans l'algèbre de Lie so(3, 1).

Dans le cas général, la réponse est donnée par la ***formule de Baker-Campbell-Hausdorff*** :

$$\boxed{\boldsymbol{\Lambda}_1 \circ \boldsymbol{\Lambda}_2 = \exp\left(\boldsymbol{L}_1 + \boldsymbol{L}_2 + \frac{1}{2}[\boldsymbol{L}_1, \boldsymbol{L}_2] + \frac{1}{12}[\boldsymbol{L}_1, [\boldsymbol{L}_1, \boldsymbol{L}_2]] - \frac{1}{12}[\boldsymbol{L}_2, [\boldsymbol{L}_1, \boldsymbol{L}_2]] + \cdots\right)}. \tag{7.42}$$

Les termes suivants sont compliqués mais sont tous formés de commutateurs emboîtés, du type $[\boldsymbol{L}_a, [\boldsymbol{L}_b, \ldots [\boldsymbol{L}_1, \boldsymbol{L}_2] \ldots]]$ $(a, b = 1, 2)$. La démonstration de cette formule peut être trouvée dans les ouvrages [180] et [295]. Même si elle est complexe, la formule de Baker-Campbell-Hausdorff montre que le produit de deux éléments du groupe de Lorentz restreint $\mathrm{SO_o}(3,1)$ s'exprime entièrement à l'aide du commutateur et de l'addition dans l'algèbre de Lie so(3, 1). Autrement dit, toute l'information sur la loi de groupe de $\mathrm{SO_o}(3,1)$

est codée dans l'algèbre de Lie so(3, 1), dont la structure (espace vectoriel + crochet de Lie) est plus simple que celle du groupe $\mathrm{SO_o}(3,1)$.

Remarque : Nous avions déjà remarqué au § 7.2.2 que, dans le cas des transformations de Lorentz infinitésimales, le commutateur de deux éléments du groupe $\mathrm{SO_o}(3,1)$ était entièrement défini par le commutateur de l'algèbre de Lie so(3, 1) (formule (7.13)).

Considérons les générateurs du groupe de Lorentz associés à une base orthonormale $(\vec{e}_\alpha)$ de E et notons-les $\boldsymbol{G}_a$ avec $a \in \{1,2,3,4,5,6\}$, suivant

$$\boldsymbol{G}_1 := \boldsymbol{K}_1, \quad \boldsymbol{G}_2 := \boldsymbol{K}_2, \quad \boldsymbol{G}_3 := \boldsymbol{K}_3, \quad \boldsymbol{G}_4 := \boldsymbol{J}_1, \quad \boldsymbol{G}_5 := \boldsymbol{J}_2, \quad \boldsymbol{G}_6 := \boldsymbol{J}_6. \tag{7.43}$$

Le 6-uplet $(\boldsymbol{G}_a)$ constitue alors une base de l'espace vectoriel so(3, 1) et en vertu de la bilinéarité du crochet de Lie, le calcul de $[\boldsymbol{L}_1, \boldsymbol{L}_2]$ se réduit au calcul des crochets de Lie des générateurs, à savoir $[\boldsymbol{G}_a, \boldsymbol{G}_b]$. Le développement de ces derniers sur la base $(\boldsymbol{G}_a)$ définit $6^3 = 216$ nombres réels ${C_{ab}}^c$ suivant

$$[\boldsymbol{G}_a, \boldsymbol{G}_b] = \sum_{c=1}^{6} {C_{ab}}^c \, \boldsymbol{G}_c. \tag{7.44}$$

Les coefficients ${C_{ab}}^c$ sont appelés ***constantes de structure*** du groupe de Lorentz. Grâce à la formule de Baker-Campbell-Hausdorff (7.42), toute l'information sur la loi du groupe $\mathrm{SO_o}(3,1)$ est contenue dans ces nombres, d'où leur nom.

En utilisant les formes explicites (7.15)–(7.17) des générateurs, on obtient les valeurs suivantes pour les crochets de Lie des générateurs du groupe de Lorentz :

$$\boxed{\begin{aligned} [\boldsymbol{K}_i, \boldsymbol{K}_j] &= -\sum_{k=1}^{3} \epsilon_{ijk} \, \boldsymbol{J}_k \\ [\boldsymbol{K}_i, \boldsymbol{J}_j] &= -\sum_{k=1}^{3} \epsilon_{ijk} \, \boldsymbol{K}_k \\ [\boldsymbol{J}_i, \boldsymbol{J}_j] &= \sum_{k=1}^{3} \epsilon_{ijk} \, \boldsymbol{J}_k, \end{aligned}} \tag{7.45}$$

où ϵ_{ijk} désigne le symbole totalement antisymétrique à trois indices : $\epsilon_{ijk} = 0$ si deux des indices i, j et k sont égaux, $\epsilon_{ijk} = 1$ si (i, j, k) est une permutation circulaire de $(1, 2, 3)$ et $\epsilon_{ijk} = -1$ sinon. On constate sur (7.45) que les constantes de structure du groupe de Lorentz sont très simples : ${C_{ab}}^c = 0$, 1 ou -1.

Remarque : Bien que les membres de droite des formules (7.45) soient écrits à l'aide d'une somme sur l'indice k, ils sont en réalité toujours limités à un seul terme, en raison de l'antisymétrie de ϵ_{ijk}. On obtient ainsi explicitement

$$\begin{aligned}
&[\boldsymbol{K}_1, \boldsymbol{K}_2] = -\boldsymbol{J}_3, && [\boldsymbol{K}_2, \boldsymbol{K}_3] = -\boldsymbol{J}_1, && [\boldsymbol{K}_3, \boldsymbol{K}_1] = -\boldsymbol{J}_2,\\
&[\boldsymbol{K}_1, \boldsymbol{J}_2] = -\boldsymbol{K}_3, && [\boldsymbol{K}_2, \boldsymbol{J}_3] = -\boldsymbol{K}_1, && [\boldsymbol{K}_3, \boldsymbol{J}_1] = -\boldsymbol{K}_2,\\
&[\boldsymbol{J}_1, \boldsymbol{K}_2] = -\boldsymbol{K}_3, && [\boldsymbol{J}_2, \boldsymbol{K}_3] = -\boldsymbol{K}_1, && [\boldsymbol{J}_3, \boldsymbol{K}_1] = -\boldsymbol{K}_2,\\
&[\boldsymbol{J}_1, \boldsymbol{J}_2] = \boldsymbol{J}_3, && [\boldsymbol{J}_2, \boldsymbol{J}_3] = \boldsymbol{J}_1, && [\boldsymbol{J}_3, \boldsymbol{J}_1] = \boldsymbol{J}_2.
\end{aligned} \tag{7.46}$$

La première équation de (7.45) montre que le crochet de Lie de deux générateurs des transformations de Lorentz spéciales est un générateur des rotations spatiales. Cette propriété est intimement liée à la rotation de Thomas discutée au § 6.6. En effet, considérons deux transformations de Lorentz spéciales $\boldsymbol{\Lambda}_1$ et $\boldsymbol{\Lambda}_2$, de rapidités ψ_1 et ψ_2. Si $\boldsymbol{\Lambda}_1$ et $\boldsymbol{\Lambda}_2$ sont de même plan, par exemple $\mathrm{Vect}(\vec{e}_0, \vec{e}_1)$, alors d'après (7.39), $\boldsymbol{\Lambda}_1 = \exp(\psi_1 \boldsymbol{K}_1)$ et $\boldsymbol{\Lambda}_2 = \exp(\psi_2 \boldsymbol{K}_1)$. Puisqu'évidemment $[\boldsymbol{K}_1, \boldsymbol{K}_1] = 0$, on peut appliquer la formule (7.41) et conclure que $\boldsymbol{\Lambda}_1 \circ \boldsymbol{\Lambda}_2 = \exp((\psi_1 + \psi_2)\boldsymbol{K}_1)$. Ainsi l'application composée $\boldsymbol{\Lambda}_1 \circ \boldsymbol{\Lambda}_2$ est une transformation de Lorentz spéciale, de même plan que $\boldsymbol{\Lambda}_1$ et $\boldsymbol{\Lambda}_2$ et de rapidité $\psi_1 + \psi_2$. On retrouve donc le résultat du § 6.6.1. Par contre, si $\boldsymbol{\Lambda}_1$ et $\boldsymbol{\Lambda}_2$ ne sont pas de même plan, par exemple si $\boldsymbol{\Lambda}_1 = \exp(\psi_1 \boldsymbol{K}_1)$ et $\boldsymbol{\Lambda}_2 = \exp(\psi_2 \boldsymbol{K}_2)$, il faut utiliser la formule de Baker-Campbell-Hausdorff (7.42) pour évaluer le produit $\boldsymbol{\Lambda}_2 \circ \boldsymbol{\Lambda}_1$, en y faisant $\boldsymbol{L}_1 := \psi_1 \boldsymbol{K}_1$ et $\boldsymbol{L}_2 := \psi_2 \boldsymbol{K}_2$. Puisque d'après (7.46), $[\boldsymbol{K}_1, \boldsymbol{K}_2] = -\boldsymbol{J}_3$, $[\boldsymbol{K}_1, [\boldsymbol{K}_1, \boldsymbol{K}_2]] = -[\boldsymbol{K}_1, \boldsymbol{J}_3] = -\boldsymbol{K}_2$ et $[\boldsymbol{K}_2, [\boldsymbol{K}_1, \boldsymbol{K}_2]] = -[\boldsymbol{K}_2, \boldsymbol{J}_3] = \boldsymbol{K}_1$, (7.42) conduit à

$$\boldsymbol{\Lambda}_1 \circ \boldsymbol{\Lambda}_2 = \exp\left(\psi_1 \boldsymbol{K}_1 + \psi_2 \boldsymbol{K}_2 - \frac{1}{2}\psi_1\psi_2 \boldsymbol{J}_3 - \frac{1}{12}\psi_1^2\psi_2 \boldsymbol{K}_2 - \frac{1}{12}\psi_1\psi_2^2 \boldsymbol{K}_1 + \cdots\right). \tag{7.47}$$

La présence de $\boldsymbol{J}_3$ dans cette expression signifie que le produit $\boldsymbol{\Lambda}_1 \circ \boldsymbol{\Lambda}_2$ contient une rotation spatiale ; c'est la rotation de Thomas.

Note historique : *C'est Sophus Lie*[7] *qui a montré comment réduire l'étude des groupes continus de transformations (aujourd'hui appelés* groupes de Lie*) à celle de leur algèbre de Lie. Dans le cas particulier du groupe de Lorentz, les générateurs ont été exhibés en 1905 par Henri Poincaré (*cf. *p. 25), dans son fameux « mémoire de Palerme » [333].*

7. **Sophus Lie** (1842–1899) : Mathématicien norvégien, essentiellement connu pour avoir fondé la théorie des groupes qui portent son nom. Adolescent, il se destinait à une carrière militaire, mais sa forte myopie l'en empêcha et il opta pour une carrière universitaire ! C'est lors d'un séjour à Paris en 1870, au contact de Camille Jordan, qu'il entreprit l'étude des groupes continus de transformations. Après la déclaration de guerre à la Prusse, il fut arrêté par la police française comme espion allemand, ses notes mathématiques ayant été prises pour des messages codés ! Il fut libéré grâce à l'intervention du mathématicien Gaston Darboux.

7.4 Liens entre le groupe de Lorentz et SL(2,C)

Il existe un lien intime entre le groupe de Lorentz restreint $SO_o(3,1)$ et le ***groupe spécial linéaire*** $SL(2,\mathbb{C})$, ce dernier étant l'ensemble des matrices carrées complexes de taille 2 et de déterminant 1 muni de la loi de multiplication matricielle[8] :

$$\boxed{SL(2,\mathbb{C}) := \{A \in Mat(2,\mathbb{C}),\ \det A = 1\}}.$$

Il est clair qu'il s'agit d'un groupe. De plus c'est un groupe de Lie, de même dimension sur $\mathbb{R}$ que le groupe de Lorentz, à savoir 6. En effet $Mat(2,\mathbb{C})$ est une variété de dimension 8 sur $\mathbb{R}$ (il faut quatre nombres complexes pour former une matrice 2×2, chacun étant décomposable en deux nombres réels) et la condition $\det A = 1$, qui est une égalité entre deux nombres complexes, fixe deux degrés de liberté réels. La correspondance entre $SL(2,\mathbb{C})$ et $SO_o(3,1)$ s'effectue par le biais de l'*application spineur*. Commençons donc par introduire cette dernière.

7.4.1 L'application spineur

Pour construire l'application spineur, considérons l'ensemble des matrices 2×2 à coefficients complexes qui sont ***hermitiennes*** (on dit aussi ***auto-adjointes***) :

$$Herm(2,\mathbb{C}) := \{H \in Mat(2,\mathbb{C}),\ H^\dagger = H\}, \tag{7.48}$$

où $H^\dagger := {}^t\bar{H}$, c'est-à-dire la transposée de la matrice formée en prenant le complexe conjugué (noté ici par une barre) de chaque coefficient de H. En explicitant H en fonction de ses coefficients : $H = (H_{ab})_{1\leq a,b\leq 2}$, il est facile de voir que

$$H = \begin{pmatrix} H_{11} & H_{12} \\ H_{21} & H_{22} \end{pmatrix} \in Herm(2,\mathbb{C}) \iff \begin{cases} H_{11} \in \mathbb{R}, \quad H_{22} \in \mathbb{R} \\ H_{21} = \bar{H}_{12}. \end{cases} \tag{7.49}$$

On en déduit immédiatement que pour tout $\lambda \in \mathbb{R}$ et tout couple (H, H') de matrices hermitiennes, $\lambda H + H' \in Herm(2,\mathbb{C})$. $Herm(2,\mathbb{C})$ est donc un espace vectoriel sur[9] $\mathbb{R}$. Sa dimension est 4 : (7.49) fournit quatre conditions indépendantes sur les huit réels qu'il faut pour former une matrice de $Herm(2,\mathbb{C})$. Plus précisément, au vu de (7.49), on peut représenter H de manière unique par un quadruplet $(v^0, v^1, v^2, v^3) \in \mathbb{R}^4$ défini par $v^0 := (H_{11} + H_{22})/2$, $v^1 := \mathrm{Re}\, H_{12} = \mathrm{Re}\, H_{21}$, $v^2 := -\mathrm{Im}\, H_{12} = \mathrm{Im}\, H_{21}$ et $v^3 := (H_{11} - H_{22})/2$. Il vient ainsi

$$\boxed{H = \begin{pmatrix} v^0 + v^3 & v^1 - \mathrm{i}v^2 \\ v^1 + \mathrm{i}v^2 & v^0 - v^3 \end{pmatrix}}, \quad (v^0, v^1, v^2, v^3) \in \mathbb{R}^4. \tag{7.50}$$

8. $Mat(2,\mathbb{C})$ désigne l'ensemble des matrices 2×2 à coefficients complexes.

9. Mais pas sur $\mathbb{C}$ puisque multiplier H_{11} par $\lambda = \mathrm{i}$ ne permettrait pas de vérifier la première condition dans (7.49).

On en déduit qu'une base de $\mathrm{Herm}(2,\mathbb{C})$ est formée par les quatre matrices[10]

$$\boxed{\sigma_0 := \mathbb{I}_2,\ \sigma_1 := \begin{pmatrix} 0 & 1 \\ 1 & 0 \end{pmatrix},\ \sigma_2 := \begin{pmatrix} 0 & -\mathrm{i} \\ \mathrm{i} & 0 \end{pmatrix},\ \sigma_3 := \begin{pmatrix} 1 & 0 \\ 0 & -1 \end{pmatrix}}, \tag{7.51}$$

l'écriture (7.50) étant équivalente à

$$H = v^0\sigma_0 + v^1\sigma_1 + v^2\sigma_2 + v^3\sigma_3. \tag{7.52}$$

σ_1, σ_2 et σ_3 sont appelées ***matrices de Pauli*** (*cf.* p. 535).

Au vu de (7.50) et (7.52), on peut alors définir un isomorphisme* entre l'espace vectoriel E associé à l'espace-temps de Minkowski et $\mathrm{Herm}(2,\mathbb{C})$ comme suit. Fixons une base orthonormale de $(E, \boldsymbol{g})$, $(\vec{\boldsymbol{e}}_\alpha)$ et posons

$$\boxed{\begin{array}{rrcl} \mathscr{H} : & E & \longrightarrow & \mathrm{Herm}(2,\mathbb{C}) \\ & \vec{\boldsymbol{v}} = v^\alpha \vec{\boldsymbol{e}}_\alpha & \longmapsto & H = v^\alpha \sigma_\alpha . \end{array}} \tag{7.53}$$

On fait ainsi correspondre à tout vecteur $\vec{\boldsymbol{v}} \in E$ la matrice hermitienne (7.50) formée à partir des composantes (v^α) de $\vec{\boldsymbol{v}}$. Il est clair que $\mathscr{H}$ est un isomorphisme d'espace vectoriel, $(\vec{\boldsymbol{e}}_\alpha)$ et (σ_α) étant des bases de E et $\mathrm{Herm}(2,\mathbb{C})$. Une propriété importante de cet isomorphisme est

$$\forall \vec{\boldsymbol{v}} \in E, \quad \boxed{\det \mathscr{H}(\vec{\boldsymbol{v}}) = -\vec{\boldsymbol{v}} \cdot \vec{\boldsymbol{v}}}. \tag{7.54}$$

En effet, d'après (7.50), $\det H = (v^0)^2 - (v^1)^2 - (v^2)^2 - (v^3)^2$ et la base $(\vec{\boldsymbol{e}}_\alpha)$ étant orthonormale, $\vec{\boldsymbol{v}} \cdot \vec{\boldsymbol{v}} = -(v^0)^2 + (v^1)^2 + (v^2)^2 + (v^3)^2$.

Le groupe $\mathrm{SL}(2,\mathbb{C})$ agit sur l'espace vectoriel $\mathrm{Herm}(2,\mathbb{C})$ *via* l'opération

$$\boxed{\begin{array}{lrcl} \forall A \in \mathrm{SL}(2,\mathbb{C}), & \Phi_A : \mathrm{Herm}(2,\mathbb{C}) & \longrightarrow & \mathrm{Herm}(2,\mathbb{C}) \\ & H & \longmapsto & A\,H\,A^\dagger . \end{array}} \tag{7.55}$$

Cette application est bien définie, c'est-à-dire Φ_A est à valeurs dans $\mathrm{Herm}(2,\mathbb{C})$ car, en vertu de la propriété $(A\,B)^\dagger = B^\dagger\,A^\dagger$,

$$(A\,H\,A^\dagger)^\dagger = (H\,A^\dagger)^\dagger\,A^\dagger = (\underbrace{A^{\dagger\dagger}}_{A}\ \underbrace{H^\dagger}_{H})\,A^\dagger = A\,H\,A^\dagger .$$

Par ailleurs, pour tout $A \in \mathrm{SL}(2,\mathbb{C})$, Φ_A est un automorphisme* de l'espace vectoriel $\mathrm{Herm}(2,\mathbb{C})$: Φ_A est clairement une application linéaire et de plus elle est bijective :

$$\forall (H, H') \in \mathrm{Herm}(2,\mathbb{C})^2, \quad A\,H\,A^\dagger = H' \iff H = A^{-1}\,H'\,(A^\dagger)^{-1}.$$

10. $\mathbb{I}_2 := \mathrm{diag}(1,1)$ est la matrice identité de taille 2.

Grâce à l'isomorphisme $\mathscr{H}$ entre les espaces vectoriels E et $\mathrm{Herm}(2,\mathbb{C})$ défini par (7.53), on peut associer à chaque Φ_A un automorphisme $\mathbf{\Lambda}_A$ de E. Cela revient à poser

$$\mathbf{\Lambda}_A := \mathscr{H}^{-1} \circ \Phi_A \circ \mathscr{H}. \tag{7.56}$$

Explicitement, si $\vec{\boldsymbol{v}} \in E$ et $H := \mathscr{H}(\vec{\boldsymbol{v}})$, $\mathbf{\Lambda}_A(\vec{\boldsymbol{v}})$ est le vecteur de E tel que $H' := \mathscr{H}(\mathbf{\Lambda}_A(\vec{\boldsymbol{v}})) = A\,H\,A^\dagger$. On a alors

$$\det H' = \underbrace{(\det A)}_{1}(\det H)\underbrace{(\det A^\dagger)}_{1} = \det H.$$

D'après la propriété (7.54), on en déduit que $\mathbf{\Lambda}_A(\vec{\boldsymbol{v}}) \cdot \mathbf{\Lambda}_A(\vec{\boldsymbol{v}}) = \vec{\boldsymbol{v}} \cdot \vec{\boldsymbol{v}}$, ce qui montre que $\mathbf{\Lambda}_A$ est une transformation de Lorentz. Montrons qu'il s'agit en fait d'une transformation de Lorentz restreinte, c'est-à-dire qu'elle est propre et orthochrone (*cf.* (6.18)). À cette fin évaluons la matrice de $\mathbf{\Lambda}_A$ en fonction des coefficients de la matrice A :

$$A = \begin{pmatrix} \alpha & \beta \\ \gamma & \delta \end{pmatrix}, \quad \text{avec } (\alpha,\beta,\gamma,\delta) \in \mathbb{C}^4 \quad \text{et} \quad \alpha\delta - \beta\gamma = 1, \tag{7.57}$$

la dernière condition reflétant l'appartenance de A à $\mathrm{SL}(2,\mathbb{C})$: $\det A = 1$. En vertu de l'isomorphisme $\mathscr{H}$, la matrice $(\Lambda_A)^\alpha{}_\beta$ de $\mathbf{\Lambda}_A$ dans la base $(\vec{\boldsymbol{e}}_\alpha)$ de E est identique à la matrice de Φ_A dans la base (σ_α) de $\mathrm{Herm}(2,\mathbb{C})$. Cette dernière s'obtient en effectuant les deux multiplications matricielles qui apparaissent dans (7.55), à partir des expressions (7.50) de H et (7.57) de A. En utilisant (7.50) pour déterminer les composantes (v'^α) du résultat dans la base (σ_α), on obtient

$$(\Lambda_A)^\alpha{}_\beta = \frac{1}{2}\begin{pmatrix} \alpha\bar\alpha+\beta\bar\beta+\gamma\bar\gamma+\delta\bar\delta & \alpha\bar\beta+\bar\alpha\beta+\gamma\bar\delta+\bar\gamma\delta & \mathrm{i}(\bar\alpha\beta-\alpha\bar\beta+\bar\gamma\delta-\gamma\bar\delta) & \alpha\bar\alpha-\beta\bar\beta+\gamma\bar\gamma-\delta\bar\delta \\ \alpha\bar\gamma+\bar\alpha\gamma+\beta\bar\delta+\bar\beta\delta & \alpha\bar\delta+\bar\alpha\delta+\beta\bar\gamma+\bar\beta\gamma & \mathrm{i}(\beta\bar\gamma-\bar\beta\gamma-\alpha\bar\delta+\bar\alpha\delta) & \alpha\bar\gamma+\bar\alpha\gamma-\beta\bar\delta-\bar\beta\delta \\ \mathrm{i}(\alpha\bar\gamma-\bar\alpha\gamma+\beta\bar\delta-\bar\beta\delta) & \mathrm{i}(\beta\bar\gamma-\bar\beta\gamma+\alpha\bar\delta-\bar\alpha\delta) & \alpha\bar\delta+\bar\alpha\delta-\beta\bar\gamma-\bar\beta\gamma & \mathrm{i}(\alpha\bar\gamma-\bar\alpha\gamma+\bar\beta\delta-\beta\bar\delta) \\ \alpha\bar\alpha+\beta\bar\beta-\gamma\bar\gamma-\delta\bar\delta & \alpha\bar\beta+\bar\alpha\beta-\gamma\bar\delta-\bar\gamma\delta & \mathrm{i}(\bar\alpha\beta-\alpha\bar\beta-\bar\gamma\delta+\gamma\bar\delta) & \alpha\bar\alpha-\beta\bar\beta-\gamma\bar\gamma+\delta\bar\delta \end{pmatrix}. \tag{7.58}$$

On vérifie que pour chaque (α,β), $(\Lambda_A)^\alpha{}_\beta \in \mathbb{R}$, comme il se doit. Par exemple, $(\Lambda_A)^0{}_1 = \mathrm{Re}(\alpha\bar\beta + \gamma\bar\delta)$ et $(\Lambda_A)^0{}_2 = \mathrm{Im}(\alpha\bar\beta + \gamma\bar\delta)$. De plus, on a

$$(\Lambda_A)^0{}_0 = \frac{1}{2}\left(\alpha\bar\alpha + \beta\bar\beta + \gamma\bar\gamma + \delta\bar\delta\right) = \frac{1}{2}\left(|\alpha|^2 + |\beta|^2 + |\gamma|^2 + |\delta|^2\right) > 0,$$

ce qui montre que $\mathbf{\Lambda}_A$ est une transformation de Lorentz orthochrone (*cf.* § 6.2.2). Il reste à établir que $\mathbf{\Lambda}_A$ est une transformation de Lorentz propre, c'est-à-dire que $\det \mathbf{\Lambda}_A = 1$. On peut calculer directement le déterminant de la matrice $(\Lambda_A)^\alpha{}_\beta$ exhibée ci-dessus, mais il faut bien avouer qu'on n'en a pas trop envie... Une autre voie consiste à écrire la relation (7.50) sous la forme $h = T\,v$, où $h = (H_{11}, H_{12}, H_{21}, H_{22})$, $v = (v^0, v^1, v^2, v^3)$ et T désigne la matrice

$$T^\alpha{}_\beta = (\sigma_\beta)_{ab} = \begin{pmatrix} 1 & 0 & 0 & 1 \\ 0 & 1 & -\mathrm{i} & 0 \\ 0 & 1 & \mathrm{i} & 0 \\ 1 & 0 & 0 & -1 \end{pmatrix}, \tag{7.59}$$

où $(a,b) = (1,1), (1,2), (2,1)$ et $(2,2)$ pour respectivement $\alpha = 0, 1, 2$ et 3. En faisant $H = v^\mu \sigma_\mu$ et $H' = v'^\mu \sigma_\mu = (\Lambda_A)^\mu{}_\nu v^\nu \sigma_\mu$ dans la relation $H' = A\,H\,A^\dagger$ et en identifiant les coefficients de v^α, on obtient quatre identités matricielles 2×2 :

$$(\Lambda_A)^\mu{}_\alpha \sigma_\mu = A\,\sigma_\alpha\,A^\dagger, \qquad 0 \le \alpha \le 3.$$

Grâce à (7.59) et $A^\dagger = {}^{\mathrm{t}}\bar{A}$, on transforme aisément ces quatre identités en une unique relation matricielle 4×4 :

$$T\,\Lambda_A = (A \otimes \bar{A})\,T, \tag{7.60}$$

où $A \otimes \bar{A}$ désigne le ***produit de Kronecker*** de la matrice A par la matrice $\bar{A}$, à savoir la matrice 4×4 dont l'écriture par bloc 2×2 est

$$A \otimes \bar{A} := \left(\begin{array}{c|c} A_{11}\bar{A} & A_{12}\bar{A} \\ \hline A_{21}\bar{A} & A_{22}\bar{A} \end{array}\right) = \left(\begin{array}{c|c} \alpha\bar{A} & \beta\bar{A} \\ \hline \gamma\bar{A} & \delta\bar{A} \end{array}\right). \tag{7.61}$$

La relation (7.60) conduit à l'expression suivante de la matrice de $\mathbf{\Lambda}_A$:

$$\boxed{\Lambda_A = T^{-1}\,(A \otimes \bar{A})\,T}. \tag{7.62}$$

En utilisant la propriété $\det(A \otimes B) = (\det A)^2 (\det B)^2$, valable pour tout produit de Kronecker de matrices 2×2, on en déduit le résultat cherché :

$$\det \Lambda_A = (\det T)^{-1} \det(A \otimes \bar{A}) \det T = \det(A \otimes \bar{A}) = (\underbrace{\det A}_{1})^2 (\underbrace{\det \bar{A}}_{1})^2 = 1.$$

$\mathbf{\Lambda}_A$ est donc une transformation de Lorentz propre.

Remarque : À partir des matrices T et A données par (7.59) et (7.57), on peut vérifier que le produit matriciel (7.62) redonne bien (7.58). *Exercice :* le faire.

Ayant montré que pour tout $A \in \mathrm{SL}(2,\mathbb{C})$, $\mathbf{\Lambda}_A$ est une transformation de Lorentz restreinte, c'est-à-dire un élément de $\mathrm{SO_o}(3,1)$, nous appellerons ***application spineur*** l'application de $\mathrm{SL}(2,\mathbb{C})$ dans $\mathrm{SO_o}(3,1)$ qui associe $\mathbf{\Lambda}_A$ à A :

$$\boxed{\begin{array}{rcl} \boldsymbol{S} : \mathrm{SL}(2,\mathbb{C}) & \longrightarrow & \mathrm{SO_o}(3,1) \\ A & \longmapsto & \mathbf{\Lambda}_A : E \longrightarrow E \\ & & \vec{v} \longmapsto \vec{v}\,' \;/\; \mathscr{H}(\vec{v}\,') = A\,\mathscr{H}(\vec{v})\,A^\dagger, \end{array}} \tag{7.63}$$

$\mathscr{H}$ désignant l'isomorphisme (7.53) entre les espaces vectoriels E et $\mathrm{Herm}(2,\mathbb{C})$. La forme explicite de l'application spineur, en terme de la matrice A et de la matrice de $\mathbf{\Lambda}_A$ dans la base $(\vec{e}_\alpha)$ de E, est fournie par les formules (7.57)–(7.58), ou encore par la formule (7.62).

Exemple 1 : Considérons la matrice

$$A = \begin{pmatrix} \cos(\varphi/2) & -\mathrm{i}\sin(\varphi/2) \\ -\mathrm{i}\sin(\varphi/2) & \cos(\varphi/2) \end{pmatrix}, \quad \varphi \in [0, 2\pi[.$$

Elle vérifie $\det A = \cos^2(\varphi/2) - (-1)\sin^2(\varphi/2) = 1$ et appartient donc à $\mathrm{SL}(2,\mathbb{C})$. En reportant les coefficients de A dans (7.58) et en utilisant des identités trigonométriques standard, on constate que Λ_A est identique à la matrice (6.39) ; $\boldsymbol{\mathcal{S}}(A)$ est donc la rotation spatiale de plan $\mathrm{Vect}(\vec{e}_2, \vec{e}_3)$ et d'angle φ.

Exemple 2 : La matrice

$$A = \begin{pmatrix} \cosh(\psi/2) & \sinh(\psi/2) \\ \sinh(\psi/2) & \cosh(\psi/2) \end{pmatrix}, \quad \psi \in \mathbb{R}$$

est clairement dans $\mathrm{SL}(2,\mathbb{C})$: $\det A = \cosh^2(\psi/2) - \sinh^2(\psi/2) = 1$. En reportant les coefficients de A dans (7.58), on obtient pour Λ_A la matrice (6.43) ; $\boldsymbol{\mathcal{S}}(A)$ est donc la transformation de Lorentz spéciale de plan $\mathrm{Vect}(\vec{e}_0, \vec{e}_1)$ et de rapidité ψ.

Exemple 3 : La matrice

$$A = \begin{pmatrix} 1 + \mathrm{i}\alpha & -\mathrm{i}\alpha \\ \mathrm{i}\alpha & 1 - \mathrm{i}\alpha \end{pmatrix}, \quad \alpha \in \mathbb{R}$$

est également dans $\mathrm{SL}(2,\mathbb{C})$: $\det A = 1 + \alpha^2 - \alpha^2 = 1$. Le report de ses coefficients dans (7.58) conduit à la matrice (6.52) : $\boldsymbol{\mathcal{S}}(A)$ est donc la rotation lumière de plan $\mathrm{Vect}(\vec{e}_0 + \vec{e}_1, \vec{e}_3)$ et de paramètre α.

Remarque : Nous avons établi que l'application spineur était à valeurs dans $\mathrm{SO_o}(3,1)$ par une méthode algébrique, c'est-à-dire en montrant par le calcul que $(\Lambda_A)^0{}_0 > 0$ et $\det \Lambda_A = 1$. On peut également l'établir par une méthode topologique : le groupe de Lie $\mathrm{SL}(2,\mathbb{C})$ est connexe et l'application $\boldsymbol{\mathcal{S}}$ est continue (c'est clair sur (7.58) ou sur (7.62)). L'image $\boldsymbol{\mathcal{S}}(\mathrm{SL}(2,\mathbb{C}))$ doit donc être connexe. De plus elle doit contenir l'identité car $\boldsymbol{\mathcal{S}}(\mathbb{I}_2) = \mathrm{Id}$. Or des quatre composantes connexes de $\mathrm{O}(3,1)$ (*cf.* Fig. 7.1), seule $\mathrm{SO_o}(3,1)$ contient l'identité ; on en conclut que $\boldsymbol{\mathcal{S}}(\mathrm{SL}(2,\mathbb{C})) \subset \mathrm{SO_o}(3,1)$. Le point de départ de cette démonstration, *i.e.* la connexité de $\mathrm{SL}(2,\mathbb{C})$, s'établit facilement : étant donné un élément $A \in \mathrm{SL}(2,\mathbb{C})$, construisons un chemin de l'identité à A dans $\mathrm{Mat}(2,\mathbb{C})$ en définissant

$$\begin{aligned} B : [0,1] &\longrightarrow \mathrm{Mat}(2,\mathbb{C}) \\ t &\longmapsto B(t) := [1 - \lambda(t)]\,\mathbb{I}_2 + \lambda(t)\,A, \end{aligned}$$

où $t \mapsto \lambda(t)$ est un chemin dans $\mathbb{C}$ tel que $\lambda(0) = 0$ et $\lambda(1) = 1$. On a alors $B(0) = \mathbb{I}_2$ et $B(1) = A$. En rendant explicite A comme dans (7.57), on constate que $\det B(t)$ est un trinôme en $\lambda(t)$. Il n'a donc qu'au plus deux zéros dans $\mathbb{C}$ et l'on peut toujours choisir un chemin $\lambda(t)$ que ne passe pas par ces zéros. Soit alors $\mu(t) \in \mathbb{C} \setminus \{0\}$ l'une des deux racines carrées de $\det B(t)$: $\mu(t)^2 = \det B(t)$. L'application $t \mapsto \tilde{A}(t) := \mu(t)^{-1} B(t)$ définit un chemin de $\mathbb{I}_2$ vers A dans $\mathrm{SL}(2,\mathbb{C})$, puisque par construction $\det \tilde{A}(t) = 1$. On en conclut que $\mathrm{SL}(2,\mathbb{C})$ est connexe par arcs, et donc connexe.

Les ensembles de départ et d'arrivée de $\boldsymbol{\mathcal{S}}$ étant des groupes, il est naturel de se demander si $\boldsymbol{\mathcal{S}}$ est un homomorphisme* de groupe. La réponse est positive, car si $(A, B) \in \mathrm{SL}(2, \mathbb{C})^2$ et $H \in \mathrm{Herm}(2, \mathbb{C})$,

$$\Phi_A \circ \Phi_B(H) = A(B\,H\,B^\dagger)A^\dagger = AB\,H\,B^\dagger A^\dagger = AB\,H\,(AB)^\dagger = \Phi_{AB}(H),$$

ce qui montre que $\Phi_A \circ \Phi_B = \Phi_{AB}$ et, *via* (7.56), que

$$\mathbf{\Lambda}_A \circ \mathbf{\Lambda}_B = \mathbf{\Lambda}_{AB}.$$

L'application spineur est donc un homomorphisme entre le groupe spécial linéaire $\mathrm{SL}(2, \mathbb{C})$ et le groupe de Lorentz restreint $\mathrm{SO}_o(3, 1)$.

7.4.2 L'application spineur de SU(2) vers SO(3)

Un sous-groupe bien particulier de $\mathrm{SL}(2, \mathbb{C})$ est le ***groupe spécial unitaire*** SU(2), défini par

$$\mathrm{SU}(2) := \{A \in \mathrm{SL}(2, \mathbb{C}), \quad A^{-1} = A^\dagger\}. \tag{7.64}$$

Il est clair qu'il s'agit d'un sous-groupe de $\mathrm{SL}(2, \mathbb{C})$. Si l'on note $(\alpha, \beta, \gamma, \delta)$ les coefficients de A comme dans (7.57), on a, compte tenu de $\det A = 1$,

$$A^{-1} = \begin{pmatrix} \delta & -\beta \\ -\gamma & \alpha \end{pmatrix}.$$

On en déduit immédiatement que

$$A = \begin{pmatrix} \alpha & \beta \\ \gamma & \delta \end{pmatrix} \in \mathrm{SU}(2) \iff \begin{cases} \gamma = -\bar{\beta} \\ \delta = \bar{\alpha} \\ |\alpha|^2 + |\beta|^2 = 1. \end{cases} \tag{7.65}$$

Exemple : La matrice identité, ainsi que les trois matrices de Pauli (7.51) multipliées par i sont des éléments de SU(2) :

$$\sigma_0 = \mathbb{I}_2, \ \mathrm{i}\sigma_1 = \begin{pmatrix} 0 & \mathrm{i} \\ \mathrm{i} & 0 \end{pmatrix}, \ \mathrm{i}\sigma_2 = \begin{pmatrix} 0 & 1 \\ -1 & 0 \end{pmatrix}, \ \mathrm{i}\sigma_3 = \begin{pmatrix} \mathrm{i} & 0 \\ 0 & -\mathrm{i} \end{pmatrix}. \tag{7.66}$$

Il en est de même de la matrice A considérée dans l'exemple 1 du § 7.4.1.

En fixant $\gamma = -\bar{\beta}$, $\delta = \bar{\alpha}$ et en posant $\alpha =: x_1 + \mathrm{i}x_2$ et $\beta =: x_3 + \mathrm{i}x_4$, avec $(x_1, x_2, x_3, x_4) \in \mathbb{R}^4$, on a $|\alpha|^2 = x_1^2 + x_2^2$ et $|\beta|^2 = x_3^2 + x_4^2$, si bien que la propriété (7.65) peut s'exprimer comme

$$A \in \mathrm{SU}(2) \iff x_1^2 + x_2^2 + x_3^2 + x_4^2 = 1. \tag{7.67}$$

Le membre de droite étant l'équation de l'***hypersphère*** $\mathbb{S}^3$ dans l'espace euclidien $\mathbb{R}^4$, on en déduit qu'en tant que variété sur $\mathbb{R}$, SU(2) peut être identifié à $\mathbb{S}^3$:

$$\boxed{\mathrm{SU}(2) \sim \mathbb{S}^3}. \tag{7.68}$$

Comme $\mathbb{S}^3$ est une variété connexe et compacte, on en conclut que SU(2) est un groupe de Lie connexe et compact, de dimension 3 sur $\mathbb{R}$.

Pour $A \in \mathrm{SU}(2)$, l'image par $\boldsymbol{\Lambda}_A$ du vecteur $\vec{\boldsymbol{e}}_0$ est donnée par la première colonne de la matrice (7.58) ; en y reportant les propriétés (7.65), on constate que $(\Lambda_A)^\alpha{}_0 = \delta^\alpha{}_0$, d'où

$$\boldsymbol{\Lambda}_A(\vec{\boldsymbol{e}}_0) = \vec{\boldsymbol{e}}_0.$$

Cela montre que $\boldsymbol{\Lambda}_A$ est une rotation spatiale, dans l'hyperplan $E_{\boldsymbol{e}_0}$. En identifiant l'ensemble des rotations spatiales dans $(E_{\boldsymbol{e}_0}, \boldsymbol{g})$ avec le groupe des rotations de l'espace euclidien de dimension 3, SO(3), on peut donc affirmer que l'application spineur envoie SU(2) sur SO(3) :

$$\boldsymbol{\mathcal{S}} : \ \mathrm{SU}(2) \longrightarrow \mathrm{SO}(3). \tag{7.69}$$

Remarque : *Via* l'isomorphisme $\mathscr{H}$ défini par (7.53), l'hyperplan $E_{\boldsymbol{e}_0}$ s'identifie avec l'espace vectoriel des matrices hermitiennes 2×2 de trace nulle (il suffit de faire $v^0 = 0$ dans (7.50)).

D'après (7.67), il est clair que $|x_1| \leq 1$. Posons alors $x_1 =: \cos(\varphi/2)$ avec $\varphi \in [0, 2\pi]$. Introduisons de même $(n^1, n^2, n^3) \in \mathbb{R}^3$ tel que $x_2 =: -n^3 \sin(\varphi/2)$, $x_3 =: -n^2 \sin(\varphi/2)$ et $x_4 =: -n^1 \sin(\varphi/2)$. Cela revient à dire que tout élément de SU(2) se met sous la forme

$$A = \begin{pmatrix} \cos\frac{\varphi}{2} - \mathrm{i}\, n^3 \sin\frac{\varphi}{2} & -\sin\frac{\varphi}{2}(n^2 + \mathrm{i}\, n^1) \\ \sin\frac{\varphi}{2}(n^2 - \mathrm{i}\, n^1) & \cos\frac{\varphi}{2} + \mathrm{i}\, n^3 \sin\frac{\varphi}{2} \end{pmatrix}, \tag{7.70}$$

$$\text{avec} \quad (n^1)^2 + (n^2)^2 + (n^3)^2 = 1. \tag{7.71}$$

On peut récrire cette relation en termes des matrices (7.66) comme

$$\boxed{A = \cos\frac{\varphi}{2}\, \mathbb{I}_2 - \sin\frac{\varphi}{2} \left(n^1\, \mathrm{i}\sigma_1 + n^2\, \mathrm{i}\sigma_2 + n^3\, \mathrm{i}\sigma_3 \right)}. \tag{7.72}$$

On lit sur (7.70) que $\alpha = \cos(\varphi/2) - \mathrm{i}\, n^3 \sin(\varphi/2)$ et $\beta = -\sin(\varphi/2)(n^2 - \mathrm{i}\, n^1)$. En reportant ces valeurs, ainsi que $\gamma = -\bar{\beta}$ et $\delta = \bar{\alpha}$ dans la matrice (7.58), on obtient la forme de l'image d'un élément quelconque de SU(2) par l'application spineur :

$$(\Lambda_A)^\alpha{}_\beta = \begin{pmatrix} 1 & 0 & 0 & 0 \\ 0 & \cos\varphi + (n^1)^2\,(1-\cos\varphi) & n^1 n^2 (1-\cos\varphi) - n^3 \sin\varphi & n^1 n^3 (1-\cos\varphi) + n^2 \sin\varphi \\ 0 & n^1 n^2 (1-\cos\varphi) + n^3 \sin\varphi & \cos\varphi + (n^2)^2\,(1-\cos\varphi) & n^2 n^3 (1-\cos\varphi) - n^1 \sin\varphi \\ 0 & n^1 n^3 (1-\cos\varphi) - n^2 \sin\varphi & n^2 n^3 (1-\cos\varphi) + n^1 \sin\varphi & \cos\varphi + (n^3)^2\,(1-\cos\varphi) \end{pmatrix}.$$

En comparant avec la formule de Rodrigues (6.41), on constate qu'il s'agit de la matrice de la rotation dans $E_{\boldsymbol{e}_0}$ d'angle φ et d'axe défini par le vecteur dont les composantes dans la base $(\vec{\boldsymbol{e}}_i)$ sont (n^1, n^2, n^3) : $\vec{\boldsymbol{n}} := n^i\, \vec{\boldsymbol{e}}_i$. La condition (7.71) assure que ce vecteur est unitaire. φ et $\vec{\boldsymbol{n}}$ étant arbitraires, nous avons montré que toute rotation dans E_{e_0} est l'image d'un élément de SU(2) par l'application spineur. En d'autres termes, l'application $\boldsymbol{\mathcal{S}}$: SU(2) $\longrightarrow$ SO(3) est surjective. Par contre, $\boldsymbol{\mathcal{S}}$ n'est pas injective : par exemple, l'identité de SO(3) a deux antécédents : $\mathbb{I}_2$ (faire $\varphi = 0$ dans (7.70)) et $-\mathbb{I}_2$ (faire $\varphi = 2\pi$ dans (7.70)). Nous y reviendrons plus bas.

Remarque 1 : Le ***corps des quaternions*** $\mathbb{H}$ peut être défini comme la sous-algèbre de Mat(2, $\mathbb{C}$), considérée comme une algèbre* sur $\mathbb{R}$, engendrée par les matrices (7.66) :

$$\mathbb{H} := \mathrm{Vect}_{\mathbb{R}}(\mathbf{1}, \boldsymbol{i}, \boldsymbol{j}, \boldsymbol{k}), \tag{7.73}$$

où

$$\mathbf{1} := \mathbb{I}_2, \quad \boldsymbol{i} := -\mathrm{i}\sigma_1, \quad \boldsymbol{j} := -\mathrm{i}\sigma_2, \quad \text{et} \quad \boldsymbol{k} := -\mathrm{i}\sigma_3 \tag{7.74}$$

et l'indice $\mathbb{R}$ de Vect vient rappeler que l'on ne considère que les combinaisons linéaires à coefficients réels des matrices $\mathbf{1}$, $\boldsymbol{i}$, $\boldsymbol{j}$ et $\boldsymbol{k}$. $\mathbb{H}$ est une algèbre de dimension 4 sur $\mathbb{R}$, dont tout élément non nul admet un inverse. Il s'agit donc d'un corps (non commutatif), qui généralise le corps des réels (dimension 1 sur $\mathbb{R}$) et le corps des complexes (dimension 2 sur $\mathbb{R}$). Les matrices (7.74) vérifient les ***relations de Hamilton***[11]

$$\boldsymbol{i}^2 = \boldsymbol{j}^2 = \boldsymbol{k}^2 = \boldsymbol{i}\,\boldsymbol{j}\,\boldsymbol{k} = -\mathbf{1}, \tag{7.75}$$

ainsi qu'on le vérifie aisément à partir (7.66). Le conjugué et la norme d'un quaternion $q = t\mathbf{1} + u\boldsymbol{i} + v\boldsymbol{j} + w\boldsymbol{k}$ sont définis par $q^* := t\mathbf{1} - u\boldsymbol{i} - v\boldsymbol{j} - w\boldsymbol{k}$ et $\|q\| := \sqrt{q\,q^*} = \sqrt{t^2 + u^2 + v^2 + w^2}$. Au vu de (7.74), l'écriture (7.72) d'un élément quelconque de SU(2) devient

$$A = \cos\frac{\varphi}{2}\,\mathbf{1} + \sin\frac{\varphi}{2}\left(n^1\,\boldsymbol{i} + n^2\,\boldsymbol{j} + n^3\,\boldsymbol{k}\right). \tag{7.76}$$

Compte tenu de la contrainte (7.71), SU(2) apparaît alors comme l'ensemble des quaternions de norme unité :

$$\mathrm{SU}(2) = \{q \in \mathbb{H}, \quad \|q\| = 1\}. \tag{7.77}$$

Puisque l'application spineur $\boldsymbol{\mathcal{S}}$ est un morphisme de groupe et que toute rotation de SO(3) admet un antécédent par $\boldsymbol{\mathcal{S}}$, la composition de deux rotations quelconques se réduit à une multiplication dans $\mathbb{H}$. Les quaternions sont ainsi aujourd'hui utilisés pour calculer des produits de rotations en infographie (calcul d'images), robotique et mécanique céleste (mouvement des satellites).

Remarque 2 : On peut également établir la surjectivité de l'application spineur de SU(2) $\longrightarrow$ SO(3) en raisonnant sur le paramétrage des rotations de SO(3) par les trois angles d'Euler $(\hat{\varphi}, \hat{\theta}, \hat{\psi})$, plutôt que par φ et $\vec{\boldsymbol{n}}$. Rappelons que les ***angles d'Euler*** d'une rotation spatiale $\boldsymbol{R}$ sont définis comme les trois angles reliant la base $(\vec{e}_i)$ de E_{e_0} à son image $(\vec{\varepsilon}_i) := (\boldsymbol{R}(\vec{e}_i))$ comme suit.

11. **William R. Hamilton** (1805–1865) : Mathématicien et physicien irlandais. Il a fondé en 1827 ce qu'on appelle aujourd'hui la *mécanique hamiltonienne* (*cf.* Chap. 11) et a introduit le corps des quaternions en 1843. Il imagina la relation (7.75) alors qu'il se promenait sur un pont de Dublin le 16 octobre 1843.

Dans E_{e_0}, on appelle *ligne des nœuds* l'intersection des plans $\mathrm{Vect}(\vec{e}_1, \vec{e}_2)$ et $\mathrm{Vect}(\vec{\varepsilon}_1, \vec{\varepsilon}_2)$. L'angle d'Euler $\hat{\varphi}$ est alors l'angle entre $\vec{e}_1$ et la ligne des nœuds, $\hat{\theta}$ est l'angle entre $\vec{e}_3$ et $\vec{\varepsilon}_3$ et $\hat{\psi}$ est l'angle entre la ligne des nœuds et $\vec{\varepsilon}_1$. Il résulte de ces définitions que l'on peut écrire $\boldsymbol{R}$ comme produit de trois rotations :

$$\boldsymbol{R} = \boldsymbol{R}_3 \circ \boldsymbol{R}_2 \circ \boldsymbol{R}_1. \tag{7.78}$$

$\boldsymbol{R}_1$ est la rotation de plan $\mathrm{Vect}(\vec{e}_1, \vec{e}_2)$ et d'angle $\hat{\varphi}$; elle amène $\vec{e}_1$ sur la ligne des nœuds. En posant $\vec{e}\,'_\alpha := \boldsymbol{R}_1(\vec{e}_\alpha)$, $\boldsymbol{R}_2$ est la rotation de plan $\mathrm{Vect}(\vec{e}\,'_2, \vec{e}\,'_3)$ et d'angle $\hat{\theta}$; elle amène $\vec{e}\,'_3 = \vec{e}_3$ sur $\vec{\varepsilon}_3$. En posant, $\vec{e}\,''_\alpha := \boldsymbol{R}_2(\vec{e}\,'_\alpha)$, $\boldsymbol{R}_3$ est la rotation de plan $\mathrm{Vect}(\vec{e}\,''_1, \vec{e}\,''_2)$ et d'angle $\hat{\psi}$; elle amène $\vec{e}\,''_1$ et $\vec{e}\,''_2$ sur respectivement $\vec{\varepsilon}_1$ et $\vec{\varepsilon}_2$.

Exercice 1 : En désignant par R_1 la matrice de $\boldsymbol{R}_1$ dans la base $(\vec{e}_\alpha)$, par R'_2 celle de $\boldsymbol{R}_2$ dans la base $(\vec{e}\,'_\alpha)$ et par R''_3 celle de $\boldsymbol{R}_3$ dans la base $(\vec{e}\,''_\alpha)$, montrer que la matrice de R dans la base $(\vec{e}_\alpha)$ est

$$R = R_1\, R'_2\, R''_3. \tag{7.79}$$

Les matrices du membre de droite ayant une forme très simple, du type (6.39), en déduire que

$$R^\alpha{}_\beta = \begin{pmatrix} 1 & 0 & 0 & 0 \\ 0 & \cos\hat{\varphi}\cos\hat{\psi} - \cos\hat{\theta}\sin\hat{\varphi}\sin\hat{\psi} & -\cos\hat{\varphi}\sin\hat{\psi} - \cos\hat{\theta}\sin\hat{\varphi}\cos\hat{\psi} & \sin\hat{\theta}\sin\hat{\varphi} \\ 0 & \sin\hat{\varphi}\cos\hat{\psi} + \cos\hat{\theta}\cos\hat{\varphi}\sin\hat{\psi} & -\sin\hat{\varphi}\sin\hat{\psi} + \cos\hat{\theta}\cos\hat{\varphi}\cos\hat{\psi} & -\sin\hat{\theta}\cos\hat{\varphi} \\ 0 & \sin\hat{\theta}\sin\hat{\psi} & \sin\hat{\theta}\cos\hat{\psi} & \cos\hat{\theta} \end{pmatrix}. \tag{7.80}$$

Remarquons au passage que la relation (7.79) est un produit matriciel en « sens inverse » du produit $R = R_3\, R_2\, R_1$ que l'on déduirait de la loi de composition (7.78). Mais les R_i serait alors les matrices des $\boldsymbol{R}_i$ prises toutes dans la même base $(\vec{e}_\alpha)$, contrairement à R'_2 et R''_3 qui sont relatives aux bases $(\vec{e}\,'_\alpha)$ et $(\vec{e}\,''_\alpha)$ et qui ont une forme plus simple.

Exercice 2 : Posons

$$\begin{cases} \alpha := -\cos\dfrac{\hat{\theta}}{2}\, \mathrm{e}^{-\mathrm{i}(\hat{\varphi}+\hat{\psi})/2} \\ \beta := \mathrm{i}\sin\dfrac{\hat{\theta}}{2}\, \mathrm{e}^{\mathrm{i}(\hat{\psi}-\hat{\varphi})/2}. \end{cases} \tag{7.81}$$

On a alors $|\alpha|^2 + |\beta|^2 = 1$ et la matrice A formée à partir de α et β suivant (7.65) est bien dans SU(2). En reportant ces valeurs de α et β, ainsi que $\gamma = -\bar{\beta}$ et $\delta = \bar{\alpha}$ dans (7.58), montrer que l'on obtient la matrice (7.80). Conclure quant à la surjectivité de $\boldsymbol{\mathcal{S}}$: $\mathrm{SU}(2) \longrightarrow \mathrm{SO}(3)$. Les deux nombres complexes α et β définis par (7.81) sont appelés ***paramètres de Cayley-Klein*** de la rotation $\boldsymbol{R}$.

7.4.3 L'application spineur et les transformations de Lorentz spéciales

Considérons un élément de $\mathrm{SL}(2,\mathbb{C})$ qui soit hermitien : $A \in \mathrm{SL}(2,\mathbb{C}) \cap \mathrm{Herm}(2,\mathbb{C})$. A peut s'écrire sous la forme (7.52) : $A = v^\mu\, \sigma_\mu = \mathscr{H}(v^\mu\, \vec{e}_\mu)$, avec $(v^\mu) \in \mathbb{R}^4$. Au vu de (7.54), la condition $\det A = 1$ (appartenance à $\mathrm{SL}(2,\mathbb{C})$) est alors équivalente à

$$(v^0)^2 - (v^1)^2 - (v^2)^2 - (v^3)^2 = 1. \tag{7.82}$$

Cela implique $v^0 \geq 1$ ou $v^0 \leq -1$. Plaçons-nous dans le premier cas. On peut alors poser $v^0 =: \cosh(\psi/2)$, avec $\psi \in \mathbb{R}$, et définir $n^i := v^i/\sinh(\psi/2)$ si $\psi \neq 0$ et $n^i := (1,0,0)$ si $\psi = 0$. La condition (7.82) se réduit à

$$(n^1)^2 + (n^2)^3 + (n^3)^2 = 1.$$

Nous avons ainsi montré que toute matrice hermitienne de $\mathrm{SL}(2,\mathbb{C})$ se met sous la forme

$$\boxed{\pm A = \cosh\frac{\psi}{2}\,\mathbb{I}_2 + \sinh\frac{\psi}{2}\left(n^1\sigma_1 + n^2\sigma_2 + n^3\sigma_3\right)}, \tag{7.83}$$

avec les (n^i) composantes d'un vecteur unitaire de E_{e_0} et le signe + (resp. −) correspondant au cas $v^0 \geq 1$ (resp. $v^0 \leq -1$). Cette écriture constitue le pendant « hyperbolique » de (7.72).

Les composantes $(\alpha, \beta, \gamma, \delta)$ de A telles que définies par (7.57) sont

$$\alpha = \cosh\frac{\psi}{2} + n^3\sinh\frac{\psi}{2}, \quad \beta = \bar{\gamma} = \sinh\frac{\psi}{2}(n^1 - in^2), \quad \delta = \cosh\frac{\psi}{2} - n^3\sinh\frac{\psi}{2}\cdot$$

En reportant ces valeurs dans (7.58), on obtient la matrice de l'image de A par l'application spineur :

$$(\Lambda_A)^\alpha{}_\beta = \begin{pmatrix} \cosh\psi & n^1\sinh\psi & n^2\sinh\psi & n^3\sinh\psi \\ n^1\sinh\psi & 1+(\cosh\psi-1)(n^1)^2 & (\cosh\psi-1)n^1n^2 & (\cosh\psi-1)n^1n^3 \\ n^2\sinh\psi & (\cosh\psi-1)n^1n^2 & 1+(\cosh\psi-1)(n^2)^2 & (\cosh\psi-1)n^2n^3 \\ n^3\sinh\psi & (\cosh\psi-1)n^1n^3 & (\cosh\psi-1)n^2n^3 & 1+(\cosh\psi-1)(n^3)^2 \end{pmatrix}. \tag{7.84}$$

En comparant avec (6.77), on reconnaît, *via* (6.48) et (6.49), la matrice de la transformation de Lorentz spéciale de rapidité ψ et de plan $\Pi = \mathrm{Vect}(\vec{e}_0, \vec{n})$ avec $\vec{n} = n^i\,\vec{e}_i$. Nous avons donc montré que toute transformation de Lorentz spéciale dont le plan contient $\vec{e}_0$ admet un antécédent par l'application spineur $\boldsymbol{S}$.

Exemple : Dans le cas particulier où $n^i = (1,0,0)$, on retrouve la matrice A de l'exemple 2 du § 7.4.1 et (7.84) se réduit à la matrice (6.43) d'une transformation de Lorentz spéciale dans une base adaptée.

7.4.4 Revêtement de $\mathrm{SO}_o(3,1)$ par SL(2,C)

Nous avons montré au § 7.4.2 que toute rotation de plan normal à $\vec{e}_0$ admet un antécédent par $\boldsymbol{S}$ et au § 7.4.3 qu'il en est de même pour toute transformation de Lorentz spéciale de plan contenant $\vec{e}_0$. Comme (i) tout élément du groupe de Lorentz restreint $\mathrm{SO_o}(3,1)$ est la composée d'une rotation spatiale par une transformation de Lorentz spéciale, avec les propriétés ci-dessus vis-à-vis de $\vec{e}_0$ (décomposition polaire (6.62)) et que (ii) $\boldsymbol{\mathcal{S}}$ est un homomorphisme entre les groupes $\mathrm{SL}(2,\mathbb{C})$ et $\mathrm{SO_o}(3,1)$, nous en déduisons que tout élément de $\mathrm{SO_o}(3,1)$ a un antécédent par $\boldsymbol{\mathcal{S}}$. Autrement dit, l'application spineur (7.63) est surjective.

Nous avons remarqué plus haut que $\boldsymbol{\mathcal{S}}$ n'est pas injective. Montrons qu'en fait tout élément de $\mathrm{SO_o}(3,1)$ a exactement deux antécédents par $\boldsymbol{\mathcal{S}}$. Soient donc A et B dans $\mathrm{SL}(2,\mathbb{C})$ tels que $\boldsymbol{\mathcal{S}}(A) = \boldsymbol{\mathcal{S}}(B)$. Cette relation est équivalente à $\boldsymbol{\Lambda}_A \circ \boldsymbol{\Lambda}_B^{-1} = \mathrm{Id}$. Or, puisque $\boldsymbol{\mathcal{S}} : A \mapsto \boldsymbol{\Lambda}_A$ est un homomorphisme, $\boldsymbol{\Lambda}_B^{-1} = \boldsymbol{\Lambda}_{B^{-1}}$ et $\boldsymbol{\Lambda}_A \circ \boldsymbol{\Lambda}_{B^{-1}} = \boldsymbol{\Lambda}_{AB^{-1}}$. Ainsi

$$\boldsymbol{\mathcal{S}}(A) = \boldsymbol{\mathcal{S}}(B) \iff \boldsymbol{\mathcal{S}}(AB^{-1}) = \mathrm{Id}. \tag{7.85}$$

Le problème se ramène donc à déterminer les antécédents de l'unité. D'après (7.62),

$$\boldsymbol{\mathcal{S}}(A) = \mathrm{Id} \iff T^{-1}(A \otimes \bar{A})T = \mathbb{I}_4 \iff (A \otimes \bar{A})T = T \iff A \otimes \bar{A} = \mathbb{I}_4.$$

En exprimant A en terme de ses coefficients, suivant (7.57), et en utilisant la définition (7.61) du produit de Kronecker, la relation $A \otimes \bar{A} = \mathbb{I}_4$ est équivalente à

$$\alpha\bar{\alpha} = \alpha\bar{\delta} = \delta\bar{\alpha} = \delta\bar{\delta} = 1 \quad \text{et} \quad \beta = \gamma = 0.$$

Si l'on ajoute la condition $\det A = 1$ (appartenance à $\mathrm{SL}(2,\mathbb{C})$), on obtient de plus $\alpha\delta - \beta\gamma = 1$. Il n'y a alors que deux solutions possibles : $(\alpha, \delta) = (1, 1)$ ou $(\alpha, \delta) = (-1, -1)$. Cela montre que les seuls antécédents de l'identité par $\boldsymbol{\mathcal{S}}$ sont les matrices $\mathbb{I}_2$ et $-\mathbb{I}_2$. L'équivalence (7.85) devient alors

$$\forall (A, B) \in \mathrm{SL}(2,\mathbb{C})^2, \quad \boldsymbol{\mathcal{S}}(A) = \boldsymbol{\mathcal{S}}(B) \iff (A = B \ \text{ ou } \ A = -B).$$

Ainsi chaque élément de $\mathrm{SO_o}(3,1)$ a exactement deux antécédents par l'application spineur, qui sont l'opposé l'un de l'autre. Comme $\{\mathbb{I}_2, -\mathbb{I}_2\}$ est un sous-groupe distingué* de $\mathrm{SL}(2,\mathbb{C})$, on peut résumer les résultats qui précèdent par

> Le groupe de Lorentz restreint est isomorphe* au groupe spécial linéaire complexe d'indice 2 quotienté* par $\{\mathbb{I}_2, -\mathbb{I}_2\}$:
>
> $$\boxed{\mathrm{SO_o}(3,1) \simeq \mathrm{SL}(2,\mathbb{C})/\{\mathbb{I}_2, -\mathbb{I}_2\}}. \tag{7.86}$$
>
> Le sous-groupe de $\mathrm{SO_o}(3,1)$ constitué par les rotations dans un hyperplan spatial fixé est isomorphe* au groupe spécial unitaire d'indice 2 quotienté* par $\{\mathbb{I}_2, -\mathbb{I}_2\}$:
>
> $$\boxed{\mathrm{SO}(3) \simeq \mathrm{SU}(2)/\{\mathbb{I}_2, -\mathbb{I}_2\}}. \tag{7.87}$$

> Notons que SU(2) est un sous-groupe de SL(2, $\mathbb{C}$). Les isomorphismes* mentionnés ci-dessus sont mis en œuvre par l'application spineur $\boldsymbol{\mathcal{S}}$ définie par (7.63), *via* l'identification (7.53) des espaces vectoriels E et Herm(2, $\mathbb{C}$).

On exprime le résultat (7.86) en disant que SL(2, $\mathbb{C}$) est un ***revêtement à deux feuillets*** de $\mathrm{SO_o}(3,1)$.

Remarque : Dans le langage de la théorie des groupes de Lie, SL(2, $\mathbb{C}$) constitue le ***groupe de revêtement universel*** de $\mathrm{SO_o}(3,1)$ [31, 111, 172, 180, 295]. Tout groupe de Lie connexe admet un groupe de revêtement universel, ce dernier étant simplement connexe. Il est facile de voir que $\mathrm{SO_o}(3,1)$ n'est pas simplement connexe. Par exemple, un chemin dans $\mathrm{SO_o}(3,1)$ constitué de rotations spatiales de plan fixé et d'angle variant de 0 à 2π part de l'identité et y revient. Il s'agit donc d'un lacet. Ce lacet n'étant pas continûment déformable en un point (l'identité), $\mathrm{SO_o}(3,1)$ n'est pas simplement connexe. Par contre, on peut voir que SL(2, $\mathbb{C}$) est simplement connexe (*cf.* par exemple § 2.7 de [180]).

7.4.5 Existence de vecteurs propres lumière

Une application intéressante du revêtement de $\mathrm{SO_o}(3,1)$ par SL(2, $\mathbb{C}$) est la preuve de l'existence d'un vecteur propre du genre lumière pour toute transformation de Lorentz restreinte – propriété que nous avons utilisée comme point de départ de la classification des transformations de Lorentz au § 6.3.

Considérons en effet $\boldsymbol{\Lambda} \in \mathrm{SO_o}(3,1)$. D'après la surjectivité de l'application spineur, il existe $A \in \mathrm{SL}(2,\mathbb{C})$ tel que $\boldsymbol{\Lambda} = \boldsymbol{\mathcal{S}}(A)$. Puisque A est une matrice sur $\mathbb{C}$, son polynôme caractéristique possède au moins un zéro (complexe), ce qui signifie que A admet au moins une valeur propre $\mu \in \mathbb{C}$. On a nécessairement $\mu \neq 0$ car $\det A = 1 \neq 0$. Soit $U = (u, v) \in \mathbb{C}^2$ le vecteur propre correspondant :

$$A\,U = \mu\,U.$$

À partir des composantes de U formons la matrice

$$H := \begin{pmatrix} \bar{u}u & \bar{v}u \\ \bar{u}v & \bar{v}v \end{pmatrix}. \tag{7.88}$$

On constate que $H \in \mathrm{Herm}(2,\mathbb{C})$ (*cf.* Éq. (7.49)). D'après l'isomorphisme (7.53), il existe donc un vecteur $\vec{\boldsymbol{v}} \in E$ tel que $H = \mathscr{H}(\vec{\boldsymbol{v}})$. Notons que $\vec{\boldsymbol{v}} \neq 0$ car $H \neq 0$. Par définition même de l'application spineur, $\boldsymbol{\Lambda}(\vec{\boldsymbol{v}})$ est l'image de la matrice $A\,H\,A^\dagger$ par $\mathscr{H}$. Or, en notant les coefficients de A comme dans (7.57),

$$A\,H = \begin{pmatrix} \bar{u}(\alpha u + \beta v) & \bar{v}(\alpha u + \beta v) \\ \bar{u}(\gamma u + \delta v) & \bar{v}(\gamma u + \delta v) \end{pmatrix}.$$

Puisque $(\alpha u + \beta v,\ \gamma u + \delta v) = A\,U$ et que U est un vecteur propre de A, on a $\alpha u + \beta v = \mu u$ et $\gamma u + \delta v = \mu v$, de sorte que l'équation ci-dessus devient

$$A\,H = \begin{pmatrix} \bar{u}\mu u & \bar{v}\mu u \\ \bar{u}\mu v & \bar{v}\mu v \end{pmatrix} = \mu H.$$

On en déduit immédiatement (n'oublions pas que $H^\dagger = H$)

$$A\,H\,A^\dagger = \mu H\,A^\dagger = \mu(A\,H^\dagger)^\dagger = \mu(A\,H)^\dagger = \mu(\mu H)^\dagger = \mu\bar{\mu}H = |\mu|^2 H.$$

Ce résultat est équivalent à

$$\boldsymbol{\Lambda}(\vec{\boldsymbol{v}}) = |\mu|^2\,\vec{\boldsymbol{v}}.$$

$\vec{\boldsymbol{v}}$ est donc un vecteur propre de $\boldsymbol{\Lambda}$, de valeur propre $|\mu|^2 > 0$. De plus, on lit sur (7.88) que $\det H = 0$, ce qui, d'après la propriété (7.54), implique $\vec{\boldsymbol{v}}\cdot\vec{\boldsymbol{v}} = 0$. Le vecteur $\vec{\boldsymbol{v}}$ est donc du genre lumière. Nous avons donc montré que

> Toute transformation de Lorentz restreinte admet un vecteur propre du genre lumière, ou, ce qui est équivalent, une direction lumière invariante. De plus, la valeur propre correspondante est strictement positive.

7.4.6 Algèbre de Lie de SL(2,C)

Déterminons l'algèbre de Lie du groupe $\mathrm{SL}(2,\mathbb{C})$ tout comme nous l'avons fait pour le groupe de Lorentz au § 7.2, à savoir par l'étude des transformations infinitésimales. Un élément de $\mathrm{SL}(2,\mathbb{C})$ proche de l'identité s'écrit

$$A = \mathbb{I}_2 + \varepsilon B, \tag{7.89}$$

où $\varepsilon \in \mathbb{R}$ est un petit paramètre et $B \in \mathrm{Mat}(2,\mathbb{C})$. On a, au premier ordre en ε,

$$\det A = 1 + \varepsilon\,\mathrm{tr}\,B. \tag{7.90}$$

Pour établir cette relation, nous avons utilisé la formule générale de variation du déterminant d'une matrice inversible :

$$\delta \ln\det A = \mathrm{tr}\left(A^{-1}\,\delta A\right), \tag{7.91}$$

où δ désigne n'importe quelle variation qui satisfait à la règle de Leibniz et tr est l'opérateur trace. En appliquant cette formule à $\delta = d/d\varepsilon$, on obtient (7.90). La condition d'appartenance à $\mathrm{SL}(2,\mathbb{C})$, $\det A = 1$, est donc équivalente, à $\mathrm{tr}\,B = 0$. On en conclut que l'algèbre de Lie de $\mathrm{SL}(2,\mathbb{C})$ est constituée par les matrices complexes 2×2 de trace nulle[12] :

$$\boxed{\mathrm{sl}(2,\mathbb{C}) = \{B \in \mathrm{Mat}(2,\mathbb{C}),\ \mathrm{tr}\,B = 0\}}\,. \tag{7.92}$$

12. Tout comme celle du groupe de Lorentz, l'algèbre de Lie de $\mathrm{SL}(2,\mathbb{C})$ est désignée par les mêmes lettres que le groupe, mais en minuscules.

Il est clair que $\mathrm{sl}(2,\mathbb{C})$ est un espace vectoriel. Sa dimension sur $\mathbb{R}$ est $8-2=6$ (la condition $\operatorname{tr} B = 0$ étant équivalente à deux égalités dans $\mathbb{R}$), soit la même que $\mathrm{SL}(2,\mathbb{C})$ en tant que groupe de Lie sur $\mathbb{R}$, comme il se doit. Le crochet de Lie associé à $\mathrm{sl}(2,\mathbb{C})$ n'est autre que le commutateur des matrices :

$$[B_1, B_2] := B_1\, B_2 - B_2\, B_1.$$

Il s'agit bien d'un opérateur interne à $\mathrm{sl}(2,\mathbb{C})$ car il préserve la nullité de la trace : $\operatorname{tr}[B_1, B_2] = \operatorname{tr}(B_1\, B_2) - \operatorname{tr}(B_2\, B_1) = 0$ en vertu de la propriété générale $\operatorname{tr}(B_1\, B_2) = \operatorname{tr}(B_2\, B_1)$. De plus, le commutateur vérifie bien les trois propriétés (7.10)–(7.12).

Une base de l'espace vectoriel $\mathrm{sl}(2,\mathbb{C})$ est constituée par les matrices de Pauli (7.51), auxquelles on ajoute leurs produits par i :

$$\boxed{\mathrm{sl}(2,\mathbb{C}) = \mathrm{Vect}_{\mathbb{R}}(\sigma_1,\ \sigma_2,\ \sigma_3,\ \mathrm{i}\sigma_1,\ \mathrm{i}\sigma_2,\ \mathrm{i}\sigma_3)}. \tag{7.93}$$

Déterminons l'image par l'application spineur d'un élément $A \in \mathrm{SL}(2,\mathbb{C})$ proche de l'identité. Soient $\vec{\boldsymbol{v}} \in E$ et $H := \mathscr{H}(\vec{\boldsymbol{v}}) \in \mathrm{Herm}(2,\mathbb{C})$. En notant $H' := \Phi_A(H) = A\, H\, A^\dagger$ et en remplaçant A par (7.89), on obtient, au premier ordre en ε,

$$H' = (\mathbb{I}_2 + \varepsilon B)\, H\, \underbrace{(\mathbb{I}_2 + \varepsilon B)^\dagger}_{\mathbb{I}_2 + \varepsilon B^\dagger} \simeq H + \varepsilon(B\, H + H\, B^\dagger).$$

On en déduit que

$$\boldsymbol{\mathcal{S}}(A) = \boldsymbol{\Lambda}_A = \mathrm{Id} + \varepsilon \boldsymbol{L},$$

où $\boldsymbol{L}$ est l'endomorphisme de E qui correspond, *via* $\mathscr{H}$, à l'application

$$\begin{array}{rcl} \Phi'_B : \mathrm{Herm}(2,\mathbb{C}) & \longrightarrow & \mathrm{Herm}(2,\mathbb{C}) \\ H & \longmapsto & B\, H + H\, B^\dagger. \end{array} \tag{7.94}$$

Cette application est bien définie car si $H' := \Phi'_B(H)$, alors $H'^\dagger = (B\, H)^\dagger + (H\, B^\dagger)^\dagger = H\, B^\dagger + B\, H = H'$, ce qui montre que $H' \in \mathrm{Herm}(2,\mathbb{C})$. Comme $\boldsymbol{\Lambda}_A \in \mathrm{SO_o}(3,1)$, $\boldsymbol{L}$ appartient nécessairement à l'algèbre de Lie du groupe de Lorentz (*cf.* Éq. (7.2)). L'application spineur induit donc une application[13] entre l'algèbre de Lie de $\mathrm{SL}(2,\mathbb{C})$ (où B prend ses valeurs) et celle de $\mathrm{SO_o}(3,1)$:

$$\boxed{\begin{array}{rl} \boldsymbol{\mathcal{S}}' : \mathrm{sl}(2,\mathbb{C}) & \longrightarrow \mathrm{so}(3,1) \\ B & \longmapsto \boldsymbol{L} : E \longrightarrow E \\ & \qquad \vec{\boldsymbol{v}} \longmapsto \vec{\boldsymbol{v}}' \ /\ \mathscr{H}(\vec{\boldsymbol{v}}') = B\, \mathscr{H}(\vec{\boldsymbol{v}}) + \mathscr{H}(\vec{\boldsymbol{v}}) B^\dagger. \end{array}} \tag{7.95}$$

13. En considérant $\mathrm{SL}(2,\mathbb{C})$ et $\mathrm{SO_o}(3,1)$ comme des variétés (de dimension 6) sur $\mathbb{R}$, il s'agit en fait de la *différentielle* de l'application $\boldsymbol{\mathcal{S}}$ prise au point $\mathbb{I}_2$; de ce fait, elle va de l'espace vectoriel tangent à $\mathrm{SL}(2,\mathbb{C})$ en $\mathbb{I}_2$, soit $\mathrm{sl}(2,\mathbb{C})$, vers l'espace vectoriel tangent à $\mathrm{SO_o}(3,1)$ en $\boldsymbol{\mathcal{S}}(\mathbb{I}_2) = \mathrm{Id}$, soit $\mathrm{so}(3,1)$ (*cf.* Remarque 2 du § 7.2.2).

De manière analogue à (7.56), on peut écrire

$$\boldsymbol{S}'(B) := \mathscr{H}^{-1} \circ \Phi'_B \circ \mathscr{H}. \tag{7.96}$$

Il est clair que $\boldsymbol{S}'$ est une application linéaire entre les espaces vectoriels $\mathrm{sl}(2,\mathbb{C})$ et $\mathrm{so}(3,1)$. De plus, $\boldsymbol{S}'$ préserve le crochet de Lie :

$$\forall (B_1, B_2) \in \mathrm{sl}(2,\mathbb{C})^2, \quad \boldsymbol{S}'([B_1, B_2]) = [\boldsymbol{S}'(B_1), \boldsymbol{S}'(B_2)]. \tag{7.97}$$

Il s'agit donc d'un ***morphisme d'algèbre de Lie***. La démonstration de (7.97) est simple : si $\boldsymbol{L}_1 := \boldsymbol{S}'(B_1)$ et $\boldsymbol{L}_2 := \boldsymbol{S}'(B_2)$, on a d'après (7.8), $[\boldsymbol{L}_1, \boldsymbol{L}_2] = \boldsymbol{L}_1 \circ \boldsymbol{L}_2 - \boldsymbol{L}_2 \circ \boldsymbol{L}_1$, si bien que, *via* les correspondances $H = \mathscr{H}(\vec{\boldsymbol{v}})$ et $H' = \mathscr{H}([\boldsymbol{L}_1, \boldsymbol{L}_2](\vec{\boldsymbol{v}}))$,

$$\begin{aligned} H' &= \Phi'_{B_1} \circ \Phi'_{B_2}(H) - \Phi'_{B_2} \circ \Phi'_{B_1}(H) \\ &= B_1(B_2\, H + H\, B_2^\dagger) + (B_2\, H + H\, B_2^\dagger) B_1^\dagger - B_2(B_1\, H + H\, B_1^\dagger) \\ &\quad -(B_1\, H + H\, B_1^\dagger) B_2^\dagger \\ &= (B_1\, B_2 - B_2\, B_1)\, H + H (B_1\, B_2 - B_2\, B_1)^\dagger = \Phi'_{[B_1, B_2]}(H). \end{aligned}$$

Cela montre que $[\boldsymbol{L}_1, \boldsymbol{L}_2] = \boldsymbol{S}'([B_1, B_2])$ et établit (7.97).

Calculons l'image par $\boldsymbol{S}'$ du premier élément de la base (7.93), à savoir la matrice de Pauli σ_1. Soient $\vec{\boldsymbol{v}} = v^\alpha\, \vec{\boldsymbol{e}}_\alpha \in E$ et $\vec{\boldsymbol{v}}\,' = v'^\alpha\, \vec{\boldsymbol{e}}_\alpha$ l'image de $\vec{\boldsymbol{v}}$ par $\boldsymbol{S}'(\sigma_1)$. Le représentant de $\vec{\boldsymbol{v}}$ (resp. $\vec{\boldsymbol{v}}\,'$) dans $\mathrm{Herm}(2,\mathbb{C})$ étant $H = v^\alpha \sigma_\alpha$ (resp. $H' = v'^\alpha \sigma_\alpha$), on a, puisque $\sigma_1^\dagger = \sigma_1$,

$$H' = \sigma_1\, H + H\, \sigma_1 = v^\alpha (\sigma_1\, \sigma_\alpha + \sigma_\alpha\, \sigma_1).$$

Or, comme on le vérifie aisément sur (7.51),

$$\sigma_1 \sigma_0 = \sigma_0 \sigma_1 = \sigma_1, \; \sigma_1 \sigma_1 = \sigma_0, \; \sigma_1 \sigma_2 = -\sigma_2 \sigma_1 = \mathrm{i}\sigma_3, \; \sigma_1 \sigma_3 = -\sigma_3 \sigma_1 = -\mathrm{i}\sigma_2.$$

On en déduit que $H' = 2v^1 \sigma_0 + 2v^0 \sigma_1$ et donc que

$$v'^0 = 2v^1, \quad v'^1 = 2v^0, \quad v'^2 = 0 \quad \text{et} \quad v'^3 = 0.$$

En comparant avec la matrice (7.15) de l'endomorphisme $\boldsymbol{K}_1$ dans la base $(\vec{\boldsymbol{e}}_\alpha)$, on en déduit immédiatement que $\vec{\boldsymbol{v}}\,' = 2\boldsymbol{K}_1(\vec{\boldsymbol{v}})$, d'où

$$\boldsymbol{S}'(\sigma_1) = 2\boldsymbol{K}_1. \tag{7.98}$$

On montre de même que

$$\boldsymbol{S}'(\sigma_2) = 2\boldsymbol{K}_2, \quad \boldsymbol{S}'(\sigma_3) = 2\boldsymbol{K}_3, \tag{7.99}$$

$$\boldsymbol{S}'(\mathrm{i}\sigma_1) = -2\boldsymbol{J}_1, \quad \boldsymbol{S}'(\mathrm{i}\sigma_2) = -2\boldsymbol{J}_2, \quad \boldsymbol{S}'(\mathrm{i}\sigma_3) = -2\boldsymbol{J}_3. \tag{7.100}$$

On constate ainsi que l'image de la base (7.93) de $\mathrm{sl}(2,\mathbb{C})$ est la base

$$(2\boldsymbol{K}_1,\ 2\boldsymbol{K}_2,\ 2\boldsymbol{K}_3,\ -2\boldsymbol{J}_1,\ -2\boldsymbol{J}_2\ -2\boldsymbol{J}_3)$$

de $\mathrm{so}(3,1)$. L'application linéaire $\boldsymbol{S}'$ est donc un isomorphisme. Autrement dit

Les algèbres de Lie so(3,1) et sl(2,$\mathbb{C}$) sont isomorphes :

$$\boxed{\mathrm{so}(3,1) \simeq \mathrm{sl}(2,\mathbb{C})}. \tag{7.101}$$

Une réalisation de cet isomorphisme est l'application $\boldsymbol{\mathcal{S}}'$ définie par (7.95).

Remarque : Les groupes de Lie $\mathrm{SO_o}(3,1)$ et $\mathrm{SL}(2,\mathbb{C})$ ne sont pas isomorphes, $\mathrm{SL}(2,\mathbb{C})$ étant « deux fois plus gros » que $\mathrm{SO_o}(3,1)$ (*cf.* Éq. (7.86)). Par contre, leurs algèbres de Lie le sont.

7.4.7 Application exponentielle sur sl(2,C)

Comme pour l'algèbre de Lie du groupe de Lorentz, on peut définir l'application exponentielle de l'algèbre de Lie sl(2,$\mathbb{C}$) vers le groupe SL(2,$\mathbb{C}$). La définition est identique à celle donnée par la série (7.31). Un résultat général de la théorie des groupes de Lie (*cf.* par exemple le § 6.2 du livre de Godement [180]) dit que, puisque $\boldsymbol{\mathcal{S}}$ est un homomorphisme de groupe de Lie et $\boldsymbol{\mathcal{S}}'$ est sa différentielle en $\mathbb{I}_2$, le diagramme suivant est commutatif :

$$\begin{array}{ccccc} & \mathrm{sl}(2,\mathbb{C}) & \xrightarrow{\boldsymbol{\mathcal{S}}'} & \mathrm{so}(3,1) & \\ \exp & \Big\downarrow & & \Big\downarrow & \exp \\ & \mathrm{SL}(2,\mathbb{C}) & \xrightarrow{\boldsymbol{\mathcal{S}}} & \mathrm{SO_o}(3,1) & \end{array}$$

Cela signifie que

$$\forall B \in \mathrm{sl}(2,\mathbb{C}), \quad \boxed{\boldsymbol{\mathcal{S}}(\exp B) = \exp(\boldsymbol{\mathcal{S}}'(B))}. \tag{7.102}$$

Remarque : Nous avons mentionné au § 7.3.1 que l'exponentielle de so(3,1) vers $\mathrm{SO_o}(3,1)$ était surjective. Par contre, elle ne l'est pas de sl(2,$\mathbb{C}$) vers SL(2,$\mathbb{C}$) : les éléments de SL(2,$\mathbb{C}$) de la forme $A = -\mathbb{I}_2 + N$ avec $N \neq 0$ et nilpotent ($N^2 = 0$) n'ont pas d'antécédent par exp (*cf.* par exemple [172]). Dans tous les cas, soit A ou $-A$ a un antécédent par exp, ce qui, au vu de (7.86), explique pourquoi exp : $\mathrm{so}(3,1) \to \mathrm{SO_o}(3,1)$ est surjective.

Il est instructif d'étudier les antécédents par l'exponentielle des éléments du sous-groupe SU(2) de SL(2,$\mathbb{C}$). Nous avons vu au § 7.4.2 que tout élément $A \in \mathrm{SU}(2)$ s'écrit sous la forme (7.72) avec $\varphi \in [0, 2\pi]$ et $(n^1, n^2, n^3) \in \mathbb{R}^3$ avec $\sum_{i=1}^{3}(n^i)^2 = 1$, que l'on peut interpréter comme les composantes d'un vecteur unitaire de E_{e_0}. Posons alors $B := -(\varphi/2) n^j \mathrm{i}\sigma_j$ et évaluons

$$\exp B = \sum_{n=0}^{\infty} \frac{1}{n!} \left(-\frac{\varphi}{2}\right)^n \left(n^j \mathrm{i}\sigma_j\right)^n .$$

On vérifie aisément à partir de (7.51) et (7.71) que

$$\left(n^j \mathrm{i}\sigma_j\right)^2 = -(n^j\,\sigma_j)^2 = -\left[(n^1)^2 + (n^2)^2 + (n^3)^2\right] \mathbb{I}_2 = -\mathbb{I}_2.$$

Par conséquent, la série ci-dessus se simplifie en

$$\exp B = \underbrace{\left[\sum_{p=0}^{\infty} \frac{1}{(2p)!}\left(\frac{\varphi}{2}\right)^{2p}(-1)^p\right]}_{\cos(\varphi/2)} \mathbb{I}_2 + \underbrace{\left[\sum_{p=0}^{\infty} \frac{1}{(2p+1)!}(-1)\left(\frac{\varphi}{2}\right)^{2p+1}(-1)^p\right]}_{-\sin(\varphi/2)} n^j \mathrm{i}\sigma_j.$$

On reconnaît l'expression (7.72) de A. On en conclut que tout élément de SU(2) peut s'écrire sous la forme d'une exponentielle, suivant la formule très simple

$$\boxed{A = \cos\frac{\varphi}{2}\,\mathbb{I}_2 - \sin\frac{\varphi}{2}\,n^j \mathrm{i}\sigma_j = \exp\left(-\frac{\varphi}{2}\,n^j \mathrm{i}\sigma_j\right)}. \qquad (7.103)$$

Une application de cette formule et du résultat général (7.102) consiste à retrouver l'expression exponentielle (7.40) d'une rotation spatiale quelconque. En effet, si $\boldsymbol{R}$ est une rotation d'angle φ et d'axe porté par le vecteur unitaire $\vec{n} = n^j\,\vec{e}_j$, alors $\boldsymbol{R} = \boldsymbol{\mathcal{S}}(A)$ avec A de la forme (7.72). Le résultat ci-dessus donne $\boldsymbol{R} = \boldsymbol{\mathcal{S}}(\exp B)$. La propriété (7.102) permet alors d'écrire $\boldsymbol{R} = \exp(\boldsymbol{\mathcal{S}}'(B))$. Or, par linéarité de $\boldsymbol{\mathcal{S}}'$ et en utilisant (7.100),

$$\boldsymbol{\mathcal{S}}'(B) = -\frac{\varphi}{2} n^j \underbrace{\boldsymbol{\mathcal{S}}'(\mathrm{i}\sigma_j)}_{-2\boldsymbol{J}_j} = \varphi\, n^j \boldsymbol{J}_j.$$

On a donc $\boldsymbol{R} = \exp(\varphi\, n^j \boldsymbol{J}_j)$, ce qui n'est autre que le résultat (7.40).

De même, on peut exprimer les éléments hertimiens de $\mathrm{SL}(2,\mathbb{C})$ considérés au § 7.4.3 en prenant l'exponentielle de $B := \psi/2\, n^j \sigma_j$ pour $\psi \in \mathbb{R}$. Un calcul similaire à celui ci-dessus conduit à

$$\boxed{A = \cosh\frac{\psi}{2}\,\mathbb{I}_2 + \sinh\frac{\psi}{2}\,n^j\sigma_j = \exp\left(\frac{\psi}{2}\,n^j\sigma_j\right)}. \qquad (7.104)$$

En combinant avec (7.102) et (7.98)–(7.99), on obtient, de la même façon que pour les rotations, l'expression exponentielle $\boldsymbol{\Lambda} = \exp(\psi\, n^j\, \boldsymbol{K}_j)$ de toute transformation de Lorentz spéciale $\boldsymbol{\Lambda}$, c'est-à-dire que l'on retrouve (7.39).

Note historique : *Le lien en le groupe de Lorentz et* $\mathrm{SL}(2,\mathbb{C})$ *était connu de Felix Klein*[14] *en 1910 [225] et d'Élie Cartan* (cf. *p. 6) en 1914 [77].*

---

14. **Felix Klein** (1849–1925) : Mathématicien allemand, auteur de nombreux travaux en théorie des groupes et en géométrie non-euclidienne ; en 1872, il proposa le fameux *programme d'Erlangen*, dont le but était de classifier les différentes géométries en terme des groupes de symétrie et de leurs invariants. Il fonda le centre de mathématiques de Göttingen.

Chapitre 8

Observateurs inertiels

Sommaire

Dans les Chaps. 3 à 5, nous avons traité des observateurs quelconques. Nous allons discuter ici plus en détail des observateurs les plus simples de l'espace-temps de Minkowski : les observateurs inertiels.

8.1 Caractérisation des observateurs inertiels

8.1.1 Définition

Un *observateur inertiel* a été défini au § 3.4.4 comme un observateur $\mathcal{O}$ dont le référentiel local $(\vec{e}_\alpha(t))$ (t étant le temps propre de $\mathcal{O}$) vérifie

$$\boxed{\frac{d\vec{e}_\alpha}{dt} = 0}, \tag{8.1}$$

c'est-à-dire que chaque vecteur $\vec{e}_\alpha$ est constant le long de la ligne d'univers de $\mathcal{O}$ (*cf.* Fig. 8.1). Nous avons vu que cette condition est équivalente à une 4-accélération et une 4-rotation nulles sur toute la ligne d'univers :

$$\forall t \in \mathbb{R}, \quad \boxed{\vec{a}(t) = 0} \quad \text{et} \quad \boxed{\vec{\omega}(t) = 0}. \tag{8.2}$$

Rappelons que la *4-accélération* et la *4-rotation* ont été introduites aux § 2.3.2 et 3.4.3 respectivement. On peut définir ces deux grandeurs comme les vecteurs $\vec{a}$ et $\vec{\omega}$ orthogonaux à la 4-vitesse $\vec{u}$ de $\mathcal{O}$ qui donnent l'évolution du référentiel local suivant l'Éq. (3.54) :

$$\frac{d\vec{e}_\alpha}{dt} = c(\vec{\boldsymbol{a}} \cdot \vec{e}_\alpha)\, \vec{\boldsymbol{u}} - c(\vec{\boldsymbol{u}} \cdot \vec{e}_\alpha)\, \vec{\boldsymbol{a}} + \vec{\boldsymbol{\omega}} \times_{\boldsymbol{u}} \vec{e}_\alpha.$$

Comme conséquence immédiate de (8.2), la notion de dérivée vectorielle par rapport à un observateur (telle qu'introduite au § 3.5.2) coïncide avec celle de dérivée absolue : $\boldsymbol{D}_{\mathcal{O}}\vec{\boldsymbol{v}} = d\vec{\boldsymbol{v}}/dt$, ainsi que nous l'avions déjà remarqué au Chap. 3 (Éq. (3.71)).

8.1.2 Ligne d'univers

Puisque le vecteur $\vec{e}_0$ du référentiel local de $\mathcal{O}$ est égal à la 4-vitesse $\vec{\boldsymbol{u}}$, une conséquence immédiate de (8.1) est

$$\vec{\boldsymbol{u}}(t) = \text{const}, \tag{8.3}$$

autrement dit $\vec{\boldsymbol{u}}(t)$ est le même vecteur de E en tout point de la ligne d'univers $\mathscr{L}$ de $\mathcal{O}$. Soient alors $(O; \vec{\varepsilon}_0, \vec{\varepsilon}_1, \vec{\varepsilon}_2, \vec{\varepsilon}_3)$ un repère affine[1] de $\mathscr{E}$ et $x^\alpha(t)$ l'équation de la ligne d'univers $\mathscr{L}$ dans ce système. Comme $\vec{\boldsymbol{u}}$ est le vecteur dérivé associé au paramétrage de $\mathscr{L}$ par ct, on a

$$\vec{\boldsymbol{u}}(t) = u^\alpha(t)\, \vec{\varepsilon}_\alpha = \frac{1}{c}\frac{dx^\alpha}{dt}\, \vec{\varepsilon}_\alpha,$$

c'est-à-dire

$$\frac{dx^\alpha}{dt} = cu^\alpha(t). \tag{8.4}$$

La condition (8.3) est équivalente à $u^\alpha(t) = \text{const} := u_0^\alpha$ pour $\alpha \in \{0, 1, 2, 3\}$. L'Éq. (8.4) s'intègre alors immédiatement en

$$x^\alpha(t) = cu_0^\alpha\, t + x_0^\alpha, \tag{8.5}$$

où les huit quantités (u_0^α, x_0^α) sont des constantes. On reconnaît là l'équation d'une droite, paramétrée par t. D'où la conclusion :

> La ligne d'univers de tout observateur inertiel est *une droite* de l'espace-temps de Minkowski $\mathscr{E}$.

Remarque : La réciproque n'est pas vraie : un observateur dont la ligne d'univers est une droite est simplement un observateur dont la 4-accélération est nulle. Pour qu'il soit un observateur inertiel, il faut qu'en plus sa 4-rotation s'annule (*cf.* Fig. 8.1).

---

1. On désigne par $\vec{\varepsilon}_\alpha$ les vecteurs du repère affine, tel que défini au § 1.1.3, pour les distinguer de ceux du référentiel local de $\mathcal{O}$, notés $\vec{e}_\alpha$.

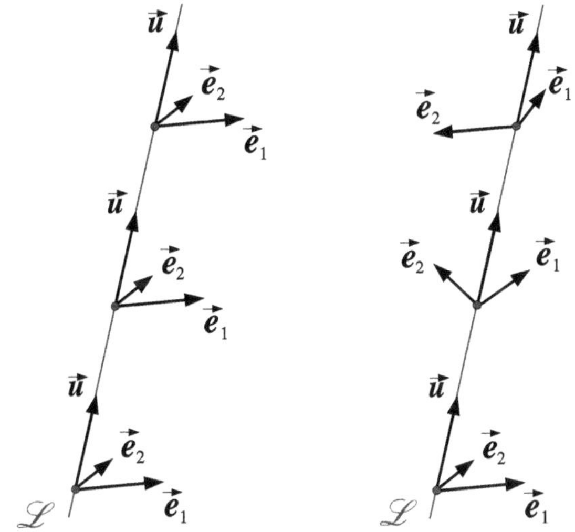

FIG. 8.1 – Ligne d'univers et référentiel local d'un observateur inertiel (à gauche) et d'un observateur sans 4-accélération mais avec une 4-rotation non nulle (à droite). Le référentiel local de l'observateur inertiel vérifie la condition (8.1).

8.1.3 Globalité de l'espace local de repos

Au § 3.1.3, nous avons fait la distinction entre *l'hypersurface de simultanéité* $\Sigma_{\boldsymbol{u}}(t)$ d'un observateur $\mathcal{O}$ et son *espace local de repos* $\mathscr{E}_{\boldsymbol{u}}(t)$: $\Sigma_{\boldsymbol{u}}(t)$ est définie comme l'ensemble des événements de $\mathscr{E}$ simultanés[2] à l'événement de temps propre t sur la ligne d'univers $\mathscr{L}$ de $\mathcal{O}$, soit $O(t)$, alors que $\mathscr{E}_{\boldsymbol{u}}(t)$ est défini de manière purement géométrique comme l'hyperplan de $\mathscr{E}$ orthogonal à $\mathscr{L}$ en $O(t)$. Dans le calcul effectué au § 3.1.3, la différence entre les deux sous-espaces était induite par la courbure de la ligne d'univers $\mathscr{L}$. Dans le cas où cette dernière est une droite, cette distinction n'a plus lieu d'être. Ainsi les égalités (3.3), points de départ du calcul qui aboutit à $B \in \mathscr{E}_{\boldsymbol{u}}(t)$, sont valables pour tout point $B \in \Sigma_{\boldsymbol{u}}(t)$, même si celui-ci est très éloigné de $\mathscr{L}$. On en conclut que pour un observateur inertiel, l'hypersurface de simultanéité et l'espace local de repos coïncident :

$$\forall t \in \mathbb{R}, \quad \boxed{\Sigma_{\boldsymbol{u}}(t) = \mathscr{E}_{\boldsymbol{u}}(t)}. \tag{8.6}$$

De plus, puisque $\vec{\boldsymbol{u}}(t) = \text{const}$ (propriété (8.3)), les hyperplans $\mathscr{E}_{\boldsymbol{u}}(t)$ sont parallèles (*cf.* Fig. 8.2) ; ils ne se coupent donc pas, contrairement au cas de l'observateur accéléré discuté au § 3.6 (*cf.* en particulier la Fig. 3.15). Ainsi il n'y a pas d'obstruction à l'étiquetage de tous les événements de $\mathscr{E}$ par les coordonnées (ct, x^1, x^2, x^3) relatives au référentiel local d'un observateur

2. Au sens d'Einstein-Poincaré, *cf.* § 3.1.2.

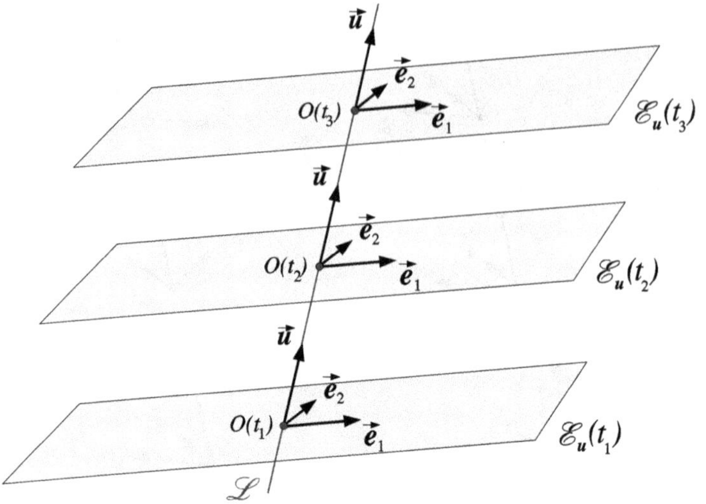

FIG. 8.2 – Ligne d'univers et espaces locaux de repos d'un observateur inertiel.

inertiel, telles que définies au § 3.3.2. De plus, en notant $O(t)$ l'événement de $\mathscr{L}$ de temps propre t, on peut écrire, en utilisant la relation de Chasles $\overrightarrow{O(0)M} = \overrightarrow{O(0)O(t)} + \overrightarrow{O(t)M} = ct\,\vec{u} + \overrightarrow{O(t)M}$ et la relation (3.26),

$$\overrightarrow{O(0)M} = ct\,\vec{u} + x^i\vec{e}_i. \tag{8.7}$$

En comparant avec (1.6) on constate que les coordonnées (ct, x^1, x^2, x^3) relatives au référentiel local de $\mathcal{O}$ forment un système de coordonnées affines de $\mathscr{E}$, centré en $O(0)$. Pour cette raison, nous abandonnerons le qualificatif *local* dans la dénomination du référentiel $(\vec{e}_\alpha)$ associé à $\mathcal{O}$ et l'appellerons simplement ***référentiel*** de l'observateur inertiel. Nous appellerons également ***coordonnées inertielles*** tout système de coordonnées affines de ce type.

Remarque : Les coordonnées inertielles sont parfois appelées ***coordonnées minkowskiennes*** ou encore ***coordonnées galiléennes***.

8.1.4 Réseau rigide d'observateurs inertiels

Soit $\mathcal{O}$ un observateur inertiel de ligne d'univers $\mathscr{L}$, de 4-vitesse $\vec{u}$, d'espace local de repos $\mathscr{E}_{\boldsymbol{u}}(t)$ et de référentiel $(\vec{e}_0 = \vec{u}, \vec{e}_1, \vec{e}_2, \vec{e}_3)$. Considérons un point matériel $\mathcal{O}'$ *fixe* par rapport à $\mathcal{O}$, c'est-à-dire un point matériel dont les coordonnées (x^1, x^2, x^3) relatives au référentiel de $\mathcal{O}$ sont constantes (*cf.* § 3.3.3). Il est facile de voir que la ligne d'univers $\mathscr{L}'$ de $\mathcal{O}'$ est alors une droite de $\mathscr{E}$ parallèle à $\mathscr{L}$. En effet, en notant $O(t) := \mathscr{E}_{\boldsymbol{u}}(t) \cap \mathscr{L}$ et $O'(t) := \mathscr{E}_{\boldsymbol{u}}(t) \cap \mathscr{L}'$, il vient

$$\overrightarrow{O(0)O(t)} = ct\,\vec{u} \qquad \text{et} \qquad \overrightarrow{O(0)O'(t)} = ct\,\vec{u} + x^i\vec{e}_i.$$

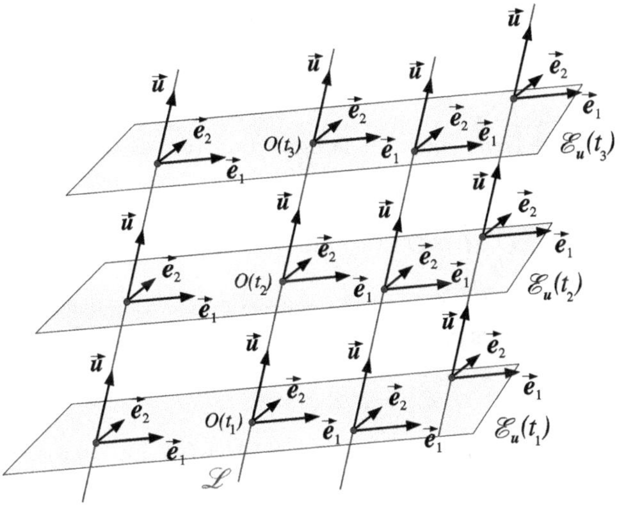

FIG. 8.3 – Réseau rigide d'observateurs inertiels.

La première équation donne le mouvement du point courant $O(t)$ de $\mathscr{L}$ et la seconde celle du point courant $O'(t)$ de $\mathscr{L}'$. Puisque les x^i sont des constantes ($\mathcal{O}'$ fixe par rapport à $\mathcal{O}$) et les vecteurs $\vec{e}_i$ sont constants ($\mathcal{O}$ observateur inertiel), le vecteur $x^i\vec{e}_i$ est constant. On en déduit immédiatement que la ligne d'univers $\mathscr{L}'$ est une droite parallèle à $\mathscr{L}$. Il s'ensuit que le temps propre de $\mathcal{O}'$ coïncide (à un choix d'origine près) avec le temps propre t de $\mathcal{O}$ et que la 4-vitesse $\vec{u}'$ de $\mathcal{O}'$ est égale à celle de $\mathcal{O}$. Les espaces locaux de repos de $\mathcal{O}'$ sont donc les mêmes que ceux de $\mathcal{O}$:

$$\mathscr{E}_{\boldsymbol{u}'}(t) = \mathscr{E}_{\boldsymbol{u}}(t). \tag{8.8}$$

On peut alors munir $\mathcal{O}'$ de la même base spatiale $(\vec{e}_i)$ que $\mathcal{O}$, de sorte que $\mathcal{O}'$ soit un observateur inertiel.

On peut bien évidemment étendre la construction à tout un ensemble de points matériels fixes par rapport à $\mathcal{O}$ (*cf.* Fig. 8.3) et obtenir ce que nous appellerons un ***réseau rigide d'observateurs inertiels***. En convenant d'une même origine des temps propres, les horloges idéales de chacun de ces observateurs indiquent la même valeur : on dit qu'elles sont ***synchronisées***.

8.2 Groupe de Poincaré

8.2.1 Changement de coordonnées inertielles

Considérons deux observateurs inertiels, $\mathcal{O}$ et $\mathcal{O}'$, et leurs référentiels respectifs $(\vec{e}_\alpha)$ et $(\vec{e}\,'_\alpha)$. Les coordonnées (x^α) et (x'^α) d'un événement $M \in \mathscr{E}$

par rapport à $\mathscr{O}$ et $\mathscr{O}'$ sont définies par la formule (8.7) :

$$\overrightarrow{OM} = x^\alpha \vec{e}_\alpha \quad \text{et} \quad \overrightarrow{O'M} = x'^\alpha \vec{e}\,'_\alpha, \tag{8.9}$$

où O (resp. O') est l'événement de la ligne d'univers de $\mathscr{O}$ (resp. $\mathscr{O}'$) de temps propre $t = x^0/c = 0$ (resp. $t' = x'^0/c = 0$). De par la relation de Chasles,

$$\overrightarrow{O'M} = \overrightarrow{O'O} + \overrightarrow{OM} = x_0'^\alpha \vec{e}\,'_\alpha + x^\alpha \vec{e}_\alpha, \tag{8.10}$$

où $(x_0'^\alpha)$ sont les coordonnées de O vis-à-vis de $\mathscr{O}'$. Les bases orthonormales $(\vec{e}_\alpha)$ et $(\vec{e}\,'_\alpha)$ sont reliées par une unique transformation de Lorentz restreinte, $\mathbf{\Lambda}$, telle que

$$\vec{e}_\alpha = \mathbf{\Lambda}(\vec{e}\,'_\alpha) = \Lambda^\beta{}_\alpha \vec{e}\,'_\beta, \tag{8.11}$$

où $\Lambda^\beta{}_\alpha$ est la matrice de $\mathbf{\Lambda}$ dans la base $(\vec{e}\,'_\alpha)$ (*cf.* Éq. (6.5)). Les relations (8.9) et (8.10) conduisent alors à

$$\overrightarrow{O'M} = x'^\alpha \vec{e}\,'_\alpha = x_0'^\alpha \vec{e}\,'_\alpha + x^\alpha \Lambda^\beta{}_\alpha \vec{e}\,'_\beta = x_0'^\alpha \vec{e}\,'_\alpha + x^\beta \Lambda^\alpha{}_\beta \vec{e}\,'_\alpha,$$

d'où la relation entre les deux systèmes de coordonnées :

$$\boxed{x'^\alpha = \Lambda^\alpha{}_\beta x^\beta + x_0'^\alpha}. \tag{8.12}$$

On appelle ***transformation de Poincaré passive*** tout changement de coordonnées de ce type, c'est-à-dire toute application de la forme

$$\begin{aligned} f : \mathbb{R}^4 &\longrightarrow \mathbb{R}^4 \\ (x^\alpha) &\longmapsto \Lambda^\alpha{}_\beta x^\beta + x_0'^\alpha, \end{aligned} \tag{8.13}$$

où $\Lambda^\alpha{}_\beta$ est une matrice de Lorentz (*cf.* § 6.1.1) et $x_0'^\alpha$ sont quatre nombres réels.

Exemple : Un exemple particulièrement important (historiquement le premier !) est celui où les axes des observateurs $\mathscr{O}$ et $\mathscr{O}'$ sont « quasiparallèles » et où la vitesse relative est suivant l'un de ces axes. Cela signifie que la vitesse $\vec{V}$ de $\mathscr{O}'$ relative à $\mathscr{O}$ est dirigée suivant $\vec{e}_1$, $\vec{V} = V\vec{e}_1$, et la vitesse $\vec{V}'$ de $\mathscr{O}$ relative à $\mathscr{O}'$ est dirigée suivant $\vec{e}\,'_1$, $\vec{V}' = V'\vec{e}\,'_1$. On a alors nécessairement $V' = -V$ (*cf.* Éqs. (5.9) et (5.10)). Dans ce cas de figure, $\mathbf{\Lambda}$ est une transformation de Lorentz spéciale dont la matrice est donnée par (6.50), où V est remplacé par $V' = -V$. En reportant cette matrice dans (8.12) et en désignant par (ct, x, y, z) (resp. (ct', x', y', z')) les coordonnées inertielles (x^α) (resp. (x'^α)), il vient

$$\boxed{\left\{ \begin{aligned} ct' &= \Gamma\left(ct - \tfrac{V}{c}x\right) \\ x' &= \Gamma\,(x - Vt) \\ y' &= y \\ z' &= z, \end{aligned} \right.} \tag{8.14}$$

où nous avons posé les constantes $x_0'^\alpha$ égales à zéro, ce qui revient à dire que les lignes d'univers de $\mathcal{O}$ et $\mathcal{O}'$ se coupent en $t = 0$ et $t' = 0$. La transformation ci-dessus s'inverse en remplaçant V par $-V$:

$$\boxed{\begin{cases} ct = \Gamma\left(ct' + \frac{V}{c}x'\right) \\ x = \Gamma\left(x' + Vt'\right) \\ y = y' \\ z = z'. \end{cases}} \tag{8.15}$$

Remarque : Nous ne restreignons pas la définition (8.13) aux matrices de Lorentz restreintes ; ce n'est que dans ce dernier cas que la transformation de Poincaré correspond à un changement de coordonnées lié à un changement d'observateur inertiel.

8.2.2 Transformations de Poincaré actives

On appelle ***transformation de Poincaré*** toute application

$$\begin{aligned} f : \mathscr{E} &\longrightarrow \mathscr{E} \\ M &\longmapsto f(M) \end{aligned} \tag{8.16}$$

pour laquelle il existe une transformation de Lorentz $\mathbf{\Lambda} : E \to E$ telle que

$$\forall (M, N) \in \mathscr{E}^2, \quad \overrightarrow{f(M)f(N)} = \mathbf{\Lambda}(\overrightarrow{MN}). \tag{8.17}$$

Il est clair que la transformation de Lorentz $\mathbf{\Lambda}$ est unique. Étant donné que $\mathbf{\Lambda}$ est une application linéaire, f est par définition une ***application affine***. En particulier, f est entièrement définie par la donnée de (i) la transformation de Lorentz $\mathbf{\Lambda}$ et (ii) l'image d'un point de $\mathscr{E}$, soit O. On déduit en effet immédiatement de (8.17) que

$$\boxed{\forall M \in \mathscr{E}, \quad \overrightarrow{Of(M)} = \mathbf{\Lambda}(\overrightarrow{OM}) + \overrightarrow{Of(O)}}. \tag{8.18}$$

Remarque : Une transformation de Poincaré telle que définie ci-dessus envoie un point de $\mathscr{E}$ vers un autre point de $\mathscr{E}$; c'est ce que l'on appelle une transformation *active*, par opposition à la transformation passive considérée au § 8.2.1. Nous omettrons le qualificatif *active* et ne parlerons que de *transformation de Poincaré* pour ces transformations. Par contre, nous utiliserons explicitement le qualificatif *passive* pour les transformations passives.

Soient $\mathcal{O}$ un observateur inertiel, de référentiel $(\vec{e}_\alpha)$ et (x^α) le système de coordonnées inertielles associées. O étant l'origine de ce dernier, désignons par $(x_0'^\alpha)$ les coordonnées de $f(O)$ et par (x'^α) les coordonnées de l'image d'un point générique M, de coordonnées (x^α). L'équation (8.18) conduit alors à

$$\boxed{x'^\alpha = \Lambda^\alpha{}_\beta x^\beta + x_0'^\alpha}, \tag{8.19}$$

où $\Lambda^{\alpha}{}_{\beta}$ est la matrice de $\mathbf{\Lambda}$ dans la base $(\vec{e}_\alpha)$, définie suivant (6.4). Cette relation est structurellement identique à (8.12), la différence étant qu'ici x'^α désigne la coordonnée de l'image d'un point par f dans le système de coordonnées (x^α), alors que dans (8.12), (x'^α) et (x^α) sont deux systèmes de coordonnées différents.

On appelle ***translation*** toute transformation de Poincaré f dont la transformation de Lorentz associée est l'identité. Le vecteur $\overrightarrow{Of(O)}$ est alors indépendant du point O. En effet la relation (8.17) avec $\mathbf{\Lambda} = \mathrm{Id}$ conduit à

$$\overrightarrow{f(O)O} + \overrightarrow{OO'} + \overrightarrow{O'f(O')} = \overrightarrow{f(O)f(O')} = \overrightarrow{OO'}, \quad \text{d'où } \overrightarrow{O'f(O')} = \overrightarrow{Of(O)}.$$

Le vecteur $\vec{v} = \overrightarrow{Of(O)}$ est appelé ***vecteur de la translation***. Une translation est entièrement définie par la donnée d'un seul point et de son image.

Pour tout $O \in \mathscr{E}$, on appelle ***transformation de Lorentz pointée en*** O toute transformation de Poincaré f telle que $f(O) = O$.

Étant donnés une transformation de Poincaré quelconque f et un point $O \in \mathscr{E}$, on peut décomposer f en une transformation de Lorentz pointée en O, soit Λ_O, suivie d'une translation T, de vecteur $\vec{v} = \overrightarrow{Of(O)}$:

$$\boxed{f = T \circ \Lambda_O}. \tag{8.20}$$

Cela revient à écrire (8.18) sous la forme

$$\forall M \in \mathscr{E}, \quad \overrightarrow{Of(M)} = \mathbf{\Lambda}(\overrightarrow{OM}) + \vec{v}, \tag{8.21}$$

où $\mathbf{\Lambda}$ est la transformation de Lorentz correspondant à Λ_O.

8.2.3 Structure de groupe

L'ensemble des transformations de Lorentz formant un groupe, il est facile de vérifier qu'il en est de même pour l'ensemble des transformations de Poincaré. En particulier, si f_1 et f_2 sont deux transformations de Poincaré, de transformations de Lorentz associées $\mathbf{\Lambda}_1$ et $\mathbf{\Lambda}_2$, alors l'application répétée de (8.21) donne

$$\begin{aligned}\forall M \in \mathscr{E}, \quad \overrightarrow{Of_1 \circ f_2(M)} &= \mathbf{\Lambda}_1(\overrightarrow{Of_2(M)}) + \vec{v}_1 \\ &= \mathbf{\Lambda}_1[\mathbf{\Lambda}_2(\overrightarrow{OM}) + \vec{v}_2] + \vec{v}_1 \\ &= \mathbf{\Lambda}_1 \circ \mathbf{\Lambda}_2(\overrightarrow{OM}) + \mathbf{\Lambda}_1(\vec{v}_2) + \vec{v}_1.\end{aligned}$$

En comparant avec (8.21), on en déduit que $f_1 \circ f_2$ est une transformation de Poincaré, de transformation de Lorentz associée $\mathbf{\Lambda}_1 \circ \mathbf{\Lambda}_2$. De plus, la translation associée à $f_1 \circ f_2$ dans la décomposition (8.20) vis-à-vis de O est la translation de vecteur

$$\vec{v} = \vec{v}_1 + \mathbf{\Lambda}_1(\vec{v}_2). \tag{8.22}$$

Le groupe formé par l'ensemble des transformations de Poincaré est naturellement appelé ***groupe de Poincaré*** et est noté $\mathrm{IO}(3,1)$.

Remarque : Le groupe de Poincaré est quelquefois appelé *groupe de Lorentz inhomogène*, ce qui explique la notation IO(3, 1).

Pour tout $O \in \mathscr{E}$, l'ensemble des transformations de Lorentz pointées en O constitue un sous-groupe de IO(3, 1). De plus, ce sous-groupe est isomorphe au groupe de Lorentz O(3, 1). Par ailleurs, l'ensemble des translations forme également un sous-groupe de IO(3, 1). Ce sous-groupe est isomorphe à $(E, +)$, ou encore $(\mathbb{R}^4, +)$.

La décomposition (8.20) pourrait laisser penser que le groupe de Poincaré est isomorphe au groupe produit $\mathbb{R}^4 \times \mathrm{O}(3,1)$. Ce serait le cas si l'on avait $\vec{v} = \vec{v}_1 + \vec{v}_2$ à la place de (8.22). En effet, étant donnés deux groupes $(G_1, *_1)$ et $(G_2, *_2)$, le ***groupe produit*** est l'ensemble $G_1 \times G_2$ muni de la loi de composition interne $*$ définie par $(a_1, a_2) * (b_1, b_2) = (a_1 *_1 b_1,\ a_2 *_2 b_2)$. Dans le cas présent $(G_1, *_1) = (\mathbb{R}^4, +)$, $(G_2, *_2) = (\mathrm{O}(3,1), \circ)$, $* = \circ$ et l'on devrait avoir $(\vec{v}_1, \mathbf{\Lambda}_1) \circ (\vec{v}_2, \mathbf{\Lambda}_2) = (\vec{v}_1 + \vec{v}_2,\ \mathbf{\Lambda}_1 \circ \mathbf{\Lambda}_2)$. Le résultat (8.22) montre que l'on a en fait

$$\boxed{(\vec{v}_1, \mathbf{\Lambda}_1) \circ (\vec{v}_2, \mathbf{\Lambda}_2) = (\vec{v}_1 + \mathbf{\Lambda}_1(\vec{v}_2),\ \mathbf{\Lambda}_1 \circ \mathbf{\Lambda}_2)}. \tag{8.23}$$

On dit alors que le groupe de Poincaré est le ***produit semi-direct*** du groupe des translations par le groupe de Lorentz, et on note cette opération par le symbole $\rtimes$:

$$\boxed{\mathrm{IO}(3,1) \simeq \mathbb{R}^4 \rtimes \mathrm{O}(3,1)}, \tag{8.24}$$

le symbole $\simeq$ signifiant « isomorphe à » (*cf.* Annexe A).

L'ensemble des transformations de Poincaré dont la transformation de Lorentz associée $\mathbf{\Lambda}$ est restreinte ($\mathbf{\Lambda} \in \mathrm{SO_o}(3,1)$) forme un sous-groupe de IO(3, 1), que nous appellerons naturellement ***groupe de Poincaré restreint*** et noterons $\mathrm{ISO_o}(3,1)$. Ce sont les éléments de $\mathrm{ISO_o}(3,1)$ qui correspondent aux changements d'observateurs inertiels. On a bien évidemment

$$\boxed{\mathrm{ISO_o}(3,1) \simeq \mathbb{R}^4 \rtimes \mathrm{SO_o}(3,1)}. \tag{8.25}$$

Une conséquence de la structure de produit semi-direct (8.25) est que le groupe des translations $(\mathbb{R}^4, +)$ est un sous-groupe distingué (*cf.* Annexe A) du groupe de Poincaré restreint $\mathrm{ISO_o}(3,1)$. Il est en effet facile de vérifier que la condition (A.3) est satisfaite par le produit (8.23). En conséquence, $\mathrm{ISO_o}(3,1)$ n'est pas un groupe simple, contrairement à $\mathrm{SO_o}(3,1)$.

Note historique : *L'appellation* groupe de Poincaré *est due à Eugene P. Wigner* (cf. *p. 220) et apparaît pour la première fois dans un article de 1952 [214]* (cf. *Réf. [366], p. 152). Comme nous l'avons vu au Chap. 6* (cf. *note historique du § 6.3.8), Henri Poincaré a défini le groupe de Lorentz, plutôt que le groupe qui porte aujourd'hui son nom.*

8.2.4 Le groupe de Poincaré en tant que groupe de Lie

Puisque $(\mathbb{R}^4, +)$ est un groupe de Lie de dimension 4 et $O(3,1)$ est un groupe de Lie de dimension 6 (*cf.* Chap. 7), on déduit immédiatement de (8.24) que le groupe de Poincaré $IO(3,1)$ est un groupe de Lie de dimension 10.

Déterminons les générateurs de $IO(3,1)$. Une transformation de Poincaré infinitésimale, f, doit avoir la forme (8.21) avec $\boldsymbol{\Lambda}$ transformation de Lorentz infinitésimale et $\vec{\boldsymbol{v}}$ vecteur infinitésimal. D'après (7.2), $\boldsymbol{\Lambda}$ est de la forme $\boldsymbol{\Lambda} = \mathrm{Id} + \varepsilon \boldsymbol{L}$, avec $\boldsymbol{L} \in \mathrm{so}(3,1)$, algèbre de Lie de $SO_o(3,1)$. En écrivant le vecteur de translation infinitésimal comme $\varepsilon\vec{\boldsymbol{v}}$, il vient donc

$$\forall M \in \mathscr{E}, \quad \overrightarrow{Of(M)} = \overrightarrow{OM} + \varepsilon \left[\vec{\boldsymbol{v}} + \boldsymbol{L}(\overrightarrow{OM}) \right]. \tag{8.26}$$

Le terme en facteur de ε décrit l'ensemble

$$\boxed{\mathrm{iso}(3,1) := E \times \mathrm{so}(3,1)}. \tag{8.27}$$

Cet ensemble, muni de la loi d'addition définie par

$$\begin{aligned} &\forall (\vec{\boldsymbol{v}}_1, \boldsymbol{L}_1) \in \mathrm{iso}(3,1),\ \forall (\vec{\boldsymbol{v}}_2, \boldsymbol{L}_2) \in \mathrm{iso}(3,1), \\ &\qquad (\vec{\boldsymbol{v}}_1, \boldsymbol{L}_1) + (\vec{\boldsymbol{v}}_2, \boldsymbol{L}_2) := (\vec{\boldsymbol{v}}_1 + \vec{\boldsymbol{v}}_2, \boldsymbol{L}_1 + \boldsymbol{L}_2), \end{aligned} \tag{8.28}$$

est un espace vectoriel sur $\mathbb{R}$ (rappel : $\mathrm{so}(3,1)$ est un espace vectoriel sur $\mathbb{R}$, de sorte que l'addition $\boldsymbol{L}_1 + \boldsymbol{L}_2$ est bien définie, *cf.* § 7.2.2). Étant donné que $\mathrm{so}(3,1)$ est un espace vectoriel de dimension 6, $\mathrm{iso}(3,1)$ est un espace vectoriel de dimension 10.

Contrairement au cas de l'algèbre de Lie du groupe de Lorentz, $\mathrm{so}(3,1)$, on ne peut pas définir un crochet de Lie sur $\mathrm{iso}(3,1)$ à partir du commutateur car on n'a pas *a priori* de loi de composition $\circ$ sur $\mathrm{iso}(3,1)$. Dans le cas $\mathrm{so}(3,1)$, la loi $\circ$ était fournie par le fait que $\mathrm{so}(3,1)$ était un sous-ensemble de l'algèbre $\mathcal{L}(E)$ des endomorphismes de E, ce qui permettait de définir le crochet de Lie *via* la formule (7.8). Nous allons voir que l'on peut définir un crochet de Lie sur $\mathrm{iso}(3,1)$ à partir de la loi (8.23) de composition des transformations de Poincaré. Considérons en effet deux transformations de Poincaré infinitésimales, f_1 et f_2. En vertu de (8.26), on peut écrire leurs décompositions en couple vecteur de translation et transformation de Lorentz sous la forme

$$f_1 = (\varepsilon\vec{\boldsymbol{v}}_1, \mathrm{Id} + \varepsilon\boldsymbol{L}_1) \qquad \text{et} \qquad f_2 = (\varepsilon\vec{\boldsymbol{v}}_2, \mathrm{Id} + \varepsilon\boldsymbol{L}_2), \tag{8.29}$$

où $\vec{\boldsymbol{v}}_1 \in E$, $\vec{\boldsymbol{v}}_2 \in E$, $\boldsymbol{L}_1 \in \mathrm{so}(3,1)$, $\boldsymbol{L}_2 \in \mathrm{so}(3,1)$ et nous avons choisi le même petit paramètre ε pour f_1 et f_2 (quitte à redéfinir $\vec{\boldsymbol{v}}_2$ et $\boldsymbol{L}_2$). D'après la loi de composition (8.23), on a

$$f_1 \circ f_2 = \left(\varepsilon(\vec{\boldsymbol{v}}_1 + \vec{\boldsymbol{v}}_2) + \varepsilon^2 \boldsymbol{L}_1(\vec{\boldsymbol{v}}_2),\ \mathrm{Id} + \varepsilon(\boldsymbol{L}_1 + \boldsymbol{L}_2) + \varepsilon^2\, \boldsymbol{L}_1 \circ \boldsymbol{L}_2 \right).$$

En permutant les indices 1 et 2, on peut écrire

$$f_2 \circ f_1 = \left(\varepsilon(\vec{\boldsymbol{v}}_1 + \vec{\boldsymbol{v}}_2) + \varepsilon^2 \boldsymbol{L}_2(\vec{\boldsymbol{v}}_1),\ \mathrm{Id} + \varepsilon(\boldsymbol{L}_1 + \boldsymbol{L}_2) + \varepsilon^2\, \boldsymbol{L}_2 \circ \boldsymbol{L}_1\right).$$

On en déduit que si f_1 et f_2 commutent, on devrait avoir $\boldsymbol{L}_1(\vec{\boldsymbol{v}}_2) = \boldsymbol{L}_2(\vec{\boldsymbol{v}}_1)$ et $\boldsymbol{L}_1 \circ \boldsymbol{L}_2 = \boldsymbol{L}_2 \circ \boldsymbol{L}_1$. Cela suggère de définir le crochet de Lie sur iso$(3,1)$ par

$$\forall(\vec{\boldsymbol{v}}_1, \boldsymbol{L}_1) \in \mathrm{iso}(3,1),\ \forall(\vec{\boldsymbol{v}}_2, \boldsymbol{L}_2) \in \mathrm{iso}(3,1),$$
$$\boxed{[(\vec{\boldsymbol{v}}_1, \boldsymbol{L}_1),\ (\vec{\boldsymbol{v}}_2, \boldsymbol{L}_2)] := (\boldsymbol{L}_1(\vec{\boldsymbol{v}}_2) - \boldsymbol{L}_2(\vec{\boldsymbol{v}}_1),\ [\boldsymbol{L}_1, \boldsymbol{L}_2])}. \tag{8.30}$$

Dans cette formule, $[\boldsymbol{L}_1, \boldsymbol{L}_2]$ désigne évidemment le crochet de Lie sur so$(3,1)$: $[\boldsymbol{L}_1, \boldsymbol{L}_2] := \boldsymbol{L}_1 \circ \boldsymbol{L}_2 - \boldsymbol{L}_2 \circ \boldsymbol{L}_1$. L'application $[,]$ ainsi définie est interne à iso$(3,1)$ puisque $\boldsymbol{L}_1(\vec{\boldsymbol{v}}_2) - \boldsymbol{L}_2(\vec{\boldsymbol{v}}_1) \in E$ et $[\boldsymbol{L}_1, \boldsymbol{L}_2] \in \mathrm{so}(3,1)$. De plus, elle est clairement bilinéaire et antisymétrique. On peut montrer qu'elle satisfait également à l'identité de Jacobi (*cf.* (7.12)). Elle vérifie donc toutes les propriétés qui définissent un crochet de Lie (*cf.* § 7.2.2). On en conclut que iso$(3,1)$, munie de $[,]$ défini par (8.30), est une algèbre de Lie. On l'appelle ***algèbre de Lie du groupe de Poincaré***, ou encore ***algèbre de Poincaré*** tout court.

Remarque : La définition (8.30) du crochet de Lie sur iso$(3,1)$ a été introduite comme la mesure de la non-commutativité de deux transformations de Poincaré infinitésimales. Il existe en fait une procédure tout à fait générale pour construire une algèbre de Lie unique à partir d'un groupe de Lie donné (*cf.* par exemple [180]). On peut montrer qu'appliquée au groupe de Poincaré cette procédure redonne bien le crochet de Lie (8.30).

Étant donnés une base orthonormale $(\vec{\boldsymbol{e}}_\alpha)$ de $(E, \boldsymbol{g})$ et les générateurs du groupe de Lorentz $\boldsymbol{K}_1$, $\boldsymbol{K}_2$, $\boldsymbol{K}_3$, $\boldsymbol{J}_1$, $\boldsymbol{J}_2$ et $\boldsymbol{J}_3$ associés à $(\vec{\boldsymbol{e}}_\alpha)$ (*cf.* § 7.2.3), les dix éléments suivants de iso$(3,1)$

$$\boxed{P_\alpha := (\vec{\boldsymbol{e}}_\alpha, 0)}, \quad \alpha \in \{0,1,2,3\} \tag{8.31}$$

$$\boxed{K_i := (0, \boldsymbol{K}_i)}, \quad i \in \{1,2,3\} \tag{8.32}$$

$$\boxed{J_i := (0, \boldsymbol{J}_i)}, \quad i \in \{1,2,3\} \tag{8.33}$$

forment une base vectorielle de iso$(3,1)$. Nous les appellerons ***générateurs du groupe de Poincaré*** associés à la base orthonormale $(\vec{\boldsymbol{e}}_\alpha)$. P_α est évidemment le générateur des translations de vecteur $\vec{\boldsymbol{e}}_\alpha$, K_i celui des transformations de Poincaré associées aux transformations de Lorentz spéciales de plan $\mathrm{Vect}(\vec{\boldsymbol{e}}_0, \vec{\boldsymbol{e}}_i)$ et J_i celui des rotations spatiales de plan $\mathrm{Vect}(\vec{\boldsymbol{e}}_0, \vec{\boldsymbol{e}}_i)^\perp$.

Calculons les constantes de structure du groupe de Poincaré, autrement dit les crochets de Lie des différents générateurs (*cf.* § 7.3.4). À partir de la formule (8.30), il vient

$$[P_\alpha, P_\beta] = [(\vec{\boldsymbol{e}}_\alpha, 0),\ (\vec{\boldsymbol{e}}_\beta, 0)] = (0 - 0, [0,0]) = 0. \tag{8.34}$$

De même,

$$[K_i, P_\alpha] = [(0, \boldsymbol{K}_i),\ (\vec{\boldsymbol{e}}_\alpha, 0)] = (\boldsymbol{K}_i(\vec{\boldsymbol{e}}_\alpha) - 0,\ [\boldsymbol{K}_i, 0]) = (\boldsymbol{K}_i(\vec{\boldsymbol{e}}_\alpha),\ 0)\,.$$

Or on lit sur les matrices (7.15)–(7.16) que

$$\boldsymbol{K}_i(\vec{\boldsymbol{e}}_0) = \vec{\boldsymbol{e}}_i \quad \text{et} \quad \boldsymbol{K}_i(\vec{\boldsymbol{e}}_j) = \delta_{ij}\,\vec{\boldsymbol{e}}_0.$$

On a donc

$$[K_i, P_0] = (\vec{\boldsymbol{e}}_i, 0) = P_i \quad \text{et} \quad [K_i, P_j] = (\delta_{ij}\,\vec{\boldsymbol{e}}_0,\ 0) = \delta_{ij}\,P_0. \tag{8.35}$$

Par ailleurs, toujours d'après (8.30),

$$[J_i, P_\alpha] = [(0, \boldsymbol{J}_i),\ (\vec{\boldsymbol{e}}_\alpha, 0)] = (\boldsymbol{J}_i(\vec{\boldsymbol{e}}_\alpha) - 0,\ [\boldsymbol{J}_i, 0]) = (\boldsymbol{J}_i(\vec{\boldsymbol{e}}_\alpha),\ 0)\,,$$

avec, d'après les matrices (7.16)–(7.17),

$$\boldsymbol{J}_i(\vec{\boldsymbol{e}}_0) = 0 \quad \text{et} \quad \boldsymbol{J}_i(\vec{\boldsymbol{e}}_j) = \sum_{k=1}^{3} \epsilon_{ijk} \vec{\boldsymbol{e}}_k.$$

On en déduit

$$[J_i, P_0] = 0 \quad \text{et} \quad [J_i, P_j] = \left(\sum_{k=1}^{3} \epsilon_{ijk} \vec{\boldsymbol{e}}_k,\ 0 \right) = \sum_{k=1}^{3} \epsilon_{ijk} P_k. \tag{8.36}$$

Enfin, on vérifie aisément que

$$[K_i, K_j] = (0,\ [\boldsymbol{K}_i, \boldsymbol{K}_j]), \quad [K_i, J_j] = (0,\ [\boldsymbol{K}_i, \boldsymbol{J}_j]) \quad \text{et} \quad [J_i, J_j] = (0,\ [\boldsymbol{J}_i, \boldsymbol{J}_j]). \tag{8.37}$$

En rassemblant les formules (8.34), (8.35), (8.36), (8.37) et (7.45), on obtient les constantes de structure du groupe de Poincaré :

$$\boxed{\begin{aligned}
&[P_\alpha, P_\beta] = 0 \\
&[K_i, P_0] = P_i \\
&[K_i, P_j] = \delta_{ij}\, P_0 \\
&[J_i, P_0] = 0 \\
&[J_i, P_j] = \sum_{k=1}^{3} \epsilon_{ijk} P_k \\
&[K_i, K_j] = -\sum_{k=1}^{3} \epsilon_{ijk}\, J_k \\
&[K_i, J_j] = -\sum_{k=1}^{3} \epsilon_{ijk}\, K_k \\
&[J_i, J_j] = \sum_{k=1}^{3} \epsilon_{ijk}\, J_k.
\end{aligned}} \tag{8.38}$$

Remarque : On peut faire la même remarque qu'au § 7.3.4 : les sommes sur l'indice k dans les formules ci-dessus sont en réalité limitées à un seul terme, en raison de l'antisymétrie de ϵ_{ijk}.

Chapitre 9

Énergie et impulsion

Sommaire

Après des chapitres consacrés au cadre mathématique de la relativité restreinte et à la cinématique, nous abordons à présent la *dynamique*. Une fois introduits les concepts de quadri-impulsion, masse, énergie et impulsion d'une particule (§ 9.1), nous étendrons les définitions à des systèmes de particules au § 9.2, de manière à pouvoir énoncer, en toute généralité, le premier des deux principes fondamentaux de la dynamique relativiste : celui de conservation de la quadri-impulsion. Le deuxième principe, celui de la conservation du moment cinétique, sera discuté au chapitre suivant. Diverses applications de la conservation de quadri-impulsion sont présentées aux § 9.2.7 et 9.3 : effet Doppler, collisions de particules et effet Compton. Enfin le § 9.4 introduit la notion de quadriforce subie par une particule.

9.1 Quadri-impulsion, masse et énergie

9.1.1 Quadri-impulsion et masse d'une particule

Considérons une particule $\mathscr{P}$ de ligne d'univers $\mathscr{L}$ dans l'espace-temps $\mathscr{E}$. Cette particule peut être massive, auquel cas $\mathscr{L}$ est une courbe du genre temps (*cf.* § 2.1), ou bien de masse nulle (par exemple un photon), $\mathscr{L}$ est alors une géodésique lumière (*cf.* § 2.4). Si $\mathscr{P}$ n'a pas de structure interne,

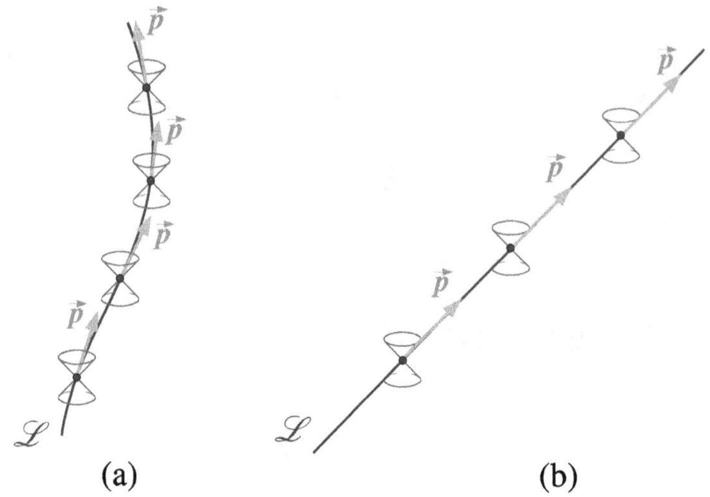

FIG. 9.1 – Vecteur 4-impulsion $\vec{\boldsymbol{p}}$ en différents points de la ligne d'univers $\mathscr{L}$ d'une particule : (a) cas d'une particule massive ; (b) cas d'une particule de masse nulle (photon).

sa dynamique est entièrement décrite par la donnée d'un champ de formes linéaires $\boldsymbol{p}$ défini le long de $\mathscr{L}$ et tel qu'en tout point $M \in \mathscr{L}$, le vecteur[1] $\vec{\boldsymbol{p}}(M)$ soit tangent à $\mathscr{L}$ et orienté vers le futur (*cf.* Fig. 9.1). De plus, on exige que $\boldsymbol{p}$ ait la dimension d'une quantité de mouvement, c'est-à-dire une masse fois une vitesse. Il en est alors de même pour $\vec{\boldsymbol{p}}$, puisque $\boldsymbol{g}$ est sans dimension (*cf.* Éq. (1.47)). La forme linéaire $\boldsymbol{p}(M)$ est appelé ***quadri-impulsion*** ou encore ***4-impulsion*** de $\mathscr{P}$ en M et le vecteur $\vec{\boldsymbol{p}}(M)$ associé par $\boldsymbol{g}$-dualité, ***vecteur 4-impulsion*** de $\mathscr{P}$ en M.

Nous appellerons ***particule simple*** tout modèle de particule dont la 4-impulsion obéit aux propriétés ci-dessus, afin de le distinguer de modèles plus sophistiqués, comme celui d'une *particule avec spin* (§ 10.6). Pour ces derniers, le vecteur 4-impulsion $\vec{\boldsymbol{p}}$ n'est pas nécessairement tangent à la ligne d'univers.

Remarque : Dans de nombreux ouvrages, la 4-impulsion est présentée comme un vecteur de E (un « 4-vecteur »), au même titre par exemple que la 4-vitesse. Or, comme nous le verrons plus bas et au Chap. 11, la 4-impulsion est fondamentalement une forme linaire et non un vecteur. Le vecteur $\vec{\boldsymbol{p}}$ est une quantité secondaire, se déduisant de la forme linéaire $\boldsymbol{p}$ par $\boldsymbol{g}$-dualité.

La norme de $\vec{\boldsymbol{p}}$ divisée par c,

$$\boxed{m := \frac{1}{c}\,\|\vec{\boldsymbol{p}}\|_{\boldsymbol{g}} = \frac{1}{c}\sqrt{-\langle \boldsymbol{p}, \vec{\boldsymbol{p}}\rangle}}\,, \tag{9.1}$$

1. Vecteur associé à la forme linéaire $\boldsymbol{p}(M)$ par $\boldsymbol{g}$-dualité, *cf.* § 1.5 et Éq. (1.47).

est appelée ***masse*** de la particule $\mathscr{P}$. Le signe – dans (9.1) prend en compte le fait que $\vec{p} \cdot \vec{p} \leq 0$, $\vec{p}$ étant soit un vecteur du genre temps ($\mathscr{P}$ particule massive, Fig. 9.1a), soit un vecteur lumière ($\mathscr{P}$ particule de masse nulle, Fig. 9.1b). Pour une particule massive, $m > 0$, alors que pour un photon $m = 0$. On justifie ainsi *a posteriori* la dénomination *particule de masse nulle* introduite au Chap. 2 pour les particules qui suivent des géodésiques lumière. Une écriture équivalente de la relation (9.1) est

$$\boxed{\vec{p} \cdot \vec{p} = -m^2 c^2}. \qquad (9.2)$$

Remarque 1 : La quantité m définie par (9.1) ou (9.2) est parfois appelée *masse au repos* ou encore *masse propre* de la particule $\mathscr{P}$; nous n'emploierons pas cette terminologie ici et désignerons m simplement par *masse*.

Remarque 2 : Nous n'avons pas supposé que m est constante le long de $\mathscr{L}$. Ce sera le cas si $\mathscr{P}$ est une particule élémentaire (par exemple un électron). Mais si $\mathscr{P}$ est une particule composite (par exemple un atome ou une molécule), m contient une part d'énergie de liaison et est susceptible de varier. Par exemple, un atome dans un état excité qui revient à son état fondamental *via* l'émission d'un photon voit sa masse diminuer très légèrement.

Dans le cas où $\mathscr{P}$ est une particule massive, un deuxième champ de vecteurs tangents à la ligne d'univers $\mathscr{L}$ a été introduit au Chap. 2 : la 4-vitesse $\vec{u}$. En chaque point de $\mathscr{L}$, les vecteurs $\vec{p}$ et $\vec{u}$ sont donc colinéaires : $\vec{p} = \alpha\vec{u}$, avec $\alpha \in \mathbb{R}$. Puisque $\vec{p}$ et $\vec{u}$ sont tous deux orientés vers le futur, on doit avoir $\alpha \geq 0$. De plus, $\vec{u}$ étant unitaire et $\vec{p}$ de norme mc (Éq. (9.1)), on a nécessairement $\alpha = mc$, d'où $\vec{p} = mc\,\vec{u}$. En introduisant la forme linéaire $\underline{\boldsymbol{u}}$ associée à $\vec{u}$ par $\boldsymbol{g}$-dualité (*cf.* § 1.5), on peut réécrire cette relation comme

$$\boxed{\boldsymbol{p} = mc\,\underline{\boldsymbol{u}}}. \qquad (9.3)$$

Note historique : *La notion de 4-impulsion a été introduite en 1909 par Hermann Minkowski (*cf.* p. 25), dans son fameux texte sur l'espace-temps [290].*

9.1.2 Énergie et impulsion relatives à un observateur

Étant donné un observateur $\mathcal{O}$, de ligne d'univers $\mathscr{L}_0$, de 4-vitesse $\vec{u}_0$ et de temps propre t, on appelle ***énergie de la particule mesurée par*** $\mathcal{O}$ ***à l'instant*** t la quantité

$$\boxed{E := -c\,\langle \boldsymbol{p}, \vec{u}_0 \rangle}, \qquad (9.4)$$

où $\vec{u}_0 = \vec{u}_0(t)$ est la 4-vitesse de $\mathcal{O}$ à l'instant t et $\boldsymbol{p} = \boldsymbol{p}(M(t))$ la 4-impulsion de $\mathscr{P}$ au point $M(t)$ d'intersection entre la ligne d'univers $\mathscr{L}$ et l'espace local de repos de $\mathcal{O}$ à l'instant t, $\mathscr{E}_{\boldsymbol{u}_0}(t)$ (*cf.* Fig. 9.2).

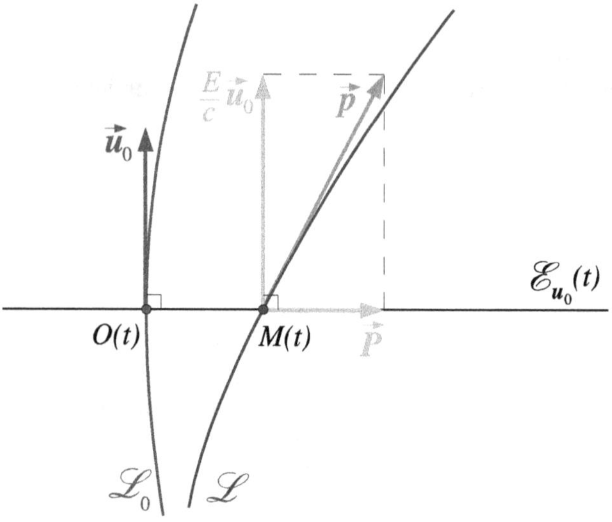

FIG. 9.2 – Énergie E et vecteur impulsion $\vec{\boldsymbol{P}}$ d'une particule par rapport à un observateur. $\mathscr{L}$ est la ligne d'univers de la particule et $\vec{\boldsymbol{p}}$ son vecteur 4-impulsion. $\mathscr{L}_0$ est la ligne d'univers de l'observateur, $\vec{\boldsymbol{u}}_0$ sa 4-vitesse et $\mathscr{E}_{\boldsymbol{u}_0}(t)$ son espace local de repos.

Remarque : L'aspect *forme linéaire* de la 4-impulsion ressort clairement dans la définition (9.4) : $\boldsymbol{p}$ est la forme linéaire qui associe au vecteur 4-vitesse $\vec{\boldsymbol{u}}_0$ de tout observateur $\mathcal{O}$ le nombre réel quantifiant l'énergie mesurée par $\mathcal{O}$. Certes, on peut écrire l'égalité (9.4) en terme du vecteur $\vec{\boldsymbol{p}}$, sous la forme d'un produit scalaire avec $\vec{\boldsymbol{u}}_0$:

$$E = -c\,\vec{\boldsymbol{p}} \cdot \vec{\boldsymbol{u}}_0 = -c\,\boldsymbol{g}(\vec{\boldsymbol{p}}, \vec{\boldsymbol{u}}_0),$$

mais cette écriture est conceptuellement plus compliquée que (9.4), car elle fait intervenir trois objets de l'espace-temps de Minkowski : les vecteurs $\vec{\boldsymbol{p}}$ et $\vec{\boldsymbol{u}}_0$, et le tenseur métrique $\boldsymbol{g}$, alors que (9.4) ne fait appel qu'à deux objets : la forme linéaire $\boldsymbol{p}$ et le vecteur $\vec{\boldsymbol{u}}_0$.

Par ailleurs, on appelle ***impulsion de la particule mesurée par $\mathcal{O}$ à l'instant*** t la forme linéaire

$$\boxed{\boldsymbol{P} := \boldsymbol{p} \circ \perp_{\boldsymbol{u}_0}}, \tag{9.5}$$

où $\perp_{\boldsymbol{u}_0}$ désigne le projecteur orthogonal sur l'hyperplan vectoriel $E_{\boldsymbol{u}_0}(t)$, espace local de repos de $\mathcal{O}$ (*cf.* § 3.1.5). Comme dans (9.4), la 4-impulsion $\boldsymbol{p}$ dans (9.5) est à prendre au point $M(t)$ d'intersection de $\mathscr{L}$ avec $\mathscr{E}_{\boldsymbol{u}_0}(t)$. Explicitons l'action de la forme linéaire $\boldsymbol{P}$ définie par (9.5) : $\boldsymbol{P} : E \longrightarrow \mathbb{R}$, $\vec{\boldsymbol{v}} \mapsto \langle \boldsymbol{p}, \perp_{\boldsymbol{u}_0}\vec{\boldsymbol{v}}\rangle$. Encore une fois, nous aurions dû écrire $\boldsymbol{P}(M(t))$, $\boldsymbol{p}(M(t))$ et $\perp_{\boldsymbol{u}_0(t)}$. Le vecteur $\vec{\boldsymbol{P}}$ associé à la forme linéaire $\boldsymbol{P}$ par $\boldsymbol{g}$-dualité est par définition tel que

(*cf.* § 1.5)

$$\forall \vec{v} \in E, \quad \vec{P} \cdot \vec{v} = \langle \boldsymbol{P}, \vec{v} \rangle = \langle \boldsymbol{p}, \perp_{\boldsymbol{u}_0} \vec{v} \rangle = \vec{p} \cdot \perp_{\boldsymbol{u}_0} \vec{v} = \perp_{\boldsymbol{u}_0} \vec{p} \cdot \perp_{\boldsymbol{u}_0} \vec{v} = \perp_{\boldsymbol{u}_0} \vec{p} \cdot \vec{v}.$$

On en déduit que

$$\boxed{\vec{P} = \perp_{\boldsymbol{u}_0} \vec{p}}. \tag{9.6}$$

Ainsi le vecteur impulsion mesuré par $\mathcal{O}$ n'est pas autre chose que la projection orthogonale du vecteur 4-impulsion sur l'espace local de repos de $\mathcal{O}$.

En utilisant la forme explicite (3.12) de $\perp_{\boldsymbol{u}_0}$, on peut écrire (9.6) comme $\vec{P} = \vec{p} + (\vec{u}_0 \cdot \vec{p})\, \vec{u}_0$. *Via* (9.4), il vient alors

$$\boxed{\vec{p} = \frac{E}{c}\, \vec{u}_0 + \vec{P}} \qquad \text{avec} \quad \vec{u}_0 \cdot \vec{P} = 0. \tag{9.7}$$

Ainsi l'énergie et l'impulsion de $\mathscr{P}$ mesurée par $\mathcal{O}$ apparaissent comme les composantes de la décomposition orthogonale du vecteur 4-impulsion de $\mathscr{P}$ vis-à-vis de $\mathcal{O}$ (*cf.* Fig. 9.2).

Remarque : Pour cette raison, certains auteurs qualifient $\vec{p}$ de *4-vecteur énergie-impulsion*. Edwin F. Taylor ey John A. Wheeler (*cf.* p. 82) l'ont même baptisé *momenergy*, contraction de *momentum* (impulsion en anglais) et *energy* [407].

Par $\boldsymbol{g}$-dualité, l'Éq. (9.7) est équivalente à

$$\boxed{\boldsymbol{p} = \frac{E}{c}\, \underline{\boldsymbol{u}}_0 + \boldsymbol{P}} \qquad \text{avec} \quad \langle \boldsymbol{P}, \vec{u}_0 \rangle = 0. \tag{9.8}$$

Le carré scalaire (vis-à-vis du tenseur métrique $\boldsymbol{g}$) de la relation (9.7) conduit à

$$\vec{p} \cdot \vec{p} = \frac{E^2}{c^2} \underbrace{\vec{u}_0 \cdot \vec{u}_0}_{-1} + 2 \frac{E}{c} \underbrace{\vec{u}_0 \cdot \vec{P}}_{0} + \vec{P} \cdot \vec{P}.$$

Puisque selon (9.2), $\vec{p} \cdot \vec{p} = -m^2 c^2$, on en déduit la ***relation d'Einstein*** :

$$\boxed{E^2 = m^2 c^4 + \vec{P} \cdot \vec{P}\, c^2}. \tag{9.9}$$

Dans le cas d'un photon (ou plus généralement d'une particule de masse nulle), cette relation se simplifie en

$$\boxed{E = \|\vec{P}\|_{\boldsymbol{g}}\, c}_{\,m=0}. \tag{9.10}$$

Remarque : Il est clair, d'après les définitions qui précèdent, que la *4-impulsion* et la *masse* d'une particule sont des quantités « absolues », c'est-à-dire qui ne dépendent que de l'état de la particule en question, tout comme la 4-vitesse ou la 4-accélération. Par contre, l'*énergie* et l'*impulsion* d'une particule sont des quantités définies relativement à un observateur, tout comme l'étaient la vitesse et l'accélération au Chap. 4.

Dans le système SI, l'unité d'énergie est le ***joule*** : 1 J = 1 kg.m^2.s^{-2}. En physique des particules, il est plus commode d'utiliser l'***électron-volt*** (symbole eV), qui est l'énergie acquise par un électron lorsqu'il traverse une différence de potentiel électrique de un volt. Ainsi que nous le verrons au Chap. 17,

$$1 \text{ eV} = 1.602\,176\,487(40) \times 10^{-19} \text{ J}. \tag{9.11}$$

On utilise couramment des multiples de l'électron-volt : 1 keV = 10^3 eV, 1 MeV = 10^6 eV, 1 GeV = 10^9 eV, 1 TeV = 10^{12} eV, et même l'exaélectron-volt : 1 EeV = 10^{18} eV. De même, l'unité d'impulsion utilisée en physique de particules est l'électron-volt divisé par c (*cf.* la relation (9.10)) : 1 eV$/c$ = $5.344\,285\,502 \times 10^{-28}$ kg.m.s^{-1}.

9.1.3 Cas d'une particule massive

Si $\mathscr{P}$ est une particule massive, la formule (9.3) relie son vecteur 4-impulsion à sa 4-vitesse $\vec{\boldsymbol{u}}$. Cette dernière s'exprime en fonction de la vitesse $\vec{\boldsymbol{V}}$ de $\mathscr{P}$ relative à $\mathcal{O}$ et du facteur de Lorentz Γ de $\mathscr{P}$ vis-à-vis de $\mathcal{O}$ *via* (4.27) :

$$\vec{\boldsymbol{u}} = \Gamma \left[(1 + \vec{\boldsymbol{a}}_0 \cdot \overrightarrow{OM})\, \vec{\boldsymbol{u}}_0 + \frac{1}{c} \left(\vec{\boldsymbol{V}} + \vec{\boldsymbol{\omega}} \times_{\boldsymbol{u}_0} \overrightarrow{OM} \right) \right],$$

où $\vec{\boldsymbol{a}}_0$ et $\vec{\boldsymbol{\omega}}$ sont respectivement la 4-accélération et la 4-rotation de l'observateur $\mathcal{O}$. En reportant cette relation dans (9.3), il vient

$$\vec{\boldsymbol{p}} = \Gamma m c (1 + \vec{\boldsymbol{a}}_0 \cdot \overrightarrow{OM})\, \vec{\boldsymbol{u}}_0 + \Gamma m \left(\vec{\boldsymbol{V}} + \vec{\boldsymbol{\omega}} \times_{\boldsymbol{u}_0} \overrightarrow{OM} \right).$$

En comparant avec (9.7), on obtient

$$\boxed{E = \Gamma (1 + \vec{\boldsymbol{a}}_0 \cdot \overrightarrow{OM}) m c^2}, \tag{9.12}$$

et

$$\boxed{\vec{\boldsymbol{P}} = \Gamma m \left(\vec{\boldsymbol{V}} + \vec{\boldsymbol{\omega}} \times_{\boldsymbol{u}_0} \overrightarrow{OM} \right)}. \tag{9.13}$$

Rappelons que le facteur de Lorentz qui apparaît dans ces formules est donné par l'Éq. (4.30).

On appelle ***quantité de mouvement de la particule*** $\mathscr{P}$ ***par rapport à l'observateur*** $\mathcal{O}$ la forme linéaire

$$\boxed{\boldsymbol{q} := \Gamma m \underline{\boldsymbol{V}}}, \tag{9.14}$$

où $\underline{\boldsymbol{V}}$ est la forme linéaire associée au vecteur vitesse $\vec{\boldsymbol{V}}$ par $\boldsymbol{g}$-dualité (*cf.* § 1.5). Le vecteur $\vec{\boldsymbol{q}}$, $\boldsymbol{g}$-dual de $\boldsymbol{q}$, appartient à l'espace local de repos de $\mathcal{O}$.

L'Éq. (9.13) conduit à la relation suivante entre l'impulsion et la quantité de mouvement, toutes deux définies par rapport à $\mathcal{O}$:

$$\vec{P} = \vec{q} + \Gamma m \, \vec{\omega} \times_{u_0} \overrightarrow{OM}. \tag{9.15}$$

Deux cas particuliers importants sont celui où $\mathcal{O}$ est un observateur inertiel ($\vec{a}_0 = 0$ et $\vec{\omega} = 0$) et celui où les lignes d'univers de la particule et de l'observateur se croisent ($M(t) \in \mathscr{L}_0$). Les formules ci-dessus et (4.30) se simplifient alors en

$$\boxed{E = \Gamma m c^2}_{M \in \mathscr{L}_0 \text{ ou } \mathcal{O} \text{ inertiel}} \tag{9.16}$$

$$\boxed{\vec{P} = \vec{q} = \Gamma m \vec{V}}_{M \in \mathscr{L}_0 \text{ ou } \mathcal{O} \text{ inertiel}} \tag{9.17}$$

$$\Gamma = \left(1 - \frac{1}{c^2} \vec{V} \cdot \vec{V}\right)^{-1/2} \qquad (M \in \mathscr{L}_0 \text{ ou } \mathcal{O} \text{ inertiel}). \tag{9.18}$$

L'équation (9.16) est sans doute la plus connue de toute la physique !

Dans le cas où $\mathcal{O}$ est inertiel, on appelle ***énergie cinétique*** de $\mathscr{P}$ par rapport à l'observateur $\mathcal{O}$ la quantité :

$$\boxed{E_{\text{cin}} := (\Gamma - 1) m c^2}. \tag{9.19}$$

La formule (9.16) s'écrit alors

$$E = mc^2 + E_{\text{cin}}. \tag{9.20}$$

La quantité mc^2 est appelée ***énergie de masse*** de la particule $\mathscr{P}$. À la limite non relativiste, $\|\vec{V}\|_g \ll c$ et le développement limité de Γ dans (9.18) montre que (9.17) et (9.19) se réduisent à

$$\vec{P} \simeq m\vec{V} \quad \text{et} \quad E_{\text{cin}} \simeq \frac{1}{2} m \vec{V} \cdot \vec{V} \qquad \text{(non relativiste)}. \tag{9.21}$$

On reconnaît là les expressions classiques de l'impulsion et de l'énergie cinétique.

Exemple 1 : Pour un électron $mc^2 = 511$ keV, alors que pour un proton $mc^2 = 0.938$ GeV. L'accélérateur LEP du CERN (*cf.* § 17.4.4 et Tab. 17.1) a porté des électrons jusqu'à une énergie $E = 104$ GeV, ce qui, d'après la formule (9.16), correspond à un facteur de Lorentz $\Gamma = 2 \times 10^5$. Le LHC, que nous présenterons au § 17.4.4, accélérera quant à lui des protons jusqu'à $E = 7$ TeV, leur conférant un facteur de Lorentz $\Gamma = 7.5 \times 10^3$.

Exemple 2 : La Terre est continuellement bombardée de particules à haute énergie en provenance de l'Univers. On appelle cela le ***rayonnement cosmique*** [97]. Il est essentiellement constitué de protons et sa répartition en énergie est représentée sur la Fig. 9.3. On y constate la présence de particules de très

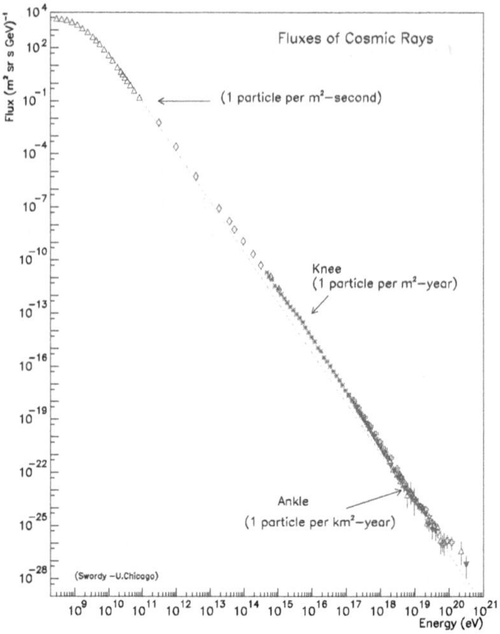

FIG. 9.3 – Distribution des rayons cosmiques reçus sur Terre en fonction de leur énergie : en abscisse est portée l'énergie E des rayons cosmiques (par rapport à un observateur terrestre) et en ordonnée le nombre F de rayons cosmiques reçus par unité de surface, par unité d'angle solide, par unité de temps et par bande d'énergie de 1 GeV. La ligne en tirets correspond à une distribution en loi de puissance $F \propto E^{-2.8}$. Jusqu'à $\sim 10^{10}$ eV, la plupart des rayons cosmiques proviennent du Soleil. Entre $\sim 10^{10}$ eV et $\sim 10^{15}$ eV, ils proviennent de sources situées dans notre galaxie, au delà de $\sim 10^{15}$ eV, ils sont d'origine extragalactique. (Source : Cronin, Gaisser et Swordy [96].)

grande énergie, jusqu'à $E \sim 10^{20}$ eV. On les qualifie d'***ultra-haute énergie***. Le record est $E = 3 \times 10^{20}$ eV, obtenu en 1993 [52]. Exprimée en joules, cette énergie est $E = 52$ J, ce qui correspond à l'énergie cinétique d'une balle de tennis lancée à 150 km.h^{-1} ! S'il s'agit d'un proton, son facteur de Lorentz, calculé d'après la formule (9.16), est $\Gamma = 3 \times 10^{11}$. Cela signifie que sa vitesse est $V = (1 - 5 \times 10^{-24})c$. Il s'agit de la particule matérielle la plus rapide (par rapport un observateur terrestre) observée à ce jour. On ne détecte pas directement une particule de cette énergie : dès qu'elle entre dans l'atmosphère terrestre, elle interagit avec les noyaux présents et donne naissance à des milliers de particules secondaires, formant une ***gerbe cosmique*** (*cf.* Fig. 9.4). C'est à partir des particules secondaires détectées au sol que l'on reconstruit l'énergie de la particule primaire. Le plus grand détecteur de rayons cosmiques d'ultra-haute énergie est l'***Observatoire Pierre Auger***, inauguré en 2008 ; il est représenté sur la Fig. 9.4.

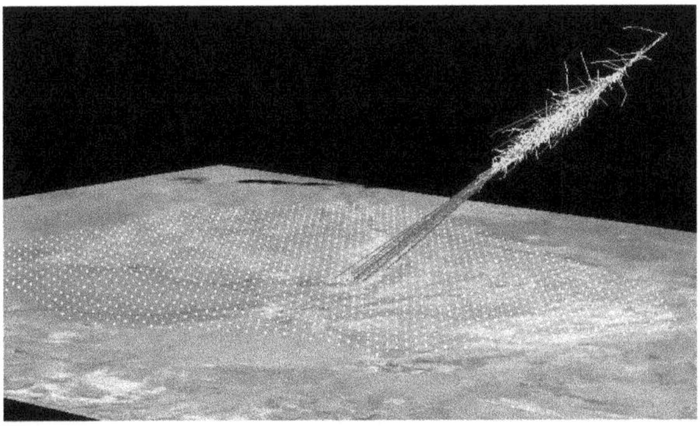

FIG. 9.4 – Simulation numérique de la gerbe de particules créée lors de l'entrée dans l'atmosphère d'un proton d'énergie 10^{19} eV. Les petits points au sol sont les 1600 cuves (contenant chacune 12 000 litres d'eau) de l'Observatoire Pierre Auger, qui couvre une surface de 3000 km^2 en Argentine. Les particules qui se propagent en ligne droite et atteignent le sol sont des muons. Les autres sont essentiellement des photons, des électrons et des positrons. (Source : R. Landsberg, D. Surendran et M. SubbaRao (Cosmus group, Univ. Chicago).)

Avec (9.19), nous avons défini formellement l'énergie cinétique comme $(\Gamma - 1)mc^2$, où Γ est la fonction (9.18) de la vitesse de la particule. Outre qu'elle redonne la limite non-relativiste correcte (9.21), une justification de cette définition est qu'elle correspond à l'énergie déposée sous forme de chaleur lors de l'absorption de particules relativistes par de la matière. Cela a été vérifié expérimentalement par William Bertozzi en 1964 [49] : il a mesuré par calorimétrie l'énergie dissipée par des électrons relativistes envoyés dans un disque d'aluminium. Il a par ailleurs déterminé directement la vitesse V des électrons en mesurant le temps de parcours des 8.4 m qui séparent la sortie de l'accélérateur électrostatique produisant les électrons et le disque d'aluminium. Le résultat de ces mesures est représenté sur la Fig. 9.5 : il colle bien avec la définition relativiste (9.19) de l'énergie cinétique et pas du tout avec son équivalent newtonien (9.21).

Note historique : *L'équivalence entre masse et énergie, exprimée ici par l'Éq. (9.16), a été établie par Albert Einstein* (cf. *p. 25) en 1905 [133], quelques mois après avoir publié l'article fondateur de la relativité restreinte [132]. Soulignons que le concept de vecteur 4-impulsion n'existait pas à l'époque* (cf. *note historique du § 9.1.1), si bien que le raisonnement d'Einstein était très différent de celui présenté ici. Quant à la relation* $\vec{P} = \Gamma m \vec{V}$ *(Éq. (9.17)), elle apparaît dans le cas spécifique d'un modèle électromagnétique de l'électron dans un article de Hendrik Lorentz* (cf. *p. 113) publié en 1904 [263]* (cf. *[108]).*

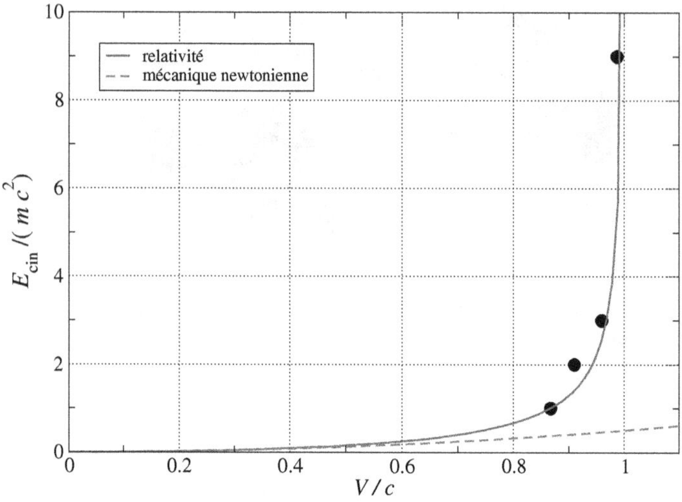

FIG. 9.5 – Énergie cinétique $E_{\rm cin}$ en fonction de la norme V de la vitesse : la courbe en trait plein correspond à l'expression relativiste (9.19), celle en tirets à l'expression newtonienne $\frac{1}{2}mV^2$ (Éq. (9.21)) et les points sont les résultats expérimentaux obtenus sur des électrons par W. Bertozzi en 1964 [49].

Dans le cadre de la relativité restreinte, il semblerait qu'elle ait été écrite en premier lieu par Max Planck[2] *en 1906 [325].*

9.1.4 Énergie et impulsion d'un photon

Si $\mathscr{P}$ est un photon, sa ***fréquence mesurée par l'observateur*** $\mathcal{O}$, f, est reliée à son énergie E vis-à-vis de $\mathcal{O}$, telle que définie au § 9.1.2, par la ***relation de Planck-Einstein***

$$\boxed{E = hf}, \tag{9.22}$$

où h est la constante de Planck :

$$h = 6.626\,069\,3(11) \times 10^{-34}\ \text{J.s.} \tag{9.23}$$

Au § 4.5, nous avons introduit la notion de direction de propagation d'un photon par rapport à un observateur. Il s'agit du vecteur unitaire $\vec{n}$ appartenant à l'hyperplan de repos $E_{\boldsymbol{u}_0}$ de l'observateur $\mathcal{O}$ et tel que le vecteur

2. **Max Planck** (1858–1947) : Physicien allemand, prix Nobel de physique 1918, célèbre pour avoir introduit le concept de quantum d'énergie, *via* la constante qui porte son nom (*cf.* Éq. (9.23)), prélude au développement de la mécanique quantique. Planck a soutenu Albert Einstein dès 1905, reconnaissant d'emblée l'importance de la relativité et favorisant sa diffusion en Allemagne.

lumière $\vec{\boldsymbol{\ell}} := \vec{\boldsymbol{u}}_0 + \vec{\boldsymbol{n}}$ soit tangent à la ligne d'univers du photon et orienté vers le futur (*cf.* Éq. (4.74)). $\vec{\boldsymbol{\ell}}$ et la 4-impulsion $\vec{\boldsymbol{p}}$ sont alors deux vecteurs tangents à la ligne d'univers de $\mathscr{P}$; ils doivent donc être colinéaires : $\vec{\boldsymbol{p}} = \alpha\vec{\boldsymbol{\ell}} = \alpha\,(\vec{\boldsymbol{u}}_0 + \vec{\boldsymbol{n}})$, où $\alpha \in \mathbb{R}$. En comparant avec l'expression (9.7) de $\vec{\boldsymbol{p}}$, on en déduit que $\alpha = E/c$,

$$\boxed{\vec{\boldsymbol{p}} = \frac{E}{c}\,(\vec{\boldsymbol{u}}_0 + \vec{\boldsymbol{n}})} \tag{9.24}$$

et

$$\boxed{\vec{\boldsymbol{P}} = \frac{E}{c}\,\vec{\boldsymbol{n}}}\,. \tag{9.25}$$

À titre de vérification, le carré scalaire de (9.25) redonne bien (9.10), puisque $\vec{\boldsymbol{n}} \cdot \vec{\boldsymbol{n}} = 1$. En reportant (9.22) dans (9.25), il vient

$$\boxed{\vec{\boldsymbol{P}} = \frac{h}{\lambda}\,\vec{\boldsymbol{n}}} \quad \text{avec} \quad \boxed{\lambda := \frac{c}{f}}\,. \tag{9.26}$$

La quantité λ est appelée ***longueur d'onde du photon mesurée par l'observateur*** $\mathscr{O}$.

Remarque : La fréquence et la longueur d'onde d'un photon sont des quantités *relatives à un observateur* (puisqu'elles sont liées à l'énergie E mesurée par ce dernier). En particulier, on peut toujours trouver un observateur vis-à-vis duquel la fréquence d'un photon donné est arbitrairement petite, ou au choix, arbitrairement grande. La seule grandeur dynamique intrinsèque à un photon[3] est sa 4-impulsion $\boldsymbol{p}$.

La relation (9.25) qui donne l'impulsion d'un photon est très simple. On peut également exprimer $\vec{\boldsymbol{P}}$, non plus en fonction du vecteur unitaire $\vec{\boldsymbol{n}}$ qui fixe la direction de propagation, mais en fonction de la vitesse $\vec{\boldsymbol{V}}$ du photon relative à l'observateur $\mathscr{O}$. Il suffit pour cela d'extraire $\vec{\boldsymbol{n}}$ de la formule (4.78) et de le remplacer dans (9.25) ; il vient alors

$$\vec{\boldsymbol{P}} = \frac{E}{c^2(1 + \vec{\boldsymbol{a}}_0 \cdot \overrightarrow{OM})} \left(\vec{\boldsymbol{V}} + \vec{\boldsymbol{\omega}} \times_{\boldsymbol{u}_0} \overrightarrow{OM}\right). \tag{9.27}$$

9.1.5 Relation entre P, E et la vitesse relative

Il se trouve que la relation (9.27) est également valable pour une particule de masse non nulle. En effet, en éliminant Γm à l'aide de (9.12) de la relation (9.13), cette dernière redonne exactement (9.27). Nous concluons donc que

3. Si l'on prenait en compte les effets quantiques, il faudrait ajouter le spin (*cf.* § 10.6).

pour toute particule $\mathscr{P}$, massive ou non, l'impulsion $\vec{\boldsymbol{P}}$, l'énergie E et la vitesse $\vec{\boldsymbol{V}}$, toutes trois relatives à l'observateur $\mathcal{O}$, sont liées par l'équation

$$\boxed{\vec{\boldsymbol{P}} = \frac{E}{c^2(1+\vec{\boldsymbol{a}}_0\cdot\overrightarrow{OM})}\left(\vec{\boldsymbol{V}} + \vec{\boldsymbol{\omega}} \times_{\boldsymbol{u}_0} \overrightarrow{OM}\right)}, \qquad (9.28)$$

où $\vec{\boldsymbol{a}}_0$ est la 4-accélération de $\mathcal{O}$ et $\vec{\boldsymbol{\omega}}$ sa 4-rotation. Si $\mathcal{O}$ est un observateur inertiel ou si la particule $\mathscr{P}$ rencontre $\mathcal{O}$ ($\overrightarrow{OM} = 0$), cette formule se simplifie en

$$\boxed{\vec{\boldsymbol{P}} = \frac{E}{c^2}\vec{\boldsymbol{V}}.}_{M\in\mathscr{L}_0 \text{ ou } \mathcal{O} \text{ inertiel}} \qquad (9.29)$$

Remarque : Le fait qu'il existe une relation entre $\vec{\boldsymbol{P}}$ et E et que, de plus, cette relation soit la même pour les photons et les particules matérielles, est la traduction du fait que (i) $\vec{\boldsymbol{P}}$ et E sont les composantes de la 4-impulsion $\vec{\boldsymbol{p}}$ dans la décomposition orthogonale de cette dernière vis-à-vis de l'observateur $\mathcal{O}$ (Éq. (9.7)) et (ii) les composantes de la 4-impulsion ne sont pas indépendantes mais liées par l'Éq. (9.2) : $\vec{\boldsymbol{p}}\cdot\vec{\boldsymbol{p}} = -m^2c^2$, cette dernière étant valable tout aussi bien pour les particules massives ($m > 0$) que pour les photons ($m = 0$).

9.1.6 Composantes de la 4-impulsion

Les composantes (p_α) de la 4-impulsion de la particule $\mathscr{P}$ par rapport à la base orthonormale $(\vec{\boldsymbol{e}}_\alpha)$ qui constitue le référentiel local de $\mathcal{O}$ sont

$$p_\alpha := \langle \boldsymbol{p}, \vec{\boldsymbol{e}}_\alpha\rangle. \qquad (9.30)$$

Bien entendu, la dépendance en t est implicite dans cette équation : en toute rigueur, on devrait écrire $p_\alpha(t) := \langle \boldsymbol{p}(M(t)), \vec{\boldsymbol{e}}_\alpha(t)\rangle$ (*cf.* Fig. 9.2). De par la linéarité de $\boldsymbol{p}$, (9.30) conduit à

$$\forall \vec{\boldsymbol{v}} \in E, \quad \boxed{\langle \boldsymbol{p}, \vec{\boldsymbol{v}}\rangle = p_\alpha\, v^\alpha}, \qquad (9.31)$$

où les (v^α) sont les composantes de $\vec{\boldsymbol{v}}$ dans la base $(\vec{\boldsymbol{e}}_\alpha)$: $\vec{\boldsymbol{v}} = v^\alpha \vec{\boldsymbol{e}}_\alpha$.

Compte tenu de $\vec{\boldsymbol{e}}_0 = \vec{\boldsymbol{u}}_0$, la relation (9.8) permet d'exprimer les composantes de la 4-impulsion en fonction de l'énergie de $\mathscr{P}$ mesurée par $\mathcal{O}$ et des composantes P_i de l'impulsion de $\mathscr{P}$ mesurée par $\mathcal{O}$:

$$\begin{aligned} p_\alpha v^\alpha &= \frac{E}{c}\langle \underline{\boldsymbol{u}}_0, \vec{\boldsymbol{v}}\rangle + \langle \boldsymbol{P}, \vec{\boldsymbol{v}}\rangle = \frac{E}{c} v^\alpha \langle \underline{\boldsymbol{u}}_0, \vec{\boldsymbol{e}}_\alpha\rangle + v^\alpha\langle \boldsymbol{P}, \vec{\boldsymbol{e}}_\alpha\rangle \\ &= \frac{E}{c} v^0 \underbrace{\langle \underline{\boldsymbol{u}}_0, \vec{\boldsymbol{u}}_0\rangle}_{-1} + v^i \underbrace{\langle \boldsymbol{P}, \vec{\boldsymbol{e}}_i\rangle}_{P_i} = -\frac{E}{c}v^0 + P_i v^i. \end{aligned}$$

On a donc

$$\boxed{p_\alpha = \left(-\frac{E}{c},\ P_1,\ P_2,\ P_3\right)}. \qquad (9.32)$$

Les composantes (p^α) du vecteur 4-impulsion $\vec{\boldsymbol{p}} = p^\alpha \vec{\boldsymbol{e}}_\alpha$ se déduisent directement de (9.7) :

$$\boxed{p^\alpha = \left(\frac{E}{c},\ P^1,\ P^2,\ P^3\right)}, \qquad (9.33)$$

où les P^i sont les composantes du vecteur $\vec{\boldsymbol{P}}$ dans la base $(\vec{\boldsymbol{e}}_i)$ de $E_{\boldsymbol{u}_0}$. Puisque la base $(\vec{\boldsymbol{e}}_i)$ est orthonormale, on a numériquement $P^i = P_i$.

Dans le cas où $\mathscr{O}$ est un observateur inertiel (ou $M(t) \in \mathscr{L}_0$), les relations (9.16) et (9.17) pour une particule massive conduisent à

$$p_\alpha = \Gamma m(-c,\, V_1,\, V_2,\, V_3) \quad \text{et} \quad p^\alpha = \Gamma m(c,\, V^1,\, V^2,\, V^3), \qquad (9.34)$$

m étant la masse de $\mathscr{P}$ et (V^i) les composantes de la vitesse de $\mathscr{P}$ relativement à $\mathscr{O}$, avec $V_i = V^i$.

9.2 Conservation de la 4-impulsion

La dynamique relativiste est basée sur deux principes : celui de la conservation de la 4-impulsion et celui de la conservation du moment cinétique. Nous présentons ici le premier principe, le second faisant l'objet du chapitre suivant. Avant de l'énoncer, il faut d'abord définir la 4-impulsion totale d'un système de particules.

9.2.1 4-impulsion totale d'un système de particules

Considérons un système constitué d'un nombre fini de particules, $\mathscr{S} = \{\mathscr{P}_1, \mathscr{P}_2, \ldots, \mathscr{P}_N\}$. Pour chaque particule $\mathscr{P}_a$ $(a \in \{1, \ldots, N\})$, la 4-impulsion $\boldsymbol{p}_a$ a été définie au § 9.1.1 comme un *champ* de formes linéaires le long de la ligne d'univers $\mathscr{L}_a$ de la particule. Il n'est *a priori* pas trivial d'« additionner » les 4-impulsions $\boldsymbol{p}_a$ pour définir la 4-impulsion totale du système, car les $\boldsymbol{p}_a$ sont définies le long de lignes d'univers différentes. Pour effectuer l'addition, il faudrait sélectionner, sur chaque ligne d'univers $\mathscr{L}_a$, un événement M_a et considérer la forme linéaire $\boldsymbol{p}_a(M_a)$, qui est un élément de l'espace vectoriel E^* (dual de E). On pourrait former alors la somme $\sum_{a=1}^{N} \boldsymbol{p}_a(M_a)$ qui est bien définie dans E^*. Or aucune structure dans l'espace-temps de Minkowski ne permet d'effectuer un tel choix. En particulier, il n'existe pas de temps absolu, qui aurait permis de sélectionner les événements M_a.

Si l'on se donne, en plus du système $\mathscr{S}$, un observateur $\mathscr{O}$, alors une solution au problème apparaît naturellement : il suffit de sélectionner les événements M_a comme des événements de temps t fixé pour $\mathscr{O}$, autrement dit comme les intersections des lignes d'univers $\mathscr{L}_a$ avec l'espace local de repos de $\mathscr{O}$ au temps propre t, $\mathscr{E}_{\boldsymbol{u}_0}(t)$. Plus généralement, il suffit de se donner une

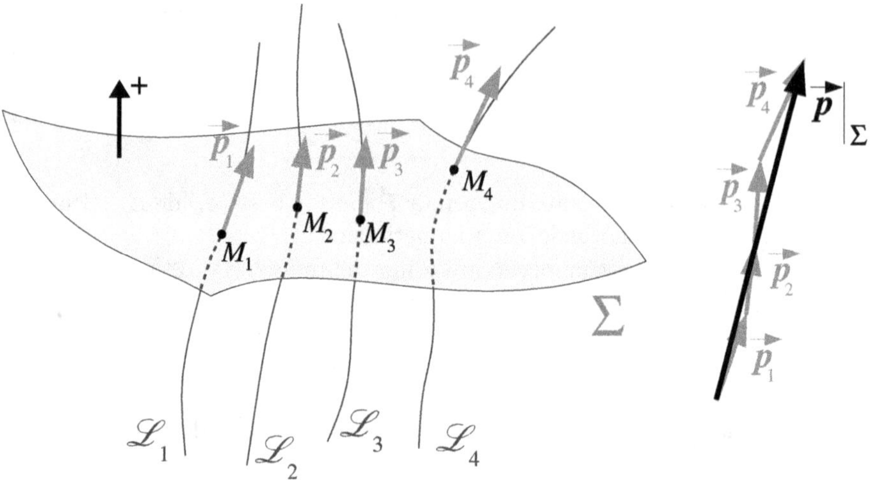

FIG. 9.6 – Vecteur 4-impulsion totale $\vec{p}|_\Sigma$ d'un système de particules défini comme la somme vectorielle des 4-impulsions de chacune des particules aux points d'intersection M_a de leurs lignes d'univers avec une hypersurface orientée Σ.

hypersurface[4] de $\mathscr{E}$, Σ, qui coupe toutes les lignes d'univers $\mathscr{L}_a$ et telle qu'aucune ligne d'univers n'est tangente à Σ (*cf.* Fig. 9.6). Le cas d'un observateur apparaît ainsi comme le cas particulier où Σ est l'espace local de repos de cet observateur. On supposera que Σ est ***orientable***, c'est-à-dire que l'on peut séparer les vecteurs normaux à Σ en deux catégories (orientation positive et orientation négative), et ce de manière continue. Le choix d'une orientation fait de Σ une ***hypersurface orientée***.

Exemple : L'espace local de repos d'un observateur à un instant propre t donné, $\mathscr{E}_{\boldsymbol{u}_0}(t)$, est une hypersurface orientée, l'orientation positive étant naturellement définie comme celle des vecteurs normaux dirigés vers le futur. Un contre-exemple (en dimension d'espace 3) est fourni par le *ruban de Moebius* : il s'agit d'une surface qui n'est pas orientable : si l'on sélectionne un vecteur normal et qu'on le transporte continûment sur la surface parallèlement au bord du ruban, il aura changé d'orientation, une fois revenu au point de départ.

Remarque : Une telle notion d'orientation est différente de celle définie au § 1.4 : on peut qualifier cette dernière d'***orientation interne***, et la présente d'***orientation externe***, puisqu'elle n'a de sens que parce que Σ est plongée dans un espace plus grand, $\mathscr{E}$.

Étant donnée une hypersurface orientée Σ, on définit la ***4-impulsion totale du système $\mathscr{S}$ sur*** Σ comme la forme linéaire sur E formée par la somme

4. Rappelons qu'*hypersurface* signifie surface de dimension $4 - 1 = 3$. C'est donc en fait un volume tridimensionnel.

des 4-impulsions individuelles prises aux points d'intersection de Σ avec les différentes lignes d'univers (*cf.* Fig. 9.6) :

$$\boxed{\boldsymbol{p}|_\Sigma := \sum_{a=1}^{N} \sum_{M\in\mathscr{L}_a\cap\Sigma} \varepsilon\, \boldsymbol{p}_a(M)}, \tag{9.35}$$

où $\boldsymbol{p}_a(M)$ est la 4-impulsion de la particule n° a au point M et $\varepsilon = +1$ (resp. $\varepsilon = -1$) si le vecteur 4-impulsion $\vec{\boldsymbol{p}}_a(M)$ associé à $\boldsymbol{p}_a(M)$ est de même sens que (resp. sens opposé à) l'orientation positive de Σ. On notera bien entendu $\vec{\boldsymbol{p}}|_\Sigma$ le vecteur associé à $\boldsymbol{p}|_\Sigma$ *via* le tenseur métrique $\boldsymbol{g}$.

Remarque : Sur la Fig. 9.6, l'intersection $\mathscr{L}_a \cap \Sigma$ est limitée à un seul point, mais on peut avoir des situations où l'intersection d'une ligne d'univers $\mathscr{L}_a$ avec Σ est constituée par plusieurs points ; c'est notamment le cas sur la Fig. 9.8.

Dans le cas où Σ est l'espace local de repos d'un observateur $\mathscr{O}$ à un instant de temps propre t, $\Sigma = \mathscr{E}_{\boldsymbol{u}_0}(t)$, on appellera $\boldsymbol{p}|_\Sigma$ ***4-impulsion totale du système*** $\mathscr{S}$ ***à l'instant*** t ***de l'observateur*** $\mathscr{O}$. Dans ce cas, l'orientation naturelle de Σ est la direction du futur, et puisque tous les vecteurs $\vec{\boldsymbol{p}}_a$ sont orientés vers le futur (par définition d'une 4-impulsion, *cf.* § 9.1.1), on a toujours $\varepsilon = 1$. De plus, $\mathscr{E}_{\boldsymbol{u}_0}(t)$ étant un hyperplan du genre espace, son intersection avec une ligne d'univers $\mathscr{L}_a$ (qui est soit du genre temps, soit du genre lumière) est nécessairement réduite à un point, soit M_a. L'équation (9.35) s'écrit alors

$$\boxed{\boldsymbol{p}|_{\mathscr{E}_{\boldsymbol{u}_0}(t)} := \sum_{a=1}^{N} \boldsymbol{p}_a(M_a)} \quad \text{avec} \quad \{M_a\} := \mathscr{L}_a \cap \mathscr{E}_{\boldsymbol{u}_0}(t). \tag{9.36}$$

Note historique : *La définition (9.35) de la 4-impulsion totale d'un système sur une hypersurface a été introduite en 1935 par John L. Synge* (cf. *p. 77) [397].*

9.2.2 Système isolé et collisions entre particules

On dit qu'un système de particules est ***isolé*** s'il n'est soumis à aucune interaction externe. Il peut y avoir des interactions entre les particules. Nous les supposerons ponctuelles, c'est-à-dire qu'elles ont lieu dans un domaine d'extension négligeable par rapport au problème traité. On dit qu'il s'agit d'***interactions localisées***, ou encore de ***collisions***. Si les particules en question sont des particules élémentaires, la description détaillée d'une collision fait appel à la mécanique quantique, ainsi qu'aux interactions faible, forte et électromagnétique. Elle sort bien évidemment du cadre de cet ouvrage. Lors d'une collision, des particules peuvent disparaître et d'autres être créées. Le nombre de lignes d'univers n'est donc pas nécessairement conservé, ainsi qu'illustré sur la Fig. 9.7.

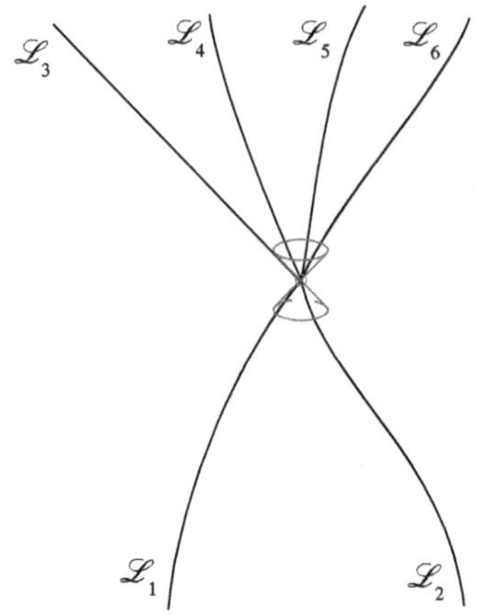

FIG. 9.7 – Collision de deux particules, de lignes d'univers $\mathscr{L}_1$ et $\mathscr{L}_2$, donnant naissance à quatre particules de lignes d'univers $\mathscr{L}_3$, $\mathscr{L}_4$, $\mathscr{L}_5$ et $\mathscr{L}_6$. Sur cet exemple, $\mathscr{L}_3$ est la ligne d'univers d'un photon, alors que les autres lignes d'univers sont celles de particules massives.

9.2.3 Principe de conservation de la 4-impulsion

Nous sommes à présent en mesure d'énoncer le premier des principes fondamentaux de la dynamique relativiste :

> Si un système de particules est isolé, sa 4-impulsion totale sur toute hypersurface Σ fermée (c'est-à-dire compacte et sans bord) est nulle :
> $$\boxed{\mathscr{S} \text{ isolé et } \Sigma \text{ fermée} \implies \boldsymbol{p}|_{\Sigma} = 0}. \qquad (9.37)$$

Plusieurs commentaires et précisions sont à propos :

- Une hypersurface fermée sépare l'espace-temps $\mathscr{E}$ en deux régions distinctes : l'intérieur et l'extérieur (*cf.* Fig. 9.8). On a donc une orientation naturelle et, dans la somme (9.35), on peut convenir de choisir $\varepsilon = +1$ si $\vec{\boldsymbol{p}}_a$ est dirigé vers l'intérieur de Σ et $\varepsilon = -1$ dans le cas contraire.

- Des collisions entre les particules sont autorisées à l'intérieur de Σ, comme illustré sur la Fig. 9.8. Le nombre de 4-impulsions sortantes n'est donc pas nécessairement égal au nombre de 4-impulsions entrantes.

- La propriété (9.37) traduit bien une *loi de conservation* dans la mesure où elle signifie « qu'il ne sort de Σ pas autre chose que ce qui est entré ». Nous détaillerons cela par la suite et montrerons que (9.37) implique la conservation de l'énergie et de l'impulsion du système par rapport à tout observateur inertiel.

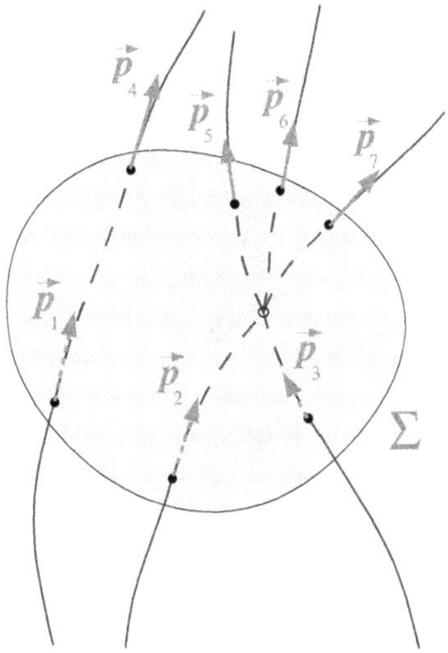

FIG. 9.8 – 4-impulsion totale d'un système de particules sur une hypersurface fermée.

- La propriété (9.37) pourrait être utilisée, non comme un principe, mais comme la *définition* d'un système isolé.
- Pour une description complète de la dynamique d'un système de particules relativistes, le principe ci-dessus doit être complété par celui de la conservation du moment cinétique, que nous énoncerons au Chap. 10.
- Dans la formulation présente, la conservation de la 4-impulsion apparaît comme un principe premier (axiome). Nous verrons au Chap. 11 que ce n'est pas le cas dans une formulation lagrangienne de la dynamique relativiste : la conservation de la 4-impulsion se déduit des symétries du système, *via* le théorème de Noether.

9.2.4 Application à une particule isolée : loi d'inertie

En considérant un système réduit à une seule particule $\mathscr{P}$, on déduit du principe de conservation (9.37) que la 4-impulsion d'une particule isolée est un champ de formes linéaires constant le long de sa ligne d'univers $\mathscr{L}$:

$$\forall M \in \mathscr{L}, \quad \boldsymbol{p}(M) = \text{const.} \tag{9.38}$$

En effet en choisissant une hypersurface fermée Σ qui coupe $\mathscr{L}$ en deux points A et B (*cf.* Fig. 9.9), (9.37) se réduit à $\boldsymbol{p}(A) - \boldsymbol{p}(B) = 0$, c'est-à-dire $\boldsymbol{p}(A) = \boldsymbol{p}(B)$. En faisant varier l'hypersurface Σ, on obtient (9.38).

L'Éq. (9.38) signifie que le vecteur $\vec{\boldsymbol{p}}(M)$ associé à $\boldsymbol{p}(M)$ est constant le long de la ligne d'univers $\mathscr{L}$. Puisqu'il s'agit d'un vecteur tangent à $\mathscr{L}$ en tout

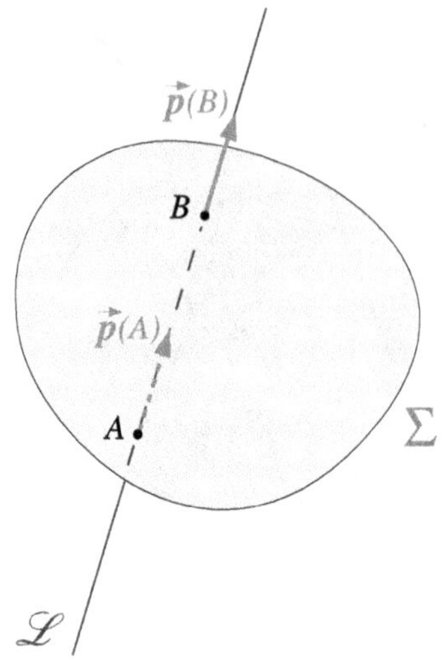

FIG. 9.9 – Application du principe de conservation de la 4-impulsion à une particule isolée : $\vec{\boldsymbol{p}}(A) = \vec{\boldsymbol{p}}(B)$.

point M, on déduit de (9.38) que $\mathscr{L}$ est une droite. Par ailleurs, la masse m de $\mathscr{P}$ n'étant pas autre chose que la norme de $\vec{\boldsymbol{p}}$ (Éq. (9.1)), on déduit également de (9.38) que m est constante. De plus, si $\mathscr{P}$ est une particule massive, sa 4-vitesse, $\vec{\boldsymbol{u}} = (mc)^{-1}\,\vec{\boldsymbol{p}}$, est également un vecteur constant le long de $\mathscr{L}$. Pour tout observateur inertiel $\mathcal{O}$, la vitesse $\vec{\boldsymbol{V}}$ de la particule relative à $\mathcal{O}$ est alors constante, $\vec{\boldsymbol{V}}$ étant donnée par la relation (4.31) : $\vec{\boldsymbol{V}} = c\left(\Gamma^{-1}\vec{\boldsymbol{u}} - \vec{\boldsymbol{u}}_0\right)$, où $\vec{\boldsymbol{u}}_0$ est la 4-vitesse de $\mathcal{O}$ et $\Gamma = -\vec{\boldsymbol{u}}\cdot\vec{\boldsymbol{u}}_0$ (Éq. (4.10)). Puisque $\mathcal{O}$ est inertiel, $\vec{\boldsymbol{u}}_0$ est constante (Éq. (8.3)), et l'expression ci-dessus montre bien que $\vec{\boldsymbol{V}} = \text{const.}$ En résumé :

Si une particule est isolée :

- sa ligne d'univers est une droite de l'espace-temps de Minkowski ;
- sa 4-impulsion est constante ;
- sa masse est constante ;
- sa vitesse par rapport à n'importe quel observateur inertiel est constante.

Ce dernier résultat constitue la ***loi d'inertie*** : par rapport à un observateur inertiel, toute particule isolée présente un mouvement de translation rectiligne uniforme.

Note historique : *La loi d'inertie est une des multiples manifestations du* ***principe de relativité****, qui stipule que les lois de la physique sont les mêmes* *pour tous les observateurs inertiels. Ce principe a été formulé pour les lois de la mécanique par Galilée en 1632* (cf. *[313] pour une discussion détaillée). C'est Henri Poincaré* (cf. *p. 25) qui, en 1904 [330], a étendu l'énoncé à l'électromagnétisme et l'a érigé comme un principe fondamental pour toutes les lois de la physique, lui donnant le nom de* principe de relativité *[311]. Dans l'article historique de 1905 [132], Albert Einstein* (cf. *p. 25) a bâti la relativité restreinte sur deux postulats : (i) le principe de relativité et (ii) la constance de la vitesse de la lumière. Nous avons déjà souligné au § 4.5.2 que dans la présente formulation de la relativité restreinte, le postulat (ii) n'en est plus un et se déduit du cadre posé au départ – l'espace-temps de Minkowski* (cf. *remarque p. 126). La loi d'inertie que nous venons de dériver montre qu'il en est de même pour le principe de relativité.*

9.2.5 4-impulsion totale d'un système isolé

Considérons un système de particules isolé $\mathscr{S}$ et deux hypersurfaces spatiales Σ et Σ'. Par ***hypersurface spatiale*** (on dit aussi ***hypersurface du genre espace***), on signifie que tout vecteur tangent à Σ ou Σ' est nécessairement du genre espace. Des exemples de telles hypersurfaces sont bien sûr les hyperplans que constituent les espaces locaux de repos d'un observateur. On suppose de plus que Σ et Σ' n'ont pas d'intersection. On peut alors considérer que Σ' est située entièrement dans le futur de Σ (*cf.* Fig. 9.10). On suppose également que Σ et Σ' sont telles que si on complète Σ et Σ' par une troisième hypersurface Σ'' pour former une hypersurface fermée (*cf.* Fig. 9.10), aucune ligne d'univers ne coupe Σ''. Remarquons que l'hypersurface de clôture Σ'' n'est pas du genre espace, contrairement à Σ et Σ'.

Σ et Σ' étant des hypersurfaces spatiales, une orientation naturelle est celle de la direction du futur. Les 4-impulsions totales du système sur ces hypersurfaces sont alors données par la formule (9.35) avec $\varepsilon = +1$:

$$\boldsymbol{p}|_{\Sigma} = \sum_{a=1}^{N} \sum_{M\in\mathscr{L}_a\cap\Sigma} \boldsymbol{p}_a(M) \quad \text{et} \quad \boldsymbol{p}|_{\Sigma'} = \sum_{a=1}^{N'} \sum_{M\in\mathscr{L}_a\cap\Sigma'} \boldsymbol{p}_a(M). \qquad (9.39)$$

Remarquons que l'on autorise $N' \neq N$ dans ces formules pour tenir compte de la désintégration et de la création de particules entre Σ et Σ', ainsi qu'illustré sur la Fig. 9.10. Par ailleurs, les hypersurfaces Σ et Σ' étant spatiales, il n'est pas possible qu'une ligne d'univers donnée ait plus d'une intersection avec Σ ou Σ'. En effet, si $M \in \mathscr{L}_a \cap \Sigma$, la ligne d'univers $\mathscr{L}_a$ est entièrement contenue à l'intérieur du cône de lumière de sommet M, alors que Σ est nécessairement à l'extérieur de ce même cône : si Σ devait couper l'intérieur du cône de lumière, elle devrait « se replier » et aurait des portions avec des tangentes du genre temps, ce qui est impossible pour une hypersurface spatiale. On a donc

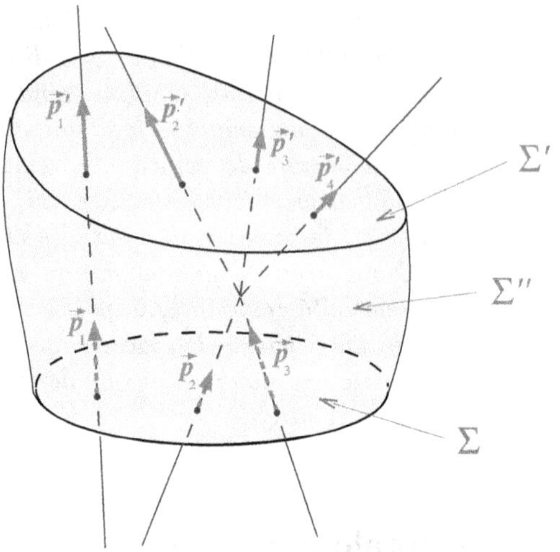

FIG. 9.10 – Conservation de la 4-impulsion totale d'un système isolé : $\vec{\boldsymbol{p}}|_{\Sigma'} = \vec{\boldsymbol{p}}|_{\Sigma}$ avec $\vec{\boldsymbol{p}}|_{\Sigma'} := \vec{\boldsymbol{p}}'_1 + \vec{\boldsymbol{p}}'_2 + \vec{\boldsymbol{p}}'_3 + \vec{\boldsymbol{p}}'_4$ et $\vec{\boldsymbol{p}}|_{\Sigma} = \vec{\boldsymbol{p}}_1 + \vec{\boldsymbol{p}}_2 + \vec{\boldsymbol{p}}_3$.

$\mathscr{L}_a \cap \Sigma = \{M\}$. Par conséquent les formules (9.39) se simplifient en

$$\boldsymbol{p}|_{\Sigma} = \sum_{a=1}^{N} \boldsymbol{p}_a(M_a) \quad \text{et} \quad \boldsymbol{p}|_{\Sigma'} = \sum_{a=1}^{N'} \boldsymbol{p}_a(M'_a),$$

avec $\{M_a\} := \mathscr{L}_a \cap \Sigma$ et $\{M'_a\} := \mathscr{L}_a \cap \Sigma'$.

Appliquons à présent le principe de conservation de la 4-impulsion (9.37) à l'hypersurface fermée $\Sigma \cup \Sigma' \cup \Sigma''$, en supposant le système isolé :

$$\boldsymbol{p}|_{\Sigma} - \boldsymbol{p}|_{\Sigma'} + \underbrace{\boldsymbol{p}|_{\Sigma''}}_{0} = 0,$$

où (i) le signe $-$ devant $\boldsymbol{p}|_{\Sigma'}$ vient du changement d'orientation entre l'hypersurface Σ' orientée positivement vers le futur et l'hypersurface $\Sigma \cup \Sigma' \cup \Sigma''$ orienté positivement vers son intérieur, et (ii) la propriété $\boldsymbol{p}|_{\Sigma''} = 0$ découle du fait qu'aucune ligne d'univers ne traverse Σ''. On a donc

$$\boxed{\boldsymbol{p}|_{\Sigma'} = \boldsymbol{p}|_{\Sigma}}. \tag{9.40}$$

Cela signifie que la 4-impulsion totale d'un système isolé est indépendante du choix de l'hypersurface spatiale Σ, pour peu que celle-ci coupe toutes les lignes d'univers des particules du système. Nous pouvons donc omettre l'indice Σ et noter

$$\boxed{\boldsymbol{p} := \boldsymbol{p}|_{\Sigma} = \sum_{a=1}^{N} \boldsymbol{p}_a(M_a)} \quad \text{avec} \quad \{M_a\} := \mathscr{L}_a \cap \Sigma. \tag{9.41}$$

On appellera $\boldsymbol{p}$ la ***4-impulsion totale du système isolé*** $\mathscr{S}$.

Remarque : Afin de définir la 4-impulsion totale d'un système de particules, nous avons été amenés à introduire une hypersurface auxiliaire pour constituer une « tranche de temps » à travers les lignes d'univers des particules. Pour un système isolé, le résultat ci-dessus montre que la 4-impulsion totale est indépendante du choix de cette hypersurface et devient donc une quantité intrinsèque au système, au même titre que la 4-impulsion d'une particule individuelle. Mais il faut garder à l'esprit que cela n'est valable *a priori* que pour un système *isolé*.

Une propriété importante est :

> Le vecteur 4-impulsion totale $\vec{\boldsymbol{p}}$ d'un système est soit un vecteur du genre temps orienté vers le futur, soit un vecteur lumière orienté vers le futur, ce dernier cas ne se produisant que pour un système constitué uniquement de particules de masse nulle dont les 4-impulsions sont toutes colinéaires.

Ainsi $\vec{\boldsymbol{p}}$ est similaire au vecteur 4-impulsion d'une particule individuelle. La propriété ci-dessus résulte du fait que $\vec{\boldsymbol{p}}$ est la somme de vecteurs du genre temps ou du genre lumière, tous orientés vers le futur (Éq. (9.41)). Il suffit alors de montrer que la somme $\vec{\boldsymbol{p}} = \vec{\boldsymbol{p}}_1 + \vec{\boldsymbol{p}}_2$ de deux tels vecteurs est un vecteur orienté vers le futur, du genre temps ou du genre lumière, ce dernier cas ne se produisant que si $\vec{\boldsymbol{p}}_1$ et $\vec{\boldsymbol{p}}_2$ sont tous deux du genre lumière et colinéaires. Montrons le explicitement pour $\vec{\boldsymbol{p}}_1$ et $\vec{\boldsymbol{p}}_2$ tous deux du genre temps. On a

$$\vec{\boldsymbol{p}} \cdot \vec{\boldsymbol{p}} = \underbrace{\vec{\boldsymbol{p}}_1 \cdot \vec{\boldsymbol{p}}_1}_{<0} + 2\vec{\boldsymbol{p}}_1 \cdot \vec{\boldsymbol{p}}_2 + \underbrace{\vec{\boldsymbol{p}}_2 \cdot \vec{\boldsymbol{p}}_2}_{<0} .$$

Or d'après le lemme 1 du § 1.3.2, $\vec{\boldsymbol{p}}_1 \cdot \vec{\boldsymbol{p}}_2 < 0$. On conclut donc sans problème que $\vec{\boldsymbol{p}} \cdot \vec{\boldsymbol{p}} < 0$, c'est-à-dire que $\vec{\boldsymbol{p}}$ est du genre temps. Qu'il soit orienté vers le futur parce que $\vec{\boldsymbol{p}}_1$ et $\vec{\boldsymbol{p}}_2$ le sont est alors évident. Les cas où $\vec{\boldsymbol{p}}_1$ ou $\vec{\boldsymbol{p}}_2$ sont du genre lumière est laissé au lecteur.

Tout comme pour une particule individuelle, on définit la ***masse totale du système isolé*** $\mathscr{S}$ comme la norme du vecteur $\vec{\boldsymbol{p}}$ (à un facteur c près) :

$$\boxed{m := \frac{1}{c} \, \|\vec{\boldsymbol{p}}\|_g = \frac{1}{c}\sqrt{-\langle \boldsymbol{p}, \vec{\boldsymbol{p}} \rangle}} . \tag{9.42}$$

La formule ci-dessus est bien définie puisque $\vec{\boldsymbol{p}}$ est du genre temps ou lumière.

Remarque : La masse totale d'un système isolé n'est pas égale à la somme des masses des particules qui le constituent. Par exemple, pour un système formé par deux particules de masses $m_1 > 0$ et $m_2 > 0$, et de 4-vitesses $\vec{\boldsymbol{u}}_1$ et $\vec{\boldsymbol{u}}_2$, les formules (9.3) et (9.42) conduisent à

$$\begin{aligned} m^2 &= -(m_1 \vec{\boldsymbol{u}}_1 + m_2 \vec{\boldsymbol{u}}_2) \cdot (m_1 \vec{\boldsymbol{u}}_1 + m_2 \vec{\boldsymbol{u}}_2) = m_1^2 - 2 m_1 m_2 \vec{\boldsymbol{u}}_1 \cdot \vec{\boldsymbol{u}}_2 + m_2^2 \\ &= (m_1 + m_2)^2 + 2(\Gamma - 1) m_1 m_2 , \end{aligned}$$

avec $\Gamma := -\vec{\boldsymbol{u}}_1 \cdot \vec{\boldsymbol{u}}_2$. On a donc $m > m_1 + m_2$ si $\Gamma > 1$, c'est-à-dire si les 4-vitesses $\vec{\boldsymbol{u}}_1$ et $\vec{\boldsymbol{u}}_2$ ne sont pas colinéaires.

Si $m \neq 0$ (c'est-à-dire si $\mathscr{S}$ n'est pas constitué uniquement de particules de masse nulle dont les 4-impulsions sont toutes colinéaires), le vecteur

$$\vec{\boldsymbol{u}} := \frac{1}{mc}\vec{\boldsymbol{p}} \tag{9.43}$$

est un vecteur unitaire du genre temps dirigé vers le futur. Par analogie avec (9.3), nous l'appellerons ***4-vitesse du système isolé*** $\mathscr{S}$. Tout comme $\vec{\boldsymbol{p}}$, $\vec{\boldsymbol{u}}$ est un vecteur constant de E. Nous appellerons alors ***observateur inertiel comobile avec le système isolé*** $\mathscr{S}$ tout observateur inertiel dont la 4-vitesse est égale à $\vec{\boldsymbol{u}}$.

9.2.6 Énergie et impulsion d'un système

Étant donné un système de particules $\mathscr{S}$ et un observateur $\mathcal{O}$, de temps propre t, on appelle ***énergie totale du système*** $\mathscr{S}$ ***mesurée par*** $\mathcal{O}$ ***à l'instant*** t et ***impulsion totale du système*** $\mathscr{S}$ ***mesurée par*** $\mathcal{O}$ ***à l'instant*** t les quantités respectives

$$\boxed{E := -c\,\langle \boldsymbol{p}|_{\mathscr{E}_{\boldsymbol{u}_0}(t)}\,,\,\vec{\boldsymbol{u}}_0(t)\rangle}, \tag{9.44}$$

$$\boxed{\boldsymbol{P} := \boldsymbol{p}|_{\mathscr{E}_{\boldsymbol{u}_0}(t)} \circ \perp_{\boldsymbol{u}_0}}, \tag{9.45}$$

où $\vec{\boldsymbol{u}}_0(t)$ est la 4-vitesse de $\mathcal{O}$ à l'instant t et $\boldsymbol{p}|_{\mathscr{E}_{\boldsymbol{u}_0}(t)}$ la 4-impulsion totale du système $\mathscr{S}$ à l'instant t de l'observateur $\mathcal{O}$ (*cf.* Éq. (9.36)).

On a bien entendu des formules analogues à (9.6) et (9.7) :

$$\boxed{\vec{\boldsymbol{P}} = \perp_{\boldsymbol{u}_0} \vec{\boldsymbol{p}}|_{\mathscr{E}_{\boldsymbol{u}_0}(t)}}, \tag{9.46}$$

$$\boxed{\vec{\boldsymbol{p}}|_{\mathscr{E}_{\boldsymbol{u}_0}(t)} = \frac{E}{c}\,\vec{\boldsymbol{u}}_0 + \vec{\boldsymbol{P}}} \qquad \text{avec} \quad \vec{\boldsymbol{u}}_0 \cdot \vec{\boldsymbol{P}} = 0, \tag{9.47}$$

ainsi que l'analogue de la relation d'Einstein (9.9) :

$$\boxed{E^2 = m^2c^4 + \vec{\boldsymbol{P}} \cdot \vec{\boldsymbol{P}}\,c^2}. \tag{9.48}$$

En remplaçant $\boldsymbol{p}|_{\mathscr{E}_{\boldsymbol{u}_0}(t)}$ par son expression (9.36) dans les Éqs. (9.44) et (9.45) et en comparant avec (9.4) et (9.5), on en déduit que

$$\boxed{E = \sum_{a=1}^{N} E_a} \qquad \text{et} \qquad \boxed{\boldsymbol{P} = \sum_{a=1}^{N} \boldsymbol{P}_a}, \tag{9.49}$$

où E_a et $\boldsymbol{P}_a$ sont respectivement l'énergie et l'impulsion de la particule a mesurées par l'observateur $\mathcal{O}$ à l'instant t.

Exemple : Supposons le système $\mathscr{S}$ isolé et choisissons pour $\mathcal{O}$ un observateur comobile avec $\mathscr{S}$. On a alors, d'après (9.43), $\vec{\boldsymbol{p}} = mc\,\vec{\boldsymbol{u}}_0$. En comparant avec (9.47), il vient immédiatement $E = mc^2$ et $\boldsymbol{P} = 0$. Ainsi l'impulsion totale d'un système mesurée par un observateur comobile est nulle.

Si le système $\mathscr{S}$ est isolé, nous avons vu au § 9.2.5 que sa 4-impulsion totale est constante : $\boldsymbol{p}|_{\mathscr{E}_{u_0}(t)} = \boldsymbol{p}$. Par ailleurs, si l'observateur $\mathcal{O}$ est inertiel, la 4-vitesse $\vec{\boldsymbol{u}}_0$ est un vecteur constant. On déduit alors immédiatement des formules (9.44) et (9.45) les propriétés fondamentales suivantes :

L'énergie totale et l'impulsion totale d'un système *isolé* mesurées par un observateur *inertiel* sont constantes :

$$\boxed{\frac{d}{dt}E = 0} \quad \text{et} \quad \boxed{\frac{d}{dt}\boldsymbol{P} = 0}. \tag{9.50}$$

9.2.7 Application : effet Doppler

Considérons l'émission d'un photon $\mathscr{P}$ de 4-impulsion $\boldsymbol{p}$ par un observateur $\mathcal{O}'$ (4-vitesse $\vec{\boldsymbol{u}}\,'$) et sa réception par un observateur $\mathcal{O}$ (4-vitesse $\vec{\boldsymbol{u}}$), que nous supposerons inertiel. La 4-impulsion $\boldsymbol{p}$ s'exprime en fonction de l'énergie de $\mathscr{P}$ relative à $\mathcal{O}$, E_{rec}, et de la direction de propagation de $\mathscr{P}$ vis-à-vis de $\mathcal{O}$, $\vec{\boldsymbol{n}}$, suivant la relation (9.24) : $\boldsymbol{p} = (E_{\text{rec}}/c)(\underline{\boldsymbol{u}} + \underline{\boldsymbol{n}})$. Par ailleurs, la 4-vitesse de $\mathcal{O}'$ s'exprime en fonction de sa vitesse $\vec{\boldsymbol{V}}$ et de son facteur de Lorentz Γ relatifs à $\mathcal{O}$ suivant (4.31) : $\vec{\boldsymbol{u}}\,' = \Gamma(\vec{\boldsymbol{u}} + \vec{\boldsymbol{V}}/c)$. Si le photon ne subit aucune interaction entre $\mathcal{O}'$ et $\mathcal{O}$, sa 4-impulsion $\boldsymbol{p}$ à l'émission est la même qu'à la réception. On peut alors exprimer l'énergie du photon relative à l'émetteur $\mathcal{O}'$ suivant (9.4) :

$$\begin{aligned} E'_{\text{em}} &= -c\,\langle \boldsymbol{p}, \vec{\boldsymbol{u}}\,'\rangle = -c\left\langle \frac{E_{\text{rec}}}{c}(\underline{\boldsymbol{u}} + \underline{\boldsymbol{n}}),\ \Gamma\left(\vec{\boldsymbol{u}} + \frac{1}{c}\vec{\boldsymbol{V}}\right)\right\rangle \\ &= \Gamma\left(1 - \frac{\vec{\boldsymbol{n}}\cdot\vec{\boldsymbol{V}}}{c}\right)E_{\text{rec}}, \end{aligned}$$

où l'on a utilisé les propriétés $\langle \underline{\boldsymbol{u}}, \vec{\boldsymbol{u}}\rangle = -1$, $\langle \underline{\boldsymbol{u}}, \vec{\boldsymbol{V}}\rangle = 0$ et $\langle \underline{\boldsymbol{n}}, \vec{\boldsymbol{u}}\rangle = 0$. L'énergie d'un photon étant proportionnelle à sa fréquence (*cf.* la relation de Planck-Einstein (9.22) : $E = h\,f$), on en déduit immédiatement la relation suivante entre la fréquence à la réception mesurée par $\mathcal{O}$, f_{rec}, et la fréquence à l'émission mesurée par $\mathcal{O}'$, ${f'}_{\text{em}}$,

$$\boxed{f_{\text{rec}} = \frac{{f'}_{\text{em}}}{\Gamma\left(1 - \vec{\boldsymbol{n}}\cdot\vec{\boldsymbol{V}}/c\right)}}. \tag{9.51}$$

On retrouve ainsi la formule de l'effet Doppler obtenue au § 5.4 (Éq. (5.66)).

Remarque : Au § 5.4, nous avons établi la relation Doppler entre $f_{\rm rec}$ et $f'_{\rm em}$ en raisonnant sur la mesure d'intervalles de temps pour des signaux périodiques, alors qu'ici nous l'obtenons à partir de la notion d'énergie, comme l'une des composantes de la 4-impulsion des photons. Le fait que les deux résultats coïncident peut être vu comme une validation de la relation de proportionnalité $E = h\,f$ postulée par Einstein entre l'énergie d'un photon et la fréquence de l'onde électromagnétique correspondante.

9.3 Collisions de particules

9.3.1 Interactions localisées

La forme générale d'une interaction localisée[5] entre particules est

$$\mathscr{P}_1 + \mathscr{P}_2 + \ldots \longrightarrow \mathscr{P}'_1 + \mathscr{P}'_2 + \ldots,$$

où $\mathscr{P}_1$, $\mathscr{P}_2$, etc., désignent les particules avant la réaction et $\mathscr{P}'_1$, $\mathscr{P}'_2$, etc., les particules à l'issue de la réaction. On distingue divers sous-cas :

- ***désexcitation*** : $\mathscr{P}_1 \longrightarrow \mathscr{P}_1 + \mathscr{P}'_2$; un exemple typique est la désexcitation d'un atome ($\mathscr{P}_1$) par émission d'un photon ($\mathscr{P}'_2$) ;

- ***désintégration*** : $\mathscr{P}_1 \longrightarrow \mathscr{P}'_1 + \mathscr{P}'_2 + \ldots$ avec $\mathscr{P}'_a \neq \mathscr{P}_1$; un exemple est la désintégration du neutron (radioactivité bêta) : $\mathrm{n} \longrightarrow \mathrm{p} + \mathrm{e}^- + \bar{\nu}_{\mathrm{e}}$; un autre exemple est la désintégration du muon considérée au § 4.3.1 : $\mu^- \longrightarrow \mathrm{e}^- + \nu_\mu + \bar{\nu}_{\mathrm{e}}$;

- ***collision élastique*** : $\mathscr{P}_1 + \mathscr{P}_2 \longrightarrow \mathscr{P}_1 + \mathscr{P}_2$, où les masses m_1 et m_2 des particules $\mathscr{P}_1$ et $\mathscr{P}_2$ sont constantes ($m_2 = 0$ si $\mathscr{P}_2$ est un photon) ;

- ***collision inélastique*** : $\mathscr{P}_1 + \mathscr{P}_2 \longrightarrow \mathscr{P}'_1 + \mathscr{P}'_2 + \ldots$, avec $\mathscr{P}'_1 \neq \mathscr{P}_1$ ou $\mathscr{P}'_2 \neq \mathscr{P}_2$, ou encore $\mathscr{P}'_1 = \mathscr{P}_1$ et $\mathscr{P}'_2 = \mathscr{P}_2$ mais $m'_1 \neq m_1$ ou $m'_2 \neq m_2$;

- ***annihilation*** : $\mathscr{P}_1 + \bar{\mathscr{P}}_1 \longrightarrow \mathscr{P}'_1 + \mathscr{P}'_2 + \ldots$, où $\bar{\mathscr{P}}_1$ désigne l'antiparticule de $\mathscr{P}_1$; souvent, $\mathscr{P}'_1$ et $\mathscr{P}'_2$ sont des photons, comme par exemple dans l'annihilation électron-positron : $\mathrm{e}^- + \mathrm{e}^+ \longrightarrow \gamma + \gamma$; l'annihilation est bien évidemment un cas particulier de collision inélastique.

Remarque : D'après la définition ci-dessus, une collision est *élastique* ssi à la fois la nature et les masses des particules sont inchangées. Rappelons que si une particule n'est pas élémentaire, sa masse peut varier, suite à une réorganisation de ses constituants (variation de l'énergie interne), *cf.* Remarque 2 au § 9.1.1.

5. *Cf.* § 9.2.2.

9.3.2 Collision entre deux particules

Considérons une interaction localisée entre deux particules, $\mathscr{P}_1$ et $\mathscr{P}_2$, dont le produit est également deux particules, $\mathscr{P}'_1$ et $\mathscr{P}'_2$, avec éventuellement $\mathscr{P}'_1 = \mathscr{P}_1$ ou $\mathscr{P}'_2 = \mathscr{P}_2$:

$$\mathscr{P}_1 + \mathscr{P}_2 \longrightarrow \mathscr{P}'_1 + \mathscr{P}'_2.$$

Le principe de conservation de la 4-impulsion, sous la forme (9.40), s'écrit dans ce cas

$$\boxed{\vec{\boldsymbol{p}}_1 + \vec{\boldsymbol{p}}_2 = \vec{\boldsymbol{p}}'_1 + \vec{\boldsymbol{p}}'_2}, \tag{9.52}$$

où $\vec{\boldsymbol{p}}_a$ (resp. $\vec{\boldsymbol{p}}'_a$) est le vecteur 4-impulsion de $\mathscr{P}_a$ (resp. $\mathscr{P}'_a$).

Il est d'usage d'introduire les ***variables de Mandelstam***[6] comme les carrés scalaires suivants :

$$s := -(\vec{\boldsymbol{p}}_1 + \vec{\boldsymbol{p}}_2) \cdot (\vec{\boldsymbol{p}}_1 + \vec{\boldsymbol{p}}_2) = -(\vec{\boldsymbol{p}}'_1 + \vec{\boldsymbol{p}}'_2) \cdot (\vec{\boldsymbol{p}}'_1 + \vec{\boldsymbol{p}}'_2) \tag{9.53}$$
$$t := -(\vec{\boldsymbol{p}}_1 - \vec{\boldsymbol{p}}'_1) \cdot (\vec{\boldsymbol{p}}_1 - \vec{\boldsymbol{p}}'_1) = -(\vec{\boldsymbol{p}}_2 - \vec{\boldsymbol{p}}'_2) \cdot (\vec{\boldsymbol{p}}_2 - \vec{\boldsymbol{p}}'_2) \tag{9.54}$$
$$u := -(\vec{\boldsymbol{p}}_1 - \vec{\boldsymbol{p}}'_2) \cdot (\vec{\boldsymbol{p}}_1 - \vec{\boldsymbol{p}}'_2) = -(\vec{\boldsymbol{p}}_2 - \vec{\boldsymbol{p}}'_1) \cdot (\vec{\boldsymbol{p}}_2 - \vec{\boldsymbol{p}}'_1). \tag{9.55}$$

Dans chaque équation, la deuxième égalité résulte de (9.52). Puisqu'elles sont définies à partir des 4-impulsions, les variables de Mandelstam sont des grandeurs indépendantes de tout observateur. D'après la définition (9.42), s est reliée à la masse totale m du système par

$$s = m^2 c^2. \tag{9.56}$$

Par ailleurs, la somme des trois variables de Mandelstam est reliée aux masses individuelles des particules par la formule

$$s + t + u = (m_1^2 + m_2^2 + {m'_1}^2 + {m'_2}^2)c^2. \tag{9.57}$$

En effet, en développant les produits scalaires (9.53)–(9.55), on obtient

$$s + t + u = -\vec{\boldsymbol{p}}_1 \cdot \vec{\boldsymbol{p}}_1 - \vec{\boldsymbol{p}}_2 \cdot \vec{\boldsymbol{p}}_2 - \vec{\boldsymbol{p}}'_1 \cdot \vec{\boldsymbol{p}}'_1 - \vec{\boldsymbol{p}}'_2 \cdot \vec{\boldsymbol{p}}'_2 - 2\vec{\boldsymbol{p}}_1 \cdot \underbrace{(\vec{\boldsymbol{p}}_1 + \vec{\boldsymbol{p}}_2 - \vec{\boldsymbol{p}}'_1 - \vec{\boldsymbol{p}}'_2)}_{0},$$

où l'annulation du terme entre parenthèses résulte de (9.52). La définition (9.2) de la masse de chaque particule conduit alors immédiatement à (9.57).

6. **Stanley Mandelstam** : Physicien théoricien d'origine sud-africaine né en 1928 ; il a effectué sa carrière à Birmingham (Royaume-Uni) puis à l'Université de Berkeley, en Californie. Il a introduit les variables qui portent son nom en 1958 [269], afin de décrire l'interaction de pions avec des noyaux.

9.3.3 Collision élastique

Pour une collision élastique, $\mathscr{P}'_1 = \mathscr{P}_1$ et $\mathscr{P}'_2 = \mathscr{P}_2$. De plus, $m'_1 = m_1$ et $m'_2 = m_2$. En développant (9.53) et en utilisant (9.2) pour faire apparaître les masses des particules, il vient

$$s = m_1^2c^2 + m_2^2c^2 - 2\vec{\boldsymbol{p}}_1 \cdot \vec{\boldsymbol{p}}_2. \tag{9.58}$$

De même, en développant le dernier membre de (9.53), $s = {m'_1}^2c^2 + {m'_2}^2c^2 - 2\vec{\boldsymbol{p}}'_1 \cdot \vec{\boldsymbol{p}}'_2$. Puisque $m'_1 = m_1$ et $m'_2 = m_2$, on en déduit immédiatement

$$\boxed{\vec{\boldsymbol{p}}'_1 \cdot \vec{\boldsymbol{p}}'_2 = \vec{\boldsymbol{p}}_1 \cdot \vec{\boldsymbol{p}}_2}. \tag{9.59}$$

Dans le cas de deux particules massives, les 4-impulsions sont reliées aux 4-vitesses par (9.3), si bien que la relation ci-dessus est équivalente à

$$\vec{\boldsymbol{u}}'_1 \cdot \vec{\boldsymbol{u}}'_2 = \vec{\boldsymbol{u}}_1 \cdot \vec{\boldsymbol{u}}_2. \tag{9.60}$$

Or d'après (4.10), le produit scalaire $-\vec{\boldsymbol{u}}_1 \cdot \vec{\boldsymbol{u}}_2$ n'est autre que le facteur de Lorentz entre $\mathscr{P}_1$ et $\mathscr{P}_2$. Comme ce dernier est relié à la norme de la vitesse $\vec{\boldsymbol{V}}_{12}$ de $\mathscr{P}_1$ relative à $\mathscr{P}_2$ par (4.33) (on a la même relation pour la vitesse $\vec{\boldsymbol{V}}_{21}$ de $\mathscr{P}_2$ relative à $\mathscr{P}_1$), on en déduit que dans une collision élastique, la norme de la vitesse relative entre les deux particules est constante :

$$\left\|\vec{\boldsymbol{V}}'_{12}\right\|_{\boldsymbol{g}} = \left\|\vec{\boldsymbol{V}}_{12}\right\|_{\boldsymbol{g}}. \tag{9.61}$$

Un problème courant en physique des particules est celui d'une collision élastique sur une ***cible fixe***. Cela signifie que l'on étudie la collision du point de vue d'un observateur inertiel $\mathcal{O}$ (« observateur du laboratoire ») pour lequel l'une des particules, que nous choisirons être $\mathscr{P}_2$, est au repos avant la collision. La 4-vitesse de $\mathscr{P}_2$ avant la collision est alors égale à celle de $\mathcal{O}$, $\vec{\boldsymbol{u}}_0$, ce qui implique $m_2 \neq 0$ et $\vec{\boldsymbol{p}}_2 = m_2 c\, \vec{\boldsymbol{u}}_0$. L'impulsion $\boldsymbol{P}_2$ de $\mathscr{P}_2$ mesurée par $\mathcal{O}$ est nulle. Quant à l'impulsion $\boldsymbol{P}_1$ de $\mathscr{P}_1$ mesurée par $\mathcal{O}$, nous supposerons qu'elle est telle que $\vec{\boldsymbol{P}}_1$ soit colinéaire au vecteur $\vec{\boldsymbol{e}}_1 =: \vec{\boldsymbol{e}}_x$ du référentiel de $\mathcal{O}$: $\vec{\boldsymbol{P}}_1 = P_1\, \vec{\boldsymbol{e}}_x$. Les données du problème sont alors les masses m_1 et m_2 des deux particules (on autorise $m_1 = 0$ si $\mathscr{P}_1$ est un photon) et l'énergie E_1 de $\mathscr{P}_1$ par rapport à $\mathcal{O}$. P_1 se déduit de E_1 et m_1 par la relation d'Einstein (9.9) : $P_1^2 = E_1^2/c^2 - m_1^2c^2$. Les 4-impulsions des particules avant la collision sont reliées à ces données par

$$\boldsymbol{p}_1 = \frac{E_1}{c}\, \underline{\boldsymbol{u}}_0 + P_1\, \vec{\boldsymbol{e}}_x \qquad \text{et} \qquad \boldsymbol{p}_2 = m_2 c\, \underline{\boldsymbol{u}}_0. \tag{9.62}$$

La loi de conservation de l'impulsion (9.50) implique $\vec{\boldsymbol{P}}_1 = \vec{\boldsymbol{P}}'_1 + \vec{\boldsymbol{P}}'_2$. Par conséquent les trois vecteurs $\vec{\boldsymbol{P}}_1$, $\vec{\boldsymbol{P}}'_1$ et $\vec{\boldsymbol{P}}'_2$ sont coplanaires. Avec le point de collision, ils définissent un plan dans l'espace de repos de $\mathcal{O}$, appelé ***plan***

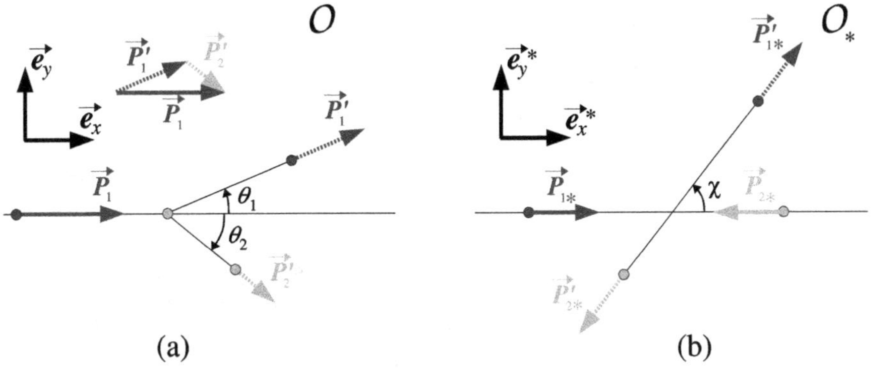

FIG. 9.11 – Collision élastique : (a) vue dans l'espace de référence de l'observateur $\mathcal{O}$ vis-à-vis duquel la particule $\mathscr{P}_2$ est initialement fixe ; (b) vue dans l'espace de référence d'un observateur $\mathcal{O}_*$ comobile avec le système.

de collision. Après la collision, les particules $\mathscr{P}_1$ et $\mathscr{P}_2$ partent dans des directions que l'on repère par les angles θ_1 et θ_2 avec $\vec{e}_x$ (*cf.* Fig. 9.11a).

Le problème est plus simple si on le considère du point de vue d'un observateur inertiel *comobile avec le système* $\{\mathscr{P}_1, \mathscr{P}_2\}$ (*cf.* § 9.2.5), c'est-à-dire un observateur $\mathcal{O}_*$ dont la 4-vitesse est donnée par (9.43) : $\vec{u} = (mc)^{-1}\vec{p}$, $\vec{p} = \vec{p}_1 + \vec{p}_2$ étant le vecteur 4-impulsion totale du système et $m := c^{-1}\|\vec{p}\|_g$ la masse totale du système[7], reliée à la variable de Mandelstam s par (9.56). En remplaçant $\vec{p}_1$ et $\vec{p}_2$ par leur expression (9.62) dans $m = c^{-1}\|\vec{p}_1 + \vec{p}_2\|_g$, on obtient m en fonction des données du problème :

$$m = \sqrt{\left(m_2 + \frac{E_1}{c^2}\right)^2 - \frac{P_1^2}{c^2}} = \sqrt{m_1^2 + m_2^2 + 2m_2\frac{E_1}{c^2}}. \qquad (9.63)$$

Notons $\vec{\boldsymbol{V}}$ la vitesse de $\mathcal{O}_*$ relative à $\mathcal{O}$ et Γ le facteur de Lorentz correspondant :

$$\vec{u} = \Gamma\left(\vec{u}_0 + \frac{1}{c}\vec{\boldsymbol{V}}\right) \qquad \text{avec} \qquad \Gamma = \left(1 - \vec{\boldsymbol{V}}\cdot\vec{\boldsymbol{V}}/c^2\right)^{-1/2}.$$

Puisque $\vec{p} = mc\,\vec{u}$, la décomposition (9.47) montre que l'énergie et l'impulsion totales du système mesurées par $\mathcal{O}$ s'expriment comme $E = \Gamma mc^2$ et $\vec{\boldsymbol{P}} = \Gamma m\vec{\boldsymbol{V}}$. Par ailleurs, $E = E_1 + E_2 = E_1 + m_2c^2$ et $\vec{\boldsymbol{P}} = \vec{\boldsymbol{P}}_1 + \vec{\boldsymbol{P}}_2 = P_1\vec{e}_x$. On en déduit que $\vec{\boldsymbol{V}} = V\vec{e}_x$ avec

$$V = \frac{P_1}{m_2 + \frac{E_1}{c^2}} \qquad (9.64)$$

7. Au Chap. 10, nous introduirons un observateur comobile particulier, l'*observateur barycentrique* ou *observateur du centre de masse*. Mais pour les besoins du problème présent, un observateur comobile quelconque suffit.

et, en formant $\Gamma = E/(mc^2)$,

$$\Gamma = \frac{m_2 + E_1/c^2}{\sqrt{m_1^2 + m_2^2 + 2m_2E_1/c^2}}. \tag{9.65}$$

Pour $\mathcal{O}_*$, l'impulsion de la particule $\mathscr{P}_2$ avant la collision est $\vec{\boldsymbol{P}}_{2*} = \Gamma_{2*} m_2 \vec{\boldsymbol{V}}_{2*}$. Or la particule $\mathscr{P}_2$ étant solidaire de $\mathcal{O}$, la réciprocité de la vitesse relative entre les observateurs $\mathcal{O}$ et $\mathcal{O}_*$ conduit à $\Gamma_{2*} = \Gamma$ et $\vec{\boldsymbol{V}}_{2*} = -V\boldsymbol{\Lambda}(\vec{e}_x)$ où $\boldsymbol{\Lambda}$ est la transformation de Lorentz spéciale faisant passer de $\mathcal{O}$ à $\mathcal{O}_*$ (*cf.* § 5.1.1 et Éqs. (5.10)–(5.11)). On a donc, en notant $\vec{e}^{\,*}_x := \boldsymbol{\Lambda}(\vec{e}_x)$,

$$\vec{\boldsymbol{P}}_{2*} = -\Gamma m_2 V \,\vec{e}^{\,*}_x.$$

Comme l'observateur $\mathcal{O}_*$ est comobile, l'impulsion totale qu'il mesure est nulle : $\vec{\boldsymbol{P}}_* = 0$ (*cf.* § 9.2.6). On a donc

$$\vec{\boldsymbol{P}}_{1*} = -\vec{\boldsymbol{P}}_{2*} = \Gamma m_2 V \,\vec{e}^{\,*}_x.$$

De même, après la collision, $\vec{\boldsymbol{P}}'_* = 0$ conduit à $\vec{\boldsymbol{P}}'_{1*} = -\vec{\boldsymbol{P}}'_{2*}$. Ainsi, dans l'espace de référence de $\mathcal{O}_*$, les impulsions des particules, aussi bien avant la collision qu'après, sont l'opposée l'une de l'autre. Avant la collision, $\vec{\boldsymbol{P}}_{1*}$ et $\vec{\boldsymbol{P}}_{2*}$ sont suivant $\vec{e}^{\,*}_x$. Après la collision, la direction commune de $\vec{\boldsymbol{P}}'_{1*}$ et $\vec{\boldsymbol{P}}'_{2*}$ ne coïncide pas en général avec $\vec{e}^{\,*}_x$ (*cf.* Fig. 9.11b). Appelons alors χ l'angle entre $\vec{e}^{\,*}_x$ et $\vec{\boldsymbol{P}}'_{1*}$. La valeur de χ dépend du détail microscopique de la collision, que nous ne décrivons pas ici. C'est donc un paramètre supplémentaire du problème.

Par ailleurs, l'équation de conservation de l'énergie (9.50) vis-à-vis de l'observateur inertiel $\mathcal{O}_*$, c'est-à-dire $E_{1*} + E_{2*} = E'_{1*} + E'_{2*}$, s'écrit, compte tenu de la relation d'Einstein (9.9) et $\|\vec{\boldsymbol{P}}_{2*}\|_{\boldsymbol{g}} = \|\vec{\boldsymbol{P}}_{1*}\|_{\boldsymbol{g}}$ et $\|\vec{\boldsymbol{P}}'_{2*}\|_{\boldsymbol{g}} = \|\vec{\boldsymbol{P}}'_{1*}\|_{\boldsymbol{g}}$,

$$\sqrt{m_1^2c^2 + \left\|\vec{\boldsymbol{P}}_{1*}\right\|_{\boldsymbol{g}}^2} + \sqrt{m_2^2c^2 + \left\|\vec{\boldsymbol{P}}_{1*}\right\|_{\boldsymbol{g}}^2} = \sqrt{m_1^2c^2 + \left\|\vec{\boldsymbol{P}}'_{1*}\right\|_{\boldsymbol{g}}^2} + \sqrt{m_2^2c^2 + \left\|\vec{\boldsymbol{P}}'_{1*}\right\|_{\boldsymbol{g}}^2}.$$

Notons que nous avons utilisé l'hypothèse de collision élastique sous la forme $m'_1 = m_1$ et $m'_2 = m_2$. On déduit de la relation ci-dessus que $\|\vec{\boldsymbol{P}}'_{1*}\|_{\boldsymbol{g}} = \|\vec{\boldsymbol{P}}_{1*}\|_{\boldsymbol{g}}$. Les normes des impulsions vis-à-vis de $\mathcal{O}_*$ sont donc toutes égales :

$$\left\|\vec{\boldsymbol{P}}_{1*}\right\|_{\boldsymbol{g}} = \left\|\vec{\boldsymbol{P}}_{2*}\right\|_{\boldsymbol{g}} = \left\|\vec{\boldsymbol{P}}'_{1*}\right\|_{\boldsymbol{g}} = \left\|\vec{\boldsymbol{P}}'_{2*}\right\|_{\boldsymbol{g}} = \Gamma m_2 V. \tag{9.66}$$

La relation d'Einstein (9.9) peut alors être utilisée de nouveau pour montrer que l'énergie de chaque particule vis-à-vis de $\mathcal{O}_*$ est conservée :

$$E'_{1*} = E_{1*} = \sqrt{m_1^2c^4 + (\Gamma m_2 V c)^2} = \alpha\Gamma m_2 c^2 \tag{9.67}$$

$$E'_{2*} = E_{2*} = \Gamma m_2 c^2, \tag{9.68}$$

où l'expression de E_{2*} découle directement de $\Gamma_{2*} = \Gamma$ et l'on a posé

$$\alpha := \sqrt{\frac{1}{\Gamma^2}\left(\frac{m_1}{m_2}\right)^2 + \frac{V^2}{c^2}} = \frac{(m_1/m_2)^2 + E_1/(m_2c^2)}{1 + E_1/(m_2c^2)}. \tag{9.69}$$

Notons que si $m_1 = m_2$, $\alpha = 1$ et que $m_1 < m_2 \iff \alpha < 1$ (en particulier, si $m_1 = 0$, $\alpha = V/c$). Ainsi :

> Lors d'une collision élastique, pour un observateur comobile, l'énergie et la norme de l'impulsion de chaque particule sont conservées. De plus, les impulsions des particules sont à chaque instant l'opposée l'une de l'autre.

Les vecteurs 4-impulsion de $\mathscr{P}_1$ et $\mathscr{P}_2$ après la collision sont $\vec{\boldsymbol{p}}'_a = (E'_{a*}/c)\,\vec{\boldsymbol{u}} + \vec{\boldsymbol{P}}'_{a*}$ $(a = 1, 2)$, soit d'après la définition de χ et les Éqs. (9.66)–(9.68),

$$\begin{aligned}\vec{\boldsymbol{p}}'_1 &= \Gamma m_2 \left[\alpha c\,\vec{\boldsymbol{u}} + V\left(\cos\chi\,\vec{\boldsymbol{e}}^{\,*}_x + \sin\chi\,\vec{\boldsymbol{e}}^{\,*}_y\right)\right]\\ \vec{\boldsymbol{p}}'_2 &= \Gamma m_2 \left[c\,\vec{\boldsymbol{u}} - V\left(\cos\chi\,\vec{\boldsymbol{e}}^{\,*}_x + \sin\chi\,\vec{\boldsymbol{e}}^{\,*}_y\right)\right].\end{aligned}$$

Ces équations donnent les composantes $p'^{*\alpha}_{a}$ de chaque vecteur 4-impulsion $\vec{\boldsymbol{p}}'_a$ dans le référentiel $(\vec{\boldsymbol{e}}^{\,*}_\alpha) = (\vec{\boldsymbol{u}}, \vec{\boldsymbol{e}}^{\,*}_x, \vec{\boldsymbol{e}}^{\,*}_y, \vec{\boldsymbol{e}}^{\,*}_z)$ de $\mathcal{O}_*$. Comme ce dernier se déduit du référentiel $(\vec{\boldsymbol{e}}_\alpha) = (\vec{\boldsymbol{u}}_0, \vec{\boldsymbol{e}}_x, \vec{\boldsymbol{e}}_y, \vec{\boldsymbol{e}}_z)$ de $\mathcal{O}$ par la transformation de Lorentz spéciale $\boldsymbol{\Lambda}$, on a $\vec{\boldsymbol{p}}'_a = p'^{*\beta}_{a}\,\vec{\boldsymbol{e}}^{\,*}_\beta = p'^{*\beta}_{a}\,\boldsymbol{\Lambda}(\vec{\boldsymbol{e}}_\beta) = p'^{*\beta}_{a}\,\Lambda^\alpha{}_\beta\,\vec{\boldsymbol{e}}_\alpha$ (*cf.* Éq. (6.4)). On en déduit que les composantes de $\vec{\boldsymbol{p}}'_a$ dans le référentiel de $\mathcal{O}$ sont $p'^{\alpha}_{a} = \Lambda^\alpha{}_\beta p'^{*\beta}_{a}$. La matrice $\Lambda^\alpha{}_\beta$ étant donnée par (6.50), on obtient

$$(p'_1)^\alpha = \Gamma m_2 \left(\Gamma c\left(\alpha + \frac{V^2}{c^2}\cos\chi\right),\ \Gamma V\left(\alpha + \cos\chi\right),\ V\sin\chi,\ 0\right) \tag{9.70}$$

$$(p'_2)^\alpha = \Gamma m_2 \left(\Gamma c\left(1 - \frac{V^2}{c^2}\cos\chi\right),\ \Gamma V\left(1 - \cos\chi\right),\ -V\sin\chi,\ 0\right). \tag{9.71}$$

En vertu de la relation $\vec{\boldsymbol{p}}'_a = (E'_a/c)\,\vec{\boldsymbol{u}}_0 + \vec{\boldsymbol{P}}'_a$, la première composante donne l'énergie de la particule mesurée par $\mathcal{O}$ après la collision et les trois dernières composantes, l'impulsion mesurée par $\mathcal{O}$:

$$E'_1 = \Gamma^2 m_2 c^2\left(\alpha + \frac{V^2}{c^2}\cos\chi\right) \quad \text{et} \quad E'_2 = \Gamma^2 m_2 c^2\left(1 - \frac{V^2}{c^2}\cos\chi\right), \tag{9.72}$$

$$\vec{\boldsymbol{P}}'_1 = \Gamma m_2 V\left[\Gamma\left(\alpha + \cos\chi\right)\vec{\boldsymbol{e}}_x + \sin\chi\,\vec{\boldsymbol{e}}_y\right], \tag{9.73}$$

$$\vec{\boldsymbol{P}}'_2 = \Gamma m_2 V\left[\Gamma\left(1 - \cos\chi\right)\vec{\boldsymbol{e}}_x - \sin\chi\,\vec{\boldsymbol{e}}_y\right]. \tag{9.74}$$

Remarque : On a $(P'_2)^x \geq 0$: la particule cible part toujours vers la droite sur la Fig. 9.11a. Par contre, si $m_1 < m_2$, on a vu plus haut que $\alpha < 1$. Pour $-1 \leq \cos\chi < -\alpha$, on a alors $(P'_1)^x < 0$, de sorte que la particule incidente part vers la gauche : elle « rebondit » sur la particule cible.

On déduit de (9.72) (et de $E_2 = m_2c^2$) que l'énergie reçue par $\mathscr{P}_2$ lors de la collision est

$$\Delta E_2 := E_2' - E_2 = \Gamma^2 m_2 V^2 (1 - \cos\chi),$$

où l'on a utilisé la relation $\Gamma^2 - 1 = \Gamma^2 V^2/c^2$. En remplaçant Γ et V par les expressions (9.65) et (9.64), on obtient ΔE_2 en fonction des données du problème :

$$\boxed{\Delta E_2 = \frac{m_2 P_1^2}{m_1^2 + m_2^2 + 2m_2E_1/c^2}(1 - \cos\chi)}. \tag{9.75}$$

On constate que $\Delta E_2 \geq 0$: la collision accroît toujours l'énergie de la particule cible. L'observateur $\mathcal{O}$ étant inertiel, la loi de conservation de l'énergie (9.50) implique qu'au contraire la particule incidente perd de l'énergie : $\Delta E_1 = -\Delta E_2$.

Les angles θ_1 et θ_2 formés par les impulsions de $\mathscr{P}_1$ et $\mathscr{P}_2$ avec l'axe $\vec{e}_x$ après la collision sont tels que $\tan\theta_a = (P_a')^y/(P_a')^x$, soit d'après (9.73)–(9.74),

$$\tan\theta_1 = \frac{\sin\chi}{\Gamma(\alpha + \cos\chi)} \qquad \text{et} \qquad \tan\theta_2 = -\frac{\sin\chi}{\Gamma(1 - \cos\chi)}.$$

En utilisant (9.65) et (9.69), on obtient

$$\boxed{\tan\theta_1 = \frac{\sin\chi\sqrt{m_1^2 + m_2^2 + 2m_2E_1/c^2}}{m_1^2/m_2 + E_1/c^2 + (m_2 + E_1/c^2)\cos\chi}} \tag{9.76}$$

$$\boxed{\tan\theta_2 = -\frac{\sin\chi\sqrt{m_1^2 + m_2^2 + 2m_2E_1/c^2}}{(m_2 + E_1/c^2)(1 - \cos\chi)}}. \tag{9.77}$$

Cas de deux particules identiques

Si $\mathscr{P}_1$ et $\mathscr{P}_2$ sont deux particules identiques, $m_1 = m_2$ et les formules ci-dessus se simplifient en

$$\boxed{\Delta E_2 = \frac{\Gamma_1 - 1}{2} m_1 c^2 (1 - \cos\chi)}_{m_1=m_2}, \tag{9.78}$$

$$\boxed{\tan\theta_1 = \sqrt{\frac{2}{1+\Gamma_1}}\tan\frac{\chi}{2}}_{m_1=m_2}, \qquad \boxed{\tan\theta_2 = -\sqrt{\frac{2}{1+\Gamma_1}}\frac{1}{\tan\frac{\chi}{2}}}_{m_1=m_2}, \tag{9.79}$$

où $\Gamma_1 = E_1/(m_1c^2)$ est le facteur de Lorentz de $\mathscr{P}_1$ par rapport à $\mathcal{O}$ avant la collision. On remarque que le produit de $\tan\theta_1$ et $\tan\theta_2$ est indépendant de χ et vaut

$$\boxed{\tan\theta_1 \tan\theta_2 = -\frac{2}{1+\Gamma_1}}_{m_1=m_2}. \tag{9.80}$$

L'angle entre les trajectoires de $\mathscr{P}_1$ et $\mathscr{P}_2$ après la collision est $\theta = \theta_1 - \theta_2$. D'après la formule $\tan(\theta_1 - \theta_2) = (\tan\theta_1 - \tan\theta_2)/(1 + \tan\theta_1 \tan\theta_2)$, on obtient

$$\boxed{\tan\theta = \frac{2\sqrt{2(\Gamma_1+1)}}{(\Gamma_1 - 1)\sin\chi}}_{m_1=m_2} . \tag{9.81}$$

À la limite non-relativiste, $\Gamma_1 = 1$ et il vient $\tan\theta = +\infty$, ce qui implique $\theta = \pi/2$. On retrouve un résultat bien connu en mécanique newtonienne pour des chocs élastiques : le joueur de billard sait bien qu'après le choc, les deux billes partent à angle droit l'une de l'autre (du moins en l'absence d'effet sur les billes). Dans le cas relativiste, $\Gamma_1 > 1$ et la formule ci-dessus montre que $\tan\theta > 0$, ce qui implique $\theta < \pi/2$: les deux particules s'éloignent en formant un angle aigu (*cf.* Fig. 9.11a).

9.3.4 Effet Compton

L'***effet Compton*** ou ***diffusion Compton*** concerne l'interaction d'un photon ($\mathscr{P}_1 = \gamma$) avec un électron ($\mathscr{P}_2 = \mathrm{e}^-$), ce dernier étant initialement immobile par rapport à l'observateur $\mathcal{O}$:

$$\gamma + \mathrm{e}^- \longrightarrow \gamma + \mathrm{e}^- . \tag{9.82}$$

Comme (au niveau classique) les particules sont conservées et que $m'_1 = m_1$ ($= 0$) et $m'_2 = m_2$ ($= m_\mathrm{e}$), il s'agit d'une collision élastique. Nous pouvons donc appliquer les résultats du paragraphe précédent. En faisant $m_1 = 0$ dans les formules (9.75) et (9.76), on obtient

$$\Delta E_1 = -\frac{E_1^2}{E_2 + 2E_1}(1 - \cos\chi) \quad \text{et} \quad \tan\theta_1 = \frac{\sin\chi\,\sqrt{E_2^2 + 2E_1E_2}}{E_1 + (E_1 + E_2)\cos\chi}, \tag{9.83}$$

où l'on a utilisé $\Delta E_1 = -\Delta E_2$, $P_1 = E_1/c$ et $E_2 = m_2c^2$. *Via* la formule $\cos^2\theta_1 = 1/(1 + \tan^2\theta_1)$, on en déduit

$$\cos\theta_1 = \frac{E_1 + (E_1 + E_2)\cos\chi}{E_1 + E_2 + E_1\cos\chi}. \tag{9.84}$$

Remarque : Dans le cas présent, la vitesse de l'observateur comobile $\mathcal{O}_*$ par rapport à $\mathcal{O}$ est $V = c\,E_1/(E_1 + E_2)$ (faire $P_1 = E_1/c$ dans (9.64)). Ainsi la formule (9.84) peut se mettre sous la forme

$$\cos\theta_1 = \frac{\cos\chi + V/c}{1 + (V/c)\cos\chi}.$$

On reconnaît la formule d'aberration obtenue au § 5.5, à savoir l'Éq. (5.81) dans laquelle U est remplacé par $-V$. Ce n'est pas surprenant puisque χ est l'angle formé par la trajectoire du photon avec $\vec{e}_x^{\,*}$ dans l'espace de référence de $\mathcal{O}_*$, θ_1 est celui formé par la trajectoire de photon avec $\vec{e}_x$ dans l'espace de référence de $\mathcal{O}$ (*cf.* Fig. 9.11) et que $-V\,\vec{e}_x^{\,*}$ est la vitesse de $\mathcal{O}$ relative à $\mathcal{O}_*$.

L'énergie du photon après la collision est $E'_1 = E_1 + \Delta E_1$. Il se trouve que l'expression de $1/E'_1$ en fonction de $\cos\theta_1$ est particulièrement simple : à partir de (9.83), on obtient

$$\frac{1}{E'_1} - \frac{1}{E_1} = \frac{1 - \cos\chi}{E_2 + E_1(1 + \cos\chi)},$$

soit, en combinant avec (9.84),

$$\boxed{\frac{1}{E'_1} - \frac{1}{E_1} = \frac{1}{E_2}(1 - \cos\theta_1)}. \tag{9.85}$$

Il est alors naturel de faire apparaître la longueur d'onde du photon, puisqu'elle est proportionnelle à l'inverse de son énergie : $E'_1 = hc/\lambda'$ et $E_1 = hc/\lambda$ (*cf.* Éqs. (9.22) et (9.26)). En remplaçant E_2 par $m_2c^2 = m_e c^2$, il vient ainsi

$$\boxed{\lambda' - \lambda = \frac{h}{m_e c}(1 - \cos\theta_1)}. \tag{9.86}$$

La quantité $h/(m_e c)$ est appelée ***longueur d'onde de Compton de l'électron***. Sa valeur numérique est

$$\lambda_C := \frac{h}{m_e c} = 2.426\,310\,2 \times 10^{-12}\ \text{m}. \tag{9.87}$$

L'effet Compton, c'est-à-dire la diminution de l'énergie du photon après sa rencontre avec l'électron, n'est appréciable que pour λ de l'ordre de, ou inférieure à, λ_C. L'énergie correspondante est $E_C := hc/\lambda_C = m_e c^2 \simeq 511$ keV. Ainsi l'effet Compton concerne essentiellement les photons X et gamma. On constate par ailleurs qu'il est nul dans la direction du photon incident ($\theta_1 = 0$) et maximal dans la direction opposée ($\theta_1 = \pi$).

Dérivation directe

La formule (9.86) donnant l'effet Compton peut être dérivée directement à partir du principe de la conservation de la 4-impulsion (9.52), sans faire appel aux résultats du § 9.3.3. En effet, réécrivons (9.52) comme $\vec{\boldsymbol{p}}_1 + \vec{\boldsymbol{p}}_2 - \vec{\boldsymbol{p}}'_1 = \vec{\boldsymbol{p}}'_2$ et prenons le carré scalaire : il ne reste que les doubles produits car $\vec{\boldsymbol{p}}_1 \cdot \vec{\boldsymbol{p}}_1 = 0$, $\vec{\boldsymbol{p}}'_1 \cdot \vec{\boldsymbol{p}}'_1 = 0$ et $\vec{\boldsymbol{p}}_2 \cdot \vec{\boldsymbol{p}}_2 = \vec{\boldsymbol{p}}'_2 \cdot \vec{\boldsymbol{p}}'_2 = -m_e^2 c^2$. On a donc

$$\vec{\boldsymbol{p}}_2 \cdot (\vec{\boldsymbol{p}}_1 - \vec{\boldsymbol{p}}'_1) = \vec{\boldsymbol{p}}_1 \cdot \vec{\boldsymbol{p}}'_1. \tag{9.88}$$

Écrivons les décompositions orthogonales vis-à-vis de l'observateur $\mathcal{O}$: $\vec{\boldsymbol{p}}_2 = m_2 c\, \vec{\boldsymbol{u}}_0 = (E_2/c)\, \vec{\boldsymbol{u}}_0$,

$$\vec{\boldsymbol{p}}_1 = \frac{E_1}{c}(\vec{\boldsymbol{u}}_0 + \vec{\boldsymbol{n}}) \qquad \text{et} \qquad \vec{\boldsymbol{p}}'_1 = \frac{E'_1}{c}(\vec{\boldsymbol{u}}_0 + \vec{\boldsymbol{n}}'), \tag{9.89}$$

où, suivant (9.24), $\vec{n}$ et $\vec{n}'$ sont les vecteurs direction de propagation du photon vis-à-vis de $\mathcal{O}$ respectivement avant et après la collision. Par hypothèse $\vec{n} = \vec{e}_x$. L'équation (9.88) devient alors

$$E_2\,\vec{u}_0 \cdot \left[E_1(\vec{u}_0 + \vec{e}_x) - E_1'(\vec{u}_0 + \vec{n}')\right] = E_1 E_1'(\vec{u}_0 + \vec{e}_x)\cdot(\vec{u}_0 + \vec{n}').$$

Comme $\vec{u}_0 \cdot \vec{u}_0 = -1$, $\vec{u}_0 \cdot \vec{e}_x = 0$, $\vec{u}_0 \cdot \vec{n}' = 0$ et $\vec{e}_x \cdot \vec{n}' = \cos\theta_1$ (par définition même de θ_1), en développant et en divisant par $E_1 E_1' E_2$ on obtient l'Éq. (9.85) et par là l'équation de l'effet Compton (9.86).

Note historique : *Au début des années 1920, plusieurs expériences avaient montré que les rayons X diffusés après interaction avec de la matière étaient de plus faible énergie que les rayons X incidents. Arthur H. Compton*[8] *entreprit alors de mesurer la dépendance angulaire de l'effet en irradiant du graphite par des rayons X issus de la raie K_α du molybdène ($\lambda = 70.8$ pm). Il obtint la loi (9.86) et, dans un article publié en 1923 [91], il en donna la dérivation théorique à partir de la conservation de l'énergie et de l'impulsion en dynamique relativiste. L'effet Compton a fourni la preuve définitive de la nature corpusculaire de la lumière, achevant de convaincre ceux qui ne l'avaient pas été lors de l'introduction des quanta de lumière par Albert Einstein en 1905 [131] (il s'agissait alors d'expliquer l'effet photoélectrique).*

9.3.5 Diffusion Compton inverse

Considérons à présent le cas où l'électron n'est plus initialement immobile par rapport à l'observateur $\mathcal{O}$, mais animé d'une vitesse constante $\vec{V}_2 =: V_e\vec{e}$, où $\vec{e}$ est un vecteur unitaire. La 4-impulsion de l'électron avant la collision est alors

$$\vec{p}_2 = \frac{E_2}{c}\left(\vec{u}_0 + \frac{V_e}{c}\,\vec{e}\right). \tag{9.90}$$

La 4-impulsion du photon, avant et après la collision, est quant à elle toujours donnée par (9.89). La relation (9.88), indépendante de l'état du mouvement de l'électron par rapport à $\mathcal{O}$, est toujours valable. En y reportant (9.89) et (9.90), il vient

$$E_2\left(\vec{u}_0 + \frac{V_e}{c}\,\vec{e}\right)\cdot\left[E_1(\vec{u}_0 + \vec{n}) - E_1'(\vec{u}_0 + \vec{n}')\right] = E_1 E_1'(\vec{u}_0 + \vec{n})\cdot(\vec{u}_0 + \vec{n}').$$

Or $\vec{u}_0 \cdot \vec{u}_0 = -1$, $\vec{u}_0 \cdot \vec{n} = 0$, $\vec{u}_0 \cdot \vec{n}' = 0$, $\vec{u}_0 \cdot \vec{e} = 0$ et

$$\vec{e}\cdot\vec{n} = \cos\varphi, \quad \vec{e}\cdot\vec{n}' = \cos\varphi' \quad \text{et} \quad \vec{n}\cdot\vec{n}' = \cos\theta_1,$$

8. **Arthur H. Compton** (1892–1962) : Physicien américain, prix Nobel de physique 1927 pour la découverte de l'effet qui porte son nom. Pendant la seconde guerre mondiale, il fut responsable du « Laboratoire métallurgique » de Chicago – nom de couverture des installations qui produisirent l'uranium et le plutonium des premières bombes atomiques américaines.

où φ (resp. φ') est l'angle entre la direction de l'électron et celle du photon avant (resp. après) la collision et θ_1 est l'angle de déviation du photon. On obtient ainsi

$$\boxed{\frac{E_1'}{E_1} = \frac{1-(V_e/c)\cos\varphi}{1-(V_e/c)\cos\varphi' + (E_1/E_2)(1-\cos\theta_1)}}. \qquad (9.91)$$

Si $V_e = 0$, cette formule redonne (9.85) comme il se doit. On a alors $E_1'/E_1 \leq 1$: le photon perd de l'énergie lors de la collision : c'est l'effet Compton. Par contre, lorsque $V_e \neq 0$, on peut très bien avoir $E_1'/E_1 > 1$, c'est-à-dire un gain d'énergie pour le photon. On parle alors d'***effet Compton inverse*** ou de ***diffusion Compton inverse***. En particulier, lorsque l'électron est beaucoup plus énergétique que le photon, $E_1/E_2 \ll 1$ et la formule (9.91) se simplifie en

$$\frac{E_1'}{E_1} \simeq \frac{1-(V_e/c)\cos\varphi}{1-(V_e/c)\cos\varphi'}.$$

On constate que l'augmentation d'énergie du photon est maximale lorsque $\varphi = \pi$ et $\varphi' = 0$, c'est-à-dire lorsque le photon se propage initialement dans la direction suivie par l'électron mais en sens inverse et qu'il est diffusé dans la même direction et dans le sens du mouvement de l'électron. On a alors

$$\max\frac{E_1'}{E_1} = \frac{1+(V_e/c)}{1-(V_e/c)}.$$

Si l'électron est relativiste, c'est-à-dire si son facteur de Lorentz Γ_e par rapport à $\mathcal{O}$ est grand, le développement limité de la formule $V_e/c = \sqrt{1-\Gamma_e^{-2}}$ conduit à $V_e/c \simeq 1 - 1/(2\Gamma_e^2)$, si bien que la formule ci-dessus devient

$$\boxed{\max\frac{E_1'}{E_1} \simeq 4\Gamma_e^2}_{\Gamma_e \gg 1}. \qquad (9.92)$$

La diffusion Compton inverse sur des électrons relativistes permet donc une augmentation considérable de l'énergie du photon.

Remarque : Vus d'un observateur comobile (*cf.* Fig. 9.11b), les effets Compton et Compton inverse sont exactement le même processus.

La diffusion Compton inverse joue un rôle important en astrophysique. Elle intervient notamment dans l'observation du ***fond diffus cosmologique***, autrement dit le fameux « rayonnement fossile à 3 K » qui baigne tout l'Univers. Ce rayonnement a été émis lors de la formation des premiers atomes, environ 3×10^5 ans après le Big Bang, et apparaît aujourd'hui comme un rayonnement de corps noir quasi parfait à la température $T = 2.725$ K. Cependant les photons qui le composent subissent des diffusions Compton inverse lorsqu'ils traversent un amas de galaxies. En effet, les amas de galaxies contiennent,

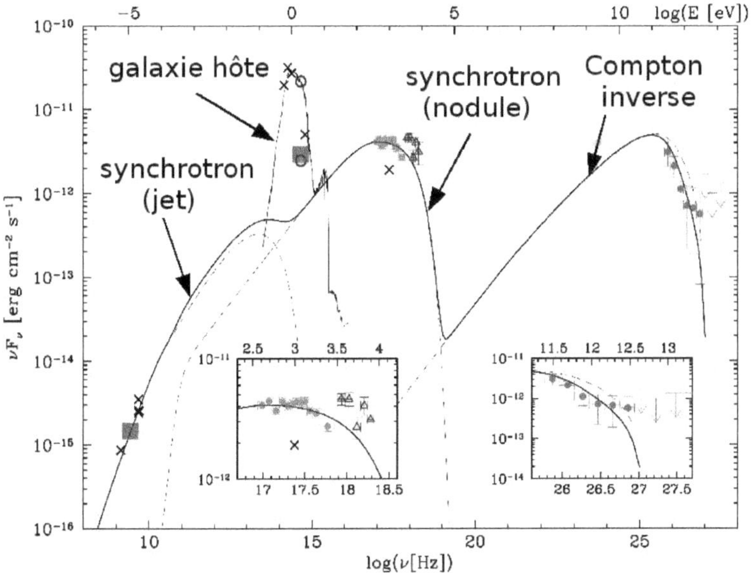

FIG. 9.12 – Spectre en énergie de la galaxie à noyau actif RGB J0152+017. En abscisse est portée la fréquence ν des photons et en ordonnée la densité spectrale de flux F_ν multipliée par ν ($F_\nu\, d\nu$ est l'énergie reçue sur Terre par unité de surface et par unité de temps dans la bande de fréquence $[\nu, \nu + d\nu]$). (Source : Aharonian *et al.* [6].)

entre les galaxies, un plasma ténu mais très chaud. Les électrons de ce plasma sont très énergétiques et, par diffusion Compton inverse, ils accroissent l'énergie des photons du fond diffus cosmologique, produisant une distorsion par rapport au rayonnement de corps noir. On appelle cela l'***effet Sunyaev-Zel'dovich*** [48, 321], du nom des deux astrophysiciens soviétiques qui l'ont prédit en 1969 [448]. Les premières observations de cet effet datent de 1983 et le satellite Planck, récemment lancé (15 mai 2009), devrait cartographier les amas de galaxies par ce biais.

Une autre situation astrophysique où apparaît la diffusion Compton inverse est la production de photons gamma de très haute énergie, de l'ordre du TeV (1 TeV = 10^{12} eV), dans les ***noyaux actifs de galaxies***[9]. Cela est illustré par la Fig. 9.12 qui montre la répartition en énergie des photons émis par le blazar RGB J0152+017, depuis les ondes radio (observations du radiotélescope de Nançay, dans le Cher) jusqu'aux gamma de haute énergie (observations du télescope à effet Cherenkov HESS, en Namibie). Un ***blazar*** est un

9. On dit qu'une galaxie a un *noyau actif* lorsqu'elle comporte en son cœur un trou noir supermassif au voisinage duquel est émis un jet relativiste, ainsi que nous le verrons plus en détail au § 21.6.1.

noyau actif de galaxie pour lequel le jet pointe en direction de la Terre. Sur cette figure, les croix représentent les observations (les flèches vers le bas correspondent à des bornes supérieures) et les lignes en trait continu ou en tirets montrent le résultat du calcul d'émission effectué en 2008 [6] par les chercheurs de la collaboration HESS, en supposant une émission synchrotron[10] par les électrons du jet (ensemble du jet dans le domaine radio et nodule plus dense dans les domaines optique, UV et X) et une émission Compton inverse. Cette dernière est produite à partir des photons de relativement basse énergie du rayonnement synchrotron lorsqu'ils rencontrent les électrons relativistes du jet, ceux-là même qui sont à l'origine du rayonnement synchrotron.

9.3.6 Collisions inélastiques

Considérons une collision inélastique (*cf.* § 9.3.1) :

$$\mathscr{P}_1 + \mathscr{P}_2 \longrightarrow \mathscr{P}'_1 + \ldots + \mathscr{P}'_N, \tag{9.93}$$

où $N \geq 1$ est le nombre total de particules produites. Déterminons l'énergie minimale que doit avoir le système $\{\mathscr{P}_1, \mathscr{P}_2\}$ vis-à-vis d'un observateur donné $\mathcal{O}$ pour que la réaction (9.93) soit possible. Une telle énergie est appelée ***énergie de seuil*** de la réaction vis-à-vis de l'observateur $\mathcal{O}$. Nous ne nous plaçons ici que du point de vue de la dynamique, à savoir nous cherchons à déterminer si (9.93) est possible sous la seule condition de conserver la 4-impulsion, ce qui d'après (9.40), s'écrit

$$\vec{\boldsymbol{p}}_1 + \vec{\boldsymbol{p}}_2 = \vec{\boldsymbol{p}}'_1 + \ldots + \vec{\boldsymbol{p}}'_N. \tag{9.94}$$

Des contraintes supplémentaires, imposées par d'autres lois de conservation, peuvent interdire la réaction (9.93) : conservation de la charge électrique (§ 18.3), du nombre baryonique (§ 21.2.2), etc. Il est plus simple d'étudier la contrainte (9.94) du point de vue d'un observateur $\mathcal{O}_*$ comobile avec le système car elle se réduit à une composante : celle sur l'énergie, puisque par définition d'un observateur comobile, l'impulsion totale vis-à-vis de $\mathcal{O}_*$ est nulle. L'énergie totale du système par rapport à $\mathcal{O}_*$ est $E_* = mc^2 = c\sqrt{s}$, où m est la masse totale du système et s la variable de Mandelstam définie par (9.53). On a évidemment $E_* = E'_{1*} + \ldots + E'_{N*}$, où E'_{a*} est l'énergie de la particule $\mathscr{P}'_a$ par rapport à $\mathcal{O}_*$. Supposons que toutes les particules $\mathscr{P}'_a$ sont massives. On a alors $E'_{a*} \geq m'_a c^2$ et on obtient

$$E_* \geq \sum_{a=1}^{N} m'_a c^2. \tag{9.95}$$

L'énergie de seuil par rapport à $\mathcal{O}_*$ correspond à l'égalité dans la formule ci-dessus : les particules produites sont toutes immobiles par rapport à $\mathcal{O}_*$. Elles

10. Le rayonnement synchrotron sera étudié au § 20.3.

ont alors le même mouvement vis-à-vis de l'observateur $\mathcal{O}$. Autrement dit, aucune énergie n'est « gâchée » à produire des mouvements propres vis-à-vis de l'observateur comobile. Puisque $m = E_*/c^2$, la masse du système est alors la plus petite possible et on peut écrire (9.95) sous la forme

$$\boxed{m \geq m_{\text{seuil}} := \sum_{a=1}^{N} m'_a}. \qquad (9.96)$$

C'est la condition nécessaire et suffisante pour que la réaction (9.93) soit dynamiquement possible.

Exprimons m en fonction des grandeurs relatives à l'observateur $\mathcal{O}$ avant la collision. Puisque $m = c^{-1}\|\vec{\boldsymbol{p}}_1 + \vec{\boldsymbol{p}}_2\|_{\boldsymbol{g}}$ (Éq. (9.42)) et $\vec{\boldsymbol{p}}_a \cdot \vec{\boldsymbol{p}}_a = -m_a^2 c^2$ $(a = 1, 2)$, il vient

$$m = \sqrt{m_1^2 + m_2^2 - 2c^{-2}\vec{\boldsymbol{p}}_1 \cdot \vec{\boldsymbol{p}}_2}.$$

Or $\vec{\boldsymbol{p}}_a = (E_a/c)\vec{\boldsymbol{u}}_0 + \vec{\boldsymbol{P}}_a$ $(a = 1, 2)$, E_a et $\vec{\boldsymbol{P}}_a$ étant respectivement l'énergie et le vecteur impulsion de la particule $\mathscr{P}_a$ vis-à-vis de $\mathcal{O}$, dont $\vec{\boldsymbol{u}}_0$ est la 4-vitesse. On en déduit que

$$m = \sqrt{m_1^2 + m_2^2 + \frac{2}{c^4}\left(E_1 E_2 - \vec{\boldsymbol{P}}_1 \cdot \vec{\boldsymbol{P}}_2\, c^2\right)}. \qquad (9.97)$$

Remarque : Dans le cas où $\mathscr{P}_2$ est immobile par rapport à $\mathcal{O}$, $E_2 = m_2 c^2$, $\vec{\boldsymbol{P}}_2 = 0$ et on retrouve (9.63), comme il se doit.

En reportant l'expression de m ci-dessus dans (9.96), on obtient le critère relatif aux grandeurs mesurées par l'observateur $\mathcal{O}$ pour que la réaction (9.93) soit possible :

$$\boxed{E_1 E_2 - \vec{\boldsymbol{P}}_1 \cdot \vec{\boldsymbol{P}}_2\, c^2 \geq \frac{c^4}{2}\left(m_{\text{seuil}}^2 - m_1^2 - m_2^2\right)}. \qquad (9.98)$$

Dans le cas d'une cible fixe, $E_2 = m_2 c^2$ et $\vec{\boldsymbol{P}}_2 = 0$, ce critère devient

$$\boxed{E_1 \geq \frac{c^2}{2m_2}\left(m_{\text{seuil}}^2 - m_1^2 - m_2^2\right).}_{\ \mathscr{P}_2 \text{ fixe}} \qquad (9.99)$$

Exemple 1 : L'antiparticule de l'électron, le ***positron*** (ou ***positon*** [401]) e^+, dont l'existence avait été prédite par P.A.M. Dirac (*cf.* p. 370) en 1928, a été découvert lors de l'étude des rayons cosmiques par C.D. Anderson (*cf.* p. 114) en 1932 [12, 13] (*cf.* aussi [97]). Il est en effet produit dans l'atmosphère terrestre par ***création de paires*** :

$$\gamma + \mathrm{p} \longrightarrow \mathrm{p} + \mathrm{e}^- + \mathrm{e}^+, \qquad (9.100)$$

où $\gamma = \mathscr{P}_1$ est un photon gamma en provenance de l'univers et $\mathrm{p} = \mathscr{P}_2$ est un proton, noyau d'atome d'hydrogène de l'atmosphère, que nous supposerons fixe par rapport à l'observateur terrestre $\mathcal{O}$. On a donc $m_1 = 0$ et $m_2 = m_\mathrm{p}$. Par ailleurs, d'après (9.96), $m_\mathrm{seuil} = m_\mathrm{p} + 2m_\mathrm{e}$, le positron ayant la même masse que l'électron. Le critère (9.99) s'écrit alors

$$E_1 \geq \frac{c^2}{2m_\mathrm{p}} \left[(m_\mathrm{p} + 2m_\mathrm{e})^2 - m_\mathrm{p}^2\right] = 2m_\mathrm{e}c^2 \left(1 + \frac{m_\mathrm{e}}{m_\mathrm{p}}\right) \simeq 2m_\mathrm{e}c^2.$$

Ainsi un photon dont l'énergie dépasse $2m_\mathrm{e}c^2 \simeq 1.02$ MeV (domaine gamma) peut produire des paires électron-positron dans l'atmosphère.

Remarque : Le proton dans la réaction (9.100) est nécessaire pour assurer la conservation de la 4-impulsion. En effet, la réaction $\gamma \to \mathrm{e}^- + \mathrm{e}^+$ n'est pas possible car $\vec{\boldsymbol{p}}_1$ est un vecteur lumière et $\vec{\boldsymbol{p}}'_1 + \vec{\boldsymbol{p}}'_2$ un vecteur du genre temps (en tant que somme de deux vecteurs du genre temps orientés tous deux vers le futur, *cf.* § 9.2.5).

Exemple 2 : On qualifie de ***photoproduction de pions*** la réaction

$$\gamma + \mathrm{p} \longrightarrow \pi^0 + \mathrm{p}, \tag{9.101}$$

où π^0 désigne le ***méson pi*** neutre, également appelé ***pion*** neutre. Sa masse vaut $m_{\pi^0} = 134.9766\ \mathrm{MeV/c^2}$. Si l'on suppose le proton au repos par rapport à $\mathcal{O}$, alors tout comme dans l'exemple précédent, $m_1 = 0$ et $m_2 = m_\mathrm{p}$. Par contre, $m_\mathrm{seuil} = m_\mathrm{p} + m_{\pi^0}$, si bien que le critère (9.99) s'écrit

$$E_1 \geq m_{\pi^0}c^2 \left(1 + \frac{m_{\pi^0}}{2m_\mathrm{p}}\right) \simeq 144\ \mathrm{MeV}. \tag{9.102}$$

Il faut donc des photons gamma très énergétiques pour réaliser la photoproduction de pions à partir de protons immobiles.

Si, en plus d'avoir $\mathscr{P}_2$ immobile, on a $m_1 = m_2$ (cas où $\mathscr{P}_2$ est une particule du même type que $\mathscr{P}_1$, ou son antiparticule), la formule (9.99) devient

$$\boxed{E_1 \geq m_1 c^2 \left[\frac{1}{2}\left(\frac{m_\mathrm{seuil}}{m_1}\right)^2 - 1\right].}_{\mathscr{P}_2\ \text{fixe},\ m_1 = m_2} \tag{9.103}$$

Exemple 3 : Une réaction standard de création d'antiproton est

$$\mathrm{p} + \mathrm{p} \longrightarrow \mathrm{p} + \mathrm{p} + \mathrm{p} + \bar{\mathrm{p}}. \tag{9.104}$$

On a donc $m_1 = m_2 = m_\mathrm{p}$ et $m_\mathrm{seuil} = 4m_\mathrm{p}$ (l'antiproton ayant la même masse que le proton), si bien que la formule (9.103) donne $E_1 \geq 7m_\mathrm{p}c^2 \simeq 6.57$ GeV.

Remarque : Les réactions $\mathrm{p} + \mathrm{p} \longrightarrow \bar{\mathrm{p}}$, ou $\mathrm{p} + \mathrm{p} \longrightarrow \mathrm{p} + \mathrm{p} + \bar{\mathrm{p}}$, plus simples *a priori* que (9.104), sont interdites par la loi de conservation de la charge électrique (§ 18.3), ainsi que par celle de conservation du nombre baryonique (*cf.* § 21.2.2), le nombre baryonique du proton étant $+1$ et celui de l'antiproton -1.

Note historique : *Au début des années 1950 a été construit à Berkeley (Californie) le Bevatron*[11]*, un synchrotron* (cf. *§ 17.4) capable d'accélérer des protons jusqu'à une énergie cinétique de* 6.2 GeV*, soit une énergie totale de* 7.1 GeV*, afin de produire des antiprotons* via *la réaction (9.104). C'est effectivement ainsi qu'à été découvert l'antiproton en 1955 par l'américain Owen Chamberlain (1920–2006) et l'Italien Emilio Segrè (1905–1989) [85], ce qui leur valut le prix Nobel de physique en 1959.*

Exemple 4 : Reprenons la réaction de photoproduction de pions (9.101), mais avec cette fois-ci un proton à très grande vitesse, interagissant avec un photon d'énergie faible. Comme $\mathscr{P}_2 = \mathrm{p}$ n'est plus fixe, il faut employer la formule générale (9.98). On y fait toujours $m_1 = 0$ et $m_2 = m_\mathrm{p}$, mais cette fois $\vec{\boldsymbol{P}}_2 \neq 0$. Le cas le plus favorable se produit lorsque $\vec{\boldsymbol{P}}_1$ et $\vec{\boldsymbol{P}}_2$ sont anti-alignés : on a alors $-\vec{\boldsymbol{P}}_1 \cdot \vec{\boldsymbol{P}}_2 c^2 = P_1 P_2 c^2$ avec $P_1 c = E_1$ (photon) et $P_2 c = \sqrt{E_2^2 - m_\mathrm{p}^2 c^4}$. On obtient ainsi

$$E_1 \left(E_2 + \sqrt{E_2^2 - m_\mathrm{p}^2 c^4} \right) \geq m_{\pi^0} m_\mathrm{p} c^4 \left(1 + \frac{m_{\pi^0}}{2 m_\mathrm{p}} \right) .$$

Fixons l'énergie E_1 du photon et déterminons l'énergie E_2 que doit avoir le proton pour que la réaction ait lieu. Supposons de plus que $E_1 \ll m_{\pi^0} c^2 \simeq 135$ MeV. L'équation ci-dessus montre alors que le proton doit être ultra-relativiste : $E_2 \gg m_\mathrm{p} c^2$. On peut donc écrire $\sqrt{E_2^2 - m_\mathrm{p}^2 c^4} \simeq E_2$ et le critère devient

$$E_2 \geq \frac{m_{\pi^0} m_\mathrm{p} c^4}{2 E_1} \left(1 + \frac{m_{\pi^0}}{2 m_\mathrm{p}} \right) . \tag{9.105}$$

Appliquons-le aux photons du fond diffus cosmologique (*cf.* p. 306) : puisque ce dernier est un rayonnement de corps noir à $T = 2.725$ K, l'émission est piquée autour d'une longueur d'onde donnée par la loi de déplacement de Wien : $\lambda = 1.1$ mm (rayonnement micro-onde). L'énergie des photons correspondante est $E_1 = 1.2 \times 10^{-3}$ eV. Il s'agit d'une énergie bien inférieure à celle donnée par (9.102). Il va donc falloir que le proton soit animé d'une très grande vitesse pour que la réaction ait lieu. En reportant E_1 dans (9.105), on obtient en effet

$$E_2 \geq 5.8 \times 10^{19} \text{ eV}.$$

Cette énergie est énorme, puisqu'elle correspond à plusieurs joules dans un seul proton ! Nous avons vu plus haut que de telles particules sont observées dans les rayons cosmiques (*cf.* Exemple 2 du § 9.1.3 et Fig. 9.3). Le résultat ci-dessus montre qu'un proton d'énergie E_2 supérieure à $E_\mathrm{crit} \sim 6 \times 10^{19}$ eV risque de réagir avec les photons du fond diffus cosmologique pour produire des pions, perdant ainsi de son énergie. D'après la densité de photons du fond cosmologique, on en déduit qu'on ne devrait pas recevoir de protons d'énergie supérieure à E_crit en provenance de sources éloignées de plus de ~ 100 Mpc. On appelle cela la ***coupure GZK***, du nom des trois physiciens qui l'ont prédite en 1966 : l'américain Kenneth Greisen [184] et les soviétiques Georgiy Zatsepin et Vadim Kuzmin [446]. Deux expériences de détection des rayons

11. Le nom *Bevatron* provient de l'abréviation « BeV » pour « billion of electron-volts » (milliard d'électron-volts) ; aujourd'hui BeV a été remplacé par l'abréviation officielle : GeV.

cosmiques d'ultra-haute énergie ont annoncé en 2008 avoir observé la coupure GZK : la collaboration HiRes [1] et l'Observatoire Pierre Auger [2] (Fig. 9.4).

Énergie dans le « référentiel du centre de masse »

Du point de vue d'un observateur comobile $\mathcal{O}_*$ (on dit souvent que l'on se place dans le « référentiel du centre de masse », *cf.* note au bas de la page 299), l'énergie seuil est facile à évaluer, puisque $E_1 + E_2 = mc^2$. On a donc tout simplement

$$E_1 + E_2 \geq m_{\text{seuil}} c^2 \quad \text{(observ. comobile).} \tag{9.106}$$

On peut même exprimer E_2 en fonction de E_1, m_1 et m_2, en partant de la relation d'Einstein $E_2 = \sqrt{P_2^2 c^2 + m_2^2 c^4}$ et en utilisant le fait que pour l'observateur comobile $\vec{\boldsymbol{P}}_2 = -\vec{\boldsymbol{P}}_1$, si bien que $P_2^2 c^2 = P_1^2 c^2 = E_1^2 - m_1^2 c^4$ et $E_2 = \sqrt{E_1^2 + (m_2^2 - m_1^2)c^4}$. Le critère (9.106) devient donc

$$\boxed{E_1 + \sqrt{E_1^2 + (m_2^2 - m_1^2)c^4} \geq m_{\text{seuil}} c^2.}_{\text{observ. comobile}} \tag{9.107}$$

Si $m_1 = m_2$, cette formule se réduit à

$$\boxed{E_1 \geq \frac{1}{2} m_{\text{seuil}} c^2,}_{\text{observ. comobile, } m_1 = m_2} \tag{9.108}$$

ce qui est normal puisque dans ce cas $E_2 = E_1$ (*cf.* (9.106)).

En comparant (9.99) et (9.107), ou (9.103) et (9.108) si $m_1 = m_2$, on constate que pour une collision sur une cible fixe, l'énergie à fournir E_1 augmente comme le carré de m_{seuil}, somme des masses des produits de réaction, alors que pour une collision dans le « référentiel du centre de masse », elle augmente linéairement avec m_{seuil} (du moins si $E_1 \gg c^2\sqrt{|m_2^2 - m_1^2|}$, en particulier lorsque $m_1 = m_2$). Cela justifie la construction de ***collisionneurs***, c'est-à-dire d'accélérateurs de particules tels que le « référentiel du centre de masse » soit le laboratoire (dans notre langage, cela signifie que l'observateur du laboratoire est comobile avec le système de particules accélérées). Pour cela, un collisionneur accélère deux faisceaux de particules en sens inverse avant de les faire se rencontrer.

Exemple 1 : Dans le collisionneur LHC, deux faisceaux de protons seront accélérés en sens inverse l'un de l'autre à une énergie $E_1 = E_2 = 7$ TeV (*cf.* Tab. 17.1). L'énergie libérée lors de la collision de deux protons sera donc $m_{\text{seuil}} c^2 = 14$ TeV. Pour obtenir une telle énergie avec une cible fixe, il aurait fallu, suivant la formule (9.103) avec $m_1 c^2 = m_{\text{p}} c^2 \simeq 9.4 \times 10^{-4}$ TeV, accélérer des protons jusqu'à une énergie de $9.4 \times 10^{-4}[(14/(9.4 \times 10^{-4}))^2/2 - 1] \simeq 1.0 \times 10^5$ TeV !

Exemple 2 : Les protons du rayonnement cosmique ont une énergie (par rapport à la Terre) qui peut atteindre $E_1 = 10^{20}$ eV (*cf.* Exemple 2 du § 9.1.3 et Fig. 9.3).

Si un tel proton entre en collision avec un proton de la Terre, l'énergie dans le « référentiel du centre de masse » est donnée par l'Éq. (9.97) avec $m_1 = m_2$, $\vec{\boldsymbol{P}}_2 = 0$ et $E_2 = m_2c^2$ (proton cible immobile) :

$$E_* = mc^2 = m_1c^2\sqrt{2\left(1 + \frac{E_1}{m_1c^2}\right)}.$$

En faisant $m_1c^2 = m_\mathrm{p}c^2 = 0.938$ GeV et $E_1 = 10^{20}$ eV dans cette formule, il vient $E_* = 4.3\times10^{14}$ eV $= 430$ TeV, soit 30 fois l'énergie $E_* = 14$ TeV atteinte dans le LHC. Cela répond en partie aux craintes soulevées par la mise en route du LHC quant à la création de particules potentiellement dangereuses pour la planète (gouttelettes de quarks étranges ou micro trous noirs, *cf.* [148]). Compte tenu du flux de rayons cosmiques représenté sur la Fig. 9.3, on peut même estimer que depuis 4.5 milliards d'années, la Terre a été heurtée par plus de 10^{22} rayons cosmiques avec une énergie dans le centre de masse supérieure à celle qui sera atteinte au LHC [148]... et elle est toujours là !

9.4 Quadriforce

9.4.1 Définition

Considérons une particule $\mathscr{P}$, de masse $m > 0$, de ligne d'univers $\mathscr{L}$, de 4-vitesse $\vec{\boldsymbol{u}}$ et de temps propre τ. Nous avons vu au § 9.2.4 que, si $\mathscr{P}$ est isolée, sa 4-impulsion $\boldsymbol{p}$ est un champ de formes linéaires constant le long de $\mathscr{L}$. Si $\mathscr{P}$ n'est pas isolée, nous appellerons ***quadriforce***, ou encore ***4-force***, agissant sur $\mathscr{P}$ la dérivée de $\boldsymbol{p}$ le long de $\mathscr{L}$:

$$\boxed{\boldsymbol{f} := \frac{d\boldsymbol{p}}{d\tau}}. \qquad (9.109)$$

La quantité $d\boldsymbol{p}/d\tau$ est la forme linéaire $\boldsymbol{g}$-duale du vecteur dérivé $d\vec{\boldsymbol{p}}/d\tau$, ce dernier ayant été défini précisément au § 2.6.2.

De par la définition (9.109), la dimension d'une 4-force est la même que celle d'une force « ordinaire », à savoir masse × longueur/(temps)^2. Dans le système SI, l'unité de 4-force est donc le ***newton*** : 1 N := 1 kg.m.s^{-2}.

En vertu de la relation (9.3) entre la 4-impulsion et la 4-vitesse, nous avons $d\boldsymbol{p}/d\tau = mc\, d\underline{\boldsymbol{u}}/d\tau + c(dm/d\tau)\,\underline{\boldsymbol{u}}$. Or $c^{-1}d\vec{\boldsymbol{u}}/d\tau$ est la 4-accélération $\vec{\boldsymbol{a}}$ de la particule $\mathscr{P}$ (*cf.* Éq. (2.16)). La relation (9.109) s'écrit donc

$$\boxed{\boldsymbol{f} = mc^2\,\underline{\boldsymbol{a}} + c\frac{dm}{d\tau}\,\underline{\boldsymbol{u}}}. \qquad (9.110)$$

Puisque la 4-accélération d'une particule est toujours orthogonale à sa 4-vitesse (Éq. (2.17)) et que $\langle \underline{\boldsymbol{u}}, \vec{\boldsymbol{u}} \rangle = -1$, on déduit immédiatement de (9.110) que

$$\boxed{\langle \boldsymbol{f}, \vec{\boldsymbol{u}} \rangle = -c\frac{dm}{d\tau}}. \qquad (9.111)$$

On appelle ***4-force pure***, ou parfois ***force de Minkowski***, toute 4-force qui est orthogonale à la 4-vitesse de la particule, au sens où

$$\langle \boldsymbol{f}, \vec{\boldsymbol{u}} \rangle = 0. \tag{9.112}$$

L'équation (9.111) montre alors qu'une 4-force pure préserve la masse de la particule. Un exemple important de 4-force pure est la *4-force de Lorentz* qui s'exerce sur une particule chargée dans un champ électromagnétique, ainsi que nous le verrons au Chap. 17.

Remarque : Dans l'exposition présente, les équations (9.109) ou (9.110) ne constituent pas à proprement parler des généralisations relativistes du principe fondamental de la dynamique newtonienne, car elles sont vides de contenu physique : il s'agit seulement de la *définition* de la 4-force $\boldsymbol{f}$. Ce n'est que lorsqu'on spécifiera la forme de cette dernière que l'on donnera vraiment un contenu à ces relations. Autrement dit, de notre point de vue, le postulat physique à ajouter aux principes déjà énoncés n'est pas $\boldsymbol{f} = d\boldsymbol{p}/d\tau$, mais $\boldsymbol{f} = \ldots$ en remplaçant les points de suspension par l'expression issue de l'interaction que l'on veut étudier. Par exemple, nous verrons au Chap. 17 que dans le cas de l'interaction électromagnétique, le postulat consiste à dire que $\boldsymbol{f}$ est la force de Lorentz : $\boldsymbol{f} = q\boldsymbol{F}(., \vec{\boldsymbol{u}})$, où q est la charge de la particule et $\boldsymbol{F}$ une forme bilinéaire antisymétrique qui représente le champ électromagnétique. On vérifie d'ailleurs dans ce cas que la relation (9.112) est bien satisfaite : $\langle \boldsymbol{f}, \vec{\boldsymbol{u}} \rangle = q\,\boldsymbol{F}(\vec{\boldsymbol{u}}, \vec{\boldsymbol{u}}) = 0$ par antisymétrie de $\boldsymbol{F}$.

9.4.2 Décomposition orthogonale de la 4-force

Considérons un observateur $\mathcal{O}$, de ligne d'univers $\mathscr{L}_0$, de 4-vitesse $\vec{\boldsymbol{u}}_0$ et de temps propre t. La relation (9.109) s'écrit alors

$$\boldsymbol{f} = \frac{d\boldsymbol{p}}{d\tau} = \frac{d\boldsymbol{p}}{dt}\frac{dt}{d\tau} = \Gamma\,\frac{d\boldsymbol{p}}{dt}, \tag{9.113}$$

où $\Gamma := dt/d\tau$ est le facteur de Lorentz de $\mathscr{P}$ par rapport à $\mathcal{O}$ (Éq. (4.1)). En introduisant la décomposition orthogonale (9.8) de la 4-impulsion de $\mathscr{P}$ vis-à-vis de $\mathcal{O}$, la relation (9.113) devient

$$\boldsymbol{f} = \Gamma\left(\frac{1}{c}\frac{dE}{dt}\,\underline{\boldsymbol{u}}_0 + E\,\underline{\boldsymbol{a}}_0 + \frac{d\boldsymbol{P}}{dt}\right), \tag{9.114}$$

où E et $\boldsymbol{P}$ sont respectivement l'énergie et l'impulsion de $\mathscr{P}$ mesurées par $\mathcal{O}$ et $\underline{\boldsymbol{a}}_0$ la forme linéaire $\boldsymbol{g}$-duale de la 4-accélération $\vec{\boldsymbol{a}}_0$ de l'observateur $\mathcal{O}$: $\vec{\boldsymbol{a}}_0 := c^{-1}\,d\vec{\boldsymbol{u}}_0/dt$. L'expression (9.114) ne constitue pas une décomposition orthogonale de la 4-force vis-à-vis de $\mathcal{O}$ car *a priori* le vecteur $d\vec{\boldsymbol{P}}/dt$ n'est pas orthogonal à $\vec{\boldsymbol{u}}_0$, bien que $\vec{\boldsymbol{P}}$ le soit. Par contre, la dérivée de Fermi-Walker de $\vec{\boldsymbol{P}}$ le long de $\mathscr{L}_0$ est, quant à elle, orthogonale à $\vec{\boldsymbol{u}}_0$, suivant la propriété (3.75). Elle est reliée à $d\vec{\boldsymbol{P}}/dt$ par la formule (3.72) :

$$\frac{d\vec{\boldsymbol{P}}}{dt} = \boldsymbol{D}^{\mathrm{FW}}_{\boldsymbol{u}_0}\vec{\boldsymbol{P}} + c(\vec{\boldsymbol{a}}_0 \cdot \vec{\boldsymbol{P}})\,\vec{\boldsymbol{u}}_0.$$

En définissant $\boldsymbol{D}^{\mathrm{FW}}_{\boldsymbol{u}_0}\boldsymbol{P}$ comme la forme linéaire associée au vecteur $\boldsymbol{D}^{\mathrm{FW}}_{\boldsymbol{u}_0}\vec{\boldsymbol{P}}$ par $\boldsymbol{g}$-dualité, on peut alors réécrire (9.114) comme

$$\boldsymbol{f} = \Gamma\left[\left(\frac{1}{c}\frac{dE}{dt} + c\langle \boldsymbol{P}, \vec{a}_0\rangle\right)\underline{\boldsymbol{u}}_0 + \boldsymbol{D}^{\mathrm{FW}}_{\boldsymbol{u}_0}\boldsymbol{P} + E\,\underline{\boldsymbol{a}}_0\right]. \qquad (9.115)$$

Il s'agit cette fois-ci d'une décomposition orthogonale de $\boldsymbol{f}$ vis-à-vis de $\mathcal{O}$, cette équation étant équivalente au système

$$\boxed{\frac{dE}{dt} = -\frac{c}{\Gamma}\langle \boldsymbol{f}, \vec{u}_0\rangle - c^2\langle \boldsymbol{P}, \vec{a}_0\rangle} \qquad (9.116)$$

$$\boxed{\boldsymbol{D}^{\mathrm{FW}}_{\boldsymbol{u}_0}\boldsymbol{P} = \frac{1}{\Gamma}\boldsymbol{f}\circ\perp_{\boldsymbol{u}_0} - E\,\underline{\boldsymbol{a}}_0}. \qquad (9.117)$$

La particule $\mathscr{P}$ est isolée ssi la 4-force $\boldsymbol{f}$ est nulle. D'après les équations ci-dessus, on a donc l'équivalence

$$\mathscr{P}\text{ isolée} \iff \begin{cases} \dfrac{dE}{dt} = -c^2\langle \boldsymbol{P}, \vec{a}_0\rangle \\ \boldsymbol{D}^{\mathrm{FW}}_{\boldsymbol{u}_0}\boldsymbol{P} = -E\underline{\boldsymbol{a}}_0. \end{cases} \qquad (9.118)$$

Si $\mathcal{O}$ est un observateur inertiel, $\vec{a}_0 = 0$, $\boldsymbol{D}^{\mathrm{FW}}_{\boldsymbol{u}_0}\boldsymbol{P} = d\boldsymbol{P}/dt$ et on retrouve le résultat (9.50) : $dE/dt = 0$ et $d\boldsymbol{P}/dt = 0$.

9.4.3 Force mesurée par un observateur

Nous avons introduit au § 9.1.3 la quantité de mouvement $\boldsymbol{q}$ d'une particule par rapport à un observateur. Il est alors naturel de définir la ***force sur la particule*** $\mathscr{P}$ ***mesurée par l'observateur*** $\mathcal{O}$ comme la dérivée par rapport à $\mathcal{O}$ de la quantité de mouvement :

$$\boxed{\boldsymbol{F} := \boldsymbol{D}_{\mathcal{O}}\,\boldsymbol{q}}. \qquad (9.119)$$

La dérivée $\boldsymbol{D}_{\mathcal{O}}$ a été définie pour un vecteur au § 3.5.2. L'extension aux formes linéaires, comme il apparaît dans $\boldsymbol{D}_{\mathcal{O}}\,\boldsymbol{q}$, est immédiate par $\boldsymbol{g}$-dualité (*cf.* § 1.5) : $\boldsymbol{D}_{\mathcal{O}}\,\boldsymbol{q}$ est la forme linéaire associée au vecteur $\boldsymbol{D}_{\mathcal{O}}\,\vec{\boldsymbol{q}}$ *via* le tenseur métrique $\boldsymbol{g}$. Notons que si $\mathcal{O}$ est inertiel, $\boldsymbol{D}_{\mathcal{O}}\,\boldsymbol{q} = d\boldsymbol{q}/dt$.

Remarque : L'équation (9.119), que nous considérons comme la définition de la force, est identique à la relation fondamentale de la dynamique newtonienne, exprimée en terme de la dérivée temporelle de la quantité de mouvement. Par contre, si l'on écrit la relation fondamentale de la dynamique en terme de l'accélération de la particule, alors les versions relativiste et newtonienne divergent, ainsi que nous le verrons plus bas.

Puisque $\vec{\boldsymbol{q}} \in E_{\boldsymbol{u}_0}$ et que la dérivée $\boldsymbol{D}_{\mathcal{O}}$ préserve l'orthogonalité par rapport à $\vec{\boldsymbol{u}}_0$ (propriété (3.69)), on a $\vec{\boldsymbol{F}} \in E_{\boldsymbol{u}_0}$, c'est-à-dire

$$\langle \boldsymbol{F}, \vec{\boldsymbol{u}}_0 \rangle = 0. \tag{9.120}$$

Relions $\boldsymbol{D}_{\mathcal{O}}\,\vec{\boldsymbol{q}}$ à la dérivée de Fermi-Walker de $\boldsymbol{P}$, $\boldsymbol{D}^{\mathrm{FW}}_{\boldsymbol{u}_0}\boldsymbol{P}$, introduite plus haut. L'Éq. (9.15) conduit à

$$\boldsymbol{D}^{\mathrm{FW}}_{\boldsymbol{u}_0}\vec{\boldsymbol{q}} = \boldsymbol{D}^{\mathrm{FW}}_{\boldsymbol{u}_0}\vec{\boldsymbol{P}} - \Gamma m\, \boldsymbol{D}^{\mathrm{FW}}_{\boldsymbol{u}_0}\left(\vec{\boldsymbol{\omega}} \times_{\boldsymbol{u}_0} \overrightarrow{OM}\right) - m\frac{d\Gamma}{dt}\left(\vec{\boldsymbol{\omega}} \times_{\boldsymbol{u}_0} \overrightarrow{OM}\right),$$

avec $\boldsymbol{D}^{\mathrm{FW}}_{\boldsymbol{u}_0}\left(\vec{\boldsymbol{\omega}} \times_{\boldsymbol{u}_0} \overrightarrow{OM}\right)$ donné par (4.54) et $\boldsymbol{D}^{\mathrm{FW}}_{\boldsymbol{u}_0}\vec{\boldsymbol{q}}$ relié à $\boldsymbol{D}_{\mathcal{O}}\,\vec{\boldsymbol{q}}$ par (3.73). Il vient donc

$$\begin{aligned}\boldsymbol{D}_{\mathcal{O}}\,\vec{\boldsymbol{q}} = \boldsymbol{D}^{\mathrm{FW}}_{\boldsymbol{u}_0}\vec{\boldsymbol{P}} - m\frac{d\Gamma}{dt}\left(\vec{\boldsymbol{\omega}} \times_{\boldsymbol{u}_0} \overrightarrow{OM}\right) - \Gamma m\Big[&2\vec{\boldsymbol{\omega}} \times_{\boldsymbol{u}_0} \vec{\boldsymbol{V}} \\ &+ \vec{\boldsymbol{\omega}} \times_{\boldsymbol{u}_0}\left(\vec{\boldsymbol{\omega}} \times_{\boldsymbol{u}_0} \overrightarrow{OM}\right) + \frac{d\vec{\boldsymbol{\omega}}}{dt} \times_{\boldsymbol{u}_0} \overrightarrow{OM}\Big].\end{aligned}$$

Remplaçons $\boldsymbol{D}_{\mathcal{O}}\,\vec{\boldsymbol{q}}$ par $\vec{\boldsymbol{F}}$ et $\boldsymbol{D}^{\mathrm{FW}}_{\boldsymbol{u}_0}\vec{\boldsymbol{P}}$ par son expression (9.117), pour obtenir la valeur de la force (totale) sur la particule $\mathscr{P}$ mesurée par l'observateur $\mathcal{O}$:

$$\boxed{\begin{aligned}\vec{\boldsymbol{F}} = \vec{\boldsymbol{F}}_{\mathrm{ext}} - E\,\underline{\boldsymbol{a}}_0 - \Gamma m\left[\vec{\boldsymbol{\omega}} \times_{\boldsymbol{u}_0}\left(\vec{\boldsymbol{\omega}} \times_{\boldsymbol{u}_0} \overrightarrow{OM}\right) + \frac{d\vec{\boldsymbol{\omega}}}{dt} \times_{\boldsymbol{u}_0} \overrightarrow{OM}\right] \\ - 2\Gamma m\,\vec{\boldsymbol{\omega}} \times_{\boldsymbol{u}_0} \vec{\boldsymbol{V}} - m\frac{d\Gamma}{dt}\left(\vec{\boldsymbol{\omega}} \times_{\boldsymbol{u}_0} \overrightarrow{OM}\right),\end{aligned}} \tag{9.121}$$

où

$$\vec{\boldsymbol{F}}_{\mathrm{ext}} := \Gamma^{-1} \perp_{\boldsymbol{u}_0} \vec{\boldsymbol{f}} \tag{9.122}$$

est la contribution de la 4-force $\boldsymbol{f}$ à laquelle est soumise la particule (force « externe »). Les autres termes sont des ***forces d'inertie*** et traduisent le caractère non-inertiel de l'observateur $\mathcal{O}$. Ainsi, le terme

$$-E\,\underline{\boldsymbol{a}}_0 - \Gamma m\left[\vec{\boldsymbol{\omega}} \times_{\boldsymbol{u}_0}\left(\vec{\boldsymbol{\omega}} \times_{\boldsymbol{u}_0} \overrightarrow{OM}\right) + \frac{d\vec{\boldsymbol{\omega}}}{dt} \times_{\boldsymbol{u}_0} \overrightarrow{OM}\right]$$

est appelé ***force d'inertie d'entraînement*** et le terme $-2\Gamma m\,\vec{\boldsymbol{\omega}} \times_{\boldsymbol{u}_0} \vec{\boldsymbol{V}}$ ***force d'inertie de Coriolis*** ou ***force de Coriolis*** tout court. La partie $-\Gamma m\,\vec{\boldsymbol{\omega}} \times_{\boldsymbol{u}_0}\left(\vec{\boldsymbol{\omega}} \times_{\boldsymbol{u}_0} \overrightarrow{OM}\right)$ de la force d'inertie d'entraînement est appelée ***force d'inertie centrifuge***. Il s'agit là de généralisations relativistes des forces d'inertie bien connues de la mécanique newtonienne.

Si $\mathcal{O}$ est un observateur inertiel, l'expression (9.121) se réduit à

$$\vec{\boldsymbol{F}} = \vec{\boldsymbol{F}}_{\mathrm{ext}} = \Gamma^{-1} \perp_{\boldsymbol{u}_0} \vec{\boldsymbol{f}} \qquad (\mathcal{O}\ \text{inertiel}). \tag{9.123}$$

Remarque : Chaque vecteur qui apparaît dans (9.121) est un vecteur de l'espace local de repos de $\mathcal{O}$, $E_{\boldsymbol{u}_0}$.

En tenant compte de l'introduction de $\vec{\boldsymbol{F}}_{\text{ext}}$ *via* (9.122), l'expression (9.117) de la dérivée de Fermi-Walker de l'impulsion se simplifie en

$$\boxed{\boldsymbol{D}^{\text{FW}}_{\boldsymbol{u}_0}\boldsymbol{P} = \boldsymbol{F}_{\text{ext}} - E\,\underline{\boldsymbol{a}}_0}. \qquad (9.124)$$

La décomposition orthogonale de la 4-force (9.115) s'écrit alors

$$\boxed{\boldsymbol{f} = \Gamma\left[\left(\frac{1}{c}\frac{dE}{dt} + c\langle\boldsymbol{P}, \vec{\boldsymbol{a}}_0\rangle\right)\underline{\boldsymbol{u}}_0 + \boldsymbol{F}_{\text{ext}}\right]}. \qquad (9.125)$$

9.4.4 Version relativiste de la relation fondamentale de la dynamique

Des relations $\vec{\boldsymbol{q}} = \Gamma m\vec{\boldsymbol{V}}$ (Éq. (9.14)) et $\vec{\boldsymbol{F}} = \boldsymbol{D}_{\mathcal{O}}\,\vec{\boldsymbol{q}}$ (Éq. (9.119)), il vient

$$\vec{\boldsymbol{F}} = \Gamma m\boldsymbol{D}_{\mathcal{O}}\,\vec{\boldsymbol{V}} + \frac{d}{dt}(\Gamma m)\,\vec{\boldsymbol{V}}.$$

Or $\boldsymbol{D}_{\mathcal{O}}\,\vec{\boldsymbol{V}}$ n'est autre que l'accélération $\vec{\gamma}$ de la particule $\mathscr{P}$ vis-à-vis de l'observateur $\mathcal{O}$ (*cf.* Éq. (4.47)). Il vient donc

$$\boxed{\Gamma m\vec{\gamma} + \frac{d}{dt}(\Gamma m)\,\vec{\boldsymbol{V}} = \vec{\boldsymbol{F}}}, \qquad (9.126)$$

où $\vec{\boldsymbol{F}}$ est donnée par (9.121) et $d\Gamma/dt$ s'exprime en fonction de $\vec{\boldsymbol{V}}$ et $\vec{\gamma}$ suivant (4.61) en y remplaçant $\vec{\boldsymbol{u}}$ par $\vec{\boldsymbol{u}}_0$ et $\vec{\boldsymbol{a}}$ par $\vec{\boldsymbol{a}}_0$.

Si $\mathcal{O}$ est un observateur inertiel, alors $\vec{\boldsymbol{\omega}} = 0$ et $\vec{\boldsymbol{a}}_0 = 0$, (4.61) se simplifie en $d\Gamma/dt = \Gamma^3\vec{\gamma}\cdot\vec{\boldsymbol{V}}/c^2$ et l'équation (9.126) se réduit à

$$\boxed{\Gamma m\left[\vec{\gamma} + \frac{\Gamma^2}{c^2}(\vec{\gamma}\cdot\vec{\boldsymbol{V}})\,\vec{\boldsymbol{V}}\right] = \vec{\boldsymbol{F}} - \Gamma\frac{dm}{dt}\,\vec{\boldsymbol{V}}} \qquad (\mathcal{O}\text{ inertiel}). \qquad (9.127)$$

Rappelons que si la 4-force est pure, $dm/dt = 0$, ce qui simplifie le membre de droite de cette équation. La limite newtonienne de (9.127) s'obtient en faisant $\Gamma \to 1$, $c \to +\infty$ et $dm/dt = 0$. Il s'agit évidemment de la relation

$$m\vec{\gamma} = \vec{\boldsymbol{F}} \qquad \text{(non relativiste)}. \qquad (9.128)$$

Hormis le remplacement de m par Γm et la possibilité d'une masse qui dépend du temps, la différence majeure entre (9.127) et (9.128) est que, dans le cas relativiste, l'accélération n'est plus colinéaire à la force exercée sur la particule.

9.4.5 Évolution de l'énergie

Nous allons déduire de l'Éq. (9.111), $\langle \boldsymbol{f}, \vec{\boldsymbol{u}} \rangle = -c\,dm/d\tau$, une relation entre la variation d'énergie de la particule, dE/dt, et le « travail » de la force qui s'exerce sur elle. Commençons par écrire la décomposition orthogonale de $\vec{\boldsymbol{u}}$ vis-à-vis de $\vec{\boldsymbol{u}}_0$; elle est donnée par (4.27) (en adaptant les notations : $\vec{\boldsymbol{u}}\,' \to \vec{\boldsymbol{u}}$, $\vec{\boldsymbol{u}} \to \vec{\boldsymbol{u}}_0$ et $\vec{\boldsymbol{a}} \to \vec{\boldsymbol{a}}_0$). En combinant avec (9.13), il vient

$$\vec{\boldsymbol{u}} = \Gamma(1 + \vec{\boldsymbol{a}}_0 \cdot \overrightarrow{OM})\,\vec{\boldsymbol{u}}_0 + \frac{1}{mc}\,\vec{\boldsymbol{P}}.$$

La relation $\langle \boldsymbol{f}, \vec{\boldsymbol{u}} \rangle = -c\,dm/d\tau$ (Éq. (9.111)) est alors équivalente à

$$\Gamma(1 + \vec{\boldsymbol{a}}_0 \cdot \overrightarrow{OM})\langle \boldsymbol{f}, \vec{\boldsymbol{u}}_0 \rangle + \frac{1}{mc}\,\langle \boldsymbol{f}, \vec{\boldsymbol{P}} \rangle = -c\frac{dm}{d\tau}\cdot$$

Puisque $\vec{\boldsymbol{P}} \in E_{\boldsymbol{u}_0}$, on peut écrire $\langle \boldsymbol{f}, \vec{\boldsymbol{P}} \rangle = \langle \boldsymbol{f} \circ \perp_{\boldsymbol{u}_0}, \vec{\boldsymbol{P}} \rangle$, soit d'après (9.122), $\langle \boldsymbol{f}, \vec{\boldsymbol{P}} \rangle = \Gamma \langle \boldsymbol{F}_{\mathrm{ext}}, \vec{\boldsymbol{P}} \rangle$. En utilisant (9.116) pour remplacer $\langle \boldsymbol{f}, \vec{\boldsymbol{u}}_0 \rangle$ et faire apparaître dE/dt, ainsi que (9.13) pour exprimer $\vec{\boldsymbol{P}}$, il vient alors

$$\boxed{\frac{dE}{dt} = \frac{1}{1 + \vec{\boldsymbol{a}}_0 \cdot \overrightarrow{OM}} \left(\langle \boldsymbol{F}_{\mathrm{ext}}, \vec{\boldsymbol{V}} + \vec{\boldsymbol{\omega}} \times_{\boldsymbol{u}_0} \overrightarrow{OM} \rangle + \frac{c^2}{\Gamma}\frac{dm}{dt} \right) - c^2 \langle \boldsymbol{P}, \vec{\boldsymbol{a}}_0 \rangle}. \tag{9.129}$$

Dans le cas où $\mathcal{O}$ est un observateur inertiel, cette formule se simplifie en

$$\boxed{\frac{dE}{dt} = \langle \boldsymbol{F}, \vec{\boldsymbol{V}} \rangle + \frac{c^2}{\Gamma}\frac{dm}{dt}} \qquad (\mathcal{O} \text{ inertiel}). \tag{9.130}$$

Dans le cas où la 4-force s'exerçant sur $\mathscr{P}$ est pure, on a $dm/dt = 0$ et on peut remplacer E par l'énergie cinétique E_{cin} dans le membre de gauche, grâce à (9.20). On constate alors que (9.130) est en tout point identique à l'équation de la mécanique newtonienne qui relie la variation d'énergie cinétique d'une particule à la puissance de la force qui s'exerce sur elle, puissance généralement exprimée par le produit scalaire $\vec{\boldsymbol{F}} \cdot \vec{\boldsymbol{V}}$, qui n'est autre que $\langle \boldsymbol{F}, \vec{\boldsymbol{V}} \rangle$.

Remarque : L'aspect *forme linéaire*, plutôt que *vecteur*, d'une force apparaît bien sur la formule (9.130) : $\boldsymbol{F}$ est la forme linéaire qui, appliquée au vecteur vitesse $\vec{\boldsymbol{V}}$, donne le nombre qui mesure l'énergie fournie à la particule par unité de temps.

9.4.6 Expression de la 4-force

En reportant (9.129) dans la décomposition orthogonale (9.125) de la 4-force, on obtient une expression de $\boldsymbol{f}$ en fonction de la partie non-inertielle $\boldsymbol{F}_{\mathrm{ext}}$ de la force mesurée par l'observateur $\mathcal{O}$:

$$\boxed{\boldsymbol{f} = \Gamma \left[\frac{\langle \boldsymbol{F}_{\mathrm{ext}}, \vec{\boldsymbol{V}} + \vec{\boldsymbol{\omega}} \times_{\boldsymbol{u}_0} \overrightarrow{OM} \rangle + c^2/\Gamma\, dm/dt}{c(1 + \vec{\boldsymbol{a}}_0 \cdot \overrightarrow{OM})}\, \underline{\boldsymbol{u}}_0 + \boldsymbol{F}_{\mathrm{ext}} \right]}. \tag{9.131}$$

Dans le cas où $\mathcal{O}$ est inertiel, cette formule se simplifie notablement :

$$\boxed{\boldsymbol{f} = \Gamma\left[\left(\frac{\langle \boldsymbol{F}, \vec{\boldsymbol{V}}\rangle}{c} + \frac{c}{\Gamma}\frac{dm}{dt}\right)\underline{\boldsymbol{u}}_0 + \boldsymbol{F}\right]} \qquad (\mathcal{O} \text{ inertiel}). \qquad (9.132)$$

Remarque : Dans le cas d'une 4-force pure ($dm/dt = 0$), la formule ci-dessus montre que la 4-force $\boldsymbol{f}$ dépend entièrement de la force $\boldsymbol{F}$, qui n'a que 3 degrés de liberté. Cela traduit la contrainte (9.112) : $\langle \boldsymbol{f}, \vec{\boldsymbol{u}}\rangle = 0$, qui restreint les degrés de liberté de $\boldsymbol{f}$ de 4 à 3.

Note historique : *La notion de 4-force apparaît dès 1905 dans le « mémoire de Palerme » d'Henri Poincaré* (cf. *p. 25) [333], sous la forme des quatre composantes de l'Éq. (9.132) (avec* $dm/dt = 0$*), dont Poincaré montre qu'elles se transforment comme les composantes d'un vecteur quadridimensionnel sous les transformations de Lorentz. La définition de la 4-force sous la forme* $\boldsymbol{f} = mc^2\, \boldsymbol{a}$ *(Éq. (9.110) avec* $dm/d\tau = 0$*) est due à Hermann Minkowski* (cf. *p. 25) en 1908 [289] et a été reprise dans son fameux texte sur l'espace-temps [290].*

Chapitre 10

Moment cinétique

Sommaire

Comme annoncé au chapitre précédent, nous abordons à présent le deuxième principe qui régit la dynamique relativiste : celui de la conservation du moment cinétique. Après avoir défini le moment cinétique pour une particule (§ 10.1) et un système (§ 10.2), nous énonçons le principe de sa conservation (§ 10.3). Nous examinons ensuite les concepts de centre d'inertie et de spin (§ 10.4), puis considérons l'évolution du moment cinétique sous l'influence d'un quadricouple (§ 10.5). Enfin, nous discuterons du concept de particule avec spin et de la notion de gyroscope libre (§ 10.6).

10.1 Moment cinétique d'une particule

10.1.1 Définition

Considérons une particule $\mathscr{P}$ de ligne d'univers $\mathscr{L}$ et de 4-impulsion $\boldsymbol{p}$. $\mathscr{P}$ pourra être tout aussi bien une particule massive qu'une particule de masse nulle (photon). Étant donné un événement $C \in \mathscr{E}$, on appelle ***2-forme moment cinétique de*** $\mathscr{P}$ ***par rapport à*** C, ou plus simplement ***moment***

cinétique de $\mathscr{P}$ par rapport à C, le champ de formes bilinéaires défini le long de $\mathscr{L}$ par

$$\forall M \in \mathscr{L}, \quad \boxed{\boldsymbol{J}_C(M) := \underline{CM} \wedge \boldsymbol{p}(M)}, \qquad (10.1)$$

où $\underline{CM}$ est la forme linéaire associée au vecteur $\overrightarrow{CM}$ par $\boldsymbol{g}$-dualité (*cf.* § 1.5) et $\wedge$ désigne l'opérateur ***produit extérieur*** qui transforme toute paire de formes linéaires $(\boldsymbol{a}, \boldsymbol{b}) \in E^* \times E^*$ en une forme bilinéaire antisymétrique[1] suivant

$$\boxed{\boldsymbol{a} \wedge \boldsymbol{b} := \boldsymbol{a} \otimes \boldsymbol{b} - \boldsymbol{b} \otimes \boldsymbol{a}}. \qquad (10.2)$$

Au vu des définitions (10.2) et (3.40), on peut rendre explicite l'action de la forme bilinéaire $\boldsymbol{J}_C(M)$ sur les couples de vecteurs de E :

$$\forall (\vec{\boldsymbol{v}}, \vec{\boldsymbol{w}}) \in E^2, \quad \boldsymbol{J}_C(M)(\vec{\boldsymbol{v}}, \vec{\boldsymbol{w}}) = (\overrightarrow{CM} \cdot \vec{\boldsymbol{v}}) \langle \boldsymbol{p}(M), \vec{\boldsymbol{w}} \rangle - \langle \boldsymbol{p}(M), \vec{\boldsymbol{v}} \rangle (\overrightarrow{CM} \cdot \vec{\boldsymbol{w}}).$$

$\boldsymbol{J}_C(M)$ est clairement une forme bilinéaire *antisymétrique* :

$$\forall (\vec{\boldsymbol{v}}, \vec{\boldsymbol{w}}) \in E^2, \quad \boldsymbol{J}_C(M)(\vec{\boldsymbol{v}}, \vec{\boldsymbol{w}}) = -\boldsymbol{J}_C(M)(\vec{\boldsymbol{w}}, \vec{\boldsymbol{v}}). \qquad (10.3)$$

Pour cette raison, on qualifie $\boldsymbol{J}_C$ de ***2-forme***. Plus généralement, une ***p-forme*** est une forme multilinéaire à p arguments (p vecteurs de E) qui est complètement antisymétrique. Nous étudierons les p-formes en détail au Chap. 14. Nous y généraliserons notamment la notion de produit extérieur.

Remarque 1 : Le lecteur familier avec la mécanique newtonienne aura pu être surpris par le fait que le moment cinétique d'une particule ait été défini comme une *forme bilinéaire*, alors qu'en mécanique classique, il s'agit d'un *vecteur*. Le passage de 3 à 4 dimensions ne suffit en effet pas à expliquer la « transformation » d'un vecteur en une forme bilinéaire. Nous verrons en fait plus bas que la 2-forme moment cinétique $\boldsymbol{J}_C$ « combine » le vecteur moment cinétique $\vec{\boldsymbol{\sigma}}_C$ avec le moment dipolaire de masse-énergie $\vec{\boldsymbol{D}}$. Soulignons que $\vec{\boldsymbol{\sigma}}_C$ et $\vec{\boldsymbol{D}}$ sont des quantités relatives à un observateur, alors que $\boldsymbol{J}_C$ est intrinsèque à la particule $\mathscr{P}$, tout comme la 4-impulsion.

Remarque 2 : Par analogie avec la 4-impulsion, il aurait été préférable de nommer $\boldsymbol{J}_C$ *4-moment cinétique*, pour laisser l'appellation *moment cinétique* au vecteur $\vec{\boldsymbol{\sigma}}_C$ mesuré par un observateur. Nous nous confortons cependant à l'usage courant qui est d'appeler $\boldsymbol{J}_C$ *moment cinétique* tout court, ou *2-forme moment cinétique* lorsqu'il y a ambiguïté.

10.1.2 Vecteur moment cinétique relatif à un observateur

Considérons un observateur $\mathcal{O}$ de ligne d'univers $\mathscr{L}_0$ et de 4-vitesse $\vec{\boldsymbol{u}}_0$. Plaçons-nous à l'événement $M(t)$ constitué par l'intersection de la ligne d'univers de la particule $\mathscr{P}$ avec l'espace local de repos de $\mathcal{O}$ au temps propre t,

1. Rappelons que le produit tensoriel $\otimes$ a été défini au § 3.4.2.

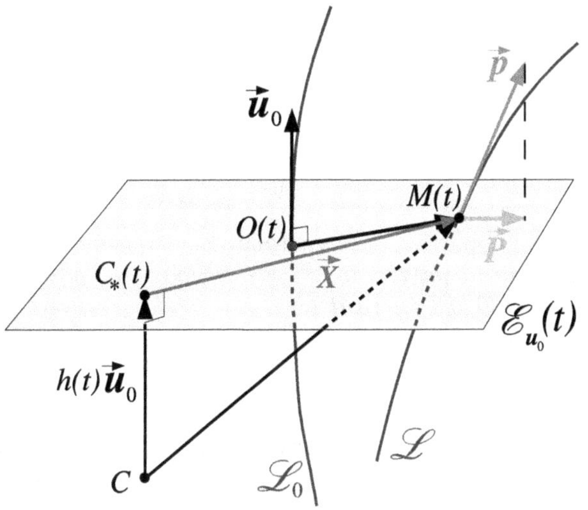

FIG. 10.1 – Décomposition du moment cinétique d'une particule (ligne d'univers $\mathscr{L}$) par rapport à un observateur (ligne d'univers $\mathscr{L}_0$).

$\mathscr{E}_{\boldsymbol{u}_0}(t)$ (*cf.* Fig. 10.1). Soit $O(t) = \mathscr{L}_0 \cap \mathscr{E}_{\boldsymbol{u}_0}(t)$ la position de $\mathcal{O}$ à l'instant t et $C_*(t)$ la projection orthogonale de C sur $\mathscr{E}_{\boldsymbol{u}_0}(t)$. On a alors la décomposition orthogonale

$$\overrightarrow{CM}(t) = h(t)\,\vec{\boldsymbol{u}}_0(t) + \vec{\boldsymbol{X}}(t) \tag{10.4}$$

avec

$$h(t) := -\vec{\boldsymbol{u}}_0(t)\cdot\overrightarrow{CM}(t) = -\vec{\boldsymbol{u}}_0\cdot\overrightarrow{CO}(t) \quad \text{et} \quad \vec{\boldsymbol{X}}(t) := \overrightarrow{C_*(t)M(t)} \in E_{\boldsymbol{u}_0}(t). \tag{10.5}$$

Remarquons que si $\mathcal{O}$ est un observateur inertiel, alors

$$h(t) = ct + h_0 \qquad (\mathcal{O}\text{ inertiel}), \tag{10.6}$$

où h_0 est une constante.

Ayant décomposé orthogonalement $\underline{CM}$ par rapport à $\vec{\boldsymbol{u}}_0$, faisons de même pour la deuxième forme linéaire qui intervient dans la définition du moment cinétique (10.1), à savoir la 4-impulsion $\boldsymbol{p}$. Il s'agit simplement d'utiliser la formule (9.8) : $\boldsymbol{p} = (E/c)\,\underline{\boldsymbol{u}}_0 + \boldsymbol{P}$, E et $\boldsymbol{P}$ étant respectivement l'énergie et l'impulsion de $\mathscr{P}$ mesurées par $\mathcal{O}$. En introduisant les décompositions (10.4) et (9.8) dans la définition (10.1) de la 2-forme moment cinétique, il vient (nous omettrons la mention de la dépendance en t ou $M(t)$, sauf pour $h(t)$)

$$\boldsymbol{J}_C = \underline{\boldsymbol{X}} \wedge \boldsymbol{P} + \left[\frac{E}{c}\underline{\boldsymbol{X}} - h(t)\boldsymbol{P}\right] \wedge \underline{\boldsymbol{u}}_0. \tag{10.7}$$

Par ailleurs, en tant que forme bilinéaire antisymétrique, $\boldsymbol{J}_C$ peut être décomposée par rapport à $\vec{\boldsymbol{u}}_0$ suivant la forme générale établie au § 3.4.2

(Éq. (3.39)). La forme linéaire $\boldsymbol{q}$ qui intervient dans cette décomposition est, d'après (3.42) et (10.7), $\boldsymbol{q} = \boldsymbol{J}_C(.,\vec{\boldsymbol{u}}_0) = -(E/c)\,\underline{\boldsymbol{X}} + h(t)\boldsymbol{P}$. On en déduit qu'il existe un unique vecteur $\vec{\boldsymbol{\sigma}}_C \in E_{\boldsymbol{u}_0}$ (le vecteur noté $\vec{\boldsymbol{b}}$ au § 3.4.2) tel que

$$\boxed{\boldsymbol{J}_C = \boldsymbol{\epsilon}(\vec{\boldsymbol{u}}_0, \vec{\boldsymbol{\sigma}}_C, ., .) + \left[\frac{E}{c}\underline{\boldsymbol{X}} - h(t)\boldsymbol{P}\right] \wedge \underline{\boldsymbol{u}}_0}. \tag{10.8}$$

Le vecteur $\vec{\boldsymbol{\sigma}}_C$ (qui appartient à l'hyperplan $E_{\boldsymbol{u}_0}(t)$) est appelé ***vecteur moment cinétique de la particule $\mathscr{P}$ par rapport au point C et mesuré par l'observateur $\mathcal{O}$ à l'instant t.***

En comparant les expressions (10.7) et (10.8), on obtient

$$\underline{\boldsymbol{X}} \wedge \boldsymbol{P} = \boldsymbol{\epsilon}(\vec{\boldsymbol{u}}_0, \vec{\boldsymbol{\sigma}}_C, ., .), \tag{10.9}$$

Les trois vecteurs $\vec{\boldsymbol{\sigma}}_C$, $\vec{\boldsymbol{P}}$ et $\vec{\boldsymbol{X}}$ sont par définition trois vecteurs de l'hyperplan $E_{\boldsymbol{u}_0}$. Ils s'expriment donc en fonction des vecteurs spatiaux du référentiel local $(\vec{\boldsymbol{e}}_\alpha)$ de l'observateur $\mathcal{O}$: $\vec{\boldsymbol{\sigma}}_C = \sigma^i_C \vec{\boldsymbol{e}}_i$, $\vec{\boldsymbol{P}} = P^i \vec{\boldsymbol{e}}_i$ et $\vec{\boldsymbol{X}} = X^i \vec{\boldsymbol{e}}_i$. En appliquant (10.9), qui est une égalité entre deux formes bilinéaires, à un couple de vecteurs $(\vec{\boldsymbol{e}}_i, \vec{\boldsymbol{e}}_j)$ du référentiel local de $\mathcal{O}$, il vient alors successivement,

$$\begin{aligned}
\boldsymbol{\epsilon}(\vec{\boldsymbol{u}}_0, \sigma^k_C \vec{\boldsymbol{e}}_k, \vec{\boldsymbol{e}}_i, \vec{\boldsymbol{e}}_j) &= \langle \underline{\boldsymbol{X}}, \vec{\boldsymbol{e}}_i\rangle\langle \boldsymbol{P}, \vec{\boldsymbol{e}}_j\rangle - \langle \boldsymbol{P}, \vec{\boldsymbol{e}}_i\rangle\langle \underline{\boldsymbol{X}}, \vec{\boldsymbol{e}}_j\rangle \\
&= (\vec{\boldsymbol{X}} \cdot \vec{\boldsymbol{e}}_i)(\vec{\boldsymbol{P}} \cdot \vec{\boldsymbol{e}}_j) - (\vec{\boldsymbol{P}} \cdot \vec{\boldsymbol{e}}_i)(\vec{\boldsymbol{X}} \cdot \vec{\boldsymbol{e}}_j) \\
\sigma^k_C\, \boldsymbol{\epsilon}(\vec{\boldsymbol{u}}_0, \vec{\boldsymbol{e}}_k, \vec{\boldsymbol{e}}_i, \vec{\boldsymbol{e}}_j) &= X^i P^j - P^i X^j,
\end{aligned} \tag{10.10}$$

le passage à la deuxième ligne se faisant par $\boldsymbol{g}$-dualité, et le passage à la troisième ligne résultant de la multilinéarité du tenseur de Levi-Civita et du fait que $(\vec{\boldsymbol{e}}_i)$ constitue une base orthonormale de $E_{\boldsymbol{u}_0}$. Or, comme $(\vec{\boldsymbol{e}}_\alpha)$ est une base orthonormale directe de E (avec $\vec{\boldsymbol{e}}_0 = \vec{\boldsymbol{u}}_0$), la définition du tenseur de Levi-Civita (*cf.* § 1.4.2) donne $\boldsymbol{\epsilon}(\vec{\boldsymbol{u}}_0, \vec{\boldsymbol{e}}_k, \vec{\boldsymbol{e}}_i, \vec{\boldsymbol{e}}_j) = 1$ (resp. -1) si $(\vec{\boldsymbol{e}}_k, \vec{\boldsymbol{e}}_i, \vec{\boldsymbol{e}}_j)$ est une permutation paire (resp. impaire) de $(\vec{\boldsymbol{e}}_1, \vec{\boldsymbol{e}}_2, \vec{\boldsymbol{e}}_3)$, et $\boldsymbol{\epsilon}(\vec{\boldsymbol{u}}_0, \vec{\boldsymbol{e}}_k, \vec{\boldsymbol{e}}_i, \vec{\boldsymbol{e}}_j) = 0$ sinon. On déduit alors de (10.10) que le vecteur $\vec{\boldsymbol{\sigma}}_C$ n'est pas autre chose que le produit vectoriel des vecteurs $\vec{\boldsymbol{X}}$ et $\vec{\boldsymbol{P}}$, produit vectoriel induit par $\boldsymbol{\epsilon}$ sur $E_{\boldsymbol{u}_0}$, suivant (3.48) : $\vec{\boldsymbol{\sigma}}_C = \vec{\boldsymbol{X}} \times_{\boldsymbol{u}_0} \vec{\boldsymbol{P}}$. Puisque $\vec{\boldsymbol{u}}_0 \times_{\boldsymbol{u}_0} \vec{\boldsymbol{P}} = \boldsymbol{\epsilon}(\vec{\boldsymbol{u}}_0, \vec{\boldsymbol{u}}_0, \vec{\boldsymbol{P}}, .\,) = 0$, on peut remplacer $\vec{\boldsymbol{X}}$ par $\overrightarrow{CM}$ dans cette relation et conclure que

$$\boxed{\vec{\boldsymbol{\sigma}}_C = \vec{\boldsymbol{X}} \times_{\boldsymbol{u}_0} \vec{\boldsymbol{P}} = \overrightarrow{CM} \times_{\boldsymbol{u}_0} \vec{\boldsymbol{P}}}. \tag{10.11}$$

On retrouve ainsi l'expression classique du vecteur moment cinétique par rapport à un observateur donné.

10.1.3 Composantes du moment cinétique

La matrice $(J_{\alpha\beta})$ de la forme bilinéaire $\boldsymbol{J}_C$ par rapport à la base orthonormale $(\vec{\boldsymbol{e}}_\alpha)$ constituée par le référentiel local de $\mathcal{O}$ est définie par

$$J_{\alpha\beta} := \boldsymbol{J}_C(\vec{\boldsymbol{e}}_\alpha, \vec{\boldsymbol{e}}_\beta). \tag{10.12}$$

On a alors

$$\forall(\vec{v},\vec{w}) \in E^2, \quad \boldsymbol{J}_C(\vec{v},\vec{w}) = J_{\alpha\beta}\, v^\alpha w^\beta, \tag{10.13}$$

où les (v^α) (resp. (w^α)) sont les composantes du vecteur $\vec{v}$ (resp. $\vec{w}$) dans la base $(\vec{e}_\alpha)$: $\vec{v} = v^\alpha \vec{e}_\alpha$ et $\vec{w} = w^\alpha \vec{e}_\alpha$. Tenant compte de $\vec{e}_0 = \vec{u}_0$, on déduit de (10.12) et (10.8) que

$$J_{\alpha\beta} = \begin{pmatrix} 0 & \frac{E}{c}X^1 - h(t)P^1 & \frac{E}{c}X^2 - h(t)P^2 & \frac{E}{c}X^3 - h(t)P^3 \\ -\frac{E}{c}X^1 + h(t)P^1 & 0 & \sigma_C^3 & -\sigma_C^2 \\ -\frac{E}{c}X^2 + h(t)P^2 & -\sigma_C^3 & 0 & \sigma_C^1 \\ -\frac{E}{c}X^3 + h(t)P^3 & \sigma_C^2 & -\sigma_C^1 & 0 \end{pmatrix} \tag{10.14}$$

avec, d'après (10.11),

$$\sigma_C^1 = X^2P^3 - X^3P^2, \quad \sigma_C^2 = X^3P^1 - X^1P^3, \quad \sigma_C^3 = X^1P^2 - X^2P^1. \tag{10.15}$$

10.2 Moment cinétique d'un système

10.2.1 Définition

Étant donnés un système $\mathscr{S}$ de particules de lignes d'univers $\mathscr{L}_a$ et de 4-impulsions $\boldsymbol{p}_a$, une hypersurface orientée $\Sigma \subset \mathscr{E}$ et un point $C \in \mathscr{E}$, nous définirons le ***moment cinétique total du système $\mathscr{S}$ par rapport à C sur*** Σ de manière analogue à l'impulsion totale (*cf.* Éq. (9.35)) :

$$\boldsymbol{J}_C|_\Sigma := \sum_{a=1}^{N} \sum_{M\in\mathscr{L}_a\cap\Sigma} \varepsilon\, \underline{CM} \wedge \boldsymbol{p}_a(M), \tag{10.16}$$

où nous avons exprimé le moment cinétique de chaque particule suivant (10.1) et où, tout comme dans (9.35), $\varepsilon = +1$ (resp. $\varepsilon = -1$) si le vecteur 4-impulsion $\vec{p}_a(M)$ associé à $\boldsymbol{p}_a(M)$ est de même sens que (resp. sens opposé à) l'orientation positive de Σ. En tant que somme de formes bilinéaires antisymétriques, $\boldsymbol{J}_C|_\Sigma$ est évidemment une forme bilinéaire antisymétrique (2-forme).

En présence d'un observateur $\mathscr{O}$, un choix naturel pour l'hypersurface Σ est l'espace local de repos $\mathscr{E}_{\boldsymbol{u}_0}(t)$ à un instant de temps propre t (on note $\vec{u}_0$ la 4-vitesse de $\mathscr{O}$). On appellera alors $\boldsymbol{J}_C|_{\mathscr{O},t} := \boldsymbol{J}_C|_\Sigma$ le ***moment cinétique total du système $\mathscr{S}$ par rapport à C à l'instant*** t ***de l'observateur*** $\mathscr{O}$. Dans ce cas, on a toujours $\varepsilon = 1$. De plus, comme $\mathscr{E}_{\boldsymbol{u}_0}(t)$ est du genre espace, l'intersection $\mathscr{L}_a \cap \mathscr{E}_{\boldsymbol{u}_0}(t)$ avec n'importe quelle ligne d'univers du système est limitée à un point (*cf.* § 9.2.5). L'équation (10.16) devient donc

$$\boxed{\boldsymbol{J}_C|_{\mathscr{O},t} := \sum_{a=1}^{N} \underline{CM_a} \wedge \boldsymbol{p}_a(M_a)}, \tag{10.17}$$

où $M_a = M_a(t) := \mathscr{L}_a \cap \mathscr{E}_{\boldsymbol{u}_0}(t)$. On peut également écrire

$$\boxed{\boldsymbol{J}_C|_{\mathcal{O},t} = \sum_{a=1}^{N} \boldsymbol{J}_C^a(M_a(t))}, \tag{10.18}$$

où $\boldsymbol{J}_C^a$ est la 2-forme moment cinétique de la particule a par rapport au point C.

Note historique : *Tout comme pour la 4-impulsion totale (§ 9.2.1), la définition (10.16) du moment cinétique total d'un système sur une hypersurface a été introduite en 1935 par John L. Synge* (cf. *p. 77) [397].*

10.2.2 Changement d'origine

Si l'on change le point $C \in \mathscr{E}$ dans (10.16) pour un autre point $C' \in \mathscr{E}$ et que l'on utilise la relation de Chasles $\overrightarrow{C'M} = \overrightarrow{C'C} + \overrightarrow{CM}$, on obtient

$$\begin{aligned}
\boldsymbol{J}_{C'}|_\Sigma &= \sum_{a=1}^{N} \sum_{M \in \mathscr{L}_a \cap \Sigma} \varepsilon\, (\underline{C'C} + \underline{CM}) \wedge \boldsymbol{p}_a(M) \\
&= \underline{C'C} \wedge \left(\sum_{a=1}^{N} \sum_{M \in \mathscr{L}_a \cap \Sigma} \varepsilon \boldsymbol{p}_a(M) \right) + \boldsymbol{J}_C|_\Sigma .
\end{aligned}$$

Au vu de (9.35), le terme entre parenthèses ci-dessus n'est pas autre chose que la 4-impulsion totale de $\mathscr{S}$ sur l'hypersurface Σ. On conclut donc que

$$\boxed{\boldsymbol{J}_{C'}|_\Sigma = \boldsymbol{J}_C|_\Sigma + \underline{C'C} \wedge \boldsymbol{p}|_\Sigma}. \tag{10.19}$$

10.2.3 Vecteur moment cinétique d'un système par rapport à un observateur

Considérons un observateur $\mathcal{O}$, de ligne d'univers $\mathscr{L}_0$ et de 4-vitesse $\vec{\boldsymbol{u}}_0$. Notons $O(t)$ la position de $\mathcal{O}$ sur $\mathscr{L}_0$ à l'instant propre t. En combinant les équations (10.18) et (10.8), on peut écrire le moment cinétique du système $\mathscr{S}$ par rapport à C à l'instant t de $\mathcal{O}$ comme

$$\boldsymbol{J}_C|_{\mathcal{O},t} = \sum_{a=1}^{N} \left\{ \boldsymbol{\epsilon}(\vec{\boldsymbol{u}}_0, \vec{\boldsymbol{\sigma}}_C^a, ., .) + \left[\frac{E_a}{c} \underline{\boldsymbol{X}}_a - h(t) \boldsymbol{P}_a \right] \wedge \underline{\boldsymbol{u}}_0 \right\}, \tag{10.20}$$

où $\vec{\boldsymbol{\sigma}}_C^a$ est le vecteur moment cinétique de la particule a par rapport à C et à l'observateur $\mathcal{O}$, E_a et $\boldsymbol{P}_a$ sont respectivement l'énergie et l'impulsion de la particule a mesurées par $\mathcal{O}$, $\vec{\boldsymbol{X}}_a$ est le vecteur $\overrightarrow{C_*(t)M_a(t)}$, $C_*(t)$ étant la projection orthogonale de C sur $\mathscr{E}_{\boldsymbol{u}_0}(t)$ et $h(t) = -\vec{\boldsymbol{u}}_0 \cdot \overrightarrow{CO}(t)$ (*cf.* Éq. (10.5)) est indépendant de la particule a. En utilisant la multilinéarité du tenseur de Levi-Civita $\boldsymbol{\epsilon}$, on peut écrire (10.20) sous la forme

$$\boldsymbol{J}_C|_{\mathcal{O},t} = \boldsymbol{\epsilon}(\vec{\boldsymbol{u}}_0, \vec{\boldsymbol{\sigma}}_C, ., .) + \left[\sum_{a=1}^{N} \frac{E_a}{c} \underline{\boldsymbol{X}}_a - h(t)\boldsymbol{P}\right] \wedge \underline{\boldsymbol{u}}_0, \tag{10.21}$$

où $\boldsymbol{P} = \sum_{a=1}^{N} \boldsymbol{P}_a$ est l'impulsion du système $\mathscr{S}$ mesurée par $\mathcal{O}$ à l'instant t (*cf.* Éq. (9.49)) et

$$\boxed{\vec{\boldsymbol{\sigma}}_C := \sum_{a=1}^{N} \vec{\boldsymbol{\sigma}}^a_C(M_a)} \tag{10.22}$$

est par définition le ***vecteur moment cinétique total du système*** $\mathscr{S}$ ***par rapport au point*** C ***mesuré par l'observateur*** $\mathcal{O}$ ***à l'instant*** t. Remarquons que $\vec{\boldsymbol{\sigma}}_C \in E_{\boldsymbol{u}_0}(t)$.

Définissons le ***moment dipolaire de masse-énergie du système*** $\mathscr{S}$ ***par rapport à l'observateur*** $\mathcal{O}$ ***et à l'instant*** t comme le vecteur suivant de l'hyperplan de repos $E_{\boldsymbol{u}_0}(t)$:

$$\boxed{\vec{\boldsymbol{D}} := \frac{1}{c^2} \sum_{a=1}^{N} E_a\, \overrightarrow{O(t)M_a(t)}}. \tag{10.23}$$

On a alors

$$\begin{aligned}\sum_{a=1}^{N} \frac{E_a}{c} \vec{\boldsymbol{X}}_a &= \sum_{a=1}^{N} \frac{E_a}{c} \overrightarrow{C_*(t)M_a(t)} = \sum_{a=1}^{N} \frac{E_a}{c} \left[\overrightarrow{C_*(t)O(t)} + \overrightarrow{O(t)M_a(t)}\right] \\ &= \frac{E}{c} \overrightarrow{C_*(t)O(t)} + c\vec{\boldsymbol{D}},\end{aligned}$$

où $E = \sum_{a=1}^{N} E_a$ est l'énergie totale du système mesurée par $\mathcal{O}$ (*cf.* Éq. (9.49)). On peut donc écrire (10.21) sous la forme

$$\boxed{\boldsymbol{J}_C|_{\mathcal{O},t} = \boldsymbol{\epsilon}(\vec{\boldsymbol{u}}_0, \vec{\boldsymbol{\sigma}}_C, ., .) + \left[c\underline{\boldsymbol{D}} + \frac{E}{c} \underline{C_*O} - h(t)\boldsymbol{P}\right] \wedge \underline{\boldsymbol{u}}_0}. \tag{10.24}$$

Remarque 1 : Puisque $\overrightarrow{CO} = \overrightarrow{CC_*} + \overrightarrow{C_*O} = h(t)\, \vec{\boldsymbol{u}}_0 + \overrightarrow{C_*O}$, on a $\underline{CO} \wedge \underline{\boldsymbol{u}}_0 = \underline{C_*O} \wedge \underline{\boldsymbol{u}}_0$, si bien que l'on peut remplacer C_* par C dans l'expression ci-dessus.

Remarque 2 : L'écriture (10.24) constitue la décomposition orthogonale de la forme bilinéaire antisymétrique $\boldsymbol{J}_C|_{\mathcal{O},t}$ par rapport à $\vec{\boldsymbol{u}}_0$, telle qu'établie au § 3.4.2.

Remarque 3 : Alors que la 4-impulsion combinait l'énergie et l'impulsion en un même objet, l'expression (10.24) montre que la 2-forme moment cinétique combine le moment cinétique vectoriel, $\vec{\boldsymbol{\sigma}}_C$, avec le moment dipolaire de masse-énergie, $\vec{\boldsymbol{D}}$.

10.3 Conservation du moment cinétique

10.3.1 Loi de conservation

Après celui de la conservation de la 4-impulsion (§ 9.2.3), le second principe fondamental de la dynamique des particules relativistes est :

> Si un système de particules est isolé, son moment cinétique par rapport à n'importe quel point $C \in \mathscr{E}$ et sur n'importe quelle hypersurface fermée est nul :

$$\boxed{\mathscr{S} \text{ isolé et } \Sigma \text{ fermée} \implies \boldsymbol{J}_C|_\Sigma = 0}. \qquad (10.25)$$

De manière tout à fait similaire à la 4-impulsion traitée au § 9.2.4, le principe (10.25) appliqué à un système réduit à une seule particule implique que le moment cinétique d'une particule isolée par rapport à un point fixe $C \in \mathscr{E}$ est un champ de formes bilinéaires constant le long de la ligne d'univers $\mathscr{L}$ de la particule :

$$\forall M \in \mathscr{L}, \quad \boldsymbol{J}_C(M) = \text{const.} \qquad (10.26)$$

Remarque 1 : Dans le cas d'une particule massive isolée, on peut également obtenir (10.26) comme conséquence de la loi d'inertie (9.38), et donc du principe de conservation de la 4-impulsion. En effet la dérivée de $\boldsymbol{J}_C(M)$ le long de la ligne d'univers $\mathscr{L}$ est, d'après (10.1) et en notant τ le temps propre le long de $\mathscr{L}$,

$$\frac{d}{d\tau}\boldsymbol{J}_C(M(\tau)) = \frac{d\underline{CM}}{d\tau} \otimes \boldsymbol{p} + \underline{CM} \otimes \frac{d\boldsymbol{p}}{d\tau} - \frac{d\boldsymbol{p}}{d\tau} \otimes \underline{CM} - \boldsymbol{p} \otimes \frac{d\underline{CM}}{d\tau}. \qquad (10.27)$$

Or d'après la définition de la 4-vitesse, $d\underline{CM}/d\tau = c\,\underline{\boldsymbol{u}}$. Puisque $\underline{\boldsymbol{u}} = (mc)^{-1}\boldsymbol{p}$ d'après (9.3), il vient $d\underline{CM}/d\tau \otimes \boldsymbol{p} - \boldsymbol{p} \otimes d\underline{CM}/d\tau = m^{-1}(\boldsymbol{p} \otimes \boldsymbol{p} - \boldsymbol{p} \otimes \boldsymbol{p}) = 0$, si bien que (10.27) se réduit à

$$\frac{d}{d\tau}\boldsymbol{J}_C(M(\tau)) = \underline{CM} \wedge \frac{d\boldsymbol{p}}{d\tau}.$$

La loi d'inertie (9.38) implique $d\boldsymbol{p}/d\tau = 0$ et donc $d\boldsymbol{J}_C(M(\tau))/d\tau = 0$.

Remarque 2 : En mécanique newtonienne, la conservation du moment cinétique d'un système isolé se déduit du principe de l'action et de la réaction *sous sa forme forte*, c'est-à-dire que non seulement la force exercée par la particule A sur la particule B est l'opposée de celle exercée par B sur A, mais de plus elle est dirigée le long du vecteur qui joint A à B (*cf.* par exemple [113]). Dans le cadre relativiste, nous n'avons pas de principe du type « action et réaction ». La conservation du moment cinétique d'un système d'au moins deux particules (*cf.* remarque ci-dessus) apparaît donc comme un principe premier, au même niveau que le principe de conservation de la 4-impulsion.

Remarque 3 : De même que pour la 4-impulsion (*cf.* § 9.2.3), la conservation du moment cinétique apparaît, dans une formulation lagrangienne, comme une conséquence du théorème de Noether, et non comme un principe premier. Nous le verrons explicitement au Chap. 11.

10.3.2 Moment cinétique d'un système isolé

Pour un système de particules $\mathscr{S}$ isolé, la loi de conservation (10.25) implique que le moment cinétique $\boldsymbol{J}_C|_\Sigma$ ne dépend pas du choix de l'hypersurface Σ, pour peu que celle-ci soit du genre espace et coupe toutes les lignes d'univers de $\mathscr{S}$. La démonstration est identique à celle effectuée au § 9.2.5 pour la 4-impulsion. Nous pouvons donc définir

$$\boxed{\boldsymbol{J}_C := \boldsymbol{J}_C|_\Sigma = \sum_{a=1}^{N} \underline{CM_a} \wedge \boldsymbol{p}_a(M_a)}, \qquad (10.28)$$

où M_a désigne l'unique intersection de la ligne d'univers $\mathscr{L}_a$ avec Σ. Nous appellerons $\boldsymbol{J}_C$ ***moment cinétique total du système isolé $\mathscr{S}$ par rapport au point C***. En particulier, le moment cinétique total à l'instant t d'un observateur (*cf.* Éq. (10.17)) est indépendant de t et de l'observateur :

$$\boldsymbol{J}_C|_{\mathcal{O},t} = \boldsymbol{J}_C|_{\mathcal{O}',t'} = \boldsymbol{J}_C. \qquad (10.29)$$

10.3.3 Conservation du vecteur moment cinétique relatif à un observateur inertiel

Considérons un système $\mathscr{S}$ isolé. Si $\mathcal{O}$ est un observateur inertiel, sa 4-vitesse $\vec{\boldsymbol{u}}_0$ est constante et l'hyperplan $E_{\boldsymbol{u}_0}$ l'est également. Soient alors $\vec{\boldsymbol{v}}$ et $\vec{\boldsymbol{w}}$ deux vecteurs quelconques de $E_{\boldsymbol{u}_0}$. On a, d'après (10.24),

$$\boldsymbol{J}_C(\vec{\boldsymbol{v}}, \vec{\boldsymbol{w}}) = \boldsymbol{\epsilon}(\vec{\boldsymbol{u}}_0, \vec{\boldsymbol{\sigma}}_C, \vec{\boldsymbol{v}}, \vec{\boldsymbol{w}}).$$

Puisque le système $\mathscr{S}$ est isolé, il vient

$$\frac{d}{dt}\left[\boldsymbol{J}_C(\vec{\boldsymbol{v}}, \vec{\boldsymbol{w}})\right] = 0 = \boldsymbol{\epsilon}\left(\vec{\boldsymbol{u}}_0, \frac{d}{dt}\vec{\boldsymbol{\sigma}}_C, \vec{\boldsymbol{v}}, \vec{\boldsymbol{w}}\right),$$

où l'on a utilisé la multilinéarité du tenseur de Levi-Civita et la constance des vecteurs $\vec{\boldsymbol{u}}_0$, $\vec{\boldsymbol{v}}$ et $\vec{\boldsymbol{w}}$. L'égalité ci-dessus étant valable pour tout couple de vecteurs $(\vec{\boldsymbol{v}}, \vec{\boldsymbol{w}})$, on en déduit que $d\vec{\boldsymbol{\sigma}}_C/dt$ est nécessairement colinéaire à $\vec{\boldsymbol{u}}_0$. Or comme $\vec{\boldsymbol{\sigma}}_C \in E_{\boldsymbol{u}_0}$ et que $E_{\boldsymbol{u}_0}$ est indépendant de t, on a $d\vec{\boldsymbol{\sigma}}_C/dt \in E_{\boldsymbol{u}_0}$. La colinéarité avec $\vec{\boldsymbol{u}}_0$ implique donc

$$\boxed{\frac{d}{dt}\vec{\boldsymbol{\sigma}}_C = 0}. \qquad (10.30)$$

Ainsi le vecteur moment cinétique d'un système *isolé* par rapport à n'importe quel point C et mesuré par n'importe quel observateur *inertiel* est constant. Cette loi de conservation est bien évidemment à rapprocher des lois (9.50) obtenues au Chap. 9 pour l'énergie et l'impulsion du système.

10.4 Centre d'inertie et spin

10.4.1 Centroïde d'un système

Considérons un système de particules $\mathscr{S}$ et un observateur $\mathcal{O}$, de ligne d'univers $\mathscr{L}_0$ et de 4-vitesse $\vec{u}_0$. Comme au § 10.2.3, notons $O(t) \in \mathscr{L}_0$ la position de $\mathcal{O}$ sur sa ligne d'univers au temps propre t. À un instant de temps propre t, on appelle ***centroïde du système*** $\mathscr{S}$ le point $G_{\mathcal{O}}(t)$ de l'espace de repos $\mathscr{E}_{\boldsymbol{u}_0}(t)$ de $\mathcal{O}$ tel que

$$\boxed{\overrightarrow{O(t)G_{\mathcal{O}}(t)} := \frac{1}{E}\sum_{a=1}^{N} E_a \, \overrightarrow{O(t)M_a(t)} = \frac{c^2}{E}\vec{\boldsymbol{D}}}, \tag{10.31}$$

où $M_a(t)$ est la position de la particule a à l'instant t vis-à-vis de $\mathcal{O}$, c'est-à-dire l'intersection de la ligne d'univers $\mathscr{L}_a$ de la particule a avec l'hyperplan de repos $\mathscr{E}_{\boldsymbol{u}_0}(t)$, E_a et E sont respectivement l'énergie de la particule a et l'énergie totale du système, toutes deux mesurées par $\mathcal{O}$, et $\vec{\boldsymbol{D}}$ est le moment dipolaire de masse-énergie de $\mathscr{S}$ par rapport à $\mathcal{O}$, tel que défini par (10.23). Puisque $E = \sum_{a=1}^{N} E_a$ (Éq. (9.49)), $G_{\mathcal{O}}(t)$ est la moyenne des positions des particules vis-à-vis de l'observateur $\mathcal{O}$, moyenne pondérée par l'énergie de chaque particule par rapport à $\mathcal{O}$.

Remarque : À la limite non-relativiste, $E \to mc^2$, $E_a \to m_a c^2$, et l'on retrouve la définition du centre de masse d'un système. Dans le cas relativiste, on prendra garde au fait que la définition du centroïde dépend de l'observateur $\mathcal{O}$, et ce de deux manières : *via* l'espace local de repos $\mathscr{E}_{\boldsymbol{u}_0}(t)$, qui définit les points $O(t)$ et $M_a(t)$, et *via* les énergies E_a et E, ces dernières étant relatives à $\mathcal{O}$.

Bien que le centroïde dépende du choix de l'observateur, il est facile de voir que des observateurs inertiels ayant la même 4-vitesse s'accordent sur un centroïde unique. Soient en effet $\mathcal{O}$ et $\mathcal{O}'$ deux observateurs inertiels de même 4-vitesse $\vec{u}_0$. Leurs lignes d'univers sont alors des droites parallèles et leurs espaces de repos sont confondus (*cf.* Fig. 8.3). À un choix d'origine des temps propres près, nous pouvons alors écrire $t' = t$. Le centroïde du système $\mathscr{S}$ vis-à-vis de $\mathcal{O}'$ à un instant t fixé est

$$\begin{aligned}
\overrightarrow{O'G'_{\mathcal{O}}} &:= \frac{1}{E'}\sum_{a=1}^{N} E'_a \overrightarrow{O'M_a} = \frac{1}{E'}\sum_{a=1}^{N} E'_a \left(\overrightarrow{O'O} + \overrightarrow{OM_a}\right) \\
&= \underbrace{\frac{1}{E'}\left(\sum_{a=1}^{N} E'_a\right)}_{1}\overrightarrow{O'O} + \underbrace{\frac{1}{E}\sum_{a=1}^{N} E_a \overrightarrow{OM_a}}_{\overrightarrow{OG_{\mathcal{O}}}} \\
\overrightarrow{O'G'_{\mathcal{O}}} &= \overrightarrow{O'G_{\mathcal{O}}},
\end{aligned} \tag{10.32}$$

où nous avons utilisé le fait que $E'_a = E_a$ et $E' = E$ puisque $\mathcal{O}$ et $\mathcal{O}'$ ont la même 4-vitesse $\vec{\boldsymbol{u}}_0$: $E'_a = -c\,\langle \boldsymbol{p}_a, \vec{\boldsymbol{u}}_0\rangle = E_a$ et $E' = -c\,\langle \boldsymbol{p}, \vec{\boldsymbol{u}}_0\rangle = E$. L'égalité (10.32) permet de conclure que $G'_{\mathcal{O}} = G_{\mathcal{O}}$. Ainsi nous avons montré que :

> Le centroïde d'un système est le même pour tous les observateurs inertiels ayant une même 4-vitesse, c'est-à-dire pour tous les observateurs qui appartiennent au même réseau rigide d'observateurs inertiels, au sens du § 8.1.4.

10.4.2 Centre d'inertie d'un système isolé

Dans tout ce qui suit, nous supposerons que (i) le système $\mathscr{S}$ est isolé et (ii) l'observateur $\mathcal{O}$ est inertiel. D'après la relation (4.24), avec $\vec{\boldsymbol{a}} = 0$ et $\vec{\boldsymbol{\omega}} = 0$ puisque $\mathcal{O}$ est inertiel, le vecteur dérivé

$$\vec{\boldsymbol{V}}_{G_{\mathcal{O}}} := \frac{d}{dt}\overrightarrow{O(t)G_{\mathcal{O}}(t)} \tag{10.33}$$

est la vitesse du centroïde $G_{\mathcal{O}}$ relative à l'observateur $\mathcal{O}$. Pour l'estimer, il faut donc dériver (10.31) par rapport à t. D'après le résultat du § 9.2.6 et les hypothèses (i) et (ii) ci-dessus, E est une constante, de sorte qu'il vient

$$\vec{\boldsymbol{V}}_{G_{\mathcal{O}}} = \frac{c^2}{E}\frac{d}{dt}\vec{\boldsymbol{D}}. \tag{10.34}$$

Pour évaluer la dérivée temporelle de $\vec{\boldsymbol{D}}$, il suffit de se rappeler que $\vec{\boldsymbol{D}}$ intervient dans la décomposition (10.24) du moment cinétique et utiliser la conservation de ce dernier, puisque le système $\mathscr{S}$ est isolé. C étant un point quelconque de $\mathscr{E}$, considérons donc le moment cinétique de $\mathscr{S}$ par rapport à C, $\boldsymbol{J}_C$. En utilisant la 4-vitesse de $\mathcal{O}$ comme premier argument de la forme bilinéaire $\boldsymbol{J}_C$, on définit une forme linéaire $\boldsymbol{J}_C(\vec{\boldsymbol{u}}_0, .)$. Son expression se déduit de (10.24), en utilisant l'antisymétrie de $\boldsymbol{\epsilon}$ ainsi que les propriétés $\vec{\boldsymbol{D}}\cdot\vec{\boldsymbol{u}}_0 = 0$, $\overrightarrow{C_*O}\cdot\vec{\boldsymbol{u}}_0 = 0$, $\langle \boldsymbol{P}, \vec{\boldsymbol{u}}_0\rangle = 0$ et $\vec{\boldsymbol{u}}_0\cdot\vec{\boldsymbol{u}}_0 = -1$:

$$\boldsymbol{J}_C(\vec{\boldsymbol{u}}_0, .) = c\underline{\boldsymbol{D}} + \frac{E}{c}\,\underline{C_*O} - h(t)\boldsymbol{P}. \tag{10.35}$$

Puisque $\boldsymbol{J}_C$ ne dépend pas de t ($\mathscr{S}$ isolé), de même que $\vec{\boldsymbol{u}}_0$ ($\mathcal{O}$ inertiel), on déduit de la relation ci-dessus que

$$\frac{d}{dt}\boldsymbol{J}_C(\vec{\boldsymbol{u}}_0, .) = 0 = c\frac{d}{dt}\underline{\boldsymbol{D}} + \frac{E}{c}\,\frac{d\underline{C_*O}}{dt} - \frac{dh}{dt}\,\boldsymbol{P}. \tag{10.36}$$

Pour établir cette équation, on a également utilisé les propriétés $dE/dt = 0$ et $d\boldsymbol{P}/dt = 0$ (Éq. (9.50)). Or, puisque $\mathcal{O}$ est inertiel (*cf.* notamment (10.6)),

$$\begin{aligned}\overrightarrow{C_*O} &= \overrightarrow{C_*(t)O(t)} = \overrightarrow{C_*(t)C} + \overrightarrow{CO(t)} = -h(t)\,\vec{\boldsymbol{u}}_0 + \overrightarrow{CO(t)} \\ &= -(ct + h_0)\,\vec{\boldsymbol{u}}_0 + \overrightarrow{CO(t)},\end{aligned}$$

ce qui conduit à

$$\frac{d\overrightarrow{C_*O}}{dt} = -c\vec{u}_0 + \underbrace{\frac{d\overrightarrow{CO(t)}}{dt}}_{c\,\vec{u}_0} = 0.$$

Par $\boldsymbol{g}$-dualité, et tenant compte du fait que $d\boldsymbol{g}/dt = 0$, on en déduit que le second terme du membre de droite de (10.36) est nul. Puisque d'après (10.6), $dh/dt = c$, on en conclut que

$$\boxed{\frac{d}{dt}\underline{\boldsymbol{D}} = \boldsymbol{P}}. \tag{10.37}$$

En reportant ce résultat dans (10.34), on obtient la vitesse du centroïde du système $\mathscr{S}$ vis-à-vis de $\mathcal{O}$:

$$\vec{\boldsymbol{V}}_{G_\mathcal{O}} = \frac{c^2}{E}\vec{\boldsymbol{P}}. \tag{10.38}$$

Le vecteur $\vec{\boldsymbol{P}}$ étant constant, cela signifie que $G_\mathcal{O}$ est animé d'un mouvement de vitesse constante par rapport à $\mathcal{O}$. Mais il y a plus : au § 9.2.5, nous avons introduit la notion de 4-vitesse $\vec{\boldsymbol{u}}$ d'un système isolé dont la masse totale m est non nulle — cas dans lequel nous nous plaçons désormais. En combinant les Éqs. (9.43), (9.44) et (9.46), on obtient les relations $E = \Gamma mc^2$ et $\vec{\boldsymbol{P}} = mc\perp_{\boldsymbol{u}_0}\vec{\boldsymbol{u}}$, avec $\Gamma := -\vec{\boldsymbol{u}}_0 \cdot \vec{\boldsymbol{u}}$, si bien que l'on peut écrire (10.38) comme

$$\boxed{\vec{\boldsymbol{V}}_{G_\mathcal{O}} = \frac{c}{\Gamma}\perp_{\boldsymbol{u}_0}\vec{\boldsymbol{u}}}. \tag{10.39}$$

En comparant avec (4.32), on constate que la vitesse $\vec{\boldsymbol{V}}_{G_\mathcal{O}}$ n'est pas autre chose que la vitesse relative à l'observateur $\mathcal{O}$ d'un point matériel qui aurait comme 4-vitesse le vecteur constant $\vec{\boldsymbol{u}}$. On en conclut donc que :

> Le centroïde par rapport à un observateur *inertiel* d'un système $\mathscr{S}$ *isolé* et de masse totale non nulle décrit une droite du genre temps de l'espace-temps de Minkowski dont un vecteur directeur est la 4-vitesse $\vec{\boldsymbol{u}}$ du système. Puisque $\vec{\boldsymbol{u}}$ est indépendante de tout observateur, les centroïdes de $\mathscr{S}$ par rapport à divers observateurs inertiels décrivent des lignes d'univers qui sont des droites parallèles de $\mathscr{E}$.

Nous avons vu au § 10.4.1 que le centroïde d'un système est le même pour tous les observateurs inertiels qui ont une 4-vitesse donnée. Si l'on choisit cette 4-vitesse commune égale à la 4-vitesse du système, $\vec{\boldsymbol{u}}$ (observateurs comobiles avec le système), alors le centroïde correspondant est intrinsèque au système. Nous l'appellerons ***centre d'inertie du système isolé*** $\mathscr{S}$ et le noterons G, sans indice. On rencontre également les dénominations ***centre de masse*** et

barycentre. G décrit une ligne d'univers $\mathscr{L}_G$ qui est une droite de $\mathscr{E}$ de vecteur directeur $\vec{\boldsymbol{u}}$. Nous appellerons ***observateur barycentrique*** du système $\mathscr{S}$ tout observateur inertiel de ligne d'univers $\mathscr{L}_G$. Le référentiel $(\vec{\boldsymbol{e}}_\alpha)(O(t))$ d'un tel observateur est alors appelé ***référentiel du centre d'inertie***, ou encore parfois ***référentiel du centre de masse***. Les observateurs barycentriques ne diffèrent que par une rotation (fixe) de leur repère spatial $(\vec{\boldsymbol{e}}_i)$. Un observateur barycentrique est bien entendu un cas particulier d'observateur *comobile* avec le système, au sens défini au § 9.2.5, c'est-à-dire d'observateur inertiel de 4-vitesse $\vec{\boldsymbol{u}}$.

Remarque 1 : Le centre d'inertie n'a été défini que pour un système isolé. Pour un système quelconque, nous n'avons que la notion de centroïde, qui, elle, dépend du choix de l'observateur.

Remarque 2 : Dans la démonstration ci-dessus, nous avons utilisé le principe de conservation du moment cinétique (§ 10.3.1) pour établir la constance de la vitesse du centroïde du système $\mathscr{S}$ par rapport à l'observateur inertiel $\mathcal{O}$. En fait nous n'avons utilisé que la constance de la partie $\boldsymbol{J}_C(\vec{\boldsymbol{u}}_0, .)$ du moment cinétique (*cf.* Éq. (10.36)). Nous avons vu au § 10.3.3 que la constance de la partie complètement orthogonale à $\vec{\boldsymbol{u}}_0$ (c'est-à-dire la partie $\epsilon(\vec{\boldsymbol{u}}_0, \vec{\boldsymbol{\sigma}}_C, ., .)$ dans la décomposition (10.24)), conduit à la conservation du vecteur moment cinétique de $\mathscr{S}$ mesuré par $\mathcal{O}$, $\vec{\boldsymbol{\sigma}}_C$ (Éq. (10.30)). En résumé, la 2-forme moment cinétique d'un système isolé, $\boldsymbol{J}_C$, a six composantes indépendantes (sa matrice $J_{\alpha\beta}$ par rapport à $\mathcal{O}$ est une matrice 4×4 antisymétrique) et la loi de conservation du moment cinétique se traduit par la conservation du vecteur moment cinétique $\vec{\boldsymbol{\sigma}}_C$ (trois composantes) et la conservation de la vitesse du centroïde du système $\vec{\boldsymbol{V}}_{G_\mathcal{O}}$ (trois composantes), ces deux vecteurs étant relatifs à un observateur inertiel $\mathcal{O}$.

Puisque pour un observateur barycentrique $O(t) = G(t)$, on déduit de respectivement (10.31) et (10.33) que

$$\sum_{a=1}^{N} E_a \, \overrightarrow{G(t)M_a(t)} = 0 \qquad \text{et} \qquad \vec{\boldsymbol{V}}_G = 0, \tag{10.40}$$

où E_a est l'énergie de la particule a mesurée par l'observateur barycentrique. La première de ces deux relations implique que le moment dipolaire de masse-énergie de $\mathscr{S}$ par rapport à tout observateur barycentrique est nul :

$$\vec{\boldsymbol{D}} = 0 \qquad (\mathcal{O} \text{ barycentrique}). \tag{10.41}$$

Via (10.37), on en déduit que l'impulsion totale de $\mathscr{S}$ mesurée par un observateur barycentrique est nulle :

$$\boldsymbol{P} = 0 \qquad (\mathcal{O} \text{ barycentrique}). \tag{10.42}$$

La relation d'Einstein (9.48) montre alors que l'énergie totale mesurée par un observateur barycentrique n'est autre que la masse totale de $\mathscr{S}$:

$$E = m\,c^2 \qquad (\mathcal{O} \text{ barycentrique}). \tag{10.43}$$

La propriété (10.39), à savoir que tous les centroïdes d'un système isolé ont pour 4-vitesse la 4-vitesse $\vec{\boldsymbol{u}}$ du système, peut se traduire par : le centroïde d'un système isolé par rapport à un observateur inertiel donné est *fixe* par rapport à un observateur barycentrique, au sens défini au § 3.3.3.

10.4.3 Spin d'un système isolé

Considérons un système isolé $\mathscr{S}$. Son moment cinétique par rapport à un point $C \in \mathscr{E}$, $\boldsymbol{J}_C$, est alors indépendant de tout observateur. Décomposons-le relativement à un observateur barycentrique suivant la formule (10.24). Dans le cas présent, $\vec{\boldsymbol{u}}_0 = \vec{\boldsymbol{u}}$, $O(t) = G(t)$, $\underline{\boldsymbol{D}} = 0$ (Éq. (10.41)) et $\boldsymbol{P} = 0$ (Éq. (10.42)). Il vient donc

$$\boldsymbol{J}_C = \boldsymbol{\epsilon}(\vec{\boldsymbol{u}}, \vec{\boldsymbol{\sigma}}_C, ., .) + c\,m\,\underline{CG} \wedge \underline{\boldsymbol{u}},$$

où l'on a utilisé (10.43) et on a remplacé C_* par C conformément à la remarque 1 du § 10.2.3. En vertu de la relation (9.43), on peut remplacer $c\,m\,\underline{\boldsymbol{u}}$ par la 4-impulsion totale du système, $\boldsymbol{p}$. On obtient alors

$$\boldsymbol{J}_C = \boldsymbol{\epsilon}(\vec{\boldsymbol{u}}, \vec{\boldsymbol{\sigma}}_C, ., .) + \underline{CG} \wedge \boldsymbol{p}. \tag{10.44}$$

Si l'on évalue le moment cinétique de $\mathscr{S}$ par rapport à un second point $C' \in \mathscr{E}$, on déduit de (10.44) et de la multilinéarité de $\boldsymbol{\epsilon}$ que

$$\boldsymbol{J}_{C'} = \boldsymbol{J}_C + \boldsymbol{\epsilon}\Big(\vec{\boldsymbol{u}},\ \vec{\boldsymbol{\sigma}}_{C'} - \vec{\boldsymbol{\sigma}}_C,\ .\ ,\ .\Big) + \underline{C'C} \wedge \boldsymbol{p}.$$

En comparant avec la loi générale de changement d'origine, à savoir la formule (10.19), on obtient immédiatement la nullité de la forme bilinéaire $\boldsymbol{\epsilon}(\vec{\boldsymbol{u}}, \vec{\boldsymbol{\sigma}}_{C'} - \vec{\boldsymbol{\sigma}}_C, ., .)$:

$$\boldsymbol{\epsilon}\Big(\vec{\boldsymbol{u}},\ \vec{\boldsymbol{\sigma}}_{C'} - \vec{\boldsymbol{\sigma}}_C,\ .\ ,\ .\Big) = 0.$$

Cela n'est possible que ssi le vecteur $\vec{\boldsymbol{\sigma}}_{C'} - \vec{\boldsymbol{\sigma}}_C$ est lui même nul ; autrement dit

$$\vec{\boldsymbol{\sigma}}_{C'} = \vec{\boldsymbol{\sigma}}_C. \tag{10.45}$$

Ainsi, pour un système isolé, le vecteur moment cinétique relatif à un observateur barycentrique ne dépend pas du point choisi pour prendre le moment. On retrouve là un résultat classique de la mécanique newtonienne. Nous appellerons $\vec{\boldsymbol{\sigma}}_C$ (indépendant de C donc) le ***vecteur de spin du système*** $\mathscr{S}$ et le noterons $\vec{\boldsymbol{\sigma}}$.

D'après (10.44), le moment cinétique de $\mathscr{S}$ par rapport à son centre d'inertie est

$$\boldsymbol{J}_G = \boldsymbol{S}, \tag{10.46}$$

où la 2-forme $\boldsymbol{S}$ est définie par

$$\boxed{\boldsymbol{S} := \boldsymbol{\epsilon}(\vec{\boldsymbol{u}}, \vec{\boldsymbol{\sigma}}, ., .)} \tag{10.47}$$

et est appelée ***spin du système*** $\mathscr{S}$.

10.4.4 Théorème de König

Au vu de (10.47) et de l'indépendance de $\vec{\boldsymbol{\sigma}}_C$ vis-à-vis de C, on peut réécrire (10.44) comme

$$\boxed{\boldsymbol{J}_C = \underbrace{\boldsymbol{S}}_{\text{spin}} + \underbrace{\underline{CG} \wedge \boldsymbol{p}}_{\substack{\text{moment cinétique}\\ \text{orbital}}}} . \tag{10.48}$$

Le terme appelé ***moment cinétique orbital*** est celui qui contient toute la dépendance en C. En comparant avec (10.1) on remarque qu'il est identique au moment cinétique d'une particule qui aurait la même ligne d'univers que le centre d'inertie G et comme 4-impulsion, la 4-impulsion totale du système. La décomposition (10.48) constitue la version relativiste du célèbre ***théorème de König***.

Puisque le vecteur 4-impulsion totale du système $\mathscr{S}$, $\vec{\boldsymbol{p}}$, est colinéaire à la 4-vitesse $\vec{\boldsymbol{u}}$ (par la définition même de cette dernière, *cf.* Éq. (9.43)), le caractère alterné du tenseur de Levi-Civita conduit à $\boldsymbol{\epsilon}(\vec{\boldsymbol{u}}, \vec{\boldsymbol{\sigma}}, \vec{\boldsymbol{p}}, .) = 0$, c'est-à-dire, en vertu de (10.47),

$$\boxed{\boldsymbol{S}(\vec{\boldsymbol{p}}, .) = 0} . \tag{10.49}$$

D'après (10.46), cette relation est équivalente à

$$\boxed{\boldsymbol{J}_G(\vec{\boldsymbol{p}}, .) = 0} . \tag{10.50}$$

Remarque : Nous avons défini le centre d'inertie G du système isolé $\mathscr{S}$ comme le centroïde du système par rapport à tous les observateurs de 4-vitesse égale à celle du système, à savoir $\vec{\boldsymbol{u}}$. On peut également définir le centre d'inertie sans passer par la notion de centroïde, en partant de l'égalité (10.50) : la ligne d'univers du centre d'inertie du système est constituée par tous les points $G \in \mathscr{E}$ telle que l'égalité (10.50) soit satisfaite. Pour le montrer, considérons un observateur inertiel $\mathcal{O}$ comobile avec $\mathscr{S}$, c'est-à-dire de 4-vitesse $\vec{\boldsymbol{u}}$. Soit $O(t) \in \mathscr{E}$ la position de cet observateur à son instant de temps propre t. D'après la formule de changement d'origine (10.19), on a

$$\boldsymbol{J}_{O(t)} = \boldsymbol{J}_G + \underline{O(t)G} \wedge \boldsymbol{p},$$

de sorte que la propriété (10.50) est équivalente à

$$\boldsymbol{J}_{O(t)}(\vec{\boldsymbol{p}}, .) = [\overrightarrow{O(t)G} \cdot \vec{\boldsymbol{p}}]\, \boldsymbol{p} - \langle \boldsymbol{p}, \vec{\boldsymbol{p}} \rangle\, \underline{O(t)G}.$$

En écrivant $\vec{\boldsymbol{p}} = mc\,\vec{\boldsymbol{u}}$, il vient

$$\boldsymbol{J}_{O(t)}(\vec{\boldsymbol{u}}, .) = mc\left[(\vec{\boldsymbol{u}} \cdot \overrightarrow{O(t)G})\, \underline{\boldsymbol{u}} + \underline{O(t)G}\right] . \tag{10.51}$$

Or par définition même du moment cinétique du système $\mathscr{S}$,

$$\boldsymbol{J}_{O(t)} = \sum_{a=1}^{N} \underline{O(t)M_a(t)} \wedge \boldsymbol{p}_a(t),$$

si bien que

$$\begin{aligned}\boldsymbol{J}_{O(t)}(\vec{\boldsymbol{u}},.) &= \sum_{a=1}^{N} \underbrace{[\overrightarrow{O(t)M_a(t)} \cdot \vec{\boldsymbol{u}}]}_{0} \boldsymbol{p}_a(t) - \underbrace{\langle \boldsymbol{p}_a(t), \vec{\boldsymbol{u}}\rangle}_{-E_a/c} \underline{O(t)M_a(t)} \\ &= \frac{1}{c}\sum_{a=1}^{N} E_a \, \underline{O(t)M_a(t)}.\end{aligned}$$

En reportant dans (10.51), il vient, par $\boldsymbol{g}$-dualité,

$$\frac{1}{mc^2}\sum_{a=1}^{N} E_a \, \overrightarrow{O(t)M_a(t)} = \perp_{\boldsymbol{u}} \overrightarrow{O(t)G}, \tag{10.52}$$

où l'on a utilisé l'expression (3.12) du projecteur orthogonal $\perp_{\boldsymbol{u}}$ sur $E_{\boldsymbol{u}}$. L'énergie totale du système mesurée par $\mathcal{O}$ étant $E = mc^2$, on reconnaît dans le membre de gauche de l'égalité ci-dessus le vecteur position dans $\mathscr{E}_{\boldsymbol{u}}(t)$ du centroïde du système, $G_{\mathcal{O}}(t)$ (*cf.* Éq. (10.31)). Mais puisque $\mathcal{O}$ est comobile, le centroïde n'est autre que le centre d'inertie du système. L'égalité ci-dessus montre que le point G est nécessairement sur la droite issue de $G_{\mathcal{O}}(t)$ et perpendiculaire à l'hyperplan $\mathscr{E}_{\boldsymbol{u}}(t)$. Cette dernière étant la ligne d'univers du centre d'inertie, cela achève la démonstration du fait que tout point G qui vérifie (10.50) est le centre d'inertie du système à un instant donné.

10.4.5 Taille minimale d'un système avec spin

Soient $\mathscr{S}$ un système isolé et $\mathscr{L}_G$ la ligne d'univers de son centre d'inertie ($\mathscr{L}_G$ est nécessairement une droite de $\mathscr{E}$). Soit $\vec{\boldsymbol{u}}$ la 4-vitesse de $\mathscr{S}$, telle que définie par (9.43). Désignons par $\mathcal{O}_G$ un observateur barycentrique, c'est-à-dire un observateur dont la ligne d'univers est $\mathscr{L}_G$ et la 4-vitesse $\vec{\boldsymbol{u}}$. Considérons également un observateur inertiel $\mathcal{O}$, de 4-vitesse $\vec{\boldsymbol{u}}_0$, de temps propre t, et de position $O(t)$. Soit $G(t)$ la position du centre d'inertie de $\mathscr{S}$ à l'instant t, c'est-à-dire $G(t) := \mathscr{L}_G \cap \mathscr{E}_{\boldsymbol{u}_0}(t)$. Soit $G_{\mathcal{O}}(t)$ le centroïde du système $\mathscr{S}$ vis-à-vis de $\mathcal{O}$. Considérons la forme linéaire $\boldsymbol{S}(\vec{\boldsymbol{u}}_0,.)$ obtenue lorsqu'on choisit la 4-vitesse de $\mathcal{O}$ comme premier argument de la forme bilinéaire $\boldsymbol{S}$, spin du système $\mathscr{S}$. D'après l'expression (10.47) de $\boldsymbol{S}$ en fonction du vecteur spin $\vec{\boldsymbol{\sigma}}$ de $\mathscr{S}$:

$$\boldsymbol{S}(\vec{\boldsymbol{u}}_0,.) = \boldsymbol{\epsilon}(\vec{\boldsymbol{u}}, \vec{\boldsymbol{\sigma}}, \vec{\boldsymbol{u}}_0, .). \tag{10.53}$$

Soit $\vec{\boldsymbol{V}}_{\mathcal{O}}$ la vitesse de $\mathcal{O}$ relative à $\mathcal{O}_G$: $\vec{\boldsymbol{V}}_{\mathcal{O}}$ apparaît dans la décomposition orthogonale de $\vec{\boldsymbol{u}}_0$ relativement à $\vec{\boldsymbol{u}}$ suivant la formule (4.31) :

$$\vec{\boldsymbol{u}}_0 = \Gamma\left(\vec{\boldsymbol{u}} + \frac{1}{c}\vec{\boldsymbol{V}}_{\mathcal{O}}\right), \qquad \text{avec} \quad \Gamma = \left(1 - \frac{1}{c^2}\vec{\boldsymbol{V}}_{\mathcal{O}} \cdot \vec{\boldsymbol{V}}_{\mathcal{O}}\right)^{-1/2}. \tag{10.54}$$

En insérant cette expression dans (10.53) et en tenant compte du caractère alterné de $\boldsymbol{\epsilon}$, il vient

$$\boldsymbol{S}(\vec{\boldsymbol{u}}_0,.) = \frac{\Gamma}{c}\boldsymbol{\epsilon}(\vec{\boldsymbol{u}}, \vec{\boldsymbol{\sigma}}, \vec{\boldsymbol{V}}_{\mathcal{O}}, .) = \frac{\Gamma}{c}\,\boldsymbol{g}(\vec{\boldsymbol{\sigma}} \times_{\boldsymbol{u}} \vec{\boldsymbol{V}}_{\mathcal{O}}, .). \tag{10.55}$$

Une expression alternative pour $\boldsymbol{S}(\vec{\boldsymbol{u}}_0, .)$ peut être déduite de la formule (10.46) : pour n'importe quelle valeur de t, $\boldsymbol{S} = \boldsymbol{J}_{G(t)}$. On en déduit $\boldsymbol{S}(\vec{\boldsymbol{u}}_0, .) = \boldsymbol{J}_{G(t)}(\vec{\boldsymbol{u}}_0, .)$. Exprimons $\boldsymbol{J}_{G(t)}(\vec{\boldsymbol{u}}_0, .)$ *via* la formule (10.35) avec $C = G(t)$:

$$\boldsymbol{S}(\vec{\boldsymbol{u}}_0, .) = \boldsymbol{J}_{G(t)}(\vec{\boldsymbol{u}}_0, .) = c\underline{\boldsymbol{D}}(t) + \frac{E}{c}\,\underline{G(t)O(t)} - h(t)\boldsymbol{P}, \tag{10.56}$$

où $\underline{\boldsymbol{D}}(t)$, E et $\boldsymbol{P}$ sont respectivement le moment dipolaire de masse-énergie de $\mathscr{S}$, l'énergie totale de $\mathscr{S}$ et l'impulsion totale de $\mathscr{S}$, ces trois quantités étant relatives à $\mathcal{O}$. $h(t)$ est la composante suivant $\vec{\boldsymbol{u}}_0$ du vecteur $\overrightarrow{G(t)O(t)}$ (*cf.* Éq. (10.5)) : $h(t) := -\vec{\boldsymbol{u}}_0 \cdot \overrightarrow{G(t)O(t)}$. Dans le cas présent $\overrightarrow{G(t)O(t)} \in E_{\boldsymbol{u}_0}(t)$, si bien que $h(t) = 0$. Par ailleurs $\vec{\boldsymbol{D}}$ est relié au centroïde $G_{\mathcal{O}}(t)$ par (10.31) : $\overrightarrow{O(t)G_{\mathcal{O}}(t)} = (c^2/E)\,\vec{\boldsymbol{D}}$. On a donc

$$\boldsymbol{S}(\vec{\boldsymbol{u}}_0, .) = \frac{E}{c}\,\underline{G(t)G_{\mathcal{O}}(t)}. \tag{10.57}$$

En égalant (10.55) et (10.57), il vient $\overrightarrow{G(t)G_{\mathcal{O}}(t)} = (\Gamma/E)\vec{\boldsymbol{\sigma}} \times_{\boldsymbol{u}} \vec{\boldsymbol{V}}_{\mathcal{O}}$. Or, d'après les relations $E = -c\vec{\boldsymbol{p}} \cdot \vec{\boldsymbol{u}}_0$ (Éq. (9.44)), $\vec{\boldsymbol{p}} = mc\vec{\boldsymbol{u}}$ (Éq. (9.43)) et $\Gamma = -\vec{\boldsymbol{u}} \cdot \vec{\boldsymbol{u}}_0$ (Éq. (10.54)), on a $E = \Gamma mc^2$, où m est la masse totale du système $\mathscr{S}$, telle que définie au § 9.2.5. Ainsi, nous pouvons écrire

$$\boxed{\overrightarrow{G(t)G_{\mathcal{O}}(t)} = \frac{1}{mc^2}\,\vec{\boldsymbol{\sigma}} \times_{\boldsymbol{u}} \vec{\boldsymbol{V}}_{\mathcal{O}}}. \tag{10.58}$$

Remarque : Le vecteur $\overrightarrow{G(t)G_{\mathcal{O}}(t)}$ appartient à l'espace de repos de $\mathcal{O}$, soit $E_{\boldsymbol{u}_0}$, et le vecteur $\vec{\boldsymbol{\sigma}} \times_{\boldsymbol{u}} \vec{\boldsymbol{V}}_{\mathcal{O}}$ à l'espace de repos de l'observateur barycentrique $\mathcal{O}_G$, soit $E_{\boldsymbol{u}}$. Mais puisque $\vec{\boldsymbol{\sigma}} \times_{\boldsymbol{u}} \vec{\boldsymbol{V}}_{\mathcal{O}}$ est, par définition de $\times_{\boldsymbol{u}}$, orthogonal à $\vec{\boldsymbol{V}}_{\mathcal{O}}$, et que $\vec{\boldsymbol{V}}_{\mathcal{O}}$ est la vitesse de $\mathcal{O}$ par rapport à $\mathcal{O}_G$, on a en fait $\vec{\boldsymbol{\sigma}} \times_{\boldsymbol{u}} \vec{\boldsymbol{V}}_{\mathcal{O}} \in E_{\boldsymbol{u}} \cap E_{\boldsymbol{u}_0}$, si bien que l'égalité (10.58) est possible.

On peut déduire une première propriété intéressante de l'égalité (10.58) :

> Les centroïdes d'un système isolé par rapport aux divers observateurs possibles sont confondus avec le centre d'inertie ssi le spin du système est nul.

En effet, si $G_{\mathcal{O}} = G$ pour tout $\mathcal{O}$, alors (10.58) implique $\vec{\boldsymbol{\sigma}} = 0$, ce qui, *via* (10.47), conduit à $\boldsymbol{S} = 0$. La réciproque est immédiate.

Une deuxième conséquence de (10.58) concerne la taille du système. En désignant par θ l'angle entre les vecteurs $\vec{\boldsymbol{\sigma}}$ et $\vec{\boldsymbol{V}}_{\mathcal{O}}$ dans $E_{\boldsymbol{u}}$ (*cf.* § 3.1.6), la formule (10.58) conduit à

$$\left\|\overrightarrow{G(t)G_{\mathcal{O}}(t)}\right\|_{\boldsymbol{g}} = \frac{1}{mc^2}\,\|\vec{\boldsymbol{\sigma}}\|_{\boldsymbol{g}}\,\left\|\vec{\boldsymbol{V}}_{\mathcal{O}}\right\|_{\boldsymbol{g}}\,|\sin\theta|.$$

Puisque l'observateur barycentrique est inertiel, on a toujours $\|\vec{V}_{\mathcal{O}}\|_{\boldsymbol{g}} < c$, de sorte que

$$\left\|\overrightarrow{G(t)G_{\mathcal{O}}(t)}\right\|_{\boldsymbol{g}} < R_0, \qquad \text{avec} \quad R_0 := \frac{1}{mc}\,\|\vec{\boldsymbol{\sigma}}\|_{\boldsymbol{g}}\,. \tag{10.59}$$

Supposons $\vec{\boldsymbol{\sigma}} \neq 0$ et considérons, dans l'espace de repos de l'observateur barycentrique, le disque $\mathscr{D}$, centré sur le centre d'inertie, de rayon R_0 et perpendiculaire à $\vec{\boldsymbol{\sigma}}$:

$$\mathscr{D}(t_G) := \left\{ A \in \mathscr{E}_{\boldsymbol{u}}(t_G), \quad \vec{\boldsymbol{\sigma}} \cdot \overrightarrow{G(t_G)A} = 0 \quad \text{et} \quad \left\|\overrightarrow{G(t_G)A}\right\|_{\boldsymbol{g}} < R_0 \right\},$$

où t_G désigne le temps propre de l'observateur barycentrique, avec $G(t_G) = G(t)$. D'après (10.58), il est clair que tout centroïde est situé dans ce disque. Réciproquement, si $A \in \mathscr{D}(t_G)$, il existe un unique vecteur $\vec{\boldsymbol{V}}_{\perp} \in E_{\boldsymbol{u}} \cap \mathrm{Vect}(\vec{\boldsymbol{\sigma}})^{\perp}$ tel que

$$\overrightarrow{G(t_G)A} = \frac{1}{mc^2}\,\vec{\boldsymbol{\sigma}} \times_{\boldsymbol{u}} \vec{\boldsymbol{V}}_{\perp}. \tag{10.60}$$

De plus, puisque $A \in \mathscr{D}(t_G)$, on a $\|\vec{\boldsymbol{V}}_{\perp}\|_{\boldsymbol{g}} < c$. Alors pour tout $V_{\|} \in \mathbb{R}$ vérifiant $V_{\|}^2 < c^2 - \vec{\boldsymbol{V}}_{\perp} \cdot \vec{\boldsymbol{V}}_{\perp}$, le vecteur

$$\vec{\boldsymbol{V}} = V_{\|}\,\vec{\boldsymbol{\sigma}} + \vec{\boldsymbol{V}}_{\perp} \tag{10.61}$$

constitue le vecteur vitesse $\vec{\boldsymbol{V}}_{\mathcal{O}}$ d'un observateur $\mathcal{O}$ relativement à $\mathcal{O}_G$. Le centroïde du système $\mathscr{S}$ pour cet observateur vérifie alors $\overrightarrow{G(t)G_{\mathcal{O}}(t)} = (mc^2)^{-1}\vec{\boldsymbol{\sigma}} \times_{\boldsymbol{u}} \vec{\boldsymbol{V}}_{\mathcal{O}} = (mc^2)^{-1}\vec{\boldsymbol{\sigma}} \times_{\boldsymbol{u}} \vec{\boldsymbol{V}}_{\perp} = \overrightarrow{G(t)A}$, d'où $A = G_{\mathcal{O}}(t)$. Autrement dit, chaque point du disque $\mathscr{D}(t_G)$ correspond au centroïde du système pour une infinité d'observateurs inertiels (qui diffèrent par la valeur de $V_{\|}$).

Lorsque t_G varie, $\mathscr{D}(t_G)$ décrit un tube (cylindre) d'univers centré sur la droite $\mathscr{L}_G$. Nous appellerons naturellement ce tube le ***tube des centroïdes*** du système $\mathscr{S}$.

Supposons que pour l'observateur barycentrique $\mathcal{O}_G$, toutes les particules qui constituent le système $\mathscr{S}$ soient, à chaque instant de temps propre t_G, contenues à l'intérieur d'une boule $\mathscr{B}_R(t_G)$ de $\mathscr{E}_{\boldsymbol{u}}(t_G)$ centrée sur $G(t_G)$ et de rayon R, indépendant de t_G. Lorsque t_G varie, cette boule décrit un tube d'univers $\mathscr{T}$ d'axe $\mathscr{L}_G$. Il s'agit d'un tube quadridimensionnel, contrairement au tube des centroïdes qui, lui est tridimensionnel. Montrons que le disque des centroïdes, $\mathscr{D}(t_G)$, est tout entier inclus dans la boule $\mathscr{B}_R(t_G)$. Soient $G_{\mathcal{O}}$ un point de $\mathscr{D}(t_G)$ et $\mathcal{O}$ un observateur inertiel tel que le centroïde de $\mathscr{S}$ par rapport à $\mathcal{O}$ soit $G_{\mathcal{O}}$. À un instant de temps propre t de $\mathcal{O}$, considérons le volume de l'espace de repos $\mathscr{E}_{\boldsymbol{u}_0}(t)$ de $\mathcal{O}$ occupé par le système : $\tilde{\mathscr{B}}(t) := \mathscr{T} \cap \mathscr{E}_{\boldsymbol{u}_0}(t)$. Les positions $M_a(t)$ des particules du système à l'instant t (c'est-à-dire les intersections de leurs lignes d'univers avec $\mathscr{E}_{\boldsymbol{u}_0}(t)$) sont toutes contenues dans $\tilde{\mathscr{B}}(t)$. Or le centroïde $G_{\mathcal{O}}(t)$ est, par définition, le barycentre des positions $M_a(t)$ pondérées par les énergies E_a des particules relativement à $\mathcal{O}$ (*cf.* (10.31)). Puisque $\mathcal{O}$ est inertiel, les énergies des particules sont toutes positives ($E_a = \Gamma_a m_a c^2$), si bien que le centroïde est situé à l'intérieur du système, c'est-à-dire dans $\mathscr{B}(t)$. La ligne d'univers du centroïde étant une droite de vecteur directeur $\vec{\boldsymbol{u}}$, tout comme l'axe du tube $\mathscr{T}$, on en déduit qu'à chaque instant de temps propre t_G, $G_{\mathcal{O}}(t_G)$ est dans la boule $\mathscr{B}_R(t_G)$. Nous avons ainsi montré que $\mathscr{D}(t_G) \subset \mathscr{B}_R(t_G)$. Le rayon du disque $\mathscr{D}(t_G)$ étant R_0, on en conclut que le rayon R de la boule $\mathscr{B}_R(t_G)$ qui mesure la taille du système dans le référentiel barycentrique, doit vérifier $R \geq R_0$, c'est-à-dire, compte tenu de (10.59),

$$\boxed{R \geq \frac{1}{mc} \|\vec{\boldsymbol{\sigma}}\|_{\boldsymbol{g}}}. \qquad (10.62)$$

Ainsi la norme du vecteur spin fournit une borne inférieure sur la taille d'un système de particules. Autrement dit, un système avec spin ne peut avoir une taille arbitrairement réduite.

Remarque : Le résultat ci-dessus peut se comprendre intuitivement en remarquant que si l'on veut maintenir un moment cinétique fini par rapport au centre d'inertie (spin) tout en réduisant la taille du système, il faut que les particules « tournent » de plus en plus vite. La vitesse de la lumière étant une borne supérieure à la vitesse des particules, on voit bien que l'on ne peut pas réduire arbitrairement la taille du système.

Note historique : *La définition (10.31) du centroïde d'un système, ainsi que celle du centre d'inertie, a été introduite en 1929 par Adriaan D. Fokker*[2] *[162]* (cf. *aussi [340]), qui utilisait le terme* centre de masse invariant *pour ce que nous appelons* centre d'inertie. *La définition alternative du centre d'inertie, basée sur l'identité* $\boldsymbol{J}_G(\vec{\mathbf{p}}, .) = 0$ *(Éq. (10.50)), a été introduite en 1935 par John L. Synge* (cf. *p. 77) [397]. Le résultat (10.62) sur la taille minimale d'un système avec spin est dû à Christian Møller*[3] *[296, 297].*

10.5 Évolution du moment cinétique

10.5.1 Quadricouple

Tout comme au § 9.4, considérons une particule $\mathscr{P}$, de masse $m > 0$, de ligne d'univers $\mathscr{L}$, de 4-vitesse $\vec{\boldsymbol{u}}$ et de temps propre τ. Nous avons vu au § 10.3 que, si $\mathscr{P}$ est isolée, son moment cinétique $\boldsymbol{J}_C$ par rapport à n'importe quel point $C \in \mathscr{E}$ est un champ de formes bilinéaires constant le long de $\mathscr{L}$.

2. **Adriaan D. Fokker** (1887–1972) : Physicien et musicien hollandais, cousin du constructeur d'avions Anthony Fokker. Il est surtout connu pour l'équation de Fokker-Planck dans l'étude du mouvement brownien. Il a également inventé l'orgue qui porte son nom.

3. **Christian Møller** (1904–1980) : Physicien danois, qui a travaillé en relativité et en physique des particules ; auteur en 1952 d'un manuel de relativité restreinte et générale célèbre à son époque [298].

Si $\mathscr{P}$ n'est pas isolée, nous définirons alors la dérivée de $\boldsymbol{J}_C$ le long de $\mathscr{L}$ comme le ***quadricouple*** (ou encore ***4-couple***) ***par rapport au point*** C ***et agissant sur la particule*** $\mathscr{P}$:

$$\boxed{\boldsymbol{N}_C := \frac{d\boldsymbol{J}_C}{d\tau}}. \qquad (10.63)$$

Tout comme $\boldsymbol{J}_C$, $\boldsymbol{N}_C$ est un champ de formes bilinéaires antisymétriques (2-formes) défini le long de $\mathscr{L}$.

En remplaçant $\boldsymbol{J}_C$ par son expression (10.1), il vient

$$\boldsymbol{N}_C = \frac{d\underline{CM}}{d\tau} \wedge \boldsymbol{p} + \underline{CM} \wedge \frac{d\boldsymbol{p}}{d\tau}.$$

Or, par définition de la 4-vitesse de $\mathscr{P}$ et de la 4-force $\boldsymbol{f}$ agissant sur $\mathscr{P}$ (Éq. (9.109))

$$\frac{d\underline{CM}}{d\tau} = c\,\underline{\boldsymbol{u}} \qquad \text{et} \qquad \frac{d\boldsymbol{p}}{d\tau} = \boldsymbol{f}.$$

Par ailleurs, $\boldsymbol{p} = mc\,\underline{\boldsymbol{u}}$ (Éq. (9.3)), si bien que $\underline{\boldsymbol{u}} \wedge \boldsymbol{p} = 0$. Au final, il reste

$$\boxed{\boldsymbol{N}_C = \underline{CM} \wedge \boldsymbol{f}}. \qquad (10.64)$$

10.5.2 Loi d'évolution du vecteur moment cinétique

Dérivons à présent une équation d'évolution pour le vecteur moment cinétique $\vec{\boldsymbol{\sigma}}_C$ de la particule $\mathscr{P}$ par rapport à un point C et mesuré par un observateur $\mathcal{O}$. Notons t le temps propre de $\mathcal{O}$ et $\vec{\boldsymbol{u}}_0$ sa 4-vitesse. Rappelons que $\vec{\boldsymbol{\sigma}}_C = \vec{\boldsymbol{\sigma}}_C(t) \in E_{\boldsymbol{u}_0}(t)$ où $E_{\boldsymbol{u}_0}(t)$ est l'espace vectoriel associé à l'espace local de repos de l'observateur $\mathcal{O}$ au temps propre t. On cherche à évaluer $d\vec{\boldsymbol{\sigma}}_C/dt$. On peut alors distinguer deux cas : (i) C est un point fixe de l'espace-temps $\mathscr{E}$, (ii) C évolue avec t ; nous supposerons alors que $C(t)$ décrit une ligne d'univers du genre temps dans $\mathscr{E}$. Ce dernier cas est le plus intéressant en pratique, c'est ailleurs celui considéré habituellement en mécanique newtonienne. On a d'ailleurs souvent le cas particulier où $C(t)$ est fixe par rapport à l'observateur $\mathcal{O}$ (c'est-à-dire est à coordonnées constantes dans son espace de référence, *cf.* § 3.3.3), avec comme sous-cas particulier $C(t) = O(t)$, origine des coordonnées locales de $\mathcal{O}$. Nous allons nous concentrer sur le cas (ii). Le point de départ du calcul est la relation (10.11) qui exprime $\vec{\boldsymbol{\sigma}}_C$ comme moment de l'impulsion $\vec{\boldsymbol{P}}(t)$ de la particule mesurée par $\mathcal{O}$ par rapport au point C :

$$\vec{\boldsymbol{\sigma}}_C = \overrightarrow{CM} \times_{\boldsymbol{u}_0} \vec{\boldsymbol{P}} = \boldsymbol{\epsilon}\left(\vec{\boldsymbol{u}}_0(t), \overrightarrow{C(t)M(t)}, \vec{\boldsymbol{P}}(t), .\right).$$

De par la multilinéarité du tenseur de Levi-Civita, il vient alors

$$\frac{d\vec{\boldsymbol{\sigma}}_C}{dt} = \boldsymbol{\epsilon}\left(\frac{d\vec{\boldsymbol{u}}_0}{dt}, \overrightarrow{CM}, \vec{\boldsymbol{P}}, .\right) + \boldsymbol{\epsilon}\left(\vec{\boldsymbol{u}}_0, \frac{d\overrightarrow{CM}}{dt}, \vec{\boldsymbol{P}}, .\right) + \boldsymbol{\epsilon}\left(\vec{\boldsymbol{u}}_0, \overrightarrow{CM}, \frac{d\vec{\boldsymbol{P}}}{dt}, .\right). \qquad (10.65)$$

Calculons chacun des trois termes séparément. Pour le premier, il vient, par définition de la 4-accélération $\vec{a}_0$ de $\mathcal{O}$,

$$\epsilon\left(\frac{d\vec{u}_0}{dt}, \overrightarrow{CM}, \vec{P}, .\right) = c\epsilon\left(\vec{a}_0, \overrightarrow{CM}, \vec{P}, .\right).$$

$\vec{a}_0$, $\overrightarrow{CM}$ et $\vec{P}$ étant trois vecteurs de $E_{u_0}(t)$, le même calcul que celui qui a donné l'identité (4.52) au Chap. 4 conduit à

$$\epsilon\left(\frac{d\vec{u}_0}{dt}, \overrightarrow{CM}, \vec{P}, .\right) = c\left[\vec{a}_0 \cdot \left(\overrightarrow{CM} \times_{u_0} \vec{P}\right)\right] \vec{u}_0 = c\left(\vec{a}_0 \cdot \vec{\sigma}_C\right) \vec{u}_0. \quad (10.66)$$

Pour évaluer le second terme du membre de droite de (10.65), écrivons

$$\frac{d\overrightarrow{CM}}{dt} = \frac{d\overrightarrow{CO}}{dt} + \frac{d\overrightarrow{OM}}{dt} = -\frac{d\overrightarrow{OC}}{dt} + \frac{d\overrightarrow{OM}}{dt}$$

et utilisons la relation (4.24) pour les points $M(t)$ (particule $\mathscr{P}$) et $C(t)$ (point par rapport auquel on évalue le moment cinétique) :

$$\frac{d\overrightarrow{CM}}{dt} = -\vec{V}_C - \vec{\omega} \times_{u_0} \overrightarrow{OC} - c(\vec{a}_0 \cdot \overrightarrow{OC})\,\vec{u}_0 + \vec{V} + \vec{\omega} \times_{u_0} \overrightarrow{OM} + c(\vec{a}_0 \cdot \overrightarrow{OM})\,\vec{u}_0,$$

où $\vec{V}$ (resp. $\vec{V}_C$) est la vitesse de $\mathscr{P}$ (resp. du point $C(t)$) relative à l'observateur $\mathcal{O}$ et $\vec{\omega}$ est la 4-rotation de $\mathcal{O}$. On a donc

$$\epsilon\left(\vec{u}_0, \frac{d\overrightarrow{CM}}{dt}, \vec{P}, .\right) = \epsilon(\vec{u}_0, \vec{V} + \vec{\omega} \times_{u_0} \overrightarrow{OM}, \vec{P}, .) - \epsilon(\vec{u}_0, \vec{V}_C + \vec{\omega} \times_{u_0} \overrightarrow{OC}, \vec{P}, .).$$

Or d'après la formule (9.28), les vecteurs $\vec{V} + \vec{\omega} \times_{u_0} \overrightarrow{OM}$ et $\vec{P}$ sont colinéaires. Le premier terme du membre de droite de l'équation ci-dessus est donc nul (antisymétrie de ϵ) et il ne reste que le deuxième que l'on peut écrire sous la forme d'un produit vectoriel :

$$\epsilon\left(\vec{u}_0, \frac{d\overrightarrow{CM}}{dt}, \vec{P}, .\right) = \vec{P} \times_{u_0} \left(\vec{V}_C + \vec{\omega} \times_{u_0} \overrightarrow{OC}\right). \quad (10.67)$$

Quant au troisième terme du membre de droite de (10.65), écrivons $d\vec{P}/dt = \boldsymbol{D}^{\mathrm{FW}}_{u_0}\vec{P} + c(\vec{a}_0 \cdot \vec{P})\,\vec{u}_0$ et utilisons l'expression (9.124) de $\boldsymbol{D}^{\mathrm{FW}}_{u_0}\vec{P}$ pour obtenir

$$\begin{aligned}
\epsilon\left(\vec{u}_0, \overrightarrow{CM}, \frac{d\vec{P}}{dt}, .\right) &= \epsilon\left(\vec{u}_0, \overrightarrow{CM}, \vec{F}_{\mathrm{ext}} - E\vec{a}_0 + c\langle \boldsymbol{P}, \vec{a}_0\rangle\,\vec{u}_0, .\right) \\
&= \epsilon\left(\vec{u}_0, \overrightarrow{CM}, \vec{F}_{\mathrm{ext}} - E\vec{a}_0, .\right) \\
&= \overrightarrow{CM} \times_{u_0} (\vec{F}_{\mathrm{ext}} - E\vec{a}_0). \quad (10.68)
\end{aligned}$$

En reportant (10.66), (10.67) et (10.68) dans (10.65), on obtient l'expression de la dérivée temporelle du vecteur moment cinétique :

$$\frac{d\vec{\boldsymbol{\sigma}}_C}{dt} = c\,(\vec{\boldsymbol{a}}_0 \cdot \vec{\boldsymbol{\sigma}}_C)\,\vec{\boldsymbol{u}}_0 + \vec{\boldsymbol{P}} \times_{\boldsymbol{u}_0} \left(\vec{\boldsymbol{V}}_C + \vec{\boldsymbol{\omega}} \times_{\boldsymbol{u}_0} \overrightarrow{OC}\right) + \overrightarrow{CM} \times_{\boldsymbol{u}_0} (\vec{\boldsymbol{F}}_{\rm ext} - E\vec{\boldsymbol{a}}_0).$$

On reconnaît dans $d\vec{\boldsymbol{\sigma}}_C/dt - c\,(\vec{\boldsymbol{a}}_0 \cdot \vec{\boldsymbol{\sigma}}_C)\,\vec{\boldsymbol{u}}_0$ la dérivée de Fermi-Walker de $\vec{\boldsymbol{\sigma}}_C$ le long de la ligne d'univers de l'observateur $\mathcal{O}$ (*cf.* Éq. (3.72) avec $\vec{\boldsymbol{u}}_0 \cdot \vec{\boldsymbol{\sigma}}_C = 0$), si bien que l'on peut mettre l'expression ci-dessus sous la forme finale

$$\boxed{\boldsymbol{D}^{\rm FW}_{\boldsymbol{u}_0} \vec{\boldsymbol{\sigma}}_C = \overrightarrow{CM} \times_{\boldsymbol{u}_0} (\vec{\boldsymbol{F}}_{\rm ext} - E\vec{\boldsymbol{a}}_0) + \vec{\boldsymbol{P}} \times_{\boldsymbol{u}_0} \left(\vec{\boldsymbol{V}}_C + \vec{\boldsymbol{\omega}} \times_{\boldsymbol{u}_0} \overrightarrow{OC}\right)}. \qquad (10.69)$$

Le terme $\overrightarrow{CM} \times_{\boldsymbol{u}_0} (\vec{\boldsymbol{F}}_{\rm ext} - E\vec{\boldsymbol{a}}_0)$ est appelé ***couple exercé sur la particule*** $\mathscr{P}$ ***par rapport au point*** C ***vis-à-vis de l'observateur*** $\mathcal{O}$.

Remarque 1 : Le membre de droite de (10.69) est un vecteur manifestement orthogonal à $\vec{\boldsymbol{u}}_0$; la dérivée de Fermi-Walker, plutôt que d/dt, dans le membre de gauche assure alors qu'il en sera de même pour $\vec{\boldsymbol{\sigma}}_C$.

Remarque 2 : Si $\mathcal{O}$ est un observateur inertiel ($\boldsymbol{D}^{\rm FW}_{\boldsymbol{u}_0} = d/dt$, $\vec{\boldsymbol{a}}_0 = 0$ $\vec{\boldsymbol{\omega}} = 0$ et $\vec{\boldsymbol{F}} = \vec{\boldsymbol{F}}_{\rm ext}$, *cf.* Éq. (9.123)) et si, de plus, C est un point fixe par rapport à $\mathcal{O}$ ($\vec{\boldsymbol{V}}_C = 0$), la formule (10.69) se réduit à

$$\boxed{\frac{d}{dt}\vec{\boldsymbol{\sigma}}_C = \overrightarrow{CM} \times_{\boldsymbol{u}_0} \vec{\boldsymbol{F}}.}_{\mathcal{O}\ \text{inertiel}\quad \text{et}\ C\ \text{fixe}} \qquad (10.70)$$

En particulier, en l'absence de force ($\vec{\boldsymbol{F}} = 0$), on retrouve la loi de conservation (10.30).

Remarque 3 : Si l'on avait considéré le point C comme fixe dans l'espace-temps (cas (i) discuté au début de cette section), on aurait obtenu la formule

$$\boldsymbol{D}^{\rm FW}_{\boldsymbol{u}_0} \vec{\boldsymbol{\sigma}}_C = \overrightarrow{CM} \times_{\boldsymbol{u}_0} (\vec{\boldsymbol{F}}_{\rm ext} - E\vec{\boldsymbol{a}}_0) + c\,h(t)\vec{\boldsymbol{P}} \times_{\boldsymbol{u}_0} \vec{\boldsymbol{a}}_0, \qquad (10.71)$$

au lieu de (10.69).

10.6 Particule avec spin

10.6.1 Définition

Le concept de particule avec spin est une notion fondamentalement quantique [246, 318]. Nous avons bien défini le spin $\boldsymbol{S}$ d'un système isolé comme le moment cinétique par rapport à son centre d'inertie (*cf.* Éq. (10.46)). Cependant, si l'on réduit le système à une seule particule, la comparaison des Éqs. (10.1) et (10.48) (avec $G = M$) conduit à $\boldsymbol{S} = 0$. Un autre argument contre le concept de spin « classique » repose sur l'existence d'une taille minimale à tout système de spin non nul, ainsi que nous l'avons vu au § 10.4.5, de sorte que l'on ne peut réduire le système à un rayon nul pour le considérer comme une particule.

Néanmoins, on peut formellement étendre le concept de particule tel que considéré jusqu'à présent à celui d'une ***particule avec spin***, en se donnant :

1. une ligne d'univers $\mathscr{L} \subset \mathscr{E}$, du genre temps ou du genre lumière ;

2. un champ de formes linéaires $\boldsymbol{p}$ défini le long de $\mathscr{L}$, tel que le vecteur $\vec{\boldsymbol{p}}(M)$ soit tangent à $\mathscr{L}$ en tout point $M \in \mathscr{L}$;

3. un champ de formes bilinéaires antisymétriques $\boldsymbol{S}$ défini le long de $\mathscr{L}$ et vérifiant
$$\boxed{\boldsymbol{S}(\vec{\boldsymbol{p}}, .) = 0}. \tag{10.72}$$

La 2-forme $\boldsymbol{S}$ est appelé ***spin de la particule***. Les points 1 et 2 sont ceux déjà introduits au Chap. 9. L'extension de la notion de particule est donc constituée par le point 3. La relation (10.72) est motivée par la relation (10.49) que nous avons établie pour un système de particules.

Remarque : Le modèle de particule avec spin que nous venons de définir est celui considéré par John L. Synge (*cf.* p. 77) en 1956 [399]. Il existe d'autres modèles, où l'on ne suppose pas que le vecteur 4-impulsion soit tangent à la ligne d'univers [93].

Dans le cas où $\mathscr{P}$ est une particule avec spin de masse non nulle, il est naturel d'introduire sa 4-vitesse $\vec{\boldsymbol{u}}$ de décomposer la forme bilinéaire antisymétrique $\boldsymbol{S}$ par rapport à $\vec{\boldsymbol{u}}$ suivant la formule (3.39) :

$$\boldsymbol{S} = \boldsymbol{\epsilon}(\vec{\boldsymbol{u}}, \vec{\boldsymbol{s}}, ., .) + \underline{\boldsymbol{u}} \wedge \boldsymbol{q}, \tag{10.73}$$

où $\vec{\boldsymbol{s}}$ est un vecteur orthogonal à $\vec{\boldsymbol{u}}$: $\vec{\boldsymbol{s}} \in E_{\boldsymbol{u}}$ et $\boldsymbol{q}$ est une forme linéaire telle que $\langle \boldsymbol{q}, \vec{\boldsymbol{u}} \rangle = 0$. Dans le cas présent, la condition (10.72) imposée à $\boldsymbol{S}$ implique $\boldsymbol{q} = 0$. En effet, le vecteur $\vec{\boldsymbol{p}}$ est colinéaire à $\vec{\boldsymbol{u}}$ ($\vec{\boldsymbol{p}} = mc\,\vec{\boldsymbol{u}}$), si bien que (10.73) et le caractère alterné du tenseur de Levi-Civita conduisent à

$$\boldsymbol{S}(\vec{\boldsymbol{p}}, .) = mc\,\underbrace{\boldsymbol{\epsilon}(\vec{\boldsymbol{u}}, \vec{\boldsymbol{s}}, \vec{\boldsymbol{u}}, .)}_{0} + mc\,\underbrace{\vec{\boldsymbol{u}} \cdot \vec{\boldsymbol{u}}}_{-1}\,\boldsymbol{q} - mc\,\underbrace{\langle \boldsymbol{q}, \vec{\boldsymbol{u}} \rangle}_{0}\,\underline{\boldsymbol{u}} = -mc\,\boldsymbol{q}.$$

La condition (10.72) implique alors immédiatement $\boldsymbol{q} = 0$. Par conséquent, la décomposition (10.73) se réduit à

$$\boxed{\boldsymbol{S} = \boldsymbol{\epsilon}(\vec{\boldsymbol{u}}, \vec{\boldsymbol{s}}, ., .)} \quad \text{avec} \quad \boxed{\vec{\boldsymbol{u}} \cdot \vec{\boldsymbol{s}} = 0}. \tag{10.74}$$

Le vecteur $\vec{\boldsymbol{s}} \in E_{\boldsymbol{u}}$, qui rappelons-le est unique pour une 2-forme $\boldsymbol{S}$ donnée, est appelé ***vecteur spin*** de la particule $\mathscr{P}$. La relation (10.74) montre que le vecteur $\vec{\boldsymbol{s}}$ détermine complètement la 2-forme $\boldsymbol{S}$. Autrement dit, on aurait pu remplacer le point 3 dans la définition ci-dessus d'une particule avec spin par

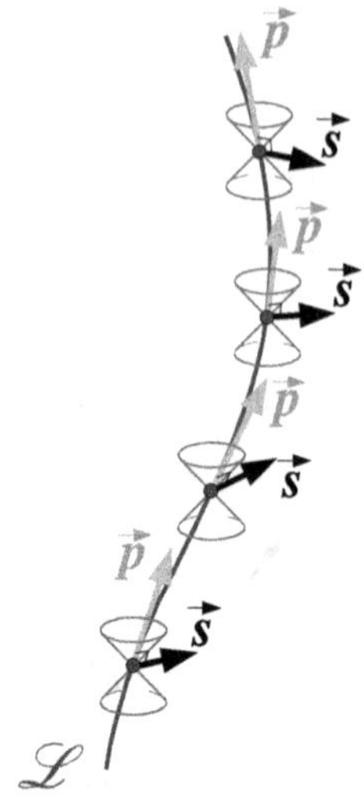

FIG. 10.2 – Particule avec spin : le vecteur spin $\vec{s}$ est orthogonal au vecteur 4-impulsion $\vec{p}$ en tout point de la ligne d'univers de la particule. En particulier, $\vec{s}$ est un vecteur du genre espace.

la donnée d'un champ de vecteurs $\vec{s}$ défini le long de $\mathscr{L}$ et normal à $\vec{u}$, donc à $\vec{p}$ (*cf.* Fig. 10.2).

Le moment cinétique d'une particule avec spin par rapport à un point $C \in \mathscr{E}$ est défini par

$$\forall M \in \mathscr{L}, \quad \boxed{\boldsymbol{J}_C(M) := \boldsymbol{S}(M) + \underline{CM} \wedge \boldsymbol{p}(M)}. \tag{10.75}$$

Cette formule généralise (10.1) et a exactement la même structure que la décomposition du moment cinétique total d'un système telle que donnée par le théorème de König (Éq. (10.48)).

Note historique : *La notion de particule (classique) avec spin a été introduite par Jacov I. Frenkel*[4] *en 1926 [167]. Frenkel a considéré la 2-forme* $\boldsymbol{S}$. *Le 4-vecteur spin* $\vec{s}$ *a quant à lui été introduit par Igor I. Tamm*[5] *en 1929 [403]. Une contribution importante a été celle de Myron Mathisson*[6] *qui a*

4. **Jacov Ilitch Frenkel** (1894–1952) : Physicien soviétique, auteur de travaux en physique des solides (*défauts de Frenkel* dans les cristaux), des liquides et des semi-conducteurs.

5. **Igor Ievgenievitch Tamm** (1895–1971) : Physicien soviétique, prix Nobel de physique en 1958 pour la découverte et l'interprétation de l'effet Cherenkov ; co-inventeur du tokamak pour la fusion thermonucléaire contrôlée.

6. **Myron Mathisson** (1897–1940) : Physicien théoricien polonais, auteur de travaux sur le problème du mouvement en relativité générale ; il a entretenu une correspondance (en français !) avec Albert Einstein. Sa carrière fut brève car il mourut de la tuberculose à 43 ans. Il avait tellement impressionné le mathématicien Jacques Hadamard que ce dernier publia un article à sa mémoire en 1942.

obtenu en 1937 [276] les équations du mouvement d'une particule avec spin à partir d'un développement multipolaire pour un corps étendu.

10.6.2 Loi d'évolution du spin

La dérivée du moment cinétique $\boldsymbol{J}_C$ par rapport au temps propre τ de la particule $\mathscr{P}$ définit le 4-couple $\boldsymbol{N}_C$ agissant sur $\mathscr{P}$ (*cf.* Éq. (10.63)). En dérivant (10.75), il vient donc

$$\frac{d\boldsymbol{S}}{d\tau} + \underline{CM} \wedge \boldsymbol{f} = \boldsymbol{N}_C, \tag{10.76}$$

où $\boldsymbol{f} = d\boldsymbol{p}/d\tau$ est la 4-force agissant sur la particule et on a utilisé $d\underline{CM}/d\tau = c\,\underline{\boldsymbol{u}}$ et $\boldsymbol{p} = mc\,\underline{\boldsymbol{u}}$ pour écrire $d\underline{CM}/d\tau \wedge \boldsymbol{p} = 0$. Au vu de (10.76), il est naturel de séparer le couple $\boldsymbol{N}_C$ en deux parties : $\boldsymbol{N}_C = \boldsymbol{N}_{\rm spin} + \boldsymbol{N}_C^{\rm orb}$, telles que

$$\frac{d\boldsymbol{S}}{d\tau} = \boldsymbol{N}_{\rm spin} \qquad \text{et} \qquad \boldsymbol{N}_C^{\rm orb} = \underline{CM} \wedge \boldsymbol{f}. \tag{10.77}$$

Nous appellerons $\boldsymbol{N}_{\rm spin}$ ***4-couple sur le spin*** et $\boldsymbol{N}_C^{\rm orb}$ ***4-couple orbital***. Remarquons que $\boldsymbol{N}_{\rm spin}$ est indépendant du point C.

Dérivons à partir de (10.77) une équation d'évolution pour le vecteur spin $\vec{\boldsymbol{s}}$. En utilisant (10.74) et la multilinéarité du tenseur de Levi-Civita, il vient

$$\frac{d\boldsymbol{S}}{d\tau} = \boldsymbol{\epsilon}\left(\frac{d\vec{\boldsymbol{u}}}{d\tau}, \vec{\boldsymbol{s}}, ., .\right) + \boldsymbol{\epsilon}\left(\vec{\boldsymbol{u}}, \frac{d\vec{\boldsymbol{u}}}{d\tau}, ., .\right) = c\,\boldsymbol{\epsilon}\,(\vec{\boldsymbol{a}}, \vec{\boldsymbol{s}}, ., .) + \boldsymbol{\epsilon}\left(\vec{\boldsymbol{u}}, \frac{d\vec{\boldsymbol{s}}}{d\tau}, ., .\right),$$

où $\vec{\boldsymbol{a}} = c^{-1} d\vec{\boldsymbol{u}}/d\tau$ est la 4-accélération de la particule. La première des équations (10.77) devient donc

$$c\,\boldsymbol{\epsilon}\,(\vec{\boldsymbol{a}}, \vec{\boldsymbol{s}}, ., .) + \boldsymbol{\epsilon}\left(\vec{\boldsymbol{u}}, \frac{d\vec{\boldsymbol{s}}}{d\tau}, ., .\right) = \boldsymbol{N}_{\rm spin}. \tag{10.78}$$

Or, $\vec{\boldsymbol{a}}$ et $\vec{\boldsymbol{s}}$ étant deux vecteurs de $E_{\boldsymbol{u}}$, on a la propriété suivante, équivalente à l'identité (4.52) au Chap. 4 :

$$\forall \vec{\boldsymbol{v}} \in E_{\boldsymbol{u}}, \quad \boldsymbol{\epsilon}(\vec{\boldsymbol{a}}, \vec{\boldsymbol{s}}, \vec{\boldsymbol{v}}, .) = [\vec{\boldsymbol{a}} \cdot (\vec{\boldsymbol{s}} \times_{\boldsymbol{u}} \vec{\boldsymbol{v}})]\,\underline{\boldsymbol{u}} = [\vec{\boldsymbol{v}} \cdot (\vec{\boldsymbol{a}} \times_{\boldsymbol{u}} \vec{\boldsymbol{s}})]\,\underline{\boldsymbol{u}} = \langle \underline{\vec{\boldsymbol{a}} \times_{\boldsymbol{u}} \vec{\boldsymbol{s}}}, \vec{\boldsymbol{v}} \rangle\,\underline{\boldsymbol{u}}.$$

Par antisymétrie, on en déduit que $\boldsymbol{\epsilon}(\vec{\boldsymbol{a}}, \vec{\boldsymbol{s}}, ., .) = (\underline{\vec{\boldsymbol{a}} \times_{\boldsymbol{u}} \vec{\boldsymbol{s}}}) \wedge \underline{\boldsymbol{u}}$, de sorte que (10.78) devient

$$\boldsymbol{\epsilon}\left(\vec{\boldsymbol{u}}, \frac{d\vec{\boldsymbol{s}}}{d\tau}, ., .\right) + c\,(\underline{\vec{\boldsymbol{a}} \times_{\boldsymbol{u}} \vec{\boldsymbol{s}}}) \wedge \underline{\boldsymbol{u}} = \boldsymbol{N}_{\rm spin}. \tag{10.79}$$

Comme pour toute 2-forme, on peut décomposer $\boldsymbol{N}_{\rm spin}$ vis-à-vis du vecteur $\vec{\boldsymbol{u}}$ suivant la formule (3.39) :

$$\boldsymbol{N}_{\rm spin} = \boldsymbol{\epsilon}(\vec{\boldsymbol{u}}, \vec{\boldsymbol{C}}, ., .) + \underline{\boldsymbol{u}} \wedge \boldsymbol{B}, \tag{10.80}$$

où le vecteur $\vec{C}$ est dans E_u et B est une forme linéaire telle que $\langle B, \vec{u}\rangle = 0$. $\vec{C}$ est appelé ***couple sur le spin***. En combinant (10.79) et (10.80), il vient

$$\epsilon\left(\vec{u}, \frac{d\vec{s}}{d\tau}, ., .\right) = \epsilon(\vec{u}, \vec{C}, ., .) \qquad \text{et} \qquad B = -c\,\underline{\vec{a} \times_u \vec{s}}.$$

La première de ces deux équations implique

$$\frac{d\vec{s}}{d\tau} = \vec{C} + \lambda\,\vec{u}, \tag{10.81}$$

avec λ champ scalaire défini le long de $\mathscr{L}$. On détermine λ en prenant la dérivée de la condition $\vec{u}\cdot\vec{s} = 0$ (Éq. (10.74)) :

$$0 = \frac{d}{d\tau}(\vec{u}\cdot\vec{s}) = \frac{d\vec{u}}{d\tau}\cdot\vec{s} + \vec{u}\cdot\frac{d\vec{s}}{d\tau} = c\,\vec{a}\cdot\vec{s} + c^{-1}\underbrace{\vec{u}\cdot\vec{C}}_{0} + \lambda\,\underbrace{\vec{u}\cdot\vec{u}}_{-1},$$

d'où $\lambda = c\,\vec{a}\cdot\vec{s}$ et (10.81) devient

$$\boxed{\frac{d\vec{s}}{d\tau} = \vec{C} + c\,(\vec{a}\cdot\vec{s})\,\vec{u}}. \tag{10.82}$$

En comparant avec la définition (3.72) et en tenant compte de $\vec{u}\cdot\vec{s} = 0$, on reconnaît dans $d\vec{s}/d\tau - c\,(\vec{a}\cdot\vec{s})\,\vec{u}$ la dérivée de Fermi-Walker de $\vec{s}$ le long de la ligne d'univers de $\mathscr{P}$. On a donc la formule très simple :

$$\boxed{D^{\rm FW}_{u}\vec{s} = \vec{C}} \qquad \text{avec} \quad \vec{u}\cdot\vec{C} = 0. \tag{10.83}$$

Nous allons à présent traiter deux cas particuliers de cette équation d'évolution.

10.6.3 Gyroscope libre

Nous dirons que la particule constitue un ***gyroscope libre*** dans le cas où son spin n'est soumis à aucun couple : $\vec{C} = 0$. L'équation (10.83) se réduit alors à

$$\boxed{D^{\rm FW}_{u}\vec{s} = 0}. \tag{10.84}$$

Autrement dit le vecteur spin $\vec{s}$ est transporté au sens de Fermi-Walker le long de la ligne d'univers $\mathscr{L}$ de $\mathscr{P}$ (*cf.* § 3.5.3). Remarquons que la norme du vecteur $\vec{s}$ est alors constante le long de $\mathscr{L}$:

$$\boxed{\|\vec{s}\|_g = \text{const}}. \tag{10.85}$$

En effet, $\|\vec{s}\|_g := \sqrt{\vec{s}\cdot\vec{s}}$ et $d(\vec{s}\cdot\vec{s})/d\tau = 2\vec{s}\cdot d\vec{s}/d\tau = 2\vec{s}\cdot[D^{\rm FW}_{u}\vec{s} + c(\vec{a}\cdot\vec{s})\,\vec{u}] = 0 + 0 = 0$ car $\vec{s}\cdot\vec{u} = 0$. D'une manière générale, le mouvement d'un vecteur $\vec{s}$ le long d'une ligne d'univers tel que la norme de $\vec{s}$ soit constante est appelé ***précession***.

10.6.4 Équation BMT

Comme second exemple de loi d'évolution (10.83), considérons une particule $\mathscr{P}$, chargée et avec spin dans un champ électromagnétique. Le couple sur le spin est dans ce cas

$$\vec{C} = \frac{gq}{2mc} \perp_{\boldsymbol{u}} \vec{\boldsymbol{F}}(.,\vec{s}), \tag{10.86}$$

où $\boldsymbol{F}$ est la 2-forme décrivant le champ électromagnétique qui sera introduite au Chap. 17, $\vec{\boldsymbol{F}}(.,\vec{s})$ est le vecteur $\boldsymbol{g}$-dual de la forme linéaire $E \to \mathbb{R}$, $\vec{v} \mapsto \boldsymbol{F}(\vec{v},\vec{s})$, $\perp_{\boldsymbol{u}}$ est le projecteur orthogonal sur $E_{\boldsymbol{u}}$, m est la masse de la particule $\mathscr{P}$, q sa charge électrique et g une constante sans dimension appelée ***facteur de Landé*** de la particule. Le coefficient $gq/(2m)$ est appelé ***rapport gyromagnétique*** de la particule $\mathscr{P}$. Pour un électron[7], $g = 2$. En reportant (10.86) dans (10.83), on obtient l'équation d'évolution de $\vec{s}$ suivante

$$\boxed{\boldsymbol{D}^{\mathrm{FW}}_{\boldsymbol{u}} \vec{s} = \frac{gq}{2mc} \perp_{\boldsymbol{u}} \vec{\boldsymbol{F}}(.,\vec{s})}. \tag{10.87}$$

Il est intéressant d'expliciter la dérivée de Fermi-Walker en fonction de la dérivée par rapport au temps propre τ de $\mathscr{P}$ suivant (3.72) :

$$\boldsymbol{D}^{\mathrm{FW}}_{\boldsymbol{u}} \vec{s} = \frac{d\vec{s}}{d\tau} - c(\vec{a}\cdot\vec{s})\,\vec{u}, \tag{10.88}$$

et d'y remplacer la 4-accélération $\vec{a}$ en fonction de la 4-force $\vec{f}$ subie par la particule suivant la relation (9.110) : $\underline{a} = (mc^2)^{-1}\boldsymbol{f}$, la forme linéaire $\boldsymbol{f}$ s'exprimant en fonction du champ électromagnétique comme

$$\boldsymbol{f} = q\boldsymbol{F}(.,\vec{u}). \tag{10.89}$$

Cette dernière expression est celle de la *force de Lorentz* que nous discuterons au Chap. 17. Ainsi, compte tenu de $\vec{a}\cdot\vec{s} = \langle \underline{a}, \vec{s}\rangle = m^{-1}c^{-2}\langle \boldsymbol{f}, \vec{s}\rangle$, (10.88) devient

$$\boldsymbol{D}^{\mathrm{FW}}_{\boldsymbol{u}} \vec{s} = \frac{d\vec{s}}{d\tau} - \frac{q}{mc}\boldsymbol{F}(\vec{s},\vec{u})\,\vec{u}.$$

En reportant dans (10.87) et en explicitant le projecteur orthogonal $\perp_{\boldsymbol{u}}$ suivant (3.13), on obtient

$$\boxed{\frac{d\vec{s}}{d\tau} = \frac{q}{mc}\left[\frac{g}{2}\vec{\boldsymbol{F}}(.,\vec{s}) + \left(\frac{g}{2}-1\right)\boldsymbol{F}(\vec{u},\vec{s})\,\vec{u}\right]}. \tag{10.90}$$

Cette relation est appelée ***équation BMT***, en référence à une étude de V. Bargmann, L. Michel et V.L. Telegdi publiée en 1959 [35]. L'équation BMT assure que la norme du vecteur spin est préservée :

$$\boxed{\|\vec{s}\|_{\boldsymbol{g}} = \mathrm{const}}. \tag{10.91}$$

7. En fait, des corrections d'électrodynamique quantique font que g n'est pas exactement égal à 2 pour un électron : $g - 2 \simeq 2.3 \times 10^{-3}$.

$\vec{s}$ a donc un mouvement de précession, tout comme le vecteur spin du gyroscope libre traité au § 10.6.3. La démonstration de (10.91) est facile :

$$\frac{d}{d\tau}(\vec{s}\cdot\vec{s}) = 2\vec{s}\cdot\frac{d\vec{s}}{d\tau} = \frac{2q}{mc}\left[\frac{g}{2}\underbrace{\boldsymbol{F}(\vec{s},\vec{s})}_{0} + \left(\frac{g}{2}-1\right)\boldsymbol{F}(\vec{u},\vec{s})\,\underbrace{\vec{s}\cdot\vec{u}}_{0}\right] = 0,$$

où nous avons utilisé l'antisymétrie de $\boldsymbol{F}$.

Dans le cas d'un électron, pour lequel $g = 2$, l'équation BMT se simplifie singulièrement :

$$\left.\boxed{\frac{d\vec{s}}{d\tau} = \frac{q}{mc}\vec{\boldsymbol{F}}(.,\vec{s})}\right|_{g=2} . \tag{10.92}$$

Note historique : *L'équation BMT a en fait été dérivée pour la première fois par Llewellyn H. Thomas* (cf. *p. 220) en 1927 [411], explicitement dans le cas* $g = 2$ *(Éq. (10.92)) et en donnant une équation équivalente à (10.90) dans le cas général.*

Chapitre 11

Principe de moindre action

Sommaire

La plupart des théories physiques modernes sont basées sur un *principe de moindre action*, encore appelé *principe variationnel.* Cette approche conduit naturellement à la détermination des quantités conservées à partir des symétries du système décrit. De plus, elle facilite le passage vers la version quantique d'une théorie classique. Nous nous proposons donc de reformuler dans ce cadre la dynamique des particules relativistes développée dans les deux chapitres précédents.

11.1 Principe de moindre action pour une particule

11.1.1 Rappels de mécanique lagrangienne non-relativiste

Dans la mécanique lagrangienne prérelativiste, appelée aussi *mécanique analytique*, un système à N degrés de liberté est entièrement décrit par la donnée d'une fonction à valeurs réelles de la dimension d'une énergie :

$$L = L(q_1, \ldots, q_N, \dot{q}_1, \ldots, \dot{q}_N, t), \tag{11.1}$$

où t désigne le temps absolu newtonien, $(q_a)_{1\leq a\leq N}$ les N ***coordonnées généralisées*** du système et $(\dot{q}_a)_{1\leq a\leq N}$ les N ***vitesses généralisées***, c'est-à-dire les dérivées des coordonnées généralisées par rapport au temps : $\dot{q}_a = dq_a/dt$. La configuration du système à un instant t est définie par les N fonctions $q_a(t)$, qui décrivent une partie de $\mathbb{R}^N$ appelée ***espace des configurations***. La fonction L, dont la forme précise définit les processus physiques à l'œuvre, est appelée ***lagrangien*** du système. Pour un système constitué de M particules et pour lequel la force sur chaque particule dérive d'un potentiel V, on a $N = 3M$ et un choix standard de lagrangien est $L = T - V$, T étant l'énergie cinétique totale du système.

Le ***principe de moindre action***, encore appelé ***principe de Hamilton*** (*cf.* p. 249), stipule que l'évolution du système entre deux configurations fixées $(q_a(t_1))$ et $(q_a(t_2))$ est telle que l'***action*** du système, définie par

$$S := \int_{t_1}^{t_2} L(q_1, \ldots, q_N, \dot{q}_1, \ldots, \dot{q}_N, t)\, dt, \tag{11.2}$$

soit minimale parmi toutes les trajectoires possibles $q_a = q_a(t)$ entre t_1 et t_2. Si les N coordonnées généralisées q_a sont indépendantes, le principe de moindre action conduit aux ***équations d'Euler-Lagrange*** :

$$\frac{\partial L}{\partial q_a} - \frac{d}{dt}\left(\frac{\partial L}{\partial \dot{q}_a}\right) = 0, \qquad a \in \{1, \ldots, N\}. \tag{11.3}$$

Réciproquement, si les équations d'Euler-Lagrange sont satisfaites, alors, pour des états initial $(q_a(t_1))$ et final $(q_a(t_2))$ fixés, l'action S est extrémale sur le chemin réellement suivi par le système dans l'espace des configurations.

Pour un exposé détaillé de la mécanique lagrangienne non-relativiste et des exemples, nous renvoyons aux manuels de Basdevant [38], Deruelle et Uzan [113] ou Hakim [197] (pour ne citer que des ouvrages récents).

11.1.2 Généralisation relativiste

La généralisation du principe de moindre action à un système relativiste se heurte d'emblée à une difficulté conceptuelle : il n'existe pas de temps absolu t en relativité. Cela pose le problème de la définition des vitesses généralisées $\dot{q}_a := dq_a/dt$, ainsi que de l'action S comme une intégrale sur t. Pour des particules, on peut penser au temps propre, mais il n'y a pas unicité de ce dernier dès lors qu'il y a plus d'une particule. Même pour un système réduit à une seule particule, ce choix n'est pas directement applicable. En effet, si l'on considère comme coordonnées généralisées les coordonnées (x^α) de la particule dans un repère affine de $\mathscr{E}$, alors les vitesses généralisées $\dot{x}^\alpha := dx^\alpha/dt$, avec t temps propre, ne sont autres (à un facteur c près) que les composantes de la 4-vitesse $\vec{\boldsymbol{u}}$ de la particule dans la base vectorielle associée au repère affine (*cf.* Éq. (2.12)). Elles sont donc soumises à la contrainte $g_{\alpha\beta}\dot{x}^\alpha\dot{x}^\beta = -c^2$, issue de $\vec{\boldsymbol{u}} \cdot \vec{\boldsymbol{u}} = -1$. Cette contrainte restreint les variations possibles dans le principe de moindre action. Il est possible d'en tenir compte par la méthode des multiplicateurs de Lagrange[1], mais ce n'est pas la méthode la plus couramment utilisée. Nous présentons cette dernière dans ce qui suit.

11.1.3 Lagrangien et action d'une particule

Considérons un système réduit à une particule $\mathscr{P}$. La solution au problème mentionné ci-dessus consiste à remplacer le temps absolu newtonien par un paramètre quelconque λ qui augmente uniformément le long de ligne d'univers $\mathscr{L}$ de $\mathscr{P}$. Cela revient à introduire un *paramétrage* de $\mathscr{L}$, tel que défini au § 2.1. Notons que ce paramétrage est *a priori* quelconque et ne coïncide pas avec le temps propre de $\mathscr{P}$. Étant donné un système de coordonnées affines (x^α) de $\mathscr{E}$, la ligne d'univers de $\mathscr{P}$ est décrite par l'équation

$$\mathscr{L}: \qquad x^\alpha = x^\alpha(\lambda), \quad \lambda \in \mathbb{R}, \qquad \alpha \in \{0, 1, 2, 3\}, \tag{11.4}$$

où les x^α sont quatre fonctions[2] (au moins deux fois différentiables) $\mathbb{R} \to \mathbb{R}$. Posons alors $\dot{x}^\alpha := dx^\alpha/d\lambda$. Les $(\dot{x}^\alpha)$ ne sont pas autre chose que les composantes dans le repère affine considéré du vecteur tangent à $\mathscr{L}$ associé au paramètre λ (*cf.* Éq. (2.4)) :

$$\vec{\boldsymbol{v}} = \frac{dx^\alpha}{d\lambda}\, \vec{\boldsymbol{e}}_\alpha = \dot{x}^\alpha\, \vec{\boldsymbol{e}}_\alpha, \tag{11.5}$$

où $(\vec{\boldsymbol{e}}_\alpha)$ est la base de E associée aux coordonnées affines (x^α) sur $\mathscr{E}$.

On appelle ***lagrangien*** de la particule $\mathscr{P}$ toute fonction (différentiable) $L:\ \mathbb{R}^8 \to \mathbb{R}$ telle qu'entre deux événements quelconques A_1 et A_2 de la ligne d'univers de $\mathscr{P}$ (de paramètres respectifs λ_1 et λ_2), l'intégrale

$$\boxed{S := \int_{\lambda_1}^{\lambda_2} L(x^\alpha(\lambda), \dot{x}^\alpha(\lambda))\, d\lambda} \tag{11.6}$$

ait les propriétés suivantes :

(i) S a la dimension d'une énergie multipliée par un temps ;

(ii) S est indépendante du paramétrage λ.

La quantité S est appelée ***action*** de la particule entre les événements A_1 et A_2. Le choix de la forme explicite de L définira une situation physique donnée (par exemple une particule libre ou bien plongée dans un champ électromagnétique).

1. *Cf.* le livre de Barut [37], p. 65, pour un exemple.

2. On emploie le même symbole x^α pour désigner les coordonnées affines sur $\mathscr{E}$ et les fonctions de λ qui définissent la ligne d'univers de $\mathscr{P}$. Cela constitue un léger abus de notation, assez répandu en physique. En toute rigueur, on devrait écrire quelque chose comme $x^\alpha = X^\alpha(\lambda)$, plutôt que (11.4).

Le fait que la valeur de S ne dépende pas du paramétrage de $\mathscr{L}$ introduit une contrainte sur la fonction L. Considérons en effet un deuxième paramétrage $\tilde{\lambda}$ de $\mathscr{L}$:

$$\mathscr{L} : \qquad x^\alpha = \tilde{x}^\alpha(\tilde{\lambda}), \quad \tilde{\lambda} \in \mathbb{R}, \qquad \alpha \in \{0, 1, 2, 3\}, \tag{11.7}$$

où $\tilde{x}^\alpha : \mathbb{R} \to \mathbb{R}$ sont quatre fonctions *a priori* différentes des fonctions x^α introduites dans (11.4). De par la définition d'un paramétrage (*cf.* § 2.1), il existe une application inversible $f : \mathbb{R} \to \mathbb{R}$ telle que $\lambda = f(\tilde{\lambda})$. En combinant (11.4) et (11.7), il vient

$$\tilde{x}^\alpha(\tilde{\lambda}) = x^\alpha(\lambda), \tag{11.8}$$

d'où

$$\dot{\tilde{x}}^\alpha := \frac{d\tilde{x}^\alpha}{d\tilde{\lambda}} = \frac{dx^\alpha}{d\lambda}\frac{d\lambda}{d\tilde{\lambda}} = \frac{d\lambda}{d\tilde{\lambda}}\,\dot{x}^\alpha, \tag{11.9}$$

avec $d\lambda/d\tilde{\lambda} = f'(\tilde{\lambda})$. L'invariance de l'action (11.6) par rapport au paramétrage est équivalente à

$$L(\tilde{x}^\alpha, \dot{\tilde{x}}^\alpha)\, d\tilde{\lambda} = L(x^\alpha, \dot{x}^\alpha)\, d\lambda.$$

En reportant (11.8) et (11.9) dans cette expression, on obtient

$$L\left(x^\alpha(\lambda), \frac{d\lambda}{d\tilde{\lambda}}\,\dot{x}^\alpha\right) = \frac{d\lambda}{d\tilde{\lambda}}\,L(x^\alpha, \dot{x}^\alpha).$$

Cette relation devant être satisfaite quelle que soit la valeur de $d\lambda/d\tilde{\lambda}$, on en conclut que L est une fonction homogène de degré 1 par rapport à ses quatre derniers arguments :

$$\forall \mu \in \mathbb{R},\ \forall (x^\alpha, \dot{x}^\alpha) \in \mathbb{R}^8, \quad \boxed{L(x^\alpha, \mu\dot{x}^\alpha) = \mu L(x^\alpha, \dot{x}^\alpha)}. \tag{11.10}$$

Le théorème d'Euler sur les fonctions homogènes impose alors au lagrangien L de vérifier l'identité suivante :

$$\boxed{\dot{x}^\alpha \frac{\partial L}{\partial \dot{x}^\alpha} = L}. \tag{11.11}$$

11.1.4 Principe de moindre action

Le ***principe de moindre action*** s'énonce comme suit :

> Si le lagrangien L décrit correctement la dynamique de la particule $\mathscr{P}$, la ligne d'univers suivie par $\mathscr{P}$ entre les événements A_1 et A_2 est celle pour laquelle l'action S est minimale.

Plus précisément, considérons une variation de la ligne d'univers de $\mathscr{P}$ en gardant les événements A_1 et A_2 fixes. Cela revient à dire que l'on considère une ligne d'univers $\mathscr{L}'$ voisine de $\mathscr{L}$, dont l'équation dans les coordonnées affines (x^α) s'écrit

$$\mathscr{L}' : \qquad x^\alpha = x^\alpha(\lambda) + \delta x^\alpha(\lambda), \qquad \alpha \in \{0,1,2,3\}, \tag{11.12}$$

avec $\delta x^\alpha(\lambda)$ infiniment petit et tel que

$$\delta x^\alpha(\lambda_1) = 0 \qquad \text{et} \qquad \delta x^\alpha(\lambda_2) = 0, \tag{11.13}$$

si bien que A_1 et A_2 sont fixes. La variation correspondante de l'action est

$$\delta S = \int_{\lambda_1}^{\lambda_2} \left[\frac{\partial L}{\partial x^\alpha} \delta x^\alpha + \frac{\partial L}{\partial \dot{x}^\alpha} \delta \dot{x}^\alpha \right] d\lambda. \tag{11.14}$$

$\delta \dot{x}^\alpha$ étant obtenu en prenant la dérivée de (11.12) par rapport à λ, on a $\delta \dot{x}^\alpha = d(\delta x^\alpha)/d\lambda$. On peut alors intégrer par parties le deuxième terme de (11.14), et écrire

$$\delta S = \int_{\lambda_1}^{\lambda_2} \left[\frac{\partial L}{\partial x^\alpha} \delta x^\alpha - \frac{d}{d\lambda} \left(\frac{\partial L}{\partial \dot{x}^\alpha} \right) \delta x^\alpha \right] d\lambda + \left[\frac{\partial L}{\partial \dot{x}^\alpha} \delta x^\alpha \right]_{\lambda_1}^{\lambda_2} .$$

Compte tenu de (11.13), le dernier terme de l'équation ci-dessus s'annule et il vient

$$\delta S = \int_{\lambda_1}^{\lambda_2} \left[\frac{\partial L}{\partial x^\alpha} - \frac{d}{d\lambda} \left(\frac{\partial L}{\partial \dot{x}^\alpha} \right) \right] \delta x^\alpha \, d\lambda. \tag{11.15}$$

Le principe de moindre action stipule que S atteint un minimum sur la ligne d'univers effectivement suivie par la particule, ce qui implique

$$\boxed{\delta S = 0} \tag{11.16}$$

quelle que soit la variation δx^α autour de $\mathscr{L}$. Au vu de (11.15), on en déduit

$$\boxed{\frac{\partial L}{\partial x^\alpha} - \frac{d}{d\lambda} \left(\frac{\partial L}{\partial \dot{x}^\alpha} \right) = 0}, \qquad \alpha \in \{0,1,2,3\}. \tag{11.17}$$

Autrement dit, le lagrangien L doit vérifier des ***équations d'Euler-Lagrange*** identiques aux équations (11.3) de la dynamique non-relativiste, si ce n'est que le temps newtonien y a été remplacé par un paramètre quelconque de la ligne d'univers de la particule.

Remarque : Les équations d'Euler-Lagrange (11.17) sont au nombre de quatre, alors qu'elles ne sont que trois pour une particule en mécanique newtonienne. Il ne faudrait pas en conclure pour autant que la relativité ajoute un degré de liberté à un système composé d'une seule particule ! Les quatre équations

(11.17) ne sont en effet pas indépendantes, en raison de l'identité (11.11) que doit vérifier le lagrangien relativiste. Pour le voir, évaluons l'expression suivante, *sans supposer que les équations (11.17) soient satisfaites* :

$$\dot{x}^\alpha \left[\frac{\partial L}{\partial x^\alpha} - \frac{d}{d\lambda} \left(\frac{\partial L}{\partial \dot{x}^\alpha} \right) \right] = \dot{x}^\alpha \frac{\partial L}{\partial x^\alpha} - \frac{d}{d\lambda} \left(\dot{x}^\alpha \frac{\partial L}{\partial \dot{x}^\alpha} \right) + \frac{d\dot{x}^\alpha}{d\lambda} \frac{\partial L}{\partial \dot{x}^\alpha}$$
$$= \frac{dL}{d\lambda} - \frac{d}{d\lambda} \left(\dot{x}^\alpha \frac{\partial L}{\partial \dot{x}^\alpha} \right) = \frac{d}{d\lambda} \left(L - \dot{x}^\alpha \frac{\partial L}{\partial \dot{x}^\alpha} \right).$$

L'identité (11.11) donne alors

$$\dot{x}^\alpha \left[\frac{\partial L}{\partial x^\alpha} - \frac{d}{d\lambda} \left(\frac{\partial L}{\partial \dot{x}^\alpha} \right) \right] = 0. \tag{11.18}$$

Cette identité réduit le nombre d'équations d'Euler-Lagrange (11.17) indépendantes de quatre à trois.

11.1.5 Action d'une particule libre

Le principe de moindre action doit bien entendu être complété par le choix de la fonction lagrangien. Le cas le plus simple est celui d'une particule massive libre (c'est-à-dire isolée). Nous savons que la ligne d'univers de $\mathscr{P}$ est alors une droite de $\mathscr{E}$ (§ 9.2.4). De plus, nous avons remarqué au § 2.6.1 que les lignes d'univers droites sont des géodésiques du genre temps de l'espace-temps de Minkowski : elles réalisent un maximum du temps propre entre deux événements donnés. Il est alors naturel de considérer comme action d'une particule libre une quantité proportionnelle au temps propre écoulé le long de la ligne d'univers. La constante de proportionnalité α devra être négative pour transformer le maximum du temps propre en un minimum de l'action. De plus, α devra avoir la dimension d'une énergie pour que S ait la bonne dimension. Il n'y a alors qu'un seul choix possible à partir de la seule donnée de la particule : $\alpha = -mc^2$, où m est la masse de $\mathscr{P}$, que nous supposerons constante le long de $\mathscr{L}$. Par conséquent, l'action d'une particule massive libre entre deux événements A_1 et A_2 de sa ligne d'univers est

$$\boxed{S = -mc^2 \int_{\tau_1}^{\tau_2} d\tau = -mc^2(\tau_2 - \tau_1)}, \tag{11.19}$$

où τ_1 (resp. τ_2) est le temps propre de $\mathscr{P}$ en A_1 (resp. A_2) et $d\tau$ l'incrément de temps propre le long de $\mathscr{L}$. Exprimons ce dernier en fonction de l'incrément du paramètre λ suivant la relation (2.9) :

$$d\tau = \frac{1}{c} \sqrt{-\boldsymbol{g}(\vec{v}, \vec{v})}\, d\lambda,$$

$\vec{v}$ étant le vecteur tangent à $\mathscr{L}$ associé au paramètre λ. Grâce à (11.5), cette relation peut s'écrire

$$d\tau = \frac{1}{c} \sqrt{-g_{\alpha\beta}\, \dot{x}^\alpha\, \dot{x}^\beta}\, d\lambda, \tag{11.20}$$

où les $(g_{\alpha\beta})$ sont les composantes du tenseur métrique par rapport à la base $(\vec{e}_\alpha)$. En reportant (11.20) dans l'expression (11.19) de l'action et en comparant avec la définition (11.6), on en déduit l'expression du lagrangien d'une particule libre :

$$\boxed{L(x^\alpha, \dot{x}^\alpha) = -mc\sqrt{-g_{\alpha\beta}\,\dot{x}^\alpha\,\dot{x}^\beta}}. \tag{11.21}$$

On vérifie que ce lagrangien est bien une fonction homogène de degré 1 par rapport à $\dot{x}^\alpha$, c'est-à-dire qu'il vérifie la propriété (11.10).

Vérifions également que les équations d'Euler-Lagrange obtenues à partir de (11.21) conduisent bien à des lignes d'univers qui sont des droites de $\mathscr{E}$. On a

$$\frac{\partial L}{\partial \dot{x}^\alpha} = \frac{mc}{2\sqrt{-g_{\mu\nu}\,\dot{x}^\mu\,\dot{x}^\nu}}\,g_{\mu\nu}\left(\underbrace{\frac{\partial \dot{x}^\mu}{\partial \dot{x}^\alpha}}_{\delta^\mu{}_\alpha}\dot{x}^\nu + \dot{x}^\mu\underbrace{\frac{\partial \dot{x}^\nu}{\partial \dot{x}^\alpha}}_{\delta^\nu{}_\alpha}\right) = \frac{mc}{\sqrt{-g_{\mu\nu}\,\dot{x}^\mu\,\dot{x}^\nu}}\,g_{\alpha\beta}\,\dot{x}^\beta.$$

Or, d'après les Éqs. (11.5) et (2.13),

$$\frac{\dot{x}^\alpha}{\sqrt{-g_{\mu\nu}\,\dot{x}^\mu\,\dot{x}^\nu}} = u^\alpha, \tag{11.22}$$

où les (u^α) sont les composantes de la 4-vitesse $\vec{\boldsymbol{u}}$ de la particule dans la base $(\vec{e}_\alpha)$. L'expression de $\partial L/\partial \dot{x}^\alpha$ peut donc se mettre sous la forme

$$\boxed{\frac{\partial L}{\partial \dot{x}^\alpha} = mcu_\alpha}, \tag{11.23}$$

où $u_\alpha = g_{\alpha\beta}u^\beta = \vec{\boldsymbol{u}}\cdot\vec{e}_\alpha$ désigne les composantes dans la base duale à $(\vec{e}_\alpha)$ de la forme linéaire $\underline{\boldsymbol{u}}$ associée au vecteur $\vec{\boldsymbol{u}}$ par dualité métrique. Au vu de (11.23) et de $\partial L/\partial x^\alpha = 0$, les équations d'Euler-Lagrange (11.17) se réduisent à

$$\frac{du_\alpha}{d\lambda} = 0.$$

En multipliant par la matrice $(g^{\alpha\beta})$ inverse de $(g_{\alpha\beta})$ (*cf.* §. 1.2.2), on obtient $du^\beta/d\lambda = 0$, c'est-à-dire que $\vec{\boldsymbol{u}}$ est constant le long de $\mathscr{L}$. On en conclut que la ligne d'univers $\mathscr{L}$ est bien une droite.

Exemple : Choisissons comme système de coordonnées affines de $\mathscr{E}$ des coordonnées liées à un observateur inertiel $\mathcal{O}$: $(x^\alpha) = (ct, x, y, z)$, où t est le temps propre de $\mathcal{O}$. La base $(\vec{e}_\alpha)$ est alors orthonormale et la matrice $(g_{\alpha\beta})$ est la matrice de Minkowski $(\eta_{\alpha\beta})$. De plus, choisissons comme paramètre de la ligne d'univers $\mathscr{L}$ le temps propre de $\mathcal{O}$: $\lambda = t$. On a alors

$$\dot{x}^0 = \frac{dx^0}{d\lambda} = \frac{d(ct)}{dt} = c \quad \text{et} \quad \dot{x}^i = \frac{dx^i}{d\lambda} = \frac{dx^i}{dt} = V^i, \tag{11.24}$$

où les V^i sont les composantes dans la base $(\vec{e}_i)$ de la vitesse $\vec{V}$ de $\mathscr{P}$ relative à l'observateur $\mathcal{O}$. Le lagrangien (11.21) s'écrit donc

$$L = -mc\sqrt{-\eta_{\alpha\beta}\,\dot{x}^\alpha\,\dot{x}^\beta} = -mc\sqrt{c^2 - \delta_{ij}V^iV^j}, \tag{11.25}$$

c'est-à-dire

$$\boxed{L = -mc^2\sqrt{1 - \frac{\vec{V}\cdot\vec{V}}{c^2}}}. \tag{11.26}$$

Remarque 1 : Le lagrangien (11.26), qui fait référence à un observateur inertiel, est celui considéré généralement dans des textes introductifs comme les manuels de Landau et Lifchitz [231], Feynman [155], Basdevant [38] ou Pérez [320].

Remarque 2 : Si l'on choisit comme paramètre non plus le temps propre t d'un observateur inertiel, mais le temps propre de la particule elle-même, la valeur numérique du lagrangien est constante, puisque dans ce cas $\dot{x}^\alpha = dx^\alpha/d\tau = cu^\alpha$ et la relation

$$g_{\alpha\beta}u^\alpha u^\beta = -1 \tag{11.27}$$

réduit (11.21) à $L = -mc^2$. Un lagrangien constant conduit évidemment à des équations d'Euler-Lagrange sans contenu (du type « $0 = 0$ »). On retrouve ainsi le problème souligné au § 11.1.2. Le paramètre λ à partir duquel on forme le lagrangien (11.21) ne doit pas être contraint. On peut prendre le temps propre de la particule, mais il ne faut alors pas supposer la relation (11.27) avec $u^\alpha = \dot{x}^\alpha/c$ comme satisfaite *a priori*. Ce n'est qu'*a posteriori*, c'est-à-dire une fois les équations d'Euler-Lagrange écrites et résolues, qu'on peut l'imposer.

Note historique : *C'est Henri Poincaré (*cf. *p. 25) qui, en 1905, dans le fameux « mémoire de Palerme » [333], a écrit le lagrangien d'une particule libre relativiste. Il a obtenu une forme équivalente à (11.26) en postulant l'invariance de l'action sous le groupe de Lorentz (*cf. *[62] pour une discussion détaillée). En 1906, Max Planck (*cf. *p. 282) [325] a lui aussi obtenu le lagrangien (11.26), mais avec une constante additive – ce qui ne rend pas l'action invariante sous le groupe de Lorentz. Il supprimera la constante l'année suivante [326].*

11.1.6 Particule dans un champ vectoriel

Nous dirons qu'une particule $\mathscr{P}$ subit l'action d'un ***champ vectoriel***, ou encore est soumise à une ***interaction vectorielle*** avec un champ externe, s'il existe une constante q et un champ de formes linéaires sur l'espace-temps de Minkowski : $\boldsymbol{A} : \mathscr{E} \to E^*$ tels que $\mathscr{P}$ obéit au principe de moindre action avec le lagrangien

$$\boxed{L(x^\alpha, \dot{x}^\alpha) = -mc\sqrt{-g_{\alpha\beta}\,\dot{x}^\alpha\,\dot{x}^\beta} + \frac{q}{c}\,A_\beta(x^\alpha)\,\dot{x}^\beta}, \tag{11.28}$$

où $A_\beta(x^\alpha) = A_\beta(x^0, x^1, x^2, x^3)$ désigne la composante β de la forme linéaire $\boldsymbol{A}(M)$ dans la base duale à $(\vec{e}_\alpha)$, $M \in \mathscr{E}$ étant le point de coordonnées affines (x^0, x^1, x^2, x^3) : $A_\beta(x^\alpha) = \langle \boldsymbol{A}(M), \vec{e}_\beta \rangle$. La constante q est appelée ***charge de la particule*** dans le champ vectoriel et $\boldsymbol{A}$ ***potentiel vecteur*** du champ. Un exemple important de champ vectoriel est le champ électromagnétique, que nous étudierons au Chap. 17. Grâce à (11.5), on peut réexprimer le lagrangien (11.28) en notation vectorielle :

$$L = -mc\sqrt{-\vec{v} \cdot \vec{v}} + \frac{q}{c} \langle \boldsymbol{A}, \vec{v} \rangle. \tag{11.29}$$

Le lagrangien (11.28) est acceptable car il s'agit bien d'une fonction fonction homogène de degré 1 par rapport à $\dot{x}^\alpha$, c'est-à-dire qu'il vérifie l'Éq. (11.10).

Remarque : Le premier terme dans (11.28) n'est autre que le lagrangien d'une particule libre, tel que donné par (11.21). Le second terme constitue la façon la plus simple de former une fonction homogène de degré 1 par rapport à $\dot{x}^\beta$ à partir des composantes A_β de la forme linéaire $\boldsymbol{A}$.

En dérivant (11.28) et en utilisant l'expression déjà calculée pour la dérivée par rapport à $\dot{x}^\alpha$ du terme « particule libre » de L (Éq. (11.23)), il vient

$$\frac{\partial L}{\partial x^\alpha} = \frac{q}{c} \frac{\partial A_\beta}{\partial x^\alpha} \dot{x}^\beta \qquad \text{et} \qquad \frac{\partial L}{\partial \dot{x}^\alpha} = mc\, u_\alpha + \frac{q}{c} A_\alpha. \tag{11.30}$$

En injectant ces deux expressions dans les équations d'Euler-Lagrange (11.17), et en utilisant de plus $dA_\alpha/d\lambda = d/d\lambda[A_\alpha(x^\beta)] = \partial A_\alpha/\partial x^\beta\, \dot{x}^\beta$, on obtient

$$\frac{q}{c}\left(\frac{\partial A_\beta}{\partial x^\alpha} - \frac{\partial A_\alpha}{\partial x^\beta}\right)\dot{x}^\beta - mc\frac{du_\alpha}{d\lambda} = 0. \tag{11.31}$$

Exprimons la dérivée $du_\alpha/d\lambda$ en terme de la dérivée par rapport au temps propre de $\mathscr{P}$, τ, *via* la relation (11.20) entre $d\tau$ et $d\lambda$:

$$\frac{du_\alpha}{d\lambda} = \frac{du_\alpha}{d\tau}\frac{d\tau}{d\lambda} = \frac{1}{c}\sqrt{-g_{\mu\nu}\, \dot{x}^\mu\, \dot{x}^\nu}\, \frac{du_\alpha}{d\tau} = \sqrt{-g_{\mu\nu}\, \dot{x}^\mu\, \dot{x}^\nu}\, a_\alpha, \tag{11.32}$$

où (a_α) désigne les composantes dans la base duale à $(\vec{e}_\alpha)$ de la forme linéaire $\underline{\boldsymbol{a}}$ associée à la 4-accélération de $\mathscr{P}$ par dualité métrique : $\underline{\boldsymbol{a}} = c^{-1}\, d\underline{\boldsymbol{u}}/d\tau$ (*cf.* Éq. (2.16)). L'Éq. (11.31) devient alors

$$\frac{q}{c}\left(\frac{\partial A_\beta}{\partial x^\alpha} - \frac{\partial A_\alpha}{\partial x^\beta}\right)\dot{x}^\beta - mc\sqrt{-g_{\mu\nu}\, \dot{x}^\mu\, \dot{x}^\nu}\, a_\alpha = 0.$$

En divisant par $\sqrt{-g_{\mu\nu}\, \dot{x}^\mu\, \dot{x}^\nu}$ et en utilisant (11.22), on peut réécrire cette équation comme

$$mc^2\, a_\alpha = q\, F_{\alpha\beta} u^\beta, \tag{11.33}$$

avec

$$\boxed{F_{\alpha\beta} := \frac{\partial A_\beta}{\partial x^\alpha} - \frac{\partial A_\alpha}{\partial x^\beta}}. \tag{11.34}$$

Puisque clairement $F_{\alpha\beta} = -F_{\beta\alpha}$, les quantités $(F_{\alpha\beta})$ forment la matrice d'une forme bilinéaire antisymétrique $\boldsymbol{F}$ par rapport à la base $(\vec{e}_\alpha)$. On peut alors écrire (11.33) comme

$$\boxed{\boldsymbol{f} = q\,\boldsymbol{F}(.,\vec{u})}, \tag{11.35}$$

où nous avons fait apparaître la 4-force $\boldsymbol{f} = mc^2\,\underline{\boldsymbol{a}}$ (Éq. (9.110) avec $m =$ const.). Le principe de moindre action appliqué au lagrangien (11.28) régit donc le mouvement d'une particule soumise à une 4-force du type (11.35). Il s'agit d'une 4-force pure (*cf.* § 9.4) car $\langle \boldsymbol{f}, \vec{u}\rangle = q\,\boldsymbol{F}(\vec{u},\vec{u}) = 0$ par antisymétrie de $\boldsymbol{F}$. Dans le cas où le champ considéré est un champ électromagnétique, q s'interprète comme la charge électrique et on retrouve la force de Lorentz déjà rencontrée au § 10.6.4 (Éq. (10.89)). Nous la discuterons plus en détail au Chap. 17.

11.1.7 Autres exemples de lagrangien

Exemple 1 : **Particule dans un champ scalaire**. On dit qu'une particule subit l'action d'un champ scalaire si son lagrangien est de la forme

$$L(x^\alpha, \dot{x}^\alpha) = -\left[mc + \frac{q}{c}\Phi(x^\alpha)\right]\sqrt{-g_{\alpha\beta}\,\dot{x}^\alpha\,\dot{x}^\beta}, \tag{11.36}$$

où $\Phi : \mathscr{E} \longrightarrow \mathbb{R}$ est un champ scalaire sur l'espace-temps de Minkowski et q est une constante qui représente la charge « scalaire » de la particule : si $q = 0$, la particule ne subit pas le champ scalaire. Les dimensions de q et Φ doivent être telles que le produit $q\Phi$ a la dimension d'une énergie, de sorte que la somme $mc + q\Phi/c$ dans (11.36) est bien définie.

Remarque : On peut décomposer le lagrangien (11.36) en deux parties : $L = L_{\text{libre}} + L_{\text{inter}}$, avec $L_{\text{libre}} = -mc\sqrt{-g_{\alpha\beta}\,\dot{x}^\alpha\,\dot{x}^\beta}$ (lagrangien d'une particule libre tel que donné par (11.21)) et

$$L_{\text{inter}} = -\frac{q}{c}\Phi(x^\alpha)\sqrt{-g_{\alpha\beta}\,\dot{x}^\alpha\,\dot{x}^\beta}, \tag{11.37}$$

lagrangien de l'interaction avec le champ scalaire. Ce dernier constitue la façon la plus simple de former une fonction homogène de degré 1 par rapport à $\dot{x}^\alpha$ à partir du champ scalaire Φ.

Dans le cas présent

$$\frac{\partial L}{\partial x^\alpha} = -\frac{q}{c}\sqrt{-g_{\mu\nu}\,\dot{x}^\mu\,\dot{x}^\nu}\,\frac{\partial \Phi}{\partial x^\alpha} \quad \text{et} \quad \frac{\partial L}{\partial \dot{x}^\alpha} = \left(mc + \frac{q}{c}\Phi\right)u_\alpha,$$

où on a utilisé le calcul menant à (11.23) pour obtenir la deuxième équation. En conséquence, les équations d'Euler-Lagrange (11.17) s'écrivent

$$-\frac{q}{c}\sqrt{-g_{\mu\nu}\,\dot{x}^\mu\,\dot{x}^\nu}\,\frac{\partial \Phi}{\partial x^\alpha} - \frac{q}{c}\frac{d\Phi}{d\lambda}u_\alpha - \left(mc + \frac{q}{c}\Phi\right)\frac{du_\alpha}{d\lambda} = 0.$$

En écrivant $d\Phi/d\lambda = \partial\Phi/\partial x^\beta \, \dot{x}^\beta$ et en utilisant (11.32) et (11.22), il vient

$$\left(mc^2 + q\Phi\right) a_\alpha = -q\frac{\partial\Phi}{\partial x^\beta}\left(\delta^\beta{}_\alpha + u^\beta u_\alpha\right). \tag{11.38}$$

On reconnaît dans $\delta^\beta{}_\alpha + u^\beta u_\alpha$ le projecteur orthogonal sur l'espace local de repos de la particule. On en conclut que la particule est soumise à la 4-force

$$\boldsymbol{f} = -q\boldsymbol{\nabla}\Phi \circ \perp_{\boldsymbol{u}} - q\Phi\,\underline{\boldsymbol{a}}, \tag{11.39}$$

où $\boldsymbol{\nabla}\Phi$ désigne la forme linéaire gradient[3] du champ scalaire Φ, c'est-à-dire la forme linéaire $E \to \mathbb{R}$, $\vec{\boldsymbol{v}} \mapsto v^\alpha \partial\Phi/\partial x^\alpha$.

Remarque : La 4-force (11.39) est une 4-force pure : $\langle \boldsymbol{f}, \vec{\boldsymbol{u}}\rangle = 0$ (Éq. (9.112)) car $\perp_{\boldsymbol{u}}\vec{\boldsymbol{u}} = 0$ et $\langle \underline{\boldsymbol{a}}, \vec{\boldsymbol{u}}\rangle = \vec{\boldsymbol{a}}\cdot\vec{\boldsymbol{u}} = 0$. Par ailleurs, remarquons qu'elle contient la 4-accélération.

Exemple 2 : **Particule dans un champ tensoriel.** Un exemple d'interaction d'une particule avec un champ tensoriel de valence 2 est fourni par le lagrangien

$$L(x^\alpha, \dot{x}^\alpha) = -mc\sqrt{-\left[g_{\alpha\beta} + \frac{q}{m}h_{\alpha\beta}(x^\mu)\right]\dot{x}^\alpha\,\dot{x}^\beta}, \tag{11.40}$$

où $h_{\alpha\beta}$ désigne les composantes par rapport aux coordonnées (x^α) d'un champ $\boldsymbol{h}$ de formes bilinéaires symétriques sur $\mathscr{E}$ et q la charge de la particule vis-à-vis du champ $\boldsymbol{h}$ (q a la dimension d'une masse). Une alternative est

$$L(x^\alpha, \dot{x}^\alpha) = -mc\sqrt{-g_{\alpha\beta}\,\dot{x}^\alpha\,\dot{x}^\beta} + \frac{1}{2}qc\,\frac{h_{\alpha\beta}(x^\mu)\dot{x}^\alpha\dot{x}^\beta}{\sqrt{-g_{\mu\nu}\dot{x}^\mu\,\dot{x}^\nu}}. \tag{11.41}$$

Les deux lagrangiens ci-dessus sont bien des fonctions homogènes d'ordre 1 en $\dot{x}^\alpha$; ils apparaissent dans les tentatives de décrire la gravitation dans l'espace-temps de Minkowski qui seront discutées au Chap. 22 (on a alors $q = m$).

Remarque : Le lagrangien (11.41) est un développement limité au premier ordre du lagrangien (11.40) dans le cas où $|h_{\alpha\beta}| \ll |g_{\alpha\beta}|$.

11.2 Théorème de Noether

Le théorème de Noether est un des piliers de la physique théorique. Il relie les quantités conservées lors du mouvement aux symétries du lagrangien. Nous allons le démontrer pour une particule relativiste et l'appliquer au cas d'une particule libre.

3. Le gradient sera traité en détail au Chap. 15.

11.2.1 Théorème de Noether pour une particule

Considérons un changement infinitésimal des coordonnées affines de $\mathscr{E}$:

$$x'^\alpha = x^\alpha + \varepsilon G^\alpha(x^\beta), \tag{11.42}$$

avec ε infiniment petit. Les fonctions $G^\alpha(x^\beta)$ sont appelées ***générateurs du changement de coordonnées***. L'équation de la ligne d'univers de la particule $\mathscr{P}$ dans ces nouvelles coordonnées est alors

$$\mathscr{L}: \qquad x'^\alpha = x'^\alpha(\lambda) = x^\alpha(\lambda) + \varepsilon G^\alpha(\lambda), \quad \lambda \in \mathbb{R}, \qquad \alpha \in \{0,1,2,3\}, \tag{11.43}$$

où l'on a noté $G^\alpha(\lambda) := G^\alpha(x^\beta(\lambda))$.

Supposons que le lagrangien soit invariant sous l'action du changement de coordonnées (11.42), c'est-à-dire que

$$\forall \lambda \in \mathbb{R}, \quad L(x'^\alpha(\lambda), \dot{x'}^\alpha(\lambda)) = L\left(x^\alpha(\lambda), \dot{x}^\alpha(\lambda)\right). \tag{11.44}$$

En y reportant (11.43), cette hypothèse s'écrit

$$L(x^\alpha + \varepsilon G^\alpha, \dot{x}^\alpha + \varepsilon \dot{G}^\alpha) = L(x^\alpha, \dot{x}^\alpha). \tag{11.45}$$

Développons au premier ordre en ε, retranchons $L(x^\alpha, \dot{x}^\alpha)$ de chaque membre et divisons par ε, de sorte qu'il ne reste que

$$\frac{\partial L}{\partial x^\alpha} G^\alpha + \frac{\partial L}{\partial \dot{x}^\alpha} \frac{dG^\alpha}{d\lambda} = 0. \tag{11.46}$$

En utilisant les équations d'Euler-Lagrange (11.17) pour remplacer $\partial L / \partial x^\alpha$, cette équation se met sous la forme

$$\frac{d}{d\lambda} \left(\frac{\partial L}{\partial \dot{x}^\alpha} G^\alpha \right) = 0. \tag{11.47}$$

Ainsi la quantité $\partial L / \partial \dot{x}^\alpha \, G^\alpha$ est constante le long de la ligne d'univers de la particule. Il s'agit là du ***théorème de Noether*** relatif à une particule relativiste, que nous exprimerons sous la forme

$$\boxed{L(x^\alpha + \varepsilon G^\alpha, \dot{x}^\alpha + \varepsilon \dot{G}^\alpha) = L(x^\alpha, \dot{x}^\alpha) \quad \Longrightarrow \quad \frac{\partial L}{\partial \dot{x}^\alpha} G^\alpha = \text{const}}. \tag{11.48}$$

Note historique : *Le résultat ci-dessus est en fait un cas particulier du théorème démontré en 1918 par Emmy Noether*[4] *[303] (cf. [70]). Cette dernière considérait des principes variationnels très généraux, basés sur des intégrales*

4. **Emmy Noether** (1882–1935) : Mathématicienne allemande, connue pour ses travaux en algèbre et en topologie, et son fameux théorème en physique mathématique. Révoquée de l'université de Göttingen par les nazis, elle émigra aux États-Unis en 1934, où elle mourut l'année suivante.

multidimensionnelles, alors que l'action (11.6) considérée ici est unidimensionnelle ($\lambda \in \mathbb{R}$). Les actions utilisant des intégrales multidimensionnelles (notamment quadridimensionnelles) sont celles utilisées en théorie des champs (nous en verrons un exemple au § 18.6). L'étude d'Emmy Noether était motivée par la formulation variationnelle de la relativité générale développée en 1915 par David Hilbert[5]*, Emmy Noether ayant rejoint ce dernier à Göttingen la même année. Soulignons que le cas particulier (mais fondamental pour la relativité !), où les changements de coordonnées sont des transformations de Poincaré avait été traité dès 1911 par Gustav Herglotz*[6] *[206]. Pour la mécanique newtonienne, le mathématicien allemand Carl Jacobi (1804–1851) avait déjà montré, dans un cours donné en 1842–1843 et publié en 1866 [218], que les conservations de l'impulsion et du moment cinétique résultaient respectivement de l'invariance par translation spatiale et par rotation.*

11.2.2 Application à une particule libre

Dans ce qui suit, on suppose que les coordonnées affines (x^α) sont des coordonnées *inertielles*. La base ($\vec{e}_\alpha$) est alors orthonormale et la matrice du tenseur métrique est la matrice de Minkowski : $g_{\alpha\beta} = \eta_{\alpha\beta}$ (Éq. (1.19)). Le lagrangien d'une particule libre, tel que donné par l'Éq. (11.21), s'écrit alors

$$L = -mc\sqrt{-\eta_{\alpha\beta}\,\dot{x}^\alpha\,\dot{x}^\beta}. \tag{11.49}$$

Un changement infinitésimal de coordonnées inertielles $(x^\alpha) \mapsto (x'^\alpha)$ est par définition une transformation de Poincaré infinitésimale (*cf.* Éq. (8.12)) :

$$x'^\alpha = x^\alpha + \varepsilon G^\alpha(x^\beta) = \Lambda^\alpha{}_\beta x^\beta + c^\alpha, \tag{11.50}$$

où $\Lambda^\alpha{}_\beta$ est une matrice de Lorentz (infinitésimale) et les c^α sont quatre constantes (infinitésimales). On en déduit que $\dot{x}'^\alpha(\lambda) = \Lambda^\alpha{}_\beta \dot{x}^\beta(\lambda)$. Par conséquent, en utilisant la propriété (6.10) des matrices de Lorentz,

$$\eta_{\alpha\beta}\,\dot{x}'^\alpha\,\dot{x}'^\beta = \eta_{\alpha\beta}\Lambda^\alpha{}_\mu\Lambda^\beta{}_\nu\,\dot{x}^\mu\,\dot{x}^\nu = \eta_{\mu\nu}\,\dot{x}^\mu\,\dot{x}^\nu. \tag{11.51}$$

L'identité ci-dessus montre clairement que le lagrangien (11.49) est invariant par toute transformation de Poincaré. Le théorème de Noether fournit alors la quantité conservée suivante :

$$\frac{\partial L}{\partial \dot{x}^\alpha} G^\alpha = mc\,u_\alpha G^\alpha = \text{const.}, \tag{11.52}$$

la première égalité résultant de l'expression (11.23) de $\partial L/\partial \dot{x}^\alpha$.

5. **David Hilbert** (1862–1943) : Un des plus grands mathématiciens de tous les temps ; fondateur de l'école de Göttingen, qui fut au début du XXe siècle *le* centre mondial des mathématiques. Il y recruta notamment Hermann Minkowski et Emmy Noether.

6. **Gustav Herglotz** (1881–1953) : Mathématicien et astronome allemand ; étudiant de Ludwig Boltzmann, il appliqua des mathématiques élaborées pour résoudre des problèmes d'astronomie et de géophysique.

Puisque (11.50) est une transformation de Poincaré infinitésimale, les générateurs $G = (G^\alpha)$ du changement de coordonnées sont des membres de l'algèbre de Lie du groupe de Poincaré étudiée au § 8.2.4. Cette dernière étant de dimension 10, le théorème de Noether fournit 10 quantités conservées indépendantes. Exhibons chacune de ces 10 quantités lorsque G décrit successivement les 10 générateurs du groupe de Poincaré listés au § 8.2.4 :

- $G = P_{\alpha_0}$, $\alpha_0 \in \{0,1,2,3\}$: générateur des translations suivant le vecteur $\vec{e}_{\alpha_0}$ de la base associée aux coordonnées inertielles (x^α). Dans ce cas, $\Lambda^\alpha{}_\beta = \delta^\alpha{}_\beta$ et $c^\alpha = \varepsilon\delta^\alpha{}_{\alpha_0}$, si bien que $G^\alpha(x^\beta) = \delta^\alpha{}_{\alpha_0}$. La quantité conservée (11.52) est alors (en écrivant α à la place de α_0)

$$\boxed{mc\,u_\alpha = \text{const.}}, \quad \alpha \in \{0,1,2,3\}. \tag{11.53}$$

- $G = K_i$, $i \in \{1,2,3\}$: générateur des transformations de Poincaré associées aux transformations de Lorentz spéciales de plan $\mathrm{Vect}(\vec{e}_0, \vec{e}_i)$. Dans ce cas, $G^\alpha(x^\beta) = (K_i)^\alpha{}_\beta x^\beta$, où la matrice $(K_i)^\alpha{}_\beta$ est donnée par (7.15)–(7.16). La quantité conservée (11.52) est donc $mc\,(K_i)^\alpha{}_\beta x^\beta u_\alpha$, soit

$$\boxed{mc(u_0 x^i + u_i x^0) = \text{const.}}, \quad i \in \{1,2,3\}. \tag{11.54}$$

- $G = J_i$, $i \in \{1,2,3\}$: générateur des rotations spatiales dans le plan $\mathrm{Vect}(\vec{e}_0, \vec{e}_i)^\perp$. Dans ce cas, $G^\alpha(x^\beta) = (J_i)^\alpha{}_\beta x^\beta$, où la matrice $(J_i)^\alpha{}_\beta$ est donnée par (7.16)–(7.17). La quantité conservée (11.52) est donc $mc\,(J_i)^\alpha{}_\beta x^\beta u_\alpha$, soit

$$\boxed{mc(u_3 x^2 - u_2 x^3) = \text{const.}} \quad (i = 1) \tag{11.55}$$

$$\boxed{mc(u_1 x^3 - u_3 x^1) = \text{const.}} \quad (i = 2) \tag{11.56}$$

$$\boxed{mc(u_2 x^1 - u_1 x^2) = \text{const.}} \quad (i = 3). \tag{11.57}$$

Interprétons les 10 quantités conservées (11.53)–(11.57) à la lumière des résultats des Chaps. 9 et 10. On reconnaît dans (11.53) les composantes de la 4-impulsion $\boldsymbol{p}$ de la particule $\mathscr{P}$ (*cf.* Éq. (9.3)), de sorte que (11.53) n'exprime pas autre chose que la conservation de la 4-impulsion d'une particule isolée. Nous retrouvons donc le résultat (9.38). Remarquons au passage que les composantes $p_\alpha = mc\,u_\alpha$ qui interviennent dans (11.53) sont reliées par l'Éq. (9.32) à l'énergie E et aux composantes P_i de l'impulsion de $\mathscr{P}$, énergie et impulsion mesurées par l'observateur inertiel $\mathcal{O}$ associé aux coordonnées (x^α) :

$$mc\,u_0 = -\frac{E}{c} \qquad \text{et} \qquad mc\,u_i = P_i. \tag{11.58}$$

On peut donc réécrire les 4 lois de conservation (11.53) comme

$$E = \text{const.} \qquad \text{et} \qquad P_i = \text{const.}, \quad i \in \{1,2,3\}. \tag{11.59}$$

Passons à présent aux trois lois de conservation (11.54). Compte tenu de (11.58) et de la relation $x^0 = ct$ entre la coordonnée x^0 et le temps propre t de l'observateur inertiel, ces lois s'écrivent

$$-\frac{E}{c}x^i + P_i\, ct = \text{const.}, \qquad i \in \{1, 2, 3\}. \tag{11.60}$$

En comparant avec (10.14) où l'on fait $h(t) = ct$ ($\mathcal{O}$ inertiel), on constate que l'équation ci-dessus n'est autre que

$$J_{i0} = \text{const.}, \qquad i \in \{1, 2, 3\}, \tag{11.61}$$

$J_{\alpha\beta}$ désignant les composantes du moment cinétique $\boldsymbol{J}_O$ de la particule par rapport à l'origine O du système de coordonnées (x^α).

Remarque : Puisque E est constant (Éq. (11.59)), on peut diviser (11.60) par $-E/c$ et utiliser la relation (9.29) entre $\boldsymbol{P}$, E et la vitesse $\vec{\boldsymbol{V}} = V^i \vec{\boldsymbol{e}}_i$ de $\mathscr{P}$ par rapport à $\mathcal{O}$ pour obtenir

$$x^i - V^i t = \text{const.}, \tag{11.62}$$

ce qui correspond bien au mouvement rectiligne uniforme d'une particule isolée.

Enfin, les trois lois de conservation (11.55) peuvent être réécrites grâce à (11.58) comme $x^2 P_3 - x^3 P_2 = \text{const.}$, $x^3 P_1 - x^1 P_3 = \text{const.}$ et $x^1 P_2 - x^2 P_1 = \text{const.}$. En comparant avec (10.14) et (10.15), et compte tenu de $P^i = P_i$, on en conclut qu'elles sont équivalentes à

$$J_{ij} = \text{const.}, \qquad i, j \in \{1, 2, 3\},\ j > i, \tag{11.63}$$

ou encore

$$\sigma^i_O = \text{const.}, \qquad i, j \in \{1, 2, 3\}, \tag{11.64}$$

σ^i_O étant les composantes du vecteur moment cinétique $\vec{\boldsymbol{\sigma}}_O$ de $\mathscr{P}$ par rapport au point O et mesuré par l'observateur $\mathcal{O}$. On retrouve donc la loi (10.30) de conservation du vecteur moment cinétique pour une particule isolée et un observateur inertiel.

Bilan

L'invariance du lagrangien d'une particule libre sous l'action du groupe de Poincaré conduit, *via* le théorème de Noether, à la conservation de la forme linéaire 4-impulsion $\boldsymbol{p}$ (invariance sous les translations) et de la forme bilinéaire antisymétrique moment cinétique $\boldsymbol{J}_O$ (invariance sous les transformations de Lorentz spéciales et les rotations spatiales).

Remarque : Pour un système réduit à une seule particule, nous avons vu au Chap. 10 que ces deux lois de conservation ne sont pas indépendantes, la conservation de $\boldsymbol{p}$ entraînant celle de $\boldsymbol{J}_O$ (*cf.* Remarque 1 au § 10.3.1).

11.3 Formulation hamiltonienne

La formulation hamiltonienne de toute théorie classique[7] revêt un grand intérêt car elle est le point de départ standard pour sa quantification canonique. Après quelques rappels sur la formulation hamiltonienne de la mécanique non-relativiste, nous examinerons le cas d'une particule relativiste. Les systèmes de plusieurs particules seront discutés au § 11.4.2.

11.3.1 Rappels de mécanique hamiltonienne non-relativiste

Étendons les rappels du § 11.1.1 de la formulation lagrangienne à la formulation hamiltonienne de la mécanique non-relativiste. À partir du lagrangien (11.1), on définit les N ***impulsions généralisées***, encore appelées ***moments conjugués*** aux variables q_a, par

$$p_a := \frac{\partial L}{\partial \dot{q}_a}, \qquad a \in \{1, \ldots, N\}. \tag{11.65}$$

Chaque p_a est une fonction de t et, en notant $\dot{p}_a := dp_a/dt$, les équations d'Euler-Lagrange (11.3) s'écrivent

$$\dot{p}_a = \frac{\partial L}{\partial q_a}, \qquad a \in \{1, \ldots, N\}. \tag{11.66}$$

On introduit alors le ***hamiltonien*** du système par

$$H := \sum_{a=1}^{N} p_a \dot{q}_a - L. \tag{11.67}$$

Dans cette écriture, on suppose que les variables $(\dot{q}_a)$ sont des fonctions des (q_a) et des (p_a), c'est-à-dire que l'on peut inverser l'Éq. (11.65) pour obtenir $\dot{q}_a = \dot{q}_a(q_b, p_b)$. L'Éq. (11.67) est alors qualifiée de ***transformation de Legendre*** et on considère que H est une fonction des coordonnées généralisées et des impulsions généralisées (ainsi que du temps si L l'est) :

$$H = H(q_1, \ldots, q_N, p_1, \ldots, p_N, t).$$

En prenant la différentielle de H et en tenant compte de (11.65) et (11.66) (c'est-à-dire des équations du mouvement résultant du principe de moindre action), on aboutit aux ***équations canoniques de Hamilton*** :

$$\dot{q}_a = \frac{\partial H}{\partial p_a}, \qquad \dot{p}_a = -\frac{\partial H}{\partial q_a}, \qquad a \in \{1, \ldots, N\} \tag{11.68}$$

7. C'est-à-dire non quantique.

ainsi qu'à la relation $\partial H/\partial t = -\partial L/\partial t$. Les $2N$ équations du premier ordre (11.68) sont équivalentes aux N équations d'Euler-Lagrange (11.3), qui sont du second ordre. Notons que les équations (11.68) impliquent

$$\frac{dH}{dt} = -\frac{\partial L}{\partial t}. \qquad (11.69)$$

Ainsi, si L n'est pas une fonction explicite du temps, H est une constante du mouvement.

Le formalisme lagrangien est basé sur les variables $(q_a(t))$ qui décrivent un espace de dimension N *(l'espace des configurations)*. Le formalisme hamiltonien est quant à lui basé sur les variables $(q_a(t), p_a(t))$ qui décrivent un espace[8] de dimension $2N$ appelé ***espace des phases*** et noté $\mathcal{P}$. Pour tout couple (f, g) d'applications $\mathcal{P} \to \mathbb{R}$, on définit le ***crochet de Poisson*** de f et g par

$$\{f, g\} := \sum_{a=1}^{N} \left(\frac{\partial f}{\partial q_a} \frac{\partial g}{\partial p_a} - \frac{\partial f}{\partial p_a} \frac{\partial g}{\partial q_a} \right). \qquad (11.70)$$

Ainsi $\{f, g\}$ est une application $\mathcal{P} \to \mathbb{R}$, tout comme f et g. Le crochet de Poisson est clairement antisymétrique et bilinéaire. De plus, il est facile de montrer qu'il vérifie l'***identité de Jacobi*** :

$$\{f, \{g, h\}\} + \{g, \{h, f\}\} + \{h, \{f, g\}\} = 0. \qquad (11.71)$$

Le crochet de Poisson satisfait donc aux trois axiomes de la définition d'un *crochet de Lie* énoncée au § 7.2.2 : il s'agit d'un crochet de Lie sur l'espace vectoriel des fonctions scalaires sur $\mathcal{P}$. Le crochet de Poisson munit donc cet espace vectoriel (de dimension infinie) d'une structure d'algèbre de Lie.

D'après la définition (11.70), il est immédiat de vérifier que

$$\{q_a, q_b\} = 0, \qquad \{q_a, p_b\} = \delta_{ab}, \quad \text{et} \quad \{p_a, p_b\} = 0. \qquad (11.72)$$

Les équations canoniques de Hamilton (11.68) s'écrivent alors

$$\dot{q}_a = \{q_a, H\} \qquad \text{et} \qquad \dot{p}_a = \{p_a, H\}. \qquad (11.73)$$

Notons que contrairement à (11.68), il s'agit là d'une écriture symétrique vis-à-vis des (q_a) et des (p_a). On en déduit la relation suivante pour toute fonction $f : \mathcal{P} \to \mathbb{R}$, $(q_a, p_a) \mapsto f(q_a, p_a)$,

$$\frac{df}{dt} := \frac{d}{dt} f(q_a(t), p_a(t)) = \{f, H\}. \qquad (11.74)$$

On appelle ***transformation canonique*** tout changement de coordonnées dans l'espace des phases $(q_a, p_a) \mapsto (q'_a, p'_a)$ qui préserve les équations

8. Une partie de $\mathbb{R}^{2N}$ ou plus généralement une *variété* (*cf.* § 7.1.1) de dimension $2N$.

canoniques de Hamilton, autrement dit tel que si $H(q_a, p_a)$ obéit à (11.68), alors il existe une fonction $H'(q'_a, p'_a)$ telle que

$$\dot{q}'_a = \frac{\partial H'}{\partial p'_a}, \qquad \dot{p}'_a = -\frac{\partial H'}{\partial q'_a}, \qquad a \in \{1, \ldots, N\}. \tag{11.75}$$

On montre que toute transformation canonique est entièrement définie par la donnée d'une application $F : \mathcal{P} \to \mathbb{R}$, appelée ***fonction génératrice de la transformation canonique***, telle que

$$H'(q'_a, p'_a) = H(q_a, p_a) + \sum_{a=1}^{N} p'_a \dot{q}'_a - \sum_{a=1}^{N} p_a \dot{q}_a + \frac{dF}{dt}\cdot \tag{11.76}$$

D'après (11.67), cette relation prend une forme plus simple en terme des lagrangiens :

$$L'(q'_a, \dot{q}'_a, t) = L(q_a, \dot{q}_a, t) - \frac{dF}{dt}\cdot \tag{11.77}$$

Par exemple, si l'on peut écrire $F = F_1(q_a, q'_a, t)$, alors nécessairement

$$p_a = \frac{\partial F_1}{\partial q_a}(q_a, q'_a, t) \qquad \text{et} \qquad p'_a = -\frac{\partial F_1}{\partial q'_a}(q_a, q'_a, t), \tag{11.78}$$

$$H'(q'_a, p'_a) = H(q_a, p_a) + \frac{\partial F_1}{\partial t}(q_a, q'_a, t). \tag{11.79}$$

Si l'on se donne F_1, il faut inverser la première des relations (11.78) pour obtenir $q'_a = q'_a(q_b, p_b)$. En insérant la valeur obtenue dans la deuxième relation (11.78), on obtient $p'_a = p'_a(q_b, p_b)$, ce qui montre que le choix de F_1 détermine complètement la transformation canonique $(q_a, p_a) \mapsto (q'_a, p'_a)$, d'où le nom de *fonction génératrice.*

Un autre choix possible est $F = F_2(q_a, p'_a, t) - \sum_{a=1}^{N} q'_a p'_a$. On a alors

$$p_a = \frac{\partial F_2}{\partial q_a}(q_a, p'_a, t) \qquad \text{et} \qquad q'_a = \frac{\partial F_2}{\partial p'_a}(q_a, p'_a, t), \tag{11.80}$$

$$H'(q'_a, p'_a) = H(q_a, p_a) + \frac{\partial F_2}{\partial t}(q_a, p'_a, t). \tag{11.81}$$

Remarque : Les équations d'Euler-Lagrange (11.3) sont invariantes par tout changement de coordonnées $(q_a) \mapsto (q'_a)$ dans l'espace des configurations, pour peu que l'on prenne comme nouveau lagrangien $L'(q'_a, \dot{q}'_a, t) := L(q_a, \dot{q}_a, t)$ avec $q_a = q_a(q'_b)$ et $\dot{q}_a = \sum_{b=1}^{N} (\partial q_a / \partial q'_b) \dot{q}'_b$. Les transformations canoniques sont des transformations plus générales que les transformations $(q_a) \mapsto (q'_a)$ puisqu'elles « mélangent » les q et les p. Les transformations de coordonnées $(q_a) \mapsto (q'_a)$ sont d'ailleurs des transformations canoniques particulières, du type

$$q'_a = q'_a(q_b) \quad \text{et} \quad p'_a = \sum_{b=1}^{N} p_b \frac{\partial q_b}{\partial q'_a}\cdot \tag{11.82}$$

Elles sont engendrées par la fonction $F_2(q_a, p'_a, t) = \sum_{a=1}^{N} q'_a(q_b)p'_a$. Un exemple de transformation canonique qui n'est pas une transformation de coordonnées dans l'espace des configurations est $q'_a = p_a$, $p'_a = -q_a$. Cette transformation est engendrée par la fonction $F_1 = \sum_{a=1}^{N} q_a q'_a$ et correspond à un échange des coordonnées et des impulsions généralisées, ces deux quantités étant sur le même pied d'égalité dans le formalisme hamiltonien.

On a le théorème fondamental suivant : un changement de variable $(q_a, p_a) \mapsto (q'_a, p'_a)$ dans l'espace des phases est une transformation canonique ssi il *préserve le crochet de Poisson*. Cette dernière propriété signifie que pour tout couple (f, g) de fonctions définies sur l'espace des phases,

$$\sum_{a=1}^{N} \left(\frac{\partial f}{\partial q_a} \frac{\partial g}{\partial p_a} - \frac{\partial f}{\partial p_a} \frac{\partial g}{\partial q_a} \right) = \sum_{a=1}^{N} \left(\frac{\partial f}{\partial q'_a} \frac{\partial g}{\partial p'_a} - \frac{\partial f}{\partial p'_a} \frac{\partial g}{\partial q'_a} \right).$$

Il est facile de voir qu'il est équivalent de demander que les variables (q'_a, p'_a) vérifient les mêmes relations (11.72) que (q_a, p_a) :

$$\{q'_a, q'_b\} = 0, \qquad \{q'_a, p'_b\} = \delta_{ab}, \quad \text{et} \quad \{p'_a, p'_b\} = 0. \tag{11.83}$$

Une transformation canonique infinitésimale est engendrée par une fonction F_2 du type

$$F_2(q_a, p'_a, t) = \sum_{a=1}^{N} q_a p'_a + \varepsilon G(q_a, p'_a, t), \tag{11.84}$$

où $\varepsilon \in \mathbb{R}$ est un paramètre infinitésimal et G une fonction quelconque. En effet, d'après (11.80), ce choix conduit à

$$q'_a = q_a + \varepsilon \frac{\partial G}{\partial p'_a}(q_a, p'_a, t) \quad \text{et} \quad p'_a = p_a - \varepsilon \frac{\partial G}{\partial q_a}(q_a, p'_a, t), \tag{11.85}$$

ce qui correspond bien à une transformation infinitésimale $(q_a, p_a) \mapsto (q'_a, p'_a)$. La fonction G est appelée ***générateur de la transformation canonique infinitésimale***. On peut écrire (11.85) en fonction du crochet de Poisson avec G :

$$q'_a = q_a + \varepsilon\{q_a, G\} \quad \text{et} \quad p'_a = p_a + \varepsilon\{p_a, G\}. \tag{11.86}$$

La relation entre le hamiltonien dans les nouvelles coordonnées, $H'(q'_a, p'_a)$, et celui dans les anciennes, $H(q_a, p_a)$, est donnée par l'Éq. (11.81). En y reportant (11.84) et (11.85), et en utilisant les équations du mouvement (11.68), on obtient

$$H'(q'_a, p'_a) = H(q'_a, p'_a) + \varepsilon \frac{dG}{dt}. \tag{11.87}$$

On en déduit que G est une constante du mouvement ($dG/dt = 0$) ssi le hamiltonien est invariant dans la transformation canonique infinitésimale engendrée par G ($H'(q'_a, p'_a) = H(q'_a, p'_a)$). Ce résultat, qui associe quantités conservées et symétries du système, constitue une « version hamiltonienne » du théorème de Noether discuté au § 11.2.

11.3.2 Quadri-impulsion généralisée d'une particule relativiste

Reprenons la description d'une particule relativiste à l'aide d'un lagrangien introduite au § 11.1.3. On définit la ***quadri-impulsion généralisée***, ou ***4-impulsion généralisée***, de la particule $\mathscr{P}$ comme le champ de formes linéaires $\boldsymbol{p}$ le long de $\mathscr{L}$ dont les composantes $p_\alpha = \langle \boldsymbol{p}, \vec{\boldsymbol{e}}_\alpha \rangle$ dans la base duale[9] à $(\vec{\boldsymbol{e}}_\alpha)$ sont données en tout point par

$$\boxed{p_\alpha := \frac{\partial L}{\partial \dot{x}^\alpha}}. \tag{11.88}$$

Cette formule est l'exact analogue de (11.65). Montrons que la quantité $\boldsymbol{p}$ ainsi définie est indépendante du paramétrage de $\mathscr{L}$, autrement dit ne dépend que du point considéré de $\mathscr{L}$. Ce n'est pas évident *a priori* car, en un point $M \in \mathscr{L}$ de paramètre λ, la définition (11.88) s'écrit explicitement $p_\alpha = \partial L/\partial \dot{x}^\alpha \left(x^\mu(\lambda), \dot{x}^\mu(\lambda)\right)$ et si la valeur numérique de $x^\mu(\lambda)$ en M est indépendante de λ (ce sont les coordonnées de M dans le repère affine considéré), il n'en est pas de même pour $\dot{x}^\mu(\lambda)$. L'indépendance de p_α vis-à-vis de λ résulte en fait du caractère homogène de la fonction lagrangien par rapport aux vitesses généralisées, c'est-à-dire de l'indépendance de l'action vis-à-vis du paramétrage de la ligne d'univers (*cf.* § 11.1.3). En effet, en dérivant la relation (11.10) par rapport à $\dot{x}^\alpha$, on obtient

$$\forall \mu \in \mathbb{R},\ \forall (x^\beta, \dot{x}^\beta) \in \mathbb{R}^8, \quad \frac{\partial L}{\partial \dot{x}^\alpha}(x^\beta, \mu \dot{x}^\beta) = \frac{\partial L}{\partial \dot{x}^\alpha}(x^\beta, \dot{x}^\beta). \tag{11.89}$$

Autrement dit, $\partial L/\partial \dot{x}^\alpha$ est une fonction homogène de degré 0 par rapport aux variables $(\dot{x}^\alpha)$. Si l'on effectue un changement de paramétrage, $\lambda \mapsto \tilde{\lambda}$, les relations (11.8), (11.9) et (11.89) conduisent à

$$\frac{\partial L}{\partial \dot{x}^\alpha}\left(\tilde{x}^\beta(\tilde{\lambda}), \dot{\tilde{x}}^\beta(\tilde{\lambda})\right) = \frac{\partial L}{\partial \dot{x}^\alpha}\left(x^\beta(\lambda), \dot{x}^\beta(\lambda)\right),$$

ce qui montre l'indépendance de p_α vis-à-vis de λ.

La 4-impulsion généralisée tire son importance du théorème de Noether (11.48), puisque l'on peut réécrire ce dernier comme

$$\boxed{L(x^\alpha + \varepsilon G^\alpha, \dot{x}^\alpha + \varepsilon \dot{G}^\alpha) = L(x^\alpha, \dot{x}^\alpha) \quad \Longrightarrow \quad p_\alpha G^\alpha = \text{const}}. \tag{11.90}$$

En particulier, si le lagrangien est invariant par translation, $G^\beta(x^\mu) = \delta^\beta_\alpha$ et la 4-impulsion généralisée est constante le long de la ligne d'univers de la particule.

La 4-impulsion généralisée d'une particule libre est donnée par l'Éq. (11.23) :

$$\boxed{\boldsymbol{p} = mc\,\underline{\boldsymbol{u}}} \qquad \text{(particule libre).} \tag{11.91}$$

9. *Cf.* § 1.5.1.

On constate qu'elle coïncide avec la 4-impulsion « ordinaire » définie au Chap. 9 (*cf.* Éq. (9.3)). En particulier, elle vérifie l'Éq. (9.2) :

$$\langle \boldsymbol{p}, \vec{\boldsymbol{p}} \rangle = g^{\alpha\beta} p_\alpha p_\beta = -m^2 c^2. \tag{11.92}$$

Pour une particule dans un champ vectoriel, l'Éq. (11.30) donne immédiatement

$$\boxed{\boldsymbol{p} = mc\,\underline{\boldsymbol{u}} + \frac{q}{c}\boldsymbol{A}} \qquad \text{(particule dans un champ vectoriel).} \tag{11.93}$$

La 4-impulsion généralisée diffère donc dans ce cas de la 4-impulsion définie au Chap. 9 par un terme proportionnel à la forme linéaire potentiel vecteur $\boldsymbol{A}$. La relation de normalisation de la 4-vitesse conduit à

$$\left\langle \boldsymbol{p} - \frac{q}{c}\boldsymbol{A},\ \vec{\boldsymbol{p}} - \frac{q}{c}\vec{\boldsymbol{A}} \right\rangle = -m^2 c^2. \tag{11.94}$$

Remarque : Au Chap. 9, nous avons insisté sur le fait que la 4-impulsion d'une particule est fondamentalement une forme linéaire et non un vecteur. Le théorème de Noether sous la forme (11.90) est l'une des principales justifications de cette propriété : les (G^α) sont fondamentalement les composantes d'un vecteur, $\vec{\boldsymbol{G}}$, qui fait passer du point $\vec{\boldsymbol{x}}$ au point $\vec{\boldsymbol{x}'} = \vec{\boldsymbol{x}} + \epsilon\vec{\boldsymbol{G}}$ (on adopte ici un point de vue actif pour le changement de coordonnées (11.42)) et la quantité conservée donnée par (11.90) n'est autre que la forme linéaire $\boldsymbol{p}$ appliquée au vecteur $\vec{\boldsymbol{G}}$: $p_\alpha G^\alpha = \langle \boldsymbol{p}, \vec{\boldsymbol{G}} \rangle$. Une autre justification est l'égalité (11.93) où $\boldsymbol{A}$ est fondamentalement une forme linéaire, celle dont on déduit la forme bilinéaire antisymétrique « champ électromagnétique » $\boldsymbol{F}$ *via* l'identité (11.34). Cette dernière correspond à une opération appelée *dérivée extérieure* et qui est bien définie pour les formes linéaires et non pour les vecteurs, ainsi que nous le verrons au Chap. 15.

11.3.3 Hamiltonien d'une particule relativiste

Une fois introduite la 4-impulsion généralisée, il semblerait naturel de définir le hamiltonien d'une particule relativiste *via* une formule analogue à (11.67) : $H := p_\alpha \dot{x}^\alpha - L$. Mais il y en fait deux problèmes avec cette formule, tous deux reliés à l'homogénéité de L vis-à-vis de $\dot{x}^\alpha$. Le premier est que si l'on y remplace p_α par sa définition (11.88), on constate que H est identiquement nul, en vertu du théorème d'Euler (11.11) : $H = \partial L/\partial \dot{x}^\alpha\, \dot{x}^\alpha - L = 0$. Ensuite, dans le formalisme hamiltonien, les variables sont (x^α, p_α) et on doit pouvoir inverser la relation (11.88) pour exprimer les $\dot{x}^\alpha$ comme des fonctions de (x^α, p_α), afin de les remplacer dans L au membre de droite de $H := p_\alpha \dot{x}^\alpha - L$ pour obtenir $H = H(x^\alpha, p_\alpha)$. Or la matrice jacobienne $\partial p_\alpha/\partial \dot{x}^\beta$ que l'on déduit de (11.88) est

$$\frac{\partial p_\alpha}{\partial \dot{x}^\beta} = \frac{\partial^2 L}{\partial \dot{x}^\alpha \partial \dot{x}^\beta}.$$

Mais en dérivant (11.11) par rapport à $\dot{x}^\beta$, on obtient

$$\dot{x}^\alpha \frac{\partial^2 L}{\partial \dot{x}^\alpha \partial \dot{x}^\beta} = 0.$$

Cela montre que $(\dot{x}^\alpha)$ est un vecteur non nul dans le noyau de la matrice jacobienne $\partial p_\alpha / \partial \dot{x}^\beta$. Cette dernière n'est donc pas inversible. En vertu du théorème d'inversion locale, on en conclut que, à (x^α) fixé, l'application $(\dot{x}^\alpha) \mapsto (p_\alpha)$ n'est pas inversible. Cela n'est pas surprenant car, *a priori*, les $(x^\alpha(\lambda))$ sont quatre fonctions indépendantes alors que les $(p_\alpha(\lambda))$ sont liés par la relation (11.92) (particule libre) ou (11.94) (particule dans un champ vectoriel), ou une relation équivalente dans les autres cas.

Remarque : Le fait que seulement 3 des 4 composantes de la 4-impulsion généralisée soient indépendantes reflète les 3 degrés de liberté d'une particule. Que les 4 fonctions $(x^\alpha(\lambda))$ soient indépendantes ne donne pas 4 degrés de liberté physiques, en raison de la liberté de choix du paramétrage λ.

Les relations du type (11.92) ou (11.94) sont appelées ***contraintes primaires*** sur le système considéré, ce qui signifie qu'elles ne dépendent pas des équations du mouvement. La procédure standard, développée par Dirac[10] [121], consiste à choisir un hamiltonien proportionnel à la contrainte[11]. Dans le cas d'une particule dans un champ vectoriel, on définit donc le ***hamiltonien*** par

$$\boxed{H(x^\alpha, p_\alpha) = \frac{1}{2m} g^{\alpha\beta} \left[p_\alpha - \frac{q}{c} A_\alpha(x^\mu)\right] \left[p_\beta - \frac{q}{c} A_\beta(x^\mu)\right]}. \tag{11.95}$$

Le hamiltonien d'une particule libre s'en déduit en faisant $q = 0$. Notons que H a la dimension d'une énergie. En vertu de la contrainte primaire (11.94), la valeur de H est constante : $H = -\frac{1}{2} mc^2$. Mais ce qui compte pour les équations canoniques du mouvement, c'est la dépendance fonctionnelle du hamiltonien vis-à-vis de (x^α, p_α) et non sa valeur numérique.

Les équations canoniques de Hamilton s'écrivent

$$\boxed{\dot{x}^\alpha = \frac{\partial H}{\partial p_\alpha}}, \qquad \boxed{\dot{p}_\alpha = -\frac{\partial H}{\partial x^\alpha}}, \qquad \alpha \in \{0, 1, 2, 3\}. \tag{11.96}$$

Vérifions qu'elles redonnent bien les équations du mouvement usuelles. La forme (11.95) de H conduit à

$$\frac{\partial H}{\partial x^\alpha} = -\frac{q}{mc} g^{\mu\nu} \frac{\partial A_\mu}{\partial x^\alpha} \left(p_\nu - \frac{q}{c} A_\nu\right) \quad \text{et} \quad \frac{\partial H}{\partial p_\alpha} = \frac{1}{m} g^{\alpha\mu} \left(p_\mu - \frac{q}{c} A_\mu\right),$$

10. **Paul A.M. Dirac** (1902–1984) : Physicien théoricien britannique, célèbre pour ses contributions à la mécanique quantique et à l'électrodynamique quantique ; il a notamment écrit l'équation qui régit la dynamique des électrons relativistes en mécanique quantique et a prédit l'existence de l'antimatière ; prix Nobel de physique en 1933.

11. *Cf.* par exemple le Chap. 8 du traité de Sudarshan et Mukunda [396].

de sorte que les équations canoniques (11.96) deviennent

$$\dot{x}^\alpha = \frac{1}{m} g^{\alpha\mu} \left(p_\mu - \frac{q}{c} A_\mu\right) \qquad \text{et} \qquad \dot{p}_\alpha = \frac{q}{mc} g^{\mu\nu} \frac{\partial A_\mu}{\partial x^\alpha} \left(p_\nu - \frac{q}{c} A_\nu\right).$$

En multipliant la première équation par la matrice $(g_{\alpha\beta})$, on peut réécrire ce système comme

$$m\dot{x}_\alpha = p_\alpha - \frac{q}{c} A_\alpha \qquad \text{et} \qquad \dot{p}_\alpha = \frac{q}{c} \frac{\partial A_\beta}{\partial x^\alpha} \dot{x}^\beta,$$

avec $\dot{x}_\alpha := g_{\alpha\beta}\dot{x}^\beta$. La dérivée de la première équation par rapport à λ conduit à $\dot{p}_\alpha = m\ddot{x}_\alpha + \frac{q}{c}\partial A_\alpha/\partial x^\beta \, \dot{x}^\beta$, de sorte qu'on peut réécrire la deuxième équation en terme de $\ddot{x}_\alpha$ et obtenir le système

$$m\dot{x}_\alpha = p_\alpha - \frac{q}{c} A_\alpha \tag{11.97}$$

$$m\ddot{x}_\alpha = \frac{q}{c} F_{\alpha\beta}\dot{x}^\beta, \tag{11.98}$$

où $F_{\alpha\beta}$ est défini par (11.34). L'équation (11.98) ressemble fortement à l'équation du mouvement (11.33) déduite des équations d'Euler-Lagrange. Pour que l'identité soit complète, il faudrait que $\ddot{x}_\alpha$ soit relié à la 4-accélération de la particule et $\dot{x}^\alpha$ à sa 4-vitesse. Nous allons voir que c'est nécessairement le cas. En effet, en multipliant l'Éq. (11.98) par $\dot{x}^\alpha$ et en sommant sur α, il vient

$$m\ddot{x}_\alpha \dot{x}^\alpha = \frac{q}{c} F_{\alpha\beta}\dot{x}^\alpha \dot{x}^\beta = 0$$

en raison de l'antisymétrie de $F_{\alpha\beta}$. En écrivant $\ddot{x}_\alpha = g_{\alpha\beta}\ddot{x}^\beta$, on a donc

$$g_{\alpha\beta}\dot{x}^\alpha \ddot{x}^\beta = \frac{1}{2}\frac{d}{d\lambda}\left(g_{\alpha\beta}\dot{x}^\alpha\dot{x}^\beta\right) = 0,$$

où la première égalité résulte de la symétrie de $g_{\alpha\beta}$. Cela signifie que $v^2 := \vec{v}\cdot\vec{v} = g_{\alpha\beta}\dot{x}^\alpha\dot{x}^\beta$ est constant le long de la ligne d'univers de la particule. La relation (11.20) entre le paramètre λ et le temps propre τ de la particule $\mathscr{P}$ s'écrit donc $d\lambda = (c/v)d\tau$ avec $(c/v) = \text{const.}$ Cela montre que λ est essentiellement le temps propre de $\mathscr{P}$:

$$\lambda = \alpha\tau + \lambda_0, \qquad \alpha = \text{const.} \quad \text{et} \quad \lambda_0 = \text{const.} \tag{11.99}$$

Par simplicité, choisissons $\alpha = 1$ et $\lambda_0 = 0$, de sorte que

$$\boxed{\lambda = \tau}. \tag{11.100}$$

On a alors $\dot{x}^\alpha = dx^\alpha/d\tau = cu^\alpha$ et $\ddot{x}^\alpha = d^2x^\alpha/d\tau^2 = c^2a^\alpha$. Par conséquent l'Éq. (11.97) redonne bien la relation (11.93) entre la 4-vitesse et la 4-impulsion généralisée de $\mathscr{P}$ et l'Éq. (11.98) redonne bien l'équation du mouvement (11.33) obtenue dans le cadre du formalisme lagrangien.

En conclusion :

Les équations canoniques (11.96) appliquées au hamiltonien (11.95) conduisent (i) à l'identification du paramètre λ avec le temps propre de la particule et (ii) au mouvement sous l'action de la force de Lorentz (11.35).

Remarque : Si le lagrangien n'avait pas été une fonction homogène de degré 1 des $\dot{x}^\alpha$, on aurait pu suivre la procédure classique de formation du hamiltonien *via* la transformation de Legendre : $H := p_\alpha \dot{x}^\alpha - L$. Or, comme nous l'avons vu au § 11.1.3, l'homogénéité du lagrangien est la conséquence de l'indépendance de l'action S vis-à-vis du paramétrage de la ligne d'univers. Une alternative est alors de considérer une action qui ne soit pas indépendante du paramétrage de la ligne d'univers, arguant que ce qui compte après tout, c'est que le principe de moindre action conduise à des équations du mouvement correctes. C'est notamment le point de vue adopté dans les traités de mécanique de Goldstein *et al.* [181] et Gruber et Benoit [187] (*cf.* aussi la discussion dans [250]). Ainsi, pour une particule dans un champ vectoriel, on peut considérer le lagrangien

$$L = \frac{1}{2} m\, g_{\alpha\beta}\, \dot{x}^\alpha \dot{x}^\beta + \frac{q}{c}\, A_\beta(x^\alpha)\, \dot{x}^\beta. \tag{11.101}$$

Il diffère du lagrangien (11.28) uniquement par la partie « particule libre » : $1/2\, m\, g_{\alpha\beta}\, \dot{x}^\alpha \dot{x}^\beta$ au lieu de $-mc\sqrt{-g_{\alpha\beta}\, \dot{x}^\alpha \dot{x}^\beta}$. Il n'est pas homogène dans les $\dot{x}^\alpha$. Les quatre équations d'Euler-Lagrange sont alors indépendantes, contrairement au cas où L est une fonction homogène de degré 1 (*cf.* remarque à la fin du § 11.1.4). Elles conduisent aux quatre équations du mouvement (11.98) : $m\ddot{x}_\alpha = (q/c)\, F_{\alpha\beta} \dot{x}^\beta$. On a montré ci-dessus que ces dernières impliquent que le paramètre λ coïncide avec le temps propre τ, à des facteurs constants près (Éq. (11.99)). Les trois degrés de liberté restants donnent le mouvement sous l'action d'une force de Lorentz. La 4-impulsion généralisée déduite du lagrangien (11.101) *via* la définition (11.88) est

$$p_\alpha = m\dot{x}_\alpha + \frac{q}{c} A_\alpha. \tag{11.102}$$

Le hamiltonien formé à partir de L par la transformation de Legendre $H := p_\alpha \dot{x}^\alpha - L$ est alors

$$H = \frac{1}{2} m\, g_{\alpha\beta}\, \dot{x}^\alpha \dot{x}^\beta. \tag{11.103}$$

Compte tenu de (11.102), on constate qu'il coïncide avec le hamiltonien (11.95).

11.4 Systèmes de plusieurs particules

Jusqu'à présent, nous n'avons considéré qu'un système réduit à une seule particule, éventuellement plongée dans un champ (scalaire, vectoriel ou tensoriel) donné. Nous allons discuter ici brièvement de l'extension à des systèmes de plusieurs particules.

11.4.1 Principe de moindre action

Nous avons souligné au § 11.1.2 que le principe de moindre action de la mécanique analytique pré-relativiste n'est pas directement transposable à un système de particules relativistes car il n'y a pas unicité du temps t. On peut néanmoins formuler un principe de moindre action en considérant autant de paramètres d'intégration temporelle que le nombre N de particules. Plus précisément, si l'équation de la ligne d'univers $\mathscr{L}_a$ de la particule n° a dans un repère affine (x^α) de $\mathscr{E}$ s'écrit[12]

$$\mathscr{L}_a : \qquad x^\alpha = x_a^\alpha(\lambda_a), \qquad \lambda_a \in \mathbb{R}, \qquad \alpha \in \{0,1,2,3\}, \tag{11.104}$$

une forme assez générale d'action est

$$S = -\sum_{a=1}^{N} m_a c \int_{\lambda_a^-}^{\lambda_a^+} \sqrt{-g_{\alpha\beta}\dot{x}_a^\alpha \dot{x}_a^\beta}\, d\lambda_a + \sum_{a=1}^{N}\sum_{b=a+1}^{N} q_a q_b \int_{\lambda_a^-}^{\lambda_a^+}\int_{\lambda_b^-}^{\lambda_b^+} K(x_a^\alpha, \dot{x}_a^\alpha, x_b^\alpha, \dot{x}_b^\alpha)\, d\lambda_a\, d\lambda_b, \tag{11.105}$$

où $x_a^\alpha = x_a^\alpha(\lambda_a)$, $\dot{x}_a^\alpha = \dot{x}_a^\alpha(\lambda_a) := dx_a^\alpha/d\lambda_a$, m_a et q_a sont des constantes et K est une fonction $\mathbb{R}^4 \to \mathbb{R}$. On reconnaît dans le premier terme de S la somme des actions individuelles de particules libres (*cf.* Éq. (11.21)), m_a s'interprétant comme la « masse libre » de la particule a. Le deuxième terme, avec l'intégrale double, décrit l'interaction entre les particules, q_a étant la ***constante de couplage***, ou ***charge d'interaction***, de la particule a : si $q_a = 0$, la particule a n'interagit avec aucune autre. L'action (11.105) est appelée ***action de Tetrode-Fokker***. Les seules variables dynamiques qu'elle comporte sont les positions $(x_a^\alpha(\lambda_a))$ des particules. Cela signifie que l'interaction entre les particules est décrite sans faire appel à la notion de champ. On dit qu'il s'agit d'une ***action à distance***.

Nous ne dériverons pas ici les équations du mouvement en appliquant le principe de moindre action à l'action de Tetrode-Fokker (11.105) et renvoyons le lecteur intéressé au livre de Barut [37] (Chap. VI) ou à celui de Sudarshan et Mukunda [396] (Chap. 22). Soulignons que les équations obtenues ne sont pas des équations différentielles du second ordre, mais des équations *intégro-différentielles.* La résolution de ces dernières est beaucoup plus compliquée que dans le cas d'équations différentielles. En particulier, elles ne se mettent pas sous la forme d'un *problème de Cauchy*, pour lequel on aurait existence et unicité de la solution étant données des conditions initiales sur les positions et les vitesses.

---

12. Contrairement au § 11.1.3, nous devons à présent utiliser une notation distincte pour les coordonnées affines de $\mathscr{E}$, (x^α), et les fonctions qui définissent la ligne d'univers, (x_a^α).

Deux exemples concrets d'action de Tetrode-Fokker sont intéressants :

Interaction à distance scalaire

On décrit une ***interaction scalaire*** qui se propage entre les particules à la vitesse de la lumière lorsqu'on choisit la fonction K dans (11.105) comme

$$K(x_a^\alpha, \dot{x}_a^\alpha, x_b^\alpha, \dot{x}_b^\alpha) := \frac{1}{4\pi}\sqrt{-g_{\alpha\beta}\dot{x}_a^\alpha\dot{x}_a^\beta}\sqrt{-g_{\alpha\beta}\dot{x}_b^\alpha\dot{x}_b^\beta}\;\delta\Big(g_{\alpha\beta}(x_a^\alpha - x_b^\alpha)(x_a^\beta - x_b^\beta)\Big), \tag{11.106}$$

où δ est la distribution de Dirac. Le qualificatif *scalaire* signifie que la dépendance de K par rapport aux 4-vitesses généralisées des particules, $(\dot{x}_a^\alpha)$, s'effectue seulement *via* leurs normes. On peut d'ailleurs remarquer que les termes en $\dot{x}_a^\alpha$ dans K sont les plus simples qui soient pour assurer l'invariance de l'action par reparamétrage des lignes d'univers, puisque $\sqrt{-g_{\alpha\beta}\dot{x}_a^\alpha\dot{x}_a^\beta}\, d\lambda_a$ est indépendant du paramètre λ_a (c'est l'élément de temps propre le long de $\mathscr{L}_a$). Que la propagation de l'interaction s'effectue à la vitesse de la lumière est assuré par le terme en δ dans K. En effet, si on fixe un événement $A(\lambda_a) \in \mathscr{L}_a$, ce terme ne va retenir dans l'intégrale sur λ_b que les événements qui vérifient $g_{\alpha\beta}(x_a^\alpha - x_b^\alpha)(x_a^\beta - x_b^\beta) = 0$, autrement dit les événements qui appartiennent au cône de lumière de $A(\lambda_a)$. Notons que les deux nappes, passé et futur, du cône de lumière sont concernées.

Électrodynamique de Wheeler-Feynman

Le cas d'une ***interaction vectorielle*** est décrit par la fonction

$$K(x_a^\alpha, \dot{x}_a^\alpha, x_b^\alpha, \dot{x}_b^\alpha) := \frac{1}{4\pi} g_{\alpha\beta}\, \dot{x}_a^\alpha \dot{x}_b^\beta\; \delta\Big(g_{\alpha\beta}(x_a^\alpha - x_b^\alpha)(x_a^\beta - x_b^\beta)\Big). \tag{11.107}$$

Par rapport à l'interaction scalaire (11.106), on constate que, cette fois-ci, K dépend des 4-vitesses généralisées *via* le produit scalaire $g_{\alpha\beta}\, \dot{x}_a^\alpha \dot{x}_b^\beta$ de la 4-vitesse généralisée de la particule a avec celle de la particule b. Le terme en δ est quant à lui identique à celui de (11.106), on a donc une propagation de l'interaction à la vitesse de la lumière.

Le choix (11.107), reporté dans l'action (11.105) conduit à une théorie des interactions électromagnétiques appelée ***électrodynamique de Wheeler-Feynman***, les constantes q_a étant alors les ***charges électriques*** des particules. *Si l'on ne tient pas compte de la réaction au rayonnement électromagnétique,* l'électrodynamique de Wheeler-Feynman est physiquement équivalente à l'électromagnétisme de Maxwell : elle conduit à un mouvement des particules identique à celui résultant de la demi-somme des potentiels retardés et avancés solutions des équations de Maxwell (potentiels de Liénard-Wiechert, que nous verrons au Chap. 18). La prise en compte des potentiels avancés pour avoir l'équivalence avec la théorie de Maxwell est nécessaire en regard du terme en δ dans (11.107), qui est symétrique par rapport aux nappes du futur et du passé du cône de lumière.

Soulignons que l'électrodynamique de Wheeler-Feynman n'utilise pas la notion de champ, contrairement à l'électromagnétisme de Maxwell. Elle décrit directement l'interaction à distance entre les particules chargées *via* l'action donnée par les Éqs. (11.105) et (11.107). En particulier, il n'y a pas de rayonnement électromagnétique dans cette théorie. Néanmoins, on peut prendre en compte ce que nous appelons d'ordinaire *réaction au rayonnement électromagnétique* et dont l'existence est montrée par l'expérience. Pour cela, on ajoute au système les charges électriques des détecteurs de radiation ; on les appelle des ***absorbeurs*** et on suppose qu'ils sont répartis à la périphérie du système. L'accélération des absorbeurs peut alors être interprétée comme l'effet du rayonnement électromagnétique et l'action à distance des absorbeurs sur les particules du système de départ comme la réaction au rayonnement électromagnétique.

Remarque : Il n'y a pas de problème d'auto-interaction (action d'une particule sur elle-même) et des divergences associées dans la théorie de Wheeler-Feynman, puisque b est toujours différent de a dans la double somme (11.105).

Note historique : *En 1903, soit deux ans avant la relativité restreinte, Karl Schwarzschild*[13] *a exprimé l'action mutuelle exercée par deux électrons en mouvement sous la forme d'une interaction à distance [378, 379]. Il ne cherchait cependant pas à fonder toute l'électrodynamique sur ce principe. Une formulation générale de l'interaction à distance dans le cadre relativiste a été obtenue par Hugo Tetrode*[14] *en 1922 [409] et Adriaan D. Fokker (*cf.* p. 339) en 1929 [163]. Ils ont introduit l'action (11.105) avec l'expression (11.107) de K. En 1949, John A. Wheeler (*cf.* p. 82) et Richard Feynman*[15] *ont développé la théorie de Tetrode et Fokker et ont notamment montré qu'elle ne viole pas la causalité, malgré la présence de la nappe du futur des cônes de lumière induite par le terme en δ dans (11.107) [434]. Le concept d'absorbeur a été introduit par Tetrode en 1922 [409] et développé par Wheeler et Feynman en 1945 [433]. La solution du problème de deux charges électriques en mouvement circulaire dans l'électrodynamique de Wheeler-Feynman a été obtenue par Alfred Schild*[16]

13. **Karl Schwarzschild** (1873–1916) : Astrophysicien allemand, célèbre pour avoir trouvé en 1915 la première solution exacte des équations de la relativité générale, solution qui sera reconnue plus tard comme celle d'un trou noir statique. Il mourra l'année suivante sur le front russe, des suites d'une maladie.

14. **Hugo Tetrode** (1895–1931) : Physicien hollandais, auteur de travaux en mécanique quantique ; mort de la tuberculose à 35 ans.

15. **Richard Feynman** (1918–1988) : Physicien théoricien américain, étudiant de John Wheeler ; il a inventé l'intégrale de chemin en mécanique quantique, ainsi que les diagrammes qui portent son nom, et a reçu le Prix Nobel de physique 1965 pour sa contribution fondamentale à l'électrodynamique quantique. Il est également célèbre pour son cours de physique [155].

16. **Alfred Schild** (1921–1977) : Physicien américain d'origine allemande, surtout connu pour ses travaux en relativité générale ; il a également contribué au développement des premières horloges atomiques.

en 1963 [376]. En 1973, Pierre Ramond[17] *a donné la forme la plus générale que peut prendre la fonction K sous l'hypothèse d'une action invariante par transformation de Poincaré [341].*

11.4.2 Formulation hamiltonienne

D'une manière générale, une ***théorie hamiltonienne relativiste*** consiste en la donnée (i) d'un espace des phases $\mathcal{P}$ muni d'un crochet de Poisson $\{,\}$ et d'un hamiltonien (on note Canon($\mathcal{P}$) l'ensemble des transformations canoniques) et (ii) d'une ***action du groupe de Poincaré*** sur $\mathcal{P}$ *via* des transformations canoniques, c'est-à-dire d'une application

$$\begin{array}{lcl} \mathrm{IO}(3,1) & \longrightarrow & \mathrm{Canon}(\mathcal{P}) \\ \Lambda & \longmapsto & f_\Lambda, \end{array}$$

telle que l'image de l'identité soit l'application identité et

$$\forall(\Lambda_1, \Lambda_2) \in \mathrm{IO}(3,1)^2, \quad f_{\Lambda_1} \circ f_{\Lambda_2} = f_{\Lambda_1 \circ \Lambda_2}. \tag{11.108}$$

La condition (ii) assure l'invariance des lois physiques, exprimées *via* les équations canoniques de Hamilton sur $\mathcal{P}$, lorsqu'on change d'observateur inertiel. Il suffit en fait d'assurer que les transformations de Poincaré *infinitésimales* conduisent à des transformations canoniques (nécessairement infinitésimales). Les crochets de Poisson des générateurs des transformations canoniques infinitésimales (*cf.* Éq. (11.84)–(11.85)) doivent alors obéir aux mêmes relations de structure que les crochets de Lie des générateurs du groupe de Poincaré, soit les Éqs. (8.38).

Pour traiter un système de particules dans ce cadre, il semblerait naturel d'utiliser comme coordonnées canoniques sur $\mathcal{P}$ les positions (x_a^α) de chaque particule dans un système de coordonnées inertielles de $\mathscr{E}$ et les moments conjugués (p_α^a). Or, d'après un théorème démontré en 1963 par D.G. Currie, J.T. Jordan et E.C.G. Sudarshan [98], les conditions

(i) d'invariance de la structure hamiltonienne sous l'action du groupe de Poincaré (définition d'une théorie hamiltonienne relativiste donnée ci-dessus),

(ii) d'utilisation des coordonnées d'espace-temps des particules comme coordonnées canoniques

ne sont pas compatibles, sauf s'il n'y a pas d'interaction entre les particules. Ce résultat a été qualifié de ***théorème d'absence d'interaction***.

Une solution à ce problème est d'abandonner la condition (ii) ci-dessus, c'est-à-dire d'utiliser des coordonnées canoniques sur l'espace des phases qui

17. **Pierre Ramond** : Physicien américain d'origine française, né en 1943 ; un des fondateurs de la théorie des cordes.

ne sont pas les coordonnées d'espace-temps des particules. Cette approche, appelée ***formalisme hamiltonien a priori*** a été notamment développée par P. Droz-Vincent [125–127].

Note historique : *Les bases formelles des théories hamiltoniennes relativistes, telles qu'esquissées ci-dessus, ont été jetées par Paul A.M. Dirac (*cf. *p. 370) en 1949 [120]. Une revue des résultats obtenus au début des années 1980 est constituée par l'ouvrage collectif [258].*

Chapitre 12

Observateurs accélérés

Sommaire

Dans ce chapitre et le suivant, nous examinons en détail les observateurs non-inertiels. Il y a essentiellement deux façons pour un observateur de ne pas être inertiel : avoir une 4-accélération ou une 4-rotation non nulle. Dans ce chapitre nous examinons le premier cas, le Chap. 13 étant dévolu au second.

12.1 Observateur uniformément accéléré

12.1.1 Définition

La configuration la plus simple d'un observateur accéléré est celle où

- sa ligne d'univers est comprise dans un plan Π de l'espace-temps $\mathscr{E}$;
- la norme vis-à-vis du tenseur métrique $\boldsymbol{g}$ de sa 4-accélération $\vec{\boldsymbol{a}}$ est constante le long de sa ligne d'univers[1] :

$$\boxed{a := \|\vec{\boldsymbol{a}}\|_{\boldsymbol{g}} = \text{const.}} ; \tag{12.1}$$

1. Rappelons que a a la dimension de l'inverse d'une longueur et que, $\vec{\boldsymbol{a}}$ étant un vecteur du genre espace, $\|\vec{\boldsymbol{a}}\|_{\boldsymbol{g}} = \sqrt{\vec{\boldsymbol{a}} \cdot \vec{\boldsymbol{a}}}$ (*cf.* Éq. (1.21)).

– sa 4-rotation est identiquement nulle :

$$\vec{\omega} = 0. \tag{12.2}$$

Un tel observateur est dit ***uniformément accéléré***, ou encore ***en mouvement hyperbolique***. On rencontre également la dénomination d'***observateur de Rindler***.

Remarque : D'une manière naïve, on aurait pu penser définir un observateur uniformément accéléré comme un observateur dont le *vecteur* 4-accélération est constant :

$$\vec{a} = \text{const.}, \tag{12.3}$$

et pas seulement sa *norme* comme dans (12.1). L'équation (2.16) de définition de la 4-accélération, $d\vec{u}/dt = c\,\vec{a}$, s'intègre alors immédiatement en $\vec{u}(t) = ct\,\vec{a} + \vec{u}_0$, où t est le temps propre de l'observateur et $\vec{u}_0$ un vecteur constant qui doit être unitaire et du genre temps car $\vec{u}_0 = \vec{u}(0)$. Le carré scalaire de la 4-vitesse est alors

$$\vec{u}(t)\cdot\vec{u}(t) = c^2t^2\,\vec{a}\cdot\vec{a} + 2ct\,\underbrace{\vec{u}_0\cdot\vec{a}}_{0} + \underbrace{\vec{u}_0\cdot\vec{u}_0}_{-1} = c^2t^2\,\vec{a}\cdot\vec{a} - 1,$$

où l'on a utilisé l'orthogonalité de la 4-vitesse et la 4-accélération (Éq. (2.17)) pour écrire $\vec{u}_0\cdot\vec{a} = \vec{u}(0)\cdot\vec{a}(0) = 0$. L'équation ci-dessus et la relation de normalisation $\vec{u}(t)\cdot\vec{u}(t) = -1$ impliquent que, pour $t \neq 0$, $\vec{a}\cdot\vec{a} = 0$. Comme $\vec{a}$ est un vecteur du genre espace, il en résulte nécessairement $\vec{a} = 0$. Ainsi la définition (12.3) conduit à un observateur de 4-accélération nulle, c'est-à-dire un observateur inertiel, ce qui est évidemment trop restrictif. La définition (12.1) est moins contraignante et permet à la direction du vecteur 4-accélération de varier, contrairement à (12.3), de manière à rester toujours orthogonale à la 4-vitesse.

Exemple : Un exemple concret de mouvement uniformément accéléré est celui d'une particule chargée dans un champ électrique uniforme. La norme de la 4-accélération est alors $a = |q|E/(mc^2)$, où q est la charge électrique de la particule, m sa masse et E la norme du champ électrique constant. Cet exemple sera traité en détail au Chap. 17.

Le lecteur aura reconnu l'origine du mot *hyperbolique* dans la définition ci-dessus s'il se souvient que le voyageur de Langevin introduit au Chap. 2 et dans les exemples 2 du Chap. 4 avait une ligne d'univers formée d'arcs d'hyperboles et que, sur chacun de ces arcs, la 4-accélération avait une norme constante (*cf.* Eq. (2.43)). Nous allons à présent montrer la réciproque, à savoir que (12.1) et l'hypothèse de ligne d'univers confinée dans un plan conduisent à une ligne d'univers hyperbolique.

12.1.2 Ligne d'univers

Soit $\mathcal{O}$ un observateur uniformément accéléré, de ligne d'univers $\mathscr{L}_0$, de 4-vitesse $\vec{u}$, de 4-accélération $\vec{a}$ et de temps propre t. On désignera par $O(t)$

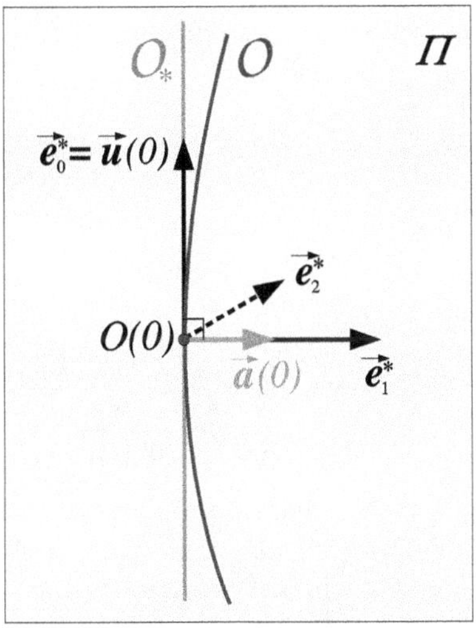

FIG. 12.1 – Observateur uniformément accéléré $\mathcal{O}$ et observateur inertiel de référence $\mathcal{O}_*$. La ligne d'univers de $\mathcal{O}$ est entièrement contenue dans le plan $\mathit{\Pi}$.

l'événement de temps propre t sur $\mathscr{L}_0$. Par hypothèse, $\mathscr{L}_0$ est entièrement contenue dans un plan $\mathit{\Pi} \subset \mathscr{E}$. Désignons par $\Pi \subset E$ le plan vectoriel associé[2]. $\vec{\boldsymbol{u}}$ étant tangent en tout point à $\mathscr{L}_0$, on a nécessairement

$$\forall t \in \mathbb{R}, \quad \vec{\boldsymbol{u}}(t) \in \Pi \quad \text{et} \quad \vec{\boldsymbol{a}}(t) \in \Pi, \tag{12.4}$$

la deuxième propriété résultant de $\vec{\boldsymbol{a}} = c^{-1} d\vec{\boldsymbol{u}}/dt$.

Il est utile d'introduire un observateur *inertiel* $\mathcal{O}_*$, de référentiel $(\vec{\boldsymbol{e}}^{\,*}_\alpha)$ et de temps propre t_*, tel que

$$\Pi = \mathrm{Vect}\,(\vec{\boldsymbol{e}}^{\,*}_0, \vec{\boldsymbol{e}}^{\,*}_1), \tag{12.5}$$

et tel qu'à l'instant $t_* = 0$, les lignes d'univers de $\mathcal{O}$ et $\mathcal{O}_*$ sont tangentes au point $O(0)$, origine du temps propre t de $\mathcal{O}$ (*cf.* Fig. 12.1). Les 4-vitesses de $\mathcal{O}$ et $\mathcal{O}_*$ sont alors nécessairement égales en $O(0)$:

$$\vec{\boldsymbol{u}}(0) = \vec{\boldsymbol{e}}^{\,*}_0. \tag{12.6}$$

De plus, puisque $\vec{\boldsymbol{a}}(0) \in \Pi$ est orthogonal à $\vec{\boldsymbol{u}}(0)$ et que $\vec{\boldsymbol{e}}^{\,*}_1$ est unitaire,

$$\vec{\boldsymbol{a}}(0) = a\, \vec{\boldsymbol{e}}^{\,*}_1. \tag{12.7}$$

A priori, on devrait écrire $\vec{\boldsymbol{a}}(0) = \pm a\, \vec{\boldsymbol{e}}^{\,*}_1$, mais quitte à changer le sens du vecteur $\vec{\boldsymbol{e}}^{\,*}_1$, on peut toujours choisir le signe $+$.

2. Ainsi, la lettre $\mathit{\Pi}$ en italique désigne le plan affine (sous-espace de $\mathscr{E}$) et la lettre Π droite le plan vectoriel (sous-espace de E).

Puisque $(\vec{e}_0^{\,*}, \vec{e}_1^{\,*})$ constitue une base du plan Π (Éq. (12.5)) et que $\vec{\boldsymbol{u}}$ et $\vec{\boldsymbol{a}}$ appartiennent à ce plan, on peut écrire

$$\vec{\boldsymbol{u}}(t) = u^0(t)\,\vec{e}_0^{\,*} + u^1(t)\,\vec{e}_1^{\,*} \qquad \text{et} \qquad \vec{\boldsymbol{a}}(t) = a^0(t)\,\vec{e}_0^{\,*} + a^1(t)\,\vec{e}_1^{\,*}. \tag{12.8}$$

D'après l'orthonormalité de la base $(\vec{e}_\alpha^{\,*})$, les conditions $\vec{\boldsymbol{u}}\cdot\vec{\boldsymbol{u}} = -1$ et $\vec{\boldsymbol{a}}\cdot\vec{\boldsymbol{a}} = a^2$ se traduisent par

$$-[u^0(t)]^2 + [u^1(t)]^2 = -1 \qquad \text{et} \qquad -[a^0(t)]^2 + [a^1(t)]^2 = a^2, \tag{12.9}$$

d'où

$$a^1(t) = \pm\sqrt{a^2 + [a^0(t)]^2}.$$

En particulier, $|a^1(t)| > a$. Par continuité, on en déduit que $a^1(t)$ ne peut changer de signe lorsque t varie. Puisque $a^1(0) = a$ (Éq. (12.7)), on conclut qu'il faut prendre le signe + dans l'expression ci-dessus. Par ailleurs, par définition de la 4-accélération (*cf.* Éq. (2.16)),

$$a^0(t) = \frac{1}{c}\frac{du^0}{dt} \qquad \text{et} \qquad a^1(t) = \frac{1}{c}\frac{du^1}{dt}. \tag{12.10}$$

De (12.9), on tire $u^0 = \sqrt{1 + (u^1)^2}$ (car $u^0 > 0$), si bien que

$$a^0(t) = \frac{1}{c}\frac{u^1}{\sqrt{1+(u^1)^2}}\frac{du^1}{dt}.$$

En reportant cette relation, ainsi que l'expression (12.10) de $a^1(t)$, dans (12.9), il vient

$$\frac{1}{\sqrt{1+(u^1)^2}}\frac{du^1}{dt} = ca,$$

où l'on a tenu compte de $du^1/dt = ca^1 > 0$. Étant donnée la condition initiale $u^1(0) = 0$ (*cf.* Eq. (12.6)), l'équation ci-dessus s'intègre en

$$u^1(t) = \sinh(act).$$

Comme $u^0 = \sqrt{1+(u^1)^2}$ et $1 + \sinh^2 x = \cosh^2 x$, on en déduit $u^0(t) = \cosh(act)$, d'où l'expression de la 4-vitesse de $\mathcal{O}$:

$$\boxed{\vec{\boldsymbol{u}}(t) = \cosh(act)\,\vec{e}_0^{\,*} + \sinh(act)\,\vec{e}_1^{\,*}}. \tag{12.11}$$

La 4-accélération se déduit immédiatement de (12.10) :

$$\boxed{\vec{\boldsymbol{a}}(t) = a\left[\sinh(act)\,\vec{e}_0^{\,*} + \cosh(act)\,\vec{e}_1^{\,*}\right]}. \tag{12.12}$$

On vérifie sur ces formules que $\vec{\boldsymbol{u}}(t)\cdot\vec{\boldsymbol{a}}(t) = 0$, $\vec{\boldsymbol{u}}(t)\cdot\vec{\boldsymbol{u}}(t) = -1$ et $\vec{\boldsymbol{a}}(t)\cdot\vec{\boldsymbol{a}}(t) = a^2$.

Introduisons les coordonnées inertielles $(x_*^\alpha) = (ct_*, x_*, y_*, z_*)$ associées à l'observateur $\mathcal{O}_*$; soit alors

$$x_*^\alpha = X_*^\alpha(t) \tag{12.13}$$

l'équation de la ligne d'univers $\mathscr{L}_0$ de $\mathcal{O}$ dans ces coordonnées. Remarquons que le paramètre choisi est le temps propre t de $\mathcal{O}$ et que l'on a $X_*^2(t) = X_*^3(t) = 0$, puisque le mouvement de $\mathcal{O}$ est confiné dans le plan Π. Par définition de la 4-vitesse, les composantes (u^α) de $\vec{u}$ dans la base $(\vec{e}_\alpha^{\,*})$ sont reliées à $X_*^\alpha(t)$ par $u^\alpha = c^{-1}dX_*^\alpha/dt$ (*cf.* Eq. (2.12)). En vertu de (12.11), on a donc

$$\frac{dX_*^0}{dt} = c\cosh(act) \qquad \text{et} \qquad \frac{dX_*^1}{dt} = c\sinh(act).$$

Compte tenu des conditions initiales $X_*^0(0) = 0$ et $X_*^1(0) = 0$ (point $O(0)$ sur la Fig. 12.1), ces équations s'intègrent aisément et conduisent à l'équation suivante de la ligne d'univers $\mathscr{L}_0$:

$$\boxed{\begin{cases} ct_* = X_*^0(t) = a^{-1}\sinh(act) \\ x_* = X_*^1(t) = a^{-1}\left[\cosh(act) - 1\right] \\ y_* = X_*^2(t) = 0 \\ z_* = X_*^3(t) = 0, \end{cases}} \tag{12.14}$$

où le temps propre t décrit $\mathbb{R}$. Compte tenu de la relation $\cosh^2 x - \sinh^2 x = 1$, on constate que sur $\mathscr{L}_0$, les coordonnées t_* et x_* sont liées par

$$\boxed{(ax_* + 1)^2 - (act_*)^2 = 1}. \tag{12.15}$$

On reconnaît l'équation d'une hyperbole équilatère dans le plan (ct_*, x_*), de centre $(ct_* = 0, x_* = -a^{-1})$ et d'asymptotes les droites

$$\Delta_1 : \quad ct_* = x_* + a^{-1}, \quad y_* = 0, \quad z_* = 0 \tag{12.16}$$

$$\Delta_2 : \quad ct_* = -x_* - a^{-1}, \quad y_* = 0, \quad z_* = 0. \tag{12.17}$$

$\mathscr{L}_0$ est représentée sur la Fig. 12.2.

Remarque : On retrouve à travers (12.11), (12.12) et (12.15) les formules (2.35)-(2.36), (2.37)-(2.38) et (2.23) avec $k = 0$ du § 2.5, compte tenu des changements de notation $\vec{u} \leftrightarrow \vec{u}'$, $\vec{a} \leftrightarrow \vec{a}'$, $a \leftrightarrow \alpha/(cT)$, $t \leftrightarrow t'$, $t_* \leftrightarrow t$ et $x_* \leftrightarrow x$.

12.1.3 Changement d'observateur inertiel de référence

Le sommet de l'hyperbole représentée sur la Fig. 12.2 (point $O(0)$) n'est pas un point particulier pour la ligne d'univers $\mathscr{L}_0$. Le point $O(0)$ apparaît comme un sommet uniquement parce que l'on a tracé la figure en fonction des coordonnées (ct_*, x_*) liées à l'observateur inertiel tangent à $\mathscr{L}_0$ en $O(0)$. Si l'on refait la figure en se basant sur les coordonnées d'un observateur inertiel

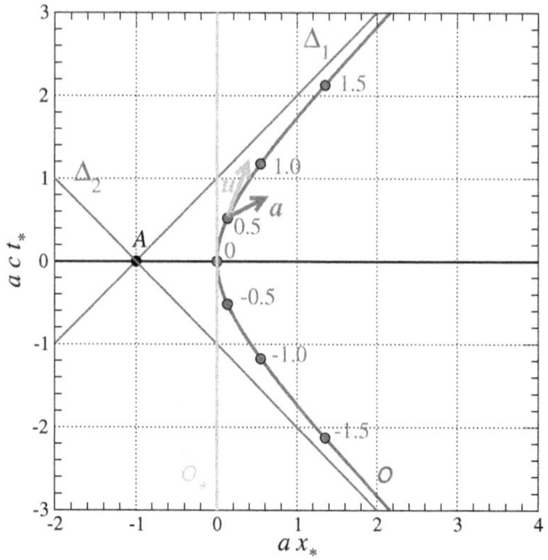

FIG. 12.2 – Ligne d'univers de l'observateur uniformément accéléré $\mathcal{O}$ dessinée dans les coordonnées (ct_*, x_*) liées à l'observateur inertiel $\mathcal{O}_*$: il s'agit d'une branche d'hyperbole $\mathscr{L}_0$ d'asymptotes Δ_1 et Δ_2. Les nombres de -1.5 à 1.5 indiqués le long de $\mathscr{L}_0$ sont les valeurs du temps propre t de $\mathcal{O}$, en unité de $(ac)^{-1}$. Le temps propre de $\mathcal{O}_*$ est quant à lui t_*.

tangent à $\mathscr{L}_0$ en un autre point, c'est ce dernier qui va apparaître comme sommet de l'hyperbole, ainsi qu'illustré sur la Fig. 12.3. La situation est tout à fait similaire à celle de l'hyperboloïde $\mathscr{U}_O$ considéré au § 1.3.3 : nous avions déjà remarqué que les sommets de $\mathscr{U}_O$ représentés sur les Figs. 1.6 et 1.7 sont liés aux coordonnées inertielles utilisées pour la représentation graphique et n'ont pas de réalité physique.

Montrons l'affirmation ci-dessus en introduisant un deuxième observateur inertiel $\mathcal{O}'_*$ tangent à $\mathscr{L}_0$ en $O(t')$ avec $t' \neq 0$ fixé. En transposant (12.6) et (12.7) de $t = 0$ à $t = t'$, on constate que le référentiel $(\vec{e}^{\,*'}_\alpha)$ de $\mathcal{O}'_*$ est tel que

$$\vec{e}^{\,*'}_0 = \vec{u}(t'), \quad \vec{e}^{\,*'}_1 = a^{-1}\,\vec{a}(t'), \quad \vec{e}^{\,*'}_2 = \vec{e}^{\,*}_2, \quad \text{et} \quad \vec{e}^{\,*'}_3 = \vec{e}^{\,*}_3,$$

les deux dernières conditions n'étant rien d'autre qu'un choix de base commode dans le plan vectoriel $\Pi^\perp$. Compte tenu de (12.11) et (12.12), il vient alors

$$\begin{cases} \vec{e}^{\,*'}_0 = \cosh(act')\,\vec{e}^{\,*}_0 + \sinh(act')\,\vec{e}^{\,*}_1 \\ \vec{e}^{\,*'}_1 = \sinh(act')\,\vec{e}^{\,*}_0 + \cosh(act')\,\vec{e}^{\,*}_1, \end{cases}$$

ainsi que $\vec{e}^{\,*'}_2 = \vec{e}^{\,*}_2$ et $\vec{e}^{\,*'}_3 = \vec{e}^{\,*}_3$. On en conclut que les référentiels des observateurs $\mathcal{O}_*$ et $\mathcal{O}'_*$ sont reliés par une transformation de Lorentz spéciale de plan Π et de rapidité $\psi = act'$ (*cf.* Éq. (6.43)). En utilisant les formules (8.11)

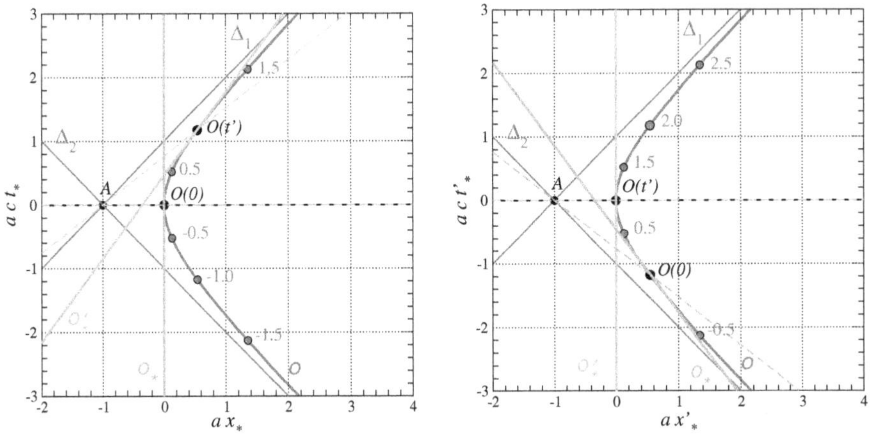

FIG. 12.3 – Invariance de l'hyperbole représentant la ligne d'univers $\mathscr{L}_0$ de $\mathscr{O}$ lorsqu'on change d'observateur inertiel : la figure de gauche est basée sur les coordonnées (ct_*, x_*) associées à l'observateur inertiel $\mathscr{O}_*$, qui est tangent à $\mathscr{O}$ en $O(0)$, alors que la figure de droite est basée sur les coordonnées (ct'_*, x'_*) associées à l'observateur inertiel $\mathscr{O}'_*$, qui est tangent à $\mathscr{O}$ en $O(t')$ avec $t' := (ac)^{-1}$. Comme sur la Fig. 12.2, les nombres le long de $\mathscr{L}_0$ correspondent au temps propre t en unité de $(ac)^{-1}$. Les droites en tirets représentent les espaces de repos des observateurs inertiels $\mathscr{O}_*$ et $\mathscr{O}'_*$ aux instants considérés. Le passage des coordonnées (ct_*, x_*) aux coordonnées (ct'_*, x'_*) est donné par la transformation de Poincaré (12.18).

et (8.12) (avec la transformation inverse), on en déduit que les coordonnées inertielles $(ct'_*, x'_*, y'_*, z'_*)$ relatives à $\mathscr{O}'_*$ sont reliées aux coordonnées inertielles (ct_*, x_*, y_*, z_*) relatives à $\mathscr{O}_*$ par la transformation de Poincaré suivante :

$$\left\{ \begin{array}{l} ct'_* = \cosh(act')\, ct_* - \sinh(act')\, x_* - a^{-1} \sinh(act') \\ x'_* = -\sinh(act')\, ct_* + \cosh(act')\, x_* + a^{-1} \cosh(act') - a^{-1}, \end{array} \right. \tag{12.18}$$

avec $y'_* = y_*$ et $z'_* = z_*$. Le changement de coordonnées est illustré sur la Fig. 12.3 dans le cas particulier $t' = (ac)^{-1}$. On constate que dans les nouvelles coordonnées, $\mathscr{L}_0$ a exactement la même forme que dans les anciennes. De plus, les coordonnées du point A où se coupent les asymptotes de $\mathscr{L}_0$ sont invariantes, ainsi qu'on le voit en insérant $(ct_*, x_*) = (0, -a^{-1})$ dans (12.18) :

$$(ct_*, x_*) = (0, -a^{-1}) \iff (ct'_*, x'_*) = (0, -a^{-1}).$$

L'invariance de l'hyperbole qui décrit la ligne d'univers de $\mathscr{O}$, lorsqu'on passe de l'observateur inertiel tangent en $O(0)$ à un observateur inertiel tangent en $O(t')$ avec t' quelconque, reflète le fait que tous les événements le long de $\mathscr{L}_0$ sont équivalents. Cela n'est guère surprenant si l'on se rappelle que, du point de vue de l'observateur $\mathscr{O}$, rien ne change lorsque le temps passe, puisque sa 4-rotation est nulle et que la norme de sa 4-accélération est constante. On dit que $\mathcal{O}$ est un ***observateur stationnaire***. Un autre exemple d'observateur stationnaire est bien entendu un observateur inertiel.

12.1.4 Mouvement perçu par l'observateur inertiel

Dans l'espace de référence de l'observateur inertiel $\mathcal{O}_*$ (*cf.* § 3.3.3), l'observateur $\mathcal{O}$ se déplace en ligne droite, le long de l'axe des x_* et suivant la loi horaire que l'on déduit de (12.15),

$$x_*(t_*) = a^{-1}\left[\sqrt{1+(act_*)^2} - 1\right], \quad t_* \in \mathbb{R}. \tag{12.19}$$

$\mathcal{O}$ arrive depuis $x_* \to +\infty$ (lorsque $t_* \to -\infty$), atteint $x_* = 0$ à $t = 0$ et repart vers $x_* \to +\infty$ lorsque $t_* \to +\infty$ (*cf.* Fig. 12.2). La vitesse de $\mathcal{O}$ relative à $\mathcal{O}_*$ est par définition (Éq. (4.19))

$$\vec{V} = \frac{dx_*}{dt_*}\,\vec{e}_1^{\,*} = V\,\vec{e}_1^{\,*}, \qquad \text{avec} \quad V := c\,\frac{act_*}{\sqrt{1+(act_*)^2}}. \tag{12.20}$$

Pour $|t_*| \ll (ac)^{-1}$, cette expression se réduit à $V \simeq \gamma_0 t_*$, avec $\gamma_0 := ac^2$ (*cf.* Eq. (4.64)). On retrouve l'expression non relativiste de la vitesse en fonction du temps pour une accélération γ_0 constante et la condition initiale $V(0) = 0$. À l'inverse, lorsque $|t_*|$ est grand, on a le comportement suivant

$$\lim_{t_*\to-\infty} V = -c \quad \text{et} \quad \lim_{t_*\to+\infty} V = c.$$

La vitesse de $\mathcal{O}$ mesurée par l'observateur inertiel $\mathcal{O}_*$ tend donc vers la vitesse de la lumière lorsque t_* augmente, ce qui correspond bien au comportement attendu pour un corps en « accélération constante » (mais *cf.* la remarque ci-dessous).

L'accélération de $\mathcal{O}$ relative à $\mathcal{O}_*$ est, par définition (Éq. (4.44)),

$$\vec{\gamma} = \frac{d^2x_*}{dt_*^2}\,\vec{e}_1^{\,*} = \gamma\,\vec{e}_1^{\,*}, \qquad \text{avec} \quad \gamma := \frac{ac^2}{\left[1+(act_*)^2\right]^{3/2}}. \tag{12.21}$$

On a donc

$$\lim_{t_*\to-\infty} \gamma = 0, \qquad \gamma(t_* = 0) = ac^2 \qquad \text{et} \qquad \lim_{t_*\to+\infty} \gamma = 0. \tag{12.22}$$

La vitesse V et l'accélération γ, telles que données par (12.20) et (12.21), sont représentées sur la Fig. 12.4.

Remarque : La norme $\|\vec{\gamma}\|_g = \gamma$ de l'accélération relative à l'observateur inertiel $\mathcal{O}_*$ n'est pas constante, bien que le mouvement de $\mathcal{O}$ soit qualifié d'*uniformément accéléré*. C'est en fait nécessaire pour que la vitesse V soit toujours inférieure à c. Ce qui reste constant, c'est la norme a de la 4-accélération de $\mathcal{O}_*$, qui est une quantité indépendante de tout observateur, contrairement à γ qui dépend de $\mathcal{O}_*$ (*cf.* la remarque à la fin du § 4.4.3).

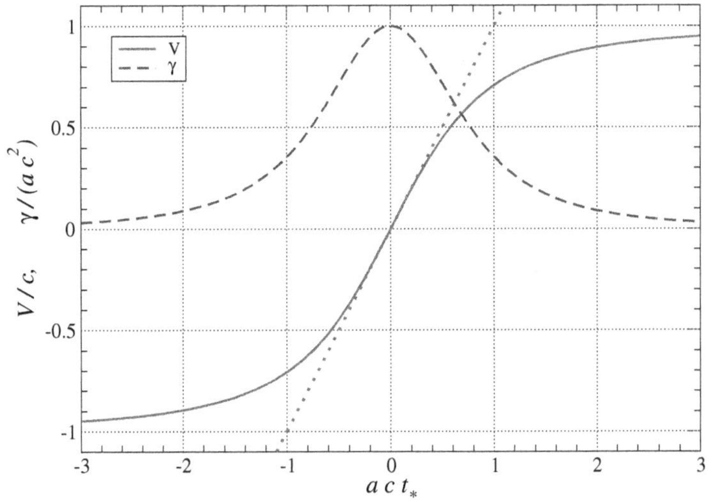

FIG. 12.4 – Vitesse V et accélération γ de l'observateur uniformément accéléré $\mathcal{O}$, toutes deux relatives à l'observateur inertiel $\mathcal{O}_*$ tangent à $\mathcal{O}$ en $t_* = 0$, en fonction du temps propre t_* de $\mathcal{O}_*$. La ligne en pointillés correspond à la valeur de V à la limite non-relativiste (γ est alors constant, égal à ac^2).

12.1.5 Espaces locaux de repos

Soit M un événement générique de $\mathscr{E}$, de coordonnées inertielles (ct_*, x_*, y_*, z_*). M appartient à l'espace local de repos de $\mathcal{O}$ au temps propre t, $\mathscr{E}_{\boldsymbol{u}}(t)$, ssi[3] $\vec{\boldsymbol{u}}(t) \cdot \overrightarrow{O(t)M} = 0$. En utilisant l'expression (12.14) des coordonnées inertielles de $O(t)$, on a

$$\overrightarrow{O(t)M} = \left[ct_* - a^{-1}\sinh(act)\right] \vec{e}_0^{\,*} + \left[x_* - a^{-1}\left(\cosh(act) - 1\right)\right] \vec{e}_1^{\,*} + y_* \, \vec{e}_2^{\,*} + z_* \, \vec{e}_3^{\,*}.$$

Par ailleurs, les composantes de $\vec{\boldsymbol{u}}(t)$ dans la base $(\vec{\boldsymbol{e}}_\alpha^{\,*})$ sont données par (12.11). La condition $\vec{\boldsymbol{u}}(t) \cdot \overrightarrow{O(t)M} = 0$ s'écrit donc

$$-\cosh(act)\left[ct_* - a^{-1}\sinh(act)\right] + \sinh(act)\left[x_* - a^{-1}\left(\cosh(act) - 1\right)\right] = 0,$$

soit, après simplification,

$$\boxed{ct_* = \tanh(act)(x_* + a^{-1})}. \tag{12.23}$$

Il s'agit là de l'équation de l'hyperplan $\mathscr{E}_{\boldsymbol{u}}(t)$ dans les coordonnées inertielles (ct_*, x_*, y_*, z_*). $\mathscr{E}_{\boldsymbol{u}}(t)$ est représenté sur la Fig. 12.5 pour différentes valeurs de t. On constate que, lorsque t varie, les hyperplans $\mathscr{E}_{\boldsymbol{u}}(t)$ se coupent mutuellement en un même plan de $\mathscr{E}$, d'équation $ct_* = 0$ et $x_* = -a^{-1}$. La trace

3. Rappelons que $O(t)$ désigne la position de $\mathcal{O}$ au temps propre t.

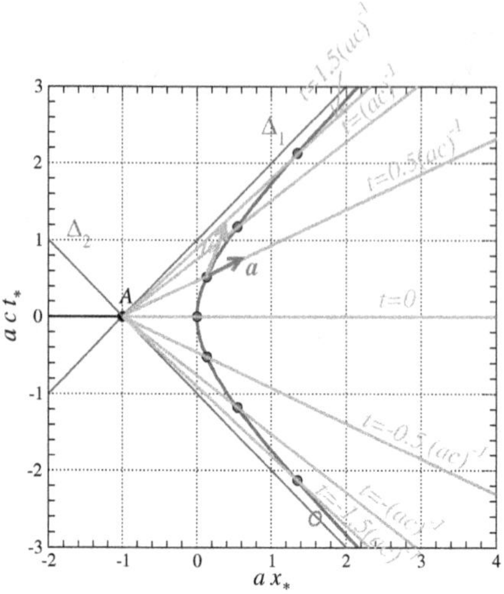

FIG. 12.5 – Espaces locaux de repos $\mathscr{E}_{\boldsymbol{u}}(t)$ de l'observateur uniformément accéléré $\mathcal{O}$. Sur cette figure dans le plan Π, chaque $\mathscr{E}_{\boldsymbol{u}}(t)$ apparaît comme une droite issue de A et étiquetée par la valeur de t.

de ce plan dans le plan de la Fig. 12.5 (plan Π) est le point A, où se coupent les asymptotes de l'hyperbole $\mathscr{L}_0$. Le fait que les espaces locaux de repos de $\mathcal{O}$ se coupent ne doit pas nous surprendre : il s'agit de la propriété générique des observateurs accélérés que nous avons examinée au § 3.6. Nous y avions estimé l'échelle de longueur a^{-1} : pour une accélération $\gamma = c^2 a = 10$ m.s^{-2}, $a^{-1} \simeq 9 \times 10^{15}$ m $\simeq 1$ année-lumière.

12.1.6 Horizon de Rindler

Dans les diagrammes d'espace-temps des Figs. 12.2, 12.3 et 12.5, qui décrivent le plan Π en terme des coordonnées inertielles (ct_*, x_*), les lignes d'univers des photons sont des droites inclinées à $\pm 45°$. Il est alors clair que les photons émis dans la région située au-dessus de l'asymptote Δ_1 n'atteindront jamais $\mathscr{L}_0$ (*cf.* Fig. 12.6). Cette région est donc invisible pour l'observateur $\mathcal{O}$. Plus généralement, c'est-à-dire si l'on s'écarte du plan Π de la Fig. 12.6, déterminons sous quelles conditions un émetteur $M \in \mathscr{E}$ peut être perçu de $\mathcal{O}$ (*cf.* Fig. 12.7). Sans perte de généralité, on peut supposer que $M \in \mathscr{E}_{\boldsymbol{u}}(0)$, puisque tous les instants de temps propre t sont équivalents pour $\mathcal{O}$ (*cf.* § 12.1.3). C'est cette situation qui est représentée sur la Fig. 12.7. Soient $(ct_*^{\rm em}, x_*^{\rm em}, y_*^{\rm em}, z_*^{\rm em})$ les coordonnées inertielles (relatives à $\mathcal{O}_*$) de l'émetteur M. On a $t_*^{\rm em} = 0$, puisque $t = 0 \iff t_* = 0$ (*cf.* Éq. (12.14)). Un photon émis depuis M atteint $\mathcal{O}$ ssi il existe une géodésique lumière reliant M à un point $O(t) \in \mathscr{L}_0$ (segment en pointillés sur la Fig. 12.7). Par définition les coordonnées inertielles

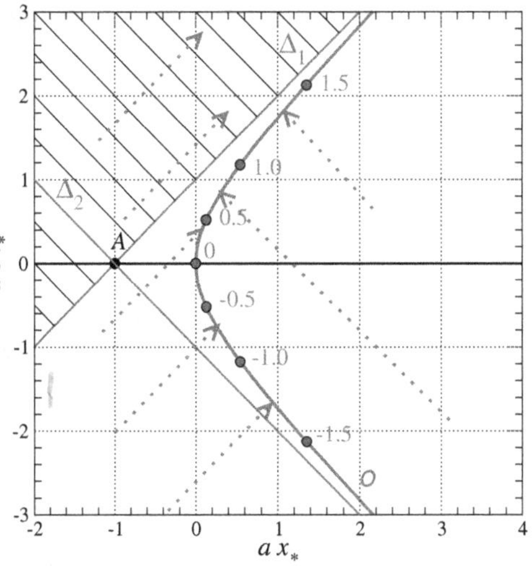

FIG. 12.6 – Géodésiques lumière (en pointillés) dans le plan Π. Les photons émis dans la région hachurée ne peuvent jamais atteindre l'observateur accéléré $\mathcal{O}$.

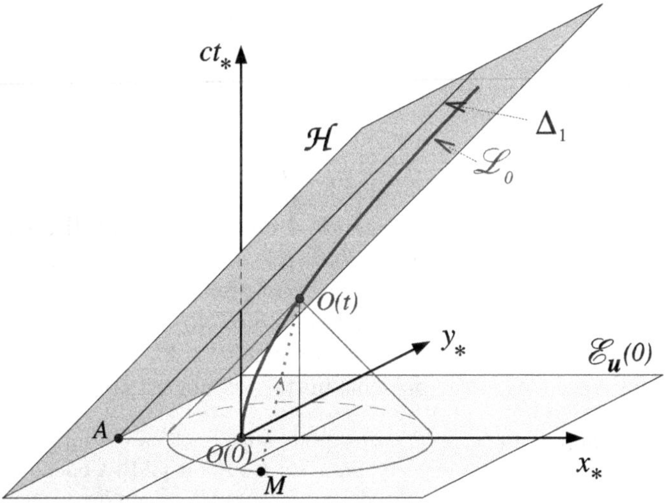

FIG. 12.7 – Horizon de Rindler $\mathcal{H}$ de l'observateur uniformément accéléré (ligne d'univers $\mathscr{L}_0$, position au temps propre t : $O(t)$).

de $O(t)$ sont les $X_*^\alpha(t)$ donnés par (12.14), si bien que le vecteur $\overrightarrow{MO(t)}$ s'écrit

$$\overrightarrow{MO(t)} = a^{-1}\sinh(act)\,\vec{e}_0^{\,*} + [a^{-1}\cosh(act) - a^{-1} - x_*^{\rm em}]\,\vec{e}_1^{\,*} - y_*^{\rm em}\,\vec{e}_2^{\,*} - z_*^{\rm em}\,\vec{e}_3^{\,*}.$$

En prenant le carré scalaire et en simplifiant, on en déduit que $\overrightarrow{MO(t)}$ est du genre lumière ssi

$$2(ax_*^{\rm em}+1)\cosh(act) = 1 + a^2\left[(x_*^{\rm em}+a^{-1})^2 + (y_*^{\rm em})^2 + (z_*^{\rm em})^2\right]. \quad (12.24)$$

À $(x_*^{\rm em}, y_*^{\rm em}, z_*^{\rm em})$ fixé, il s'agit là d'une équation en t. Étant donné que l'on a toujours $\cosh(act) \geq 1$, deux cas sont à considérer :

- cas $x_*^{\rm em} \leq -a^{-1}$: le terme $(ax_*^{\rm em}+1)$ est alors négatif ou nul et comme le membre de droite de (12.24) est supérieur à 1, il n'y a pas de solution à l'équation : un rayon lumineux émis depuis M n'atteint jamais $\mathscr{O}$;
- cas $x_*^{\rm em} > -a^{-1}$: on peut mettre (12.24) sous la forme

$$\cosh(act) = 1 + a^2\frac{(x_*^{\rm em})^2 + (y_*^{\rm em})^2 + (z_*^{\rm em})^2}{2(ax_*^{\rm em}+1)}.$$

  Puisque le membre de droite est clairement supérieur ou égal à 1, il y a une unique solution $t \geq 0$ à cette équation : un rayon lumineux émis depuis M atteint $\mathscr{O}$ au temps propre t de ce dernier.

En raisonnant sur l'intersection des cônes de lumière avec l'hyperplan $t_* \neq 0$, on trouve que lorsque $t_*^{\rm em} \neq 0$, la condition $x_*^{\rm em} > -a^{-1}$ se généralise en $x_*^{\rm em} + ct_*^{\rm em} > -a^{-1}$. Ainsi la frontière entre la région de l'espace-temps de Minkowski qui peut envoyer des photons vers $\mathscr{O}$ et celle qui ne le peut pas est l'hyperplan $\mathscr{H}$ d'équation

$$ct_* = x_* + a^{-1}. \quad (12.25)$$

$\mathscr{H}$ est appelé ***horizon de Rindler de l'observateur*** $\mathscr{O}$. Il est représenté sur la Fig. 12.7. $\mathscr{H}$ est un ***hyperplan du genre lumière*** au sens où la métrique induite par $\boldsymbol{g}$ sur $\mathscr{H}$ est dégénérée (c'est l'analogue tridimensionnel d'un *plan du genre lumière* tel que défini au § 6.3.5). De manière équivalente, tout vecteur normal à $\mathscr{H}$ est également tangent à $\mathscr{H}$. Il est alors forcément du genre lumière. Dans le cas présent, un tel vecteur est colinéaire à $\vec{e}_0^{\,*} + \vec{e}_1^{\,*}$.

Remarque : L'emploi du terme *horizon* pour appeler $\mathscr{H}$ a été introduit par analogie avec l'*horizon des événements* d'un trou noir [351]. Cependant, il existe une différence de taille entre les deux concepts : l'horizon des événements d'un trou noir est une structure intrinsèque à l'espace-temps, c'est-à-dire indépendante de tout observateur, alors que l'horizon de Rindler dépend clairement de l'observateur accéléré considéré.

12.1.7 Référentiel de l'observateur uniformément accéléré

Nous n'avons pas encore parlé du référentiel local $(\vec{e}_\alpha(t))$ de l'observateur $\mathscr{O}$, hormis pour demander que sa 4-rotation soit nulle (condition (12.2)).

Choisissons ce référentiel de la manière suivante : $\vec{e}_0(t) = \vec{u}(t)$ (par définition), $\vec{e}_1(t)$ est colinéaire à la 4-accélération

$$\vec{e}_1(t) := \frac{1}{a}\,\vec{a}(t) \tag{12.26}$$

et $\vec{e}_2(t)$ et $\vec{e}_3(t)$ sont des vecteurs constants, qui coïncident avec les vecteurs $\vec{e}_2^{\,*}$ et $\vec{e}_3^{\,*}$ du référentiel de l'observateur inertiel $\mathcal{O}_*$:

$$\vec{e}_2(t) := \vec{e}_2^{\,*} \qquad \text{et} \qquad \vec{e}_3(t) := \vec{e}_3^{\,*}. \tag{12.27}$$

Montrons que la tétrade $(\vec{e}_\alpha)$ définie ci-dessus est un référentiel local admissible, c'est-à-dire (i) qu'elle est une base orthonormale de $(E, \boldsymbol{g})$ et (ii) qu'elle possède une 4-rotation nulle (condition (12.2)). Par construction, $\vec{e}_1$ est un vecteur unitaire du genre espace ; de plus il est orthogonal à $\vec{u}$ (puisque $\vec{a}$ l'est). Le plan Π de la ligne d'univers de $\mathcal{O}$ étant engendré par $\vec{u}(t)$ et $\vec{a}(t)$, on a

$$\forall t \in \mathbb{R}, \quad \Pi = \mathrm{Vect}(\vec{e}_0(t), \vec{e}_1(t)). \tag{12.28}$$

En vertu de (12.5), les vecteurs $\vec{e}_2^{\,*}$ et $\vec{e}_3^{\,*}$ forment une base orthogonale du plan $\Pi^\perp$ (complémentaire orthogonal de Π). Il en est donc de même de $\vec{e}_2$ et $\vec{e}_3$:

$$\Pi^\perp = \mathrm{Vect}(\vec{e}_2, \vec{e}_3). \tag{12.29}$$

Puisque $E = \Pi \overset{\perp}{\oplus} \Pi^\perp$, les propriétés (12.28) et (12.29) montrent que $(\vec{e}_0(t), \vec{e}_1(t), \vec{e}_2(t), \vec{e}_3(t))$ est une base orthonormale de $(E, \boldsymbol{g})$ pour tout $t \in \mathbb{R}$. De plus, cette base varie le long de la ligne d'univers $\mathscr{L}_0$ suivant

$$\frac{1}{c}\frac{d\vec{e}_0}{dt} = a\,\vec{e}_1, \qquad \frac{1}{c}\frac{d\vec{e}_1}{dt} = a\,\vec{e}_0 \qquad \text{et} \qquad \frac{1}{c}\frac{d\vec{e}_2}{dt} = \frac{1}{c}\frac{d\vec{e}_3}{dt} = 0. \tag{12.30}$$

La première équation découle immédiatement de $\vec{e}_0 = \vec{u}$ et $a\,\vec{e}_1 = \vec{a}$, et la deuxième se déduit de (12.26) : $d\vec{e}_1/dt = a^{-1} d\vec{a}/dt$, avec $d\vec{a}/dt$ calculé en dérivant (12.12). En comparant (12.30) à la loi générale (3.54) de variation d'un référentiel local, on constate que la 4-rotation du référentiel $(\vec{e}_\alpha(t))$ est nulle : $\vec{\omega} = 0$. Ainsi $(\vec{e}_\alpha(t))$ est éligible pour constituer le référentiel de $\mathcal{O}$. Tout autre autre référentiel compatible avec la définition d'observateur uniformément accéléré se déduirait de $(\vec{e}_\alpha)$ par une rotation *constante* des trois vecteurs spatiaux $(\vec{e}_i)$.

Remarque : Puisque $\vec{\omega} = 0$, on peut dire que la tétrade $(\vec{e}_\alpha(t))$ est transportée au sens de Fermi-Walker le long de $\mathscr{L}_0$ (*cf.* § 3.5.3) : $\boldsymbol{D}^{\mathrm{FW}}_{\vec{u}}\vec{e}_\alpha = 0$.

Les référentiels $(\vec{e}_\alpha(t))$ et $(\vec{e}_\alpha^{\,*})$, associés respectivement aux observateurs $\mathcal{O}$ et $\mathcal{O}_*$, constituent deux bases orthonormales de $(E, \boldsymbol{g})$. Ils sont donc reliés par une transformation de Lorentz, dépendant de t : $\vec{e}_\alpha(t) = \boldsymbol{\Lambda}(t)(\vec{e}_\alpha^{\,*})$. La forme explicite de $\mathbf{\Lambda}(t)$ se déduit de (12.11), (12.12), (12.26) et (12.27) :

$$\boxed{\begin{cases} \vec{e}_0(t) = \cosh(act)\,\vec{e}_0^{\,*} + \sinh(act)\,\vec{e}_1^{\,*} \\ \vec{e}_1(t) = \sinh(act)\,\vec{e}_0^{\,*} + \cosh(act)\,\vec{e}_1^{\,*} \\ \vec{e}_2(t) = \vec{e}_2^{\,*} \\ \vec{e}_3(t) = \vec{e}_3^{\,*}. \end{cases}} \tag{12.31}$$

En comparant avec (6.43), on constate que $\mathbf{\Lambda}(t)$ est une transformation de Lorentz spéciale, de rapidité $\psi = act$.

Les coordonnées $(x^0 = ct, x^1, x^2, x^3)$ associées au référentiel local $(\vec{e}_\alpha(t))$ de $\mathcal{O}$ (*cf.* § 3.3.2) sont appelées ***coordonnées de Rindler***. Notons-les $(ct, x, y, z) := (x^0, x^1, x^2, x^3)$. Par définition (*cf.* Éq. (3.26)), elles sont telles que

$$\forall M(t, x, y, z) \in \mathcal{E}_{\boldsymbol{u}}(t), \quad \overrightarrow{O(t)M} = x\vec{e}_1(t) + y\vec{e}_2(t) + z\vec{e}_3(t). \tag{12.32}$$

À un instant t fixé, les coordonnées (x, y, z) coïncident avec les coordonnées (x'_*, y'_*, z'_*) associées à un observateur inertiel $\mathcal{O}'_*$ de 4-vitesse $\vec{\boldsymbol{u}}(t)$ et dont la ligne d'univers est tangente à $\mathscr{L}_0$ en $O(t)$. Étant donnée l'invariance de $\mathscr{L}_0$ lorsqu'on change t (*cf.* § 12.1.3), on peut appliquer les résultats du § 12.1.6 (obtenus pour $t = 0$) et affirmer que la région $x = x'_* \leq a^{-1}$ est invisible pour l'observateur $\mathcal{O}$, ou de manière équivalente que seule la région

$$\boxed{x > -a^{-1}} \tag{12.33}$$

est perceptible par $\mathcal{O}$ *via* des signaux lumineux. Nous limiterons donc l'étendue des coordonnées de Rindler à cette partie de l'hyperplan $\mathcal{E}_{\boldsymbol{u}}(t)$. C'est d'ailleurs uniquement cette partie de $\mathcal{E}_{\boldsymbol{u}}(t)$ qui est représentée sur la Fig. 12.5 (la partie « à droite » de A).

Les coordonnées inertielles (ct_*, x_*, y_*, z_*) du point M sont quant à elles définies par

$$\overrightarrow{O(0)M} = ct_*\,\vec{e}_0^{\,*} + x_*\,\vec{e}_1^{\,*} + y_*\,\vec{e}_2^{\,*} + z_*\,\vec{e}_3^{\,*}. \tag{12.34}$$

Par ailleurs, on peut écrire $\overrightarrow{O(0)M}$ comme

$$\begin{aligned} \overrightarrow{O(0)M} &= \overrightarrow{O(0)O(t)} + \overrightarrow{O(t)M} \\ &= X_*^\alpha(t)\,\vec{e}_\alpha^{\,*} + x\,\vec{e}_1(t) + y\,\vec{e}_2(t) + z\,\vec{e}_3(t) \\ &= a^{-1}\sinh(act)\,\vec{e}_0^{\,*} + a^{-1}[\cosh(act) - 1]\,\vec{e}_1^{\,*} \\ &\quad + x[\sinh(act)\,\vec{e}_0^{\,*} + \cosh(act)\,\vec{e}_1^{\,*}] + y\,\vec{e}_2^{\,*} + z\,\vec{e}_3^{\,*} \\ &= (x + a^{-1})\sinh(act)\,\vec{e}_0^{\,*} + [(x + a^{-1})\cosh(act) - a^{-1}]\,\vec{e}_1^{\,*} \\ &\quad + y\,\vec{e}_2^{\,*} + z\,\vec{e}_3^{\,*}, \end{aligned} \tag{12.35}$$

où les $X_*^\alpha(t)$ sont les fonctions introduites dans (12.13) pour définir l'équation de la ligne d'univers de $\mathcal{O}$, $O(t)$ étant un point générique de cette dernière.

Pour le passage à la troisième ligne, on a utilisé l'expression (12.14) des fonctions $X^\alpha_*(t)$, ainsi que les relations (12.31). En comparant (12.34) et (12.35), on obtient la relation entre les coordonnées inertielles (ct_*, x_*, y_*, z_*) et les coordonnées de Rindler (ct, x, y, z) :

$$\boxed{\begin{cases} ct_* = (x + a^{-1}) \sinh(act) \\ x_* = (x + a^{-1}) \cosh(act) - a^{-1} \\ y_* = y \\ z_* = z. \end{cases}} \qquad \begin{array}{l} t \in \mathbb{R} \\ x > -a^{-1} \end{array} \tag{12.36}$$

Les lignes isocoordonnée $x = \text{const.}$ sont représentées sur la Fig. 12.8. En terme des coordonnées inertielles (ct_*, x_*), il s'agit de branches d'hyperboles équilatères de centre A et d'asymptotes Δ_1 et Δ_2 (tout comme $\mathscr{L}_0$), car en combinant les deux premières équations du système (12.36), il vient

$$\left(\frac{ax_* + 1}{ax + 1}\right)^2 - \left(\frac{act_*}{ax + 1}\right)^2 = 1.$$

Il est clair sur la Fig. 12.8 que le domaine de l'espace-temps de Minkowski $\mathscr{E}$ couvert par les coordonnées de Rindler est le domaine compris entre les deux hyperplans d'équation $ct_* = x_* + a^{-1}$ et $ct_* = -x_* - a^{-1}$, dont la trace sur la Fig. 12.8 est constituée par les deux droites Δ_1 et Δ_2.

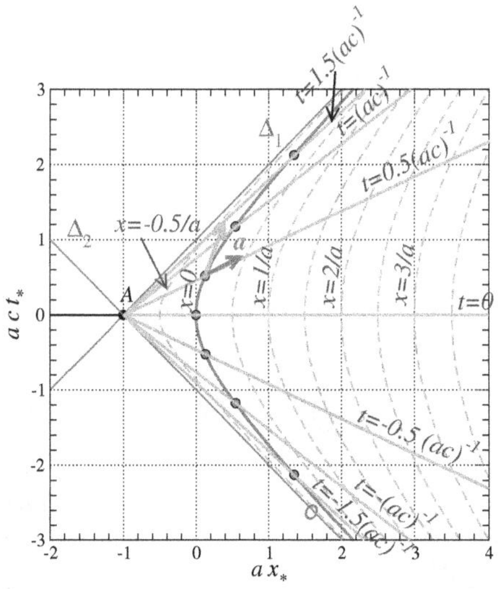

FIG. 12.8 – Coordonnées de Rindler (ct, x) dans le plan Π du mouvement de l'observateur accéléré $\mathscr{O}$: les lignes $t = \text{const.}$ sont des droites passant par A, alors que les lignes $x = \text{const.}$ sont des branches d'hyperboles dessinées en tirets, la ligne $x = 0$ coïncidant avec la ligne d'univers de $\mathscr{O}$ et la « ligne » $x = -a^{-1}$ avec le point A.

Note historique : *C'est dans un article de 1907 [134] qu'Albert Einstein discute pour la première fois d'un observateur accéléré. Suite à une correspondance de Max Planck (*cf. *p. 282) relative à cet article, il est amené à préciser la définition d'un observateur uniformément accéléré [135]. Il fait notamment remarquer que l'accélération $\vec{\gamma}$ relative à un observateur inertiel dépend de ce dernier (*cf. *la remarque à la fin du § 4.4.3), contrairement à la mécanique newtonienne, où $\vec{\gamma}$ est un invariant galiléen. Einstein définit alors l'accélération constante γ comme celle mesurée par un observateur inertiel tangent. D'après la relation (4.64), la 4-accélération de $\mathcal{O}$ s'exprime en fonction de l'accélération $\vec{\gamma}$ par rapport à un observateur inertiel tangent suivant $\vec{a} = c^{-2}\vec{\gamma}$ et l'on constate que la définition d'Einstein $\gamma = \text{const.}$ correspond bien à la définition $a = \text{const.}$ que nous avons donnée d'un observateur uniformément accéléré. Le point de vue spatio-temporel, avec l'introduction de la 4-accélération, n'intervient qu'en 1909, avec le fameux article d'Hermann Minkowski (*cf. *p. 25) [290]. Ce dernier relie notamment la 4-accélération à l'hyperbole « osculatrice » à la ligne d'univers au point considéré, l'inverse de la norme de la 4-accélération n'étant rien d'autre que la distance entre le point de la ligne d'univers et le centre de l'hyperbole. Un peu plus tard dans la même année, Max Born (*cf. *p. 79) publie un article [61] dans lequel il étudie le mouvement uniformément accéléré et le baptise* mouvement hyperbolique. *Cette étude sera suivie en 1910 par celle d'Arnold Sommerfeld (*cf. *p. 26) [387]. Les coordonnées de Rindler doivent leur nom à une étude détaillée de l'observateur uniformément accéléré réalisée par Wolfgang Rindler[4] en 1966 [351] (*cf. *aussi le § 37 de son livre [352]). Dans ce même article, il développe l'analogie entre l'horizon, dit depuis « de Rindler », et l'horizon des événements d'un trou noir. Cependant les coordonnées de Rindler étaient connues bien avant, notamment d'Einstein qui les a utilisées en 1935 [143]. De même, l'existence d'un horizon pour un observateur accéléré a été soulignée assez tôt, au moins dès 1938 par Edward Milne (*cf. *p. 6) et Gerald J. Whitrow[5] [286].*

12.2 Écart entre l'espace local et l'hypersurface de simultanéité

Nous avons vu au § 3.1.3 que l'ensemble des événements simultanés à un événement $O(t) \in \mathscr{L}_0$ formait une hypersurface de $\mathscr{E}$, notée $\Sigma_{\boldsymbol{u}}(t)$ et appelée *hypersurface de simultanéité* de l'événement $O(t)$ par rapport à $\mathcal{O}$. Nous avons introduit comme approximation de cette hypersurface l'*espace local de repos* $\mathscr{E}_{\boldsymbol{u}}(t)$, qui est l'hyperplan tangent à $\Sigma_{\boldsymbol{u}}(t)$ en $O(t)$ (*cf.* Fig. 3.3). Nous allons examiner ici dans quelle mesure $\mathscr{E}_{\boldsymbol{u}}(t) = \Sigma_{\boldsymbol{u}}(t)$ et, lorsque les deux

4. **Wolfgang Rindler** : Actuellement professeur de physique à l'université du Texas à Dallas, auteur de plusieurs manuels de relativité, dont [352] et [353] (ce dernier étant entièrement consacré à la relativité restreinte).

5. **Gerald J. Whitrow** (1912–2000) : Cosmologiste et historien des sciences britannique.

diffèrent, jusqu'à quelle distance de $\mathscr{L}_0$ l'hyperplan $\mathscr{E}_{\boldsymbol{u}}(t)$ constitue une bonne approximation de $\Sigma_{\boldsymbol{u}}(t)$. On suppose dans ce qui suit que la 4-accélération de $\mathcal{O}$ n'est pas nulle : $\vec{\boldsymbol{a}} \neq 0$, sinon $\mathscr{L}_0$ est la ligne d'univers d'un observateur inertiel et l'on sait qu'alors $\mathscr{E}_{\boldsymbol{u}}(t) = \Sigma_{\boldsymbol{u}}(t)$. Pour alléger les écritures, nous désignons $O(t)$ par simplement O dans ce qui suit.

12.2.1 Cas d'un observateur quelconque

Abandonnons quelques instants l'observateur uniformément accéléré pour nous placer dans le cas d'un observateur quelconque, c'est-à-dire d'un observateur $\mathcal{O}$ dont la norme de la 4-accélération n'est pas nécessairement constante et dont la ligne d'univers n'est pas nécessairement comprise dans un plan de $\mathscr{E}$.

Soit M un point de $\Sigma_{\boldsymbol{u}}(t)$, c'est-à-dire un événement simultané à O suivant le critère d'Einstein-Poincaré (3.1). Soient alors $A_1 \in \mathscr{L}_0$ l'événement de temps propre t_1 constitué par l'émission d'un photon vers M et $A_2 \in \mathscr{L}_0$ l'événement de temps propre t_2 constitué par la réception par $\mathcal{O}$ du photon immédiatement réfléchi en M (*cf.* Fig. 12.9). D'après le critère de simultanéité (3.1), on peut écrire $t_1 = t - T$ et $t_2 = t + T$, avec $T \geq 0$. Par construction, $\overrightarrow{A_1M}$ est un vecteur lumière ; on a donc $\overrightarrow{A_1M} \cdot \overrightarrow{A_1M} = 0$. En écrivant $\overrightarrow{A_1M} = \overrightarrow{A_1O} + \overrightarrow{OM}$, on en déduit

$$\overrightarrow{OA_1} \cdot \overrightarrow{OA_1} + 2\overrightarrow{A_1O} \cdot \overrightarrow{OM} + \overrightarrow{OM} \cdot \overrightarrow{OM} = 0.$$

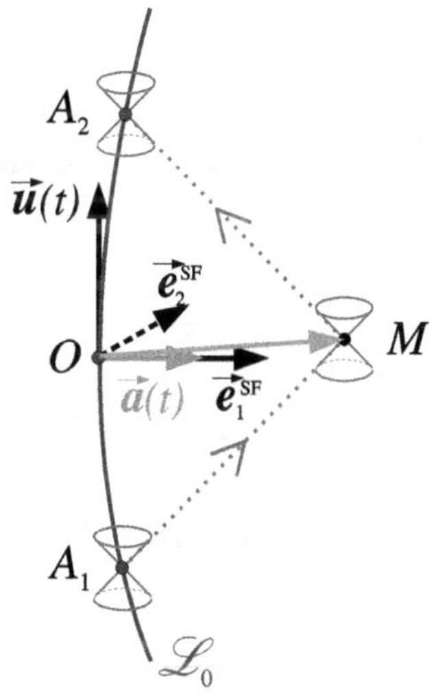

FIG. 12.9 – Événement M simultané avec l'événement O de temps propre t sur la ligne d'univers d'un observateur $\mathcal{O}$.

En écrivant la même relation pour A_2 et en soustrayant, il vient

$$2\overrightarrow{A_1A_2} \cdot \overrightarrow{OM} = \overrightarrow{OA_2} \cdot \overrightarrow{OA_2} - \overrightarrow{OA_1} \cdot \overrightarrow{OA_1}. \tag{12.37}$$

On peut exprimer les vecteurs $\overrightarrow{OA_1}$ et $\overrightarrow{OA_2}$ en fonction de T grâce au développement limité (2.68) obtenu au § 2.6.3. Il vient ainsi

$$\overrightarrow{OA_1} = -\left(1 + \frac{a^2s^2}{6}\right) s\,\vec{e}_0^{\,\text{SF}} + \left(a - \frac{\dot{a}}{3}s\right)\frac{s^2}{2}\,\vec{e}_1^{\,\text{SF}} - \frac{aT_1}{6}s^3\,\vec{e}_2^{\,\text{SF}} + O((as)^4) \tag{12.38}$$

$$\overrightarrow{OA_2} = \left(1 + \frac{a^2s^2}{6}\right) s\,\vec{e}_0^{\,\text{SF}} + \left(a + \frac{\dot{a}}{3}s\right)\frac{s^2}{2}\,\vec{e}_1^{\,\text{SF}} + \frac{aT_1}{6}s^3\,\vec{e}_2^{\,\text{SF}} + O((as)^4), \tag{12.39}$$

où

- $s := cT$;
- $a := \|\vec{a}(t)\|_g = \sqrt{\vec{a}(t)\cdot\vec{a}(t)}$ est la courbure de $\mathscr{L}_0$ en O et $\dot{a} := c^{-1}\, da/dt$;
- $as = acT$ est la petite quantité sans dimension qui mesure l'éloignement de M à la ligne d'univers $\mathscr{L}_0$;
- $(\vec{e}_\alpha^{\,\text{SF}})$ est la tétrade de Serret-Frenet de la ligne d'univers $\mathscr{L}_0$ au point O (*cf.* § 2.6.3) ; en particulier,

$$\vec{e}_0^{\,\text{SF}} = \vec{u}(t) \qquad \text{et} \qquad \vec{e}_1^{\,\text{SF}} = a^{-1}\,\vec{a}(t); \tag{12.40}$$

- T_1 est la première torsion de $\mathscr{L}_0$ en O.

Remarque : Au premier ordre en as, les formules (12.38) et (12.39) se réduisent à $\overrightarrow{OA_1} = -s\,\vec{u}(t)$ et $\overrightarrow{OA_2} = s\,\vec{u}(t)$. On retrouve ainsi les expressions (3.3) du § 3.1.3.

Le vecteur $\overrightarrow{A_1A_2}$ qui apparaît dans (12.37) peut s'écrire $\overrightarrow{A_1A_2} = \overrightarrow{A_1O} + \overrightarrow{OA_2} = -\overrightarrow{OA_1} + \overrightarrow{OA_2}$, soit d'après (12.38) et (12.39),

$$\overrightarrow{A_1A_2} = 2\left(1 + \frac{a^2s^2}{6}\right) s\,\vec{e}_0^{\,\text{SF}} + \frac{\dot{a}}{3}s^3\,\vec{e}_1^{\,\text{SF}} + \frac{aT_1}{3}s^3\,\vec{e}_2^{\,\text{SF}} + O((as)^4). \tag{12.41}$$

Par ailleurs, on déduit de (12.38)–(12.39) et de l'orthonormalité de la base $(\vec{e}_\alpha^{\,\text{SF}})$ que

$$\overrightarrow{OA_1}\cdot\overrightarrow{OA_1} = -s^2\left[1 + \frac{(as)^2}{12}\right] + O((as)^5)$$

$$\overrightarrow{OA_2}\cdot\overrightarrow{OA_2} = -s^2\left[1 + \frac{(as)^2}{12}\right] + O((as)^5).$$

On remarque que

$$\overrightarrow{OA_1} \cdot \overrightarrow{OA_1} = \overrightarrow{OA_2} \cdot \overrightarrow{OA_2} + O((as)^5). \qquad (12.42)$$

En reportant (12.41) et (12.42) dans (12.37), on obtient

$$2\left(1 + \frac{a^2 s^2}{6}\right) s\, \vec{e}_0^{\,\mathrm{SF}} \cdot \overrightarrow{OM} + \frac{\dot{a}}{3} s^3\, \vec{e}_1^{\,\mathrm{SF}} \cdot \overrightarrow{OM} + \frac{aT_1}{3} s^3\, \vec{e}_2^{\,\mathrm{SF}} \cdot \overrightarrow{OM} = O((as)^4).$$

Compte tenu de (12.40), on peut réécrire cette équation comme

$$\boxed{\left[1 + \frac{(as)^2}{6}\right] \vec{u}(t) \cdot \overrightarrow{OM} = -\frac{(as)^2}{6} \left[\frac{\dot{a}}{a^3}\, \vec{a}(t) \cdot \overrightarrow{OM} + \frac{T_1}{a}\, \vec{e}_2^{\,\mathrm{SF}} \cdot \overrightarrow{OM}\right] + O((as)^3)}\,. \qquad (12.43)$$

Si M appartenait à l'espace local de repos $\mathscr{E}_{\boldsymbol{u}}(t)$, on aurait $\vec{u}(t) \cdot \overrightarrow{OM} = 0$. La relation ci-dessus montre donc que l'écart entre l'hypersurface de simultanéité $\Sigma_{\boldsymbol{u}}(t)$ et l'hyperplan $\mathscr{E}_{\boldsymbol{u}}(t)$ ne commence qu'à l'ordre deux en as. De plus, si la variation de a et la première torsion sont telles que $|\dot{a}|/a^2 \ll as$ et $|T_1|/a \ll as$, alors (12.43) se réduit à

$$\boxed{\vec{u}(t) \cdot \overrightarrow{OM} = O((as)^3)}_{\ \max\left(\frac{|\dot{a}|}{a^2},\, \frac{|T_1|}{a}\right) \ll as}\,. \qquad (12.44)$$

Cela signifie que $\Sigma_{\boldsymbol{u}}(t)$ et $\mathscr{E}_{\boldsymbol{u}}(t)$ coïncident au deuxième ordre en as.

12.2.2 Cas d'un observateur uniformément accéléré

Si $\mathcal{O}$ est uniformément accéléré, alors $\dot{a} = 0$ (a constant) et $T_1 = 0$ (ligne d'univers confinée dans le plan Π), si bien que l'on peut appliquer (12.44) en toute quiétude : $\vec{u}(t) \cdot \overrightarrow{OM} = O((as)^3)$. Mais il y a plus fort : on a en fait $\vec{u}(t) \cdot \overrightarrow{OM} = 0$ à tous les ordres en as, c'est-à-dire que pour un observateur uniformément accéléré, l'hypersurface de simultanéité $\Sigma_{\boldsymbol{u}}(t)$ coïncide exactement avec l'hyperplan $\mathscr{E}_{\boldsymbol{u}}(t)$. Ce résultat s'obtient par de simples considérations de symétrie. Choisissons en effet le point $O = O(0)$. Dans les coordonnées inertielles (ct_*, x_*, y_*, z_*), l'hyperbole qui représente la ligne d'univers $\mathscr{L}_0$ est symétrique par rapport à l'hyperplan $\mathscr{E}_{\boldsymbol{u}}(0)$ (*cf.* Fig. 12.10). Dans ces mêmes coordonnées, les géodésiques lumières, qui sont utilisées dans le critère de simultanéité d'Einstein-Poincaré, sont des droites de pente ±45°. Il est alors clair que les points simultanés avec O sont ceux de l'hyperplan $\mathscr{E}_{\boldsymbol{u}}(0)$. On a donc $\Sigma_{\boldsymbol{u}}(0) = \mathscr{E}_{\boldsymbol{u}}(0)$. Le point $O(0)$ étant indiscernable des autres points de $\mathscr{L}_0$ (*cf.* § 12.1.3), hormis par la convention du choix de l'origine du temps propre de $\mathcal{O}$, on en conclut que :

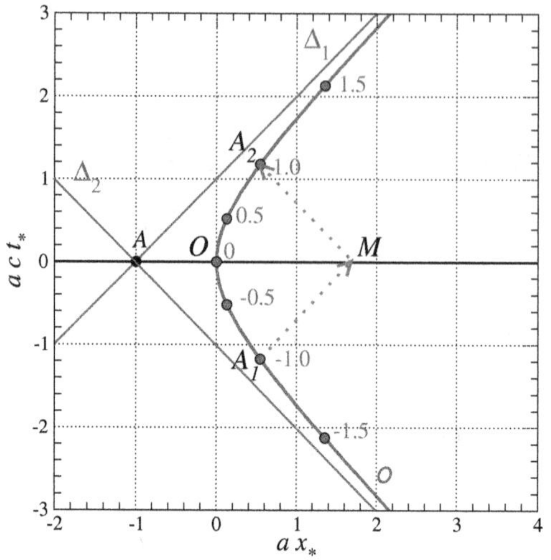

FIG. 12.10 – Simultanéité pour l'observateur $\mathcal{O}$ uniformément accéléré : les événements simultanés à O sont les événements de l'hyperplan $\mathscr{E}_{\boldsymbol{u}}(0)$ passant par O (hyperplan $t_* = 0$ sur la figure).

Pour un observateur uniformément accéléré, les hypersurfaces de simultanéité coïncident avec les espaces locaux de repos :

$$\forall t \in \mathbb{R}, \qquad \boxed{\Sigma_{\boldsymbol{u}}(t) = \mathscr{E}_{\boldsymbol{u}}(t)}. \tag{12.45}$$

12.3 Physique dans un référentiel accéléré

Dans tout ce qui suit, on considère l'observateur uniformément accéléré $\mathcal{O}$ introduit au § 12.1.

12.3.1 Synchronisation des horloges

Considérons un deuxième observateur, $\mathcal{O}'$, *fixe* par rapport à $\mathcal{O}$, au sens défini au § 3.3.3 : les coordonnées (x, y, z) de $\mathcal{O}'$ relatives à $\mathcal{O}$ (coordonnées de Rindler dans le cas présent) sont constantes (*cf.* Fig. 12.11) :

$$x = x_0 = \text{const.}, \quad y = y_0 = \text{const.}, \quad \text{et} \quad z = z_0 = \text{const.} \tag{12.46}$$

On dit aussi que $\mathcal{O}'$ est un observateur ***comobile*** avec $\mathcal{O}$. La ligne d'univers $\mathscr{L}'_0$ de $\mathcal{O}'$ est obtenue à partir du système (12.36) :

$$\begin{cases} ct_* = (x_0 + a^{-1}) \sinh(act) \\ x_* = (x_0 + a^{-1}) \cosh(act) - a^{-1} \\ y_* = y_0 \\ z_* = z_0, \end{cases} \tag{12.47}$$

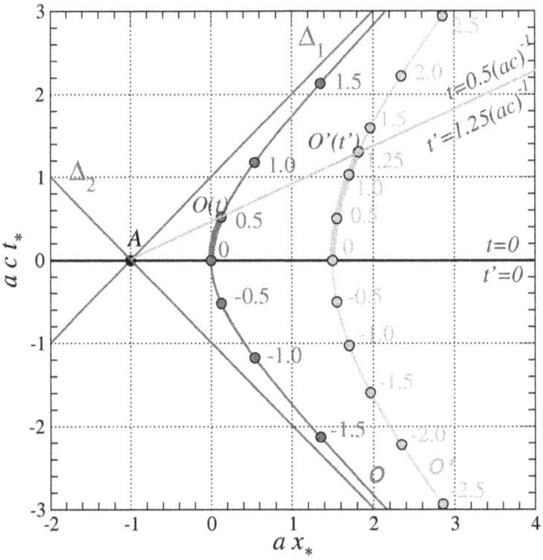

FIG. 12.11 – Lignes d'univers de l'observateur uniformément accéléré $\mathcal{O}$ et de l'observateur $\mathcal{O}'$ qui est fixe par rapport à $\mathcal{O}$, aux coordonnées (x_0, y_0, z_0). Pour la figure, $(x_0, y_0, z_0) = (1.5a^{-1}, 0, 0)$. Les nombres le long de chaque ligne d'univers correspondent au temps propre de chaque observateur en unité de $(ac)^{-1}$.

où $t \in \mathbb{R}$ apparaît comme un paramétrage de $\mathscr{L}'_0$. L'équation (12.47) définit une branche d'hyperbole dans le plan $(y_* = y_0,\ z_* = z_0)$ de $\mathscr{E}$. Cela implique que l'observateur $\mathcal{O}'$ est lui-même un observateur uniformément accéléré.

L'interprétation physique du paramètre t le long de $\mathscr{L}'_0$ tel qu'il apparaît dans (12.47) est que l'événement de $\mathscr{L}'_0$ correspondant à une valeur de t donnée est un événement simultané à l'événement de temps propre t sur la ligne d'univers de l'observateur $\mathcal{O}$. *A priori*, t est différent du temps propre de $\mathcal{O}'$, que nous noterons t'. Relions ces deux temps propres : soit $O'(t')$ l'intersection de $\mathscr{L}'_0$ avec l'espace de repos[6] $\mathscr{E}_{\boldsymbol{u}}(t)$ de $\mathcal{O}$ au temps propre t de ce dernier (*cf.* Fig. 12.11). La 4-vitesse $\vec{\boldsymbol{u}}'(t')$ de $\mathcal{O}'$ en $O'(t')$ obéit à la formule (4.27). Puisque $\vec{\boldsymbol{\omega}} = 0$ ($\mathcal{O}$ est sans rotation, *cf.* (12.2)) et $\vec{\boldsymbol{V}} = 0$ ($\mathcal{O}'$ est fixe par rapport à $\mathcal{O}$), cette formule se réduit à

$$\vec{\boldsymbol{u}}'(t') = \Gamma \left[1 + \vec{\boldsymbol{a}}(t) \cdot \overrightarrow{O(t)O'(t')}\right] \vec{\boldsymbol{u}}(t),$$

où Γ est le facteur de Lorentz de $\mathcal{O}'$ par rapport à $\mathcal{O}$. Or $\vec{\boldsymbol{u}}'(t')$ et $\vec{\boldsymbol{u}}(t)$ sont deux vecteurs unitaires. S'ils sont proportionnels, comme ci-dessus, le facteur de proportionnalité ne peut être égal qu'à 1. On a donc nécessairement

$$\vec{\boldsymbol{u}}'(t') = \vec{\boldsymbol{u}}(t) \qquad (12.48)$$

6. Au vu du résultat (12.45), nous omettrons l'adjectif *local* dans la dénomination de l'hyperplan $\mathscr{E}_{\boldsymbol{u}}(t)$.

et

$$\Gamma = \left[1 + \vec{a}(t) \cdot \overrightarrow{O(t)O'(t')}\right]^{-1}. \qquad (12.49)$$

L'espace de repos d'un observateur étant par définition l'hyperplan orthogonal à sa 4-vitesse en l'événement considéré, on déduit immédiatement de (12.48) que les espaces de repos des observateurs $\mathcal{O}'$ et $\mathcal{O}$ coïncident :

$$\boxed{\mathscr{E}_{\boldsymbol{u}'}(t') = \mathscr{E}_{\boldsymbol{u}}(t)}. \qquad (12.50)$$

Cet espace de repos commun est représenté par la droite qui passe par les points A, $O(t)$ et $O'(t')$ sur la Fig. 12.11.

Remarque : L'expression (12.49) se déduit aussi directement de la formule (4.30) en y faisant $\vec{\boldsymbol{\omega}} = 0$ et $\vec{\boldsymbol{V}} = 0$.

Puisque $\vec{\boldsymbol{a}}(t) = a\,\vec{\boldsymbol{e}}_1(t)$ (Éq. (12.26)) et $\overrightarrow{O(t)O'(t')} = x_0\,\vec{\boldsymbol{e}}_1(t) + y_0\,\vec{\boldsymbol{e}}_2(t) + z_0\,\vec{\boldsymbol{e}}_3(t)$ (Éq. (12.32)), on a $\vec{\boldsymbol{a}}(t) \cdot \overrightarrow{O(t)O'(t')} = ax_0$, de sorte que la relation (12.49) se réduit à

$$\boxed{\Gamma = (1 + ax_0)^{-1}}. \qquad (12.51)$$

Par définition [Eq. (4.1)], $\Gamma = dt/dt'$, si bien qu'on obtient la relation cherchée entre les temps propres de $\mathcal{O}$ et $\mathcal{O}'$:

$$\boxed{dt' = (1 + ax_0)\,dt}. \qquad (12.52)$$

Remarque : Il est instructif d'obtenir (12.52) sans faire appel aux résultats du Chap. 4 comme ci-dessus, mais en partant de l'équation (12.47) de la ligne d'univers de $\mathcal{O}'$ et de la définition du temps propre. D'après cette dernière (Éq. (2.6)), l'accroissement de t' correspondant à un petit déplacement $d\vec{\boldsymbol{x}}$ vers le futur le long de $\mathscr{L}'_0$ est

$$c\,dt' = \sqrt{-\boldsymbol{g}(d\vec{\boldsymbol{x}}, d\vec{\boldsymbol{x}})} = \sqrt{c^2 dt_*^2 - dx_*^2 - dy_*^2 - dz_*^2}, \qquad (12.53)$$

où l'on a décomposé $d\vec{\boldsymbol{x}}$ dans le référentiel de l'observateur inertiel $\mathcal{O}_*$: $d\vec{\boldsymbol{x}} = c\,dt_*\,\vec{\boldsymbol{e}}_0^{\,*} + dx_*\,\vec{\boldsymbol{e}}_1^{\,*} + dy_*\,\vec{\boldsymbol{e}}_2^{\,*} + dz_*\,\vec{\boldsymbol{e}}_3^{\,*}$. Or d'après (12.47), $d\vec{\boldsymbol{x}}$ est engendré par un accroissement dt du paramètre t suivant

$$c\,dt_* = (ax_0 + 1)\cosh(act)\,c\,dt$$
$$dx_* = (ax_0 + 1)\sinh(act)\,c\,dt$$
$$dy_* = dz_* = 0.$$

En reportant ces valeurs dans (12.53), il vient

$$c\,dt' = c\,dt|ax_0 + 1|\sqrt{\cosh^2(act) - \sinh^2(act)} = |ax_0 + 1|\,c\,dt.$$

Compte tenu de $1 + ax_0 > 0$ (*cf.* Eq. (12.33)), on retrouve bien (12.52).

Comme x_0 est constant le long de la ligne d'univers $\mathscr{L}'_0$, l'Éq. (12.52) s'intègre en

$$\boxed{t' = (1 + a x_0) t}, \tag{12.54}$$

où l'on a choisi la constante d'intégration de manière à assurer $t' = 0$ lorsque $t = 0$. Cette formule, qui relie le temps propre de $\mathcal{O}'$ à celui de $\mathcal{O}$, traduit une différence majeure entre un observateur accéléré et un observateur inertiel :

> Pour un observateur inertiel, toutes les horloges idéales fixes par rapport à lui et synchronisées avec lui à $t = 0$ continuent à être synchronisées avec lui pour tout $t > 0$. Au contraire, pour un observateur accéléré, une horloge idéale fixe par rapport à lui et située en $x_0 \neq 0$ se désynchronise dès que $t > 0$: son temps propre, t', ne coïncide plus avec le temps propre t de l'observateur, même pour des événements simultanés.

On le voit très bien sur la Fig. 12.11 : les événements marqués $O(t)$ et $O'(t')$ sont simultanés, aussi bien du point de vue de $\mathcal{O}$ que de celui de $\mathcal{O}'$, mais $\mathcal{O}$ leur attribue la date $t = 0.5(ac)^{-1}$, alors $\mathcal{O}'$ leur donne la date $t' = 1.25(ac)^{-1}$, les deux horloges ayant été synchronisées en $t = t' = 0$.

Note historique : *La relation (12.52) entre le temps propre de $\mathcal{O}$ et celui d'un observateur fixe par rapport à lui a été obtenue par Albert Einstein en 1907 [134].*

12.3.2 4-accélération des observateurs comobiles

En reportant (12.54) dans (12.47), on obtient l'équation de la ligne d'univers de $\mathcal{O}'$ paramétrée par son temps propre, t' :

$$\begin{cases} ct_* = a'^{-1} \sinh(a'ct') \\ x'_* = a'^{-1} \left[\cosh(a'ct') - 1\right] \\ y'_* = 0 \\ z'_* = 0, \end{cases} \tag{12.55}$$

avec

$$\boxed{a' := \frac{a}{1 + a x_0}} \tag{12.56}$$

et

$$x'_* := x_* - x_0, \quad y'_* := y_* - y_0, \quad z'_* := z_* - z_0. \tag{12.57}$$

Le système (12.55) a exactement la même structure que (12.14). Comme (ct_*, x'_*, y'_*, z'_*) est un système de coordonnées inertielles, on en déduit que $\mathcal{O}'$ est un observateur uniformément accéléré, dont la norme de la 4-accélération est a'. Remarquons que

$$x_0 \geq 0 \iff a' \leq a \qquad \text{et} \qquad \lim_{x_0 \to -a^{-1}} a' = +\infty. \tag{12.58}$$

Les asymptotes à l'hyperbole qui constitue la ligne d'univers de $\mathcal{O}'$ sont données par des formules similaires à (12.16)–(12.17) :

$$\begin{aligned}\Delta'_1 : \quad & ct_* = x'_* + a'^{-1}, \quad y'_* = 0, \quad z'_* = 0 \\ \Delta'_2 : \quad & ct_* = -x'_* - a'^{-1}, \quad y'_* = 0, \quad z'_* = 0.\end{aligned}$$

En terme des coordonnées (x_*, y_*, z_*), ces équations s'écrivent

$$\begin{aligned}\Delta'_1 : \quad & ct_* = x_* + a^{-1}, \quad y_* = y_0, \quad z_* = z_0 \\ \Delta'_2 : \quad & ct_* = -x_* - a^{-1}, \quad y'_* = y_0, \quad z'_* = z_0.\end{aligned}$$

En comparant avec (12.16)–(12.17), on constate que si $y_0 = 0$ et $z_0 = 0$, alors $\Delta'_1 = \Delta_1$ et $\Delta'_2 = \Delta_2$, ce qui n'est pas surprenant puisque $\mathscr{L}_0$ et $\mathscr{L}'_0$ sont alors des hyperboles équilatères concentriques, leur centre commun étant le point A, de coordonnées

$$(ct_*, x_*) = (0, -a^{-1}) \iff (ct_*, x'_*) = (0, -a'^{-1}).$$

L'équation de l'horizon de Rindler de l'observateur accéléré $\mathcal{O}'$ est donnée par (12.25), en y remplaçant les coordonnées (x_*, y_*, z_*) par (x'_*, y'_*, z'_*) et a par a' : $ct_* = x'_* + a'^{-1}$. Or en vertu de (12.56) et (12.57), $x'_* + a'^{-1} = x_* + a^{-1}$. On obtient donc la même équation que (12.25). On en conclut que :

> Tous les observateurs fixes par rapport à $\mathcal{O}$ ont le même horizon de Rindler $\mathscr{H}$.

12.3.3 Règle rigide en mouvement accéléré

La discussion précédente peut être utilisée pour le problème de l'accélération d'une règle rigide en relativité. Rappelons que nous avons défini la notion de règle rigide *infinitésimale* au § 3.2.2, à partir du critère de rigidité de Born. Dans le cas présent (accélération uniforme), nous pouvons étendre ce critère à des règles de longueur finie. Considérons la règle dont les extrémités suivent les lignes d'univers $\mathscr{L}_0$ et $\mathscr{L}'_0$ des observateurs accélérés $\mathcal{O}$ et $\mathcal{O}'$ définis ci-dessus. On se place dans le cas où $\mathscr{L}_0$ et $\mathscr{L}'_0$ sont coplanaires, c'est-à-dire où $y_0 = z_0 = 0$. Une telle règle est dessinée sur la Fig. 12.12. Elle est accélérée dans la direction de sa longueur (axe des x de l'observateur $\mathcal{O}$). Pour l'observateur $\mathcal{O}$, tout comme pour l'observateur $\mathcal{O}'$, qui partagent le même espace de repos, la longueur de la règle (suivante le tenseur métrique) à un instant de temps propre t est $\ell_0 = \|\overrightarrow{O(t)O'(t')}\|_{\boldsymbol{g}}$, où t' est relié à t par (12.54). Le segment $O(t)O'(t')$ est figuré pour différents instants t par les rectangles en tirets sur la Fig. 3.2.2. Or, de par la définition des coordonnées de Rindler, $\overrightarrow{O(t)O'(t')} = x_0\, \vec{e}_1(t)$. On a donc

$$\boxed{\ell_0 = |x_0|}. \qquad (12.59)$$

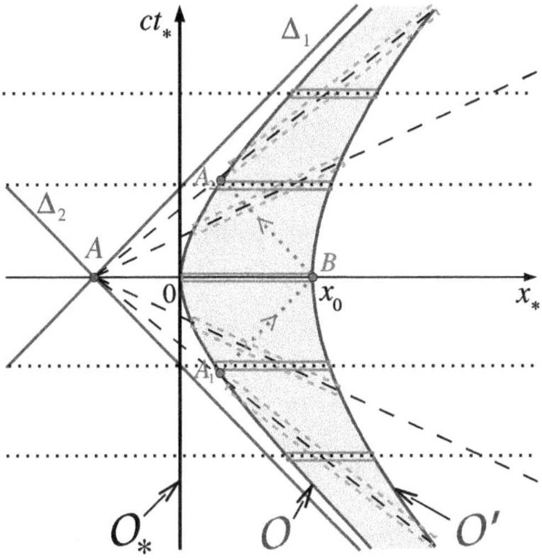

FIG. 12.12 – Règle en mouvement uniformément accéléré. La zone colorée est la région de l'espace-temps couverte par la règle. Les rectangles horizontaux, en train plein, représentent la règle telle que perçue par l'observateur inertiel $\mathcal{O}_*$, à divers instants t_* de son temps propre. Les rectangles inclinés, en tirets, représentent la règle telle que perçue par un observateur au repos vis-à-vis d'elle, comme par exemple l'observateur $\mathcal{O}$ situé à son extrémité gauche, ou l'observateur $\mathcal{O}'$ situé à son extrémité droite.

Puisque $x_0 = \text{const.}$ (de définition même de $\mathcal{O}'$), on en conclut que la longueur ℓ_0 de la règle mesurée par un observateur comobile est constante : c'est dans ce sens que la règle est ***rigide***. ℓ_0 est appelée ***longueur au repos*** de la règle.

Par contre, pour l'observateur inertiel $\mathcal{O}_*$, la règle à un instant de son temps propre t_* est perçue comme alignée avec l'axe de la coordonnée x_* (rectangles horizontaux, en trait plein, sur la Fig. 3.2.2). La longueur de la règle mesurée par $\mathcal{O}_*$ est donc

$$\ell(t_*) = |x_*(O') - x_*(O)|,$$

où $x_*(O)$ et $x_*(O')$ sont reliés à t_* par respectivement (12.15) et (12.47) :

$$x_*(O) = a^{-1}\sqrt{1 + (act_*)^2} - a^{-1}, \quad x_*(O') = (x_0 + a^{-1})\sqrt{1 + \left(\frac{act_*}{1 + ax_0}\right)^2} - a^{-1}.$$

On en déduit

$$\boxed{\ell(t_*) = \ell_0 \frac{2 + ax_0}{\sqrt{(1 + ax_0)^2 + (act_*)^2} + \sqrt{1 + (act_*)^2}}}. \qquad (12.60)$$

Il est clair que $\ell(t_*)$ n'est pas constant et que l'on a

$$\ell(0) = \ell_0, \qquad \lim_{t_* \to \pm\infty} \ell(t_*) = 0, \tag{12.61}$$

ainsi que

$$\boxed{\ell(t_*) \leq \ell_0}. \tag{12.62}$$

Ce dernier résultat reflète la contraction de FitzGerald-Lorentz discutée au § 5.1.2.

Remarque 1 : Le mouvement de la règle accélérée tel que dessiné sur la Fig. 12.12 illustre très clairement le « phénomène » de contraction des longueurs : les dessins de la règle à différents instants $t_* \geq 0$ sont des segments horizontaux de longueur de plus en plus petite. Tous ces segments représentent la règle perçue par le même observateur inertiel, $\mathcal{O}_*$, de sorte que la contraction graphique observée peut être interprétée sans ambiguïté comme une contraction de la longueur métrique de la règle. Au contraire, sur la Fig. 5.3, les deux segments dessinés correspondent à la règle telle que perçue par deux observateurs inertiels distincts. Compte tenu de la nature lorentzienne de la métrique $\boldsymbol{g}$, on ne peut pas traduire directement les longueurs euclidiennes des segments dessinés sur la Fig. 5.3 en terme de longueur métrique. Une autre différence avec la situation considérée au Chap. 5 est que dans le cas présent, le coefficient de contraction des longueurs n'est pas un facteur de Lorentz, comme dans (5.17), car les différents points de la règle n'ont pas la même vitesse par rapport à $\mathcal{O}_*$ (l'extrémité gauche va plus vite que l'extrémité droite), de sorte que l'on ne peut pas parler d'un unique facteur de Lorentz de la règle par rapport à $\mathcal{O}_*$.

Remarque 2 : Bien que la règle soit qualifiée de rigide, elle apparaît pour $\mathcal{O}_*$, de plus en plus comprimée (pour $t_* \geq 0$) au fur et à mesure que t_* augmente.

Calculons le temps d'aller-retour d'un photon entre les deux extrémités de la règle, tel que mesuré par l'observateur $\mathcal{O}$, qui est solidaire de l'extrémité « gauche ». Puisque $\mathcal{O}$ est un observateur stationnaire (*cf.* § 12.1.3), on peut, sans perte de généralité, se placer au voisinage du temps propre $t = 0$ de $\mathcal{O}$ et considérer que le photon est émis par $\mathcal{O}$ à l'instant $t = -T$ avec $T > 0$ (événement A_1), réfléchi par $\mathcal{O}'$ (la deuxième extrémité) à l'instant $t = 0$ (événement B) et reçu par $\mathcal{O}$ à l'instant $t = T$ (événement A_2). Les événements A_1, A_2 et B sont représentés sur la Fig. 12.12. En faisant $t = -T$ (resp. $t = T$) dans (12.14), on obtient les coordonnées inertielles de l'événement A_1 : $ct_*(A_1) = -a^{-1}\sinh(acT)$, $x_*(A_1) = a^{-1}\cosh(acT) - a^{-1}$. Celles de B étant $ct_*(B) = 0$ et $x_*(B) = x_0$, on en déduit les composantes du vecteur $\overrightarrow{A_1B}$ dans la base orthonormale $(\vec{e}^{\,*}_\alpha)$ associée à l'observateur inertiel $\mathcal{O}_*$:

$$\overrightarrow{A_1B} = a^{-1}\sinh(acT)\,\vec{e}^{\,*}_0 + [x_0 + a^{-1} - \cosh(acT)]\,\vec{e}^{\,*}_1. \tag{12.63}$$

Exprimons alors le fait que $\overrightarrow{A_1B}$ est un vecteur lumière (trajectoire d'un photon), c'est-à-dire écrivons $\overrightarrow{A_1B} \cdot \overrightarrow{A_1B} = 0$ à partir de (12.63). On obtient

$$\cosh(acT) = \frac{1}{2}\left(1 + ax_0 + \frac{1}{1 + ax_0}\right).$$

En posant $1 + ax_0 =: \mathrm{e}^{\xi}$, on reconnaît $\cosh\xi$ dans le membre de droite, d'où $acT = \pm\xi$, c'est-à-dire

$$\boxed{T = \pm(ac)^{-1}\ln(1 + ax_0)}, \tag{12.64}$$

où le signe $\pm$ est celui de x_0 ; on a ainsi toujours $T \geq 0$. Le temps d'aller-retour du photon est $2T = t(A_2) - t(A_1)$. Il ne dépend que du module a de la 4-accélération de $\mathcal{O}$ et de la position x_0 (relativement à $\mathcal{O}$) de la deuxième extrémité de la règle. Comme a et x_0 sont des constantes le long de $\mathscr{L}_0$, on en déduit que l'intervalle de temps T est le même quel que soit le point d'émission A_1 sur la ligne d'univers de $\mathcal{O}$: le critère de rigidité de Born est bien satisfait.

La formule (12.64) s'inverse aisément pour obtenir x_0 en fonction de T. Puisque la longueur au repos de la règle est $\ell_0 = |x_0|$ (Éq. (12.59)), on en déduit

$$\boxed{\ell_0 = \pm a^{-1}\left(\mathrm{e}^{\pm acT} - 1\right)}, \tag{12.65}$$

toujours avec $\pm = \mathrm{signe}(x_0)$. Un développement limité à l'ordre 2 en acT de cette formule conduit à

$$\ell_0 \simeq cT\left(1 \pm \frac{acT}{2}\right). \tag{12.66}$$

Si $acT \ll 1$, la formule ci-dessus se réduit à $\ell_0 \simeq cT$, c'est-à-dire que l'on retrouve la formule (3.22) du Chap. 3. On avait obtenu cette dernière en négligeant la courbure de la ligne d'univers de l'extrémité de la règle, ce qui revient justement à faire $acT \ll 1$ dans les notations présentes. La formule (12.66) montre que la distance cT fournit une sous-estimation de la longueur au repos de la règle lorsque l'observateur $\mathcal{O}$ qui envoie et reçoit le signal lumineux est situé à l'extrémité gauche de la règle (cas $x_0 > 0$) et une surestimation s'il est situé à l'extrémité droite (cas $x_0 < 0$), la gauche et la droite étant définies par le sens du vecteur 4-accélération $\vec{\boldsymbol{a}}$: puisque $\vec{\boldsymbol{a}}$ appartient à l'espace local de repos de $\mathcal{O}$ et est parallèle à la règle, on dit que $\mathcal{O}$ est *à gauche* de la règle si $\vec{\boldsymbol{a}}$ pointe vers l'autre extrémité, et *à droite* dans le cas contraire.

Remarque : Nous avons vu au § 12.2.2 que l'accélération, pourvu qu'elle reste uniforme, ne changeait rien au critère géométrique de simultanéité introduit au Chap. 3, à savoir l'orthogonalité à la ligne d'univers. Par contre, la formule (12.66) montre que la procédure de mesure chronométrique des distances introduites au Chap. 3 n'est plus valable pour des échelles de longueur de l'ordre de a^{-1} : la mesure chronométrique cT diffère de la longueur métrique ℓ_0 d'une quantité proportionnelle à acT.

12.3.4 Trajectoires des photons

Intéressons-nous aux géodésiques lumière dans le plan Π de l'observateur uniformément accéléré $\mathcal{O}$. Il s'agit de droites de Π dont l'équation dans les coordonnées inertielles (ct_*, x_*) qui couvrent Π est

$$ct_* = \pm(x_* - b), \qquad b \in \mathbb{R},$$

avec le signe + pour les photons allant vers la droite (x_* croissants) et − pour les photons allant vers la gauche (x_* décroissants). Le paramètre b représente l'abscisse x_* du photon à $t_* = 0$. En vertu de la loi de transformation (12.36) entre les coordonnées inertielles (ct_*, x_*, y_*, z_*) et les coordonnées (ct, x, y, z) du référentiel local de $\mathcal{O}$, l'équation ci-dessus s'écrit

$$(x + a^{-1})\sinh(act) = \pm\left[(x + a^{-1})\cosh(act) - a^{-1} - b\right],$$

d'où, en utilisant les formules $\cosh u = (\mathrm{e}^u + \mathrm{e}^{-u})/2$ et $\sinh u = (\mathrm{e}^u - \mathrm{e}^{-u})/2$,

$$\boxed{ct = \pm a^{-1}\ln\left(\frac{1 + ax}{1 + ab}\right)}. \tag{12.67}$$

À l'aide de cette équation, on a représenté quelques géodésiques lumière sur la Fig. 12.13, qui décrit le plan en terme des coordonnées (ct, x). Au voisinage de la ligne d'univers $\mathscr{L}_0$ de l'observateur $\mathcal{O}$ ($x = 0$), on constate que les géodésiques lumière sont assimilables à des droites inclinées à ±45°, tout comme si elles étaient dessinées dans des coordonnées inertielles. En faisant $b = 0$ et $|x| \ll a^{-1}$ dans (12.67), il vient en effet

$$ct \simeq \pm x \quad (|x| \ll a^{-1}).$$

On remarque également sur la Fig. 12.13 qu'aucune géodésique ne provient de l'horizon de Rindler $\mathscr{H}$ et qu'aucune géodésique n'atteint $\mathscr{H}$ en un temps t fini. Soulignons par ailleurs que la Fig. 12.13 est invariante par translation en t, ce qui reflète le caractère stationnaire de l'observateur $\mathcal{O}$ discuté au § 12.1.3.

12.3.5 Décalage spectral

Considérons la réception par $\mathcal{O}$ d'un photon émis par un observateur $\mathcal{O}'$ fixe par rapport à $\mathcal{O}$ et situé dans le plan Π, à des coordonnées[7] $(x, y, z) = (x_{\rm em}, 0, 0)$. Sans perte de généralité, nous pouvons considérer que l'émission a lieu à l'instant $t = 0$ (*cf.* Fig. 12.14). L'instant $t_{\rm rec}$ de réception du photon par $\mathcal{O}$ se déduit alors de la formule (12.67), en y faisant $x = 0$ (position de $\mathcal{O}$) et $b = x_{\rm em}$:

$$ct_{\rm rec} = \pm a^{-1}\ln(1 + ax_{\rm em}), \tag{12.68}$$

avec le signe − si $x_{\rm em} \leq 0$ (propagation du photon vers la droite) et + sinon.

7. Dans les paragraphes précédents, nous avons noté x_0 la coordonnée x de l'observateur $\mathcal{O}'$; ici nous utilisons plutôt $x_{\rm em}$ pour rappeler qu'il s'agit de l'émetteur.

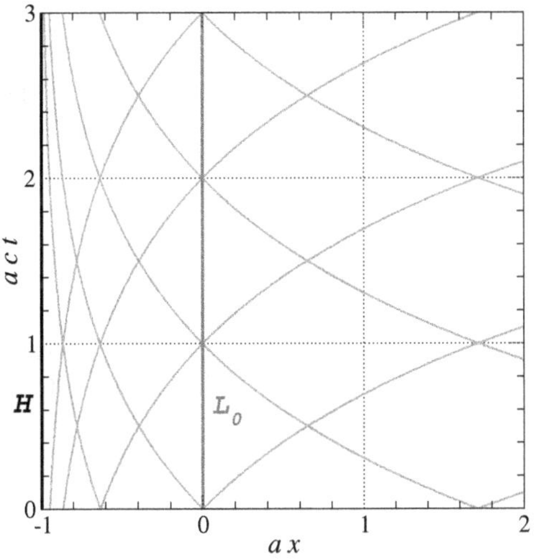

FIG. 12.13 – Géodésiques lumières dans le plan Π en fonctions des coordonnées (ct, x) associées à l'observateur uniformément accéléré $\mathcal{O}$ (ligne d'univers $\mathscr{L}_0$). $\mathscr{H}$ (en $x = -a^{-1}$) est l'horizon de Rindler.

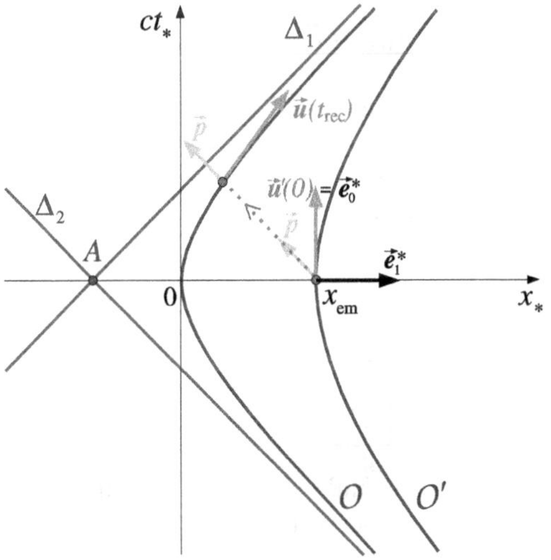

FIG. 12.14 – Réception par $\mathcal{O}$ d'un photon émis par l'observateur $\mathcal{O}'$ fixe par rapport à $\mathcal{O}$. $\vec{p}$ est le vecteur 4-impulsion du photon.

Désignons par $E_{\rm em}$ l'énergie du photon mesurée par $\mathcal{O}'$ lors de son émission. D'après la relation (9.24), la 4-impulsion du photon est

$$\vec{p} = \frac{E_{\rm em}}{c}\left(\vec{u}'(0) + \vec{n}'\right),$$

où $\vec{u}'(0)$ est la 4-vitesse de $\mathcal{O}'$ et $\vec{n}'$ le vecteur unitaire qui donne la direction de propagation du photon vis-à-vis de $\mathcal{O}'$. D'après (12.48), $\vec{u}'(0) = \vec{u}(0) = \vec{e}_0^{\,*}$. On a alors nécessairement $\vec{n}' = \pm\vec{e}_1^{\,*}$ (puisque la propagation du photon s'effectue dans le plan Π), de sorte que

$$\vec{p} = \frac{E_{\text{em}}}{c}\left(\vec{e}_0^{\,*} \pm \vec{e}_1^{\,*}\right), \tag{12.69}$$

avec le signe $+$ si $x_{\text{em}} \leq 0$ et le signe $-$ si $x_{\text{em}} \geq 0$ (cas représenté sur la Fig. 12.14).

L'énergie du photon mesurée par $\mathcal{O}$ à sa réception est donnée par la formule (9.4) : $E_{\text{rec}} = -c\vec{p}\cdot\vec{u}(t_{\text{rec}})$, où $\vec{p}$ est le même vecteur que dans (12.69), par conservation de la 4-impulsion du photon (Éq. (9.38)) et $\vec{u}(t_{\text{rec}})$ la 4-vitesse de $\mathcal{O}$ à l'instant propre t_{rec}. Cette dernière quantité est donnée par la relation (12.11), avec $t = t_{\text{rec}}$. On a donc

$$\begin{aligned} E_{\text{rec}} &= -E_{\text{em}}\left(\vec{e}_0^{\,*} \pm \vec{e}_1^{\,*}\right)\cdot\left[\cosh(act_{\text{rec}})\,\vec{e}_0^{\,*} + \sinh(act_{\text{rec}})\,\vec{e}_1^{\,*}\right] \\ &= -E_{\text{em}}\left[-\cosh(act_{\text{rec}}) \pm \sinh(act_{\text{rec}})\right] E_{\text{em}}\mathrm{e}^{\pm act_{\text{rec}}}, \end{aligned}$$

avec le signe $+$ (resp. $-$) pour $x_{\text{em}} \geq 0$ (resp. $x_{\text{em}} \leq 0$). En combinant avec (12.68), on obtient une formule qui ne dépend plus du signe de x_{em} :

$$E_{\text{rec}} = E_{\text{em}}(1 + ax_{\text{em}}). \tag{12.70}$$

De plus cette formule ne contient plus t_{rec}, en accord avec le caractère stationnaire de $\mathcal{O}$. En vertu de la relation de Planck-Einstein (9.22), la formule ci-dessus se traduit directement en terme de la fréquence du photon :

$$\boxed{f_{\text{rec}} = f_{\text{em}}(1 + ax_{\text{em}})}, \tag{12.71}$$

ou encore, en terme de la période du rayonnement $T = 1/f$:

$$\boxed{T_{\text{rec}} = \frac{T_{\text{em}}}{1 + ax_{\text{em}}}}. \tag{12.72}$$

On a évidemment la même formule pour les longueurs d'onde, en vertu de la relation $\lambda = cT$. Le décalage spectral $z := \lambda_{\text{rec}}/\lambda_{\text{em}} - 1$ est alors

$$\boxed{z = \frac{1}{1 + ax_{\text{em}}} - 1}. \tag{12.73}$$

Ainsi pour une émission à gauche de $\mathcal{O}$ ($x_{\text{em}} \leq 0$), $z \geq 0$: il s'agit d'un décalage vers le rouge, avec $z \to +\infty$ lorsque le point d'émission tend vers l'horizon de Rindler ($x_{\text{em}} \to -a^{-1}$). Réciproquement, pour une émission à droite de $\mathcal{O}$, on a un décalage vers le bleu. Nous verrons au Chap. 22 que le résultat (12.73) conduit à un effet de relativité générale bien connu : l'*effet*

Einstein ou *décalage spectral gravitationnel*. Cela résulte du *principe d'équivalence*, que nous discuterons au § 22.2 et selon lequel un champ de gravitation est localement équivalent à un référentiel accéléré.

Notons que la mesure de z permet à l'observateur $\mathcal{O}$ de déterminer ax_{em}. Si, de plus, $\mathcal{O}$ chronomètre le temps $2T$ d'aller-retour d'un photon entre $x = 0$ et x_{em}, la formule (12.64) (où l'on fait $x_0 = x_{\mathrm{em}}$), combinée à (12.73), conduit à une expression de a où n'interviennent que des grandeurs mesurées par $\mathcal{O}$:

$$\boxed{a = \mp \frac{\ln(1+z)}{cT}}, \qquad (12.74)$$

où le signe $\mp$ est l'opposé de celui de x_{em}, de sorte que a est toujours positif. Cette relation montre que la 4-accélération est une grandeur mesurable, ainsi qu'annoncé au § 3.4.3.

Remarque : Nous verrons au § 13.1.2 que la 4-rotation d'un observateur est également une quantité mesurable. Par contre, la 4-vitesse ne l'est pas.

12.3.6 Mouvement des particules libres

Considérons une particule libre $\mathscr{P}$. D'après la loi d'inertie obtenue au § 9.2.4, sa ligne d'univers $\mathscr{L}$ est une droite de $\mathscr{E}$. Considérons le cas où $\mathscr{L}$ est parallèle à $\vec{e}_0^{\,*}$, ce qui signifie que $\mathscr{P}$ est fixe par rapport à l'observateur inertiel $\mathcal{O}_*$ et que la 4-vitesse de $\mathscr{P}$ est $\vec{e}_0^{\,*}$. De plus on supposera que $\mathscr{L}$ est dans le plan Π (*cf.* Fig. 12.15). L'équation de $\mathscr{L}$ dans les coordonnées inertielles associées à $\mathcal{O}_*$ est alors

$$x_* = b, \quad y_* = 0, \quad z_* = 0,$$

où le paramètre b est choisi dans $]-a^{-1}, +\infty[$.

Soit $M(t)$ l'événement intersection de $\mathscr{L}$ avec l'espace local de repos $\mathscr{E}_{\boldsymbol{u}}(t)$ de l'observateur accéléré $\mathcal{O}$, dont on note la position à son instant de temps propre t par $O(t)$. Au vu de l'équation (12.23) de $\mathscr{E}_{\boldsymbol{u}}(t)$, les coordonnées inertielles de $M(t)$ sont $ct_* = \tanh(act)(b + a^{-1})$ et $x_* = b$. Celles de $O(t)$ étant données par (12.14), on en déduit l'expression du vecteur $\overrightarrow{O(t)M(t)}$ dans la base $(\vec{e}_\alpha^{\,*})$:

$$\begin{aligned}\overrightarrow{O(t)M(t)} &= \left[\tanh(act)(b + a^{-1}) - a^{-1}\sinh(act)\right]\vec{e}_0^{\,*} \\ &\quad + \left[b - a^{-1}\cosh(act) + a^{-1}\right]\vec{e}_1^{\,*} \\ &= \left[\frac{b + a^{-1}}{\cosh(act)} - a^{-1}\right]\left[\sinh(act)\,\vec{e}_0^{\,*} + \cosh(act)\,\vec{e}_1^{\,*}\right].\end{aligned}$$

À l'aide de (12.31), on reconnaît le vecteur $\vec{e}_1(t)$ du référentiel local de $\mathcal{O}$ dans cette expression, de sorte que l'on peut écrire

$$\overrightarrow{O(t)M(t)} = x(t)\,\vec{e}_1(t), \qquad (12.75)$$

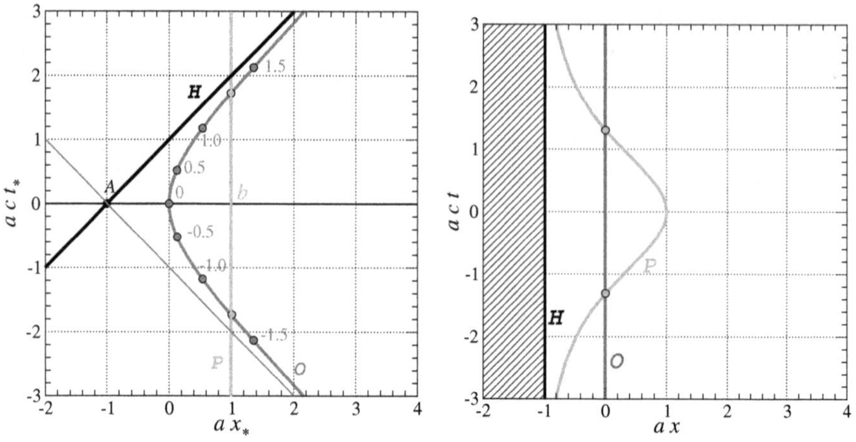

FIG. 12.15 – Lignes d'univers de la particule libre $\mathscr{P}$ et de l'observateur uniformément accéléré $\mathcal{O}$ représentées dans les coordonnées inertielles (ct_*, x_*) (diagramme de gauche) et dans les coordonnées de Rindler (ct, x) associées à l'observateur $\mathcal{O}$ (diagramme de droite). $\mathscr{H}$ est l'horizon de Rindler de $\mathcal{O}$.

avec

$$\boxed{x(t) = \frac{b + a^{-1}}{\cosh(act)} - a^{-1}}. \tag{12.76}$$

Par définition, $x(t)$ est la coordonnée de Rindler x du point $M(t)$. On vérifie que $x(0) = b$, ce qui est cohérent puisque pour $t = 0$, $x = x_*$. La courbe $x = x(t)$ correspondant à l'Éq. (12.76) (ligne d'univers de $\mathscr{P}$) est représentée dans le diagramme de droite de la Fig. 12.15 dans le cas $b = a^{-1}$. La particule $\mathscr{P}$ rencontre l'observateur $\mathcal{O}$ ssi $x(t_0) = 0$ pour une certaine valeur de t_0 de t, c'est-à-dire ssi

$$\cosh(act_0) = 1 + ab.$$

Cette équation admet deux solutions :

$$t_0 = \pm(ac)^{-1}\operatorname{argcosh}(1 + ab) \tag{12.77}$$

ssi $b \geq 0$. Dans le cas $b = a^{-1}$ représenté sur la Fig. 12.15, cela correspond à $t_0 \simeq \pm 1.317(ac)^{-1}$.

Par définition, la vitesse de $\mathscr{P}$ relative à l'observateur $\mathcal{O}$ est le vecteur $\vec{\boldsymbol{V}}(t) = (dx/dt)\,\vec{\boldsymbol{e}}_1(t)$. On obtient

$$\vec{\boldsymbol{V}}(t) = V(t)\,\vec{\boldsymbol{e}}_1(t) \qquad \text{avec} \qquad \boxed{V(t) = -c(1 + ab)\frac{\sinh(act)}{\cosh^2(act)}}. \tag{12.78}$$

Le facteur de Lorentz de $\mathscr{P}$ par rapport à $\mathcal{O}$ est donné par la formule (4.9), avec $\vec{u}\cdot\vec{u}' = \vec{u}(t)\cdot\vec{e}_0^* = -\cosh(act)$ et $1+\vec{a}\cdot\overrightarrow{OM} = 1+ax(t)$. Ainsi

$$\boxed{\Gamma = \frac{\cosh^2(act)}{1+ab}}. \qquad (12.79)$$

La 4-vitesse de $\mathscr{P}$ est le vecteur constant $\vec{u}_{\mathscr{P}} = \vec{e}_0^*$. D'après (12.31), on peut l'exprimer dans la base formée par le référentiel local de $\mathcal{O}$ comme $\vec{u}_{\mathscr{P}} = \cosh(act)\,\vec{u}(t) - \sinh(act)\,\vec{e}_1(t)$. Le vecteur 4-impulsion de $\mathscr{P}$ est $\vec{p} = mc\,\vec{u}_{\mathscr{P}}$ (Éq. (9.3)), m étant la masse de $\mathscr{P}$. On a donc

$$\vec{p} = mc\left[\cosh(act)\,\vec{u}(t) - \sinh(act)\,\vec{e}_1(t)\right]. \qquad (12.80)$$

En comparant avec la décomposition orthogonale (9.7), on obtient l'énergie de la particule $\mathscr{P}$ mesurée par l'observateur $\mathcal{O}$:

$$\boxed{E = mc^2\cosh(act)}, \qquad (12.81)$$

ainsi que l'impulsion de $\mathscr{P}$ mesurée par $\mathcal{O}$:

$$\boxed{\vec{P} = -mc\sinh(act)\,\vec{e}_1(t)}. \qquad (12.82)$$

En utilisant (12.76), on peut exprimer l'énergie en fonction de la position de la particule :

$$\boxed{E = mc^2\frac{1+ab}{1+ax(t)}}. \qquad (12.83)$$

Notons que ni E, ni $\vec{P}$ ne sont constants, bien que la particule soit libre. Cela traduit le fait que $\mathcal{O}$ n'est pas un observateur inertiel.

Remarque : En combinant les relations (12.78), (12.79) et (12.82), on vérifie la relation (9.13) (avec $\vec{\omega} = 0$) : $\vec{P} = \Gamma m\vec{V}$.

À la limite des faibles accélérations, ou des distances à $\mathcal{O}$ faibles devant a^{-1}, c'est-à-dire $|act| \ll 1$, $|ax(t)| \ll 1$ et $|ab| \ll 1$, les développements limités des formules (12.76), (12.78), (12.79), (12.81), (12.82) et (12.83) conduisent respectivement à

$$x(t) \simeq b - \frac{\gamma}{2}t^2 \qquad (12.84)$$

$$V \simeq -\gamma t \qquad (12.85)$$

$$\Gamma \simeq 1 + \frac{1}{2}\frac{V^2}{c^2} - \frac{\gamma b}{c^2} \qquad (12.86)$$

$$E \simeq mc^2 + \frac{1}{2}mV^2 \qquad (12.87)$$

$$\vec{P} \simeq mV\,\vec{e}_1(t) \qquad (12.88)$$

$$E \simeq mc^2 - m\gamma[x(t) - b], \qquad (12.89)$$

où l'on a fait apparaître la norme $\gamma := c^2 a$ de l'accélération de $\mathcal{O}$ relativement à l'observateur inertiel tangent $\mathcal{O}_*$ à $t = t_* = 0$ (*cf.* (12.21)). On reconnaît dans (12.84) et (12.85) les équations du mouvement de la mécanique newtonienne qui décrivent la chute libre d'une particule dans un champ de pesanteur uniforme d'amplitude γ et dirigé vers les x négatifs. De plus, (12.89) montre que la quantité

$$E' := E + E_{\rm pot}, \qquad \text{avec} \quad E_{\rm pot} := m\gamma\, x(t), \tag{12.90}$$

est une constante du mouvement (égale à $mc^2 + b$). L'expression de $E_{\rm pot}$ n'est évidemment pas sans rappeler celle de l'énergie potentielle gravitationnelle dans un champ de pesanteur uniforme. Nous reviendrons sur ce point fondamental au Chap. 22, consacré à la gravitation.

12.4 Précession de Thomas

La précession de Thomas est un phénomène relativiste qui consiste en la rotation du référentiel d'un observateur accéléré *sans rotation* (c'est-à-dire dont la 4-rotation $\vec{\omega}$ est nulle) lorsqu'on compare ce référentiel à celui d'un observateur inertiel fixé. Ce phénomène n'a pas d'équivalent en mécanique newtonienne. Il ne se produit pas non plus lorsque, vis-à-vis de l'observateur inertiel, l'accélération est colinéaire à la vitesse, ce qui est le cas de l'observateur uniformément accéléré considéré aux § 12.1 et § 12.3.

12.4.1 Dérivation

La précession de Thomas est en fait une manifestation de la *rotation de Thomas* étudiée au § 6.6.2, à savoir que la composée de deux transformations de Lorentz spéciales de plans différents n'est pas une transformation de Lorentz spéciale mais la composée d'une telle transformation par une rotation spatiale.

Considérons donc un observateur accéléré $\mathcal{O}$, de ligne d'univers $\mathscr{L}$, de temps propre t, de 4-vitesse $\vec{u}(t)$, de 4-accélération $\vec{a}(t) \neq 0$ et de 4-rotation nulle : $\vec{\omega}(t) = 0$. Notons $(\vec{e}_\alpha(t))$ le référentiel local de $\mathcal{O}$ (*cf.* Fig. 12.16). Soit par ailleurs un observateur inertiel $\mathcal{O}_*$, de ligne d'univers $\mathscr{L}_*$, de temps propre t_* et de référentiel $(\vec{e}^{\,*}_\alpha)$. En désignant par Γ le facteur de Lorentz de $\mathcal{O}$ par rapport à $\mathcal{O}_*$, par $\vec{V}$ et $\vec{\gamma}$ la vitesse et l'accélération de $\mathcal{O}$ relatives à $\mathcal{O}_*$, nous

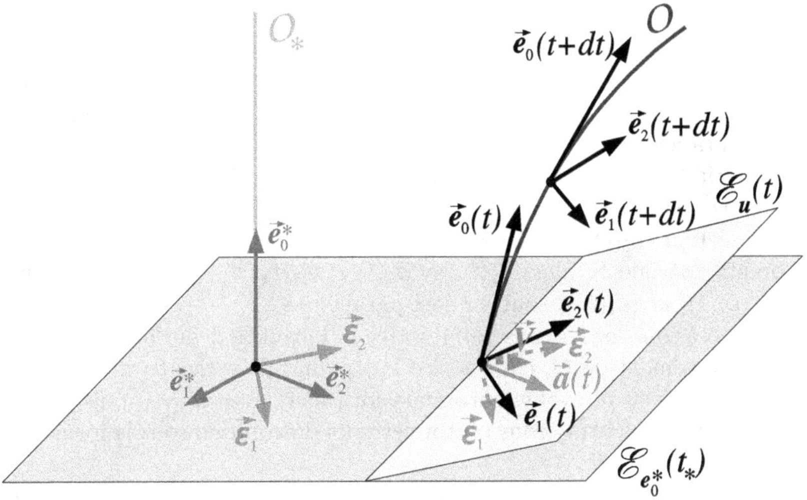

FIG. 12.16 – Observateur accéléré $\mathcal{O}$ (référentiel local $(\vec{e}_\alpha(t))$) et observateur inertiel $\mathcal{O}_*$ (référentiel $(\vec{e}^*_\alpha)$). Le passage de la tétrade $(\vec{e}^*_0, \vec{\varepsilon}_1, \vec{\varepsilon}_2, \vec{\varepsilon}_3)$ à la tétrade $(\vec{e}_\alpha(t))$ s'effectue par une transformation de Lorentz spéciale, dont le paramètre de vitesse $\vec{\boldsymbol{V}}$ n'est autre que la vitesse de $\mathcal{O}$ relative à $\mathcal{O}_*$.

pouvons écrire les relations suivantes

$$\Gamma = dt_*/dt, \tag{12.91}$$

$$\Gamma = \left(1 - \frac{1}{c^2}\vec{\boldsymbol{V}}\cdot\vec{\boldsymbol{V}}\right)^{-1/2}, \tag{12.92}$$

$$\vec{\boldsymbol{u}} = \vec{e}_0 = \Gamma\left(\vec{e}^*_0 + \frac{1}{c}\vec{\boldsymbol{V}}\right), \tag{12.93}$$

$$\vec{\gamma} = \Gamma^{-2}\left[c^2\,\vec{\boldsymbol{a}} - (\vec{\boldsymbol{a}}\cdot\vec{\boldsymbol{V}})\left(\vec{\boldsymbol{V}} + c\vec{e}^*_0\right)\right], \tag{12.94}$$

qui ne sont rien d'autre que les formules (4.1), (4.33), (4.31) et (4.72) établies au Chap. 4 et adaptées aux notations présentes.

Appelons $\boldsymbol{S}$ l'unique transformation de Lorentz spéciale qui fait passer de la 4-vitesse de $\mathcal{O}_*$ à celle de $\mathcal{O}$ à l'instant t (*cf.* § 6.5.1) :

$$\vec{e}_0(t) = \boldsymbol{S}(\vec{e}^*_0). \tag{12.95}$$

Posons

$$\vec{\varepsilon}_\alpha(t_*) := \boldsymbol{S}^{-1}(\vec{e}_\alpha(t)), \tag{12.96}$$

en remarquant que par construction, $\vec{\varepsilon}_0(t_*) = \vec{e}^*_0 = \text{const}$. Puisque $\boldsymbol{S}$ est une transformation de Lorentz, $(\vec{\varepsilon}_\alpha(t_*))$ est une base orthonormale de $(E, \boldsymbol{g})$. Elle est telle que les trois vecteurs $(\vec{\varepsilon}_i(t_*)) = (\vec{\varepsilon}_1(t_*), \vec{\varepsilon}_2(t_*), \vec{\varepsilon}_3(t_*))$ forment une base orthonormale (dépendant du temps) de l'espace de repos de $\mathcal{O}_*$, $E_{\boldsymbol{e}_0^*}$. La triade $(\vec{\varepsilon}_i(t_*))$ peut être perçue comme représentant le repère spatial $(\vec{\boldsymbol{e}}_i(t))$ de $\mathcal{O}$ vis-à-vis de $\mathcal{O}_*$: c'est la triade de l'espace de repos $E_{\boldsymbol{e}_0^*}$ de $\mathcal{O}_*$ la « plus parallèle possible » à $(\vec{\boldsymbol{e}}_i(t))$: les deux triades sont confondues si $\vec{\boldsymbol{e}}_0(t) = \vec{\boldsymbol{e}}_0^*$ ($\mathcal{O}$ momentanément au repos par rapport à $\mathcal{O}_* \iff \boldsymbol{S} = \mathrm{Id}$) ; si $\vec{\boldsymbol{e}}_0(t) \neq \vec{\boldsymbol{e}}_0^*$, les deux triades ne peuvent être confondues puisqu'elles appartiennent à des hyperplans vectoriels différents ($E_{\boldsymbol{e}_0^*}$ et $E_{\boldsymbol{u}}(t)$, *cf.* Fig. 12.16). Cependant si l'un des vecteurs $\vec{\boldsymbol{e}}_i(t)$, par exemple $\vec{\boldsymbol{e}}_1(t)$, est dans le plan de la transformation de Lorentz spéciale $\boldsymbol{S}$, alors $\vec{\varepsilon}_2(t_*) = \vec{\boldsymbol{e}}_2(t)$ et $\vec{\varepsilon}_3(t_*) = \vec{\boldsymbol{e}}_3(t)$, de sorte que les triades $(\vec{\boldsymbol{e}}_i(t))$ et $(\vec{\varepsilon}_i(t_*))$ sont « quasi parallèles ».

La précession de Thomas est relative à l'évolution de la triade $(\vec{\varepsilon}_i(t_*))$ lors du mouvement de $\mathcal{O}$, c'est-à-dire lorsqu'on fait varier t (et donc t_*). Le référentiel local de $\mathcal{O}$ évolue suivant la loi (3.54) avec $\vec{\boldsymbol{\omega}} = 0$ puisque $\mathcal{O}$ est sans rotation. Nous utiliserons plutôt cette loi d'évolution sous la forme (7.28) obtenue au Chap. 7 :

$$\vec{\boldsymbol{e}}_\alpha(t + dt) = \boldsymbol{\Lambda}(\vec{\boldsymbol{e}}_\alpha(t)), \tag{12.97}$$

$\boldsymbol{\Lambda}$ étant l'endomorphisme de E défini par

$$\boldsymbol{\Lambda} := \mathrm{Id} + c\, dt\, a^i \boldsymbol{K}_i, \tag{12.98}$$

où (i) les a^i sont les composantes de $\vec{\boldsymbol{a}}$ sur la base $(\vec{\boldsymbol{e}}_i)$ de $E_{\boldsymbol{u}}$: $\vec{\boldsymbol{a}} = a^i\, \vec{\boldsymbol{e}}_i$ (rappelons que $\vec{\boldsymbol{a}} \in E_{\boldsymbol{u}}$) et (ii) les trois endomorphismes $\boldsymbol{K}_i$ sont les générateurs des transformations de Lorentz spéciales introduits au § 7.2.3. Il est clair que $\boldsymbol{\Lambda}$ est une transformation de Lorentz spéciale infinitésimale. Au premier ordre en dt, son facteur de Lorentz est $\Gamma \simeq 1$ et sa vitesse est[8] :

$$\vec{\boldsymbol{W}} = c^2 dt\, \vec{\boldsymbol{a}}. \tag{12.99}$$

Cherchons la loi d'évolution de la triade $\vec{\varepsilon}_i(t_*)$ en partant de (12.96) que l'on transpose de (t_*, t) à $(t_* + dt_*, t + dt)$. Il faut prendre garde qu'*a priori* $\boldsymbol{S}$ dépend de t. Notons alors $\boldsymbol{S}_{t+dt}$ la valeur de $\boldsymbol{S}$ à l'instant $t + dt$. L'Éq. (12.95) devient alors $\vec{\boldsymbol{e}}_0(t + dt) = \boldsymbol{S}_{t+dt}(\vec{\boldsymbol{e}}_0^*)$ et (12.96) conduit à

$$\begin{aligned} \vec{\varepsilon}_\alpha(t_* + dt_*) &= \boldsymbol{S}_{t+dt}^{-1}(\vec{\boldsymbol{e}}_\alpha(t + dt)) \\ &= \boldsymbol{S}_{t+dt}^{-1} \circ \boldsymbol{\Lambda}(\vec{\boldsymbol{e}}_\alpha(t)) \\ &= \boldsymbol{S}_{t+dt}^{-1} \circ \boldsymbol{\Lambda} \circ \boldsymbol{S}(\vec{\varepsilon}_\alpha(t_*)), \end{aligned} \tag{12.100}$$

où l'on a utilisé (12.97) pour obtenir la seconde ligne et (12.96) pour la troisième. Puisque $\boldsymbol{\Lambda}$ et $\boldsymbol{S}$ sont deux transformations de Lorentz spéciales dont les plans se coupent en $\vec{\boldsymbol{e}}_0(t) = \boldsymbol{S}(\vec{\varepsilon}_0(t_*)) = \boldsymbol{S}(\vec{\boldsymbol{e}}_0^*)$, on sait, d'après l'étude faite au § 6.6.2, que l'application composée $\boldsymbol{\Lambda} \circ \boldsymbol{S}$ est le produit d'une transformation de Lorentz spéciale $\boldsymbol{S'}$ dont le plan contient $\vec{\boldsymbol{e}}_0^*$ par une rotation spatiale $\boldsymbol{R}$, de plan orthogonal à $\vec{\boldsymbol{e}}_0^*$ – la rotation de Thomas (*cf.* Éq. (6.113)) :

$$\boldsymbol{\Lambda} \circ \boldsymbol{S} = \boldsymbol{S'} \circ \boldsymbol{R}. \tag{12.101}$$

8. Pour le voir, il suffit d'exprimer $\boldsymbol{\Lambda}$ en fonction de sa rapidité $\delta\psi$ suivant (7.23), de comparer avec (12.98) et d'écrire la vitesse de $\boldsymbol{\Lambda}$ suivant $W = c \tanh(\delta\psi) \simeq c\,\delta\psi$.

Ici	S	Λ	$\vec{e}_0^* = \vec{\varepsilon}_0$	$\vec{e}_0(t)$	$\vec{e}_0(t+dt)$	$\vec{V}$	$S(\vec{V})$	$\vec{W}$
§ 6.6.2	Λ_1	Λ_2	$\vec{e}_0$	$\vec{e'}_0$	$\vec{e''}_0$	$V_1\vec{e}_1$	$\vec{V}_1$	$\vec{V}_2$

Ici	$\vec{n}$	$\vec{m}$	$S(\vec{n})$	$a^{-1}\vec{a}$	V	$a\,c^2\,dt$	Γ	$1+O(dt^2)$
§ 6.6.2	$\vec{e}_1$	$\vec{e}_2$	$\vec{e'}_1$	$\vec{\varepsilon}_1$	V_1	V_2	Γ_1	Γ_2

TAB. 12.1 – Correspondance entre les notations employées dans ce chapitre et celles du § 6.6.2.

Montrons qu'en fait $S' = S_{t+dt}$. Puisque $R(\vec{e}_0^*) = \vec{e}_0^*$, l'identité (12.101) conduit à

$$S'(\vec{e}_0^*) = \Lambda \circ \underbrace{S(\vec{e}_0^*)}_{\vec{e}_0(t)} = \Lambda(\vec{e}_0(t)) = \vec{e}_0(t+dt) = S_{t+dt}(\vec{e}_0^*),$$

où nous avons utilisé successivement les relations (12.95), (12.97) et à nouveau (12.95) avec $t \to t+dt$ et $S \to S_{t+dt}$. Le résultat ci-dessus montre que S' et S_{t+dt} sont deux transformations de Lorentz spéciales dont les plans contiennent $\vec{e}_0^*$ et qui donnent la même image de $\vec{e}_0^*$. Elles coïncident nécessairement, si bien que (12.101) s'écrit en fait $\Lambda \circ S = S_{t+dt} \circ R$. En reportant cette relation dans (12.100), il vient $\vec{\varepsilon}_\alpha(t_* + dt_*) = R(\vec{\varepsilon}_\alpha(t_*))$, d'où en particulier,

$$\boxed{\vec{\varepsilon}_i(t_* + dt_*) = R(\vec{\varepsilon}_i(t_*))}. \tag{12.102}$$

Ainsi l'évolution de la triade $(\vec{\varepsilon}_i(t_*))$, qui représente la triade $(\vec{e}_i(t))$ de $\mathcal{O}$ vis-à-vis de $\mathcal{O}_*$, s'effectue par le biais d'une rotation : la rotation de Thomas R issue de la composition de Λ par S.

Déterminons les paramètres de R à partir des résultats du § 6.6.2. Les notations employées ici sont reliées à celles du § 6.6.2 dans le Tableau 12.1. Le plan de R est (*cf.* Eq. (6.120))

$$\Pi_R = \mathrm{Vect}(\vec{n}, \vec{m}) \subset E_{e_0^*}, \tag{12.103}$$

où

– $\vec{n} \in E_{e_0^*}$ est le vecteur unitaire dans la direction de la vitesse $\vec{V}$:

$$\vec{V} =: V\vec{n}, \quad \text{avec} \quad \vec{n}\cdot\vec{n} = 1; \tag{12.104}$$

– $\vec{m} \in E_{e_0^*}$ est le vecteur unitaire dans le plan orthogonal à $\vec{V}$ tel que

$$\vec{a} =: a\left[\cos\theta\, S(\vec{n}) + \sin\theta\, \vec{m}\right], \quad \text{avec} \quad \vec{m}\cdot\vec{m} = 1 \quad \text{et} \quad \vec{n}\cdot\vec{m} = 0. \tag{12.105}$$

$\vec{n}$ et $\vec{m}$ sont respectivement notés $\vec{e}_1$ et $\vec{e}_2$ au § 6.6.2 (*cf.* Tab. 12.1). θ est l'angle entre les plans des deux transformations de Lorentz $\boldsymbol{S}$ et $\boldsymbol{\Lambda}$ tel que défini au § 6.6.2 ; c'est aussi l'angle entre $\boldsymbol{S}(\vec{V})$ et $\vec{W}$, ou encore entre $\boldsymbol{S}(\vec{V})$ et $\vec{a}$, tous ces vecteurs appartenant à $E_{\boldsymbol{u}}(t)$. Par ailleurs, $\vec{m}$ étant orthogonal à $\vec{V}$, $\boldsymbol{S}(\vec{m}) = \vec{m}$. On déduit de (12.104) et (12.105) que $\vec{a} \cdot \vec{V} = \Gamma a V \cos\theta$. En reportant cette valeur dans (12.94) et en utilisant de nouveau (12.104) et (12.105), il vient

$$\vec{\gamma} = \frac{c^2 a}{\Gamma^2}\left(\frac{\cos\theta}{\Gamma}\,\vec{n} + \sin\theta\,\vec{m}\right). \tag{12.106}$$

Les vecteurs vitesse et accélération relatives $\vec{V}$ et $\vec{\gamma}$ appartiennent tous deux à l'hyperplan $E_{\boldsymbol{e}_0^*}$. S'ils ne sont pas colinéaires, autrement dit si $\theta \neq 0$, les relations (12.104) et (12.106) montrent qu'ils forment une base du plan $\mathrm{Vect}(\vec{n}, \vec{m})$. On peut donc réécrire (12.103) comme

$$\boxed{\Pi_{\boldsymbol{R}} = \mathrm{Vect}(\vec{V}, \vec{\gamma})}. \tag{12.107}$$

Ayant déterminé le plan de la rotation de Thomas, passons à son angle φ_{T}. Il est donné par la formule (6.125) dérivée au Chap. 6. Dans le cas présent, de nombreuses simplifications interviennent car $\boldsymbol{\Lambda}_2$ est une transformation infinitésimale, de vitesse $V_2 = W = ac^2 dt$ (*cf.* Eq. (12.99) et Tab. 12.1). En restant au premier ordre en dt, on peut faire $\Gamma_2 \simeq 1$, $\Gamma_1\Gamma_2/(1+\Gamma)\, V_1 V_2 \simeq \Gamma_1/(1+\Gamma_1)\, V_1 V_2$ et remplacer tout le terme entre parenthèses par 1 dans (6.125). Puisque $\Gamma_1 = \Gamma$, $V_1 = V$ (*cf.* Tab. 12.1), la formule (6.125) se réduit alors à

$$\sin\varphi_{\mathrm{T}} = -\sin\theta \frac{\Gamma}{1+\Gamma} a V\, dt.$$

L'angle φ_{T} est clairement infinitésimal, du même ordre que dt. Désignons-le donc plutôt par $d\varphi_{\mathrm{T}}$. On a évidemment $\sin d\varphi_{\mathrm{T}} \simeq d\varphi_{\mathrm{T}}$, si bien que la formule ci-dessus s'écrit

$$d\varphi_{\mathrm{T}} = -\frac{\Gamma}{1+\Gamma} a V \sin\theta\, dt. \tag{12.108}$$

θ est l'angle entre $\boldsymbol{S}(\vec{V})$ et $\vec{a}$ dans l'hyperplan vectoriel $E_{\boldsymbol{u}}(t)$ associé à l'observateur $\mathcal{O}$. Exprimons plutôt $d\varphi_{\mathrm{T}}$ en fonction de l'angle θ_* entre $\vec{V}$ et $\vec{\gamma}$ dans l'hyperplan vectoriel $E_{\boldsymbol{e}_0^*}$ associé à l'observateur inertiel $\mathcal{O}_*$. On déduit de (12.106) et (12.92) que la norme de $\vec{\gamma}$ est

$$\gamma := \|\vec{\gamma}\|_{\boldsymbol{g}} = \sqrt{\vec{\gamma}\cdot\vec{\gamma}} = \frac{c^2 a}{\Gamma^2}\sqrt{1 - (V^2/c^2)\cos^2\theta}. \tag{12.109}$$

La relation (12.106) se réécrit alors comme

$$\vec{\gamma} = \gamma\,(\cos\theta_*\,\vec{n} + \sin\theta_*\,\vec{m}), \tag{12.110}$$

avec

$$\cos\theta_* = \frac{\cos\theta}{\Gamma\sqrt{1-(V^2/c^2)\cos^2\theta}} \quad \text{et} \quad \sin\theta_* = \frac{\sin\theta}{\sqrt{1-(V^2/c^2)\cos^2\theta}}\cdot \tag{12.111}$$

On déduit de (12.106) et (12.110) que

$$a\sin\theta = \Gamma^2\frac{\gamma}{c^2}\sin\theta_*. \tag{12.112}$$

En reportant cette valeur dans (12.108) et en remplaçant dt par $\Gamma^{-1}dt_*$ (*cf.* Éq. (12.91)), il vient

$$\boxed{\frac{d\varphi_{\mathrm{T}}}{dt_*} = -\frac{\Gamma^2}{1+\Gamma}\frac{\gamma V}{c^2}\sin\theta_*}. \tag{12.113}$$

En conclusion

La triade $(\vec{\varepsilon}_i(t_*))$, qui pour l'observateur inertiel $\mathcal{O}_*$ représente la triade spatiale $(\vec{e}_i(t))$ associée à l'observateur accéléré $\mathcal{O}$, est animée d'un mouvement de rotation, de plan $\Pi_{\boldsymbol{R}} = \mathrm{Vect}(\vec{\boldsymbol{V}}, \vec{\gamma})$ (Éq. (12.107)) et de vitesse angulaire $d\varphi_{\mathrm{T}}/dt_*$ donnée par (12.113), où $\vec{\boldsymbol{V}}$ et $\vec{\gamma}$ sont la vitesse et l'accélération de $\mathcal{O}$ relatives à $\mathcal{O}_*$. Ce phénomène est appelé ***précession de Thomas***.

Remarque 1 : Pour un physicien « newtonien », l'aspect surprenant de la précession de Thomas vient de ce que l'observateur accéléré $\mathcal{O}$ est sans rotation : son référentiel local ne tourne pas, puisque $\vec{\omega} = 0$. En particulier, $\mathcal{O}$ ne ressent aucune force d'inertie de Coriolis ou centrifuge, telles qu'elles apparaissent dans l'Éq. (9.126). Pourtant la triade spatiale formée des vecteurs $\vec{\varepsilon}_i$ « quasi parallèles » aux vecteurs du repère spatial de $\mathcal{O}$, est animée vis-à-vis de l'observateur inertiel $\mathcal{O}_*$ d'une rotation non nulle. Le fait qu'il s'agisse d'un effet purement relativiste est clair sur la formule (12.113) : $d\varphi_{\mathrm{T}}/dt_* \to 0$ si $\gamma V/c^2 \to 0$.

Remarque 2 : Le plan de rotation, $\Pi_{\boldsymbol{R}}$, varie avec le temps, puisque il est fixé par les vecteurs $\vec{\boldsymbol{V}}$ et $\vec{\gamma}$, qui sont dans le cas général des fonctions de t_*. C'est pour cette raison que la rotation instantanée $\boldsymbol{R}$ correspond en fait à un mouvement de précession.

Remarque 3 : Si l'accélération relative $\vec{\gamma}$ est colinéaire à la vitesse $\vec{\boldsymbol{V}}$, comme par exemple pour le voyageur de Langevin traité au § 2.5 ou l'observateur uniformément accéléré considéré au § 12.1 et § 12.3, alors $\theta_* = 0$ et la formule (12.113) conduit à $d\varphi_{\mathrm{T}}/dt_* = 0$. Il n'y a donc pas de précession de Thomas dans ce cas.

La relation (12.102) conduit à la formule suivante pour la dérivée temporelle de la triade $(\vec{\varepsilon}_i(t_*))$

$$\boxed{\frac{d\vec{\varepsilon}_i}{dt_*} = \vec{\boldsymbol{\omega}}_{\mathrm{T}} \times_{e_0^*} \vec{\varepsilon}_i}, \tag{12.114}$$

où $\vec{\omega}_{\mathrm{T}} \in E_{e_0^*}$ est le vecteur orthogonal au plan de rotation $\Pi_{\boldsymbol{R}}$ et dont la norme est la valeur absolue de la vitesse angulaire $d\varphi_{\mathrm{T}}/dt_*$ donnée par (12.113). En raison du signe $-$ dans (12.113), $\vec{\omega}_{\mathrm{T}}$ est orienté dans le sens inverse du produit vectoriel $\vec{V} \times_{e_0^*} \vec{\gamma}$. Puisque la norme de ce dernier est $\gamma V \sin\theta_*$, la formule (12.113) permet d'écrire $\vec{\omega}_{\mathrm{T}}$ en fonction du produit vectoriel de l'accélération par la vitesse :

$$\boxed{\vec{\omega}_{\mathrm{T}} = \frac{\Gamma^2}{c^2(1+\Gamma)}\,\vec{\gamma} \times_{e_0^*} \vec{V}}. \tag{12.115}$$

Pour des vitesses faiblement relativistes, on peut faire $\Gamma \simeq 1$ et obtenir ainsi

$$\vec{\omega}_{\mathrm{T}} \simeq \frac{1}{2c^2}\,\vec{\gamma} \times_{e_0^*} \vec{V} \qquad (|V| \ll c). \tag{12.116}$$

Remarque : À partir de la formule (12.92), il est facile d'établir l'identité $\Gamma^2/(1+\Gamma) = (\Gamma-1)c^2/V^2$, si bien que certains auteurs présentent le résultat (12.115) comme

$$\vec{\omega}_{\mathrm{T}} = \frac{\Gamma - 1}{V^2}\,\vec{\gamma} \times_{e_0^*} \vec{V}. \tag{12.117}$$

12.4.2 Application à un gyroscope

Considérons un gyroscope libre, tel que défini au § 10.6.3, transporté par l'observateur accéléré $\mathcal{O}$. Le vecteur spin du gyroscope obéit à la loi (10.84) : $\boldsymbol{D}^{\mathrm{FW}}_{\boldsymbol{u}}\,\vec{s} = 0$ ($\vec{s}$ est transporté au sens de Fermi-Walker le long de $\mathscr{L}$). Comme $\mathcal{O}$ est sans rotation, cela signifie que $\vec{s}$ est fixe par rapport à $\mathcal{O}$ (*cf.* Eq. (3.74)), c'est-à-dire que les composantes (s^i) de $\vec{s}$ dans le référentiel local de $\mathcal{O}$ sont constantes :

$$\vec{s}(t) = s^i\,\vec{e}_i(t), \quad \text{avec} \quad s^i = \text{const.} \tag{12.118}$$

Puisque $\vec{e}_i(t) = \boldsymbol{S}\,(\vec{\varepsilon}_i(t_*))$ (Éq. (12.96)), on en déduit que

$$\boxed{\vec{s}(t) = \boldsymbol{S}(\vec{s}_*(t_*))}, \quad \text{avec} \quad \vec{s}_*(t_*) := s^i\,\vec{\varepsilon}_i(t_*). \tag{12.119}$$

Le vecteur $\vec{s}_*(t_*)$ ainsi défini appartient à l'espace de repos de l'observateur inertiel : $\vec{s}_*(t_*) \in E_{e_0^*}$. Comme les coefficients s^i sont constants, on déduit immédiatement de (12.114) que $\vec{s}_*(t_*)$ obéit à la loi d'évolution suivante :

$$\boxed{\frac{d\vec{s}_*}{dt_*} = \vec{\omega}_{\mathrm{T}} \times_{e_0^*} \vec{s}_*}. \tag{12.120}$$

Ainsi $\vec{s}_*(t_*)$ est animé de la précession de Thomas, à la vitesse angulaire $\vec{\omega}_{\mathrm{T}}$ donnée par (12.115).

Remarque 1 : Le vecteur $\vec{s}_*$ appartient à l'espace de repos de l'observateur inertiel ; il est donc distinct du vecteur spin $\vec{s}$, qui lui appartient à l'espace local de repos de l'observateur accéléré. Cependant les vecteurs $\vec{s}_*$ et $\vec{s}$ ont les mêmes composantes (s^i), l'un par rapport à la base $(\vec{\varepsilon}_i(t_*))$ et l'autre par rapport à la base $(\vec{e}_i(t))$, ces deux bases étant reliées par la transformation de Lorentz spéciale $\boldsymbol{S}$. En particulier, $\vec{s}_*$ et $\vec{s}$ ont la même norme. Les auteurs qui utilisent un point de vue tridimensionnel, comme Jackson (1998) [216], assimilent implicitement $\vec{s}_*$ et $\vec{s}$. Le vecteur $\vec{s}_*$ tel que défini par (12.119) est utilisé par Rowe (1984) [367, 368] (qui l'appelle *« representative of the spin »*), par Jantzen, Carini et Bini (1992) [219] (qui l'appellent *« boosted spin vector »*) et par Jonsson (2006) [220, 221] (qui l'appelle *« stopped spin vector »*).

Remarque 2 : Certains auteurs, par exemple Misner, Thorne et Wheeler (1973) [294] (*cf.* p. 82), établissent, non pas l'équation du mouvement de $\vec{s}_*$, mais celle de la projection orthogonale du spin sur l'espace de repos de l'observateur inertiel $\mathcal{O}_*$, à savoir le vecteur $\perp_{e_0^*}\vec{s}$. Les deux vecteurs sont reliés par

$$\perp_{e_0^*}\vec{s} = \vec{s}_* + \frac{\Gamma^2}{c^2(1+\Gamma)}(\vec{V}\cdot\vec{s}_*)\,\vec{V}. \qquad (12.121)$$

L'équation du mouvement pour $\perp_{e_0^*}\vec{s}$ est plus compliquée que pour $\vec{s}_*$ et ne se résume pas à une simple précession de Thomas (*cf.* Éq. (6.27) dans [294]).

12.4.3 Gyroscope en orbite circulaire

Considérons le cas particulier où le gyroscope libre est animé d'un mouvement circulaire uniforme dans le plan (x_*, y_*) où $(x_*^\alpha) = (ct_*, x_*, y_*, z_*)$ sont les coordonnées inertielles associées à l'observateur $\mathcal{O}_*$. Un tel mouvement constitue l'exemple 3 étudié au Chap. 4. La ligne d'univers de l'observateur $\mathcal{O}$ qui porte le gyroscope (*cf.* Fig. 4.4) obéit à l'Éq. (4.6) où l'on remplace t par t_* : $x_*(t_*) = R\cos\Omega t_*$ et $y_*(t_*) = R\sin\Omega t_*$, les constantes R et Ω étant positives et telles que $R\Omega < c$. La vitesse et l'accélération du gyroscope par rapport à l'observateur inertiel sont données par les Éq. (4.23) et (4.46) :

$$\begin{aligned}\vec{V} &= R\Omega\left(-\sin\Omega t_*\,\vec{e}_1^{\,*} + \cos\Omega t_*\,\vec{e}_2^{\,*}\right)\\ \vec{\gamma} &= -R\Omega^2\left(\cos\Omega t_*\,\vec{e}_1^{\,*} + \sin\Omega t_*\,\vec{e}_2^{\,*}\right).\end{aligned}$$

En reportant ces formules dans (12.117) et en utilisant le fait que $\vec{e}_1^{\,*}\times_{e_0^*}\vec{e}_2^{\,*} = \vec{e}_3^{\,*}$ et $V^2 = R^2\Omega^2$, on obtient

$$\boxed{\vec{\omega}_{\mathrm{T}} = -(\Gamma - 1)\Omega\,\vec{e}_3^{\,*}}. \qquad (12.122)$$

Ainsi la fréquence de la précession de Thomas n'est autre que l'opposée de la fréquence de rotation multipliée par $\Gamma - 1$. On retrouve là le fait qu'il s'agit d'un phénomène purement relativiste, puisque $\Gamma - 1 = 0$ à la limite newtonienne. Le signe $-$ dans (12.122) signifie que la précession de Thomas s'effectue dans le sens inverse du mouvement de rotation du gyroscope (*cf.* Fig. 12.17).

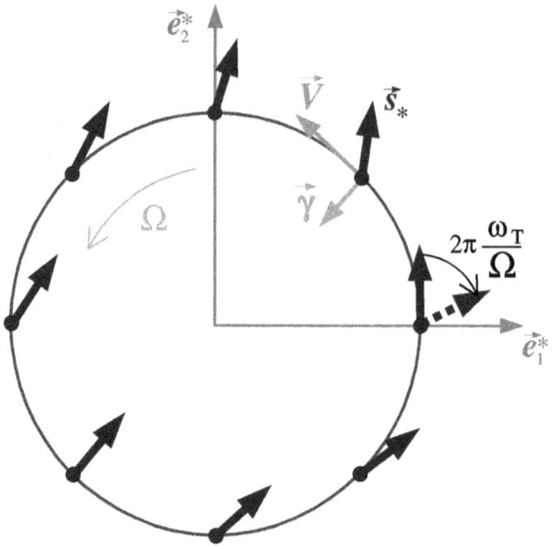

FIG. 12.17 – Précession de Thomas du vecteur $\vec{s}_*$ associé au spin d'un gyroscope libre en mouvement circulaire uniforme.

Le facteur de Lorentz qui apparaît dans (12.122) est donné par la formule (4.7). À la limite d'une vitesse de rotation faiblement relativiste, $R\Omega \ll c$, on peut écrire $\Gamma - 1 \simeq 1/2\,(R\Omega/c)^2$, si bien que l'Éq. (12.122) devient

$$\vec{\omega}_{\mathrm{T}} \simeq -\frac{1}{2}\left(\frac{R\Omega}{c}\right)^2 \Omega\,\vec{e}_3^{\,*} \qquad (R\Omega \ll c). \tag{12.123}$$

12.4.4 Équation de Thomas

Plaçons-nous à présent dans le cas où le spin est soumis à un couple $\vec{C}$. Nous avons vu au Chap. 10 qu'il évolue alors suivant la loi (10.82) :

$$\frac{d\vec{s}}{dt} = \vec{C} + c\,(\vec{a}\cdot\vec{s})\,\vec{u}, \tag{12.124}$$

où $\vec{u}$, $\vec{a}$ et t sont la 4-vitesse, la 4-accélération et le temps propre de l'observateur accéléré, que nous considérerons désormais comme une particule avec spin (*cf.* § 10.6). Nous allons déduire de (12.124) l'équation d'évolution du vecteur $\vec{s}_*$ défini par (12.119) et retrouver (12.120) dans le cas particulier où $\vec{C} = 0$. Commençons par expliciter la relation entre $\vec{s}$ et $\vec{s}_*$, en partant de (12.119) : $\vec{s}_* = \boldsymbol{S}^{-1}(\vec{s})$. Puisque $\boldsymbol{S}^{-1}$ est une transformation de Lorentz spéciale de vitesse $-\vec{V}$ par rapport à $\vec{e}_0^{\,*}$, on peut l'exprimer suivant la formule (6.75) (en y faisant $\vec{\boldsymbol{u}} \to \vec{\boldsymbol{e}}_0^*$ et $\vec{\boldsymbol{V}} \to -\vec{\boldsymbol{V}}$) :

$$\vec{\boldsymbol{s}}_* = \boldsymbol{S}^{-1}(\vec{s}) = -\Gamma(\vec{e}_0^* \cdot \vec{\boldsymbol{s}})\, \vec{e}_0^* + \frac{\Gamma}{c}\left[-(\vec{\boldsymbol{V}} \cdot \vec{s})\, \vec{e}_0^* + (\vec{e}_0^* \cdot \vec{s})\, \vec{\boldsymbol{V}}\right]$$
$$+ \vec{\boldsymbol{s}} + (\vec{\boldsymbol{e}}_0^* \cdot \vec{s})\, \vec{e}_0^* + \frac{\Gamma^2}{c^2(1+\Gamma)}(\vec{\boldsymbol{V}} \cdot \vec{s})\, \vec{\boldsymbol{V}}. \tag{12.125}$$

De la propriété $\vec{\boldsymbol{u}} \cdot \vec{\boldsymbol{s}} = 0$ (Éq. (10.74)) et de la décomposition (12.93) de $\vec{\boldsymbol{u}}$, on déduit immédiatement

$$\vec{e}_0^* \cdot \vec{\boldsymbol{s}} = -\frac{1}{c}\vec{\boldsymbol{V}} \cdot \vec{s}. \tag{12.126}$$

En reportant cette expression dans (12.125), il vient, après simplification,

$$\vec{\boldsymbol{s}}_* = \vec{\boldsymbol{s}} - \frac{1}{c}(\vec{\boldsymbol{V}} \cdot \vec{s})\left[\vec{e}_0^* + \frac{\Gamma}{c(1+\Gamma)}\vec{\boldsymbol{V}}\right]. \tag{12.127}$$

On en déduit

$$\frac{d\vec{\boldsymbol{s}}_*}{dt_*} = \frac{d\vec{s}}{dt_*} - \frac{1}{c}\left(\frac{d\vec{\boldsymbol{V}}}{dt_*} \cdot \vec{\boldsymbol{s}} + \vec{\boldsymbol{V}} \cdot \frac{d\vec{s}}{dt_*}\right)\left[\vec{e}_0^* + \frac{\Gamma}{c(1+\Gamma)}\vec{\boldsymbol{V}}\right]$$
$$-\frac{1}{c^2}(\vec{\boldsymbol{V}} \cdot \vec{s})\left[\frac{d}{dt_*}\left(\frac{\Gamma}{1+\Gamma}\right)\vec{\boldsymbol{V}} + \frac{\Gamma}{1+\Gamma}\frac{d\vec{\boldsymbol{V}}}{dt_*}\right]. \tag{12.128}$$

Or, d'après (12.91) et (12.124),

$$\frac{d\vec{s}}{dt_*} = \frac{1}{\Gamma}\frac{d\vec{s}}{dt} = \frac{1}{\Gamma}\left[\vec{\boldsymbol{C}} + c\,(\vec{\boldsymbol{a}} \cdot \vec{s})\,\vec{\boldsymbol{u}}\right],$$

avec

$$\vec{\boldsymbol{a}} \cdot \vec{s} = \frac{\Gamma^2}{c^2}\left[\vec{\gamma} \cdot \vec{\boldsymbol{s}} + \frac{\Gamma^2}{c^2}(\vec{\gamma} \cdot \vec{\boldsymbol{V}})\underbrace{(\vec{\boldsymbol{V}} \cdot \vec{s} + c\,\vec{e}_0^* \cdot \vec{s})}_{0}\right] = \frac{\Gamma^2}{c^2}\vec{\gamma} \cdot \vec{\boldsymbol{s}}.$$

Pour obtenir cette dernière relation, on a utilisé l'expression (4.63) de la 4-accélération en fonction de l'accélération $\vec{\gamma}$ relative à l'observateur inertiel, ainsi que la propriété (12.126). Compte tenu de (12.93), on a donc

$$\frac{d\vec{s}}{dt_*} = \frac{1}{\Gamma}\vec{\boldsymbol{C}} + \frac{\Gamma^2}{c}(\vec{\gamma} \cdot \vec{s})\left(\vec{e}_0^* + \frac{1}{c}\vec{\boldsymbol{V}}\right). \tag{12.129}$$

En particulier,

$$\frac{d\vec{\boldsymbol{V}}}{dt_*} \cdot \vec{\boldsymbol{s}} + \vec{\boldsymbol{V}} \cdot \frac{d\vec{s}}{dt_*} = \vec{\gamma} \cdot \vec{s} + \frac{1}{\Gamma}(\vec{\boldsymbol{V}} \cdot \vec{\boldsymbol{C}}) + \frac{\Gamma^2}{c^2}(\vec{\gamma} \cdot \vec{s})(\vec{\boldsymbol{V}} \cdot \vec{\boldsymbol{V}}) = \frac{1}{\Gamma}(\vec{\boldsymbol{V}} \cdot \vec{\boldsymbol{C}}) + \Gamma^2(\vec{\gamma} \cdot \vec{s}), \tag{12.130}$$

où l'on a utilisé $\vec{\boldsymbol{V}} \cdot \vec{e}_0^* = 0$, $d\vec{\boldsymbol{V}}/dt_* = \vec{\gamma}$ (car $\mathcal{O}_*$ est inertiel) et (12.92).

Par ailleurs, (12.92) conduit à

$$\frac{d}{dt_*}\left(\frac{\Gamma}{1+\Gamma}\right) = \frac{1}{(1+\Gamma)^2}\frac{d\Gamma}{dt_*} = \frac{\Gamma^3}{c^2(1+\Gamma)^2}\vec{\gamma}\cdot\vec{\boldsymbol{V}}. \tag{12.131}$$

En reportant (12.129), (12.130) et (12.131) dans (12.128) et en utilisant $d\vec{\boldsymbol{V}}/dt_* = \vec{\gamma}$, il vient, après simplifications,

$$\frac{d\vec{\boldsymbol{s}}_*}{dt_*} = \frac{1}{\Gamma}\left[\vec{\boldsymbol{C}} - \frac{(\vec{\boldsymbol{V}}\cdot\vec{\boldsymbol{C}})}{c}\left(\vec{e}_0^{\,*} + \frac{\Gamma}{c(1+\Gamma)}\vec{\boldsymbol{V}}\right)\right] + \frac{\Gamma^2}{c^2(1+\Gamma)}\left\{(\vec{\gamma}\cdot\vec{\boldsymbol{s}})\vec{\boldsymbol{V}}\right.$$
$$\left. -(\vec{\boldsymbol{V}}\cdot\vec{\boldsymbol{s}})\left[\frac{\Gamma}{c^2(1+\Gamma)}(\vec{\boldsymbol{V}}\cdot\vec{\gamma})\vec{\boldsymbol{V}} + \frac{1}{\Gamma}\vec{\gamma}\right]\right\}. \tag{12.132}$$

Le vecteur $\vec{\boldsymbol{C}}$ partageant avec $\vec{\boldsymbol{s}}$ la propriété d'être orthogonal à $\vec{\boldsymbol{u}}$, l'expression de $\boldsymbol{S}^{-1}(\vec{\boldsymbol{C}})$ est la même que celle de $\boldsymbol{S}^{-1}(\vec{\boldsymbol{s}})$, en y remplaçant $\vec{\boldsymbol{s}}$ par $\vec{\boldsymbol{C}}$. En comparant avec $\boldsymbol{S}^{-1}(\vec{\boldsymbol{s}}) = \vec{\boldsymbol{s}}_*$ tel que donné par (12.127), on reconnaît alors $\boldsymbol{S}^{-1}(\vec{\boldsymbol{C}})$ dans le premier terme de (12.132) :

$$\vec{\boldsymbol{C}} - \frac{(\vec{\boldsymbol{V}}\cdot\vec{\boldsymbol{C}})}{c}\left(\vec{e}_0^{\,*} + \frac{\Gamma}{c(1+\Gamma)}\vec{\boldsymbol{V}}\right) = \boldsymbol{S}^{-1}(\vec{\boldsymbol{C}}). \tag{12.133}$$

Par ailleurs, le produit scalaire de (12.127) par $\vec{\boldsymbol{V}}$ conduit à

$$\vec{\boldsymbol{V}}\cdot\vec{\boldsymbol{s}}_* = \vec{\boldsymbol{V}}\cdot\vec{\boldsymbol{s}} - \frac{1}{c}(\vec{\boldsymbol{V}}\cdot\vec{\boldsymbol{s}})\frac{\Gamma}{c(1+\Gamma)}\vec{\boldsymbol{V}}\cdot\vec{\boldsymbol{V}} = \vec{\boldsymbol{V}}\cdot\vec{\boldsymbol{s}}\underbrace{\left(1 - \frac{\Gamma}{c^2(1+\Gamma)}\vec{\boldsymbol{V}}\cdot\vec{\boldsymbol{V}}\right)}_{1/\Gamma},$$

d'où

$$\vec{\boldsymbol{V}}\cdot\vec{\boldsymbol{s}} = \Gamma\,\vec{\boldsymbol{V}}\cdot\vec{\boldsymbol{s}}_*. \tag{12.134}$$

De même, (12.127) conduit à

$$\vec{\gamma}\cdot\vec{\boldsymbol{s}} = \vec{\gamma}\cdot\vec{\boldsymbol{s}}_* + \frac{\Gamma^2}{c^2(1+\Gamma)}(\vec{\gamma}\cdot\vec{\boldsymbol{V}})(\vec{\boldsymbol{V}}\cdot\vec{\boldsymbol{s}}_*). \tag{12.135}$$

En reportant (12.133), (12.134) et (12.135) dans (12.132), il vient

$$\frac{d\vec{\boldsymbol{s}}_*}{dt_*} = \frac{1}{\Gamma}\boldsymbol{S}^{-1}(\vec{\boldsymbol{C}}) + \frac{\Gamma^2}{c^2(1+\Gamma)}\left[(\vec{\gamma}\cdot\vec{\boldsymbol{s}}_*)\,\vec{\boldsymbol{V}} - (\vec{\boldsymbol{V}}\cdot\vec{\boldsymbol{s}}_*)\,\vec{\gamma}\right]. \tag{12.136}$$

On peut écrire $(\vec{\gamma}\cdot\vec{\boldsymbol{s}}_*)\,\vec{\boldsymbol{V}} - (\vec{\boldsymbol{V}}\cdot\vec{\boldsymbol{s}}_*)\,\vec{\gamma}$ sous la forme d'un double produit vectoriel :

$$(\vec{\gamma}\cdot\vec{\boldsymbol{s}}_*)\,\vec{\boldsymbol{V}} - (\vec{\boldsymbol{V}}\cdot\vec{\boldsymbol{s}}_*)\,\vec{\gamma} = \vec{\boldsymbol{s}}_* \times_{e_0^*} (\vec{\boldsymbol{V}} \times_{e_0^*} \vec{\gamma}) = (\vec{\gamma} \times_{e_0^*} \vec{\boldsymbol{V}}) \times_{e_0^*} \vec{\boldsymbol{s}}_*.$$

On reconnaît alors dans le membre de droite de (12.136) le vecteur rotation de Thomas $\vec{\omega}_{\rm T}$, tel que donné par (12.115), si bien qu'il vient au final l'***équation de Thomas***

$$\boxed{\frac{d\vec{s}_*}{dt_*} = \frac{1}{\Gamma}\, S^{-1}(\vec{C}) + \vec{\omega}_{\rm T} \times_{e_0^*} \vec{s}_*}. \tag{12.137}$$

Si $\vec{C} = 0$ (gyroscope libre), on retrouve bien la loi de précession (12.120).

Remarque : Contrairement au calcul du § 12.4.1, qui a mené à (12.120), nous n'avons pas utilisé dans la dérivation ci-dessus la rotation de Thomas telle qu'obtenue au Chap. 6. Autrement dit, nous avons obtenu l'équation de Thomas par un calcul direct, à partir de la loi d'évolution « Fermi-Walker » (12.124), sans faire appel explicitement au produit de deux transformations de Lorentz spéciales.

Note historique : *L'Éq. (12.137) a été dérivée en 1926 à l'ordre le plus bas en V/c par Llewellyn H. Thomas (*cf. *p. 220) [410], dans le cas où $\vec{C}$ est le couple exercé sur le spin d'un électron en mouvement dans un champ électrique uniforme. Il convient de remarquer que Thomas fait bien la distinction entre les vecteurs $\vec{s}_*$ et $\vec{s}$, sans toutefois la formaliser comme dans (12.119), lorsqu'il dit : « the precession which an observer at rest with respect to the nucleus[9] would observe, and which should be summed to give the secular precession, is that precession which would turn the direction of the spin axis at time t in (2) into its direction at time $t + dt$ in (3)* if both directions were regarded as direction in (1)[10] *» [410]. Dans un article plus détaillé publié l'année suivante [411], Thomas a dérivé la forme exacte (12.137), toujours dans le cas où $\vec{C}$ est le couple exercé sur le spin d'un électron en mouvement dans un champ électrique uniforme. L'équation écrite par Thomas (Éq. (4.121) de [411]) est en fait l'Éq. (12.137) multipliée par Γ, c'est-à-dire l'équation pour $d\vec{s}_*/dt$ et non $d\vec{s}_*/dt_*$.*

9. L'observateur inertiel $\mathcal{O}_*$ dans notre langage.
10. C'est nous qui soulignons.

Chapitre 13

Observateurs en rotation

Sommaire

Après les observateurs accélérés, passons à présent aux observateurs en rotation, c'est-à-dire aux observateurs dont le vecteur 4-rotation est non nul. Nous commençons par l'interprétation physique du vecteur 4-rotation (§ 13.1) et le traitement du disque tournant (§ 13.2). Nous discutons ensuite du problème de la synchronisation des horloges dans un référentiel tournant, une application étant la définition d'une échelle de temps à la surface de la Terre (temps atomique international) (§ 13.3). Puis nous abordons le fameux paradoxe d'Ehrenfest sur le disque tournant, non pas tant pour son aspect historique que parce qu'il fournit un exemple fort instructif (§ 13.4). Enfin, nous terminons par l'étude du principal effet relativiste induit par la rotation : l'effet Sagnac, qui est aujourd'hui couramment utilisé dans les gyromètres de précision pour la navigation aérienne et spatiale (§ 13.5).

13.1 Vitesse de rotation

Nous avons défini la 4-rotation d'un observateur au § 3.4 comme le vecteur $\vec{\omega}$ qui intervient dans la loi d'évolution (3.54) du référentiel local $(\vec{e}_\alpha)$ de l'observateur. Nous allons montrer ici que cette quantité est directement mesurable, par comparaison avec un observateur sans rotation. Commençons donc par discuter de ce dernier.

13.1.1 Réalisation physique d'un observateur sans rotation

Considérons un observateur $\mathcal{O}$ de ligne d'univers $\mathscr{L}_0$, de temps propre t, de 4-vitesse $\vec{\boldsymbol{u}}$ et de 4-accélération $\vec{\boldsymbol{a}}$. Soit $(\vec{\boldsymbol{e}}_\alpha(t))$ le référentiel local de $\mathcal{O}$; on a alors $\vec{\boldsymbol{e}}_0 = \vec{\boldsymbol{u}}$. Par définition, la dérivée de chacun des vecteurs $\vec{\boldsymbol{e}}_i$ $(i \in \{1,2,3\})$ par rapport à l'observateur $\mathcal{O}$ est nulle (Éq. (3.67)). En combinant avec (3.73), on peut alors écrire

$$\boldsymbol{D}^{\rm FW}_{\boldsymbol{u}} \vec{\boldsymbol{e}}_i = \vec{\boldsymbol{\omega}} \times_{\boldsymbol{u}} \vec{\boldsymbol{e}}_i, \qquad (13.1)$$

où $\boldsymbol{D}^{\rm FW}_{\boldsymbol{u}}$ désigne la dérivée de Fermi-Walker le long de la ligne d'univers $\mathscr{L}_0$ et $\vec{\boldsymbol{\omega}}$ la 4-rotation de $\mathcal{O}$. On en déduit

$$\vec{\boldsymbol{\omega}} = 0 \iff \forall i \in \{1,2,3\},\ \boldsymbol{D}^{\rm FW}_{\boldsymbol{u}} \vec{\boldsymbol{e}}_i = 0. \qquad (13.2)$$

Ainsi un observateur est sans rotation ssi les vecteurs spatiaux de son référentiel local sont transportés au sens de Fermi-Walker le long de sa ligne d'univers.

Or nous avons vu au § 10.6.3 que le vecteur spin d'un gyroscope libre est justement transporté au sens de Fermi-Walker le long d'une ligne d'univers (Éq. (10.84)). Cela nous fournit le critère physique suivant :

> Pour réaliser un observateur sans rotation, il faut l'équiper de trois gyroscopes libres, dans trois directions orthogonales, et orienter chacun des trois vecteurs de base $(\vec{\boldsymbol{e}}_i)$ dans la direction du vecteur spin d'un des gyroscopes (*cf.* Fig. 13.1).

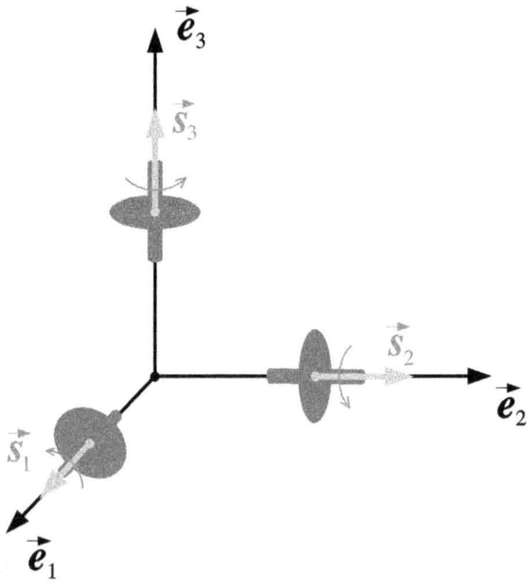

FIG. 13.1 – Référentiel spatial $(\vec{\boldsymbol{e}}_i)$ d'un observateur sans rotation, construit en alignant les vecteurs $\vec{\boldsymbol{e}}_i$ sur les vecteurs spin de trois gyroscopes libres.

13.1.2 Mesure de la vitesse de rotation

La construction précédente fournit un moyen de mesurer la 4-rotation $\vec{\omega}$ d'un observateur donné. En effet, tout observateur peut, à l'aide de gyroscopes, définir un référentiel spatial $(\vec{e}\,'_i)$ sans rotation, en plus de son référentiel spatial $(\vec{e}_i)$. Formellement, cela revient à considérer deux observateurs, $\mathcal{O}$ et $\mathcal{O}'$, dont les référentiels sont respectivement $(\vec{e}_\alpha) = (\vec{u}, \vec{e}_1, \vec{e}_2, \vec{e}_3)$ et $(\vec{e}\,'_\alpha) = (\vec{u}, \vec{e}\,'_1, \vec{e}\,'_2, \vec{e}\,'_3)$. $\mathcal{O}$ et $\mathcal{O}'$ partagent la même ligne d'univers $\mathscr{L}_0$. Par conséquent, ils ont la même 4-vitesse $(\vec{u})$ et la même 4-accélération. Ils ne diffèrent que par leurs 4-rotations : $\vec{\omega}$ pour $\mathcal{O}$ et $\vec{\omega}' = 0$ pour $\mathcal{O}'$. La dérivée du vecteur $\vec{e}_i$ par rapport à l'observateur $\mathcal{O}'$ s'exprime suivant (3.73) :

$$\boldsymbol{D}_{\mathcal{O}'}\vec{e}_i = \boldsymbol{D}^{\mathrm{FW}}_{\boldsymbol{u}}\vec{e}_i - \underbrace{\vec{\omega}'}_{0} \times_{\boldsymbol{u}} \vec{e}_i = \boldsymbol{D}^{\mathrm{FW}}_{\boldsymbol{u}}\vec{e}_i.$$

En remplaçant la dérivée de Fermi-Walker de $\vec{e}_i$ par (13.1), on obtient

$$\boxed{\boldsymbol{D}_{\mathcal{O}'}\vec{e}_i = \vec{\omega} \times_{\boldsymbol{u}} \vec{e}_i}. \qquad (13.3)$$

Ainsi le vecteur 4-rotation de $\mathcal{O}$ apparaît comme le vecteur de rotation du référentiel spatial par rapport à l'observateur non tournant $\mathcal{O}'$ qui suit la même ligne d'univers que $\mathcal{O}$.

Réciproquement, si $\mathcal{O}$ transporte un gyroscope libre le long de sa ligne d'univers, le vecteur spin $\vec{s}$ du gyroscope obéit à l'équation (3.73) avec $\boldsymbol{D}^{\mathrm{FW}}_{\boldsymbol{u}}\vec{s} = 0$ (Éq. (10.84)). On a donc

$$\boxed{\boldsymbol{D}_{\mathcal{O}}\vec{s} = -\vec{\omega} \times_{\boldsymbol{u}} \vec{s}}. \qquad (13.4)$$

Par conséquent :

> Le vecteur 4-rotation $\vec{\omega}$ n'est autre que l'opposé de la vitesse de rotation d'un gyroscope libre mesurée par l'observateur $\mathcal{O}$.

13.2 Disque tournant

Nous allons examiner en détail le cas particulier d'un observateur en rotation uniforme. Ce cas est lié au problème du disque tournant qui a fait couler beaucoup d'encre dans le développement de la relativité [186].

13.2.1 Observateur en rotation uniforme

Nous dirons qu'un observateur $\mathcal{O}$ est ***en rotation uniforme*** ssi

- sa 4-accélération est nulle : $\vec{a} = 0$;
- sa 4-rotation est constante : $\vec{\omega} = \text{const.}$

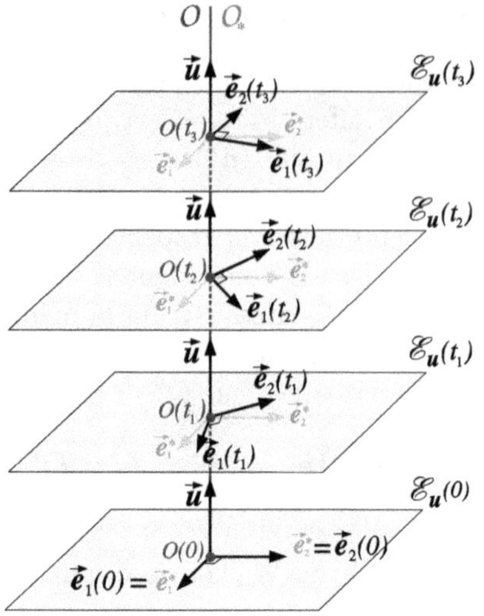

FIG. 13.2 – Observateur en rotation uniforme $\mathcal{O}$ (référentiel $(\vec{e}_\alpha(t))$) et observateur inertiel $\mathcal{O}_*$ de même ligne d'univers que $\mathcal{O}$ (référentiel $(\vec{e}^{\,*}_\alpha)$). La dimension d'espace dans la direction du vecteur rotation $\vec{\omega}$ a été supprimée.

La première propriété implique que la 4-vitesse de $\mathcal{O}$, $\vec{u}$, est constante et que sa ligne d'univers $\mathscr{L}_0$ est une droite de $\mathscr{E}$. En particulier, l'hyperplan vectoriel $E_{\boldsymbol{u}}$ qui donne la direction de l'espace local de repos de $\mathcal{O}$, $\mathscr{E}_{\boldsymbol{u}}(t)$, est indépendant du temps propre t de $\mathcal{O}$.

Le référentiel local $(\vec{e}_\alpha(t))$ de $\mathcal{O}$ obéit à la loi d'évolution (3.54) sans partie Fermi-Walker puisque $\vec{a} = 0$. Pour l'indice $\alpha = 0$, cette équation se réduit à l'équation triviale $0 = 0$, étant donné que $\vec{e}_0 = \vec{u}$ est constant et que $\vec{\omega} \times_{\boldsymbol{u}} \vec{u} = 0$. Pour les autres indices, elle s'écrit

$$\frac{d\vec{e}_i}{dt} = \vec{\omega} \times_{\boldsymbol{u}} \vec{e}_i. \tag{13.5}$$

Introduisons un observateur inertiel $\mathcal{O}_*$ dont la 4-vitesse et la ligne d'univers coïncident avec celles de $\mathcal{O}$ (*cf.* Fig. 13.2). Son temps propre t_* est alors le même que celui de $\mathcal{O}_*$, ainsi que ses espaces locaux de repos. On peut toujours choisir $\mathcal{O}_*$ pour que le dernier vecteur de son référentiel $(\vec{e}^{\,*}_\alpha)$ soit parallèle et de même sens que le vecteur constant $\vec{\omega}$:

$$\vec{\omega} = \omega\, \vec{e}^{\,*}_3 \qquad \text{avec} \quad \omega := \|\vec{\omega}\|_{\boldsymbol{g}}\,. \tag{13.6}$$

Soit $(\vec{\varepsilon}_i(t))$ la base orthonormale de $E_{\boldsymbol{u}}$ définie par

$$\vec{\varepsilon}_1(t) = \cos\omega t\, \vec{e}^{\,*}_1 + \sin\omega t\, \vec{e}^{\,*}_2 \tag{13.7}$$
$$\vec{\varepsilon}_2(t) = -\sin\omega t\, \vec{e}^{\,*}_1 + \cos\omega t\, \vec{e}^{\,*}_2 \tag{13.8}$$
$$\vec{\varepsilon}_3(t) = \vec{e}^{\,*}_3. \tag{13.9}$$

Il est facile de voir que la base $(\vec{\varepsilon}_i)$ vérifie la relation

$$\frac{d\vec{\varepsilon}_i}{dt} = \vec{\omega} \times_{\boldsymbol{u}} \vec{\varepsilon}_i. \tag{13.10}$$

Étant donné que $(\vec{e}_i(t))$ et $(\vec{\varepsilon}_i(t))$ sont deux bases orthonormales directes de $(E_{\boldsymbol{u}}, \boldsymbol{g})$, il existe nécessairement une rotation spatiale $\boldsymbol{R} = \boldsymbol{R}(t)$ telle que

$$\vec{e}_i = \boldsymbol{R}(\vec{\varepsilon}_i) = R^j{}_i\, \vec{\varepsilon}_j.$$

On a alors, en utilisant (13.5) et (13.10),

$$\frac{d\vec{e}_i}{dt} = \vec{\omega} \times_{\boldsymbol{u}} \vec{e}_i = \frac{dR^j{}_i}{dt}\, \vec{\varepsilon}_j + R^j{}_i \underbrace{\frac{d\vec{\varepsilon}_j}{dt}}_{\vec{\omega} \times_{\boldsymbol{u}} \vec{\varepsilon}_j} = \frac{dR^j{}_i}{dt}\, \vec{\varepsilon}_j + \vec{\omega} \times_{\boldsymbol{u}} \vec{e}_i,$$

ce qui implique $dR^j{}_i/dt = 0$. Autrement dit, les bases $(\vec{e}_i(t))$ et $(\vec{\varepsilon}_i(t))$ sont reliées par une rotation *constante*. Sans perte de généralité, on peut alors supposer que $\vec{e}_i(t) = \vec{\varepsilon}_i(t)$, c'est-à-dire que le repère spatial de l'observateur en rotation uniforme est donné par (13.7)–(13.9) :

$$\vec{e}_1(t) = \cos\omega t\, \vec{e}_1^{\,*} + \sin\omega t\, \vec{e}_2^{\,*} \tag{13.11}$$

$$\vec{e}_2(t) = -\sin\omega t\, \vec{e}_1^{\,*} + \cos\omega t\, \vec{e}_2^{\,*} \tag{13.12}$$

$$\vec{e}_3(t) = \vec{e}_3^{\,*} = \omega^{-1}\vec{\omega}. \tag{13.13}$$

Cette relation entre les référentiels $(\vec{e}_\alpha(t))$ et $(\vec{e}_\alpha^{\,*})$ est illustrée sur la Fig. 13.2. Désignons par $(x^\alpha) = (ct, x, y, z)$ les coordonnées relatives à l'observateur $\mathcal{O}$ et par $(x_*^\alpha) = (ct, x_*, y_*, z_*)$ celles relatives à l'observateur $\mathcal{O}_*$. Le point $O(t)$ étant la position de $\mathcal{O}$ à l'instant t sur $\mathscr{L}_0$, tout événement M dans $\mathscr{E}_{\boldsymbol{u}}(t)$ vérifie $\overrightarrow{O(t)M} = x^i\, \vec{e}_i(t) = x_*^i\, \vec{e}_i^{\,*}$. On déduit alors de (13.11)–(13.13) la relation suivante entre les deux systèmes de coordonnées :

$$\boxed{\begin{cases} x = x_* \cos\omega t + y_* \sin\omega t \\ y = -x_* \sin\omega t + y_* \cos\omega t \\ z = z_*. \end{cases}} \iff \boxed{\begin{cases} x_* = x \cos\omega t - y \sin\omega t \\ y_* = x \sin\omega t + y \cos\omega t \\ z_* = z. \end{cases}} \tag{13.14}$$

13.2.2 Observateurs cotournants

Définissons un ***observateur cotournant*** avec l'observateur en rotation uniforme $\mathcal{O}$ comme un observateur $\mathcal{O}'$ tel que :

- $\mathcal{O}'$ est *fixe* par rapport à $\mathcal{O}$, au sens défini au § 3.3.3, c'est-à-dire que ses coordonnées spatiales (x, y, z) relatives à $\mathcal{O}$ sont constantes ;
- chaque vecteur $\vec{e}\,'_\alpha$ du référentiel local de $\mathcal{O}'$ est *fixe* par rapport à $\mathcal{O}$, toujours au sens du § 3.3.3 : en tout point d'intersection de la ligne d'univers de $\mathcal{O}'$ et de l'espace local de repos $\mathscr{E}_{\boldsymbol{u}}(t)$ de $\mathcal{O}$, $\vec{e}\,'_\alpha = e'^\beta{}_\alpha\, \vec{e}_\beta(t)$, où les $e'^\beta{}_\alpha$ sont indépendants de t.

Remarque : En employant le vocabulaire du § 12.3.1, nous aurions également pu appeler $\mathcal{O}'$ un observateur *comobile* avec $\mathcal{O}$. Le terme *cotournant* est ici plus parlant.

La première condition dans la définition ci-dessus est une condition sur la ligne d'univers de $\mathcal{O}'$. Nous ne considérerons que des observateurs cotournants ayant $z = 0$. Il est naturel d'introduire des coordonnées cylindriques (r, φ) pour écrire les coordonnées (x, y, z) de $\mathcal{O}'$ par rapport à $\mathcal{O}$ sous la forme

$$x = r\cos\varphi \qquad \text{et} \qquad y = r\sin\varphi. \tag{13.15}$$

r et φ sont alors constantes tout le long de la ligne d'univers de $\mathcal{O}'$.

Remarque : Il ne faut pas chercher un sens physique direct aux coordonnées (r, φ), mais plutôt concevoir (r, φ) comme une étiquette qui permet d'identifier chaque observateur cotournant. Nous discuterons plus bas de la mesure physique du rayon du disque par les observateurs cotournants et verrons qu'elle est effectivement égale à r. Par contre, nous verrons que l'élément de circonférence du disque n'est pas égal à $r\,d\varphi$.

En combinant (13.14) et (13.15), et en utilisant les formules trigonométriques $\cos(\omega t + \varphi) = \cos\omega t\cos\varphi - \sin\omega t\sin\varphi$ et $\sin(\omega t + \varphi) = \cos\omega t\sin\varphi + \sin\omega t\cos\varphi$, on obtient l'expression des coordonnées inertielles de l'observateur cotournant $\mathcal{O}'$:

$$\begin{cases} x_*(t) = r\cos(\omega t + \varphi) \\ y_*(t) = r\sin(\omega t + \varphi) \\ z_*(t) = 0. \end{cases} \tag{13.16}$$

r et φ étant constants, on reconnaît, à un décalage azimutal près, l'exemple 3 du Chap. 4, à savoir celui du *mouvement circulaire uniforme*. Plus précisément, le cas traité au Chap. 4 était celui pour lequel $\varphi = 0$. Le cas $\varphi \neq 0$ s'en déduit trivialement par une rotation d'angle φ (constant) dans le plan (x_*, y_*). Dessinée par rapport aux coordonnées inertielles (x_*^α), la ligne d'univers $\mathscr{L}'$ de $\mathcal{O}'$ est alors une hélice (*cf.* Fig. 4.4). Elle est représentée sur la Fig. 13.3.

La vitesse $\vec{V}$ de l'observateur cotournant par rapport à l'observateur inertiel $\mathcal{O}_*$ est obtenue en dérivant (13.16) par rapport à[1] t (*cf.* aussi Éq. (4.23)) :

$$\vec{V} = r\omega\left[-\sin(\omega t + \varphi)\,\vec{e}_1^{\,*} + \cos(\omega t + \varphi)\,\vec{e}_2^{\,*}\right].$$

Grâce à (13.11)–(13.12), on peut réécrire cette vitesse comme

$$\boxed{\vec{V} = r\omega\,\vec{n}}, \qquad \text{avec} \quad \vec{n} := -\sin\varphi\,\vec{e}_1 + \cos\varphi\,\vec{e}_2. \tag{13.17}$$

$\vec{n}$ est par construction un vecteur unitaire et la condition $\|V\|_{\boldsymbol{g}} < c$ (Éq. (4.37)) implique une limite supérieure sur la coordonnée r de l'observateur cotournant :

$$\boxed{r < \frac{c}{\omega}}. \tag{13.18}$$

1. Rappelons que t, temps propre de $\mathcal{O}$, est également le temps propre de $\mathcal{O}_*$.

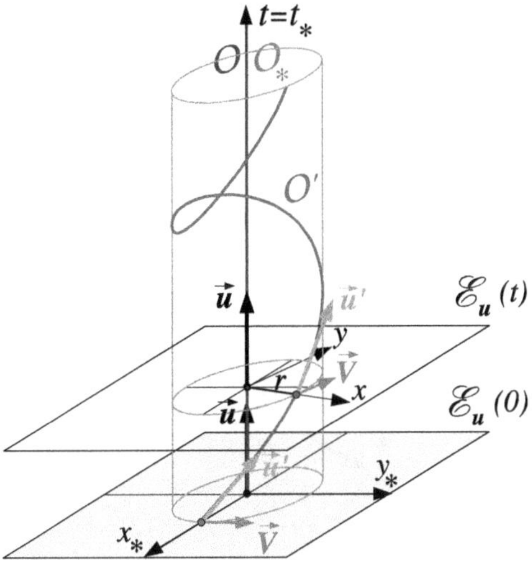

FIG. 13.3 – Ligne d'univers de l'observateur cotournant $\mathcal{O}'$.

Pour $R \in]0, c/\omega[$ fixé, l'ensemble des observateurs cotournants avec $r \in [0, R]$ et $z = 0$ constitue ce que nous appellerons le ***disque tournant de rayon** R*.

13.2.3 4-accélération et 4-rotation de l'observateur cotournant

Examinons à présent le référentiel local $(\vec{e}\,'_\alpha)$ de $\mathcal{O}'$. On a bien évidemment $\vec{e}\,'_0 = \vec{u}'$ (4-vitesse de $\mathcal{O}'$). Quant aux vecteurs spatiaux $(\vec{e}\,'_i)$, ils doivent être fixes par rapport à $\mathcal{O}$, d'après la définition d'un observateur cotournant. On peut toujours introduire une rotation spatiale constante pour se ramener au cas suivant :

- le vecteur $\vec{e}\,'_1$ est dans le plan $\mathrm{Vect}(\vec{u}, \vec{u}')$ (*cf.* Fig. 13.4) ;
- le vecteur $\vec{e}\,'_3$ est égal au vecteur $\vec{e}_3$ du référentiel local de $\mathcal{O}$, lui-même égal au vecteur $\vec{e}_3^{\,*}$ du référentiel de l'observateur inertiel $\mathcal{O}_*$:

$$\vec{e}\,'_3 = \vec{e}_3 = \vec{e}_3^{\,*}. \tag{13.19}$$

Le vecteur $\vec{e}\,'_2$ est alors nécessairement tel que (*cf.* Fig. 13.4)

$$\overrightarrow{O'(t')O(t)} = r\,\vec{e}\,'_2, \tag{13.20}$$

où $O(t)$ est la position de $\mathcal{O}$ à son instant de temps propre t et $O'(t')$ est la position de $\mathcal{O}'$ à son instant de temps propre t' où il rencontre $\mathscr{E}_{\boldsymbol{u}}(t)$. Du point

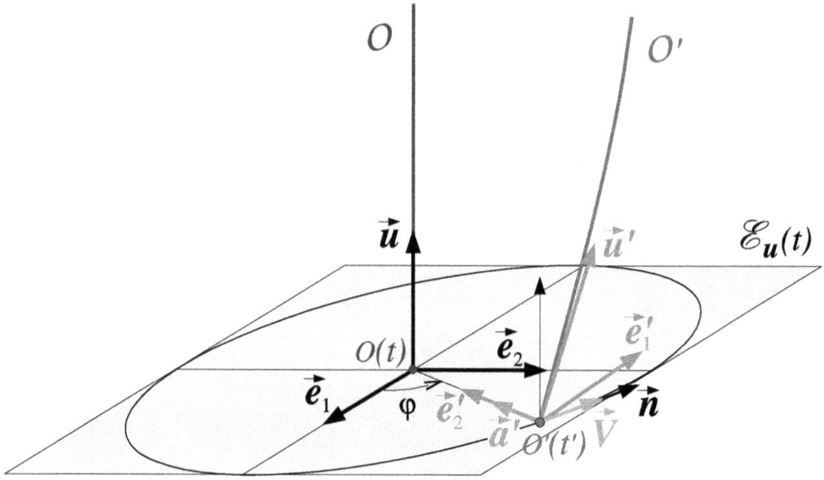

FIG. 13.4 – Référentiel $(\vec{e}\,'_\alpha) = (\vec{u}\,', \vec{e}\,'_1, \vec{e}\,'_2, \vec{e}\,'_3)$ de l'observateur cotournant $\mathcal{O}'$. La dimension suivant $\vec{e}\,'_3 = \vec{e}_3$ a été supprimée. $\vec{a}\,'$ est la 4-accélération de $\mathcal{O}'$ et $\vec{V}$ sa vitesse relativement à l'observateur inertiel $\mathcal{O}_*$ dont la ligne d'univers coïncide avec celle de $\mathcal{O}$.

de vue de $\mathcal{O}$, $O'(t')$ est l'événement de la ligne d'univers $\mathscr{L}'$ qui est simultané à $O(t)$.

Désignons par $\mathbf{\Lambda}$ la transformation de Lorentz spéciale qui relie les 4-vitesses des observateurs $\mathcal{O}$ (ou $\mathcal{O}_*$) et $\mathcal{O}'$:

$$\vec{u}\,' = \mathbf{\Lambda}(\vec{u}) = \Gamma\left(\vec{u} + \frac{1}{c}\vec{V}\right) = \Gamma\left(\vec{u} + \frac{r\omega}{c}\,\vec{n}\right), \tag{13.21}$$

où nous avons utilisé l'expression (13.17) de $\vec{V}$. Dans les formules ci-dessus, Γ est le facteur de Lorentz de $\mathcal{O}'$ relativement à $\mathcal{O}$ (ou $\mathcal{O}_*$) (*cf.* Éq. (4.7)) :

$$\boxed{\Gamma = \left(1 - \frac{r^2\omega^2}{c^2}\right)^{-1/2}}. \tag{13.22}$$

Puisque $\vec{e}\,'_1 \in \mathrm{Vect}(\vec{u}, \vec{u}\,')$, on a nécessairement (*cf.* Fig. 13.4)

$$\vec{e}\,'_1 = \mathbf{\Lambda}(\vec{n}) = \Gamma\left(\frac{r\omega}{c}\,\vec{u} + \vec{n}\right) = \Gamma\left(\frac{r\omega}{c}\,\vec{u} - \sin\varphi\,\vec{e}_1 + \cos\varphi\,\vec{e}_2\right). \tag{13.23}$$

Par ailleurs, en conjonction avec $\overrightarrow{O(t)O'(t')} = x\,\vec{e}_1 + y\,\vec{e}_2 = r\cos\varphi\,\vec{e}_1 + r\sin\varphi\,\vec{e}_2$, l'Éq. (13.20) conduit à

$$\vec{e}\,'_2 = -\cos\varphi\,\vec{e}_1 - \sin\varphi\,\vec{e}_2. \tag{13.24}$$

Les Éqs. (13.21), (13.23), (13.24) et (13.19) déterminent complètement le référentiel local de $\mathcal{O}'$ en fonction de celui de $\mathcal{O}$.

La 4-accélération $\vec{a}'$ de l'observateur cotournant $\mathcal{O}'$ est donnée par les Eqs. (4.67)-(4.46) :

$$\boxed{\vec{a}' = \frac{\Gamma^2}{c^2} r\omega^2 \, \vec{e}^{\,\prime}_2}. \qquad (13.25)$$

Déterminons à présent la 4-rotation de $\mathcal{O}'$. Pour cela évaluons la variation du vecteur $\vec{e}^{\,\prime}_1$ le long de $\mathscr{L}'$, *via* la relation $dt = \Gamma\, dt'$ entre les temps propres de $\mathcal{O}$ et $\mathcal{O}'$ (Éq. (4.1)) :

$$\frac{d\vec{e}^{\,\prime}_1}{dt'} = \frac{d\vec{e}^{\,\prime}_1}{dt}\frac{dt}{dt'} = \Gamma \frac{d\vec{e}^{\,\prime}_1}{dt}.$$

Grâce à (13.23) et compte tenu du caractère constant de Γ, r, ω, $\vec{\boldsymbol{u}}$ et φ, il vient

$$\begin{aligned}
\frac{d\vec{e}^{\,\prime}_1}{dt'} &= \Gamma^2 \left(-\sin\varphi \frac{d\vec{e}_1}{dt} + \cos\varphi \frac{d\vec{e}_2}{dt} \right) \\
&= \Gamma^2 \left(-\sin\varphi\, \vec{\omega} \times_{\boldsymbol{u}} \vec{e}_1 + \cos\varphi\, \vec{\omega} \times_{\boldsymbol{u}} \vec{e}_2 \right) \\
&= \Gamma^2\, \vec{\omega} \times_{\boldsymbol{u}} \vec{\boldsymbol{n}} = \Gamma^2 \epsilon(\vec{\boldsymbol{u}}, \vec{\omega}, \vec{\boldsymbol{n}}, .), \qquad (13.26)
\end{aligned}$$

où nous avons utilisé (13.5) pour écrire la seconde ligne et (13.17) pour la troisième. Enfin, la dernière égalité, qui fait intervenir le tenseur de Levi-Civita ϵ, résulte de la définition même du produit vectoriel (Éq. (3.48)). Or, d'après (13.23), $\vec{\boldsymbol{n}} = \Gamma^{-1}\vec{e}^{\,\prime}_1 - (r\omega/c)\vec{\boldsymbol{u}}$. Le caractère alterné de ϵ donne alors $\epsilon(\vec{\boldsymbol{u}}, \vec{\omega}, \vec{\boldsymbol{n}}, .) = \Gamma^{-1}\epsilon(\vec{\boldsymbol{u}}, \vec{\omega}, \vec{e}^{\,\prime}_1, .)$. De plus,

$$\vec{\boldsymbol{u}} = \boldsymbol{\Lambda}^{-1}(\vec{\boldsymbol{u}}') = \Gamma\left(\vec{\boldsymbol{u}}' - \frac{r\omega}{c}\vec{e}^{\,\prime}_1 \right),$$

si bien que $\epsilon(\vec{\boldsymbol{u}}, \vec{\omega}, \vec{e}^{\,\prime}_1, .) = \Gamma\epsilon(\vec{\boldsymbol{u}}', \vec{\omega}, \vec{e}^{\,\prime}_1, .)$. On conclut donc que $\epsilon(\vec{\boldsymbol{u}}, \vec{\omega}, \vec{\boldsymbol{n}}, .) = \epsilon(\vec{\boldsymbol{u}}', \vec{\omega}, \vec{e}^{\,\prime}_1, .)$. En reportant ce résultat dans (13.26), il vient

$$\frac{d\vec{e}^{\,\prime}_1}{dt'} = \Gamma^2 \epsilon(\vec{\boldsymbol{u}}', \vec{\omega}, \vec{e}^{\,\prime}_1, .) = \Gamma^2\, \vec{\omega} \times_{\boldsymbol{u}'} \vec{e}^{\,\prime}_1. \qquad (13.27)$$

En comparant avec la loi générale (3.54) d'évolution d'un vecteur d'un référentiel local (avec $\vec{a}' \cdot \vec{e}^{\,\prime}_1 = 0$ d'après (13.25) et $\vec{\boldsymbol{u}}' \cdot \vec{e}^{\,\prime}_1 = 0$), on en déduit la valeur de la 4-rotation de l'observateur $\mathcal{O}'$:

$$\boxed{\vec{\omega}' = \Gamma^2 \vec{\omega}}. \qquad (13.28)$$

Ainsi, bien que qualifié de « cotournant », l'observateur $\mathcal{O}'$ n'a pas exactement la même 4-rotation que l'observateur central, sauf à la limite newtonienne, où le facteur de Lorentz Γ tend vers 1. Notons que, tout comme $\vec{\omega}$, la 4-rotation $\vec{\omega}'$ est constante le long de la ligne d'univers de $\mathcal{O}'$.

Remarque : À titre d'exercice, on peut vérifier, en dérivant (13.24) par rapport à t', que

$$\frac{d\vec{e}\,'_2}{dt'} = \frac{\Gamma^2}{c} r\omega^2 \vec{u}\,' + \vec{\omega}\,' \times_{u'} \vec{e}\,'_2,$$

en parfait accord avec la loi générale (3.54), compte tenu de ce que $\vec{a}\,' \cdot \vec{e}\,'_2 = \Gamma^2 r\omega^2/c^2$ (Éq. (13.25)).

13.2.4 Simultanéité pour un observateur cotournant

Le temps propre t' de l'observateur cotournant $\mathcal{O}'$ est évidemment différent de celui de $\mathcal{O}$ (noté t) pour $r \neq 0$. Il y est relié par le facteur de Lorentz déterminé au § 4.1.1 : entre les hyperplans $\mathcal{E}_{\boldsymbol{u}}(t)$ et $\mathcal{E}_{\boldsymbol{u}}(t+dt)$, le temps propre écoulé le long de $\mathcal{L}'$ est $dt' = \Gamma^{-1}\, dt$, avec $\Gamma = [1 - (r\omega/c)^2]^{-1/2}$ (Éq. (13.22)). Puisque Γ est constant, on peut écrire (en choisissant la même origine des temps propres pour chaque observateur)

$$\boxed{t' = \Gamma^{-1} t = t\sqrt{1-(r\omega/c)^2}}. \tag{13.29}$$

Cette relation n'est toutefois valable que le long de la ligne d'univers de $\mathcal{O}'$. Lorsqu'on s'en éloigne, t' est fixé par le critère de simultanéité d'Einstein-Poincaré introduit au § 3.1.2. Attachons-nous donc à déterminer les hypersurfaces de simultanéité vis-à-vis de $\mathcal{O}'$, notées $\Sigma_{\boldsymbol{u}'}(t')$ suivant la convention définie au § 3.1.3.

Sans perte de généralité, on peut faire $\varphi = 0$ et $t' = t = 0$. Soit $M \in \mathcal{E}$ un événement simultané à $O'(0)$ vis-à-vis de $\mathcal{O}'$: cela signifie que $\mathcal{O}'$ a pu émettre un signal électromagnétique au temps propre $t'_1 = -T'$, avec $T' > 0$ (événement A_1), et que ce signal a été réfléchi par M pour être reçu de nouveau par $\mathcal{O}'$ au temps $t'_2 = T'$ (événement A_2) (*cf.* Fig. 13.5). Suivant la relation (3.1), la date attribuée par $\mathcal{O}'$ à M est $t' = (t'_1 + t'_2)/2 = 0$, de sorte que M est bien simultané à $O'(0)$ du point de vue de $\mathcal{O}'$. En vertu de (13.29), les coordonnées temporelles des événements A_1 et A_2 vis-à-vis de $\mathcal{O}$ sont respectivement $t_1 = -T$ et $t_2 = T$, avec $T := \Gamma T'$. Les coordonnées inertielles de A_1 et A_2 sont alors données par la formule (13.16) avec $\varphi = 0$:

$$A_1 \begin{cases} t_* = -T = -\Gamma T' \\ x_* = r\cos(\omega T) \\ y_* = -r\sin(\omega T) \\ z_* = 0, \end{cases} \qquad A_2 \begin{cases} t_* = T = \Gamma T' \\ x_* = r\cos(\omega T) \\ y_* = r\sin(\omega T) \\ z_* = 0. \end{cases} \tag{13.30}$$

Pour T' fixé, considérons l'ensemble $\Sigma_{T'}$ des événements M simultanés à $O'(0)$ qui ont le même demi-temps T' entre l'aller A_1 et le retour A_2 du photon. $\Sigma_{T'}$ est l'intersection du cône de lumière futur de A_1 avec le cône de lumière passé de A_2 (*cf.* Fig. 13.5) :

$$\Sigma_{T'} = \mathcal{I}^+(A_1) \cap \mathcal{I}^-(A_2). \tag{13.31}$$

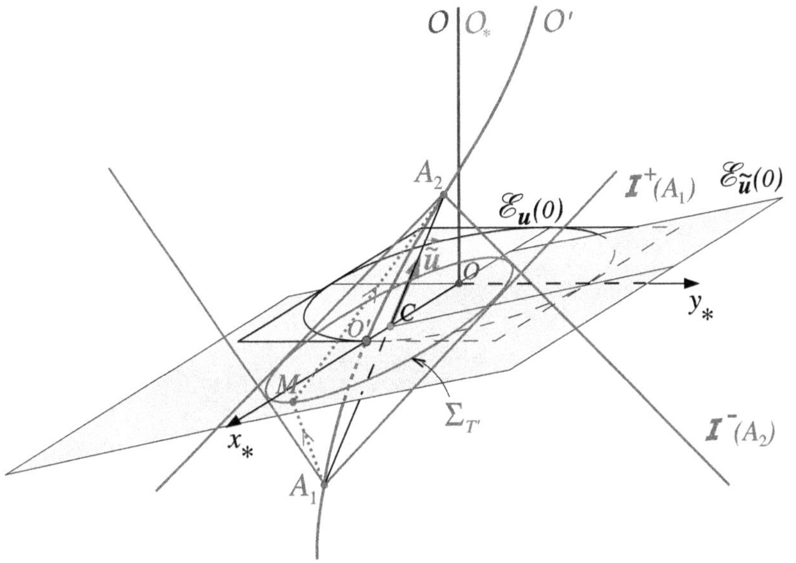

FIG. 13.5 – Ensemble $\Sigma_{T'}$ des événements M simultanés à $O'(0)$ (noté simplement O' sur la figure) et de temps $2T'$ entre le départ A_1 ($t' = -T'$) et le retour A_2 ($t' = +T'$) du signal électromagnétique servant à établir la simultanéité. $\Sigma_{T'}$ est l'intersection du cône de lumière futur de A_1, $\mathcal{I}^+(A_1)$, avec le cône de lumière passé de A_2, $\mathcal{I}^-(A_2)$; c'est une sphère dans l'hyperplan $\mathscr{E}_{\tilde{u}}(0)$ dont la normale est suivant $\overrightarrow{A_1A_2}$.

Pour étudier $\Sigma_{T'}$, il est judicieux d'introduire l'observateur inertiel $\tilde{\mathcal{O}}$ dont la ligne d'univers est la droite A_1A_2. Vérifions tout d'abord que cela est toujours possible, autrement dit que le vecteur $\overrightarrow{A_1A_2}$ est du genre temps. Au vu de (13.30), on a

$$\overrightarrow{A_1A_2} = 2cT\,\vec{e}_0^{\,*} + 2r\sin(\omega T)\,\vec{e}_2^{\,*},$$

de sorte que

$$\overrightarrow{A_1A_2}\cdot\overrightarrow{A_1A_2} = -4c^2T^2 + 4r^2\sin^2(\omega T) = -4c^2T^2\left(1-\frac{\tilde{V}^2}{c^2}\right), \qquad (13.32)$$

avec

$$\tilde{V} := \frac{r}{T}\sin(\omega T). \qquad (13.33)$$

$\overrightarrow{A_1A_2}$ est du genre temps ssi $|\tilde{V}|/c < 1$. Or, puisque $r < c/\omega$ (Éq. (13.18)),

$$\frac{|\tilde{V}|}{c} = \frac{r}{cT}|\sin(\omega T)| < \left|\frac{\sin(\omega T)}{\omega T}\right| < 1 \quad \text{si} \quad T \neq 0.$$

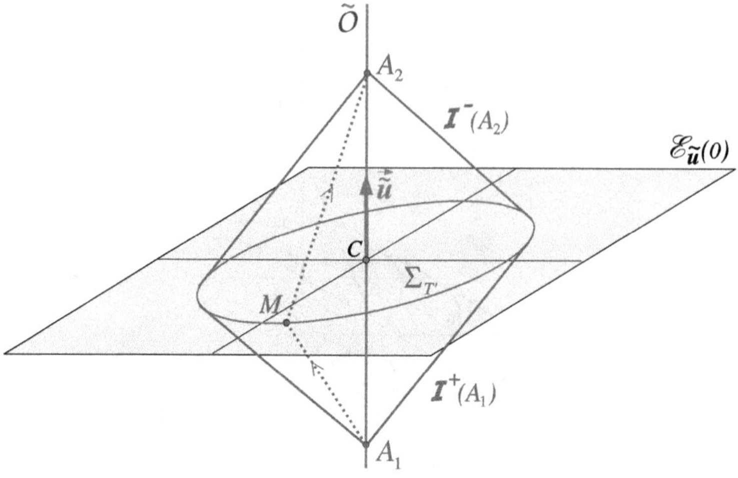

FIG. 13.6 – Intersection $\Sigma_{T'}$ des cônes de lumière $\mathcal{I}^+(A_1)$ et $\mathcal{I}^-(A_2)$, comme sur la Fig. 13.5, mais avec un dessin basé sur les coordonnées de l'observateur inertiel $\tilde{\mathcal{O}}$ dont la ligne d'univers passe par les événements A_1 et A_2.

$\overrightarrow{A_1A_2}$ est donc bien du genre temps et on peut introduire la 4-vitesse

$$\vec{\tilde{u}} := \left\|\overrightarrow{A_1A_2}\right\|_g^{-1} \overrightarrow{A_1A_2} = \tilde{\Gamma}\left(\vec{e}_0^{\,*} + \frac{\tilde{V}}{c}\,\vec{e}_2^{\,*}\right), \quad \tilde{\Gamma} := \left(1 - \frac{\tilde{V}^2}{c^2}\right)^{-1/2} \cdot \qquad (13.34)$$

$\vec{\tilde{u}}$ est la 4-vitesse de l'observateur inertiel $\tilde{\mathcal{O}}$ dont la ligne d'univers est la droite A_1A_2, et $\tilde{V}\vec{e}_2^{\,*}$ n'est pas autre chose que sa vitesse relative à l'observateur inertiel $\mathcal{O}_*$.

Remarque :

$$\lim_{T\to 0} \tilde{V} = \lim_{T\to 0} r\omega\,\frac{\sin(\omega T)}{\omega T} = r\omega.$$

Ainsi, si $T \to 0$, $\tilde{V}$ tend vers la vitesse de l'observateur cotournant $\mathcal{O}'$ relative à $\mathcal{O}_*$, comme il se doit puisque A_1A_2 tend alors vers la tangente à la ligne d'univers de $\mathcal{O}'$.

Dans un diagramme d'espace-temps basé sur $\tilde{\mathcal{O}}$, les cônes de lumière $\mathcal{I}^+(A_1)$ et $\mathcal{I}^-(A_2)$ sont alignés (*cf.* Fig. 13.6) et il est clair que $\Sigma_{T'}$ est une sphère de l'espace local de repos de $\tilde{\mathcal{O}}$, $\mathscr{E}_{\tilde{\mathbf{u}}}(\tilde{t}_0)$ (pour une certaine valeur $\tilde{t}_0$ du temps propre $\tilde{t}$ de $\tilde{O}$). Pour des raisons de symétrie, $\mathscr{E}_{\tilde{\mathbf{u}}}(\tilde{t}_0)$ contient $O(0)$ et $O'(0)$. Nous conviendrons alors du choix de l'origine de $\tilde{t}$ de manière à assurer $\tilde{t}_0 = 0$. L'équation de l'hyperplan $\mathscr{E}_{\tilde{\mathbf{u}}}(0)$, en termes des coordonnées inertielles (x_*^α), est donnée par la condition $\vec{\tilde{u}}\cdot\overrightarrow{O(0)M} = 0$. En utilisant (13.34), il vient $-\tilde{\Gamma}ct_* + \tilde{\Gamma}(\tilde{V}/c)y_* = 0$, soit $ct_* = (\tilde{V}/c)y_*$, ou encore, au vu de (13.33),

$$\mathscr{E}_{\tilde{\mathbf{u}}}(0) \ : \qquad ct_* = \frac{r\sin(\omega T)}{cT}\,y_*. \qquad (13.35)$$

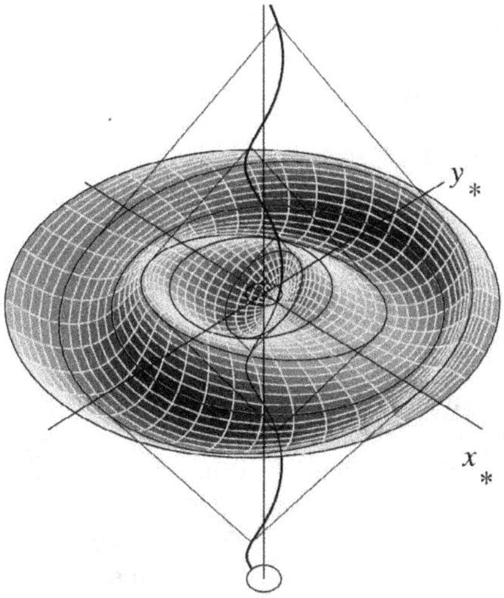

FIG. 13.7 – Hypersurface de simultanéité $\Sigma_{\boldsymbol{u}'}(0)$ de l'observateur cotournant $\mathcal{O}'$ au temps $t' = 0$. Chaque ellipse représente la sphère $\Sigma_{T'}$ pour un temps T' différent (d'après [316]).

Le centre C de la sphère $\Sigma_{T'}$ est le milieu du segment A_1A_2. Ses coordonnées s'obtiennent directement depuis (13.30) :

$$C \ : \quad (ct_* = 0, \ x_* = r\cos(\omega T), \ y_* = 0, \ z_* = 0). \tag{13.36}$$

Le rayon de $\Sigma_{T'}$ est égal à la demi-norme de $\overrightarrow{A_1A_2}$ (*cf.* Fig. 13.6) ; d'après (13.32),

$$R = \sqrt{c^2T^2 - r^2\sin^2(\omega T)}. \tag{13.37}$$

L'hypersurface de simultanéité de l'événement $O'(0)$ vis-à-vis de l'observateur $\mathcal{O}'$ s'obtient en variant T' :

$$\Sigma_{\boldsymbol{u}'}(0) = \bigcup_{T' \in \mathbb{R}^+} \Sigma_{T'}. \tag{13.38}$$

Pour chaque valeur de T', $\Sigma_{T'}$ appartient à un hyperplan différent (*cf.* Éq. (13.35) avec $T = \Gamma T'$). Chaque hyperplan est aligné avec $\mathscr{E}_{\boldsymbol{u}}(0)$ dans les directions x_* et z_* ; par contre dans la direction y_*, il est incliné par rapport à $\mathscr{E}_{\boldsymbol{u}}(0)$ avec une pente oscillante (mais qui tend vers zéro lorsque $T' \to +\infty$), donnée par (13.35). Il en résulte que si on dessine $\Sigma_{\boldsymbol{u}'}(0)$ par rapport aux coordonnées inertielles (x_*^α), elle prend un aspect « ondulé » (*cf.* Fig. 13.7). En particulier, elle ne coïncide pas avec l'hypersurface de simultanéité $\mathscr{E}_{\boldsymbol{u}}(0)$ de l'observateur $\mathcal{O}$.

13.3 Désynchronisation des horloges

13.3.1 Introduction

La relation (13.29) entre les temps propres t et t' montre que, pour $r \neq 0$, il n'est pas possible de synchroniser une horloge portée par un observateur cotournant avec celle de l'observateur central en rotation uniforme. On retrouve la même situation que celle rencontrée au § 12.3.1 pour les observateurs uniformément accélérés : le fait que $\mathcal{O}'$ soit fixe par rapport à $\mathcal{O}$ ne suffit pas à garantir la synchronisation des horloges.

Remarque : Une différence importante avec le cas du mouvement uniformément accéléré est que, pour ce dernier, $\mathcal{O}$ et $\mathcal{O}'$ partagent les mêmes hypersurfaces de simultanéité (qui coïncident d'ailleurs avec leurs espaces locaux de repos) (*cf.* Éqs. (12.45) et (12.50)). Par contre, nous avons vu au § 13.2.4 que les hypersurfaces de simultanéités de $\mathcal{O}'$ (*cf.* l'hypersurface « ondulée » de la Fig. 13.7) sont différentes de celles de $\mathcal{O}$ (qui sont des hyperplans).

Posons-nous le problème de la synchronisation des horloges d'une famille continue à un paramètre d'observateurs cotournants. Le paramètre λ décrira l'intervalle $[0, 1]$ et nous désignerons les observateurs de la famille par $\mathcal{O}'_{(\lambda)}$. Par exemple si tous les observateurs ont la même coordonnée r, on pourra choisir $\lambda = \varphi/(2\pi)$. Dans ce cas, tous les observateurs $\mathcal{O}'_{(\lambda)}$ ont le même facteur de Lorentz Γ par rapport à l'observateur central $\mathcal{O}$ (Γ est donné par (13.22)). On pourrait donc espérer pouvoir les synchroniser entre eux. Nous allons voir que c'est possible localement, mais pas globalement.

13.3.2 Synchronisation locale

Examinons tout d'abord la synchronisation locale. À cette fin considérons deux observateurs de la famille qui sont infiniment proches : $\mathcal{O}'_{(\lambda)}$ et $\mathcal{O}'_{(\lambda+d\lambda)}$. Soit $A_{(\lambda)}$ un événement sur la ligne d'univers de $\mathcal{O}'_{(\lambda)}$ et désignons par $A_{(\lambda+d\lambda)}$ l'événement de la ligne d'univers de $\mathcal{O}'_{(\lambda+d\lambda)}$ simultané à $A_{(\lambda)}$ du point de vue de $\mathcal{O}'_{(\lambda)}$ (*cf.* Fig. 13.8). Soient $x^i_{(\lambda)} = (x_{(\lambda)}, y_{(\lambda)}, z_{(\lambda)})$ les coordonnées (fixes) de $\mathcal{O}'_{(\lambda)}$ par rapport à l'observateur central $\mathcal{O}$. Soient t la date de l'événement $A_{(\lambda)}$ par rapport à $\mathcal{O}$ et $t + dt$ celle de $A_{(\lambda+d\lambda)}$. On a alors, par définition même des coordonnées $x^i_{(\lambda)}$,

$$\overrightarrow{O(t)A_{(\lambda)}} = x^i_{(\lambda)}\, \vec{e}_i(t) \quad \text{et} \quad \overrightarrow{O(t+dt)A_{(\lambda+d\lambda)}} = x^i_{(\lambda+d\lambda)}\, \vec{e}_i(t+dt), \qquad (13.39)$$

où $O(t)$ désigne la position de l'observateur $\mathcal{O}$ à l'instant t de son temps propre. La condition de simultanéité de $A_{(\lambda+d\lambda)}$ et $A_{(\lambda)}$ par rapport à $\mathcal{O}'_{(\lambda)}$ est équivalente à l'orthogonalité du vecteur $\overrightarrow{A_{(\lambda)}A_{(\lambda+d\lambda)}}$ et de la 4-vitesse $\vec{\boldsymbol{u}}'_{(\lambda)}$ de $\mathcal{O}'_{(\lambda)}$ (*cf.* Éq. (3.8)) :

$$\vec{\boldsymbol{u}}'_{(\lambda)} \cdot \overrightarrow{A_{(\lambda)}A_{(\lambda+d\lambda)}} = 0. \qquad (13.40)$$

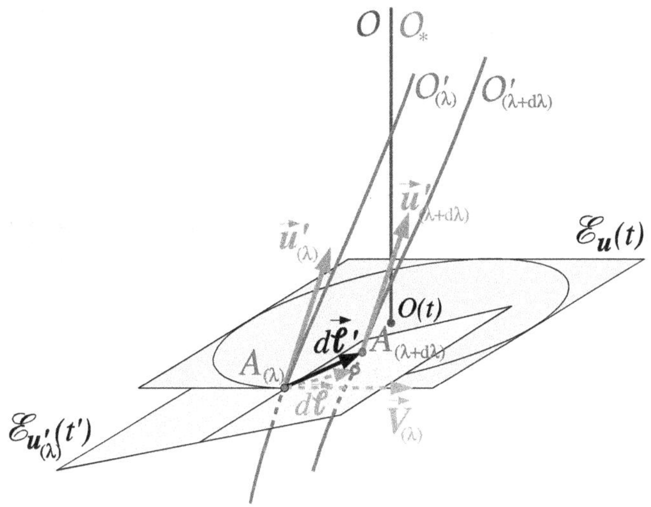

FIG. 13.8 – Observateurs voisins $\mathcal{O}'_{(\lambda)}$ et $\mathcal{O}'_{(\lambda+d\lambda)}$ d'une famille d'observateurs co-tournants. L'événement $A_{(\lambda+d\lambda)}$ sur la ligne d'univers de $\mathcal{O}'_{(\lambda+d\lambda)}$ est simultané à l'événement $A_{(\lambda)}$ du point de vue de l'observateur $\mathcal{O}'_{(\lambda)}$.

Or, d'après (13.39),

$$\begin{aligned}\overrightarrow{A_{(\lambda)}A_{(\lambda+d\lambda)}} &= \overrightarrow{A_{(\lambda)}O(t)} + \overrightarrow{O(t)O(t+dt)} + \overrightarrow{O(t+dt)A_{(\lambda+d\lambda)}} \\ &= -x^i_{(\lambda)}\,\vec{e}_i(t) + c\,dt\,\vec{u} + x^i_{(\lambda+d\lambda)}\,\vec{e}_i(t+dt) \\ &= -x^i_{(\lambda)}\,\vec{e}_i(t) + c\,dt\,\vec{u} + x^i_{(\lambda+d\lambda)}\,[\vec{e}_i(t) + dt\,\vec{\omega}\times_{\boldsymbol{u}}\vec{e}_i] \\ &= c\,dt\,\vec{u} + dx^i\,\vec{e}_i(t) + dt\,x^i_{(\lambda)}\,\vec{\omega}\times_{\boldsymbol{u}}\vec{e}_i, \end{aligned} \tag{13.41}$$

où l'on a utilisé la relation (13.5) pour écrire la troisième ligne et on a noté $dx^i := x^i_{(\lambda+d\lambda)} - x^i_{(\lambda)}$ la différence de coordonnées de $A_{(\lambda+d\lambda)}$ et $A_{(\lambda)}$ par rapport à $\mathcal{O}$. Notons que, dans la dernière ligne, on a négligé un terme en $dt\,dx^i$ (car du second ordre). Puisque $\vec{\omega} = \omega\,\vec{e}_3$ (Éq. (13.13)), on a

$$x^i_{(\lambda)}\,\vec{\omega}\times_{\boldsymbol{u}}\vec{e}_i = \omega\left[x^1_{(\lambda)}\,\vec{e}_2 - x^2_{(\lambda)}\,\vec{e}_1\right] = \vec{\boldsymbol{V}},$$

où $\vec{\boldsymbol{V}}$ (on devrait écrire $\vec{\boldsymbol{V}}_{(\lambda)}$) désigne la vitesse de $\mathcal{O}'_{(\lambda)}$ par rapport à l'observateur inertiel $\mathcal{O}_*$, telle que donnée par (13.17). En introduisant le vecteur séparation entre $\mathcal{O}'_{(\lambda)}$ et $\mathcal{O}'_{(\lambda+d\lambda)}$ du point de vue de $\mathcal{O}$,

$$\boxed{d\vec{\boldsymbol{\ell}} := dx^i\,\vec{e}_i(t) = \frac{dx^i_{(\lambda)}}{d\lambda}\,\vec{e}_i(t)\,d\lambda}, \tag{13.42}$$

on peut alors écrire (13.41) sous la forme

$$\boxed{\vec{d\ell'} := \overrightarrow{A_{(\lambda)}A_{(\lambda+d\lambda)}} = c\,dt\,\vec{u} + \vec{d\ell} + dt\,\vec{V}}. \qquad (13.43)$$

Les événements $A_{(\lambda)}$ et $A_{(\lambda+d\lambda)}$ étant simultanés pour $\mathcal{O}'_{(\lambda)}$, on peut dire que $\vec{d\ell'}$ est le vecteur séparation propre entre les observateurs cotournants. Par ailleurs, d'après (13.21), $\vec{u}'_{(\lambda)} = \Gamma(\vec{u} + c^{-1}\vec{V})$. La condition de simultanéité (13.40) s'écrit donc

$$\left(\vec{u} + \frac{1}{c}\vec{V}\right) \cdot \left(c\,dt\,\vec{u} + \vec{d\ell} + dt\,\vec{V}\right) = 0.$$

En développant et en tenant compte de $\vec{u} \cdot \vec{u} = -1$, $\vec{u} \cdot \vec{d\ell} = 0$, $\vec{u} \cdot \vec{V} = 0$ et $1 - \vec{V} \cdot \vec{V}/c^2 = \Gamma^{-2}$, il vient

$$\boxed{dt = \Gamma^2 \frac{\vec{V} \cdot \vec{d\ell}}{c^2}}. \qquad (13.44)$$

Ainsi, l'événement $A_{(\lambda+d\lambda)}$ de date $t + dt$ par rapport à $\mathcal{O}$ telle que dt obéit à (13.44) est simultané à $A_{(\lambda)}$ du point de vue de l'observateur $\mathcal{O}'_{(\lambda)}$. Une question naturelle est alors : $A_{(\lambda)}$ est-il simultané à $A_{(\lambda+d\lambda)}$ du point de vue de l'observateur $\mathcal{O}'_{(\lambda+d\lambda)}$? La réponse est oui car les observateurs $\mathcal{O}'_{(\lambda)}$ et $\mathcal{O}'_{(\lambda+d\lambda)}$ ont des 4-vitesses voisines : elles ne diffèrent que de termes d'ordre dx^i, de sorte que le produit scalaire $\vec{u}'_{(\lambda+d\lambda)} \cdot \overrightarrow{A_{(\lambda)}A_{(\lambda+d\lambda)}}$ ne contient que des termes du second ordre en dx^i si (13.40) est vérifiée. D'où, au premier ordre en dx^i,

$$\vec{u}'_{(\lambda+d\lambda)} \cdot \overrightarrow{A_{(\lambda)}A_{(\lambda+d\lambda)}} = 0.$$

Cela montre que $A_{(\lambda)}$ est simultané à $A_{(\lambda+d\lambda)}$ du point de vue de $\mathcal{O}'_{(\lambda+d\lambda)}$. Les événements $A_{(\lambda)}$ et $A_{(\lambda+d\lambda)}$ sont donc simultanés, aussi bien du point de vue de $\mathcal{O}'_{(\lambda)}$ que de celui de $\mathcal{O}'_{(\lambda+d\lambda)}$. Les observateurs $\mathcal{O}'_{(\lambda)}$ et $\mathcal{O}'_{(\lambda+d\lambda)}$ peuvent donc synchroniser leurs horloges et définir leurs temps propres respectifs $t'_{(\lambda)}$ et $t'_{(\lambda+d\lambda)}$ tels que $t'_{(\lambda)} = 0$ en $A_{(\lambda)}$ et $t'_{(\lambda+d\lambda)} = 0$ en $A_{(\lambda+d\lambda)}$.

13.3.3 Impossibilité d'une synchronisation globale

On peut étendre la procédure de synchronisation décrite ci-dessus de proche en proche et définir une courbe de simultanéité $t'_{(\lambda)} = 0$ pour tous les observateurs cotournants de la famille paramétrée par λ. Nous appellerons $\mathcal{S}$ cette courbe dans l'espace-temps $\mathscr{E}$:

$$\mathcal{S} := \left\{A_{(\lambda)}, \quad \lambda \in [0,1]\right\}. \qquad (13.45)$$

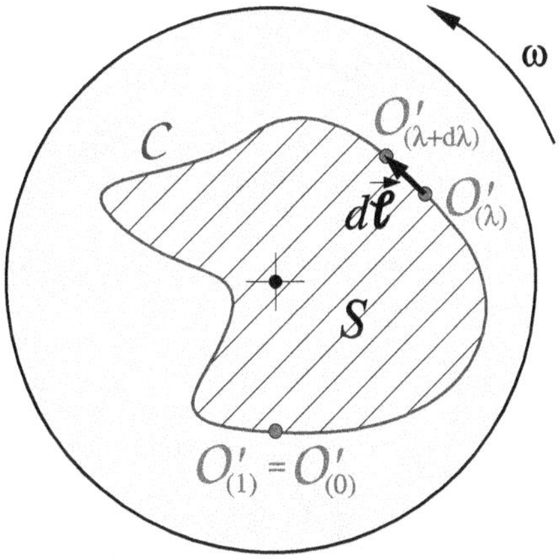

FIG. 13.9 – Courbe $\mathcal{C}$ représentant l'ensemble des observateurs cotournants d'une famille fermée dans l'espace de référence de l'observateur en rotation uniforme $\mathcal{O}$.

Le problème de synchronisation globale apparaît lorsqu'on considère une famille fermée, c'est une famille d'observateurs cotournants telle que l'observateur d'arrivée est le même que celui de départ : $\mathcal{O}'_{(1)} = \mathcal{O}'_{(0)}$. On peut représenter une telle famille par une courbe fermée $\mathcal{C}$ de l'espace de référence $R_{\mathcal{O}}$ de l'observateur $\mathcal{O}$ (*cf.* § 3.3.3) : chaque point de la courbe correspond alors à un observateur $\mathcal{O}_{(\lambda)}$ (*cf.* Fig. 13.9). Dans $R_{\mathcal{O}}$, l'équation de $\mathcal{C}$ est l'équation paramétrique

$$\mathcal{C} : \qquad x^i = x^i_{(\lambda)}, \quad \lambda \in [0,1]. \tag{13.46}$$

La variation Δt de la coordonnée t le long de la courbe de simultanéité $\mathcal{S}$ est obtenue en prenant l'intégrale de (13.44) de $\lambda = 0$ à $\lambda = 1$, soit

$$\Delta t = \frac{1}{c^2} \oint_{\mathcal{C}} \Gamma^2 \, \vec{V} \cdot d\vec{\ell}. \tag{13.47}$$

Il s'agit de l'accroissement de la coordonnée t entre les événements $A_{(0)}$ et $A_{(1)}$ sur la ligne d'univers de $\mathcal{O}'_{(0)}$. D'après (13.29), l'accroissement de temps propre de $\mathcal{O}'_{(0)}$ correspondant est obtenu en divisant par le facteur de Lorentz $\Gamma_{(0)}$ de $\mathcal{O}'_{(0)}$ par rapport à $\mathcal{O}_*$:

$$\boxed{\Delta t'_{\text{desync}} = \frac{1}{c^2 \Gamma_{(0)}} \oint_{\mathcal{C}} \Gamma^2 \, \vec{V} \cdot d\vec{\ell}}, \tag{13.48}$$

où l'indice « desync » signifie *désynchronisation*. Le fait que $\Delta t'_{\text{desync}} \neq 0$ montre en effet qu'il n'est pas possible de synchroniser les horloges le long d'un circuit fermé sur le disque tournant. On peut le faire localement, comme nous l'avons vu ci-dessus, mais pas globalement : les événements $A_{(0)}$ et $A_{(1)}$, bien qu'appartenant à la courbe de simultanéité $\mathcal{S}$ des observateurs cotournants, ont des dates vis-à-vis de $\mathcal{O}'$ séparées de $\Delta t'_{\text{desync}}$ (*cf.* Fig. 13.10).

Remarque 1 : Dans la formule (13.48), $\vec{\boldsymbol{V}}$ et $d\vec{\boldsymbol{\ell}}$ sont deux vecteurs de l'espace local de repos de $\mathcal{O}$, $E_{\boldsymbol{u}}$ (*cf.* (13.17) et (13.42)). On peut donc les identifier à deux vecteurs de l'espace de référence de $\mathcal{O}$, $R_{\mathcal{O}}$ (*via* l'isomorphisme (3.28)). De plus, $\mathcal{C}$ est une courbe définie dans $R_{\mathcal{O}}$ et, comme on le voit aisément à partir des Éqs. (13.42) et (13.46), $d\vec{\boldsymbol{\ell}}$ est tangent à $\mathcal{C}$ (cf. Fig. 13.9). L'intégrale qui apparaît dans (13.48) est donc la circulation du vecteur $\Gamma^2\,\vec{\boldsymbol{V}}$ le long de $\mathcal{C}$.

Remarque 2 : Puisque $\vec{\boldsymbol{V}} = r\omega\vec{\boldsymbol{n}}$ (Éq. (13.17)) et $\Gamma = (1 - r^2\omega^2/c^2)^{-1/2}$ (Éq. (13.22)), on peut écrire (13.48) sous la forme

$$\Delta t'_{\text{desync}} = \frac{\omega}{c^2}\sqrt{1 - r_{(0)}^2\omega^2/c^2}\oint_{\mathcal{C}} \frac{r}{1 - r^2\omega^2/c^2}\,\vec{\boldsymbol{n}}\cdot d\vec{\boldsymbol{\ell}}, \tag{13.49}$$

où $r_{(0)}$ désigne la coordonnée r de $\mathcal{O}_{(0)}$.

Deux cas particuliers sont intéressants. Considérons tout d'abord le cas d'une famille d'observateurs à rayon constant (coordonnée r constante), de sorte que l'on peut choisir le paramètre $\lambda = \pm\varphi/(2\pi)$, avec le signe + pour λ qui varie dans le même sens que φ et − dans le cas contraire. On a alors $\Gamma = \text{const.} = \Gamma_{(0)}$ et $d\vec{\boldsymbol{\ell}} = \pm r d\varphi\,\vec{\boldsymbol{n}}$, ce qui donne $\vec{\boldsymbol{V}}\cdot d\vec{\boldsymbol{\ell}} = \pm r^2\omega d\varphi$. Puisque Γ, r et ω sont constants, la formule (13.48) s'intègre alors aisément en

$$\boxed{\Delta t'_{\text{desync}} = \pm 2\pi\Gamma\frac{r^2\omega}{c^2}.}_{\,r=\text{const.}} \tag{13.50}$$

Il est également facile d'intégrer (13.44) pour obtenir la courbe de simultanéité $\mathcal{S}$: en termes des coordonnées inertielles (ct, x_*, y_*, z_*), elle obéit à l'équation suivante :

$$\mathcal{S}: \begin{cases} ct = \pm\dfrac{r^2\omega}{c}\Gamma^2\varphi \\ x_* = r\cos\left(\Gamma^2\varphi\right) \\ y_* = r\sin\left(\Gamma^2\varphi\right). \end{cases} \tag{13.51}$$

On reconnaît là l'équation d'une hélice, paramétrée par $\Gamma^2\varphi$. Elle est représentée sur la Fig. 13.10.

Le deuxième cas particulier est celui des vitesses faiblement relativistes : $\|\vec{\boldsymbol{V}}\|_{\boldsymbol{g}} = r\omega \ll c$. On peut alors faire $\Gamma_{(0)} \simeq 1$ et $\Gamma \simeq 1$ dans (13.48), qui se réduit à

$$\Delta t'_{\text{desync}} \simeq \frac{1}{c^2}\oint_{\mathcal{C}} \vec{\boldsymbol{V}}\cdot d\vec{\boldsymbol{\ell}} = \frac{1}{c^2}\int_S \text{rot}\,\vec{\boldsymbol{V}}\cdot d\vec{\boldsymbol{\mathcal{A}}}. \tag{13.52}$$

La deuxième égalité découle du théorème de Stokes (*cf.* Éq. (16.63)) : S est la surface de $R_{\mathcal{O}}$ délimitée par le contour $\mathcal{C}$ (*cf.* Fig. 13.9), rot $\vec{\boldsymbol{V}}$ le rotationnel de $\vec{\boldsymbol{V}}$ et $d\vec{\boldsymbol{\mathcal{A}}}$ l'élément d'aire de S, orientée suivant le sens de parcours de

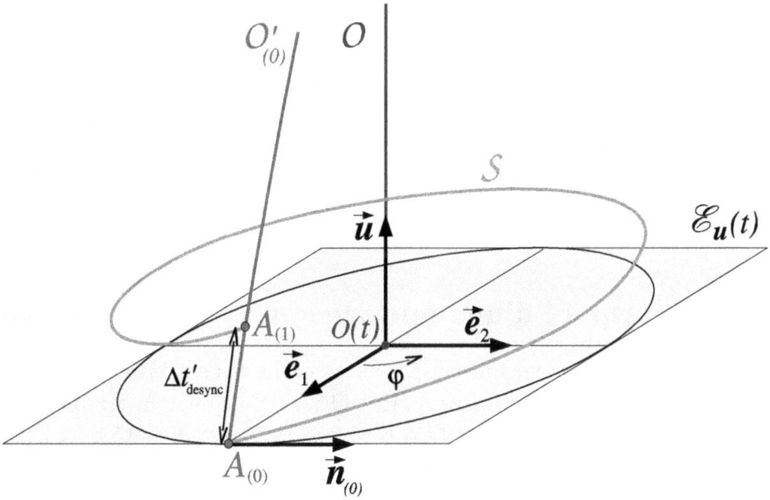

FIG. 13.10 – Courbe de simultanéité $\mathcal{S}$, correspondant à $t' = 0$, pour les observateurs cotournants de rayon r fixé.

$\mathcal{C}$ lorsque λ augmente. Dans le cas présent (rotation solide), $\mathrm{rot}\,\vec{\boldsymbol{V}} = 2\vec{\omega}$. Puisque $\vec{\omega}$ est constant, il vient

$$\boxed{\Delta t'_{\text{desync}} \simeq \frac{2}{c^2}\,\vec{\omega}\cdot\vec{\mathcal{A}}}_{r\omega\ll c}\,, \tag{13.53}$$

où $\vec{\mathcal{A}}$ est le vecteur aire de la surface S, orienté dans le sens de parcours du contour lorsque λ augmente. Autrement dit $\vec{\omega}\cdot\vec{\mathcal{A}} \geq 0$ si $d\vec{\ell}$ est dans le sens de rotation (comme sur la Fig. 13.9) et $\vec{\omega}\cdot\vec{\mathcal{A}} \leq 0$ dans le cas contraire.

Remarque : Le résultat (13.53) ne constitue pas une limite newtonienne du temps de désynchronisation, mais plutôt une approximation aux faibles vitesses d'un résultat relativiste. En théorie newtonienne, on aurait en effet $\Delta t'_{\text{desync}} = 0$ puisque tous les observateurs, cotournants ou pas, mesurent le même temps, à savoir le temps absolu newtonien. On peut d'ailleurs remarquer que si la formule (13.53) constituait une limite newtonienne, elle ne contiendrait pas de facteur c^2.

Note historique : *L'expression (13.47) pour Δt figure dans le Tome 2 du célèbre traité de physique théorique de Lev D. Landau*[2] *et Evguéni M. Lifchitz*[3] *([231], § 89), dont la première édition date des années 1950 (elle*

2. **Lev D. Landau** (1908–1968) : Physicien théoricien soviétique, prix Nobel de physique en 1962 pour l'explication de la superfluidité ; Landau a contribué à de multiples domaines de la physique, dont l'hydrodynamique relativiste. Il a rédigé avec Evguéni M. Lifchitz un cours qui couvre l'ensemble de la physique théorique du XXe siècle [231].

3. **Evguéni M. Lifchitz** (1915–1985) : Physicien théoricien soviétique, ancien étudiant de Landau et spécialiste de physique du solide et de relativité générale.

a été dérivée par une autre méthode que celle présentée ici). On y trouve également la formule approchée (13.53). L'hélice de synchronisation $\mathcal{S}$ qui permet de visualiser $\Delta t'_{\rm desync}$ dans l'espace-temps de Minkowski, comme sur la Fig. 13.10, a été introduite par Theodor Kaluza[4] *en 1910 [222]; Kaluza connaissait sans doute une expression équivalente à (13.47), mais il ne l'a pas écrite. L'hélice de synchronisation a été discutée en détail par Vittorio Cantoni en 1968 [72]* (cf. *aussi [11, 357, 358]).*

13.3.4 Transport d'une horloge sur le disque tournant

La procédure de synchronisation décrite ci-dessus est basée sur le critère d'orthogonalité à la ligne d'univers (Éq. (13.40)), qui est la traduction géométrique du critère de simultanéité d'Einstein-Poincaré discuté au § 3.1.2. La réalisation physique de ce dernier passe par la mesure des temps d'aller-retour de faisceaux lumineux. On peut imaginer une deuxième procédure de synchronisation : celle donnée par une horloge transportée lentement. Les différents observateurs cotournants sont en effet immobiles entre eux et on peut propager le temps en déplaçant de l'un à l'autre la même horloge à vitesse très lente, pour minimiser l'effet de dilatation des temps. Pour un réseau d'observateurs inertiels, un tel procédé redonne la synchronisation einsteinienne par faisceaux lumineux. Qu'en est-il pour le réseau des observateurs cotournants ?

Pour répondre, considérons un observateur $\mathcal{O}''$ qui voyage en passant successivement par tous les observateurs $\mathcal{O}'_{(\lambda)}$ d'une famille fermée d'observateurs cotournants. La trajectoire de $\mathcal{O}''$ dans l'espace de référence de $\mathcal{O}$ est donc la courbe $\mathcal{C}$ définie plus haut (*cf.* Fig. 13.9). Nous noterons $\vec{\boldsymbol{v}}$ la vitesse de $\mathcal{O}''$ relativement à chaque observateur $\mathcal{O}'_{(\lambda)}$ qu'il rencontre et poserons $v := \|\vec{\boldsymbol{v}}\|_{\boldsymbol{g}}$. Dans l'application finale, $\mathcal{O}''$ sera l'observateur qui transporte l'horloge de synchronisation et v sera supposé petit. Mais dans l'immédiat, nous ne ferons aucune hypothèse sur sa valeur. Par définition, l'observateur $\mathcal{O}''$ quitte l'observateur cotournant $\mathcal{O}'_{(0)}$ à l'événement A, rencontre successivement chaque observateur $\mathcal{O}'_{(\lambda)}$ (événement que nous noterons $M_{(\lambda)}$) et retrouve l'observateur $\mathcal{O}'_{(0)}$ en un événement B (*cf.* Fig. 13.11). On a évidemment $M_{(0)} = A$ et $M_{(1)} = B$.

Lorsque $\mathcal{O}''$ passe de $M_{(\lambda)}$ à $M_{(\lambda+d\lambda)}$, le temps propre mesuré par $\mathcal{O}'_{(\lambda)}$ est, par définition même de la vitesse $\vec{\boldsymbol{v}}$,

$$dt' = \frac{d\ell'}{v}, \tag{13.54}$$

4. **Theodor Kaluza** (1885–1954) : Mathématicien allemand, surtout connu pour ses travaux en physique théorique, notamment pour la théorie dite de Kaluza-Klein (1921) — tentative d'unification de la gravitation et de l'électromagnétisme (les seules interactions fondamentales connues à l'époque) dans un espace de dimension 5. Polyglotte, Kaluza ne parlait pas moins de 17 langues.

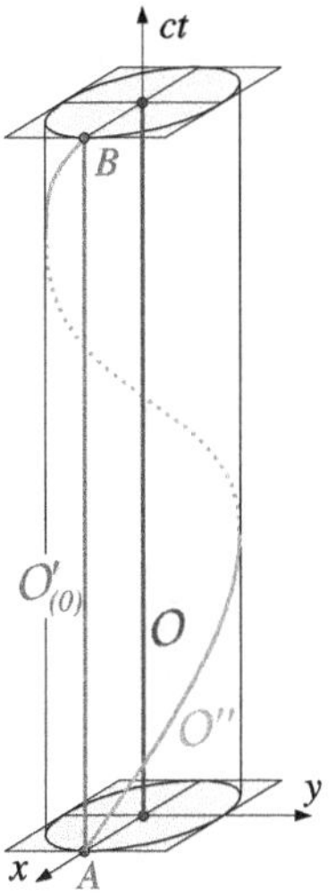

FIG. 13.11 – Ligne d'univers de l'horloge de synchronisation (observateur $\mathcal{O}''$) déplacée lentement parmi les observateurs cotournants, dans le cas où ceux-ci ont tous la même coordonnée r. Notons que ce diagramme d'espace-temps est construit sur les coordonnées (ct, x, y, z) associées à l'observateur en rotation uniforme $\mathcal{O}$, contrairement aux diagrammes des Figs. 13.3 et 13.10, qui sont basés sur les coordonnées inertielles (ct, x_*, y_*, z_*). La ligne d'univers de l'observateur cotournant $\mathcal{O}'_{(0)}$ apparaît donc ici comme une droite verticale, alors que sur les Figs. 13.3 et 13.10 il s'agissait d'une hélice.

où $d\ell' := \|\vec{d\ell'}\|_{\boldsymbol{g}}$, $\vec{d\ell'}$ étant le vecteur séparation propre entre $\mathcal{O}'_{(\lambda)}$ et $\mathcal{O}'_{(\lambda+d\lambda)}$ défini par (13.43) (*cf.* Fig. 13.12). En combinant (13.43) et (13.44), on obtient une relation entre $\vec{d\ell'}$ et $\vec{d\ell}$:

$$\vec{d\ell'} = \vec{d\ell} + \frac{\Gamma^2}{c}(\vec{V} \cdot \vec{d\ell})\left(\vec{u} + \frac{1}{c}\vec{V}\right).$$

En prenant le carré scalaire de cette relation et en utilisant $\vec{u}\cdot\vec{d\ell} = 0$, $\vec{u}\cdot\vec{V} = 0$ et $1 - V^2/c^2 = \Gamma^{-2}$, il vient

$$d\ell'^2 = d\ell^2 + \frac{\Gamma^2}{c^2}(\vec{V} \cdot \vec{d\ell})^2. \tag{13.55}$$

Désignons par θ l'angle entre les vecteurs $\vec{d\ell}$ et $\vec{V} = r\omega\,\vec{n}$ dans $E_{\boldsymbol{u}}$: $\vec{V} \cdot \vec{d\ell} = r\omega d\ell \cos\theta$. On peut alors mettre (13.55) sous la forme

$$d\ell' = \Gamma\sqrt{1 - \frac{r^2\omega^2}{c^2}\sin^2\theta}\; d\ell. \tag{13.56}$$

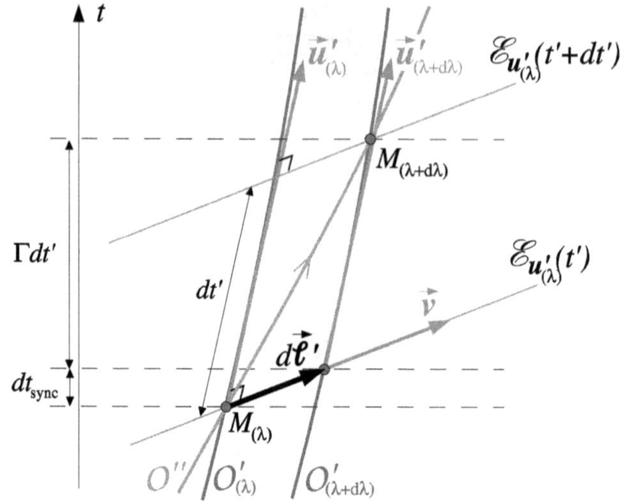

FIG. 13.12 – Observateur $\mathcal{O}''$ passant de l'observateur cotournant $\mathcal{O}'_{(\lambda)}$ à l'observateur voisin $\mathcal{O}'_{(\lambda+d\lambda)}$.

L'Éq. (13.54) devient ainsi

$$dt' = \frac{\Gamma}{v}\sqrt{1 - \frac{r^2\omega^2}{c^2}\sin^2\theta}\, d\ell. \tag{13.57}$$

Le temps propre dt'' mesuré par $\mathcal{O}''$ entre $M_{(\lambda)}$ et $M_{(\lambda+d\lambda)}$ se déduit de dt' par le facteur de Lorentz correspondant à la vitesse $\vec{v}$:

$$dt'' = \sqrt{1 - \frac{v^2}{c^2}}\, dt' = \frac{\Gamma}{v}\sqrt{\left(1 - \frac{v^2}{c^2}\right)\left(1 - \frac{r^2\omega^2}{c^2}\sin^2\theta\right)}\, d\ell. \tag{13.58}$$

Bien entendu, si $v \to 0$, $dt'' = dt'$, ce qui montre que la synchronisation des horloges des observateurs cotournants par l'horloge transportée par $\mathcal{O}''$ coïncide avec la synchronisation einsteinienne si $\mathcal{O}''$ se déplace infiniment lentement.

Par rapport à l'observateur inertiel $\mathcal{O}_*$, dt' correspond à un intervalle de temps $\Gamma dt'$ (*cf.* (13.29)). Le temps total mesuré par $\mathcal{O}_*$ entre les événements $M_{(\lambda)}$ et $M_{(\lambda+d\lambda)}$ est alors

$$dt = \Gamma dt' + dt_{\rm sync}, \tag{13.59}$$

où $dt_{\rm sync}$ est l'incrément (13.44) de la coordonnée t entre deux événements simultanés du point de vue des observateurs cotournants (*cf.* Fig. 13.12). En utilisant (13.57) et (13.44), on a donc

$$dt = \Gamma^2\left(\sqrt{1 - \frac{r^2\omega^2}{c^2}\sin^2\theta}\,\frac{d\ell}{v} + \frac{\vec{V}\cdot d\vec{\ell}}{c^2}\right). \tag{13.60}$$

Pour les trois observateurs $\mathcal{O}_*$, $\mathcal{O}'_{(0)}$ et $\mathcal{O}''$, fixons à zéro la date de l'événement A où $\mathcal{O}''$ quitte $\mathcal{O}'_{(0)}$:

$$t_A = t'_A = t''_A = 0. \tag{13.61}$$

Le temps écoulé pour le trajet de $\mathcal{O}''$ entre A et B mesuré par $\mathcal{O}_*$ est obtenu en intégrant (13.60) entre $\lambda = 0$ et $\lambda = 1$, c'est-à-dire en intégrant sur le contour $\mathcal{C}$:

$$t_B = \oint_{\mathcal{C}} \Gamma^2 \left(\sqrt{1 - \frac{r^2\omega^2}{c^2}\sin^2\theta}\, \frac{d\ell}{v} + \frac{\vec{\boldsymbol{V}}\cdot d\vec{\boldsymbol{\ell}}}{c^2} \right). \tag{13.62}$$

En vertu de la relation (13.29), le temps écoulé pour $\mathcal{O}'_{(0)}$ s'en déduit en divisant par le facteur de Lorentz $\Gamma_{(0)}$ de ce dernier. En utilisant (13.48), il vient

$$t'_B = \frac{1}{\Gamma_{(0)}} \oint_{\mathcal{C}} \frac{\Gamma^2}{v} \sqrt{1 - \frac{r^2\omega^2}{c^2}\sin^2\theta}\, d\ell + \Delta t'_{\text{desync}}. \tag{13.63}$$

Par ailleurs, le temps mesuré par $\mathcal{O}''$ entre A et B est obtenu en intégrant (13.58) :

$$t''_B = \oint_{\mathcal{C}} \frac{\Gamma}{v} \sqrt{\left(1 - \frac{v^2}{c^2}\right)\left(1 - \frac{r^2\omega^2}{c^2}\sin^2\theta\right)}\, d\ell. \tag{13.64}$$

La différence entre le temps de voyage mesuré par $\mathcal{O}'_{(0)}$ et celui mesuré par $\mathcal{O}''$ est

$$\boxed{t'_B - t''_B = \oint_{\mathcal{C}} \frac{\Gamma}{v} \sqrt{1 - \frac{r^2\omega^2}{c^2}\sin^2\theta} \left(\frac{\Gamma}{\Gamma_{(0)}} - \sqrt{1 - \frac{v^2}{c^2}} \right) d\ell + \Delta t'_{\text{desync}}}. \tag{13.65}$$

Dans toute la suite, nous supposerons que la norme v de la vitesse de $\mathcal{O}''$ par rapport à chaque observateur cotournant est constante.

Il est intéressant d'exprimer la formule (13.65) dans le cas particulier où les observateurs cotournants sont tous à la même coordonnée r, ce qui revient à dire que $\mathcal{O}''$ décrit un cercle de rayon r par rapport à $\mathcal{O}$ (ou $\mathcal{O}_*$). On a alors $\theta = 0$, $\Gamma = \Gamma_{(0)} = $ const. et $\Delta t'_{\text{desync}}$ donné par (13.50). Comme à la fois Γ et v sont constants, on peut sortir tous les termes de l'intégrale qui se réduit à $\oint d\ell = 2\pi r$. En utilisant l'identité $1 - \sqrt{1-x^2} = x^2/[1 + \sqrt{1-x^2}]$, il vient alors

$$\boxed{t'_B - t''_B = \Gamma \frac{2\pi r}{c^2} \frac{v}{1 + \sqrt{1 - v^2/c^2}} + \Delta t'_{\text{desync}}.}_{\,r=\text{const.}} \tag{13.66}$$

Si $\mathcal{O}''$ va très lentement d'un observateur cotournant à l'autre, alors $v \to 0$ et la formule ci-dessus se réduit à

$$\boxed{t'_B - t''_B = \Delta t'_{\text{desync}},}_{\,r=\text{const.},\ v\to 0} \tag{13.67}$$

avec $\Delta t'_{\text{desync}}$ donné par (13.50). Lorsqu'elle revient vers $\mathcal{O}_{(0)}$, l'horloge transportée par $\mathcal{O}''$ n'indique donc pas le même temps qu'une horloge qui serait restée avec $\mathcal{O}_{(0)}$, les deux horloges ayant été synchronisées au départ de $\mathcal{O}''$ ($t'_A = t''_A = 0$, Éq. (13.61)). Ainsi la synchronisation des observateurs co-tournants à l'aide d'une horloge transportée lentement se heurte au même problème que la synchronisation à l'aide de rayons lumineux : au bout d'un tour, les horloges sont désynchronisées de la quantité $\Delta t'_{\text{desync}}$.

Remarque : Le résultat (13.67) peut paraître surprenant, puisqu'il a été obtenu par passage à la limite $v \to 0$ et que dans le cas où $v = 0$, les observateurs $\mathcal{O}''$ et $\mathcal{O}'_{(0)}$ coïncident. On aurait donc pu s'attendre à avoir $t''_B = t'_B$. En fait, lorsque $v \to 0$, le temps de voyage de $\mathcal{O}''$ entre A et B tend vers l'infini, ainsi qu'on le voit sur l'Éq. (13.64). On a donc $t''_B \to +\infty$ et $t'_B \to +\infty$, la différence des deux tendant vers le nombre fini $\Delta t'_{\text{desync}}$. De plus, soulignons que si l'on faisait strictement $v = 0$, l'événement B ne serait pas bien défini.

13.3.5 Mesures expérimentales de la désynchronisation

Expérience de Hafele et Keating

Reprenons l'expérience de Hafele et Keating (1971) décrite au § 2.5.5, à savoir la comparaison d'horloges atomiques qui ont fait le tour de la Terre en avion avec des horloges atomiques restées au sol [193–195]. Dans cette expérience, le système tournant est bien évidemment la Terre. $\mathcal{O}'$ représente alors l'observateur au sol et $\mathcal{O}''$ l'observateur qui voyage en avion. Pour simplifier les calculs, nous supposerons que les avions suivent des trajectoires exactement circulaires, c'est-à-dire qu'ils restent à la latitude de leur point de départ, et que leur vitesse par rapport au sol est constante (c'est le paramètre v). Dans ce cas, la formule qui donne la différence de temps propre entre les horloges au sol et celles embarquées est (13.66) :

$$t_{\text{sol}} - t_{\text{avion}} = \frac{\pi r v}{c^2} + \Delta t'_{\text{desync}}, \qquad (13.68)$$

où nous avons noté[5] $t_{\text{sol}} := t'_B$ et $t_{\text{avion}} = t''_B$ et avons bien évidemment pris la limite de vitesses non relativistes : $\Gamma = 1$ et $1 + \sqrt{1 - v^2/c^2} = 2$. $\Delta t'_{\text{desync}}$ est donné par la formule (13.50) (toujours avec $\Gamma = 1$) :

$$\Delta t'_{\text{desync}} = \pm 2\pi \frac{r^2 \omega}{c^2}, \qquad (13.69)$$

avec le signe + pour un voyage dans le sens de rotation de la Terre, c'est-à-dire vers l'est, et le signe − dans le cas contraire. Dans les formules (13.68) et (13.69), $r = R\cos\lambda$, où $R = 6.37 \times 10^6$ m est le rayon de la Terre et λ la latitude de la base de départ et d'arrivée de l'avion : $\lambda = 30°$ (nous négligeons l'altitude de l'avion par rapport à R). v est la vitesse par rapport

5. t_{sol} et t_{avion} étaient notés respectivement T et T' au § 2.5.5.

au sol des avions. Dans le cas des avions de ligne utilisés par Hafele et Keating $v = 830$ km.h^{-1} $= 230$ m.s^{-1}. Enfin, ω est la vitesse angulaire de rotation de la Terre par rapport à un référentiel inertiel : $\omega = \omega_\oplus = 2\pi/(23 \text{ h } 56 \text{ min}) = 7.29 \times 10^{-5}$ rad.s^{-1}. Avec les valeurs ci-dessus, nous obtenons

$$\Delta t'_{\text{desync}} = 155 \text{ ns (est)} \quad \text{et} \quad \Delta t'_{\text{desync}} = -155 \text{ ns (ouest)}, \tag{13.70}$$

$$t_{\text{sol}} - t_{\text{avion}} = 199 \text{ ns (est)} \quad \text{et} \quad t_{\text{sol}} - t_{\text{avion}} = -111 \text{ ns (ouest)}. \tag{13.71}$$

Compte tenu de la simplification des trajectoires des avions, nous retrouvons les valeurs annoncées[6] au § 2.5.5 : $t_{\text{sol}} - t_{\text{avion}} = 184 \pm 18$ ns pour le voyage vers l'est et $t_{\text{sol}} - t_{\text{avion}} = -96 \pm 10$ ns pour celui vers l'ouest. Ces dernières, qui tiennent compte des trajectoires réelles des avions (d'où les barres d'erreur), sont en très bon accord avec (13.71).

Comme nous l'avons déjà souligné au § 2.5.5, pour obtenir le décalage temporel réellement mesuré par Hafele et Keating, il faut ajouter à (13.68) un terme issu de la relativité générale qui traduit le fait que les avions sont plus haut dans le potentiel gravitationnel de la Terre que la station au sol (effet Einstein, qui sera discuté au Chap. 22). La formule complète est alors

$$t_{\text{sol}} - t_{\text{avion}} = \frac{\pi r v}{c^2} + \Delta t'_{\text{desync}} + \Delta t_{\text{Einstein}} \tag{13.72}$$

avec

$$\Delta t_{\text{Einstein}} = -\frac{GM}{c^2 R}\frac{h}{R}\, t_{\text{sol}}, \tag{13.73}$$

où $G = 6.67 \times 10^{-11}$ m^3.kg^{-1}.s^{-2} est la constante de gravitation, $M = 6.0 \times 10^{24}$ kg la masse de la Terre et h l'altitude de l'avion. En prenant $h = 9$ km et $t_{\text{sol}} = 2\pi r/v$, l'amplitude de l'effet Einstein est

$$\Delta t_{\text{Einstein}} = -148 \text{ ns}. \tag{13.74}$$

Au final,

$$t_{\text{sol}} - t_{\text{avion}} = 51 \text{ ns (est)} \quad \text{et} \quad t_{\text{sol}} - t_{\text{avion}} = -259 \text{ ns (ouest)}. \tag{13.75}$$

Les valeurs expérimentales sont

$$t_{\text{sol}} - t_{\text{avion}} = 59 \pm 10 \text{ ns (est)} \quad \text{et} \quad t_{\text{sol}} - t_{\text{avion}} = -273 \pm 7 \text{ ns (ouest)}. \tag{13.76}$$

Compte tenu de l'approximation sur les trajectoires, il y a un bon accord entre valeurs prédites et valeurs mesurées. Puisque les trois termes dans (13.72) sont du même ordre de grandeur, on en conclut que l'expérience de Hafele et Keating constitue une confirmation expérimentale du défaut de synchronisation $\Delta t'_{\text{desync}}$ provoqué par la rotation d'un système d'observateurs (en l'occurrence la Terre).

6. Au § 2.5.5, les quantités considérées étaient $T' - T = t_{\text{avion}} - t_{\text{sol}}$, plutôt que $t_{\text{sol}} - t_{\text{avion}}$.

Synchronisation d'horloges atomiques à la surface de la Terre

L'échelle de temps actuellement utilisée sur Terre est basée sur le ***temps atomique international*** (TAI) qui combine les données de plusieurs centaines d'horloges atomiques réparties à la surface du globe. Chaque horloge atomique est fixe par rapport à la Terre ; elle donne donc le temps propre d'un observateur $\mathcal{O}'$ qui tourne avec la vitesse angulaire $\omega_\oplus = 7.29 \times 10^{-5}$ rad.s^{-1} par rapport à un observateur inertiel. Lorsqu'on compare les horloges entre elles pour définir le temps atomique international, on se trouve ainsi confronté au problème de la synchronisation d'observateurs cotournants. La solution consiste à corriger les indications de chaque horloge pour se ramener au temps t de l'observateur inertiel central $\mathcal{O}_*$. Dans ce contexte, t est appelé ***temps-coordonnée géocentrique*** et $\mathcal{O}_*$ le ***système de référence céleste géocentrique*** (GCRS, pour *Geocentric Celestial Reference System*). L'avantage de t, par rapport au temps physique mesuré t', est qu'il permet de définir la synchronisation sans problème sur la Terre en rotation. L'équation fondamentale qui permet de passer du temps atomique t' au temps-coordonnée t est (13.59). La correction à apporter[7] aux temps t' des horloges atomiques est donc de multiplier par le facteur de Lorentz Γ et d'ajouter l'intégrale de $dt_{\rm sync}$. Cette dernière correction est à appliquer lorsque qu'on veut combiner les indications de plusieurs horloges à la surface de la Terre. La nécessité de ce terme a été montrée expérimentalement lorsqu'on synchronise deux horloges atomiques par transport d'une troisième horloge atomique de l'une à l'autre (expérience de Neil Ashby et David W. Allan (1979) [26]) ou encore grâce aux signaux électromagnétiques issus des satellites du système GPS (expérience de David W. Allan, Marc A. Weiss et Neil Ashby (1985) [7]). Pour plus de détails à ce sujet, on pourra consulter les références [24, 25, 55, 322].

13.4 Paradoxe d'Ehrenfest

13.4.1 Circonférence du disque tournant

Nous avons défini au § 13.2.2 le disque tournant comme l'ensemble des observateurs cotournants $\mathcal{O}'$ de coordonnée r comprise entre 0 (observateur central $\mathcal{O}$) et une borne supérieure $R < c/\omega$, appelée rayon du disque. L'ensemble des observateurs cotournants de coordonnée $r = R$ constitue la ***circonférence du disque***. Il s'agit d'une famille fermée, de paramètre $\lambda = \varphi/(2\pi)$. La relation (13.42) devient alors

$$d\vec{\boldsymbol{\ell}} = R d\varphi \, \vec{\boldsymbol{n}}. \tag{13.77}$$

La distance $d\ell'$ entre deux observateurs cotournants voisins sur la circonférence du disque, $\mathcal{O}'_{(\lambda)}$ et $\mathcal{O}'_{(\lambda+d\lambda)}$, telle que mesurée par $\mathcal{O}'_{(\lambda)}$ (c'est-à-dire

7. Il faut également corriger des effets de relativité générale mentionnés ci-dessus, tenant compte du fait que $\mathcal{O}'$ est plus haut dans le potentiel gravitationnel de la Terre que $\mathcal{O}_*$, qui est situé en son centre.

la norme du vecteur $\overrightarrow{A_{(\lambda)}A_{(\lambda+d\lambda)}}$, *cf.* Éq. (13.43)) est donnée par la formule (13.56). Or, dans le cas présent $\theta = 0$ ($\vec{V}$ et $d\vec{\ell}$ sont alignés) et, d'après (13.77), $d\ell = R\,d\varphi$. La relation (13.56) se réduit donc à

$$d\ell' = \Gamma R\,d\varphi. \qquad (13.78)$$

Du point de vue des observateurs cotournants, la circonférence du disque tournant est donc

$$L' = \int_{\varphi=0}^{\varphi=2\pi} d\ell' = \int_0^{2\pi} \Gamma R\,d\varphi.$$

Puisque $\Gamma = (1 - R^2\omega^2/c^2)^{-1/2}$ est indépendant de φ, il vient immédiatement

$$\boxed{L' = \Gamma\,2\pi R}. \qquad (13.79)$$

13.4.2 Rayon du disque

Pour définir le rayon du disque mesuré par les observateurs cotournants, considérons une famille de ces observateurs de même coordonnée φ par rapport à $\mathcal{O}$ (*cf.* Fig. 13.13). Le paramètre de cette famille est alors $\lambda = r/R$. La relation (13.42) devient

$$d\vec{\ell} = -dr\,\vec{e}\,'_2. \qquad (13.80)$$

La distance $d\ell'$ entre $\mathcal{O}'_{(\lambda)}$ et $\mathcal{O}'_{(\lambda+d\lambda)}$, telle que mesurée par $\mathcal{O}'_{(\lambda)}$, est toujours donnée par la formule (13.56), avec cette fois $\theta = \pi/2$ ($\vec{V}$ et $d\vec{\ell}$ sont orthogonaux) et, d'après (13.80), $d\ell = dr$. On en déduit $d\ell' = \Gamma\sqrt{1 - r^2\omega^2/c^2}\,dr = dr$. Du point de vue des observateurs cotournants, la longueur du rayon du disque tournant est donc

$$R' = \int_{r=0}^{r=R} d\ell' = \int_0^R dr,$$

soit

$$\boxed{R' = R}. \qquad (13.81)$$

En comparant avec (13.79), on en conclut que la circonférence L' et le rayon R' du disque, tous deux mesurés par les observateurs cotournants, sont reliés par

$$\boxed{L' = \Gamma\,2\pi R' = \frac{2\pi R'}{\sqrt{1 - (R'\omega/c)^2}}}. \qquad (13.82)$$

Pour $\omega \neq 0$, cette relation est différente de la formule standard $L' = 2\pi R'$. On en conclut que les observateurs cotournants « perçoivent » une géométrie spatiale *non euclidienne.*

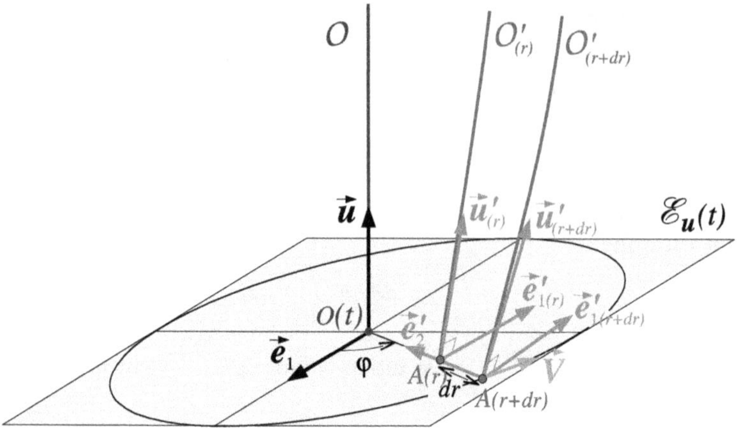

FIG. 13.13 – Lignes d'univers des observateurs cotournants $\mathcal{O}'_{(r)}$ et $\mathcal{O}'_{(r+dr)}$ de même coordonnée φ et de coordonnées r infiniment proches.

13.4.3 Le « paradoxe »

En 1909, Paul Ehrenfest[8] [130] a fait remarquer que si l'on considère un disque[9] initialement au repos par rapport à un observateur inertiel $\mathcal{O}_*$, sa circonférence est reliée à son rayon par

$$L_0 = 2\pi R_0. \tag{13.83}$$

Si l'on met le disque en rotation, alors la circonférence et le rayon mesurés par l'observateur inertiel sont toujours reliés par $L = 2\pi R$ avec $R = R_0$. En raison de la contraction des longueurs (*cf.* § 5.1.2), la circonférence L' mesurée par des observateurs solidaires du disque doit vérifier $L < L'$ car la vitesse est tangente à la circonférence. Par contre, il n'y a pas de contraction des longueurs dans la direction radiale, cette dernière étant perpendiculaire à la vitesse du disque par rapport à $\mathcal{O}_*$. Le rayon mesuré par les observateurs solidaires du disque est donc $R' = R = R_0$. On déduit de $L = 2\pi R$ et $L < L'$ que

$$L' > 2\pi R_0. \tag{13.84}$$

Cette relation est évidemment en accord avec le résultat (13.82), qui dit précisemment que le facteur entre L' et $2\pi R_0 = 2\pi R'$ est $\Gamma > 1$. Le paradoxe apparaît si l'on suppose que le disque est resté rigide durant toute la phase de mise en rotation. En effet, la rigidité, définie au sens de Born (*cf.*

8. **Paul Ehrenfest** (1880–1933) : Physicien autrichien (naturalisé hollandais après 1922), connu pour ses travaux en mécanique quantique et réputé pour la clarté de ses cours de physique à l'université de Leiden. Dépressif, il se suicida, comme l'avait fait son directeur de thèse, Ludwig Boltzmann, 27 ans plus tôt.

9. En fait, Ehrenfest considérait un cylindre, plutôt qu'un disque ; mais cela ne change rien à notre propos, la hauteur du cylindre ne jouant aucun rôle.

§ 3.2.2), stipule que la distance entre deux éléments quelconques du disque doit rester constante. Cela revient à considérer les lignes d'univers des observateurs adjacents $\mathcal{O}'_{(\lambda)}$ et $\mathcal{O}'_{(\lambda+d\lambda)}$ sur la circonférence du disque comme les extrémités d'une règle et à demander que cette règle soit rigide au sens défini au § 3.2.2. Si c'est le cas alors $L' = L_0$ et les équations (13.83) et (13.84) sont contradictoires. C'est le ***paradoxe d'Ehrenfest***.

La solution du « paradoxe » passe par la négation de l'hypothèse de rigidité, c'est-à-dire de l'égalité $L' = L_0$. Comme nous allons le voir en détail ci-après, le disque ne peut en effet rester rigide durant la phase de mise en rotation.

13.4.4 Mise en rotation du disque

Considérons un disque dans le plan $z_* = 0$ de l'observateur inertiel $\mathcal{O}_*$. Nous supposerons que le disque est immobile par rapport à $\mathcal{O}_*$ pour $t < t_0$. À l'instant $t = t_0$, on imprime à chaque point du disque la même accélération angulaire[10] $d^2\varphi_*/dt^2 \neq 0$. On maintient $d^2\varphi_*/dt^2$ à une valeur constante jusqu'à atteindre la vitesse angulaire $\omega = d\varphi_*/dt$ souhaitée à l'instant $t = t_1$. L'ensemble du processus est représenté sur le diagramme d'espace-temps de la Fig. 13.14. On y a fait figurer une règle rigide (au sens de Born) portée par l'observateur cotournant $\mathcal{O}'_A$. À $t = t_0$, $\mathcal{O}'_A$ est en A_0 et l'extrémité opposée de la règle marque la position B_0 d'un observateur cotournant voisin, soit $\mathcal{O}'_B$. À la fin de la phase d'accélération angulaire ($t = t_1$), $\mathcal{O}'_A$ se trouve en A_1 et $\mathcal{O}'_B$ en B_1. Dans l'espace local de repos de $\mathcal{O}'_A$, la deuxième extrémité de la règle, soit B'_1, se trouve le long du vecteur $\vec{e}\,'_1$. Puisque la règle est supposée rigide, sa longueur est toujours égale à $\ell_0 := \|\overrightarrow{A_0B_0}\|_{\boldsymbol{g}}$. B'_1 est donc déterminé par

$$\overrightarrow{A_1B'_1} = \ell_0\,\vec{e}\,'_1. \tag{13.85}$$

L'accélération angulaire ayant été la même (du point de vue de $\mathcal{O}_*$) pour tous les points du disque, on a $\|\overrightarrow{A_1B_1}\|_{\boldsymbol{g}} = \|\overrightarrow{A_0B_0}\|_{\boldsymbol{g}} = \ell_0$. On en déduit que le point B'_1 se trouve sur l'hyperboloïde $\mathscr{H}$ passant par B_1 et qui définit les extrémités des vecteurs issus de A_1 et de norme égale à ℓ_0 (cet hyperboloïde est homothétique à l'hyperboloïde à une nappe $\mathscr{S}_{A_1}$ introduit au § 1.3.3). La trace de $\mathscr{H}$ dans le plan tangent au cylindre d'espace-temps du disque tournant est la branche d'hyperbole représentée en tirets sur la Fig. 13.14. On voit clairement que B'_1 n'est pas situé sur la ligne d'univers de $\mathcal{O}'_B$. Autrement dit, la règle a perdu le contact avec $\mathcal{O}'_B$. Puisque la règle est rigide (c'est-à-dire de longueur métrique constante), cela implique que la distance entre les observateurs $\mathcal{O}'_A$ et $\mathcal{O}'_B$ a augmenté durant la phase d'accélération : le disque n'a pas maintenu la rigidité de Born. On retrouve en fait le résultat (13.78),

10. φ_* désigne la coordonnée azimutale reliée aux coordonnées inertielles (x_*, y_*) par $x_* = r\cos\varphi_*$, $y_* = r\sin\varphi_*$ et $r := \sqrt{x_*^2 + y_*^2}$.

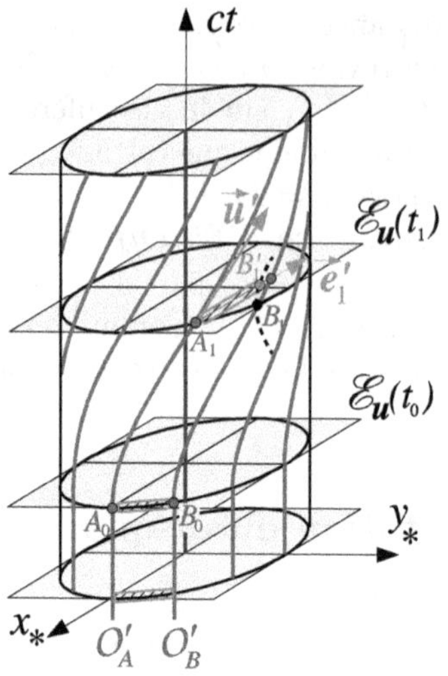

FIG. 13.14 – Mise en rotation du disque : le disque est immobile (par rapport à $\mathcal{O}_*$) pour $t < t_0$, accélère uniformément pour $t_0 \leq t < t_1$ et se trouve en mouvement circulaire uniforme à vitesse ω pour $t \geq t_1$. Chaque ligne continue est la ligne d'univers d'un observateur cotournant. On a fait figurer une règle rigide entre deux observateurs cotournant adjacents (extrémités A et B).

qui a conduit à l'augmentation de la circonférence du disque, du facteur de Lorentz Γ : $L' = \Gamma 2\pi R$.

Une autre illustration de l'augmentation de la circonférence du disque mesurée par les observateurs cotournants est donnée sur la Fig. 13.15. Cette dernière représente le disque tournant tel que perçu par l'observateur inertiel $\mathcal{O}_*$ aux instants t_0 et t_1. Il ne s'agit de rien d'autre que du dessin des « plans de coupe » $\mathscr{E}_{\boldsymbol{u}}(t_0)$ et $\mathscr{E}_{\boldsymbol{u}}(t_1)$ de la Fig. 13.14. On y a fait figurer trois ensembles de règles rigides :

- règles $\mathscr{R}_*$ situées très légèrement à l'extérieur du disque et fixes par rapport à $\mathcal{O}_*$;

- règles $\mathscr{R}'_1$ situées à la périphérie du disque et solidaires de son mouvement, au sens suivant : (i) une extrémité de la règle est attachée au disque, c'est-à-dire suit la ligne d'univers d'un observateur cotournant (c'est l'extrémité marquée par un point sur la Fig. 13.15) et (ii) la règle est toujours tangente à la périphérie du disque ;

- règles $\mathscr{R}'_2$ situées sur un diamètre du disque et solidaires de son mouvement, au sens suivant : (i) une extrémité de la règle est attachée au disque (extrémité marquée par un point sur la Fig. 13.15) et (ii) la règle est toujours alignée suivant un diamètre du disque.

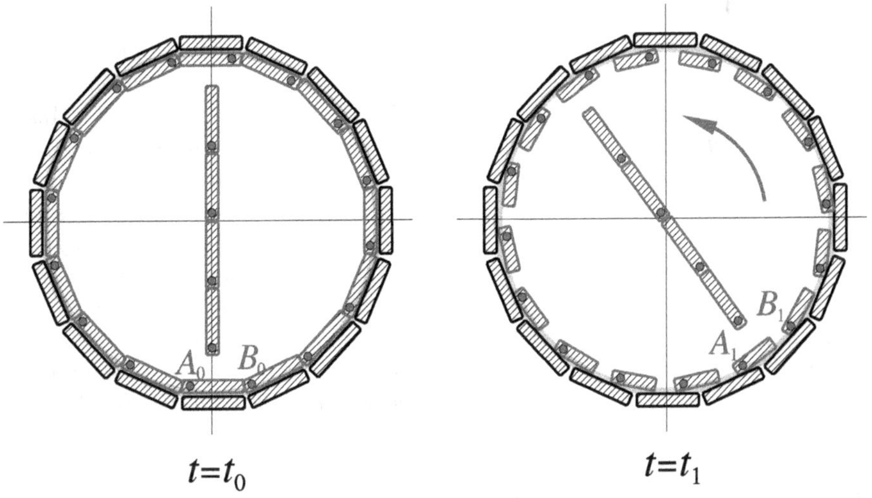

FIG. 13.15 – Disque immobile ($t = t_0$) et disque en rotation uniforme ($t = t_1$). Les points marquent les points d'attache des règles au disque. Les points A_0, B_0, A_1 et B_1 sont les mêmes que sur la Fig. 13.14.

Toutes ces règles rigides sont supposées identiques, c'est-à-dire de même longueur (dans le référentiel où elles sont au repos). Les règles $\mathscr{R}_*$ sont évidemment à la même place dans les deux schémas de la Fig. 13.15. À l'instant $t = t_0$ où le disque est encore immobile, les règles $\mathscr{R}'_1$ coïncident (hormis un léger décalage radial) avec les règles $\mathscr{R}_*$. Par contre, à l'instant $t = t_1$ où le disque atteint son régime de rotation stationnaire, les règles $\mathscr{R}'_1$ observées par $\mathcal{O}_*$ subissent la contraction de FitzGerald-Lorentz, car elles sont alignées dans la direction du mouvement. Chaque règle a alors perdu le contact avec sa voisine. Il faudrait donc plus de règles pour fermer la circonférence. Cela montre bien que la longueur L' de cette dernière pour les observateurs cotournants est supérieure à la longueur L mesurée par $\mathcal{O}_*$. Par contre, les règles $\mathscr{R}'_2$, qui a chaque instant sont perpendiculaires au mouvement, ne subissent pas la contraction de FitzGerald-Lorentz et restent jointives. Cela signifie que le rayon R' mesuré par les observateurs cotournants est inchangé et illustre la relation non-euclidienne (13.82) : $L' > 2\pi R'$.

Si le disque tournant est un corps solide, alors l'étirement (dans la direction parallèle à la circonférence) provoqué par la mise en rotation se traduit par des contraintes élastiques (tensions). Ces dernières pourraient provoquer la rupture du disque si la vitesse de rotation était trop élevée.

Note historique : *Depuis sa formulation en 1909 [130], le paradoxe d'Ehrenfest a généré une importante littérature, avec des débats contradictoires. Le caractère non-euclidien de la géométrie perçue par les observateurs cotournants a été établi par Theodor Kaluza (*cf. *p. 444) en 1910 [222] ainsi* *que par Albert Einstein en 1916 [138, 139], puis développé, entre autres, par Paul Langevin* (cf. *p. 41) en 1935 [236], Carlton W. Berenda*[11] *en 1942 [42] et Nathan Rosen*[12] *en 1947 [363]. Soulignons que le problème du disque en rotation semble avoir joué un rôle déterminant dans le cheminement d'Albert Einstein vers la relativité générale [390], notamment au sujet de la séparation entre les coordonnées mathématiques et les résultats de mesures effectuées à l'aide de règles et d'horloges. Cette distinction n'était pas faite dans les premiers articles sur la relativité restreinte qui se limitaient aux observateurs inertiels. Or, comme nous l'avons souligné plus haut, pour les observateurs cotournants, les coordonnées* (r, φ) *ne correspondent pas directement à des mesures physiques. Par exemple, la relation (13.78) entre la longueur physique* $d\ell'$ *et* $r d\varphi$ *n'est pas simple, en raison de la présence du facteur* Γ. *L'impossibilité de la mise en rotation du disque tout en préservant la rigidité de Born a été soulignée dès 1909 par Gustav Herglotz (cf. p. 361) [205]. Pour plus de détails sur l'histoire et la résolution du paradoxe d'Ehrenfest, on pourra consulter les références [186, 355, 425].*

13.5 Effet Sagnac

L'application la plus intéressante de l'étude des observateurs en rotation est sans nul doute l'effet Sagnac. Ce dernier a été mis en évidence en 1913 par Georges Sagnac[13] [372, 373] comme un déphasage proportionnel à la vitesse de rotation dans un interféromètre optique monté sur une plate-forme tournante. Mais l'effet n'est pas limité aux ondes électromagnétiques ; il traduit en fait le décalage temporel des instants de retour de deux signaux émis en un point d'un disque tournant et parcourant le disque chacun dans un sens différent (*cf.* Fig. 13.16). La nature des signaux importe peu (ondes électromagnétiques, électrons, neutrons, atomes, etc.) pourvu qu'ils soient émis à la même vitesse par rapport à l'observateur cotournant.

13.5.1 Délai Sagnac

Considérons un observateur cotournant $\mathscr{O}'$ qui émet lors du même événement A deux « pulses » ou « signaux », $\mathscr{S}_+$ et $\mathscr{S}_-$. Ces derniers parcourent le disque sur le même trajet, mais en sens inverse : dans le sens de la rotation pour $\mathscr{S}_+$ et dans le sens inverse pour $\mathscr{S}_-$. On suppose que les signaux rencontrent

11. **Carlton W. Berenda** (1911–1980) : Physicien et philosophe des sciences américain.

12. **Nathan Rosen** (1909–1995) : Physicien américano-israélien, assistant d'Einstein à Princeton ; c'est le « R » du fameux *paradoxe EPR* en mécanique quantique ; il est également connu pour le *pont d'Einstein-Rosen* en relativité générale.

13. **Georges Sagnac** (1869–1928) : Physicien français, l'un des pionniers de l'étude des rayons X en France (il a notamment découvert la fluorescence X). Il s'intéressa ensuite à l'optique des corps en mouvement, dans le cadre de la théorie de l'éther, dont il était un partisan. C'était un ami de Paul Langevin (*cf.* p. 41), Émile Borel (*cf.* p. 219) et Pierre et Marie Curie.

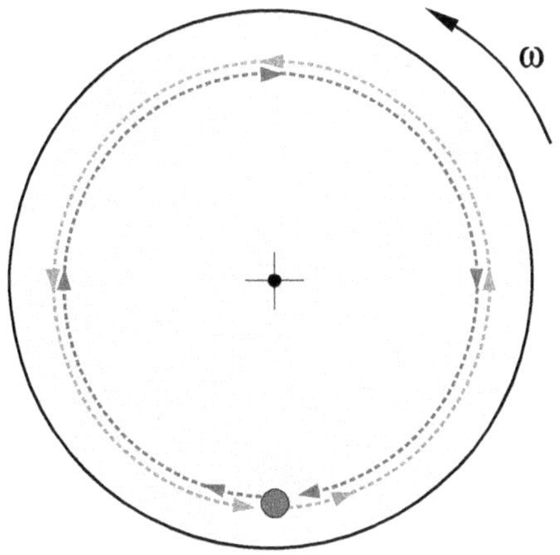

FIG. 13.16 – Schéma de principe d'une expérience de type Sagnac.

de nouveau l'observateur $\mathscr{O}'$, aux événements B_+ et B_- respectivement. Nous modéliserons ces signaux comme deux particules de ligne d'univers respectives $\mathscr{L}_+$ et $\mathscr{L}_-$ (*cf.* Fig. 13.17). $\mathscr{L}_+$ et $\mathscr{L}_-$ pourront être tout aussi bien des courbes du genre temps (signaux constitués par des particules massives) que du genre lumière (signaux électromagnétiques). Dans ce dernier cas, on supposera que le disque tournant est muni de miroirs pour fermer la trajectoire.

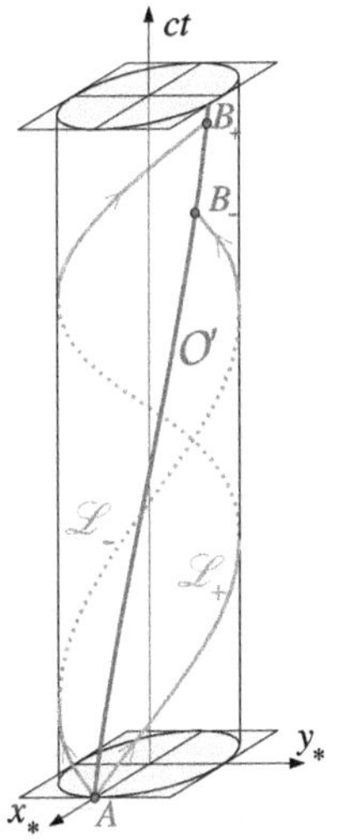

FIG. 13.17 – Signaux circulaires émis en A par un observateur cotournant $\mathscr{O}'$, dans le sens de la rotation (ligne d'univers $\mathscr{L}_+$) et dans le sens inverse (ligne d'univers $\mathscr{L}_-$). Le premier signal rejoint $\mathscr{O}'$ en B_+ et le deuxième en B_-.

Puisqu'ils reviennent à leur point de départ, on peut utiliser pour chacun des deux signaux les équations établies pour l'observateur $\mathcal{O}''$ au § 13.3.4. v est alors la norme de la vitesse du signal par rapport aux observateurs cotournants. Dire que les deux signaux parcourent le même trajet (mais en sens inverse) revient à dire que leur trajectoire dans l'espace de référence de $\mathcal{O}$ est la même courbe fermée $\mathcal{C}$ (*cf.* Fig. 13.9). Si les signaux sont du genre lumière, $\mathcal{O}'' = \mathscr{S}_+$ ou $\mathscr{S}_-$ n'est plus à proprement parler un observateur mais les formules cinématiques du § 13.3.4 restent valables, en faisant $v = c$. On a alors évidemment $t''_B = 0$.

Nous prendrons comme origine du temps propre de $\mathcal{O}'$ l'événement A : $t'_A = 0$. La durée t'_+ (resp. t'_-) mesurée par $\mathcal{O}'$ entre le départ du signal $\mathscr{S}_+$ (resp. $\mathscr{S}_-$) en A et son retour en B_+ (resp. B_-) est donnée par la formule (13.63) :

$$t'_\pm = \frac{1}{\Gamma_{(0)}} \oint_{\mathcal{C}} \frac{\Gamma^2}{v_\pm} \sqrt{1 - \frac{r^2\omega^2}{c^2} \sin^2\theta}\, d\ell + \Delta t'^{\pm}_{\text{desync}}, \qquad (13.86)$$

où v_+ (resp. v_-) est la norme de la vitesse de $\mathscr{S}_+$ (resp. $\mathscr{S}_-$) par rapport à chaque observateur cotournant $\mathcal{O}'_{(\lambda)}$ qu'il rencontre et où $\Delta t'^{\pm}_{\text{desync}}$ obéit à la formule (13.48) :

$$\Delta t'^{\pm}_{\text{desync}} = \frac{1}{c^2 \Gamma_{(0)}} \oint_{\mathcal{C}} \Gamma^2 \vec{V} \cdot d\vec{\ell}^{\pm}, \qquad (13.87)$$

$d\vec{\ell}^{+}$ (resp. $d\vec{\ell}^{-}$) étant l'élément du circuit $\mathcal{C}$ orienté dans le sens de propagation de $\mathscr{S}_+$ (resp. $\mathscr{S}_-$). En tout point de $\mathcal{C}$, $d\vec{\ell}^{-} = -d\vec{\ell}^{+}$, si bien que

$$\Delta t'^{-}_{\text{desync}} = -\Delta t'^{+}_{\text{desync}}. \qquad (13.88)$$

Supposons à présent que, du point de vue de l'observateur cotournant $\mathcal{O}'$, les vitesses des deux signaux soient identiques :

$$\boxed{v_+ = v_- =: v}. \qquad (13.89)$$

En particulier si les signaux sont de nature lumineuse, $v = c$. Nous avons en effet vu au § 4.5.2 que la vitesse de la lumière mesurée localement par un observateur est toujours c, même si l'observateur est accéléré ou en rotation, comme c'est le cas de $\mathcal{O}'$. On déduit de (13.86), (13.88) et (13.89) que la différence entre les temps d'arrivée des signaux $\mathscr{S}_+$ et $\mathscr{S}_-$ est

$$\Delta t' := t'_+ - t'_- = 2\Delta t'^{+}_{\text{desync}}. \qquad (13.90)$$

En explicitant $\Delta t'^{+}_{\text{desync}}$ *via* (13.87), il vient

$$\boxed{\Delta t' = \frac{2}{c^2 \Gamma_{(0)}} \oint_{\mathcal{C}} \Gamma^2 \vec{V} \cdot d\vec{\ell}}, \qquad (13.91)$$

où nous avons noté $d\vec{\ell} = \overrightarrow{d\ell}^{+}$ (élément de longueur du circuit $\mathcal{C}$ orienté dans le sens de la rotation, de sorte que $\vec{V} \cdot d\vec{\ell} \geq 0$).

Le fait que $\Delta t' \neq 0$, c'est-à-dire que le signal émis dans le sens de la rotation ne revient pas vers $\mathcal{O}'$ au même instant que celui émis dans le sens contraire à la rotation, constitue l'***effet Sagnac***. La quantité $\Delta t'$ est appelée ***délai Sagnac***. Elle est toujours positive puisque $\vec{V} \cdot d\vec{\ell} = \vec{V} \cdot \overrightarrow{d\ell}^{+} \geq 0$, ce qui implique que le signal qui va dans le sens de la rotation arrive toujours après celui qui va en sens inverse. La formule (13.90) montre que l'effet Sagnac est relié à l'impossibilité de la synchronisation globale des observateurs cotournants discutée au § 13.3.

Remarque 1 : À la limite newtonienne, $\|V\|_g / c = r\omega / c \to 0$ et la formule (13.91) donne

$$\Delta t' = 0 \quad \text{(non relativiste)}. \tag{13.92}$$

Il n'y a donc pas d'effet Sagnac en théorie newtonienne, ce qui est conforme à l'intuition car les deux signaux ont la même distance à parcourir pour revenir à leur point de départ, soit $L = 2\pi r$, et ils ont tous les deux la même vitesse $v_+ = v_-$ dans le repère où $\mathcal{O}'$ est fixe.

Remarque 2 : Le délai Sagnac $\Delta t'$ est indépendant de la vitesse v des signaux par rapport à l'observateur cotournant $\mathcal{O}'$. Il sera donc le même pour des photons que pour des particules matérielles. En particulier, le facteur c qui apparaît (au carré) dans (13.91) n'est pas lié à la vitesse de propagation du signal mais provient de la métrique de l'espace-temps de Minkowski.

Les deux cas particuliers traités au § 13.3.3 conduisent à des formules simplifiées pour le délai Sagnac : pour un trajet circulaire des signaux, à rayon r fixé, les Éqs. (13.50) et (13.90) conduisent à

$$\boxed{\Delta t' = 4\pi\Gamma \frac{r^2 \omega}{c^2}.}_{\, r=\text{const.}} \tag{13.93}$$

tandis que pour des vitesses de rotation faiblement relativistes, les Éqs. (13.53) et (13.90) donnent

$$\boxed{\Delta t' \simeq \frac{4}{c^2} \vec{\omega} \cdot \vec{\mathcal{A}}}_{\, r\omega \ll c}\ , \tag{13.94}$$

où $\vec{\mathcal{A}}$ est le vecteur aire de la surface délimitée par la trajectoire $\mathcal{C}$ des faisceaux, orienté dans le sens de la rotation, c'est-à-dire tel que $\vec{\omega} \cdot \vec{\mathcal{A}} \geq 0$.

Remarque : Dans le cas de signaux circulaires, on a $\|\vec{\mathcal{A}}\|_g = \pi r^2$, si bien qu'à faible vitesse de rotation ($\Gamma \to 1$), (13.93) se réduit bien à (13.94), comme il se doit.

13.5.2 Dérivation alternative

Dans le cas particulier où les signaux se propagent à r constant (signaux circulaires), il est instructif de retrouver la formule (13.93) du délai Sagnac par une méthode qui ne repose pas sur le temps de désynchronisation $\Delta t'_{\rm desync}$ dérivé au § 13.3. On peut en effet obtenir (13.93) à partir des équations des lignes d'univers des signaux – équations simples puisqu'il s'agit de signaux circulaires – et de la loi relativiste de composition des vitesses.

En termes des coordonnées inertielles (ct, x_*, y_*, z_*), les lignes d'univers des signaux $\mathscr{S}_+$ et $\mathscr{S}_-$ sont des hélices d'équations

$$\mathscr{L}_+ \ : \ \begin{cases} x_* = r\cos\Omega_+ t \\ y_* = r\sin\Omega_+ t \end{cases} \qquad \text{et} \qquad \mathscr{L}_- \ : \ \begin{cases} x_* = r\cos\Omega_- t \\ y_* = r\sin\Omega_- t, \end{cases} \tag{13.95}$$

où r est la coordonnée radiale de $\mathscr{O}'$, et $\Omega_+ > 0$ et $\Omega_- < 0$ sont deux constantes (*cf.* Fig. 13.17). L'équation de $\mathscr{O}'$ dans ces mêmes coordonnées étant donnée par (13.16) (on choisira $\varphi = 0$), on en déduit que la ligne d'univers $\mathscr{L}_+$ rencontre de nouveau celle de $\mathscr{O}'$ en l'événement B_+ où $t = t_{B_+}$ tel que $\Omega_+ t_{B_+} = \omega t_{B_+} + 2\pi$, soit

$$t_{B_+} = \frac{2\pi}{\Omega_+ - \omega}. \tag{13.96}$$

De même, la coordonnée $t = t_{B_-}$ de l'événement B_- où la ligne d'univers $\mathscr{L}_-$ rencontre de nouveau celle de $\mathscr{O}'$ vérifie $\Omega_- t_{B_-} = \omega t_{B_-} - 2\pi$ (le signe $-$ tenant compte du mouvement rétrograde de $\mathscr{S}_-$), d'où

$$t_{B_-} = \frac{2\pi}{\omega - \Omega_-}. \tag{13.97}$$

L'intervalle de temps propre de $\mathscr{O}'$ entre les événements B_- et B_+ est, d'après (13.29), $\Delta t' = \Gamma^{-1}(t_{B_+} - t_{B_-})$, soit

$$\Delta t' = \frac{2\pi}{\Gamma}\left(\frac{1}{\Omega_+ - \omega} + \frac{1}{\Omega_- - \omega}\right). \tag{13.98}$$

Par rapport à l'observateur inertiel $\mathscr{O}_*$, les vitesses de $\mathscr{O}'$, du signal prograde et du signal rétrograde, lors de l'émission en A, sont respectivement

$$\vec{\boldsymbol{V}} = r\omega\,\vec{\boldsymbol{n}}, \quad \vec{\boldsymbol{V}}_+ = r\Omega_+\,\vec{\boldsymbol{n}} \quad \text{et} \quad \vec{\boldsymbol{V}}_- = r\Omega_-\,\vec{\boldsymbol{n}}. \tag{13.99}$$

Plutôt que $\vec{\boldsymbol{V}}_+$ et $\vec{\boldsymbol{V}}_-$, introduisons les vitesses des deux signaux par rapport à l'observateur $\mathscr{O}'$, toujours à l'instant de l'émission en A [14] :

$$\vec{\boldsymbol{v}}_+ = v_+\,\vec{\boldsymbol{e}}'_1 \quad \text{et} \quad \vec{\boldsymbol{v}}_- = -v_-\,\vec{\boldsymbol{e}}'_1. \tag{13.100}$$

Ainsi $v_+ = \|\vec{\boldsymbol{v}}_+\|_{\boldsymbol{g}}$ et $v_- = \|\vec{\boldsymbol{v}}_-\|_{\boldsymbol{g}}$. Les vitesses $\vec{\boldsymbol{v}}_+$ et $\vec{\boldsymbol{v}}_-$ sont reliées à $\vec{\boldsymbol{V}}_+$ et $\vec{\boldsymbol{V}}_-$ par la loi de composition des vitesses réduite au cas où les vitesses sont

14. Rappelons que les vecteurs unitaires $\vec{\boldsymbol{n}}$ et $\vec{\boldsymbol{e}}'_1$ ont été définis au § 13.2.3.

colinéaires (les vitesses par rapport à $\mathcal{O}_*$ sont toutes suivant $\vec{n}$, *cf.* (13.99)). La formule à appliquer est alors (5.48) avec $V' = V_+ = r\Omega_+$, $V = v_+$ et $U' = V = r\omega$:

$$r\Omega_+ = \frac{v_+ + r\omega}{1 + r\omega v_+/c^2}. \tag{13.101}$$

Rappelons que cette formule reste valable même si $v_+ = c$ (cas des signaux lumineux). Elle conduit alors à $r\Omega_+ = c$. En utilisant la relation $1 - r^2\omega^2/c^2 = \Gamma^{-2}$, on déduit de (13.101) que

$$\Omega_+ - \omega = \Gamma^{-2}\left(1 + \frac{r\omega v_+}{c^2}\right)^{-1}\frac{v_+}{r}. \tag{13.102}$$

De même, on obtient, en remplaçant v_+ par $-v_-$,

$$\Omega_- - \omega = -\Gamma^{-2}\left(1 - \frac{r\omega v_-}{c^2}\right)^{-1}\frac{v_-}{r}. \tag{13.103}$$

En reportant (13.102) et (13.103) dans (13.98), il vient

$$\Delta t' = 2\pi\Gamma r\left(\frac{2r\omega}{c^2} + \frac{1}{v_+} - \frac{1}{v_-}\right). \tag{13.104}$$

En vertu de l'hypothèse (13.89) sur l'égalité des vitesses des signaux par rapport aux observateurs cotournants, il est clair que cette expression redonne bien la formule (13.93).

13.5.3 Temps propre de parcours de chaque signal

Les temps propres T_+ et T_- écoulés pour chaque signal entre A et $B_\pm$ sont donnés par la formule (13.64), dans laquelle on peut extraire de l'intégrale les termes en v, puisqu'ils sont constants :

$$T_\pm = \frac{1}{v}\sqrt{1 - \frac{v^2}{c^2}}\oint_{\mathcal{C}} \Gamma\sqrt{1 - \frac{r^2\omega^2}{c^2}\sin^2\theta}\, d\ell. \tag{13.105}$$

Étant donné que la vitesse de propagation v a la même valeur pour les deux signaux : $v = v_+ = v_-$ (*cf.* Éq. (13.89)), et que l'intégrale sur $\mathcal{C}$ est indépendante du sens de parcours, on constate que

$$\boxed{T_+ = T_-}. \tag{13.106}$$

Ainsi, bien que du point de vue de l'émetteur et récepteur des signaux ($\mathcal{O}'$), les temps d'arrivée t'_+ et t'_- de chaque signal soient différents – séparés du délai Sagnac (13.91) –, les temps propres de parcours sont égaux.

Remarque 1 : Si l'on fait $v \to c$ dans (13.105), on obtient $T_+ = T_- = 0$, comme il se doit pour des signaux lumineux.

Remarque 2 : Dans le cas de signaux circulaires, $\theta = 0$, $\Gamma = \text{const.}$ et on peut mettre (13.105) sous la forme

$$T_+ = T_- = \frac{1}{\tilde{\Gamma}} \frac{L'}{v}, \tag{13.107}$$

où $L' = \Gamma\, 2\pi r$ est la longueur du trajet parcouru par les deux signaux, du point de vue des observateurs cotournants (*cf.* (13.82) et (13.81)) et où $\tilde{\Gamma} := 1/\sqrt{1-(v/c)^2}$ est le facteur de Lorentz entre $\mathscr{S}_+$ et $\mathcal{O}'$ (ou tout aussi bien entre $\mathscr{S}_-$ et $\mathcal{O}'$). v étant la vitesse de propagation des signaux par rapport à $\mathcal{O}'$, on constate que (13.107) est identique à la formule qui donnerait le temps propre de parcours d'un observateur inertiel entre deux événements A et B, en fonction du temps L'/v entre A et B mesuré par un deuxième observateur inertiel et du facteur de Lorentz $\tilde{\Gamma}$ entre les deux observateurs.

13.5.4 Interféromètre de Sagnac optique

Un ***interféromètre de Sagnac optique*** est un dispositif mettant en évidence l'effet Sagnac par le biais d'interférences lumineuses. Tous les éléments de l'interféromètre sont montés sur une table tournante (*cf.* Fig. 13.18). Il s'agit d'une source de lumière dont le faisceau atteint une lame semi-réfléchissante qui le sépare en deux parties : la première se propage dans le sens de la rotation et la deuxième dans le sens inverse. Par le biais de miroirs, les deux faisceaux font un tour complet avant d'être recombinés sur

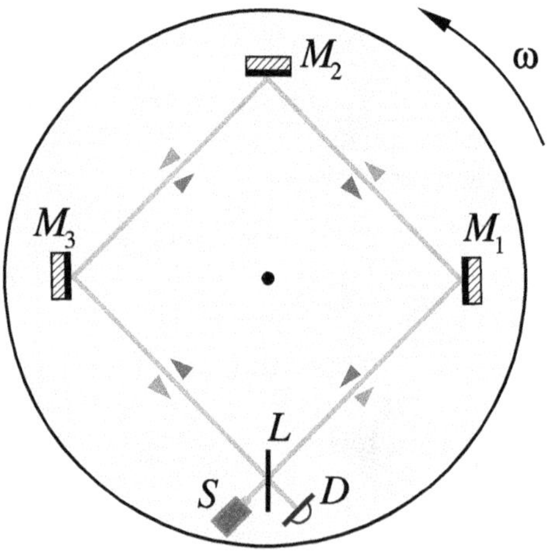

FIG. 13.18 – Schéma simplifié d'un interféromètre de Sagnac : S est une source de lumière monochromatique, L une lame semi-réfléchissante (séparatrice), M_1, M_2 et M_3 trois miroirs et D un détecteur qui permet d'observer les franges d'interférence. Ce schéma met en œuvre trois miroirs, mais leur nombre peut être quelconque (supérieur ou égal à deux).

la lame séparatrice. Si la lumière est suffisamment monochromatique, il se forme alors des franges d'interférence, que l'on enregistre sur un détecteur. Par rapport à la situation où l'interféromètre ne tourne pas, on observe un décalage des franges d'interférence qui est proportionnel à la vitesse de rotation. Ce décalage est dû au déphasage entre les deux faisceaux résultant de l'effet Sagnac.

Pour le comprendre, considérons une des composantes E du champ électrique qui constitue l'onde lumineuse au niveau de la lame séparatrice, cette dernière pouvant être assimilée à l'« observateur » cotournant $\mathcal{O}'$ du § 13.5.1. On suppose que l'onde est monochromatique, à la fréquence f par rapport à $\mathcal{O}'$:

$$E(t') = \sin(2\pi f t').$$

Sur le diagramme d'espace-temps de la Fig. 13.19, on a représenté les « lignes d'univers » des nœuds de la composante E (c'est-à-dire les lieux où E s'annule). Au retour sur la lame séparatrice, les signaux sont

$$E_+(t') = \sin\left[2\pi f(t' - t'_+)\right] \quad (13.108)$$

$$E_-(t') = \sin\left[2\pi f(t' - t'_-)\right], \quad (13.109)$$

où t'_+ et t'_- sont les dates mesurées par $\mathcal{O}'$ des événements B_+ et B_-, retour du nœud émis en A dans le sens de rotation et dans le sens inverse respectivement. Le fait que la fréquence f dans (13.108)–(13.109) soit la même qu'à l'émission est dû au caractère stationnaire de l'observateur $\mathcal{O}'$. En effet, comme le montrent explicitement les formules (13.25) et (13.28), les normes de la 4-accélération et de la 4-rotation de $\mathcal{O}'$ sont constantes le long de sa ligne d'univers, ce qui implique que $\mathcal{O}'$ est un observateur stationnaire (*cf.* § 12.1.3). Les lignes d'univers des nœuds successifs sur la Fig. 13.19 se déduisent alors l'une de l'autre par une translation temporelle constante : la période des nœuds à l'arrivée est donc la même qu'au départ, d'où l'égalité des fréquences.

Le déphasage entre $E_+(t')$ et $E_-(t')$ lu sur (13.108)–(13.109) est $\Delta\phi = 2\pi f(t'_+ - t'_-) = 2\pi f \Delta t'$, où $\Delta t'$ est le délai Sagnac donné par (13.91). On obtient donc

$$\boxed{\Delta\phi = \frac{4\pi f}{c^2 \Gamma_{(0)}} \oint_{\mathcal{C}} \Gamma^2 \, \vec{\boldsymbol{V}} \cdot d\vec{\boldsymbol{\ell}}}. \quad (13.110)$$

Dans les applications pratiques, les vitesses de rotation sont faiblement relativistes et l'on peut utiliser la formule (13.94) pour $\Delta t'$, qui fait intervenir l'aire $\vec{\boldsymbol{\mathcal{A}}}$ délimitée par les branches de l'interféromètre. Il vient alors

$$\boxed{\Delta\phi = \frac{8\pi f}{c^2} \, \vec{\boldsymbol{\omega}} \cdot \vec{\boldsymbol{\mathcal{A}}}.}_{\, r\omega \ll c} \quad (13.111)$$

Dans l'expérience que Sagnac a effectuée en 1913 [372, 373], la fréquence de la lumière f correspondait à une longueur d'onde $\lambda = c/f = 436$ nm, la

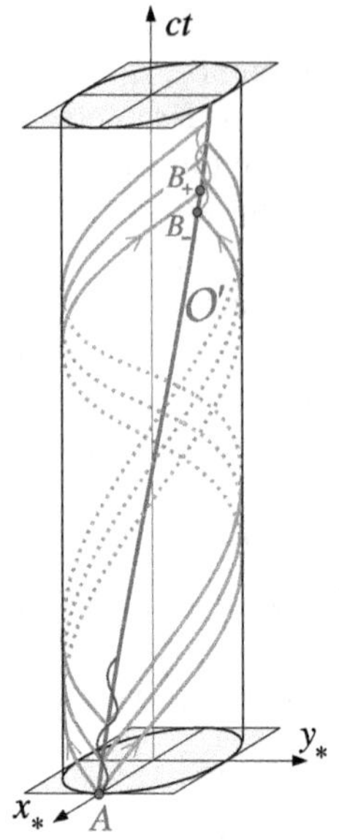

FIG. 13.19 – Diagramme d'espace-temps d'un interféromètre de Sagnac : les deux signaux initialement en phase, au moment de l'émission, ne le sont plus lorsqu'ils se recombinent après un tour, en raison du délai Sagnac.

fréquence de rotation était $\omega/(2\pi) = 2$ Hz, l'aire $\mathcal{A} = 0.0866$ m^2, ce qui donne $\Delta\phi \simeq 0.21$ rad. Sagnac a mesuré ce déphasage avec une précision de 4 %.

Il convient de remarquer qu'il n'est pas nécessaire d'installer l'interféromètre sur une table tournante par rapport au laboratoire pour mettre en évidence l'effet Sagnac : ω dans la formule (13.111) pourrait très bien être la vitesse angulaire de la Terre par rapport à un référentiel inertiel : $\omega = \omega_\oplus \simeq 7.29 \times 10^{-5}$ rad.s^{-1}. Cette vitesse est certes beaucoup plus faible que celle de l'expérience de Sagnac, mais on peut la compenser en augmentant la taille de l'interféromètre, c'est-à-dire le facteur $\mathcal{A}$ dans (13.111). C'est ce qu'ont fait Albert A. Michelson (*cf.* p. 129), Henry G. Gale[15] et Fred Pearson en 1925 [281], en construisant dans l'Illinois un interféromètre rectangulaire de 613 m sur 339 m, ce qui conduit à une aire $\mathcal{A} = 2.08 \times 10^5$ m^2. Le déphasage Sagnac dû à la rotation de la Terre dans un tel instrument est alors $\Delta\phi = 1.44$ rad ($\lambda = c/f = 570$ nm). La valeur mesurée par Michelson, Gale et Pearson est en accord avec cette valeur à 3 % près.

Remarque : La formule (13.111) pour le déphasage Sagnac est souvent présentée en remplaçant la fréquence f du rayonnement par son expression en fonction de la longueur d'onde : $f = c/\lambda$; on obtient alors

$$\Delta\phi = \frac{8\pi}{c\lambda}\, \vec{\omega} \cdot \vec{\mathcal{A}}. \qquad (13.112)$$

15. **Henry G. Gale** (1874–1942) : Astrophysicien américain.

Cette formule est évidemment correcte pour un interféromètre à faisceaux optiques se propageant dans le vide, mais elle masque quelque peu l'origine relativiste de l'effet Sagnac : le facteur c dans (13.112) ne représente pas la vitesse de propagation des ondes dans l'interféromètre. Pour un interféromètre utilisant autre chose que des ondes lumineuses dans le vide, il serait faux de remplacer (13.112) par $\Delta\phi = 8\pi\vec{\omega} \cdot \vec{\mathcal{A}}/(v\lambda)$, où v serait la vitesse de phase des ondes. La formule correcte est dans ce cas

$$\Delta\phi = \frac{8\pi v}{c^2\lambda}\,\vec{\omega} \cdot \vec{\mathcal{A}}. \tag{13.113}$$

La formule (13.111) qui ne fait intervenir que la fréquence des ondes, et non à la fois leur vitesse de phase et leur longueur d'onde, est donc plus didactique.

Note historique : *L'effet Sagnac pour des ondes lumineuses a été prédit avant l'avènement de la relativité, sur la base de la théorie de l'éther. Nous avons souligné au § 13.5.1 que l'effet Sagnac est inexistant en théorie newtonienne (Éq. (13.92)). Mais ce dernier résultat repose sur l'hypothèse (13.89), à savoir de l'égalité des vitesses de propagation des deux faisceaux* par rapport à l'émetteur en rotation. *Or dans la théorie électromagnétique basée sur l'éther, ce sont les vitesses des faisceaux* par rapport à l'éther *qui doivent être égales, chacune étant égale à la constante c : en reprenant les notations du § 13.5.2, on doit avoir dans ce cas*

$$r\Omega_+ = -r\Omega_- = c \quad \textit{(éther)}.$$

La loi galiléenne de composition des vitesses conduit alors à

$$v_+ = c - r\omega \quad \textit{et} \quad v_- = -c - r\omega \quad \textit{(éther)},$$

à la place de (13.89). En injectant ces relations dans la limite non relativiste ($\Gamma \to 1$, $r\omega/c \to 0$) de la formule générale (13.104), on obtient

$$\Delta t' = \frac{4\pi r^2\omega}{c^2} \quad \textit{(éther)}. \tag{13.114}$$

On aboutit ainsi à la même formule que la prédiction relativiste (13.94) avec $\mathcal{A} = \pi r^2$. La prédiction (13.114), basée sur la théorie de l'éther plutôt que la relativité, a été établie par Oliver J. Lodge[16] *en 1893 pour un interféromètre entraîné par la rotation de la Terre [259], puis quatre ans plus tard pour un interféromètre monté sur un plateau tournant [260]* (cf. *Ref. [15]). La prédiction a également été réalisée par Albert A. Michelson* (cf. *p. 129) en 1904 [280] et par Georges Sagnac* (cf. *p. 456) en 1911 [371], toujours dans le cadre de la théorie de l'éther.*

La première observation de l'effet Sagnac date de 1911 et a été réalisée par un jeune allemand, Franz Harress, alors qu'il effectuait sa thèse [198].

16. **Oliver J. Lodge** (1851–1940) : Physicien et écrivain britannique, auteur de travaux en électromagnétisme et notamment sur la *transmission sans fil* ; il a également inventé un type de bougie pour les moteurs à explosion.

Il cherchait à mesurer les propriétés de dispersion de différents verres à l'aide d'un interféromètre annulaire en rotation. Harress n'a en fait pas su expliquer le déplacement des franges d'interférence qu'il observait car il supposait implicitement que l'effet Sagnac n'existait pas (cf. *Ref. [336]). C'est donc Georges Sagnac qui a réalisé en 1913 [372, 373] la mesure de l'effet qui porte son nom et l'a interprétée à la lumière de la formule (13.114). Nous avons décrit succinctement l'expérience plus haut. Notons que Sagnac a présenté son résultat comme une démonstration de l'existence de l'éther! En 1914, Paul Harzer*[17] *[200] a rediscuté les résultats de l'expérience de Harress et a montré qu'ils mettaient en évidence l'effet Sagnac, avec de plus une précision supérieure à celle obtenue par Sagnac. Même si l'on peut dériver l'effet Sagnac optique de la théorie de l'éther* (cf. *Éq. (13.114)) il était évidemment incorrect de conclure, comme Sagnac l'avait fait, que cet effet démontre l'existence de l'éther. Avant même les premières observations, Max Laue* (cf. *p. 151) avait indiqué en 1911 [242] que la relativité prédit l'effet Sagnac. La démonstration de l'effet Sagnac en relativité a été reprise par von Laue lui-même en 1920 [245] (au premier ordre en v/c seulement) et par Paul Langevin* (cf. *p. 41) en 1921 [234] et 1937 [237]. Pour plus de détails sur l'histoire de l'effet Sagnac, on pourra consulter les Réfs. [15, 268, 336].*

13.5.5 Interféromètre de Sagnac à ondes de matière

Nous avons déjà souligné que l'effet Sagnac est indépendant de la nature du signal, et en particulier de sa vitesse de propagation. L'expérience peut donc être réalisée en faisant interférer des ondes de matière, plutôt que des ondes lumineuses. Par ***ondes de matière***, il faut entendre la prise en compte de la nature quantique des particules matérielles, *via* la longueur d'onde de de Broglie. La fréquence f qui apparaît dans la formule (13.110) est alors reliée à l'énergie des particules par rapport à l'observateur $\mathcal{O}'$ par la formule de Planck-Einstein $E = hf$, où h est la constante de Planck (Éq. (9.22)). L'énergie s'exprimant en fonction de la masse m des particules et de leur facteur de Lorentz $\Gamma_{\rm p}$ relativement à $\mathcal{O}'$ suivant $E = \Gamma_{\rm p} mc^2$ (Éq. (9.16)), la formule (13.110) conduit à

$$\boxed{\Delta\phi = 2\,\frac{\Gamma_{\rm p}}{\Gamma_{(0)}}\frac{m}{\hbar}\oint_{\mathcal{C}} \Gamma^2\,\vec{\boldsymbol{V}}\cdot d\vec{\boldsymbol{\ell}}}\,, \qquad (13.115)$$

où $\hbar := h/(2\pi)$ est la constante de Planck réduite (*cf.* (9.23)). Dans la pratique, les vitesses de rotation sont peu relativistes et la formule (13.111) conduit à

$$\boxed{\Delta\phi = 4\Gamma_{\rm p}\frac{m}{\hbar}\,\vec{\boldsymbol{\omega}}\cdot\vec{\boldsymbol{\mathcal{A}}}.}_{\;r\omega\ll c} \qquad (13.116)$$

17. **Paul Harzer** (1857–1932) : Astronome allemand, de l'Observatoire de Kiel.

Bien entendu, une dérivation rigoureuse de la formule (13.115) ou (13.116) passe par un calcul en mécanique quantique, basé sur l'équation de Schrödinger (cas non relativiste) ou de Dirac (cas relativiste). Nous renvoyons pour cela aux Réfs. [57, 58].

Remarque : Dans la pratique, les interféromètres à ondes de matière sont souvent de type Bordé-Ramsey, avec une géométrie équivalente à celle des interféromètres optiques de Mach-Zehnder (*cf.* [246]) : les deux signaux se recombinent après un demi-tour et non un tour complet. En conséquence, le déphasage est la moitié de celui donné par la formule (13.116) : $\Delta\phi = 2\Gamma_{\rm p}(m/\hbar)\,\vec{\omega}\cdot\vec{\mathcal{A}}$.

Comparons les déphasages Sagnac entre un interféromètre à ondes de matière et un interféromètre optique, dans les conditions de laboratoire, c'est-à-dire pour des vitesses de rotation non relativistes. Le rapport des formules (13.116) et (13.111) donne, pour la même vitesse de rotation ω et la même aire $\mathcal{A}$ de l'interféromètre :

$$\frac{\Delta\phi_{\rm mat}}{\Delta\phi_{\rm opt}} = \Gamma_{\rm p}\frac{mc^2}{hf} \sim 4\times 10^8, \tag{13.117}$$

où l'estimation numérique a été effectuée pour un proton ($mc^2 \sim 0.9$ GeV) avec $\Gamma_{\rm p} \sim 1$ et pour du rayonnement visible ($hf \sim 2$ eV). Ce facteur montre que pour mettre l'effet Sagnac en évidence, il est *a priori* beaucoup plus favorable d'utiliser un interféromètre à ondes de matière qu'un interféromètre optique. Cependant, il faut souligner qu'il est plus facile de construire un interféromètre optique de grande taille et que le rapport signal sur bruit d'un interféromètre optique est bien supérieur à celui d'un interféromètre à ondes de matière.

La première mesure de l'effet Sagnac par un interféromètre à ondes de matière a été obtenue en 1965 par James E. Zimmerman (1923–1999) et James E. Mercereau [450] avec des électrons supraconducteurs. Depuis de nombreuses autres expériences utilisant des électrons, des neutrons ou encore des atomes ont été réalisées. Les principales sont listées dans la Table 13.1. Notons que cinq d'entre elles ont mis en évidence la rotation terrestre. Elles peuvent donc être considérées comme des équivalents à ondes de matière de l'expérience de Michelson, Gale et Pearson mentionnée plus haut.

Note historique : *C'est Fernand Prunier qui a souligné en 1935 [339] que l'effet Sagnac pouvait être obtenu avec des particules matérielles (il donne l'exemple des électrons), plutôt que de la lumière, et que dans ce cas il s'agirait d'une confirmation de la théorie de la relativité, la théorie de l'éther ne prédisant aucun effet pour d'autres particules que les photons.*

13.5.6 Application : gyromètres

L'effet Sagnac est un effet relativiste qui a une grande application pratique puisqu'il sert à la fabrication de ***gyromètres***, c'est-à-dire de dispositifs de

TAB. 13.1 – Mesures de l'effet Sagnac avec des interféromètres à ondes de matière. $\omega_\oplus$ désigne la vitesse angulaire de rotation de la Terre : $\omega_\oplus = 7.29 \times 10^{-5}$ rad.s^{-1}.

Expérience	Type de matière	ω (rad.s^{-1})	Écart relatif avec le $\Delta\phi$ théorique
Zimmerman et Mercereau 1965 [450]	électrons (supraconducteurs)	10	5 %
Hasselbach et Nicklaus 1993 [201]	électrons (libres)	3	30 %
Atwood *et al.* 1984 [28]	neutrons	7×10^{-4}	0.4 %
Werner *et al.* 1979 [432]	neutrons	$\omega_\oplus$	0.4 %
Riehle *et al.* 1991 [349]	atomes Ca	0.1	20 %
Lenef *et al.* 1997 [249]	atomes Na	$\omega_\oplus$	1 %
Gustavson *et al.* 1997 [189]	atomes Cs	$\omega_\oplus$	2 %
Gustavson *et al.* 2000 [190]	atomes Cs	$\omega_\oplus$	1 %
Canuel *et al.* 2006 [73, 74]	atomes Cs (refroidis)	$\omega_\oplus$	1 %

mesure de vitesse angulaire. Le gyromètre est, avec l'accéléromètre, l'élément essentiel d'une ***centrale inertielle***, utilisée notamment pour la navigation des avions.

Les gyromètres modernes ne sont plus basés sur des gyroscopes mécaniques (toupies) mais sur des interféromètres de Sagnac optiques. Ces derniers offrent en effet l'avantage de ne pas comporter de pièces mécaniques en mouvement (donc pas de friction) et d'être légers et compacts. Les interféromètres de Sagnac à ondes de matière ne sont pas encore au stade industriel car ils nécessitent un accélérateur de particules pour les interféromètres à neutrons ou des températures très basses pour les interféromètres atomiques.

Il existe deux types de gyromètres basés sur l'effet Sagnac optique :

- ***gyromètre à fibre optique*** : le principe est d'augmenter l'aire effective de l'interféromètre en faisant voyager le faisceau lumineux dans une fibre optique enroulée sur elle-même de nombreuses fois (la longueur totale de la fibre peut atteindre plusieurs kilomètres !). Le déphasage (13.111) est alors multiplié par le nombre N de tours de la fibre optique, ce qui rend d'autant plus facile la mesure de ω (*cf.* Réf. [21] ou l'annexe D de la Réf. [211] pour plus de détails) ;

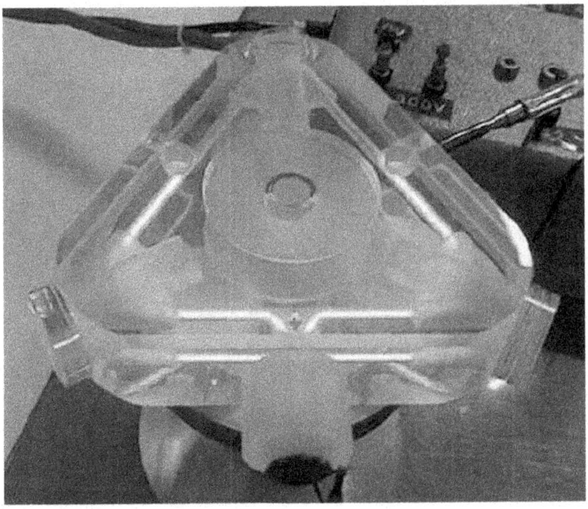

FIG. 13.20 – Gyrolaser hélium-néon fabriqué par la société Thales Aerospace (Châtellerault). (Source : Sylvain Schwartz [377] et Thales Aerospace.)

- ***gyromètre à anneau laser résonant***, appelé également ***gyrolaser*** : il s'agit d'une cavité laser en anneau (en général hélium-néon) (*cf.* Fig. 13.20). Le déphasage Sagnac (13.111) se traduit par une différence des fréquences des modes de résonance de la cavité et c'est cette différence de fréquence qui est mesurée (pour plus de détails, on pourra consulter les Réfs. [88, 392]).

Chapitre 14

Les tenseurs en toute généralité

Sommaire

Après les Chaps. 1, 6 et 7, voici à nouveau un chapitre purement mathématique. Jusqu'à présent, les objets mathématiques que nous avons introduits sur l'espace-temps de Minkowski sont :

- des *vecteurs* (par exemple la 4-vitesse d'une particule),
- des *formes linéaires* (par exemple la 4-impulsion d'une particule),
- des *formes bilinéaires* symétriques (le tenseur métrique $\boldsymbol{g}$) ou antisymétriques (le moment cinétique d'une particule),
- des *formes trilinéaires* (le produit mixte $\boldsymbol{\epsilon}_{\boldsymbol{u}}$ de trois vecteurs dans les espaces locaux de repos d'un observateur),
- une *forme quadrilinéaire* : le tenseur de Levi-Civita $\boldsymbol{\epsilon}$,
- des *applications linéaires $E \to E$ (endomorphismes)* (par exemple les transformations de Lorentz).

Tous ces objets appartiennent en fait à une même famille : celle des *tenseurs*. Nous allons introduire ces derniers en détail (§ 14.1), ainsi que les opérations que l'on peut réaliser sur eux (§ 14.2). Nous nous focaliserons ensuite sur une sous-famille très importante pour la physique : celle des *formes complètement antisymétriques* ou *alternées* (§ 14.3) et introduirons une opération spécifique à ces formes, la *dualité de Hodge* (§ 14.4), qui sera utile pour la suite.

14.1 Tenseurs : définition et exemples

14.1.1 Définition

Rappelons tout d'abord que nous désignons par E^* l'ensemble des formes linéaires sur l'espace vectoriel E associé à l'espace-temps de Minkowski $(\mathscr{E}, \boldsymbol{g})$; E^* est l'espace dual de E (*cf.* § 1.5) : c'est un espace vectoriel de dimension 4 sur $\mathbb{R}$, tout comme E. Pour $(k, \ell) \in \mathbb{N}^2$ et $(k, \ell) \neq (0, 0)$, on définit alors un ***tenseur de type*** (k, ℓ) comme une application

$$\boxed{\begin{array}{rcl} \boldsymbol{T} : \underbrace{E^* \times \cdots \times E^*}_{k \text{ fois}} \times \underbrace{E \times \cdots \times E}_{\ell \text{ fois}} & \longrightarrow & \mathbb{R} \\ (\boldsymbol{\omega}_1, \ldots, \boldsymbol{\omega}_k, \vec{\boldsymbol{v}}_1, \ldots, \vec{\boldsymbol{v}}_\ell) & \longmapsto & \boldsymbol{T}(\boldsymbol{\omega}_1, \ldots, \boldsymbol{\omega}_k, \vec{\boldsymbol{v}}_1, \ldots, \vec{\boldsymbol{v}}_\ell) \end{array}} \tag{14.1}$$

qui est linéaire par rapport à chacun de ses arguments : pour $\lambda \in \mathbb{R}$, $m \in \{0, \ldots, k\}$ et $n \in \{0, \ldots, \ell\}$, on a les identités suivantes :

$$\begin{aligned} & \boldsymbol{T}(\boldsymbol{\omega}_1, \ldots, \lambda\boldsymbol{\omega}_m + \boldsymbol{\omega}'_m, \ldots, \boldsymbol{\omega}_k, \vec{\boldsymbol{v}}_1, \ldots, \vec{\boldsymbol{v}}_\ell) = \\ & \qquad \lambda \boldsymbol{T}(\boldsymbol{\omega}_1, \ldots, \boldsymbol{\omega}_m, \ldots, \boldsymbol{\omega}_k, \vec{\boldsymbol{v}}_1, \ldots, \vec{\boldsymbol{v}}_\ell) + \boldsymbol{T}(\boldsymbol{\omega}_1, \ldots, \boldsymbol{\omega}'_m, \ldots, \boldsymbol{\omega}_k, \vec{\boldsymbol{v}}_1, \ldots, \vec{\boldsymbol{v}}_\ell) \\ & \boldsymbol{T}(\boldsymbol{\omega}_1, \ldots, \boldsymbol{\omega}_k, \vec{\boldsymbol{v}}_1, \ldots, \lambda\vec{\boldsymbol{v}}_n + \vec{\boldsymbol{v}}'_n, \ldots, \vec{\boldsymbol{v}}_\ell) = \\ & \qquad \lambda \boldsymbol{T}(\boldsymbol{\omega}_1, \ldots, \boldsymbol{\omega}_k, \vec{\boldsymbol{v}}_1, \ldots, \vec{\boldsymbol{v}}_n, \ldots, \vec{\boldsymbol{v}}_\ell) + \boldsymbol{T}(\boldsymbol{\omega}_1, \ldots, \boldsymbol{\omega}_k, \vec{\boldsymbol{v}}_1, \ldots, \vec{\boldsymbol{v}}'_n, \ldots, \vec{\boldsymbol{v}}_\ell). \end{aligned}$$

L'entier $k + \ell$ est appelé ***valence***, ou encore ***ordre***, du tenseur. On dit que $\boldsymbol{T}$ est un ***tenseur*** k ***fois contravariant et*** ℓ ***fois covariant***.

Nous noterons $\mathscr{T}_{(k,\ell)}(E)$ l'ensemble des tenseurs de type (k, ℓ) sur E. Il s'agit d'un espace vectoriel sur $\mathbb{R}$, car toute combinaison linéaire de deux tenseurs de type (k, ℓ) est un tenseur du même type. La dimension de $\mathscr{T}_{(k,\ell)}(E)$ est $4^{k+\ell}$.

Par convention, nous noterons $\mathscr{T}_{(0,0)}(E)$ le corps de base de l'espace vectoriel E, à savoir $\mathbb{R}$:

$$\mathscr{T}_{(0,0)}(E) = \mathbb{R}. \tag{14.2}$$

L'intérêt de cette convention est d'étendre la validité de certaines formules contenant $\mathscr{T}_{(p,q)}(E)$ au cas $(p, q) = (0, 0)$.

14.1.2 Tenseurs déjà rencontrés

Suivant la définition ci-dessus, une forme linéaire est un tenseur de type $(0, 1)$ et une forme bilinéaire un tenseur de type $(0, 2)$. En particulier, le tenseur métrique $\boldsymbol{g}$ est un tenseur de type $(0, 2)$. Le tenseur de Levi-Civita $\boldsymbol{\epsilon}$ est quant à lui un tenseur de type $(0, 4)$.

Puisque E^* est un espace vectoriel, on peut considérer son espace dual E^{**}. Ce dernier s'identifie canoniquement à E : tout vecteur de E peut en effet être considéré comme une forme linéaire sur E^*, suivant

$$\begin{array}{rcl} \vec{\boldsymbol{v}} : E^* & \longrightarrow & \mathbb{R} \\ \boldsymbol{\omega} & \longmapsto & \langle \boldsymbol{\omega}, \vec{\boldsymbol{v}} \rangle. \end{array} \tag{14.3}$$

En comparant (14.1) et (14.3), on peut affirmer qu'un vecteur est un tenseur de type $(1,0)$.

Par ailleurs, on peut faire correspondre à tout endomorphisme $\boldsymbol{L} : E \to E$ un tenseur de type $(1,1)$ suivant

$$\begin{aligned} \boldsymbol{L} : E^* \times E &\longrightarrow \mathbb{R} \\ (\boldsymbol{\omega}, \vec{\boldsymbol{v}}) &\longmapsto \langle \boldsymbol{\omega}, \boldsymbol{L}(\vec{\boldsymbol{v}}) \rangle. \end{aligned} \tag{14.4}$$

Puisque $\boldsymbol{L}$ est une application linéaire, l'application ci-dessus définit bien un tenseur. L'espace de départ étant $E^* \times E$, il s'agit d'un tenseur de type $(1,1)$. Nous utiliserons le même symbole (ici $\boldsymbol{L}$) pour noter l'endomorphisme ou le tenseur associé *via* (14.4).

En particulier, les transformations de Lorentz introduites au Chap. 6 ou les membres de l'algèbre de Lie du groupe de Lorentz condidérés au Chap. 7 sont des tenseurs de type $(1,1)$.

Les identifications ci-dessus permettent d'écrire

$$\mathscr{T}_{(0,1)}(E) = E^*, \quad \mathscr{T}_{(1,0)}(E) = E \quad \text{et} \quad \mathscr{T}_{(1,1)}(E) = \mathcal{L}(E), \tag{14.5}$$

où $\mathcal{L}(E)$ désigne l'ensemble des endomorphismes de E, suivant la notation introduite au § 7.2.1.

14.2 Opérations sur les tenseurs

14.2.1 Produit tensoriel

Étant donné un tenseur $\boldsymbol{A}$ de type (k,ℓ) et un tenseur $\boldsymbol{B}$ de type (m,n), on appelle ***produit tensoriel*** de $\boldsymbol{A}$ par $\boldsymbol{B}$, et l'on note $\boldsymbol{A} \otimes \boldsymbol{B}$, le tenseur de type $(k+m, \ell+n)$ défini par

$$\begin{aligned} \underbrace{E^* \times \cdots \times E^*}_{k+m \text{ fois}} \times \underbrace{E \times \cdots \times E}_{\ell+n \text{ fois}} &\longrightarrow \mathbb{R} \\ (\boldsymbol{\omega}_1, \ldots, \boldsymbol{\omega}_{k+m}, \vec{\boldsymbol{v}}_1, \ldots, \vec{\boldsymbol{v}}_{\ell+n}) &\longmapsto \boldsymbol{A}(\boldsymbol{\omega}_1, \ldots, \boldsymbol{\omega}_k, \vec{\boldsymbol{v}}_1, \ldots, \vec{\boldsymbol{v}}_\ell) \\ &\qquad \times \boldsymbol{B}(\boldsymbol{\omega}_{k+1}, \ldots, \boldsymbol{\omega}_{k+m}, \vec{\boldsymbol{v}}_{\ell+1}, \ldots, \vec{\boldsymbol{v}}_{\ell+n}), \end{aligned} \tag{14.6}$$

où $\times$ désigne la multiplication dans $\mathbb{R}$. Cette définition généralise celle introduite au § 3.4.2 pour le produit tensoriel de deux formes linéaires $\boldsymbol{\omega}_1$ et $\boldsymbol{\omega}_2$: $\boldsymbol{\omega}_1 \otimes \boldsymbol{\omega}_2$ est un tenseur de type $(0,2)$ (une forme bilinéaire donc) défini par

$$\forall (\vec{\boldsymbol{v}}, \vec{\boldsymbol{w}}) \in E^2, \quad \boldsymbol{\omega}_1 \otimes \boldsymbol{\omega}_2 \, (\vec{\boldsymbol{v}}, \vec{\boldsymbol{w}}) = \langle \boldsymbol{\omega}_1, \vec{\boldsymbol{v}} \rangle \, \langle \boldsymbol{\omega}_2, \vec{\boldsymbol{w}} \rangle. \tag{14.7}$$

Il est clair que le produit tensoriel est associatif :

$$\boldsymbol{A} \otimes (\boldsymbol{B} \otimes \boldsymbol{C}) = (\boldsymbol{A} \otimes \boldsymbol{B}) \otimes \boldsymbol{C}. \tag{14.8}$$

14.2.2 Composantes dans une base vectorielle

Soit $(\vec{e}_\alpha)$ une base de E (non nécessairement orthonormale). Nous avons vu au § 1.5.1 qu'il lui correspond une unique base de E^* : la base duale $(\boldsymbol{e}^\alpha)$, telle que

$$\langle \boldsymbol{e}^\alpha, \vec{e}_\beta \rangle = \delta^\alpha{}_\beta. \tag{14.9}$$

On peut alors développer tout tenseur $\boldsymbol{T}$ de type (k, ℓ) suivant

$$\boxed{\boldsymbol{T} = T^{\alpha_1 \ldots \alpha_k}{}_{\beta_1 \ldots \beta_\ell}\, \vec{e}_{\alpha_1} \otimes \cdots \otimes \vec{e}_{\alpha_k} \otimes \boldsymbol{e}^{\beta_1} \otimes \cdots \otimes \boldsymbol{e}^{\beta_\ell}}. \tag{14.10}$$

D'après la définition (14.6), le produit tensoriel $\vec{e}_{\alpha_1} \otimes \ldots \otimes \vec{e}_{\alpha_k} \otimes \boldsymbol{e}^{\beta_1} \otimes \ldots \otimes \boldsymbol{e}^{\beta_\ell}$ est le tenseur de type (k, ℓ) par lequel l'image de $(\boldsymbol{\omega}_1, \ldots, \boldsymbol{\omega}_k, \vec{v}_1, \ldots, \vec{v}_\ell)$ est le nombre réel

$$\prod_{p=1}^{k} \langle \boldsymbol{\omega}_p, \vec{e}_{\alpha_p} \rangle \times \prod_{q=1}^{\ell} \langle \boldsymbol{e}^{\beta_q}, \vec{v}_q \rangle.$$

Les $4^{k+\ell}$ nombres réels $T^{\alpha_1 \ldots \alpha_k}{}_{\beta_1 \ldots \beta_\ell}$ sont appelés ***composantes du tenseur $\boldsymbol{T}$ dans la base*** $(\vec{e}_\alpha)$. Un indice du type α_p est qualifié de ***contravariant*** et un indice du type β_q est appelé ***covariant***.

Exemple 1 : Pour un vecteur $\vec{v} \in E$ (tenseur de type $(1, 0)$), (14.10) redonne la définition habituelle des composantes par rapport à une base :

$$\vec{v} = v^\alpha\, \vec{e}_\alpha. \tag{14.11}$$

Exemple 2 : Pour une forme linéaire $\boldsymbol{\omega} \in E^*$ (tenseur de type $(0, 1)$), les composantes dans la base $(\vec{e}_\alpha)$ sont les quatre nombres réels (ω_α) coefficients de la décomposition de $\boldsymbol{\omega}$ sur la base duale $(\boldsymbol{e}^\alpha)$:

$$\boldsymbol{\omega} = \omega_\alpha\, \boldsymbol{e}^\alpha. \tag{14.12}$$

En vertu de (14.9) et de la multilinéarité de $\boldsymbol{T}$, les composantes s'expriment en fonction des vecteurs de la base $(\vec{e}_\alpha)$ et des éléments de la base duale $(\boldsymbol{e}^\alpha)$ suivant

$$\boxed{T^{\alpha_1 \ldots \alpha_k}{}_{\beta_1 \ldots \beta_\ell} = \boldsymbol{T}(\boldsymbol{e}^{\alpha_1}, \ldots, \boldsymbol{e}^{\alpha_k}, \vec{e}_{\beta_1}, \ldots, \vec{e}_{\beta_\ell})}. \tag{14.13}$$

Exemple : Pour une forme linéaire, la formule (14.13) se réduit à

$$\omega_\alpha = \langle \boldsymbol{\omega}, \vec{e}_\alpha \rangle. \tag{14.14}$$

Remarque : Au vu de (14.11) et (14.12), l'indice des composantes d'un vecteur est contravariant et celui des composantes d'une forme linéaire est covariant.

La combinaison des Éqs. (14.11), (14.12) et (14.9) montre que l'action de la forme linéaire $\boldsymbol{\omega}$ sur le vecteur $\vec{v}$ s'exprime simplement en fonction des composantes :

$$\boxed{\langle \boldsymbol{\omega}, \vec{v} \rangle = \omega_\alpha v^\alpha}. \tag{14.15}$$

Plus généralement, pour un tenseur de type (k, ℓ), on a la formule

$$\boxed{\boldsymbol{T}(\boldsymbol{\omega}_1, \ldots, \boldsymbol{\omega}_k, \vec{\boldsymbol{v}}_1, \ldots, \vec{\boldsymbol{v}}_\ell) = T^{\alpha_1 \ldots \alpha_k}{}_{\beta_1 \ldots \beta_\ell} (\omega_1)_{\alpha_1} \ldots (\omega_k)_{\alpha_k} v_1^{\beta_1} \ldots v_\ell^{\beta_\ell}}, \tag{14.16}$$

où $((\omega_p)_\alpha)$ désigne les composantes de la forme linéaire $\boldsymbol{\omega}_p$ $(1 \leq p \leq k)$ et (v_q^β) les composantes du vecteur $\vec{\boldsymbol{v}}_q$ $(1 \leq q \leq \ell)$.

Pour le tenseur métrique $\boldsymbol{g}$ (tenseur de type $(0, 2)$), les composantes $g_{\alpha\beta}$ ne sont pas autre chose que les éléments de la matrice de $\boldsymbol{g}$ par rapport à la base $(\vec{\boldsymbol{e}}_\alpha)$ telle que définie au § 1.2.2. En effet, le développement (14.10) s'écrit

$$\boxed{\boldsymbol{g} = g_{\alpha\beta}\, \boldsymbol{e}^\alpha \otimes \boldsymbol{e}^\beta}, \tag{14.17}$$

avec d'après (14.13), $g_{\alpha\beta} = \boldsymbol{g}(\vec{\boldsymbol{e}}_\alpha, \vec{\boldsymbol{e}}_\beta)$. On retrouve donc bien la relation (1.12) de définition de $g_{\alpha\beta}$. La formule (14.16) pour $\boldsymbol{T} = \boldsymbol{g}$ coïncide d'ailleurs avec (1.13) : $\boldsymbol{g}(\vec{\boldsymbol{u}}, \vec{\boldsymbol{v}}) = g_{\alpha\beta}\, u^\alpha\, v^\beta$.

14.2.3 Changement de base

Examinons comment se transforment les composantes d'un tenseur lorsqu'on passe d'une base de E à une autre. Désignons par $(\vec{\boldsymbol{e}}_\alpha)$ et $(\vec{\boldsymbol{e}}\,'_\alpha)$ les deux bases de E et par P la matrice de passage de $(\vec{\boldsymbol{e}}_\alpha)$ à $(\vec{\boldsymbol{e}}\,'_\alpha)$:

$$\boxed{\vec{\boldsymbol{e}}\,'_\alpha = P^\beta{}_\alpha\, \vec{\boldsymbol{e}}_\beta}. \tag{14.18}$$

Exemple : Si $(\vec{\boldsymbol{e}}_\alpha)$ et $(\vec{\boldsymbol{e}}\,'_\alpha)$ constituent les référentiels de deux observateurs inertiels, P est la matrice d'une transformation de Lorentz restreinte. En reprenant les notations du § 8.2.1, $P = \Lambda^{-1}$ (*cf.* Éq. (8.11)).

Il est facile de voir que la matrice de passage entre les bases duales $(\boldsymbol{e}^\alpha)$ et $(\boldsymbol{e}'^\alpha)$ n'est autre que l'inverse de P :

$$\boxed{\boldsymbol{e}'^\alpha = (P^{-1})^\alpha{}_\beta\, \boldsymbol{e}^\beta}. \tag{14.19}$$

Remarque : L'ordre des indices α et β n'est pas le même entre (14.18) et (14.19). De ce point de vue, il serait plus correct de dire que la matrice de passage entre les deux bases duales est la *transposée* de l'inverse de P.

Pour démontrer l'identité (14.19), considérons-la comme une définition de $\boldsymbol{e}'^\alpha$ et calculons l'action de cette forme linéaire sur le vecteur $\vec{\boldsymbol{e}}\,'_\beta$, en utilisant (14.18) :

$$\langle \boldsymbol{e}'^\alpha, \vec{\boldsymbol{e}}\,'_\beta \rangle = \langle (P^{-1})^\alpha{}_\mu \boldsymbol{e}^\mu,\ P^\nu{}_\beta \vec{\boldsymbol{e}}_\nu \rangle = (P^{-1})^\alpha{}_\mu P^\nu{}_\beta \underbrace{\langle \boldsymbol{e}^\mu, \vec{\boldsymbol{e}}_\nu \rangle}_{\delta^\mu{}_\nu} = (P^{-1})^\alpha{}_\mu P^\mu{}_\beta = \delta^\alpha{}_\beta.$$

Cela montre que $(\boldsymbol{e}'^\alpha)$ est bien la base duale de $(\vec{\boldsymbol{e}}\,'_\alpha)$.

Les composantes $T'^{\cdots}{}_{\cdots}$ d'un tenseur $\boldsymbol{T}$ de type (k,ℓ) dans la base $(\vec{e}\,'_\alpha)$ sont données par la formule (14.13) :

$$T'^{\alpha_1\ldots\alpha_k}{}_{\beta_1\ldots\beta_\ell} = \boldsymbol{T}(\boldsymbol{e}'^{\alpha_1},\ldots,\boldsymbol{e}'^{\alpha_k},\vec{e}\,'_{\beta_1},\ldots,\vec{e}\,'_{\beta_\ell}).$$

En remplaçant chaque $\boldsymbol{e}'^{\alpha_p}$ par (14.19) et chaque $\vec{e}\,'_{\beta_q}$ par (14.18), en utilisant la multilinéarité de $\boldsymbol{T}$ puis l'Éq. (14.13), on obtient la relation cherchée entre les deux systèmes de composantes :

$$\boxed{T'^{\alpha_1\ldots\alpha_k}{}_{\beta_1\ldots\beta_\ell} = (P^{-1})^{\alpha_1}{}_{\mu_1}\cdots(P^{-1})^{\alpha_k}{}_{\mu_k}P^{\nu_1}{}_{\beta_1}\cdots P^{\nu_\ell}{}_{\beta_\ell}\,T^{\mu_1\ldots\mu_k}{}_{\nu_1\ldots\nu_\ell}}. \quad (14.20)$$

Remarque 1 : Dans les livres plutôt anciens, on définit un *tenseur* non pas comme une application multilinéaire du type (14.1), mais comme un « tableau de nombres » $T^{\alpha_1\ldots\alpha_k}{}_{\beta_1\ldots\beta_\ell}$ qui se transforme suivant la loi (14.20) dans un changement de base.

Remarque 2 : On rencontre souvent la notation $T^{\alpha'_1\ldots\alpha'_k}{}_{\beta'_1\ldots\beta'_\ell}$ pour désigner $T'^{\alpha_1\ldots\alpha_k}{}_{\beta_1\ldots\beta_\ell}$, c'est-à-dire que l'on met le prime sur les indices plutôt que sur la lettre qui désigne les composantes. Nous n'utiliserons pas cette notation ici.

Exemple 1 : Pour un vecteur $\vec{\boldsymbol{v}} = v^\alpha\,\vec{e}_\alpha = v'^\alpha\,\vec{e}\,'_\alpha$, la formule (14.20) se réduit à

$$v'^\alpha = (P^{-1})^\alpha{}_\beta v^\beta. \quad (14.21)$$

Exemple 2 : Pour une forme linéaire $\boldsymbol{\omega} = \omega_\alpha\,\boldsymbol{e}^\alpha = \omega'_\alpha\,\boldsymbol{e}'^\alpha$, la formule (14.20) se réduit à

$$\omega'_\alpha = P^\beta{}_\alpha\omega_\beta. \quad (14.22)$$

Exemple 3 : Pour une forme bilinéaire $\boldsymbol{T} = T_{\alpha\beta}\,\boldsymbol{e}^\alpha\otimes\boldsymbol{e}^\beta = T'_{\alpha\beta}\,\boldsymbol{e}'^\alpha\otimes\boldsymbol{e}'^\beta$, la formule (14.20) donne

$$T'_{\alpha\beta} = P^\mu{}_\alpha P^\nu{}_\beta T_{\mu\nu} = P^\mu{}_\alpha T_{\mu\nu} P^\nu{}_\beta, \quad (14.23)$$

ce que l'on peut écrire matriciellement comme

$$T' = {}^tP\,T\,P. \quad (14.24)$$

On reconnaît la loi classique de changement de base pour la matrice d'une forme bilinéaire.

Exemple 4 : Pour un tenseur de type (1,1), $\boldsymbol{T} = T^\alpha{}_\beta\,\vec{e}_\alpha\otimes\boldsymbol{e}^\beta = T'^\alpha{}_\beta\,\vec{e}\,'_\alpha\otimes\boldsymbol{e}'^\beta$, la formule (14.20) donne

$$T'^\alpha{}_\beta = (P^{-1})^\alpha{}_\mu P^\nu{}_\beta T^\mu{}_\nu = (P^{-1})^\alpha{}_\mu T^\mu{}_\nu P^\nu{}_\beta, \quad (14.25)$$

ce que l'on peut écrire matriciellement comme

$$T' = P^{-1}\,T\,P. \quad (14.26)$$

On reconnaît la loi classique de changement de base pour la matrice d'un endomorphisme.

14.2.4 Composantes et dualité métrique

La dualité métrique permet d'associer à tout vecteur $\vec{v} \in E$ une unique forme linéaire $\underline{v} \in E^*$ par la formule $\forall \vec{w} \in E$, $\langle \underline{v}, \vec{w} \rangle = \boldsymbol{g}(\vec{v}, \vec{w})$ (*cf.* § 1.5.2). Notons (v_α) les composantes de $\underline{v}$ dans une base $(\vec{e}_\alpha)$ (*cf.* (14.12)) et (v^α) celles de $\vec{v}$:

$$\underline{v} = v_\alpha \, \boldsymbol{e}^\alpha \qquad \text{et} \qquad \vec{v} = v^\alpha \, \vec{e}_\alpha. \tag{14.27}$$

On a alors

$$\forall \vec{w} \in E, \quad \langle \underline{v}, \vec{w} \rangle = \boldsymbol{g}(\vec{v}, \vec{w}) = g_{\alpha\beta} \, v^\alpha w^\beta = (g_{\alpha\beta} \, v^\beta) w^\alpha.$$

En comparant avec (14.15), on obtient

$$\boxed{v_\alpha = g_{\alpha\beta} \, v^\beta}. \tag{14.28}$$

Inversement, soit $\vec{\omega} \in E$ le vecteur associé à une forme linéaire $\boldsymbol{\omega} \in E^*$ par dualité métrique. Les composantes (ω^α) de $\vec{\omega}$ dans la base $(\vec{e}_\alpha)$ sont données par la formule (1.43). Cette dernière s'écrit, grâce à (14.14),

$$\boxed{\omega^\alpha = g^{\alpha\beta} \, \omega_\beta}, \tag{14.29}$$

où $(g^{\alpha\beta})$ est la matrice inverse de $(g_{\alpha\beta})$ introduite au § 1.2.2.

Remarque : On peut considérer que les $(g^{\alpha\beta})$ sont les composantes d'un tenseur de type $(2, 0)$:

$$\boldsymbol{g}^{-1} := g^{\alpha\beta} \, \vec{e}_\alpha \otimes \vec{e}_\beta. \tag{14.30}$$

$\boldsymbol{g}^{-1}$ est appelé ***métrique inverse***.

Au vu de (14.28) et (14.29), on traduit souvent la dualité métrique en disant que l'on ***descend les indices*** à l'aide de la métrique $g_{\alpha\beta}$ et qu'on ***monte les indices*** à l'aide de la métrique inverse $g^{\alpha\beta}$.

14.2.5 Contraction

L'opération de contraction est une application linéaire $\mathscr{T}_{(k,\ell)}(E) \to \mathscr{T}_{(k-1,\ell-1)}(E)$ définie comme suit. Étant donné un tenseur $\boldsymbol{T}$ de type (k, ℓ) avec $k \geq 1$ et $\ell \geq 1$ et deux entiers $p \in \{1, \ldots, k\}$ et $q \in \{1, \ldots, \ell\}$, on appelle ***contraction de T sur les indices de rangs*** p ***et*** q l'opération qui consiste à construire à partir de $\boldsymbol{T}$ le tenseur de type $(k-1, \ell-1)$ défini par

$$\begin{aligned} &\forall (\boldsymbol{\omega}_1, \ldots, \boldsymbol{\omega}_{k-1}, \vec{v}_1, \ldots, \vec{v}_{\ell-1}) \in (E^*)^{k-1} \times E^{\ell-1}, \\ &C^p_q \boldsymbol{T}(\boldsymbol{\omega}_1, \ldots, \boldsymbol{\omega}_{k-1}, \vec{v}_1, \ldots, \vec{v}_{\ell-1}) \\ &\qquad := \boldsymbol{T}(\boldsymbol{\omega}_1, \ldots, \boldsymbol{e}^\alpha, \ldots, \boldsymbol{\omega}_{k-1}, \vec{v}_1, \ldots, \vec{e}_\alpha, \ldots, \vec{v}_{\ell-1}), \end{aligned} \tag{14.31}$$

où $(\vec{e}_\alpha)$ désigne une base de E, $(\boldsymbol{e}^\alpha)$ sa base duale, $\boldsymbol{e}^\alpha$ est situé en $p^{\text{ème}}$ position parmi les arguments formes linéaires de $\boldsymbol{T}$, $\vec{e}_\alpha$ est situé en $q^{\text{ème}}$ position parmi les arguments vecteurs et la sommation se fait sur l'indice α. En raison des relations (14.18)–(14.19) et de la linéarité de $\boldsymbol{T}$ par rapport à chacun de ses arguments, il est clair que la définition ci-dessus ne dépend pas du choix de la base $(\vec{\boldsymbol{e}}_\alpha)$.

Les composantes de $C^p_q\boldsymbol{T}$ se déduisent de celles de $\boldsymbol{T}$ par la formule

$$\boxed{(C^p_q T)^{\alpha_1\ldots\alpha_{k-1}}{}_{\beta_1\ldots\beta_{\ell-1}} = T^{\alpha_1\ldots \overset{p}{\overset{\downarrow}{\mu}} \ldots\alpha_{k-1}}{}_{\beta_1\ldots \underset{q}{\underset{\uparrow}{\mu}} \ldots\beta_{\ell-1}}}, \qquad (14.32)$$

où les flèches indiquent la position de l'indice de sommation μ.

Exemple : Pour un tenseur $\boldsymbol{T}$ de type $(1,1)$, il n'y a qu'une seule contraction possible : $p = q = 1$: $C^1_1\boldsymbol{T}$ est alors un tenseur de type $(0,0)$, c'est-à-dire un nombre réel d'après la convention (14.2) :

$$C^1_1\boldsymbol{T} = T^\mu{}_\mu. \qquad (14.33)$$

Si l'on considère $\boldsymbol{T}$ comme un endomorphisme de E [cf. (14.5)], on constate donc que la contraction donne la *trace* de $\boldsymbol{T}$. Un cas particulier de tenseur de type $(1,1)$ est constitué par le produit tensoriel d'un vecteur par une forme linéaire : $\boldsymbol{T} = \vec{\boldsymbol{v}} \otimes \boldsymbol{\omega}$. On a alors, d'après (14.33) et (14.15),

$$C^1_1(\vec{\boldsymbol{v}} \otimes \boldsymbol{\omega}) = v^\mu \omega_\mu = \langle \boldsymbol{\omega}, \vec{\boldsymbol{v}} \rangle. \qquad (14.34)$$

14.3 Formes alternées

14.3.1 Définition et exemples

Une classe particulière de tenseurs est constituée par les formes multilinéaires complètement antisymétriques, c'est-à-dire les tenseurs de type $(0,p)$ qui changent de signe lorsqu'on permute deux quelconques de leurs arguments :

$$\begin{aligned}
p = 2 : &\quad \boldsymbol{A}(\vec{\boldsymbol{v}}_1, \vec{\boldsymbol{v}}_2) = -\boldsymbol{A}(\vec{\boldsymbol{v}}_2, \vec{\boldsymbol{v}}_1)\\
p = 3 : &\quad \boldsymbol{A}(\vec{\boldsymbol{v}}_1, \vec{\boldsymbol{v}}_2, \vec{\boldsymbol{v}}_3) = -\boldsymbol{A}(\vec{\boldsymbol{v}}_2, \vec{\boldsymbol{v}}_1, \vec{\boldsymbol{v}}_3) = -\boldsymbol{A}(\vec{\boldsymbol{v}}_3, \vec{\boldsymbol{v}}_2, \vec{\boldsymbol{v}}_1) = \text{etc.}\\
p = 4 : &\quad \boldsymbol{A}(\vec{\boldsymbol{v}}_1, \vec{\boldsymbol{v}}_2, \vec{\boldsymbol{v}}_3, \vec{\boldsymbol{v}}_4) = -\boldsymbol{A}(\vec{\boldsymbol{v}}_2, \vec{\boldsymbol{v}}_1, \vec{\boldsymbol{v}}_3, \vec{\boldsymbol{v}}_4) = \text{etc.}
\end{aligned}$$

On appelle également ce type de formes multilinéaires des ***formes alternées*** car elles s'annulent si deux quelconques de leurs arguments sont égaux. Pour tout entier $p \geq 2$, on appelle ***p-forme linéaire*** toute forme alternée de valence p. On désigne par $\mathscr{A}_p(E)$ l'ensemble des p-formes linéaires. On a évidemment

$$\mathscr{A}_p(E) \subset \mathscr{T}_{(0,p)}(E). \qquad (14.35)$$

De plus, toute combinaison linéaire de p-formes étant une p-forme, $\mathscr{A}_p(E)$ est un sous-espace vectoriel de $\mathscr{T}_{(0,p)}(E)$.

La notion d'antisymétrie n'a *a priori* pas de sens pour une forme de valence 1 (forme linéaire), mais nous étendrons la définition des p-formes linéaires au cas $p = 1$ en posant

$$\mathscr{A}_1(E) := \mathscr{T}_{(0,1)}(E) = E^*. \tag{14.36}$$

De plus, nous définirons $\mathscr{A}_0(E)$ comme le corps de base de l'espace vectoriel E, à savoir $\mathbb{R}$:

$$\mathscr{A}_0(E) := \mathbb{R}. \tag{14.37}$$

Remarque : Avec la convention ci-dessus, toute forme linéaire est une 1-forme. Par contre, toutes les formes bilinéaires ne sont pas des 2-formes : il faut pour cela qu'elles soient antisymétriques.

Exemple : Des exemples de formes alternées rencontrées jusqu'à présent sont :

- le tenseur de Levi-Civita (Chap. 1) : $\boldsymbol{\epsilon} \in \mathscr{A}_4(E)$;
- le tenseur donnant le produit mixte dans les espaces locaux de repos d'un observateur (Chap. 3) : $\boldsymbol{\epsilon_u} \in \mathscr{A}_3(E)$;
- la forme bilinéaire associée à la variation du référentiel local d'un observateur (Chap. 3) : $\underline{\boldsymbol{\Omega}} \in \mathscr{A}_2(E)$;
- le moment cinétique d'une particule par rapport à un point C (Chap. 10) : $\boldsymbol{J}_C \in \mathscr{A}_2(E)$;
- le spin d'un système isolé de particules (Chap. 10) : $\boldsymbol{S} \in \mathscr{A}_2(E)$;
- le 4-couple par rapport à un point C et agissant sur une particule (Chap. 10) : $\boldsymbol{N}_C \in \mathscr{A}_2(E)$;
- la forme bilinéaire champ électromagnétique (Chap. 10 et 11, ainsi que Chap. 17) : $\boldsymbol{F} \in \mathscr{A}_2(E)$.

Une p-forme étant un tenseur de type $(0, p)$, son développement par rapport à une base $(\vec{e}_\alpha)$ de E est de la forme

$$\boldsymbol{A} = A_{\alpha_1 \dots \alpha_p}\, \boldsymbol{e}^{\alpha_1} \otimes \cdots \otimes \boldsymbol{e}^{\alpha_p}. \tag{14.38}$$

Il est immédiat de voir que, pour $p \geq 2$, $\boldsymbol{A}$ est une p-forme ssi les composantes $A_{\alpha_1 \dots \alpha_p}$ sont antisymétriques dans toute permutation d'indice.

La dimension de E étant 4, on ne peut pas avoir de forme alternée autre que la forme nulle si $p > 4$:

$$\mathscr{A}_p(E) = \{0\} \quad \text{si} \quad p > 4. \tag{14.39}$$

En effet, les composantes d'une forme alternée $\boldsymbol{A}$ dans une base $(\vec{e}_\alpha)$ sont données par (14.13) : $A_{\alpha_1 \dots \alpha_p} = \boldsymbol{A}(\vec{e}_{\alpha_1}, \dots, \vec{e}_{\alpha_p})$. Le membre de droite ne pouvant comprendre plus de quatre vecteurs $\vec{e}_{\alpha_i}$ différents, il est forcément nul si $p > 4$.

Pour $p \leq 4$, les composantes $(A_{\alpha_1 \ldots \alpha_p})$ sont nulles si deux des indices α_i sont égaux. Les composantes non nulles sont donc au nombre de $4 \times 3 \times \ldots \times (5 - p)$. De plus, en raison de l'antisymétrie de $\boldsymbol{A}$, les composantes qui se déduisent d'une permutation d'un même p-uplet $(\alpha_1, \ldots, \alpha_p)$ sont égales entre elles, au signe près. On en déduit que le nombre de composantes indépendantes est $4 \times 3 \times \ldots \times (5-p)/p! = C_4^p$. La dimension de l'espace vectoriel $\mathscr{A}_p(E)$ est égale à ce nombre. Explicitement, et compte tenu de (14.37),

$$\begin{aligned} &\dim \mathscr{A}_0(E) = 1, \quad \dim \mathscr{A}_1(E) = 4, \quad \dim \mathscr{A}_2(E) = 6, \\ &\dim \mathscr{A}_3(E) = 4, \quad \dim \mathscr{A}_4(E) = 1. \end{aligned} \tag{14.40}$$

Remarque 1 : Les dimensions de $\mathscr{A}_0(E)$ et $\mathscr{A}_1(E)$ sont immédiates car $\mathscr{A}_0(E) = \mathbb{R}$ et $\mathscr{A}_1(E) = E^*$. Quant à la dimension de $\mathscr{A}_2(E)$, elle se retrouve facilement en terme des composantes : une 2-forme est représentée dans une base de E par une matrice 4×4 antisymétrique : $(\boldsymbol{A} = A_{\alpha\beta}\, \boldsymbol{e}^\alpha \otimes \boldsymbol{e}^\beta)$. Or une telle matrice n'a que six composantes indépendantes.

Remarque 2 : Nous avions déjà souligné que $\dim \mathscr{A}_4(E) = 1$ au § 1.4.2 : toutes les formes alternées de valence 4 sont proportionnelles au tenseur de Levi-Civita : $\forall \boldsymbol{A} \in \mathscr{A}_4(E),\ \exists \lambda \in \mathbb{R},\ \boldsymbol{A} = \lambda \boldsymbol{\epsilon}$.

14.3.2 Produit extérieur

Le produit tensoriel de deux formes alternées n'est pas une forme alternée. Par contre, on peut l'antisymétriser pour obtenir une forme alternée. On définit ainsi le ***produit extérieur*** comme l'application

$$\begin{array}{rcl} \wedge : \mathscr{A}_p(E) \times \mathscr{A}_q(E) & \longrightarrow & \mathscr{A}_{p+q}(E) \\ (\boldsymbol{A}, \boldsymbol{B}) & \longmapsto & \boldsymbol{A} \wedge \boldsymbol{B} \end{array} \tag{14.41}$$

telle que

$$\boxed{\begin{aligned} \boldsymbol{A} \wedge \boldsymbol{B}(\vec{\boldsymbol{v}}_1, \ldots, \vec{\boldsymbol{v}}_{p+q}) := \frac{1}{p!q!} \sum_{\sigma \in \mathfrak{S}_{p+q}} (-1)^{k(\sigma)}\ & \boldsymbol{A}(\vec{\boldsymbol{v}}_{\sigma(1)}, \ldots, \vec{\boldsymbol{v}}_{\sigma(p)}) \\ & \times \boldsymbol{B}(\vec{\boldsymbol{v}}_{\sigma(p+1)}, \ldots, \vec{\boldsymbol{v}}_{\sigma(p+q)}) \end{aligned}}, \tag{14.42}$$

où $(\vec{\boldsymbol{v}}_1, \ldots, \vec{\boldsymbol{v}}_{p+q}) \in E^{p+q}$ et $\mathfrak{S}_{p+q}$ désigne le groupe des permutations de $p+q$ éléments et $k(\sigma)$ le nombre de transpositions (permutations de deux éléments) en produit desquelles on peut décomposer σ. D'après la formule ci-dessus, il est évident que $\boldsymbol{A} \wedge \boldsymbol{B}$ est une forme alternée de valence $p+q$, de sorte que l'application (14.41) est bien définie.

Explicitons la formule (14.42) pour différents cas. Tout d'abord si $p = 0$, $\boldsymbol{A} = \lambda \in \mathbb{R}$ (*cf.* (14.37)) et (14.42) se réduit à

$$\boldsymbol{A} \wedge \boldsymbol{B}(\vec{\boldsymbol{v}}_1, \ldots, \vec{\boldsymbol{v}}_q) = \frac{\lambda}{q!} \sum_{\sigma \in \mathfrak{S}_q} (-1)^{k(\sigma)} \underbrace{\boldsymbol{B}(\vec{\boldsymbol{v}}_{\sigma(1)}, \ldots, \vec{\boldsymbol{v}}_{\sigma(q)})}_{(-1)^{k(\sigma)} \boldsymbol{B}(\vec{\boldsymbol{v}}_1, \ldots, \vec{\boldsymbol{v}}_q)} = \lambda \boldsymbol{B}(\vec{\boldsymbol{v}}_1, \ldots, \vec{\boldsymbol{v}}_q),$$

puisque $\operatorname{card} \mathfrak{S}_q = q!$. Ainsi pour $p = 0$, le produit extérieur se réduit à la simple multiplication d'un élément de l'espace vectoriel $\mathscr{A}_q(E)$ par un scalaire.

Dans le cas $p = 1$ et $q = 1$, $\boldsymbol{A}$ et $\boldsymbol{B}$ sont deux formes linéaires et d'après (14.42), $\boldsymbol{A} \wedge \boldsymbol{B}$ est la forme bilinéaire antisymétrique définie par

$$\forall(\vec{\boldsymbol{v}}_1, \vec{\boldsymbol{v}}_2) \in E^2, \quad \boldsymbol{A} \wedge \boldsymbol{B}(\vec{\boldsymbol{v}}_1, \vec{\boldsymbol{v}}_2) = \langle \boldsymbol{A}, \vec{\boldsymbol{v}}_1 \rangle \langle \boldsymbol{B}, \vec{\boldsymbol{v}}_2 \rangle - \langle \boldsymbol{A}, \vec{\boldsymbol{v}}_2 \rangle \langle \boldsymbol{B}, \vec{\boldsymbol{v}}_1 \rangle.$$

Par définition du produit tensoriel, on peut réécrire cette formule sous la forme

$$\forall(\boldsymbol{A}, \boldsymbol{B}) \in \mathscr{A}_1(E)^2, \quad \boxed{\boldsymbol{A} \wedge \boldsymbol{B} = \boldsymbol{A} \otimes \boldsymbol{B} - \boldsymbol{B} \otimes \boldsymbol{A}}. \tag{14.43}$$

On retrouve la définition du produit extérieur donnée au Chap. 10 dans le cas particulier des 1-formes (Éq. (10.2)).

Dans le cas $p = 1$ et $q = 2$, la formule (14.42) conduit à

$$\boxed{\boldsymbol{A} \wedge \boldsymbol{B}(\vec{\boldsymbol{v}}_1, \vec{\boldsymbol{v}}_2, \vec{\boldsymbol{v}}_3) = \langle \boldsymbol{A}, \vec{\boldsymbol{v}}_1 \rangle \boldsymbol{B}(\vec{\boldsymbol{v}}_2, \vec{\boldsymbol{v}}_3) + \langle \boldsymbol{A}, \vec{\boldsymbol{v}}_2 \rangle \boldsymbol{B}(\vec{\boldsymbol{v}}_3, \vec{\boldsymbol{v}}_1) + \langle \boldsymbol{A}, \vec{\boldsymbol{v}}_3 \rangle \boldsymbol{B}(\vec{\boldsymbol{v}}_1, \vec{\boldsymbol{v}}_2)} \tag{14.44}$$

pour tout triplet $(\vec{\boldsymbol{v}}_1, \vec{\boldsymbol{v}}_2, \vec{\boldsymbol{v}}_3)$ de vecteurs de E.

Remarque : Le produit extérieur doit son nom au fait que si $\boldsymbol{A}$ et $\boldsymbol{B}$ sont deux éléments de l'espace vectoriel $\mathscr{A}_p(E)$, $\boldsymbol{A} \wedge \boldsymbol{B}$ n'est pas un élément de $\mathscr{A}_p(E)$, mais d'un autre espace vectoriel : $\mathscr{A}_{2p}(E)$.

Notons que d'après (14.43) et (14.44), $\boldsymbol{B} \wedge \boldsymbol{A} = -\boldsymbol{A} \wedge \boldsymbol{B}$ si $p = q = 1$ et $\boldsymbol{B} \wedge \boldsymbol{A} = \boldsymbol{A} \wedge \boldsymbol{B}$ si $p = 1$ et $q = 2$. Plus généralement, on a la formule

$$\forall(\boldsymbol{A}, \boldsymbol{B}) \in \mathscr{A}_p(E) \times \mathscr{A}_q(E), \quad \boxed{\boldsymbol{B} \wedge \boldsymbol{A} = (-1)^{pq} \boldsymbol{A} \wedge \boldsymbol{B}}. \tag{14.45}$$

Une autre propriété du produit extérieur est d'être associatif : pour tout triplet de formes alternées $(\boldsymbol{A}, \boldsymbol{B}, \boldsymbol{C})$,

$$\boldsymbol{A} \wedge (\boldsymbol{B} \wedge \boldsymbol{C}) = (\boldsymbol{A} \wedge \boldsymbol{B}) \wedge \boldsymbol{C}. \tag{14.46}$$

14.3.3 Base de l'espace des p-formes

Le produit extérieur permet de former une base de l'espace vectoriel $\mathscr{A}_p(E)$ à partir des formes linéaires $(\boldsymbol{e}^\alpha)$ d'une base duale d'une base de E. Considérons en effet une 2-forme linéaire, $\boldsymbol{A}$, et introduisons ses composantes $(A_{\alpha\beta})$ dans la base $\boldsymbol{e}^\alpha \otimes \boldsymbol{e}^\beta$ de $\mathscr{T}_{(0,2)}(E)$ (*cf.* Éq. (14.10) avec $k = 0$ et $\ell = 2$) : $\boldsymbol{A} = A_{\alpha\beta}\, \boldsymbol{e}^\alpha \otimes \boldsymbol{e}^\beta$. On a alors, puisque $(A_{\alpha\beta})$ est antisymétrique,

$$\begin{aligned} \boldsymbol{A} &= A_{\alpha\beta}\, \boldsymbol{e}^\alpha \otimes \boldsymbol{e}^\beta = \frac{1}{2} \left(A_{\alpha\beta}\, \boldsymbol{e}^\alpha \otimes \boldsymbol{e}^\beta + A_{\beta\alpha}\, \boldsymbol{e}^\beta \otimes \boldsymbol{e}^\alpha \right) \\ &= \frac{1}{2} A_{\alpha\beta} \left(\boldsymbol{e}^\alpha \otimes \boldsymbol{e}^\beta - \boldsymbol{e}^\beta \otimes \boldsymbol{e}^\alpha \right) = \frac{1}{2} A_{\alpha\beta}\, \boldsymbol{e}^\alpha \wedge \boldsymbol{e}^\beta. \end{aligned} \tag{14.47}$$

Puisque $A_{\alpha\alpha} = 0$, on peut décomposer la double somme sur α et β en deux parties

$$\boldsymbol{A} = \frac{1}{2}\sum_{\alpha<\beta} A_{\alpha\beta}\boldsymbol{e}^{\alpha}\wedge\boldsymbol{e}^{\beta} + \frac{1}{2}\sum_{\beta<\alpha}\underbrace{A_{\alpha\beta}}_{-A_{\beta\alpha}}\underbrace{\boldsymbol{e}^{\alpha}\wedge\boldsymbol{e}^{\beta}}_{-\boldsymbol{e}^{\beta}\wedge\boldsymbol{e}^{\alpha}} = \sum_{\alpha<\beta} A_{\alpha\beta}\boldsymbol{e}^{\alpha}\wedge\boldsymbol{e}^{\beta}. \tag{14.48}$$

On a donc montré que

$$\boldsymbol{A} = A_{\alpha\beta}\,\boldsymbol{e}^{\alpha}\otimes\boldsymbol{e}^{\beta} = \frac{1}{2}A_{\alpha\beta}\,\boldsymbol{e}^{\alpha}\wedge\boldsymbol{e}^{\beta} = \sum_{\alpha<\beta} A_{\alpha\beta}\boldsymbol{e}^{\alpha}\wedge\boldsymbol{e}^{\beta}. \tag{14.49}$$

Plus généralement, pour une forme de valence p :

$$\boxed{\begin{aligned}\boldsymbol{A} &= A_{\alpha_1\ldots\alpha_p}\,\boldsymbol{e}^{\alpha_1}\otimes\ldots\otimes\boldsymbol{e}^{\alpha_p} = \frac{1}{p!}A_{\alpha_1\ldots\alpha_p}\,\boldsymbol{e}^{\alpha_1}\wedge\ldots\wedge\boldsymbol{e}^{\alpha_p}\\ &= \sum_{\alpha_1<\ldots<\alpha_p} A_{\alpha_1\ldots\alpha_p}\,\boldsymbol{e}^{\alpha_1}\wedge\ldots\wedge\boldsymbol{e}^{\alpha_p}.\end{aligned}} \tag{14.50}$$

On en conclut que $(\boldsymbol{e}^{\alpha_1}\wedge\ldots\wedge\boldsymbol{e}^{\alpha_p})_{\alpha_1<\ldots<\alpha_p}$ est une base de l'espace vectoriel $\mathscr{A}_p(E)$. De plus, les composantes d'un élément de $\mathscr{A}_p(E)$ dans cette base sont identiques à ses composantes en tant qu'élément de $\mathscr{T}_{(0,p)}(E)$. Explicitement, les bases sont les suivantes :

- $\mathscr{A}_1(E)$: $\boldsymbol{e}^0$, $\boldsymbol{e}^1$, $\boldsymbol{e}^2$ et $\boldsymbol{e}^3$;
- $\mathscr{A}_2(E)$: $\boldsymbol{e}^0\wedge\boldsymbol{e}^1$, $\boldsymbol{e}^0\wedge\boldsymbol{e}^2$, $\boldsymbol{e}^0\wedge\boldsymbol{e}^3$, $\boldsymbol{e}^1\wedge\boldsymbol{e}^2$, $\boldsymbol{e}^1\wedge\boldsymbol{e}^3$ et $\boldsymbol{e}^2\wedge\boldsymbol{e}^3$;
- $\mathscr{A}_3(E)$: $\boldsymbol{e}^0\wedge\boldsymbol{e}^1\wedge\boldsymbol{e}^2$, $\boldsymbol{e}^0\wedge\boldsymbol{e}^1\wedge\boldsymbol{e}^3$, $\boldsymbol{e}^0\wedge\boldsymbol{e}^2\wedge\boldsymbol{e}^3$ et $\boldsymbol{e}^1\wedge\boldsymbol{e}^2\wedge\boldsymbol{e}^3$;
- $\mathscr{A}_4(E)$: $\boldsymbol{e}^0\wedge\boldsymbol{e}^1\wedge\boldsymbol{e}^2\wedge\boldsymbol{e}^3$.

La taille des bases est évidemment en accord avec les dimensions données par (14.40).

14.3.4 Composantes du tenseur de Levi-Civita

Le tenseur de Levi-Civita introduit au § 1.4 est une 4-forme. Ses composantes $(\epsilon_{\alpha\beta\gamma\delta})$ dans une base $(\vec{\boldsymbol{e}}_\alpha)$ de E (pas nécessairement orthonormale) obéissent à la formule (14.50) avec une somme $\alpha<\beta<\gamma<\delta$ nécessairement limitée à un seul terme : $(\alpha,\beta,\gamma,\delta) = (0,1,2,3)$. Ainsi

$$\boldsymbol{\epsilon} = \epsilon_{\alpha\beta\gamma\delta}\,\boldsymbol{e}^{\alpha}\otimes\boldsymbol{e}^{\beta}\otimes\boldsymbol{e}^{\gamma}\otimes\boldsymbol{e}^{\delta} = \epsilon_{0123}\,\boldsymbol{e}^0\wedge\boldsymbol{e}^1\wedge\boldsymbol{e}^2\wedge\boldsymbol{e}^3. \tag{14.51}$$

Par ailleurs, dans le cas du tenseur de Levi-Civita, la formule (14.16) s'écrit

$$\forall(\vec{\boldsymbol{u}},\vec{\boldsymbol{v}},\vec{\boldsymbol{w}},\vec{\boldsymbol{z}})\in E^4,\quad \boldsymbol{\epsilon}(\vec{\boldsymbol{u}},\vec{\boldsymbol{v}},\vec{\boldsymbol{w}},\vec{\boldsymbol{z}}) = \epsilon_{\alpha\beta\gamma\delta}\,u^{\alpha}\,v^{\beta}\,w^{\gamma}\,z^{\delta}. \tag{14.52}$$

Si $(\vec{e}_\alpha)$ est une base orthonormale directe, la définition (1.35) de $\boldsymbol{\epsilon}$ résulte dans les composantes suivantes : $\epsilon_{\alpha\beta\gamma\delta} = [\alpha, \beta, \gamma, \delta]$, où le symbole $[\alpha, \beta, \gamma, \delta]$ signifie :

$$\left\{ \begin{array}{l} 0 \text{ si deux quelconques des indices } (\alpha, \beta, \gamma, \delta) \text{ sont égaux,} \\ 1 \text{ si } (\alpha, \beta, \gamma, \delta) \text{ se déduit de } (0, 1, 2, 3) \text{ par une permutation paire,} \\ -1 \text{ si } (\alpha, \beta, \gamma, \delta) \text{ se déduit de } (0, 1, 2, 3) \text{ par une permutation impaire.} \end{array} \right. \tag{14.53}$$

Plus généralement, dans une base quelconque,

$$\boxed{\epsilon_{\alpha\beta\gamma\delta} = \pm\sqrt{-\det g}\ [\alpha, \beta, \gamma, \delta]} \tag{14.54}$$

où (i) $\det g$ désigne le déterminant de la matrice $(g_{\alpha\beta})$ des composantes de $\boldsymbol{g}$ dans la base $(\vec{e}_\alpha)$ et (ii) le signe $\pm$ doit être $+$ (resp. $-$) pour une base directe (resp. indirecte). La formule ci-dessus est équivalente à

$$\boldsymbol{\epsilon}(\vec{e}_0, \vec{e}_1, \vec{e}_2, \vec{e}_3) = \pm\sqrt{-\det g}. \tag{14.55}$$

Pour démontrer la formule (14.55), et donc (14.54), introduisons une base orthonormale $(\vec{e}^{\,*}_\alpha)$ telle que

$$\boldsymbol{\epsilon}(\vec{e}^{\,*}_0, \vec{e}^{\,*}_1, \vec{e}^{\,*}_2, \vec{e}^{\,*}_3) = 1. \tag{14.56}$$

Revenons ici sur la définition du tenseur de Levi-Civita : au § 1.4.2, nous avions admis que si une 4-forme $\boldsymbol{\epsilon}$ valait 1 sur une base orthonormale de $(E, \boldsymbol{g})$, alors elle valait nécessairement ± 1 sur toute autre base orthonormale. Nous allons l'établir ici en prenant comme point de départ (14.56), sans rien supposer de la valeur de $\boldsymbol{\epsilon}$ sur une autre base orthonormale. Soit $P^\mu_{\ \alpha}$ la matrice de passage de $(\vec{e}^{\,*}_\alpha)$ à $(\vec{e}_\alpha)$: $\vec{e}_\alpha = P^\mu_{\ \alpha} \vec{e}^{\,*}_\mu$. La quadrilinéarité de $\boldsymbol{\epsilon}$ donne alors

$$\boldsymbol{\epsilon}(\vec{e}_0, \vec{e}_1, \vec{e}_2, \vec{e}_3) = P^\mu_{\ 0}\, P^\nu_{\ 1}\, P^\rho_{\ 2}\, P^\lambda_{\ 3}\, \boldsymbol{\epsilon}(\vec{e}^{\,*}_\mu, \vec{e}^{\,*}_\nu, \vec{e}^{\,*}_\rho, \vec{e}^{\,*}_\lambda). \tag{14.57}$$

Or (14.56) implique $\boldsymbol{\epsilon}(\vec{e}^{\,*}_\mu, \vec{e}^{\,*}_\nu, \vec{e}^{\,*}_\rho, \vec{e}^{\,*}_\lambda) = [\mu, \nu, \rho, \lambda]$, si bien que (14.57) peut s'écrire

$$\boldsymbol{\epsilon}(\vec{e}_0, \vec{e}_1, \vec{e}_2, \vec{e}_3) = \sum_{\sigma \in \mathfrak{S}_4} (-1)^{k(\sigma)}\, P^{\sigma(0)}_{\ \ \ 0}\, P^{\sigma(1)}_{\ \ \ 1}\, P^{\sigma(2)}_{\ \ \ 2}\, P^{\sigma(3)}_{\ \ \ 3}. \tag{14.58}$$

On reconnaît dans le membre de droite le déterminant de la matrice de passage P, d'où

$$\boldsymbol{\epsilon}(\vec{e}_0, \vec{e}_1, \vec{e}_2, \vec{e}_3) = \det P. \tag{14.59}$$

Cette formule permet d'établir la propriété du tenseur de Levi-Civita énoncée au § 1.4.2. En effet, si $(\vec{e}_\alpha)$ est une base orthonormale, alors P est une matrice de Lorentz (puisque la base de départ $(\vec{e}^{\,*}_\alpha)$ est elle-même orthonormale), ce qui implique $\det P = \pm 1$ (propriété (6.9)) et donc $\boldsymbol{\epsilon}(\vec{e}_0, \vec{e}_1, \vec{e}_2, \vec{e}_3) = \pm 1$.

Revenons au cas d'une base $(\vec{e}_\alpha)$ générale. Les composantes du tenseur métrique par rapport à $(\vec{e}_\alpha)$ s'écrivent

$$g_{\alpha\beta} = \vec{e}_\alpha \cdot \vec{e}_\beta = (P^\mu{}_\alpha \vec{e}^{\,*}_\mu) \cdot (P^\nu{}_\beta \vec{e}^{\,*}_\nu) = P^\mu{}_\alpha \, P^\nu{}_\beta \, \vec{e}^{\,*}_\mu \cdot \vec{e}^{\,*}_\nu = P^\mu{}_\alpha \, \eta_{\mu\nu} P^\nu{}_\beta, \quad (14.60)$$

où l'on a utilisé $\vec{e}^{\,*}_\mu \cdot \vec{e}^{\,*}_\nu = \eta_{\mu\nu}$ puisque $(\vec{e}^{\,*}_\alpha)$ est une base orthonormale. La formule ci-dessus peut se réécrire en termes de produits matriciels :

$$g = {}^tP \, \eta \, P. \quad (14.61)$$

On en tire

$$\det g = \det {}^tP \, \det \eta \, \det P = -(\det P)^2, \quad (14.62)$$

car $\det {}^tP = \det P$ et $\det \eta = -1$ (*cf.* Éq. (1.19)). Les égalités (14.59) et (14.62) établissent la formule (14.55), et donc (14.54).

Remarque 1 : Puisque $(\det P)^2 > 0$, une conséquence immédiate de (14.62) est que le déterminant des composantes du tenseur métrique dans n'importe quelle base de E est négatif :

$$\det g < 0. \quad (14.63)$$

La formule (14.54) fait donc toujours sens.

Remarque 2 : En tant que tenseur de valence 4, $\boldsymbol{\epsilon}$ a *a priori* $4^4 = 256$ composantes. La deuxième égalité dans (14.51) montre qu'il n'a en fait qu'une seule composante indépendante : ϵ_{0123}. Cela reflète le fait que l'espace vectoriel $\mathscr{A}_4(E)$ est de dimension 1. D'après (14.54), cette unique composante vaut $\sqrt{-\det g}$ si la base considérée est directe et $-\sqrt{-\det g}$ sinon.

14.4 Dualité de Hodge

Pour $p \in \{0, 1, 2, 3, 4\}$ fixé, la dualité de Hodge met en correspondance les p-formes et les $(4-p)$-formes : il s'agit d'un isomorphisme entre les espaces $\mathscr{A}_p(E)$ et $\mathscr{A}_{4-p}(E)$, dont nous avons vu qu'ils ont la même dimension (Éq. (14.40)). La dualité de Hodge est fondée sur le tenseur de Levi-Civita et les tenseurs qu'on peut lui associer par dualité métrique. Commençons donc par introduire ces derniers.

14.4.1 Tenseurs associés au tenseur de Levi-Civita

À partir du tenseur de Levi-Civita $\boldsymbol{\epsilon}$, on définit quatre tenseurs de valence 4 par

$$\begin{array}{rl} {}^1\boldsymbol{\epsilon} : E^* \times E \times E \times E & \longrightarrow \mathbb{R} \\ (\boldsymbol{\omega}, \vec{v}_1, \vec{v}_2, \vec{v}_3) & \longmapsto \boldsymbol{\epsilon}(\vec{\boldsymbol{\omega}}, \vec{v}_1, \vec{v}_2, \vec{v}_3) \end{array} \quad (14.64)$$

$$\begin{array}{rl} {}^2\boldsymbol{\epsilon} : E^* \times E^* \times E \times E & \longrightarrow \mathbb{R} \\ (\boldsymbol{\omega}_1, \boldsymbol{\omega}_2, \vec{v}_1, \vec{v}_2) & \longmapsto \boldsymbol{\epsilon}(\vec{\boldsymbol{\omega}}_1, \vec{\boldsymbol{\omega}}_2, \vec{v}_1, \vec{v}_2) \end{array} \quad (14.65)$$

$$\begin{aligned} {}^3\boldsymbol{\epsilon} : E^* \times E^* \times E^* \times E &\longrightarrow \mathbb{R} \\ (\boldsymbol{\omega}_1, \boldsymbol{\omega}_2, \boldsymbol{\omega}_3, \vec{\boldsymbol{v}}) &\longmapsto \boldsymbol{\epsilon}(\vec{\boldsymbol{\omega}}_1, \vec{\boldsymbol{\omega}}_2, \vec{\boldsymbol{\omega}}_3, \vec{\boldsymbol{v}}) \end{aligned} \tag{14.66}$$

$$\begin{aligned} {}^4\boldsymbol{\epsilon} : E^* \times E^* \times E^* \times E^* &\longrightarrow \mathbb{R} \\ (\boldsymbol{\omega}_1, \boldsymbol{\omega}_2, \boldsymbol{\omega}_3, \boldsymbol{\omega}_4) &\longmapsto \boldsymbol{\epsilon}(\vec{\boldsymbol{\omega}}_1, \vec{\boldsymbol{\omega}}_2, \vec{\boldsymbol{\omega}}_3, \vec{\boldsymbol{\omega}}_4), \end{aligned} \tag{14.67}$$

où $\vec{\boldsymbol{\omega}}$ désigne le vecteur associé à la forme linéaire $\boldsymbol{\omega}$ par dualité métrique, suivant la notation introduite au § 1.5.2. Ainsi, ${}^1\boldsymbol{\epsilon}$ est un tenseur de type $(1,3)$, ${}^2\boldsymbol{\epsilon}$ un tenseur de type $(2,2)$, ${}^3\boldsymbol{\epsilon}$ un tenseur de type $(3,1)$ et ${}^4\boldsymbol{\epsilon}$ un tenseur de type $(4,0)$. De plus, chaque tenseur ${}^i\boldsymbol{\epsilon}$ est antisymétrique parmi tous ses arguments vecteurs et parmi tous ses arguments formes linéaires.

Les composantes des tenseurs ${}^i\boldsymbol{\epsilon}$ dans une base $(\vec{\boldsymbol{e}}_\alpha)$ de E se déduisent de celles de $\boldsymbol{\epsilon}$ *via* l'expression (14.29) de la dualité métrique sur les composantes d'une forme linéaire :

$${}^1\boldsymbol{\epsilon} : \epsilon^{\alpha}{}_{\beta\gamma\delta} = g^{\alpha\mu}\, \epsilon_{\mu\beta\gamma\delta} \tag{14.68}$$

$${}^2\boldsymbol{\epsilon} : \epsilon^{\alpha\beta}{}_{\gamma\delta} = g^{\alpha\mu} g^{\beta\nu}\, \epsilon_{\mu\nu\gamma\delta} \tag{14.69}$$

$${}^3\boldsymbol{\epsilon} : \epsilon^{\alpha\beta\gamma}{}_{\delta} = g^{\alpha\mu} g^{\beta\nu} g^{\gamma\rho}\, \epsilon_{\mu\nu\rho\delta} \tag{14.70}$$

$${}^4\boldsymbol{\epsilon} : \epsilon^{\alpha\beta\gamma\delta} = g^{\alpha\mu} g^{\beta\nu} g^{\gamma\rho} g^{\delta\sigma}\, \epsilon_{\mu\nu\rho\sigma}. \tag{14.71}$$

Remarquons que nous avons fait disparaître le préfixe $i = 1, 2, 3, 4$ dans l'écriture des composantes de ${}^i\boldsymbol{\epsilon}$, la position des indices permettant de distinguer sans ambiguïté les différents tenseurs.

${}^4\boldsymbol{\epsilon}$ est un tenseur de type $(4,0)$ totalement antisymétrique dans ses quatre arguments. L'ensemble des tenseurs de ce type est un sous-espace vectoriel de dimension 1 de $\mathscr{T}_{(4,0)}(E)$, tout comme $\mathscr{A}_4(E)$ est un sous-espace vectoriel de dimension 1 de $\mathscr{T}_{(0,4)}(E)$. Ainsi toutes les composantes de ${}^4\boldsymbol{\epsilon}$ se déduisent d'une seule, que l'on peut choisir être ϵ^{0123}, *via* la formule $\epsilon^{\alpha\beta\gamma\delta} = \epsilon^{0123}[\alpha, \beta, \gamma, \delta]$. En combinant (14.71) et (14.54), il vient

$$\epsilon^{0123} = \pm g^{0\mu} g^{1\nu} g^{2\rho} g^{3\sigma} \sqrt{-\det g}\, [\mu, \nu, \rho, \sigma], \tag{14.72}$$

ce que l'on peut écrire

$$\epsilon^{0123} = \pm\sqrt{-\det g} \sum_{\sigma\in\mathfrak{S}_4} (-1)^{k(\sigma)} g^{0\sigma(0)} g^{1\sigma(1)} g^{2\sigma(2)} g^{3\sigma(3)}. \tag{14.73}$$

On reconnaît dans la somme ci-dessus l'expression du déterminant de la matrice $g^{-1} = (g^{\alpha\beta})$. Celle-ci étant l'inverse de $g = (g_{\alpha\beta})$, son déterminant vaut $1/\det g$. On a donc, puisque $\det g < 0$, $\epsilon^{0123} = \mp 1/\sqrt{-\det g}$. Par conséquent,

$$\boxed{\epsilon^{\alpha\beta\gamma\delta} = \mp \frac{1}{\sqrt{-\det g}} [\alpha, \beta, \gamma, \delta]}, \tag{14.74}$$

avec le signe $-$ si $(\vec{\boldsymbol{e}}_\alpha)$ est une base directe et $+$ sinon.

Intéressons-nous au produit tensoriel ${}^4\boldsymbol{\epsilon} \otimes \boldsymbol{\epsilon}$. Il s'agit d'un tenseur de type $(4,4)$, complètement antisymétrique dans ses quatre premiers arguments et dans ses quatre derniers. L'expression de ${}^4\boldsymbol{\epsilon} \otimes \boldsymbol{\epsilon}$ est relativement simple :

$$\forall(\boldsymbol{\omega}_1, \boldsymbol{\omega}_2, \boldsymbol{\omega}_3, \boldsymbol{\omega}_4, \vec{\boldsymbol{v}}_1, \vec{\boldsymbol{v}}_2, \vec{\boldsymbol{v}}_3, \vec{\boldsymbol{v}}_4) \in (E^*)^4 \times E^4,$$

$$\boxed{{}^4\boldsymbol{\epsilon} \otimes \boldsymbol{\epsilon}(\boldsymbol{\omega}_1, \boldsymbol{\omega}_2, \boldsymbol{\omega}_3, \boldsymbol{\omega}_4, \vec{\boldsymbol{v}}_1, \vec{\boldsymbol{v}}_2, \vec{\boldsymbol{v}}_3, \vec{\boldsymbol{v}}_4) = -\sum_{\sigma \in \mathfrak{S}_4} (-1)^{k(\sigma)} \langle \boldsymbol{\omega}_{\sigma(1)}, \vec{\boldsymbol{v}}_1 \rangle \ldots \langle \boldsymbol{\omega}_{\sigma(4)}, \vec{\boldsymbol{v}}_4 \rangle}. \quad (14.75)$$

En effet, le membre de droite de cette équation définit clairement un tenseur de type $(4,4)$, complètement antisymétrique dans ses quatre premiers arguments et dans ses quatre derniers, tout comme ${}^4\boldsymbol{\epsilon} \otimes \boldsymbol{\epsilon}$. L'ensemble de ce type de tenseurs est un espace vectoriel de dimension 1 car les sous-espaces de $\mathscr{T}_{(4,0)}(E)$ et de $\mathscr{T}_{(0,4)}(E)$ formés des tenseurs complètement antisymétriques sont chacun des espaces vectoriels de dimension 1. On en déduit que ${}^4\boldsymbol{\epsilon} \otimes \boldsymbol{\epsilon}$ est nécessairement proportionnel au tenseur du membre de droite de (14.75). Pour obtenir la constante de proportionnalité, il suffit d'évaluer chaque tenseur sur un même 8-uplet : par exemple $(\boldsymbol{e}^\alpha, \vec{\boldsymbol{e}}_\beta)$ où $(\vec{\boldsymbol{e}}_\alpha)$ est une base orthonormale directe de $(E, \boldsymbol{g})$ et $(\boldsymbol{e}^\alpha)$ sa base duale. On a, par définition du produit tensoriel,

$${}^4\boldsymbol{\epsilon} \otimes \boldsymbol{\epsilon}\,(\boldsymbol{e}^0, \boldsymbol{e}^1, \boldsymbol{e}^2, \boldsymbol{e}^3, \vec{\boldsymbol{e}}_0, \vec{\boldsymbol{e}}_1, \vec{\boldsymbol{e}}_2, \vec{\boldsymbol{e}}_3) = \underbrace{{}^4\boldsymbol{\epsilon}(\boldsymbol{e}^0, \boldsymbol{e}^1, \boldsymbol{e}^2, \boldsymbol{e}^3)}_{-1}\ \underbrace{\boldsymbol{\epsilon}(\vec{\boldsymbol{e}}_0, \vec{\boldsymbol{e}}_1, \vec{\boldsymbol{e}}_2, \vec{\boldsymbol{e}}_3)}_{1} = -1, \quad (14.76)$$

car ${}^4\boldsymbol{\epsilon}(\boldsymbol{e}^0, \boldsymbol{e}^1, \boldsymbol{e}^2, \boldsymbol{e}^3) = \boldsymbol{\epsilon}(\vec{\boldsymbol{e}}^0, \vec{\boldsymbol{e}}^1, \vec{\boldsymbol{e}}^2, \vec{\boldsymbol{e}}^3)$, où chaque $\vec{\boldsymbol{e}}^\alpha$ est le vecteur associé à la forme $\boldsymbol{e}^0$ par dualité métrique. Il est facile de voir que $\vec{\boldsymbol{e}}^0 = -\vec{\boldsymbol{e}}_0$ et $\vec{\boldsymbol{e}}^i = \vec{\boldsymbol{e}}_i$ $(1 \leq i \leq 3)$, d'où ${}^4\boldsymbol{\epsilon}(\boldsymbol{e}^0, \boldsymbol{e}^1, \boldsymbol{e}^2, \boldsymbol{e}^3) = -1$ et le résultat (14.76). Par ailleurs,

$$\sum_{\sigma \in \mathfrak{S}_4} (-1)^{k(\sigma)} \underbrace{\langle \boldsymbol{e}^{\sigma(0)}, \vec{\boldsymbol{e}}_0 \rangle}_{\delta^{\sigma(0)}{}_0} \ldots \underbrace{\langle \boldsymbol{e}^{\sigma(3)}, \vec{\boldsymbol{e}}_3 \rangle}_{\delta^{\sigma(3)}{}_3} = \underbrace{\langle \boldsymbol{e}^0, \vec{\boldsymbol{e}}_0 \rangle}_{1} \ldots \underbrace{\langle \boldsymbol{e}^3, \vec{\boldsymbol{e}}_3 \rangle}_{1} = 1. \quad (14.77)$$

En comparant (14.76) et (14.77), on en déduit que la constante de proportionnalité devant le signe somme dans (14.75) est bien -1, ce qui achève la démonstration de cette formule.

En composantes, l'Éq. (14.75) s'écrit

$$\boxed{\epsilon^{\alpha_1\,\alpha_2\,\alpha_3\,\alpha_4}\, \epsilon_{\beta_1\,\beta_2\,\beta_3\,\beta_4} = -\sum_{\sigma \in \mathfrak{S}_4} (-1)^{k(\sigma)}\, \delta^{\alpha_{\sigma(1)}}{}_{\beta_1}\, \delta^{\alpha_{\sigma(2)}}{}_{\beta_2}\, \delta^{\alpha_{\sigma(3)}}{}_{\beta_3}\, \delta^{\alpha_{\sigma(4)}}{}_{\beta_4}}. \quad (14.78)$$

En contractant successivement sur les indices α_1 et β_1, on obtient une série de formules utiles :

$$\epsilon^{\mu\,\alpha_1\,\alpha_2\,\alpha_3}\, \epsilon_{\mu\,\beta_1\,\beta_2\,\beta_3} = -\sum_{\sigma \in \mathfrak{S}_3} (-1)^{k(\sigma)}\, \delta^{\alpha_{\sigma(1)}}{}_{\beta_1}\, \delta^{\alpha_{\sigma(2)}}{}_{\beta_2}\, \delta^{\alpha_{\sigma(3)}}{}_{\beta_3}. \quad (14.79)$$

$$\epsilon^{\mu\nu\,\alpha_1\,\alpha_2}\,\epsilon_{\mu\nu\,\beta_1\,\beta_2} = -2\left(\delta^{\alpha_1}{}_{\beta_1}\,\delta^{\alpha_2}{}_{\beta_2} - \delta^{\alpha_2}{}_{\beta_1}\,\delta^{\alpha_1}{}_{\beta_2}\right). \tag{14.80}$$

$$\epsilon^{\mu\nu\rho\alpha}\,\epsilon_{\mu\nu\rho\beta} = -6\,\delta^{\alpha}{}_{\beta}. \tag{14.81}$$

$$\epsilon^{\mu\nu\rho\sigma}\,\epsilon_{\mu\nu\rho\sigma} = -24. \tag{14.82}$$

Les identités (14.78)–(14.82) peuvent être exprimées en une même écriture, valable pour $p \in \{0, 1, 2, 3, 4\}$:

$$\boxed{\epsilon^{\mu_1\ldots\mu_{4-p}\alpha_1\ldots\alpha_p}\,\epsilon_{\mu_1\ldots\mu_{4-p}\beta_1\ldots\beta_p} = -(4-p)!\sum_{\sigma\in\mathfrak{S}_p}(-1)^{k(\sigma)}\,\delta^{\alpha_{\sigma(1)}}{}_{\beta_1}\ldots\delta^{\alpha_{\sigma(p)}}{}_{\beta_p}}. \tag{14.83}$$

14.4.2 Étoile de Hodge

Pour $p \in \{0, 1, 2, 3, 4\}$, on appelle ***étoile de Hodge*** l'application

$$\begin{array}{rcl} \star : \mathscr{A}_p(E) & \longrightarrow & \mathscr{A}_{4-p}(E) \\ \boldsymbol{A} & \longmapsto & \star\boldsymbol{A} \end{array} \tag{14.84}$$

définie par

$$\boxed{\star A_{\alpha_1\ldots\alpha_{4-p}} := \frac{1}{p!}\,\epsilon_{\mu_1\ldots\mu_p\alpha_1\ldots\alpha_{4-p}}\,g^{\mu_1\nu_1}\ldots g^{\mu_p\nu_p}\,A_{\nu_1\ldots\nu_p}}. \tag{14.85}$$

Explicitement

$$p=0:\quad \star A_{\alpha\beta\gamma\delta} := A\,\epsilon_{\alpha\beta\gamma\delta} \tag{14.86}$$

$$p=1:\quad \star A_{\alpha\beta\gamma} := \epsilon_{\mu\alpha\beta\gamma}\,g^{\mu\rho}\,A_\rho = A_\mu\epsilon^\mu{}_{\alpha\beta\gamma} \tag{14.87}$$

$$p=2:\quad \star A_{\alpha\beta} := \frac{1}{2}\,\epsilon_{\mu\nu\alpha\beta}\,g^{\mu\rho}g^{\nu\sigma}\,A_{\rho\sigma} = \frac{1}{2}\,A_{\mu\nu}\epsilon^{\mu\nu}{}_{\alpha\beta} \tag{14.88}$$

$$p=3:\quad \star A_\alpha := \frac{1}{6}\,\epsilon_{\mu\nu\lambda\alpha}\,g^{\mu\rho}g^{\nu\sigma}g^{\lambda\tau}\,A_{\rho\sigma\tau} = \frac{1}{6}\,A_{\mu\nu\rho}\,\epsilon^{\mu\nu\rho}{}_\alpha \tag{14.89}$$

$$p=4:\quad \star A := \frac{1}{24}\,\epsilon_{\mu\nu\lambda\kappa}\,g^{\mu\rho}g^{\nu\sigma}g^{\lambda\tau}g^{\kappa\iota}\,A_{\rho\sigma\tau\iota} = \frac{1}{24}A_{\mu\nu\rho\sigma}\,\epsilon^{\mu\nu\rho\sigma}. \tag{14.90}$$

Les deuxièmes égalités de chaque ligne font apparaître les tenseurs ${}^i\boldsymbol{\epsilon}$ en vertu des expressions (14.68)–(14.71). Il est immédiat de constater que si $\boldsymbol{A}$ est une p-forme, $\star\boldsymbol{A}$ est une $(4-p)$-forme, de sorte que l'application (14.84) est bien définie. De plus, $\star$ est clairement une application linéaire.

Pour toute p-forme $\boldsymbol{A}$, $\star\star\boldsymbol{A}$ est à nouveau une p-forme. Calculons sa valeur en appliquant la formule (14.85) deux fois consécutives :

$$\begin{aligned}
\star\star A_{\alpha_1\ldots\alpha_p} &= \frac{1}{(4-p)!}\,\epsilon_{\mu_1\ldots\mu_{4-p}\alpha_1\ldots\alpha_p}\, g^{\mu_1\nu_1}\ldots g^{\mu_{4-p}\nu_{4-p}}\,\star A_{\nu_1\ldots\nu_{4-p}} \\
&= \frac{1}{(4-p)!}\frac{1}{p!}\,\epsilon_{\mu_1\ldots\mu_{4-p}\alpha_1\ldots\alpha_p}\, g^{\mu_1\nu_1}\ldots g^{\mu_{4-p}\nu_{4-p}} \\
&\qquad \times\,\epsilon_{\rho_1\ldots\rho_p\nu_1\ldots\nu_{4-p}}\, g^{\rho_1\lambda_1}\ldots g^{\rho_p\lambda_p}\, A_{\lambda_1\ldots\lambda_p} \\
&= \frac{1}{p!(4-p)!}\,\epsilon_{\mu_1\ldots\mu_{4-p}\alpha_1\ldots\alpha_p}\,\underbrace{\epsilon^{\lambda_1\ldots\lambda_p\mu_1\ldots\mu_{4-p}}}_{(-1)^p\epsilon^{\mu_1\ldots\mu_{4-p}\lambda_1\ldots\lambda_p}}\, A_{\lambda_1\ldots\lambda_p} \\
&= \frac{(-1)^p}{p!(4-p)!}\,\epsilon^{\mu_1\ldots\mu_{4-p}\lambda_1\ldots\lambda_p}\,\epsilon_{\mu_1\ldots\mu_{4-p}\alpha_1\ldots\alpha_p}\, A_{\lambda_1\ldots\lambda_p}.
\end{aligned}$$

En utilisant (14.83), il vient alors

$$\star\star A_{\alpha_1\ldots\alpha_p} = \frac{(-1)^{p+1}}{p!}\sum_{\sigma\in\mathfrak{S}_p}(-1)^{k(\sigma)}\,\delta^{\lambda_{\sigma(1)}}_{\ \ \alpha_1}\ldots\delta^{\lambda_{\sigma(p)}}_{\ \ \alpha_p}\, A_{\lambda_1\ldots\lambda_p}.$$

Or puisque $\boldsymbol{A}$ est totalement antisymétrique, pour toute permutation $\sigma\in\mathfrak{S}_p$

$$(-1)^{k(\sigma)}\,\delta^{\lambda_{\sigma(1)}}_{\ \ \alpha_1}\ldots\delta^{\lambda_{\sigma(p)}}_{\ \ \alpha_p}\, A_{\lambda_1\ldots\lambda_p} = \delta^{\lambda_1}_{\ \ \alpha_1}\ldots\delta^{\lambda_p}_{\ \ \alpha_p}\, A_{\lambda_1\ldots\lambda_p} = A_{\alpha_1\ldots\alpha_p}.$$

Le cardinal de $\mathfrak{S}_p$ étant $p!$, on en déduit que

$$\star\star A_{\alpha_1\ldots\alpha_p} = (-1)^{p+1}A_{\alpha_1\ldots\alpha_p}, \tag{14.91}$$

autrement dit

$$\forall\boldsymbol{A}\in\mathscr{A}_p(E),\quad \boxed{\star\star\boldsymbol{A} = (-1)^{p+1}\boldsymbol{A}}. \tag{14.92}$$

Cette relation montre que l'étoile de Hodge est une application inversible, son inverse étant elle-même, à un facteur $(-1)^{p+1}$ près. On en conclut que l'étoile de Hodge établit un isomorphisme entre les espaces vectoriels $\mathscr{A}_p(E)$ et $\mathscr{A}_{4-p}(E)$. Cet isomorphisme constitue la ***dualité de Hodge*** entre les p-formes linéaires et les $(4-p)$-formes linéaires. On dit que $\star\boldsymbol{A}$ est la forme alternée ***duale de A au sens de Hodge***.

Remarque 1 : Pour $p = 2$, $4 - p = 2$, si bien que l'étoile de Hodge établit un isomorphisme de $\mathscr{A}_2(E)$ dans lui-même – un automorphisme donc.

Remarque 2 : Nous avons rencontré trois sortes de dualités, qu'il convient de ne pas confondre :

- la *dualité canonique* entre l'espace vectoriel E et l'espace E^* des formes linéaires sur E (*cf.* § 1.5.1) ; cette dualité associe à toute base de E une unique base de E^*, appelée *base duale* et permet de considérer tout vecteur de E comme une forme linéaire sur E^* (*cf.* (14.3)) ;

- la *dualité métrique*, qui à l'aide du tenseur métrique fait correspondre à tout vecteur de E une unique forme linéaire et *vice versa* (*cf.* § 1.5.2) ;
- la *dualité de Hodge*, qui à l'aide du tenseur de Levi-Civita et du tenseur métrique fait correspondre à toute p-forme linéaire une unique $(4-p)$-forme linéaire.

14.4.3 Étoile de Hodge et produit extérieur

$\boldsymbol{a}$ et $\boldsymbol{b}$ étant deux formes linéaires, le produit extérieur $\boldsymbol{a}\wedge\boldsymbol{b}$ est une 2-forme. Son dual au sens de Hodge, $\star(\boldsymbol{a}\wedge\boldsymbol{b})$, est également une 2-forme. Exprimons ses composantes dans une base $(\vec{e}_\alpha)$ de E, *via* l'utilisation successive des formules (14.88), (14.43) et (14.29) :

$$\begin{aligned}\star(a\wedge b)_{\alpha\beta} &= \frac{1}{2}\,\epsilon_{\mu\nu\alpha\beta}\, g^{\mu\rho}g^{\nu\sigma}\,(a\wedge b)_{\rho\sigma} = \frac{1}{2}\,\epsilon_{\mu\nu\alpha\beta}\, g^{\mu\rho}g^{\nu\sigma}\,(a_\rho b_\sigma - a_\sigma b_\rho)\\ &= \frac{1}{2}\,\epsilon_{\mu\nu\alpha\beta}(a^\mu b^\nu - a^\nu b^\mu)\\ &= \epsilon_{\mu\nu\alpha\beta}a^\mu b^\nu,\end{aligned} \tag{14.93}$$

où nous avons utilisé l'antisymétrie de $\boldsymbol{\epsilon}$ pour écrire la dernière ligne. On conclut donc

$$\forall(\boldsymbol{a},\boldsymbol{b})\in\mathscr{A}_1(E)^2,\quad \boxed{\star(\boldsymbol{a}\wedge\boldsymbol{b}) = \boldsymbol{\epsilon}(\vec{a},\vec{b},.,.)}. \tag{14.94}$$

14.4.4 Décomposition orthogonale des 2-formes

Une application intéressante de la formule (14.94) concerne la décomposition orthogonale des 2-formes que nous avons établie au § 3.4.2 : étant donnés une 2-forme linéaire $\boldsymbol{A}$ et un vecteur unitaire du genre temps $\vec{u}$, il existe une unique forme linéaire $\boldsymbol{q}\in E^*$ et un unique vecteur $\vec{b}\in E$ tels que $\boldsymbol{A}$ se décompose suivant l'Éq. (3.39). On reconnaît dans le premier terme du membre de droite de cette équation le produit extérieur des formes linéaires $\underline{\boldsymbol{u}}$ et $\boldsymbol{q}$. D'après (14.94), le deuxième terme n'est autre que le dual de Hodge du produit extérieur des formes linéaires $\underline{\boldsymbol{u}}$ et $\underline{\boldsymbol{b}}$. On peut donc réécrire la décomposition (3.39) sous la forme compacte

$$\boxed{\boldsymbol{A} = \underline{\boldsymbol{u}}\wedge\boldsymbol{q} + \star(\underline{\boldsymbol{u}}\wedge\underline{\boldsymbol{b}})},\quad \boxed{\langle\boldsymbol{q},\vec{u}\rangle = 0}\quad\text{et}\quad \boxed{\vec{u}\cdot\vec{b} = 0}. \tag{14.95}$$

L'étoile de Hodge va nous permettre d'exprimer le vecteur $\vec{b}$ entièrement en fonction de $\boldsymbol{A}$ et de $\vec{u}$, tout comme la relation (3.42) donnait $\boldsymbol{q}$ en fonction de $\boldsymbol{A}$ et de $\vec{u}$. En effet, en prenant l'étoile de Hodge de (14.95) et en utilisant (14.94) et (14.92) avec $p=2$, il vient

$$\star\boldsymbol{A} = \star(\underline{\boldsymbol{u}}\wedge\boldsymbol{q}) + \star\star\,(\underline{\boldsymbol{u}}\wedge\underline{\boldsymbol{b}}) = \boldsymbol{\epsilon}(\vec{u},\vec{q},.,.) - \underline{\boldsymbol{u}}\wedge\underline{\boldsymbol{b}}. \tag{14.96}$$

$\star\boldsymbol{A}$ est une 2-forme ; si l'on fixe son premier argument à $\vec{\boldsymbol{u}}$, on obtient une forme linéaire qui, d'après la formule ci-dessus, vaut

$$\star\boldsymbol{A}(\vec{\boldsymbol{u}},.) = \underbrace{\boldsymbol{\epsilon}(\vec{\boldsymbol{u}},\vec{\boldsymbol{q}},\vec{\boldsymbol{u}},.)}_{0} - \underbrace{\langle \underline{\boldsymbol{u}},\vec{\boldsymbol{u}}\rangle}_{-1}\, \underline{\boldsymbol{b}} + \underbrace{\langle \underline{\boldsymbol{b}},\vec{\boldsymbol{u}}\rangle}_{\vec{\boldsymbol{b}}\cdot\vec{\boldsymbol{u}}=0}\, \underline{\boldsymbol{u}}. \qquad (14.97)$$

On a donc

$$\boxed{\underline{\boldsymbol{b}} = \star\boldsymbol{A}(\vec{\boldsymbol{u}},.)}\,. \qquad (14.98)$$

Il est instructif de rapprocher cette formule de la relation (3.42) qui donne $\boldsymbol{q}$:

$$\boxed{\boldsymbol{q} := \boldsymbol{A}(.,\vec{\boldsymbol{u}})}\,. \qquad (14.99)$$

Ainsi, dans la décomposition (14.95) la forme linéaire $\boldsymbol{q}$ est obtenue directement à partir de $\boldsymbol{A}$, alors que le vecteur $\vec{\boldsymbol{b}}$ se déduit du dual de Hodge de $\boldsymbol{A}$.

En composantes, la formule (14.98) s'écrit, compte tenu de (14.88), $b_\alpha = A_{\mu\nu}\,\epsilon^{\mu\nu}{}_{\rho\alpha}\,u^\rho/2$, ce que l'on peut réarranger comme

$$\boxed{b^\alpha = -\frac{1}{2}\,\epsilon^{\alpha\mu\nu}{}_{\rho}\,A_{\mu\nu}\,u^\rho}\,. \qquad (14.100)$$

Exemple 1 : Le vecteur moment cinétique $\vec{\boldsymbol{\sigma}}_C$ d'une particule par rapport à un observateur, défini par (10.8), s'exprime en fonction de la 2-forme moment cinétique $\boldsymbol{J}_C$ suivant

$$\underline{\boldsymbol{\sigma}}_C = \star\boldsymbol{J}_C(\vec{\boldsymbol{u}}_0,.) \quad\Longleftrightarrow\quad \sigma^\alpha_C = -\frac{1}{2}\,\epsilon^{\alpha\mu\nu}{}_{\rho}\,(J_C)_{\mu\nu}\,u^\rho_0, \qquad (14.101)$$

où $\vec{\boldsymbol{u}}_0$ est la 4-vitesse de l'observateur.

Exemple 2 : Le vecteur spin $\vec{\boldsymbol{s}}$ d'une particule, défini par (10.74), s'exprime en fonction de la 2-forme de spin $\boldsymbol{S}$ suivant

$$\underline{\boldsymbol{s}} = \star\boldsymbol{S}(\vec{\boldsymbol{u}},.) \quad\Longleftrightarrow\quad s^\alpha = -\frac{1}{2}\,\epsilon^{\alpha\mu\nu}{}_{\rho}\,S_{\mu\nu}\,u^\rho, \qquad (14.102)$$

où $\vec{\boldsymbol{u}}$ est la 4-vitesse de la particule.

Chapitre 15

Champs sur l'espace-temps

Sommaire

Le chapitre précédent ayant introduit les tenseurs sur l'espace vectoriel E associé à l'espace-temps de Minkowski $\mathscr{E}$, nous passons à présent à la notion de *champ tensoriel*, c'est-à-dire à la donnée d'un tenseur en chaque point de $\mathscr{E}$. Ce chapitre et le suivant, consacré à l'intégration des champs tensoriels, sont purement mathématiques. Ils introduisent les outils de base pour les chapitres plus physiques qui vont suivre (électromagnétisme, hydrodynamique et gravitation).

15.1 Coordonnées quelconques sur l'espace-temps

15.1.1 Système de coordonnées

Jusqu'à présent, nous n'avons considéré comme coordonnées sur l'espace-temps $\mathscr{E}$ tout entier que des *coordonnées affines* (§ 1.1.3). Dans le cas où la base vectorielle associée est orthonormale, ces coordonnées affines correspondent physiquement au référentiel d'un observateur inertiel (*coordonnées inertielles*, § 8.1.3). Au niveau local, au voisinage d'une ligne d'univers, il existe bien entendu les *coordonnées relatives à un observateur* (§ 3.3.2). D'un point de vue mathématique, on peut cependant introduire sur $\mathscr{E}$ n'importe quel type de coordonnées, comme par exemple des coordonnées curvilignes. On appelle ***système de coordonnées*** sur $\mathscr{E}$ toute application

$$\begin{aligned} \Phi : \mathscr{E} &\longrightarrow \mathbb{R}^4 \\ M &\longmapsto (x^0, x^1, x^2, x^3), \end{aligned} \tag{15.1}$$

qui est injective (Φ est alors une bijection entre $\mathscr{E}$ et $\Phi(\mathscr{E})$) et telle que Φ et Φ^{-1} sont toutes deux différentiables (on dit que Φ est un ***difféomorphisme***).

Exemple 1 : Tout système de coordonnées affines sur $\mathscr{E}$ (§ 1.1.3) est évidemment un système de coordonnées au sens défini ci-dessus.

Exemple 2 : Étant donné un système de coordonnées inertielles de $\mathscr{E}$, $(x_*^\alpha) = (ct, x, y, z)$, on définit des ***coordonnées sphériques*** $(x^\alpha) = (ct, r, \theta, \varphi)$ par $x^0 = x_*^0 = ct$ et les relations standard

$$\begin{cases} x = r \sin\theta \cos\varphi \\ y = r \sin\theta \sin\varphi \\ z = r \cos\theta. \end{cases} \tag{15.2}$$

On a alors $r \in [0, +\infty[$, $\theta \in [0, \pi]$ et $\varphi \in [0, 2\pi[$. Notons que ces coordonnées sont singulières dans le plan de $\mathscr{E}$ défini par $x = y = 0$.

15.1.2 Base naturelle

Soit (x^α) un système de coordonnées quelconques sur $\mathscr{E}$. En tout point $M \in \mathscr{E}$ et pour chaque $\alpha \in \{0, 1, 2, 3\}$, on définit un vecteur $\vec{e}_\alpha(M) \in E$ qui décrit l'accroissement de la coordonnée x^α au voisinage de M, de la manière suivante : si (x^0, x^1, x^2, x^3) sont les coordonnées de M et si M_0 est le point de coordonnées $(x^0 + dx^0, x^1, x^2, x^3)$ avec dx^0 infiniment petit, alors

$$\overrightarrow{MM_0} = dx^0\, \vec{e}_0(M). \tag{15.3}$$

De même, si M_1, M_2 et M_3 sont les points de coordonnées respectives $(x^0, x^1 + dx^1, x^2, x^3)$, $(x^0, x^1, x^2 + dx^2, x^3)$ et $(x^0, x^1, x^2, x^3 + dx^3)$, alors

$$\overrightarrow{MM_1} = dx^1\, \vec{e}_1(M), \qquad \overrightarrow{MM_2} = dx^2\, \vec{e}_2(M), \qquad \overrightarrow{MM_3} = dx^3\, \vec{e}_3(M). \tag{15.4}$$

Plus généralement, si M' est un point voisin de M quelconque, de coordonnées $(x^\alpha + dx^\alpha)$, on a

$$\boxed{\overrightarrow{MM'} = dx^\alpha\, \vec{e}_\alpha(M)}. \tag{15.5}$$

Exemple : Si (x^α) est un système de coordonnées affines de $\mathscr{E}$, d'origine O, alors $\overrightarrow{OM} = x^\alpha\, \vec{\varepsilon}_\alpha$, où $(\vec{\varepsilon}_\alpha)$ est la base vectorielle de E associée aux coordonnées affines (x^α) ; il est facile de voir que les vecteurs $\vec{e}_\alpha(M)$ définis par (15.3)–(15.4) sont constants et égaux chacun aux vecteurs de base du repère affine : $\vec{e}_\alpha(M) = \vec{\varepsilon}_\alpha$.

Montrons que, quel que soit le système de coordonnées, les vecteurs $(\vec{e}_\alpha)$ définis ci-dessus forment une base de E. Considérons deux systèmes de coordonnées (x^α) et (x'^α) sur $\mathscr{E}$, et $M \in \mathscr{E}$. Pour $\alpha \in \{0, 1, 2, 3\}$ fixé, soit M_α un point qui se déduit de M par un accroissement ε infinitésimal de la coordonnée x^α. On a d'après (15.3)–(15.4) :

$$\overrightarrow{MM_\alpha} = \varepsilon \, \vec{e}_\alpha(M). \tag{15.6}$$

Dans le deuxième système, si (x'^β) sont les coordonnées de M, celles de M_α sont $(x'^\beta + dx'^\beta)$ avec $dx'^\beta = \partial x'^\beta / \partial x^\alpha \, \varepsilon$. La formule (15.5) donne alors

$$\overrightarrow{MM_\alpha} = dx'^\beta \, \vec{e}\,'_\beta(M) = \frac{\partial x'^\beta}{\partial x^\alpha} \, \varepsilon \, \vec{e}\,'_\beta(M).$$

En comparant avec (15.6), il vient

$$\boxed{\vec{e}_\alpha(M) = \frac{\partial x'^\beta}{\partial x^\alpha} \, \vec{e}\,'_\beta(M)}. \tag{15.7}$$

Si l'on choisit pour (x'^α) un système de coordonnées affines, alors $(\vec{e}\,'_\beta(M))$ est une base de E (*cf.* l'exemple ci-dessus). De plus, si le système de coordonnées (x^α) est régulier autour du point M, la matrice jacobienne $(\partial x'^\beta / \partial x^\alpha)$ est inversible. On déduit alors de (15.7) que $(\vec{e}_\alpha(M))$ constitue une base vectorielle de E. On l'appelle ***base naturelle*** associée aux coordonnées (x^α).

Exemple : Reprenons l'exemple des coordonnées sphériques considéré plus haut. La matrice jacobienne $(\partial x_*^\beta / \partial x^\alpha)$ se calcule facilement à partir de (15.2), si bien que (15.7) (avec $x'^\beta = x_*^\beta$) donne

$$\begin{cases} \vec{e}_0(M) &= \vec{e}_{ct} \\ \vec{e}_r(M) &= \sin\theta\cos\varphi\,\vec{e}_x + \sin\theta\sin\varphi\,\vec{e}_y + \cos\theta\,\vec{e}_z \\ \vec{e}_\theta(M) &= r\cos\theta\cos\varphi\,\vec{e}_x + r\cos\theta\sin\varphi\,\vec{e}_y - r\sin\theta\,\vec{e}_z \\ \vec{e}_\varphi(M) &= -r\sin\theta\sin\varphi\,\vec{e}_x + r\sin\theta\cos\varphi\,\vec{e}_y, \end{cases} \tag{15.8}$$

où l'on a noté $\vec{e}_r := \vec{e}_1$, $\vec{e}_\theta := \vec{e}_2$, $\vec{e}_\varphi := \vec{e}_3$, $\vec{e}_{ct} = \vec{e}_0^{\,*}$, $\vec{e}_x := \vec{e}_1^{\,*}$, $\vec{e}_y := \vec{e}_2^{\,*}$ et $\vec{e}_z := \vec{e}_3^{\,*}$. Les vecteurs $\vec{e}_r$ et $\vec{e}_\varphi$ sont représentés sur la Fig. 15.1. On remarque que la base naturelle $(\vec{e}_\alpha)$ n'est pas orthonormale.

Remarque : En géométrie différentielle, les vecteurs de la base naturelle associée aux coordonnées (x^α) sont notés $\partial/\partial x^\alpha$. Cette notation provient de la définition d'un vecteur sur une variété comme un opérateur différentiel sur les champs scalaires. Nous n'avons pas eu à utiliser cette définition dans le cadre présent car la notion de vecteur nous a été donnée dès le départ par la structure d'espace affine de $\mathscr{E}$. Notons tout de même que, de par la loi de composition des dérivées partielles, les opérateurs $\partial/\partial x^\alpha$ et $\partial/\partial x'^\beta$ obéissent à la même relation que celle entre les vecteurs $\vec{e}_\alpha$ et $\vec{e}\,'_\beta$ (Éq. (15.7)) :

$$\frac{\partial}{\partial x^\alpha} = \frac{\partial x'^\beta}{\partial x^\alpha} \frac{\partial}{\partial x'^\beta},$$

ce qui est compatible avec l'identification $\vec{e}_\alpha = \partial/\partial x^\alpha$.

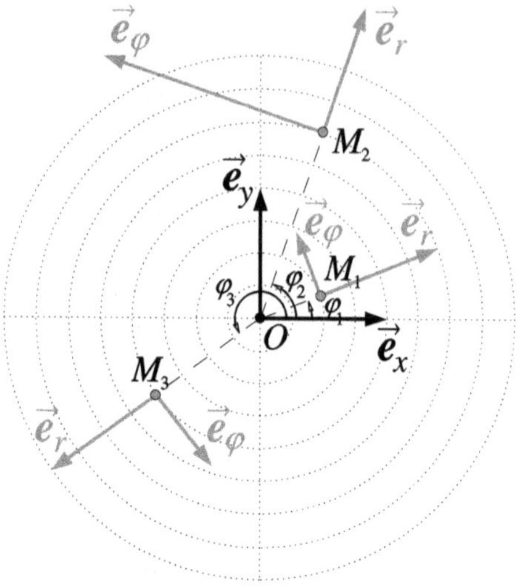

FIG. 15.1 – Vecteurs $\vec{e}_r$ et $\vec{e}_\varphi$ de la base naturelle associée aux coordonnées sphériques, en trois points M_1, M_2 et M_3 du plan $(t = 0, \theta = \pi/2)$.

15.1.3 Composantes du tenseur métrique

Soient (x^α) et (x'^α) deux systèmes de coordonnées sur $\mathscr{E}$, et $(\vec{e}_\alpha)$ et $(\vec{e}\,'_\alpha)$ les bases naturelles associées. En tout point $M \in \mathscr{E}$, les composantes $g_{\alpha\beta}(M)$ du tenseur métrique dans la base $(\vec{e}_\alpha(M))$ sont données par (1.12). En y remplaçant $\vec{e}_\alpha(M)$ par (15.7), il vient

$$g_{\alpha\beta}(M) = \vec{e}_\alpha(M) \cdot \vec{e}_\beta(M) = \frac{\partial x'^\mu}{\partial x^\alpha} \frac{\partial x'^\nu}{\partial x^\beta} \underbrace{\vec{e}\,'_\mu(M) \cdot \vec{e}\,'_\nu(M)}_{g'_{\mu\nu}(M)}.$$

On a donc la relation suivante entre les composantes de $\boldsymbol{g}$ dans les bases naturelles de chaque système de coordonnées :

$$\boxed{g_{\alpha\beta}(M) = \frac{\partial x'^\mu}{\partial x^\alpha} \frac{\partial x'^\nu}{\partial x^\beta}\, g'_{\mu\nu}(M)}. \tag{15.9}$$

Exemple 1 : **coordonnées sphériques**. Pour les coordonnées sphériques $(x^\alpha) = (ct, r, \theta, \varphi)$ introduites dans l'Exemple 2 p 492, le calcul direct de $g_{\alpha\beta} = \vec{e}_\alpha \cdot \vec{e}_\beta$ à partir de (15.8) (en utilisant l'orthonormalité de la base $(\vec{e}^{\,*}_\alpha)$) conduit à

$$g_{\alpha\beta}(M) = \begin{pmatrix} -1 & 0 & 0 & 0 \\ 0 & 1 & 0 & 0 \\ 0 & 0 & r^2 & 0 \\ 0 & 0 & 0 & r^2 \sin^2\theta \end{pmatrix}, \tag{15.10}$$

où r et θ sont les coordonnées x^1 et x^2 du point M. Le fait que $g_{\alpha\beta}(M) \neq \eta_{\alpha\beta}$ montre que la base naturelle $(\vec{e}_0, \vec{e}_r, \vec{e}_\theta, \vec{e}_\varphi)$ des coordonnées sphériques n'est pas orthonormale, ce que l'on avait d'ailleurs remarqué sur la Fig. 15.1.

Exemple 2 : **coordonnées lumière**. À partir des coordonnées sphériques (ct, r, θ, φ), désignées ci-après par (x'^α), on définit des coordonnées $(x^\alpha) = (u, v, \theta, \varphi)$, appelées ***coordonnées lumière***, par

$$\begin{cases} u := ct - r \\ v := ct + r \end{cases} \iff \begin{cases} ct = (u+v)/2 \\ r = (v-u)/2. \end{cases} \tag{15.11}$$

Ces coordonnées sont représentées sur la Fig. 15.2. On constate que les hypersurfaces obtenues en fixant u et en faisant varier v, θ et φ (resp. en fixant v et en faisant varier u, θ et φ) sont les nappes du futur (resp. du passé) des cônes de lumière centrés sur $r = 0$, d'où le nom donné à ces coordonnées. La matrice jacobienne correspondant au changement de coordonnées (15.11) est

$$\frac{\partial x'^\beta}{\partial x^\alpha} = \begin{matrix} \\ \alpha \\ \downarrow \\ \\ \\ \end{matrix} \overset{\beta \to}{\begin{pmatrix} 1/2 & -1/2 & 0 & 0 \\ 1/2 & 1/2 & 0 & 0 \\ 0 & 0 & 1 & 0 \\ 0 & 0 & 0 & 1 \end{pmatrix}}.$$

On déduit alors de la formule (15.7) l'expression des deux premiers vecteurs $\vec{e}_u := \vec{e}_0$ et $\vec{e}_v := \vec{e}_1$ de la base naturelle des coordonnées lumière :

$$\vec{e}_u(M) = \frac{1}{2}\left[\vec{e}_{ct} - \vec{e}_r(M)\right] \quad \text{et} \quad \vec{e}_v(M) = \frac{1}{2}\left[\vec{e}_{ct} + \vec{e}_r(M)\right], \tag{15.12}$$

les deux derniers vecteurs n'étant autres que $\vec{e}_\theta$ et $\vec{e}_\varphi$. Les vecteurs $\vec{e}_u$ et $\vec{e}_v$ sont représentés sur la Fig. 15.2. Les composantes du tenseur métrique dans les coordonnées lumière se déduisent aisément de la formule $g_{\alpha\beta} = \vec{e}_\alpha \cdot \vec{e}_\beta$:

$$g_{\alpha\beta}(M) = \begin{pmatrix} 0 & -1/2 & 0 & 0 \\ -1/2 & 0 & 0 & 0 \\ 0 & 0 & r^2 & 0 \\ 0 & 0 & 0 & r^2 \sin^2\theta \end{pmatrix}. \tag{15.13}$$

Le fait que la diagonale de la matrice ci-dessus commence par deux zéros signifie que les vecteurs $\vec{e}_u$ et $\vec{e}_v$ sont du genre lumière. Les coordonnées lumière sont beaucoup utilisées en chromodynamique quantique (*cf.* par exemple [68]).

Remarque : La base $(\vec{e}_u, \vec{e}_v, \vec{e}_\theta, \vec{e}_\varphi)$ n'est pas formée d'un vecteur du genre temps et de trois vecteurs du genre espace, contrairement à beaucoup de bases rencontrées jusqu'ici. En particulier, il n'est pas évident à la lecture de (15.13) de voir que $\boldsymbol{g}$ est de signature $(-, +, +, +)$.

Exemple 3 : **coordonnées de Rindler**. Ces dernières ont été introduites au § 12.1.7 comme les coordonnées associées à un observateur uniformément accéléré $\mathcal{O}$. Elles sont représentées sur la Fig. 12.8. Nous les noterons ici

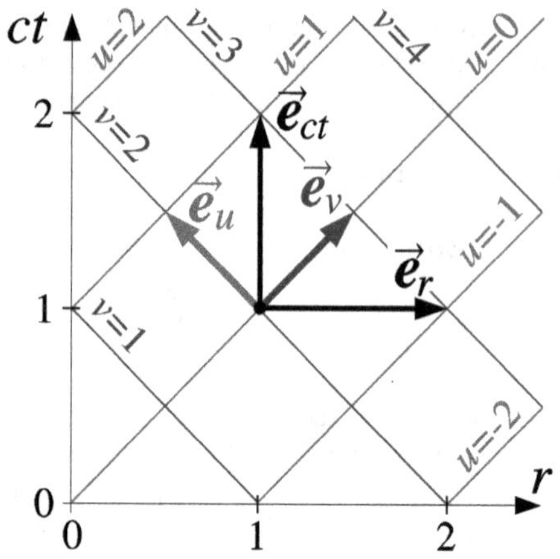

FIG. 15.2 – Coordonnées lumière (u, v) dans un plan ($\theta = $ const., $\varphi = $ const.).

$(x^\alpha) = (c\tilde{t}, \tilde{x}, \tilde{y}, \tilde{z})$, afin de garder la notation (ct, x, y, z) pour les coordonnées inertielles (x'^α). La relation entre les deux systèmes de coordonnées est fournie par (12.36) :

$$\begin{cases} ct = (\tilde{x} + a^{-1}) \sinh(ac\tilde{t}) & \\ x = (\tilde{x} + a^{-1}) \cosh(ac\tilde{t}) - a^{-1} & \tilde{t} \in \mathbb{R} \\ y = \tilde{y} & \tilde{x} > -a^{-1} \\ z = \tilde{z}, & \end{cases}$$

où la constante a est la norme de la 4-accélération de l'observateur $\mathcal{O}$. On en déduit la matrice jacobienne correspondant au passage des coordonnées de Rindler (x^α) aux coordonnées inertielles (x'^β) :

$$\frac{\partial x'^\beta}{\partial x^\alpha} = \begin{array}{c} \\ \alpha \\ \downarrow \\ \\ \end{array} \overset{\beta \longrightarrow}{\begin{pmatrix} (1 + a\tilde{x}) \cosh(ac\tilde{t}) & (1 + a\tilde{x}) \sinh(ac\tilde{t}) & 0 & 0 \\ \sinh(ac\tilde{t}) & \cosh(ac\tilde{t}) & 0 & 0 \\ 0 & 0 & 1 & 0 \\ 0 & 0 & 0 & 1 \end{pmatrix}}.$$

La formule (15.7) fournit alors l'expression des deux premiers vecteurs $\vec{e}_{c\tilde{t}} := \vec{e}_0$ et $\vec{e}_{\tilde{x}} := \vec{e}_1$ de la base naturelle des coordonnées de Rindler :

$$\vec{e}_{c\tilde{t}}(M) = (1 + a\tilde{x}) \left[\cosh(ac\tilde{t})\, \vec{e}_{ct} + \sinh(ac\tilde{t})\, \vec{e}_x\right] \qquad (15.14)$$

$$\vec{e}_{\tilde{x}}(M) = \sinh(ac\tilde{t})\, \vec{e}_{ct} + \cosh(ac\tilde{t})\, \vec{e}_x, \qquad (15.15)$$

les deux derniers étant égaux à $\vec{e}_y$ et $\vec{e}_z$. En comparant avec (12.31), on relie $\vec{e}_{c\tilde{t}}$ et $\vec{e}_{\tilde{x}}$ aux deux premiers vecteurs du référentiel local de l'observateur $\mathcal{O}$, $\vec{e}_0^{\,\text{obs}}$ et $\vec{e}_1^{\,\text{obs}}$, pris au même instant $\tilde{t}$ que M :

$$\vec{e}_{c\tilde{t}}(M) = (1 + a\tilde{x})\, \vec{e}_0^{\,\text{obs}}(\tilde{t}) \qquad \text{et} \qquad \vec{e}_{\tilde{x}}(M) = \vec{e}_1^{\,\text{obs}}(\tilde{t}). \qquad (15.16)$$

Si $\tilde{x} \neq 0$, c'est-à-dire si le point M n'est pas situé sur la ligne d'univers de $\mathcal{O}$, on constate que $\vec{e}_{c\tilde{t}}(M) \neq \vec{e}_0^{\,\text{obs}}(\tilde{t})$. Puisque $\vec{e}_{\tilde{y}}(M) = \vec{e}_y = \vec{e}_2^{\,\text{obs}}(\tilde{t})$,

$\vec{e}_{\tilde{z}}(M) = \vec{e}_z = \vec{e}_3^{\,\text{obs}}(\tilde{t})$ et puisque $(\vec{e}_\alpha^{\,\text{obs}}(\tilde{t}))$ est une base orthonormale, on déduit immédiatement de (15.16) l'expression des composantes du tenseur métrique dans la base naturelle associée aux coordonnées de Rindler :

$$g_{\alpha\beta}(M) = \begin{pmatrix} -(1+a\tilde{x})^2 & 0 & 0 & 0 \\ 0 & 1 & 0 & 0 \\ 0 & 0 & 1 & 0 \\ 0 & 0 & 0 & 1 \end{pmatrix}. \qquad (15.17)$$

En particulier la base naturelle n'est pas orthonormale dès que l'on s'écarte de la ligne d'univers de l'observateur accéléré ($\tilde{x} \neq 0$).

Exemple 4 : **coordonnées tournantes**. À partir des coordonnées (ct, x, y, z) associées à un observateur en rotation uniforme, telles qu'introduites au § 13.2.1 (*cf.* Éq. (13.14)), on peut construire un système de coordonnées sphériques $(x^\alpha) = (ct, r, \theta, \varphi)$ par les formules standard (15.2). Il est alors facile de voir que ces coordonnées sont reliées aux coordonnées sphériques $(x'^\alpha) = (ct', r', \theta', \varphi')$ associées à un observateur inertiel (coordonnées de l'Exemple 1) par $t' = t$, $r' = r$, $\theta' = \theta$ et

$$\varphi' = \varphi + \omega t,$$

où ω est la norme de la 4-rotation de l'observateur tournant. La matrice jacobienne liant les deux systèmes de coordonnées sphériques est alors

$$\frac{\partial x'^\beta}{\partial x^\alpha} = \begin{array}{c} \\ \alpha \\ \downarrow \end{array} \overset{\beta \rightarrow}{\begin{pmatrix} 1 & 0 & 0 & \omega \\ 0 & 1 & 0 & 0 \\ 0 & 0 & 1 & 0 \\ 0 & 0 & 0 & 1 \end{pmatrix}}.$$

Les composantes $(g'_{\alpha\beta})$ du tenseur métrique par rapport aux coordonnées sphériques inertielles étant données par (15.10), la formule de changement de base naturelle (15.9) associée à la matrice jacobienne ci-dessus conduit à

$$g_{\alpha\beta}(M) = \begin{pmatrix} -1+\omega^2 r^2 \sin^2\theta & \omega r^2 \sin^2\theta & 0 & 0 \\ \omega r^2 \sin^2\theta & 1 & 0 & 0 \\ 0 & 0 & r^2 & 0 \\ 0 & 0 & 0 & r^2 \sin^2\theta \end{pmatrix}. \qquad (15.18)$$

Ces composantes sont parfois appelées ***métrique de Langevin***, en référence à des travaux de Paul Langevin (*cf.* p. 41) [234, 236]. Cette dénomination est quelque peu impropre, car il ne s'agit pas d'une nouvelle métrique, mais bel et bien de la métrique $\boldsymbol{g}$ de l'espace-temps de Minkowski exprimée dans un système de coordonnées tournantes.

Note historique : *La description de l'espace-temps de Minkowski à l'aide de coordonnées quelconques a notamment été développée en 1955 par Vladimir A. Fock*[1]*, dans son célèbre traité de relativité [161]. Notons à cet égard que Fock, professeur à l'université de Leningrad, a grandement contribué à diffuser la théorie de la relativité en U.R.S.S.*

1. **Vladimir A. Fock** (1898–1974) : Physicien théoricien soviétique, connu pour ses travaux en mécanique quantique (*espace de Fock, approximation de Hartree-Fock*) ; il a également contribué à la géophysique et à la relativité générale.

15.2 Champs tensoriels

15.2.1 Définitions

Rappelons que pour $(k,\ell) \in \mathbb{N}^2$, on désigne par $\mathscr{T}_{(k,\ell)}(E)$ l'ensemble de tous les tenseurs de type (k,ℓ) sur l'espace vectoriel E, avec la convention $\mathscr{T}_{(0,0)}(E) = \mathbb{R}$ (*cf.* § 14.1). On appelle ***champ tensoriel de type*** (k,ℓ) toute application

$$\begin{aligned} \boldsymbol{T} : \mathscr{E} &\longrightarrow \mathscr{T}_{(k,\ell)}(E) \\ M &\longmapsto \boldsymbol{T}(M). \end{aligned} \tag{15.19}$$

Sauf mention contraire, nous supposerons toujours que cette application est infiniment différentiable. Si $(k,\ell) = (0,0)$, l'ensemble d'arrivée de l'application (15.19) est $\mathbb{R}$ et on qualifie $\boldsymbol{T}$ de ***champ scalaire***. Si $(k,\ell) = (1,0)$, on dit que l'on a affaire à un ***champ vectoriel***, puisque $\mathscr{T}_{(1,0)}(E) = E$.

Exemple : Étant donné un système de coordonnées (x^α) sur $\mathscr{E}$, l'application qui à tout point $M \in \mathscr{E}$ fait correspondre le vecteur $\vec{e}_0(M)$ de la base naturelle associée aux coordonnées (x^α) est un champ vectoriel sur $\mathscr{E}$ (idem pour $\vec{e}_1(M)$, $\vec{e}_2(M)$ et $\vec{e}_3(M)$).

Remarque : Mises à part les bases naturelles introduites au § 15.1.2, nous avons jusqu'à présent plutôt rencontré des champs tensoriels définis le long de la ligne d'univers $\mathscr{L}$ d'une particule, c'est-à-dire des applications $\mathscr{L} \longrightarrow \mathscr{T}_{(k,\ell)}$: champ de vecteurs (*cf.* § 2.6.2) (4-vitesse, 4-accélération, vecteur spin), champ de formes linéaires (4-impulsion, 4-force), champ de 2-formes (moment cinétique par rapport à un point, spin).

On appelle ***champ de bases*** ou ***tétrade***, ou encore ***repère mobile***, tout ensemble de quatre champs vectoriels sur $\mathscr{E}$, $(\vec{e}_\alpha)$, tel qu'en chaque point M, $(\vec{e}_\alpha(M))$ soit une base de E. Pour éviter des confusions, nous emploierons parfois l'expression ***base fixe*** pour désigner une base de E qui n'est pas la valeur en un point d'un champ de bases.

Exemple : Toute base naturelle constitue un champ de bases, mais la réciproque n'est pas vraie : il existe des champs de bases que l'on ne peut pas associer à un système de coordonnées sur $\mathscr{E}$. Par exemple, à partir des vecteurs $(\vec{e}_0, \vec{e}_r, \vec{e}_\theta, \vec{e}_\varphi)$ de la base naturelle des coordonnées sphériques (*cf.* Éq. (15.8)), on construit une nouvelle base en posant $\vec{e}\,'_0 := \vec{e}_0$, $\vec{e}\,'_1 := \vec{e}_r$, $\vec{e}\,'_2 := r^{-1}\vec{e}_\theta$ et $\vec{e}\,'_3 := (r\sin\theta)^{-1}\vec{e}_\varphi$. Contrairement à $(\vec{e}_0, \vec{e}_r, \vec{e}_\theta, \vec{e}_\varphi)$, la base $(\vec{e}\,'_\alpha)$ est orthonormale (c'est immédiat d'après (15.10)). Il s'agit d'ailleurs de la base orthonormale associée habituellement aux coordonnées sphériques[2]. On peut montrer que $(\vec{e}\,'_\alpha)$ n'est pas une base naturelle : il n'existe aucun système de coordonnées sur $\mathscr{E}$ dont les accroissements de coordonnées sont décrits par les vecteurs $(\vec{e}\,'_\alpha)$.

2. Dans de nombreux ouvrages, les vecteurs de cette base sont notés $(\vec{e}_r, \vec{e}_\theta, \vec{e}_\varphi)$, alors qu'ici nous réservons cette notation pour les vecteurs de la base naturelle.

15.2.2 Champ scalaire et gradient

L'exemple le plus simple de champ tensoriel est bien entendu un champ scalaire : $f : \mathscr{E} \longrightarrow \mathbb{R}$. Si f est différentiable, il lui est naturellement associé un champ de formes linéaires

$$\boldsymbol{\nabla} f : \mathscr{E} \longrightarrow \mathscr{T}_{(0,1)}(E)$$

défini de la manière suivante. Entre deux points de $\mathscr{E}$ infiniment proches, M et M', la variation $df(M) := f(M') - f(M)$ de f est une fonction linéaire de la séparation entre M et M', cette dernière étant mesurée par le vecteur $\overrightarrow{MM'}$. Nous définirons donc $\boldsymbol{\nabla} f(M)$ comme la forme linéaire qui, appliquée au vecteur $\overrightarrow{MM'}$, donne la variation de f :

$$df(M) = \langle \boldsymbol{\nabla} f(M), \overrightarrow{MM'} \rangle .$$

Comme souvent en physique, nous omettrons l'argument M des fonctions. En désignant par $d\vec{\boldsymbol{x}}$ le vecteur infinitésimal $\overrightarrow{MM'}$, on peut alors écrire la formule ci-dessus sous la forme

$$\boxed{df = \langle \boldsymbol{\nabla} f, d\vec{\boldsymbol{x}} \rangle} . \tag{15.20}$$

Le champ de formes linéaires $\boldsymbol{\nabla} f$ ainsi défini est appelé ***gradient de** f*. Le symbole $\boldsymbol{\nabla}$ est appelé ***nabla***.

Remarque : Il est clair sur la relation de définition (15.20) que le gradient d'un champ scalaire est fondamentalement une forme linéaire et non un vecteur. Si, comme souvent en physique non relativiste, on définit le gradient comme un vecteur en écrivant $df = \vec{\boldsymbol{\nabla}} f \cdot d\vec{\boldsymbol{x}}$, c'est que l'on considère implicitement une structure supplémentaire sur l'espace(-temps) : le produit scalaire. La définition (15.20) est par contre indépendante de tout produit scalaire (et donc du tenseur métrique $\boldsymbol{g}$) : elle ne requiert que la notion primitive de vecteur. Évidemment, à partir de la forme linéaire gradient $\boldsymbol{\nabla} f$, on peut toujours former le vecteur $\vec{\boldsymbol{\nabla}} f$ par dualité métrique, suivant la procédure exposée au § 1.5.2.

15.2.3 Gradients des coordonnées

Soit (x^α) un système de coordonnées sur $\mathscr{E}$. Pour α fixé, on peut considérer x^α comme un champ scalaire. La variation de x^α due à un petit déplacement $d\vec{\boldsymbol{x}}$ autour d'un point M est alors donnée par la formule (15.20) :

$$dx^\alpha = \langle \boldsymbol{\nabla} x^\alpha, d\vec{\boldsymbol{x}} \rangle . \tag{15.21}$$

Par ailleurs, le vecteur $d\vec{\boldsymbol{x}}$ se développe sur la base naturelle $(\vec{\boldsymbol{e}}_\alpha)$ des coordonnées (x^α) suivant (15.5) : $d\vec{\boldsymbol{x}} = dx^\beta \, \vec{\boldsymbol{e}}_\beta$. En insérant cette expression dans (15.21), il vient $dx^\alpha = \langle \boldsymbol{\nabla} x^\alpha, \vec{\boldsymbol{e}}_\beta \rangle \, dx^\beta$. On en déduit que

$$\boxed{\langle \boldsymbol{\nabla} x^\alpha, \vec{\boldsymbol{e}}_\beta \rangle = \delta^\alpha{}_\beta} . \tag{15.22}$$

Autrement dit, en chaque point $M \in \mathscr{E}$, le quadruplet de formes linéaires $(\boldsymbol{\nabla} x^\alpha)$ constitue la base duale de la base naturelle associée aux coordonnées (x^α) : suivant la notation introduite au § 1.5.1,

$$\boxed{\boldsymbol{e}^\alpha = \boldsymbol{\nabla} x^\alpha}. \tag{15.23}$$

Soit f un champ scalaire sur $\mathscr{E}$. Déterminons les composantes $\nabla_\alpha f := (\nabla f)_\alpha$ du gradient de f dans la base naturelle associée aux coordonnées (x^α). Par définition des composantes d'un tenseur (Éq. (14.10) avec $(k, \ell) = (0, 1)$),

$$\boldsymbol{\nabla} f = \nabla_\alpha f \, \boldsymbol{e}^\alpha = \nabla_\alpha f \, \boldsymbol{\nabla} x^\alpha. \tag{15.24}$$

Pour tout déplacement infinitésimal $d\vec{\boldsymbol{x}} = dx^\alpha \, \vec{\boldsymbol{e}}_\alpha$, la variation de f donnée par (15.20) est $df = \langle \boldsymbol{\nabla} f, d\vec{\boldsymbol{x}} \rangle$. Or dans la base $(\vec{\boldsymbol{e}}_\alpha)$, les composantes de $\boldsymbol{\nabla} f$ sont $\nabla_\alpha f$ et celles de $d\vec{\boldsymbol{x}}$ sont dx^α. La formule (14.15) conduit alors à

$$df = \langle \boldsymbol{\nabla} f, d\vec{\boldsymbol{x}} \rangle = \nabla_\alpha f \, dx^\alpha.$$

Par ailleurs, on a évidemment $df = (\partial f / \partial x^\alpha) \, dx^\alpha$. En identifiant les deux formules, il vient

$$\boxed{\nabla_\alpha f = \frac{\partial f}{\partial x^\alpha}}. \tag{15.25}$$

Ainsi les composantes du gradient dans une base naturelle ne sont pas autres choses que les dérivées partielles par rapport aux coordonnées.

15.3 Dérivation covariante

15.3.1 Dérivée covariante d'un vecteur

Soit $\vec{\boldsymbol{v}}$ un champ de vecteurs sur $\mathscr{E}$. La variation de $\vec{\boldsymbol{v}}$ entre deux points de $\mathscr{E}$ infiniment voisins, M et M', est

$$d\vec{\boldsymbol{v}} := \vec{\boldsymbol{v}}(M') - \vec{\boldsymbol{v}}(M).$$

Au premier ordre, cette variation doit être linéaire dans le vecteur séparation $d\vec{\boldsymbol{x}} := \overrightarrow{MM'}$. Il existe donc un endomorphisme de E, que nous noterons $\boldsymbol{\nabla}\vec{\boldsymbol{v}}$, tel que $d\vec{\boldsymbol{v}} = \boldsymbol{\nabla}\vec{\boldsymbol{v}}(d\vec{\boldsymbol{x}})$. Il est d'usage de noter l'argument de cet endomorphisme en indice, suivant $\boldsymbol{\nabla}_{d\vec{\boldsymbol{x}}} \vec{\boldsymbol{v}} := \boldsymbol{\nabla}\vec{\boldsymbol{v}}(d\vec{\boldsymbol{x}})$. Il vient alors

$$\boxed{d\vec{\boldsymbol{v}} = \boldsymbol{\nabla}_{d\vec{\boldsymbol{x}}} \vec{\boldsymbol{v}}}. \tag{15.26}$$

Comme discuté au § 14.1.2, les endomorphismes de E s'identifient à des tenseurs de type $(1, 1)$. Nous appellerons donc ***dérivée covariante*** de $\vec{\boldsymbol{v}}$ le champ tensoriel de type $(1, 1)$ $\boldsymbol{\nabla}\vec{\boldsymbol{v}}$ qui en tout point $M \in \mathscr{E}$ donne la variation de $\vec{\boldsymbol{v}}$ lors d'un déplacement infinitésimal $d\vec{\boldsymbol{x}}$ suivant l'Éq. (15.26).

Exemple : Soient $(\vec{e}_\alpha)$ une base fixe de E et v^α les composantes du champ vectoriel $\vec{v}$ dans cette base :

$$\forall M \in \mathscr{E}, \quad \vec{v}(M) = v^\alpha(M)\,\vec{e}_\alpha.$$

Cette expression donne immédiatement $d\vec{v} = dv^\alpha\,\vec{e}_\alpha$. Puisque $dv^\alpha = (\partial v^\alpha/\partial x^\beta)\,dx^\beta$, on en déduit les composantes, notées $\nabla_\beta v^\alpha$, de la dérivée covariante $\boldsymbol{\nabla}\vec{v}$ dans la base $(\vec{e}_\alpha)$:

$$\nabla_\beta v^\alpha = \frac{\partial v^\alpha}{\partial x^\beta} \qquad \text{(base fixe)}. \tag{15.27}$$

Soulignons que cette formule n'est valable que parce que la base $(\vec{e}_\alpha)$ est *fixe* (*cf.* § 15.2.1). Pour un champ de bases (repère mobile), il faut ajouter un terme correctif, ainsi que nous le verrons plus bas.

Un champ de vecteurs $\vec{v}$ sur $\mathscr{E}$ induit évidemment un champ de vecteurs le long de toute ligne d'univers $\mathscr{L} \subset \mathscr{E}$, au sens précisé au § 2.6.2. Nous pouvons alors considérer la dérivée $d\vec{v}/dt$ de $\vec{v}$ le long de $\mathscr{L}$, telle que définie par l'Éq. (2.59) (on suppose que $\mathscr{L}$ est du genre temps et on note t son temps propre). $d\vec{v}/dt$ a également été appelée *dérivée absolue* de $\vec{v}$ le long de $\mathscr{L}$ au § 3.5.1, pour la distinguer de la dérivée par rapport à un observateur. Il est facile de relier $d\vec{v}/dt$ à la dérivée covariante du champ $\vec{v}$. En effet, soient $A(t)$ et $A(t+dt)$ deux points infiniment voisins de $\mathscr{L}$, et $d\vec{x}$ le vecteur joignant ces deux points. D'après la définition (2.59), $d\vec{v}/dt$ est la limite lorsque $dt \to 0$ de la variation de $\vec{v}$ entre $A(t)$ et $A(t+dt)$ divisée par dt. En utilisant la formule (15.26) pour $d\vec{v}$, on obtient

$$\frac{d\vec{v}}{dt} = \frac{\boldsymbol{\nabla}_{d\vec{x}}\,\vec{v}}{dt} = \boldsymbol{\nabla}_{\frac{d\vec{x}}{dt}}\,\vec{v},$$

où la deuxième égalité découle de la linéarité de l'endomorphisme $\boldsymbol{\nabla}\vec{v}$. Or, par définition même d'une 4-vitesse, $d\vec{x}/dt$ est c fois la 4-vitesse de la particule de ligne d'univers $\mathscr{L}$: $d\vec{x}/dt = c\,\vec{u}$ (Éq. (2.12)). On peut donc écrire la formule ci-dessus sous la forme

$$\boxed{\frac{d\vec{v}}{dt} = c\,\boldsymbol{\nabla}_{\vec{u}}\,\vec{v}}. \tag{15.28}$$

15.3.2 Généralisation à tous les tenseurs

La définition de la dérivée covariante se généralise à n'importe quel champ tensoriel : si $\boldsymbol{T}$ est un champ tensoriel de type (k, ℓ), sa ***dérivée covariante*** $\boldsymbol{\nabla T}$ est un champ tensoriel de type $(k, \ell+1)$ tel que la variation de $\boldsymbol{T}$ entre deux points infiniment proches, M et M', soit donnée par

$$\boxed{d\boldsymbol{T} := \boldsymbol{T}(M') - \boldsymbol{T}(M) = \boldsymbol{\nabla}_{d\vec{x}}\,\boldsymbol{T}}, \quad \text{où } d\vec{x} := \overrightarrow{MM'}. \tag{15.29}$$

La notation $\boldsymbol{\nabla}_{d\vec{x}}\,\boldsymbol{T}$ signifie que le vecteur $d\vec{x}$ est le dernier argument du tenseur $\boldsymbol{\nabla T}$:

$$\forall \vec{v} \in E, \quad \boxed{\boldsymbol{\nabla}_{\vec{v}}\,\boldsymbol{T} := \boldsymbol{\nabla T}(.,\ldots,.,\vec{v})}. \tag{15.30}$$

On dit que $\boldsymbol{\nabla}_{\vec{v}} \boldsymbol{T}$ est la ***dérivée covariante de $\boldsymbol{T}$ le long du vecteur $\vec{v}$***.

Remarque : Si $\vec{v}$ est un champ tensoriel sur $\mathscr{E}$, $\boldsymbol{\nabla}_{\vec{v}} \boldsymbol{T}$ est un champ tensoriel de même type (k, ℓ) que $\boldsymbol{T}$.

Exemple : Pour un champ scalaire, la comparaison de (15.29) et (15.20) montre que la dérivée covariante coïncide avec le gradient. Cela explique pourquoi on a utilisé la même notation pour les deux opérateurs.

Les composantes de la dérivée covariante dans une base $(\vec{e}_\alpha)$ sont notées non pas $(\nabla T)^{\alpha_1 \ldots \alpha_k}{}_{\beta_1 \ldots \beta_{\ell+1}}$, mais $\nabla_{\beta_{\ell+1}} T^{\alpha_1 \ldots \alpha_k}{}_{\beta_1 \ldots \beta_\ell}$:

$$\boxed{\boldsymbol{\nabla T} = \nabla_{\beta_{\ell+1}} T^{\alpha_1 \ldots \alpha_k}{}_{\beta_1 \ldots \beta_\ell}\, \boldsymbol{e}_{\alpha_1} \otimes \ldots \otimes \boldsymbol{e}_{\alpha_k} \otimes \boldsymbol{e}^{\beta_1} \otimes \ldots \otimes \boldsymbol{e}^{\beta_\ell} \otimes \boldsymbol{e}^{\beta_{\ell+1}}}. \tag{15.31}$$

Avec cette convention et (15.30), on peut écrire les composantes de la dérivée covariante le long d'un vecteur comme

$$(\boldsymbol{\nabla}_{\vec{v}} \boldsymbol{T})^{\alpha_1 \ldots \alpha_k}{}_{\beta_1 \ldots \beta_\ell} = v^\mu \nabla_\mu T^{\alpha_1 \ldots \alpha_k}{}_{\beta_1 \ldots \beta_\ell}. \tag{15.32}$$

De part les définitions (14.31) et (15.29), il est clair que la dérivée covariante commute avec la contraction :

$$\boldsymbol{\nabla}(C^p_q \boldsymbol{T}) = C^p_q(\boldsymbol{\nabla T}). \tag{15.33}$$

La dérivée covariante le long d'un vecteur obéit à la ***règle de Leibniz*** vis-à-vis du produit tensoriel $\otimes$: pour tout vecteur $\vec{v}$ et tout couple de champs tensoriels $\boldsymbol{A}$ et $\boldsymbol{B}$:

$$\boxed{\boldsymbol{\nabla}_{\vec{v}}(\boldsymbol{A} \otimes \boldsymbol{B}) = \boldsymbol{\nabla}_{\vec{v}} \boldsymbol{A} \otimes \boldsymbol{B} + \boldsymbol{A} \otimes \boldsymbol{\nabla}_{\vec{v}} \boldsymbol{B}}. \tag{15.34}$$

Cette propriété découle facilement de la définition (14.6) du produit tensoriel et de la règle de Leibniz pour la multiplication dans $\mathbb{R}$. Dans le cas particulier où $\boldsymbol{A}$ est un champ scalaire : $\boldsymbol{A} = f$, la formule ci-dessus donne

$$\boldsymbol{\nabla}_{\vec{v}}(f \boldsymbol{B}) = (\boldsymbol{\nabla}_{\vec{v}} f)\, \boldsymbol{B} + f\, \boldsymbol{\nabla}_{\vec{v}} \boldsymbol{B}. \tag{15.35}$$

Remarque : En géométrie différentielle, où l'on considère l'espace affine $\mathscr{E}$ comme un cas particulier de variété, la dérivée covariante est appelée ***connexion***. Dans le cas présent, le tenseur métrique $\boldsymbol{g}$ est un tenseur fixé, de type $(0, 2)$, sur E. Si on le considère comme un champ tensoriel, il s'agit alors d'un champ constant et on a de manière triviale :

$$\boldsymbol{\nabla g} = 0. \tag{15.36}$$

D'une manière générale, une connexion $\boldsymbol{\nabla}$ qui vérifie cette propriété sur une variété munie d'une métrique $\boldsymbol{g}$, ainsi que la condition $\nabla_\alpha \nabla_\beta f = \nabla_\beta \nabla_\alpha f$ pour champ scalaire f (condition dite *d'absence de torsion*), est appelée ***connexion riemannienne***, ou encore ***connexion de Levi-Civita***. Si la métrique est non-dégénérée, cette connexion est unique.

15.3.3 Coefficients de connexion

Étant donné un champ de bases (tétrade) $(\vec{e}_\alpha)$ sur $\mathscr{E}$, la dérivée covariante d'un vecteur de la base le long d'un autre vecteur, $\boldsymbol{\nabla}_{\vec{e}_\beta}\,\vec{e}_\alpha$, constitue un champ de vecteurs sur $\mathscr{E}$. On peut donc le développer en chaque point $M \in \mathscr{E}$ sur la base $(\vec{e}_\alpha(M))$:

$$\boxed{\boldsymbol{\nabla}_{\vec{e}_\beta}\,\vec{e}_\alpha =: \Gamma^\mu_{\ \alpha\beta}\,\vec{e}_\mu}. \qquad (15.37)$$

Les coefficients $\Gamma^\mu_{\ \alpha\beta}$ de ce développement sont appelés ***coefficients de connexion relatifs à la tétrade*** $(\vec{e}_\alpha)$. Ces sont des fonctions du point d'espace-temps considéré. Autrement dit, ils constituent $4^3 = 64$ champs scalaires sur $\mathscr{E}$.

En écrivant l'action de la forme $\boldsymbol{e}^\alpha$ sur le vecteur $\vec{e}_\gamma$ comme la contraction du produit tensoriel $\vec{e}_\gamma \otimes \boldsymbol{e}^\alpha$ (Éq. (14.34)) et en utilisant la propriété de commutation (15.33) ainsi que la règle de Leibniz (15.34), on obtient

$$\boldsymbol{\nabla}_{\vec{e}_\beta}\,\langle \boldsymbol{e}^\alpha, \vec{e}_\gamma\rangle = \langle \boldsymbol{\nabla}_{\vec{e}_\beta}\,\boldsymbol{e}^\alpha, \vec{e}_\gamma\rangle + \langle \boldsymbol{e}^\alpha, \boldsymbol{\nabla}_{\vec{e}_\beta}\,\vec{e}_\gamma\rangle.$$

Or, par définition d'une base duale, $\langle \boldsymbol{e}^\alpha, \vec{e}_\gamma\rangle$ est le champ constant $\delta^\alpha_{\ \gamma}$, si bien que $\boldsymbol{\nabla}_{\vec{e}_\beta}\,\langle \boldsymbol{e}^\alpha, \vec{e}_\gamma\rangle = 0$. De plus, d'après (15.37), $\boldsymbol{\nabla}_{\vec{e}_\beta}\,\vec{e}_\gamma = \Gamma^\mu_{\ \gamma\beta}\,\vec{e}_\mu$. Il vient donc $\langle \boldsymbol{\nabla}_{\vec{e}_\beta}\,\boldsymbol{e}^\alpha, \vec{e}_\gamma\rangle = -\Gamma^\alpha_{\ \gamma\beta}$, dont on déduit

$$\boxed{\boldsymbol{\nabla}_{\vec{e}_\beta}\,\boldsymbol{e}^\alpha = -\Gamma^\alpha_{\ \mu\beta}\,\boldsymbol{e}^\mu}. \qquad (15.38)$$

À partir des relations (15.37) et (15.38), on établit[3] la formule suivante pour les composantes de la dérivée covariante d'un champ tensoriel de type (k,ℓ) (on note $\rho = \beta_{\ell+1}$) :

$$\boxed{\begin{aligned}\nabla_\rho T^{\alpha_1\ldots\alpha_k}_{\ \ \ \ \ \ \ \ \beta_1\ldots\beta_\ell} = \langle \boldsymbol{\nabla} T^{\alpha_1\ldots\alpha_k}_{\ \ \ \ \ \ \ \ \beta_1\ldots\beta_\ell}, \vec{e}_\rho\rangle &+ \sum_{p=1}^{k} \Gamma^{\alpha_p}_{\ \mu\rho}\, T^{\alpha_1\ldots\overset{p}{\downarrow}{\mu}\ldots\alpha_{k-1}}_{\ \ \ \ \ \ \ \ \ \ \ \ \ \ \ \ \beta_1\ldots\beta_\ell} \\ &- \sum_{q=1}^{\ell} \Gamma^{\mu}_{\ \beta_q\rho}\, T^{\alpha_1\ldots\alpha_k}_{\ \ \ \ \ \ \ \ \beta_1\ldots\underset{q}{\uparrow}{\mu}\ldots\beta_{\ell-1}}\end{aligned}}, \qquad (15.39)$$

où $\boldsymbol{\nabla} T^{\alpha_1\ldots\alpha_k}_{\ \ \ \ \ \ \ \ \beta_1\ldots\beta_\ell}$ est le gradient de la composante $T^{\alpha_1\ldots\alpha_k}_{\ \ \ \ \ \ \ \ \beta_1\ldots\beta_\ell}$, considérée comme un champ scalaire. Notons que si $(\vec{e}_\alpha)$ est une base naturelle, la formule (15.25) permet d'écrire le premier terme du membre de droite de (15.39) sous la forme

$$\langle \boldsymbol{\nabla} T^{\alpha_1\ldots\alpha_k}_{\ \ \ \ \ \ \ \ \beta_1\ldots\beta_\ell}, \vec{e}_\rho\rangle = \frac{\partial}{\partial x^\rho} T^{\alpha_1\ldots\alpha_k}_{\ \ \ \ \ \ \ \ \beta_1\ldots\beta_\ell} \qquad \text{(base naturelle)}. \qquad (15.40)$$

3. Il suffit de prendre la dérivée covariante du développement (14.10) d'un tenseur en fonction de ses composantes, d'appliquer la règle de Leibniz, d'utiliser les formules (15.37) et (15.38), puis de comparer le résultat obtenu avec (15.31).

La formule (15.39) montre que l'on peut calculer la dérivée covariante de n'importe quel champ tensoriel à partir de la donnée des coefficients de connexion $\Gamma^{\gamma}{}_{\alpha\beta}$.

Exemple : Dans le cas d'un champ vectoriel, la formule (15.39) se simplifie en

$$\nabla_\rho v^\alpha = \langle \boldsymbol{\nabla} v^\alpha,\ \vec{e}_\rho \rangle + \Gamma^{\alpha}{}_{\mu\rho} v^\mu, \tag{15.41}$$

alors que pour un champ de formes linéaires, elle donne

$$\nabla_\rho \omega_\alpha = \langle \boldsymbol{\nabla} \omega_\alpha,\ \vec{e}_\rho \rangle - \Gamma^{\mu}{}_{\alpha\rho} \omega_\mu. \tag{15.42}$$

Au vu de (15.40), (15.41) et (15.42), nous retiendrons

$$\boxed{\nabla_\beta v^\alpha = \frac{\partial v^\alpha}{\partial x^\beta} + \Gamma^{\alpha}{}_{\mu\beta} v^\mu} \quad \text{et} \quad \boxed{\nabla_\beta \omega_\alpha = \frac{\partial \omega_\alpha}{\partial x^\beta} - \Gamma^{\mu}{}_{\alpha\beta} \omega_\mu} \quad \text{(base naturelle).} \tag{15.43}$$

Dans le cas où $(\vec{e}_\alpha)$ est une base de E liée à des coordonnées affines de $\mathscr{E}$ (par exemple des coordonnées inertielles, *cf.* § 8.1.3), alors $(\vec{e}_\alpha)$ est une base fixe et $\boldsymbol{\nabla}\vec{e}_\alpha = 0$. L'Éq. (15.37) de définition des coefficients de connexion implique $\Gamma^{\mu}{}_{\alpha\beta} = 0$. Les formules (15.39) et (15.40) montrent alors que les composantes de la dérivée covariante d'un tenseur ne sont pas autres choses que les dérivées partielles des composantes :

$$\nabla_\rho T^{\alpha_1\ldots\alpha_k}{}_{\beta_1\ldots\beta_\ell} = \frac{\partial}{\partial x^\rho} T^{\alpha_1\ldots\alpha_k}{}_{\beta_1\ldots\beta_\ell} \qquad \text{(coordonnées affines).} \tag{15.44}$$

Cette relation généralise celle obtenue plus haut dans le cas d'un vecteur (Éq. (15.27)).

15.3.4 Symboles de Christoffel

On se propose de calculer la valeur des coefficients de connexion en fonction des composantes $(g_{\alpha\beta})$ du tenseur métrique dans le cas où $(\vec{e}_\alpha)$ est une base naturelle, associée à des coordonnées (x^α).

Montrons tout d'abord que, dans ce cas, les coefficients $\Gamma^{\gamma}{}_{\alpha\beta}$ sont symétriques dans les indices α et β. D'après (15.37), il est équivalent de montrer que

$$\boldsymbol{\nabla}_{\vec{e}_\beta} \vec{e}_\alpha = \boldsymbol{\nabla}_{\vec{e}_\alpha} \vec{e}_\beta. \tag{15.45}$$

Établissons-le pour deux valeurs concrètes de α et β : $\alpha = 0$ et $\beta = 1$. Soient $M \in \mathscr{E}$, $M_0 \in \mathscr{E}$ et $M_1 \in \mathscr{E}$ tels que $\overrightarrow{MM_0} = \varepsilon\,\vec{e}_0$ et $\overrightarrow{MM_1} = \varepsilon\,\vec{e}_1$ avec ε infiniment petit. D'après la définition d'une dérivée covariante,

$$\boldsymbol{\nabla}_{\varepsilon\vec{e}_1} \vec{e}_0 = \vec{e}_0(M_1) - \vec{e}_0(M) \quad \text{et} \quad \boldsymbol{\nabla}_{\varepsilon\vec{e}_0} \vec{e}_1 = \vec{e}_1(M_0) - \vec{e}_1(M),$$

d'où

$$\varepsilon\,(\boldsymbol{\nabla}_{\vec{e}_1} \vec{e}_0 - \boldsymbol{\nabla}_{\vec{e}_0} \vec{e}_1) = \vec{e}_1(M) + \vec{e}_0(M_1) - \vec{e}_0(M) - \vec{e}_1(M_0). \tag{15.46}$$

Or, par définition d'une base naturelle, $\varepsilon[\vec{e}_1(M) + \vec{e}_0(M_1)]$ est le vecteur qui relie M au point de coordonnées $(x^0+\varepsilon, x^1+\varepsilon, x^2, x^3)$, si M a pour coordonnées (x^0, x^1, x^2, x^3). De même, $\varepsilon[\vec{e}_0(M) + \vec{e}_1(M_0)]$ est le vecteur qui relie M au point de coordonnées $(x^0 + \varepsilon, x^1 + \varepsilon, x^2, x^3)$. Il s'agit donc du même point que précédemment, de sorte que les vecteurs $\varepsilon[\vec{e}_1(M) + \vec{e}_0(M_1)]$ et $\varepsilon[\vec{e}_0(M) + \vec{e}_1(M_0)]$ sont égaux. On en conclut que le membre de droite de (15.46) est nul, ce qui établit (15.45) pour $\alpha = 0$ et $\beta = 1$, et plus généralement pour tous les couples (α, β) avec $\alpha \neq \beta$. On a donc montré la symétrie des coefficients de connexion dans le cas d'une base naturelle :

$$\boxed{\Gamma^{\gamma}{}_{\alpha\beta} = \Gamma^{\gamma}{}_{\beta\alpha}} \qquad \text{(base naturelle).} \tag{15.47}$$

Passons à présent au calcul explicite de $\Gamma^{\gamma}{}_{\alpha\beta}$ à partir des composantes $g_{\alpha\beta}$ du tenseur métrique $\boldsymbol{g}$. Si l'on considère ce dernier comme un champ tensoriel sur $\mathscr{E}$, alors il est constant et l'on a $\boldsymbol{\nabla g} = 0$ (*cf.* la remarque p. 502). Par contre, en général, les composantes $(g_{\alpha\beta})$ ne sont pas constantes lorsqu'on se déplace dans $\mathscr{E}$, ainsi que le montrent les différents exemples du § 15.1.3 : $\partial g_{\alpha\beta}/\partial x^\gamma \neq 0$. D'après la formule (15.39) et le fait que $\boldsymbol{g}$ soit un tenseur de type $(0,2)$, la propriété $\boldsymbol{\nabla g} = 0$ se traduit par

$$\nabla_\gamma g_{\alpha\beta} = 0 = \frac{\partial g_{\alpha\beta}}{\partial x^\gamma} - \Gamma^{\mu}{}_{\alpha\gamma} g_{\mu\beta} - \Gamma^{\mu}{}_{\beta\gamma} g_{\alpha\mu}.$$

En multipliant par la matrice $(g^{\alpha\beta})$, inverse de $(g_{\alpha\beta})$, et en changeant les noms des indices, on obtient les formules

$$g^{\gamma\mu}\frac{\partial g_{\mu\beta}}{\partial x^\alpha} = \Gamma^{\sigma}{}_{\mu\alpha} g_{\sigma\beta} g^{\gamma\mu} + \Gamma^{\sigma}{}_{\beta\alpha} \underbrace{g_{\mu\sigma} g^{\gamma\mu}}_{\delta^{\gamma}{}_{\sigma}} = \Gamma^{\sigma}{}_{\mu\alpha} g_{\sigma\beta} g^{\gamma\mu} + \Gamma^{\gamma}{}_{\beta\alpha},$$

$$g^{\gamma\mu}\frac{\partial g_{\alpha\beta}}{\partial x^\mu} = \Gamma^{\sigma}{}_{\alpha\mu} g_{\sigma\beta} g^{\gamma\mu} + \Gamma^{\sigma}{}_{\beta\mu} g_{\alpha\sigma} g^{\gamma\mu},$$

d'où

$$g^{\gamma\mu}\left(\frac{\partial g_{\mu\beta}}{\partial x^\alpha} + \frac{\partial g_{\mu\alpha}}{\partial x^\beta} - \frac{\partial g_{\alpha\beta}}{\partial x^\mu}\right) = \Gamma^{\gamma}{}_{\beta\alpha} + \Gamma^{\gamma}{}_{\alpha\beta}.$$

La propriété de symétrie (15.47) permet alors de conclure :

$$\boxed{\Gamma^{\gamma}{}_{\alpha\beta} = \frac{1}{2} g^{\gamma\mu}\left(\frac{\partial g_{\mu\beta}}{\partial x^\alpha} + \frac{\partial g_{\alpha\mu}}{\partial x^\beta} - \frac{\partial g_{\alpha\beta}}{\partial x^\mu}\right)} \qquad \text{(base naturelle).} \tag{15.48}$$

Les coefficients de connexion donnés par cette formule sont appelés ***symboles de Christoffel***. La formule (15.48) permet de calculer les $\Gamma^{\gamma}{}_{\alpha\beta}$ à partir de la seule donnée des composantes du tenseur métrique. Soulignons qu'elle n'est valable que pour des composantes relatives à un système de coordonnées, c'est-à-dire des composantes dans une base naturelle.

Exemple : Pour les coordonnées sphériques $(x^\alpha) = (ct, r, \theta, \varphi)$ considérées dans l'Exemple 1 p. 494, l'expression (15.10) des composantes de $\boldsymbol{g}$ conduit à

$$\Gamma^r{}_{\theta\theta} = -r \qquad \Gamma^r{}_{\varphi\varphi} = -r\sin^2\theta \tag{15.49}$$

$$\Gamma^\theta{}_{r\theta} = \Gamma^\theta{}_{\theta r} = \frac{1}{r} \qquad \Gamma^\theta{}_{\varphi\varphi} = -\cos\theta\sin\theta \tag{15.50}$$

$$\Gamma^\varphi{}_{r\varphi} = \Gamma^\varphi{}_{\varphi r} = \frac{1}{r} \qquad \Gamma^\varphi{}_{\theta\varphi} = \Gamma^\varphi{}_{\varphi\theta} = \frac{1}{\tan\theta}, \tag{15.51}$$

tous les autres symboles de Christoffel étant nuls.

Considérons le champ vectoriel $\vec{v} := \vec{e}_r$ (deuxième vecteur de la base naturelle des coordonnées sphériques). Les composantes $v^\alpha = (0,1,0,0)$ sont constantes, si bien que $\partial v^\alpha/\partial x^\beta = 0$. Par contre $\nabla_\beta v^\alpha \neq 0$. On vérifie en effet à l'aide de (15.43) et des symboles de Christoffel ci-dessus que $\nabla_\theta v^\theta = 1/r$ et $\nabla_\varphi v^\varphi = 1/r$. On a donc $\boldsymbol{\nabla}\vec{v} \neq 0$, en parfait accord avec le fait que le champ $\vec{v} = \vec{e}_r$ n'est pas constant sur $\mathscr{E}$, ainsi qu'il saute aux yeux sur la Fig. 15.1.

Considérons à présent le champ vectoriel $\vec{w} := \vec{e}_x$. À partir de (15.8), on obtient les composantes suivantes dans la base naturelle des coordonnées sphériques :

$$w^\alpha = \left(0,\ \sin\theta\cos\varphi,\ \frac{\cos\theta\cos\varphi}{r},\ -\frac{\sin\varphi}{r\sin\theta}\right). \tag{15.52}$$

On a donc $\partial w^\alpha/\partial x^\beta \neq 0$. Par contre, on vérifie que (15.43) et (15.49)–(15.51) conduisent à $\nabla_\beta w^\alpha = 0$ (*Exercice :* le faire !), en parfait accord avec le fait que $\vec{w} = \vec{e}_x$ est un champ constant sur $\mathscr{E}$.

15.3.5 Divergence d'un champ vectoriel

Étant donné un champ vectoriel $\vec{v}$ sur $\mathscr{E}$, sa dérivée covariante $\boldsymbol{\nabla}\vec{v}$ est un champ tensoriel de type $(1,1)$. La contraction de ce dernier, telle que définie au § 14.2.5, donne un champ scalaire (*cf.* Éq. (14.33)), appelé ***divergence*** de $\vec{v}$ et noté $\boldsymbol{\nabla}\cdot\vec{v}$:

$$\boxed{\boldsymbol{\nabla}\cdot\vec{v} := \nabla_\mu v^\mu}. \tag{15.53}$$

En termes des composantes par rapport à un système de coordonnées (x^α), il vient d'après (15.43)

$$\boldsymbol{\nabla}\cdot\vec{v} = \frac{\partial v^\mu}{\partial x^\mu} + \Gamma^\nu{}_{\mu\nu} v^\mu. \tag{15.54}$$

Or, si l'on contracte l'expression (15.48) des symboles de Christoffel sur les indices γ et β, on obtient

$$\begin{aligned}\Gamma^\nu{}_{\mu\nu} &= \frac{1}{2} g^{\rho\sigma}\frac{\partial g_{\rho\sigma}}{\partial x^\mu} = \frac{1}{2}\mathrm{tr}\left(g^{-1}\frac{\partial}{\partial x^\mu} g\right) = \frac{1}{2}\frac{\partial}{\partial x^\mu}\ln|\det g| \\ &= \frac{1}{\sqrt{-\det g}}\frac{\partial}{\partial x^\mu}\sqrt{-\det g},\end{aligned} \tag{15.55}$$

où nous avons utilisé la formule (7.91) pour la dérivée du déterminant d'une matrice (ici la matrice g des composantes de $\boldsymbol{g}$ dans les coordonnées (x^α)).

On déduit alors de (15.54) que l'on peut exprimer la divergence d'un champ vectoriel uniquement en termes de dérivées partielles et du déterminant des composantes du tenseur métrique :

$$\boxed{\boldsymbol{\nabla}\cdot\vec{\boldsymbol{v}} = \frac{1}{\sqrt{-\det g}}\frac{\partial}{\partial x^\mu}\left(\sqrt{-\det g}\, v^\mu\right)}. \tag{15.56}$$

Exemple : Pour les coordonnées sphériques considérées dans l'exemple 1 p. 494, l'expression (15.10) de la matrice g conduit à $\det g = -r^4\sin^2\theta$, de sorte que la formule ci-dessus devient

$$\boldsymbol{\nabla}\cdot\vec{\boldsymbol{v}} = \frac{1}{c}\frac{\partial v^0}{\partial t} + \frac{1}{r^2}\frac{\partial}{\partial r}\left(r^2\, v^r\right) + \frac{1}{\sin\theta}\frac{\partial}{\partial\theta}\left(\sin\theta\, v^\theta\right) + \frac{\partial v^\varphi}{\partial\varphi}\cdot \tag{15.57}$$

Si on l'applique au vecteur $\vec{\boldsymbol{v}} = \vec{\boldsymbol{e}}_r$ considéré dans l'exemple p. 506, il vient $\boldsymbol{\nabla}\cdot\vec{\boldsymbol{v}} = r^{-2}\partial/\partial r(r^2) = 2/r$. Par contre, pour le vecteur $\vec{\boldsymbol{w}} = \vec{\boldsymbol{e}}_x$, on déduit des composantes (15.52) que $\boldsymbol{\nabla}\cdot\vec{\boldsymbol{w}} = 0$ (*Exercice :* le faire !), en accord avec le fait que $\vec{\boldsymbol{e}}_x$ est un champ constant sur $\mathscr{E}$.

15.3.6 Divergence d'un champ tensoriel

On peut généraliser l'opérateur divergence à tous les champs tensoriels $\boldsymbol{T}$ de type (k,ℓ), avec $k \geq 1$, en définissant la ***divergence*** de $\boldsymbol{T}$ comme la contraction sur le dernier indice contravariant et l'indice de dérivation (indice covariant n° $\ell+1$) de la dérivée covariante de $\boldsymbol{T}$:

$$\boldsymbol{\nabla}\cdot\boldsymbol{T} := C^k_{\ell+1}\boldsymbol{\nabla}\boldsymbol{T}. \tag{15.58}$$

En termes de composantes, on obtient la formule suivante, généralisant (15.53) :

$$\boxed{(\boldsymbol{\nabla}\cdot\boldsymbol{T})^{\alpha_1\ldots\alpha_{k-1}}{}_{\beta_1\ldots\beta_\ell} = \boldsymbol{\nabla}_\mu T^{\alpha_1\ldots\alpha_{k-1}\mu}{}_{\beta_1\ldots\beta_\ell}}. \tag{15.59}$$

Dans le cas où $\boldsymbol{T}$ est un tenseur de type $(2,0)$ antisymétrique, on peut exprimer la divergence par une formule similaire à la formule (15.56) pour un vecteur. En effet, dans ce cas, les Éqs. (15.39)–(15.40) conduisent à

$$\nabla_\mu T^{\alpha\mu} = \frac{\partial T^{\alpha\mu}}{\partial x^\mu} + \Gamma^\alpha{}_{\nu\mu}T^{\nu\mu} + \Gamma^\mu{}_{\nu\mu}T^{\alpha\nu},$$

où (x^α) est un système de coordonnées quelconques sur $\mathscr{E}$ et $\Gamma^\gamma{}_{\alpha\beta}$ les symboles de Christoffel associés. Or puisque $\boldsymbol{T}$ est antisymétrique et $\Gamma^\alpha{}_{\nu\mu}$ symétrique dans les indices μ et ν (Éq. (15.47)), $\Gamma^\alpha{}_{\nu\mu}T^{\nu\mu} = 0$. Comme par ailleurs $\Gamma^\mu{}_{\nu\mu}$ s'exprime en fonction de $\det g$ *via* (15.55), on obtient la formule

$$\boxed{\nabla_\mu T^{\alpha\mu} = \frac{1}{\sqrt{-\det g}}\frac{\partial}{\partial x^\mu}\left(\sqrt{-\det g}\, T^{\alpha\mu}\right)} \qquad (\boldsymbol{T}\ \text{antisymétrique}). \tag{15.60}$$

15.4 Formes différentielles

15.4.1 Définition

Pour $p \in \mathbb{N}$, on appelle ***p-forme différentielle*** tout champ de p-formes linéaires, c'est-à-dire tout champ de formes alternées de valence p, ces dernières ayant été définies au § 14.3.

Ainsi, une 0-forme différentielle est un champ scalaire (*cf.* (14.37)) et une 1-forme différentielle est un champ de formes linéaires (*cf.* (14.36)). Les formes différentielles jouent un rôle fondamental pour définir des intégrales sur des parties de $\mathscr{E}$, ainsi que nous le verrons au Chap. 16.

15.4.2 Dérivée extérieure

Une p-forme différentielle $\boldsymbol{A}$ étant un champ tensoriel de type $(0, p)$, sa dérivée covariante $\boldsymbol{\nabla A}$ est un champ tensoriel de type $(0, p+1)$, c'est-à-dire un champ de formes multilinéaires de valence $p+1$. Mais, en général, $\boldsymbol{\nabla A}$ n'est pas complètement antisymétrique ; il ne s'agit donc pas d'une $(p+1)$-forme différentielle. Pour obtenir une $(p+1)$-forme différentielle, il suffit de l'antisymétriser. On définit[4] ainsi, pour tout $(p+1)$-uplet de vecteurs $(\vec{\boldsymbol{v}}_1, \ldots, \vec{\boldsymbol{v}}_{p+1})$ de E,

$$\boxed{\mathbf{d}\boldsymbol{A}(\vec{\boldsymbol{v}}_1, \ldots, \vec{\boldsymbol{v}}_{p+1}) := \frac{1}{p!} \sum_{\sigma \in \mathfrak{S}_{p+1}} (-1)^{k(\sigma)} \, \boldsymbol{\nabla}_{\vec{\boldsymbol{v}}_{\sigma(1)}} \boldsymbol{A}(\vec{\boldsymbol{v}}_{\sigma(2)}, \ldots, \vec{\boldsymbol{v}}_{\sigma(p+1)})}. \tag{15.61}$$

Par construction, $\mathbf{d}\boldsymbol{A}$ est une $(p+1)$-forme différentielle. On l'appelle ***dérivée extérieure*** de la p-forme différentielle $\boldsymbol{A}$. Explicitement :

- si $\boldsymbol{A} = f$ est une 0-forme (champ scalaire), sa dérivée extérieure n'est pas autre chose que son gradient :

$$\mathbf{d}f = \boldsymbol{\nabla} f \qquad \text{(champ scalaire);} \tag{15.62}$$

- si $\boldsymbol{A}$ est une 1-forme, la définition (15.61) se réduit à

$$\mathbf{d}\boldsymbol{A}(\vec{\boldsymbol{v}}_1, \vec{\boldsymbol{v}}_2) = \langle \boldsymbol{\nabla}_{\vec{\boldsymbol{v}}_1} \boldsymbol{A}, \vec{\boldsymbol{v}}_2 \rangle - \langle \boldsymbol{\nabla}_{\vec{\boldsymbol{v}}_2} \boldsymbol{A}, \vec{\boldsymbol{v}}_1 \rangle. \tag{15.63}$$

  Les composantes de $\mathbf{d}\boldsymbol{A}$ dans une base $(\vec{\boldsymbol{e}}_\alpha)$ de E sont alors

$$(\mathrm{d}A)_{\alpha\beta} = \nabla_\alpha A_\beta - \nabla_\beta A_\alpha; \tag{15.64}$$

- si $\boldsymbol{A}$ est une 2-forme, la définition (15.61) donne

$$\mathbf{d}\boldsymbol{A}(\vec{\boldsymbol{v}}_1, \vec{\boldsymbol{v}}_2, \vec{\boldsymbol{v}}_3) = \boldsymbol{\nabla}_{\vec{\boldsymbol{v}}_1} \boldsymbol{A}(\vec{\boldsymbol{v}}_2, \vec{\boldsymbol{v}}_3) + \boldsymbol{\nabla}_{\vec{\boldsymbol{v}}_2} \boldsymbol{A}(\vec{\boldsymbol{v}}_3, \vec{\boldsymbol{v}}_1) + \boldsymbol{\nabla}_{\vec{\boldsymbol{v}}_3} \boldsymbol{A}(\vec{\boldsymbol{v}}_1, \vec{\boldsymbol{v}}_2), \tag{15.65}$$

4. *Cf.* le § 14.3 pour les notations.

où l'on a utilisé le fait que, pour tout vecteur $\vec{v}$, $\boldsymbol{\nabla}_{\vec{v}}\boldsymbol{A}$ est antisymétrique : $\boldsymbol{\nabla}_{\vec{v}_1}\boldsymbol{A}(\vec{v}_2, \vec{v}_3) = -\boldsymbol{\nabla}_{\vec{v}_1}\boldsymbol{A}(\vec{v}_3, \vec{v}_2)$, etc. Cette propriété d'antisymétrie découle de la définition même d'une dérivée covariante (Éq. (15.29)), puisque la différence de deux formes antisymétriques est antisymétrique. En composantes, la relation (15.65) s'écrit

$$(\mathrm{d}A)_{\alpha\beta\gamma} = \nabla_\alpha A_{\beta\gamma} + \nabla_\beta A_{\gamma\alpha} + \nabla_\gamma A_{\alpha\beta}; \qquad (15.66)$$

– si $\boldsymbol{A}$ est une 3-forme, on montre de même que

$$(\mathrm{d}A)_{\alpha\beta\gamma\delta} = \nabla_\alpha A_{\beta\gamma\delta} - \nabla_\beta A_{\gamma\delta\alpha} + \nabla_\gamma A_{\delta\alpha\beta} - \nabla_\delta A_{\alpha\beta\gamma}. \qquad (15.67)$$

Si la base $(\vec{e}_\alpha)$ est une base naturelle associée à des coordonnées (x^α), on peut expliciter les composantes des dérivées covariantes à l'aide des formules (15.39) et (15.40). Compte tenu de la symétrie des symboles de Christoffel (propriété (15.47)), on constate que tous les termes où ils apparaissent s'annulent. Ainsi par exemple, l'Éq. (15.64) devient (*cf.* (15.43))

$$\begin{aligned}(\mathrm{d}A)_{\alpha\beta} &= \frac{\partial A_\beta}{\partial x^\alpha} - \Gamma^\mu_{\ \beta\alpha} A_\mu - \left(\frac{\partial A_\alpha}{\partial x^\beta} - \Gamma^\mu_{\ \alpha\beta} A_\mu\right) \\ &= \frac{\partial A_\beta}{\partial x^\alpha} - \frac{\partial A_\alpha}{\partial x^\beta} + \underbrace{\left(\Gamma^\mu_{\ \alpha\beta} - \Gamma^\mu_{\ \beta\alpha}\right)}_{0} A^\mu .\end{aligned}$$

On peut donc remplacer les symboles nabla dans les formules (15.64)–(15.67) par des dérivées partielles :

$$\boxed{(\mathrm{d}f)_\alpha = \frac{\partial f}{\partial x^\alpha}} \qquad \text{(champ scalaire)} \qquad (15.68)$$

$$\boxed{(\mathrm{d}A)_{\alpha\beta} = \frac{\partial A_\beta}{\partial x^\alpha} - \frac{\partial A_\alpha}{\partial x^\beta}} \qquad \text{(1-forme)} \qquad (15.69)$$

$$\boxed{(\mathrm{d}A)_{\alpha\beta\gamma} = \frac{\partial A_{\beta\gamma}}{\partial x^\alpha} + \frac{\partial A_{\gamma\alpha}}{\partial x^\beta} + \frac{\partial A_{\alpha\beta}}{\partial x^\gamma}} \qquad \text{(2-forme)} \qquad (15.70)$$

$$\boxed{(\mathrm{d}A)_{\alpha\beta\gamma\delta} = \frac{\partial A_{\beta\gamma\delta}}{\partial x^\alpha} - \frac{\partial A_{\gamma\delta\alpha}}{\partial x^\beta} + \frac{\partial A_{\delta\alpha\beta}}{\partial x^\gamma} - \frac{\partial A_{\alpha\beta\gamma}}{\partial x^\delta}} \ \text{(3-forme)}. \ (15.71)$$

Remarque : Les formules (15.68)–(15.71) montrent que la notion de dérivée extérieure est indépendante de celle de dérivée covariante, puisqu'elles ne font apparaître que la dérivée partielle par rapport aux coordonnées. Dans le cadre général de la théorie des variétés, il faut se donner un tenseur métrique pour définir la dérivée covariante $\boldsymbol{\nabla}$ (*cf.* la remarque p. 502), alors que la dérivée extérieure $\mathbf{d}$ ne dépend pas d'une structure autre que celle de variété. Par contre, $\mathbf{d}$ ne s'applique qu'aux formes différentielles, alors que $\boldsymbol{\nabla}$ s'applique à tous les champs tensoriels.

Exemple 1 : Au Chap. 11, nous avons vu que la 4-force à laquelle est soumise une particule dans un champ vectoriel résulte de l'action d'une 2-forme $\boldsymbol{F}$ sur la 4-vitesse de la particule (*cf.* Éq. (11.35)). La comparaison des Éqs. (11.34) et (15.69) montre que $\boldsymbol{F}$ n'est rien d'autre que la dérivée extérieure de la 1-forme potentiel vecteur $\boldsymbol{A}$ qui entre dans le lagrangien (11.28) : $\boldsymbol{F} = \mathbf{d}\boldsymbol{A}$.

Exemple 2 : **lien entre la dérivée extérieure d'une 1-forme et le rotationnel d'un vecteur.** La formule (15.69) n'est pas sans rappeler celle du rotationnel d'un champ vectoriel dans l'espace euclidien tridimensionnel. Exhibons cette relation entre dérivée extérieure d'une 1-forme et rotationnel d'un vecteur. Soit $\vec{\boldsymbol{v}}$ un champ vectoriel sur un hyperplan affine $\Sigma \subset \mathscr{E}$ du genre espace. Par $\boldsymbol{g}$-dualité, on lui associe une 1-forme différentielle $\underline{\boldsymbol{v}}$, dont on peut prendre la dérivée extérieure pour obtenir une 2-forme $\mathbf{d}\underline{\boldsymbol{v}}$. Considérons le dual au sens de Hodge de $\mathbf{d}\underline{\boldsymbol{v}}$, $\star\mathbf{d}\underline{\boldsymbol{v}}$ (*cf.* § 14.4). Il s'agit également d'une 2-forme. Introduisons alors le champ vectoriel $\vec{\boldsymbol{u}}$ défini sur Σ comme l'unique normale à Σ unitaire orientée vers le futur. En fournissant comme premier argument à la 2-forme $\star\mathbf{d}\underline{\boldsymbol{v}}$ le vecteur $\vec{\boldsymbol{u}}$, on obtient une 1-forme : $\boldsymbol{w} := \star\mathbf{d}\underline{\boldsymbol{v}}(\vec{\boldsymbol{u}}, .)$. Le vecteur $\boldsymbol{g}$-dual à cette 1-forme, $\vec{\boldsymbol{w}}$, est tangent à Σ, puisque par construction, $\vec{\boldsymbol{w}} \cdot \vec{\boldsymbol{u}} = \langle \boldsymbol{w}, \vec{\boldsymbol{u}} \rangle = \star\mathbf{d}\underline{\boldsymbol{v}}(\vec{\boldsymbol{u}}, \vec{\boldsymbol{u}}) = 0$. Nous le définirons comme le ***rotationnel*** de $\vec{\boldsymbol{v}}$ et le noterons $\boldsymbol{\nabla}\times_{\boldsymbol{u}} \vec{\boldsymbol{v}}$:

$$\boldsymbol{\nabla}\times_{\boldsymbol{u}} \vec{\boldsymbol{v}} := \vec{\boldsymbol{w}}, \qquad \boldsymbol{w} := \star\mathbf{d}\underline{\boldsymbol{v}}(\vec{\boldsymbol{u}}, .). \tag{15.72}$$

Pour montrer que cette définition redonne bien le rotationnel usuel, exprimons les composantes de $\vec{\boldsymbol{w}}$ par rapport à un système de coordonnées (x^α) sur $\mathscr{E}$. D'après (14.88) et (15.69), les composantes de $\star\mathbf{d}\underline{\boldsymbol{v}}$ sont

$$(\star \mathrm{d}v)_{\alpha\beta} = \frac{1}{2}\, \epsilon^{\mu\nu}{}_{\alpha\beta} \left(\frac{\partial v_\nu}{\partial x^\mu} - \frac{\partial v_\mu}{\partial x^\nu} \right) = \epsilon^{\mu\nu}{}_{\alpha\beta} \frac{\partial v_\nu}{\partial x^\mu}.$$

Les composantes de $\vec{\boldsymbol{w}}$ sont alors

$$w^\alpha = g^{\alpha\beta}\, \epsilon^{\mu\nu}{}_{\rho\beta} \frac{\partial v_\nu}{\partial x^\mu} u^\rho = \epsilon^{\mu\nu\rho\alpha} \frac{\partial v_\nu}{\partial x^\mu} u_\rho.$$

Autrement dit

$$w^\alpha = (\boldsymbol{\nabla}\times_{\boldsymbol{u}} \vec{\boldsymbol{v}})^\alpha = u_\rho\, \epsilon^{\rho\alpha\mu\nu} \frac{\partial v_\nu}{\partial x^\mu} = u_\rho\, \epsilon^{\rho\alpha\mu\nu}\, \nabla_\mu v_\nu. \tag{15.73}$$

La deuxième égalité, où l'on a remplacé la dérivée partielle par une dérivée covariante, résulte de la symétrie des symboles de Christoffel (Éq. (15.47)) et de l'antisymétrie du tenseur de Levi-Civita.

Supposons à présent que les (x^α) sont des coordonnées inertielles telles que l'équation de Σ soit $x^0 = 0$. La base naturelle $(\vec{\boldsymbol{e}}_\alpha)$ associée à ces coordonnées est une base orthonormale et vérifie $\vec{\boldsymbol{e}}_0 = \vec{\boldsymbol{u}}$. $(\vec{\boldsymbol{e}}_i)$ est alors une base orthonormale de l'espace vectoriel euclidien des vecteurs parallèles à Σ. En particulier, $\vec{\boldsymbol{v}} = v^i \vec{\boldsymbol{e}}_i$. Comme $u_\rho = g_{\rho\sigma} u^\sigma = \eta_{\rho\sigma} u^\sigma = \eta_{\rho 0} = -\delta^0{}_\rho$, la formule (15.73) conduit à $w^0 = 0$ et

$$w^i = -\epsilon^{0ijk} \frac{\partial v_k}{\partial x^j}. \tag{15.74}$$

Or, puisque la base $(\vec{e}_\alpha)$ est orthonormale, $v_k = v^k$ et, d'après (14.74), $\epsilon^{0ijk} = -[i, j, k] := -1$ (resp. 1) si (i, j, k) est une permutation paire (resp. impaire) de $(1, 2, 3)$, et $[i, j, k] := 0$ sinon. On obtient donc

$$w^i = [i, j, k] \frac{\partial v^k}{\partial x^j}. \tag{15.75}$$

On reconnaît l'expression classique des composantes du rotationnel dans des coordonnées cartésiennes.

On retiendra de l'exemple ci-dessus que le rotationnel d'un vecteur est l'une des composantes du dual de Hodge de la dérivée extérieure de la 1-forme associée à ce vecteur par dualité métrique. On peut alors percevoir la dérivation extérieure comme une « généralisation » de la notion de rotationnel.

15.4.3 Propriétés de la dérivation extérieure

Si f est un champ scalaire, on a, en combinant les formules (15.68) et (15.69),

$$(\mathrm{d}\,\mathrm{d}f)_{\alpha\beta} = \frac{\partial^2 f}{\partial x^\alpha \partial x^\beta} - \frac{\partial^2 f}{\partial x^\beta \partial x^\alpha} = 0,$$

car les dérivées partielles commutent. Plus généralement, il est facile de voir que pour toute p-forme différentielle $\boldsymbol{A}$:

$$\boxed{\mathbf{d}\,\mathbf{d}\boldsymbol{A} = 0}. \tag{15.76}$$

Autrement dit, la dérivation extérieure est nilpotente : $\mathbf{d}^2 = 0$.

Une p-forme différentielle $\boldsymbol{A}$ est dite ***fermée*** ssi $\mathbf{d}\boldsymbol{A} = 0$. Elle est dite ***exacte*** ssi il existe une $(p-1)$-forme différentielle $\boldsymbol{B}$ telle que $\boldsymbol{A} = \mathbf{d}\boldsymbol{B}$. La propriété (15.76) signifie que toute p-forme différentielle exacte est fermée. La réciproque est vraie : une p-forme différentielle fermée définie sur $\mathscr{E}$ tout entier[5] est exacte :

$$\boxed{\mathbf{d}\boldsymbol{A} = 0 \implies \exists \boldsymbol{B},\ \boldsymbol{A} = \mathbf{d}\boldsymbol{B}}. \tag{15.77}$$

Cette propriété est appelée ***lemme de Poincaré***.

La dérivée extérieure d'un produit extérieur (*cf.* § 14.3.2) obéit à la formule

$$\mathbf{d}(\boldsymbol{A} \wedge \boldsymbol{B}) = \mathbf{d}\boldsymbol{A} \wedge \boldsymbol{B} + (-1)^p \boldsymbol{A} \wedge \mathbf{d}\boldsymbol{B}, \tag{15.78}$$

où p est la valence de la forme différentielle $\boldsymbol{A}$ (*Exercice :* démontrer (15.78)). On constate donc que la dérivation extérieure n'obéit à la règle de Leibniz vis-à-vis du produit extérieur que si p est pair.

5. Ou du moins sur un ouvert étoilé de $\mathscr{E}$.

15.4.4 Décomposition sur un système de coordonnées

Soient (x^α) un système de coordonnées sur $\mathscr{E}$ et $(\vec{e}_\alpha)$ la base naturelle associée. Nous avons vu au § 15.2.3 que la base duale de $(\vec{e}_\alpha)$, $(\boldsymbol{e}^\alpha)$, est constituée par les gradients des coordonnées (Éq. (15.23)). Compte tenu de (15.62), nous pouvons écrire la base duale comme

$$\boxed{\boldsymbol{e}^\alpha = \mathbf{d}x^\alpha}. \tag{15.79}$$

Remarque : Il convient de ne pas confondre dx^α, accroissement infinitésimal de la coordonnée x^α, et $\mathbf{d}x^\alpha$, dérivée extérieure de la coordonnée x^α considérée comme un champ scalaire sur $\mathscr{E}$. D'après l'égalité de la dérivée extérieure et du gradient pour un champ scalaire (Éq. (15.62)), la relation entre les deux quantités est $dx^\alpha = \langle \mathbf{d}x^\alpha, \overrightarrow{MM'} \rangle$, où M' est un point qui ne diffère de M que par un accroissement dx^α de la coordonnée x^α.

La décomposition (14.50) des formes alternées se traduit par la formule suivante : pour toute p-forme différentielle $\boldsymbol{A}$,

$$\boxed{\boldsymbol{A} = A_{\alpha_1\ldots\alpha_p}\, \mathbf{d}x^{\alpha_1} \otimes \ldots \otimes \mathbf{d}x^{\alpha_p} = \sum_{\alpha_1<\ldots<\alpha_p} A_{\alpha_1\ldots\alpha_p}\, \mathbf{d}x^{\alpha_1} \wedge \ldots \wedge \mathbf{d}x^{\alpha_p}}. \tag{15.80}$$

Explicitement :

$$\boldsymbol{A} = A_0\, \mathbf{d}x^0 + A_1\, \mathbf{d}x^1 + A_2\, \mathbf{d}x^2 + A_3\, \mathbf{d}x^3 \quad \text{(1-forme)}, \tag{15.81}$$

$$\begin{aligned} \boldsymbol{A} = {} & A_{01}\, \mathbf{d}x^0 \wedge \mathbf{d}x^1 + A_{02}\, \mathbf{d}x^0 \wedge \mathbf{d}x^2 + A_{03}\, \mathbf{d}x^0 \wedge \mathbf{d}x^3 + A_{12}\, \mathbf{d}x^1 \wedge \mathbf{d}x^2 \\ & + A_{13}\, \mathbf{d}x^1 \wedge \mathbf{d}x^3 + A_{23}\, \mathbf{d}x^2 \wedge \mathbf{d}x^3 \quad \text{(2-forme)}, \end{aligned} \tag{15.82}$$

$$\begin{aligned} \boldsymbol{A} = {} & A_{012}\, \mathbf{d}x^0 \wedge \mathbf{d}x^1 \wedge \mathbf{d}x^2 + A_{013}\, \mathbf{d}x^0 \wedge \mathbf{d}x^1 \wedge \mathbf{d}x^3 + A_{023}\, \mathbf{d}x^0 \wedge \mathbf{d}x^2 \wedge \mathbf{d}x^3 \\ & + A_{123}\, \mathbf{d}x^1 \wedge \mathbf{d}x^2 \wedge \mathbf{d}x^3 \quad \text{(3-forme)}, \end{aligned} \tag{15.83}$$

$$\boldsymbol{A} = A_{0123}\, \mathbf{d}x^0 \wedge \mathbf{d}x^1 \wedge \mathbf{d}x^2 \wedge \mathbf{d}x^3 \quad \text{(4-forme)}. \tag{15.84}$$

En appliquant (15.84) à la 4-forme constituée par le tenseur de Levi-Civita, il vient, compte tenu de (14.54),

$$\boxed{\boldsymbol{\epsilon} = \pm\sqrt{-\det g}\, \mathbf{d}x^0 \wedge \mathbf{d}x^1 \wedge \mathbf{d}x^2 \wedge \mathbf{d}x^3}, \tag{15.85}$$

où $\det g$ désigne le déterminant de la matrice $g = (g_{\alpha\beta})$ des composantes du tenseur métrique par rapport aux coordonnées (x^α) et où $\pm$ signifie $+$ si la base naturelle associée aux coordonnées (x^α) est directe (dans ce cas on dit que les coordonnées (x^α) sont ***orientées dans le sens direct***) et $-$ sinon (on dit alors que les coordonnées (x^α) sont ***orientées dans le sens indirect***).

Remarque : Dans la formule ci-dessus, on considère $\boldsymbol{\epsilon}$ comme un champ tensoriel sur $\mathscr{E}$. Il s'agit alors d'un champ constant, tout comme $\boldsymbol{g}$. En particulier, $\boldsymbol{\nabla\epsilon} = 0$. Par contre, l'unique composante $\pm\sqrt{-\det g}$ de $\boldsymbol{\epsilon}$ dans la base $\mathbf{d}x^0 \wedge \mathbf{d}x^1 \wedge \mathbf{d}x^2 \wedge \mathbf{d}x^3$ associée aux coordonnées (x^α) n'est en général pas constante (sauf si les (x^α) sont des coordonnées inertielles). On retrouverait $\boldsymbol{\nabla\epsilon} = 0$ en calculant les composantes $\nabla_\rho \epsilon_{\alpha\beta\gamma\delta}$ à partir de la formule (15.39) et des symboles de Christoffel (15.48).

15.4.5 Dérivée extérieure d'une 3-forme et divergence d'un champ vectoriel

Si $\boldsymbol{A}$ est une 3-forme différentielle sur $\mathscr{E}$, sa dérivée extérieure est une 4-forme différentielle dont les composantes par rapport à un champ de bases sont données par la formule (15.67). Formons alors le dual de Hodge de cette 4-forme *via* la définition (14.90). On obtient le champ scalaire

$$\begin{aligned} \star\mathbf{d}\boldsymbol{A} &= \frac{1}{24}\epsilon^{\alpha\beta\gamma\delta}\,(\mathrm{d}A)_{\alpha\beta\gamma\delta} \\ &= \frac{1}{24}\epsilon^{\alpha\beta\gamma\delta}\left[\nabla_\alpha A_{\beta\gamma\delta} - \nabla_\beta A_{\gamma\delta\alpha} + \nabla_\gamma A_{\delta\alpha\beta} - \nabla_\delta A_{\alpha\beta\gamma}\right]. \qquad (15.86) \end{aligned}$$

Considérons le premier terme de cette expression ; puisque $\boldsymbol{\epsilon}$ est un champ constant sur $\mathscr{E}$ (*cf.* remarque ci-dessus), on a $\nabla_\alpha \epsilon^{\alpha\beta\gamma\delta} = 0$, d'où

$$\epsilon^{\alpha\beta\gamma\delta}\nabla_\alpha A_{\beta\gamma\delta} = \nabla_\alpha\left(\epsilon^{\alpha\beta\gamma\delta}A_{\beta\gamma\delta}\right).$$

En écrivant $\epsilon^{\alpha\beta\gamma\delta}A_{\beta\gamma\delta} = -\epsilon^{\beta\gamma\delta\alpha}A_{\beta\gamma\delta} = -A_{\beta\gamma\delta}\epsilon^{\beta\gamma\delta}{}_\mu\, g^{\mu\alpha} = -6(\star A)_\mu\, g^{\mu\alpha}$, on fait apparaître le dual de Hodge de la 3-forme $\boldsymbol{A}$ (*cf.* Éq. (14.89)), si bien que l'équation ci-dessus devient

$$\epsilon^{\alpha\beta\gamma\delta}\nabla_\alpha A_{\beta\gamma\delta} = -6\nabla_\alpha(\star A)^\alpha = -6\,\boldsymbol{\nabla}\cdot\overrightarrow{\star\boldsymbol{A}},$$

où $(\star A)^\alpha = (\star A)_\mu\, g^{\mu\alpha}$ désigne les composantes du vecteur $\overrightarrow{\star\boldsymbol{A}}$ associé à la 1-forme $\star\boldsymbol{A}$ par dualité métrique. La dernière égalité, qui fait apparaître la divergence de $\overrightarrow{\star\boldsymbol{A}}$, résulte de (15.56). De même, les trois autres termes de (15.86) sont égaux chacun à $-6\,\boldsymbol{\nabla}\cdot\overrightarrow{\star\boldsymbol{A}}$. Il vient donc au final la formule très simple :

$$\boxed{\star\mathbf{d}\boldsymbol{A} = -\boldsymbol{\nabla}\cdot\overrightarrow{\star\boldsymbol{A}}}. \qquad (15.87)$$

Le dual de Hodge de cette relation (*cf.* Éq. (14.92) avec $p = 4$) conduit à $\mathbf{d}\boldsymbol{A} = \star\boldsymbol{\nabla}\cdot\overrightarrow{\star\boldsymbol{A}}$. En utilisant (14.86), on obtient donc la formule suivante pour la dérivée extérieure de toute 3-forme différentielle :

$$\boxed{\mathbf{d}\boldsymbol{A} = \left[\boldsymbol{\nabla}\cdot(\overrightarrow{\star\boldsymbol{A}})\right]\boldsymbol{\epsilon}} \qquad \text{(3-forme)}. \qquad (15.88)$$

Remarque : Puisque la dérivée extérieure d'une 3-forme est une 4-forme et que l'espace des 4-formes est de dimension un (*cf.* (14.40)), on devait s'attendre à ce que $\mathbf{d}\boldsymbol{A}$ soit proportionnel au tenseur de Levi-Civita $\boldsymbol{\epsilon}$. La formule ci-dessus fournit la constante de proportionnalité comme étant la divergence du champ vectoriel $\overrightarrow{\star\boldsymbol{A}}$.

Considérons à présent un champ vectoriel $\vec{\boldsymbol{v}}$ sur $\mathscr{E}$. Le dual de Hodge de la 1-forme $\underline{\boldsymbol{v}}$ associée à $\vec{\boldsymbol{v}}$ par dualité métrique est la 3-forme définie par l'Éq. (14.87) : $\star v_{\alpha\beta\gamma} := \epsilon_{\mu\alpha\beta\gamma} v^{\mu}$. Autrement dit,

$$\boxed{\star\underline{\boldsymbol{v}} := \boldsymbol{\epsilon}(\vec{\boldsymbol{v}}, ., ., .)}. \tag{15.89}$$

Appliquons alors la formule (15.87) à cette 3-forme : si $\boldsymbol{A} := \star\underline{\boldsymbol{v}}$, alors *via* l'Éq. (14.92) avec $p = 1$, $\star\boldsymbol{A} = \star\star\underline{\boldsymbol{v}} = \underline{\boldsymbol{v}}$ et $\overrightarrow{\star\boldsymbol{A}} = \vec{\boldsymbol{v}}$. La formule (15.87) conduit donc à l'expression suivante de la divergence de $\vec{\boldsymbol{v}}$:

$$\boxed{\boldsymbol{\nabla}\cdot\vec{\boldsymbol{v}} = -\star\mathbf{d}\star\underline{\boldsymbol{v}}}. \tag{15.90}$$

Remarque : D'une manière générale, l'opérateur $-\star\mathbf{d}\star$ agissant sur une p-forme quelconque est appelé ***codifférentielle*** et noté δ. À l'opposé de la dérivée extérieure qui transforme une p-forme en une $(p+1)$-forme, la codifférentielle transforme une p-forme en une $(p-1)$-forme (dans le cas ci-dessus : une 1-forme en une 0-forme).

On peut également réexprimer l'identité (15.88) en terme de $\vec{\boldsymbol{v}}$:

$$\boxed{\mathbf{d}\star\underline{\boldsymbol{v}} = (\boldsymbol{\nabla}\cdot\vec{\boldsymbol{v}})\,\boldsymbol{\epsilon}}. \tag{15.91}$$

Cette formule sera très utile par la suite.

Note historique : *Les notions de p-forme différentielle et de dérivée extérieure ont été introduites en 1899 par Élie Cartan (*cf. *p. 6) [76, 81]. Elles sont à la base de ce que l'on appelle le* calcul de Cartan.

Chapitre 16

Intégration dans l'espace-temps

Sommaire

Ce chapitre est entièrement consacré à l'intégration des champs tensoriels sur des parties de l'espace-temps, en vue notamment de discuter des lois de conservation dans les chapitres consacrés à l'électromagnétisme et à l'hydrodynamique. C'est le dernier chapitre purement mathématique.

16.1 Intégration sur un volume quadridimensionnel

16.1.1 Élément de volume

Dans l'espace euclidien de dimension 3, le volume d'un parallélépipède élémentaire construit sur trois vecteurs $\vec{d\ell_1}$, $\vec{d\ell_2}$, $\vec{d\ell_3}$ (*cf.* Fig. 16.1) est donné par le produit mixte de ces vecteurs :

$$dV = \vec{d\ell_1} \cdot (\vec{d\ell_2} \wedge \vec{d\ell_3}). \qquad (16.1)$$

En particulier, si $\vec{d\ell_1} = dx^1\,\vec{e}_1$, $\vec{d\ell_2} = dx^2\,\vec{e}_2$, $\vec{d\ell_3} = dx^3\,\vec{e}_3$ et $(\vec{e}_1, \vec{e}_2, \vec{e}_3)$ est une base orthonormale, alors $dV = dx^1\,dx^2\,dx^3$.

Dans l'espace-temps $\mathscr{E}$, considérons un parallélépipède quadridimensionnel élémentaire, que nous appellerons ***hyperparallélépipède***, construit sur

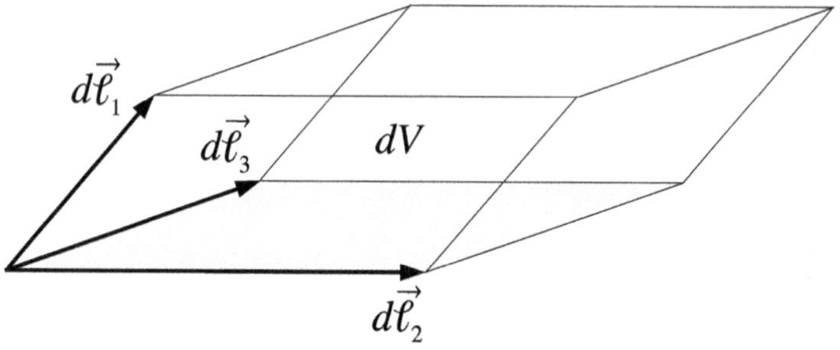

FIG. 16.1 – Parallélépipède élémentaire construit sur trois vecteurs $d\vec{\ell}_1$, $d\vec{\ell}_2$, $d\vec{\ell}_3$.

quatre vecteurs $(d\vec{\boldsymbol{\ell}}_\alpha)_{0\leq\alpha\leq 3}$. Nous avons déjà remarqué au § 1.4 que dans $\mathscr{E}$ le rôle du produit mixte est joué par le tenseur de Levi-Civita $\boldsymbol{\epsilon}$. Nous définirons donc le ***quadrivolume*** de l'hyperparallélépipède élémentaire par

$$\boxed{dU := \boldsymbol{\epsilon}(d\vec{\boldsymbol{\ell}}_0, d\vec{\boldsymbol{\ell}}_1, d\vec{\boldsymbol{\ell}}_2, d\vec{\boldsymbol{\ell}}_3)}. \tag{16.2}$$

Si le vecteur $d\vec{\boldsymbol{\ell}}_\alpha$ correspond à un accroissement infinitésimal dx^α de la coordonnée x^α d'un système de coordonnées de $\mathscr{E}$, autrement dit si

$$d\vec{\boldsymbol{\ell}}_0 = dx^0\,\vec{\boldsymbol{e}}_0, \quad d\vec{\boldsymbol{\ell}}_1 = dx^1\,\vec{\boldsymbol{e}}_1, \quad d\vec{\boldsymbol{\ell}}_2 = dx^2\,\vec{\boldsymbol{e}}_2, \quad d\vec{\boldsymbol{\ell}}_3 = dx^3\,\vec{\boldsymbol{e}}_3, \tag{16.3}$$

où $(\vec{\boldsymbol{e}}_\alpha)$ est la base naturelle associée aux coordonnées (x^α), alors la formule (16.2) donne, par quadrilinéarité de $\boldsymbol{\epsilon}$, $dU = dx^0dx^1dx^2dx^3\boldsymbol{\epsilon}(\vec{\boldsymbol{e}}_0, \vec{\boldsymbol{e}}_1, \vec{\boldsymbol{e}}_2, \vec{\boldsymbol{e}}_3)$. En y reportant (14.55) et en supposant que la base $(\vec{\boldsymbol{e}}_\alpha)$ est directe (coordonnées orientées dans le sens direct, *cf.* § 15.4.4), il vient

$$\boxed{dU = \sqrt{-\det g}\;dx^0dx^1dx^2dx^3}. \tag{16.4}$$

En particulier, si $(x^\alpha) = (ct, x, y, z)$ sont des coordonnées inertielles, $dU = c\,dt\,dx\,dy\,dz$ – formule qui généralise l'élément de volume tridimensionnel $dV = dx\,dy\,dz$.

16.1.2 Quadrivolume d'une partie de l'espace-temps

Soit $\mathscr{V}$ une partie quadridimensionnelle (compacte) de l'espace-temps $\mathscr{E}$. Au vu de (16.4), on définit naturellement le ***quadrivolume de*** $\mathscr{V}$ par

$$\boxed{\mathrm{vol}\,\mathscr{V} := \int_{\mathscr{V}} \sqrt{-\det g}\;dx^0dx^1dx^2dx^3}, \tag{16.5}$$

où l'intégrale est limitée à la portion des coordonnées (orientées dans le sens direct) qui couvrent $\mathscr{V}$ et doit être prise au sens de Lebesgue[1] sur $\mathbb{R}^4$, $\sqrt{-\det g}$ étant considéré comme une fonction de (x^0, x^1, x^2, x^3).

Le point crucial est que la définition de vol $\mathscr{V}$ est indépendante du choix des coordonnées (x^α), ou de manière équivalente, est indépendante du système de parallélépipèdes élémentaires $(d\vec{\boldsymbol{\ell}}_\alpha)$ utilisé pour décomposer $\mathscr{V}$. Pour le voir, effectuons un changement de coordonnées $(x^\alpha) \mapsto (x'^\alpha)$. La formule bien connue de changement de variable dans l'intégrale de Lebesgue permet alors d'écrire (16.5) comme

$$\mathrm{vol}\,\mathscr{V} = \int_{\mathscr{V}} \sqrt{-\det g}\,|J|\,dx'^0 dx'^1 dx'^2 dx'^3, \tag{16.6}$$

où J est le jacobien du changement de coordonnées :

$$J = \det\left(\frac{\partial x^\beta}{\partial x'^\alpha}\right).$$

Par ailleurs, d'après la loi (15.9) qui régit le changement $g \mapsto g'$ de la matrice des composantes du tenseur métrique lors d'un changement de coordonnées, $g' = {}^t P\, g\, P$ avec $P^\beta_{\ \alpha} := \partial x^\beta / \partial x'^\alpha$. On constate que $J = \det P$, de sorte que $\det g' = (\det P)^2 \det g = (\det J)^2 \det g$. il vient donc

$$\sqrt{-\det g'} = |J|\sqrt{-\det g}. \tag{16.7}$$

En reportant (16.7) dans (16.6), on obtient la même formule que (16.5) avec chaque dx^α remplacé par dx'^α et g remplacé par g', ce qui montre bien l'indépendance de (16.5) vis-à-vis du système de coordonnées.

16.1.3 Intégrale d'une 4-forme différentielle

D'après (16.2), on peut écrire

$$\mathrm{vol}\,\mathscr{V} = \int_{\mathscr{V}} \boldsymbol{\epsilon}(d\vec{\boldsymbol{\ell}}_0, d\vec{\boldsymbol{\ell}}_1, d\vec{\boldsymbol{\ell}}_2, d\vec{\boldsymbol{\ell}}_3), \tag{16.8}$$

où les vecteurs infinitésimaux $d\vec{\boldsymbol{\ell}}_\alpha$ sont donnés par (16.3). On peut voir cette formule comme *définissant* l'intégrale de la 4-forme $\boldsymbol{\epsilon}$ sur $\mathscr{V}$, le résultat étant indépendant du choix des $d\vec{\boldsymbol{\ell}}_\alpha$.

Plus généralement, pour n'importe quelle 4-forme différentielle $\boldsymbol{A}$ sur $\mathscr{E}$, nous définirons l'***intégrale de A sur*** $\mathscr{V}$ par

$$\boxed{\int_{\mathscr{V}} \boldsymbol{A} := \int_{\mathscr{V}} \boldsymbol{A}(d\vec{\boldsymbol{\ell}}_0, d\vec{\boldsymbol{\ell}}_1, d\vec{\boldsymbol{\ell}}_2, d\vec{\boldsymbol{\ell}}_3) = \int_{\mathscr{V}} A_{0123}\, dx^0 dx^1 dx^2 dx^3}, \tag{16.9}$$

1. Ou bien de Riemann : comme nous ne manipulerons que des fonctions au moins continues par morceaux, nous ne ferons pas la distinction.

où est (x^α) un système de coordonnées orienté dans le sens direct sur $\mathscr{E}$ et $(d\vec{\boldsymbol{\ell}}_\alpha)$ sont les vecteurs « parallélépipèdes élémentaires » associés par (16.3). Dans la deuxième égalité, $A_{0123} = \boldsymbol{A}(\vec{e}_0, \vec{e}_1, \vec{e}_2, \vec{e}_3)$ est la composante de $\boldsymbol{A}$ par rapport aux coordonnées (x^α) (*cf.* (15.84)) et l'intégrale du membre de droite est l'intégrale de Lebesgue dans $\mathbb{R}^4$.

Tout comme pour (16.8), montrons que la définition (16.9) ne dépend pas du système de coordonnées (x^α), tant que ce dernier reste orienté dans le sens direct. L'espace $\mathscr{A}_4(E)$ des formes alternées de valence 4 étant de dimension 1. (Éq. (14.40)), il existe nécessairement un champ scalaire $\alpha : \mathscr{E} \to \mathbb{R}$ tel que $\boldsymbol{A} = \alpha\, \boldsymbol{\epsilon}$. En combinant (15.84) et (15.85) (avec le signe + puisque les coordonnées (x^α) sont orientées dans le sens direct), il vient

$$A_{0123}\, dx^0 dx^1 dx^2 dx^3 = \alpha \sqrt{-g}\, dx^0 dx^1 dx^2 dx^3.$$

Le raisonnement est alors identique à celui du § 16.1.2 : puisque α est invariant lors d'un changement de coordonnées, l'identité (16.7) permet de conclure à l'indépendance de la définition (16.9) vis-à-vis des coordonnées (x^α).

Remarque : La notion d'intégrale d'une 4-forme différentielle sur une partie de $\mathscr{E}$ est indépendante du tenseur métrique $\boldsymbol{g}$, puisque le membre de droite de l'Éq. (16.9) ne fait aucunement intervenir $\boldsymbol{g}$. En particulier, il n'est pas nécessaire de faire intervenir le tenseur de Levi-Civita $\boldsymbol{\epsilon}$ (qui lui dépend de $\boldsymbol{g}$) dans la démonstration de l'invariance de l'intégrale par changement de coordonnées. Nous l'avons fait ci-dessus par facilité.

Comme le montre (16.8), la définition (16.9) appliquée à la 4-forme $\boldsymbol{\epsilon}$ redonne bien

$$\mathrm{vol}\,\mathscr{V} = \int_{\mathscr{V}} \boldsymbol{\epsilon}. \qquad (16.10)$$

Remarque : En raison de cette identité, le tenseur de Levi-Civita est parfois appelé ***élément de volume*** de l'espace-temps de Minkowski.

16.2 Sous-variétés de $\mathscr{E}$

L'intégration peut également être définie sur des parties de $\mathscr{E}$ de dimension moindre que 4 : courbes, surfaces et hypersurfaces. Techniquement, on appelle ces parties des *sous-variétés*[2] de $\mathscr{E}$. Commençons donc par les définir en toute généralité.

16.2.1 Définition d'une sous-variété

Une partie $\mathscr{V}$ de $\mathscr{E}$ est appelée ***sous-variété de $\mathscr{E}$ de dimension*** $p \in \{1, 2, 3\}$ ssi au voisinage de tout point de $\mathscr{V}$, on peut trouver un système de coordonnées de $\mathscr{E}$, (x^α), tel que $\mathscr{V}$ est défini par les $4 - p$ équations

$$\mathscr{V} : \quad x^A = \text{const.}, \quad A \in \{0, \ldots, 3 - p\}. \qquad (16.11)$$

2. Rappelons que la notion générale de *variété* a été définie au § 7.1.1.

Le système de coordonnées (x^α) est alors dit ***adapté à*** $\mathscr{V}$. Les trois cas possibles sont :

- cas $p = 1$: $\mathscr{V}$ est une ***courbe*** de $\mathscr{E}$ (par exemple une ligne d'univers) ; elle obéit à $x^0 = \text{const.}$, $x^1 = \text{const.}$ et $x^2 = \text{const.}$ et la coordonnée x^3 peut être choisie comme paramètre le long de $\mathscr{V}$;
- cas $p = 2$: $\mathscr{V}$ est une ***surface*** de $\mathscr{E}$; elle vérifie $x^0 = \text{const.}$ et $x^1 = \text{const.}$ et les coordonnées x^2 et x^3 sont celles qui varient sur $\mathscr{V}$;
- cas $p = 3$: $\mathscr{V}$ est une ***hypersurface*** de $\mathscr{E}$; elle est définie par $x^0 = \text{const.}$ et (x^1, x^2, x^3) peuvent être choisies comme coordonnées internes à $\mathscr{V}$.

Remarque : Dans certains cas, plusieurs systèmes de coordonnées adaptés, couvrant différents voisinages, sont nécessaires pour définir une sous-variété de $\mathscr{E}$.

Dans la suite de ce chapitre, nous emploierons la convention suivante pour les coordonnées adaptées à $\mathscr{V}$: nous utiliserons une lettre latine majuscule du début de l'alphabet, A, B, etc., pour les indices des coordonnées qui sont constantes sur $\mathscr{V}$, comme dans (16.11), et une lettre latine minuscule (toujours du début de l'alphabet), a, b, etc., pour les indices des coordonnées restantes (les coordonnées « internes » à $\mathscr{V}$). Ainsi

- si $p = 1$, l'indice A prendra les valeurs 0, 1 ou 2 et a la valeur 3 ;
- si $p = 2$, l'indice A prendra les valeurs 0 ou 1 et a les valeurs 2 ou 3 ;
- si $p = 3$, l'indice A prendra la valeur 0 et a les valeurs 1, 2 ou 3.

Exemple 1 : Considérons les coordonnées sphériques $(x^\alpha) = (ct, r, \theta, \varphi)$ introduites dans l'Exemple 2 p. 492. Alors les conditions $ct = 0$ et $r = R > 0$ déterminent une sphère $\mathcal{S}$ de rayon R. Il s'agit d'une sous-variété de $\mathscr{E}$ de dimension $p = 2$. Dans ce cas $(x^A) = (ct, r)$ et $(x^a) = (\theta, \varphi)$.

Exemple 2 : Toujours avec les mêmes coordonnées sphériques, la condition $ct = 0$ définit un hyperplan de $\mathscr{E}$: il s'agit de l'espace de repos de l'observateur inertiel à partir duquel on a défini les coordonnées sphériques. Dans ce cas, $(x^A) = (ct)$ et $(x^a) = (r, \theta, \varphi)$.

Exemple 3 : Considérons à présent les coordonnées lumière introduites dans l'Exemple 2 p. 495 : $(x^\alpha) = (u, v, \theta, \varphi)$. La condition $u = 0$ définit une hypersurface de $\mathscr{E}$ qui n'est autre que la nappe du futur du cône de lumière issu de $r = 0$ et $t = 0$. Dans ce cas, $(x^A) = (u)$ et $(x^a) = (v, \theta, \varphi)$.

Déterminons quelle condition doit satisfaire un changement de coordonnées de $\mathscr{E}$, $(x^\alpha) \mapsto (x'^\alpha)$, pour que les nouvelles coordonnées soient adaptées à $\mathscr{V}$ si les anciennes le sont. Partons de la formule générale $dx'^\alpha = (\partial x'^\alpha / \partial x^\beta) dx^\beta$. Si on l'applique sur $\mathscr{V}$, alors par définition $dx^\beta = 0$ pour

$\beta \in \{0, \ldots, 3-p\}$. La somme sur β est donc restreinte aux coordonnées qui varient sur $\mathscr{V}$:

$$dx'^{\alpha}|_{\mathscr{V}} = \left. \frac{\partial x'^{\alpha}}{\partial x^a} \right|_{\mathscr{V}} dx^a.$$

Pour que les nouvelles coordonnées soient adaptées à $\mathscr{V}$, il faut, et il suffit que $x'^A|_{\mathscr{V}} = \text{const.}$, c'est-à-dire $dx'^A|_{\mathscr{V}} = 0$. D'après l'expression ci-dessus, cette condition est équivalente à

$$\left. \frac{\partial x'^A}{\partial x^a} \right|_{\mathscr{V}} dx^a = 0.$$

Cette relation devant être satisfaite quelles que soient les variations infinitésimales dx^a des coordonnées (x^a) sur $\mathscr{V}$, on en déduit la condition nécessaire et suffisante pour que les nouvelles coordonnées soient adaptées à $\mathscr{V}$:

$$\left. \frac{\partial x'^A}{\partial x^a} \right|_{\mathscr{V}} = 0, \qquad 0 \leq A \leq 3-p, \quad 4-p \leq a \leq 3. \tag{16.12}$$

16.2.2 Sous-variétés à bord

Telles que nous avons défini les sous-variétés, *via* l'Éq. (16.11), elles ne peuvent pas admettre de frontière. Par exemple, un disque n'obéit pas à cette définition, contrairement à une sphère. On définit alors une ***sous-variété à bord*** $\mathscr{V}$ en ajoutant à la condition (16.11) la contrainte que la première coordonnée interne à $\mathscr{V}$, soit x^{4-p}, ne peut prendre que des valeurs inférieures à une certaine constante $K \in \mathbb{R}$:

$$\mathscr{V}: \quad x^A = \text{const.}, \quad A \in \{0, \ldots, 3-p\} \quad \text{et} \quad x^{4-p} \leq K. \tag{16.13}$$

De plus, on autorise $p = 4$ dans cette définition ; elle se réduit alors à $x^0 \leq K$ et permet d'englober les volumes quadridimensionnels considérés dans les § 16.1.2 et 16.1.3.

Le ***bord*** de $\mathscr{V}$ est la partie de $\mathscr{V}$ pour laquelle la coordonnée x^{4-p} atteint la valeur K. On le note $\partial\mathscr{V}$. Puisque K est une constante, on constate que l'équation de $\partial\mathscr{V}$ est

$$\partial\mathscr{V}: \quad x^A = \text{const.}, \quad A \in \{0, \ldots, 4-p\}. \tag{16.14}$$

En comparant avec (16.11), cela signifie que $\partial\mathscr{V}$ est une sous-variété de $\mathscr{E}$ (sans bord) de dimension $p-1$. Notons que sur $\partial\mathscr{V}$, le vecteur $\vec{e}_{4-p}$ de la base naturelle associée aux coordonnées (x^α) est dirigé vers l'extérieur de $\mathscr{V}$.

Exemple : Considérons les coordonnées sphériques $(x^\alpha) = (ct, r, \theta, \varphi)$ introduites dans l'Exemple 2 p. 492. Pour toute constante $R > 0$, les conditions

$$t = 0 \quad \text{et} \quad r \leq R$$

définissent une boule dans l'hyperplan $t = 0$. D'après la définition (16.13), il s'agit d'une variété à bord de dimension $p = 3$. Le bord de cette variété obéit aux équations $t = 0$ et $r = R$. Il s'agit d'une sphère de rayon R.

16.2.3 Orientation d'une sous-variété

Pour définir correctement l'intégration sur une sous-variété $\mathscr{V}$, il faut d'abord se donner une *orientation* sur $\mathscr{V}$. Tout comme nous l'avons fait pour l'espace-temps par le choix de la 4-forme linéaire $\boldsymbol{\epsilon}$, définir une orientation sur $\mathscr{V}$ revient à sélectionner un champ de p-formes linéaires $\boldsymbol{\rho}$ (où p est la dimension de $\mathscr{V}$) qui ne s'annule jamais pour tout p-uplet de vecteurs linéairement indépendants et tangents à $\mathscr{V}$. S'il est possible de choisir $\boldsymbol{\rho}$ de manière continue sur $\mathscr{V}$, on dit que $\mathscr{V}$ est ***orientable*** et que la p-forme $\boldsymbol{\rho}$ constitue une ***orientation*** de $\mathscr{V}$. Le couple $(\mathscr{V}, \boldsymbol{\rho})$ est alors appelé ***sous-variété orientée***[3]. On dit qu'un p-uplet $(\vec{\boldsymbol{v}}_1, \ldots, \vec{\boldsymbol{v}}_p)$ de vecteurs tangents $\mathscr{V}$ est ***orienté dans le sens direct*** (resp. ***indirect***) ssi $\boldsymbol{\rho}(\vec{\boldsymbol{v}}_1, \ldots, \vec{\boldsymbol{v}}_p) > 0$ (resp. $\boldsymbol{\rho}(\vec{\boldsymbol{v}}_1, \ldots, \vec{\boldsymbol{v}}_p) < 0$).

Exemple : Toute courbe est orientable. Le plan ou la sphère sont des surfaces orientables. Plus généralement toute sous-variété simplement connexe est orientable. Un exemple classique de surface non-orientable est le ruban de Moebius.

Étant donné un système de coordonnées (x^α) adapté à $\mathscr{V}$, les p derniers vecteurs $(\vec{\boldsymbol{e}}_a)_{4-p\leq a\leq 3}$ de la base naturelle associée sont tangents à $\mathscr{V}$. C'est clair de par la définition même de la base naturelle $(\vec{\boldsymbol{e}}_\alpha)$ (*cf.* § 15.1.2). Si $\mathscr{V}$ est orientée, on dira que les coordonnées (x^α) sont ***orientées dans le sens direct par rapport à*** $\mathscr{V}$ ssi les vecteurs $(\vec{\boldsymbol{e}}_a)$ sont orientés dans le sens direct par rapport à $\mathscr{V}$.

Si une variété à bord $\mathscr{V}$ est munie d'une orientation $\boldsymbol{\rho}$, cette dernière induit une orientation du bord $\partial\mathscr{V}$: étant donné un système de coordonnées (x^α) adapté à $\mathscr{V}$ et à son bord, c'est-à-dire un système de coordonnées qui obéit à (16.13), le vecteur $\vec{\boldsymbol{e}}_{4-p}$ de la base naturelle associée est tangent à $\mathscr{V}$, mais pas à $\partial\mathscr{V}$ et est dirigé vers l'extérieur de $\mathscr{V}$. La $(p-1)$-forme définie en tout point de $\partial\mathscr{V}$ par

$$\boldsymbol{\rho}(\vec{\boldsymbol{e}}_{4-p}, ., \ldots, .) : \quad \begin{array}{ccl} E^{p-1} & \longrightarrow & \mathbb{R} \\ (\vec{\boldsymbol{v}}_1, \ldots, \vec{\boldsymbol{v}}_{p-1}) & \longmapsto & \boldsymbol{\rho}(\vec{\boldsymbol{e}}_{4-p}, \vec{\boldsymbol{v}}_1, \ldots, \vec{\boldsymbol{v}}_{p-1}) \end{array} \tag{16.15}$$

est alors une orientation de $\partial\mathscr{V}$, appelée ***orientation induite***.

16.3 Intégration sur une sous-variété de $\mathscr{E}$

16.3.1 Intégrale d'une forme différentielle quelconque

Soit $\mathscr{V}$ une sous-variété de $\mathscr{E}$ (avec bord ou sans), de dimension $p \in \{1, 2, 3, 4\}$ et orientée. Étant donné un système de coordonnées (x^α) adapté à $\mathscr{V}$ et orienté dans le sens direct par rapport à $\mathscr{V}$, les p vecteurs élémentaires $(d\vec{\boldsymbol{\ell}}_{4-p}, \ldots, d\vec{\boldsymbol{\ell}}_3)$ associés à ces coordonnées par (16.3) fournissent un ***maillage*** de $\mathscr{V}$. En particulier, ils sont en chaque point tangents à $\mathscr{V}$ et sont

3. Dans la pratique, il arrivera souvent que l'on ne mentionne pas $\boldsymbol{\rho}$ et que l'on parle d'une « sous-variété orientée $\mathscr{V}$ ».

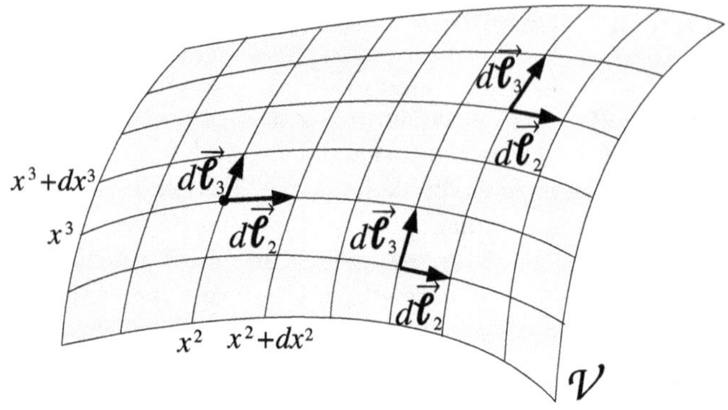

FIG. 16.2 – Maillage d'une sous-variété $\mathscr{V}$ de $\mathscr{E}$ par les vecteurs élémentaires $(d\vec{\ell}_{4-p}, \ldots, d\vec{\ell}_3)$ associés à des coordonnées (x^α) adaptées à $\mathscr{V}$ (pour la figure, $p = 2$).

linéairement indépendants (*cf.* Fig. 16.2). On peut alors généraliser la définition (16.9) qui ne s'appliquait qu'au cas $p = 4$ en définissant l'***intégrale d'une p-forme différentielle $\boldsymbol{A}$ sur $\mathscr{V}$*** comme l'intégrale de la valeur de $\boldsymbol{A}$ prise sur les p vecteurs du maillage[4]

$$\boxed{\int_{\mathscr{V}} \boldsymbol{A} := \int_{\mathscr{V}} \boldsymbol{A}(d\vec{\ell}_{4-p}, \ldots, d\vec{\ell}_3) = \int_{\mathscr{V}} A_{4-p\cdots 3}\, dx^{4-p} \ldots dx^3}, \qquad (16.16)$$

où $A_{4-p\cdots 3} = \boldsymbol{A}(\vec{e}_{4-p}, \ldots, \vec{e}_3)$ est la composante d'indices $(4-p, \ldots, 3)$ de $\boldsymbol{A}$ par rapport aux coordonnées (x^α) et l'intégrale de $A_{4-p\cdots 3}$ est l'intégrale de Lebesgue dans $\mathbb{R}^p$. En effet, les coordonnées $(x^0, \ldots, x^{3-p})$ étant constantes sur $\mathscr{V}$, on peut considérer que la composante $A_{4-p\cdots 3}$ est une fonction des p coordonnées $(x^{4-p}, \ldots, x^3)$ seulement et prendre son intégrale de Lebesgue sur le domaine de $\mathbb{R}^p$ couvrant $\mathscr{V}$. Explicitement, la définition (16.16) s'écrit

$$\boxed{\int_{\mathscr{V}} \boldsymbol{A} := \int_{\mathscr{V}} \langle \boldsymbol{A}, d\vec{\ell}_3 \rangle = \int_{\mathscr{V}} A_3\, dx^3} \qquad (p = 1), \qquad (16.17)$$

$$\boxed{\int_{\mathscr{V}} \boldsymbol{A} := \int_{\mathscr{V}} \boldsymbol{A}(d\vec{\ell}_2, d\vec{\ell}_3) = \int_{\mathscr{V}} A_{23}\, dx^2\, dx^3} \qquad (p = 2), \qquad (16.18)$$

$$\boxed{\int_{\mathscr{V}} \boldsymbol{A} := \int_{\mathscr{V}} \boldsymbol{A}(d\vec{\ell}_1, d\vec{\ell}_2, d\vec{\ell}_3) = \int_{\mathscr{V}} A_{123}\, dx^1\, dx^2\, dx^3} \quad (p = 3). \quad (16.19)$$

Pour $p = 4$, (16.16) redonne la définition (16.9).

4. Cette définition suppose que $\mathscr{V}$ est entièrement recouvert par un seul système de coordonnées adapté. Or, pour certaines sous-variétés, plusieurs systèmes peuvent être nécessaires. Il faut alors décomposer l'intégrale en une somme *via* une procédure appelée *partition de l'unité*. Nous n'entrerons pas dans ces considérations techniques ici, *cf.* par exemple [46].

Pour que la définition (16.16) soit bien posée, elle ne doit pas dépendre du choix des coordonnées adaptées (x^α). Il est équivalent de dire qu'elle ne doit pas dépendre du maillage $(d\vec{\ell}_{4-p}, \ldots, d\vec{\ell}_3)$ de $\mathscr{V}$. Montrons-le explicitement pour le cas $p = 2$, les cas $p = 1$ et $p = 3$ étant similaires, et le cas $p = 4$ ayant été traité au § 16.1.3. Si (x'^α) est un deuxième système de coordonnées adapté à $\mathscr{V}$ et orienté dans le sens direct par rapport à $\mathscr{V}$, la formule standard de changement de variable dans l'intégrale de Lebesgue conduit à

$$\int_{\mathscr{V}} A_{23}\, dx^2\, dx^3 = \int_{\mathscr{V}} A_{23}\, J\, dx'^2\, dx'^3, \tag{16.20}$$

où $J = \det(\partial x^a / \partial x'^b)$ est le jacobien du changement de coordonnées sur $\mathscr{V}$:

$$J = \frac{\partial x^2}{\partial x'^2}\frac{\partial x^3}{\partial x'^3} - \frac{\partial x^3}{\partial x'^2}\frac{\partial x^2}{\partial x'^3}. \tag{16.21}$$

Notons qu'*a priori* c'est la valeur absolue de J qui devrait apparaître dans (16.20), mais comme les systèmes de coordonnées (x^a) et (x'^a) sont tous deux orientés dans le sens direct par rapport à $\mathscr{V}$, on a $J > 0$. Par ailleurs, la composante A'_{23} de $\boldsymbol{A}$ par rapport aux nouvelles coordonnées se déduit des composantes $A_{\alpha\beta}$ par rapport aux anciennes coordonnées suivant la formule (14.23) dans laquelle on utilise la matrice de passage donnée par (15.7) :

$$A'_{23} = A_{\alpha\beta}\frac{\partial x^\alpha}{\partial x'^2}\frac{\partial x^\beta}{\partial x'^3} = A_{ab}\frac{\partial x^a}{\partial x'^2}\frac{\partial x^b}{\partial x'^3} = A_{23}\frac{\partial x^2}{\partial x'^2}\frac{\partial x^3}{\partial x'^3} + A_{32}\frac{\partial x^3}{\partial x'^2}\frac{\partial x^2}{\partial x'^3},$$

où, pour la deuxième égalité, nous avons utilisé la propriété (16.12) (dans laquelle on permute les rôles de (x^α) et (x'^α)), qui permet de limiter les sommes sur α et β aux valeurs 2 et 3 des indices. Puisque $\boldsymbol{A}$ est antisymétrique, $A_{32} = -A_{23}$ et on reconnaît dans l'expression ci-dessus le jacobien J donné par (16.21). Il vient donc $A'_{23} = A_{23}\, J$. L'Éq. (16.20) devient alors

$$\int_{\mathscr{V}} A_{23}\, dx^2\, dx^3 = \int_{\mathscr{V}} A'_{23}\, dx'^2\, dx'^3. \tag{16.22}$$

On en conclut que la définition (16.18) est indépendante du choix des coordonnées adaptées à $\mathscr{V}$.

Remarque 1 : Les p-formes différentielles sont les objets pour lesquels on peut définir l'intégrale sur une sous-variété de dimension p de manière intrinsèque, c'est-à-dire indépendemment de tout système de coordonnées ou de tout autre structure (comme par exemple le tenseur métrique). En particulier, si $\boldsymbol{A}$ était un champ de formes multilinéaires quelconques (c'est-à-dire pas nécessairement antisymétriques), l'argument qui a permis d'obtenir $A'_{23} = A_{23}\, J$ dans la démonstration ci-dessus ne tiendrait pas, de sorte que l'intégrale définie par (16.18) dépendrait du choix des coordonnées (x^α).

Remarque 2 : Les définitions (16.17)–(16.19) ne font intervenir qu'une seule composante de $\boldsymbol{A}$: A_3, A_{23} ou A_{123} suivant la valeur de p. C'est justement la seule composante qui joue un rôle lorsqu'on applique $\boldsymbol{A}$ à des vecteurs tangents à $\mathscr{V}$. En effet, tout vecteur $\vec{\boldsymbol{v}}$ qui est tangent à $\mathscr{V}$ s'écrit $\vec{\boldsymbol{v}} = v^a \vec{\boldsymbol{e}}_a$, $(\vec{\boldsymbol{e}}_\alpha)$ étant la base naturelle associée aux coordonnées adaptées à $\mathscr{V}$. On en déduit que les $4-p$ premières formes linéaires de la base duale $(\boldsymbol{e}^\alpha)$ s'annulent sur $\vec{\boldsymbol{v}}$:

$$\langle \boldsymbol{e}^A, \vec{\boldsymbol{v}} \rangle = v^a \langle \boldsymbol{e}^A, \vec{\boldsymbol{e}}_a \rangle = v^a \delta^A_{\ a} = 0.$$

En conséquence, la formule (14.50) conduit à l'expression suivante de l'action de $\boldsymbol{A}$ sur des vecteurs $\vec{\boldsymbol{v}}$, $\vec{\boldsymbol{w}}$ et $\vec{\boldsymbol{z}}$ tangents à $\mathscr{V}$:

$$\langle \boldsymbol{A}, \vec{\boldsymbol{v}} \rangle = A_3 v^3 \qquad (p=1) \tag{16.23}$$

$$\boldsymbol{A}(\vec{\boldsymbol{v}}, \vec{\boldsymbol{w}}) = A_{23}(v^2 w^3 - v^3 w^2) \qquad (p=2) \tag{16.24}$$

$$\begin{aligned} \boldsymbol{A}(\vec{\boldsymbol{v}}, \vec{\boldsymbol{w}}, \vec{\boldsymbol{z}}) = A_{123}\big[& v^1(w^2 z^3 - w^3 z^2) + w^1(z^2 v^3 - z^3 v^2) \\ & + z^1(v^2 w^3 - v^3 w^2)\big] \qquad (p=3), \end{aligned} \tag{16.25}$$

ce qui démontre l'affirmation ci-dessus.

16.3.2 Élément de volume d'une hypersurface

Considérons une hypersurface $\mathscr{V}$ de $\mathscr{E}$ (sous-variété de dimension $p=3$). Dans un système de coordonnées adaptées (x^α), elle obéit à[5] $x^0 = \text{const.}$ (Éq. (16.11) avec $p=3$). Cela implique que le gradient de la coordonnée x^0 (considérée comme un champ scalaire sur $\mathscr{E}$) s'annule pour tout vecteur $\vec{\boldsymbol{v}}$ tangent à $\mathscr{V}$: $\langle \boldsymbol{\nabla} x^0, \vec{\boldsymbol{v}} \rangle = 0$. En introduisant le vecteur $\boldsymbol{m}$ associé à la forme linéaire $\boldsymbol{\nabla} x^0$ par dualité métrique, cette propriété s'écrit

$$\forall \vec{\boldsymbol{v}} \in E, \quad \vec{\boldsymbol{v}} \text{ tangent à } \mathscr{V} \iff \vec{\boldsymbol{m}} \cdot \vec{\boldsymbol{v}} = 0. \tag{16.26}$$

On dit que le vecteur $\vec{\boldsymbol{m}}$ est ***normal*** à l'hypersurface $\mathscr{V}$. Suivant le genre de $\vec{\boldsymbol{m}}$, trois cas peuvent se produire :

- si $\vec{\boldsymbol{m}}$ est du genre temps, tous les vecteurs tangents à $\mathscr{V}$ sont nécessairement du genre espace : on dit que $\mathscr{V}$ est une ***hypersurface du genre espace*** ou encore une ***hypersurface spatiale***[6] ;

- si $\vec{\boldsymbol{m}}$ est du genre espace, les vecteurs tangents à $\mathscr{V}$ peuvent être du genre temps, espace ou lumière ; on dit dans ce cas que $\mathscr{V}$ est une ***hypersurface du genre temps*** ;

- si $\vec{\boldsymbol{m}}$ est du genre lumière, les vecteurs tangents à $\mathscr{V}$ sont soit du genre espace, soit du genre lumière ; on dit alors que $\mathscr{V}$ est une hypersurface ***hypersurface du genre lumière***. Le vecteur $\vec{\boldsymbol{m}}$ présente alors la particularité d'être à la fois normal et tangent à $\mathscr{V}$, puisqu'il vérifie le critère (16.26) : $\vec{\boldsymbol{m}} \cdot \vec{\boldsymbol{m}} = 0$.

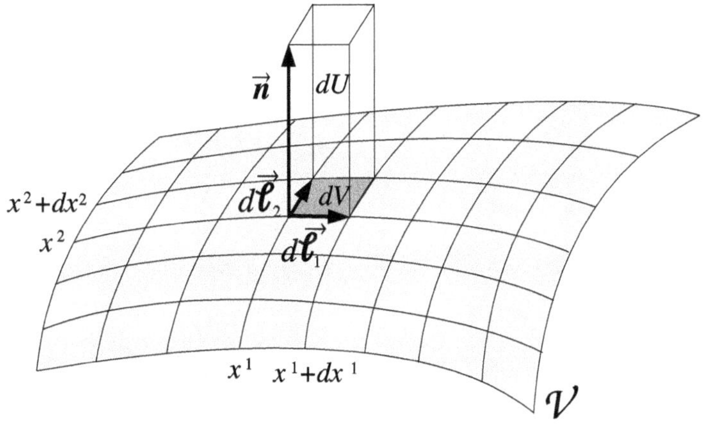

FIG. 16.3 – Hyperparallélépipède construit à partir d'un parallélépipède élémentaire $(d\vec{\ell}_1, d\vec{\ell}_2, d\vec{\ell}_3)$ d'une hypersurface $\mathscr{V}$ et de la normale unitaire $\vec{n}$ à $\mathscr{V}$.

Supposons que $\mathscr{V}$ soit du genre espace ou du genre temps. Alors $\vec{m} \cdot \vec{m} \neq 0$ et on peut introduire le vecteur

$$\vec{n} := \frac{\vec{m}}{\|\vec{m}\|_g}. \tag{16.27}$$

$\vec{n}$ est un vecteur unitaire normal à $\mathscr{V}$. Il est unique au signe près. Si $\mathscr{V}$ est du genre espace, sauf mention contraire, nous supposerons que $\vec{n}$ est orienté vers le futur. Considérons dans $\mathscr{V}$ un parallélépipède élémentaire défini par trois vecteurs $(d\vec{\ell}_1, d\vec{\ell}_2, d\vec{\ell}_3)$ suivant (16.3) et élevons un hyperparallélépipède en ajoutant le vecteur $\vec{n}$ à $(d\vec{\ell}_1, d\vec{\ell}_2, d\vec{\ell}_3)$ (*cf.* Fig. 16.3). Le quadrivolume de cet hyperparallélépipède est $dU = \boldsymbol{\epsilon}(\vec{n}, d\vec{\ell}_1, d\vec{\ell}_2, d\vec{\ell}_3)$. Puisque $\vec{n}$ est unitaire, nous pouvons considérer que dU est la valeur numérique du volume du parallélépipède de base $(d\vec{\ell}_1, d\vec{\ell}_2, d\vec{\ell}_3)$. Nous définirons donc la ***3-forme élément de volume*** de l'hypersurface $\mathscr{V}$ comme

$$\boxed{\boldsymbol{\epsilon}_{\mathscr{V}} := \boldsymbol{\epsilon}(\vec{n}, ., ., .)} \qquad (p = 3). \tag{16.28}$$

$\boldsymbol{\epsilon}_{\mathscr{V}}$ est un champ de 3-formes sur $\mathscr{V}$. Dans le cas où $\mathscr{V}$ est l'espace de repos d'un observateur ($\vec{n}$ = 4-vitesse $\vec{u}$ de l'observateur), $\boldsymbol{\epsilon}_{\mathscr{V}}$ n'est pas autre chose que la 3-forme $\boldsymbol{\epsilon}_{\boldsymbol{u}}$ introduite au Chap. 3 (*cf.* Éq. (3.47)) et utilisée pour définir le produit vectoriel $\times_{\boldsymbol{u}}$. Le ***volume*** du parallélépipède élémentaire $(d\vec{\ell}_1, d\vec{\ell}_2, d\vec{\ell}_3)$ dans $\mathscr{V}$ est alors

$$dV = \boldsymbol{\epsilon}_{\mathscr{V}}(d\vec{\ell}_1, d\vec{\ell}_2, d\vec{\ell}_3). \tag{16.29}$$

5. Rappelons que, dans le contexte présent, x^0 désigne la première coordonnée d'un système (x^α) adapté à $\mathscr{V}$; il ne s'agit donc pas nécessairement d'une coordonnée temporelle.

6. Nous avons déjà rencontré ce type d'hypersurface au § 9.2.5.

Si (x^α) est un système de coordonnées adaptées à $\mathscr{V}$ et les vecteurs $d\vec{\ell}_i$ sont les vecteurs liés aux accroissements infinitésimaux de coordonnées dx^i par (16.3), alors

$$dV = \boldsymbol{\epsilon}(\vec{\boldsymbol{n}}, dx^1\,\vec{e}_1, dx^2\,\vec{e}_2, dx^3\,\vec{e}_3) = \epsilon_{\mu 123}\, n^\mu\, dx^1 dx^2 dx^3 = \epsilon_{0123}\, n^0\, dx^1 dx^2 dx^3.$$

En utilisant les composantes (14.54) du tenseur de Levi-Civita, il vient

$$\boxed{dV = n^0 \sqrt{-g}\, dx^1 dx^2 dx^3}. \qquad (16.30)$$

Exemple : Prenons pour $\mathscr{V}$ la boule considérée dans l'exemple p. 520. Dans les coordonnées sphériques $(x^\alpha) = (ct, r, \theta, \varphi)$ adaptées à $\mathscr{V}$, on a $\sqrt{-g} = r^2 \sin\theta$ (*cf.* (15.10))) et $\vec{\boldsymbol{n}} = \vec{e}_0$ d'où $n^0 = 1$, si bien que (16.30) redonne l'élément de volume habituel

$$dV = r^2 \sin\theta\, dr\, d\theta\, d\varphi.$$

D'après la définition (16.28), les composantes de la 3-forme élément de volume dans une base quelconque (non nécessairement adaptée à $\mathscr{V}$) sont

$$(\epsilon_{\mathscr{V}})_{\alpha\beta\gamma} = n^\mu \epsilon_{\mu\alpha\beta\gamma}. \qquad (16.31)$$

En comparant avec (14.87), on constate que $\boldsymbol{\epsilon}_{\mathscr{V}}$ est le dual au sens de Hodge de la 1-forme $\underline{\boldsymbol{n}}$:

$$\boxed{\boldsymbol{\epsilon}_{\mathscr{V}} = \star\underline{\boldsymbol{n}}}. \qquad (16.32)$$

16.3.3 Élément d'aire d'une surface

Considérons à présent le cas où $\mathscr{V}$ est une surface bidimensionnelle, que nous supposerons du ***genre espace***, au sens où tous les vecteurs tangents à $\mathscr{V}$ sont du genre espace (on dit également que $\mathscr{V}$ est une ***surface spatiale***). En chaque point $M \in \mathscr{V}$, l'espace vectoriel E se décompose en la somme directe $E = \Pi \oplus \Pi^\perp$ où Π est le plan vectoriel généré par les vecteurs tangents à $\mathscr{V}$ et $\Pi^\perp$ le plan généré par les vecteurs orthogonaux à $\mathscr{V}$ en M. On peut toujours trouver une base orthonormale de $(E, \boldsymbol{g})$ avec deux vecteurs dans Π. Les deux autres sont alors nécessairement dans $\Pi^\perp$. Puisque $\mathscr{V}$ est une surface spatiale, les deux vecteurs dans Π sont du genre espace. En raison de la signature de $\boldsymbol{g}$, les deux vecteurs restants dans la base orthonormale doivent être du genre temps pour l'un d'entre eux, que nous noterons $\boldsymbol{n}$, et du genre espace pour le deuxième, que nous noterons $\boldsymbol{s}$. $(\boldsymbol{n}, \boldsymbol{s})$, constitue alors une base orthonormale de $(\Pi^\perp, \boldsymbol{g})$: $\boldsymbol{n} \cdot \boldsymbol{n} = -1$, $\boldsymbol{s} \cdot \boldsymbol{s} = 1$, $\boldsymbol{n} \cdot \boldsymbol{s} = 0$. Considérons un parallélogramme élémentaire de $\mathscr{V}$ construit sur deux vecteurs $(d\vec{\ell}_2, d\vec{\ell}_3)$ et élevons un hyperparallélépipède en ajoutant les vecteurs $\vec{\boldsymbol{n}}$ et $\vec{\boldsymbol{s}}$. Le quadrivolume de cet hyperparallélépipède est

$$dU = \boldsymbol{\epsilon}(\vec{\boldsymbol{n}}, \vec{\boldsymbol{s}}, d\vec{\ell}_2, d\vec{\ell}_3). \qquad (16.33)$$

Les vecteurs $\vec{\boldsymbol{n}}$ et $\vec{\boldsymbol{s}}$ étant unitaires, nous définirons l'aire dS du parallélogramme élémentaire $(d\vec{\boldsymbol{\ell}}_2, d\vec{\boldsymbol{\ell}}_3)$ comme $dS = dU$. Cela justifie l'introduction de la ***2-forme élément d'aire*** de la surface $\mathscr{V}$ par

$$\boxed{\boldsymbol{\epsilon}_{\mathscr{V}} := \boldsymbol{\epsilon}(\vec{\boldsymbol{n}}, \vec{\boldsymbol{s}}, ., .)} \qquad (p = 2). \tag{16.34}$$

$\boldsymbol{\epsilon}_{\mathscr{V}}$ est une champ de 2-formes sur $\mathscr{V}$. L'***aire*** d'un parallélogramme élémentaire de $\mathscr{V}$ construit sur deux vecteurs $d\vec{\boldsymbol{\ell}}_2$ et $d\vec{\boldsymbol{\ell}}_3$ est alors

$$\boxed{dS = \boldsymbol{\epsilon}_{\mathscr{V}}(d\vec{\boldsymbol{\ell}}_2, d\vec{\boldsymbol{\ell}}_3)}. \tag{16.35}$$

Par construction, on a bien $dS = dU$, dU étant donné par (16.33). Si (x^α) est un système de coordonnées adaptées à $\mathscr{V}$ et les vecteurs $d\vec{\boldsymbol{\ell}}_a$ sont les vecteurs liés aux accroissements infinitésimaux de coordonnées dx^a par (16.3), alors

$$dV = \boldsymbol{\epsilon}(\vec{\boldsymbol{n}}, \vec{\boldsymbol{s}}, dx^2\, \vec{\boldsymbol{e}}_2, dx^3\, \vec{\boldsymbol{e}}_3) = \epsilon_{\mu\nu 23}\, n^\mu s^\nu\, dx^2 dx^3 = \epsilon_{0123}\, (n^0 s^1 - n^1 s^0)\, dx^2 dx^3.$$

En utilisant les composantes (14.54) du tenseur de Levi-Civita, il vient

$$\boxed{dS = (n^0 s^1 - n^1 s^0)\sqrt{-g}\, dx^2 dx^3}. \tag{16.36}$$

Exemple : Choisissons pour $\mathscr{V}$ la sphère considérée dans l'exemple 1 p. 519. Dans les coordonnées sphériques $(x^\alpha) = (ct, r, \theta, \varphi)$ adaptées à $\mathscr{V}$, on a les composantes $n^\alpha = (1, 0, 0, 0)$ et $s^\alpha = (0, 1, 0, 0)$, d'où $n^0 s^1 - n^1 s^0 = 1$. Comme par ailleurs $\sqrt{-g} = r^2 \sin\theta = R^2 \sin\theta$ (*cf.* (15.10)), la formule (16.36) redonne l'élément d'aire standard d'une sphère de rayon R :

$$dS = R^2 \sin\theta\, d\theta\, d\varphi.$$

Contrairement au cas d'une hypersurface où le vecteur normal unitaire orienté vers le futur $\vec{\boldsymbol{n}}$ est unique, les deux vecteurs unitaires $\vec{\boldsymbol{n}}$ et $\vec{\boldsymbol{s}}$ normaux à une surface $\mathscr{V}$ ne sont pas uniques dans l'espace-temps quadridimensionnel $\mathscr{E}$. En effet, en tout point $M \in \mathscr{V}$, la seule caractéristique du couple $(\vec{\boldsymbol{n}}, \vec{\boldsymbol{s}})$ est de former une base orthonormale du plan $\Pi^\perp$ orthogonal à $\mathscr{V}$ en M et il existe une infinité de telles bases. Le point crucial est que la définition de $\boldsymbol{\epsilon}_{\mathscr{V}}$ ne dépend pas du choix de la base orthonormale de $\Pi^\perp$. Pour le montrer, considérons une deuxième base orthonormale de $\Pi^\perp$, soit $(\vec{\boldsymbol{n}}\,', \vec{\boldsymbol{s}}\,')$. Elle se déduit de $(\vec{\boldsymbol{n}}, \vec{\boldsymbol{s}})$ par une transformation de Lorentz de plan $\Pi^\perp$. Ce dernier étant un plan du genre temps, il s'agit forcément d'une transformation de Lorentz spéciale (*cf.* § 6.3.4). En appelant ψ la rapidité de cette transformation, on a donc, d'après (6.43),

$$\begin{cases} \vec{\boldsymbol{n}}\,' = \cosh\psi\, \vec{\boldsymbol{n}} + \sinh\psi\, \vec{\boldsymbol{s}} \\ \vec{\boldsymbol{s}}\,' = \sinh\psi\, \vec{\boldsymbol{n}} + \cosh\psi\, \vec{\boldsymbol{s}}. \end{cases}$$

En utilisant l'antisymétrie du tenseur de Levi-Civita, il vient alors

$$\begin{aligned} \boldsymbol{\epsilon}(\vec{\boldsymbol{n}}\,', \vec{\boldsymbol{s}}\,', ., .) &= \cosh^2\psi\, \boldsymbol{\epsilon}(\vec{\boldsymbol{n}}, \vec{\boldsymbol{s}}, ., .) + \sinh^2\psi\, \boldsymbol{\epsilon}(\vec{\boldsymbol{s}}, \vec{\boldsymbol{n}}, ., .) \\ &= \underbrace{(\cosh^2\psi - \sinh^2\psi)}_{1}\, \boldsymbol{\epsilon}(\vec{\boldsymbol{n}}, \vec{\boldsymbol{s}}, ., .) = \boldsymbol{\epsilon}(\vec{\boldsymbol{n}}, \vec{\boldsymbol{s}}, ., .), \end{aligned}$$

ce qui montre l'indépendance de la 2-forme $\boldsymbol{\epsilon}_{\mathscr{V}}$ définie par (16.34) vis-à-vis de la base orthonormale $(\vec{\boldsymbol{n}}, \vec{\boldsymbol{s}})$ de $\Pi^{\perp}$.

D'après la définition (16.28), les composantes de la 2-forme élément d'aire dans une base quelconque sont

$$(\epsilon_{\mathscr{V}})_{\alpha\beta} = n^{\mu} s^{\nu} \epsilon_{\mu\nu\alpha\beta}. \tag{16.37}$$

Par ailleurs, appliquons l'étoile de Hodge à la 2-forme constituée par le produit extérieur des 1-formes $\underline{\boldsymbol{n}}$ et $\underline{\boldsymbol{s}}$ associées par dualité métrique aux vecteurs $\vec{\boldsymbol{n}}$ et $\vec{\boldsymbol{s}}$. D'après (14.88) et (14.43), il vient

$$\begin{aligned}\star(\underline{\boldsymbol{n}} \wedge \underline{\boldsymbol{s}})_{\alpha\beta} &= \frac{1}{2}\,\epsilon_{\mu\nu\alpha\beta}\; g^{\mu\rho} g^{\nu\sigma}\,(\underline{\boldsymbol{n}} \wedge \underline{\boldsymbol{s}})_{\rho\sigma} = \frac{1}{2}\,\epsilon_{\mu\nu\alpha\beta}\; g^{\mu\rho} g^{\nu\sigma}(n_{\rho} s_{\sigma} - s_{\rho} n_{\sigma}) \\ &= \frac{1}{2}\,\epsilon_{\mu\nu\alpha\beta}\,(n^{\mu} s^{\nu} - s^{\mu} n^{\nu}) = \epsilon_{\mu\nu\alpha\beta}\, n^{\mu} s^{\nu}.\end{aligned}$$

En comparant avec (16.37), on en déduit que la 2-forme élément d'aire n'est pas autre chose que le dual de Hodge du produit extérieur de $\underline{\boldsymbol{n}}$ par $\underline{\boldsymbol{s}}$:

$$\boxed{\boldsymbol{\epsilon}_{\mathscr{V}} = \star(\underline{\boldsymbol{n}} \wedge \underline{\boldsymbol{s}})}. \tag{16.38}$$

16.3.4 Élément de longueur d'une courbe

Soit $\mathscr{V}$ une sous-variété orientée de $\mathscr{E}$ de dimension $p = 1$, c'est-à-dire une courbe de $\mathscr{E}$. En tout point $M \in \mathscr{V}$, nous supposerons que $\mathscr{V}$ est soit du genre temps, soit du genre espace (mais pas du genre lumière). On peut alors trouver une base orthonormale de E contenant un vecteur tangent à $\mathscr{V}$ et orienté dans la direction de $\mathscr{V}$, soit $\vec{\boldsymbol{u}}$. Notons $\vec{\boldsymbol{n}}_1$, $\vec{\boldsymbol{n}}_2$, $\vec{\boldsymbol{n}}_3$ les trois autres vecteurs de la base orthonormale. Si $\mathscr{V}$ est du genre temps en M, $\vec{\boldsymbol{u}}$ est un vecteur unitaire du genre temps : $\vec{\boldsymbol{u}} \cdot \vec{\boldsymbol{u}} = -1$. On peut alors l'interpréter comme la 4-vitesse de la particule qui a $\mathscr{V}$ comme ligne d'univers (d'où la notation $\vec{\boldsymbol{u}}$). Nous ordonnerons alors les autres vecteurs pour que la base orthonormale $(\vec{\boldsymbol{u}}, \vec{\boldsymbol{n}}_1, \vec{\boldsymbol{n}}_3, \vec{\boldsymbol{n}}_2)$ soit directe (attention à l'ordre de $\vec{\boldsymbol{n}}_3$ et $\vec{\boldsymbol{n}}_2$!). Si au contraire, $\mathscr{V}$ est du genre espace en M, alors $\vec{\boldsymbol{u}}$ est un vecteur unitaire du genre espace : $\vec{\boldsymbol{u}} \cdot \vec{\boldsymbol{u}} = 1$. Il existe alors parmi les $\vec{\boldsymbol{n}}_i$ un vecteur du genre temps, que nous choisirons être $\vec{\boldsymbol{n}}_1$. Nous ordonnerons les autres vecteurs pour que la base orthonormale $(\vec{\boldsymbol{n}}_1, \vec{\boldsymbol{n}}_2, \vec{\boldsymbol{n}}_3, \vec{\boldsymbol{u}})$ soit directe. Par le même raisonnement de l'hyperparallélépipède que celui qui a conduit à (16.28) et (16.34), nous sommes amenés à introduire la ***forme élément de longueur*** de la courbe $\mathscr{V}$ par

$$\boxed{\boldsymbol{\epsilon}_{\mathscr{V}} := \boldsymbol{\epsilon}(\vec{\boldsymbol{n}}_1, \vec{\boldsymbol{n}}_2, \vec{\boldsymbol{n}}_3, .)} \qquad (p = 1). \tag{16.39}$$

$\boldsymbol{\epsilon}_{\mathscr{V}}$ est un champ de 1-formes le long de $\mathscr{V}$. Puisque $(\vec{\boldsymbol{n}}_1, \vec{\boldsymbol{n}}_2, \vec{\boldsymbol{n}}_3, \vec{\boldsymbol{u}})$ est une base orthonormale directe, on a $\boldsymbol{\epsilon}(\vec{\boldsymbol{n}}_1, \vec{\boldsymbol{n}}_2, \vec{\boldsymbol{n}}_3, \vec{\boldsymbol{u}}) = 1$, d'où

$$\langle \boldsymbol{\epsilon}_{\mathscr{V}}, \vec{\boldsymbol{u}} \rangle = 1. \tag{16.40}$$

Par ailleurs, par définition de $\vec{u}$:

$$\langle \underline{u}, \vec{u} \rangle = \pm 1, \tag{16.41}$$

avec le signe + (resp. −1) si $\vec{u}$ est du genre espace (resp. genre temps). $\epsilon_{\mathscr{V}}$ et $\underline{u}$ étant deux formes linéaires qui s'annulent sur tous les vecteurs orthogonaux à $\vec{u}$, on déduit de (16.40) et (16.41) que

$$\boxed{\epsilon_{\mathscr{V}} = \pm \underline{u}}, \tag{16.42}$$

avec la même convention de signe que ci-dessus.

Soit $\vec{d\ell}$ un vecteur déplacement infinitésimal le long de la courbe $\mathscr{V}$, orienté dans le sens de $\vec{u}$; la longueur correspondant à $\vec{d\ell}$ est

$$\boxed{d\ell = \langle \epsilon_{\mathscr{V}}, \vec{d\ell} \rangle = \left\| \vec{d\ell} \right\|_g}, \tag{16.43}$$

où $\|\vec{d\ell}\|_g$ est la norme du vecteur $\vec{d\ell}$ telle que définie par (1.21). La deuxième égalité découle de $\vec{d\ell} = \|\vec{d\ell}\|_g \vec{u}$ et de l'Éq. (16.40). Elle montre que la notion de longueur induite par le tenseur de Levi-Civita sur une courbe $\mathscr{V}$ coïncide avec celle définie par le tenseur métrique.

16.3.5 Intégrale d'un champ scalaire sur une sous-variété

Ayant défini pour chaque sous-variété $\mathscr{V}$ de dimension $p \in \{1, 2, 3, 4\}$ la p-forme élément de volume $\epsilon_{\mathscr{V}}$ (pour $p = 4$, on pose $\epsilon_{\mathscr{V}} := \epsilon$, *cf.* § 16.1.2) nous sommes en mesure de définir l'***intégrale d'un champ scalaire*** f sur $\mathscr{V}$ par

$$\boxed{\mathrm{int}_{\mathscr{V}}(f) := \int_{\mathscr{V}} f \epsilon_{\mathscr{V}}}. \tag{16.44}$$

Cette formule fait bien sens puisque $\epsilon_{\mathscr{V}}$ est une p-forme, le produit $f\epsilon_{\mathscr{V}}$ l'est également et on a donc l'intégrale d'une p-forme sur une sous-variété de dimension p, telle que définie au § 16.3.1. Explicitement, en termes de coordonnées adaptées à $\mathscr{V}$ et d'intégrales de Lebesgue sur $\mathbb{R}^p$, les formules (16.4), (16.30), (16.36) et (16.43) conduisent à

$$p = 4 : \mathrm{int}_{\mathscr{V}}(f) = \int_{\mathscr{V}} f\, dU = \int_{\mathscr{V}} f \sqrt{-\det g}\, dx^0 dx^1 dx^2 dx^3 \tag{16.45}$$

$$p = 3 : \mathrm{int}_{\mathscr{V}}(f) = \int_{\mathscr{V}} f\, dV = \int_{\mathscr{V}} f n^0 \sqrt{-g}\, dx^1 dx^2 dx^3 \tag{16.46}$$

$$p = 2 : \mathrm{int}_{\mathscr{V}}(f) = \int_{\mathscr{V}} f\, dS = \int_{\mathscr{V}} f (n^0 s^1 - n^1 s^0) \sqrt{-g}\, dx^2 dx^3 \tag{16.47}$$

$$p - 1 : \mathrm{int}_{\mathscr{V}}(f) = \int_{\mathscr{V}} f\, d\ell. \tag{16.48}$$

Si $\mathscr{V}$ est compacte, le choix $f = 1$ donne respectivement le quadrivolume, le volume, l'aire et la longueur de $\mathscr{V}$.

16.3.6 Intégrale d'un champ tensoriel

Pour définir l'intégrale d'un champ tensoriel $\boldsymbol{T}$ de type (k,ℓ) quelconque sur une sous-variété $\mathscr{V} \subset \mathscr{E}$, on introduit une base *fixe* de E (au sens précisé au § 15.2.1), $(\vec{e}_\alpha)$. Les composantes $T^{\alpha_1\ldots\alpha_k}{}_{\beta_1\ldots\beta_\ell}$ de $\boldsymbol{T}$ par rapport à cette base sont données par le développement (14.10). On définit alors l'***intégrale de*** $\boldsymbol{T}$ ***sur*** $\mathscr{V}$ comme le tenseur de type (k,ℓ) dont les composantes dans la base $(\vec{e}_\alpha)$ sont les intégrales des composantes de $\boldsymbol{T}$:

$$\int_{\mathscr{V}} \boldsymbol{T}\, dV := \left(\int_{\mathscr{V}} T^{\alpha_1\ldots\alpha_k}{}_{\beta_1\ldots\beta_\ell}\, dV\right) \vec{e}_{\alpha_1} \otimes \ldots \otimes \vec{e}_{\alpha_k} \otimes \boldsymbol{e}^{\beta_1} \otimes \ldots \otimes \boldsymbol{e}^{\beta_\ell}, \quad (16.49)$$

où dV est l'élément de quadrivolume/volume/aire ou longueur de $\mathscr{V}$ et l'intégrale dans le membre de droite est celle de $T^{\alpha_1\ldots\alpha_k}{}_{\beta_1\ldots\beta_\ell}$ considéré comme un champ scalaire sur $\mathscr{E}$, suivant la définition (16.44). Il est évident que cette définition ne dépend pas du choix de la base $(\vec{e}_\alpha)$ de E.

Remarque : Si $\boldsymbol{T}$ est une p-forme et $\mathscr{V}$ une sous-variété de dimension p, on dispose de deux définitions de l'intégrale de $\boldsymbol{T}$ sur $\mathscr{V}$: celle fournie par (16.16) et celle donnée ci-dessus. On prendra garde à bien distinguer ces deux définitions : la première est indépendante du tenseur métrique et conduit à un nombre, alors que la seconde dépend du tenseur métrique (*via* l'élément de volume dV) et conduit à une p-forme linéaire.

16.3.7 Intégrales de flux

Soit $\mathscr{V} \subset \mathscr{E}$ une sous-variété de dimension 3 (hypersurface), orientée et du genre espace ou temps. Soit $\vec{n}$ le champ de vecteurs unitaires normaux à $\mathscr{V}$, tel que $\boldsymbol{\epsilon}_{\mathscr{V}} := \boldsymbol{\epsilon}(\vec{n},.,.,.)$ soit compatible avec l'orientation de $\mathscr{V}$. Pour tout champ vectoriel $\vec{v}$ sur $\mathscr{E}$, on définit le ***flux de*** $\vec{v}$ ***à travers*** $\mathscr{V}$ par

$$\boxed{\Phi_{\mathscr{V}}(\vec{v}) := \pm \int_{\mathscr{V}} \vec{v}\cdot\vec{n}\, dV}, \quad (16.50)$$

où l'élément de volume dV est donné par (16.30) et le signe $\pm$ doit être $+$ (resp. $-$) si $\vec{n}$ est du genre espace (resp. genre temps). Suivant (16.46), $\Phi_{\mathscr{V}}(\vec{v})$ n'est pas autre chose que l'intégrale du champ scalaire $\pm\vec{v}\cdot\vec{n}$ sur $\mathscr{V}$.

Remarque : Si $\vec{v}$ est tangent en tout point à $\mathscr{V}$, $\Phi_{\mathscr{V}}(\vec{v}) = 0$.

Soient (x^α) un système de coordonnées adaptées à $\mathscr{V}$ et $(\vec{e}_\alpha)$ la base naturelle associée. En tout point de $\mathscr{V}$, $(\vec{n}, \vec{e}_1, \vec{e}_2, \vec{e}_3)$ est alors une base de E, avec $\vec{n}$ normal à $\mathscr{V}$ et les $\vec{e}_i$ tangents à $\mathscr{V}$. Décomposons $\vec{v}$ sur cette base :

$$\vec{v} = v^0\, \vec{n} + v^i\, \vec{e}_i \qquad \text{avec } v^0 = \pm\vec{n}\cdot\vec{v}, \quad (16.51)$$

le $\pm$ étant le même que dans (16.50). En introduisant $d\vec{\ell}_i = dx^i\, \vec{e}_i$ (Éq. (16.3)), on peut mettre l'intégrant de (16.50) sous la forme

$$\vec{v}\cdot\vec{n}\, dV = \underbrace{\vec{v}\cdot\vec{n}}_{\pm v^0}\ \boldsymbol{\epsilon}_{\mathscr{V}}(d\vec{\ell}_1, d\vec{\ell}_2, d\vec{\ell}_3) = \pm dx^1\, dx^2\, dx^3\, \boldsymbol{\epsilon}(v^0\vec{n}, \vec{e}_1, \vec{e}_2, \vec{e}_3).$$

En remplaçant dans cette formule $v^0 \vec{n}$ par $\vec{v} - v^i \vec{e}_i$, suivant (16.51), et en utilisant le caractère alterné du tenseur de Levi-Civita, il vient

$$\pm \vec{v} \cdot \vec{n}\, dV = dx^1 dx^2 dx^3 \epsilon(\vec{v}, \vec{e}_1, \vec{e}_2, \vec{e}_3) = \epsilon(\vec{v}, d\vec{\ell}_1, d\vec{\ell}_2, d\vec{\ell}_3) = \star\underline{v}(d\vec{\ell}_1, d\vec{\ell}_2, d\vec{\ell}_3),$$

où l'on a fait apparaître le dual de Hodge de la 1-forme $\underline{v}$, suivant la formule (15.89). En reportant cette identité dans (16.50), on en conclut que le flux du vecteur $\vec{v}$ à travers l'hypersurface $\mathscr{V}$ est l'intégrale de la 3-forme $\star\underline{v}$ sur $\mathscr{V}$:

$$\boxed{\Phi_{\mathscr{V}}(\vec{v}) = \int_{\mathscr{V}} \star\underline{v}}. \qquad (16.52)$$

Remarque : D'après la définition même du flux (Éq. (16.50)), le volume de l'hypersurface $\mathscr{V}$ peut être vu comme le flux du vecteur normal unitaire $\vec{n}$. La formule (16.52) combinée avec l'identité (16.32) redonne ce résultat.

Dans le cas où $\mathscr{V}$ est une surface bidimensionnelle spatiale, on ne peut plus définir le flux d'un vecteur *via* une équation du type (16.50) car il n'y a pas unicité du vecteur normal : dans l'espace-temps de Minkowski, l'ensemble des vecteurs normaux en un point à une surface spatiale forme un espace vectoriel de dimension 2. Par contre, on peut clairement partir de l'expression (16.52) et définir le ***flux d'une 2-forme A à travers*** $\mathscr{V}$ par

$$\boxed{\Phi_{\mathscr{V}}(\boldsymbol{A}) := \int_{\mathscr{V}} \star\boldsymbol{A}}. \qquad (16.53)$$

En effet, le dual de Hodge de $\boldsymbol{A}$ est lui-même une 2-forme et son intégrale sur la surface $\mathscr{V}$ est bien définie.

16.4 Théorème de Stokes

Le théorème fondamental de la théorie de l'intégration des p-formes différentielles est le *théorème de Stokes*. Comme nous le verrons dans les chapitres suivants, il est à la base de l'expression locale de nombreuses lois de conservations en physique.

16.4.1 Énoncé et exemples

Soit $\mathscr{V}$ une sous-variété à bord de $\mathscr{E}$, de dimension p, orientée et compacte. Son bord $\partial\mathscr{V}$ est alors une sous-variété de dimension $p-1$. Si $\boldsymbol{A}$ est une $(p-1)$-forme différentielle, on peut l'intégrer sur $\partial\mathscr{V}$. Sa dérivée extérieure, $\mathbf{d}\boldsymbol{A}$, est quant à elle une p-forme différentielle, que l'on peut l'intégrer sur $\mathscr{V}$. Le ***théorème de Stokes*** stipule alors l'égalité des deux intégrales :

$$\boxed{\int_{\mathscr{V}} \mathbf{d}\boldsymbol{A} = \int_{\partial\mathscr{V}} \boldsymbol{A}}, \qquad (16.54)$$

où $\partial\mathscr{V}$ est munie de l'orientation induite par celle de $\mathscr{V}$ (*cf.* § 16.2.3). Pour la démonstration de ce théorème, nous renvoyons le lecteur au livre de Berger et Gostiaux [46].

Exemple 1 : Prenons $p = 1$ et choisissons pour $\mathscr{V}$ un segment de droite : dans un système de coordonnées inertielles de $\mathscr{E}$, $(x^\alpha) = (ct, x, y, z)$, $\mathscr{V}$ est défini par $t = 0$, $x = 0$, $y = 0$ et $a \leq z \leq b$. Le bord de $\mathscr{V}$ est alors constitué des deux points $A(0,0,0,a)$ et $B(0,0,0,b)$. Il s'agit d'une sous-variété de dimension 0. Soit alors $\boldsymbol{A} = f$ un champ scalaire. Orientons $\mathscr{V}$ dans le sens des z croissants. D'après la définition (16.17) de l'intégrale sous une sous-variété de dimension 1 et l'expression (15.68) des composantes du gradient de f, on a

$$\int_{\mathscr{V}} \mathbf{d}f = \int_a^b (\mathrm{d}f)_z \, dz = \int_a^b \frac{\partial f}{\partial z} \, dz. \qquad (16.55)$$

Par ailleurs, l'intégrale de f sur $\partial\mathscr{V} = \{A, B\}$ munie de l'orientation induite se réduit à

$$\int_{\partial\mathscr{V}} f = f(B) - f(A). \qquad (16.56)$$

Le théorème de Stokes conduit donc à

$$\int_a^b \frac{\partial f}{\partial z} \, dz = f(B) - f(A), \qquad (16.57)$$

qui n'est pas autre chose que le théorème fondamental de l'analyse.

Exemple 2 : Prenons $p = 2$ et choisissons pour $\mathscr{V}$ une partie compacte du plan défini par $(t = 0, z = 0)$ dans des coordonnées inertielles $(x^\alpha) = (ct, z, x, y)$, en prenant garde à l'ordre des coordonnées : $x^1 =: z$, $x^2 =: x$, $x^3 =: y$. (ct, z, x, y) constitue un système de coordonnées adapté à $\mathscr{V}$; orientons $\mathscr{V}$ tel que les coordonnées (x, y) soient dans le sens direct. Soit $\boldsymbol{A}$ une 1-forme définie par

$$\boldsymbol{A} = P(x,y)\,\mathbf{d}x + Q(x,y)\,\mathbf{d}y, \qquad (16.58)$$

où $P(x,y)$ et $Q(x,y)$ sont des fonctions quelconques. D'après (16.18) et (15.69), l'intégrale de la 2-forme $\mathbf{d}\boldsymbol{A}$ sur $\mathscr{V}$ s'exprime comme

$$\int_{\mathscr{V}} \mathbf{d}\boldsymbol{A} = \int_{\mathscr{V}} \left(\frac{\partial A_3}{\partial x^2} - \frac{\partial A_2}{\partial x^3} \right) dx^2 \, dx^3 = \int_{\mathscr{V}} \left(\frac{\partial Q}{\partial x} - \frac{\partial P}{\partial y} \right) dx \, dy.$$

Le théorème de Stokes (16.54) s'écrit alors

$$\int_{\mathscr{V}} \left(\frac{\partial Q}{\partial x} - \frac{\partial P}{\partial y} \right) dx \, dy = \int_{\partial\mathscr{V}} P(x,y)\,\mathbf{d}x + Q(x,y)\,\mathbf{d}y. \qquad (16.59)$$

On reconnaît la ***formule de Green-Riemann***.

Exemple 3 : Toujours dans le cas $p = 2$, choisissons pour $\mathscr{V}$ une surface à bord quelconque dans un hyperplan de $\mathscr{E}$ du genre espace, soit Σ. $\boldsymbol{A}$ est alors une 1-forme. D'après (16.18) et (15.69), l'intégrale de la 2-forme $\mathbf{d}\boldsymbol{A}$ sur $\mathscr{V}$ s'exprime dans un système de coordonnées adaptées à $\mathscr{V}$ comme

$$\int_{\mathscr{V}} \mathbf{d}\boldsymbol{A} = \int_{\mathscr{V}} \left(\frac{\partial A_3}{\partial x^2} - \frac{\partial A_2}{\partial x^3} \right) dx^2 \, dx^3. \qquad (16.60)$$

Au voisinage de n'importe quel point $M \in \mathscr{V}$, on peut toujours choisir des coordonnées adaptées de type cartésien : $(x^\alpha) = (ct, x, y, z)$. $(x^2, x^3) = (y, z)$ sont alors des coordonnées cartésiennes dans le plan tangent à $\mathscr{V}$ en M. On reconnaît dans $\frac{\partial A_3}{\partial x^2} - \frac{\partial A_2}{\partial x^3}$ la composante x du rotationnel $\mathrm{rot}\,\vec{\boldsymbol{A}}$ dans l'espace euclidien $(\Sigma, \boldsymbol{g})$ du champ vectoriel $\vec{\boldsymbol{A}}$ associé par dualité métrique à la 1-forme $\boldsymbol{A}$ (*cf.* l'Exemple 2 p. 510). Par ailleurs $dx^2\, dx^3 = dy\, dz$ est l'élément d'aire de $\mathscr{V}$ autour de M. En introduisant dans $(\Sigma, \boldsymbol{g})$ le vecteur élément d'aire normal à $\mathscr{V}$ par $d\vec{\boldsymbol{S}} = dy\, dz\, \vec{\boldsymbol{e}}_x$, on peut écrire

$$\left(\frac{\partial A_3}{\partial x^2} - \frac{\partial A_2}{\partial x^3}\right) dx^2\, dx^3 = \mathrm{rot}\,\vec{\boldsymbol{A}} \cdot d\vec{\boldsymbol{S}}. \qquad (16.61)$$

D'autre part, d'après (16.17),

$$\int_{\partial\mathscr{V}} \boldsymbol{A} = \int_{\partial\mathscr{V}} A_3\, dx^3 = \int_{\partial\mathscr{V}} \vec{\boldsymbol{A}} \cdot d\vec{\boldsymbol{\ell}}, \qquad (16.62)$$

où $d\vec{\boldsymbol{\ell}} = dz\, \vec{\boldsymbol{e}}_z$ (localement) est le vecteur élément de longueur le long du bord de $\mathscr{V}$. Au vu de (16.60), (16.61) et (16.62), le théorème de Stokes (16.54) s'écrit

$$\int_{\mathscr{V}} \mathrm{rot}\,\vec{\boldsymbol{A}} \cdot d\vec{\boldsymbol{S}} = \int_{\partial\mathscr{V}} \vec{\boldsymbol{A}} \cdot d\vec{\boldsymbol{\ell}}. \qquad (16.63)$$

On reconnaît la forme « élémentaire » bidimensionnelle du théorème de Stokes.

16.4.2 Applications

En plus des exemples ci-dessus, nous allons examiner deux applications particulièrement importantes du théorème de Stokes.

Théorème de Gauss-Ostrogradski tridimensionnel

Soit $\mathscr{V}$ une partie compacte avec bord d'un hyperplan Σ du genre espace, ce dernier étant défini par $t = 0$ dans un système de coordonnées inertielles $(x^\alpha) = (ct, x, y, z)$. $\mathscr{V}$ est donc un volume tridimensionnel. Soit $\vec{\boldsymbol{v}}$ un champ vectoriel tangent à Σ. Considérons la 2-forme différentielle

$$\boldsymbol{A} := \boldsymbol{\epsilon}(\vec{\boldsymbol{e}}_0, \vec{\boldsymbol{v}}, ., .), \qquad (16.64)$$

où $\vec{\boldsymbol{e}}_0$ est le premier vecteur de la base naturelle associée aux coordonnées (x^α). Ces dernières étant inertielles, $(\vec{\boldsymbol{e}}_\alpha)$ est une base orthonormale de $(E, \boldsymbol{g})$. Les composantes de $\boldsymbol{A}$ dans la base $(\vec{\boldsymbol{e}}_\alpha)$ sont $A_{\alpha\beta} = \epsilon_{\mu\nu\alpha\beta}\delta^\mu{}_0 v^\nu = \epsilon_{0\nu\alpha\beta}v^\nu$. D'après la valeur (14.54) des composantes de $\boldsymbol{\epsilon}$, avec $\det g = -1$ (base orthonormale), on en déduit que

$$A_{0\alpha} = 0 \qquad \text{et} \qquad A_{ij} = [0, k, i, j]\, v^k = [i, j, k]\, v^k, \qquad (16.65)$$

où $[i, j, k] = 1$ (resp. -1) si (i, j, k) est une permutation paire (resp. impaire) de $(1, 2, 3)$ et $[i, j, k] = 0$ sinon. (x^α) étant un système de coordonnées adaptées à $\mathscr{V}$, les formules (16.19) et (15.70) donnent

$$\int_{\mathscr{V}} \mathbf{d}\boldsymbol{A} = \int_{\mathscr{V}} (\mathrm{d}A)_{123}\, dx^1\, dx^2\, dx^3 = \int_{\mathscr{V}} \left(\frac{\partial A_{23}}{\partial x^1} + \frac{\partial A_{31}}{\partial x^2} + \frac{\partial A_{12}}{\partial x^3} \right) dx^1\, dx^2\, dx^3.$$

Or d'après (16.65), $A_{23} = v^1$, $A_{31} = v^2$ et $A_{12} = v^3$, de sorte que l'on peut écrire

$$\int_{\mathscr{V}} \mathbf{d}\boldsymbol{A} = \int_{\mathscr{V}} \boldsymbol{\nabla} \cdot \vec{\boldsymbol{v}}\, dV, \tag{16.66}$$

où $\boldsymbol{\nabla} \cdot \vec{\boldsymbol{v}} = \partial v^\mu / \partial x^\mu = \partial v^i / \partial x^i = \partial v^x / \partial x + \partial v^y / \partial y + \partial v^z / \partial z$ est la divergence du champ vectoriel $\vec{\boldsymbol{v}}$ (*cf.* § 15.3.5) et $dV = dx^1\, dx^2\, dx^3 = dx\, dy\, dz$ est l'élément de volume dans l'hyperplan euclidien $(\Sigma, \boldsymbol{g})$. Introduisons à présent un système de coordonnées $(x'^\alpha) = (ct, w, u, v)$ adapté au bord de $\mathscr{V}$, autrement dit tel que $\partial\mathscr{V}$ soit la surface définie par $t = 0$ et $w = 0$, $w < 0$ correspondant à l'intérieur de $\mathscr{V}$. On peut alors utiliser la définition (16.18) de l'intégrale d'une 2-forme sur une surface :

$$\int_{\partial\mathscr{V}} \boldsymbol{A} = \int_{\partial\mathscr{V}} A'_{uv}\, du\, dv. \tag{16.67}$$

La composante A'_{uv} de $\boldsymbol{A}$ dans les coordonnées (x'^α) est reliée aux composantes $A_{\alpha\beta}$ dans les coordonnées (x^α) *via* la formule (14.23) avec la matrice de passage $P^\alpha_{\ \beta} = \partial x^\alpha / \partial x'^\beta$:

$$A'_{uv} = A_{\alpha\beta} \frac{\partial x^\alpha}{\partial u} \frac{\partial x^\beta}{\partial v}.$$

D'après les valeurs (16.65) de $A_{\alpha\beta}$, il vient

$$A'_{uv} = v^x \left(\frac{\partial y}{\partial u}\frac{\partial z}{\partial v} - \frac{\partial z}{\partial u}\frac{\partial y}{\partial v} \right) + v^y \left(\frac{\partial z}{\partial u}\frac{\partial x}{\partial v} - \frac{\partial x}{\partial u}\frac{\partial z}{\partial v} \right) + v^z \left(\frac{\partial x}{\partial u}\frac{\partial y}{\partial v} - \frac{\partial y}{\partial u}\frac{\partial x}{\partial v} \right). \tag{16.68}$$

Par ailleurs, le vecteur élément d'aire normal à $\partial\mathscr{V}$ dans l'espace euclidien $(\Sigma, \boldsymbol{g})$ est

$$d\vec{\boldsymbol{S}} = d\vec{\boldsymbol{\ell}}_u \times d\vec{\boldsymbol{\ell}}_v = (du\, \vec{\boldsymbol{e}}'_u) \times (dv\, \vec{\boldsymbol{e}}'_v),$$

avec d'après (15.7),

$$\vec{\boldsymbol{e}}'_u = \frac{\partial x}{\partial u}\vec{\boldsymbol{e}}_x + \frac{\partial y}{\partial u}\vec{\boldsymbol{e}}_y + \frac{\partial z}{\partial u}\vec{\boldsymbol{e}}_z \quad \text{et} \quad \vec{\boldsymbol{e}}'_v = \frac{\partial x}{\partial v}\vec{\boldsymbol{e}}_x + \frac{\partial y}{\partial v}\vec{\boldsymbol{e}}_y + \frac{\partial z}{\partial v}\vec{\boldsymbol{e}}_z.$$

En effectuant le produit vectoriel $\vec{\boldsymbol{e}}'_u \times \vec{\boldsymbol{e}}'_v$, on voit apparaître le vecteur dont les composantes sont entre parenthèses dans (16.68), si bien que l'on peut écrire

$$A'_{uv}\, du\, dv = v^x dS^x + v^y dS^y + v^z dS^z = \vec{\boldsymbol{v}} \cdot d\vec{\boldsymbol{S}}. \tag{16.69}$$

Compte tenu de (16.66), (16.67) et (16.69), le théorème de Stokes (16.54) conduit à

$$\boxed{\int_{\mathscr{V}} \boldsymbol{\nabla} \cdot \vec{v} \, dV = \int_{\partial \mathscr{V}} \vec{v} \cdot d\vec{S}}. \tag{16.70}$$

On reconnaît dans cette identité le ***théorème de Gauss-Ostrogradski*** reliant le flux d'un vecteur à travers une surface fermée à l'intégrale de la divergence du vecteur sur le volume délimité par cette surface.

Théorème de Gauss-Ostrogradski quadridimensionnel

Considérons à présent le cas où $\mathscr{V}$ est une partie quadridimensionnelle de $\mathscr{E}$, délimitée par un bord $\partial\mathscr{V}$. Ce dernier est une sous-variété de dimension 3 de $\mathscr{E}$ et on peut considérer le flux d'un champ vectoriel $\vec{v}$ à travers $\partial\mathscr{V}$ (*cf.* § 16.3.7). L'expression (16.52) du flux, combinée avec le théorème de Stokes (16.54), conduit à

$$\Phi_{\partial\mathscr{V}}(\vec{v}) = \int_{\partial\mathscr{V}} \star \underline{v} = \int_{\mathscr{V}} \mathbf{d} \star \underline{v}. \tag{16.71}$$

Or d'après la formule (15.91), $\mathbf{d} \star \underline{v}$ est relié à la divergence de $\vec{v}$ par $\mathbf{d} \star \underline{v} = (\boldsymbol{\nabla} \cdot \vec{v}) \, \boldsymbol{\epsilon}$, de sorte que l'intégrale qui apparaît ci-dessus n'est autre que l'intégrale du champ scalaire $\boldsymbol{\nabla} \cdot \vec{v}$ sur $\mathscr{V}$. On obtient ainsi le ***théorème de Gauss-Ostrogradski quadridimensionnel*** :

$$\boxed{\Phi_{\partial\mathscr{V}}(\vec{v}) = \int_{\mathscr{V}} \boldsymbol{\nabla} \cdot \vec{v} \, dU}. \tag{16.72}$$

Remarque : Le théorème de Stokes, sous sa forme générale (16.54), est indépendant du tenseur métrique $\boldsymbol{g}$, puisqu'il relie l'intégrale d'une p-forme différentielle ($\mathbf{d}\boldsymbol{A}$) sur une sous-variété de dimension p ($\mathscr{V}$) à l'intégrale d'une $(p-1)$-forme différentielle ($\boldsymbol{A}$) sur une sous-variété de dimension $p-1$ ($\partial\mathscr{V}$), ces deux intégrales étant définies intrinsèquement (indépendamment du tenseur métrique). Par contre, les théorèmes de Gauss-Ostrogradski énoncés ci-dessus dépendent de la métrique $\boldsymbol{g}$, à la fois pour la définition de la divergence, pour l'intégrale d'un champ scalaire sur $\mathscr{V}$ et pour les intégrales de flux.

Note historique : *Dans un célèbre article d'encyclopédie de 1921 [314], les 2-formes ont été appelées* tenseurs de surface *par Wolfgang Pauli*[7]*, soulignant ainsi leur rôle dans la théorie de l'intégration sur les surfaces. Le théorème*

7. **Wolfgang Pauli** (1900–1958) : Physicien théoricien autrichien, auteur de travaux fondamentaux en mécanique quantique et prix Nobel de physique 1945 pour la découverte du Principe d'exclusion. Son apport à la relativité est surtout constitué par le gros article d'encyclopédie [314] qu'il écrivit à l'âge de 21 ans, à la demande de son directeur de thèse, Arnold Sommerfeld (*cf.* p. 26), et qui fut longtemps une référence dans le domaine. Il s'intéressa également au traitement relativiste de la gravitation (*cf.* § 22.1.4).

de Stokes doit son nom à George G. Stokes[8]*, qui avait pour habitude de demander la démonstration de la version bidimensionnelle (16.63) comme sujet d'examen pour des prix à l'université de Cambridge. Il semblerait en fait que la première démonstration du théorème soit due à William Thomson (le futur Lord Kelvin) (1824–1907), comme en atteste une lettre qu'il a écrite à Stokes en 1850. Pour cette raison, Roger Penrose (*cf. *p. 168) suggère de supprimer la référence à Stokes dans le nom du théorème et de l'appeler* théorème fondamental du calcul extérieur *[318].*

8. **George G. Stokes** (1819–1903) : Physicien et mathématicien britannique (d'origine irlandaise), connu pour ses travaux en mécanique des fluides (*équation de Navier-Stokes*) et optique.

Chapitre 17

Champ électromagnétique

Sommaire

On peut dire sans conteste que l'exploration du champ électromagnétique est à l'origine de la relativité. Réciproquement, l'espace-temps de Minkowski est le cadre parfait pour exprimer la théorie classique de l'électromagnétisme, mais aussi l'électrodynamique quantique. Nous verrons notamment au chapitre suivant que, formulées à l'aide de champs tensoriels sur l'espace-temps de Minkowski, les équations de Maxwell prennent une forme beaucoup plus simple que le groupe des quatre équations sur $\vec{E}$ et $\vec{B}$ présentées dans les cours élémentaires d'électromagnétisme. Avant cela, le chapitre présent est consacré à la définition du champ électromagnétique (§ 17.1), aux propriétés de transformation de ses composantes lors d'un changement d'observateur (§ 17.2) et au mouvement d'une particule chargée dans un champ donné (§ 17.3), avec application aux accélérateurs de particules (§ 17.4).

17.1 Tenseur champ électromagnétique

17.1.1 Champ électromagnétique et 4-force de Lorentz

Historiquement, le concept de *champ électromagnétique* est apparu progressivement, après maintes expériences et échafaudages théoriques[1], qui ont

1. Pour les détails, nous renvoyons le lecteur aux ouvrages d'O. Darrigol sur l'histoire de l'électromagnétisme [105, 107].

conduit aux notions relativement élaborées de *vecteur champ électrique* $\vec{E}$ et de *vecteur champ magnétique* $\vec{B}$. Dans le cadre présent, celui de l'espace-temps de Minkowski $(\mathscr{E}, \boldsymbol{g})$, la définition du champ électromagnétique est plus simple. Elle s'effectue en considérant d'un point de vue quadridimensionnel l'action du dit champ sur une particule chargée. L'hypothèse de base est que l'interaction électromagnétique est une *interaction vectorielle*. Cela signifie que la force qui s'exerce sur une particule doit dépendre d'une direction associée à la particule, et non seulement d'un nombre caractérisant cette dernière, comme sa masse – ce qui serait le cas d'une *interaction scalaire*. Dans l'espace-temps de Minkowski, la force est décrite indépendamment de tout observateur par la forme linéaire 4-force $\boldsymbol{f}$, introduite au § 9.4, et le seul vecteur « direction » intrinsèque à une particule est sa 4-vitesse $\vec{\boldsymbol{u}}$. Si l'on suppose que la 4-force subie par la particule est linéaire en $\vec{\boldsymbol{u}}$, il n'y a qu'une seule relation possible pour décrire l'interaction électromagnétique : il doit exister un champ de formes bilinéaires $\boldsymbol{F}$, que nous appellerons ***tenseur champ électromagnétique*** (ou encore ***champ électromagnétique*** tout court), tel qu'en tout point de la ligne d'univers de la particule[2]

$$\boxed{\boldsymbol{f} = q\,\boldsymbol{F}(., \vec{\boldsymbol{u}})}, \tag{17.1}$$

où le coefficient q est une constante caractéristique de la particule et appelée ***charge électrique***. Si $q = 0$, la particule ne subit pas le champ électromagnétique ; on dit qu'elle est ***électriquement neutre***. Si $q \neq 0$, on la qualifiera d'***électriquement chargée***[3].

La 4-force donnée par (17.1) est appelée ***4-force de Lorentz***. En terme des composantes dans une base de E, la relation (17.1) s'écrit

$$f_\alpha = q\,F_{\alpha\beta}u^\beta. \tag{17.2}$$

Remarque 1 : Le tenseur champ électromagnétique $\boldsymbol{F}$ est parfois appelé ***tenseur de Faraday*** [294] ou encore ***tenseur champ de Maxwell*** [318].

Remarque 2 : Nous avons déjà rencontré la notion d'interaction vectorielle dans le cadre du formalisme lagrangien au § 11.1.6. Puisque le lagrangien L d'une particule est un scalaire (et non une forme linéaire comme la 4-force), l'interaction vectorielle fait intervenir une forme linéaire $\boldsymbol{A}$, plutôt qu'une forme bilinéaire, qui agit sur $\vec{\boldsymbol{u}}$ (ou plus précisément sur un vecteur colinéaire à $\vec{\boldsymbol{u}}$: le vecteur tangent $\vec{\boldsymbol{v}}$ associé au paramétrage utilisé de la ligne d'univers) pour donner le terme $q/c\ \langle \boldsymbol{A}, \vec{\boldsymbol{v}}\rangle$ dans le lagrangien (*cf.* Éq. (11.28)). Cette notion d'interaction vectorielle est compatible avec celle énoncée ci-dessus, l'Éq. (11.34) donnant explicitement le lien entre $\boldsymbol{A}$ et $\boldsymbol{F}$: $\boldsymbol{F} = \mathbf{d}\boldsymbol{A}$ (*cf.* l'Exemple 1 p. 510). Nous verrons au Chap. 18 que la réciproque est vraie pour l'électromagnétisme : le tenseur champ électromagnétique peut toujours s'écrire localement comme la dérivée extérieure d'une 1-forme.

2. Rappelons que la notation $\boldsymbol{F}(., \vec{\boldsymbol{u}})$ signifie que $\forall \vec{\boldsymbol{v}} \in E,\ \langle \boldsymbol{f}, \vec{\boldsymbol{v}}\rangle = q\,\boldsymbol{F}(\vec{\boldsymbol{v}}, \vec{\boldsymbol{u}})$.

3. On omettra souvent le qualificatif *électriquement* et on parlera de *particule neutre* et *particule chargée*.

Dans le Système International (SI), la charge électrique a une dimension, et son unité est le ***coulomb*** (symbole : C). Il est égal à un ampère fois une seconde, l'***ampère*** (symbole : A) étant l'unité électromagnétique de base du système SI : 1 C = 1 A s. Le coulomb est en fait une unité macroscopique. Au niveau des particules, la charge élémentaire est celle de l'électron, notée $-e$, avec [445]

$$e = 1.602\,176\,487(40) \times 10^{-19}\ \mathrm{C}. \tag{17.3}$$

En vertu de la relation (17.1) et du caractère sans dimension de la 4-vitesse $\vec{\boldsymbol{u}}$, la dimension du tenseur champ électromagnétique $\boldsymbol{F}$ est celle d'une force par unité de charge. Son unité SI est donc le newton par coulomb : 1 N.C^{-1} = 1 kg.m.s^{-3}.A^{-1}. En définissant l'unité ***volt*** (symbole : V) comme un watt par ampère : 1 V = 1 W.A^{-1} = 1 kg.m^2.s^{-3}.A^{-1}, on constate alors que l'unité SI de $\boldsymbol{F}$ est le volt par mètre (V.m^{-1}).

17.1.2 Le champ électromagnétique comme 2-forme

En plus d'être de la forme (17.1), on postule que la 4-force de Lorentz est une *4-force pure*, au sens défini au § 9.4.1 : $\langle \boldsymbol{f}, \vec{\boldsymbol{u}} \rangle = 0$ (Éq. (9.112)). D'après (17.1), cela implique $q\,\boldsymbol{F}(\vec{\boldsymbol{u}}, \vec{\boldsymbol{u}}) = 0$, autrement dit, si $q \neq 0$, $\boldsymbol{F}(\vec{\boldsymbol{u}}, \vec{\boldsymbol{u}}) = 0$. Cette relation devant être vérifiée pour toute 4-vitesse $\vec{\boldsymbol{u}}$, on en conclut que la forme bilinéaire $\boldsymbol{F}$ est alternée : $\forall \vec{\boldsymbol{v}} \in E,\ \boldsymbol{F}(\vec{\boldsymbol{v}}, \vec{\boldsymbol{v}}) = 0$, ou de manière équivalente qu'elle est antisymétrique :

$$\forall (\vec{\boldsymbol{u}}, \vec{\boldsymbol{v}}) \in E^2, \quad \boxed{\boldsymbol{F}(\vec{\boldsymbol{u}}, \vec{\boldsymbol{v}}) = -\boldsymbol{F}(\vec{\boldsymbol{v}}, \vec{\boldsymbol{u}})}. \tag{17.4}$$

Le tenseur champ électromagnétique est donc une *2-forme différentielle* sur $\mathscr{E}$, telle que nous les avons étudiées au § 15.4.

17.1.3 Champ électrique et champ magnétique

Soit $\mathcal{O}$ un observateur de ligne d'univers $\mathscr{L}_0$, de 4-vitesse $\vec{\boldsymbol{u}}_0$ et de temps propre t. Soit M un événement quelconque dans l'espace local de repos $\mathscr{E}_{\boldsymbol{u}_0}(t)$ de $\mathcal{O}$ (t est alors la date attribuée par $\mathcal{O}$ à M) (*cf.* Fig. 17.1). Considérons la valeur du champ $\boldsymbol{F}$ en M. Il s'agit d'une 2-forme linéaire ; on peut alors la décomposer orthogonalement par rapport à $\vec{\boldsymbol{u}}_0(t)$ *via* la formule (3.39) : il existe une unique forme linéaire $\boldsymbol{E} \in E^*$ et un unique vecteur $\vec{\boldsymbol{B}} \in E$ tels que

$$\boxed{\boldsymbol{F} = \underline{\boldsymbol{u}}_0 \otimes \boldsymbol{E} - \boldsymbol{E} \otimes \underline{\boldsymbol{u}}_0 + \boldsymbol{\epsilon}(\vec{\boldsymbol{u}}_0, c\vec{\boldsymbol{B}}, .,.)}, \tag{17.5}$$

$$\boxed{\langle \boldsymbol{E}, \vec{\boldsymbol{u}}_0 \rangle = 0}, \qquad \boxed{\vec{\boldsymbol{u}}_0 \cdot \vec{\boldsymbol{B}} = 0}, \tag{17.6}$$

où $\boldsymbol{F} = \boldsymbol{F}(M)$ et $\vec{\boldsymbol{u}}_0 = \vec{\boldsymbol{u}}_0(t)$. Comme nous l'avons remarqué au § 14.4.4, on peut exprimer cette décomposition en terme de produits extérieurs et d'étoile de Hodge (*cf.* Éq. (14.95)) :

$$\boxed{\boldsymbol{F} = \underline{\boldsymbol{u}}_0 \wedge \boldsymbol{E} + \star(\underline{\boldsymbol{u}}_0 \wedge c\underline{\boldsymbol{B}})}. \tag{17.7}$$

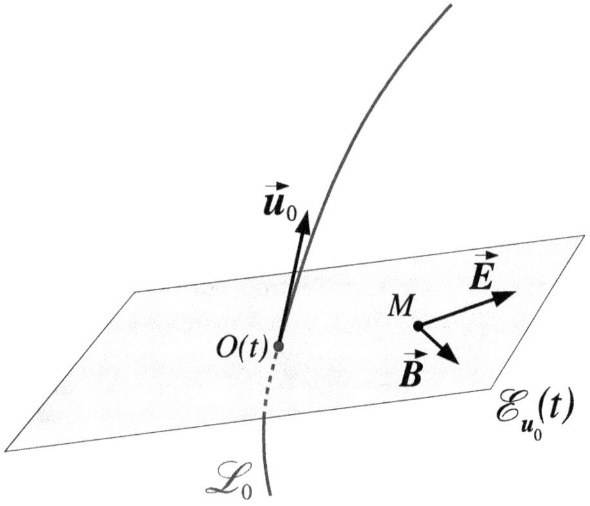

FIG. 17.1 – Vecteurs champ électrique $\vec{E}$ et champ magnétique $\vec{B}$ en un point M de l'espace local de repos de l'observateur $\mathcal{O}$ au temps propre t. $\vec{E}$ est le vecteur associé à la forme linéaire $\boldsymbol{E}$ par dualité métrique.

La forme linéaire $\boldsymbol{E}$ est appelée ***champ électrique relatif à l'observateur*** $\mathcal{O}$ et le vecteur $\vec{B}$ ***champ magnétique relatif à l'observateur*** $\mathcal{O}$. L'appellation *champ* traduit le fait que $\boldsymbol{E}$ et $\vec{B}$ sont des fonctions de t et du point M dans $\mathscr{E}_{\boldsymbol{u}_0}(t)$. Ces champs sont donc définis dans toute la région de l'espace-temps où les espaces locaux de repos de $\mathcal{O}$ fournissent un feuilletage régulier de $\mathscr{E}$. Si $\mathcal{O}$ est inertiel, il s'agit de $\mathscr{E}$ tout entier ; sinon la taille de cette région est limitée par l'inverse de la norme de la 4-accélération de $\mathcal{O}$ (*cf.* § 3.6).

$\boldsymbol{E}$ et $\vec{B}$ s'expriment en fonction du tenseur champ électromagnétique et de la 4-vitesse de $\mathcal{O}$ *via* les formules (14.98)–(14.99) :

$$\boxed{\boldsymbol{E} = \boldsymbol{F}(.,\vec{u}_0)} \tag{17.8}$$

$$\boxed{c\underline{\boldsymbol{B}} = \star\boldsymbol{F}(\vec{u}_0,.)}. \tag{17.9}$$

Cette dernière équation permet de relier les composantes du vecteur $\vec{B}$ à celle de la 2-forme $\boldsymbol{F}$ *via* le tenseur ${}^3\boldsymbol{\epsilon}$ introduit au § 14.4.1 (*cf.* Éq. (14.100)) :

$$B^\alpha = -\frac{1}{2c}\,\epsilon^{\alpha\mu\nu}{}_\rho\, F_{\mu\nu}\, u_0^\rho. \tag{17.10}$$

Au vu des Éqs. (17.8)–(17.9) et du caractère sans dimension de la 4-vitesse $\vec{u}_0$ et du tenseur de Levi-Civita, le champ électrique $\boldsymbol{E}$ a la même dimension que $\boldsymbol{F}$ et le champ magnétique $\vec{B}$ a la dimension d'un champ électrique divisé par une vitesse. Dans le système SI, l'unité pour $\boldsymbol{E}$ sera donc le volt par mètre ($\mathrm{V\,m^{-1}}$) et celle pour $\vec{\boldsymbol{B}}$ le $\mathrm{V.m^{-2}.s}$, qu'on appelle le ***tesla*** (symbole : T) : $1\ \mathrm{T} = 1\ \mathrm{V.m^{-2}.s} = 1\ \mathrm{kg.s^{-2}.A^{-1}}$.

Remarque : Le champ électrique $\boldsymbol{E}$ et le champ magnétique $\vec{\boldsymbol{B}}$ sont des quantités *relatives*, puisqu'ils dépendent de l'observateur $\mathcal{O}$ (Éqs. (17.8)–(17.9)). En particulier, ils sont orthogonaux à la 4-vitesse de $\mathcal{O}$. La seule grandeur *absolue* (*i.e.* indépendante de tout observateur) qui caractérise le champ électromagnétique est le tenseur $\boldsymbol{F}$.

Exprimons les composantes de $\boldsymbol{F}$ dans le référentiel local $(\vec{\boldsymbol{e}}_\alpha(t))$ de $\mathcal{O}$ en fonction des composantes de $\boldsymbol{E}$ et $\vec{\boldsymbol{B}}$. La relation (17.5) conduit à

$$F_{\alpha\beta} = (u_0)_\alpha E_\beta - E_\alpha (u_0)_\beta + c\,\epsilon_{\mu\nu\alpha\beta} u_0^\mu B^\nu. \tag{17.11}$$

Or, par définition du référentiel local, $\vec{\boldsymbol{u}}_0 = \vec{\boldsymbol{e}}_0$, de sorte que $u_0^\alpha = (1,0,0,0)$. La base $(\vec{\boldsymbol{e}}_\alpha)$ étant orthonormale, on en déduit $(u_0)_\alpha = (-1,0,0,0)$. Les conditions d'orthogonalité (17.6) se traduisent alors par $E_0 = 0$ et $B^0 = 0$, si bien que

$$E_\alpha = (0, E_1, E_2, E_3) \qquad \text{et} \qquad B^\alpha = (0, B^1, B^3, B^3). \tag{17.12}$$

Par ailleurs comme $(\vec{\boldsymbol{e}}_\alpha)$ est une base orthonormale directe $\epsilon_{\mu\nu\alpha\beta} = [\mu,\nu,\alpha,\beta]$ (*cf.* Éq. (14.54) avec $\det g = -1$). La relation (17.11) devient alors $F_{\alpha\beta} = -\delta^0{}_\alpha E_\beta + E_\alpha \delta^0{}_\beta + c[0,k,\alpha,\beta]B^k$, ou sous forme matricielle :

$$\boxed{F_{\alpha\beta} = \begin{pmatrix} 0 & -E_1 & -E_2 & -E_3 \\ E_1 & 0 & cB^3 & -cB^2 \\ E_2 & -cB^3 & 0 & cB^1 \\ E_3 & cB^2 & -cB^1 & 0 \end{pmatrix}}. \tag{17.13}$$

Note historique : *Le tenseur* $\boldsymbol{F}$ *a été introduit explicitement par Hermann Minkowski* (cf. *p. 25) en 1908 [289]. Il semblerait toutefois que l'aspect tensoriel de* $\boldsymbol{E}$ *et* $\vec{\boldsymbol{B}}$ *regroupés comme dans (17.13) était connu d'Henri Poincaré* (cf. *p. 25) en 1905 [333]* (cf. *la discussion dans [102]).*

17.1.4 Force de Lorentz relative à un observateur

En reportant la décomposition (17.5) dans (17.1), on peut exprimer la 4-force subie par une particule $\mathscr{P}$ de charge q et de 4-vitesse $\vec{\boldsymbol{u}}$ comme

$$\boldsymbol{f} = q\left[\langle \boldsymbol{E}, \vec{\boldsymbol{u}}\rangle\, \underline{\boldsymbol{u}}_0 - \langle \underline{\boldsymbol{u}}_0, \vec{\boldsymbol{u}}\rangle\, \boldsymbol{E} + \boldsymbol{\epsilon}(\vec{\boldsymbol{u}}_0, \vec{\boldsymbol{u}}, c\vec{\boldsymbol{B}}, .)\right], \tag{17.14}$$

où nous avons utilisé l'identité $\boldsymbol{\epsilon}(\vec{\boldsymbol{u}}_0, c\vec{\boldsymbol{B}}, ., \vec{\boldsymbol{u}}) = \boldsymbol{\epsilon}(\vec{\boldsymbol{u}}_0, \vec{\boldsymbol{u}}, c\vec{\boldsymbol{B}}, .)$ (permutation paire des arguments de $\boldsymbol{\epsilon}$). Exprimons la 4-vitesse de $\mathscr{P}$ en fonction de son facteur de Lorentz Γ par rapport à $\mathcal{O}$ et de sa vitesse $\vec{V}$ relative à $\mathcal{O}$, suivant la formule (4.27) :

$$\vec{u} = \Gamma\left[(1 + \vec{a}_0 \cdot \overrightarrow{OM})\,\vec{u}_0 + \frac{1}{c}\left(\vec{V} + \vec{\omega} \times_{\boldsymbol{u}_0} \overrightarrow{OM}\right)\right],$$

où $\vec{a}_0$ et $\vec{\omega}$ sont respectivement la 4-accélération et la 4-rotation de l'observateur $\mathcal{O}$, M la position de $\mathscr{P}$ sur sa ligne d'univers et O l'événement de la ligne d'univers de $\mathcal{O}$ simultané à M du point de vue de $\mathcal{O}$. En reportant cette relation dans (17.14), il vient, en utilisant (17.6) et le caractère alterné de $\boldsymbol{\epsilon}$:

$$\begin{aligned} \boldsymbol{f} = \Gamma q\Big[&\frac{1}{c}\langle \boldsymbol{E},\, \vec{V} + \vec{\omega} \times_{\boldsymbol{u}_0} \overrightarrow{OM}\rangle\, \underline{\boldsymbol{u}}_0 \\ &+ (1 + \vec{a}_0 \cdot \overrightarrow{OM})\boldsymbol{E} + \boldsymbol{\epsilon}(\vec{u}_0,\, \vec{V} + \vec{\omega} \times_{\boldsymbol{u}_0} \overrightarrow{OM},\, \vec{B},\, .)\Big]. \end{aligned}$$

Introduisons alors la 3-forme produit mixte dans $E_{\boldsymbol{u}_0}$, $\boldsymbol{\epsilon}_{\boldsymbol{u}_0} := \boldsymbol{\epsilon}(\vec{u}_0, ., ., .)$ (*cf.* Éq. (3.47)), et comparons avec la décomposition orthogonale (9.125) de la 4-force. On obtient

$$\frac{d\mathcal{E}}{dt} + c^2\langle \boldsymbol{P}, \vec{a}_0\rangle = q\langle \boldsymbol{E},\, \vec{V} + \vec{\omega} \times_{\boldsymbol{u}_0} \overrightarrow{OM}\rangle \tag{17.15}$$

$$\boldsymbol{\mathcal{F}} = q\left[(1 + \vec{a}_0 \cdot \overrightarrow{OM})\boldsymbol{E} + \boldsymbol{\epsilon}_{\boldsymbol{u}_0}(\vec{V} + \vec{\omega} \times_{\boldsymbol{u}_0} \overrightarrow{OM},\, \vec{B},\, .)\right], \tag{17.16}$$

où l'on a noté $\boldsymbol{\mathcal{F}} := \boldsymbol{F}_{\rm ext}$ (afin de réserver le symbole $\boldsymbol{F}$ au tenseur champ électromagnétique). Dans les relations ci-dessus, $\mathcal{E}$ et $\boldsymbol{P}$ sont respectivement l'énergie et l'impulsion de la particule $\mathscr{P}$, toutes deux mesurées par l'observateur $\mathcal{O}$ et $\boldsymbol{\mathcal{F}}$ est la force d'origine non-inertielle (dans le cas présent électromagnétique) agissant sur $\mathscr{P}$ et mesurée par $\mathcal{O}$. Si $\mathcal{O}$ est inertiel ($\vec{a}_0 = 0$ et $\vec{\omega} = 0$), les formules ci-dessus se simplifient en

$$\boxed{\frac{d\mathcal{E}}{dt} = q\langle \boldsymbol{E}, \vec{V}\rangle} \quad (\mathcal{O} \text{ inertiel}) \tag{17.17}$$

$$\boxed{\boldsymbol{\mathcal{F}} = q\left[\boldsymbol{E} + \boldsymbol{\epsilon}_{\boldsymbol{u}_0}(\vec{V}, \vec{B},\, .)\right]} \quad (\mathcal{O} \text{ inertiel}). \tag{17.18}$$

La force (17.18) est appelée ***force de Lorentz relative à l'observateur*** $\mathcal{O}$. On retrouve l'expression classique de cette force. En particulier, la version vectorielle de (17.18) obtenue par dualité métrique est

$$\boxed{\vec{\mathcal{F}} = q\left(\vec{E} + \vec{V} \times_{\boldsymbol{u}_0} \vec{B}\right)}. \tag{17.19}$$

17.1.5 Dual métrique et dual de Hodge

Par respectivement dualité métrique et dualité de Hodge, il est naturel d'associer au tenseur champ électromagnétique $\boldsymbol{F}$ deux tenseurs de même valence : $\boldsymbol{F}^\sharp$ et $\star\boldsymbol{F}$.

Alors que $\boldsymbol{F}$ est un tenseur de type $(0,2)$, $\boldsymbol{F}^\sharp$ est un tenseur de type $(2,0)$ que l'on définit comme

$$\begin{aligned} \boldsymbol{F}^\sharp : E^* \times E^* &\longrightarrow \mathbb{R} \\ (\boldsymbol{\omega}_1, \boldsymbol{\omega}_2) &\longmapsto \boldsymbol{F}(\vec{\omega}_1, \vec{\omega}_2), \end{aligned} \tag{17.20}$$

où $\vec{\omega}_{1,2}$ désigne le vecteur associé à la forme linéaire $\boldsymbol{\omega}_{1,2}$ par dualité métrique. On peut donc considérer $\boldsymbol{F}^\sharp$ comme le « double dual métrique » de $\boldsymbol{F}$. Dans une base de E donnée, les composantes d'une forme linéaire $\boldsymbol{\omega}$ déterminent celles du vecteur $\vec{\omega}$ suivant $\omega^\alpha = g^{\alpha\mu}\omega_\mu$ (Éq. (1.43)). On en déduit que les composantes de $\boldsymbol{F}^\sharp$ sont

$$\boxed{\boldsymbol{F}^\sharp : \quad F^{\alpha\beta} = g^{\alpha\mu} g^{\beta\nu} F_{\mu\nu}}. \tag{17.21}$$

Remarque : Nous ne faisons pas figurer le symbole $\sharp$ sur les composantes de $\boldsymbol{F}^\sharp$ car la position des indices (tous les deux contravariants) est suffisante pour les distinguer des composantes de $\boldsymbol{F}$ (indices covariants).

Si l'on choisit comme base de E le référentiel local d'un observateur $\mathcal{O}$ en un événement donné, alors $g^{\alpha\beta} = \eta^{\alpha\beta}$ et l'on déduit de (17.21) et (17.13) l'expression suivante des composantes de $\boldsymbol{F}^\sharp$:

$$F^{\alpha\beta} = \begin{pmatrix} 0 & E_1 & E_2 & E_3 \\ -E_1 & 0 & cB^3 & -cB^2 \\ -E_2 & -cB^3 & 0 & cB^1 \\ -E_3 & cB^2 & -cB^1 & 0 \end{pmatrix}. \tag{17.22}$$

Puisque $\boldsymbol{F}$ est une 2-forme, on peut lui associer un deuxième tenseur de valence 2 : son *dual de Hodge* $\star\boldsymbol{F}$ (*cf.* § 14.4). Il est défini par l'Éq. (14.88), que l'on peut réécrire en fonction des composantes de $\boldsymbol{F}^\sharp$ *via* (17.21) et $\epsilon_{\alpha\beta\mu\nu} = \epsilon_{\mu\nu\alpha\beta}$:

$$\boxed{\star F_{\alpha\beta} = \frac{1}{2}\epsilon_{\alpha\beta\mu\nu} F^{\mu\nu}}. \tag{17.23}$$

Étant donnés un observateur $\mathcal{O}$ et la décomposition résultante de $\boldsymbol{F}$ en champ électrique $\boldsymbol{E}$ et champ magnétique $\vec{\boldsymbol{B}}$, exprimons $\star\boldsymbol{F}$ en appliquant l'étoile de Hodge à (17.7). Puisque $\underline{\boldsymbol{u}}_0 \wedge c\underline{\boldsymbol{B}}$ est une 2-forme, la propriété (14.92) conduit à $\star\star(\underline{\boldsymbol{u}}_0 \wedge c\underline{\boldsymbol{B}}) = -\underline{\boldsymbol{u}}_0 \wedge c\underline{\boldsymbol{B}}$, de sorte qu'il vient

$$\boxed{\star\boldsymbol{F} = -\underline{\boldsymbol{u}}_0 \wedge c\underline{\boldsymbol{B}} + \star(\underline{\boldsymbol{u}}_0 \wedge \boldsymbol{E})}. \tag{17.24}$$

En comparant avec (17.7), on constate que $\star\boldsymbol{F}$ se déduit de $\boldsymbol{F}$ en remplaçant $\boldsymbol{E}$ par $-c\underline{\boldsymbol{B}}$ et $c\underline{\boldsymbol{B}}$ par $\boldsymbol{E}$. En particulier les composantes de $\star\boldsymbol{F}$ dans le référentiel local de $\mathcal{O}$ se déduisent de (17.13) :

$$\star F_{\alpha\beta} = \begin{pmatrix} 0 & cB^1 & cB^2 & cB^3 \\ -cB^1 & 0 & E_3 & -E_2 \\ -cB^2 & -E_3 & 0 & E_1 \\ -cB^3 & E_2 & -E_1 & 0 \end{pmatrix}. \tag{17.25}$$

17.2 Changement d'observateur

Comme nous l'avons souligné, pour un champ électromagnétique $\boldsymbol{F}$ donné, le champ électrique $\boldsymbol{E}$ et le champ magnétique $\vec{\boldsymbol{B}}$ dépendent de l'observateur considéré. Nous allons donc examiner la façon dont se transforment $\boldsymbol{E}$ et $\vec{\boldsymbol{B}}$ lorsqu'on change d'observateur.

17.2.1 Loi de transformation des champs électrique et magnétique

Considérons deux observateurs, $\mathcal{O}$ et $\mathcal{O}'$, de 4-vitesses respectives $\vec{\boldsymbol{u}}$ et $\vec{\boldsymbol{u}}'$. Nous nous restreignons au cas où les lignes d'univers de $\mathcal{O}$ et $\mathcal{O}'$ se croisent en un même événement O. Nous utiliserons alors les mêmes notations qu'au § 5.1 : $\vec{\boldsymbol{U}}$ est la vitesse de $\mathcal{O}'$ relative à $\mathcal{O}$ et $\vec{\boldsymbol{U}}'$ celle de $\mathcal{O}$ relative à $\mathcal{O}'$. Nous noterons cependant Γ et non Γ_0 le facteur de Lorentz entre $\mathcal{O}$ et $\mathcal{O}'$: $\Gamma = -\vec{\boldsymbol{u}}\cdot\vec{\boldsymbol{u}}'$. Introduisons également les vecteurs unitaires $\vec{\boldsymbol{e}} \in E_{\boldsymbol{u}}$ et $\vec{\boldsymbol{e}}\,' \in E_{\boldsymbol{u}'}$ dans la direction de $\vec{\boldsymbol{U}}$ et $\vec{\boldsymbol{U}}'$ respectivement (*cf.* Fig. 5.2). On peut alors décomposer les champs électrique et magnétique relatifs à $\mathcal{O}$ en une partie parallèle à $\vec{\boldsymbol{U}}$ et une partie orthogonale à $\vec{\boldsymbol{U}}$, suivant (*cf.* Fig. 17.2)

$$\boldsymbol{E} = E_{\parallel}\, \underline{\boldsymbol{e}} + \boldsymbol{E}_{\perp} \qquad \text{et} \qquad \vec{\boldsymbol{B}} = B_{\parallel}\, \vec{\boldsymbol{e}} + \vec{\boldsymbol{B}}_{\perp}, \tag{17.26}$$

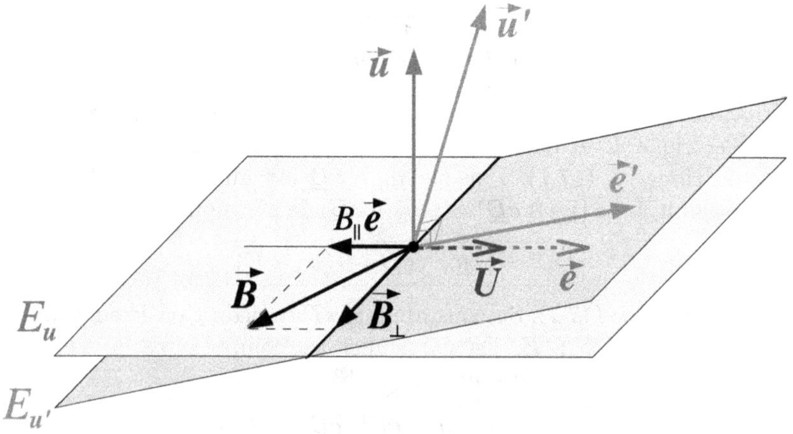

FIG. 17.2 – Décomposition du vecteur champ magnétique $\vec{\boldsymbol{B}}$ relatif à $\mathcal{O}$ (4-vitesse $\vec{\boldsymbol{u}}$) en une partie $B_{\parallel}\,\vec{\boldsymbol{e}}$ colinéaire à la vitesse $\vec{\boldsymbol{U}}$ de $\mathcal{O}'$ par rapport à $\mathcal{O}$ et une partie $\vec{\boldsymbol{B}}_{\perp}$ orthogonale à $\vec{\boldsymbol{U}}$.

avec $\langle \boldsymbol{E}_\perp, \vec{e}\rangle = 0$ et $\vec{\boldsymbol{B}}_\perp \cdot \vec{e} = 0$. En exprimant le vecteur unitaire $\vec{e}$ en fonction de $\vec{e}\,'$ et $\vec{u}'$ selon (5.13), on peut écrire

$$\boldsymbol{E} = \Gamma E_\parallel \left(\underline{e}' - \frac{U}{c} \underline{u}' \right) + \boldsymbol{E}_\perp \quad \text{et} \quad \vec{\boldsymbol{B}} = \Gamma B_\parallel \left(\vec{e}\,' - \frac{U}{c} \vec{u}' \right) + \vec{\boldsymbol{B}}_\perp. \qquad (17.27)$$

Remarquons que les vecteurs $\vec{\boldsymbol{E}}_\perp$ et $\vec{\boldsymbol{B}}_\perp$ sont orthogonaux à $\vec{u}$, $\vec{e}$, $\vec{u}'$ et $\vec{e}\,'$ (*cf.* Fig. 17.2). On peut également exprimer la 4-vitesse $\vec{u}$ en fonction de $\vec{u}'$ et $\vec{e}\,'$, *via* les relations (5.2) et (5.10) :

$$\vec{u} = \Gamma \left(\vec{u}' - \frac{U}{c} \vec{e}\,' \right). \qquad (17.28)$$

Considérons alors la décomposition du tenseur champ électromagnétique vis-à-vis de $\mathcal{O}$ telle que donnée par la formule (17.5) : $\boldsymbol{F} = \underline{u} \wedge \boldsymbol{E} + \epsilon(\vec{u}, c\vec{\boldsymbol{B}}, ., .)$. En y remplaçant $\boldsymbol{E}$, $\vec{\boldsymbol{B}}$ et $\vec{u}$ par les expressions (17.27) et (17.28), puis en développant, tenant compte des identités $\underline{u}' \wedge \underline{u}' = 0$, $\underline{e}' \wedge \underline{e}' = 0$ et $\Gamma^2(1 - U^2/c^2) = 1$, il vient

$$\begin{aligned} \boldsymbol{F} = {} & E_\parallel \, \underline{u}' \wedge \underline{e}' + \Gamma \, \underline{u}' \wedge \boldsymbol{E}_\perp - \frac{\Gamma U}{c} \underline{e}' \wedge \boldsymbol{E}_\perp + c B_\parallel \, \epsilon(\vec{u}', \vec{e}\,', ., .) \\ & + c\Gamma \, \epsilon(\vec{u}', \vec{\boldsymbol{B}}_\perp, ., .) - \Gamma U \, \epsilon(\vec{e}\,', \vec{\boldsymbol{B}}_\perp, ., .). \end{aligned} \qquad (17.29)$$

Décomposons la 2-forme $\underline{e}' \wedge \boldsymbol{E}_\perp$ vis-à-vis du vecteur unitaire $\vec{u}'$ suivant la formule (14.95). Puisque à la fois $\vec{e}\,'$ et $\boldsymbol{E}_\perp$ sont orthogonaux à $\vec{u}'$, la partie « électrique » de cette décomposition est nulle : $\boldsymbol{q} = 0$. Il ne reste donc que la partie « magnétique » $\vec{b}$, que l'on évalue *via* (14.98) : $\underline{b} = \star(\underline{e}' \wedge \boldsymbol{E}_\perp)(\vec{u}', .)$. En utilisant la propriété (14.94), il vient $\underline{b} = \epsilon(\vec{e}\,', \vec{\boldsymbol{E}}_\perp, \vec{u}', .) = \epsilon(\vec{u}', \vec{e}\,', \vec{\boldsymbol{E}}_\perp, .) = \epsilon(\vec{u}, \vec{e}, \vec{\boldsymbol{E}}_\perp, .)$, la dernière égalité résultant des expressions (5.1) et (5.12) de $\vec{u}'$ et $\vec{e}\,'$ et de l'identité $\Gamma^2(1 - U^2) = 1$. On a donc $\vec{b} = \vec{e} \times_{\boldsymbol{u}} \vec{\boldsymbol{E}}_\perp$, d'où

$$\underline{e}' \wedge \boldsymbol{E}_\perp = \epsilon(\vec{u}', \vec{e} \times_{\boldsymbol{u}} \vec{\boldsymbol{E}}_\perp, ., .). \qquad (17.30)$$

De même, décomposons par rapport à $\vec{u}'$ la 2-forme $\epsilon(\vec{e}\,', \vec{\boldsymbol{B}}_\perp, ., .)$ qui apparaît dans (17.29). Cette fois-ci, c'est la partie « magnétique » qui est nulle, car pour tout couple de vecteurs $(\vec{v}, \vec{w})$ orthogonaux à $\vec{u}'$, $\epsilon(\vec{e}\,', \vec{\boldsymbol{B}}_\perp, \vec{v}, \vec{w}) = 0$, étant donné que les quatre vecteurs $\vec{e}\,'$, $\vec{\boldsymbol{B}}_\perp$, $\vec{v}$ et $\vec{w}$ appartiennent à l'espace vectoriel de dimension trois $E_{\boldsymbol{u}'}$ et ne peuvent donc pas être linéairement indépendants. La partie « électrique » s'obtient par la formule (14.99) : $\boldsymbol{q} = \epsilon(\vec{e}\,', \vec{\boldsymbol{B}}_\perp, ., \vec{u}') = \epsilon(\vec{u}', \vec{\boldsymbol{B}}_\perp, \vec{e}\,', .) = \epsilon(\vec{u}, \vec{\boldsymbol{B}}_\perp, \vec{e}, .)$ (*cf.* le calcul de $\underline{b}$ plus haut). Ainsi

$$\epsilon(\vec{e}\,', \vec{\boldsymbol{B}}_\perp, ., .) = \underline{u}' \wedge \epsilon(\vec{u}, \vec{\boldsymbol{B}}_\perp, \vec{e}, .). \qquad (17.31)$$

En reportant (17.30) et (17.31) dans (17.29), il vient

$$\begin{aligned} \boldsymbol{F} = {} & \underline{u}' \wedge \left[E_\parallel \, \underline{e}' + \Gamma \left(\boldsymbol{E}_\perp - U \epsilon(\vec{u}, \vec{\boldsymbol{B}}_\perp, \vec{e}, .) \right) \right] \\ & + \epsilon \left(\vec{u}', c B_\parallel \, \vec{e}\,' + c\Gamma \left(\vec{\boldsymbol{B}}_\perp - \frac{U}{c^2} \vec{e} \times_{\boldsymbol{u}} \vec{\boldsymbol{E}}_\perp \right), ., . \right). \end{aligned} \qquad (17.32)$$

Or, par définition des champs électrique $\boldsymbol{E}'$ et magnétique $\vec{\boldsymbol{B}}'$ relatifs à $\mathcal{O}'$,

$$\boldsymbol{F} = \underline{\boldsymbol{u}'} \wedge \boldsymbol{E}' + \boldsymbol{\epsilon}\left(\vec{\boldsymbol{u}}', c\,\vec{\boldsymbol{B}}', ., .\right). \tag{17.33}$$

Puisque la 1-forme qui apparaît dans le produit extérieur avec $\underline{\boldsymbol{u}'}$ dans (17.32) s'annule sur $\vec{\boldsymbol{u}}'$ et que le vecteur qui constitue le second argument de $\boldsymbol{\epsilon}$ dans (17.32) est orthogonal à $\vec{\boldsymbol{u}}'$, la comparaison de (17.32) et (17.33) montre que cette 1-forme et ce vecteur sont respectivement égaux à $\boldsymbol{E}'$ et $\vec{\boldsymbol{B}}'$. On obtient ainsi la loi de transformation des champs par changement d'observateur :

$$\boxed{\boldsymbol{E}' = E_{\parallel}\,\underline{\boldsymbol{e}'} + \Gamma\left(\boldsymbol{E}_{\perp} + \boldsymbol{\epsilon}(\vec{\boldsymbol{u}}, \vec{\boldsymbol{U}}, \vec{\boldsymbol{B}}_{\perp}, .)\right)} \tag{17.34}$$

$$\boxed{\vec{\boldsymbol{B}}' = B_{\parallel}\,\vec{\boldsymbol{e}}\,' + \Gamma\left(\vec{\boldsymbol{B}}_{\perp} - \frac{1}{c^2}\vec{\boldsymbol{U}} \times_{\boldsymbol{u}} \vec{\boldsymbol{E}}_{\perp}\right)} \tag{17.35}$$

(rappelons que $\vec{\boldsymbol{U}} = U\vec{\boldsymbol{e}}$). Remarquons que les équations obtenues fournissent la décomposition de $\boldsymbol{E}'$ et $\vec{\boldsymbol{B}}'$ en parties parallèles et orthogonales à $\vec{\boldsymbol{e}}'$, de sorte que l'on peut écrire la loi de transformation des champs comme

$$\boxed{E'_{\parallel} = E_{\parallel}} \qquad \boxed{\boldsymbol{E}'_{\perp} = \Gamma\left(\boldsymbol{E}_{\perp} + \boldsymbol{\epsilon}(\vec{\boldsymbol{u}}, \vec{\boldsymbol{U}}, \vec{\boldsymbol{B}}_{\perp}, .)\right)} \tag{17.36}$$

$$\boxed{B'_{\parallel} = B_{\parallel}} \qquad \boxed{\vec{\boldsymbol{B}}'_{\perp} = \Gamma\left(\vec{\boldsymbol{B}}_{\perp} - \frac{1}{c^2}\vec{\boldsymbol{U}} \times_{\boldsymbol{u}} \vec{\boldsymbol{E}}_{\perp}\right)}. \tag{17.37}$$

Remarque 1 : On peut obtenir les lois de transformation (17.36)–(17.37) par une méthode alternative, basée sur la loi de transformation des composantes $F_{\alpha\beta}$ du tenseur $\boldsymbol{F}$ lorsqu'on passe du référentiel local de l'observateur $\mathcal{O}$, $(\vec{\boldsymbol{e}}_{\alpha})$, à celui de $\mathcal{O}'$, $(\vec{\boldsymbol{e}}\,'_{\alpha})$. Plus précisément, choisissons les référentiels locaux de manière à ce que les vitesses $\vec{\boldsymbol{U}}$ et $\vec{\boldsymbol{U}}'$ soient colinéaires à $\vec{\boldsymbol{e}}_1$ et $\vec{\boldsymbol{e}}\,'_1$ respectivement. On a alors $\vec{\boldsymbol{e}}_1 = \vec{\boldsymbol{e}}$ et $\vec{\boldsymbol{e}}\,'_1 = \vec{\boldsymbol{e}}\,'$ et le passage de $(\vec{\boldsymbol{e}}_{\alpha})$ à $(\vec{\boldsymbol{e}}\,'_{\alpha})$ se fait par une transformation de Lorentz spéciale de facteur de Lorentz Γ : $\vec{\boldsymbol{e}}\,'_{\alpha} = \boldsymbol{\Lambda}(\vec{\boldsymbol{e}}_{\alpha})$, avec la matrice de $\boldsymbol{\Lambda}$ donnée par l'Éq. (6.50) (en y remplaçant V par U). Les composantes de $\boldsymbol{F}$ dans la base $(\vec{\boldsymbol{e}}\,'_{\alpha})$ s'obtiennent alors par la loi (14.23) :

$$F'_{\alpha\beta} = \Lambda^{\mu}{}_{\alpha} F_{\mu\nu} \Lambda^{\nu}{}_{\beta}. \tag{17.38}$$

En faisant le calcul avec la forme (17.13) de $F_{\mu\nu}$ en fonction des composantes de $\boldsymbol{E}$ et de $\vec{\boldsymbol{B}}$ et la forme (6.50) de $\Lambda^{\mu}{}_{\alpha}$, puis en écrivant que les composantes $F'_{\alpha\beta}$ sont de la forme (17.13) avec E_i et B^i remplacés par E'_i et B'^i, on obtient

$$\begin{aligned} &E'_1 = E_1, \quad E'_2 = \Gamma(E_2 - UB^3), \qquad E'_3 = \Gamma(E_3 + UB^2) \\ &B'^1 = B^1, \quad B'^2 = \Gamma(B^2 + UE_3/c^2), \quad B'^3 = \Gamma(B^3 - UE_2/c^2). \end{aligned} \tag{17.39}$$

Puisqu'avec notre choix de référentiel local, $E_{\parallel} = E_1$, $\boldsymbol{E}_{\perp} = E_2\boldsymbol{e}^2 + E_3\boldsymbol{e}^3$, $B_{\parallel} = B^1$, $\vec{\boldsymbol{B}}_{\perp} = B^2\vec{\boldsymbol{e}}_2 + B^3\vec{\boldsymbol{e}}_3$, $E'_{\parallel} = E'_1$, $\boldsymbol{E}'_{\perp} = E'_2\boldsymbol{e}^2 + E'_3\boldsymbol{e}^3$, $B'_{\parallel} = B'^1$

et $\vec{B}'_\perp = B'^2\vec{e}_2 + B'^3\vec{e}_3$, et que $\epsilon'_{\alpha\beta\gamma\delta} = [\alpha,\beta,\gamma,\delta]$ (car $(\vec{e}\,'_\alpha)$ est une base orthonormale directe), on retrouve bien (17.36)–(17.37).

Remarque 2 : Comme nous l'avons déjà remarqué au § 5.2 au sujet de la loi de composition des vitesses, de nombreux auteurs considèrent que les vecteurs du genre espace comme $\vec{e}$, $\vec{e}\,'$, $\vec{U}$, $\vec{U}'$, $\vec{E}$, $\vec{E}'$, $\vec{B}$ et $\vec{B}'$, appartiennent à un même espace vectoriel « abstrait » de dimension 3. Ce n'est évidemment pas notre point de vue ici puisque $\vec{e}$, $\vec{U}$, $\vec{E}$ et $\vec{B}$ appartiennent à l'espace local de repos de $\mathcal{O}$, $E_{\boldsymbol{u}}$, alors que $\vec{e}\,'$, $\vec{U}'$, $\vec{E}'$ et $\vec{B}'$ appartiennent à celui de $\mathcal{O}'$, $E_{\boldsymbol{u}'}$, et $E_{\boldsymbol{u}}$ et $E_{\boldsymbol{u}'}$ sont deux hyperplans vectoriels distincts dès lors que $\mathcal{O}'$ est mobile par rapport à $\mathcal{O}$ (*cf.* Fig. 17.2). Comme nous l'avons souligné dans la remarque faite au § 5.2.2, le point de vue « espace vectoriel unique » revient à identifier les vecteurs $\vec{e}$ et $\vec{e}\,'$ (*cf.* Fig. 17.2). Les Éqs. (17.34)–(17.35) redonnent alors l'Éq. (7.106) du livre de Boratav et Kerner [56], l'Éq. (6.5) de Rougé [365], l'Éq. (10-26) de Simon [384] ou encore l'équation p. 223 de Pérez [320], pour ne citer que des ouvrages récents en langue française.

Les lois de transformations (17.36)–(17.37) montrent que si un champ électromagnétique est purement électrique pour l'observateur $\mathcal{O}$, c'est-à-dire si $\vec{B} = 0$, alors il n'est pas de même pour tout observateur $\mathcal{O}'$ animé d'une vitesse $\vec{U}$ relative à $\mathcal{O}$ non colinéaire à $\vec{E}$. De même-la notion de champ purement magnétique ($\boldsymbol{E} = 0$) dépend de l'observateur considéré.

À la limite non relativiste, $|U| \ll c$, $\Gamma \simeq 1$, $\vec{e}\,' \simeq \vec{e}$ et les équations (17.34)–(17.35) se réduisent à[4]

$$\vec{E}' = \vec{E} + \vec{U} \times \vec{B} \quad \text{et} \quad \vec{B}' = \vec{B} \qquad \text{(non relativiste).} \tag{17.40}$$

Il s'agit de la loi « classique » de transformation des champs électrique et magnétique.

17.2.2 Invariants du champ électromagnétique

À partir de $\boldsymbol{F}$ et des tenseurs associés $\boldsymbol{F}^\sharp$ et $\star\boldsymbol{F}$ introduits au § 17.1.5, on peut former les champs scalaires suivants sur $\mathscr{E}$:

$$\boxed{I_1 := \frac{1}{2} F_{\mu\nu} F^{\mu\nu}} \quad \text{et} \quad \boxed{I_2 := \frac{1}{4} \star F_{\mu\nu} F^{\mu\nu}}. \tag{17.41}$$

Étant donnée l'antisymétrie de $F_{\mu\nu}$, $F^{\mu\nu}$ et $\star F_{\mu\nu}$, les doubles sommes qui apparaissent dans les définitions ci-dessus ne comportent que six termes :

$$I_1 = F_{01}F^{01} + F_{02}F^{02} + F_{03}F^{03} + F_{12}F^{12} + F_{13}F^{13} + F_{23}F^{23},$$
$$I_2 = \frac{1}{2}\left(\star F_{01}F^{01} + \star F_{02}F^{02} + \star F_{03}F^{03} + \star F_{12}F^{12} + \star F_{13}F^{13} + \star F_{23}F^{23}\right).$$

4. On présente la version $\boldsymbol{g}$-duale pour le champ électrique.

En utilisant les composantes de $\boldsymbol{F}$, $\boldsymbol{F}^{\sharp}$ et $\star\boldsymbol{F}$ dans le référentiel local d'un observateur $\mathcal{O}$, telles que données respectivement par (17.13), (17.22) et (17.25), on relie I_1 et I_2 aux champs électrique et magnétique relatifs à $\mathcal{O}$:

$$\boxed{I_1 = c^2\vec{\boldsymbol{B}}\cdot\vec{\boldsymbol{B}} - \vec{\boldsymbol{E}}\cdot\vec{\boldsymbol{E}}} \qquad \text{et} \qquad \boxed{I_2 = c\,\langle \boldsymbol{E}, \vec{\boldsymbol{B}}\rangle}. \tag{17.42}$$

Les scalaires I_1 et I_2 sont appelés ***invariants du champ électromagnétique***. Cette dénomination est quelque peu historique et reflète le fait que I_1 et I_2 sont des combinaisons de $\boldsymbol{E}$ et de $\vec{\boldsymbol{B}}$ qui ne dépendent pas de l'observateur considéré, alors qu'individuellement les champs $\boldsymbol{E}$ et $\vec{\boldsymbol{B}}$ en dépendent. Cependant, il est clair dès la définition (17.41) que I_1 et I_2 sont indépendants de tout observateur.

Remarque : On peut vérifier *via* les lois de transformation (17.36)–(17.37) des champs $\boldsymbol{E}$ et $\vec{\boldsymbol{B}}$ lors d'un changement d'observateur que les expressions (17.42) sont invariantes. *Exercice* : le faire !

À l'aide des formules sur le produit extérieur et l'étoile de Hodge énoncées aux § 14.3 et 14.4, on peut dériver les expressions suivantes des invariants du champ électromagnétique :

$$I_1 = \star(\boldsymbol{F}\wedge\star\boldsymbol{F}) \qquad \text{et} \qquad I_2 = \frac{1}{2}\star(\boldsymbol{F}\wedge\boldsymbol{F}). \tag{17.43}$$

Exercice : le faire !

Remarque : $\boldsymbol{F}$ et $\star\boldsymbol{F}$ sont des 2-formes, de sorte que les produits extérieurs $\boldsymbol{F}\wedge\star\boldsymbol{F}$ et $\boldsymbol{F}\wedge\boldsymbol{F}$ sont des 4-formes. Leurs formes duales au sens de Hodge, $\star(\boldsymbol{F}\wedge\star\boldsymbol{F})$ et $\star(\boldsymbol{F}\wedge\boldsymbol{F})$, sont alors des scalaires. L'écriture (17.43) est donc admissible.

Nous avons souligné plus haut que la notion de champ purement électrique ou purement magnétique dépendait de l'observateur considéré. Par contre, à l'aide de l'invariant I_1, on peut définir différentes catégories de champs électromagnétiques, indépendamment de tout observateur :

- si $I_1 > 0$, nous dirons que le champ électromagnétique est ***à dominante magnétique***, puisque pour tout observateur $c\|\vec{\boldsymbol{B}}\|_{\boldsymbol{g}} > \|\vec{\boldsymbol{E}}\|_{\boldsymbol{g}}$;
- si $I_1 < 0$, nous dirons qu'il est ***à dominante électrique***, puisque pour tout observateur $\|\vec{\boldsymbol{E}}\|_{\boldsymbol{g}} > c\|\vec{\boldsymbol{B}}\|_{\boldsymbol{g}}$;
- si $I_1 = 0$, l'amplitude de $\vec{\boldsymbol{E}}$ est égale à celle de $c\,\vec{\boldsymbol{B}}$ pour tous les observateurs.

Si $I_2 = 0$, les vecteurs $\vec{\boldsymbol{E}}$ et $\vec{\boldsymbol{B}}$ sont orthogonaux pour tous les observateurs. En particulier, si pour un observateur l'un des champs $\vec{\boldsymbol{E}}$ ou $\vec{\boldsymbol{B}}$ est nul, alors $I_2 = 0$, ce qui implique que pour tous les autres observateurs, $\vec{\boldsymbol{E}}$ et $\vec{\boldsymbol{B}}$ seront orthogonaux.

Si à la fois $I_1 = 0$ et $I_2 = 0$, le champ électromagnétique est dit du ***genre lumière***. Les vecteurs $\vec{\boldsymbol{E}}$ et $c\,\vec{\boldsymbol{B}}$ ont alors la même amplitude et sont orthogonaux, et ce pour n'importe quel observateur.

Remarque : Certains auteurs, dont A. Lichnerowicz [254], qualifient plutôt un tel champ électromagnétique de *singulier*. Nous préférons ici le terme *genre lumière* car le champ $\boldsymbol{F}$ ne présente pas de singularité physique (il ne diverge en aucun point). Les Anglo-Saxons utilisent quant à eux le terme *null*.

Note historique : *La loi de transformation des champs* $\boldsymbol{E}$ *et* $\vec{\boldsymbol{B}}$, *écrite sous la forme (17.39) a été obtenue par Joseph Larmor* (cf. *p. 196) en 1900 [239] et Hendrik A. Lorentz* (cf. *p. 113) en 1904 [263]. En 1905, Henri Poincaré* (cf. *p. 25) a remarqué que les combinaisons* $c^2\vec{\boldsymbol{B}}\cdot\vec{\boldsymbol{B}} - \vec{\boldsymbol{E}}\cdot\vec{\boldsymbol{E}}$ *et* $c\,\langle \boldsymbol{E}, \vec{\boldsymbol{B}}\rangle$ *sont invariantes par transformation de Lorentz [333].*

17.2.3 Réduction à des champs électrique et magnétique parallèles

Montrons que si $\boldsymbol{F}$ n'est pas du genre lumière, il est possible de trouver un observateur pour lequel $\vec{\boldsymbol{E}}$ et $\vec{\boldsymbol{B}}$ sont parallèles. Dans tout ce qui suit, nous nous plaçons en un événement $O \in \mathscr{E}$ donné.

Supposons que pour un observateur $\mathcal{O}$ passant par O, $\vec{\boldsymbol{E}}$ et $\vec{\boldsymbol{B}}$ ne soient pas parallèles. On peut alors former le vecteur unitaire normal au plan engendré par $\vec{\boldsymbol{E}}$ et $\vec{\boldsymbol{B}}$:

$$\vec{e} := (EB\sin\theta)^{-1}\, \vec{\boldsymbol{E}} \times_{\boldsymbol{u}} \vec{\boldsymbol{B}}, \tag{17.44}$$

où $\vec{\boldsymbol{u}}$ est la 4-vitesse de $\mathcal{O}$, $E := \|\vec{\boldsymbol{E}}\|_{\boldsymbol{g}}$, $B := \|\vec{\boldsymbol{B}}\|_{\boldsymbol{g}}$ et θ est l'angle entre $\vec{\boldsymbol{E}}$ et $\vec{\boldsymbol{B}}$ dans $E_{\boldsymbol{u}}$. Considérons alors un deuxième observateur, $\mathcal{O}'$, qui passe également par l'événement O et dont la vitesse $\vec{\boldsymbol{U}}$ par rapport à $\mathcal{O}$ est dirigée suivant $\vec{e}$: $\vec{\boldsymbol{U}} = U\vec{e}$. Par définition, $\vec{e}\cdot\vec{\boldsymbol{E}} = 0$ et $\vec{e}\cdot\vec{\boldsymbol{B}} = 0$, si bien que dans la décomposition orthogonale (17.26), $E_{\parallel} = 0$, $B_{\parallel} = 0$, $\boldsymbol{E}_{\perp} = \boldsymbol{E}$ et $\vec{\boldsymbol{B}}_{\perp} = \vec{\boldsymbol{B}}$. Les lois de transformations des champs (17.34)–(17.35) se réduisent alors à $\vec{\boldsymbol{E}}' = \Gamma(\vec{\boldsymbol{E}} + U\vec{e}\times_{\boldsymbol{u}}\vec{\boldsymbol{B}})$ et $\vec{\boldsymbol{B}}' = \Gamma(\vec{\boldsymbol{B}} - c^{-2}U\vec{e}\times_{\boldsymbol{u}}\vec{\boldsymbol{E}})$, de sorte que[5]

$$\vec{\boldsymbol{E}}' \times_{\boldsymbol{u}} \vec{\boldsymbol{B}}' = \Gamma^2 \left\{ \vec{\boldsymbol{E}} \times_{\boldsymbol{u}} \vec{\boldsymbol{B}} + \frac{U}{c^2}\left[U\,\vec{e}\cdot(\vec{\boldsymbol{E}}\times_{\boldsymbol{u}}\vec{\boldsymbol{B}}) - E^2 - c^2B^2\right]\vec{e} \right\},$$

où l'on a développé les doubles produits vectoriels et utilisé l'orthogonalité de $\vec{\boldsymbol{E}}$ (resp. $\vec{\boldsymbol{B}}$) et $\vec{e}$. En remplaçant $\vec{\boldsymbol{E}}\times_{\boldsymbol{u}}\vec{\boldsymbol{B}}$ par $EB\sin\theta\,\vec{e}$ (Éq. (17.44)), il vient

$$\vec{\boldsymbol{E}}' \times_{\boldsymbol{u}} \vec{\boldsymbol{B}}' = \Gamma^2 \left[EB\sin\theta\left(1 + \frac{U^2}{c^2}\right) - \frac{U}{c^2}(E^2 + c^2B^2)\right]\vec{e}.$$

Les champ $\vec{\boldsymbol{E}}'$ et $\vec{\boldsymbol{B}}'$ relatifs à $\mathcal{O}'$ seront parallèles ssi $\vec{\boldsymbol{E}}' \times_{\boldsymbol{u}} \vec{\boldsymbol{B}}' = 0$. D'après l'équation ci-dessus, on en déduit la condition

$$x^2 - \frac{E^2 + c^2B^2}{cEB\sin\theta}\,x + 1 = 0, \tag{17.45}$$

5. Dans le cas présent ($E_{\parallel} = 0$ et $B_{\parallel} = 0$), les vecteurs $\vec{\boldsymbol{E}}'$ et $\vec{\boldsymbol{B}}'$ sont dans $E_{\boldsymbol{u}}$ (en fait dans l'intersection de $E_{\boldsymbol{u}}$ et $E_{\boldsymbol{u}'}$ – *cf.* Fig. 17.2), si bien qu'il est légitime de former le produit vectoriel $\vec{\boldsymbol{E}}' \times_{\boldsymbol{u}} \vec{\boldsymbol{B}}'$.

avec $x := U/c$. Cette équation du second degré en x a pour discriminant

$$\Delta = \left(\frac{E^2 + c^2B^2}{cEB\sin\theta}\right)^2 - 4 = \frac{I_1^2 + 4I_2^2}{(cEB\sin\theta)^2},$$

où l'on a fait apparaître les invariants $I_1 = c^2B^2 - E^2$ et $I_2 = cEB\cos\theta$ (*cf.* (17.42)). Il est clair que l'on a toujours $\Delta \geq 0$, si bien que (17.45) admet des racines réelles. D'après les coefficients de (17.45), la somme de ces racines est positive et leur produit vaut 1. Les deux racines sont donc positives et inverses l'une de l'autre. Seule la racine $x < 1$ est physiquement admissible. Elle existe toujours sauf si (17.45) admet une racine double, qui est alors $x = 1$. Ce dernier cas se produit pour $\Delta = 0$, c'est-à-dire $I_1 = I_2 = 0$, autrement dit pour un champ électromagnétique du genre lumière. Nous avons donc démontré l'assertion ci-dessus, à savoir qu'en tout point $O \in \mathscr{E}$, si $\boldsymbol{F}$ n'est pas du genre lumière, on peut trouver un observateur $\mathcal{O}'$ pour lequel les champs électrique et magnétique sont parallèles. La vitesse de $\mathcal{O}'$ relative à $\mathcal{O}$ est donnée par la racine inférieure à 1 de l'Éq. (17.45).

Remarque 1 : L'observateur $\mathcal{O}'$ n'est en aucune manière unique, puisque d'après les lois de transformation (17.36)–(17.37), tout observateur $\mathcal{O}''$ dont la vitesse relative à $\mathcal{O}'$ est suivant la direction commune de $\vec{\boldsymbol{E}}'$ et $\vec{\boldsymbol{B}}'$ mesurera des champs $\vec{\boldsymbol{E}}''$ et $\vec{\boldsymbol{B}}''$ également parallèles (et de même norme que $\vec{\boldsymbol{E}}'$ et $\vec{\boldsymbol{B}}'$).

Remarque 2 : Si le référentiel local $(\vec{\boldsymbol{e}}'_\alpha)$ de l'observateur $\mathcal{O}'$ est tel que la direction commune de $\vec{\boldsymbol{E}}'$ et $\vec{\boldsymbol{B}}'$ est $\vec{\boldsymbol{e}}'_3$: $\vec{\boldsymbol{E}}' = E'\,\vec{\boldsymbol{e}}'_3$ et $\vec{\boldsymbol{B}}' = B'\,\vec{\boldsymbol{e}}'_3$, alors la matrice de $\boldsymbol{F}$ dans ce référentiel prend la forme antidiagonale suivante, obtenue en faisant $E'_1 = E'_2 = 0$ et $B'^1 = B'^2 = 0$ dans (17.13) :

$$F'_{\alpha\beta} = \begin{pmatrix} 0 & 0 & 0 & -E' \\ 0 & 0 & cB' & 0 \\ 0 & -cB' & 0 & 0 \\ E' & 0 & 0 & 0 \end{pmatrix}. \tag{17.46}$$

Cas particulier $I_2 = 0$

Si $I_2 = 0$ ($\vec{\boldsymbol{E}}$ et $\vec{\boldsymbol{B}}$ orthogonaux), alors $\vec{\boldsymbol{E}}'$ et $\vec{\boldsymbol{B}}'$ doivent être orthogonaux, en plus d'être parallèles. Puisque $(E_{\boldsymbol{u}'}, \boldsymbol{g})$ est un espace euclidien, on en déduit que l'un d'entre eux est nécessairement nul. Autrement dit, si $I_1 \neq 0$, la condition $I_2 = 0$ est nécessaire et suffisante pour qu'il existe un observateur vis-à-vis duquel le champ est soit purement magnétique (cas $I_1 > 0$), soit purement électrique (cas $I_1 < 0$).

La condition $I_2 = 0$ implique $\sin\theta = 1$. La solution de (17.45) plus petite que 1 est alors $x = (E^2 + c^2B^2 - |I_1|)/(2cEB)$. Comme $I_1 = c^2B^2 - E^2$, on en déduit la valeur explicite de l'amplitude de la vitesse de l'observateur $\mathcal{O}'$:

$$U = \frac{E}{B} \quad \text{si} \quad I_1 > 0 \qquad \text{et} \qquad U = c^2\frac{B}{E} \quad \text{si} \quad I_1 < 0. \tag{17.47}$$

Puisque $\vec{U} = U\vec{e} = (U/EB)\,\vec{E} \times_{u} \vec{B}$ (Éq. (17.44) avec $\theta = \pi/2$), on obtient le vecteur vitesse

$$\vec{U} = B^{-2}\,\vec{E} \times_{u} \vec{B} \quad \text{si} \quad I_1 > 0 \quad \text{et} \quad \vec{U} = (c^2/E^2)\,\vec{E} \times_{u} \vec{B} \quad \text{si} \quad I_1 < 0. \tag{17.48}$$

En reportant ces valeurs dans les formules de transformation (17.36)–(17.37), il vient

$$\vec{E}' = 0 \quad \text{et} \quad \vec{B}' = \Gamma^{-1}\vec{B} \qquad (I_1 > 0) \tag{17.49}$$

$$\vec{E}' = \Gamma^{-1}\vec{E} \quad \text{et} \quad \vec{B}' = 0 \qquad (I_1 < 0). \tag{17.50}$$

On obtient donc explicitement la nullité du champ électrique ou du champ magnétique (suivant le signe de I_1).

17.2.4 Champ créé par une charge en translation

Une application intéressante des lois de transformation des champs électrique et magnétique (Éqs. (17.36)–(17.37)) est la détermination du champ électromagnétique créé par une particule chargée en mouvement rectiligne uniforme vis-à-vis d'un observateur inertiel $\mathscr{O}$.

Soient $(x^\alpha) = (ct, x, y, z)$ les coordonnées inertielles associées à $\mathscr{O}$ (nous noterons par conséquent $(\vec{u}, \vec{e}_x, \vec{e}_y, \vec{e}_z)$ le référentiel de $\mathscr{O}$). Considérons une particule $\mathscr{P}$ de charge électrique q qui se déplace suivant l'axe des x avec la vitesse constante $\vec{U} = U\vec{e}_x$ par rapport à $\mathscr{O}$ (*cf.* Fig. 17.3). $\vec{U}$ étant constante, on peut associer à $\mathscr{P}$ un observateur inertiel $\mathscr{O}'$, dont le référentiel $(\vec{u}', \vec{e}'_x, \vec{e}'_y, \vec{e}'_z)$ est quasi parallèle à celui de $\mathscr{O}$: $\vec{e}'_y = \vec{e}_y$ et $\vec{e}'_z = \vec{e}_z$. Notons $(x'^\alpha) = (ct', x', y', z')$ les coordonnées de $\mathscr{O}'$. Dans l'espace de repos de $\mathscr{O}'$, la particule $\mathscr{P}$ est fixe, à l'origine $(x', y', z') = (0, 0, 0)$ des coordonnées. Elle crée alors un champ magnétique $\vec{B}'$ nul et un champ électrique $\vec{E}'$ qui obéit à la ***loi de Coulomb*** :

$$\vec{E}' = \frac{q}{4\pi\varepsilon_0\, r'^3}\,(x'\vec{e}'_x + y'\vec{e}'_y + z'\vec{e}'_z) \qquad \text{et} \qquad \vec{B}' = 0, \tag{17.51}$$

où ε_0 est une constante (*permittivité du vide*), que nous discuterons plus en détail au Chap. 18, et $r' := \sqrt{x'^2 + y'^2 + z'^2}$. Nous admettrons provisoirement la loi de Coulomb (17.51) ; elle sera établie comme solution des équations de Maxwell au Chap. 18 (*cf.* Éq. (18.120)).

Les champs électrique $\vec{E}$ et magnétique $\vec{B}$ mesurés par $\mathscr{O}$ sont reliés à $\vec{E}'$ et $\vec{B}'$ par les lois (17.36)–(17.37). Puisque $\vec{B}' = 0$, on tire immédiatement de (17.37) que $B_\parallel = 0$ et $\vec{B} = \vec{B}_\perp = c^{-2}\vec{U} \times_{u} \vec{E}_\perp$. En raison du produit vectoriel par $\vec{U}$, on peut remplacer $\vec{E}_\perp$ par $\vec{E}$ dans cette dernière expression et écrire

$$\boxed{\vec{B} = \frac{1}{c^2}\,\vec{U} \times_{u} \vec{E}}. \tag{17.52}$$

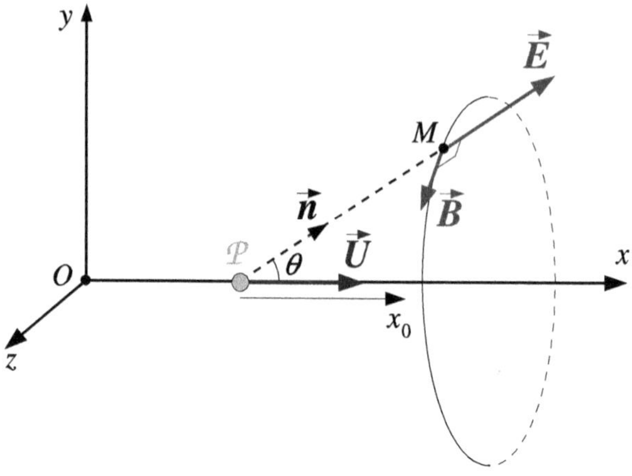

FIG. 17.3 – Charge en translation uniforme à la vitesse $\vec{U}$ le long de l'axe des x d'un observateur inertiel.

Remarque : Le fait que $\vec{B}$ soit orthogonal à $\vec{E}$ était attendu puisque l'invariant $I_2 = c\vec{E} \cdot \vec{B}$ est identiquement nul, du fait que $\vec{B}' = 0$.

On déduit de la loi de transformation (17.36) que

$$E_\parallel = E'_\parallel = \frac{q}{4\pi\varepsilon_0} \frac{x'}{r'^3} \tag{17.53}$$

et $\vec{E}'_\perp = \Gamma(\vec{E}_\perp + \vec{U} \times_{\boldsymbol{u}} \vec{B})$. En remplaçant $\vec{B}$ par l'expression (17.52), il vient

$$\vec{E}'_\perp = \Gamma\left[\vec{E}_\perp + c^{-2}\vec{U} \times_{\boldsymbol{u}} (\vec{U} \times_{\boldsymbol{u}} \vec{E}_\perp)\right] = \Gamma\left[\vec{E}_\perp + c^{-2}((\underbrace{\vec{U} \cdot \vec{E}_\perp}_{0})\vec{U} - U^2\vec{E}_\perp)\right],$$

soit $\vec{E}'_\perp = \Gamma(1 - U^2/c^2)\vec{E}_\perp = \Gamma^{-1}\vec{E}_\perp$, d'où

$$\vec{E}_\perp = \Gamma\vec{E}'_\perp = \frac{\Gamma q}{4\pi\varepsilon_0 r'^3}(y'\vec{e}_y + z'\vec{e}_z). \tag{17.54}$$

Dans l'expression ci-dessus, on a utilisé le fait que $\vec{E}'_\perp$ est donné par la partie suivant $\vec{e}'_y$ et $\vec{e}'_z$ de (17.51), avec de plus $\vec{e}'_y = \vec{e}_y$ et $\vec{e}'_z = \vec{e}_z$. En combinant (17.53) et (17.54), il vient

$$\vec{E} = \frac{q}{4\pi\varepsilon_0 r'^3}\left[x'\vec{e}_x + \Gamma(y'\vec{e}_y + z'\vec{e}_z)\right]. \tag{17.55}$$

La relation entre les systèmes de coordonnées (ct, x, y, z) et (ct', x', y', z') étant donnée par la transformation de Poincaré spéciale (8.14) (avec $V = U$), on obtient l'expression du champ électrique mesuré par $\mathcal{O}$ en fonction des coordonnées inertielles associées à ce dernier :

$$\boxed{\vec{E} = \frac{\Gamma q}{4\pi\varepsilon_0\left[\Gamma^2(x-Ut)^2+y^2+z^2\right]^{3/2}}\left[(x-Ut)\vec{e}_x + y\vec{e}_y + z\vec{e}_z\right]}. \quad (17.56)$$

Réexprimons ce résultat à l'aide de coordonnées spatiales centrées sur la charge $\mathscr{P}$: $x_0 := x - Ut$, $R := \sqrt{x_0^2+y^2+z^2}$. La quantité qui apparaît dans le dénominateur de (17.56) se met sous la forme

$$\Gamma^2 x_0^2 + y^2 + z^2 = \Gamma^2 R^2\left(1 - \frac{U^2}{c^2}\sin^2\theta\right),$$

où θ est l'angle entre la vitesse $\vec{U}$ et le rayon vecteur centré sur $\mathscr{P}$ (*cf.* Fig. 17.3) : $y^2+z^2 = R^2\sin^2\theta$. En introduisant le vecteur unitaire joignant la charge $\mathscr{P}$ au point générique M (*cf.* Fig. 17.3),

$$\vec{n} := \frac{x_0}{R}\,\vec{e}_x + \frac{y}{R}\,\vec{e}_y + \frac{z}{R}\,\vec{e}_z, \quad (17.57)$$

le résultat (17.56) devient

$$\boxed{\vec{E} = \frac{q}{4\pi\varepsilon_0\,\Gamma^2R^2\left[1-(U/c)^2\sin^2\theta\right]^{3/2}}\,\vec{n}}. \quad (17.58)$$

Le champ magnétique s'en déduit *via* (17.52) :

$$\boxed{\vec{B} = \frac{\mu_0}{4\pi}\,\frac{qU}{\Gamma^2R^2\left[1-(U/c)^2\sin^2\theta\right]^{3/2}}\,\vec{e}_x \times_{\boldsymbol{u}} \vec{n}}, \quad (17.59)$$

où l'on a introduit la *perméabilité du vide*, $\mu_0 = 1/(\varepsilon_0 c^2)$, qui sera discutée plus en détail au Chap. 18. Dans les formules ci-dessus, R, θ et $\vec{n}$ sont des fonctions des coordonnées (ct, x, y, z) du point M où l'on évalue $\vec{E}$ et $\vec{B}$: $R = \sqrt{(x-Ut)^2+y^2+z^2}$, $\sin^2\theta = (y^2+z^2)/R^2$ et $\vec{n}$ est donné par (17.57).

Il est clair sur (17.58) que le champ électrique en un point M est dans la direction radiale par rapport à la position de la charge à l'instant t considéré (vecteur $\vec{n}$), tout comme pour le champ coulombien (17.51). La différence avec ce dernier est dans l'amplitude de $\vec{E}$, qui dépend de la direction θ par rapport à la vitesse de la charge. Cela est illustré sur la Fig. 17.4, où le champ électrique paraît subir la « contraction de FitzGerald-Lorentz » dans la direction du mouvement de la charge. En fait, par rapport au champ coulombien, $\vec{E}$ est plus petit d'un facteur Γ^2 dans la direction du mouvement ($\sin\theta = 0$) et plus grand d'un facteur Γ dans la direction perpendiculaire ($\sin\theta = 1$).

Remarque : Il n'était pas évident au vu de la loi de transformation (17.36) du champ électrique que ce dernier reste dans la direction radiale centrée sur la

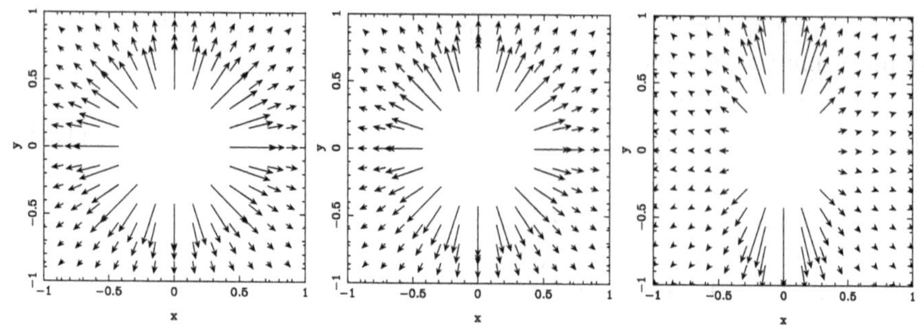

FIG. 17.4 – Champ électrique $\vec{\boldsymbol{E}}$ créé par une particule chargée en translation uniforme par rapport à un observateur inertiel, à la vitesse $\vec{\boldsymbol{U}} = U\vec{\boldsymbol{e}}_x$, pour différentes valeurs de U : de gauche à droite : $U = 0$ (champ coulombien), $U = 0.5\,c$ et $U = 0.9\,c$. Sur chaque figure, la particule chargée est située en $(x, y) = (0, 0)$ et le champ $\vec{\boldsymbol{E}}$ n'est pas dessiné dans la région centrale.

charge. C'est en fait parce que les parties transverse et parallèle de $\vec{\boldsymbol{E}}$ font apparaître le même facteur Γ : la partie transverse *via* la loi de transformation du champ électrique et la partie parallèle *via* la transformation de Lorentz qui fait passer de x' à x, ce qui a permis de mettre Γ en facteur pour passer de l'expression (17.55) à (17.56).

En raison du produit vectoriel dans (17.59) le vecteur champ magnétique $\vec{\boldsymbol{B}}$ est tangent au cercle axé sur l'axe des x et passant par le point M (*cf.* Fig. 17.3).

Remarque : À la limite non relativiste ($\Gamma \simeq 1$, $U/c \simeq 0$), l'expression (17.59) se réduit à

$$\vec{\boldsymbol{B}} \simeq \frac{\mu_0}{4\pi} \frac{qU}{R^2}\, \vec{\boldsymbol{e}}_x \times_u \vec{\boldsymbol{n}}. \tag{17.60}$$

On reconnaît la ***loi de Biot et Savart***.

17.3 Particule dans un champ électromagnétique

Intéressons-nous à présent au mouvement d'une particule $\mathscr{P}$ de charge électrique q dans un champ électromagnétique $\boldsymbol{F}$ donné. L'équation du mouvement est obtenue en spécifiant la 4-force dans la relation de définition (9.109) comme étant la 4-force de Lorentz (17.1). Il vient alors $d\boldsymbol{p}/d\tau = q\,\boldsymbol{F}(., \vec{\boldsymbol{u}})$, où $\boldsymbol{p}$ est la 4-impulsion de la particule, τ son temps propre et $\vec{\boldsymbol{u}}$ sa 4-vitesse. La 4-impulsion étant reliée à la 4-vitesse et à la masse m de la particule par $\boldsymbol{p} = mc\underline{\boldsymbol{u}}$ (Éq. (9.3)), on peut réécrire cette relation comme

$$\frac{d\underline{\boldsymbol{u}}}{d\tau} = \frac{q}{mc}\, \boldsymbol{F}(., \vec{\boldsymbol{u}}). \tag{17.61}$$

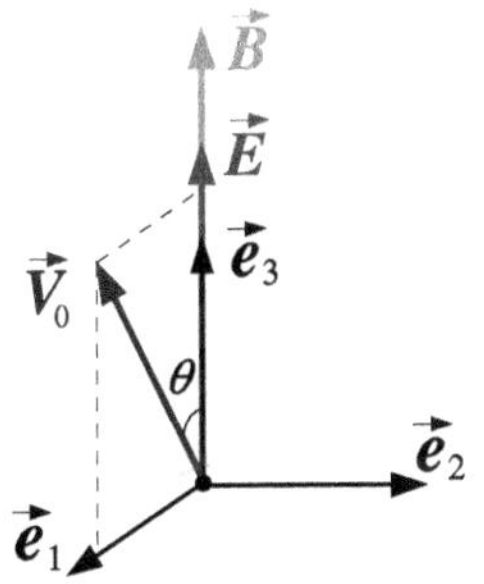

FIG. 17.5 – Vecteurs $(\vec{e}_1, \vec{e}_2, \vec{e}_3)$ du référentiel de l'observateur $\mathcal{O}$ adaptés aux champs $\vec{\boldsymbol{E}}$ et $\vec{\boldsymbol{B}}$, ainsi qu'à la vitesse initiale $\vec{\boldsymbol{V}}_0$ de la particule.

Le cas le plus simple, et d'une grande application pratique, est celui d'un ***champ uniforme***, c'est-à-dire $\boldsymbol{F}$ constant sur tout l'espace-temps $\mathscr{E}$ [6]. Nous nous y limiterons dans ce qui suit.

17.3.1 Champ électromagnétique uniforme : cas général

Considérons un champ électromagnétique $\boldsymbol{F}$ uniforme. Soit $\mathcal{O}$ un observateur inertiel. Sa 4-vitesse $\vec{\boldsymbol{u}}_0$ est constante sur $\mathscr{E}$, tout comme $\boldsymbol{F}$, si bien que les champs électrique et magnétique qu'il mesure, $\boldsymbol{E}$ et $\vec{\boldsymbol{B}}$, sont aussi constants sur $\mathscr{E}$ (Éqs. (17.8)–(17.9)). Supposons que $\boldsymbol{F}$ n'est pas du genre lumière ($I_1 \neq 0$ ou $I_2 \neq 0$) (le cas du genre lumière sera traité au § 17.3.2). D'après ce que nous avons vu au § 17.2.3, on peut alors toujours trouver un observateur pour lequel $\vec{\boldsymbol{E}}$ et $\vec{\boldsymbol{B}}$ sont parallèles. Nous nous placerons donc dans ce cas, le cas général s'en déduisant par une transformation de Poincaré[7]. Notons également que les cas $\vec{\boldsymbol{E}} = 0$ et $\vec{\boldsymbol{B}} = 0$ sont des cas particuliers du cas considéré.

Choisissons le référentiel $(\vec{e}_\alpha)$ de $\mathcal{O}$ de manière à ce que la direction commune de $\vec{\boldsymbol{E}}$ et $\vec{\boldsymbol{B}}$ soit suivant $\vec{e}_3$:

$$\vec{\boldsymbol{E}} = E\,\vec{e}_3 \quad \text{et} \quad \vec{\boldsymbol{B}} = B\,\vec{e}_3. \tag{17.62}$$

De plus, choisissons $\vec{e}_2$ et $\vec{e}_3$ de manière à ce que la vitesse de la particule $\mathscr{P}$ relative à $\mathcal{O}$ à l'instant $\tau = 0$ soit dans le plan $\mathrm{Vect}(\vec{e}_1, \vec{e}_3)$ (*cf.* Fig. 17.5) :

$$\vec{\boldsymbol{V}}_0 = V_0 \sin\theta\,\vec{e}_1 + V_0 \cos\theta\,\vec{e}_3. \tag{17.63}$$

6. Nous employons donc le qualificatif *uniforme* dans un sens spatio-temporel ; d'un point de vue non-relativiste (*i.e.* tridimensionnel), le champ que nous considérons serait appelé *uniforme et constant.*

7. Nous le verrons sur un exemple concret au § 17.3.3.

La matrice de $\boldsymbol{F}$ dans ce référentiel prend la forme antidiagonale (17.46). Les composantes de l'Éq. (17.61) s'écrivent alors

$$\begin{cases} \dfrac{du^0}{d\tau} = \dfrac{qE}{mc}u^3 \\ \dfrac{du^3}{d\tau} = \dfrac{qE}{mc}u^0 \end{cases} \tag{17.64}$$

$$\begin{cases} \dfrac{du^1}{d\tau} = \dfrac{qB}{m}u^2 \\ \dfrac{du^2}{d\tau} = -\dfrac{qB}{m}u^1 \end{cases} \tag{17.65}$$

où nous avons utilisé les relations $u_0 = -u^0$, $u_1 = u^1$, $u_2 = u^2$ et $u_3 = u^3$ entre les composantes u_α de $\underline{\boldsymbol{u}}$ et les composantes u^α de $\vec{\boldsymbol{u}}$ dans la base orthonormale $(\vec{\boldsymbol{e}}_\alpha)$. Les deux sous-systèmes (17.64) et (17.65) sont découplés. La solution générale de chacun d'entre eux s'écrit

$$\begin{cases} u^0(\tau) = k_1 \mathrm{e}^{qE\tau/mc} + k_2 \mathrm{e}^{-qE\tau/mc} \\ u^3(\tau) = k_1 \mathrm{e}^{qE\tau/mc} - k_2 \mathrm{e}^{-qE\tau/mc} \end{cases} \tag{17.66}$$

$$\begin{cases} u^1(\tau) = k_3 \mathrm{e}^{iqB\tau/m} + k_4 \mathrm{e}^{-iqB\tau/m} \\ u^2(\tau) = ik_3 \mathrm{e}^{iqB\tau/m} - ik_4 \mathrm{e}^{-iqB\tau/m}, \end{cases} \tag{17.67}$$

où k_1, k_2, k_3 et k_4 sont quatre constantes déterminées par les conditions initiales. En vertu de (17.63), ces dernières sont

$$u^\alpha(0) = \left(\Gamma_0,\ \Gamma_0 \frac{V_0}{c}\sin\theta,\ 0,\ \Gamma_0 \frac{V_0}{c}\cos\theta\right), \tag{17.68}$$

avec $\Gamma_0 := (1 - V_0^2/c^2)^{-1/2}$. On obtient $k_1 = \Gamma_0(1 + V_0/c\cos\theta)/2$, $k_2 = \Gamma_0(1 - V_0/c\cos\theta)/2$, $k_3 = k_4 = \Gamma_0 V_0 \sin\theta/(2c)$. On peut alors regrouper les exponentielles pour faire apparaître des cosinus et sinus (hyperboliques pour (17.66)) et obtenir :

$$u^0(\tau) = \Gamma_0 \left[\cosh\left(\frac{qE}{mc}\tau\right) + \frac{V_0}{c}\cos\theta \sinh\left(\frac{qE}{mc}\tau\right)\right] \tag{17.69}$$

$$u^3(\tau) = \Gamma_0 \left[\sinh\left(\frac{qE}{mc}\tau\right) + \frac{V_0}{c}\cos\theta \cosh\left(\frac{qE}{mc}\tau\right)\right] \tag{17.70}$$

$$u^1(\tau) = \Gamma_0 \frac{V_0}{c}\sin\theta \cos\left(\frac{qB}{m}\tau\right) \tag{17.71}$$

$$u^2(\tau) = -\Gamma_0 \frac{V_0}{c}\sin\theta \sin\left(\frac{qB}{m}\tau\right). \tag{17.72}$$

Il faut ensuite distinguer deux cas.

Champ magnétique seul ($E = 0$)

Si $E = 0$, (17.69) et (17.70) se réduisent à

$$u^0(\tau) = \Gamma_0 \quad \text{et} \quad u^3(\tau) = \Gamma_0 \frac{V_0}{c} \cos\theta, \tag{17.73}$$

c'est-à-dire que u^0 et u^3 gardent leurs valeurs initiales. Notons (ct, x, y, z) les coordonnées inertielles associées à l'observateur $\mathcal{O}$. On a alors $u^0 = dt/d\tau$, $u^1 = c^{-1}dx/d\tau$, $u^2 = c^{-1}dy/d\tau$ et $u^3 = c^{-1}dz/d\tau$. À partir des conditions initiales $(ct, x, y, z) = (0, 0, 0, 0)$ pour $\tau = 0$, l'intégration des Éqs. (17.73), (17.71) et (17.72) conduit ainsi à $t = \Gamma_0 \tau$ et

$$\boxed{\begin{cases} x = R \sin\left(\Gamma_0^{-1} \omega_B t\right) \\ y = R\left[\cos\left(\Gamma_0^{-1}\omega_B t\right) - 1\right], \\ z = V_0\, t\, \cos\theta \end{cases}} \tag{17.74}$$

où l'on a introduit

$$\boxed{\omega_B := \frac{qB}{m}} \quad \text{et} \quad \boxed{R := \frac{\Gamma_0 V_0}{\omega_B} \sin\theta}. \tag{17.75}$$

ω_B est appelée[8] ***fréquence cyclotron***. Il s'agit d'une grandeur qui dépend de l'intensité B du champ magnétique et du rapport charge électrique sur masse de la particule. Ses valeurs pour un électron ($q = -e$ (Éq. (17.3)] et $m = 9.109\,38 \times 10^{-31}$ kg) et un proton ($q = e$ et $m = 1.672\,62 \times 10^{-27}$ kg) sont

$$\omega_B^{\text{électron}} = -1.758\,82 \times 10^{11} \left(\frac{B}{1\ \text{T}}\right) \text{rad.s}^{-1}, \tag{17.76}$$

$$\omega_B^{\text{proton}} = 9.578\,83 \times 10^{7} \left(\frac{B}{1\ \text{T}}\right) \text{rad.s}^{-1}. \tag{17.77}$$

Remarque : Par convention, ω_B et R sont des grandeurs algébriques : $\omega_B < 0$ et $R < 0$ si la charge de la particule est négative.

La fréquence qui intervient dans (17.74) est en fait

$$\boxed{\omega := \omega_B/\Gamma_0}. \tag{17.78}$$

Cette dernière est appelée ***fréquence synchrotron*** ou encore ***fréquence de giration***. Contrairement à ω_B, elle dépend de la vitesse de la particule par rapport à $\mathcal{O}$, sauf à la limite non relativiste, puisqu'alors $\Gamma_0 \simeq 1$.

8. Strictement parlant, on devrait dire *pulsation cyclotron*, plutôt que *fréquence cyclotron*.

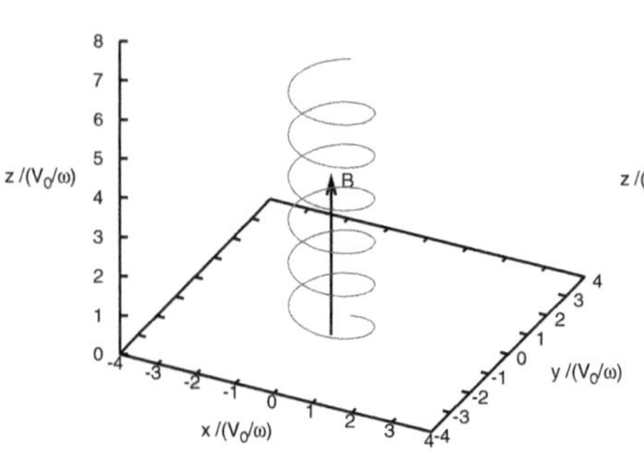

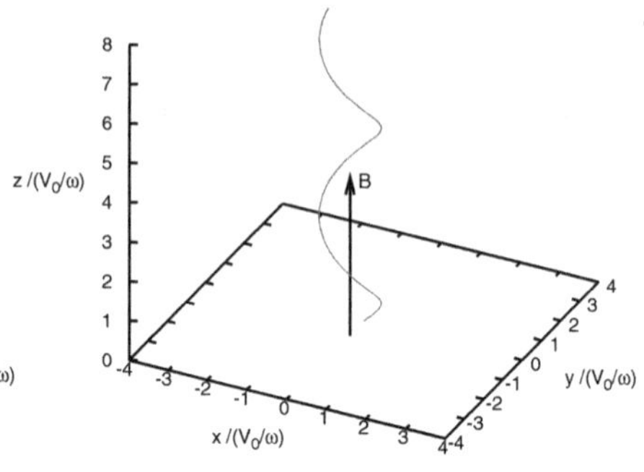

FIG. 17.6 – Trajectoire d'une particule chargée dans un champ magnétique uniforme pour un observateur inertiel $\mathcal{O}$ ($\vec{\boldsymbol{B}} \neq 0$, $\vec{\boldsymbol{E}} = 0$). $\vec{\boldsymbol{V}}_0$ est la vitesse de la particule par rapport à $\mathcal{O}$ en $(x, y, z) = (0, 0, 0)$ et $\omega := \omega_B/\Gamma_0$ est la fréquence de giration. La figure de gauche correspond à un angle $\theta = 80°$ entre $\vec{\boldsymbol{V}}_0$ et $\vec{\boldsymbol{B}}$ et celle de droite à $\theta = 45°$.

R est appelé ***rayon de Larmor***, ou ***rayon de giration*** ou encore ***rayon cyclotron***. Sa valeur numérique est

$$|R^{\text{électron}}| = 1.704\,5 \times 10^{-3} \,\sin\theta\, \Gamma_0 \left(\frac{V_0}{c}\right)\left(\frac{1\ \mathrm{T}}{B}\right) \ \mathrm{m}, \qquad (17.79)$$

$$R^{\text{proton}} = 3.129\,74\, \sin\theta\, \Gamma_0 \left(\frac{V_0}{c}\right)\left(\frac{1\ \mathrm{T}}{B}\right) \ \mathrm{m}. \qquad (17.80)$$

La ligne d'univers définie par (17.74) est une *hélice* d'axe z (aligné avec $\vec{\boldsymbol{B}}$) et de rayon $|R|$ (*cf.* Fig. 17.6). Le signe de q, qui détermine celui de R, donne le sens de l'hélice. L'angle que cette dernière forme avec le plan xy est constant et égal à $\pi/2 - \theta$. Dans le cas particulier $\theta = \pi/2$, c'est-à-dire $\vec{\boldsymbol{V}}_0$ perpendiculaire à $\vec{\boldsymbol{B}}$, la trajectoire est réduite à un *cercle* dans le plan $z = 0$. Le signe de q donne le sens de parcours du cercle.

Puisque $\mathcal{O}$ est inertiel, la vitesse de $\mathscr{P}$ par rapport à $\mathcal{O}$ est $\vec{\boldsymbol{V}} = (dx^i/dt)\,\vec{\boldsymbol{e}}_i$, soit

$$\vec{\boldsymbol{V}} = V_0 \sin\theta \cos(\Gamma_0^{-1}\omega_B t)\,\vec{\boldsymbol{e}}_1 - V_0 \sin\theta \sin(\Gamma_0^{-1}\omega_B t)\,\vec{\boldsymbol{e}}_2 + V_0\cos\theta\,\vec{\boldsymbol{e}}_3. \quad (17.81)$$

Remarquons que la norme de $\vec{\boldsymbol{V}}$ est constante : $\|\vec{\boldsymbol{V}}\|_{\boldsymbol{g}} = V_0$. L'impulsion de $\mathscr{P}$ par rapport à $\mathcal{O}$ étant $\vec{\boldsymbol{P}} = \Gamma m \vec{\boldsymbol{V}}$, on en déduit que $P := \|\vec{\boldsymbol{P}}\|_{\boldsymbol{g}}$ est constante et vaut $P = \Gamma_0 m V_0$. La relation (17.75) montre alors que le rayon R s'exprime en fonction de la composante de $\vec{\boldsymbol{P}}$ transverse à $\vec{\boldsymbol{B}}$ suivant

$$\boxed{R = \frac{P\sin\theta}{qB}}. \qquad (17.82)$$

Cette formule montre que, connaissant la charge q et l'intensité du champ magnétique B, la mesure de R et de θ permet de déterminer la norme P de l'impulsion de la particule.

Cas $E \neq 0$

Si $E \neq 0$, on peut poser (puisque $|V_0/c\cos\theta| < 1$)

$$\tau_0 := -\frac{mc}{qE}\,\mathrm{argtanh}\left(\frac{V_0}{c}\cos\theta\right) = -\frac{mc}{2qE}\ln\left(\frac{1+(V_0/c)\cos\theta}{1-(V_0/c)\cos\theta}\right), \tag{17.83}$$

ce qui permet de réécrire (17.69) et (17.70) comme

$$u^0(\tau) = \Gamma_0\sqrt{1-\frac{V_0^2}{c^2}\cos^2\theta}\,\cosh\left[\frac{qE}{mc}(\tau-\tau_0)\right] \tag{17.84}$$

$$u^3(\tau) = \Gamma_0\sqrt{1-\frac{V_0^2}{c^2}\cos^2\theta}\,\sinh\left[\frac{qE}{mc}(\tau-\tau_0)\right]. \tag{17.85}$$

L'intégration de ces équations, jointe à celle de (17.71) et (17.72), conduit à

$$\boxed{\begin{cases} t = (\tilde{a}c)^{-1}\left\{\sinh\left[ac(\tau-\tau_0)\right] + \sinh(ac\tau_0)\right\} \\ x = R\sin(\omega_B\tau) \\ y = R[\cos(\omega_B\tau) - 1] \\ z = \tilde{a}^{-1}\left\{\cosh\left[ac(\tau-\tau_0)\right] - \cosh(ac\tau_0)\right\}, \end{cases}} \tag{17.86}$$

où R et ω_B sont définis par (17.75) et

$$\boxed{a := \frac{qE}{mc^2}} \qquad \text{et} \qquad \tilde{a} := a\sqrt{\frac{1-V_0^2/c^2}{1-V_0^2\cos^2\theta/c^2}}. \tag{17.87}$$

Comme dans le cas $E = 0$, nous avons déterminé les constantes d'intégration de manière à assurer $(ct, x, y, z) = (0, 0, 0, 0)$ à $\tau = 0$. La trajectoire correspondant à (17.86) est représentée sur la Fig. 17.7. Il s'agit d'une hélice dont le pas augmente avec le temps, en raison de l'accélération produite par le champ électrique. Cette dernière apparaît clairement lorsque l'on passe à la limite $B = 0$ (champ électrique seul) :

Champ électrique seul ($B = 0$)

Si $B \to 0$, $\omega_B \to 0$ et $R\sin(\omega_B\tau) \simeq \Gamma_0 V_0 \sin\theta/\omega_B \times (\omega_B\tau) = \Gamma_0 V_0 \sin\theta\,\tau$. De même $R[\cos(\omega_B\tau) - 1] \simeq \Gamma_0 V_0 \sin\theta/\omega_B \times (-\omega_B^2\tau^2/2) \to 0$. Le système

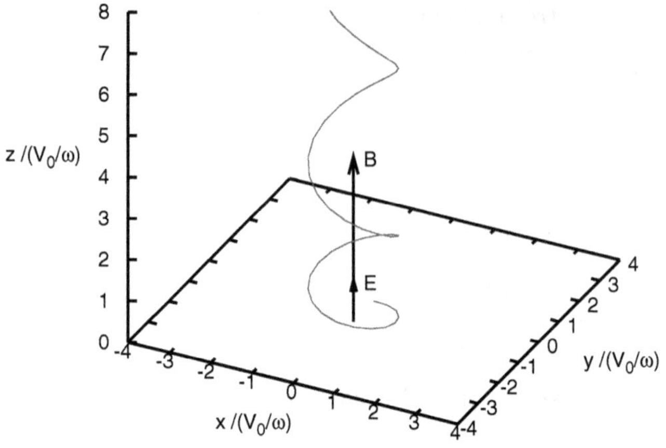

FIG. 17.7 – Trajectoire d'une particule chargée dans un champ électromagnétique uniforme perçue par un observateur inertiel $\mathcal{O}$ pour lequel $\vec{\boldsymbol{E}}$ et $\vec{\boldsymbol{B}}$ sont parallèles. $\vec{\boldsymbol{V}}_0$ est la vitesse de la particule par rapport à $\mathcal{O}$ en $(x, y, z) = (0, 0, 0)$ et $\omega := \omega_B/\Gamma_0$ est la fréquence de giration. Les paramètres correspondant à cette figure sont $V_0 = c/2$, $\theta = 85°$ et $E = 0.026\, cB$.

(17.86) se réduit alors à

$$\boxed{\begin{cases} t = (\tilde{a}c)^{-1} \left\{\sinh\left[ac(\tau - \tau_0)\right] + \sinh(ac\tau_0)\right\} \\ x = \Gamma_0 V_0 \sin\theta\, \tau \\ y = 0 \\ z = \tilde{a}^{-1} \left\{\cosh\left[ac(\tau - \tau_0)\right] - \cosh(ac\tau_0)\right\}. \end{cases}} \qquad (17.88)$$

Dans le cas où la vitesse initiale est nulle ($V_0 = 0$) ou est alignée avec $\vec{\boldsymbol{E}}$ ($\theta = 0$), on a $\tilde{a} = a$ et le système ci-dessus devient

$$\begin{cases} t = (ac)^{-1} \left\{\sinh\left[ac(\tau - \tau_0)\right] + \sinh(ac\tau_0)\right\} \\ z = a^{-1} \left\{\cosh\left[ac(\tau - \tau_0)\right] - \cosh(ac\tau_0)\right\} \\ x = y = 0, \end{cases} \qquad (17.89)$$

avec $\tau_0 = 0$ si $V_0 = 0$ (*cf.* Éq. (17.83)). On reconnaît un mouvement uniformément accéléré dans la direction z, avec une 4-accélération de norme a : à une translation de l'origine du temps propre τ près et la permutation $x \leftrightarrow z$, ces équations sont identiques à celles obtenues au Chap. 12 lors de l'étude du mouvement uniformément accéléré (*cf.* Éqs. (12.14)).

17.3.2 Champs électrique et magnétique orthogonaux

Examinons en détail le cas d'un champ électromagnétique uniforme dont l'invariant I_2 est nul. Les champs $\vec{E}$ et $\vec{B}$ mesurés par n'importe quel observateur inertiel $\mathcal{O}$ sont alors orthogonaux. Si $I_1 \neq 0$, nous avons vu au § 17.2.3 que par un changement d'observateur, on peut se ramener au cas $\vec{E} = 0$ ($I_1 > 0$) ou $\vec{B} = 0$ ($I_1 < 0$). Cependant, nous allons aborder le problème du point de vue d'un observateur inertiel quelconque $\mathcal{O}$, ce qui permettra d'englober le cas $I_1 = 0$. Attachons-nous à déterminer le mouvement d'une particule chargée $\mathscr{P}$ dont la vitesse initiale relative à $\mathcal{O}$, $\vec{V}_0$, est normale au plan engendré par $\vec{E}$ et $\vec{B}$. Sans perte de généralité, on peut supposer que le référentiel $(\vec{e}_\alpha) = (\vec{e}_0, \vec{e}_x, \vec{e}_y, \vec{e}_z)$ de $\mathcal{O}$ est tel que (*cf.* Fig. 17.8)

$$\vec{E} = E\,\vec{e}_y, \quad \vec{B} = B\,\vec{e}_z, \quad \vec{V}_0 = V_0\,\vec{e}_x, \tag{17.90}$$

avec $E \geq 0$ et $B \geq 0$. Posons

$$\beta := \frac{E}{cB}\cdot \tag{17.91}$$

La matrice du champ $\boldsymbol{F}$ dans le référentiel $(\vec{e}_\alpha)$ est donnée par (17.13) avec $(E_1, E_2, E_3) = (0, \beta c B, 0)$ et $(B^1, B^2, B^3) = (0, 0, B)$, si bien que les composantes de l'équation du mouvement (17.61) sont

$$du^0/d\tau = \beta\omega_B\, u^2 \tag{17.92}$$
$$du^1/d\tau = \omega_B\, u^2 \tag{17.93}$$
$$du^2/d\tau = \omega_B\,(\beta u^0 - u^1) \tag{17.94}$$
$$du^3/d\tau = 0, \tag{17.95}$$

où $\omega_B := qB/m$ (définition (17.75)). Puisque $\vec{V}_0 = V_0\,\vec{e}_x$, les conditions initiales pour l'intégration du système différentiel (17.92)–(17.95) sont

$$u^0(0) = \Gamma_0, \quad u^1(0) = \Gamma_0 V_0/c, \quad u^2(0) = 0, \quad u^3(0) = 0, \tag{17.96}$$

avec $\Gamma_0 := (1 - V_0^2/c^2)^{-1/2}$. De plus, comme précédemment, nous supposerons qu'en $\tau = 0$, la particule est située en $(ct, x, y, z) = 0$.

Compte tenu de la condition initiale $u^3(0) = 0$, l'Éq. (17.95) s'intègre immédiatement en $u^3 = 0$. Puisque $u^3 = c^{-1}dz/d\tau$ et que $z = 0$ à $\tau = 0$, on en déduit que le mouvement de $\mathscr{P}$ est confiné au plan $z = 0$.

En dérivant par rapport à τ l'Éq. (17.94) et en reportant les Éqs. (17.92) et (17.93) dans le membre de droite, on forme une équation différentielle qui ne contient que $u^2(\tau)$:

$$\frac{d^2u^2}{d\tau^2} + (1 - \beta^2)\omega_B^2\, u^2 = 0. \tag{17.97}$$

Il faut alors distinguer trois cas : $1 - \beta^2 > 0$, $1 - \beta^2 = 0$ et $1 - \beta^2 < 0$. Puisque $I_1 = c^2B^2 - E^2 = c^2B^2(1 - \beta^2)$, ces trois cas correspondent respectivement à $I_1 > 0$, $I_1 = 0$ et $I_1 < 0$. Nous allons les examiner successivement.

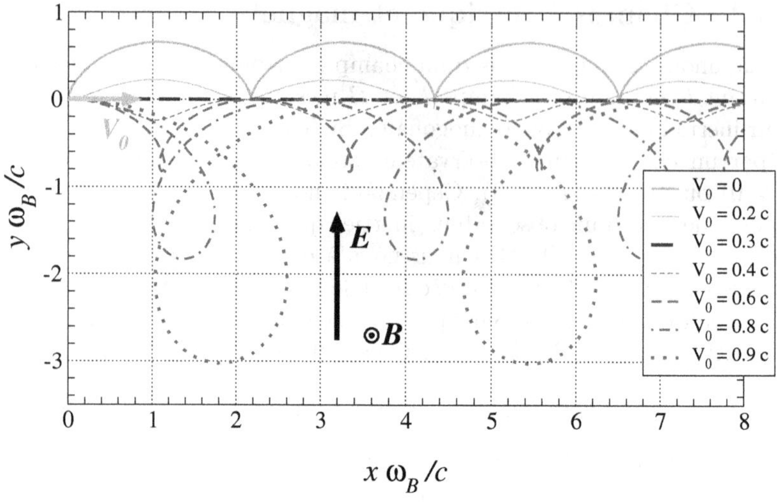

FIG. 17.8 – Trajectoire d'une particule chargée positivement dans un champ électromagnétique d'invariant I_2 nul ($\vec{E}$ et $\vec{B}$ orthogonaux), dans le cas où la vitesse initiale de la particule, $\vec{V}_0$, est orthogonale au plan défini par $\vec{E}$ et $\vec{B}$. On a choisi $E = 0.3\,cB$, ce qui correspond à $U = E/B = 0.3\,c$. Chaque axe est gradué en unités de c/ω_B, où ω_B est la fréquence cyclotron correspondant au champ magnétique B et au rapport q/m de la particule.

17.3.3 Cas $I_2 = 0$ et $I_1 > 0$ (filtre de Wien)

Si $I_1 > 0$, alors $\beta < 1$ et on peut poser

$$U := c\beta = \frac{E}{B} \quad \text{et} \quad \Gamma := (1-\beta^2)^{-1/2} = \frac{cB}{\sqrt{I_1}}. \tag{17.98}$$

U est la vitesse relative à $\mathcal{O}$ d'un observateur $\mathcal{O}'$ pour lequel le champ électrique s'annule identiquement (*cf.* Éq. (17.47)). Le facteur $(1-\beta^2)\omega_B^2 = \omega_B^2/\Gamma^2$ dans (17.97) est strictement positif : on obtient l'équation de l'oscillateur harmonique. La solution qui satisfait à la condition initiale $u^2(0) = 0$ (Éq. (17.96)) est

$$u^2(\tau) = A \sin\left(\Gamma^{-1}\omega_B \tau\right), \tag{17.99}$$

où A est une amplitude qui reste à déterminer. En reportant la valeur de $u^2(\tau)$ ci-dessus dans (17.92) et (17.93) et en intégrant, compte tenu des conditions initiales (17.96), on obtient respectivement

$$u^0(\tau) = \Gamma_0 + A\beta\Gamma\left[1 - \cos\left(\frac{\omega_B}{\Gamma}\tau\right)\right] \quad \text{et} \quad u^1(\tau) = \frac{\Gamma_0 V_0}{c} + A\Gamma\left[1 - \cos\left(\frac{\omega_B}{\Gamma}\tau\right)\right].$$

En insérant ces valeurs, ainsi que l'expression (17.99) de $u^2(\tau)$ dans (17.94), on obtient la constante A : $A = \Gamma_0\Gamma(\beta - V_0/c)$. Au final, on a donc

$$u^0(\tau) = \Gamma_0\Gamma^2\left[1 - \beta\frac{V_0}{c} - \beta\left(\beta - \frac{V_0}{c}\right)\cos\left(\frac{\omega_B}{\Gamma}\tau\right)\right] \tag{17.100}$$

$$u^1(\tau) = \Gamma_0\Gamma^2\left[\beta\left(1 - \beta\frac{V_0}{c}\right) - \left(\beta - \frac{V_0}{c}\right)\cos\left(\frac{\omega_B}{\Gamma}\tau\right)\right] \tag{17.101}$$

$$u^2(\tau) = \Gamma_0\Gamma\left(\beta - \frac{V_0}{c}\right)\sin\left(\frac{\omega_B}{\Gamma}\tau\right). \tag{17.102}$$

L'équation de la trajectoire, sous la forme $(t(\tau), x(\tau), y(\tau))$ s'obtient en intégrant les relations $dt/d\tau = u^0(\tau)$, $dx/d\tau = cu^1(\tau)$ et $dy/d\tau = cu^2(\tau)$. Il vient, compte tenu des conditions initiales $(ct, x, y, z) = (0, 0, 0, 0)$ et de $\beta = U/c$,

$$\boxed{\begin{cases} t = \Gamma_0\Gamma^2\left[\left(1 - \dfrac{UV_0}{c^2}\right)\tau - \dfrac{\Gamma U(U - V_0)}{\omega_B c^2}\sin\left(\dfrac{\omega_B}{\Gamma}\tau\right)\right] \\ x = \Gamma_0\Gamma^2\left[U\left(1 - \dfrac{UV_0}{c^2}\right)\tau - \dfrac{\Gamma(U - V_0)}{\omega_B}\sin\left(\dfrac{\omega_B}{\Gamma}\tau\right)\right] \\ y = \dfrac{\Gamma_0\Gamma^2}{\omega_B}(U - V_0)\left[1 - \cos\left(\dfrac{\omega_B}{\Gamma}\tau\right)\right]. \end{cases}} \tag{17.103}$$

Avec $z = 0$ obtenu précédemment, ces relations fournissent l'équation de la trajectoire de $\mathscr{P}$ paramétrée par son temps propre τ. Elle est représentée sur la Fig. 17.8 pour $U = E/B = 0.3\,c$ et pour différentes valeurs de V_0. Plusieurs cas particuliers sont intéressants :

- Cas $U = 0$, c'est-à-dire $E = 0$: on a alors $\Gamma = 1$ et le système (17.103) se réduit à

$$\begin{cases} t = \Gamma_0\tau \\ x = (\Gamma_0 V_0/\omega_B)\sin(\omega_B\tau) \\ y = (\Gamma_0 V_0/\omega_B)\left[\cos(\omega_B\tau) - 1\right]. \end{cases} \tag{17.104}$$

  On retrouve le mouvement circulaire dans un champ magnétique constant, déjà obtenu au § 17.3.1 : les équations ci-dessus sont identiques aux Éqs. (17.74) avec $\theta = \pi/2$ ($\vec{\boldsymbol{V}}_0$ orthogonale à $\vec{\boldsymbol{B}}$).

- Cas $V_0 = 0$: on a alors $\Gamma_0 = 1$ et le système (17.103) se réduit à

$$\begin{cases} t = \Gamma^3/\omega_B\ \left(\chi - U^2/c^2\sin\chi\right) \\ x = (\Gamma^3 U/\omega_B)\ (\chi - \sin\chi) \\ y = (\Gamma^2 U/\omega_B)\ (1 - \cos\chi), \end{cases} \tag{17.105}$$

  avec $\chi := \Gamma^{-1}\omega_B\tau$. On reconnaît l'équation d'une *cycloïde*, dilatée d'un facteur Γ dans la direction des x. Cette trajectoire est dessinée sur la Fig. 17.8.

– Cas $V_0 = U$: on a alors $\Gamma_0 = \Gamma$ et le système (17.103) se réduit à

$$\begin{cases} t = \Gamma\tau \\ x = \Gamma U\tau \\ y = 0. \end{cases} \tag{17.106}$$

La trajectoire est donc on ne peut plus simple dans ce cas : il s'agit de la droite $(y, z) = (0, 0)$. Elle est représentée en tirets sur la Fig. 17.8.

Dans le cas général, la trajectoire de $\mathscr{P}$ est une courbe périodique plane (confinée au plan $z = 0$) de type *trochoïde*. Différents exemples sont dessinés sur la Fig. 17.8.

Remarque 1 : L'allure des trajectoires représentées sur la Fig. 17.8 se comprend bien en considérant la force de Lorentz relative à l'observateur $\mathcal{O}$: $\vec{\boldsymbol{\mathcal{F}}} = q\left(\vec{\boldsymbol{E}} + \vec{\boldsymbol{V}} \times_{\boldsymbol{u}_0} \vec{\boldsymbol{B}}\right)$ (Éq. (17.19)). Si $\vec{\boldsymbol{V}} = \vec{\boldsymbol{U}} = B^{-2}\,\vec{\boldsymbol{E}} \times_{\boldsymbol{u}} \vec{\boldsymbol{B}}$ (Éq. (17.48)), on obtient, en utilisant $\vec{\boldsymbol{E}} \cdot \vec{\boldsymbol{B}} = 0$, $\vec{\boldsymbol{\mathcal{F}}} = 0$. La particule ne subit donc aucune force et sa trajectoire est une ligne droite (cas $V_0 = 0.3\,c$ sur la Fig. 17.8). Si $\|\vec{\boldsymbol{V}}\|_{\boldsymbol{g}} < U$, le terme électrique $q\vec{\boldsymbol{E}}$ l'emporte sur le terme magnétique $q\vec{\boldsymbol{V}} \times_{\boldsymbol{u}_0} \vec{\boldsymbol{B}}$ dans la force de Lorentz et la particule est déviée dans la direction de $\vec{\boldsymbol{E}}$ (si $q > 0$), donc vers le haut sur la Fig. 17.8 (cas $V_0 = 0$ et $V_0 = 0.2\,c$). La vitesse de la particule augmentant, du fait de l'accélération par le champ électrique, le terme magnétique grandit et finit par incurver la trajectoire vers le bas. Inversement, si initialement $\|\vec{\boldsymbol{V}}\|_{\boldsymbol{g}} > U$, le terme magnétique est plus important que le terme électrique et la particule part vers le bas (cas $V_0 \geq 0.4\,c$ sur la Fig. 17.8). Elle est freinée par le champ électrique jusqu'à voir sa trajectoire se renverser et amorcer une boucle.

Remarque 2 : Si on change q en $-q$ dans les équations (17.103) de la trajectoire, ω_B change de signe (*cf.* Éq. (17.75)) et on constate que x est inchangé alors que y est changé en $-y$. La trajectoire s'obtient donc en effectuant une symétrie par rapport à la droite $y = 0$.

Remarque 3 : On peut retrouver le résultat (17.103) à partir de celui obtenu au § 17.3.1 pour un champ magnétique seul. En effet, puisque $I_1 \neq 0$, il existe un observateur inertiel $\mathcal{O}'$ pour lequel $\vec{\boldsymbol{E}}' = 0$. Sa vitesse $\vec{\boldsymbol{U}}$ par rapport à $\mathcal{O}$ est donnée par la formule (17.48) ; on a donc $\vec{\boldsymbol{U}} = U\,\vec{\boldsymbol{e}}_x$ avec $U = E/B$. Pour $\mathcal{O}'$, le champ électrique est nul et le champ magnétique est $\vec{\boldsymbol{B}}' = \Gamma^{-1}\vec{\boldsymbol{B}}$ avec $\Gamma := (1 - U^2/c^2)^{-1/2}$. La vitesse initiale de la particule vis-à-vis de $\mathcal{O}'$ se déduit de la loi de composition des vitesses (5.50), $\vec{\boldsymbol{V}}_0$ et $\vec{\boldsymbol{U}}$ étant colinéaires : $\vec{\boldsymbol{V}}'_0 = V'_0\vec{\boldsymbol{e}}_{x'}$ avec

$$V'_0 = \frac{V_0 - U}{1 - UV_0/c^2}. \tag{17.107}$$

Le facteur de Lorentz de $\mathscr{P}$ par rapport à $\mathcal{O}'$, Γ'_0, s'exprime suivant la relation (5.25) (avec les changements de notation appropriés) : $\Gamma'_0 = \Gamma_0\Gamma(1 - UV_0/c^2)$, si bien que

$$\Gamma'_0 V'_0 = \Gamma_0\Gamma(V_0 - U). \tag{17.108}$$

Pour $\mathcal{O}'$, la trajectoire de $\mathscr{P}$ est un cercle puisque $\vec{V}'_0$ est orthogonal à $\vec{B}'$. Son équation est donnée par (17.74) avec $\theta = \pi/2$:

$$\begin{cases} t' = \Gamma'_0 \tau \\ x' = (\Gamma'_0 V'_0)/(\omega_{B'}) \sin(\omega_{B'}\tau) \\ y' = (\Gamma'_0 V'_0)/(\omega_{B'}) \left[\cos(\omega_{B'}\tau) - 1\right] \\ z' = 0, \end{cases} \tag{17.109}$$

avec $\omega_{B'} = qB'/m = \Gamma^{-1}\omega_B$, puisque $B' = \Gamma^{-1}B$ (Éq. (17.49)). Le mouvement de $\mathscr{P}$ vis-à-vis de $\mathcal{O}$ s'obtient en appliquant la transformation qui fait passer des coordonnées inertielles de $\mathcal{O}'$ à celles de $\mathcal{O}$: il s'agit d'une transformation de Poincaré spéciale de plan $\mathrm{Vect}(\vec{e}_x, \vec{e}_{x'})$ et de paramètre de vitesse $-U$: elle est donnée par l'Éq. (8.15) avec $V = U$. Compte tenu de (17.108), on obtient exactement (17.103).

Le fait que la particule ne soit pas déviée lorsque sa vitesse initiale est égale à $U = E/B$ (courbe $V_0 = 0.3\,c$ sur la Fig. 17.8) ouvre la possibilité pratique de réaliser un sélecteur de vitesse en ajustant la valeur du rapport E/B à la vitesse désirée. C'est le principe du ***filtre de Wien*** : on établit dans une cavité $0 \leq x \leq L$ un champ électromagnétique uniforme avec $\vec{E}$ et $\vec{B}$ orthogonaux et, en disposant une petite ouverture en $(x, y, z) = (L, 0, 0)$, on ne récupère que les particules ayant la vitesse voulue.

17.3.4 Cas $I_2 = 0$ et $I_1 = 0$ (champ électromagnétique du genre lumière)

Si $I_1 = 0$, comme l'on avait déjà $I_2 = 0$, le champ électromagnétique est du genre lumière. Notons que $I_1 = 0$ est équivalent à $\beta = 1$ et $E = cB$. Dans ce cas, l'équation différentielle (17.97) se réduit à $d^2u^2/d\tau^2 = 0$. Compte tenu de la condition initiale $u^2(0) = 0$, elle s'intègre immédiatement en $u^2(\tau) = \alpha\tau$, où α est une constante à déterminer. Les Éqs. (17.92) et (17.93) jointes aux conditions initiales (17.96) donnent alors

$$u^0(\tau) = \Gamma_0 + \alpha\frac{\omega_B}{2}\tau^2 \quad \text{et} \quad u^1(\tau) = \frac{\Gamma_0 V_0}{c} + \alpha\frac{\omega_B}{2}\tau^2.$$

On détermine α en injectant ces relations dans (17.94). Il vient $\alpha = \Gamma_0(1 - V_0/c)\omega_B$, d'où

$$\begin{cases} u^0(\tau) = \Gamma_0\left[1 + (1 - V_0/c)(\omega_B\tau)^2/2\right] \\ u^1(\tau) = \Gamma_0\left[V_0/c + (1 - V_0/c)(\omega_B\tau)^2/2\right] \\ u^2(\tau) = \Gamma_0(1 - V_0/c)\omega_B\tau. \end{cases} \tag{17.110}$$

En intégrant par rapport à τ, on obtient

$$\begin{cases} t = \Gamma_0\left[\tau + (1 - V_0/c)(\omega_B^2/6)\,\tau^3\right] \\ x = \Gamma_0\left[V_0\tau + (c - V_0)(\omega_B^2/6)\,\tau^3\right] \\ y = \Gamma_0(c - V_0)(\omega_B/2)\,\tau^2. \end{cases} \tag{17.111}$$

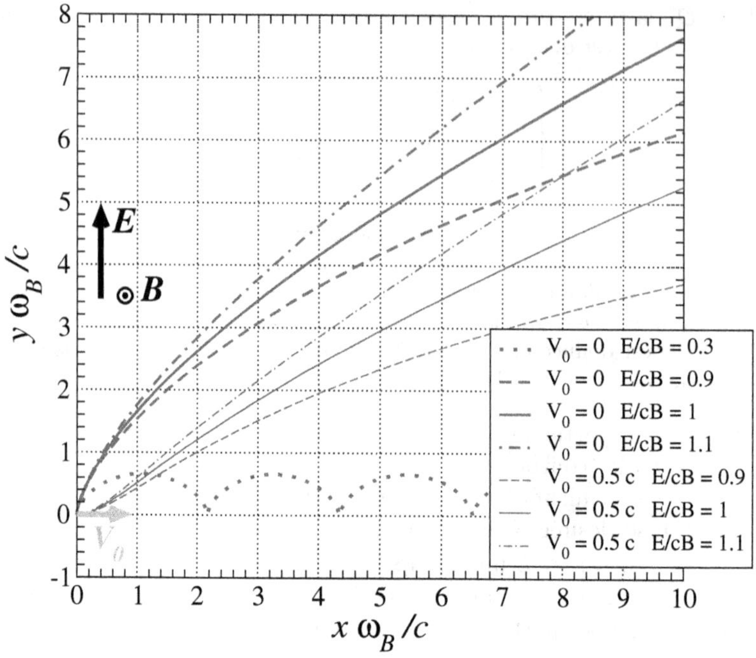

FIG. 17.9 – Même chose que pour la Fig. 17.8, mais pour des valeurs de E/cB voisines de 1, englobant le cas d'un champ électromagnétique du genre lumière ($E/cB = 1$). À titre de comparaison, la courbe en pointillés ($E = 0.3\,cB$) est la cycloïde libellée $V_0 = 0$ sur la Fig. 17.8.

En extrayant τ de l'équation pour y et en le reportant dans celle pour x, on obtient explicitement l'équation de la trajectoire de $\mathscr{P}$ dans le plan $z = 0$:

$$\boxed{x = \left(V_0 + \frac{\omega_B y}{3\Gamma_0}\right)\sqrt{\frac{2\Gamma_0 y}{(c - V_0)\omega_B}}}. \tag{17.112}$$

Il s'agit de l'équation d'une *cubique elliptique*. Elle est représentée sur la Fig. 17.9 pour $V_0 = 0$ et $V_0 = 0.5c$ (courbes en traits continus).

Remarque 1 : Rappelons que $\omega_B < 0$ pour $q < 0$. La formule ci-dessus implique alors $y \leq 0$, de sorte que la racine carrée soit bien définie. Par contre x est toujours positif, quelle que soit la charge de $\mathscr{P}$.

Remarque 2 : On peut obtenir le système (17.111) comme limite du système (17.103) obtenu pour $I_1 > 0$. Il suffit de faire $U \to c$ et $\Gamma \to +\infty$, puisque le cas $I_1 = 0$ correspond à $U = E/B = c$. On a en effet les développements limités suivants pour $\Gamma \to +\infty$

$$\sin\left(\frac{\omega_B}{\Gamma}\tau\right) \simeq \frac{\omega_B}{\Gamma}\tau - \frac{1}{6}\left(\frac{\omega_B}{\Gamma}\tau\right)^3, \qquad \cos\left(\frac{\omega_B}{\Gamma}\tau\right) \simeq 1 - \frac{1}{2}\left(\frac{\omega_B}{\Gamma}\tau\right)^2.$$

En reportant ces formules dans (17.103), on obtient (17.111). Le fait que le cas $I_1 = 0$ soit bien la limite $I_1 \to 0$ du cas $I_1 > 0$ s'observe également sur la Fig. 17.9, en comparant les courbes $E/cB = 0.9$ et $E/cB = 1$.

17.3.5 Cas $I_2 = 0$ et $I_1 < 0$ (champ à dominante électrique)

Dans le cas $I_1 < 0$, $\beta > 1$ et l'on peut poser

$$U := \frac{c}{\beta} = c^2 \frac{B}{E} \quad \text{et} \quad \Gamma := (1 - U^2/c^2)^{-1/2} = \frac{E}{\sqrt{|I_1|}}. \tag{17.113}$$

U est la vitesse relative à $\mathcal{O}$ d'un observateur $\mathcal{O}'$ pour lequel le champ magnétique s'annule identiquement (*cf.* Éq. (17.47)). Le facteur $(1-\beta^2)\omega_B^2$ dans l'équation différentielle (17.97) est à présent strictement négatif. Réécrivons-le en terme de la 4-accélération a définie par (17.87) :

$$(1-\beta^2)\omega_B^2 = -\left(\frac{ac}{\Gamma}\right)^2. \tag{17.114}$$

La solution de (17.97) qui satisfait à la condition initiale $u^2(0) = 0$ est alors $u^2(\tau) = A \sinh(ac\tau/\Gamma)$. On peut ensuite reprendre le raisonnement du cas $I_1 > 0$ en remplaçant les cosinus/sinus par des cosinus/sinus hyperboliques. En faisant attention au signe dans les dérivées, on obtient l'équation de la trajectoire de $\mathscr{P}$ en fonction de son temps propre τ :

$$\boxed{\begin{cases} t = \Gamma_0 \Gamma^2 \left[\dfrac{U}{c^2}(V_0 - U)\tau + \dfrac{\Gamma}{ac}\left(1 - \dfrac{UV_0}{c^2}\right) \sinh\left(\dfrac{ac}{\Gamma}\tau\right)\right] \\ x = \Gamma_0 \Gamma^2 \left[(V_0 - U)\tau + \dfrac{\Gamma U}{ac}\left(1 - \dfrac{UV_0}{c^2}\right) \sinh\left(\dfrac{ac}{\Gamma}\tau\right)\right] \\ y = \dfrac{\Gamma_0 \Gamma^2}{a}\left(1 - \dfrac{UV_0}{c^2}\right)\left[\cosh\left(\dfrac{ac}{\Gamma}\tau\right) - 1\right]. \end{cases}} \tag{17.115}$$

La trajectoire est représentée sur la Fig. 17.9 pour $E/cB = 1.1 \iff U = 0.909\, c$ et deux valeurs de V_0 (0 et $c/2$). Comme pour $I_1 > 0$, examinons trois cas particuliers :

- Cas $U = 0$, c'est-à-dire $B = 0$: $\Gamma = 1$ et le système (17.115) se réduit à

$$\begin{cases} t = \Gamma_0/(ac) \sinh(ac\tau) \\ x = \Gamma_0 V_0\, \tau \\ y = \Gamma_0/a \left[\cosh(ac\tau) - 1\right]. \end{cases} \tag{17.116}$$

À titre de vérification, on retrouve l'équation du mouvement dans un champ purement électrique obtenue plus haut, à savoir l'Éq. (17.88). Si l'on fait $\theta = \pi/2$ dans cette dernière, alors $\tilde{a} = a/\Gamma_0$ et $\tau_0 = 0$, ce qui, à la permutation $z \leftrightarrow y$ près, redonne bien l'équation ci-dessus. Si $V_0 = 0$, la trajectoire est la droite $x = 0$: il s'agit d'un mouvement uniformément accéléré dans la direction y (direction du champ électrique). Si $V_0 \neq 0$, on peut éliminer τ et obtenir l'équation explicite de la trajectoire de $\mathscr{P}$ dans le plan $z = 0$:

$$y = \frac{\Gamma_0}{a}\left[\cosh\left(\frac{ac}{\Gamma_0 V_0}\,x\right) - 1\right]. \tag{17.117}$$

On reconnaît l'équation d'une *chaînette* d'axe la droite $y = 0$.

- Cas $V_0 = 0$: on a alors $\Gamma_0 = 1$ et le système (17.115) se réduit à

$$\begin{cases} t = \Gamma^3/(ac)\,(\sinh\chi - U^2/c^2\,\chi) \\ x = \Gamma^3 U/(ac)\,(\sinh\chi - \chi) \\ y = \Gamma^3/a\,(\cosh\chi - 1), \end{cases} \tag{17.118}$$

où $\chi := ac\tau/\Gamma$. Par analogie avec (17.106), on pourrait appeler cette courbe une « cycloïde hyperbolique ».

- Cas $V_0 = U$: on a alors $\Gamma_0 = \Gamma$ et le système (17.115) se réduit à

$$\begin{cases} t = \Gamma^2/(ac)\,\sinh(ac\tau/\Gamma) \\ x = Ut \\ y = \Gamma/a\,\left[\cosh(ac\tau/\Gamma) - 1\right]. \end{cases} \tag{17.119}$$

Si $U = 0$, la trajectoire est la droite $x = 0$ (cas déjà considéré ci-dessus). Si $U \neq 0$, on peut éliminer τ *via* l'identité $\cosh u = \sqrt{1 + \sinh^2 u}$ et obtenir l'équation explicite de la trajectoire :

$$y = \frac{\Gamma}{a}\left[\sqrt{1 + \left(\frac{ac}{\Gamma^2 U}x\right)^2} - 1\right]. \tag{17.120}$$

On reconnaît une branche d'*hyperbole* d'axe la droite $y = 0$.

Remarque 1 : Contrairement au cas $I_1 > 0$, la trajectoire de $\mathscr{P}$ n'est jamais la droite $y = 0$, même si $V_0 = U$. Cela signifie que le filtre de Wien ne peut fonctionner qu'avec un champ à dominante magnétique.

Remarque 2 : Tout comme dans le cas $I_1 < 0$, on peut retrouver le mouvement dans le champ électromagnétique du genre lumière ($I_1 = 0$) en faisant tendre U vers c dans le système (17.115). Comme $\Gamma \to +\infty$, le développement limité des cosinus et sinus hyperboliques au voisinage de 0 permet de retrouver (17.111).

17.4 Application : accélérateurs de particules

17.4.1 Accélération par un champ électrique

Considérons une cavité fixe par rapport à un observateur inertiel $\mathcal{O}$, dans laquelle règne un champ électromagnétique uniforme. Soit $\mathscr{P}$ une particule chargée $\mathscr{P}$ qui entre dans la cavité avec une vitesse initiale nulle par rapport à $\mathcal{O}$: $V_0 = 0$. À chaque instant, l'énergie cinétique de $\mathscr{P}$ vis-à-vis de $\mathcal{O}$ est donnée par la formule (9.19) :

$$E_{\text{cin}} = (\Gamma_{\mathscr{P}} - 1)mc^2, \tag{17.121}$$

où nous avons noté $\Gamma_{\mathscr{P}}$ le facteur de Lorentz de $\mathscr{P}$ par rapport à $\mathcal{O}$, pour le distinguer du facteur de Lorentz Γ introduit au § 17.3. Par définition, $\Gamma_{\mathscr{P}} = dt/d\tau = u^0$, où t est le temps propre de $\mathcal{O}$, τ celui de $\mathscr{P}$, et u^0 la première composante de la 4-vitesse de $\mathscr{P}$ dans le référentiel de $\mathcal{O}$.

Si le champ électromagnétique dans la cavité se réduit, du point de vue de $\mathcal{O}$, à un champ magnétique seul, u^0 est donné par (17.73) : $u^0(\tau) = \Gamma_0 = 1$ (car $V_0 = 0$). On a donc dans ce cas $E_{\text{cin}} = 0$. Autrement dit, un champ magnétique pur n'accélère pas une particule chargée initialement au repos. Il faut pour cela un champ électrique $\boldsymbol{E}$ non nul. Si $\vec{\boldsymbol{B}}$ est nul ou parallèle à $\vec{\boldsymbol{E}}$, le facteur de Lorentz $\Gamma_{\mathscr{P}} = u^0$ est donné par l'Éq. (17.69), qui, pour $V_0 = 0$, se réduit à $u^0 = \cosh[qE\tau/(mc)]$, de sorte que

$$E_{\text{cin}} = \left[\cosh\left(\frac{qE}{mc}\tau\right) - 1\right] mc^2. \tag{17.122}$$

La distance z parcourue le long du champ électrique est quant à elle donnée par l'Éq. (17.86) avec $\tilde{a} = a$ et $\tau_0 = 0$ puisque $V_0 = 0$. On constate donc que $az = \cosh[qE\tau/(mc)] - 1$, si bien que E_{cin} s'exprime très simplement en fonction de z : $E_{\text{cin}} = azmc^2$. En remplaçant a par $qE/(mc^2)$ (Éq. (17.87)), il vient alors

$$\boxed{E_{\text{cin}} = qEz}. \tag{17.123}$$

Remarque 1 : D'après (17.86), z a le même signe de qE, de sorte que E_{cin} est toujours positive.

Remarque 2 : L'expression (17.123) est identique à celle que l'on obtient en mécanique non relativiste. Par contre, l'expression de z en fonction de t, ou encore de la vitesse en fonction de z ou t, est différente.

17.4.2 Accélérateurs linéaires

La façon la plus simple d'accélérer des particules chargées à l'aide d'un champ électrique consiste à créer une différence de potentiel électrique[9]

9. La notion de potentiel sera introduite en toute rigueur au Chap. 18 ; ici il suffit de savoir que pour un champ électrique uniforme, $Ez = V(0) - V(z)$.

(tension) la plus élevée possible entre deux plaques : c'est le principe de l'***accélérateur électrostatique***. La formule (17.123) montre que l'énergie cinétique acquise est simplement le produit de la charge de la particule par la différence de potentiel ΔV :

$$E_{\text{cin}} = q\Delta V. \tag{17.124}$$

Dans la pratique, on ne peut guère aller au-delà d'une différence de potentiel de l'ordre de la dizaine de millions de volts, en raison des décharges électriques, soit par étincelles (claquage), soit résultant des imperfections de l'isolation électrique.

La formule (17.124) avec $q = -e$, combinée à (17.3), conduit à la valeur (9.11) pour l'unité d'énergie électron-volt donnée au § 9.1.2. Pour $\Delta V = 10^6$ V, l'énergie cinétique acquise par un électron ou un proton est $E_{\text{cin}} = 10$ MeV. *Via* (17.121), cela correspond à un facteur de Lorentz $\Gamma_{\mathscr{P}} = 20.5$ (soit $V = 0.998\,c$) pour un électron et $\Gamma_{\mathscr{P}} = 1.01$, (soit $V = 0.14\,c$) pour un proton. Ainsi, pour ce type d'accélérateur, les électrons atteignent des vitesses relativistes, mais pas les protons. Des exemples d'accélérateurs électrostatiques sont les *canons à électrons* des écrans cathodiques ($E_{\text{cin}} \sim 10$ keV) et ceux des microscopes électroniques ($E_{\text{cin}} \sim 100$ keV).

Pour dépasser la dizaine de MeV, il faut ajouter plusieurs cavités en série. La technique consiste alors à utiliser un champ électrique variable à haute fréquence (radio-fréquence). En synchronisant la fréquence de $\boldsymbol{E}$ sur les passages des particules entre les différentes cavités, on atteint des accélérations très importantes. Ces appareils sont génériquement appelés des ***linacs***, de l'anglais *linear particle accelerator*. Le linac le plus puissant à ce jour se trouve au SLAC (Stanford Linear Accelerator Center) à l'université de Stanford en Californie. D'une longueur de 3.2 km, il est capable d'accélérer des électrons et des positrons jusqu'à $E_{\text{cin}} \sim 50$ GeV, ce qui correspond à un facteur de Lorentz $\Gamma_{\mathscr{P}} \sim 10^5$.

17.4.3 Cyclotrons

Pour dépasser les limites des accélérateurs électrostatiques, une alternative au linac consiste à faire passer les particules de nombreuses fois dans la cavité où règne le champ électrique accélérateur. Il faut pour cela incurver leur trajectoire en sortie, grâce à un champ magnétique, pour les faire retourner dans la cavité : c'est le principe du ***cyclotron***. Ce dernier est composé de deux cavités en forme de demi-boîte de camembert dans lesquelles on crée un champ magnétique vertical uniforme (*cf.* Fig. 17.10). On établit entre les cavités un champ électrique oscillant, à une fréquence convenablement choisie, ainsi que nous allons le voir.

Considérons en effet une particule $\mathscr{P}$ chargée positivement au point A de la Fig. 17.10 avec une vitesse initiale $\vec{\boldsymbol{V}}$ dirigée de A de B. Supposons que le champ électrique soit orienté dans le même sens. La particule sera alors

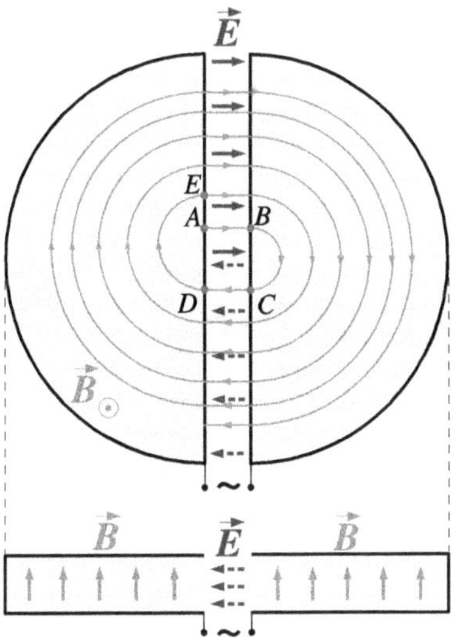

FIG. 17.10 – Schéma de principe d'un cyclotron. *Figure du haut* : vue de dessus ; *figure du bas* : vue de côté. Le champ électrique est dessiné en traits pleins au moment où la particule arrive de la gauche (points A, E, etc.) et en tirets une demi-période plus tard.

accélérée entre A et B. Entre B et C, elle subit l'action du champ magnétique vertical. Comme nous l'avons vu au § 17.3.1, puisque $\vec{V}$ est orthogonale à $\vec{B}$, la trajectoire de $\mathscr{P}$ est un arc de cercle dont le rayon est proportionnel à la norme de la vitesse de $\mathscr{P}$, qui reste constante entre B et C. Si la vitesse de $\mathscr{P}$ est petite devant c, la vitesse angulaire entre B et C est donnée par la pulsation cyclotron $\omega_B = qB/m$ (Éq. (17.75)). Le principe de base du cyclotron est alors d'ajuster la fréquence du champ électrique $\vec{E}$ à la fréquence cyclotron ω_B, cette dernière étant constante pour un champ magnétique et un type de particule donnés. Ainsi, une demi-période s'étant écoulée entre B et C, la particule subit sur le trajet CD un champ électrique de sens opposé à celui qu'il y avait entre A et B : il est donc de même sens que la vitesse de $\mathscr{P}$ en C et la particule est de nouveau accélérée. Lorsqu'elle entre dans la cavité magnétique en D, sa vitesse est plus grande qu'en B, de sorte que le rayon du demi-cercle décrit est plus grand. Par contre la vitesse angulaire reste la même (pulsation cyclotron), de sorte que lorsque $\mathscr{P}$ arrive en E, elle voit de nouveau un champ électrique accélérateur et le processus se poursuit. Le rayon de la trajectoire augmentant à chaque demi-tour, la particule finit par atteindre la périphérie de l'appareil, d'où on l'extrait.

De par son principe même, le cyclotron est limité à l'accélération de particules jusqu'à des vitesses faibles devant c. En effet, comme nous l'avons vu au § 17.3.1, la vitesse angulaire de parcours du demi-cercle dans les cavités

FIG. 17.11 – Les deux cyclotrons CSS1 et CSS2 du GANIL (Grand Accélérateur National d'Ions Lourds) à Caen. D'un rayon de 3 m chacun, ils sont montés en série. L'intensité du champ magnétique est de 0.4 à 0.95 T et la fréquence du champ électrique est de 7 à 14 MHz. L'énergie cinétique maximale atteinte à la sortie de CSS2 est de 95 MeV par nucléon. (Source : CNRS/IN2P3.)

magnétiques n'est pas exactement la pulsation cyclotron ω_B, mais la pulsation de giration $\omega = \Gamma^{-1}\omega_B$ (*cf.* Éq. (17.78)). Elle dépend donc de la vitesse de la particule à l'entrée dans la cavité, *via* le facteur de Lorentz Γ. Si l'on crée un champ électrique de fréquence constante, on ne peut ajuster cette dernière à la fréquence de giration que lorsque $\Gamma \simeq 1$. Cela explique pourquoi dans la pratique, les cyclotrons sont utilisés pour accélérer des protons ou des ions (*cf.* Fig. 17.11) et non des électrons. Pour ces derniers, des accélérateurs électrostatiques suffisent à atteindre des vitesses relativistes, comme nous l'avons remarqué au § 17.4.2. Pour un proton, si l'on fixe la limite non-relativiste comme $\Gamma_{\mathscr{P}} \leq 1.02$, alors *via* la formule (17.121), on constate que l'énergie cinétique fournie par le cyclotron ne doit pas dépasser une vingtaine de MeV.

Un champ d'application important des cyclotrons est la médecine, à travers la *radiothérapie* (on expose le patient aux protons énergétiques issus du cyclotron), ou encore la *médecine nucléaire*, c'est-à-dire la fabrication de médicaments radioactifs qui vont se fixer sur les tumeurs à traiter (*cf.* Fig. 17.12). Il y a actuellement plus de 150 cyclotrons à usage médical en Europe, dont une trentaine en France.

17.4.4 Synchrotrons

Pour accélérer des particules à des vitesses relativistes, une première solution consiste à modifier le cyclotron pour diminuer la fréquence du champ

FIG. 17.12 – Cyclotron Arronax installé à Nantes en 2008 par le laboratoire Subatech (CNRS, École des Mines de Nantes, université de Nantes) et le Centre Régional de Recherche en Cancérologie de Nantes (Inserm, Université de Nantes). Ce cyclotron accélère des protons, des deutons et des particules α jusqu'à une énergie de 70 MeV pour produire des radio-isotopes pour la médecine nucléaire. (Source : Ion Beam Application.)

électrique au fur et à mesure que les particules gagnent de la vitesse, suivant la loi (17.78) : $\omega = \omega_B/\Gamma$, . C'est le principe du ***synchrocyclotron***. On peut ainsi accélérer des protons jusqu'à une énergie de quelques centaines de MeV. Au-delà, le rayon augmentant comme ΓV (*cf.* Éq. (17.75)), la taille des aimants devient prohibitive.

Le concept du ***synchrotron*** permet de s'affranchir de cette limite : l'idée est de ne pas appliquer un champ magnétique sur tout le volume des demi-boîtes de camembert, mais seulement au voisinage d'une région de rayon R fixé (*cf.* Fig. 17.13). Pour maintenir le rayon constant, il faut augmenter B au fur et à mesure que l'impulsion P des particules croît, ceci en vertu de la formule (17.82) (avec $\theta = \pi/2$) :

$$B = \frac{P}{qR}. \tag{17.125}$$

L'accélération s'effectue dans des cavités où règne un champ électrique radiofréquence. Un synchrotron est donc essentiellement une succession de cavités d'accélération (champ $\vec{\boldsymbol{E}}$) et de déflexion (champ $\vec{\boldsymbol{B}}$). On a en représenté 4 de chaque sur la Fig. 17.13, mais il peut y en avoir bien plus.

Le plus grand synchrotron du monde est le ***LHC*** *(Large Hadron Collider)* au CERN, près de Genève (*cf.* Fig. 17.14 et tableau 17.1). Inauguré en 2008, il a une circonférence de 27 km et accélère des protons jusqu'à une énergie $E_{\text{cin}} \simeq$ 7 TeV. Le champ magnétique nécessaire pour maintenir les protons sur une

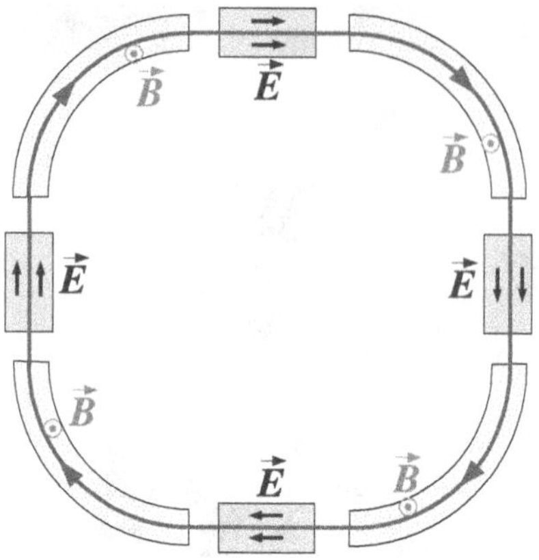

FIG. 17.13 – Schéma de principe d'un synchrotron.

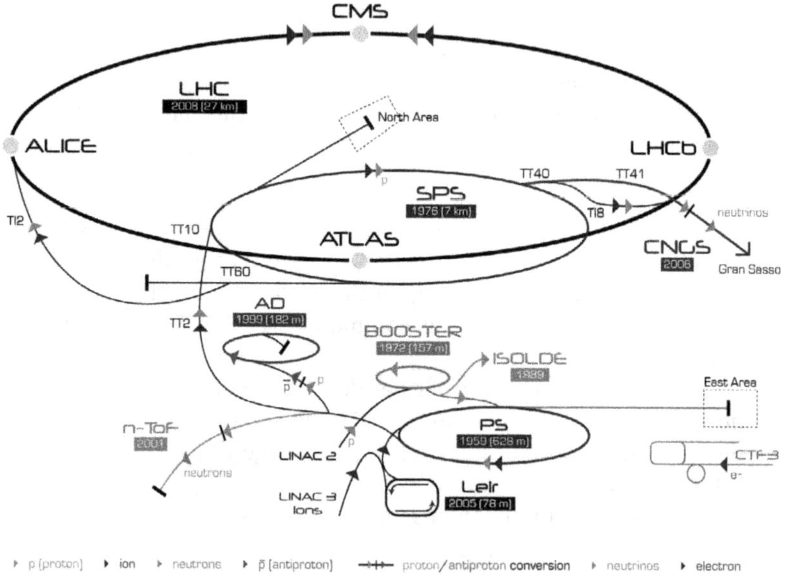

FIG. 17.14 – Complexe des accélérateurs du CERN, à la frontière franco-suisse, près de Genève. Il comprend plusieurs synchrotrons : LHC (dans un tunnel de 27 km de circonférence, anciennement utilisé par le LEP), SPS, PS, Booster, ainsi que plusieurs accélérateurs linéaires (linacs). (Source : CERN.)

circonférence de 27 km est donné par la formule (17.125) avec $R = 27/(2\pi) = 4.3$ km, $q = e$ et $P \simeq E_{\text{cin}}/c$, les protons étant ultra-relativistes ($E_{\text{cin}} \gg m_{\text{p}}c^2 = 938$ MeV). On obtient $B = 5.4$ T. La trajectoire des particules dans le LHC n'étant pas exactement un cercle (elle comprend des portions de ligne

TAB. 17.1 – Quelques accélérateurs de particules. LHC = Large Hadron Collider, CERN = Conseil Européen pour la Recherche Nucléaire, LEP = Large Electron-Positron collider, SLC = Stanford Linear Collider, SLAC = Stanford Linear Accelerator Center, ILC = International Linear Collider, GANIL = Grand Accélérateur National d'Ions Lourds, RHIC = Relativistic Heavy Ion Collider, ESRF = European Synchrotron Radiation Facility.

Nom	Date	Type	Particules	Énergie	Facteur de Lorentz
LHC CERN, Genève	2008	synchrotron $R = 4.3$ km	p Pb	7 TeV 2.8 TeV/nucl.	7.5×10^3 2.9×10^3
Tevatron Fermilab, Chicago	2001	synchrotron $R = 1.0$ km	p, $\bar{\text{p}}$	0.98 TeV	1.0×10^3
LEP CERN, Genève	1989–2000	synchrotron $R = 4.3$ km	e^-, e^+	104 GeV	2×10^5
SLC SLAC, Stanford	1989–1998	linac $L = 3.2$ km	e^-, e^+	50 GeV	9.8×10^4
ILC	en projet	linac $L = 12$ km	e^-, e^+	250 GeV	5×10^5
GANIL Caen	1983	cyclotron $R = 3$ m	C, ..., U	95 MeV/nucl.	1.1
RHIC Brookhaven	2000	ann. stockage $R = 0.6$ km	p Au, Cu	250 GeV 100 GeV/nucl.	2.7×10^2 10^2
ESRF Grenoble	1994	ann. stockage $R = 134$ m	e^-	6 GeV	1.2×10^4
SOLEIL Saclay	2006	ann. stockage $R = 57$ m	e^-	2.75 GeV	5.4×10^3

droite, *cf.* Fig. 17.13), le champ magnétique nécessaire est en réalité légèrement supérieur : $B = 8.3$ T. Ce champ magnétique particulièrement intense est produit à l'aide d'électroaimants supraconducteurs, refroidis à 1.9 K.

17.4.5 Anneaux de stockage

Un ***anneau de stockage*** est un tube annulaire dans un champ magnétique qui maintient les particules sur une trajectoire circulaire, tout comme dans un synchrotron. La différence avec ce dernier est que les particules ne sont pas accélérées dans l'anneau lui-même, mais avant d'entrer dans celui-ci, en général par un linac suivi d'un synchrotron. Les anneaux de stockage sont utilisés soit pour garder des particules en attente de collisions, soit pour exploiter le rayonnement électromagnétique émis par les particules en trajectoire circulaire (*rayonnement synchrotron*, qui sera étudié au § 20.3). Dans la Table 17.1, RHIC est un anneau du premier type, alors que SOLEIL et l'ESRF sont des anneaux du second type.

Note historique : *Le premier accélérateur utilisé en physique des particules a été construit en 1932 par l'anglais John D. Cockcroft (1897–1967) et l'irlandais Ernest Walton (1903–1995). Il s'agissait d'un accélérateur électrostatique capable d'accélérer des protons jusqu'à* $E_{\text{cin}} = 0.7$ MeV. *Ces protons ont été utilisés pour casser des noyaux de lithium, démontrant ainsi la fission nucléaire par bombardement de particules. Ces travaux ont valu à Cockcroft et Walton le prix Nobel de Physique en 1951. Par la suite, les accélérateurs électrostatiques ont été construits sur le modèle conçu en 1931 par l'américain Robert Van de Graff (1901–1967), qui a permit d'atteindre* $E_{\text{cin}} \sim 10$ MeV. *Le cyclotron a été inventé en 1929 par le physicien américain Ernest Lawrence (1901–1958), ce qui lui a valu le prix Nobel en 1939. L'un des premiers synchrotrons fut le Bevatron, mis au point en 1954 à l'université de Berkeley (Californie), qui a permis d'accélérer des protons au-delà du GeV, conduisant à la découverte de l'antiproton, ainsi que nous l'avons vu au § 9.3.6.*

Chapitre 18

Équations de Maxwell

Sommaire

Après avoir introduit le champ électromagnétique $\boldsymbol{F}$ au chapitre précédent, nous passons à présent aux équations qui le régissent, à savoir les fameuses *équations de Maxwell.* Elles indiquent comment $\boldsymbol{F}$ est généré par l'ensemble des charges électriques en mouvement. Nous ne traiterons que des équations de Maxwell fondamentales et pas des équations de Maxwell dites *dans les milieux.* Ces dernières se déduisent des premières *via* des modèles microscopiques et des processus de moyenne. La discussion de ces modèles sort du cadre de cet ouvrage et relève d'un cours d'électromagnétisme proprement dit.

Ce chapitre commence par l'introduction du vecteur quadricourant électrique, qui décrit de manière globale les charges électriques « en mouvement » (§ 18.1). On est alors en mesure d'énoncer les équations de Maxwell (§ 18.2), le quadricourant servant de source. Fidèles à notre point de vue quadridimensionnel, nous énonçons tout d'abord les équations de Maxwell en terme du tenseur $\boldsymbol{F}$. Les équations pour les champs $\vec{\boldsymbol{E}}$ et $\vec{\boldsymbol{B}}$, avec lesquelles le lecteur est certainement plus familier, s'en déduisent dans un deuxième temps, une fois introduit un observateur inertiel. Au § 18.3, nous montrons que les équations de Maxwell impliquent la conservation de la charge électrique. Nous abordons ensuite la résolution des équations de Maxwell au § 18.4, *via* l'introduction de la 1-forme quadripotentiel et du concept de choix de jauge qui lui est associé. Le § 18.5 est consacré au cas spécifique où la source est une particule chargée en mouvement (solution de Liénard-Wiechert). Enfin, le chapitre se termine en montrant que l'on peut dériver les équations de Maxwell d'un principe de moindre action (§ 18.6).

18.1 Quadricourant électrique

18.1.1 Vecteur quadricourant électrique

Considérons un ensemble de particules chargées, $(\mathscr{P}_a)_{1\leq a\leq N}$. Chaque $\mathscr{P}_a$ décrit une ligne d'univers $\mathscr{L}_a$, de temps propre τ_a et de 4-vitesse $\vec{u}_a(\tau_a)$. Au Chap. 17, nous avons défini la charge électrique q_a d'une particule $\mathscr{P}_a$ comme le coefficient qui entre dans l'expression de la 4-force de Lorentz agissant sur $\mathscr{P}_a$. Attachons-nous à présent à définir la ***charge électrique totale*** Q d'une région tridimensionnelle (hypersurface compacte) $\mathscr{V}$ dans l'espace de repos d'un observateur inertiel $\mathcal{O}$. Il est naturel d'introduire Q comme la somme algébrique des charges q_a des particules « contenues » dans $\mathscr{V}$, en remarquant qu'une particule $\mathscr{P}_a$ ne contribue à Q que si sa ligne d'univers traverse $\mathscr{V}$ (*cf.* Fig. 18.1). Cela suggère de définir Q comme un *flux à travers* $\mathscr{V}$. Plus précisément, puisque $\mathscr{V}$ est une sous-variété de dimension 3 de $\mathscr{E}$, nous pouvons utiliser la notion de flux d'un champ vectoriel à travers $\mathscr{V}$ introduite au § 16.3.7 et écrire, suivant (16.50),

$$\boxed{Q = \Phi_{\mathscr{V}}(\vec{j}) := -\int_{\mathscr{V}} \vec{j}\cdot\vec{u}_0 \, dV}, \qquad (18.1)$$

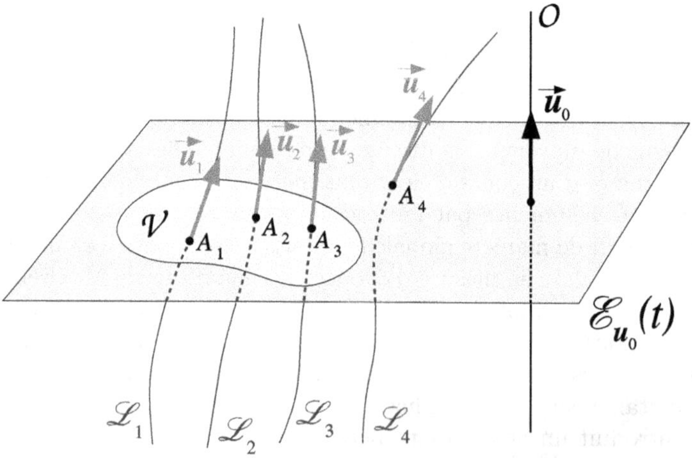

FIG. 18.1 – Charge électrique d'une région $\mathscr{V}$ de l'espace local de repos $\mathscr{E}_{\boldsymbol{u}_0}(t)$ d'un observateur $\mathcal{O}$ définie comme un flux à travers $\mathscr{V}$.

où $\vec{\jmath}$ est un champ vectoriel à déterminer, $\vec{\boldsymbol{u}}_0$ est la normale unitaire à $\mathscr{V}$, qui n'est autre que la 4-vitesse de l'observateur $\mathcal{O}$, et dV est l'élément de volume sur $\mathscr{V}$: $dV = \boldsymbol{\epsilon}(\vec{\boldsymbol{u}}_0, d\vec{\boldsymbol{\ell}}_1, d\vec{\boldsymbol{\ell}}_2, d\vec{\boldsymbol{\ell}}_3)$ (*cf.* Éq. (16.28) et (16.29)). Comme $\vec{\boldsymbol{u}}_0$ est du genre temps, nous avons sélectionné le signe $-$ dans la définition (16.50) du flux. Remarquons que, suivant (16.52), on peut écrire la charge Q comme l'intégrale sur le 3-volume $\mathscr{V}$ de la 3-forme $\star\underline{j}$, duale de Hodge de la forme linéaire $\underline{j}$ associée à $\vec{\jmath}$ par dualité métrique :

$$\boxed{Q = \int_{\mathscr{V}} \star\underline{j}}. \tag{18.2}$$

Il est clair que $\vec{\jmath}$ ne peut pas être un champ continu sur $\mathscr{E}$: si la frontière de $\mathscr{V}$ varie de manière à ce qu'une des lignes d'univers $\mathscr{L}_a$ entre dans $\mathscr{V}$ ou bien en soit exclue, alors Q change brutalement d'une valeur $\pm q_a$. En fait, pour définir $\vec{\jmath}$, il faut introduire une fonction « piquée » sur les lignes d'univers des particules. Cela se fait par l'intermédiaire de la ***mesure de Dirac sur*** $(\mathscr{E}, \boldsymbol{g})$ ***centrée sur un point*** $A \in \mathscr{E}$, δ_A. Cette dernière vérifie

$$\forall M \in \mathscr{E}\backslash\{A\}, \quad \delta_A(M) = 0 \qquad \text{et} \qquad \int_{\mathscr{E}} \delta_A f \, \boldsymbol{\epsilon} = f(A) \tag{18.3}$$

pour tout champ scalaire $f : \mathscr{E} \to \mathbb{R}$. L'intégrale ci-dessus est celle du produit $\delta_A f$ considéré comme un champ scalaire sur $\mathscr{E}$, intégrale définie par l'Éq. (16.44) (*cf.* aussi (16.45)). On peut introduire δ_A comme la limite d'une suite de fonctions continues de plus en plus « piquées » sur A, mais en toute rigueur, δ_A est une *distribution*[1] et non un champ scalaire sur $\mathscr{E}$. On l'appelle d'ailleurs également ***distribution de Dirac sur*** $(\mathscr{E}, \boldsymbol{g})$ ***centrée sur*** A. Il est facile de voir qu'étant donné un système de coordonnées inertielles (x^α) sur $\mathscr{E}$, δ_A s'exprime comme

$$\delta_A(x^0, x^1, x^2, x^3) = \delta(x^0 - x^0_A)\, \delta(x^1 - x^1_A)\, \delta(x^2 - x^2_A)\, \delta(x^3 - x^3_A), \tag{18.4}$$

où δ est la distribution de Dirac « ordinaire » sur $\mathbb{R}$. Munis de l'outil δ_A, définissons le champ vectoriel $\vec{\jmath}$ comme

$$\forall M \in \mathscr{E}, \quad \boxed{\vec{\jmath}(M) := \sum_{a=1}^{N} q_a \int_{-\infty}^{+\infty} \delta_{A_a(\tau)}(M)\, \vec{\boldsymbol{u}}_a(\tau)\, c\, d\tau}, \tag{18.5}$$

où τ désigne le temps propre de la particule $\mathscr{P}_a$, $\vec{\boldsymbol{u}}_a(\tau)$ sa 4-vitesse et $A_a(\tau)$ sa position dans $\mathscr{E}$ au temps τ. Le champ vectoriel $\vec{\jmath}$ ci-dessus répond bien à

1. De ce point de vue, désigner l'action de δ_A sur f par une intégrale comme dans (18.3) est un abus de notation couramment utilisé en physique.

la propriété souhaitée. En effet, le flux de $\vec{\jmath}$ à travers $\mathscr{V}$ est

$$\begin{aligned}
\Phi_{\mathscr{V}}(\vec{\jmath}) &= -\int_{\mathscr{V}} \vec{\jmath}\cdot\vec{u}_0 \, dV = -\sum_{a=1}^{N} q_a \int_{\mathscr{V}} \int_{-\infty}^{+\infty} \delta_{A_a(\tau)}(M)\, \vec{u}_a(\tau)\cdot\vec{u}_0 \, c\, d\tau\, dV \\
&= -\sum_{a=1}^{N} q_a \int_{\mathscr{V}} \int_{-\infty}^{+\infty} \delta(ct_0 - x_a^0(\tau))\, \delta(x^1 - x_a^1(\tau))\, \delta(x^2 - x_a^2(\tau)) \\
&\qquad \times \delta(x^3 - x_a^3(\tau))\, \vec{u}_a(\tau)\cdot\vec{u}_0 \, c\, d\tau\, dx^1\, dx^2\, dx^3,
\end{aligned}$$

où t_0 est le temps propre de $\mathcal{O}$ correspondant à l'espace de repos $\mathscr{E}_{\boldsymbol{u}_0}(t_0)$ où l'on considère $\mathscr{V}$, (x^α) sont les coordonnées associées à $\mathcal{O}$, avec $x^0 = ct$ et $x_a^\alpha(\tau)$ les coordonnées correspondantes du point $A_a(\tau)$ sur la ligne d'univers $\mathscr{L}_a$. Or, d'après la relation (4.10), $-\vec{u}_a(\tau)\cdot\vec{u}_0 = \Gamma_a$, facteur de Lorentz de $\mathscr{P}_a$ par rapport à $\mathcal{O}$. Par définition (Éq. (4.1)), $\Gamma_a = dt/d\tau$, si bien que l'on peut écrire $-\vec{u}_a(\tau)\cdot\vec{u}_0 \, c\, d\tau = c\, dt$. En utilisant t plutôt que τ comme paramètre le long de $\mathscr{L}_a$, il vient alors

$$\begin{aligned}
\Phi_{\mathscr{V}}(\vec{\jmath}) &= \sum_{a=1}^{N} q_a \int_{\mathscr{V}} \int_{-\infty}^{+\infty} \delta(ct_0 - ct)\, \delta(x^1 - x_a^1(t))\, \delta(x^2 - x_a^2(t)) \\
&\qquad \times \delta(x^3 - x_a^3(t))\, c\, dt\, dx^1\, dx^2\, dx^3. \\
&= \sum_{a=1}^{N} q_a \int_{\mathscr{V}} \delta(x^1 - x_a^1(t_0))\, \delta(x^2 - x_a^2(t_0))\delta(x^3 - x_a^3(t_0))\, dx^1\, dx^2\, dx^3 \\
&= \sum_{a\,/\,A_a(t_0)\in\mathscr{V}} q_a . \qquad (18.6)
\end{aligned}$$

Ainsi le flux $\Phi_{\mathscr{V}}(\vec{\jmath})$ est bien la somme des charges électriques dont les lignes d'univers coupent $\mathscr{V}$, ce qui justifie la relation (18.1). Le champ vectoriel $\vec{\jmath}$ est appelé ***quadricourant électrique*** ou ***4-courant électrique***. D'après (18.5), joint à la dimension (longueur)$^{-4}$ de la mesure de Dirac sur $(\mathscr{E}, \boldsymbol{g})$ et au caractère sans dimension des 4-vitesses, la dimension de $\vec{\jmath}$ est celle d'une densité volumique de charge électrique. Dans le système SI, son unité est donc $\mathrm{C.m^{-3} = A.s.m^{-3}}$.

Note historique : *L'expression (18.5) du 4-courant électrique généré par une distribution discrète de charges est due à Paul A.M. Dirac* (cf. *p. 370*), *qui l'a utilisée dans un article de 1938 [118, 119] (pour une seule particule).*

18.1.2 Intensité électrique

Considérons une surface (bidimensionnelle) orientée $\mathcal{S}$ qui soit liée à l'observateur inertiel $\mathcal{O}$: à chaque instant t, $\mathcal{S}(t)$ est une surface de l'espace de repos $\mathscr{E}_{\boldsymbol{u}_0}(t)$ à une position fixe dans les coordonnées spatiales de $\mathcal{O}$, (x^i). On appelle ***intensité du courant électrique à travers*** $\mathcal{S}$, et on note $I(\mathcal{S})$, la charge électrique totale qui traverse $\mathcal{S}$ (dans le sens de son orientation)

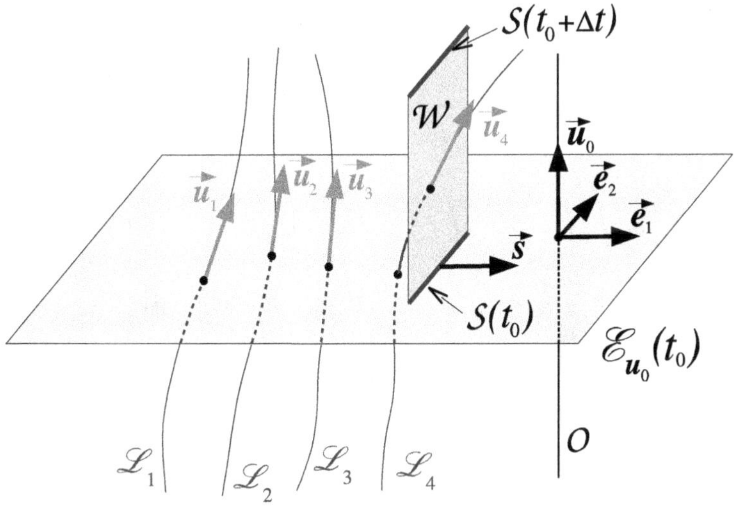

FIG. 18.2 – Définition de l'intensité du courant électrique à partir du volume d'espace-temps $\mathcal{W}$ balayé par une surface $\mathcal{S}(t)$ de l'espace local de repos $\mathscr{E}_{\boldsymbol{u}_0}(t)$ d'un observateur $\mathcal{O}$. Sur la figure, une dimension a été supprimée, si bien que $\mathcal{S}(t)$ apparaît comme un segment et $\mathcal{W}$ comme une surface.

par unité de temps. Dans le système SI, l'unité d'intensité est l'ampère, avec $1\ \mathrm{A} = 1\ \mathrm{C.s}^{-1}$.

Montrons qu'entre deux instants $t = t_0$ et $t = t_0 + \Delta t$, la charge électrique qui traverse $\mathcal{S}$ est égale au flux du 4-courant $\vec{\jmath}$ à travers le 3-volume d'espace-temps $\mathcal{W}$ balayé par $\mathcal{S}$ entre t_0 et $t_0 + \Delta t$: $\mathcal{W} = \cup_{t=t_0}^{t_0+\Delta t}\mathcal{S}(t)$ (*cf.* Fig. 18.2). En notant $\vec{\boldsymbol{s}} \in E_{\boldsymbol{u}_0}$ la normale à $\mathcal{S}$ dans $(\mathscr{E}_{\boldsymbol{u}_0}(t), \boldsymbol{g})$, unitaire ($\vec{\boldsymbol{s}} \cdot \vec{\boldsymbol{s}} = 1$) et compatible avec l'orientation de $\mathcal{S}(t)$, il vient

$$
\begin{aligned}
\Phi_{\mathcal{W}}(\vec{\jmath}) &= \int_{\mathcal{W}} \vec{\jmath} \cdot \vec{\boldsymbol{s}}\, dV = \sum_{a=1}^{N} q_a \int_{\mathcal{W}} \int_{\tau=-\infty}^{\tau=+\infty} \delta_{A_a(\tau)}(M)\, \vec{\boldsymbol{u}}_a(\tau) \cdot \vec{\boldsymbol{s}}\, c\, d\tau\, dV \\
&= \sum_{a=1}^{N} q_a \int_{\mathcal{W}} \int_{\tau=-\infty}^{\tau=+\infty} \delta_{A_a(\tau)}(M)\, \vec{\boldsymbol{s}} \cdot \vec{\boldsymbol{V}}_a\, \Gamma_a\, d\tau\, dV, \\
&= \sum_{a=1}^{N} q_a \int_{\mathcal{W}} \int_{t'=-\infty}^{t'=+\infty} \delta_{A_a(t')}(M)\, \vec{\boldsymbol{s}} \cdot \vec{\boldsymbol{V}}_a\, dt'\, dV, \qquad (18.7)
\end{aligned}
$$

où la deuxième ligne résulte de la décomposition (4.31) de la 4-vitesse de $\mathscr{P}_a$: $\vec{\boldsymbol{u}}_a = \Gamma_a(\vec{\boldsymbol{u}}_0 + c^{-1}\vec{\boldsymbol{V}}_a)$, $\vec{\boldsymbol{V}}_a$ étant la vitesse de $\mathscr{P}_a$ relative à $\mathcal{O}$. Puisque $\vec{\boldsymbol{u}}_0 \cdot \vec{\boldsymbol{s}} = 0$, on a en effet $\vec{\boldsymbol{u}}_a \cdot \vec{\boldsymbol{s}} = \Gamma_a \vec{\boldsymbol{s}} \cdot \vec{\boldsymbol{V}}_a / c$. Pour obtenir la dernière ligne, on a effectué le changement de variable $\tau \mapsto t'$, où t' est le temps propre[2] de $\mathcal{O}$, avec $\Gamma_a\, d\tau = dt'$.

2. Noté t' pour réserver t à la coordonnée orthogonale à $\mathcal{S}$ dans $\mathcal{W}$.

Pour simplifier les choses, supposons que $\mathcal{S}(t)$ soit une surface plane contenue dans le plan $x^1 = x^1_{\mathcal{S}} = \text{const.}$, et orientée de sorte que $\vec{s} = \vec{e}_1$. Les coordonnées décrivant $\mathcal{S}(t)$ sont alors (x^2, x^3) et l'élément de volume de $\mathcal{W}$ vaut $dV = c\,dt\,dx^2\,dx^3$. De plus $\vec{s}\cdot\vec{V}_a = V^1_a$, si bien que l'expression ci-dessus devient

$$\Phi_{\mathcal{W}}(\vec{\jmath}) = \sum_{a=1}^{N} q_a \int_{\mathcal{S}} \int_{t=t_0}^{t=t_0+\Delta t} \int_{t'=-\infty}^{t'=+\infty} \delta(ct-ct')\,\delta(x^1_{\mathcal{S}} - x^1_a(t'))\,\delta(x^2 - x^2_a(t'))$$
$$\times\,\delta(x^3 - x^3_a(t'))\,V^1_a\,dt'\,c\,dt\,dx^2\,dx^3$$
$$= \sum_{a=1}^{N} q_a \int_{\mathcal{S}} \int_{t=t_0}^{t=t_0+\Delta t} \delta(x^1_{\mathcal{S}} - x^1_a(t))\,\delta(x^2 - x^2_a(t))\,\delta(x^3 - x^3_a(t))$$
$$\times\,V^1_a\,dt\,dx^2\,dx^3.$$

Or $V^1_a = dx^1_a/dt$. Si $V^1_a = 0$, l'intégrale correspondant à $\mathscr{P}_a$ vaut zéro et ne contribue donc pas à $\Phi_{\mathcal{W}}(\vec{\jmath})$. Si $V^1_a \neq 0$, on peut effectuer le changement de variable $t \mapsto x^1_a$, avec $V^1_a\,dt = dx^1_a$, et écrire

$$\Phi_{\mathcal{W}}(\vec{\jmath}) = \sum_{a/V^1_a\neq 0} q_a \int_{\mathcal{S}} \int_{x^1_a(t_0)}^{x^1_a(t_0+\Delta t)} \delta(x^1_{\mathcal{S}} - x^1_a)\delta(x^2 - x^2_a(t))\delta(x^3 - x^3_a(t))dx^1_a dx^2 dx^3,$$

où $t = t(x^1_a)$. Il est clair que la triple intégrale du membre de droite vaut 1 s'il existe $x^1_a \in [x^1_a(t_0),\, x^1_a(t_0+\Delta t)]$ tel que

$$(x^1_a,\ x^2_a(t),\ x^3_a(t)) = (x^1_{\mathcal{S}}, x^2, x^3) \quad \text{avec } (x^2, x^3) \text{ coord. d'un point de } \mathcal{S}$$

et 0 sinon. La condition ci-dessus n'étant pas autre chose que la traversée de $\mathcal{W}$ par la ligne d'univers $\mathscr{L}_a$, nous concluons que

$$\Phi_{\mathcal{W}}(\vec{\jmath}) = \sum_{a\,/\,\mathscr{L}_a\cap\mathcal{W}\neq\varnothing} q_a, \tag{18.8}$$

autrement dit que $\Phi_{\mathcal{W}}(\vec{\jmath})$ est la somme des charges qui traversent la surface $\mathcal{S}$ entre t_0 et $t_0 + \Delta t$. Par définition de l'intensité $I(\mathcal{S})$, on peut donc écrire

$$I(\mathcal{S})\Delta t = \Phi_{\mathcal{W}}(\vec{\jmath}) = \int_{\mathcal{W}} \vec{\jmath}\cdot\vec{s}\,dV = \int_{\mathcal{S}} \int_{t=t_0}^{t=t_0+\Delta t} \vec{\jmath}\cdot\vec{s}\,c\,dt\,dS, \tag{18.9}$$

où dS est l'élément d'aire de $\mathcal{S}$ (*cf.* (16.36)). En faisant $\Delta t \to 0$, on en déduit la formule suivante pour l'intensité :

$$\boxed{I(\mathcal{S}) = c\int_{\mathcal{S}} \vec{\jmath}\cdot\vec{s}\,dS}. \tag{18.10}$$

18.1.3 Densité de charge et densité de courant

Pour tout observateur $\mathcal{O}$ de 4-vitesse $\vec{u}_0$, effectuons la décomposition orthogonale du vecteur 4-courant $\vec{\jmath}$ vis-à-vis de $\vec{u}_0$:

$$\boxed{\vec{\jmath} =: \rho\,\vec{u}_0 + \frac{1}{c}\vec{J}} \qquad \text{avec} \quad \vec{u}_0 \cdot \vec{J} = 0. \tag{18.11}$$

On a alors

$$\rho = -\vec{u}_0 \cdot \vec{\jmath}. \tag{18.12}$$

D'après (18.1), ρ est la quantité qui intervient dans l'expression de la charge électrique Q d'une région tridimensionnelle de l'espace de repos de $\mathcal{O}$:

$$\boxed{Q = \int_{\mathscr{V}} \rho\, dV}. \tag{18.13}$$

Pour cette raison, nous appellerons ρ ***densité de charge électrique mesurée par*** $\mathcal{O}$. Son unité dans le système SI est le $\text{C.m}^{-3} = \text{A.s.m}^{-3}$ (la même que $\vec{\jmath}$).

D'après (18.11), le vecteur $\vec{J}$ n'est autre, à un facteur c près, que la projection orthogonale du 4-courant électrique dans l'espace de repos de $\mathcal{O}$:

$$\vec{J} = c \perp_{\boldsymbol{u}_0} \vec{\jmath} = c\,[\vec{\jmath} + (\vec{u}_0 \cdot \vec{\jmath})\,\vec{u}_0]\,. \tag{18.14}$$

Au vu de (18.10) et $\vec{s} \in E_{\boldsymbol{u}_0}$, on constate que $\vec{J}$ est la partie de $\vec{\jmath}$ qui intervient dans l'expression de l'intensité :

$$\boxed{I(\mathcal{S}) = \int_{\mathcal{S}} \vec{J} \cdot \vec{s}\, dS}. \tag{18.15}$$

Ainsi l'intensité du courant électrique à travers une surface est le flux de $\vec{J}$ à travers cette surface. $\vec{J}$ est appelé ***densité de courant électrique mesurée par*** $\mathcal{O}$. D'après (18.11), la dimension de $\vec{J}$ diffère de celle de $\vec{\jmath}$ par une vitesse. Son unité SI est donc $\text{C.m}^{-2}.\text{s}^{-1} = \text{A.m}^{-2}$.

Remarque : Dans de nombreux ouvrages, on introduit d'abord les quantités ρ et $\vec{J}$ relatives à un certain observateur, puis on les regroupe comme dans (18.11) pour former le 4-vecteur $\vec{\jmath}$. Fidèles à notre point de vue quadridimensionnel, nous avons d'abord construit $\vec{\jmath}$, à partir des lignes d'univers des particules chargées, et en avons ensuite déduit ρ et $\vec{J}$.

18.1.4 Quadricourant d'un milieu continu

Nous avons défini le vecteur 4-courant $\vec{\jmath}$ en adoptant un point de vue microscopique, c'est-à-dire en sommant sur toutes les particules chargées (Éq. (18.5)). Or si l'on considère une région macroscopique, le nombre N de particules est immense et il est naturel de passer à une limite continue. $\vec{\jmath}$ apparaît alors comme un champ vectoriel continu sur $\mathscr{E}$. En pratique, il est même différentiable.

18.2 Équations de Maxwell

18.2.1 Énoncé

Ayant introduit le vecteur 4-courant électrique $\vec{j}$, nous sommes à présent en mesure d'énoncer les ***équations de Maxwell***. Elles s'expriment en fonction des dérivées extérieures $\mathbf{d}\boldsymbol{F}$ et $\mathbf{d}\star\boldsymbol{F}$ de la 2-forme champ électromagnétique $\boldsymbol{F}$ et de son dual de Hodge[3] $\star\boldsymbol{F}$:

$$\boxed{\mathbf{d}\boldsymbol{F} = 0} \tag{18.16}$$

$$\boxed{\mathbf{d}\star\boldsymbol{F} = \varepsilon_0^{-1} \star\underline{\boldsymbol{j}}}, \tag{18.17}$$

où ε_0 est une constante universelle, appelée ***permittivité du vide***, et $\star\underline{\boldsymbol{j}}$ est la 3-forme associée au vecteur 4-courant électrique $\vec{j}$ par dualité de Hodge. Plus précisément, $\star\underline{\boldsymbol{j}}$ est le dual de Hodge de la 1-forme $\underline{\boldsymbol{j}}$ associée à $\vec{j}$ par dualité métrique. D'après l'Éq. (14.87) (*cf.* aussi (15.89)),

$$\star\underline{\boldsymbol{j}} := \boldsymbol{\epsilon}(\vec{j}, ., ., .). \tag{18.18}$$

Ainsi que nous l'avons vu au § 18.1.1, $\star\underline{\boldsymbol{j}}$ est la 3-forme dont l'intégration sur un 3-volume donne la charge électrique totale contenue dans ce volume (Éq. (18.2)).

La valeur de la constante ε_0 est

$$\varepsilon_0 = \frac{1}{\mu_0 c^2} \simeq 8.854\,187\,817 \times 10^{-12}\ \mathrm{F.m^{-1}}, \tag{18.19}$$

où la constante μ_0 est la ***perméabilité du vide*** et a une valeur fixe en unités SI :

$$\mu_0 = 4\pi\ 10^{-7}\ \mathrm{N.A^{-2}}. \tag{18.20}$$

Remarque : Les équations de Maxwell (18.16)–(18.17) sont indépendantes de tout observateur, puisque $\boldsymbol{F}$ et $\vec{j}$ sont des champs sur $\mathscr{E}$ qui ne font référence à aucun observateur.

À ce stade, nous considérons les équations de Maxwell (18.16)–(18.17) comme un postulat, à la base de la théorie de l'électrodynamique classique. Nous verrons au § 18.6 que l'on peut en fait les dériver d'un principe de moindre action.

---

3. Rappelons que la dérivée extérieure a été introduite au § 15.4, le dual de Hodge au § 14.4, et plus spécifiquement au § 17.1.5 pour $\boldsymbol{F}$.

18.2.2 Formes alternatives

On peut réécrire l'équation de Maxwell (18.17) sous une forme faisant apparaître la divergence du tenseur $\boldsymbol{F}$ plutôt que la dérivée extérieure de $\star\boldsymbol{F}$. Pour cela il faut appliquer l'étoile de Hodge à l'Éq. (18.17). Comme d'après (14.92), $\star\star\underline{\boldsymbol{j}} = \underline{\boldsymbol{j}}$, il vient

$$\star\mathbf{d}\star\boldsymbol{F} = \varepsilon_0^{-1}\,\underline{\boldsymbol{j}}. \tag{18.21}$$

$\mathbf{d}\star\boldsymbol{F}$ étant une 3-forme, son dual de Hodge, $\star\mathbf{d}\star\boldsymbol{F}$, est une 1-forme. Considérons le vecteur associé par dualité métrique, $\overrightarrow{\star\mathbf{d}\star\boldsymbol{F}}$, et évaluons ses composantes en combinant les Éqs. (14.89) et (15.66) :

$$\begin{aligned}
(\star\mathrm{d}\star F)^\alpha &= \frac{1}{6}\,\epsilon^{\mu\nu\rho\alpha}(\mathrm{d}\star F)_{\mu\nu\rho} \\
&= \frac{1}{6}\,\epsilon^{\mu\nu\rho\alpha}\left(\nabla_\mu \star F_{\nu\rho} + \nabla_\nu \star F_{\rho\mu} + \nabla_\rho \star F_{\mu\nu}\right) \\
&= \frac{1}{6}\left[\nabla_\mu\left(\epsilon^{\mu\nu\rho\alpha}\star F_{\nu\rho}\right) + \nabla_\nu\left(\epsilon^{\mu\nu\rho\alpha}\star F_{\rho\mu}\right) + \nabla_\rho\left(\epsilon^{\mu\nu\rho\alpha}\star F_{\mu\nu}\right)\right] \\
&= \frac{1}{6}\Big[\nabla_\mu\underbrace{(\epsilon^{\nu\rho\mu\alpha}\star F_{\nu\rho})}_{2\,(\star\star F)^{\mu\alpha}} + \nabla_\nu\underbrace{(\epsilon^{\rho\mu\nu\alpha}\star F_{\rho\mu})}_{2\,(\star\star F)^{\nu\alpha}} + \nabla_\rho\underbrace{(\epsilon^{\mu\nu\rho\alpha}\star F_{\mu\nu})}_{2\,(\star\star F)^{\rho\alpha}}\Big] \\
&= \nabla_\mu(\star\star F)^{\mu\alpha} = -\nabla_\mu F^{\mu\alpha} = \nabla_\mu F^{\alpha\mu},
\end{aligned}$$

où pour passer à la troisième ligne, nous avons utilisé le fait que $\nabla_\mu\epsilon^{\mu\nu\rho\alpha} = 0$ puisque $\boldsymbol{\epsilon}$ est un champ constant sur $\mathscr{E}$ (*cf.* remarque p. 513) et pour les quatrième et cinquième lignes, nous avons utilisé la définition (14.88) pour le dual de Hodge de $\star\boldsymbol{F}$, soit $\star\star\boldsymbol{F}$, ainsi que la propriété (14.92) : $\star\star\boldsymbol{F} = -\boldsymbol{F}$ et l'antisymétrie de $\boldsymbol{F}$. On reconnaît dans $\nabla_\mu F^{\alpha\mu}$ les composantes de la divergence $\boldsymbol{\nabla}\cdot\boldsymbol{F}^\sharp$ du tenseur $\boldsymbol{F}^\sharp$ introduit au § 17.1.5 (*cf.* § 15.3.6), d'où

$$\overrightarrow{\star\mathbf{d}\star\boldsymbol{F}} = \boldsymbol{\nabla}\cdot\boldsymbol{F}^\sharp. \tag{18.22}$$

En reportant cette relation dans (18.21), il vient $\boldsymbol{\nabla}\cdot\boldsymbol{F}^\sharp = \varepsilon_0^{-1}\,\vec{\jmath}$, de sorte que les équations de Maxwell (18.16)–(18.17) peuvent être exprimées en fonction de $\boldsymbol{F}$ et $\boldsymbol{F}^\sharp$ comme

$$\boxed{\mathbf{d}\boldsymbol{F} = 0} \tag{18.23}$$

$$\boxed{\boldsymbol{\nabla}\cdot\boldsymbol{F}^\sharp = \varepsilon_0^{-1}\,\vec{\jmath}}. \tag{18.24}$$

Les composantes de ces équations par rapport à un système de coordonnées (x^α) sur $\mathscr{E}$ s'obtiennent à l'aide des formules (15.70) et (15.60) (cette dernière étant applicable puisque $\boldsymbol{F}^\sharp$ est antisymétrique) :

$$\boxed{\frac{\partial F_{\beta\gamma}}{\partial x^\alpha} + \frac{\partial F_{\gamma\alpha}}{\partial x^\beta} + \frac{\partial F_{\alpha\beta}}{\partial x^\gamma} = 0} \tag{18.25}$$

$$\boxed{\frac{1}{\sqrt{-\det g}}\frac{\partial}{\partial x^\mu}\left(\sqrt{-\det g}\;F^{\alpha\mu}\right) = \varepsilon_0^{-1}\,j^\alpha}. \tag{18.26}$$

Considérons à présent l'étoile de Hodge de l'équation de Maxwell (18.16). Puisque $\star\star\boldsymbol{F} = -\boldsymbol{F}$, on a $\star\mathbf{d}\boldsymbol{F} = -\star\mathbf{d}\star(\star\boldsymbol{F})$. Or, en appliquant la formule (18.22), qui est valable pour toute 2-forme, à $\star\boldsymbol{F}$ plutôt qu'à $\boldsymbol{F}$, il vient $\star\mathbf{d}\star(\star\boldsymbol{F}) = \boldsymbol{\nabla}\cdot\star\boldsymbol{F}^\sharp$. On en conclut que les équations Maxwell (18.16)–(18.17) peuvent être exprimées uniquement en fonction du dual de Hodge de $\boldsymbol{F}$ suivant

$$\boxed{\boldsymbol{\nabla}\cdot\star\boldsymbol{F}^\sharp = 0} \tag{18.27}$$

$$\boxed{\mathbf{d}\star\boldsymbol{F} = \varepsilon_0^{-1}\star\underline{\boldsymbol{j}}}. \tag{18.28}$$

Enfin, en regroupant (18.27) et (18.24), on met les équations de Maxwell sous la forme

$$\boxed{\boldsymbol{\nabla}\cdot\star\boldsymbol{F}^\sharp = 0} \tag{18.29}$$

$$\boxed{\boldsymbol{\nabla}\cdot\boldsymbol{F}^\sharp = \varepsilon_0^{-1}\vec{\boldsymbol{j}}}. \tag{18.30}$$

Remarque 1 : Ces deux dernières équations, qui sont des égalités portant sur des vecteurs, sont les duales de Hodge des équations de Maxwell originales (18.16)–(18.17), qui étaient quant à elles des égalités portant sur des 3-formes.

Remarque 2 : Aussi bien sous la forme (18.16)–(18.17), que sur le système (18.29)-(18.30), on constate une dissymétrie entre les deux équations de Maxwell : l'une comporte une source ($\star\underline{\boldsymbol{j}}$ ou $\vec{\boldsymbol{j}}$) et l'autre pas. Cette dissymétrie reflète la non-existence de ***charge magnétique***, également appelée ***monopôle magnétique***. Si des monopôles magnétiques existaient, ils seraient décrits par un vecteur « quadricourant magnétique », disons $\vec{\boldsymbol{h}}$, analogue du vecteur $\vec{\boldsymbol{j}}$ pour les charges électriques, et les équations de Maxwell prendraient la forme symétrique

$$\begin{cases}\mathbf{d}\boldsymbol{F} = \varepsilon_0^{-1}\star\underline{\boldsymbol{h}}\\ \mathbf{d}\star\boldsymbol{F} = \varepsilon_0^{-1}\star\underline{\boldsymbol{j}}\end{cases} \iff \begin{cases}\boldsymbol{\nabla}\cdot\star\boldsymbol{F}^\sharp = \varepsilon_0^{-1}\vec{\boldsymbol{h}}\\ \boldsymbol{\nabla}\cdot\boldsymbol{F}^\sharp = \varepsilon_0^{-1}\vec{\boldsymbol{j}}.\end{cases} \tag{18.31}$$

Certaines théories, comme les théories de grande unification ou la théorie des cordes, prédisent l'existence de monopôles magnétiques (*cf.* par exemple [318]) ; mais aucun n'a été détecté à ce jour.

18.2.3 Expression en terme des champs électrique et magnétique

Nous avons remarqué plus haut que les équations de Maxwell sont indépendantes de tout observateur. Mais si l'on introduit un observateur, nous allons pouvoir les réécrire en terme du couple $(\boldsymbol{E}, \vec{\boldsymbol{B}})$ résultant de la décomposition de $\boldsymbol{F}$ vis-à-vis de l'observateur. Plus précisément, considérons un réseau rigide d'observateurs inertiels, tel que défini au § 8.1.4. Chaque observateur du réseau a la même 4-vitesse constante $\vec{\boldsymbol{u}}$ et mesure en tout point de sa ligne d'univers un champ électrique $\boldsymbol{E}$ et un champ magnétique $\vec{\boldsymbol{B}}$, le champ électromagnétique total $\boldsymbol{F}$ s'en déduisant par la formule (17.7). Partons des équations de Maxwell sous la forme (18.29)–(18.30). Les composantes du tenseur $\boldsymbol{F}^\sharp$ se déduisent de (17.11) et (17.21) :

$$F^{\alpha\beta} = u^\alpha E^\beta - E^\alpha u^\beta + c\,\epsilon^{\mu\nu\alpha\beta} u_\mu B_\nu. \tag{18.32}$$

Compte tenu du fait que $\vec{\boldsymbol{u}}$ et ${}^4\boldsymbol{\epsilon}$ sont des champs tensoriels constants sur $\mathscr{E}$, la divergence de $\boldsymbol{F}^\sharp$ se calcule comme

$$\nabla_\mu F^{\alpha\mu} = u^\alpha \nabla_\mu E^\mu - u^\mu \nabla_\mu E^\alpha + c\,\epsilon^{\rho\nu\alpha\mu} u_\rho \nabla_\mu B_\nu. \tag{18.33}$$

Comme nous l'avons remarqué au § 18.2.1, $\star\boldsymbol{F}$ se déduit de $\boldsymbol{F}$ en remplaçant $\boldsymbol{E}$ par $-c\underline{\boldsymbol{B}}$ et $c\underline{\boldsymbol{B}}$ par $\boldsymbol{E}$. On déduit donc de (18.33) que les composantes de $\boldsymbol{\nabla}\cdot\star\boldsymbol{F}^\sharp$ sont

$$\nabla_\mu (\star F)^{\alpha\mu} = -cu^\alpha \nabla_\mu B^\mu + cu^\mu \nabla_\mu B^\alpha + \epsilon^{\rho\nu\alpha\mu} u_\rho \nabla_\mu E_\nu. \tag{18.34}$$

Décomposons l'équation de Maxwell (18.29) en deux parties : l'une colinéaire à la 4-vitesse $\vec{\boldsymbol{u}}$ des observateurs inertiels considérés et l'autre perpendiculaire à $\vec{\boldsymbol{u}}$. Dans le premier cas, il suffit de former le produit scalaire de (18.29) avec $\vec{\boldsymbol{u}}$. À partir de l'expression (18.34), il vient

$$-c\underbrace{u_\alpha u^\alpha}_{-1} \nabla_\mu B^\mu + cu^\mu \nabla_\mu \underbrace{[u_\alpha B^\alpha]}_{0} + \underbrace{\epsilon^{\rho\nu\alpha\mu} u_\rho u_\alpha}_{0} \nabla_\mu E_\nu = 0,$$

soit

$$\boxed{\boldsymbol{\nabla}\cdot\vec{\boldsymbol{B}} = 0}. \tag{18.35}$$

La composante de (18.29) perpendiculaire à $\vec{\boldsymbol{u}}$ s'obtient à l'aide du projecteur orthogonal $\perp_{\boldsymbol{u}}$:

$$\begin{aligned}
&(\delta^\alpha{}_\beta + u^\alpha u_\beta)\left[-cu^\beta \nabla_\mu B^\mu + cu^\mu \nabla_\mu B^\beta + \epsilon^{\rho\nu\beta\mu} u_\rho \nabla_\mu E_\nu\right] = 0 \\
\Longrightarrow\ & cu^\mu \nabla_\mu B^\alpha + \epsilon^{\rho\nu\alpha\mu} u_\rho \nabla_\mu E_\nu = 0.
\end{aligned}$$

Or $\epsilon^{\rho\nu\alpha\mu} u_\rho \nabla_\mu E_\nu = \epsilon^{\rho\alpha\mu\nu} u_\rho \nabla_\mu E_\nu$ et en comparant avec (15.73), on reconnaît le rotationnel du champ $\vec{\boldsymbol{E}}$. On a donc

$$c\boldsymbol{\nabla}_{\vec{\boldsymbol{u}}}\vec{\boldsymbol{B}} + \boldsymbol{\nabla}\times_{\boldsymbol{u}} \vec{\boldsymbol{E}} = 0.$$

Mais d'après (15.28), en un point $M \in \mathscr{E}$ fixé, $c\boldsymbol{\nabla}_{\vec{\boldsymbol{u}}}\vec{\boldsymbol{B}}$ n'est autre que la dérivée du champ $\vec{\boldsymbol{B}}$ le long de la ligne d'univers de l'observateur inertiel du réseau considéré passant par ce point. Nous l'indiquerons par une dérivée partielle par rapport au temps propre t, plutôt que par une dérivée droite comme dans (15.28), où il n'y avait qu'une seule ligne d'univers. On obtient donc

$$\boxed{\boldsymbol{\nabla}\times_{\boldsymbol{u}} \vec{\boldsymbol{E}} = -\frac{\partial \vec{\boldsymbol{B}}}{\partial t}}. \tag{18.36}$$

Cette relation est appelée ***équation de Maxwell-Faraday***.

Passons à présent à la décomposition orthogonale de l'équation de Maxwell (18.30) par rapport à $\vec{u}$. Compte tenu de (18.33) et (18.12), le produit scalaire de (18.30) avec $\vec{u}$ conduit à

$$\underbrace{u_\alpha u^\alpha}_{-1} \nabla_\mu E^\mu - u^\mu \nabla_\mu [\underbrace{u_\alpha E^\alpha}_{0}] + c\, \underbrace{\epsilon^{\rho\nu\alpha\mu} u_\rho u_\alpha}_{0} \nabla_\mu B_\nu = \varepsilon_0^{-1} \underbrace{u_\alpha j^\alpha}_{-\rho},$$

soit

$$\boxed{\nabla \cdot \vec{E} = \frac{\rho}{\varepsilon_0}}. \tag{18.37}$$

Il s'agit de l'***équation de Maxwell-Gauss***. La partie de (18.30) orthogonale à $\vec{u}$ est quant à elle (*cf.* (18.14))

$$-u^\mu \nabla_\mu E^\alpha + c\,\epsilon^{\rho\nu\alpha\mu} u_\rho \nabla_\mu B_\nu = \varepsilon_0^{-1} \underbrace{(\delta^\alpha{}_\beta + u^\alpha u_\beta) j^\beta}_{c^{-1} J^\alpha},$$

soit, en utilisant, comme nous l'avons fait pour $\vec{B}$, $c\boldsymbol{\nabla}_{\vec{u}}\vec{E} = \partial\vec{E}/\partial t$, ainsi que $1/(\varepsilon_0 c^2) = \mu_0$ (Éq. (18.19)),

$$\boxed{\boldsymbol{\nabla}\times_{\boldsymbol{u}} \vec{B} = \mu_0 \vec{J} + \frac{1}{c^2}\frac{\partial \vec{E}}{\partial t}}. \tag{18.38}$$

Cette dernière relation est appelée ***équation de Maxwell-Ampère***.

Ainsi nous avons montré que les deux équations de Maxwell exprimées en termes de $\boldsymbol{F}$ et $\vec{\jmath}$ sont équivalentes au système de quatre équations (18.35), (18.36), (18.37) et (18.38) portant sur les champs $\boldsymbol{E}$, $\vec{B}$, ρ et $\vec{J}$ relatifs au réseau rigide d'observateurs inertiels considéré.

Remarque 1 : Les nombres de composantes des deux systèmes d'équations sont évidemment les mêmes : les équations de Maxwell originales, soit sous la forme d'identités entre des 3-formes (version (18.16)-(18.17)), soit sous celle d'identités entre des vecteurs (version (18.29)–(18.30)), ont $4+4=8$ composantes[4]. Les équations de Maxwell en terme de $\boldsymbol{E}$ et $\vec{B}$ sont des identités entre des scalaires (Éq. (18.35) et (18.37)) ou des vecteurs de l'espace tridimensionnel $E_{\boldsymbol{u}}$ (Éq. (18.36) et (18.38)). Elles comportent donc $1+1+3+3=8$ composantes.

Remarque 2 : En lien avec la remarque 2 du § 18.2.2, s'il existait des monopôles magnétiques, représentés par un 4-courant $\vec{h}$, alors le membre de droite de (18.35) contiendrait $\rho_{\rm m} := -\vec{u}_0 \cdot \vec{h}$ et celui de (18.36) $\vec{J}_{\rm m} := c\perp_{\boldsymbol{u}_0}\vec{h}$, rendant les équations de Maxwell symétriques en $\vec{E}$ et $\vec{B}$.

Note historique : *Les équations qui régissent la dynamique du champ électromagnétique ont été publiées en 1861 et 1865 par James Clerk Maxwell*[5]

4. Rappelons que l'espace des 3-formes linéaires est de dimension 4, *cf.* (14.40).
5. **James Clerk Maxwell** (1831–1879) : Physicien écossais, célèbre pour avoir unifié l'électricité, le magnétisme et l'optique, dans les fameuses équations qui portent son nom.

[278, 279]. Elles sont formulées dans un référentiel privilégié, celui de l'éther, comprennent 20 composantes, et privilégient le potentiel magnétique[6] $\vec{\boldsymbol{A}}$. *La forme moderne tridimensionnelle des équations de Maxwell, à savoir les équations (18.35), (18.36), (18.37) et (18.38), où n'apparaît aucun potentiel mais seulement les vecteurs* $\vec{\boldsymbol{E}}$ *et* $\vec{\boldsymbol{B}}$, *est due à Oliver Heaviside*[7] *en 1885 [203] et à Heinrich Hertz*[8] *en 1890 [208]* (cf. *le récent ouvrage d'O. Darrigol [107]). La formulation quadridimensionnelle des équations de Maxwell, sous la forme des deux équations (18.29)–(18.30) faisant intervenir la divergence du tenseur* $\boldsymbol{F}^{\sharp}$ *et de son dual de Hodge, date de 1908 : c'est l'œuvre de Hermann Minkowski* (cf. *p. 25) [289], dans le cadre de la relativité restreinte et non plus dans celui de la théorie de l'éther.*

Par ailleurs, soulignons que nous avons obtenu les quatre équations (18.35)–(18.38) régissant $\vec{\boldsymbol{E}}$ *et* $\vec{\boldsymbol{B}}$ *pour un observateur inertiel* quelconque. *Le fait que leur forme ne dépende pas du choix de cet observateur est une manifestation du* principe de relativité *discuté p. 290. Cela confirme que ce dernier n'est pas un principe premier dans la présente formulation de la relativité restreinte mais se déduit du cadre posé au départ – l'espace-temps de Minkowksi – et de la forme quadridimensionnelle des équations de Maxwell, basée sur le tenseur champ électromagnétique* $\boldsymbol{F}$.

18.3 Conservation de la charge électrique

18.3.1 Déduction à partir des équations de Maxwell

L'équation de Maxwell (18.17) est une identité entre deux 3-formes. En appliquant l'opérateur de dérivation extérieure à chaque membre et en utilisant $\mathbf{dd}\star\boldsymbol{F} = 0$ (caractère nilpotent de la dérivée extérieure, *cf.* Éq. (15.76)), il vient immédiatement

$$\mathbf{d}\star\underline{\boldsymbol{j}} = 0. \tag{18.39}$$

Autrement dit, la 3-forme $\star\underline{\boldsymbol{j}}$ est fermée. Une conséquence est que pour toute hypersurface fermée[9] Σ dans $\mathscr{E}$, le flux du vecteur 4-courant à travers Σ est nul :

$$\boxed{\Sigma \text{ fermée} \Longrightarrow \Phi_\Sigma(\vec{\boldsymbol{j}}) = \int_\Sigma \star\underline{\boldsymbol{j}} = 0}, \tag{18.40}$$

où l'on a exprimé l'identité (16.52) entre le flux de $\vec{\boldsymbol{j}}$ et l'intégrale de la 3-forme $\star\underline{\boldsymbol{j}}$. Que (18.39) implique (18.40) découle immédiatement du théorème

6. Ce dernier sera introduit plus bas, au § 18.4.2.

7. **Oliver Heaviside** (1850–1925) : Physicien et mathématicien anglais ; autodidacte, il contribua à de nombreux domaines de l'électromagnétisme et des mathématiques (analyse vectorielle, équations différentielles).

8. **Heinrich Hertz** (1857–1894) : Physicien allemand, auteur de nombreux travaux en électromagnétisme et célèbre pour avoir démontré expérimentalement l'existence des ondes électromagnétiques.

9. Rappelons que *fermée* veut dire compacte et sans bord.

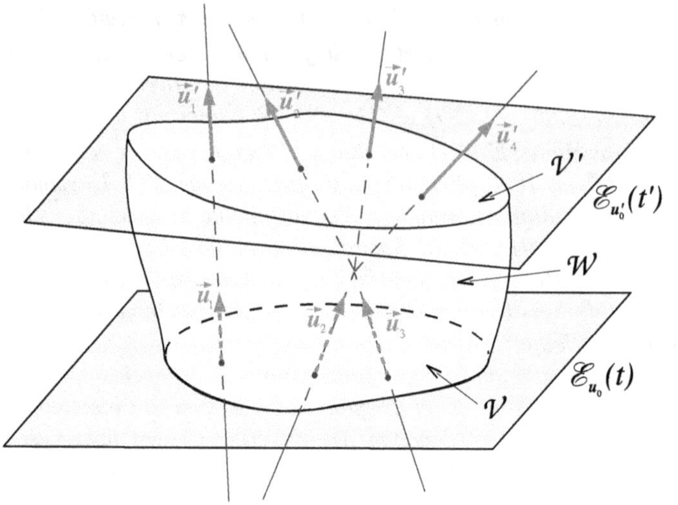

FIG. 18.3 – Conservation de la charge électrique entre deux domaines tridimensionnels $\mathscr{V}$ et $\mathscr{V}'$.

de Stokes (*cf.* § 16.4). En effet, si Σ est une hypersurface fermée, on peut la considérer comme le bord d'un domaine quadridimensionnel $\mathscr{U}$ et le théorème de Stokes (16.54) donne alors

$$\int_\Sigma \star \underline{j} = \int_{\mathscr{U}} \mathbf{d} \star \underline{j} = 0.$$

La propriété (18.40) rappelle celle vue au § 9.2.3 pour la conservation de la 4-impulsion d'un système isolé et traduit la ***conservation de la charge électrique***. En effet considérons deux régions tridimensionnelles $\mathscr{V}$ et $\mathscr{V}'$ comme extrémités d'un tube d'univers quadridimensionnel $\mathscr{U}$ (*cf.* Fig. 18.3), en supposant que $\mathscr{V}$ appartienne à l'espace de repos $\mathscr{E}_{\boldsymbol{u}_0}(t)$ d'un observateur inertiel $\mathcal{O}$ et $\mathscr{V}'$ à l'espace de repos $\mathscr{E}_{\boldsymbol{u}'_0}(t')$ d'un observateur inertiel $\mathcal{O}'$. $\mathcal{O}$ et $\mathcal{O}'$ peuvent être le même observateur, mais alors les instants t et t' sont différents. Le bord $\Sigma := \partial\mathscr{U}$ du tube $\mathscr{U}$ est constitué par l'union de $\mathscr{V}$, $\mathscr{V}'$ et d'une hypersurface $\mathscr{W}$ (la « paroi verticale » du tube, *cf.* Fig. 18.3). Σ est une hypersurface fermée ; on peut donc lui appliquer le résultat (18.40) et écrire

$$\Phi_\Sigma(\vec{\jmath}) = \Phi_{\mathscr{V}}(\vec{\jmath}) + \Phi_{\mathscr{V}'}(\vec{\jmath}) + \Phi_{\mathscr{W}}(\vec{\jmath}) = 0. \tag{18.41}$$

Or $Q' = \Phi_{\mathscr{V}'}(\vec{\jmath})$ n'est autre que la charge électrique du domaine $\mathscr{V}'$ (*cf.* Éq. (18.1)). Pour $\mathscr{V}$, il en est de même au signe près, car l'orientation de $\mathscr{V}$ en tant que bord de $\mathscr{U}$ lui donne une normale orientée vers le passé (*cf.* Fig. 18.3), alors que la charge électrique s'obtient en considérant la normale orientée vers le futur (4-vitesse $\vec{\boldsymbol{u}}_0$ dans (18.1)). On a donc $Q = -\Phi_{\mathscr{V}}(\vec{\jmath})$. Si l'on suppose que le tube $\mathscr{U}$ est ***électriquement isolé***, au sens où aucune particule chargée ne traverse la frontière $\mathscr{W}$, alors $\Phi_{\mathscr{W}}(\vec{j}) = 0$ et (18.41) se réduit à $-Q + Q' = 0$, soit

$$\boxed{Q' = Q}. \tag{18.42}$$

On peut interpréter ce résultat de deux façons :

- **loi de conservation pour un observateur donné :** si $\mathcal{O}'$ est le même observateur que $\mathcal{O}$, on peut voir $\mathscr{V}'$ comme le résultat de l'évolution du volume $\mathscr{V}$ de t à t' et (18.42) signifie que la charge reste constante. La condition d'isolation $\Phi_{\mathscr{W}}(\vec{j}) = 0$ s'interprète alors comme l'absence de particule chargée qui franchit la frontière du volume entre t et t' ;

- **invariance par changement d'observateur :** si $\mathcal{O}$ et $\mathcal{O}'$ sont deux observateurs différents, le résultat (18.42) traduit l'invariance de la charge électrique lors du passage d'un observateur à un autre.

Remarque 1 : Nous venons de montrer que la loi de conservation/invariance de la charge électrique est une conséquence des équations de Maxwell ; elle n'a donc pas besoin d'être postulée séparément.

Remarque 2 : La démonstration ci-dessus ne requiert pas la conservation du nombre de particules entre $\mathscr{V}$ et $\mathscr{V}'$: il peut se produire des réactions entre les particules, comme illustré sur la Fig. 18.3. Le nombre de particules chargées varie alors, mais la charge totale reste constante.

D'après la relation (15.90), la divergence du champ vectoriel $\vec{j}$ est l'opposé du dual de Hodge de la 4-forme $\mathbf{d} \star \underline{j}$: $\boldsymbol{\nabla} \cdot \vec{j} = -\star \mathbf{d} \star \underline{j}$. La propriété (18.39) de laquelle on a déduit la conservation de la charge électrique est donc équivalente à

$$\boxed{\boldsymbol{\nabla} \cdot \vec{j} = 0}. \tag{18.43}$$

Le 4-courant électrique est donc un champ vectoriel à divergence nulle.

Remarque 1 : Une manière alternative d'obtenir ce résultat est de partir de l'expression de $\boldsymbol{\nabla} \cdot \vec{j}$ en termes des composantes j^α de $\vec{j}$ dans un système de coordonnées (x^α), telle que donnée par l'Éq. (15.56) : $\sqrt{-\det g}\, \boldsymbol{\nabla} \cdot \vec{j} = \partial/\partial x^\mu (\sqrt{-\det g}\, j^\mu)$. En remplaçant j^μ *via* l'équation de Maxwell (18.26), il vient

$$\sqrt{-\det g}\, \boldsymbol{\nabla} \cdot \vec{j} = \varepsilon_0 \frac{\partial^2}{\partial x^\mu \partial x^\nu} \left(\sqrt{-\det g} F^{\mu\nu} \right).$$

Puisque $\boldsymbol{F}$ est antisymétrique, on a $F^{\mu\nu} = -F^{\nu\mu}$. Comme au contraire, $\partial^2/\partial x^\mu \partial x^\nu$ est symétrique, on en déduit que l'expression ci-dessus est nulle, retrouvant ainsi (18.43).

Remarque 2 : La loi de conservation de la charge électrique sous la forme (18.40), à savoir $\Phi_\Sigma(\vec{j}) = 0$ pour toute hypersurface fermée Σ, peut se déduire de $\boldsymbol{\nabla} \cdot \vec{j} = 0$ grâce au théorème de Gauss-Ostrogradski quadridimensionnel énoncé au § 16.4.2. En effet, considérant que Σ est le bord d'un domaine quadridimensionnel $\mathscr{U}$, le théorème de Gauss-Ostrogradski (16.72) donne

$$\Phi_\Sigma(\vec{\jmath}) = \int_{\mathscr{U}} \boldsymbol{\nabla} \cdot \vec{\jmath}\, dU,$$

de sorte que (18.43) implique bien $\Phi_\Sigma(\vec{\jmath}) = 0$.

18.3.2 Expression en fonction des densités de charge et de courant

Décomposons le 4-courant $\vec{\jmath}$ en terme de la densité de charge ρ et de la densité de courant $\vec{\boldsymbol{J}}$ relative à un observateur inertiel $\mathcal{O}$, suivant la relation (18.11). Les composantes de $\vec{\jmath}$ dans le référentiel de $\mathcal{O}$ sont alors $j^\alpha = (\rho, J^i/c)$. La relation (18.43) s'écrit alors en utilisant l'expression (15.56) de la divergence en termes des coordonnées (x^α) associées à $\mathcal{O}$:

$$\frac{\partial \rho}{\partial x^0} + \frac{\partial}{\partial x^i}\left(\frac{J^i}{c}\right) = 0,$$

où l'on a utilisé $\det g = -1$ puisque les coordonnées (x^α) sont inertielles. En écrivant $x^0 = ct$, et en notant que $\partial J^i/\partial x^i = \boldsymbol{\nabla}\cdot \vec{\boldsymbol{J}}$ puisque $J^0 = -\vec{\boldsymbol{u}}_0 \cdot \vec{\boldsymbol{J}} = 0$, il vient

$$\boxed{\frac{\partial \rho}{\partial t} + \boldsymbol{\nabla}\cdot \vec{\boldsymbol{J}} = 0}. \tag{18.44}$$

On retrouve là une équation familière de la physique : celle qui exprime la conservation d'une quantité (charge électrique, masse, nombre baryonique, etc.) en termes de la densité volumique de ladite quantité et de la densité de courant correspondante.

18.3.3 Théorème de Gauss

Soit $\mathcal{S}$ une 2-surface fermée[10] délimitant une région tridimensionnelle $\mathscr{V} \subset \mathscr{E} : \mathcal{S} = \partial \mathscr{V}$. $\mathcal{S}$ et $\mathscr{V}$ peuvent appartenir à l'espace de repos d'un observateur, mais cela n'est pas nécessaire. La charge électrique Q contenue dans $\mathscr{V}$ s'exprime suivant la formule (18.2) comme l'intégrale sur $\mathscr{V}$ de la 3-forme $\star \underline{j}$. Comme d'après l'équation de Maxwell (18.17), $\star \underline{j} = \varepsilon_0 \mathbf{d} \star \boldsymbol{F}$, on peut écrire

$$Q = \varepsilon_0 \int_{\mathscr{V}} \mathbf{d} \star \boldsymbol{F} = \varepsilon_0 \int_{\mathcal{S}} \star \boldsymbol{F},$$

où la deuxième égalité résulte du théorème de Stokes (16.54). Ainsi l'intégrale de la 2-forme $\star \boldsymbol{F}$ sur la 2-surface $\mathcal{S}$ est (à un facteur ε_0 près) la charge

10. Compacte et sans bord, comme par exemple une sphère.

électrique contenue à l'intérieur de $\mathcal{S}$:

$$\boxed{\int_{\mathcal{S}} \star \boldsymbol{F} = \frac{Q}{\varepsilon_0}}. \tag{18.45}$$

Ce résultat est connu sous le nom de ***théorème de Gauss***.

Si l'on considère un observateur inertiel $\mathcal{O}$ et $\mathcal{S}$ dans l'espace de repos de $\mathcal{O}$, on peut exprimer $\star\boldsymbol{F}$ en fonction des champs électrique $\boldsymbol{E}$ et magnétique $\vec{\boldsymbol{B}}$ mesurés par $\mathcal{O}$, suivant la relation (17.24). Il vient alors

$$\int_{\mathcal{S}} \star\boldsymbol{F} = -\underbrace{\int_{\mathcal{S}} \underline{\boldsymbol{u}}_0 \wedge c\underline{\boldsymbol{B}}}_{=0} + \int_{\mathcal{S}} \star(\underline{\boldsymbol{u}}_0 \wedge \boldsymbol{E}) = \int_{\mathcal{S}} \boldsymbol{\epsilon}(\vec{\boldsymbol{u}}_0, \vec{\boldsymbol{E}}, ., .), \tag{18.46}$$

où la nullité de la première intégrale résulte du fait que $\vec{\boldsymbol{u}}_0$ est orthogonal à $\mathcal{S}$, si bien que pour tout vecteur élémentaire $d\vec{\boldsymbol{\ell}}$ tangent à $\mathcal{S}$, $\langle \underline{\boldsymbol{u}}_0, d\vec{\boldsymbol{\ell}} \rangle = 0$ (*cf.* la définition (16.18) d'une intégrale sur la 2-surface $\mathcal{S}$). La deuxième égalité dans (18.46) provient de l'expression (14.94) de l'étoile de Hodge appliquée à un produit extérieur. Pour tout couple $(d\vec{\boldsymbol{\ell}}_2, d\vec{\boldsymbol{\ell}}_3)$ de vecteurs élémentaires tangents à $\mathcal{S}$, $\boldsymbol{\epsilon}(\vec{\boldsymbol{u}}_0, \vec{\boldsymbol{E}}, d\vec{\boldsymbol{\ell}}_2, d\vec{\boldsymbol{\ell}}_3)$ ne fait intervenir que la partie de $\vec{\boldsymbol{E}}$ qui est orthogonale à $\mathcal{S}$, soit le vecteur $(\vec{\boldsymbol{s}} \cdot \vec{\boldsymbol{E}})\, \vec{\boldsymbol{s}}$, où $\vec{\boldsymbol{s}}$ est la normale unitaire à $\mathcal{S}$ dans $(\mathscr{E}_{\boldsymbol{u}_0}, \boldsymbol{g})$ dirigée vers l'extérieur de $\mathcal{S}$. On a donc $\boldsymbol{\epsilon}(\vec{\boldsymbol{u}}_0, \vec{\boldsymbol{E}}, d\vec{\boldsymbol{\ell}}_2, d\vec{\boldsymbol{\ell}}_3) = (\vec{\boldsymbol{s}} \cdot \vec{\boldsymbol{E}})\, \boldsymbol{\epsilon}(\vec{\boldsymbol{u}}_0, \vec{\boldsymbol{s}}, d\vec{\boldsymbol{\ell}}_2, d\vec{\boldsymbol{\ell}}_3)$. Or, sur $\mathcal{S}$, $\boldsymbol{\epsilon}(\vec{\boldsymbol{u}}_0, \vec{\boldsymbol{s}}, ., .)$ n'est autre que la 2-forme élément d'aire (*cf.* Éq. (16.34)). On en conclut que

$$\int_{\mathcal{S}} \star\boldsymbol{F} = \int_{\mathcal{S}} \vec{\boldsymbol{E}} \cdot \vec{\boldsymbol{s}}\, dS, \tag{18.47}$$

si bien que le théorème de Gauss (18.45) s'exprime en fonction du flux du vecteur $\vec{\boldsymbol{E}}$ à travers la surface $\mathcal{S}$ (dans l'espace tridimensionnel $(\mathscr{E}_{\boldsymbol{u}_0}, \boldsymbol{g})$) :

$$\boxed{\int_{\mathcal{S}} \vec{\boldsymbol{E}} \cdot \vec{\boldsymbol{s}}\, dS = \frac{Q}{\varepsilon_0}}. \tag{18.48}$$

Remarque : On peut également obtenir ce dernier résultat à partir de l'équation de Maxwell-Gauss (18.37), en utilisant le théorème de Gauss-Ostrogradski tridimensionnel (16.70) et l'expression (18.13) de Q en fonction de la densité de charge ρ :

$$\int_{\mathcal{S}} \vec{\boldsymbol{E}} \cdot \vec{\boldsymbol{s}}\, dS = \int_{\mathscr{V}} \boldsymbol{\nabla} \cdot \vec{\boldsymbol{E}}\, dV - \frac{1}{\epsilon_0} \int_{\mathscr{V}} \rho\, dV = \frac{Q}{\epsilon_0}.$$

Remarquons également que le même théorème de Gauss-Ostrogradski appliqué à l'équation de Maxwell tridimensionnelle (18.35), $\boldsymbol{\nabla} \cdot \vec{\boldsymbol{B}} = 0$, conduit à la nullité du flux de $\vec{\boldsymbol{B}}$ à travers toute surface fermée $\mathcal{S}$.

18.4 Résolution des équations de Maxwell

18.4.1 Quadripotentiel

L'équation de Maxwell $\mathbf{d}\boldsymbol{F} = 0$ (Éq. (18.16)) signifie que la 2-forme $\boldsymbol{F}$ est fermée. D'après le lemme de Poincaré (*cf.* § 15.4.3), il existe localement[11] une 1-forme $\boldsymbol{A}$ telle que $\boldsymbol{F}$ soit la dérivée extérieure de $\boldsymbol{A}$:

$$\boxed{\boldsymbol{F} = \mathbf{d}\boldsymbol{A}}. \tag{18.49}$$

$\boldsymbol{A}$ est appelé ***quadripotentiel électromagnétique*** ou encore ***4-potentiel électromagnétique***. Étant donné un système de coordonnées (x^α) sur $\mathscr{E}$, les composantes de $\boldsymbol{A}$ sont reliées à celles de $\boldsymbol{F}$ par les formules (15.64) et (15.69) :

$$\boxed{F_{\alpha\beta} = \nabla_\alpha A_\beta - \nabla_\beta A_\alpha = \frac{\partial A_\beta}{\partial x^\alpha} - \frac{\partial A_\alpha}{\partial x^\beta}}. \tag{18.50}$$

L'avantage de travailler avec $\boldsymbol{A}$, plutôt qu'avec $\boldsymbol{F}$, est que la première des deux équations de Maxwell (18.23)–(18.24) est automatiquement satisfaite puisque $\mathbf{dd}\boldsymbol{A} = 0$ (caractère nilpotent de la dérivée extérieure, *cf.* § 15.4.3). La deuxième équation de Maxwell (18.24) s'exprime en fonction de $\boldsymbol{F}^\sharp$ dont les composantes sont reliées à celles de $\boldsymbol{A}$ *via* les formules (17.21) et (18.50) :

$$F^{\alpha\beta} = g^{\alpha\mu} g^{\beta\nu} \left(\nabla_\mu A_\nu - \nabla_\nu A_\mu\right) = \nabla^\alpha A^\beta - \nabla^\beta A^\alpha, \tag{18.51}$$

où $A^\alpha = g^{\alpha\mu} A_\mu$ sont les composantes du vecteur $\vec{\boldsymbol{A}}$ associé à la 1-forme $\boldsymbol{A}$ par dualité métrique et

$$\boxed{\nabla^\alpha := g^{\alpha\mu} \nabla_\mu}. \tag{18.52}$$

En étendant la notation flèche introduite au § 1.5, nous écrirons $\vec{\boldsymbol{\nabla}}$ pour l'opérateur dont les composantes sont ∇^α. Alors que l'opérateur de dérivation covariante $\boldsymbol{\nabla}$ associe à tout champ tensoriel de type (k, ℓ) un champ tensoriel de type $(k, \ell + 1)$, l'opérateur $\vec{\boldsymbol{\nabla}}$ lui fait correspondre un champ tensoriel de type $(k + 1, \ell)$. En particulier, pour un champ scalaire f, $\vec{\boldsymbol{\nabla}} f$ est le champ vectoriel dual métrique de la 1-forme gradient de f (*cf.* Éq. (15.62)) :

$$\vec{\boldsymbol{\nabla}} f = \overrightarrow{\mathbf{d}f} \quad \Longleftrightarrow \quad \nabla^\alpha f = g^{\alpha\mu} \frac{\partial f}{\partial x^\mu}. \tag{18.53}$$

En reportant (18.51) dans l'équation de Maxwell (18.24), il vient

$$\nabla_\mu \nabla^\alpha A^\mu - \nabla_\mu \nabla^\mu A^\alpha = \varepsilon_0^{-1} j^\alpha. \tag{18.54}$$

Il apparaît dans cette équation l'***opérateur d'alembertien***

$$\boxed{\Box := \nabla_\mu \nabla^\mu}. \tag{18.55}$$

11. Sur tout domaine étoilé.

Si les (x^α) sont des coordonnées inertielles, $\nabla_\mu = \partial/\partial x^\mu$ et $\nabla^\mu = \eta^{\mu\nu}\partial/\partial x^\nu$, soit $\nabla^\mu = (-\partial/\partial x^0, \partial/\partial x^1, \partial/\partial x^2, \partial/\partial x^3)$, si bien qu'en notant $(x^\alpha) = (ct, x, y, z)$,

$$\boxed{\Box = \eta^{\mu\nu}\frac{\partial}{\partial x^\mu}\frac{\partial}{\partial x^\nu} = -\frac{1}{c^2}\frac{\partial^2}{\partial t^2} + \frac{\partial^2}{\partial x^2} + \frac{\partial^2}{\partial y^2} + \frac{\partial^2}{\partial z^2}} \quad \text{(coordonnées inertielles).} \tag{18.56}$$

Remarque : Contrairement aux opérateurs dérivation covariante ou divergence, le d'alembertien associe à tout champ tensoriel de type (k, ℓ) un champ tensoriel de même type.

Compte tenu de $\nabla_\mu \nabla^\alpha A^\mu = \nabla^\alpha \nabla_\mu A^\mu$, on peut écrire l'équation de Maxwell (18.54) sous la forme

$$\boxed{\Box\vec{A} - \vec{\nabla}(\nabla \cdot \vec{A}) = -\varepsilon_0^{-1}\vec{j}}. \tag{18.57}$$

18.4.2 Potentiels électrique et magnétique

Étant donné un observateur inertiel $\mathcal{O}$, nous pouvons décomposer la 1-forme $\boldsymbol{A}$ orthogonalement vis-à-vis de la 4-vitesse $\vec{u}_0$ de $\mathcal{O}$ suivant

$$\boxed{\boldsymbol{A} =: V\underline{\boldsymbol{u}}_0 + c\boldsymbol{\mathcal{A}}} \qquad \text{avec} \quad \langle \boldsymbol{\mathcal{A}}, \vec{u}_0 \rangle = 0. \tag{18.58}$$

Le champ scalaire V ainsi introduit est appelé ***potentiel électrique relatif à*** $\mathcal{O}$, alors que le champ vectoriel $\vec{\mathcal{A}}$ dual métrique de la 1-forme $\boldsymbol{\mathcal{A}}$ est appelé ***potentiel magnétique relatif à*** $\mathcal{O}$. Les composantes de $\boldsymbol{A}$ et $\vec{A}$ relatives au référentiel $(\vec{e}_\alpha)$ de $\mathcal{O}$ sont

$$A_\alpha = (-V, c\mathcal{A}_1, c\mathcal{A}_2, c\mathcal{A}_3) \qquad \text{et} \qquad A^\alpha = (V, c\mathcal{A}^1, c\mathcal{A}^2, c\mathcal{A}^3), \tag{18.59}$$

avec $\mathcal{A}^i = \mathcal{A}_i$ puisque $(\vec{e}_\alpha)$ est une base orthonormale.

En reportant (18.58) dans (18.49), on obtient l'expression du champ électromagnétique en terme des potentiels V et $\boldsymbol{\mathcal{A}}$:

$$\boldsymbol{F} = \mathbf{d}V \wedge \underline{\boldsymbol{u}}_0 + c\,\mathbf{d}\boldsymbol{\mathcal{A}}. \tag{18.60}$$

Notons que l'on a utilisé la formule (15.78) sous la forme $\mathbf{d}(V\underline{\boldsymbol{u}}_0) = \mathbf{d}(V \wedge \underline{\boldsymbol{u}}_0) = \mathbf{d}V \wedge \underline{\boldsymbol{u}}_0 + V \wedge \mathbf{d}\underline{\boldsymbol{u}}_0 = \mathbf{d}V \wedge \underline{\boldsymbol{u}}_0$, puisque $\mathbf{d}\underline{\boldsymbol{u}}_0 = 0$, $\underline{\boldsymbol{u}}_0$ étant un champ constant sur $\mathscr{E}$ ($\mathcal{O}$ est un observateur inertiel).

Le champ électrique mesuré par $\mathcal{O}$ est $\boldsymbol{E} = \boldsymbol{F}(., \vec{u}_0)$ (Éq. (17.8)), si bien que (18.60) conduit à

$$\boldsymbol{E} = -\mathbf{d}V - \langle \mathbf{d}V, \vec{u}_0 \rangle\, \underline{\boldsymbol{u}}_0 + c\,\mathbf{d}\boldsymbol{\mathcal{A}}(., \vec{u}_0). \tag{18.61}$$

Les deux premiers termes font apparaître le projecteur orthogonal de $\mathbf{d}V$ sur $E_{\boldsymbol{u}_0}$ (*cf.* Éq. (3.13)) : $\mathbf{d}V + \langle \mathbf{d}V, \vec{u}_0 \rangle\, \underline{\boldsymbol{u}}_0 = \mathbf{d}V \circ \perp_{\boldsymbol{u}_0}$. Quant au dernier terme, ses composantes dans les coordonnées inertielles (x^α) liées à $\mathcal{O}$ sont $(\mathbf{d}\boldsymbol{\mathcal{A}}(.,\vec{\boldsymbol{u}}_0))_\alpha = (\nabla_\alpha \mathcal{A}_\beta - \nabla_\beta \mathcal{A}_\alpha) u_0^\beta = -u_0^\beta \nabla_\beta \mathcal{A}_\alpha$, compte tenu de $\mathcal{A}_\beta u_0^\beta = 0$ et $\nabla_\alpha u_0^\beta = 0$. Il vient donc

$$\boldsymbol{E} = -\mathbf{d}V \circ \perp_{\boldsymbol{u}_0} - c\, \boldsymbol{\nabla}_{\vec{\boldsymbol{u}}_0} \boldsymbol{\mathcal{A}}. \tag{18.62}$$

Introduisons la notation

$$\boldsymbol{\nabla}_{\perp_{\boldsymbol{u}_0}} V := \mathbf{d}V \circ \perp_{\boldsymbol{u}_0}. \tag{18.63}$$

$\boldsymbol{\nabla}_{\perp_{\boldsymbol{u}_0}}$ est l'opérateur gradient « purement spatial » (vis-à-vis de $\mathcal{O}$) : il ne contient que les composantes du gradient de V dans des directions tangentes à l'espace de repos de $\mathcal{O}$. Alors que les composantes de $\mathbf{d}V$ sont $(\mathbf{d}V)_\alpha = \partial V / \partial x^\alpha$, celles de $\boldsymbol{\nabla}_{\perp_{\boldsymbol{u}_0}} V$ sont

$$\left(\nabla_{\perp_{\boldsymbol{u}_0}} V\right)_\alpha = \left(0, \frac{\partial V}{\partial x^1}, \frac{\partial V}{\partial x^2}, \frac{\partial V}{\partial x^3}\right). \tag{18.64}$$

En notant comme au § 18.2.3 l'opérateur $c\, \boldsymbol{\nabla}_{\vec{\boldsymbol{u}}_0}$ par une dérivée partielle par rapport à la coordonnée $t := x^0/c$, l'Éq. (18.62) devient

$$\boxed{\boldsymbol{E} = -\boldsymbol{\nabla}_{\perp_{\boldsymbol{u}_0}} V - \frac{\partial \boldsymbol{\mathcal{A}}}{\partial t}}, \tag{18.65}$$

dont les composantes sont

$$E_0 = 0 \quad \text{et} \quad E_i = -\frac{\partial V}{\partial x^i} - \frac{\partial \mathcal{A}_i}{\partial t}. \tag{18.66}$$

En régime stationnaire, $\partial/\partial t = 0$ et $\boldsymbol{E} = -\boldsymbol{\nabla}_{\perp_{\boldsymbol{u}_0}} V$, ce qui justifie le qualificatif d'*électrique* donné au potentiel V.

Le champ magnétique $\vec{\boldsymbol{B}}$ mesuré par $\mathcal{O}$ est quant à lui obtenu en injectant l'expression (18.60) de $\boldsymbol{F}$ dans la formule (17.9), avec, d'après (14.94),

$$\star(\mathbf{d}V \wedge \underline{\boldsymbol{u}}_0 + c\, \mathbf{d}\boldsymbol{\mathcal{A}}) = \boldsymbol{\epsilon}(\vec{\boldsymbol{\nabla}} V, \vec{\boldsymbol{u}}_0, ., .) + c \star \mathbf{d}\boldsymbol{\mathcal{A}}.$$

Puisque $\boldsymbol{\epsilon}(\vec{\boldsymbol{\nabla}} V, \vec{\boldsymbol{u}}_0, \vec{\boldsymbol{u}}_0, .) = 0$, on obtient

$$\underline{\boldsymbol{B}} = \star \mathbf{d}\boldsymbol{\mathcal{A}}(\vec{\boldsymbol{u}}_0, .). \tag{18.67}$$

Or d'après (15.72), le membre de droite n'est pas autre chose que la 1-forme duale métrique du rotationnel de $\vec{\boldsymbol{\mathcal{A}}}$. On peut donc écrire :

$$\boxed{\vec{\boldsymbol{B}} = \boldsymbol{\nabla} \times_{\boldsymbol{u}_0} \vec{\boldsymbol{\mathcal{A}}}}. \tag{18.68}$$

Cette formule justifie le qualificatif de *magnétique* donné au potentiel $\vec{\boldsymbol{\mathcal{A}}}$.

18.4.3 Choix de jauge

Par définition même, la 1-forme $\boldsymbol{A}$ n'est pas unique : pour un champ électromagnétique $\boldsymbol{F}$ donné, $\boldsymbol{A}$ est déterminé au gradient d'un champ scalaire près : si $\boldsymbol{A}$ vérifie $\mathbf{d}\boldsymbol{A} = \boldsymbol{F}$, alors pour tout champ scalaire Ψ, on a également $\mathbf{d}\boldsymbol{A}' = \boldsymbol{F}$ avec

$$\boxed{\boldsymbol{A}' := \boldsymbol{A} + \mathbf{d}\Psi}. \tag{18.69}$$

Cela résulte de la nilpotence de la dérivée extérieure : $\mathbf{dd}\Psi = 0$. La possibilité de choisir librement Ψ dans (18.69) est appelée ***liberté de jauge***, un choix spécifique de $\boldsymbol{A}$ étant qualifié de ***choix de jauge***. Soulignons que différents choix de jauge conduisent à la même solution physique, puisque cette dernière est entièrement représentée par le champ $\boldsymbol{F}$. En particulier, $\boldsymbol{A}$ n'est pas une quantité mesurable[12].

On peut profiter de la liberté de jauge pour simplifier la seule des équations de Maxwell non-triviale en terme de $\boldsymbol{A}$, à savoir l'Éq. (18.57). En effet on peut annuler la divergence de $\vec{\boldsymbol{A}}$ qui apparaît dans le second terme de cette équation : la relation de changement de jauge (18.69) conduit à[13]

$$\boldsymbol{\nabla}\cdot \vec{\boldsymbol{A}}' = \boldsymbol{\nabla}\cdot \vec{\boldsymbol{A}} + \boldsymbol{\nabla}\cdot \vec{\boldsymbol{\nabla}}\Psi = \boldsymbol{\nabla}\cdot \vec{\boldsymbol{A}} + \Box\Psi. \tag{18.70}$$

Si $\boldsymbol{\nabla}\cdot \vec{\boldsymbol{A}} \neq 0$, il suffit donc de résoudre l'équation de d'Alembert scalaire $\Box\Psi = -\boldsymbol{\nabla}\cdot \vec{\boldsymbol{A}}$ pour obtenir $\boldsymbol{\nabla}\cdot \vec{\boldsymbol{A}}' = 0$. Le choix de jauge

$$\boxed{\boldsymbol{\nabla}\cdot \vec{\boldsymbol{A}} = 0} \tag{18.71}$$

est appelé ***jauge de Lorenz***.

Remarque : Il s'agit bien de *Lorenz* (et non pas *Lorentz*), du nom du physicien danois Ludvig Valentin Lorenz (1829–1891). Le nom *Lorentz*, omniprésent jusqu'ici, désigne le physicien hollandais Hendrik A. Lorentz (*cf.* p. 113), qui a donné son nom à la *transformation de Lorentz*, au *facteur de Lorentz* et à la *force de Lorentz*, mais pas à la jauge. Cette dernière a été introduite en 1867 par L.V. Lorenz (*cf.* par exemple Réf. [217]). De nombreux ouvrages se trompent sur ce point, dont les célèbres manuels de Landau et Lifchitz [231], Feynman *et al.* [155] et les deux premières éditions du traité de Jackson, mais pas la troisième [216].

Il importe de souligner que le choix de la jauge de Lorenz ne détermine pas complètement le 4-potentiel $\boldsymbol{A}$. En effet, l'Éq. (18.70) montre que si $\boldsymbol{A}$ satisfait à la jauge de Lorenz, tout autre 4-potentiel $\boldsymbol{A}'$ relié à $\boldsymbol{A}$ par (18.69) avec Ψ telle que $\Box\Psi = 0$ satisfait également à la jauge de Lorenz.

12. Du moins en électrodynamique classique ; il n'en est pas de même en mécanique quantique, où $\boldsymbol{A}$ intervient directement dans la description locale d'un phénomène appelé *effet Aharonov-Bohm* (*cf.* par exemple § 12.3.3 de [246]).

13. *cf.* (18.53) et la remarque effectuée au § 15.2.2.

En jauge de Lorenz, l'équation de Maxwell (18.57) se réduit à une ***équation de d'Alembert*** pour le vecteur $\vec{A}$:

$$\boxed{\square \vec{A} = -\varepsilon_0^{-1} \vec{\jmath}} \qquad \text{(jauge de Lorenz).} \tag{18.72}$$

18.4.4 Ondes électromagnétiques

En exprimant la dérivée extérieure dans la relation $\boldsymbol{F} = \mathbf{d}\boldsymbol{A}$ à l'aide de la dérivée covariante (*cf.* (15.64)) et en utilisant le fait que $\square$ et $\boldsymbol{\nabla}$ commutent (cela se voit facilement en coordonnées inertielles), on peut écrire $\square F_{\alpha\beta} = \square(\nabla_\alpha A_\beta - \nabla_\beta A_\beta) = \nabla_\alpha(\square A_\beta) - \nabla_\beta(\square A_\alpha)$, soit, en utilisant (18.72),

$$\square \boldsymbol{F} = -\varepsilon_0^{-1} \mathbf{d}\underline{\boldsymbol{j}}. \tag{18.73}$$

Autrement dit, le tenseur champ électromagnétique obéit à une équation de d'Alembert avec comme source la 2-forme dérivée extérieure de $\underline{\boldsymbol{j}}$.

Remarque : Nous avons utilisé la jauge de Lorenz, sous la forme (18.72), pour dériver cette relation, mais le résultat est indépendant de tout choix de jauge, puisqu'il concerne les champs physiques $\boldsymbol{F}$ et $\vec{\jmath}$. Il est d'ailleurs facile de dériver ce résultat directement à partir des équations de Maxwell $\mathbf{d}\boldsymbol{F} = 0$ et $\boldsymbol{\nabla}\cdot \boldsymbol{F}^\sharp = \varepsilon_0^{-1}\vec{\jmath}$ (Éq. (18.23)–(18.24)). *Exercice* : le faire.

Dans le vide, $\vec{\jmath} = 0$ et l'équation (18.73) se réduit à

$$\boxed{\square \boldsymbol{F} = 0} \qquad \text{(vide).} \tag{18.74}$$

Il s'agit là d'une ***équation d'onde*** pour $\boldsymbol{F}$. Pour cette raison, les champs électromagnétiques dans les régions ne contenant pas de charge électrique sont appelés ***ondes électromagnétiques***. La vitesse de propagation de ces ondes par rapport à un observateur inertiel est la vitesse qui apparaît dans l'expression (18.56) de l'opérateur d'alembertien : il s'agit de c, vitesse de la lumière.

Exemple : Dans le cas d'un champ $\boldsymbol{F}$ qui est constant dans des 2-plans $\{t = \text{const.},\ x = \text{const.}\}$ d'un observateur $\mathcal{O}$ inertiel donné, la solution générale de (18.74) est

$$\boldsymbol{F}(ct, x, y, z) = \boldsymbol{F}_1(x - ct) + \boldsymbol{F}_2(x + ct), \tag{18.75}$$

où $\boldsymbol{F}_1(x - ct)$ désigne un champ tensoriel sur $\mathscr{E}$ dont les composantes $(F_1)_{\alpha\beta}$ vis-à-vis de $\mathcal{O}$ ne dépendent que de la variable $x - ct$ (idem pour $\boldsymbol{F}_2(x + ct)$). Cette solution est appelée ***onde plane***. Si $\boldsymbol{F}_2 = 0$, l'onde se propage à la vitesse $dx/dt = c$ dans la direction des x croissants, alors que si $\boldsymbol{F}_1 = 0$, elle se propage à la vitesse c dans la direction des x décroissants.

18.4.5 Solution pour le 4-potentiel en jauge de Lorenz

En jauge de Lorenz, le problème de la résolution des équations de Maxwell se réduit à la résolution de l'équation de d'Alembert (18.72) pour le 4-potentiel

A. La technique standard consiste à introduire une ***fonction de Green*** de l'opérateur d'alembertien. On appelle ainsi une application $G: \mathscr{E} \times \mathscr{E} \to \mathbb{R}$ telle que pour tout point $N \in \mathscr{E}$, le champ scalaire $G(.,N): \mathscr{E} \to \mathbb{R}$, $M \mapsto G(M,N)$ soit solution de l'équation de d'Alembert avec comme source la distribution de Dirac sur $(\mathscr{E}, \boldsymbol{g})$ centrée sur N (*cf.* § 18.1.1) :

$$\Box G(.,N) = \delta_N. \tag{18.76}$$

L'intérêt des fonctions de Green est que la solution générale de l'équation de d'Alembert scalaire avec une source S donnée,

$$\Box \Phi = S, \tag{18.77}$$

s'exprime comme

$$\Phi(M) = \Phi_0(M) + \int_{\mathscr{E}} S(N)\, G(M,N)\, dU, \tag{18.78}$$

où Φ_0 est une solution de l'équation des ondes : $\Box \Phi_0 = 0$. Dans cette formule, N désigne le point générique pour l'intégration sur $\mathscr{E}$ et dU est l'élément de quadrivolume autour de N (*cf.* Éq. (16.2) et (16.4)). La solution générale (18.78) découle immédiatement de la linéarité de l'opérateur $\Box$ et de la propriété (18.3) de la distribution de Dirac.

Pour un opérateur donné, une fonction de Green n'est pas unique. La différence entre deux fonctions de Green est une solution de l'équation homogène (c'est-à-dire avec $S = 0$). Dans le cas de l'opérateur d'alembertien, deux fonctions de Green standard sont

$$\boxed{G_{\rm ret}(M,N) = -\frac{1}{2\pi}\, \delta\left(\overrightarrow{NM} \cdot \overrightarrow{NM}\right)\, \Upsilon(-\vec{\boldsymbol{u}}_0 \cdot \overrightarrow{NM})} \tag{18.79}$$

$$\boxed{G_{\rm av}(M,N) = -\frac{1}{2\pi}\, \delta\left(\overrightarrow{NM} \cdot \overrightarrow{NM}\right)\, \Upsilon(\vec{\boldsymbol{u}}_0 \cdot \overrightarrow{NM})}, \tag{18.80}$$

où δ est la distribution de Dirac sur $\mathbb{R}$, Υ la ***fonction échelon de Heaviside*** : $\Upsilon: \mathbb{R} \to \mathbb{R}$, $x \mapsto 0$ si $x < 0$ et 1 si $x \geq 0$ et $\vec{\boldsymbol{u}}_0$ est la 4-vitesse d'un observateur inertiel $\mathscr{O}$ quelconque. Les expressions (18.79)–(18.80) sont indépendantes du choix de cet observateur, la fonction de Heaviside ne faisant intervenir que le signe du produit scalaire $\vec{\boldsymbol{u}}_0 \cdot \overrightarrow{NM}$: comme la fonction δ n'est non nulle que pour $\overrightarrow{NM} \cdot \overrightarrow{NM} = 0$, c'est-à-dire $\overrightarrow{NM}$ du genre lumière, il est facile de voir que pour tout autre observateur, de 4-vitesse $\vec{\boldsymbol{u}}'_0$, $\vec{\boldsymbol{u}}'_0 \cdot \overrightarrow{NM}$ est de même signe que $\vec{\boldsymbol{u}}_0 \cdot \overrightarrow{NM}$ (*Exercice* : le montrer). Pour N fixé, la fonction de Green $G_{\rm ret}(.,N)$ est nulle partout sauf sur le cône de lumière futur issu de N où elle présente une singularité de type distribution de Dirac : on l'appelle ***fonction de Green retardée***. Inversement, la fonction de Green $G_{\rm av}(.,N)$ est nulle partout sauf sur le cône de lumière passé issu de N et on l'appelle ***fonction***

de Green avancée. La fonction de Green retardée est *causale* : la source en N, $S(N)$, ne contribuera à $\Phi(M)$ *via* l'intégrale (18.78) que si $-\vec{u}_0 \cdot \overrightarrow{NM} \geq 0$, c'est-à-dire si M est sur le cône de lumière *futur* de N.

Étant donné un système de coordonnées inertielles $x^\alpha = (ct, x^1, x^2, x^3)$ sur $\mathscr{E}$, on peut transformer les expressions (18.79)–(18.80) pour les mettre sous la forme

$$G_{\text{ret}}(M,N) = -\frac{1}{4\pi r_{NM}}\,\delta(ct_M - ct_N - r_{NM}) \tag{18.81}$$

$$G_{\text{av}}(M,N) = -\frac{1}{4\pi r_{NM}}\,\delta(ct_M - ct_N + r_{NM}), \tag{18.82}$$

où $r_{NM}^2 := \sum_{i=1}^{3}(x_M^i - x_N^i)^2$. Nous ne démontrerons pas ici les expressions (18.79), (18.80), (18.81) et (18.82) des fonctions de Green du d'alembertien (*cf.* par exemple [216]).

Retournons au problème de la solution de l'équation de d'Alembert (18.72) pour le 4-potentiel $\vec{A}$. Si l'on se donne un système de coordonnées inertielles sur $\mathscr{E}$, (x^α), cette équation se réduit à quatre équations de d'Alembert *scalaires* (*i.e.* du type (18.77)) : une pour chaque composante A^α de $\vec{A}$: $\Box A^\alpha = -\varepsilon_0^{-1} j^\alpha$, $\alpha \in \{0, 1, 2, 3\}$.

Remarque : Ce ne serait pas vrai si les coordonnées (x^α) n'étaient pas inertielles. Les composantes de l'opérateur $\Box = \nabla_\mu \nabla^\mu$ feraient alors apparaître des symboles de Christoffel, qui couplent les quatre équations (*cf.* l'exemple du § 15.3.4 lorsque les coordonnées sont de type sphérique).

On peut alors écrire la solution sous la forme (18.78) avec $\Phi = A^\alpha$ et $S = -\varepsilon_0^{-1} j^\alpha$. En utilisant la fonction de Green retardée (18.79), il vient

$$A^\alpha(M) = A_0^\alpha(M) - \frac{1}{\varepsilon_0}\int_{\mathscr{E}} j^\alpha(N)\, G_{\text{ret}}(M,N)\, dU, \tag{18.83}$$

où A_0^α désigne les composantes d'une solution générale de l'équation de d'Alembert homogène (équation des ondes) : $\Box \vec{A}_0 = 0$. Nous avons choisi la fonction de Green retardée pour avoir une solution causale, mais la solution avec la fonction de Green avancée serait tout aussi admissible mathématiquement. La partie $\vec{A}_0$ de la solution permet d'imposer les propriétés physiques souhaitées au problème étudié (conditions initiales ou conditions au contour). En général, on suppose le système isolé et on stipule qu'il n'y a pas d'onde entrante : $\vec{A}_0 = 0$. Nous nous limiterons désormais à ce cas. En explicitant G_{ret} *via* (18.79), on obtient alors

$$\boxed{A^\alpha(M) = \frac{1}{2\pi\varepsilon_0}\int_{\mathscr{E}} j^\alpha(N)\,\delta\left(\overrightarrow{NM}\cdot\overrightarrow{NM}\right)\,\Upsilon(-\vec{u}_0\cdot\overrightarrow{NM})\,dU}. \tag{18.84}$$

En notant (x^α) les coordonnées de M dans le système inertiel utilisé, x'^α celles de N et en utilisant pour $\vec{u}_0$ le premier vecteur de la base naturelle associée aux coordonnées inertielles, il vient

$$A^\alpha(x^0,x^1,x^2,x^3) = \frac{1}{2\pi\varepsilon_0}\int_{\mathscr{E}} j^\alpha(x'^0,x'^1,x'^2,x'^3)\,\delta\left(\eta_{\mu\nu}(x^\mu - x'^\mu)(x^\nu - x'^\nu)\right) \times \Upsilon(x^0 - x'^0)\,dx'^0 dx'^1 dx'^2 dx'^3. \quad (18.85)$$

Pour que la solution donnée par (18.84) corresponde bien à une solution des équations de Maxwell, il reste à vérifier qu'elle obéit à la jauge de Lorenz (18.71), sans quoi l'équation de d'Alembert (18.72) dont elle est solution ne serait pas équivalente à l'équation de Maxwell (18.57). Nous ne le montrerons pas ici (*cf.* par exemple [37], p. 162), mais c'est effectivement le cas.

En vertu des relations $A^\alpha = (V, c\mathcal{A}^1, c\mathcal{A}^2, c\mathcal{A}^3)$ (Éq. (18.59)) et $j^\alpha = (\rho, J^1/c,\, J^2/c, J^3/c)$ (Éq. (18.11)), la solution (18.83) (avec $A_0^\alpha = 0$) conduit à l'expression suivante des potentiels magnétique et électrique :

$$V = \frac{1}{4\pi\varepsilon_0}\int_{\mathscr{E}} \frac{\rho(x'^0,x'^1,x'^2,x'^3)}{r(x^i,x'^i)}\,\delta\left(x^0 - x'^0 - r(x^i,x'^i)\right) dx'^0 dx'^1 dx'^2 dx'^3$$

$$\mathcal{A}^i = \frac{\mu_0}{4\pi}\int_{\mathscr{E}} \frac{J^i(x'^0,x'^1,x'^2,x'^3)}{r(x^i,x'^i)}\,\delta\left(x^0 - x'^0 - r(x^i,x'^i)\right) dx'^0 dx'^1 dx'^2 dx'^3$$

où V et $\mathcal{A}^i$ sont évalués au point de coordonnées (x^0,x^1,x^2,x^3), $r(x^i,x'^i) := \sqrt{\sum_{i=1}^3 (x^i - x'^i)^2}$ et l'on a utilisé la forme (18.81) de $G_{\rm ret}$, plutôt que (18.79) comme dans (18.85). En effectuant l'intégration sur x'^0, il vient, compte tenu de la définition de la distribution de Dirac :

$$\boxed{V(ct,x^1,x^2,x^3) = \frac{1}{4\pi\varepsilon_0}\int_{\mathbb{R}^3} \frac{\rho\left(ct - r(x^i,x'^i), x'^1,x'^2,x'^3\right)}{r(x^i,x'^i)}\,dx'^1 dx'^2 dx'^3} \quad (18.86)$$

$$\boxed{\mathcal{A}^i(ct,x^1,x^2,x^3) = \frac{\mu_0}{4\pi}\int_{\mathbb{R}^3} \frac{J^i\left(ct - r(x^i,x'^i), x'^1,x'^2,x'^3\right)}{r(x^i,x'^i)}\,dx'^1 dx'^2 dx'^3}. \quad (18.87)$$

Les champs V et $\vec{\mathcal{A}}$ donnés par les formules ci-dessus sont appelés ***potentiels retardés***.

Remarque : Les intégrales (18.86)-(18.87) apparaissent comme des intégrales sur le cône de lumière passé du point M où l'on évalue le potentiel, chaque point du cône étant repéré par les coordonnées (x'^1, x'^2, x'^3) de sa projection orthogonale sur l'hyperplan $t = 0$.

18.5 Champ créé par une charge en mouvement

Appliquons les résultats du § 18.4.5 au calcul du champ électromagnétique créé par une particule $\mathscr{P}$ de charge q et de ligne d'univers $\mathscr{L}$ quelconque (en particulier, $\mathscr{P}$ peut être accélérée).

18.5.1 4-potentiel de Liénard-Wiechert

Le champ vectoriel 4-courant électrique correspondant à la particule $\mathscr{P}$ est donné par la formule (18.5) dans laquelle on fait $N = 1$:

$$\forall M \in \mathscr{E}, \quad \vec{\jmath}(M) = q \int_{-\infty}^{+\infty} \delta_{X(\tau)}(M)\, \vec{\boldsymbol{u}}(\tau)\, c\, d\tau, \tag{18.88}$$

où τ désigne le temps propre de la particule $\mathscr{P}$, $\vec{\boldsymbol{u}}(\tau)$ sa 4-vitesse et $X(\tau) \in \mathscr{L}$ sa position le long de la ligne d'univers à l'instant τ. Insérons $\vec{\jmath}$ dans la formule (18.84) qui donne le 4-potentiel en jauge de Lorenz :

$$A^\alpha(M) = \frac{q}{2\pi\varepsilon_0} \int_{\mathscr{E}} \int_{-\infty}^{+\infty} \delta_{X(\tau)}(N) u^\alpha(\tau) \delta\left(\overrightarrow{NM} \cdot \overrightarrow{NM}\right) \Upsilon(-\vec{\boldsymbol{u}}_0 \cdot \overrightarrow{NM}) c\, d\tau\, dU.$$

En effectuant l'intégration sur $\mathscr{E}$ (point générique N et élément de volume dU), il vient, compte tenu du terme $\delta_{X(\tau)}(N)$,

$$A^\alpha(M) = \frac{q}{2\pi\varepsilon_0} \int_{-\infty}^{+\infty} u^\alpha(\tau)\, \delta\left(\overrightarrow{X(\tau)M} \cdot \overrightarrow{X(\tau)M}\right) \Upsilon(-\vec{\boldsymbol{u}}_0 \cdot \overrightarrow{X(\tau)M})\, c\, d\tau.$$

Pour évaluer cette intégrale, utilisons une propriété bien connue de la distribution de Dirac sur $\mathbb{R}$: pour tout couple de fonctions (f, g),

$$\int_{-\infty}^{\infty} f(\tau)\, \delta(g(\tau))\, d\tau = \sum_{a=1}^{m} \frac{f(\tau_a)}{|g'(\tau_a)|}, \tag{18.89}$$

où les $(\tau_a)_{1 \le a \le m}$ sont les m zéros de la fonction g et l'on a supposé g telle que $g'(\tau_a) \neq 0$ pour tous les τ_a. Dans le cas présent, $f(\tau) := c\, u^\alpha(\tau)\, \Upsilon(-\vec{\boldsymbol{u}}_0 \cdot \overrightarrow{X(\tau)M})$ et $g(\tau) := \overrightarrow{X(\tau)M} \cdot \overrightarrow{X(\tau)M}$. M étant fixé, la fonction $g(\tau)$ n'a que deux zéros : les temps propres τ_P et τ_Q des intersections P et Q du cône de lumière de M, $\mathcal{I}(M)$, avec la ligne d'univers $\mathscr{L}$. $\mathscr{L}$ étant une courbe du genre temps, il est facile de voir que l'intersection de $\mathcal{I}(M)$ et $\mathscr{L}$ est formée d'exactement deux points (sauf si $M \in \mathscr{L}$) : $P \in \mathcal{I}^-(M)$ (nappe du passé) et $Q \in \mathcal{I}^+(M)$ (nappe du futur) (*cf.* Fig. 18.4). Par ailleurs la dérivée de g est

$$g'(\tau) = 2\overrightarrow{X(\tau)M} \cdot \frac{d}{d\tau}\overrightarrow{X(\tau)M} = -2c\,\overrightarrow{X(\tau)M} \cdot \vec{\boldsymbol{u}}(\tau),$$

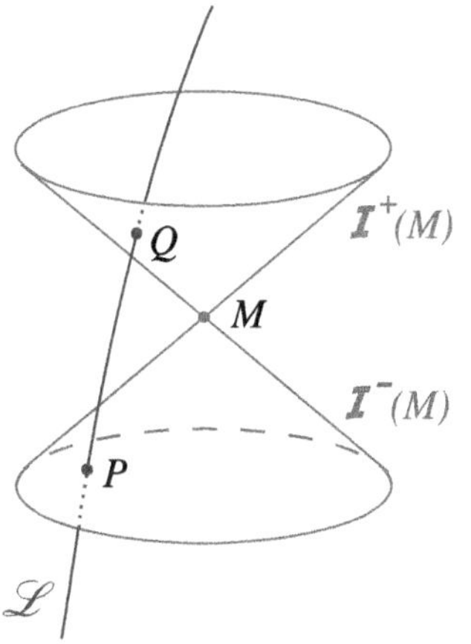

FIG. 18.4 – Intersections P et Q du cône de lumière issu de M avec la ligne d'univers $\mathscr{L}$ de la particule chargée.

où l'on a utilisé le fait que M était fixe pour faire apparaître la 4-vitesse de $\mathscr{P}$ suivant la relation (2.12). La formule (18.89) conduit alors à

$$A^\alpha(M) = \frac{q}{4\pi\varepsilon_0}\left[\frac{u^\alpha(\tau_P)\Upsilon(-\vec{\boldsymbol{u}}_0\cdot\overrightarrow{PM})}{|\vec{\boldsymbol{u}}(\tau_P)\cdot\overrightarrow{PM}|} + \frac{u^\alpha(\tau_Q)\Upsilon(-\vec{\boldsymbol{u}}_0\cdot\overrightarrow{QM})}{|\vec{\boldsymbol{u}}(\tau_Q)\cdot\overrightarrow{QM}|}\right]. \quad (18.90)$$

Or Q étant dans le futur de M, $\Upsilon(-\vec{\boldsymbol{u}}_0\cdot\overrightarrow{QM}) = 0$, alors que pour P, $\Upsilon(-\vec{\boldsymbol{u}}_0\cdot\overrightarrow{PM}) = 1$. Par ailleurs, $|\vec{\boldsymbol{u}}(\tau_P)\cdot\overrightarrow{PM}| = -\vec{\boldsymbol{u}}(\tau_P)\cdot\overrightarrow{PM}$. On obtient donc une formule très simple pour le 4-potentiel créé par la charge $\mathscr{P}$ en M :

$$\boxed{\boldsymbol{A}(M) = -\frac{q}{4\pi\varepsilon_0}\frac{\underline{\boldsymbol{u}}(\tau_P)}{\vec{\boldsymbol{u}}(\tau_P)\cdot\overrightarrow{PM}}} \quad \text{avec } \{P\} = \mathscr{L}\cap\mathcal{I}^-(M). \quad (18.91)$$

Nous sommes passés au dual métrique pour avoir la 1-forme $\boldsymbol{A}$ et non pas le vecteur $\vec{\boldsymbol{A}}$. Le 4-potentiel électromagnétique donné par (18.91) est appelé ***4-potentiel de Liénard-Wiechert***. Le dénominateur dans (18.91),

$$R := -\vec{\boldsymbol{u}}(\tau_P)\cdot\overrightarrow{PM} \quad (18.92)$$

s'interprète comme suit (*cf.* Fig. 18.5). Puisque M est dans le futur de P, on a tout d'abord $R \geq 0$. Considérons ensuite l'observateur inertiel $\mathcal{O}_P$ dont la ligne d'univers est tangente à celle de $\mathscr{P}$ en P. Sa 4-vitesse est alors $\vec{\boldsymbol{u}}(\tau_P)$ et R apparaît comme la distance spatiale entre P et le point M' qui est simultané à P pour $\mathcal{O}_P$ et a les mêmes coordonnées spatiales que M vis-à-vis de $\mathcal{O}_P$. En particulier, on peut écrire

$$\overrightarrow{PM} = R\left[\vec{\boldsymbol{u}}(\tau_P) + \vec{\boldsymbol{m}}\right], \quad \text{avec} \quad \vec{\boldsymbol{u}}(\tau_P)\cdot\vec{\boldsymbol{m}} = 0 \quad \text{et} \quad \vec{\boldsymbol{m}}\cdot\vec{\boldsymbol{m}} = 1, \quad (18.93)$$

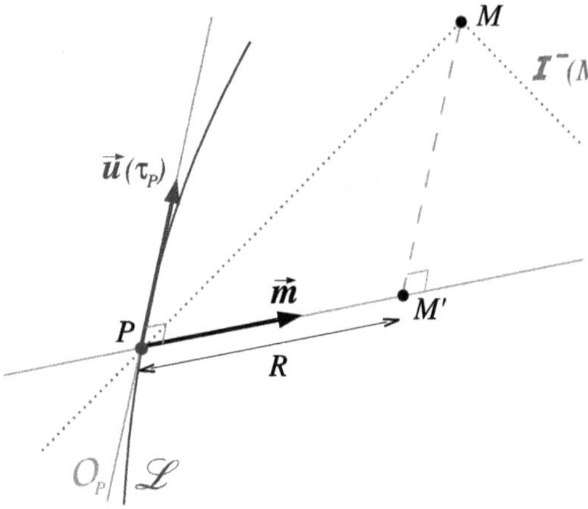

FIG. 18.5 – Interprétation de $R = -\vec{u}(\tau_P) \cdot \overrightarrow{PM}$ comme la distance entre P et le point M' qui, pour l'observateur $\mathcal{O}_P$, est (i) simultané à P et (ii) à la même position spatiale que M.

la dernière condition assurant $\overrightarrow{PM} \cdot \overrightarrow{PM} = 0$, puisque $\overrightarrow{PM} \cdot \overrightarrow{PM} = R(-1 + \vec{m} \cdot \vec{m})$.

Introduisons à présent un observateur inertiel quelconque $\mathcal{O}$ (temps propre t, 4-vitesse $\vec{u}_0$, coordonnées $(x^\alpha) = (ct, x^i)$) et exprimons à partir de (18.91), les potentiels électrique V et magnétique $\vec{\mathcal{A}}$ vis-à-vis de $\mathcal{O}$. À cette fin, effectuons la décomposition orthogonale du vecteur $\overrightarrow{PM}$, non pas rapport à $\mathcal{O}_P$ comme dans (18.93), mais par rapport à $\mathcal{O}$:

$$\overrightarrow{PM} =: r\,(\vec{u}_0 + \vec{n}), \quad \text{avec} \quad \vec{u}_0 \cdot \vec{n} = 0 \quad \text{et} \quad \vec{n} \cdot \vec{n} = 1. \tag{18.94}$$

Tout comme pour $\vec{m}$ dans (18.93), le caractère unitaire de $\vec{n}$ résulte du genre lumière de $\overrightarrow{PM}$. De même, r est positif et s'interprète comme la distance entre les événements P' et M dans l'espace de repos de $\mathcal{O}$ au temps t, $\mathscr{E}_{\boldsymbol{u}_0}(t)$, P' étant la position qu'aurait la particule $\mathscr{P}$ à l'instant t si elle était immobile par rapport à $\mathcal{O}$ (*cf.* Fig. 18.6). Autrement dit, les coordonnées (x^i) de P' sont identiques aux coordonnées (x^i) de P. On a $\overrightarrow{PP'} = r\vec{u}_0$, si bien que

$$r = c(t - t_P) \iff t_P = t - \frac{r}{c}\cdot \tag{18.95}$$

Exprimons ensuite la 4-vitesse de $\mathscr{P}$ en fonction de sa vitesse $\vec{V}$ relative à $\mathcal{O}$ *via* la formule (4.31) : $\vec{u} = \Gamma(\vec{u}_0 + c^{-1}\vec{V})$, où $\Gamma = (1 - \vec{V} \cdot \vec{V}/c^2)^{-1/2}$. L'équation (18.92) devient alors

$$R = r\,\Gamma(\tau_P)\left[1 - \frac{\vec{n} \cdot \vec{V}(\tau_P)}{c}\right], \tag{18.96}$$

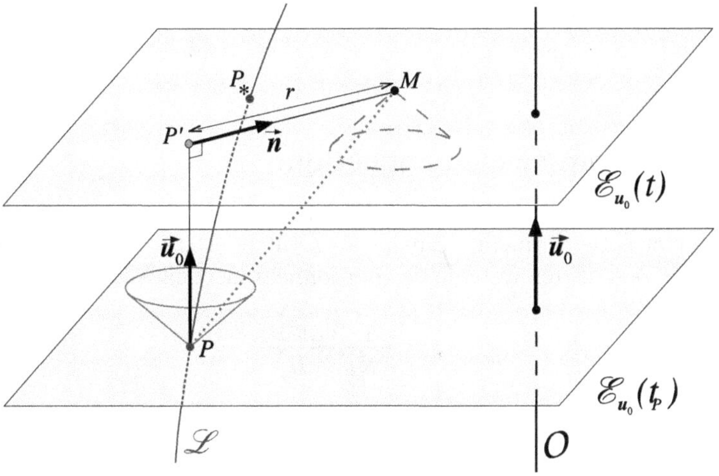

FIG. 18.6 – Décomposition orthogonale du vecteur du genre lumière $\overrightarrow{PM}$ vis-à-vis de l'observateur inertiel $\mathcal{O}$: $\overrightarrow{PM} = r\,(\vec{u}_0 + \vec{n})$ avec $\vec{n}$ unitaire et $r = c(t - t_P)$, t et t_P étant les coordonnées temporelles de respectivement M et P par rapport à $\mathcal{O}$.

de sorte que (18.91) s'écrit

$$\boldsymbol{A}(M) = \frac{1}{4\pi\varepsilon_0} \frac{q}{r\left[1 - \frac{\vec{n}\cdot\vec{V}(\tau_P)}{c}\right]} \left[\underline{\boldsymbol{u}}_0 + \frac{1}{c}\underline{\boldsymbol{V}}(\tau_P)\right]. \tag{18.97}$$

En comparant avec (18.58), on en déduit immédiatement

$$\boxed{V(M) = \frac{1}{4\pi\varepsilon_0} \frac{q}{r\left[1 - \frac{\vec{n}\cdot\vec{V}(\tau_P)}{c}\right]}}, \tag{18.98}$$

$$\boxed{\vec{\mathcal{A}}(M) = \frac{\mu_0}{4\pi} \frac{q}{r\left[1 - \frac{\vec{n}\cdot\vec{V}(\tau_P)}{c}\right]} \underline{\boldsymbol{V}}(\tau_P)}. \tag{18.99}$$

Les potentiels V et $\vec{\mathcal{A}}$ donnés par les formules ci-dessus sont appelés ***potentiels de Liénard-Wiechert***.

Remarque : Nous avons écrit $\vec{V}$ comme une fonction de τ_P, mais on peut tout aussi bien la considérer comme une fonction de la coordonnée temporelle t de l'événement P vis-à-vis de $\mathcal{O}$, soit t_P. Cette dernière est reliée à la coordonnée t de M par la formule (18.95) *(instant retardé)*.

Note historique : *Les formules (18.98) et (18.99) ont été dérivées en 1898 par Alfred-Marie Liénard*[14] *[257]. Elles ont été réobtenues indépendamment en*

14. **Alfred-Marie Liénard** (1869–1958) : Physicien et ingénieur français ; directeur de l'École des Mines de Paris de 1929 à 1936.

1900 par Emil Wiechert[15] *[436]. La forme quadridimensionnelle, c'est-à-dire l'expression (18.91) pour le 4-potentiel* $\boldsymbol{A}$*, a été donnée en 1910 par Arnold Sommerfeld (p. 26) [387].*

18.5.2 Champ électromagnétique

Le champ électromagnétique $\boldsymbol{F}$ s'obtient comme la dérivée extérieure de $\boldsymbol{A}$. Pour calculer cette dernière, écrivons à partir de (18.91) et (18.92) les composantes de $\boldsymbol{A}$ dans un système de coordonnées inertielles (x^α) :

$$A_\alpha = \frac{q}{4\pi\varepsilon_0}\frac{u_\alpha(\tau_P)}{R}. \tag{18.100}$$

On a alors

$$\frac{\partial A_\alpha}{\partial x^\beta} = \frac{q}{4\pi\varepsilon_0}\left(\frac{1}{R}\frac{du_\alpha}{d\tau}\frac{\partial \tau_P}{\partial x^\beta} - \frac{u_\alpha}{R^2}\frac{\partial R}{\partial x^\beta}\right). \tag{18.101}$$

Or, à un facteur c près, $du_\alpha/d\tau$ n'est autre que la composante a_α de la 4-accélération $\vec{a}$ de la particule $\mathscr{P}$. Quant à $\partial\tau_P/\partial x^\beta$, on le calcule à partir de la relation $\overrightarrow{PM}\cdot\overrightarrow{PM} = 0$. Écrivons en effet cette dernière comme

$$\eta_{\mu\nu}(x^\mu - X^\mu(\tau_P))(x^\nu - X^\nu(\tau_P)) = 0, \tag{18.102}$$

où les $X^\mu(\tau)$ sont les coordonnées de $\mathscr{P}$ le long de sa ligne d'univers. On a $\partial X^\mu/\partial x^\beta(\tau_P) = dX^\mu/d\tau \times \partial\tau_P/\partial x^\beta = cu^\mu\,\partial\tau_P/\partial x^\beta$, si bien qu'en dérivant (18.102) par rapport à x^β, il vient

$$\eta_{\mu\nu}(x^\mu - X^\mu(\tau_P))\left({\delta^\nu}_\beta - cu^\nu\frac{\partial\tau_P}{\partial x^\beta}\right) = 0, \quad \text{d'où} \quad \frac{\partial\tau_P}{\partial x^\beta} = -\frac{1}{cR}\,(PM)_\beta. \tag{18.103}$$

Enfin, à partir de (18.92), on calcule

$$\begin{aligned}\frac{\partial R}{\partial x^\beta} &= -\frac{\partial}{\partial x^\beta}\left\{u_\mu(\tau_P)[x^\mu - X^\mu(\tau_P)]\right\}\\ &= -\frac{du_\mu}{d\tau}\frac{\partial\tau_P}{\partial x^\beta}[x^\mu - X^\mu(\tau_P)] - u_\mu\left[{\delta^\mu}_\beta - cu^\mu(\tau_P)\frac{\partial\tau_P}{\partial x^\beta}\right]\\ &= -u_\beta(\tau_P) - c\left[1 + a_\mu(\tau_P)(PM)^\mu\right]\frac{\partial\tau_P}{\partial x^\beta}.\end{aligned} \tag{18.104}$$

En reportant (18.103) et (18.104) dans (18.101), il vient

$$\frac{\partial A_\alpha}{\partial x^\beta} = \frac{q}{4\pi\varepsilon_0 R^2}\left\{u_\alpha u_\beta - \left[a_\alpha + \frac{1 + a_\mu(PM)^\mu}{R}u_\alpha\right](PM)_\beta\right\}, \tag{18.105}$$

où nous avons omis d'expliciter la dépendance de u_α et a_α en τ_P.

15. **Emil Wiechert** (1861–1928) : Géophysicien allemand ; il connaissait bien Hilbert (p. 361), Minkowski (p. 25) et Sommerfeld (p. 26), car tous les quatre avaient fait leurs études à l'université de Koenigsberg et se sont retrouvés professeurs à Göttingen.

Remarque : On peut utiliser cette expression de $\partial A_\alpha/\partial x^\beta$ pour vérifier que le 4-potentiel de Liénard-Wiechert (18.91) satisfait bien la jauge de Lorenz. Puisque les coordonnées (x^α) sont inertielles, on a en effet

$$\nabla\cdot\vec{A} = \eta^{\alpha\beta}\frac{\partial A_\alpha}{\partial x^\beta} \propto \underbrace{u_\alpha u^\alpha}_{-1} - a_\alpha (PM)^\alpha - \frac{1+a_\mu (PM)^\mu}{R}\underbrace{u_\alpha (PM)^\alpha}_{-R} = 0.$$

Nous pouvons à présent calculer le champ électromagnétique suivant (18.50) ; le terme $u_\alpha u_\beta$ disparaît dans l'antisymétrisation, de sorte qu'il ne reste que

$$F_{\alpha\beta} = \frac{q}{4\pi\varepsilon_0 R^2}\left\{\left[a_\alpha + \frac{1+a_\mu (PM)^\mu}{R}u_\alpha\right](PM)_\beta \right.$$
$$\left. - \left[a_\beta + \frac{1+a_\mu (PM)^\mu}{R}u_\beta\right](PM)_\alpha\right\}, \quad (18.106)$$

c'est-à-dire, suivant l'expression (14.43) du produit extérieur de deux formes bilinéaires :

$$\boxed{\boldsymbol{F}(M) = \frac{q}{4\pi\varepsilon_0 R^2}\left[\underline{\boldsymbol{a}}(\tau_P) + \frac{1+\vec{\boldsymbol{a}}(\tau_P)\cdot\overrightarrow{PM}}{R}\,\underline{\boldsymbol{u}}(\tau_P)\right]\wedge \underline{\boldsymbol{PM}}}. \quad (18.107)$$

Cette formule donne donc le champ électromagnétique créé en un point $M \in \mathscr{E}$ par une particule de charge q et de ligne d'univers quelconque. On constate que $\boldsymbol{F}(M)$ ne dépend que des caractéristiques de la particule (4-vitesse $\vec{\boldsymbol{u}}$ et 4-accélération $\vec{\boldsymbol{a}}$) en un événement P qui est l'intersection du cône de lumière passé de M avec la ligne d'univers de la particule. P est une fonction de M, ainsi que les quantités τ_P et $R = -\vec{\boldsymbol{u}}(\tau_P)\cdot\overrightarrow{PM}$.

D'après l'expression (14.94) du dual de Hodge d'un produit extérieur, on déduit immédiatement de (18.107) l'expression de $\star\boldsymbol{F}$:

$$\star\boldsymbol{F}(M) = \frac{q}{4\pi\varepsilon_0 R^2}\,\boldsymbol{\epsilon}\left(\vec{\boldsymbol{a}}(\tau_P) + \frac{1+\vec{\boldsymbol{a}}(\tau_P)\cdot\overrightarrow{PM}}{R}\,\vec{\boldsymbol{u}}(\tau_P),\ \overrightarrow{PM},\ .\,,\,.\right). \quad (18.108)$$

La structure du champ électromagnétique créé par une charge en mouvement est remarquable : la 2-forme $\boldsymbol{F}$ est le produit extérieur de deux 1-formes ; (18.107) montre en effet que $\boldsymbol{F} = \boldsymbol{p}\wedge\boldsymbol{q}$ avec $\boldsymbol{p} := q/(4\pi\varepsilon_0 R^2)[\underline{\boldsymbol{a}} + (1+\vec{\boldsymbol{a}}\cdot\overrightarrow{PM})/R\,\underline{\boldsymbol{u}}]$ et $\boldsymbol{q} := \underline{\boldsymbol{PM}}$. Une conséquence immédiate est que l'invariant I_2 (*cf.* § 17.2.2) est identiquement nul. On a en effet $F^{\mu\nu} = p^\mu q^\nu - p^\nu q^\mu$ et, d'après (14.94), $\star F_{\mu\nu} = \epsilon_{\rho\sigma\mu\nu}p^\rho q^\sigma$, si bien que la définition (17.41) de I_2 donne

$$I_2 = \frac{1}{4}\star F_{\mu\nu}F^{\mu\nu} = \frac{1}{4}\epsilon_{\rho\sigma\mu\nu}\,p^\rho q^\sigma(p^\mu q^\nu - p^\nu q^\mu) = \frac{1}{2}\epsilon_{\rho\sigma\mu\nu}\,p^\rho q^\sigma p^\mu q^\nu = 0.$$

On a donc

$$\boxed{I_2 = 0}. \tag{18.109}$$

Quant à l'invariant I_1, on le calcule comme

$$I_1 = \frac{1}{2} F_{\mu\nu} F^{\mu\nu} = \frac{1}{2}(p_\mu q_\nu - p_\nu q_\mu)(p^\mu q^\nu - p^\nu q^\mu) = p_\mu p^\mu \underbrace{q_\nu q^\nu}_{0} - (p_\mu q^\mu)^2 = -(p_\mu q^\mu)^2.$$

Or, d'après les définitions de $\boldsymbol{p}$ et $\boldsymbol{q}$ ci-dessus et la définition (18.92) de R, $p_\mu q^\mu = -q/(4\pi\varepsilon_0 R^2)$. On a donc

$$\boxed{I_1 = -\frac{q^2}{(4\pi\varepsilon_0)^2 R^4}}. \tag{18.110}$$

Par ailleurs, une propriété remarquable du champ dual, que l'on lit directement sur (18.108), est d'être *transverse*, au sens où

$$\star\boldsymbol{F}(\overrightarrow{PM}, .) = 0. \tag{18.111}$$

18.5.3 Champs électrique et magnétique

Le champ électrique $\boldsymbol{E}$ mesuré par un observateur inertiel $\mathcal{O}$, de 4-vitesse $\vec{\boldsymbol{u}}_0$, s'obtient à partir de (18.107) *via* $\boldsymbol{E} = \boldsymbol{F}(., \vec{\boldsymbol{u}}_0)$ (Éq. (17.8)) ; il vient donc

$$\boldsymbol{E} = \frac{q}{4\pi\varepsilon_0 R^2}\left[(\overrightarrow{PM}\cdot\vec{\boldsymbol{u}}_0)\left(\underline{\boldsymbol{a}} + \frac{1+\vec{\boldsymbol{a}}\cdot\overrightarrow{PM}}{R}\,\underline{\boldsymbol{u}}\right)\right.$$
$$\left. - \left(\vec{\boldsymbol{a}}\cdot\vec{\boldsymbol{u}}_0 + \frac{1+\vec{\boldsymbol{a}}\cdot\overrightarrow{PM}}{R}\vec{\boldsymbol{u}}\cdot\vec{\boldsymbol{u}}_0\right)\underline{\boldsymbol{PM}}\right]. \tag{18.112}$$

Or, en utilisant les mêmes notations qu'à la fin du § 18.5.1, $\overrightarrow{PM}\cdot\vec{\boldsymbol{u}}_0 = -r$ (Éq. (18.94)), $\vec{\boldsymbol{u}}\cdot\vec{\boldsymbol{u}}_0 = -\Gamma$ et R est relié à r par l'Éq. (18.96). Par ailleurs, la 4-accélération $\vec{\boldsymbol{a}}$ de la particule $\mathscr{P}$ s'exprime en fonction de son accélération $\vec{\gamma}$ et de sa vitesse $\vec{\boldsymbol{V}}$, toutes deux relatives à $\mathcal{O}$, suivant la formule (4.63) :

$$\vec{\boldsymbol{a}} = \frac{\Gamma^2}{c^2}\left[\vec{\gamma} + \frac{\Gamma^2}{c^2}(\vec{\gamma}\cdot\vec{\boldsymbol{V}})\left(\vec{\boldsymbol{V}} + c\vec{\boldsymbol{u}}_0\right)\right].$$

En injectant toutes ces relations dans l'expression de $\boldsymbol{E}$ ci-dessus, il vient, après simplification[16],

$$\boxed{\vec{\boldsymbol{E}} = \frac{q}{4\pi\varepsilon_0\left(1-\frac{\vec{\boldsymbol{n}}\cdot\vec{\boldsymbol{V}}}{c}\right)^3 r}\left\{\frac{1}{\Gamma^2 r}\left(\vec{\boldsymbol{n}} - \frac{\vec{\boldsymbol{V}}}{c}\right) + \frac{1}{c^2}\vec{\boldsymbol{n}}\times_{\boldsymbol{u}_0}\left[\left(\vec{\boldsymbol{n}} - \frac{\vec{\boldsymbol{V}}}{c}\right)\times_{\boldsymbol{u}_0}\vec{\gamma}\right]\right\}}. \tag{18.113}$$

16. Notamment *via* l'identité $\vec{\boldsymbol{n}}\times_{\boldsymbol{u}_0}[(\vec{\boldsymbol{n}} - \vec{\boldsymbol{V}}/c)\times_{\boldsymbol{u}_0}\vec{\gamma}] = (\vec{\boldsymbol{n}}\cdot\vec{\gamma})(\vec{\boldsymbol{n}} - \vec{\boldsymbol{V}}/c) - (1 - \vec{\boldsymbol{n}}\cdot\vec{\boldsymbol{V}}/c)\vec{\gamma}$.

Dans cette formule, toutes les quantités relatives à la particule $\mathscr{P}$, à savoir la vitesse $\vec{\boldsymbol{V}}$, l'accélération $\vec{\gamma}$ et le facteur de Lorentz Γ, sont à prendre au temps propre τ_P, ou de manière équivalente, au temps retardé t_P donné par (18.95). Plus précisément, en terme du système de coordonnées de l'observateur $\mathcal{O}$, si les coordonnées du point M où l'on évalue $\vec{\boldsymbol{E}}$ sont (ct, x^1, x^2, x^3) et les coordonnées de P sont $(ct_P, x^1_P, x^2_P, x^3_P)$ alors

$$r = \sqrt{\sum_{i=1}^{3}(x^i - x^i_P)^2}, \quad n^i = \frac{x^i - x^i_P}{r} \quad \text{et} \quad t_P = t - \frac{r}{c}. \qquad (18.114)$$

Le champ magnétique mesuré par l'observateur $\mathcal{O}$ se calcule suivant la formule (17.9) : $\underline{\boldsymbol{B}} = c^{-1} \star \boldsymbol{F}(\vec{\boldsymbol{u}}_0, .)$, avec $\star\boldsymbol{F}$ donné par (18.108) :

$$\underline{\boldsymbol{B}} = \frac{q}{4\pi\varepsilon_0 c R^2}\, \boldsymbol{\epsilon}\left(\vec{\boldsymbol{u}}_0,\ \vec{\boldsymbol{a}} + \frac{1 + \vec{\boldsymbol{a}}\cdot\overrightarrow{PM}}{R}\,\vec{\boldsymbol{u}},\ \overrightarrow{PM},\ .\right). \qquad (18.115)$$

Or d'après (18.112) et $\overrightarrow{PM} = r(\vec{\boldsymbol{u}}_0 + \vec{\boldsymbol{n}})$,

$$\begin{aligned}\boldsymbol{\epsilon}(\vec{\boldsymbol{u}}_0, \vec{\boldsymbol{n}}, \vec{\boldsymbol{E}}, .) &= \frac{1}{r}\,\boldsymbol{\epsilon}(\vec{\boldsymbol{u}}_0, \overrightarrow{PM}, \vec{\boldsymbol{E}}, .)\\ &= \frac{q(\overrightarrow{PM}\cdot\vec{\boldsymbol{u}}_0)}{4\pi\varepsilon_0 R^2 r}\,\boldsymbol{\epsilon}\left(\vec{\boldsymbol{u}}_0,\ \overrightarrow{PM},\ \vec{\boldsymbol{a}} + \frac{1+\vec{\boldsymbol{a}}\cdot\overrightarrow{PM}}{R}\,\vec{\boldsymbol{u}},\ .\right).\end{aligned}$$

Puisque $\overrightarrow{PM}\cdot\vec{\boldsymbol{u}}_0 = -r$, on constate, en comparant avec (18.115), que $\boldsymbol{\epsilon}(\vec{\boldsymbol{u}}_0, \vec{\boldsymbol{n}}, \vec{\boldsymbol{E}}, .) = c\,\underline{\boldsymbol{B}}$, soit

$$\boxed{\vec{\boldsymbol{B}} = \frac{1}{c}\,\vec{\boldsymbol{n}} \times_{\boldsymbol{u}_0} \vec{\boldsymbol{E}}}. \qquad (18.116)$$

En particulier, $\vec{\boldsymbol{B}}$ est orthogonal à $\vec{\boldsymbol{E}}$. Ce résultat n'est guère surprenant puisque nous avons déjà vu que l'invariant I_2 du champ électromagnétique créé par une particule chargée en mouvement est nul (Éq. (18.109)) et qu'en terme de $\vec{\boldsymbol{E}}$ et $\vec{\boldsymbol{B}}$, $I_2 = c\vec{\boldsymbol{E}}\cdot\vec{\boldsymbol{B}}$ (Éq. (17.42)).

Remarque : On note également que $\vec{\boldsymbol{B}}$ est transverse, *i.e.* est orthogonal à $\vec{\boldsymbol{n}}$. Cela apparaît comme une conséquence immédiate de la transversalité de $\star\boldsymbol{F}$ (Éq. (18.111)), puisque on déduit de l'Éq. (17.9) que $\vec{\boldsymbol{B}}\cdot\vec{\boldsymbol{n}} = c^{-1}\star\boldsymbol{F}(\vec{\boldsymbol{u}}_0, \vec{\boldsymbol{n}}) = (cr)^{-1}\star\boldsymbol{F}(\vec{\boldsymbol{u}}_0, \overrightarrow{PM})$.

18.5.4 Charge en mouvement inertiel

Si la particule chargée $\mathscr{P}$ a un mouvement inertiel, sa ligne d'univers est une droite de $\mathscr{E}$, sa 4-vitesse $\vec{\boldsymbol{u}}$ est constante et sa 4-accélération $\vec{\boldsymbol{a}}$ est nulle. L'expression (18.107) de $\boldsymbol{F}$ se simplifie alors considérablement :

$$\boldsymbol{F}(M) = \frac{q}{4\pi\varepsilon_0 R^3}\,\underline{\boldsymbol{u}} \wedge \underline{\boldsymbol{PM}} \qquad (\vec{\boldsymbol{a}} = 0). \qquad (18.117)$$

Remarque : $\underline{u}$ étant constant dans ce cas, il n'est plus nécessaire de préciser $\underline{u} = \underline{u}(\tau_P)$ comme dans (18.107).

$\vec{a} = 0$ implique que l'accélération $\vec{\gamma}$ par rapport à un observateur inertiel $\mathcal{O}$ est nulle (*cf.* Éq. (4.72)). L'expression (18.113) du champ électrique se réduit donc à

$$\vec{E} = \frac{q}{4\pi\varepsilon_0 \Gamma^2 \left(1 - \frac{\vec{n}\cdot\vec{V}}{c}\right)^3 r^2} \left(\vec{n} - \frac{\vec{V}}{c}\right) \qquad (\vec{\gamma} = 0). \tag{18.118}$$

Le champ magnétique s'en déduit *via* (18.116) :

$$\vec{B} = \frac{\mu_0}{4\pi} \frac{q}{\Gamma^2 \left(1 - \frac{\vec{n}\cdot\vec{V}}{c}\right)^3 r^2} \vec{V} \times_{u_0} \vec{n} \qquad (\vec{\gamma} = 0). \tag{18.119}$$

Dans le cas particulier où $\mathscr{P}$ est fixe par rapport à l'observateur $\mathcal{O}$, $\vec{V} = 0$ et $\Gamma = 1$, si bien que les formules ci-dessus se réduisent à

$$\boxed{\vec{E} = \frac{q}{4\pi\varepsilon_0\, r^2}\vec{n}} \quad \text{et} \quad \boxed{\vec{B} = 0} \qquad (\vec{V} = 0,\ \vec{\gamma} = 0). \tag{18.120}$$

Il s'agit de la fameuse ***loi de Coulomb***, qui donne le champ électrique créé par une charge immobile vis-à-vis de l'observateur inertiel considéré.

Lorsque $\vec{V} \neq 0$, les formules (18.118)–(18.119) doivent redonner les résultats que nous avions obtenus au § 17.2.4 en admettant la loi de Coulomb et en utilisant les lois de transformations des champs électrique et magnétique entre deux observateurs inertiels. Si l'on compare directement les expressions (17.58)–(17.59) et (18.118)–(18.119), cela ne saute pas aux yeux. Mais il faut remarquer qu'au § 17.2.4 $\vec{n}$ ne désigne pas le même vecteur qu'ici. En se plaçant dans l'espace de référence de l'observateur $\mathcal{O}$ (*cf.* § 3.3.3), le vecteur $\vec{n}$ ci-dessus désigne le vecteur unitaire entre la position P' de la charge $\mathscr{P}$ à l'instant retardé $t_P = t - r/c$ et le point M où l'on évalue $\vec{E}$ et $\vec{B}$, alors qu'au § 17.2.4, $\vec{n}$ désigne le vecteur unitaire entre la position de $\mathscr{P}$ *à l'instant* t, soit P_* (*cf.* Fig. 18.6), et le point M. Pour lever la confusion, notons $\vec{n}_*$ ce dernier vecteur (*cf.* Fig. 18.7). Par définition de la vitesse de $\mathscr{P}$ par rapport à $\mathcal{O}$, on a $\overrightarrow{P'P_*} = (t - t_P)\vec{V} = (r/c)\vec{V}$, la dernière égalité résultant de (18.95). La relation de Chasles $\overrightarrow{P'M} = \overrightarrow{P'P_*} + \overrightarrow{P_*M}$ conduit alors à $r\,\vec{n} = (r/c)\vec{V} + R_*\,\vec{n}_*$, d'où

$$r\left(\vec{n} - \frac{\vec{V}}{c}\right) = R_*\,\vec{n}_*. \tag{18.121}$$

Par ailleurs, le théorème de Pythagore appliqué au triangle rectangle P_*AM (*cf.* Fig. 18.7) donne $R_*^2 = (V/c\,r\sin\theta)^2 + r^2(1 - \vec{n}\cdot\vec{V}/c)^2$. Compte tenu de $r\sin\theta = R_*\sin\theta_*$, on peut réécrire cette relation comme

$$r\left(1 - \frac{\vec{n}\cdot\vec{V}}{c}\right) = R_*\sqrt{1 - \frac{V^2}{c^2}\sin^2\theta_*}. \tag{18.122}$$

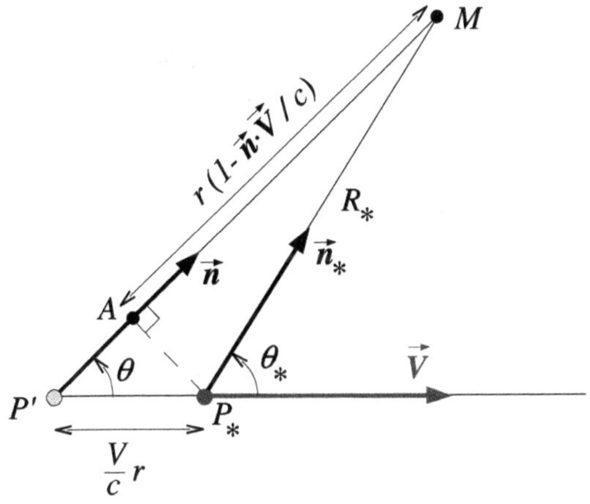

FIG. 18.7 – Positions de la particule chargée $\mathscr{P}$ dans l'espace de référence de l'observateur inertiel $\mathcal{O}$ aux instants t (point P_*) et $t_P = t - r/c$ (point P') et vecteurs unitaires $\vec{n}$ et $\vec{n}_*$.

En reportant (18.121) et (18.122) dans (18.118), on obtient

$$\vec{E} = \frac{q}{4\pi\varepsilon_0 \Gamma^2 R_*^2 \left[1 - (V/c)^2 \sin^2\theta_*\right]^{3/2}} \vec{n}_*, \qquad (18.123)$$

ce qui, compte tenu des changements de notation $\vec{n}_* \to \vec{n}$, $R_* \to R$, $\theta_* \to \theta$ et $V \to U$, est identique à la formule obtenue au § 17.2.4 (Éq. (17.58)). De même, l'expression (18.119) du champ magnétique est équivalente au résultat (17.58) obtenu au § 17.2.4.

18.5.5 Partie radiative

Au vu des formules (18.107) et (18.117), il est naturel de séparer le champ électromagnétique en deux parties :

$$\boxed{\boldsymbol{F} = \boldsymbol{F}_{\text{coul}} + \boldsymbol{F}_{\text{rad}}}, \qquad (18.124)$$

avec

$$\boxed{\boldsymbol{F}_{\text{coul}}(M) := \frac{q}{4\pi\varepsilon_0 R^3}\, \underline{\boldsymbol{u}}(\tau_P) \wedge \underline{\boldsymbol{PM}}}, \qquad (18.125)$$

$$\boxed{\boldsymbol{F}_{\text{rad}}(M) := \frac{q}{4\pi\varepsilon_0 R^2} \left[\underline{\boldsymbol{a}}(\tau_P) + \frac{\vec{a}(\tau_P)\cdot\overrightarrow{PM}}{R}\, \underline{\boldsymbol{u}}(\tau_P)\right] \wedge \underline{\boldsymbol{PM}}}. \qquad (18.126)$$

$\boldsymbol{F}_{\text{coul}}$ et $\boldsymbol{F}_{\text{rad}}$ sont respectivement appelés ***partie coulombienne*** et ***partie radiative*** du champ électromagnétique. Si $q \neq 0$, la partie coulombienne n'est jamais nulle. Par contre, la partie radiative n'existe que si la particule est accélérée ($\vec{\boldsymbol{a}} \neq 0$). Dans ce dernier cas, si le point M où l'on évalue le champ électromagnétique est éloigné de la particule chargée $\mathscr{P}$, au sens où $|\vec{\boldsymbol{a}}(\tau_P) \cdot \overrightarrow{PM}| \gg 1$, $\boldsymbol{F}_{\text{coul}}$ est négligeable devant $\boldsymbol{F}_{\text{rad}}$:

$$\boldsymbol{F} \simeq \boldsymbol{F}_{\text{rad}} \qquad \text{si} \quad |\vec{\boldsymbol{a}}(\tau_P) \cdot \overrightarrow{PM}| \gg 1. \tag{18.127}$$

La forme (18.126) de la 2-forme $\boldsymbol{F}_{\text{rad}}$ est remarquable : non seulement il s'agit d'un produit extérieur de deux 1-formes, comme $\boldsymbol{F}$ lui-même (*cf.* § 18.5.2), mais de plus les deux 1-formes sont orthogonales. En effet, on peut écrire $\boldsymbol{F}_{\text{rad}} = \boldsymbol{p} \wedge \boldsymbol{q}$ avec $\boldsymbol{p} := q/(4\pi\varepsilon_0 R^2)\,[\underline{\boldsymbol{a}} + \vec{\boldsymbol{a}} \cdot \overrightarrow{PM}/R\,\underline{\boldsymbol{u}}]$, $\boldsymbol{q} := \underline{\boldsymbol{PM}}$ et $\langle \boldsymbol{p}, \vec{\boldsymbol{q}} \rangle = q/(4\pi\varepsilon_0 R^2)[\vec{\boldsymbol{a}} \cdot \overrightarrow{PM} + (\vec{\boldsymbol{a}} \cdot \overrightarrow{PM}/R)\, \vec{\boldsymbol{u}} \cdot \overrightarrow{PM}] = 0$, compte tenu de $R = -\vec{\boldsymbol{u}} \cdot \overrightarrow{PM}$ (Éq. (18.92)). Cette propriété entraîne l'annulation de l'invariant I_1 associé à $\boldsymbol{F}_{\text{rad}}$, puisque d'après la définition (17.41),

$$I_1 = \frac{1}{2}(F_{\text{rad}})_{\mu\nu} F^{\mu\nu}_{\text{rad}} = \frac{1}{2}(p_\mu q_\nu - p_\nu q_\mu)(p^\mu q^\nu - p^\nu q^\mu) = p_\mu p^\mu \underbrace{q_\nu q^\nu}_{0} - \underbrace{(p_\mu q^\mu)^2}_{0} = 0,$$

la propriété $q_\nu q^\nu = 0$ n'étant autre que l'expression du genre lumière du vecteur $\overrightarrow{PM}$. Comme l'on avait déjà $I_2 = 0$, du fait que $\boldsymbol{F}_{\text{rad}}$ est un produit extérieur (*cf.* § 18.5.2), nous concluons donc

$$\boxed{\boldsymbol{F}_{\text{rad}} : \quad I_1 = 0 \quad \text{et} \quad I_2 = 0}. \tag{18.128}$$

Autrement dit, la partie radiative du champ électromagnétique est du genre lumière, au sens défini au § 17.2.2. De plus, $\boldsymbol{F}_{\text{rad}}$ est transverse, tout comme $\star\boldsymbol{F}$ (*cf.* (18.111)) :

$$\boldsymbol{F}_{\text{rad}}(\overrightarrow{PM}, .) = 0. \tag{18.129}$$

C'est une conséquence immédiate de la propriété $\langle \boldsymbol{p}, \vec{\boldsymbol{q}} \rangle = 0$ mentionnée ci-dessus et de $\overrightarrow{PM} \cdot \overrightarrow{PM} = 0$.

En terme des champs électrique et magnétique mesurés par un observateur $\mathcal{O}$, la partie coulombienne de $\boldsymbol{F}$ est donnée par les Éq. (18.118)–(18.119), alors que la partie radiative est la partie contenant $\vec{\gamma}$ des expressions (18.113) et (18.116) :

$$\boxed{\vec{\boldsymbol{E}}_{\text{rad}} = \frac{q}{4\pi\varepsilon_0 c^2 \left(1 - \frac{\vec{\boldsymbol{n}} \cdot \vec{\boldsymbol{V}}}{c}\right)^3 r}\, \vec{\boldsymbol{n}} \times_{\boldsymbol{u}_0} \left[\left(\vec{\boldsymbol{n}} - \frac{\vec{\boldsymbol{V}}}{c}\right) \times_{\boldsymbol{u}_0} \vec{\gamma}\right]} \tag{18.130}$$

$$\boxed{\vec{\boldsymbol{B}}_{\text{rad}} = \frac{1}{c}\, \vec{\boldsymbol{n}} \times_{\boldsymbol{u}_0} \vec{\boldsymbol{E}}_{\text{rad}}}, \tag{18.131}$$

où les quantités $\vec{\boldsymbol{V}}$ et $\vec{\gamma}$ sont à prendre au temps retardé $t_P = t - r/c$ et le vecteur unitaire $\vec{\boldsymbol{n}}$ donne la direction vers le point M où l'on évalue le champ depuis la position P' de la particule à l'instant retardé. Il est clair sur (18.118)–(18.119) et (18.130)–(18.131) que la partie coulombienne de $(\vec{E}, \vec{B})$ décroît comme $1/r^2$ lorsqu'on s'éloigne de la charge, alors que la partie radiative décroît comme $1/r$ seulement. C'est donc cette dernière qui domine à grande distance, ainsi que nous l'avions souligné plus haut.

Remarque : On constate sur (18.130) que $\vec{E}_{\rm rad}$ est orthogonal à $\vec{n}$. L'Éq. (18.131) implique alors que $c\vec{B}_{\rm rad}$ a la même amplitude que $\vec{E}_{\rm rad}$ (en plus de lui être orthogonal). Puisque $I_1 = c^2\|\vec{B}_{\rm rad}\|_g^2 - \|\vec{E}_{\rm rad}\|_g^2$ (Éq. (17.42)), on retrouve $I_1 = 0$ et donc le genre lumière de $\boldsymbol{F}_{\rm rad}$ (Éq. (18.128)).

À la limite non-relativiste, $\|V\|_g \ll c$, les formules (18.130)–(18.131) se réduisent à

$$\vec{E}_{\rm rad} \simeq \frac{q}{4\pi\varepsilon_0 c^2\, r}\, \vec{n} \times_{u_0} (\vec{n} \times_{u_0} \vec{\gamma}) \qquad \text{(non relativiste)} \qquad (18.132)$$

$$\vec{B}_{\rm rad} \simeq \frac{q}{4\pi\varepsilon_0 c^3\, r}\, \vec{\gamma} \times_{u_0} \vec{n} \qquad \text{(non relativiste).} \qquad (18.133)$$

18.6 Principe de moindre action

Au § 18.2.1, nous avons énoncé les équations de Maxwell comme un *postulat* sur lequel se base la théorie de l'électrodynamique classique. Un autre point de vue consiste à les *dériver* à partir d'un autre postulat, à savoir un *principe de moindre action*, également appelé *principe variationnel*. Avant de décrire cette approche, introduisons tout d'abord le principe de moindre action en toute généralité, c'est-à-dire pour toute théorie classique des champs.

18.6.1 Principe de moindre action en théorie classique des champs

Nous avons déjà rencontré le principe de moindre action au Chap. 11 pour la dynamique d'une particule relativiste dans un champ donné. L'idée est ici de formuler le principe de moindre action pour la dynamique du champ lui-même. On passe alors d'un nombre fini de degrés de liberté (coordonnées et vitesses généralisées de la particule) à un nombre infini (valeurs du champ en chaque point de l'espace-temps). Supposons, pour simplifier, que la théorie étudiée ne mette en jeu qu'un seul champ tensoriel φ, de valence n quelconque : φ pourra être un champ scalaire ($n = 0$), un champ vectoriel ou une 1-forme ($n = 1$) ou encore un champ de valence plus élevée.

Fixons dans un premier temps une base inertielle (x^α) de l'espace-temps $\mathscr{E}$ et désignons par φ_A les composantes de φ par rapport aux coordonnées (x^α) : A est alors un « multi-indice » : si $n = 0$, $A = \varnothing$ et si φ est un tenseur de type (k, ℓ) $(k + \ell = n)$, $\varphi_A = \varphi^{\alpha_1 \ldots \alpha_k}{}_{\beta_1 \ldots \beta_\ell}$. Étant donnée une application de classe C^1

$$L : \mathbb{R}^{5\times 4^n} \longrightarrow \mathbb{R},$$

on appelle ***densité de lagrangien***[17] le champ scalaire

$$\begin{aligned} \mathcal{L} : \mathscr{E} &\longrightarrow \mathbb{R} \\ M &\longmapsto \mathcal{L}(M) := L(\varphi_A(M), \nabla\varphi_B(M)), \end{aligned} \tag{18.134}$$

où la notation abrégée $L(\varphi_A(M), \nabla\varphi_B(M))$ signifie que l'on a rempli les 4^n premiers arguments de L par les composantes de $\boldsymbol{\varphi}$ et les 4^{n+1} arguments restants par les composantes de la dérivée covariante de $\boldsymbol{\varphi}$. Notons que ces dernières sont égales aux dérivées partielles $\partial\varphi_A/\partial x^\alpha$, vu que les coordonnées (x^α) sont inertielles. Deux cas particuliers importants sont :

- $\varphi =$ champ scalaire $(n = 0)$:

$$\mathcal{L}(M) = L\left(\varphi(M),\ \frac{\partial\varphi}{\partial x^0}(M),\ \frac{\partial\varphi}{\partial x^1}(M),\ \frac{\partial\varphi}{\partial x^2}(M),\ \frac{\partial\varphi}{\partial x^3}(M)\right);$$

- $\varphi =$ 1-forme $(n = 1)$:

$$\mathcal{L}(M) = L\left(\varphi_0(M), \ldots, \varphi_3(M),\ \frac{\partial\varphi_0}{\partial x^0}(M), \frac{\partial\varphi_0}{\partial x^1}(M), \ldots, \frac{\partial\varphi_3}{\partial x^3}(M)\right).$$

Toutes les fonctions $L : \mathbb{R}^{5\times 4^n} \longrightarrow \mathbb{R}$ ne sont pas acceptables, car on ne souhaite pas que la théorie du champ $\boldsymbol{\varphi}$ dépende du choix des coordonnées inertielles (x^α). On demande donc que la valeur $\mathcal{L}(M)$ en chaque point $M \in \mathscr{E}$ soit indépendante des coordonnées (x^α). Autrement dit, si (x'^α) est un deuxième système de coordonnées inertielles sur $\mathscr{E}$:

$$L(\varphi'_A, \nabla\varphi'_B) = L(\varphi_A, \nabla\varphi_B), \tag{18.135}$$

φ'_A et $\nabla\varphi'_B$ désignant les composantes de $\boldsymbol{\varphi}$ et $\boldsymbol{\nabla\varphi}$ par rapport aux coordonnées (x'^α). (x'^α) et (x^α) étant reliés par une transformation de Poincaré $x^\alpha = \Lambda^\alpha{}_\beta x'^\beta + x_0^\alpha$ (Éq. (8.12)), les composantes sont reliées par des produits matriciels avec Λ ou Λ^{-1} et la condition (18.135) s'écrit explicitement

- pour un champ scalaire,

$$L\left(\varphi,\ \Lambda^\mu{}_0 \frac{\partial\varphi}{\partial x^\mu}, \ldots\right) = L\left(\varphi, \frac{\partial\varphi}{\partial x^0}, \ldots\right); \tag{18.136}$$

- pour une 1-forme,

$$L\left(\Lambda^\mu{}_0\, \varphi_\mu, \ldots, \Lambda^\mu{}_0 \Lambda^\nu{}_0 \frac{\partial\varphi_\mu}{\partial x_\nu}, \ldots\right) = L\left(\varphi_0, \ldots, \frac{\partial\varphi_0}{\partial x^0}, \ldots\right). \tag{18.137}$$

17. Par abus de langage, on dit souvent *lagrangien* tout court, à la place de *densité de lagrangien*.

En raison des propriétés (18.136) ou (18.137), on dit que la théorie des champs considérée est ***invariante sous l'action du groupe de Poincaré***. Pour réaliser cette invariance, il suffit que L soit une fonction scalaire obtenue par des opérations purement tensorielles sur $\boldsymbol{\varphi}$ et $\boldsymbol{\nabla}\boldsymbol{\varphi}$ (contractions, produits scalaires *via* le tenseur métrique $\boldsymbol{g}$).

Exemple : Une théorie de type ***Klein-Gordon*** est basée sur un champ scalaire φ et la densité de lagrangien

$$\mathcal{L} = -\frac{1}{2}\left(\langle \boldsymbol{\nabla}\varphi, \vec{\boldsymbol{\nabla}}\varphi\rangle + \ell^{-2}\varphi^2\right) = -\frac{1}{2}\left(\eta^{\mu\nu}\frac{\partial\varphi}{\partial x^\mu}\frac{\partial\varphi}{\partial x^\nu} + \ell^{-2}\varphi^2\right), \quad (18.138)$$

où ℓ est une constante homogène à une longueur ; en théorie quantique des champs, elle est reliée à la ***masse*** m ***du champ scalaire*** par $\ell = \hbar/(mc)$. La fonction $L : \mathbb{R}^5 \to \mathbb{R}$ correspondant à (18.138) est $L(y_1, y_2, y_3, y_4, y_5) = -1/2\,(-y_2^2 + y_3^2 + y_4^2 + y_5^2 + y_1^2/\ell^2)$.

Étant donné un domaine quadridimensionnel compact et à bord $\mathscr{U} \subset \mathscr{E}$, on appelle ***action du champ*** considéré sur $\mathscr{U}$ le nombre réel

$$\boxed{S := \int_{\mathscr{U}} \mathcal{L}\,\boldsymbol{\epsilon} = \int_{\mathscr{U}} \mathcal{L}\; dx^0 dx^1 dx^2 dx^3}. \quad (18.139)$$

L'intégrale ci-dessus est celle du champ scalaire $\mathcal{L}$ sur $\mathscr{U}$, au sens défini au § 16.3.5. Notons que dans le cas présent $\sqrt{-\det g} = 1$ puisque les coordonnées (x^α) sont inertielles. De plus, comme $\mathcal{L}$ et l'élément de volume de $\mathscr{U}$ sont indépendants du choix des coordonnées inertielles (x^α), il en est de même de l'action S.

Le ***principe de moindre action*** consiste alors à postuler que, parmi toutes les configurations possibles du champ $\boldsymbol{\varphi}$, la solution physique est celle qui minimise l'action S dans toute variation de $\boldsymbol{\varphi}$ qui ne change pas le champ sur le bord de $\mathscr{U}$. Montrons que ce principe conduit à un système d'équations aux dérivées partielles pour le champ $\boldsymbol{\varphi}$. Une variation infinitésimale $\delta\boldsymbol{\varphi}$ du champ conduit à la variation suivante de l'action

$$\delta S = \int_{\mathscr{U}} \delta\mathcal{L}\,\boldsymbol{\epsilon}. \quad (18.140)$$

Or, d'après (18.134) et le fait que les composantes de $\boldsymbol{\nabla}\boldsymbol{\varphi}$ ne sont autres que les dérivées partielles des composantes de $\boldsymbol{\varphi}$,

$$\delta\mathcal{L} = \frac{\partial L}{\partial\varphi_A}\delta\varphi_A + \frac{\partial L}{\partial(\partial_\alpha\varphi_A)}\delta\frac{\partial\varphi_A}{\partial x^\alpha},$$

où l'on a noté les dérivées partielles de la fonction L par $\partial L/\partial\varphi_A$ pour les dérivées par rapport aux 4^n premiers arguments et par $\partial L/\partial(\partial_\alpha\varphi_A)$ pour les dérivées par rapport aux 4^{n+1} arguments restants. De plus, dans l'écriture ci-dessus, la convention de sommation d'Einstein sur le multi-indice A est utilisée, ainsi que sur l'indice $\alpha \in \{0, 1, 2, 3\}$. Il est évident que $\delta\partial\varphi_A/\partial x^\alpha = \partial\delta\varphi_A/\partial x^\alpha$, de sorte que l'on peut intégrer par parties le deuxième terme et obtenir

$$\delta\mathcal{L} = \frac{\partial L}{\partial\varphi_A}\delta\varphi_A - \frac{\partial}{\partial x^\alpha}\left(\frac{\partial L}{\partial(\partial_\alpha\varphi_A)}\right)\delta\varphi_A + \frac{\partial}{\partial x^\alpha}\left(\frac{\partial L}{\partial(\partial_\alpha\varphi_A)}\delta\varphi_A\right).$$

En reportant cette expression dans (18.140), il vient

$$\delta S = \int_{\mathscr{U}}\left[\frac{\partial L}{\partial\varphi_A} - \frac{\partial}{\partial x^\alpha}\left(\frac{\partial L}{\partial(\partial_\alpha\varphi_A)}\right)\right]\delta\varphi_A\,\boldsymbol{\epsilon} + \int_{\mathscr{U}}\boldsymbol{\nabla}\cdot\vec{\boldsymbol{V}}\,\boldsymbol{\epsilon},$$

où $\vec{\boldsymbol{V}}$ désigne le champ vectoriel de composantes $V^\alpha = \partial L/\partial(\partial_\alpha\varphi_A)\,\delta\varphi_A$ et nous avons utilisé l'identité $\partial V^\alpha/\partial x^\alpha = \boldsymbol{\nabla}\cdot\vec{\boldsymbol{V}}$ (Éq. (15.56) avec $\det g = -1$ puisque les coordonnées (x^α) sont inertielles). En vertu du théorème de Gauss-Ostrogradski quadridimensionnel (16.72), on constate que le dernier terme de l'équation ci-dessus est égal au flux de $\vec{\boldsymbol{V}}$ à travers le bord de $\mathscr{U}$. Si l'on suppose $\delta\boldsymbol{\varphi} = 0$ sur $\partial\mathscr{U}$, alors $\vec{\boldsymbol{V}} = 0$ sur $\partial\mathscr{U}$ et le flux est nul. Il reste donc

$$\delta S = \int_{\mathscr{U}}\left[\frac{\partial L}{\partial\varphi_A} - \frac{\partial}{\partial x^\alpha}\left(\frac{\partial L}{\partial(\partial_\alpha\varphi_A)}\right)\right]\delta\varphi_A\,\boldsymbol{\epsilon}. \quad (18.141)$$

Le principe de moindre action implique que $\delta S = 0$ pour toute variation $\delta\boldsymbol{\varphi}$ autour de la solution physique, et ce quel que soit le domaine $\mathscr{U}$. En conséquence, (18.141) conduit aux 4^n équations suivantes :

$$\boxed{\frac{\partial L}{\partial\varphi_A} - \frac{\partial}{\partial x^\alpha}\left(\frac{\partial L}{\partial(\partial_\alpha\varphi_A)}\right) = 0}. \quad (18.142)$$

Ces équations sont appelées ***équations du champ***. Elles sont l'analogue des équations d'Euler-Lagrange (11.17) obtenues au Chap. 11 en appliquant le principe de moindre action à une particule, les degrés de liberté x^α de la particule étant remplacés par les composantes φ_A du champ et le paramètre d'évolution λ par les quatre coordonnées (x^α) sur l'espace-temps.

Exemple : Reprenons le champ de Klein-Gordon introduit plus haut. La densité de lagrangien étant (18.138), on a $\partial L/\partial\varphi = -\ell^{-2}\varphi$, $\partial L/\partial(\partial_0\varphi) = \partial\varphi/\partial x^0$ et $\partial L/\partial(\partial_i\varphi) = -\partial\varphi/\partial x^i$. L'équation du champ (18.142), qui n'a qu'une seule composante dans ce cas, s'écrit alors

$$\Box\varphi - \ell^{-2}\varphi = 0, \quad (18.143)$$

où l'on a fait apparaître l'opérateur d'alembertien suivant (18.56). Cette équation est appelée ***équation de Klein-Gordon***[18]. Notons qu'il s'agit d'une équation linéaire en φ.

18. *Klein* fait référence au physicien suédois Oskar Klein (1894–1977) et non au mathématicien allemand Felix Klein, dont nous avons parlé au Chap. 7 (*cf.* p. 258).

18.6.2 Cas du champ électromagnétique

Pour la formulation variationnelle de l'électromagnétisme, le champ φ est la 1-forme 4-potentiel $\boldsymbol{A}$ introduite au § 18.4.1 et reliée au tenseur champ électromagnétique $\boldsymbol{F}$ par $\boldsymbol{F} = \mathbf{d}\boldsymbol{A}$ (Éq. (18.49)). On postule alors que la densité de lagrangien du champ électromagnétique généré par un 4-courant électrique $\vec{\jmath}$ est

$$\boxed{\mathcal{L} = -\frac{\varepsilon_0}{4} F_{\mu\nu} F^{\mu\nu} + A_\mu j^\mu}, \qquad (18.144)$$

où $F_{\mu\nu}$ et $F^{\mu\nu}$ sont considérés comme des fonctions de $\boldsymbol{A}$, données par (18.50) et (18.51). La forme explicite de la densité de lagrangien est donc

$$\mathcal{L} = L\left(A_\alpha, \frac{\partial A_\beta}{\partial x^\alpha}\right) = -\frac{\varepsilon_0}{4} \eta^{\mu\rho} \eta^{\nu\sigma} \left(\frac{\partial A_\nu}{\partial x^\mu} - \frac{\partial A_\mu}{\partial x^\nu}\right) \left(\frac{\partial A_\sigma}{\partial x^\rho} - \frac{\partial A_\rho}{\partial x^\sigma}\right) + A_\mu j^\mu. \qquad (18.145)$$

Remarque : La quantité qui apparaît dans la densité de lagrangien du champ électromagnétique n'est autre que l'invariant $I_1 = F_{\mu\nu} F^{\mu\nu}/2$, introduit au § 17.2.2. C'est en accord avec le principe d'invariance sous l'action du groupe de Poincaré mentionné plus haut.

Les équations de champ (18.142) s'écrivent

$$\frac{\partial L}{\partial A_\beta} - \frac{\partial}{\partial x^\alpha} \left(\frac{\partial L}{\partial(\partial_\alpha A_\beta)}\right) = 0. \qquad (18.146)$$

La dérivée partielle de la densité de lagrangien par rapport à A_β est simple :

$$\frac{\partial L}{\partial A_\beta} = j^\beta.$$

La dérivée partielle par rapport à $\partial_\alpha A_\beta = \partial A_\beta / \partial x^\alpha$ est plus compliquée mais ne présente pas de difficulté majeure. En développant (18.145) et en dérivant, on obtient

$$\begin{aligned} -\frac{4}{\varepsilon_0} \frac{\partial L}{\partial(\partial_\alpha A_\beta)} &= \eta^{\alpha\rho} \eta^{\beta\sigma} \frac{\partial A_\sigma}{\partial x^\rho} + \eta^{\mu\alpha} \eta^{\nu\beta} \frac{\partial A_\nu}{\partial x^\mu} - \eta^{\alpha\rho} \eta^{\beta\sigma} \frac{\partial A_\rho}{\partial x^\sigma} - \eta^{\mu\beta} \eta^{\nu\alpha} \frac{\partial A_\nu}{\partial x^\mu} \\ &\quad - \eta^{\beta\rho} \eta^{\alpha\sigma} \frac{\partial A_\sigma}{\partial x^\rho} - \eta^{\mu\alpha} \eta^{\nu\beta} \frac{\partial A_\mu}{\partial x^\nu} + \eta^{\beta\rho} \eta^{\alpha\sigma} \frac{\partial A_\rho}{\partial x^\sigma} + \eta^{\mu\beta} \eta^{\nu\alpha} \frac{\partial A_\mu}{\partial x^\nu} \\ &= 4 \eta^{\alpha\mu} \eta^{\beta\nu} \left(\frac{\partial A_\nu}{\partial x^\mu} - \frac{\partial A_\mu}{\partial x^\nu}\right) = 4 F^{\alpha\beta} = -4 F^{\beta\alpha}. \end{aligned}$$

En reportant ce résultat, ainsi que l'expression de $\partial L / \partial A_\beta$, dans (18.146), il vient

$$\frac{\partial F^{\beta\alpha}}{\partial x^\alpha} = \varepsilon_0^{-1} j^\beta. \qquad (18.147)$$

On obtient donc l'équation de Maxwell (18.26) [19]. Ainsi on peut dériver l'équation de Maxwell « avec source » $\boldsymbol{\nabla}\cdot\boldsymbol{F}^\sharp = \varepsilon_0^{-1}\,\vec{\jmath}$ (Éq. (18.24)) à partir d'un principe de moindre action. L'équation de Maxwell restante, $\mathbf{d}\boldsymbol{F} = 0$ (Éq. (18.23)), est quant à elle automatiquement satisfaite dans cette approche car on pose dès le départ que $\boldsymbol{F}$ est la dérivée extérieure de la 1-forme $\boldsymbol{A}$.

Remarque : Le terme $A_\mu j^\mu$ dans la densité de lagrangien (18.144) traduit l'interaction entre le champ électromagnétique et le système de charges. Dans le cas d'un système réduit à une particule, si l'on remplace $\vec{\jmath}$ par son expression (18.5) (avec $N = 1$) et que l'on intègre sur l'hypersurface $x^0 = \text{const.}$, on obtient exactement le terme $(q/c)A_\mu\dot{x}^\mu$ qui apparaît dans l'expression (11.28) du lagrangien d'une particule dans un champ vectoriel.

19. Rappelons que dans le cas présent, $\det g = -1$ puis que l'on utilise des coordonnées inertielles.

Chapitre 19

Tenseur énergie-impulsion

Sommaire

Alors que les Chaps. 9, 10 et 11 étaient dévolus à la dynamique d'un système de particules (point de vue *microscopique*), nous abordons à présent le cas où le nombre de particules est très grand, de sorte qu'il est naturel de traiter la matière comme un *milieu continu* (point de vue *macroscopique*). L'outil de base pour décrire la dynamique d'un tel milieu est le *tenseur énergie-impulsion*. Après avoir introduit ce dernier au § 19.1, nous énoncerons le principe de conservation de l'énergie-impulsion pour les milieux continus au § 19.2. Nous aborderons ensuite le concept de moment cinétique d'un milieu continu (§ 19.3). Ce chapitre sert de préalable à l'étude de l'énergie-impulsion du champ électromagnétique (Chap. 20), de l'hydrodynamique relativiste (Chap. 21) et de la gravitation relativiste (Chap. 22).

19.1 Tenseur énergie-impulsion

19.1.1 Définition

Considérons un système de N particules massives $(\mathscr{P}_a)_{1\leq a\leq N}$, avec en vue N très grand, de l'ordre du nombre d'Avogadro ($\sim 6\times 10^{23}$). Notons $\mathscr{L}_a$ la ligne d'univers de la particule $\mathscr{P}_a$, τ_a son temps propre, $\vec{\boldsymbol{u}}_a = \vec{\boldsymbol{u}}_a(\tau_a)$ sa 4-vitesse et $\boldsymbol{p}_a = \boldsymbol{p}_a(\tau_a)$ sa 4-impulsion. Étant donnée une région tridimensionnelle (hypersurface) orientée $\mathscr{V}\subset\mathscr{E}$, nous avons défini au Chap. 9 la

4-impulsion totale du système dans $\mathscr{V}$ par la formule (9.35) (*cf.* Fig. 9.6) :

$$\boldsymbol{p}|_{\mathscr{V}} := \sum_{a=1}^{N} \sum_{A \in \mathscr{L}_a \cap \mathscr{V}} \varepsilon\, \boldsymbol{p}_a(A), \tag{19.1}$$

où $\varepsilon = +1$ (resp. $\varepsilon = -1$) si le vecteur 4-impulsion $\vec{\boldsymbol{p}}_a(A)$ associé à $\boldsymbol{p}_a(A)$ est de même sens que (resp. sens opposé à) l'orientation positive de $\mathscr{V}$.

Tout comme pour la charge électrique au § 18.1.1, le passage à la limite continue s'effectue en interprétant $\boldsymbol{p}|_{\mathscr{V}}$ comme un *flux* à travers $\mathscr{V}$. Pour pouvoir parler de flux, nous supposerons dans tout ce qui suit que $\mathscr{V}$ est une hypersurface du genre temps ou du genre espace (*cf.* § 16.3.7). $\mathscr{V}$ peut comprendre des parties du genre espace et d'autres du genre temps, mais ne doit en aucun cas avoir de parties du genre lumière. On peut alors introduire la normale à $\mathscr{V}$, $\vec{\boldsymbol{n}}$, qui est unitaire[1] et compatible avec l'orientation de $\mathscr{V}$, c'est-à-dire telle que $\boldsymbol{\epsilon}_{\mathscr{V}} := \boldsymbol{\epsilon}(\vec{\boldsymbol{n}}, ., ., .)$ soit compatible avec l'orientation de $\mathscr{V}$.

Une différence avec le cas de la charge électrique est que le flux introduit au § 18.1.1 est celui d'un champ vectoriel (le 4-courant électrique $\vec{\boldsymbol{j}}$) et le résultat est un scalaire – la charge électrique. Dans le cas présent, on doit obtenir une forme linéaire (la 4-impulsion $\boldsymbol{p}|_{\mathscr{V}}$) ; le flux ne peut donc pas être celui d'un champ vectoriel. En fait, il va s'agir du flux d'un champ de formes bilinéaires $\boldsymbol{T}$, que nous appellerons ***tenseur énergie-impulsion*** du système considéré. Plus précisément, nous allons écrire

$$\boxed{\boldsymbol{p}|_{\mathscr{V}} = \pm\frac{1}{c}\int_{\mathscr{V}} \boldsymbol{T}(., \vec{\boldsymbol{n}})\, dV}, \tag{19.2}$$

où le signe $\pm$ vaut $+$ si $\vec{\boldsymbol{n}}$ est du genre espace et $-$ s'il est du genre temps (*cf.* (16.50)). Si $\mathscr{V}$ a des régions de genres différents, il faut remplacer (19.2) par une somme d'intégrales avec le bon signe pour chaque région. L'intégrale dans (19.2) est celle du champ tensoriel de type $(0,1)$ (1-forme) $\boldsymbol{T}(., \vec{\boldsymbol{n}})$, l'intégrale d'un champ tensoriel ayant été définie au § 16.3.6.

Pour le système de particules considéré, le champ tensoriel énergie-impulsion est de la forme

$$\forall M \in \mathscr{E}, \quad \boxed{\boldsymbol{T}(M) := \sum_{a=1}^{N} \int_{-\infty}^{+\infty} \delta_{A_a(\tau)}(M)\, \boldsymbol{p}_a(\tau) \otimes \underline{\boldsymbol{u}}_a(\tau)\, c^2\, d\tau}, \tag{19.3}$$

où τ désigne le temps propre de $\mathscr{P}_a$ et $\delta_{A_a(\tau)}$ la distribution de Dirac sur $(\mathscr{E}, \boldsymbol{g})$ centrée sur le point $A_a(\tau)$ de la ligne d'univers $\mathscr{L}_a$ (*cf.* § 18.1.1). Montrons en effet qu'en injectant (19.3) dans (19.2), on retrouve (19.1). Par définition du produit tensoriel $\otimes$, la 1-forme $\boldsymbol{\omega} := \boldsymbol{T}(., \vec{\boldsymbol{n}})$ à intégrer sur $\mathscr{V}$ s'exprime

1. Si $\mathscr{V}$ était du genre lumière, on ne pourrait avoir de normale unitaire.

comme

$$\forall M \in \mathscr{E}, \quad \boldsymbol{\omega}(M) = \sum_{a=1}^{N} \int_{-\infty}^{+\infty} \delta_{A_a(\tau)}(M)\, (\vec{\boldsymbol{u}}_a(\tau) \cdot \vec{\boldsymbol{n}})\, \boldsymbol{p}_a(\tau)\, c^2\, d\tau,$$

de sorte qu'il vient

$$\int_{\mathscr{V}} \boldsymbol{T}(.,\vec{\boldsymbol{n}})\, dV = \sum_{a=1}^{N} \int_{\mathscr{V}} \int_{-\infty}^{+\infty} \delta_{A_a(\tau)}(M)\, (\vec{\boldsymbol{u}}_a(\tau) \cdot \vec{\boldsymbol{n}})\, \boldsymbol{p}_a(\tau)\, c^2\, d\tau\, dV.$$

Introduisons un système (x^α) de coordonnées sur $\mathscr{E}$ adapté à $\mathscr{V}$ (*cf.* § 16.2) : $x^0 = \text{const.}$ sur $\mathscr{V}$. En termes des composantes associées à ces coordonnées, $\vec{\boldsymbol{u}}_a(\tau) \cdot \vec{\boldsymbol{n}} = u^\alpha_a(\tau) n_\alpha = u^0_a(\tau) n_0$ car $n_\alpha = (n_0, 0, 0, 0)$ puisque la normale $\vec{\boldsymbol{n}}$ à $\mathscr{V}$ est parallèle à $\vec{\boldsymbol{\nabla}} x^0$ (*cf.* § 16.3.2). Par ailleurs, d'après (16.30), $dV = n^0 \sqrt{-g}\, dx^1 dx^2 dx^3$. On a donc dans l'intégrale ci-dessus,

$$(\vec{\boldsymbol{u}}_a(\tau) \cdot \vec{\boldsymbol{n}}) dV = u^0_a(\tau) n_0 n^0 \sqrt{-g}\, dx^1 dx^2 dx^3 = \pm u^0_a(\tau) \sqrt{-g}\, dx^1 dx^2 dx^3$$

car $n_0 n^0 = n_\alpha n^\alpha = \pm 1$, $\vec{\boldsymbol{n}}$ étant unitaire. Ainsi

$$\int_{\mathscr{V}} \boldsymbol{T}(.,\vec{\boldsymbol{n}})\, dV = \pm \sum_{a=1}^{N} \int_{\mathscr{V}} \int_{-\infty}^{+\infty} \delta_{A_a(\tau)}(M)\, \boldsymbol{p}_a(\tau)\, \sqrt{-g}\, u^0_a(\tau)\, c^2\, d\tau\, dx^1 dx^2 dx^3.$$

En supposant que la ligne d'univers $\mathscr{L}_a$ n'est jamais tangente à $\mathscr{V}$, on peut, au voisinage d'une intersection A de $\mathscr{L}_a$ avec $\mathscr{V}$, paramétrer $\mathscr{L}_a$ par x^0, première coordonnée du système adapté à $\mathscr{V}$: x^0 est constante sur $\mathscr{V}$ et nous choisirons sa valeur égale à 0. Effectuons alors le changement de variable $\tau \to x^0$ dans l'intégrale ci-dessus. Il convient de remarquer qu'en raison du terme $\delta_{A_a(\tau)}(M)$ avec $M \in \mathscr{V}$, on peut limiter l'intégrale sur x^0 à un intervalle fini $[-\alpha, \alpha]$ autour de $x^0 = 0$ (valeur sur $\mathscr{V}$). De plus, par définition de la 4-vitesse de $\mathscr{P}_a$, $u^0_a(\tau)\, c\, d\tau = dx^0$. Si x^0 est une fonction décroissante de τ, c'est-à-dire si $\vec{\boldsymbol{p}}_a$ ne traverse pas $\mathscr{V}$ dans le sens de son orientation, on aura un changement de signe de l'intégrale, représenté par le paramètre $\varepsilon = -1$. Au vu de ces considérations, il vient

$$\int_{\mathscr{V}} \boldsymbol{T}(.,\vec{\boldsymbol{n}}) dV = \pm c \sum_{a=1}^{N} \sum_{A \in \mathscr{L}_a \cap \mathscr{V}} \varepsilon \int_{\mathscr{V}} \int_{-\alpha}^{+\alpha} \delta_{A_a(x^0)}(M) \boldsymbol{p}_a(x^0) \sqrt{-g} dx^0 dx^1 dx^2 dx^3.$$

Comme $\sqrt{-g}\, dx^0 dx^1 dx^2 dx^3$ est exactement l'élément de quadrivolume sur $(\mathscr{E}, \boldsymbol{g})$, on en déduit, par définition de δ_A,

$$\int_{\mathscr{V}} \boldsymbol{T}(.,\vec{\boldsymbol{n}})\, dV = \pm c \sum_{a=1}^{N} \sum_{A \in \mathscr{L}_a \cap \mathscr{V}} \varepsilon\, \boldsymbol{p}_a(A).$$

La comparaison avec (19.1) établit la formule (19.2).

La formule (19.2) montre que la dimension du tenseur énergie-impulsion est celle d'une densité d'impulsion multipliée par une vitesse ; il s'agit donc de la dimension d'une *densité d'énergie* (unité SI : J.m^{-3}).

19.1.2 Interprétation

Considérons un observateur $\mathcal{O}$, de 4-vitesse $\vec{\boldsymbol{u}}_0$ et choisissons pour $\mathscr{V}$ un volume élémentaire de l'espace local de repos de $\mathcal{O}$ à un instant t fixé de son temps propre. Soit dV le volume de $\mathscr{V}$; la 4-impulsion $d\boldsymbol{p}$ dans $\mathscr{V}$ s'exprime suivant la version infinitésimale de (19.2) :

$$d\boldsymbol{p} = -\frac{1}{c}\boldsymbol{T}(., \vec{\boldsymbol{u}}_0)\, dV. \tag{19.4}$$

Nous avons sélectionné le signe $-$ car la normale unitaire à $\mathscr{V}$ est $\vec{\boldsymbol{u}}_0$, qui est du genre temps. D'après la formule (9.44), l'énergie mesurée par $\mathcal{O}$ de la matière dans $\mathscr{V}$ est $dE = -c\,\langle d\boldsymbol{p}, \vec{\boldsymbol{u}}_0\rangle$, soit

$$dE = \boldsymbol{T}(\vec{\boldsymbol{u}}_0, \vec{\boldsymbol{u}}_0)\, dV.$$

Nous en déduisons immédiatement que la ***densité d'énergie*** $\varepsilon := dE/dV$ ***mesurée par*** $\mathcal{O}$ dans $\mathscr{V}$ est

$$\boxed{\varepsilon = \boldsymbol{T}(\vec{\boldsymbol{u}}_0, \vec{\boldsymbol{u}}_0)}. \tag{19.5}$$

Ainsi la densité d'énergie mesurée par un observateur s'obtient en fixant les deux arguments de la forme bilinéaire $\boldsymbol{T}$ à la 4-vitesse de cet observateur.

Par ailleurs, suivant la relation (9.45), l'impulsion $d\boldsymbol{P}$ mesurée par $\mathcal{O}$ dans $\mathscr{V}$ est $d\boldsymbol{P} = d\boldsymbol{p} \circ \perp_{\boldsymbol{u}_0}$, soit d'après (19.4),

$$d\boldsymbol{P} = -\frac{1}{c}\boldsymbol{T}(\perp_{\boldsymbol{u}_0}, \vec{\boldsymbol{u}}_0)\, dV.$$

La ***densité d'impulsion*** $\boldsymbol{\varpi} := d\boldsymbol{P}/dV$ ***mesurée par*** $\mathcal{O}$ est donc la 1-forme

$$\boxed{\boldsymbol{\varpi} = -\frac{1}{c}\boldsymbol{T}(\perp_{\boldsymbol{u}_0}, \vec{\boldsymbol{u}}_0)}. \tag{19.6}$$

Si $(\vec{\boldsymbol{e}}_\alpha)$ dénote le référentiel local de $\mathcal{O}$ (en particulier $\vec{\boldsymbol{e}}_0 = \vec{\boldsymbol{u}}_0$) et $(\boldsymbol{e}^\alpha)$ la base duale associée, on peut écrire

$$\boxed{\boldsymbol{\varpi} = -\frac{\boldsymbol{T}(\vec{\boldsymbol{e}}_i, \vec{\boldsymbol{u}}_0)}{c}\,\boldsymbol{e}^i}. \tag{19.7}$$

Puisque $\langle \boldsymbol{e}^i, \vec{\boldsymbol{u}}_0\rangle = 0$, il est clair que $\langle \boldsymbol{\varpi}, \vec{\boldsymbol{u}}_0\rangle = 0$ (on le voit aussi directement sur (19.6) car $\perp_{\boldsymbol{u}_0}\vec{\boldsymbol{u}}_0 = 0$).

Considérons à présent une 2-surface élémentaire $\mathcal{S}$ fixe dans l'espace de référence de l'observateur $\mathcal{O}$. Pour être concrets, nous choisirons $\mathcal{S}$ normale à l'un des trois vecteurs spatiaux du référentiel local de $\mathcal{O}$, soit $\vec{\boldsymbol{e}}_j$. Pendant un petit incrément dt du temps propre de $\mathcal{O}$, $\mathcal{S}$ décrit dans l'espace-temps un volume d'univers élémentaire $\mathscr{V}$ (*cf.* Fig. 19.1). Celui-ci est une hypersurface

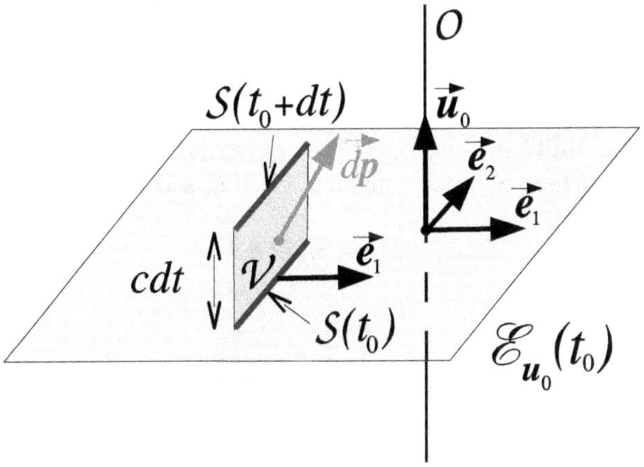

FIG. 19.1 – 3-volume $\mathscr{V}$ balayé par une 2-surface élémentaire $\mathcal{S}$ pendant l'intervalle de temps propre dt de l'observateur $\mathcal{O}$. La surface $\mathcal{S}$ est supposée fixe par rapport à $\mathcal{O}$. La 4-impulsion $\boldsymbol{dp}$ dans $\mathscr{V}$ se décompose orthogonalement suivant $\boldsymbol{dp} = (dE/c)\, \underline{\boldsymbol{u}}_0 + d\boldsymbol{P}$; dE/dt est alors l'énergie qui traverse $\mathcal{S}$ par unité de temps et $d\boldsymbol{P}/dt$ la force qui s'exerce sur $\mathcal{S}$.

du genre temps et sa normale unitaire est $\vec{e}_j$. La 4-impulsion dans $\mathscr{V}$ est donnée par la version infinitésimale de (19.2) avec une normale $\vec{n} = \vec{e}_j$ du genre espace :

$$\boldsymbol{dp} = \frac{1}{c}\boldsymbol{T}(.,\vec{e}_j)\, dV = \boldsymbol{T}(.,\vec{e}_j)\, dS\, dt, \qquad (19.8)$$

où la deuxième égalité résulte de la décomposition $dV = dS \times c\,dt$ du volume dV de $\mathscr{V}$, dS étant l'aire de $\mathcal{S}$. Pour l'observateur $\mathcal{O}$, l'énergie de la matière « contenue » dans $\mathscr{V}$, c'est-à-dire qui traverse la surface $\mathcal{S}$ pendant le temps dt, est $dE = -c\,\langle \boldsymbol{dp},\, \vec{u}_0\rangle$ (Éq. (9.44)), soit

$$dE = -c\,\boldsymbol{T}(\vec{u}_0, \vec{e}_j)\, dS\, dt.$$

Le ***flux d'énergie***, c'est-à-dire l'énergie par unité de temps et de surface, qui traverse $\mathcal{S}$, est donc $\varphi_j := dE/(dt\, dS) = -c\,\boldsymbol{T}(\vec{u}_0, \vec{e}_j)$. La forme linéaire $\boldsymbol{\varphi} := \varphi_j\, \boldsymbol{e}^j$, c'est-à-dire

$$\boxed{\boldsymbol{\varphi} = -c\,\boldsymbol{T}(\vec{u}_0, \vec{e}_j)\, \boldsymbol{e}^j}, \qquad (19.9)$$

est alors la ***forme flux d'énergie*** : elle donne l'énergie par unité de temps (puissance) qui traverse une surface quelconque de normale $\vec{n}$ suivant

$$\frac{dE}{dt} = \langle \boldsymbol{\varphi}, \vec{n}\rangle\, dS. \qquad (19.10)$$

Par ailleurs, l'impulsion mesurée par $\mathcal{O}$ « contenue » dans $\mathscr{V}$, c'est-à-dire qui traverse la surface $\mathcal{S}$ pendant le temps dt, est, d'après (9.45),

$d\boldsymbol{P} = d\boldsymbol{p} \circ \perp_{\boldsymbol{u}_0}$, soit d'après (19.8),

$$d\boldsymbol{P} = \boldsymbol{T}(\perp_{\boldsymbol{u}_0}, \vec{\boldsymbol{e}}_j)\, dS\, dt = \boldsymbol{T}(\vec{\boldsymbol{e}}_i, \vec{\boldsymbol{e}}_j)\, \boldsymbol{e}^i\, dS\, dt.$$

L'impulsion par unité de temps, $d\boldsymbol{P}/dt$, qui traverse $\mathcal{S}$ est la *force* $d\boldsymbol{F}_j$ qui s'exerce sur la surface $\mathcal{S}$ (relativement à $\mathcal{O}$). On a donc

$$d\boldsymbol{F}_j = S_{ij}\, \boldsymbol{e}^i\, dS, \tag{19.11}$$

avec

$$\boxed{S_{ij} := \boldsymbol{T}(\vec{\boldsymbol{e}}_i, \vec{\boldsymbol{e}}_j)}. \tag{19.12}$$

Les S_{ij} sont en fait les composantes du tenseur $\boldsymbol{S} = S_{ij}\, \boldsymbol{e}^i \otimes \boldsymbol{e}^j$, qui est la projection orthogonale du tenseur énergie-impulsion sur l'espace local de repos de $\mathcal{O}$:

$$\boldsymbol{S} := \boldsymbol{T}(\perp_{\boldsymbol{u}_0}, \perp_{\boldsymbol{u}_0}). \tag{19.13}$$

$\boldsymbol{S}$ est appelé ***tenseur des contraintes*** relativement à l'observateur $\mathcal{O}$. Il donne la force qui s'exerce sur une surface élémentaire normale à $\vec{\boldsymbol{e}}_j$ suivant la formule (19.11). Plus généralement, pour une surface de normale $\vec{\boldsymbol{n}} = n^j\, \vec{\boldsymbol{e}}_j$, on obtient la force $d\boldsymbol{F} = S_{ij} n^j\, dS\, \boldsymbol{e}^i$, soit

$$\boxed{d\boldsymbol{F} = \boldsymbol{S}(.,\vec{\boldsymbol{n}})\, dS}. \tag{19.14}$$

Si l'on fait le bilan, on constate que les composantes $T_{\alpha\beta} = \boldsymbol{T}(\vec{\boldsymbol{e}}_\alpha, \vec{\boldsymbol{e}}_\beta)$ du tenseur énergie-impulsion dans le référentiel local de $\mathcal{O}$ s'expriment comme

$$T_{\alpha\beta} = \begin{pmatrix} \varepsilon & -\varphi_1/c & -\varphi_2/c & -\varphi_3/c \\ -c\varpi_1 & S_{11} & S_{12} & S_{13} \\ -c\varpi_2 & S_{21} & S_{22} & S_{23} \\ -c\varpi_3 & S_{31} & S_{32} & S_{33} \end{pmatrix}, \tag{19.15}$$

où ε est la densité d'énergie, ϖ_i les composantes de la densité d'impulsion, φ_i celles de la forme flux d'énergie et S_{ij} celles du tenseur des contraintes, toutes quantités définies relativement à l'observateur $\mathcal{O}$.

19.1.3 Symétrie du tenseur énergie-impulsion

Pour un système constitué de particules *simples*, au sens défini au § 9.1.1, les 4-impulsions individuelles $\boldsymbol{p}_a$ sont colinéaires aux 4-vitesses : $\boldsymbol{p}_a = m_a c\, \underline{\boldsymbol{u}}_a$, m_a étant la masse de la particule $\mathscr{P}_a$. Le tenseur énergie-impulsion (19.3) prend alors la forme

$$\forall M \in \mathscr{E}, \quad \boldsymbol{T}(M) = \sum_{a=1}^{N} m_a c^2 \int_{-\infty}^{+\infty} \delta_{A_a(\tau)}(M)\, \underline{\boldsymbol{u}}_a(\tau) \otimes \underline{\boldsymbol{u}}_a(\tau)\, c\, d\tau. \tag{19.16}$$

La forme bilinéaire $\underline{\boldsymbol{u}}_a(\tau) \otimes \underline{\boldsymbol{u}}_a(\tau)$ étant clairement symétrique, on en conclut qu'il en est de même pour $\boldsymbol{T}$:

$$\forall(\vec{\boldsymbol{u}}, \vec{\boldsymbol{v}}) \in E^2, \quad \boxed{\boldsymbol{T}(\vec{\boldsymbol{u}}, \vec{\boldsymbol{v}}) = \boldsymbol{T}(\vec{\boldsymbol{v}}, \vec{\boldsymbol{u}})}. \tag{19.17}$$

Nous verrons au § 19.3.2 qu'en vertu de la conservation du moment cinétique, cette propriété est tout à fait générale :

> Le tenseur énergie-impulsion $\boldsymbol{T}$ de tout système physique est un champ de formes bilinéaires symétriques.

Remarque : Ainsi le tenseur énergie-impulsion partage avec le tenseur métrique $\boldsymbol{g}$ la propriété d'être un champ de formes bilinéaires symétriques sur l'espace-temps $\mathscr{E}$. Par contre, la similitude s'arrête là : $\boldsymbol{T}$ peut être une forme bilinéaire dégénérée (en particulier, dans le vide $\boldsymbol{T} = 0$), alors que $\boldsymbol{g}$ ne l'est jamais. On ne peut donc pas utiliser $\boldsymbol{T}$ pour définir un produit scalaire sur $\mathscr{E}$.

Une conséquence de la symétrie de $\boldsymbol{T}$ est que, vis-à-vis d'un observateur $\mathcal{O}$, $\boldsymbol{T}(\vec{\boldsymbol{u}}_0, \vec{\boldsymbol{e}}_i) = \boldsymbol{T}(\vec{\boldsymbol{e}}_i, \vec{\boldsymbol{u}}_0)$, ce qui d'après (19.7) et (19.9), implique l'égalité, à un facteur c^2 près, de la forme flux d'énergie et de la densité d'impulsion :

$$\boxed{\boldsymbol{\varphi} = c^2 \boldsymbol{\varpi}}. \tag{19.18}$$

Remarque : On peut voir ce résultat comme une conséquence de l'équivalence masse/énergie en relativité. Exprimons en effet cette dernière propriété sous la forme de la relation (9.29) entre l'impulsion $\boldsymbol{P}$ et l'énergie E d'une particule : $E\vec{\boldsymbol{V}} = c^2\vec{\boldsymbol{P}}$, où $\vec{\boldsymbol{V}}$ est la vitesse de propagation de la particule vis-à-vis de l'observateur considéré (éventuellement la vitesse de la lumière dans le cas de photons). En considérant un ensemble de particules de même vitesse $\vec{\boldsymbol{V}}$ et en divisant par le volume d'un élément de matière pour faire apparaître la densité d'énergie ε et la densité d'impulsion $\vec{\boldsymbol{\varpi}}$, il vient

$$\varepsilon\vec{\boldsymbol{V}} = c^2\vec{\boldsymbol{\varpi}}.$$

Mais $\varepsilon\vec{\boldsymbol{V}}$ n'est pas autre chose que le vecteur flux d'énergie, si bien que l'on retrouve (19.18).

En vertu de la symétrie de $\boldsymbol{T}$, on peut réécrire les composantes (19.15) comme

$$\boxed{T_{\alpha\beta} = \begin{pmatrix} \varepsilon & -c\varpi_1 & -c\varpi_2 & -c\varpi_3 \\ -c\varpi_1 & S_{11} & S_{12} & S_{13} \\ -c\varpi_2 & S_{12} & S_{22} & S_{23} \\ -c\varpi_3 & S_{13} & S_{23} & S_{33} \end{pmatrix}}. \tag{19.19}$$

Par définition même des composantes d'une forme bilinéaire, $\boldsymbol{T} = T_{\alpha\beta}\boldsymbol{e}^\alpha \otimes \boldsymbol{e}^\beta$ (Éq. (14.10)), et compte tenu des relations $\boldsymbol{e}^0 = -\underline{\boldsymbol{u}}_0$, $\boldsymbol{\varpi} = \varpi_i\,\boldsymbol{e}^i$, $\boldsymbol{S} = S_{ij}\,\boldsymbol{e}^i \otimes \boldsymbol{e}^j$, on peut écrire

$$\boxed{\boldsymbol{T} = \varepsilon\,\underline{\boldsymbol{u}}_0 \otimes \underline{\boldsymbol{u}}_0 + c\,\boldsymbol{\varpi} \otimes \underline{\boldsymbol{u}}_0 + c\,\underline{\boldsymbol{u}}_0 \otimes \boldsymbol{\varpi} + \boldsymbol{S}}. \tag{19.20}$$

Remarque : Cette décomposition peut être qualifiée d'*orthogonale* puisque $\langle \boldsymbol{\varpi}, \vec{\boldsymbol{u}}_0 \rangle = 0$ et $\boldsymbol{S}(\vec{\boldsymbol{u}}_0, .) = \boldsymbol{S}(., \vec{\boldsymbol{u}}_0) = 0$. Elle est tout à fait générale et s'applique à toute forme bilinéaire symétrique, pourvu que ε soit défini comme $\boldsymbol{T}(\vec{\boldsymbol{u}}_0, \vec{\boldsymbol{u}}_0)$, $\boldsymbol{\varpi}$ comme $-c^{-1}\boldsymbol{T}(\perp_{\boldsymbol{u}_0}, \vec{\boldsymbol{u}}_0)$ et $\boldsymbol{S}$ comme $\boldsymbol{T}(\perp_{\boldsymbol{u}_0}, \perp_{\boldsymbol{u}_0})$. Il s'agit du pendant symétrique de la décomposition orthogonale (3.39) des formes bilinéaires antisymétriques.

Note historique : *La notion de tenseur énergie-impulsion a été introduite en 1908 par Hermann Minkowski* (cf. *p. 25) [289]. Mais il ne l'a appliquée qu'au champ électromagnétique*[2]*. Il semblerait que l'usage général du tenseur énergie-impulsion pour décrire la dynamique de n'importe quel type de matière ou de champ soit dû à Max Laue* (cf. *p. 151). Dans un article de 1911 [243], il donne la décomposition générale (19.15). La propriété (19.18) d'égalité (à un facteur c^2 près) du flux d'énergie et de la densité d'impulsion a été énoncée par Max Planck* (cf. *p. 282) en 1908 [327]. Dans le cas particulier du champ électromagnétique, elle avait été établie en 1900 par Henri Poincaré [329]* (cf. *note historique p. 637).*

19.2 Conservation de l'énergie-impulsion

Au Chap. 9, nous avons énoncé le principe de conservation de la 4-impulsion pour tout système discret de particules. Nous allons à présent étendre ce principe à tout système physique décrit par un tenseur énergie-impulsion.

19.2.1 Énoncé

Tout comme au § 9.2.3, énonçons le principe de conservation de l'énergie-impulsion à partir des hypersurfaces fermées :

> Si un système physique $\mathscr{S}$ décrit par un tenseur énergie-impulsion $\boldsymbol{T}$ est isolé, sa 4-impulsion $\boldsymbol{p}|_{\mathscr{V}}$, définie sur toute hypersurface fermée $\mathscr{V} \subset \mathscr{E}$ par (19.2), est nulle :

$$\boxed{\mathscr{S} \text{ isolé et } \mathscr{V} \text{ fermée} \implies \boldsymbol{p}|_{\mathscr{V}} = 0}. \qquad (19.21)$$

Nous pouvons faire les mêmes commentaires qu'au § 9.2.3. En particulier, on peut changer le point de vue et considérer l'énoncé ci-dessus, non comme un principe, mais comme la *définition* d'un système isolé.

2. Nous discuterons du tenseur énergie-impulsion du champ électromagnétique au Chap. 20.

19.2.2 Version locale

Appliquons la forme linéaire $\boldsymbol{p}|_{\mathscr{V}}$ à un vecteur quelconque $\vec{\boldsymbol{v}} \in E$, en utilisant (19.2),

$$\langle \boldsymbol{p}|_{\mathscr{V}}, \vec{\boldsymbol{v}}\rangle = \pm\frac{1}{c}\int_{\mathscr{V}} \boldsymbol{T}(\vec{\boldsymbol{v}}, \vec{\boldsymbol{n}})\, dV = \pm\frac{1}{c}\int_{\mathscr{V}} \vec{\boldsymbol{w}}\cdot\vec{\boldsymbol{n}}\, dV = \frac{1}{c}\Phi_{\mathscr{V}}(\vec{\boldsymbol{w}}), \qquad (19.22)$$

où $\vec{\boldsymbol{w}}$ est le champ vectoriel dual métrique de la 1-forme $\boldsymbol{T}(\vec{\boldsymbol{v}}, .)$; en composantes, $w^\alpha = g^{\alpha\nu} T_{\mu\nu} v^\mu$. La dernière égalité fait apparaître le flux de $\vec{\boldsymbol{w}}$ à travers $\mathscr{V}$ (*cf.* § 16.3.7). Choisissons comme hypersurface $\mathscr{V}$ le bord d'une partie quadridimensionnelle compacte $\mathscr{U}$ de $\mathscr{E}$: $\mathscr{V} = \partial\mathscr{U}$. On peut alors appliquer le théorème de Gauss-Ostrogradski (16.72) et écrire

$$\langle \boldsymbol{p}|_{\mathscr{V}}, \vec{\boldsymbol{v}}\rangle = \frac{1}{c}\int_{\mathscr{U}} \boldsymbol{\nabla}\cdot\vec{\boldsymbol{w}}\, dU. \qquad (19.23)$$

Or

$$\boldsymbol{\nabla}\cdot\vec{\boldsymbol{w}} = \nabla_\nu w^\nu = \nabla^\nu w_\nu = \nabla^\nu (T_{\mu\nu} v^\mu) = \nabla^\nu T_{\mu\nu}\, v^\mu + T_{\mu\nu} \underbrace{\nabla^\nu v^\mu}_{0}, \qquad (19.24)$$

l'annulation du dernier terme résultant du caractère constant de $\vec{\boldsymbol{v}}$. Dans l'avant-dernier terme apparaît la divergence du tenseur énergie-impulsion. Au § 15.3.6, nous avons défini la divergence d'un champ tensoriel au moins une fois contravariant. Ici la divergence de $\boldsymbol{T}$, qui est zéro fois contravariant et deux fois covariant, se définit comme la forme duale métrique de la divergence de $\boldsymbol{T}^\sharp$. Ce dernier tenseur est le dual métrique de $\boldsymbol{T}$, à savoir l'analogue pour $\boldsymbol{T}$ du tenseur $\boldsymbol{F}^\sharp$ introduit au § 17.1.5 pour $\boldsymbol{F}$. La divergence $\boldsymbol{\nabla}\cdot\boldsymbol{T}^\sharp$, telle que définie au § 15.3.6, a pour composantes $\nabla_\mu T^{\alpha\mu}$. Son dual métrique, que nous définirons comme la divergence de $\boldsymbol{T}$ et noterons $\vec{\boldsymbol{\nabla}}\cdot\boldsymbol{T}$, a pour composantes

$$\boxed{(\vec{\boldsymbol{\nabla}}\cdot\boldsymbol{T})_\alpha = \nabla^\mu T_{\alpha\mu} = g^{\mu\nu}\nabla_\nu T_{\alpha\mu}}. \qquad (19.25)$$

Au vu de (19.23) et (19.24), nous pouvons donc écrire

$$\langle \boldsymbol{p}|_{\mathscr{V}}, \vec{\boldsymbol{v}}\rangle = \frac{1}{c}\int_{\mathscr{U}} \langle \vec{\boldsymbol{\nabla}}\cdot\boldsymbol{T}, \vec{\boldsymbol{v}}\rangle\, dU.$$

Cette identité étant valable pour tout vecteur $\vec{\boldsymbol{v}} \in E$, on en déduit

$$\boxed{\boldsymbol{p}|_{\mathscr{V}} = \frac{1}{c}\int_{\mathscr{U}} \vec{\boldsymbol{\nabla}}\cdot\boldsymbol{T}\, dU}. \qquad (19.26)$$

En tant que bord de $\mathscr{U}$, $\mathscr{V}$ est nécessairement une hypersurface fermée. Si le système considéré est isolé, le principe de conservation de l'énergie impulsion conduit alors à la nullité de l'intégrale ci-dessus. Ce résultat étant valable quel que soit $\mathscr{U}$, on en déduit que

$$\boxed{\vec{\boldsymbol{\nabla}}\cdot\boldsymbol{T} = 0}_{\mathscr{S}\ \text{isolé}}. \qquad (19.27)$$

Il s'agit de la version locale du principe de conservation de l'énergie-impulsion.

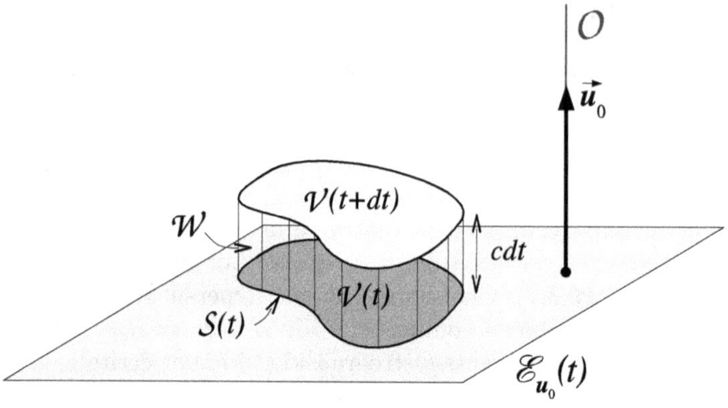

FIG. 19.2 – Tube d'univers balayé entre t et $t+dt$ par le volume $\mathscr{V}(t)$, délimité par la surface $\mathcal{S}(t)$ dans l'espace local de repos de l'observateur $\mathcal{O}$.

19.2.3 Densité de quadriforce

Si le système $\mathscr{S}$ n'est pas isolé, on pose

$$\boxed{\vec{\nabla}\cdot \boldsymbol{T} =: \mathscr{F}}. \tag{19.28}$$

La 1-forme $\mathscr{F}$ est appelée ***densité de quadriforce***.

Pour interpréter $\mathscr{F}$, considérons un observateur inertiel $\mathcal{O}$, de temps propre t et de 4-vitesse $\vec{u}_0$. Soient $\mathcal{S} = \mathcal{S}(t)$ une surface fermée dans l'espace de repos $\mathscr{E}_{\boldsymbol{u}_0}(t)$ de $\mathcal{O}$ et $\mathscr{V} = \mathscr{V}(t)$ le volume délimité par $\mathcal{S}$ (*cf.* Fig. 19.2). Nous supposons $\mathcal{S}$ et $\mathscr{V}$ fixes par rapport à $\mathcal{O}$. Définissons la 4-impulsion du système dans $\mathscr{V}$ à l'instant t comme $\boldsymbol{p}_{\mathscr{V}}(t) := \boldsymbol{p}|_{\mathscr{V}(t)}$, l'orientation de $\mathscr{V}(t)$ étant donnée par la normale $\vec{u}_0$. Pour un petit incrément dt de t, considérons le tube d'univers $\mathscr{U}$ balayé par $\mathscr{V}(t)$. Son bord est constitué de $\mathscr{V}(t+dt)$, $\mathscr{V}(t)$ et $\mathcal{W}$, l'hypercylindre balayé par la surface $\mathcal{S}$ entre t et $t+dt$ (*cf.* Fig. 19.2). En appliquant (19.26) avec $\vec{\nabla}\cdot\boldsymbol{T}$ remplacé par $\mathscr{F}$, il vient

$$\boldsymbol{p}_{\mathscr{V}}(t+dt) - \boldsymbol{p}_{\mathscr{V}}(t) + \boldsymbol{p}|_{\mathcal{W}} = \frac{1}{c}\int_{\mathscr{U}} \mathscr{F}\, dU = \frac{1}{c}\times c\,dt \int_{\mathscr{V}} \mathscr{F}\, dV, \tag{19.29}$$

le signe $-$ devant $\boldsymbol{p}_{\mathscr{V}}(t)$ tenant compte du changement d'orientation de $\mathscr{V}(t)$ quand on le considère comme une partie du bord de $\mathscr{U}$. Évaluons $\boldsymbol{p}|_{\mathcal{W}}$: la normale $\vec{n}$ à $\mathcal{W}$ (et à $\mathcal{S}$ dans $(\mathscr{E}_{\boldsymbol{u}_0}, \boldsymbol{g})$) étant du genre espace, la formule (19.2) conduit à

$$\boldsymbol{p}|_{\mathcal{W}} = \frac{1}{c}\int_{\mathcal{W}} \boldsymbol{T}(.,\vec{n})\, dV = dt\int_{\mathcal{S}} \boldsymbol{T}(.,\vec{n})\, dS = dt \int_{\mathcal{S}} \left[c\langle \boldsymbol{\varpi}, \vec{n}\rangle\, \underline{\boldsymbol{u}}_0 + \boldsymbol{S}(.,\vec{n})\right] dS,$$

où nous avons utilisé la décomposition (19.20) de $\boldsymbol{T}$ vis-à-vis de l'observateur $\mathcal{O}$. En reportant ce résultat dans (19.29) et en divisant par dt, il vient

$$\boxed{\frac{d\boldsymbol{p}_{\mathscr{V}}}{dt} = \int_{\mathscr{V}} \mathscr{F}\, dV + c \int_{\mathcal{S}} \langle \boldsymbol{\varpi}, \vec{\boldsymbol{n}} \rangle \, dS \; \underline{\boldsymbol{u}}_0 + \int_{\mathcal{S}} \boldsymbol{S}(., \vec{\boldsymbol{n}})\, dS}. \qquad (19.30)$$

Les deux intégrales sur $\mathcal{S}$ apparaissent comme respectivement le flux d'énergie à travers $\mathcal{S}$ et la force de surface exercée sur $\mathcal{S}$ (*cf.* Éq. (19.11)). L'identité (19.30) justifie le nom de *densité de quadriforce* donné à $\mathscr{F}$: si on se place à une échelle où le volume $\mathscr{V}$ est suffisamment petit pour être considéré comme une particule, la ligne d'univers de cette « particule » est parallèle à celle de $\mathcal{O}$, de sorte que t est son temps propre. Suivant la définition (9.109), $d\boldsymbol{p}_{\mathscr{V}}/dt$ apparaît alors comme la 4-force s'exerçant sur la particule. Si aucune énergie n'entre dans le volume $\mathscr{V}$ et aucune force ne s'exerce à sa surface, $\mathscr{F}$ est bien la densité volumique de 4-force.

Intéressons-nous à un système de N particules $(\mathscr{P}_a)_{1\leq a\leq N}$ et montrons que la densité de quadriforce est de la forme

$$\forall M \in \mathscr{E}, \qquad \boxed{\mathscr{F}(M) = \sum_{a=1}^{N} \int_{-\infty}^{+\infty} \delta_{A_a(\tau)}(M)\, \boldsymbol{f}_a(\tau)\, c\, d\tau}, \qquad (19.31)$$

où $\boldsymbol{f}_a(\tau)$ est la 4-force qui s'exerce sur la particule $\mathscr{P}_a$ à l'instant τ de son temps propre. À cette fin, intégrons (19.31) sur un volume $\mathscr{V}$ associé à un observateur inertiel $\mathcal{O}$ suffisamment grand pour contenir toutes les particules du système :

$$\begin{aligned} \int_{\mathscr{V}} \mathscr{F}\, dV &= \sum_{a=1}^{N} \int_{\mathscr{V}} \int_{-\infty}^{+\infty} \delta_{A_a(\tau)}(M)\, \boldsymbol{f}_a(\tau)\, c\, d\tau\, dV \\ &= \sum_{a=1}^{N} \int_{\mathscr{V}} \int_{-\infty}^{+\infty} \delta_{A_a(t)}(M)\, \boldsymbol{f}_a(t)\, \frac{c\, dt}{\Gamma_a}\, dV = \sum_{a=1}^{N} \frac{1}{\Gamma_a}\, \boldsymbol{f}_a. \end{aligned} \qquad (19.32)$$

Le détail du calcul menant à la dernière égalité est en tout point identique à celui qui conduit à l'Éq. (18.6). Nous ne le répéterons pas ici. Par ailleurs, on a, d'après (19.1),

$$\boldsymbol{p}_{\mathscr{V}}(t) = \sum_{a=1}^{N} \boldsymbol{p}_a(\tau_a(t)),$$

$\tau_a(t)$ étant le temps propre de la particule $\mathscr{P}_a$ lorsque sa ligne d'univers rencontre l'espace de repos de $\mathcal{O}$ à l'instant t, $\mathscr{E}_{\boldsymbol{u}_0}(t)$. En dérivant par rapport à t, il vient

$$\frac{d\boldsymbol{p}_{\mathscr{V}}}{dt} = \sum_{a=1}^{N} \underbrace{\frac{d\boldsymbol{p}_a}{d\tau_a}}_{\boldsymbol{f}_a} \underbrace{\frac{d\tau_a}{dt}}_{\Gamma_a^{-1}} = \sum_{a=1}^{N} \frac{1}{\Gamma_a}\, \boldsymbol{f}_a,$$

où $\Gamma_a = \Gamma_a(\tau_a)$ est le facteur de Lorentz de $\mathscr{P}_a$ par rapport à $\mathcal{O}$. En comparant avec (19.32), on constate que l'on retrouve (19.30), avec les termes de surface mis à zéro. Cela démontre donc que pour un système de particules la densité de quadriforce s'exprime selon (19.31).

19.2.4 Conservation de l'énergie et de l'impulsion par rapport à un observateur

Insérons dans l'équation $\vec{\nabla}\cdot\boldsymbol{T} = \mathscr{F}$ (Éq. (19.28)) la décomposition (19.20) du tenseur énergie-impulsion par rapport à un observateur $\mathcal{O}$, que nous supposerons inertiel. $\vec{\boldsymbol{u}}_0$ est alors constant et on obtient

$$(\boldsymbol{\nabla}_{\vec{\boldsymbol{u}}_0}\,\varepsilon)\underline{\boldsymbol{u}}_0 + c\boldsymbol{\nabla}_{\vec{\boldsymbol{u}}_0}\,\boldsymbol{\varpi} + c(\vec{\nabla}\cdot\boldsymbol{\varpi})\,\underline{\boldsymbol{u}}_0 + \vec{\nabla}\cdot\boldsymbol{S} = \mathscr{F}. \tag{19.33}$$

En projetant cette relation sur $\vec{\boldsymbol{u}}_0$ (c'est-à-dire en appliquant la forme linéaire ci-dessus au vecteur $\vec{\boldsymbol{u}}_0$), il vient

$$-\boldsymbol{\nabla}_{\vec{\boldsymbol{u}}_0}\,\varepsilon + c\boldsymbol{\nabla}_{\vec{\boldsymbol{u}}_0}\underbrace{\langle\boldsymbol{\varpi},\vec{\boldsymbol{u}}_0\rangle}_{0} - c\vec{\nabla}\cdot\boldsymbol{\varpi} + \vec{\nabla}\cdot\underbrace{\boldsymbol{S}(\vec{\boldsymbol{u}}_0,.)}_{0} = \langle\mathscr{F},\vec{\boldsymbol{u}}_0\rangle.$$

Comme $\boldsymbol{\nabla}_{\vec{\boldsymbol{u}}_0}\,\varepsilon = c^{-1}\partial\varepsilon/\partial t$ (*cf.* Éq. (15.28)), on obtient donc

$$\boxed{\frac{\partial\varepsilon}{\partial t} + c^2\vec{\nabla}\cdot\boldsymbol{\varpi} = -c\langle\mathscr{F},\vec{\boldsymbol{u}}_0\rangle}. \tag{19.34}$$

Il s'agit là de l'équation de ***conservation de l'énergie*** vis-à-vis de l'observateur $\mathcal{O}$: elle relie la dérivée temporelle de la densité d'énergie ε à la divergence du flux d'énergie $c^2\boldsymbol{\varpi}$ (*cf.* Éq. (19.18)) et à la puissance volumique fournie par l'extérieur au système, $-c\langle\mathscr{F},\vec{\boldsymbol{u}}_0\rangle$ (*cf.* Éq. (9.116) avec $\vec{\boldsymbol{a}}_0 = 0$).

Par ailleurs, en projetant[3] l'Éq. (19.33) dans l'espace de repos de $\mathcal{O}$, $E_{\boldsymbol{u}_0}$ et en utilisant $\underline{\boldsymbol{u}}_0\circ\perp_{\boldsymbol{u}_0} = 0$, $\boldsymbol{\varpi}\circ\perp_{\boldsymbol{u}_0} = \boldsymbol{\varpi}$, $\boldsymbol{S}\circ\perp_{\boldsymbol{u}_0} = \boldsymbol{S}$ et $\boldsymbol{\nabla}_{\vec{\boldsymbol{u}}_0}\,\boldsymbol{\varpi} = c^{-1}\partial\boldsymbol{\varpi}/\partial t$, on obtient

$$\boxed{\frac{\partial\boldsymbol{\varpi}}{\partial t} + \vec{\nabla}\cdot\boldsymbol{S} = \mathscr{F}\circ\perp_{\boldsymbol{u}_0}}. \tag{19.35}$$

Il s'agit là de l'équation de ***conservation de l'impulsion*** vis-à-vis de l'observateur $\mathcal{O}$: elle relie la dérivée temporelle de la densité d'impulsion $\boldsymbol{\varpi}$ à la divergence du tenseur des contraintes $\boldsymbol{S}$ et à la densité volumique de force externe exercée sur le système, $\mathscr{F}\circ\perp_{\boldsymbol{u}_0}$.

19.3 Moment cinétique

19.3.1 Définition

Étant donné un système physique $\mathscr{S}$ de tenseur énergie-impulsion $\boldsymbol{T}$, un point $C\in\mathscr{E}$ et une région tridimensionnelle orientée $\mathscr{V}\subset\mathscr{E}$ (hypersurface)

3. C'est-à-dire en composant la forme linéaire donnée par (19.33) avec le projecteur orthogonal $\perp_{\boldsymbol{u}_0}$.

qui n'est pas du genre lumière, on appelle ***moment cinétique de $\mathscr{S}$ par rapport à C sur $\mathscr{V}$*** la forme bilinéaire antisymétrique (2-forme) suivante

$$\boxed{\boldsymbol{J}_C|_{\mathscr{V}} := \pm\frac{1}{c}\int_{\mathscr{V}} \underline{CM} \wedge \boldsymbol{T}(.,\vec{\boldsymbol{n}})\, dV}, \tag{19.36}$$

où M est le point générique de $\mathscr{V}$, sur lequel porte l'intégration et où $\vec{\boldsymbol{n}} = \vec{\boldsymbol{n}}(M)$ est la normale unitaire à $\mathscr{V}$ compatible avec son orientation. Par ailleurs, le signe $\pm$ est un raccourci d'écriture pour dire qu'il faut découper l'intégrale en plusieurs parties si $\mathscr{V}$ change de genre, avec un signe $+$ si $\mathscr{V}$ est du genre temps ($\vec{\boldsymbol{n}}$ est alors du genre espace) et un signe $-$ si $\mathscr{V}$ est du genre espace ($\vec{\boldsymbol{n}}$ est alors du genre temps). Rappelons par ailleurs que $\underline{CM} \wedge \boldsymbol{T}(.,\vec{\boldsymbol{n}})$ désigne le produit extérieur de la 1-forme $\underline{CM}$ par la 1-forme $\boldsymbol{T}(.,\vec{\boldsymbol{n}})$, suivant la définition (14.43) : $\underline{CM} \wedge \boldsymbol{T}(.,\vec{\boldsymbol{n}}) := \underline{CM} \otimes \boldsymbol{T}(.,\vec{\boldsymbol{n}}) - \boldsymbol{T}(.,\vec{\boldsymbol{n}}) \otimes \underline{CM}$. Comme pour (19.2), l'intégrale ci-dessus est l'intégrale d'un champ tensoriel sur $\mathscr{E}$ (ici un champ de type $(0,2)$), telle que définie au § 16.3.6.

Pour un système discret constitué de N particules, $(\mathscr{P}_a)_{1\leq a\leq N}$, le tenseur énergie-impulsion a la forme (19.3). En l'insérant dans (19.36), on obtient

$$\boldsymbol{J}_C|_{\mathscr{V}} = \pm\sum_{a=1}^{N}\int_{\mathscr{V}}\int_{-\infty}^{+\infty} [\underline{CM} \wedge \boldsymbol{p}_a(\tau)]\, \delta_{A_a(\tau)}(M)\, (\vec{\boldsymbol{u}}_a(\tau)\cdot\vec{\boldsymbol{n}})\, c\, d\tau\, dV.$$

On peut alors introduire un système de coordonnées (x^α) adapté à $\mathscr{V}$ et par un calcul en tout point identique à celui effectué au § 19.1.1, on aboutit à

$$\boldsymbol{J}_C|_{\mathscr{V}} = \sum_{a=1}^{N}\sum_{A\in\mathscr{L}_a\cap\mathscr{V}} \varepsilon\, \underline{CA} \wedge \boldsymbol{p}_a(A), \tag{19.37}$$

où $\varepsilon = +1$ (resp. $\varepsilon = -1$) si le vecteur 4-impulsion $\vec{\boldsymbol{p}}_a(A)$ associé à $\boldsymbol{p}_a(A)$ est de même sens que (resp. sens opposé à) l'orientation positive de $\mathscr{V}$. En comparant avec (10.16), on retrouve la définition du moment cinétique d'un système de particules donnée au Chap. 10. Cela justifie la définition (19.36).

19.3.2 Conservation du moment cinétique

De manière similaire au principe de conservation de l'énergie-impulsion (§ 19.2.1), nous énoncerons le principe de conservation du moment cinétique comme suit :

> Si un système physique $\mathscr{S}$ est isolé, son moment cinétique $\boldsymbol{J}_C|_{\mathscr{V}}$ par rapport à n'importe quel point $C \in \mathscr{E}$ et sur n'importe quelle hypersurface fermée $\mathscr{V} \subset \mathscr{E}$ est nul :
>
> $$\boxed{\mathscr{S} \text{ isolé et } \mathscr{V} \text{ fermée} \implies \boldsymbol{J}_C|_{\mathscr{V}} = 0}. \tag{19.38}$$

Ce principe est bien entendu une généralisation de celui vu au § 10.3.

Montrons que, joint au principe de conservation de l'énergie-impulsion, il conduit à la symétrie du tenseur énergie-impulsion. Appliquons la définition (19.36) à un couple $(\vec{\boldsymbol{v}}, \vec{\boldsymbol{w}})$ de vecteurs (constants) de E :

$$\begin{aligned} c\, \boldsymbol{J}_C|_{\mathscr{V}}(\vec{\boldsymbol{v}}, \vec{\boldsymbol{w}}) &= \pm \int_{\mathscr{V}} \left[(\overrightarrow{CM} \cdot \vec{\boldsymbol{v}}) \boldsymbol{T}(\vec{\boldsymbol{w}}, \vec{\boldsymbol{n}}) - (\overrightarrow{CM} \cdot \vec{\boldsymbol{w}}) \boldsymbol{T}(\vec{\boldsymbol{v}}, \vec{\boldsymbol{n}}) \right] dV \\ &= \pm \int_{\mathscr{V}} \vec{\boldsymbol{a}} \cdot \vec{\boldsymbol{n}}\, dV \mp \int_{\mathscr{V}} \vec{\boldsymbol{b}} \cdot \vec{\boldsymbol{n}}\, dV = \Phi_{\mathscr{V}}(\vec{\boldsymbol{a}}) - \Phi_{\mathscr{V}}(\vec{\boldsymbol{b}}), \end{aligned}$$

où $\vec{\boldsymbol{a}}$ et $\vec{\boldsymbol{b}}$ sont les vecteurs définis comme les duaux métriques des 1-formes suivantes :

$$\underline{\boldsymbol{a}} := (\overrightarrow{CM} \cdot \vec{\boldsymbol{v}}) \boldsymbol{T}(\vec{\boldsymbol{w}}, .) \qquad \text{et} \qquad \underline{\boldsymbol{b}} := (\overrightarrow{CM} \cdot \vec{\boldsymbol{w}}) \boldsymbol{T}(\vec{\boldsymbol{v}}, .).$$

Si $\mathscr{V}$ est le bord d'un hypervolume compact de $\mathscr{E}$, $\mathscr{V} = \partial \mathscr{U}$, le théorème de Gauss-Ostrogradski (16.72) conduit à

$$c\, \boldsymbol{J}_C|_{\mathscr{V}}(\vec{\boldsymbol{v}}, \vec{\boldsymbol{w}}) = \int_{\mathscr{U}} \left(\boldsymbol{\nabla} \cdot \vec{\boldsymbol{a}} - \boldsymbol{\nabla} \cdot \vec{\boldsymbol{b}} \right) dU.$$

Or $\vec{\boldsymbol{v}}$ et $\vec{\boldsymbol{w}}$ étant des vecteurs constants, on a

$$\begin{aligned} \boldsymbol{\nabla} \cdot \vec{\boldsymbol{a}} &= \nabla_\rho a^\rho = \nabla_\rho \left[(CM)^\sigma v_\sigma T_{\mu\nu} w^\mu g^{\nu\rho} \right] \\ &= \underbrace{\nabla_\rho (CM)^\sigma}_{\delta^\sigma{}_\rho} v_\sigma T_{\mu\nu} w^\mu g^{\nu\rho} + (CM)^\sigma v_\sigma \nabla_\rho T_{\mu\nu} w^\mu g^{\nu\rho} \\ &= g^{\nu\sigma} v_\sigma T_{\mu\nu} w^\mu + (CM)^\sigma v_\sigma \nabla^\nu T_{\mu\nu} w^\mu = T_{\mu\nu} w^\mu v^\nu + (CM)^\sigma v_\sigma \nabla^\nu T_{\mu\nu} w^\mu . \end{aligned}$$

Si le système est isolé, la conservation de l'énergie-impulsion donne $\nabla^\nu T_{\mu\nu} = 0$, si bien qu'il ne reste que $\boldsymbol{\nabla} \cdot \vec{\boldsymbol{a}} = \boldsymbol{T}(\vec{\boldsymbol{w}}, \vec{\boldsymbol{v}})$. De même, $\boldsymbol{\nabla} \cdot \vec{\boldsymbol{b}} = \boldsymbol{T}(\vec{\boldsymbol{v}}, \vec{\boldsymbol{w}})$. On a donc

$$c\, \boldsymbol{J}_C|_{\mathscr{V}}(\vec{\boldsymbol{v}}, \vec{\boldsymbol{w}}) = \int_{\mathscr{U}} \left[\boldsymbol{T}(\vec{\boldsymbol{w}}, \vec{\boldsymbol{v}}) - \boldsymbol{T}(\vec{\boldsymbol{v}}, \vec{\boldsymbol{w}}) \right] dU.$$

Puisque $\mathscr{V}$ est une hypersurface fermée, le principe de conservation du moment cinétique (19.38) conduit alors à $\boldsymbol{T}(\vec{\boldsymbol{w}}, \vec{\boldsymbol{v}}) - \boldsymbol{T}(\vec{\boldsymbol{v}}, \vec{\boldsymbol{w}}) = 0$. Les vecteurs $\vec{\boldsymbol{v}}$ et $\vec{\boldsymbol{w}}$ étant quelconques, cela établit la propriété de symétrie du tenseur énergie-impulsion énoncée au § 19.1.3.

Remarque : Pour établir la symétrie de $\boldsymbol{T}$ à partir du principe de conservation du moment cinétique, nous n'avons utilisé que la propriété $\vec{\boldsymbol{\nabla}} \cdot \boldsymbol{T} = 0$. Cette dernière ayant été établie au § 19.2.2 sans faire appel à la symétrie de $\boldsymbol{T}$, il n'y a pas de faille logique dans la démonstration ci-dessus.

Chapitre 20

Énergie-impulsion du champ électromagnétique

Sommaire

Nous complétons ici l'étude du champ électromagnétique, entamée aux Chaps. 17 et 18, où les aspects énergétiques n'avaient pas été abordés. Nous allons en effet voir que l'on peut associer une énergie-impulsion au champ électromagnétique et la décrire par un tenseur énergie-impulsion (§ 20.1). Nous traiterons en détail le cas du champ créé par une charge accélérée au § 20.2, établissant la puissance totale rayonnée (formules de Larmor et de Liénard), ainsi que le diagramme de rayonnement. Un cas particulier de charge accélérée est celui d'une particule en mouvement hélicoïdal dans un champ magnétique, tel qu'étudié au Chap. 17. Il donne lieu au *rayonnement synchrotron*, que nous discutons au § 20.3. Ce dernier joue un rôle important en astrophysique et a de nombreuses applications sur Terre.

20.1 Tenseur énergie-impulsion du champ électromagnétique

20.1.1 Introduction

Considérons un ensemble de charges électriques $(\mathscr{P}_a, q_a)_{1\leq a\leq N}$ dans un champ électromagnétique $\boldsymbol{F}$. Chaque particule est soumise à la 4-force de Lorentz $\boldsymbol{f}_a = q_a \boldsymbol{F}(.,\vec{\boldsymbol{u}}_a)$ (Éq. (17.1)) ($\vec{\boldsymbol{u}}_a$ étant la 4-vitesse de $\mathscr{P}_a$). D'après (19.31), la densité de quadriforce exercée par le champ électromagnétique sur le système de particules est alors

$$
\begin{aligned}
\mathscr{F}(M) &= \sum_{a=1}^{N} q_a \int_{-\infty}^{+\infty} \delta_{A_a(\tau)}(M)\, \boldsymbol{F}(.,\vec{\boldsymbol{u}}_a(\tau))\, c\, d\tau \\
&= \boldsymbol{F}\left(.\,, \sum_{a=1}^{N} q_a \int_{-\infty}^{+\infty} \delta_{A_a(\tau)}(M)\, \vec{\boldsymbol{u}}_a(\tau)\, c\, d\tau \right),
\end{aligned}
$$

la deuxième égalité résultant de la bilinéarité de $\boldsymbol{F}$. On reconnaît dans le second argument de $\boldsymbol{F}$ le 4-courant électrique $\vec{\boldsymbol{j}}$ du système de particules, tel que donné par (18.5). On a donc une expression très simple pour la densité de quadriforce :

$$
\boxed{\mathscr{F} = \boldsymbol{F}(.,\vec{\boldsymbol{j}})}. \tag{20.1}
$$

Si le champ électromagnétique est entièrement créé par la distribution de charges considérée, alors $\boldsymbol{F}$ et $\vec{\boldsymbol{j}}$ sont reliés par l'équation de Maxwell (18.24) : $\vec{\boldsymbol{j}} = \varepsilon_0 \boldsymbol{\nabla}\cdot \boldsymbol{F}^{\sharp}$, et l'Éq. (20.1) devient

$$
\begin{aligned}
\mathscr{F}_\alpha &= F_{\alpha\mu} j^\mu = \varepsilon_0 F_{\alpha\mu} \nabla_\beta F^{\mu\beta} = -\varepsilon_0 F_{\mu\alpha} \nabla_\beta F^{\mu\beta} \\
&= -\varepsilon_0 \left[\nabla_\beta (F_{\mu\alpha} F^{\mu\beta}) - F^{\mu\beta} \nabla_\beta F_{\mu\alpha} \right].
\end{aligned} \tag{20.2}
$$

Réécrivons le dernier terme à l'aide de l'équation de Maxwell $\mathbf{d}\boldsymbol{F} = 0$ (Éq. (18.16)). En exprimant la dérivée extérieure à l'aide de la dérivée covariante suivant l'Éq. (15.66), l'Éq. (18.16) devient $\nabla_\beta F_{\mu\alpha} + \nabla_\mu F_{\alpha\beta} + \nabla_\alpha F_{\beta\mu} = 0$, d'où

$$
\begin{aligned}
& F^{\mu\beta}\nabla_\beta F_{\mu\alpha} + F^{\mu\beta}\nabla_\mu F_{\alpha\beta} + F^{\mu\beta}\nabla_\alpha F_{\beta\mu} = 0, \\
& \underbrace{F^{\mu\beta}\nabla_\beta F_{\mu\alpha} + F^{\beta\mu}\nabla_\mu F_{\beta\alpha}}_{2F^{\mu\beta}\nabla_\beta F_{\mu\alpha}} - \underbrace{F^{\mu\beta}\nabla_\alpha F_{\mu\beta}}_{1/2\,\nabla_\alpha (F^{\mu\beta} F_{\mu\beta})} = 0, \\
\Longrightarrow\ & F^{\mu\beta}\nabla_\beta F_{\mu\alpha} = \frac{1}{4} \nabla_\alpha (F_{\mu\nu} F^{\mu\nu}).
\end{aligned}
$$

En reportant cette formule dans (20.2), on obtient

$$
\begin{aligned}
\mathscr{F}_\alpha &= -\varepsilon_0 \left[\nabla_\beta (F_{\mu\alpha} F^{\mu\beta}) - \frac{1}{4} \nabla_\alpha (F_{\mu\nu} F^{\mu\nu}) \right] \\
&= -\varepsilon_0 \left[\nabla^\beta (F_{\mu\alpha} F^{\mu}{}_{\beta}) - \frac{1}{4}\, g_{\alpha\beta} \nabla^\beta (F_{\mu\nu} F^{\mu\nu}) \right].
\end{aligned}
$$

En conséquence, en définissant

$$\boxed{T^{\text{em}}_{\alpha\beta} := \varepsilon_0 \left(F_{\mu\alpha} F^{\mu}{}_{\beta} - \frac{1}{4} F_{\mu\nu} F^{\mu\nu} \, g_{\alpha\beta} \right)}, \tag{20.3}$$

on peut écrire

$$\mathscr{F}_{\alpha} = -\nabla^{\beta} T^{\text{em}}_{\alpha\beta}. \tag{20.4}$$

Ainsi la densité de quadriforce exercée sur le système de charges par le champ électromagnétique apparaît comme la divergence d'un tenseur $\boldsymbol{T}^{\text{em}}$, dont les composantes sont données ci-dessus. En désignant par $\boldsymbol{T}^{\text{mat}}$ le tenseur énergie-impulsion du système de charges (*i.e.* le tenseur donné par (19.3)), l'équation (19.28) s'écrit $\vec{\nabla} \cdot \boldsymbol{T}^{\text{mat}} = \mathscr{F}$, soit, au vu de (20.4),

$$\boxed{\vec{\nabla} \cdot \left(\boldsymbol{T}^{\text{mat}} + \boldsymbol{T}^{\text{em}} \right) = 0}. \tag{20.5}$$

Comme le système des particules chargées n'est pas isolé, mais soumis au champ électromagnétique, il n'est pas étonnant que son énergie-impulsion ne soit pas conservée : $\vec{\nabla} \cdot \boldsymbol{T}^{\text{mat}} = \mathscr{F} \neq 0$. Par contre, le résultat (20.5) montre que la somme $\boldsymbol{T}^{\text{mat}} + \boldsymbol{T}^{\text{em}}$ est un tenseur à divergence nulle ; elle conduit donc, par intégration sur une hypersurface, à une quantité conservée, ainsi que discuté au § 19.2. Cela justifie pleinement d'attribuer une énergie-impulsion au champ électromagnétique et de considérer $\boldsymbol{T}^{\text{em}}$ comme le ***tenseur énergie-impulsion du champ électromagnétique***. L'équation (20.5) exprime alors la conservation de l'énergie-impulsion totale du système formé par les particules chargées et le champ électromagnétique. De plus, il est clair sur (20.3) que $\boldsymbol{T}^{\text{em}}$ est une forme bilinéaire symétrique, comme il se doit pour un tenseur énergie-impulsion (*cf.* § 19.1.3).

Remarque : La quantité $F_{\mu\nu} F^{\mu\nu}/4$ qui apparaît dans l'expression (20.3) de $\boldsymbol{T}^{\text{em}}$ n'est autre que la moitié de l'invariant I_1 du champ électromagnétique (*cf.* Éq. (17.41)).

Exemple : Considérons le champ électromagnétique créé par une particule chargée $\mathscr{P}$ en mouvement inertiel (champ coulombien), tel qu'étudié au § 18.5.4, dont nous reprenons les notations ($\vec{u}$ pour la 4-vitesse (constante) de $\mathscr{P}$ et P pour l'intersection de la ligne d'univers de $\mathscr{P}$ avec le cône de lumière passé du point M où l'on évalue le champ). D'après l'expression (18.117) de $\boldsymbol{F}$,

$$\begin{aligned} F_{\mu\alpha} F^{\mu}{}_{\beta} &= \left(\frac{q}{4\pi\varepsilon_0 \, R^3} \right)^2 [u_\mu (PM)_\alpha - u_\alpha (PM)_\mu][u^\mu (PM)_\beta - u_\beta (PM)^\mu] \\ &= \left(\frac{q}{4\pi\varepsilon_0 \, R^3} \right)^2 \{R[u_\alpha (PM)_\beta + u_\beta (PM)_\alpha] - (PM)_\alpha (PM)_\beta\}, \end{aligned}$$

où l'on a utilisé $u_\mu (PM)^\mu = -R$ (Éq. (18.92)) et $(PM)_\mu (PM)^\mu = 0$ (P sur le cône de lumière de M). En reportant cette valeur dans (20.3) et en utilisant l'expression (18.110) de $F_{\mu\nu}F^{\mu\nu}/2$, on obtient

$$T^{\text{em}}_{\alpha\beta}(M) = \frac{q^2}{16\pi^2\varepsilon_0 R^4}\left[\frac{u_\alpha(PM)_\beta + u_\beta(PM)_\alpha}{R} - \frac{(PM)_\alpha(PM)_\beta}{R^2} + \frac{1}{2}\,g_{\alpha\beta}\right],$$

soit

$$\boldsymbol{T}^{\text{em}}(M) = \frac{q^2}{16\pi^2\varepsilon_0 R^4}\left[\frac{1}{R}(\underline{\boldsymbol{u}} \otimes \underline{PM} + \underline{PM} \otimes \underline{\boldsymbol{u}}) - \frac{1}{R^2}\underline{PM} \otimes \underline{PM} + \frac{1}{2}\,\boldsymbol{g}\right]. \tag{20.6}$$

20.1.2 Quantités relatives à un observateur

La densité d'énergie du champ électromagnétique mesurée par un observateur $\mathcal{O}$ de 4-vitesse $\vec{\boldsymbol{u}}_0$ est, d'après (19.5), $\rho_{\text{em}} = \boldsymbol{T}^{\text{em}}(\vec{\boldsymbol{u}}_0, \vec{\boldsymbol{u}}_0)$. En remplaçant $\boldsymbol{T}^{\text{em}}$ par son expression (20.3),

$$\rho_{\text{em}} = T^{\text{em}}_{\alpha\beta}u_0^\alpha u_0^\beta = \varepsilon_0\Big(\underbrace{F_{\mu\alpha}u_0^\alpha}_{E_\mu}\underbrace{F^\mu{}_\beta u_0^\beta}_{E^\mu} - \frac{1}{4}F_{\mu\nu}F^{\mu\nu}\underbrace{g_{\alpha\beta}u_0^\alpha u_0^\beta}_{-1}\Big),$$

où nous avons fait apparaître le champ électrique $\boldsymbol{E} = \boldsymbol{F}(., \vec{\boldsymbol{u}}_0)$ mesuré par $\mathcal{O}$ (*cf.* (17.8)). De plus, $F_{\mu\nu}F^{\mu\nu}/2$ est l'invariant I_1 (*cf.* (17.41)) qui s'exprime en fonction de $\boldsymbol{E}$ et du champ magnétique $\vec{\boldsymbol{B}}$ mesuré par $\mathcal{O}$ suivant (17.42) : $I_1 = c^2\vec{\boldsymbol{B}}\cdot\vec{\boldsymbol{B}} - \vec{\boldsymbol{E}}\cdot\vec{\boldsymbol{E}}$. On obtient ainsi

$$\boxed{\rho_{\text{em}} = \frac{\varepsilon_0}{2}\left(\vec{\boldsymbol{E}}\cdot\vec{\boldsymbol{E}} + c^2\vec{\boldsymbol{B}}\cdot\vec{\boldsymbol{B}}\right)}. \tag{20.7}$$

La densité d'impulsion du champ électromagnétique mesurée par $\mathcal{O}$ est quant à elle donnée par la formule (19.7) : $\boldsymbol{\varpi}^{\text{em}} = \varpi^{\text{em}}_i \boldsymbol{e}^i$ avec

$$\varpi^{\text{em}}_i = -\frac{1}{c}\boldsymbol{T}^{\text{em}}(\vec{\boldsymbol{e}}_i, \vec{\boldsymbol{u}}_0) = -\frac{\varepsilon_0}{c}\Big(F_{\mu\alpha}e_i^\alpha\underbrace{F^\mu{}_\beta u_0^\beta}_{E^\mu} - \frac{1}{4}F_{\mu\nu}F^{\mu\nu}\underbrace{g_{\alpha\beta}e_i^\alpha u_0^\beta}_{0}\Big).$$

Or d'après la décomposition (17.5) de $\boldsymbol{F}$, $F_{\mu\alpha}e_i^\alpha E^\mu = \boldsymbol{F}(\vec{\boldsymbol{E}}, \vec{\boldsymbol{e}}_i) = \boldsymbol{\epsilon}(\vec{\boldsymbol{u}}_0, c\vec{\boldsymbol{B}}, \vec{\boldsymbol{E}}, \vec{\boldsymbol{e}}_i)$. On a donc $\varpi^{\text{em}}_i = \varepsilon_0\boldsymbol{\epsilon}(\vec{\boldsymbol{u}}_0, \vec{\boldsymbol{E}}, \vec{\boldsymbol{B}}, \vec{\boldsymbol{e}}_i)$, d'où

$$\boxed{\boldsymbol{\varpi}^{\text{em}} = \varepsilon_0\,\boldsymbol{\epsilon}(\vec{\boldsymbol{u}}_0, \vec{\boldsymbol{E}}, \vec{\boldsymbol{B}}, .)}. \tag{20.8}$$

La forme flux d'énergie électromagnétique est reliée à la densité d'impulsion par la formule (19.18) : $\boldsymbol{\varphi}^{\text{em}} = c^2\boldsymbol{\varpi}^{\text{em}}$. Compte tenu de $\varepsilon_0 c^2 = \mu_0^{-1}$, il vient $\boldsymbol{\varphi}^{\text{em}} = \mu_0^{-1}\boldsymbol{\epsilon}(\vec{\boldsymbol{u}}_0, \vec{\boldsymbol{E}}, \vec{\boldsymbol{B}}, .)$. Le vecteur associé à $\boldsymbol{\varphi}^{\text{em}}$ par dualité métrique est alors, d'après la définition (3.48) du produit vectoriel

$$\boxed{\vec{\boldsymbol{\varphi}}^{\,\text{em}} = \frac{1}{\mu_0}\vec{\boldsymbol{E}} \times_{\boldsymbol{u}_0} \vec{\boldsymbol{B}}}. \tag{20.9}$$

Ce vecteur flux d'énergie électromagnétique est appelé ***vecteur de Poynting***.

Enfin, le tenseur des contraintes du champ électromagnétique est donné par (19.12) :

$$S_{ij}^{\text{em}} = \boldsymbol{T}^{\text{em}}(\vec{\boldsymbol{e}}_i, \vec{\boldsymbol{e}}_j) = \varepsilon_0 \bigg(g^{\mu\nu} F_{\mu\alpha} e_i^\alpha F_{\nu\beta} e_j^\beta - \frac{1}{4} \underbrace{F_{\mu\nu} F^{\mu\nu}}_{2(c^2 \vec{\boldsymbol{B}}\cdot\vec{\boldsymbol{B}} - \vec{\boldsymbol{E}}\cdot\vec{\boldsymbol{E}})} \underbrace{g_{\alpha\beta} e_i^\alpha e_j^\beta}_{\delta_{ij}} \bigg).$$

Pour calculer le premier terme, on se place dans le référentiel local $(\vec{\boldsymbol{e}}_\alpha)$ de $\mathcal{O}$. On a alors $g^{\mu\nu} = \eta^{\mu\nu}$ et $F_{\mu\alpha}$ donné par (17.13), si bien que $F_{\mu\alpha} e_i^\alpha = (-E_i, W_1, W_2, W_3)$ avec $\vec{\boldsymbol{W}} := c\,\vec{\boldsymbol{e}}_i \times_{\boldsymbol{u}_0} \vec{\boldsymbol{B}}$. On en déduit $g^{\mu\nu} F_{\mu\alpha} e_i^\alpha F_{\nu\beta} e_j^\beta = -E_i E_j + c^2 (\vec{\boldsymbol{e}}_i \times_{\boldsymbol{u}_0} \vec{\boldsymbol{B}}) \cdot (\vec{\boldsymbol{e}}_j \times_{\boldsymbol{u}_0} \vec{\boldsymbol{B}}) = -E_i B_j - B_i B_j + c^2 B_k B^k \delta_{ij}$, d'où

$$\boxed{S_{ij}^{\text{em}} = \varepsilon_0 \left[\frac{1}{2} \left(\vec{\boldsymbol{E}} \cdot \vec{\boldsymbol{E}} + c^2 \vec{\boldsymbol{B}} \cdot \vec{\boldsymbol{B}} \right) \delta_{ij} - E_i E_j - c^2 B_i B_j \right]}, \qquad (20.10)$$

ce que l'on peut écrire sous forme tensorielle comme

$$\boxed{\boldsymbol{S}^{\text{em}} = \varepsilon_0 \left[\rho_{\text{em}} (\boldsymbol{g} + \underline{\boldsymbol{u}}_0 \otimes \underline{\boldsymbol{u}}_0) - \boldsymbol{E} \otimes \boldsymbol{E} - c^2 \underline{\boldsymbol{B}} \otimes \underline{\boldsymbol{B}} \right]}, \qquad (20.11)$$

avec ρ_{em} donné par (20.7). $\boldsymbol{S}^{\text{em}}$ est appelé ***tenseur des contraintes de Maxwell***.

Note historique : *Le tenseur énergie-impulsion du champ électromagnétique a été introduit en 1908 par Hermann Minkowski* (cf. *p. 25) [289]. Avant cela, l'expression (20.8) de la densité d'impulsion du champ électromagnétique avait été établie par Henri Poincaré* (cf. *p. 25) en 1900 [329], sur la base de la conservation de l'impulsion. Poincaré ayant souligné l'identité du vecteur densité d'impulsion avec le vecteur de Poynting (à un facteur c^2 près), on peut dire qu'il est le premier à avoir obtenu l'Éq. (19.18), dans le cas particulier du champ électromagnétique.*

20.2 Rayonnement d'une charge accélérée

20.2.1 Tenseur énergie-impulsion électromagnétique

Au § 18.5, nous avons vu que le champ électromagnétique créé par une particule $\mathscr{P}$ de charge électrique q se décompose en une partie coulombienne et une partie radiative (*cf.* Éq. (18.124)), cette dernière étant dominante à grande distance lorsque la 4-accélération $\vec{\boldsymbol{a}}$ de $\mathscr{P}$ n'est pas nulle. Nous nous placerons dans ce cas et ne considérerons donc que le tenseur énergie-impulsion lié à $\boldsymbol{F}_{\text{rad}}$. D'après (18.126),

$$\boldsymbol{F}_{\text{rad}} = \frac{q}{4\pi\varepsilon_0 R^2} \boldsymbol{Q} \wedge \underline{PM} \quad \text{avec} \quad \boldsymbol{Q} := \underline{\boldsymbol{a}} + \frac{\vec{\boldsymbol{a}} \cdot \overrightarrow{PM}}{R} \underline{\boldsymbol{u}}, \qquad (20.12)$$

où M est le point où l'on évalue le champ, P l'intersection de la ligne d'univers de $\mathscr{P}$ avec le cône de lumière passé de M, $\vec{\boldsymbol{u}}$ et $\vec{\boldsymbol{a}}$ sont respectivement la 4-vitesse et la 4-accélération de $\mathscr{P}$ au point P et $R := -\vec{\boldsymbol{u}} \cdot \overrightarrow{PM}$ est la distance à la particule définie par la décomposition orthogonale de $\overrightarrow{PM}$ par rapport à $\vec{\boldsymbol{u}}$ (*cf.* Éqs. (18.92)–(18.93) et Fig. 18.5). Comme pour le champ radiatif $I_1 = 0$ (Éq. (18.128)), le tenseur énergie-impulsion électromagnétique que l'on construit via (20.3) ne contient pas de terme proportionnel à $\boldsymbol{g}$, mais seulement

$$\begin{aligned} T^{\mathrm{em}}_{\alpha\beta} &= \varepsilon_0 (F_{\mathrm{rad}})_{\mu\alpha} (F_{\mathrm{rad}})^{\mu}{}_{\beta} \\ &= \frac{q^2}{16\pi^2\varepsilon_0 R^4} \left[Q_\mu (PM)_\alpha - Q_\alpha (PM)_\mu\right] \left[Q^\mu (PM)_\beta - Q_\beta (PM)^\mu\right]. \end{aligned}$$

En tenant compte de $Q_\mu (PM)^\mu = 0$ (*cf.* les définitions de Q et R ci-dessus), $(PM)_\mu (PM)^\mu = 0$ (caractère lumière de $\overrightarrow{PM}$) et $Q_\mu \cdot Q^\mu = \vec{\boldsymbol{a}} \cdot \vec{\boldsymbol{a}} - (\vec{\boldsymbol{a}} \cdot \overrightarrow{PM}/R)^2$, il vient

$$\boxed{\boldsymbol{T}^{\mathrm{em}} = \frac{q^2}{16\pi^2\varepsilon_0 R^4} \left[\vec{\boldsymbol{a}} \cdot \vec{\boldsymbol{a}} - (\vec{\boldsymbol{a}} \cdot \vec{\boldsymbol{m}})^2\right] \underline{PM} \otimes \underline{PM}}, \qquad (20.13)$$

où nous avons introduit le vecteur unitaire du genre espace $\vec{\boldsymbol{m}}$ suivant la décomposition orthogonale (18.93) de $\overrightarrow{PM}$: $\overrightarrow{PM} = R[\vec{\boldsymbol{u}}(\tau_P) + \vec{\boldsymbol{m}}]$. Soulignons que dans cette équation, $\vec{\boldsymbol{a}} = \vec{\boldsymbol{a}}(\tau_P)$.

20.2.2 Énergie rayonnée

À partir de $\boldsymbol{T}^{\mathrm{em}}$, estimons l'énergie-impulsion totale rayonnée par la particule $\mathscr{P}$ comme suit. Soient P un point de la ligne d'univers $\mathscr{L}$ de $\mathscr{P}$ et $d\tau$ un incrément infinitésimal du temps propre de $\mathscr{P}$, faisant passer de $P = A(\tau)$ à $Q = A(\tau + d\tau)$, A étant le point générique de $\mathscr{L}$. De par la structure du champ électromagnétique créé par $\mathscr{P}$ (potentiels retardés), on peut considérer que toute l'énergie-impulsion émise par $\mathscr{P}$ entre P et Q est concentrée entre $\mathcal{I}^+(P)$ et $\mathcal{I}^+(Q)$, cônes de lumière futurs de respectivement P et Q (*cf.* Fig. 20.1). Introduisons alors l'observateur inertiel $\mathcal{O}_P$ dont la ligne d'univers est la droite tangente à $\mathscr{L}$ en P (*cf.* Fig. 18.5). Soit $\mathcal{S}$ la sphère formée par l'intersection du cône de lumière $\mathcal{I}^+(P)$ avec l'espace de repos de $\mathcal{O}_P$ à un instant suffisamment ultérieur à P pour que l'on puisse considérer que le champ électromagnétique sur $\mathcal{S}$ est essentiellement radiatif. Considérons l'hypercylindre $\mathscr{V}$ de base $\mathcal{S}$, d'axe la ligne d'univers de $\mathcal{O}_P$ et joignant $\mathcal{I}^+(P)$ à $\mathcal{I}^+(Q)$ (*cf.* Fig. 20.1). La hauteur de cet hypercylindre est $d\tau$. La 4-impulsion électromagnétique traversant $\mathcal{S}$ pendant le temps $d\tau$ est d'après (19.2),

$$d\boldsymbol{p}^{\mathrm{rad}} = \frac{1}{c} \int_{\mathscr{V}} \boldsymbol{T}^{\mathrm{em}}(., \vec{\boldsymbol{m}})\, dV,$$

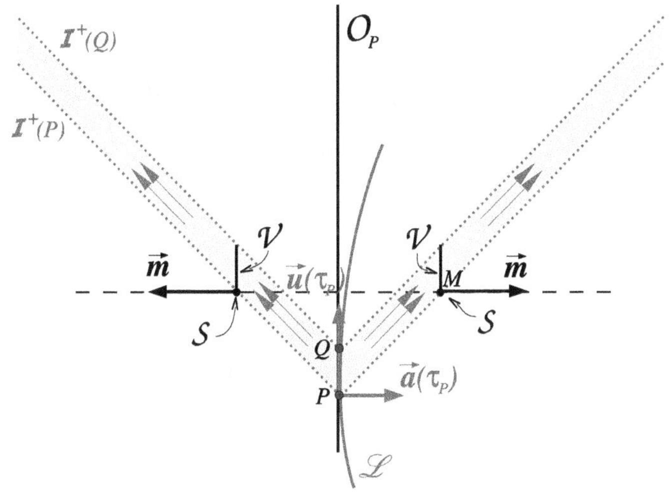

FIG. 20.1 – Quadri-impulsion électromagnétique émise par une particule accélérée entre deux événements P et Q de sa ligne d'univers $\mathscr{L}$ et rayonnée à travers la sphère $\mathcal{S}$. Cette dernière est fixe par rapport à l'observateur inertiel $\mathcal{O}_P$ dont la ligne d'univers est tangente à $\mathscr{L}$ en P.

où nous avons utilisé le fait que la normale unitaire à $\mathscr{V}$ est $\vec{m}$ et est du genre espace. En remplaçant $\boldsymbol{T}^{\text{em}}$ par (20.13) et en utilisant $dV = c\,d\tau\,dS$ (dS = élément d'aire de $\mathcal{S}$), on obtient

$$d\boldsymbol{p}^{\text{rad}} = \frac{q^2\,d\tau}{16\pi^2\varepsilon_0\,R^4}\int_{\mathcal{S}}\left[\vec{a}\cdot\vec{a} - (\vec{a}\cdot\vec{m})^2\right]\langle\underline{PM},\vec{m}\rangle\,\underline{PM}\,dS.$$

Or, $\underline{PM} = R[\underline{\boldsymbol{u}}(\tau_P) + \underline{\boldsymbol{m}}]$ (Éq. (18.93)) et $\langle\underline{PM},\vec{m}\rangle = R$. En introduisant sur $\mathcal{S}$ des coordonnées sphériques (θ,φ) telles que l'axe polaire soit donné par $\vec{a} = \vec{a}(\tau_P)$, on a $\vec{a}\cdot\vec{m} = a\cos\theta$ avec $a := \sqrt{\vec{a}\cdot\vec{a}}$, de sorte que $\vec{a}\cdot\vec{a} - (\vec{a}\cdot\vec{m})^2 = a^2(1-\cos^2\theta) = a^2\sin^2\theta$. Comme par ailleurs, $dS = R^2\sin\theta\,d\theta\,d\varphi$, il vient

$$d\boldsymbol{p}^{\text{rad}} = \frac{q^2\,a^2\,d\tau}{16\pi^2\varepsilon_0}\int_{\mathcal{S}}[\underline{\boldsymbol{u}}(\tau_P) + \underline{\boldsymbol{m}}]\,\sin^3\theta\,d\theta\,d\varphi.$$

Or, en utilisant les composantes cartésiennes de $\underline{\boldsymbol{m}}$ ($\underline{\boldsymbol{m}} = \sin\theta\cos\varphi\,\boldsymbol{e}^x + \sin\theta\sin\varphi\,\boldsymbol{e}^y + \cos\theta\,\boldsymbol{e}^z$), il est facile de voir que l'intégrale de $\underline{\boldsymbol{m}}\,\sin^3\theta$ est nulle. Il ne reste que l'intégrale de $\underline{\boldsymbol{u}}(\tau_P)\,\sin^3\theta$, qui est en fait l'intégrale de $\sin^3\theta$ sur la sphère, puisque $\underline{\boldsymbol{u}}(\tau_P)$ est constant. Comme $\int_0^{\pi}\int_0^{2\pi}\sin^3\theta\,d\theta\,d\varphi = 8\pi/3$, on obtient finalement

$$\boxed{d\boldsymbol{p}^{\text{rad}} = \frac{q^2\,\vec{a}(\tau_P)\cdot\vec{a}(\tau_P)\,d\tau}{6\pi\varepsilon_0}\,\underline{\boldsymbol{u}}(\tau_P)}. \qquad (20.14)$$

Il est remarquable que cette 4-impulsion soit indépendante du rayon R de $\mathcal{S}$, c'est-à-dire en fait de l'instant de temps propre τ de l'observateur $\mathcal{O}_P$ auquel on l'évalue (pourvu que τ soit suffisamment dans le futur de τ_P pour que l'approximation de champ purement radiatif soit valable).

Pour l'observateur inertiel $\mathcal{O}_P$, l'énergie qui traverse la sphère $\mathcal{S}$ est $dE = -c\langle d\boldsymbol{p}^{\text{rad}}, \vec{\boldsymbol{u}}(\tau_P)\rangle$. En reportant (20.14) et en utilisant $\langle \underline{\boldsymbol{u}}(\tau_P), \vec{\boldsymbol{u}}(\tau_P)\rangle = -1$, on obtient l'énergie rayonnée par unité de temps (puissance) $\mathcal{P} = dE/d\tau$:

$$\mathcal{P} = \frac{c\, q^2\, \vec{\boldsymbol{a}} \cdot \vec{\boldsymbol{a}}}{6\pi\varepsilon_0}. \tag{20.15}$$

Exprimons la 4-accélération $\vec{\boldsymbol{a}} = \vec{\boldsymbol{a}}(\tau_P)$ en fonction de l'accélération $\vec{\gamma}$ relative à l'observateur inertiel $\mathcal{O}_P$. Puisque la vitesse de $\mathscr{P}$ par rapport à $\mathcal{O}_P$ est, par définition de ce dernier, nulle à l'instant τ_P, la formule à appliquer est (4.64) : $\vec{\boldsymbol{a}} = c^{-2}\,\vec{\gamma}$, d'où

$$\boxed{\mathcal{P} = \frac{q^2\gamma^2}{6\pi\varepsilon_0 c^3}}, \tag{20.16}$$

avec $\gamma^2 := \vec{\gamma}\cdot\vec{\gamma}$, l'accélération $\vec{\gamma}$ étant prise à l'instant τ_P. L'équation (20.16), qui donne la puissance rayonnée par une particule accélérée à travers une sphère qui l'entoure, est connue sous le nom de ***formule de Larmor***.

20.2.3 Quadri-impulsion rayonnée

Nous avons souligné ci-dessus que l'expression (20.14) de la 4-impulsion rayonnée $d\boldsymbol{p}^{\text{rad}}$ par une particule chargée $\mathscr{P}$ entre τ et $\tau + d\tau$ ne dépend pas du rayon de la sphère $\mathcal{S}$ à travers laquelle l'observateur inertiel $\mathcal{O}_P$ la mesure. Mais il y a plus fort : cette 4-impulsion ne dépend pas de l'observateur $\mathcal{O}_P$! Nous allons en effet montrer que si l'on considère une sphère $\mathcal{S}'$ dans l'espace de repos d'un observateur inertiel quelconque $\mathcal{O}'$, alors la 4-impulsion rayonnée à travers $\mathcal{S}'$ lorsque $\mathscr{P}$ passe de P à Q est exactement donnée par (20.14), même si $\mathscr{P}$ a en P une vitesse non nulle par rapport $\mathcal{O}'$.

Considérons donc la sphère $\mathcal{S}'$ formée par l'intersection du cône de lumière $\mathcal{I}^+(P)$ avec l'espace de repos de $\mathcal{O}'$ à un certain instant t' de son temps propre. Nous supposerons t' suffisamment grand pour que $\mathcal{S}'$ soit située en dehors de $\mathcal{S}$ sur $\mathcal{I}^+(P)$ (*cf.* Fig. 20.2). Appelons $\mathscr{V}'$ l'hypercylindre de base $\mathcal{S}'$ et d'axe parallèle à la 4-vitesse de $\mathcal{O}'$ et joignant $\mathcal{I}^+(P)$ à $\mathcal{I}^+(Q)$, $\mathscr{V}$ désignant toujours l'hypercylindre de base $\mathcal{S}$ défini au § 20.2.1. Enfin, soient $\mathcal{C}$ la partie du cône de lumière $\mathcal{I}^+(P)$ comprise entre $\mathcal{S}$ et $\mathcal{S}'$, et $\mathcal{C}'$ celle du cône de lumière $\mathcal{I}^+(Q)$ comprise entre les extrémités supérieures de $\mathscr{V}$ et $\mathscr{V}'$ (*cf.* Fig. 20.2). Considérons alors le volume quadridimensionnel $\mathscr{U}$ délimité par $\mathscr{V}$, $\mathscr{V}'$, $\mathcal{C}$ et $\mathcal{C}'$: $\partial\mathscr{U} = \mathscr{V} \cup \mathscr{V}' \cup \mathcal{C} \cup \mathcal{C}'$. Pour tout vecteur $\vec{\boldsymbol{v}} \in E$, formons

$$I := \int_{\mathscr{U}} \langle \vec{\boldsymbol{\nabla}} \cdot \boldsymbol{T}^{\text{em}}, \vec{\boldsymbol{v}}\rangle\, \epsilon = \int_{\mathscr{U}} (\boldsymbol{\nabla} \cdot \vec{\boldsymbol{w}})\, \epsilon = \int_{\mathscr{U}} \mathbf{d} \star \underline{\boldsymbol{w}}, \tag{20.17}$$

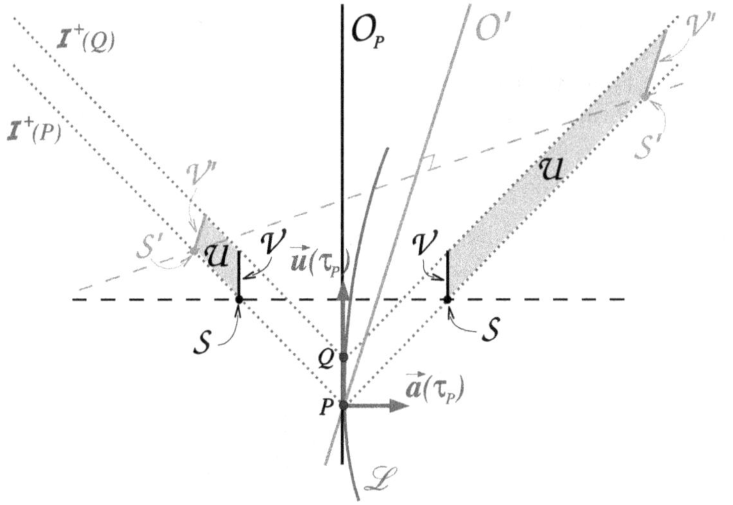

FIG. 20.2 – Quadri-impulsion rayonnée par une particule accélérée (ligne d'univers $\mathscr{L}$) à travers la sphère $\mathcal{S}$ pour l'observateur $\mathcal{O}_P$ et à travers la sphère $\mathcal{S}'$ pour l'observateur $\mathcal{O}'$. Les lignes en tirets représentent les espaces de repos de chaque observateur.

où $\vec{w}$ est le champ vectoriel dual métrique de la 1-forme $\underline{w} = \boldsymbol{T}(\vec{v}, .)$; la deuxième égalité découle de (19.24) et la troisième de l'identité (15.91). Appliquons alors le théorème de Stokes (16.54) :

$$\begin{aligned} I &= \int_{\partial\mathscr{U}} \star\underline{w} = \int_{\mathscr{V}} \star\underline{w} - \int_{\mathscr{V}'} \star\underline{w} - \int_{\mathcal{C}} \star\underline{w} + \int_{\mathcal{C}'} \star\underline{w} \\ &= \Phi_{\mathscr{V}}(\vec{w}) - \Phi_{\mathscr{V}'}(\vec{w}) - \int_{\mathcal{C}} \star\underline{w} + \int_{\mathcal{C}'} \star\underline{w}, \end{aligned}$$

où les signes $-$ prennent en compte les changements d'orientation lorsqu'on considère $\mathscr{V}$ et $\mathcal{C}$ comme des parties du bord de $\mathscr{U}$ et où l'on a utilisé l'identité (16.52) pour faire apparaître les flux à travers $\mathscr{V}$ et $\mathscr{V}'$. Grâce aux formules (19.22) et (15.89), il vient

$$I = c\,\langle d\boldsymbol{p}^{\rm rad}\big|_{\mathscr{V}}, \vec{v}\rangle - c\langle d\boldsymbol{p}^{\rm rad}\big|_{\mathscr{V}'}, \vec{v}\rangle - \int_{\mathcal{C}} \epsilon(\vec{w}, ., ., .) + \int_{\mathcal{C}'} \epsilon(\vec{w}, ., ., .),$$

où $d\boldsymbol{p}^{\rm rad}\big|_{\mathscr{V}}$ est la 4-impulsion (20.14) rayonnée à travers $\mathcal{S}$ pendant $d\tau$ et $d\boldsymbol{p}^{\rm rad}\big|_{\mathscr{V}'}$ est la 4-impulsion rayonnée à travers $\mathcal{S}'$, pendant le même intervalle $d\tau$ du temps propre de la charge en P. Or d'après la forme (20.13) de $\boldsymbol{T}^{\rm em}$, sur $\mathcal{C}$,

$$\vec{w} = \overrightarrow{\boldsymbol{T}^{\rm em}(\vec{v}, .)} = \frac{q^2}{16\pi^2\varepsilon_0 R^4}\left[\vec{a}\cdot\vec{a} - (\vec{a}\cdot\vec{m})^2\right]\,(\overrightarrow{PM}\cdot\vec{v})\,\overrightarrow{PM}.$$

$\vec{w}$ est donc colinéaire à $\overrightarrow{PM}$, ce qui implique que $\vec{w}$ est tangent à $\mathcal{I}^+(P)$, et donc à $\mathcal{C}$. Il s'ensuit que la 3-forme $\boldsymbol{\epsilon}(\vec{w}, ., ., .)$ est identiquement nulle sur $\mathcal{C}$: on ne peut pas trouver trois vecteurs $(\vec{e}_1, \vec{e}_2, \vec{e}_3)$ tangents à $\mathcal{C}$ tels que $(\vec{w}, \vec{e}_1, \vec{e}_2, \vec{e}_3)$ forme un système de vecteurs linéairement indépendants. Par conséquent,

$$I = c\,\langle\, d\boldsymbol{p}^{\rm rad}\big|_{\mathscr{V}}, \vec{v}\rangle - c\langle\, d\boldsymbol{p}^{\rm rad}\big|_{\mathscr{V}'}, \vec{v}\rangle. \qquad (20.18)$$

Revenons à présent à la définition (20.17) de I : puisque la région $\mathscr{U}$ est vide de matière (elle ne rencontre pas la ligne d'univers de $\mathscr{P}$), l'équation de conservation de l'énergie-impulsion (20.5) avec $\boldsymbol{T}^{\rm mat} = 0$ conduit à $\vec{\boldsymbol{\nabla}}\cdot\boldsymbol{T}^{\rm em} = 0$ sur $\mathscr{U}$. Par conséquent $I = 0$. L'identité (20.18), qui doit être vérifiée pour tout vecteur $\vec{v} \in E$, conduit alors à

$$\boxed{d\boldsymbol{p}^{\rm rad}\big|_{\mathscr{V}'} = d\boldsymbol{p}^{\rm rad}\big|_{\mathscr{V}}}. \qquad (20.19)$$

Ainsi la 4-impulsion rayonnée est toujours donnée par la formule (20.14).

L'énergie rayonnée mesurée par un observateur inertiel $\mathcal{O}$ quelconque, de 4-vitesse $\vec{u}_0$, est $dE = -c\langle d\boldsymbol{p}^{\rm rad}, \vec{u}_0\rangle$. En reportant (20.14), il vient

$$dE = \Gamma \frac{c\, q^2\, \vec{a}\cdot\vec{a}\, d\tau}{6\pi\varepsilon_0}$$

où $\vec{a} = \vec{a}(\tau_P)$ et $\Gamma = \Gamma(\tau_P) = -\vec{u}_0 \cdot \vec{u}(\tau_P)$ est le facteur de Lorentz de $\mathscr{P}$ par rapport à $\mathcal{O}$, à l'instant τ_P. Relativement à $\mathcal{O}$, la puissance rayonnée est $\mathcal{P} = dE/dt$, où dt est l'incrément de temps propre de $\mathcal{O}$. Puisque $dt = \Gamma d\tau$, le facteur Γ disparaît et l'on obtient la même expression que (20.15) :

$$\boxed{\mathcal{P} = \frac{c\, q^2\, \vec{a}\cdot\vec{a}}{6\pi\varepsilon_0}}. \qquad (20.20)$$

Exprimons le carré scalaire de la 4-accélération en fonction de l'accélération $\vec{\gamma}$ et de la vitesse $\vec{V}$ de $\mathscr{P}$ relatives à $\mathcal{O}$, *via* la formule (4.69). Il vient ainsi

$$\boxed{\mathcal{P} = \frac{q^2}{6\pi\varepsilon_0\, c^3}\Gamma^4 \left[\vec{\gamma}\cdot\vec{\gamma} + \frac{\Gamma^2}{c^2}\left(\vec{\gamma}\cdot\vec{V}\right)^2\right]}. \qquad (20.21)$$

Cette formule est appelée ***formule de Liénard***. Elle généralise la formule de Larmor (20.16) au cas où $\vec{V} \neq 0$. En utilisant les expressions alternatives (4.70) et (4.71) de $\vec{a}\cdot\vec{a}$, on peut mettre la formule de Liénard sous la forme

$$\boxed{\mathcal{P} = \frac{q^2}{6\pi\varepsilon_0\, c^3}\Gamma^6 \left[\vec{\gamma}\cdot\vec{\gamma} - \frac{1}{c^2}(\vec{\gamma}\times_{\boldsymbol{u}}\vec{V})^2\right] = \frac{q^2}{6\pi\varepsilon_0\, c^3}\Gamma^4\left(\Gamma^2\gamma_{\parallel}^2 + \gamma_{\perp}^2\right)}. \qquad (20.22)$$

Remarque : À la limite non relativiste, la formule de Liénard se réduit bien évidemment à la formule de Larmor (20.16). De plus, si $\vec{V}$ est orthogonal à $\vec{\gamma}$, les deux formules ne diffèrent que par un facteur Γ^4, qui devient très grand pour des particules relativistes.

Note historique : *La formule (20.16) donnant la puissance rayonnée par une charge accélérée en terme de l'accélération vis-à-vis d'un observateur pour lequel la charge est momentanément au repos a été obtenue en 1897 par Joseph Larmor* (cf. *p. 196) [238]. Sa généralisation au cas* $\vec{V} \neq 0$ *(Éq. (20.21)) a été donnée l'année suivante par Alfred-Marie Liénard* (cf. *p. 605) [257].*

20.2.4 Distribution angulaire du rayonnement

La formule de Liénard (20.21) fournit la puissance totale rayonnée par une charge accélérée, c'est-à-dire intégrée sur une sphère entourant la particule. Pour avoir la puissance dans une direction donnée, il faut évaluer le vecteur de Poynting $\vec{\varphi}^{\text{em}}$. Plaçons-nous du point de vue d'un observateur inertiel quelconque $\mathcal{O}$, par rapport auquel la charge $\mathscr{P}$ a une vitesse $\vec{V} = \vec{V}(t)$ et une accélération $\vec{\gamma} = \vec{\gamma}(t)$, t désignant le temps propre de $\mathcal{O}$. Le vecteur de Poynting s'exprime en fonction des champs électrique $\vec{E}$ et magnétique $\vec{B}$ relatifs à $\mathcal{O}$ suivant la formule (20.9). $\vec{B}$ étant relié à $\vec{E}$ par l'Éq. (18.116) : $\vec{B} = c^{-1}\,\vec{n} \times_{\boldsymbol{u}_0} \vec{E}$, on obtient

$$\vec{\varphi}^{\text{em}} = \frac{1}{\mu_0}\vec{E} \times_{\boldsymbol{u}_0} \vec{B} = \frac{1}{\mu_0 c}\vec{E} \times_{\boldsymbol{u}_0} (\vec{n} \times_{\boldsymbol{u}_0} \vec{E}) = \frac{1}{\mu_0 c}\left[(\vec{E}\cdot\vec{E})\,\vec{n} - (\vec{n}\cdot\vec{E})\,\vec{E}\right],$$

où $\vec{u}_0$ est la 4-vitesse de $\mathcal{O}$ et $\vec{n}$ est le vecteur unitaire qui relie la position P' de $\mathscr{P}$ à l'instant retardé $t_P = t - r/c$ et le point M où l'on évalue le champ (*cf.* Figs. 18.6 et 18.7). Or dans le cas du champ radiatif émis par une particule, $\vec{n}\cdot\vec{E} = 0$, ainsi qu'il apparaît sur l'Éq. (18.130). On a donc

$$\vec{\varphi}^{\text{em}} = \frac{\vec{E}\cdot\vec{E}}{\mu_0 c}\,\vec{n}. \tag{20.23}$$

Le vecteur $\vec{E}$ étant donné par (18.130), il s'agit donc essentiellement d'évaluer le carré scalaire du vecteur $\vec{n} \times_{\boldsymbol{u}_0} [(\vec{n} - \vec{V}/c) \times_{\boldsymbol{u}_0} \vec{\gamma}]$. En partant de l'identité

$$\vec{n} \times_{\boldsymbol{u}_0} \left[\left(\vec{n} - \frac{\vec{V}}{c}\right) \times_{\boldsymbol{u}_0} \vec{\gamma}\right] = (\vec{n}\cdot\vec{\gamma})\left(\vec{n} - \frac{\vec{V}}{c}\right) - \left(1 - \frac{\vec{n}\cdot\vec{V}}{c}\right)\vec{\gamma},$$

on obtient, après simplification,

$$\boxed{\vec{\varphi}^{\,\mathrm{em}} = \frac{q^2}{16\pi^2\varepsilon_0 c^3} \frac{\gamma^2 + \dfrac{\vec{n}\cdot\vec{\gamma}}{1-\frac{\vec{n}\cdot\vec{V}}{c}}\left[\dfrac{2}{c}\vec{V}\cdot\vec{\gamma} - \dfrac{\vec{n}\cdot\vec{\gamma}}{1-\frac{\vec{n}\cdot\vec{V}}{c}}\left(1-\dfrac{V^2}{c^2}\right)\right]}{r^2\left(1-\dfrac{\vec{n}\cdot\vec{V}}{c}\right)^4}\,\vec{n}}. \qquad (20.24)$$

On a posé $\gamma := \|\vec{\gamma}\|_{\boldsymbol{g}}$ et $V := \|\vec{V}\|_{\boldsymbol{g}}$. Dans cette formule, la vitesse $\vec{V}$ et l'accélération $\vec{\gamma}$ de $\mathscr{P}$ sont à prendre à l'instant retardé $t_P = t - r/c$.

Remarque : Si $\vec{\gamma} = 0$, alors $\vec{\varphi}^{\,\mathrm{em}} = 0$, comme il se doit, puisque si la particule n'est pas accélérée, $\boldsymbol{F}_{\mathrm{rad}} = 0$.

Plusieurs cas particuliers de la formule (20.24) sont intéressants :

Cas $\vec{V}(t_P) = 0$

Si, à l'instant retardé t_P, la particule a une vitesse nulle par rapport à $\mathcal{O}$ (mais une accélération non nulle), la formule (20.24) se simplifie considérablement, le numérateur de la deuxième fraction se réduisant à $\gamma^2 - (\vec{n}\cdot\vec{\gamma})^2 = \gamma^2(1-\cos^2\theta) = \gamma^2\sin^2\theta$, où θ est l'angle entre $\vec{\gamma}$ et le vecteur unitaire $\vec{n}$. On obtient donc

$$\boxed{\vec{\varphi}^{\,\mathrm{em}} = \frac{q^2\,\gamma^2\,\sin^2\theta}{16\pi^2\varepsilon_0 c^3\, r^2}\,\vec{n}}_{\vec{V}(t_P)=0} \qquad \vec{n}\cdot\vec{\gamma} =: \gamma\cos\theta. \qquad (20.25)$$

Le diagramme de rayonnement correspondant, c'est-à-dire $\|\vec{\varphi}^{\,\mathrm{em}}\|_{\boldsymbol{g}}$ dessiné en fonction de θ, est représenté sur la Fig. 20.3 (courbe en trait plein). On y reconnaît une figure dipolaire caractéristique.

Si l'on calcule le flux de $\vec{\varphi}^{\,\mathrm{em}}$ à travers une sphère de rayon r dans l'espace de repos de $\mathcal{O}$, on obtient la formule de Larmor (20.16), ce qui est normal puisque l'observateur $\mathcal{O}_P$ considéré au § 20.2.1 est par définition un observateur vis-à-vis duquel $\vec{V}(t_P) = 0$.

Cas $\vec{V}(t_P)$ colinéaire à $\vec{\gamma}(t_P)$

Si $\vec{V}$ est colinéaire à $\vec{\gamma}$, désignons par θ l'angle entre $\vec{V}$ et $\vec{n}$. C'est également l'angle entre $\vec{\gamma}$ et $\vec{n}$, à un facteur π près si $\vec{\gamma}$ est dans le sens opposé à $\vec{V}$. On a alors $\vec{n}\cdot\vec{V} = V\cos\theta$, $\vec{n}\cdot\vec{\gamma} = \pm\gamma\cos\theta$ et $\vec{V}\cdot\vec{\gamma} = \pm\gamma V$, avec dans ces deux dernières relations, un signe $+$ si $\vec{\gamma}$ est dans le même sens que $\vec{V}$ et un signe $-$ dans le cas contraire. L'expression (20.24) du vecteur de Poynting

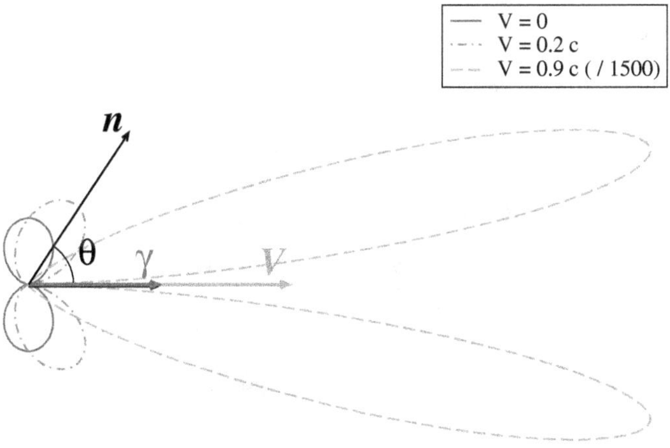

FIG. 20.3 – Diagramme de rayonnement d'une charge accélérée dans le cas où la vitesse $\vec{V}$ est colinéaire à l'accélération $\vec{\gamma}$. Le diagramme pour $V = 0.9\,c$ a été réduit d'un facteur 1500 par rapport à ceux pour $V = 0$ et $V = 0.2\,c$.

se réduit alors à

$$\left.\boxed{\vec{\varphi}^{\,\mathrm{em}} = \frac{q^2\,\gamma^2\,\sin^2\theta}{16\pi^2\varepsilon_0 c^3\,r^2\left(1-\frac{V}{c}\cos\theta\right)^6}\,\vec{n}}\right|_{\vec{V}(t_P)\|\vec{\gamma}(t_P)} \qquad \vec{n}\cdot\vec{V} =: V\cos\theta. \tag{20.26}$$

En raison du facteur $(1 - V/c\,\cos\theta)^6$, la différence avec le cas $\vec{V} = 0$ est une « focalisation » du rayonnement autour des directions

$$\theta_\pm = \pm\arccos\left(\frac{6V/c}{1+\sqrt{1+24V^2/c^2}}\right), \tag{20.27}$$

que l'on obtient en cherchant les maxima de la fonction $\theta \mapsto \sin^2\theta/[1 - (V/c)\cos\theta)]^6$. Le diagramme de rayonnement correspondant est représenté sur la Fig. 20.3 pour $V = 0.2\,c$ et $V = 0.9\,c$. À la limite ultra-relativiste, $V/c \to 1$, le développement limité de (20.27) conduit à

$$\theta_\pm \simeq \pm\frac{1}{\sqrt{5}\Gamma} \qquad \text{(ultra-relativiste)}, \tag{20.28}$$

où $\Gamma := (1 - V^2/c^2)^{-1/2}$ est le facteur de Lorentz de $\mathscr{P}$ par rapport à $\mathcal{O}$.

Comme à la limite ultra-relativiste, $\Gamma \to +\infty$, on constate que l'essentiel du rayonnement est émis dans un cône de plus en plus étroit autour de la direction de la vitesse de la particule. De plus, son intensité devient très grande dans cette direction (sur la Fig. 20.3, la courbe correspondant à $V = 0.9c$ a dû être réduite d'un facteur 1500 pour tenir sur la figure !). Ce phénomène est

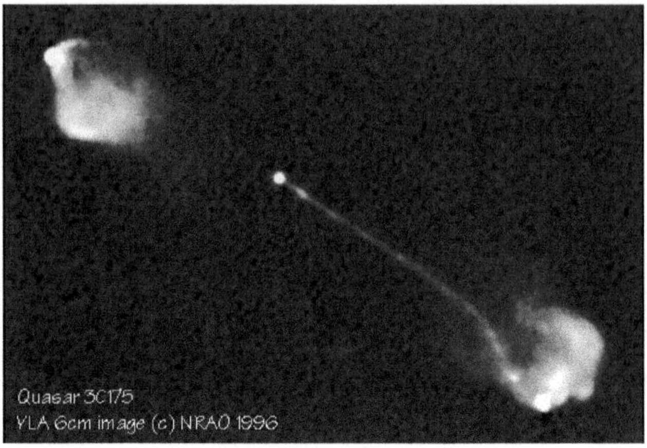

FIG. 20.4 – Image radio, prise avec le radiotélescope américain VLA à la longueur d'onde $\lambda = 6$ cm, du quasar 3C 175 (présentant un décalage vers le rouge $z = 0.768$ du fait de l'expansion de l'Univers). Il s'agit d'un noyau actif de galaxie qui émet un jet relativiste. Le jet est émis de part et d'autre du noyau, mais en raison de l'amplification Doppler, seule la partie du jet qui vient vers nous apparaît sur l'image. Par contre, les lobes situés à chaque extrémité du jet sont animés d'une vitesse non relativiste, si bien qu'ils apparaissent tous les deux avec la même intensité. (Source : NRAO/AUI.)

appelé ***amplification Doppler*** (*Doppler boosting* en anglais). On l'observe couramment dans les jets relativistes émis par des noyaux actifs de galaxies, ainsi qu'illustré sur la Fig. 20.4.

Cas $\vec{V}(t_P)$ orthogonal à $\vec{\gamma}(t_P)$

Si $\vec{V}$ est orthogonal à $\vec{\gamma}$, désignons toujours par θ l'angle entre $\vec{V}$ et $\vec{n}$ et introduisons l'angle azimutal ϕ entre le vecteur $\vec{n}$ et le plan $\mathrm{Vect}(\vec{V}, \vec{\gamma})$ (*cf.* Fig. 20.5). On a alors $\vec{n} \cdot \vec{V} = V\cos\theta$, $\vec{n} \cdot \vec{\gamma} = \gamma \sin\theta\cos\phi$ et $\vec{V} \cdot \vec{\gamma} = 0$, de sorte que la formule (20.24) conduit à

$$\boxed{\vec{\varphi}^{\,\mathrm{em}} = \frac{q^2\gamma^2}{16\pi^2\varepsilon_0 c^3\, r^2\left(1 - \frac{V}{c}\cos\theta\right)^4}\left[1 - \frac{\left(1 - \frac{V^2}{c^2}\right)\sin^2\theta\cos^2\phi}{\left(1 - \frac{V}{c}\cos\theta\right)^2}\right]\vec{n}.}_{\vec{V}(t_P)\perp\vec{\gamma}(t_P)} \tag{20.29}$$

À la limite ultra-relativiste, en raison du terme $(1 - V/c\,\cos\theta)^{-4}$, l'émission s'effectue essentiellement pour θ proche de 0, c'est-à-dire dans un cône étroit autour de la direction du vecteur vitesse (cf. Fig. 20.6), tout comme dans le cas où $\vec{V}$ est colinéaire à $\vec{\gamma}$. Plus précisément, en écrivant pour V grand et θ petit, $V \simeq 1 - 1/(2\Gamma^2)$ et $\cos\theta \simeq 1 - \theta^2/2$, il vient $1 - V/c\,\cos\theta \simeq (1 + \Gamma^2\theta^2)/(2\Gamma^2)$,

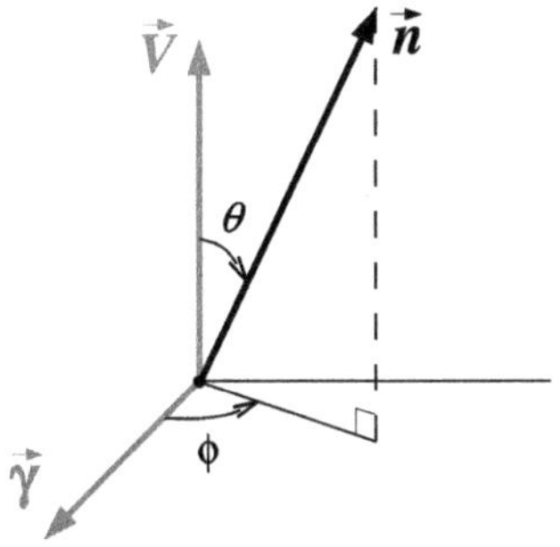

FIG. 20.5 – Définition des angles (θ, ϕ) donnant la direction d'observation $\vec{n}$ dans le cas où $\vec{V}$ et $\vec{\gamma}$ sont orthogonaux.

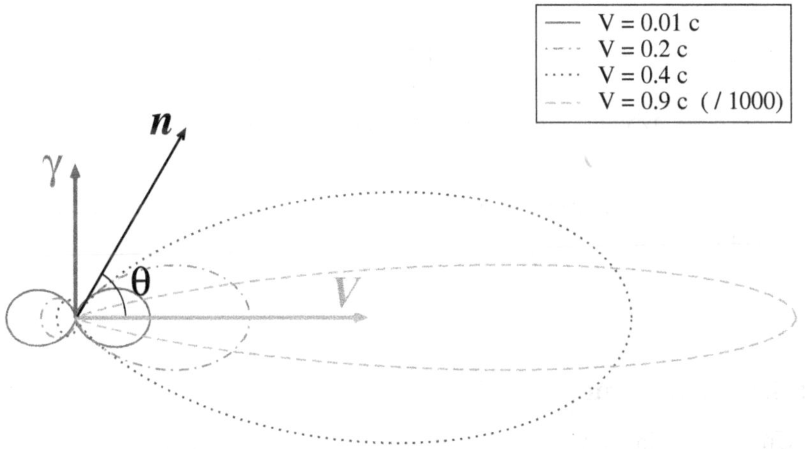

FIG. 20.6 – Diagramme de rayonnement d'une charge accélérée dans le cas où (i) la vitesse $\vec{V}$ est orthogonale à l'accélération $\vec{\gamma}$ et (ii) l'angle azimutal de la direction d'observation $\vec{n}$ est $\phi = 0$. Le diagramme pour $V = 0.9\,c$ a été réduit d'un facteur 1000 par rapport aux autres.

de sorte que l'expression (20.29) du vecteur de Poynting devient

$$\vec{\varphi}^{\,\mathrm{em}} = \frac{q^2\,\gamma^2}{\pi^2\varepsilon_0 c^3\,r^2}\,\frac{\Gamma^8}{(1+\Gamma^2\theta^2)^6}\left(1 - 2\Gamma^2\theta^2\cos 2\phi + \Gamma^4\theta^4\right)\vec{n}$$

$$(\Gamma \to +\infty \text{ et } |\theta| \ll 1). \qquad (20.30)$$

On constate que la dépendance en θ de $\vec{\varphi}^{\,\mathrm{em}}$ s'effectue *via* le produit $\Gamma\theta$. Le graphe de la fonction correspondante est dessiné sur la Fig. 20.7. Cette fonction ne diffère sensiblement de zéro que pour $|\Gamma\theta| \leq 1$. On en conclut que l'angle d'ouverture du cône d'émission est $\theta \sim \Gamma^{-1}$. On observe également le

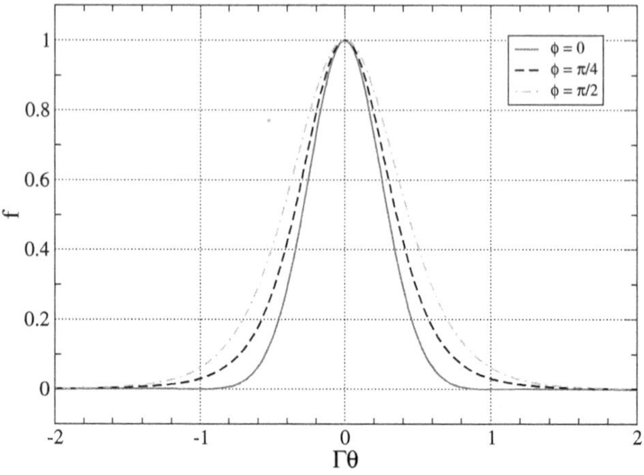

FIG. 20.7 – Graphe de la fonction $f(\Gamma\theta) = (1 - 2\Gamma^2\theta^2\cos 2\phi + \Gamma^4\theta^4)/(1+\Gamma^2\theta^2)^6$ donnant la dépendance angulaire du vecteur de Poynting dans le cas d'une particule ultra-relativiste avec une accélération orthogonale à sa vitesse (Éq. (20.30)).

phénomène d'amplification Doppler (*cf.* Fig. 20.6), tout comme dans le cas où $\vec{V}$ est colinéaire à $\vec{\gamma}$.

20.3 Rayonnement synchrotron

20.3.1 Introduction

Un exemple important d'émission électromagnétique par une particule accélérée est celui où la particule est en mouvement dans un champ magnétique. En supposant le champ magnétique uniforme, nous avons montré au § 17.3.1 que la trajectoire de la particule est une hélice axée sur la direction du champ magnétique (*cf.* Fig. 17.6). Si $\mathcal{O}$ est un observateur inertiel pour lequel le champ électromagnétique se réduit au champ magnétique $\vec{B}$ parallèle à l'axe $\vec{e}_3$ de son référentiel $(\vec{e}_\alpha)$, la vitesse de la particule par rapport à $\mathcal{O}$ et à l'instant retardé $t_P = t - r/c$ est donnée par l'Éq. (17.81) :

$$\vec{V} = V\left\{\sin\alpha\cos\left[\frac{\omega_B}{\Gamma}\left(t-\frac{r}{c}\right)\right]\vec{e}_1 - \sin\alpha\sin\left[\frac{\omega_B}{\Gamma}\left(t-\frac{r}{c}\right)\right]\vec{e}_2 + \cos\alpha\,\vec{e}_3\right\}, \tag{20.31}$$

où $V := \|\vec{V}\|_g$ est constante, ainsi que $\Gamma = (1 - V^2/c^2)^{-1/2}$, α est l'angle que forme $\vec{V}$ avec $\vec{B}$ (noté θ au § 17.3.1) et ω_B est la fréquence cyclotron : $\omega_B := qB/m$ (Éq. (17.75)). L'accélération de la particule par rapport à $\mathcal{O}$ s'obtient en dérivant (17.81) par rapport à t ; sa valeur à l'instant retardé est

$$\vec{\gamma} = -\frac{\omega_B}{\Gamma}V\sin\alpha\left\{\sin\left[\frac{\omega_B}{\Gamma}\left(t-\frac{r}{c}\right)\right]\vec{e}_1 + \cos\left[\frac{\omega_B}{\Gamma}\left(t-\frac{r}{c}\right)\right]\vec{e}_2\right\}. \tag{20.32}$$

On constate que $\vec{\gamma}\cdot\vec{\boldsymbol{V}} = 0$: on est donc dans le cas $\vec{\boldsymbol{V}}$ orthogonal à $\vec{\gamma}$ considéré au § 20.2.4.

Le champ électromagnétique rayonné par $\mathscr{P}$ est donné par les formules (18.130)–(18.131) dans lesquelles on remplace $\vec{\boldsymbol{V}}$ et $\vec{\gamma}$ par les expressions ci-dessus. Ce rayonnement est appelé ***rayonnement synchrotron***. À la limite non-relativiste, on parle de ***rayonnement cyclotron***. La formule (18.133) conduit dans ce cas à l'expression explicite du champ magnétique rayonné :

$$\vec{\boldsymbol{B}}_{\text{rad}} = \frac{q\omega_B V \sin\alpha}{4\pi\varepsilon_0 c^3\, r}\left\{\sin\left[\omega_B\left(t-\frac{r}{c}\right)\right]\vec{\boldsymbol{e}}_1 \times_{\boldsymbol{u}_0} \vec{\boldsymbol{n}} + \cos\left[\omega_B\left(t-\frac{r}{c}\right)\right]\vec{\boldsymbol{e}}_2 \times_{\boldsymbol{u}_0} \vec{\boldsymbol{n}}\right\}. \tag{20.33}$$

On constate qu'il s'agit d'un rayonnement monochromatique, à la fréquence cyclotron ω_B.

La puissance totale du rayonnement synchrotron est donnée par la formule de Liénard (20.21), où l'on fait $\vec{\gamma}\cdot\vec{\gamma} = \omega_B^2 V^2 \sin^2\alpha/\Gamma^2$ et $\vec{\gamma}\cdot\vec{\boldsymbol{V}} = 0$:

$$\boxed{\mathcal{P} = \frac{q^4 B^2 \Gamma^2 V^2 \sin^2\alpha}{6\pi\varepsilon_0 c^3 m^2}}. \tag{20.34}$$

Cette puissance rayonnée constitue une perte d'énergie dans les accélérateurs de particules de type cyclotron ou synchrotron discutés au § 17.4. Dans ce cas, $\alpha = \pi/2$ ($\vec{\boldsymbol{V}}$ orthogonal à $\vec{\boldsymbol{B}}$). La durée d'un tour étant $T = 2\pi/(|\omega_B|/\Gamma)$, l'énergie perdue par la particule par rayonnement synchrotron en un tour est $\Delta E = \mathcal{P} \times 2\pi\Gamma/|\omega_B|$, soit

$$\Delta E = \frac{|q|^3 B \Gamma^3 V^2}{3\varepsilon_0 c^3 m} = \frac{q^2}{3\varepsilon_0 R}\left(\frac{V}{c}\right)^3\left(\frac{E}{mc^2}\right)^4. \tag{20.35}$$

Dans la deuxième égalité, nous avons fait apparaître le rayon de la trajectoire *via* l'Éq. (17.82) : $R = \Gamma m V/(|q|B)$, ainsi que l'énergie E de la particule *via* $\Gamma = E/(mc^2)$. Pour des particules ultra-relativistes ($V/c \simeq 1$), de charge $q = \pm e$, l'application numérique donne

$$\Delta E_{\text{electron}} = 8.85 \times 10^{-8}\left(\frac{1\ \text{km}}{R}\right)\left(\frac{E}{1\ \text{GeV}}\right)^4 \text{GeV} \tag{20.36}$$

$$\Delta E_{\text{proton}} = 7.78 \times 10^{-21}\left(\frac{1\ \text{km}}{R}\right)\left(\frac{E}{1\ \text{GeV}}\right)^4 \text{GeV}. \tag{20.37}$$

Ainsi pour les électrons de l'ancien synchrotron LEP du CERN ($R = 4.3$ km et $E = 104$ GeV, *cf.* Table 17.1), $\Delta E = 2.4$ GeV $= 0.023\,E$, alors que pour les protons du LHC ($R = 4.3$ km et $E = 7$ TeV, *cf.* Table 17.1), $\Delta E = 4.3$ keV $= 6 \times 10^{-10}\,E$. Ainsi la perte d'énergie par rayonnement synchrotron est tout à fait négligeable pour les synchrotrons actuels à protons, comme le LHC, alors qu'elle constitue un facteur limitant pour les synchrotrons à électrons. Les projets futurs d'accélérateurs d'électrons ou de positrons reposent donc sur des accélérateurs linéaires (linacs). C'est notamment le cas de l'ILC (International Linear Collider, *cf.* Table 17.1) qui devrait accélérer des électrons à 250 GeV, pour les faire entrer en collision avec des positrons de même énergie [36].

20.3.2 Spectre du rayonnement synchrotron

Nous avons vu plus haut qu'à la limite non-relativiste, le rayonnement synchrotron, dit alors *rayonnement cyclotron*, est émis à une seule fréquence : la fréquence cyclotron ω_B (*cf.* Éq. (20.33)). Qu'en est-il lorsque la particule émettrice est animée d'une vitesse relativiste ? Au vu de (20.31)–(20.32), on pourrait penser naïvement que la fréquence du signal est simplement diminuée d'un facteur Γ pour devenir ω_B/Γ (fréquence synchrotron, *cf.* Éq. (17.78)). Mais en raison du facteur Doppler $(1 - \vec{\boldsymbol{n}} \cdot \vec{\boldsymbol{V}})^{-3}$, ainsi que du produit $\vec{\boldsymbol{V}} \times_{\boldsymbol{u}_0} \vec{\gamma}$ dans l'expression du champ électrique rayonné (Éq. (18.130)), on se rend compte que le signal ne peut plus être monochromatique, même si $\vec{\boldsymbol{V}}$ et $\vec{\gamma}$ le sont. Sans entrer dans le détail du calcul (*cf.* par exemple [370]), montrons qu'on obtient un spectre étendu, qui va bien au-delà de la fréquence ω_B, et ce en raison de l'effet de focalisation décrit au § 20.2.4.

Comme l'essentiel de l'émission s'effectue vers l'avant de la particule dans un cône d'ouverture $2\theta \simeq 2/\Gamma$, l'observateur distant ne perçoit que le rayonnement émis sur une fraction A_1A_2 de la trajectoire, de longueur $d \simeq \tilde{R} \times 2\theta \simeq 2\tilde{R}/\Gamma$, où $\tilde{R}$ est le rayon de courbure de la trajectoire (*cf.* Fig. 20.8). Cette dernière étant une hélice de rayon $R = \Gamma V \sin\alpha/\omega_B$ (Éq. (17.75)) et d'angle α par rapport à son axe, il est facile de voir que le rayon de courbure est $\tilde{R} = R/\sin^2\alpha$. On a donc

$$d \simeq \frac{2R}{\Gamma \sin^2\alpha} = \frac{2V}{\omega_B \sin\alpha}.$$

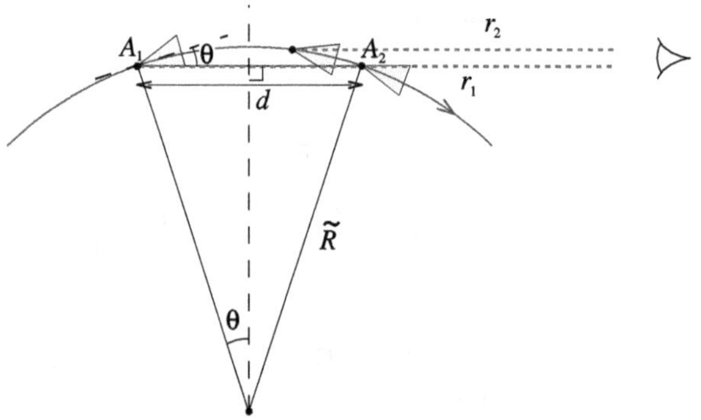

FIG. 20.8 – Intervalle de visibilité du rayonnement synchrotron par un observateur distant. Le demi-angle d'ouverture du cône d'émission est $\theta \simeq 1/\Gamma$, où Γ est le facteur de Lorentz de la particule ultra-relativiste par rapport à l'observateur.

Pour l'observateur distant, la durée du signal, qui est émis entre les points A_1 et A_2, est

$$T = t_{A_2} + \frac{r_2}{c} - \left(t_{A_1} + \frac{r_1}{c}\right) = \underbrace{t_{A_2} - t_{A_1}}_{d/V} + \underbrace{\frac{r_1 - r_2}{c}}_{-d/c} = \frac{d}{V}\left(1 - \frac{V}{c}\right) = \frac{2(1 - V/c)}{\omega_B \sin\alpha}.$$

À la limite ultra-relativiste à laquelle nous nous plaçons, $1 - V/c = (1 - V^2/c^2)/(1 + V/c) \simeq (1 - V^2/c^2)/2 \simeq 1/(2\Gamma^2)$, si bien qu'il vient

$$T \simeq \frac{1}{\Gamma^2 \omega_B \sin\alpha}. \tag{20.38}$$

Cette durée est donc beaucoup plus courte, d'un facteur d'ordre Γ^2, que la période cyclotron $2\pi/\omega_B$. La fréquence correspondante est $f_c = 1/T$, soit

$$\boxed{f_c = \Gamma^2 \omega_B \sin\alpha = \Gamma^2 \frac{qB}{m} \sin\alpha = \Gamma^3 \frac{c}{R} \sin^2\alpha}, \tag{20.39}$$

où nous avons utilisé la relation (17.75) entre ω_B et (R, V) avec $V \simeq c$. f_c est la fréquence caractéristique de la borne supérieure du spectre du rayonnement synchrotron, la borne inférieure étant la fréquence synchrotron $f_s = \omega_B/(2\pi\Gamma)$. Notons que $f_c/f_s = 2\pi\Gamma^3 \sin\alpha \gg 1$. Le spectre du rayonnement synchrotron émis par des particules relativistes est donc très large.

20.3.3 Applications

Exploitation pour la recherche et l'industrie

Nous avons souligné plus haut que le rayonnement synchrotron était un inconvénient pour la construction d'accélérateurs circulaires d'électrons à très haute énergie. À l'inverse, le rayonnement synchrotron possède des caractéristiques uniques, qui conduisent à de nombreuses applications : il s'agit d'une source de photons à large spectre d'énergie, pouvant atteindre le domaine des rayons X, en raison du facteur Γ^3 dans (20.39). On a ainsi construit des installations comprenant un accélérateur (en général un linac monté en série avec un synchrotron) et un anneau de stockage (*cf.* § 17.4.5) dans le seul but d'exploiter le rayonnement synchrotron. Les particules accélérées sont des électrons car il est relativement facile de leur communiquer des facteurs de Lorentz importants, dépassant le millier (*cf.* Table 17.1). Pour un anneau de stockage, $\alpha = \pi/2$ et l'application numérique dans (20.39) conduit à l'énergie caractéristique

$$\varepsilon_c = hf_c = 12.4 \left(\frac{\Gamma}{1000}\right)^3 \left(\frac{100\ \text{m}}{R}\right)\ \text{eV}. \tag{20.40}$$

FIG. 20.9 – Site de SOLEIL, sur le plateau de Saclay, dans l'Essonne. À l'intérieur du bâtiment circulaire se trouvent la chaîne d'accélérateurs des électrons (linac + synchrotron), l'anneau de stockage de 57 m de rayon et les différentes lignes d'utilisation du rayonnement synchrotron. (Source : SOLEIL.)

L'un des appareils les plus performants à l'heure actuelle est SOLEIL, installé en région parisienne et inauguré en 2006 (*cf.* Fig. 20.9). En reportant les paramètres $R = 57$ m et $\Gamma = 5.4 \times 10^3$ de ce dernier (*cf.* Table 17.1) dans (20.40), on obtient $\varepsilon_c = 3.4$ keV, soit des photons dans le domaine des rayons X. En réalité, les énergies atteintes dans SOLEIL sont de l'ordre de 20 keV. La formule (20.40) correspond en effet à l'émission par des électrons subissant l'accélération centripète d'une trajectoire exactement circulaire. Or tout au long de l'anneau ont été insérés des dispositifs magnétiques, appelés *onduleurs*. Ces derniers font osciller les électrons, leur procurant une accélération supplémentaire, ce qui permet d'atteindre une énergie de 20 keV. La partie basse-énergie (infrarouge, visible, ultraviolet) du rayonnement synchrotron de SOLEIL est également mise à profit, avec entre autres une ligne entièrement dédiée à la partie infrarouge du spectre.

Les installations de production de rayonnement synchrotron, comme SOLEIL ou l'ESRF à Grenoble (*cf.* Table 17.1), couvrent un vaste champ d'applications : physique, chimie, biologie, science des matériaux, géophysique, astrophysique et archéologie. Des scientifiques d'horizons très variés, ainsi que des industriels (élaboration de matériaux, de composants électroniques, de médicaments...), utilisent le rayonnement synchrotron. En 2009, on compte environ 60 anneaux de stockage de par le monde, localisés en Asie (14 au Japon, 1 à Taïwan, 3 en Chine, 1 en Inde...), aux États-Unis (16), en Europe (25 dont l'ESRF, l'installation européenne), mais aussi un au Brésil (LNLS) et un en Australie (AS).

Une des premières applications est la cristallographie, utilisant essentiellement la diffraction par un rayonnement monochromatique et plutôt dur ($10 - 20$ keV), pour sonder la structure de la matière, à des échelles allant de

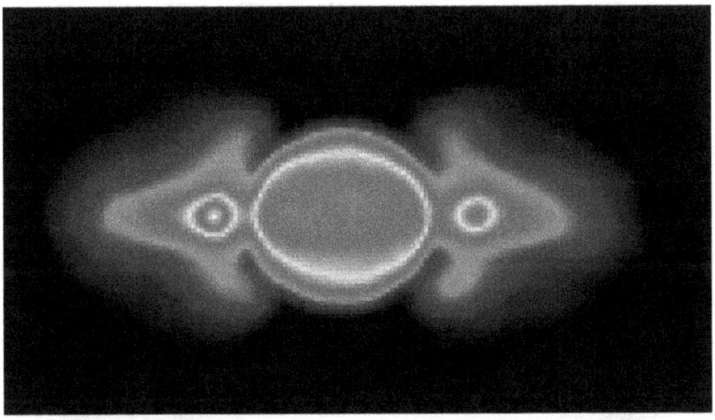

FIG. 20.10 – Image de Jupiter en radio, à la longueur d'onde $\lambda = 13$ cm. Le disque de la planète apparaît par son émission thermique, alors que la ceinture qui l'entoure est due à l'émission synchrotron d'électrons relativistes dans la magnétosphère de Jupiter. (Source : Y. Leblanc *et al.* [247].)

l'angström au micron. On résout ainsi la structure de protéines à l'état cristallin, ce qui est un enjeu important pour la biologie et la médecine. D'autres expériences spécifiques mettent en jeu les caractéristiques uniques du rayonnement synchrotron. Grâce à son spectre d'émission continu, on utilise les variations de l'absorption du rayonnement X par la matière en fonction de la longueur d'onde au voisinage des seuils d'absorption. La grande brillance du rayonnement permet des études cinétiques résolues en temps (en particulier le suivi de mécanismes réactionnels par spectroscopie) ou encore l'étude de matériaux dans des conditions extrêmes (études d'échantillons soumis à des pressions de plusieurs dizaines de gigapascals, caractéristiques du manteau terrestre). On développe des expériences utilisant les propriétés de cohérence du rayonnement afin de sonder la dynamique de la matière. Enfin, de nouvelles techniques d'imagerie X sont en développement, grâce à l'obtention de faisceaux de lumière synchrotron de quelques dizaines de nanomètres à quelques micromètres, selon les énergies, ce qui permet de cartographier les échantillons et d'en obtenir des visualisations structurales, chimiques ou encore magnétiques.

Astrophysique

Le rayonnement synchrotron joue un rôle important en astrophysique, en raison de l'omniprésence du champ magnétique et de nombreuses situations où des électrons sont accélérés jusqu'à des vitesses relativistes. Ainsi par exemple les électrons piégés dans la magnétosphère de Jupiter produisent une intense émission synchrotron dans le domaine des ondes radio (*cf.* Fig. 20.10).

Un autre exemple est constitué par la nébuleuse du Crabe, reste de la supernova qui a explosé en l'an 1054. Elle abrite une étoile à neutrons, vestige

FIG. 20.11 – Nébuleuse du crabe, reste de la supernova de l'an 1054, vue par le télescope VLT (Very Large Telescope) de l'Observatoire Européen Austral. L'émission diffuse intense près du centre (bleutée sur l'image en couleur) est le rayonnement synchrotron d'électrons ultra-relativistes dans le champ magnétique de la nébuleuse. (Source : European Southern Observatory.)

du cœur de l'étoile qui s'est effondré, déclenchant le phénomène de supernova. Fortement magnétisée ($B \sim 10^8$ T) et tournant très rapidement sur elle-même (30 tours par seconde – on dit qu'il s'agit d'un *pulsar*), cette étoile est une source d'électrons ultra-relativistes. Dans le champ magnétique moyen $B \sim 10^{-8}$ T de la nébuleuse, ces derniers produisent un rayonnement synchrotron intense (*cf.* Fig. 20.11). Il couvre un large spectre, des ondes radio aux rayons X. Son maximum se situe à une fréquence d'environ 10^{16} Hz (domaine UV, ce qui donne la couleur bleutée sur la Fig. 20.11). En reportant cette valeur dans (20.39), ainsi que celle de B (10^{-8} T), on obtient une estimation du facteur de Lorentz des électrons : $\Gamma \sim 10^6$. Il s'agit donc bien d'électrons ultra-relativistes.

Enfin, mentionnons l'émission synchrotron des jets émis par les noyaux actifs de galaxie, dont un très bel exemple a été rencontré au § 9.3.5 (*cf.* Fig. 9.12). Un autre exemple est fourni par la Fig. 21.4 au chapitre suivant.

Chapitre 21

Hydrodynamique relativiste

Sommaire

Dans le cadre de l'espace-temps de Minkowski, l'hydrodynamique relativiste peut être définie comme l'étude des fluides dont la vitesse par rapport à un observateur de référence est relativiste ou dont la densité d'énergie interne et la pression ne sont pas négligeables devant la densité d'énergie de masse, ce dernier point signifiant que les particules qui constituent le fluide sont animées de vitesses relativistes. Il y a actuellement deux domaines d'application en plein essor : (i) l'astrophysique, avec les jets relativistes émis par les microquasars, les noyaux actifs de galaxie et les sites des sursauts gamma ; (ii) les collisions d'ions lourds relativistes ($\Gamma \simeq 100$) qui semblent générer un plasma quark-gluon pour lequel une description hydrodynamique s'avère appropriée. Bien entendu, on rencontre également des fluides relativistes dans les étoiles à neutrons et dans les disques d'accrétion autour des trous noirs, ainsi qu'en cosmologie. Même si l'étude de ces fluides requiert en toute rigueur la relativité générale (*cf.* § 22.3), de nombreux résultats exposés dans le présent chapitre leur sont applicables.

Nous nous limiterons ici au fluide parfait, que nous définissons à partir de son tenseur énergie-impulsion au § 21.1. Nous présentons ensuite les équations de conservation du nombre baryonique (§ 21.2) et de l'énergie-impulsion

(§ 21.3), ces dernières conduisant notamment à la généralisation relativiste de l'équation d'Euler. Au § 21.4, nous exposons une formulation alternative de la dynamique des fluides relativistes qui est basée sur le calcul extérieur et met l'accent sur une forme différentielle, la 2-forme de vorticité. Cette approche présente l'avantage de conduire simplement aux lois de conservation classiques (théorèmes de Bernoulli et de Kelvin), que nous dérivons au § 21.5. Nous y traitons également des écoulements irrotationnels. Enfin, nous décrirons au § 21.6 les applications mentionnées plus haut : jets astrophysiques et plasma quark-gluon.

21.1 Le modèle du fluide parfait

21.1.1 Tenseur énergie-impulsion

On peut définir formellement un ***fluide parfait*** comme un milieu matériel dont le tenseur énergie-impulsion (*cf.* Chap. 19) est de la forme

$$\boxed{\boldsymbol{T} = (\varepsilon + p)\, \underline{\boldsymbol{u}} \otimes \underline{\boldsymbol{u}} + p\, \boldsymbol{g}}, \qquad (21.1)$$

où

- $\underline{\boldsymbol{u}}$ est un champ de forme linéaire sur $\mathscr{E}$, dual métrique d'un champ de vecteurs $\vec{\boldsymbol{u}}$ du genre temps, unitaires ($\vec{\boldsymbol{u}} \cdot \vec{\boldsymbol{u}} = -1$) et dirigés vers le futur ;
- ε et p sont deux champs scalaires sur $\mathscr{E}$.

En chaque point de $\mathscr{E}$, le champ $\vec{\boldsymbol{u}}$ a toutes les propriétés d'une 4-vitesse. On le considère comme la 4-vitesse d'une ***particule de fluide***. Les lignes de champ de $\vec{\boldsymbol{u}}$ constituent alors les lignes d'univers des particules de fluide (*cf.* Fig. 21.1). Nous les appellerons ***lignes de fluide***. Au niveau microscopique, chaque particule de fluide comprend un grand nombre de particules « élémentaires » et $\vec{\boldsymbol{u}}$ est la 4-vitesse moyenne de ces particules. L'ensemble des lignes de fluide forme ce que l'on appelle une ***congruence***. Cela signifie qu'en chaque point $M \in \mathscr{E}$, il passe une ligne et une seule : celle dont le vecteur tangent est le vecteur $\vec{\boldsymbol{u}}(M)$.

Remarque : Il convient de ne pas confondre les *lignes de fluide*, définies ci-dessus comme des courbes dans l'espace-temps (lignes d'univers), et les *lignes de courant*, qui sont les lignes de champ du vecteur vitesse $\vec{\boldsymbol{V}}$ du fluide dans l'espace de repos d'un observateur donné.

Pour interpréter les champs scalaires ε et p, considérons un observateur $\mathcal{O}$ lié au fluide, c'est-à-dire un observateur dont la ligne d'univers est l'une des lignes de fluide. Dans tout ce chapitre, nous appellerons un tel observateur ***observateur comobile***. Sa 4-vitesse est alors $\vec{\boldsymbol{u}}$. La densité d'énergie du fluide mesurée par $\mathcal{O}$ est donnée par l'Éq. (19.5) :

$$\varepsilon_{\mathcal{O}} = \boldsymbol{T}(\vec{\boldsymbol{u}}, \vec{\boldsymbol{u}}) = (\varepsilon + p) \underbrace{\langle \underline{\boldsymbol{u}}, \vec{\boldsymbol{u}} \rangle}_{-1} \underbrace{\langle \underline{\boldsymbol{u}}, \vec{\boldsymbol{u}} \rangle}_{-1} + p\, \underbrace{\boldsymbol{g}(\vec{\boldsymbol{u}}, \vec{\boldsymbol{u}})}_{-1} = \varepsilon.$$

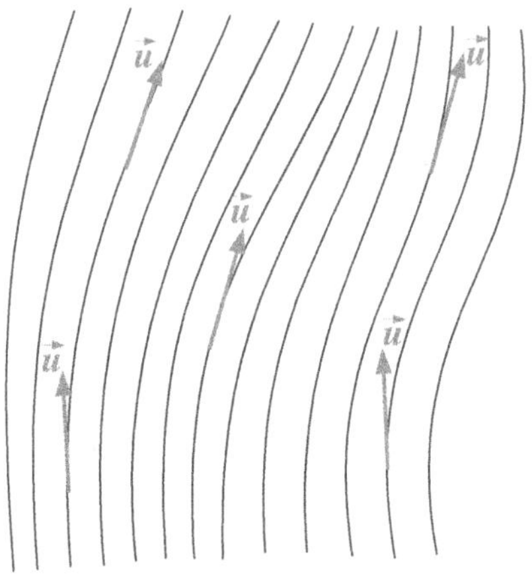

FIG. 21.1 – Congruence formée par les lignes d'univers des particules de fluide.

Ainsi ε n'est autre que la densité d'énergie mesurée par un observateur comobile. On l'appelle ***densité d'énergie propre*** du fluide.

La densité d'impulsion mesurée par $\mathcal{O}$ est quant à elle donnée par la formule (19.6) :

$$\boldsymbol{\varpi} = -\frac{1}{c}\boldsymbol{T}(\perp_{\boldsymbol{u}}, \vec{\boldsymbol{u}}) = -\frac{1}{c}\left[(\varepsilon + p)\underbrace{\vec{\boldsymbol{u}} \cdot \perp_{\boldsymbol{u}}}_{0} \vec{\boldsymbol{u}} \cdot \vec{\boldsymbol{u}} + p\,\underbrace{\boldsymbol{g}(\perp_{\boldsymbol{u}}, \vec{\boldsymbol{u}})}_{0}\right] = 0.$$

Il n'est pas étonnant de trouver zéro car le fluide est immobile par rapport à $\mathcal{O}$. Enfin, le tenseur des contraintes relatif à $\mathcal{O}$ s'obtient suivant la formule (19.13) : $\boldsymbol{S} = \boldsymbol{T}(\perp_{\boldsymbol{u}}, \perp_{\boldsymbol{u}})$. Si on y reporte (21.1) et qu'on l'applique à un couple $(\vec{\boldsymbol{v}}, \vec{\boldsymbol{w}})$ de vecteurs de E, il vient

$$\begin{aligned}\boldsymbol{S}(\vec{\boldsymbol{v}}, \vec{\boldsymbol{w}}) &= (\varepsilon + p)\underbrace{\vec{\boldsymbol{u}} \cdot \perp_{\boldsymbol{u}}\vec{\boldsymbol{v}}}_{0}\ \underbrace{\vec{\boldsymbol{u}} \cdot \perp_{\boldsymbol{u}}\vec{\boldsymbol{w}}}_{0} + p\,\boldsymbol{g}(\perp_{\boldsymbol{u}}\vec{\boldsymbol{v}}, \perp_{\boldsymbol{u}}\vec{\boldsymbol{w}}) \\ &= p\,[\vec{\boldsymbol{v}} + (\vec{\boldsymbol{u}} \cdot \vec{\boldsymbol{v}})\vec{\boldsymbol{u}}] \cdot [\vec{\boldsymbol{w}} + (\vec{\boldsymbol{u}} \cdot \vec{\boldsymbol{w}})\vec{\boldsymbol{u}}] = p\,[\vec{\boldsymbol{v}} \cdot \vec{\boldsymbol{w}} + (\vec{\boldsymbol{u}} \cdot \vec{\boldsymbol{v}})(\vec{\boldsymbol{u}} \cdot \vec{\boldsymbol{w}})],\end{aligned}$$

de sorte que l'on peut écrire

$$\boxed{\boldsymbol{S} = p\,(\boldsymbol{g} + \underline{\boldsymbol{u}} \otimes \underline{\boldsymbol{u}})}. \tag{21.2}$$

En reportant cette expression dans la relation (19.14) qui donne la force $d\boldsymbol{F}$ s'exerçant sur un élément de surface dans l'espace local de repos de $\mathcal{O}$, d'aire dS et de normale $\vec{\boldsymbol{n}} \in E_{\boldsymbol{u}}$, on obtient

$$d\boldsymbol{F} = \boldsymbol{S}(., \vec{\boldsymbol{n}})\,dS = p[\underbrace{\boldsymbol{g}(., \vec{\boldsymbol{n}})}_{\underline{\boldsymbol{n}}} + (\underbrace{\vec{\boldsymbol{u}} \cdot \vec{\boldsymbol{n}}}_{0})\underline{\boldsymbol{u}}]\,dS,$$

soit

$$\boxed{d\boldsymbol{F} = p\,\underline{\boldsymbol{n}}\,dS}. \qquad (21.3)$$

Ainsi la force que le fluide exerce sur un élément de surface est dirigée suivant la normale à la surface et p apparaît comme l'amplitude de la force par unité de surface : puisque $\vec{\boldsymbol{n}}$ est unitaire, on a en effet $p = \|d\vec{\boldsymbol{F}}\|_{\boldsymbol{g}}/dS$. Le champ scalaire p est appelé ***pression*** du fluide. p étant une fonction uniquement du point $M \in \mathscr{E}$ où l'on considère la surface élémentaire et non de la direction de la normale $\vec{\boldsymbol{n}}$ à la surface, la relation (21.3) s'exprime en disant que le tenseur des contraintes est ***isotrope***. Il s'agit là de la caractéristique principale du fluide parfait. Les composantes de $\boldsymbol{S}$ dans le référentiel local $(\vec{\boldsymbol{e}}_\alpha)$ de $\mathcal{O}$ sont données par $S_{ij} = \boldsymbol{S}(\vec{\boldsymbol{e}}_i, \vec{\boldsymbol{e}}_j)$ (les composantes $S_{0\alpha}$ sont nulles par définition de $\boldsymbol{S}$). Avec la formule (21.2), il vient $S_{ij} = p[\vec{\boldsymbol{e}}_i \cdot \vec{\boldsymbol{e}}_j + (\vec{\boldsymbol{u}} \cdot \vec{\boldsymbol{e}}_i)(\vec{\boldsymbol{u}} \cdot \vec{\boldsymbol{e}}_j)]$. Or $\vec{\boldsymbol{e}}_i \cdot \vec{\boldsymbol{e}}_j = \delta_{ij}$ et $\vec{\boldsymbol{u}} \cdot \vec{\boldsymbol{e}}_i = 0$. On a donc

$$\boxed{S_{ij} = p\,\delta_{ij}}. \qquad (21.4)$$

Cette expression montre clairement l'isotropie du tenseur des contraintes mentionnée plus haut.

Remarque : Au vu de (21.2), on peut écrire le tenseur énergie-impulsion donné par (21.1) sous la forme

$$\boldsymbol{T} = \varepsilon\,\underline{\boldsymbol{u}} \otimes \underline{\boldsymbol{u}} + \boldsymbol{S}. \qquad (21.5)$$

En comparant avec l'expression générale (19.20) de la décomposition orthogonale d'un tenseur énergie-impulsion vis-à-vis d'un observateur, on retrouve le fait que $\boldsymbol{\varpi} = 0$.

21.1.2 Quantités relatives à un observateur quelconque

Considérons à présent un observateur $\mathcal{O}$ quelconque, de 4-vitesse $\vec{\boldsymbol{u}}_0$ non nécessairement égale à $\vec{\boldsymbol{u}}$. Estimons les caractéristiques du fluide perçues par cet observateur à l'aide des formules du § 19.1.2. La densité d'énergie du fluide relative à $\mathcal{O}$ est donnée par la formule (19.5) : $E = \boldsymbol{T}(\vec{\boldsymbol{u}}_0, \vec{\boldsymbol{u}}_0)$. En y reportant (21.1), on obtient $E = (\varepsilon + p)(\vec{\boldsymbol{u}} \cdot \vec{\boldsymbol{u}}_0)^2 + p(-1)$. Or $-\vec{\boldsymbol{u}} \cdot \vec{\boldsymbol{u}}_0 = \Gamma$, facteur de Lorentz du fluide par rapport à $\mathcal{O}$ (*cf.* Éq. (4.10)). On a donc

$$\boxed{E = \Gamma^2(\varepsilon + p) - p}. \qquad (21.6)$$

Si $\mathcal{O}$ est un observateur comobile, $\Gamma = 1$ et on retrouve $E = \varepsilon$.

Remarque : Au vu de la formule d'Einstein $E = \Gamma mc^2$ (Éq. (9.16)), on pourrait être surpris du facteur Γ^2 dans (21.6). Mais il faut se rappeler qu'ici E est une énergie *par unité de volume*, de sorte qu'un facteur Γ supplémentaire intervient en raison de la « contraction des longueurs » dans la direction du mouvement du fluide par rapport à l'observateur $\mathcal{O}$.

La densité d'impulsion du fluide mesurée par $\mathcal{O}$ s'obtient *via* la formule (19.6) :

$$\boldsymbol{\varpi} = -\frac{1}{c}\boldsymbol{T}(\perp_{\boldsymbol{u}_0}, \vec{\boldsymbol{u}}_0) = -\frac{1}{c}\left[(\varepsilon + p)(\vec{\boldsymbol{u}} \cdot \perp_{\boldsymbol{u}_0})\underbrace{(\vec{\boldsymbol{u}} \cdot \vec{\boldsymbol{u}}_0)}_{-\Gamma} + p\,\underbrace{\boldsymbol{g}(\perp_{\boldsymbol{u}_0}, \vec{\boldsymbol{u}}_0)}_{0}\right].$$

Faisons apparaître la vitesse $\vec{\boldsymbol{V}}$ du fluide par rapport à l'observateur $\mathcal{O}$, *via* la décomposition orthogonale (4.31) de $\vec{\boldsymbol{u}}$:

$$\vec{\boldsymbol{u}} = \Gamma\left(\vec{\boldsymbol{u}}_0 + \frac{1}{c}\vec{\boldsymbol{V}}\right). \tag{21.7}$$

On a alors $\vec{\boldsymbol{u}} \cdot \perp_{\boldsymbol{u}_0} = (\Gamma/c)\vec{\boldsymbol{V}} \cdot \perp_{\boldsymbol{u}_0} = (\Gamma/c)\vec{\boldsymbol{V}} \cdot \mathrm{Id} = (\Gamma/c)\underline{\boldsymbol{V}}$, car $\vec{\boldsymbol{V}} \in E_{\boldsymbol{u}_0}$. On peut donc écrire

$$\boxed{\boldsymbol{\varpi} = \Gamma^2\frac{\varepsilon + p}{c^2}\,\underline{\boldsymbol{V}} = \frac{E + p}{c^2}\,\underline{\boldsymbol{V}}}. \tag{21.8}$$

Si $\mathcal{O}$ est un observateur comobile, $\vec{\boldsymbol{V}} = 0$ et on retrouve $\boldsymbol{\varpi} = 0$.

Enfin, les composantes dans le référentiel local $(\vec{\boldsymbol{e}}_\alpha)$ de $\mathcal{O}$ du tenseur des contraintes relatif à $\mathcal{O}$ s'écrivent, suivant la formule (19.12) :

$$S_{ij} = \boldsymbol{T}(\vec{\boldsymbol{e}}_i, \vec{\boldsymbol{e}}_j) = (\varepsilon + p)(\vec{\boldsymbol{u}} \cdot \vec{\boldsymbol{e}}_i)(\vec{\boldsymbol{u}} \cdot \vec{\boldsymbol{e}}_j) + p\,\underbrace{\vec{\boldsymbol{e}}_i \cdot \vec{\boldsymbol{e}}_j}_{\delta_{ij}}.$$

Or d'après (21.7), $\vec{\boldsymbol{u}} \cdot \vec{\boldsymbol{e}}_i = (\Gamma/c)\vec{\boldsymbol{V}} \cdot \vec{\boldsymbol{e}}_i = (\Gamma/c)V_i$. On a donc

$$S_{ij} = p\,\delta_{ij} + \Gamma^2\frac{\varepsilon + p}{c^2}\,V_iV_j = p\,\delta_{ij} + \frac{E + p}{c^2}\,V_iV_j. \tag{21.9}$$

En remarquant que $\delta_{ij}\,\boldsymbol{e}^i \otimes \boldsymbol{e}^j = \boldsymbol{g} + \underline{\boldsymbol{u}}_0 \otimes \underline{\boldsymbol{u}}_0$ et $V_i\,\boldsymbol{e}^i = \underline{\boldsymbol{V}}$, on peut écrire

$$\boxed{\boldsymbol{S} = p\,(\boldsymbol{g} + \underline{\boldsymbol{u}}_0 \otimes \underline{\boldsymbol{u}}_0) + \frac{E + p}{c^2}\,\underline{\boldsymbol{V}} \otimes \underline{\boldsymbol{V}}}. \tag{21.10}$$

Si $\mathcal{O}$ est comobile, $\underline{\boldsymbol{u}}_0 = \underline{\boldsymbol{u}}$, $\underline{\boldsymbol{V}} = 0$ et on retrouve l'expression (21.2).

21.1.3 Fluide sans pression (poussière)

Dans le cas où le champ de pression p est identiquement nul, le tenseur énergie-impulsion (21.1) du fluide parfait se réduit à

$$\boldsymbol{T} = \varepsilon\,\underline{\boldsymbol{u}} \otimes \underline{\boldsymbol{u}}. \tag{21.11}$$

On peut retrouver cette forme à partir de l'expression du tenseur énergie-impulsion donnée au Chap. 19 pour une grande assemblée de particules

(Éq. (19.3)), en faisant l'hypothèse qu'en un événement donné $M \in \mathscr{E}$, toutes les particules ont la même 4-vitesse, celle donnée par le champ vectoriel $\vec{\boldsymbol{u}}$:

$$\vec{\boldsymbol{u}}_a(\tau) = \vec{\boldsymbol{u}}(A_a(\tau)), \tag{21.12}$$

où $\vec{\boldsymbol{u}}_a(\tau)$ est la 4-vitesse de la particule numéro a, τ son temps propre et $A_a(\tau)$ le point de sa ligne d'univers à l'instant τ. En injectant (21.12) ainsi que $\boldsymbol{p}_a = mc\,\underline{\boldsymbol{u}}_a$ dans l'expression (19.3) du tenseur énergie-impulsion, on obtient

$$\forall M \in \mathscr{E}, \quad \boldsymbol{T}(M) = \sum_{a=1}^{N} m_a c^2 \int_{-\infty}^{+\infty} \delta_{A_a(\tau)}(M)\, \underline{\boldsymbol{u}}(A_a(\tau)) \otimes \underline{\boldsymbol{u}}(A_a(\tau))\, c\, d\tau.$$

Grâce à la distribution de Dirac $\delta_{A_a(\tau)}(M)$, on peut remplacer chaque $\underline{\boldsymbol{u}}(A_a(\tau))$ par $\underline{\boldsymbol{u}}(M)$ et sortir le terme $\underline{\boldsymbol{u}}(M) \otimes \underline{\boldsymbol{u}}(M)$ de l'intégrale et même de la somme sur a, puisqu'il est indépendant de a. On obtient ainsi

$$\forall M \in \mathscr{E}, \quad \boldsymbol{T}(M) = \rho c^2\, \underline{\boldsymbol{u}}(M) \otimes \underline{\boldsymbol{u}}(M), \tag{21.13}$$

avec

$$\rho := \sum_{a=1}^{N} m_a \int_{-\infty}^{+\infty} \delta_{A_a(\tau)}(M)\, c\, d\tau. \tag{21.14}$$

Le tenseur (21.13) étant clairement de la forme (21.11) (avec $\varepsilon = \rho c^2$), nous avons donc justifié la forme (21.1) donnée au tenseur énergie-impulsion du fluide parfait dans le cas particulier d'une assemblée de particules simples[1] dont les 4-vitesses sont identiques en chaque point de l'espace-temps. On obtient alors nécessairement $p = 0$. Ce modèle de fluide sans pression est appelé ***poussière***.

Remarque : Il est naturel d'obtenir $p = 0$ dans un modèle où toutes les particules ont la même 4-vitesse, car dans le cadre d'une théorie cinétique, la pression s'interprète comme le transfert d'impulsion entre deux particules fluides adjacentes par l'échange de particules. Si toutes les particules ont la même 4-vitesse, leurs lignes d'univers sont parallèles à celles des particules fluides et il n'y a pas d'échange de particules.

21.1.4 Équation d'état et relations thermodynamiques

Au niveau microscopique, le fluide est constitué de différentes espèces de particules. Soient N le nombre total d'espèces[2] et n_a, $1 \leq a \leq N$, la densité numérique (nombre de particules par unité de volume) de particules de l'espèce numéro a, densité évaluée par un observateur comobile. On dira que n_a est la ***densité propre de particules*** de l'espèce a. Une particule de fluide

1. La 4-impulsion de chaque particule est $\boldsymbol{p}_a = mc\,\underline{\boldsymbol{u}}_a$, *cf.* § 9.1.1.
2. Au § 21.1.3, N désignait plutôt le nombre total de particules.

contient un grand nombre de particules de chaque espèce, et nous supposerons que l'***équilibre thermodynamique local*** est réalisé. Cela signifie que le libre parcours moyen des particules est faible à l'échelle des particules de fluide. On peut alors employer une description thermodynamique du système et définir l'entropie et la température de chaque particule de fluide. Nous utiliserons en particulier la ***densité propre d'entropie***, s, c'est-à-dire l'entropie par unité de volume vis-à-vis de l'observateur comobile. Sous l'hypothèse d'équilibre thermodynamique local, la densité d'énergie propre est une fonction de la densité propre d'entropie et des densités propres de particules :

$$\boxed{\varepsilon = \varepsilon(s, n_1, \ldots, n_N)}. \tag{21.15}$$

Cette relation est appelée ***équation d'état*** du fluide. Sa forme précise dépend du modèle de matière étudié. On définit la ***densité d'énergie interne*** du fluide, ε_{int}, comme la quantité à ajouter à la somme des énergies de masse des particules pour obtenir la densité d'énergie (totale) ε :

$$\varepsilon = \sum_{a=1}^{N} n_a m_a c^2 + \varepsilon_{\text{int}}, \tag{21.16}$$

où m_a est la masse d'une particule de l'espèce a. Pour passer à la limite non-relativiste, il est commode d'introduire la densité de masse $\rho := \sum_{a=1}^{N} n_a m_a$ et d'écrire (21.16) sous la forme

$$\boxed{\varepsilon = \rho c^2 + \varepsilon_{\text{int}}}. \tag{21.17}$$

Définissons la ***température*** T du fluide et le ***potentiel chimique*** μ_a des particules de l'espèce a comme les dérivées partielles de la fonction ε donnée par (21.15) :

$$\boxed{T := \left(\frac{\partial \varepsilon}{\partial s}\right)_{n_a}} \quad \text{et} \quad \boxed{\mu_a := \left(\frac{\partial \varepsilon}{\partial n_a}\right)_{s, n_{b\neq a}}}. \tag{21.18}$$

On a alors

$$\boxed{d\varepsilon = T\, ds + \sum_{a=1}^{N} \mu_a\, dn_a}. \tag{21.19}$$

Remarque : Au vu de (21.16), on peut écrire

$$\mu_a = m_a c^2 + \left(\frac{\partial \varepsilon_{\text{int}}}{\partial n_a}\right)_{s, n_{b\neq a}}, \tag{21.20}$$

formule sur laquelle il est clair que le potentiel chimique μ_a comprend l'énergie de masse $m_a c^2$ en plus du terme $\mu_a^{\text{int}} := (\partial \varepsilon_{\text{int}}/\partial n_a)_{s, n_{b\neq a}}$. À la limite non-relativiste, c'est ce dernier, et non μ_a, qui redonne le potentiel chimique « classique ».

Considérons un volume V comobile avec le fluide et suffisamment petit pour que toutes les grandeurs s et n_a y soient uniformes. V contient alors l'entropie $S = sV$ et $N_a = n_a V$ particules de l'espèce a. L'énergie totale du fluide contenue dans V est $\mathcal{E} = \varepsilon V$. La différentielle de cette relation conduit, *via* (21.19), à

$$\begin{aligned} d\mathcal{E} &= d(\varepsilon V) = V\, d\varepsilon + \varepsilon\, dV = V \left[T\, ds + \sum_{a=1}^{N} \mu_a\, dn_a \right] + \varepsilon\, dV \\ &= V \left[T\, d\left(\frac{S}{V}\right) + \sum_{a=1}^{N} \mu_a\, d\left(\frac{N_a}{V}\right) \right] + \varepsilon\, dV \\ d\mathcal{E} &= T\, dS + \left[\varepsilon - Ts - \sum_{a=1}^{N} \mu_a n_a \right] dV + \sum_{a=1}^{N} \mu_a\, dN_a. \end{aligned} \tag{21.21}$$

Or le ***premier principe de la thermodynamique*** s'exprime comme

$$d\mathcal{E} = T\, dS - p\, dV + \sum_{a=1}^{N} \mu_a\, dN_a. \tag{21.22}$$

Par comparaison avec (21.21), nous obtenons l'expression suivante de la pression du fluide :

$$\boxed{p = -\varepsilon + Ts + \sum_{a=1}^{N} \mu_a n_a}. \tag{21.23}$$

On retrouve là une identité thermodynamique familière, celle identifiant l'***enthalpie libre*** $G := \mathcal{E} + PV - TS$ à la somme $\sum_{a=1}^{N} \mu_a\, N_a$. En effet (21.23) n'est autre que la relation $G = \sum_{a=1}^{N} \mu_a\, N_a$ divisée par V. L'Éq. (21.23) montre que la pression p qui intervient dans le tenseur énergie-impulsion (21.1) du fluide parfait est une fonction de $(s, n_1, \ldots, n_N)$ entièrement déterminée par la fonction équation d'état $\varepsilon(s, n_1, \ldots, n_N)$. N'oublions pas que T et μ_a ne sont rien d'autre que les dérivées partielles de $\varepsilon(s, n_1, \ldots, n_N)$ (Éq. (21.18)). Notons également que la quantité $\varepsilon + p$ qui intervient dans le tenseur énergie-impulsion (21.1) ainsi que dans les expressions dérivées au § 21.1.2 n'est autre que la ***densité propre d'enthalpie*** et que (21.23) permet de l'écrire sous la forme

$$\varepsilon + p = Ts + \sum_{a=1}^{N} \mu_a n_a. \tag{21.24}$$

Nous définirons un ***fluide simple*** comme un fluide parfait dont l'équation d'état ne dépend que de la densité d'entropie et de la densité propre de baryons, que nous noterons n (sans indice) et appellerons ***densité propre baryonique*** :

$$\varepsilon = \varepsilon(s, n). \tag{21.25}$$

Ce modèle est valable dans deux cas extrêmes :

– Les temps caractéristiques des réactions (chimiques, nucléaires) entre les différents constituants sont très grands par rapport à l'échelle de temps du problème étudié, de sorte que l'on peut considérer la composition du fluide comme « gelée » ; les densités de chaque espèce se déduisent de la densité baryonique suivant $n_a = Y_a n$, avec des taux d'abondance par baryon Y_a fixés.

– Les réactions entre les différents constituants sont tellement rapides que l'on peut supposer un équilibre (chimique ou nucléaire) complet entre les espèces. Dans ce cas, les densités de chaque espèce sont déterminés seulement par n et s : $n_a = Y_a^{\rm eq}(s, n)\, n$.

Un cas particulier de fluide simple est celui d'un ***fluide barotrope***, pour lequel l'équation d'état est fonction seulement de la densité baryonique :

$$\varepsilon = \varepsilon(n). \tag{21.26}$$

C'est le cas notamment de la matière dense froide (c'est-à-dire de température bien inférieure à la température de Fermi) qui constitue les naines blanches et les étoiles à neutrons. Pour un fluide barotrope, $T = 0$ (vu la définition (21.18)) et la relation (21.24) prend une forme très simple :

$$\varepsilon + p = \mu n \qquad \text{(barotrope)}, \tag{21.27}$$

qui montre que dans ce cas, le potentiel chimique des baryons, μ, est égal à l'enthalpie par baryon $(\varepsilon + p)/n$.

Exemple : Une équation d'état barotropique simple est celle d'un ***polytrope***. Elle est définie à partir de deux constantes κ et γ (dit ***coefficient adiabatique***) et de la masse baryonique moyenne $m_{\rm b} \simeq 1.66 \times 10^{-27}$ kg suivant

$$\varepsilon(n) = m_{\rm b} c^2\, n + \frac{\kappa}{\gamma - 1}\, n^{\gamma}. \tag{21.28}$$

La relation (21.27) avec $\mu = d\varepsilon/dn$ montre alors que la pression est

$$p(n) = \kappa\, n^{\gamma}. \tag{21.29}$$

Un exemple concret de polytrope est constitué par de la matière formée de noyaux atomiques et d'électrons, dans le cas où ces derniers sont dégénérés et fournissent l'essentiel de la pression. Il s'agit notamment de la matière à l'intérieur des naines blanches. Lorsque les électrons sont non relativistes (basse densité), l'équation d'état est celle d'un polytrope avec $\kappa = (3\pi^2)^{2/3}\hbar^2/(5m_{\rm e})Y_{\rm e}^{5/3}$ et $\gamma = 5/3$, où $m_{\rm e}$ est la masse de l'électron et $Y_{\rm e} := n_{\rm e}/n$ le nombre d'électrons par baryon (dans les naines blanches $Y_{\rm e} \simeq 0.5$). Dans le cas opposé où les électrons sont ultra-relativistes (haute densité), on a également un polytrope avec $\kappa = (3\pi^2)^{1/3}\hbar c Y_{\rm e}^{4/3}/4$ et $\gamma = 4/3$. Entre ces deux régimes extrêmes, l'équation d'état n'est pas polytropique et affiche une dépendance en n plus compliquée [122].

21.2 Conservation du nombre baryonique

21.2.1 Quadricourant baryonique

Étant données la densité propre baryonique n introduite plus haut et la 4-vitesse $\vec{u}$ du fluide, on définit le ***quadricourant baryonique*** ou ***4-courant baryonique*** comme le champ vectoriel

$$\boxed{\vec{j}_{\mathrm{b}} := n\vec{u}}. \tag{21.30}$$

Le flux de $\vec{j}_{\mathrm{b}}$ à travers tout domaine tridimensionnel $\mathscr{V}$ de l'espace de repos d'un observateur $\mathscr{O}$ donne le nombre total $\mathcal{N}$ de baryons contenus dans ce domaine (nombre baryonique de $\mathscr{V}$) :

$$\mathcal{N} = \Phi_{\mathscr{V}}(\vec{j}_{\mathrm{b}}) = -\int_{\mathscr{V}} \vec{j}_{\mathrm{b}} \cdot \vec{u}_0 \, dV = \int_{\mathscr{V}} \star \underline{j}_{\mathrm{b}}, \tag{21.31}$$

où (i) $\vec{u}_0$ est la 4-vitesse de l'observateur $\mathscr{O}$, qui est aussi la normale unitaire au domaine $\mathscr{V}$; (ii) le signe $-$ résulte du genre temps de $\vec{u}_0$ et (iii) la dernière égalité découle de la formule (16.52), qui permet d'écrire le flux de $\vec{j}_{\mathrm{b}}$ comme l'intégrale sur le 3-volume $\mathscr{V}$ de la 3-forme $\star\underline{j}_{\mathrm{b}}$, duale de Hodge de la 1-forme $\underline{j}_{\mathrm{b}}$ associée à $\vec{j}_{\mathrm{b}}$ par dualité métrique.

Remarque : Le 4-courant baryonique $\vec{j}_{\mathrm{b}}$ est l'analogue vis-à-vis du nombre baryonique du 4-courant électrique $\vec{j}$ vis-à-vis de la charge électrique. En particulier, l'Éq. (21.31) a exactement la même forme que les Éqs. (18.1) et (18.2) donnant la charge électrique totale d'un domaine $\mathscr{V}$.

Pour se convaincre que la quantité $\mathcal{N}$ définie par (21.31) correspond bien au nombre de baryons contenus dans $\mathscr{V}$, il suffit de remplacer $\vec{j}_{\mathrm{b}}$ par $n\vec{u}$ et de remarquer que $-\vec{u} \cdot \vec{u}_0 = \Gamma$, facteur de Lorentz du fluide par rapport à $\mathscr{O}$. La formule (21.31) se met alors sous la forme

$$\mathcal{N} = \int_{\mathscr{V}} \Gamma n \, dV.$$

Or il est facile de voir que

$$N := \Gamma n = -\vec{u}_0 \cdot \vec{j}_{\mathrm{b}} \tag{21.32}$$

n'est autre que la densité baryonique mesurée par l'observateur $\mathscr{O}$, le facteur Γ prenant en compte la contraction de FitzGerald-Lorentz (Éq. (5.17)) dans la direction du mouvement du fluide par rapport à $\mathscr{O}$ (comparer (21.32) avec l'expression (18.12) de la densité de charge électrique). En tant qu'intégrale de N sur $\mathscr{V}$, $\mathcal{N}$ est alors bien le nombre total de baryons dans $\mathscr{V}$.

21.2.2 Principe de conservation du nombre baryonique

Dans le modèle standard de la physique des particules, le nombre baryonique est conservé[3] par les interactions électromagnétique et forte et tous les processus relevant de l'interaction faible à l'exception de phénomènes non-perturbatifs reliés à ce que l'on appelle l'*anomalie d'Adler-Bell-Jackiw*. À part dans l'univers primordial, les conditions de tels processus ne se rencontrent jamais. Nous postulerons donc la conservation du nombre baryonique et l'énoncerons sous la même forme que la conservation de la charge électrique au Chap. 18 ou encore la conservation de l'énergie-impulsion au Chap. 19, à savoir :

> Si un fluide est isolé, le flux du 4-courant baryonique sur toute hypersurface fermée Σ est nul :

$$\boxed{\text{fluide isolé et } \Sigma \text{ fermée} \implies \Phi_\Sigma(\vec{j}_\mathrm{b}) = \int_\Sigma \star \underline{j}_\mathrm{b} = 0}. \qquad (21.33)$$

On peut alors reprendre exactement le même raisonnement qu'au § 18.3.1 et conclure que le principe (21.33) conduit tout aussi bien à une loi de conservation entre deux instants pour un observateur donné qu'à l'invariance du nombre baryonique par changement d'observateur.

En vertu du théorème de Stokes (16.54), (21.33) implique que la 4-forme $\mathbf{d} \star \underline{j}_\mathrm{b}$ est identiquement nulle. Par dualité de Hodge, on en déduit que la 0-forme (champ scalaire) $\boldsymbol{\nabla} \cdot \vec{j}_\mathrm{b}$ l'est également (*cf.* Éq. (15.90)). Autrement dit, la version locale du principe de conservation du nombre baryonique est

$$\boxed{\boldsymbol{\nabla} \cdot (n\vec{u}) = 0}. \qquad (21.34)$$

Remarque : De nouveau, cette équation est tout à fait similaire à l'Éq. (18.43) pour la version locale de la conservation de la charge électrique.

Il est instructif d'établir (21.34) par un autre moyen, basé sur l'évolution d'un élément de fluide. Considérons donc un volume $\mathscr{V}(\tau)$ transporté par le fluide et suffisamment petit pour que les densités n_a y soient constantes. Par *volume transporté par le fluide*, on entend $\mathscr{V}(\tau) \subset \mathscr{E}_{\boldsymbol{u}}(\tau)$ et les lignes d'univers du bord de $\mathscr{V}(\tau)$ sont tangentes à $\vec{u}$ (*i.e.* ce sont des lignes de fluide) (*cf.* Fig. 21.2). Soient $d\tau$ un incrément infinitésimal du temps propre du fluide et $\mathscr{U}$ la région quadridimensionnelle délimitée par $\mathscr{V}(\tau)$, $\mathscr{V}(\tau + d\tau)$ et l'ensemble $\mathcal{W}$ des lignes de fluide joignant $\mathscr{V}(\tau)$ à $\mathscr{V}(\tau + d\tau)$ (*cf.* Fig. 21.2). Le théorème de Gauss-Ostrogradski quadridimensionnel (16.72) appliqué au

3. Certaines théories au-delà du modèle standard, comme des théories de grande unification, induisent une violation de la conservation du nombre baryonique, conduisant à la désintégration du proton ; une telle désintégration n'a jamais été observée à ce jour, les expériences donnant un temps de vie du proton supérieur à 10^{35} ans.

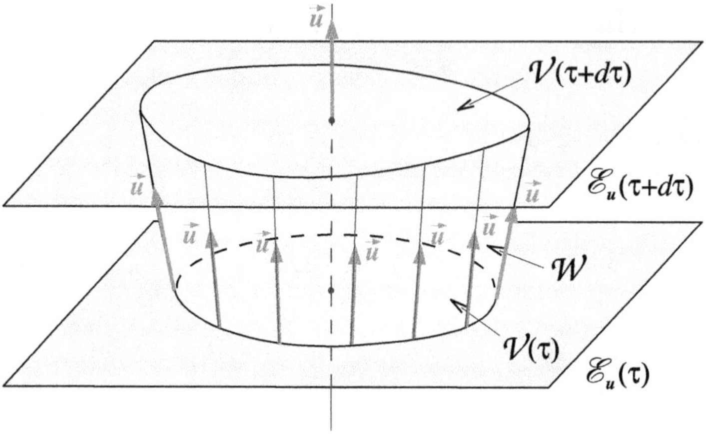

FIG. 21.2 – Transport d'un élément de volume $\mathscr{V}(\tau)$ par le fluide.

champ de vecteurs $\vec{\boldsymbol{u}}$ sur $\mathscr{U}$ conduit à

$$\int_{\mathscr{U}} \boldsymbol{\nabla}\cdot \vec{\boldsymbol{u}}\, dU = \Phi_{\mathscr{V}(\tau)}(\vec{\boldsymbol{u}}) + \Phi_{\mathcal{W}}(\vec{\boldsymbol{u}}) + \Phi_{\mathscr{V}(\tau+d\tau)}(\vec{\boldsymbol{u}}),$$

où les hypersurfaces $\mathscr{V}(\tau)$, $\mathcal{W}$ et $\mathscr{V}(\tau+d\tau)$ sont orientées en tant que parties du bord de $\mathscr{U}$. Les flux ci-dessus sont donc, compte tenu du fait que $\mathscr{V}(\tau)$ et $\mathscr{V}(\tau+d\tau)$ sont du genre espace et $\mathcal{W}$ du genre temps,

$$\Phi_{\mathscr{V}(\tau)}(\vec{\boldsymbol{u}}) = -\int_{\mathscr{V}(\tau)} \vec{\boldsymbol{u}}\cdot(-\vec{\boldsymbol{u}})\, dV = -\int_{\mathscr{V}(\tau)} dV = -V(\tau)$$

$$\Phi_{\mathcal{W}}(\vec{\boldsymbol{u}}) = \int_{\mathcal{W}} \underbrace{\vec{\boldsymbol{u}}\cdot\vec{\boldsymbol{n}}}_{0}\, dV = 0$$

$$\Phi_{\mathscr{V}(\tau+d\tau)}(\vec{\boldsymbol{u}}) = -\int_{\mathscr{V}(\tau+d\tau)} \vec{\boldsymbol{u}}\cdot(+\vec{\boldsymbol{u}})\, dV = \int_{\mathscr{V}(\tau+d\tau)} dV = V(\tau+d\tau),$$

où $V(\tau)$ désigne le volume de $\mathscr{V}(\tau)$. On a donc

$$\int_{\mathscr{U}} \boldsymbol{\nabla}\cdot \vec{\boldsymbol{u}}\, dU = V(\tau+d\tau) - V(\tau).$$

Or $d\tau$ étant une quantité élémentaire et $\mathscr{V}(\tau)$ un volume suffisamment petit pour que $\boldsymbol{\nabla}\cdot\vec{\boldsymbol{u}}$ y soit homogène,

$$\int_{\mathscr{U}} \boldsymbol{\nabla}\cdot \vec{\boldsymbol{u}}\, dU = \int_{\mathscr{U}} \boldsymbol{\nabla}\cdot \vec{\boldsymbol{u}}\; c d\tau dV = c d\tau \int_{\mathscr{V}(\tau)} \boldsymbol{\nabla}\cdot \vec{\boldsymbol{u}}\, dV = c d\tau\; (\boldsymbol{\nabla}\cdot\vec{\boldsymbol{u}}) V(\tau).$$

On obtient donc au final $c d\tau\; (\boldsymbol{\nabla}\cdot\vec{\boldsymbol{u}})V(\tau) = V(\tau+d\tau) - V(\tau)$, soit

$$\boxed{c\, \boldsymbol{\nabla}\cdot\vec{\boldsymbol{u}} = \frac{1}{V}\frac{dV}{d\tau}}. \tag{21.35}$$

Ainsi la divergence du champ de 4-vitesse du fluide représente la variation temporelle relative d'un élément de volume entraîné par le fluide.

On peut alors évaluer aisément la variation temporelle du nombre $\mathcal{N} = nV$ de baryons contenus dans $\mathscr{V}(\tau)$:

$$\frac{d\mathcal{N}}{d\tau} = \frac{d}{d\tau}(nV) = \underbrace{\frac{dn}{d\tau}}_{c\vec{u}\cdot\nabla n} V + n \underbrace{\frac{dV}{d\tau}}_{Vc\nabla\cdot\vec{u}} = cV\nabla\cdot(n\vec{u}),$$

d'où

$$\frac{1}{V}\frac{d\mathcal{N}}{d\tau} = c\nabla\cdot(n\vec{u}). \tag{21.36}$$

La conservation du nombre baryonique sous la forme $d\mathcal{N}/d\tau = 0$ est donc bien équivalente à $\nabla\cdot(n\vec{u}) = 0$ (Éq. (21.34)).

21.2.3 Expression par rapport à un observateur inertiel

Étant donné un observateur inertiel $\mathcal{O}$, de 4-vitesse $\vec{u}_0$, insérons la décomposition (21.7) de la 4-vitesse du fluide dans l'Éq. (21.34) de conservation du nombre baryonique :

$$\nabla\cdot\left[\underbrace{n\Gamma}_{N}\left(\vec{u}_0 + \frac{1}{c}\vec{V}\right)\right] = \vec{u}_0\cdot\nabla N + \frac{1}{c}\nabla\cdot(N\vec{V}) = 0,$$

où nous avons fait apparaître la densité baryonique par rapport à $\mathcal{O}$, N, suivant (21.32). Puisque $c\vec{u}_0\cdot\nabla N = \partial N/\partial t$, t étant le temps propre de $\mathcal{O}$, il vient

$$\boxed{\frac{\partial N}{\partial t} + \nabla\cdot(N\vec{V}) = 0}. \tag{21.37}$$

En terme des composantes par rapport aux coordonnées inertielles $(x^\alpha) = (ct, x^i)$ associées à $\mathcal{O}$, cette relation s'écrit, puisque $V^0 = 0$,

$$\frac{\partial N}{\partial t} + \frac{\partial}{\partial x^i}(NV^i) = 0. \tag{21.38}$$

Remarque : L'équation (21.37) qui relie la variation temporelle de la densité baryonique N à la divergence du flux de baryons, $N\vec{V}$ – toutes quantités définies relativement à l'observateur $\mathcal{O}$ – est identique à une équation de conservation de la physique newtonienne : elle ne comporte aucun terme relativiste, du type facteur de Lorentz ou terme en facteur de c^{-1}.

21.3 Conservation de l'énergie et de l'impulsion

21.3.1 Introduction

La forme générale de l'équation de conservation de l'énergie-impulsion a été donnée au § 19.28 : elle relie la divergence du tenseur énergie-impulsion à la densité de 4-force externe $\mathscr{F}_{\text{ext}}$ s'exerçant sur le milieu :

$$\vec{\nabla} \cdot \boldsymbol{T} = \mathscr{F}_{\text{ext}}. \tag{21.39}$$

Dans ce qui suit, nous allons décomposer cette équation de plusieurs manières.

Tout d'abord, en injectant la forme fluide parfait (21.1) de $\boldsymbol{T}$ dans (21.39) et en développant, on obtient

$$[\boldsymbol{\nabla}_{\vec{u}}(\varepsilon + p) + (\varepsilon + p)\boldsymbol{\nabla}\cdot \vec{\boldsymbol{u}}]\, \underline{\boldsymbol{u}} + (\varepsilon + p)\, \underline{\boldsymbol{a}} + \boldsymbol{\nabla} p = \mathscr{F}_{\text{ext}}, \tag{21.40}$$

où $\underline{\boldsymbol{a}}$ est la 1-forme associée par dualité métrique au vecteur $\vec{\boldsymbol{a}} := \boldsymbol{\nabla}_{\vec{u}}\, \vec{\boldsymbol{u}}$. Ce dernier n'est autre que la 4-accélération d'un observateur comobile, ainsi qu'il apparaît en comparant les identités (2.16) et (15.28).

21.3.2 Projection sur la 4-vitesse du fluide

L'Éq. (21.40) est une égalité entre deux 1-formes. En l'appliquant au vecteur $\vec{\boldsymbol{u}}$, il vient, compte tenu de $\langle \underline{\boldsymbol{u}}, \vec{\boldsymbol{u}} \rangle = -1$, $\langle \underline{\boldsymbol{a}}, \vec{\boldsymbol{u}} \rangle = \vec{\boldsymbol{a}} \cdot \vec{\boldsymbol{u}} = 0$ et $\langle \boldsymbol{\nabla} p, \vec{\boldsymbol{u}} \rangle = \boldsymbol{\nabla}_{\vec{u}}\, p$,

$$\boldsymbol{\nabla}_{\vec{u}}\, \varepsilon + (\varepsilon + p)\boldsymbol{\nabla}\cdot \vec{\boldsymbol{u}} = -\langle \mathscr{F}_{\text{ext}}, \vec{\boldsymbol{u}} \rangle. \tag{21.41}$$

Or d'après (21.19),

$$\begin{aligned}\boldsymbol{\nabla}_{\vec{u}}\, \varepsilon &= T \boldsymbol{\nabla}_{\vec{u}}\, s + \sum_{a=1}^{N} \mu_a \boldsymbol{\nabla}_{\vec{u}}\, n_a \\ &= T\left[\boldsymbol{\nabla}\cdot (s\vec{\boldsymbol{u}}) - s\boldsymbol{\nabla}\cdot \vec{\boldsymbol{u}}\right] + \sum_{a=1}^{N} \mu_a \left[\boldsymbol{\nabla}\cdot (n_a\vec{\boldsymbol{u}}) - n_a \boldsymbol{\nabla}\cdot \vec{\boldsymbol{u}}\right].\end{aligned}$$

En reportant cette expression dans (21.41) et en utilisant l'identité (21.23) pour annuler la somme des termes en facteur de $\boldsymbol{\nabla}\cdot \vec{\boldsymbol{u}}$, on obtient

$$\boxed{T\boldsymbol{\nabla}\cdot (s\vec{\boldsymbol{u}}) = -\langle \mathscr{F}_{\text{ext}}, \vec{\boldsymbol{u}} \rangle - \frac{1}{c}\sum_{a=1}^{N} \mu_a \mathcal{R}_a}, \tag{21.42}$$

où

$$\mathcal{R}_a := c\boldsymbol{\nabla}\cdot (n_a \vec{\boldsymbol{u}}) \tag{21.43}$$

est le ***taux volumique de création de particules*** de l'espèce a, c'est-à-dire le nombre de particules de l'espèce a créées par unité de temps et par unité de volume relativement à l'observateur comobile. En effet

$$\mathcal{R}_a = c\boldsymbol{\nabla}\cdot (n_a \vec{\boldsymbol{u}}) = c\boldsymbol{\nabla}_{\boldsymbol{u}} n_a + n_a c \boldsymbol{\nabla}\cdot \vec{\boldsymbol{u}} = \frac{dn_a}{d\tau} + \frac{n_a}{V}\frac{dV}{d\tau},$$

où la dernière égalité découle de (21.35). On a donc

$$\mathcal{R}_a = \frac{1}{V}\frac{d(n_a V)}{d\tau}, \tag{21.44}$$

ce qui démontre l'affirmation ci-dessus. De même, le terme $\boldsymbol{\nabla}\cdot(s\vec{u})$ qui apparaît dans le membre de gauche de (21.42) est c^{-1} fois le taux volumique de variation d'entropie.

Cas d'un fluide simple

Pour un fluide simple (*cf.* § 21.1.4), la somme sur a dans l'Éq. (21.42) se limite à un seul élément : les baryons. De plus, le taux volumique de création de ces derniers est nul en raison du principe de conservation du nombre baryonique (21.34). L'Éq. (21.42) se réduit donc à

$$\boxed{\boldsymbol{\nabla}\cdot(s\vec{u}) = -\frac{1}{T}\langle \mathscr{F}_{\rm ext}, \vec{u}\rangle.}_{\text{fluide simple}} \qquad (21.45)$$

En particulier, si le fluide simple est isolé ($\mathscr{F}_{\rm ext} = 0$), son entropie se conserve :

$$\boxed{\boldsymbol{\nabla}\cdot(s\vec{u}) = 0.}_{\text{fluide simple isolé}} \qquad (21.46)$$

Cette équation est tout à fait similaire à l'équation de conservation du nombre baryonique (21.34). Une conséquence immédiate de (21.46) et de la conservation du nombre baryonique est que l'***entropie par baryon***,

$$\boxed{S := \frac{s}{n}}, \qquad (21.47)$$

est constante le long des lignes de fluide :

$$\boxed{\boldsymbol{\nabla}_{\vec{u}}\, S = 0.}_{\text{fluide simple isolé}} \qquad (21.48)$$

En effet,

$$\begin{aligned}\boldsymbol{\nabla}_{\vec{u}}\, S &= \boldsymbol{\nabla}_{\vec{u}}\left(\frac{s}{n}\right) = \frac{1}{n}\left[\boldsymbol{\nabla}_{\vec{u}}\, s - \frac{s}{n}\boldsymbol{\nabla}_{\vec{u}}\, n\right] \\ &= \frac{1}{n}\left[\underbrace{\boldsymbol{\nabla}\cdot(s\vec{u})}_{0} - s\boldsymbol{\nabla}\cdot\vec{u} - \frac{s}{n}\underbrace{\boldsymbol{\nabla}\cdot(n\vec{u})}_{0} + s\boldsymbol{\nabla}\cdot\vec{u}\right] = 0.\end{aligned}$$

On traduit la loi de conservation de l'entropie, sous la forme (21.46) ou (21.48), en disant que l'écoulement d'un fluide simple isolé est ***adiabatique*** : il n'y a pas de diffusion de chaleur entre les différents éléments de fluide.

21.3.3 Partie orthogonale à la 4-vitesse du fluide

On peut voir l'Éq. (21.42) comme l'une des quatre composantes de (21.40). Les trois composantes restantes s'obtiennent en combinant chaque membre de (21.40) avec le projecteur orthogonal $\perp_{\boldsymbol{u}}$. Puisque $\underline{\boldsymbol{u}} \circ \perp_{\boldsymbol{u}} = \vec{\boldsymbol{u}} \cdot \perp_{\boldsymbol{u}} = 0$, et $\underline{\boldsymbol{a}} \circ \perp_{\boldsymbol{u}} = \underline{\boldsymbol{a}}$ (vu que $\vec{\boldsymbol{a}}$ est orthogonal à $\vec{\boldsymbol{u}}$), il vient

$$(\varepsilon + p)\underline{\boldsymbol{a}} = \mathscr{F}_{\text{ext}} \circ \perp_{\boldsymbol{u}} - \boldsymbol{\nabla} p \circ \perp_{\boldsymbol{u}}.$$

En explicitant le projecteur orthogonal *via* la formule $\perp_{\boldsymbol{u}} = \text{Id} + \langle \underline{\boldsymbol{u}}, . \rangle \, \vec{\boldsymbol{u}}$ (Éq. (3.13)), on peut écrire

$$\boxed{(\varepsilon + p)\underline{\boldsymbol{a}} = -\boldsymbol{\nabla} p - (\boldsymbol{\nabla}_{\vec{\boldsymbol{u}}}\, p)\underline{\boldsymbol{u}} + \mathscr{F}_{\text{ext}} + \langle \mathscr{F}_{\text{ext}}, \vec{\boldsymbol{u}} \rangle \, \underline{\boldsymbol{u}}}. \tag{21.49}$$

Cette équation est clairement de la forme « $m\underline{\boldsymbol{a}} = \boldsymbol{F}$ ». Elle est parfois appelée *équation d'Euler relativiste* (*cf.* par exemple [294] ou [86]), mais nous réserverons cette appellation à l'équation qui fait intervenir la vitesse du fluide par rapport à un observateur (Éq. (21.55) plus bas) et non la 4-vitesse comme dans (21.49). Nous appellerons donc (21.49) l'***équation d'Euler quadridimensionnelle***.

Note historique : *Les Éqs. (21.41) et (21.49), qui régissent la dynamique du fluide parfait, semblent avoir été écrites pour la première fois en 1924 par Luther P. Eisenhart*[4] *[145] (dans le cas $\mathscr{F}_{\text{ext}} = 0$). On les retrouve dans le premier exposé synthétique consacré à l'hydrodynamique relativiste publié en 1937 par John L. Synge* (cf. *p. 77) [398]. La loi de conservation de l'entropie pour un fluide parfait simple et isolé (Éq. (21.48)) a été obtenue en 1954 par Abraham H. Taub*[5] *[404].*

21.3.4 Évolution de l'énergie relative à un observateur

Décomposons à présent l'équation de conservation de l'énergie-impulsion (21.39) orthogonalement vis-à-vis d'un observateur inertiel quelconque $\mathcal{O}$, de 4-vitesse $\vec{\boldsymbol{u}}_0$. Le membre de droite de (21.39), la densité de 4-force externe, se décompose orthogonalement entre une densité de puissance externe P_{ext} et une densité de force externe $\boldsymbol{F}_{\text{ext}}$ suivant

$$\mathscr{F}_{\text{ext}} = \frac{P_{\text{ext}}}{c}\, \underline{\boldsymbol{u}}_0 + \boldsymbol{F}_{\text{ext}} \qquad \text{avec} \quad \langle \boldsymbol{F}_{\text{ext}}, \vec{\boldsymbol{u}}_0 \rangle = 0. \tag{21.50}$$

Nous avons vu au § 19.2.4 que la projection orthogonale sur $\vec{\boldsymbol{u}}_0$ de l'équation $\vec{\boldsymbol{\nabla}} \cdot \boldsymbol{T} = \mathscr{F}_{\text{ext}}$ conduit à l'équation d'évolution suivante pour la densité d'énergie E mesurée par l'observateur $\mathcal{O}$ (Éq. (19.34)) :

$$\frac{\partial E}{\partial t} + c^2 \vec{\boldsymbol{\nabla}} \cdot \boldsymbol{\varpi} = P_{\text{ext}}. \tag{21.51}$$

4. **Luther P. Eisenhart** (1876–1965) : Mathématicien américain, connu pour ses travaux en géométrie différentielle.

5. **Abraham H. Taub** (1911–1999) : Mathématicien et physicien américain, auteur de nombreux travaux en relativité, et plus particulièrement en hydrodynamique relativiste, ainsi qu'en géométrie différentielle.

Dans le cas du fluide parfait, la densité d'impulsion $\boldsymbol{\varpi}$ s'exprime selon (21.8) : $\boldsymbol{\varpi} = c^{-2}(E+p)\underline{\boldsymbol{V}}$, où $\vec{\boldsymbol{V}}$ désigne la vitesse du fluide par rapport à $\mathscr{O}$. On obtient donc

$$\boxed{\frac{\partial E}{\partial t} + \boldsymbol{\nabla}\cdot[(E+p)\vec{\boldsymbol{V}}] = P_{\rm ext}}. \tag{21.52}$$

En terme des composantes par rapport aux coordonnées inertielles $(x^\alpha) = (ct, x^i)$ associées à $\mathscr{O}$, cette relation s'écrit

$$\frac{\partial E}{\partial t} + \frac{\partial}{\partial x^i}[(E+p)V^i] = P_{\rm ext}. \tag{21.53}$$

Remarque : Tout comme pour l'équation de conservation du nombre baryonique (Éq. (21.37)), l'Éq. (21.52) ne comporte pas de terme explicitement relativiste (facteur de Lorentz, etc.) et est identique à l'équation correspondante de l'hydrodynamique newtonienne (*cf.* par exemple [191, 350]).

21.3.5 Équation d'Euler relativiste

La projection de l'équation $\vec{\boldsymbol{\nabla}}\cdot\boldsymbol{T} = \mathscr{F}_{\rm ext}$ sur l'espace de repos de l'observateur $\mathscr{O}$ conduit à l'Éq. (19.35) de conservation de l'impulsion :

$$\frac{\partial \boldsymbol{\varpi}}{\partial t} + \vec{\boldsymbol{\nabla}}\cdot\boldsymbol{S} = \boldsymbol{F}_{\rm ext}. \tag{21.54}$$

En y reportant les valeurs de $\boldsymbol{\varpi}$ et $\boldsymbol{S}$ correspondant à un fluide parfait (Éqs. (21.8) et (21.10)), il vient

$$\frac{1}{c^2}\frac{\partial}{\partial t}[(E+p)\underline{\boldsymbol{V}}] + \vec{\boldsymbol{\nabla}}\cdot\left[p\,(\boldsymbol{g}+\underline{\boldsymbol{u}}_0\otimes\underline{\boldsymbol{u}}_0) + c^{-2}(E+p)\,\underline{\boldsymbol{V}}\otimes\underline{\boldsymbol{V}}\right] = \boldsymbol{F}_{\rm ext}.$$

Développons cette expression, en tenant compte de $\boldsymbol{\nabla}\boldsymbol{g} = 0$ et $\boldsymbol{\nabla}\underline{\boldsymbol{u}}_0 = 0$ ($\mathscr{O}$ est inertiel) et en utilisant l'Éq. (21.52) pour remplacer le terme $\partial E/\partial t + \vec{\boldsymbol{\nabla}}\cdot[(E+p)\underline{\boldsymbol{V}}]$. En passant au dual métrique, on obtient alors

$$\boxed{\frac{\partial\vec{\boldsymbol{V}}}{\partial t} + \boldsymbol{\nabla}_{\vec{\boldsymbol{V}}}\vec{\boldsymbol{V}} = -\frac{c^2}{(E+p)}\left[\vec{\boldsymbol{\nabla}}_{\perp_{u_0}}p + \frac{1}{c^2}\left(\frac{\partial p}{\partial t} + P_{\rm ext}\right)\vec{\boldsymbol{V}}\right] + \frac{c^2}{E+p}\vec{\boldsymbol{F}}_{\rm ext}}, \tag{21.55}$$

où $\vec{\boldsymbol{\nabla}}_{\perp_{u_0}}$ désigne l'opérateur gradient purement spatial vis-à-vis de $\mathscr{O}$ introduit au § 18.4.2 (Éq. (18.63)). La composante $\alpha = 0$ de (21.55) dans le référentiel de $\mathscr{O}$ est identiquement nulle (en raison de $V^0 = 0$, $F^0_{\rm ext} = 0$ et de l'expression (18.64) des composantes de $\vec{\boldsymbol{\nabla}}_{\perp_{u_0}}$) ; les trois composantes spatiales sont quant à elles

$$\frac{\partial V^i}{\partial t} + V^j\frac{\partial V^i}{\partial x^j} = -\frac{c^2}{(E+p)}\left[\frac{\partial p}{\partial x^i} + \frac{1}{c^2}\left(\frac{\partial p}{\partial t} + P_{\rm ext}\right)V^i\right] + \frac{c^2 F^i_{\rm ext}}{E+p}. \tag{21.56}$$

L'Éq. (21.55) est la version relativiste de l'***équation d'Euler*** qui gouverne la dynamique des fluides parfaits. Considérons en effet la limite non-relativiste de (21.55). Pour cela, en plus des habituels $\Gamma \to 1$, $\vec{\boldsymbol{V}}/c \to 0$, il faut faire les hypothèses suivantes :

$$\boxed{\frac{|\varepsilon_{\rm int}|}{c^2} \ll \rho}_{\text{non rel.}} \quad \text{et} \quad \boxed{\frac{p}{c^2} \ll \rho}_{\text{non rel.}}, \tag{21.57}$$

où ρ est la densité de masse et $\varepsilon_{\rm int}$ l'énergie interne, toutes deux introduites au § 21.1.4. Ces propriétés traduisent notamment le fait qu'au niveau microscopique, les particules ne sont pas animées de vitesses relativistes.

Exemple : Dans le cas de l'eau à pression ambiante : $p = 1$ atm $\simeq 10^5$ Pa, si bien que $p/c^2 \simeq 10^{-12}$ kg.m^{-3}, ce qui est complètement négligeable par rapport à la masse volumique $\rho = 10^3$ kg.m^{-3}.

La limite non-relativiste (21.57), jointe aux Éqs. (21.6) et (21.17), conduit à

$$\frac{c^2}{E+p} = \frac{c^2}{\Gamma^2(\varepsilon+p)} = \frac{1}{\Gamma^2\left(\rho + \frac{\varepsilon_{\rm int}+p}{c^2}\right)} \simeq \frac{1}{\rho}, \tag{21.58}$$

de sorte que la limite non-relativiste de (21.56) est

$$\frac{\partial V^i}{\partial t} + V^j \frac{\partial V^i}{\partial x^j} = -\frac{1}{\rho}\frac{\partial p}{\partial x^i} + \frac{F^i_{\rm ext}}{\rho}. \tag{21.59}$$

On reconnaît l'équation d'Euler classique (*cf.* par exemple [191] ou [350]).

21.3.6 L'hydrodynamique relativiste comme un système de lois de conservation

Plaçons-nous dans le cas d'un fluide isolé : $\mathscr{F}_{\rm ext} = 0$. En regroupant les équations de conservation du nombre baryonique, de l'énergie et de l'impulsion écrites vis-à-vis d'un observateur inertiel $\mathcal{O}$, c'est-à-dire les équations (21.37), (21.52) et (21.54) (où l'on reporte la valeur (21.10) de $\boldsymbol{S}$), on obtient le système

$$\begin{cases} \dfrac{\partial N}{\partial t} + \dfrac{\partial}{\partial x^j}(NV^j) = 0 \\ \dfrac{\partial E}{\partial t} + \dfrac{\partial}{\partial x^j}[(E+p)V^j] = 0 \\ \dfrac{\partial \varpi_i}{\partial t} + \dfrac{\partial}{\partial x^j}\left(p\delta^j_{\ i} + \varpi_i V^j\right) = 0. \end{cases} \tag{21.60}$$

Il s'agit d'un système de lois de conservation, qui peut être mis sous la forme condensée suivante :

$$\boxed{\frac{\partial U_A}{\partial t} + \frac{\partial}{\partial x^j} F^j_A = 0}, \tag{21.61}$$

où $A \in \{1,2,3,4,5\}$. Les U_A sont les composantes d'un *vecteur d'état* dans $\mathbb{R}^5$: $U_A = (N, E, \varpi_1, \varpi_2, \varpi_3)$ et les ***fonctions flux*** F^j_A sont $F^j_A = (NV^j,\ (E+p)V^j,\ p\delta^j{}_1 + \varpi_1 V^j,\ p\delta^j{}_2 + \varpi_2 V^j,\ p\delta^j{}_3 + \varpi_3 V^j)$. Le système est fermé par les relations

$$V^i = \frac{c^2\varpi_i}{E+p},\ \Gamma = (1-\delta_{ij}V^iV^j)^{-1/2},\ \varepsilon = \Gamma^{-2}(E+p)-p,\ n = \Gamma^{-1}N, \tag{21.62}$$

$$p = p(n,\varepsilon). \tag{21.63}$$

Les Éqs. (21.62) se déduisent de (21.8), (21.6) et (21.32). Pour (21.63), on suppose que l'on a affaire à un fluide simple et que l'on peut inverser l'équation d'état (21.25) afin d'exprimer s en fonction de n et ε, de sorte que p peut s'écrire comme une fonction de (n,ε).

Le système (21.61) a la même structure que celui de l'hydrodynamique non-relativiste. On peut montrer que si l'équation d'état est causale[6], le système (21.61) est de type ***hyperbolique*** [17, 273], c'est-à-dire que chacune des trois matrices jacobiennes $J^j_{AB} = \partial F^j_A / \partial U_B$ $(1 \le j \le 3)$ n'a que des valeurs propres réelles et est diagonalisable. On peut alors appliquer des méthodes standard pour résoudre numériquement le système, les plus performantes étant les méthodes à *haute résolution et capture de chocs* [164, 272].

21.3.7 Vitesse du son

Les équations écrites plus haut permettent d'obtenir facilement la vitesse du son dans un fluide relativiste. Considérons en effet un fluide homogène, c'est-à-dire tel que ε, p et $\vec{u}$ sont des champs constants sur $\mathscr{E}$ (ou du moins sur la partie de $\mathscr{E}$ où est localisé le fluide). $\vec{u}$ étant constant, on peut choisir un observateur comobile $\mathcal{O}$ qui soit inertiel. Puisque le fluide est immobile par rapport à $\mathcal{O}$, on a $E = \varepsilon$, $\Gamma = 1$ et $\vec{V} = 0$. Supposons qu'à l'instant $t = 0$ de $\mathcal{O}$, le fluide est soumis à une petite perturbation $n \to n + \delta n$, $0 \to \delta\vec{V}$, etc. Nous supposerons la perturbation adiabatique, de sorte que $\delta S = 0$. Le développement des équations (21.48), (21.52) et (21.55) au premier ordre dans les perturbations conduit au système

$$\frac{\partial \delta\varepsilon}{\partial t} + (\varepsilon+p)\frac{\partial \delta V^i}{\partial x^i} = 0 \tag{21.64}$$

$$(\varepsilon+p)\frac{\partial \delta V^i}{\partial t} = -c^2\frac{\partial \delta p}{\partial x^i}. \tag{21.65}$$

Dans (21.65), on peut écrire, en supposant que l'équation d'état est donnée sous la forme $p = p(\varepsilon, S)$,

$$\delta p = \left(\frac{\partial p}{\partial \varepsilon}\right)_S \delta\varepsilon + \left(\frac{\partial p}{\partial S}\right)_\varepsilon \underbrace{\delta S}_{0} = \left(\frac{\partial p}{\partial \varepsilon}\right)_S \delta\varepsilon. \tag{21.66}$$

6. Vitesse du son inférieure à c.

On met ainsi (21.65) sous la forme

$$(\varepsilon + p)\frac{\partial \delta V^i}{\partial t} = -c_{\mathrm{s}}^2 \frac{\partial \delta\varepsilon}{\partial x^i}, \tag{21.67}$$

où

$$\boxed{c_{\mathrm{s}} := c\sqrt{\left(\frac{\partial p}{\partial \varepsilon}\right)_S}}. \tag{21.68}$$

En prenant la dérivée temporelle de (21.64) et la divergence de (21.67), et en utilisant le caractère constant de ε et p, on forme une équation qui ne contient que $\delta\varepsilon$:

$$-\frac{1}{c_{\mathrm{s}}^2}\frac{\partial^2 \delta\varepsilon}{\partial t^2} + \sum_{i=1}^{3} \frac{\partial^2 \delta\varepsilon}{\partial x^{i2}} = 0. \tag{21.69}$$

On reconnaît une équation d'onde, de vitesse de propagation c_{s} (comparer avec (18.74) et (18.56)). D'après (21.66), la surpression δp se propage à la même vitesse que $\delta\varepsilon$. Pour cette raison, on appelle c_{s} ***vitesse du son***. À la limite non relativiste, $\varepsilon \simeq \rho c^2$ (*cf.* (21.17) et (21.57)), et (21.68) redonne bien l'expression classique (*cf.* par exemple § 5.2 de [350])

$$c_{\mathrm{s}} = \sqrt{\left(\frac{\partial p}{\partial \rho}\right)_S} \qquad \text{(non relativiste).} \tag{21.70}$$

21.4 Formulation basée sur le calcul extérieur

Nous allons à présent exposer une formulation de l'hydrodynamique relativiste alternative à celle présentée ci-dessus. Elle est basée sur les formes différentielles introduites au § 15.4 et dont nous avons déjà vu la grande utilité dans le calcul intégral (Chap. 16) et l'électromagnétisme (Chap. 18). Cette formulation présente l'avantage de conduire simplement aux versions relativistes des lois de conservation classiques du type théorème de Bernoulli ou théorème de Kelvin.

Dans toute cette partie, nous supposerons que le fluide n'est soumis à aucune force extérieure :

$$\mathscr{F}_{\mathrm{ext}} = 0. \tag{21.71}$$

21.4.1 Équation du mouvement

Le point de départ est l'équation d'Euler quadridimensionnelle (21.49) dans laquelle nous faisons $\mathscr{F}_{\mathrm{ext}} = 0$:

$$(\varepsilon + p)\underline{\boldsymbol{a}} = -\boldsymbol{\nabla} p - (\boldsymbol{\nabla}_{\vec{u}}\, p)\underline{\boldsymbol{u}}. \tag{21.72}$$

Nous allons faire appel à la ***relation de Gibbs-Duhem***, que l'on obtient en différenciant l'identité thermodynamique (21.23) et en remplaçant $d\varepsilon$ par (21.19) :

$$\boxed{dp = s\,dT + \sum_{a=1}^{N} n_a d\mu_a}. \qquad (21.73)$$

On peut ainsi exprimer $\boldsymbol{\nabla} p$ en fonction de $\boldsymbol{\nabla} T$ et $\boldsymbol{\nabla}\mu_a$. En utilisant (21.23) pour remplacer $\varepsilon + p$, (21.72) se met alors sous la forme

$$\left(Ts + \sum_{a=1}^{N} \mu_a n_a\right)\underline{\boldsymbol{a}} = -s\boldsymbol{\nabla} T - \sum_{a=1}^{N} n_a \boldsymbol{\nabla}\mu_a - \left(s\boldsymbol{\nabla}_{\vec{\boldsymbol{u}}} T + \sum_{a=1}^{N} n_a \boldsymbol{\nabla}_{\vec{\boldsymbol{u}}}\,\mu_a\right)\underline{\boldsymbol{u}}.$$

Écrivons $\underline{\boldsymbol{a}} = \boldsymbol{\nabla}_{\vec{\boldsymbol{u}}}\,\underline{\boldsymbol{u}}$ et regroupons les termes, pour obtenir

$$s\left[\boldsymbol{\nabla}_{\vec{\boldsymbol{u}}}(T\underline{\boldsymbol{u}}) + \boldsymbol{\nabla} T\right] + \sum_{a=1}^{N} n_a \left[\boldsymbol{\nabla}_{\vec{\boldsymbol{u}}}(\mu_a\underline{\boldsymbol{u}}) + \boldsymbol{\nabla}\mu_a\right] = 0. \qquad (21.74)$$

Or la 1-forme $\boldsymbol{\nabla}_{\vec{\boldsymbol{u}}}(T\underline{\boldsymbol{u}}) + \boldsymbol{\nabla} T$ peut s'écrire comme $\mathbf{d}(T\underline{\boldsymbol{u}})(\vec{\boldsymbol{u}}, .)$, c'est-à-dire la 2-forme $\mathbf{d}(T\underline{\boldsymbol{u}})$, dérivée extérieure de $T\underline{\boldsymbol{u}}$, avec comme premier argument le vecteur $\vec{\boldsymbol{u}}$. En effet les composantes de cette dernière sont, d'après (15.64),

$$\begin{aligned}
[\mathbf{d}(T\underline{\boldsymbol{u}})(\vec{\boldsymbol{u}}, .)]_\alpha &= [\nabla_\mu(Tu_\alpha) - \nabla_\alpha(Tu_\mu)]u^\mu \\
&= u^\mu\nabla_\mu(Tu_\alpha) - \nabla_\alpha(T\underbrace{u_\mu u^\mu}_{-1}) + T\underbrace{u_\mu\nabla_\alpha u^\mu}_{0} \\
&= u^\mu\nabla_\mu(Tu_\alpha) + \nabla_\alpha T,
\end{aligned}$$

où $u_\mu\nabla_\alpha u^\mu = 0$ résulte du gradient de la relation $u_\mu u^\mu = -1$. On a donc bien

$$\boldsymbol{\nabla}_{\vec{\boldsymbol{u}}}(T\underline{\boldsymbol{u}}) + \boldsymbol{\nabla} T = \mathbf{d}(T\underline{\boldsymbol{u}})(\vec{\boldsymbol{u}}, .),$$

ainsi qu'évidemment la relation similaire pour le terme avec μ_a :

$$\boldsymbol{\nabla}_{\vec{\boldsymbol{u}}}(\mu_a\underline{\boldsymbol{u}}) + \boldsymbol{\nabla}\mu_a = \mathbf{d}(\mu_a\underline{\boldsymbol{u}})(\vec{\boldsymbol{u}}, .),$$

En reportant ces expressions dans (21.74), on obtient

$$\boxed{\left[\sum_{a=1}^{N} n_a\,\mathbf{d}(\mu_a\underline{\boldsymbol{u}}) + s\,\mathbf{d}(T\underline{\boldsymbol{u}})\right](\vec{\boldsymbol{u}}, .) = 0}. \qquad (21.75)$$

Cette équation est équivalente à l'équation d'Euler quadridimensionnelle (21.72).

21.4.2 Vorticité d'un fluide simple

Dans toute la suite, nous ne considérerons qu'un fluide simple (*cf.* § 21.1.4). La somme sur a dans (21.75) se réduit alors à un seul terme (les baryons), de sorte que l'on peut réécrire cette équation comme

$$[\mathbf{d}(\mu\underline{\boldsymbol{u}}) + S\,\mathbf{d}(T\underline{\boldsymbol{u}})](\vec{\boldsymbol{u}}, .) = 0, \tag{21.76}$$

où n est la densité propre baryonique, μ le potentiel chimique des baryons et $S = s/n$ l'entropie par baryon (*cf.* Éq. (21.47)). Au vu de l'Éq. (21.76), introduisons la 1-forme $\boldsymbol{\pi}$ et la 2-forme $\boldsymbol{\Omega}$ par

$$\boxed{\boldsymbol{\pi} := (\mu + TS)\underline{\boldsymbol{u}}} \qquad \text{et} \qquad \boxed{\boldsymbol{\Omega} := \mathbf{d}\boldsymbol{\pi}}. \tag{21.77}$$

$\boldsymbol{\pi}$ est appelée ***1-forme d'impulsion fluide*** et $\boldsymbol{\Omega}$ la ***2-forme de vorticité*** du fluide. D'après la relation thermodynamique (21.24), on a

$$\boxed{\mu + TS = \frac{\varepsilon + p}{n} =: h}, \tag{21.78}$$

où h est l'***enthalpie par baryon***. On peut donc écrire

$$\boxed{\boldsymbol{\pi} = h\,\underline{\boldsymbol{u}}} \qquad \text{et} \qquad \boxed{\boldsymbol{\Omega} = \mathbf{d}(h\,\underline{\boldsymbol{u}})}. \tag{21.79}$$

Les composantes de $\boldsymbol{\pi}$ et $\boldsymbol{\Omega}$ sont respectivement $\pi_\alpha = hu_\alpha$ et (*cf.* Éq. (15.64) et (15.69))

$$\Omega_{\alpha\beta} = \nabla_\alpha(hu_\beta) - \nabla_\beta(hu_\alpha) = \frac{\partial}{\partial x^\alpha}(hu_\beta) - \frac{\partial}{\partial x^\beta}(hu_\alpha). \tag{21.80}$$

Le nom *vorticité* donné à $\boldsymbol{\Omega}$ vient de sa relation au ***vecteur vorticité cinématique*** $\vec{\boldsymbol{\omega}}$ défini comme le rotationnel de $\vec{\boldsymbol{u}}$ dans l'espace local de repos du fluide (*cf.* Éq. (15.72)) :

$$\boxed{\vec{\boldsymbol{\omega}} := \boldsymbol{\nabla}\!\times_{\boldsymbol{u}} \vec{\boldsymbol{u}}}, \qquad \underline{\boldsymbol{\omega}} := \star\mathbf{d}\underline{\boldsymbol{u}}(\vec{\boldsymbol{u}}, .). \tag{21.81}$$

La relation entre la 2-forme de vorticité $\boldsymbol{\Omega}$ et le vecteur $\vec{\boldsymbol{\omega}}$ s'effectue par dualité de Hodge. En effet, le développement de (21.79) donne $\boldsymbol{\Omega} = h\mathbf{d}\underline{\boldsymbol{u}} + \mathbf{d}h \wedge \underline{\boldsymbol{u}}$, dont le dual de Hodge est (on utilise l'identité (14.94)) :

$$\star\boldsymbol{\Omega} = h \star \mathbf{d}\underline{\boldsymbol{u}} + \star(\mathbf{d}h \wedge \underline{\boldsymbol{u}}) = h \star \mathbf{d}\underline{\boldsymbol{u}} + \boldsymbol{\epsilon}(\vec{\boldsymbol{\nabla}}h, \vec{\boldsymbol{u}}, ., .).$$

Puisque $\star\mathbf{d}\underline{\boldsymbol{u}}(\vec{\boldsymbol{u}}, .) = \underline{\boldsymbol{\omega}}$ et $\boldsymbol{\epsilon}(\vec{\boldsymbol{\nabla}}h, \vec{\boldsymbol{u}}, \vec{\boldsymbol{u}}, .) = 0$, on en déduit

$$\boxed{\underline{\boldsymbol{\omega}} = \frac{1}{h} \star \boldsymbol{\Omega}(\vec{\boldsymbol{u}}, .)}. \tag{21.82}$$

En comparant cette expression avec (14.98), on en conclut que la décomposition orthogonale suivant (14.95) de la 2-forme de vorticité vis-à-vis du vecteur $\vec{\boldsymbol{u}}$ s'écrit

$$\boldsymbol{\Omega} = \underline{\boldsymbol{u}} \wedge \boldsymbol{q} + h\,\boldsymbol{\epsilon}(\vec{\boldsymbol{u}}, \vec{\boldsymbol{\omega}}, .,.), \tag{21.83}$$

où $\boldsymbol{q}$ est une 1-forme vérifiant $\langle \boldsymbol{q}, \vec{\boldsymbol{u}} \rangle = 0$ et qui sera déterminée plus bas, à partir de l'équation du mouvement.

21.4.3 Forme canonique de l'équation du mouvement

D'après la règle de dérivation (15.78) d'un produit extérieur, appliquée au produit de la 0-forme S par la 1-forme $T\underline{\boldsymbol{u}}$, on a

$$\mathbf{d}(ST\underline{\boldsymbol{u}}) = \mathbf{d}(S \wedge T\underline{\boldsymbol{u}}) = \mathbf{d}S \wedge (T\underline{\boldsymbol{u}}) + S\,\mathbf{d}(T\underline{\boldsymbol{u}}),$$

d'où l'expression de la 2-forme qui apparaît dans (21.76) (*cf.* (21.77)) :

$$\begin{aligned} \mathbf{d}(\mu\underline{\boldsymbol{u}}) + S\,\mathbf{d}(T\underline{\boldsymbol{u}}) &= \mathbf{d}(\mu\underline{\boldsymbol{u}}) + \mathbf{d}(ST\underline{\boldsymbol{u}}) - \mathbf{d}S \wedge (T\underline{\boldsymbol{u}}) \\ &= \mathbf{d}\left[(\mu + ST)\underline{\boldsymbol{u}}\right] - T\mathbf{d}S \wedge \underline{\boldsymbol{u}} = \boldsymbol{\Omega} - T\mathbf{d}S \wedge \underline{\boldsymbol{u}}. \end{aligned}$$

L'équation du mouvement (21.76) s'écrit donc

$$\boldsymbol{\Omega}(\vec{\boldsymbol{u}}, .) - T\mathbf{d}S \wedge \underline{\boldsymbol{u}}(\vec{\boldsymbol{u}}, .) = 0. \tag{21.84}$$

Par définition du produit extérieur, le terme en facteur de T s'écrit

$$\mathbf{d}S \wedge \underline{\boldsymbol{u}}(\vec{\boldsymbol{u}}, .) = \langle \mathbf{d}S, \vec{\boldsymbol{u}} \rangle\, \underline{\boldsymbol{u}} - \langle \underline{\boldsymbol{u}}, \vec{\boldsymbol{u}} \rangle\, \mathbf{d}S = (\boldsymbol{\nabla}_{\vec{\boldsymbol{u}}}\, S)\underline{\boldsymbol{u}} + \mathbf{d}S.$$

Or nous avons vu que pour un fluide simple isolé, $\boldsymbol{\nabla}_{\vec{\boldsymbol{u}}}\, S = 0$ (Éq. (21.48)). On a donc $\mathbf{d}S \wedge \underline{\boldsymbol{u}}(\vec{\boldsymbol{u}}, .) = \mathbf{d}S$, si bien que l'équation (21.84) se réduit à

$$\boxed{\boldsymbol{\Omega}(\vec{\boldsymbol{u}}, .) = T\mathbf{d}S}. \tag{21.85}$$

Suivant B. Carter [82, 83] (*cf.* note historique plus bas), nous appellerons cette relation ***équation canonique de la dynamique des fluides relativistes***. Elle s'exprime simplement en une phrase :

> La 1-forme obtenue en fournissant la 4-vitesse du fluide comme premier argument de la 2-forme de vorticité est égale à la température fois le gradient de l'entropie par baryon.

En terme des composantes par rapport à un système de coordonnées quelconques (x^α) sur $\mathscr{E}$, elle s'écrit (*cf.* Éq. (21.80)),

$$u^\mu \left[\frac{\partial}{\partial x^\mu}(hu_\alpha) - \frac{\partial}{\partial x^\alpha}(hu_\mu) \right] = T \frac{\partial S}{\partial x^\alpha}. \tag{21.86}$$

Remarque 1 : Nous avons établi l'équation canonique (21.85) à partir de l'équation du mouvement (21.72), qui est la partie orthogonale à $\vec{u}$ de l'équation de conservation de l'énergie-impulsion $\boldsymbol{\nabla}\cdot\boldsymbol{T}=0$, en utilisant le principe de conservation du nombre baryonique et l'équation $\boldsymbol{\nabla}_{\vec{u}}S=0$ (Éq. (21.48)). Cette dernière résulte de la partie colinéaire à $\vec{u}$ de l'équation $\boldsymbol{\nabla}\cdot\boldsymbol{T}=0$ (*cf.* § 21.3.2). Or on retrouve $\boldsymbol{\nabla}_{\vec{u}}S=0$ en appliquant (21.85) au vecteur $\vec{u}$ puisque $\boldsymbol{\Omega}(\vec{u},\vec{u})=0$ par définition d'une 2-forme et $T\langle \mathbf{d}S,\vec{u}\rangle = T\boldsymbol{\nabla}_{\vec{u}}S$. Si l'on fait le bilan, on a donc l'équivalence :

$$\begin{cases}\boldsymbol{\nabla}\cdot(n\vec{u})=0\\ \boldsymbol{\nabla}\cdot\boldsymbol{T}=0\end{cases} \iff \begin{cases}\boldsymbol{\nabla}\cdot(n\vec{u})=0\\ \boldsymbol{\Omega}(\vec{u},.)=T\mathbf{d}S.\end{cases} \tag{21.87}$$

Remarque 2 : L'équation canonique (21.85) ne fait pas intervenir la dérivation covariante $\boldsymbol{\nabla}$, mais seulement la dérivation extérieure $\mathbf{d}$, *via* le gradient de S et la définition de la 2-forme de vorticité : $\boldsymbol{\Omega}=\mathbf{d}(h\underline{\boldsymbol{u}})$. Au contraire, la forme (21.72) de l'équation du mouvement fait intervenir $\boldsymbol{\nabla}$ (*via* $\underline{\boldsymbol{a}}=\boldsymbol{\nabla}_{\vec{u}}\,\underline{\boldsymbol{u}}$). Nous verrons au § 21.5 que l'équation canonique présente l'avantage sur (21.72) de conduire facilement aux lois de conservation classiques.

D'après (14.99), la 1-forme $\boldsymbol{q}$ qui apparaît dans la décomposition orthogonale (21.83) est $\boldsymbol{q}=\boldsymbol{\Omega}(.,\vec{u})=-\boldsymbol{\Omega}(\vec{u},.)$. L'équation canonique du mouvement (21.85) montre alors que $\boldsymbol{q}=-T\mathbf{d}S$, si bien que l'on peut mettre (21.83) sous la forme finale

$$\boxed{\boldsymbol{\Omega}=T\,\mathbf{d}S\wedge\underline{\boldsymbol{u}}+h\,\boldsymbol{\epsilon}(\vec{u},\vec{\omega},.,.)}. \tag{21.88}$$

Dans le cas d'un fluide barotrope, $T=0$ (*cf.* § 21.1.4) et l'équation canonique (21.85) prend une forme encore plus simple :

$$\boxed{\boldsymbol{\Omega}(\vec{u},.)=0.}_{\text{barotrope}} \tag{21.89}$$

On obtient également la même forme dans le cas d'un écoulement ***isentropique***, c'est-à-dire lorsque l'entropie par baryon est constante dans tout le fluide, en plus d'être constante le long de chaque ligne fluide, puisqu'alors $\mathbf{d}S=0$.

Note historique : *L'équation canonique (21.85) a été écrite pour la première fois en 1937 [398] par John L. Synge (cf. p. 77) dans le cas barotrope, c'est-à-dire sous la forme (21.89). Elle a été réexprimée par André Lichnerowicz*[7] *dans le langage des formes différentielles (calcul extérieur de Cartan) en 1941 [253], soulignant l'indépendance vis-à-vis de la dérivation covariante. La 2-forme de vorticité* $\boldsymbol{\Omega}$ *est mise en exergue dans le traité de relativité de Lichnerowicz [254] paru en 1955, où elle est qualifiée de* tenseur tourbillon. *La forme générale (21.85) de l'équation canonique de la dynamique*

7. **André Lichnerowicz** (1915–1998) : Mathématicien français, auteur de nombreux travaux en relativité générale et en hydrodynamique et magnéto-hydrodynamique relativistes.

des fluides a été obtenue en 1959 par Abraham H. Taub (cf. *p. 670) [405] et figure en bonne place dans le traité d'hydrodynamique relativiste publié en 1967 par André Lichnerowicz [255]. En 1979 [82], Brandon Carter*[8] *a montré que l'équation (21.85) pouvait être considérée comme une équation canonique de Hamilton, sous la forme « $\dot{\vec{\pi}} = -\nabla H$ »* (cf. *Éq. (11.96)), avec comme hamiltonien $H(x^\alpha, \pi_\alpha) = 1/(2T)\,(g^{\alpha\beta}\pi_\alpha\pi_\beta/h + h) + S$, la valeur numérique de ce dernier étant $H = -S$ puisque $\vec{\pi}\cdot\vec{\pi} = -h^2$. Dans le cas d'un fluide à plusieurs composantes, l'équation du mouvement (21.75) a été dérivée en 1989 par Brandon Carter [83] et appelée par lui* formulation standard *de la dynamique des fluides parfaits relativistes.*

21.4.4 Limite non-relativiste : équation de Crocco

Pour prendre la limite non-relativiste de l'équation canonique (21.85), introduisons l'***enthalpie interne spécifique***

$$H := \frac{\varepsilon_{\rm int} + p}{m_{\rm b} n}, \tag{21.90}$$

où $m_{\rm b}$ est la masse baryonique : $m_{\rm b} = 1.66 \times 10^{-27}$ kg. H diffère de l'enthalpie par baryon h parce qu'elle ne prend pas en compte l'énergie de masse et qu'elle est une quantité par unité de masse (d'où le qualificatif de *spécifique*) et non par baryon. La relation entre H et h s'obtient en combinant (21.78) et (21.16) :

$$h = m_{\rm b} c^2 \left(1 + \frac{H}{c^2}\right)\cdot \tag{21.91}$$

D'après (21.57), la limite non-relativiste correspond à $H/c^2 \ll 1$. Considérons un observateur inertiel $\mathcal{O}$ et désignons par $(x^0) = (ct, x^1, x^2, x^3)$ les coordonnées associées. Les composantes de la 4-vitesse du fluide sont de la forme $u^\alpha = (\Gamma, \Gamma V^i/c)$ où Γ et V^i sont respectivement le facteur de Lorentz et les composantes de la vitesse du fluide par rapport à $\mathcal{O}$. À la limite faiblement relativiste,

$$u^\alpha \simeq \left(1 + \frac{V^2}{2c^2}, \frac{V^i}{c}\right) \quad \text{et} \quad u_\alpha \simeq \left(-1 - \frac{V^2}{2c^2}, \frac{V^i}{c}\right)\cdot \tag{21.92}$$

Reportons alors (21.91) et (21.92) dans l'équation canonique (21.86) : la composante $\alpha = i$ devient, après division par $m_{\rm b}$,

$$u^0 \left\{ \frac{1}{c}\frac{\partial}{\partial t}\left[(c^2 + H)\frac{V^i}{c}\right] - \frac{\partial}{\partial x^i}\left[-(c^2+H)\left(1 + \frac{V^2}{2c^2}\right)\right]\right\}$$
$$+ \frac{V^j}{c}\left\{\frac{\partial}{\partial x^j}\left[(c^2+H)\frac{V^i}{c}\right] - \frac{\partial}{\partial x^i}\left[(c^2+H)\frac{V^j}{c}\right]\right\} = \frac{T}{m_{\rm b}}\frac{\partial S}{\partial x^i}.$$

8. **Brandon Carter** : Physicien britannique né en 1942 et travaillant à l'Observatoire de Paris ; spécialiste des trous noirs et de cosmologie, il est également connu pour avoir formulé le principe anthropique.

À la limite non-relativiste, on peut faire $u^0 \simeq 1$ et négliger les termes en H/c^2 de cette équation. Il vient alors

$$\frac{\partial V^i}{\partial t} + \frac{\partial}{\partial x^i}\left(H + \frac{V^2}{2}\right) + V^j\left(\frac{\partial V^i}{\partial x^j} - \frac{\partial V^j}{\partial x^i}\right) = T\frac{\partial \bar{S}}{\partial x^i}, \tag{21.93}$$

où l'on a introduit l'entropie spécifique $\bar{S} := S/m_{\rm b}$. On peut voir dans le dernier terme du membre de gauche les composantes du produit vectoriel du rotationnel de $\vec{\boldsymbol{V}}$ par $\vec{\boldsymbol{V}}$ (*cf.* Éq. (15.72))

$$V^j\left(\frac{\partial V^i}{\partial x^j} - \frac{\partial V^j}{\partial x^i}\right) = \left[(\boldsymbol{\nabla}\times_{\boldsymbol{u}_0}\vec{\boldsymbol{V}})\times_{\boldsymbol{u}_0}\vec{\boldsymbol{V}}\right]_i .$$

L'équation (21.93) s'écrit donc

$$\frac{\partial \vec{\boldsymbol{V}}}{\partial t} + \vec{\boldsymbol{\nabla}}\left(H + \frac{V^2}{2}\right) + (\boldsymbol{\nabla}\times_{\boldsymbol{u}_0}\vec{\boldsymbol{V}})\times_{\boldsymbol{u}_0}\vec{\boldsymbol{V}} = T\vec{\boldsymbol{\nabla}}\bar{S}. \tag{21.94}$$

Cette relation, qui constitue la limite non-relativiste de l'équation canonique de la dynamique des fluides, est connue en hydrodynamique classique sous le nom d'***équation de Crocco***, ou encore ***théorème de Crocco*** [350] (du nom de l'ingénieur italien Liugi Crocco (1909–1986)). L'équation de Crocco n'est bien entendu qu'une réécriture de l'équation d'Euler classique (Éq. (21.59) avec $F^i_{\rm ext} = 0$).

21.5 Lois de conservation

Nous allons à présent exploiter la puissance de la formulation présentée au § 21.4 pour établir des lois de conservation qui généralisent au cas relativiste des lois bien connues de l'hydrodynamique classique. Dans toute cette partie, nous ne considérerons que des fluides simples, au sens défini au § 21.1.4, à savoir des fluides dont l'équation d'état ne dépend que de la densité propre d'entropie et de la densité propre baryonique : $\varepsilon = \varepsilon(s, n)$. L'équation canonique (21.85) est alors applicable et, en conjonction avec les lois de conservation du nombre baryonique (21.34) et de l'entropie (21.46), régit complètement le mouvement du fluide.

21.5.1 Théorème de Bernoulli

On dit qu'un écoulement fluide est ***stationnaire*** par rapport à un observateur inertiel $\mathcal{O}$ ssi toutes les grandeurs fluides mesurées par $\mathcal{O}$ sont indépendantes du temps propre t de $\mathcal{O}$.

Si l'on fixe le second argument de la 2-forme de vorticité $\boldsymbol{\Omega}$ à la 4-vitesse $\vec{\boldsymbol{u}}_0$ de $\mathcal{O}$, on obtient une 1-forme : $\boldsymbol{\Omega}(., \vec{\boldsymbol{u}}_0)$. Évaluons ses composantes par rapport aux coordonnées inertielles $(x^\alpha) = (ct, x^1, x^2, x^3)$ associées à $\mathcal{O}$. En utilisant le fait que $\boldsymbol{\Omega}$ est la dérivée extérieure de la 1-forme d'impulsion fluide $\boldsymbol{\pi}$, il vient

$$[\boldsymbol{\Omega}(.,\vec{\boldsymbol{u}}_0)]_\alpha = \left(\frac{\partial \pi_\beta}{\partial x^\alpha} - \frac{\partial \pi_\alpha}{\partial x^\beta}\right) u_0^\beta = \frac{\partial}{\partial x^\alpha}(\pi_\beta u_0^\beta) - \pi_\beta \frac{\partial u_0^\beta}{\partial x^\alpha} - u_0^\beta \frac{\partial \pi_\alpha}{\partial x^\beta}.$$

Or par définition des coordonnées (x^α), $u_0^\beta = (1, 0, 0, 0)$. On a donc

$$[\boldsymbol{\Omega}(.,\vec{\boldsymbol{u}}_0)]_\alpha = \frac{\partial}{\partial x^\alpha}(\pi_\beta u_0^\beta) - \frac{\partial \pi_\alpha}{\partial x^0}.$$

Si l'on suppose le mouvement stationnaire, $\partial\pi_\alpha/\partial x^0 = c^{-1}\partial\pi_\alpha/\partial t = 0$ et la relation ci-dessus donne

$$\boldsymbol{\Omega}(.,\vec{\boldsymbol{u}}_0) = \boldsymbol{\nabla}\langle\boldsymbol{\pi}, \vec{\boldsymbol{u}}_0\rangle. \tag{21.95}$$

En particulier, $\boldsymbol{\Omega}(\vec{\boldsymbol{u}}, \vec{\boldsymbol{u}}_0) = \boldsymbol{\nabla}_{\vec{\boldsymbol{u}}}\langle\boldsymbol{\pi}, \vec{\boldsymbol{u}}_0\rangle$. L'équation canonique (21.85) permet alors d'écrire

$$T\langle\mathbf{d}S, \vec{\boldsymbol{u}}_0\rangle = \boldsymbol{\nabla}_{\vec{\boldsymbol{u}}}\langle\boldsymbol{\pi}, \vec{\boldsymbol{u}}_0\rangle.$$

Or, si le mouvement est stationnaire,

$$\langle\mathbf{d}S, \vec{\boldsymbol{u}}_0\rangle = \boldsymbol{\nabla}_{\vec{\boldsymbol{u}}_0} S = u_0^\alpha \frac{\partial S}{\partial x^\alpha} = \frac{1}{c}\frac{\partial S}{\partial t} = 0.$$

Au final, on obtient donc

$$\boxed{\boldsymbol{\nabla}_{\vec{\boldsymbol{u}}}\langle\boldsymbol{\pi}, \vec{\boldsymbol{u}}_0\rangle = 0}. \tag{21.96}$$

Cette équation constitue le :

> **Théorème de Bernoulli relativiste :** dans un écoulement stationnaire par rapport à un observateur inertiel $\mathcal{O}$ de 4-vitesse $\vec{\boldsymbol{u}}_0$, le scalaire $\langle\boldsymbol{\pi}, \vec{\boldsymbol{u}}_0\rangle$ est conservé le long d'une ligne de fluide. Il a pour expression
>
> $$\langle\boldsymbol{\pi}, \vec{\boldsymbol{u}}_0\rangle = h\vec{\boldsymbol{u}} \cdot \vec{\boldsymbol{u}}_0 = -\Gamma h, \tag{21.97}$$
>
> où $\Gamma = -\vec{\boldsymbol{u}} \cdot \vec{\boldsymbol{u}}_0$ est le facteur de Lorentz du fluide par rapport à $\mathcal{O}$.

Montrons qu'il s'agit bien là de la généralisation relativiste du théorème de Bernoulli classique. Compte tenu de (21.97) et de la décomposition (21.7) de $\vec{\boldsymbol{u}}$ en terme de Γ et de la vitesse $\vec{\boldsymbol{V}}$ du fluide par rapport à $\mathcal{O}$, l'Éq. (21.96) se met sous la forme

$$\underbrace{\boldsymbol{\nabla}_{\vec{\boldsymbol{u}}_0}(\Gamma h)}_{0} + \frac{1}{c}\boldsymbol{\nabla}_{\vec{\boldsymbol{V}}}(\Gamma h) = 0,$$

l'annulation du premier terme résultant de l'hypothèse de stationnarité. En introduisant l'enthalpie interne spécifique H *via* (21.91) et en écrivant $\Gamma \simeq 1 + V^2/2$, on obtient la limite non-relativiste de (21.96) :

$$\vec{V} \cdot \vec{\nabla} \left(H + \frac{V^2}{2} \right) = 0. \tag{21.98}$$

On reconnaît le théorème de Bernoulli classique : la somme de l'enthalpie et de l'énergie cinétique, toutes deux par unité de masse, est constante le long des lignes de courant (*cf.* par exemple [350]).

Note historique : *Le théorème de Bernoulli relativiste (21.96) a été dérivé en 1937 par John L. Synge* (cf. *p. 77) [398], à partir de l'équation du mouvement « eulérienne » (21.72), et par André Lichnerowicz* (cf. *p. 678) en 1940 à partir de l'équation canonique (21.85) [252]. Ces deux études se limitaient au cas barotrope ; l'extension aux fluides simples quelconques a été obtenue par Abraham H. Taub* (cf. *p. 670) en 1959 [405].*

Remarque : Le théorème de Bernoulli relativiste est en fait un cas particulier du résultat général suivant : toute symétrie de l'écoulement donne lieu à une quantité conservée le long de chaque ligne de fluide, à savoir le scalaire $\langle \boldsymbol{\pi}, \vec{G} \rangle$:

$$\boldsymbol{\nabla}_{\vec{u}} \langle \boldsymbol{\pi}, \vec{G} \rangle = 0, \tag{21.99}$$

le champ vectoriel $\vec{G}$ étant le générateur de la symétrie (*cf.* § 11.2.1). Dans le cas du théorème de Bernoulli, $\vec{G} = \vec{u}_0$ et la symétrie est une translation dans le temps vis-à-vis de l'observateur inertiel $\mathcal{O}$. Un autre exemple serait celui où $\vec{G}$ est le générateur de rotations spatiales autour d'un axe (écoulement axisymétrique). La propriété (21.99) est à rapprocher du théorème de Noether exposé au § 11.2 pour une particule relativiste. En particulier, on notera l'analogie entre $\langle \boldsymbol{\pi}, \vec{G} \rangle$ et la quantité conservée (11.52) : $\langle mc\underline{\boldsymbol{u}}, \vec{G} \rangle$, vu que $mc\underline{\boldsymbol{u}}$ est la 4-impulsion de la particule, dont le rôle est tenu ici par la 1-forme d'impulsion fluide $\boldsymbol{\pi}$. Pour établir (21.99), le plus simple est d'utiliser une dérivée le long des lignes de champ de $\vec{G}$, un outil mathématique appelé *dérivée de Lie*. Nous ne le ferons pas ici et renvoyons par exemple à [182].

21.5.2 Écoulement irrotationnel

On dit qu'un fluide parfait est en ***écoulement irrotationnel*** ssi sa 2-forme de vorticité est identiquement nulle :

$$\boxed{\boldsymbol{\Omega} = 0}. \tag{21.100}$$

Cela implique la nullité du vecteur vorticité cinématique $\vec{\omega}$ défini par (21.81). Plus précisément, d'après la décomposition (21.88) de $\boldsymbol{\Omega}$, on a l'équivalence

$$(\text{écoulement irrotationnel}) \iff (\ \vec{\omega} = 0 \quad \text{et} \quad T\mathbf{d}S = 0\ ). \tag{21.101}$$

La relation $T\mathbf{d}S = 0$ signifie que $T = 0$ (fluide barotrope) ou que l'entropie par baryon S est constante dans tout le fluide (fluide isentropique).

La propriété $\boldsymbol{\Omega} = 0$ est équivalente à dire que la 1-forme d'impulsion fluide $\boldsymbol{\pi}$ est fermée : $\mathbf{d}\boldsymbol{\pi} = 0$. D'après le lemme de Poincaré (*cf.* § 15.4.3), on en déduit qu'il existe un champ scalaire Ψ tel que $\boldsymbol{\pi} = \mathbf{d}\Psi$, c'est-à-dire

$$\boxed{h\,\underline{\boldsymbol{u}} = \mathbf{d}\Psi}. \tag{21.102}$$

Le champ Ψ est appelé ***potentiel de l'écoulement***.

Remarque : La généralisation relativiste d'un écoulement irrotationnel n'est donc pas $\underline{\boldsymbol{u}} = \mathbf{d}\Psi$, comme on aurait pu le croire naïvement, étant donnée la relation $\underline{\boldsymbol{V}} = \mathbf{d}\Psi$ pour un écoulement irrotationnel newtonien. C'est en effet $\boldsymbol{\pi}$ qui dérive d'un gradient et non $\underline{\boldsymbol{u}}$. Bien entendu, à la limite non-relativiste, $h \to m_{\mathrm{b}}c^2 = \text{const.}$ et on retrouve la définition newtonienne.

Avec $T = 0$ ou S constante, l'équation canonique de la dynamique des fluides (21.85) est automatiquement satisfaite pour un écoulement irrotationnel. La seule équation non triviale est l'équation de conservation du nombre baryonique (21.34) : $\boldsymbol{\nabla}\cdot(n\vec{\boldsymbol{u}}) = 0$. En y remplaçant $\vec{\boldsymbol{u}}$ par $h^{-1}\vec{\boldsymbol{\nabla}}\Psi$ [*cf.* (21.102)], on obtient une équation pour le potentiel de l'écoulement :

$$\Box\Psi + \vec{\boldsymbol{\nabla}}\ln\left(\frac{n}{h}\right)\cdot\vec{\boldsymbol{\nabla}}\Psi = 0, \tag{21.103}$$

où $\Box$ est l'opérateur d'alembertien défini par (18.56). Dans le cas général, cette équation n'est pas linéaire en Ψ car h est relié à Ψ par l'équation

$$h = \left(-\vec{\boldsymbol{\nabla}}\Psi\cdot\vec{\boldsymbol{\nabla}}\Psi\right)^{1/2}, \tag{21.104}$$

que l'on déduit de (21.102) et de la normalisation de la 4-vitesse ($\vec{\boldsymbol{u}}\cdot\vec{\boldsymbol{u}} = -1$). De plus, n est relié à Ψ via h et l'équation d'état. Il existe néanmoins un cas où (21.103) est une équation linéaire, comme le montre l'exemple suivant.

Exemple : Dans le cas particulier où $h = \alpha n$ avec α constant, l'Éq. (21.103) se réduit à une équation d'onde pour Ψ :

$$\Box\Psi = 0. \tag{21.105}$$

Si l'on considère une équation d'état barotrope, $\varepsilon = \varepsilon(n)$ (Éq. (21.26)), alors l'enthalpie par baryon est égale au potentiel chimique $h = \mu = d\varepsilon/dn$ (Éq. (21.78) avec $T = \partial\varepsilon/\partial s = 0$) et la condition $h = \alpha n$ implique

$$\varepsilon = \frac{\alpha}{2}n^2,$$

où l'on a fixé la constante d'intégration à 0 pour assurer $\varepsilon(0) = 0$. La pression se déduit alors de (21.78) : $p = nh - \varepsilon$, ce qui donne $p = (\alpha/2)\,n^2$. On constate que

$$p = \varepsilon.$$

D'après (21.68), cela implique $c_{\mathrm{s}} = c$, soit une vitesse du son égale à la vitesse de la lumière. L'équation d'état est donc la plus « dure » possible compte tenu de la contrainte de causalité.

Si le mouvement est stationnaire par rapport à un observateur inertiel $\mathcal{O}$, de 4-vitesse $\vec{\boldsymbol{u}}_0$, l'équation (21.95) s'applique. Puisque $\boldsymbol{\Omega} = 0$, elle se réduit à $\boldsymbol{\nabla}\langle \boldsymbol{\pi}, \vec{\boldsymbol{u}}_0 \rangle = 0$, ce qui signifie que le champ scalaire $\langle \boldsymbol{\pi}, \vec{\boldsymbol{u}}_0 \rangle$ est une constante du mouvement :

$$\boxed{\langle \boldsymbol{\pi}, \vec{\boldsymbol{u}}_0 \rangle = \text{const.}} \qquad (21.106)$$

Ainsi, dans le cas irrotationnel et stationnaire, la quantité $\langle \boldsymbol{\pi}, \vec{\boldsymbol{u}}_0 \rangle = -\Gamma h$ [*cf.* Eq. (21.97)], qui est a priori conservée le long des lignes de fluide en vertu du théorème de Bernoulli (21.96), est en fait la même d'une ligne de fluide à l'autre.

Note historique : *Le concept de fluide relativiste irrotationnel a été introduit en 1937 par John L. Synge (*cf.* p. 77) [398] sous la forme cinématique $\vec{\boldsymbol{\omega}} = 0$. La définition dynamique $\boldsymbol{\Omega} = 0$ (Éq. (21.100)) a été donnée par André Lichnerowicz (*cf.* p. 678) en 1941 [253]. Dans le cas barotrope considéré par Synge, sa définition coïncide avec celle de Lichnerowicz, en raison de l'équivalence (21.101) avec $T = 0$. Les propriétés mathématiques de l'équation (21.103) pour le potentiel de l'écoulement ont été étudiées par Yvonne Choquet-Bruhat[9] en 1958 [166] (*cf.* aussi le Chap. 9 de son livre [86]). La réduction de l'équation (21.104) à une équation d'onde dans le cas de l'équation d'état $p = \varepsilon$ (exemple traité ci-dessus) a été souligné par Vincent Moncrief en 1980 [299].*

21.5.3 Théorème de Kelvin

On définit la ***circulation du fluide*** le long de toute courbe orientée et fermée $\mathcal{C} \subset \mathscr{E}$ par l'intégrale unidimensionnelle :

$$\boxed{C(\mathcal{C}) := \oint_{\mathcal{C}} \boldsymbol{\pi}}. \qquad (21.107)$$

$\mathcal{C}$ étant une sous-variété de dimension 1 de $\mathscr{E}$ et $\boldsymbol{\pi}$ une 1-forme, l'intégrale ci-dessus est bien définie (*cf.* (16.17)). En particulier, on peut la réécrire comme

$$C(\mathcal{C}) = \oint_{\mathcal{C}} h\, \vec{\boldsymbol{u}} \cdot d\vec{\boldsymbol{\ell}}, \qquad (21.108)$$

où $d\vec{\boldsymbol{\ell}}$ est un vecteur élémentaire tangent à $\mathcal{C}$. Si la courbe $\mathcal{C}$ est choisie dans l'espace de repos d'un observateur inertiel $\mathcal{O}$, on peut également exprimer la circulation en fonction de la vitesse du fluide $\vec{\boldsymbol{V}}$ par rapport à $\mathcal{O}$ et de l'enthalpie interne spécifique H en remplaçant $\vec{\boldsymbol{u}}$ et h dans (21.108) par les

9. **Yvonne Choquet-Bruhat** : Mathématicienne française née en 1923 ; nombre de ses travaux sont appliqués à la relativité ; elle a notamment démontré un fameux théorème d'existence et d'unicité de solution pour l'équation d'Einstein qui régit la gravitation relativiste (Chap. 22).

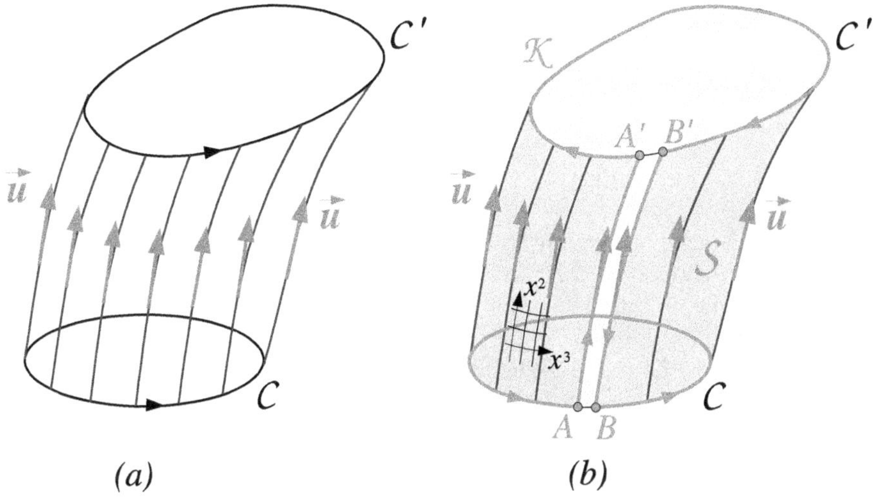

FIG. 21.3 – (a) Transport d'une courbe $\mathcal{C}$ par le fluide. (b) Circuit fermé $\mathcal{K}$ définissant la surface $\mathcal{S}$ sur le tube de fluide.

expressions (21.7) et (21.91) :

$$C(\mathcal{C}) = m_{\rm b} c \oint_{\mathcal{C}} \Gamma \left(1 + \frac{H}{c^2}\right) \vec{\boldsymbol{V}} \cdot d\vec{\boldsymbol{\ell}}. \tag{21.109}$$

À la limite non-relativiste, $\Gamma \to 1$, $|H|/c^2 \ll 1$ et l'on retrouve (à un facteur $m_{\rm b}c$ près) l'expression classique de la circulation d'un fluide.

En vertu du théorème de Stokes (16.54) et de la définition $\boldsymbol{\Omega} = \mathbf{d}\boldsymbol{\pi}$ de la 2-forme de vorticité, on peut écrire la circulation comme l'intégrale de $\boldsymbol{\Omega}$ sur toute surface $\mathcal{S}$ qui admet $\mathcal{C}$ comme bord :

$$\boxed{C(\mathcal{C}) = \int_{\mathcal{S}} \boldsymbol{\Omega}}. \tag{21.110}$$

On en déduit immédiatement que, dans un écoulement irrotationnel, la circulation du fluide est toujours nulle (*cf.* Éq. (21.100)).

Faisons l'hypothèse que $\mathcal{C}$ n'est tangente en aucun point à la 4-vitesse $\vec{\boldsymbol{u}}$ du fluide. Par exemple, $\mathcal{C}$ peut appartenir à l'espace de repos d'un observateur : tous les vecteurs de ce dernier étant du genre espace, $\mathcal{C}$ ne peut pas être tangente à $\vec{\boldsymbol{u}}$, qui est du genre temps. On peut alors déplacer $\mathcal{C}$ le long des lignes de fluide, d'une distance arbitraire le long de chaque ligne et obtenir une nouvelle courbe fermée $\mathcal{C}'$ (*cf.* Fig. 21.3a). On appelle cette opération ***transport de la courbe $\mathcal{C}$ par le fluide***. Étudions le comportement de la circulation du fluide le long de $\mathcal{C}$ lors de ce transport. L'ensemble des segments des lignes de fluide entre $\mathcal{C}$ et $\mathcal{C}'$ forme une 2-surface de $\mathscr{E}$ que nous appellerons

tube de fluide et noterons $\mathcal{T}$. Soient deux points A et B infiniment voisins sur $\mathcal{C}$, avec le vecteur $\overrightarrow{AB}$ dans le sens de l'orientation de $\mathcal{C}$, et soient A' et B' leurs images respectives sur $\mathcal{C}'$ par transport le long des lignes de fluide (*cf.* Fig. 21.3b). Considérons la courbe fermée et orientée définie par

$$\mathcal{K} := \mathscr{L}_{A\to A'} \cup \mathcal{C}'_{A'\to B'} \cup \mathscr{L}_{B'\to B} \cup \mathcal{C}_{B\to A},$$

où $\mathscr{L}_{A\to A'}$ désigne la portion de ligne de fluide joignant A à A', $\mathcal{C}'_{A'\to B'}$ la portion de $\mathcal{C}'$ joignant A' à B' en couvrant la majeure partie de $\mathcal{C}'$, $\mathscr{L}_{B'\to B}$ la portion de ligne de fluide joignant B' à B et $\mathcal{C}_{B\to A}$ la portion de $\mathcal{C}$ joignant B à A en couvrant la majeure partie de $\mathcal{C}$. Soit $\mathcal{S}$ la 2-surface définie comme la partie du tube de fluide $\mathcal{T}$ délimitée par $\mathcal{K}$. Lorsque A tend vers B, $\mathcal{S}$ se confond avec l'intégralité de $\mathcal{T}$. Puisque $\mathcal{K}$ est le bord de $\mathcal{S}$, l'équation (21.110) conduit à

$$\oint_{\mathcal{K}} \boldsymbol{\pi} = \int_{\mathcal{S}} \boldsymbol{\Omega} = \int_{\mathcal{S}} \boldsymbol{\Omega}(d\vec{\boldsymbol{\ell}}_2, d\vec{\boldsymbol{\ell}}_3),$$

la deuxième égalité n'étant autre que la définition (16.18) de l'intégrale d'une 2-forme sur une 2-surface. Or puisque $\mathcal{S}$ est une partie d'un tube de fluide et que ce dernier est tangent en tout point à la 4-vitesse $\vec{\boldsymbol{u}}$, il est toujours possible de choisir le vecteur élémentaire $d\vec{\boldsymbol{\ell}}_2$ colinéaire à $\vec{\boldsymbol{u}}$. On peut même se donner un système de coordonnées (x^α) adapté à $\mathcal{S}$, c'est-à-dire tel que (x^2, x^3) couvrent $\mathcal{S}$ (*cf.* § 16.2.1), de manière que le vecteur $\vec{\boldsymbol{e}}_2$ de la base naturelle $(\vec{\boldsymbol{e}}_\alpha)$ soit exactement $\vec{\boldsymbol{u}}$: la coordonnée x^2 est alors le temps propre le long des lignes de fluide et on a $d\vec{\boldsymbol{\ell}}_2 = dx^2\vec{\boldsymbol{u}}$ en plus de $d\vec{\boldsymbol{\ell}}_3 = dx^3\vec{\boldsymbol{e}}_3$ (*cf.* Fig. 21.3b). En conséquence, on peut invoquer l'équation canonique de la dynamique des fluides (Éq. (21.85)) pour mettre l'intégrale ci-dessus sous la forme

$$\oint_{\mathcal{K}} \boldsymbol{\pi} = \int_{\mathcal{S}} \boldsymbol{\Omega}(\vec{\boldsymbol{u}}, \vec{\boldsymbol{e}}_3)\, dx^2\, dx^3 = \int_{\mathcal{S}} T\langle \mathbf{d}S, \vec{\boldsymbol{e}}_3\rangle\, dx^2\, dx^3 = \int_{\mathcal{S}} T\boldsymbol{\nabla}_{\vec{\boldsymbol{e}}_3} S\, dx^2\, dx^3. \tag{21.111}$$

Or par définition de $\mathcal{K}$,

$$\oint_{\mathcal{K}} \boldsymbol{\pi} = \int_{\mathscr{L}_{A\to A'}} \boldsymbol{\pi} + \int_{\mathcal{C}'_{A'\to B'}} \boldsymbol{\pi} + \int_{\mathscr{L}_{B'\to B}} \boldsymbol{\pi} + \int_{\mathcal{C}_{B\to A}} \boldsymbol{\pi}.$$

Lorsque A tend vers B, la somme des intégrales sur $\mathscr{L}_{A\to A'}$ et $\mathscr{L}_{B'\to B}$ s'annule, alors que l'intégrale sur $\mathcal{C}_{B\to A}$ tend vers la circulation $C(\mathcal{C})$ et celle sur $\mathcal{C}'_{A'\to B'}$ vers $-C(\mathcal{C}')$. Par ailleurs, dans (21.111), la surface $\mathcal{S}$ sur laquelle porte l'intégration tend vers l'ensemble du tube de fluide $\mathcal{T}$. Le passage à la limite $A \to B$ conduit donc à

$$\boxed{C(\mathcal{C}') = C(\mathcal{C}) - \int_{\mathcal{T}} T\boldsymbol{\nabla}_{\vec{\boldsymbol{e}}_3} S\, dx^2\, dx^3}. \tag{21.112}$$

Au vu de ce résultat, nous pouvons énoncer le :

> **Théorème de Kelvin relativiste :** La circulation est conservée par transport le long des lignes fluides, c'est-à-dire $C(\mathcal{C}') = C(\mathcal{C})$, si $T = 0$ (fluide barotrope) ou si l'entropie par baryon S est constante sur le contour initial $\mathcal{C}$.

La dernière proposition résulte de la loi de conservation de l'entropie par baryon (21.48) : si $S = S_0 =$ const. sur $\mathcal{C}$, alors $S = S_0$ sur tout le tube $\mathcal{T}$ puisque ce dernier est généré à partir de $\mathcal{C}$ *via* les lignes de courant. Cela implique $\boldsymbol{\nabla}_{\vec{e}_3} S = 0$ sur $\mathcal{T}$ et donc la nullité de l'intégrale dans le membre de droite de (21.112).

À la limite non-relativiste, on retrouve le théorème de Kelvin classique (*cf.* par exemple [191, 350]), puisque nous avons déjà remarqué sur (21.109) que $\mathcal{C}$ se réduit à la circulation classique. Il suffit en effet de choisir $\mathcal{C}$ dans l'espace de repos d'un observateur inertiel à un instant t et $\mathcal{C}'$ dans l'espace de repos de ce même observateur à un instant ultérieur t'.

Remarque : On peut relier le théorème de Kelvin à une loi de conservation locale : celle de la ***vorticité potentielle***, qui est le champ scalaire défini par

$$e := \frac{h}{n} \boldsymbol{\nabla}_{\vec{\omega}} S, \tag{21.113}$$

où $\vec{\omega}$ est le vecteur vorticité cinématique introduit au § 21.4.2. En partant du dual de Hodge de l'équation canonique (21.85), on peut montrer que $\boldsymbol{\nabla}_{\vec{u}}\, e = 0$, c'est-à-dire que la vorticité potentielle est constante le long des lignes de fluide. Ce résultat, obtenu par Joseph Katz en 1984 [223], implique le théorème de Kelvin, ainsi qu'on peut le voir en prenant la dérivée de la circulation le long du tube de fluide. Nous ne détaillerons pas le calcul ici et renvoyons à l'article de Katz [223].

Note historique : *Dans le cas d'un fluide barotrope, le théorème de Kelvin a été démontré en 1937 par John L. Synge (cf. p. 77) [398]. Le cas d'un fluide simple quelconque a été traité par Abraham H. Taub (cf. p. 670) en 1959 [405].*

21.6 Applications

21.6.1 Astrophysique : jets et sursauts gamma

L'astrophysique est évidemment un champ d'application important pour l'hydrodynamique relativiste. De nombreuses situations (cosmologie, étoiles à neutrons, environnement des trous noirs) requièrent une hydrodynamique dans le cadre de la relativité générale, en raison de l'importance du champ gravitationnel (*cf.* § 22.3). Il existe néanmoins des phénomènes où l'hydrodynamique de la relativité restreinte, telle que traitée ici, est pleinement suffisante.

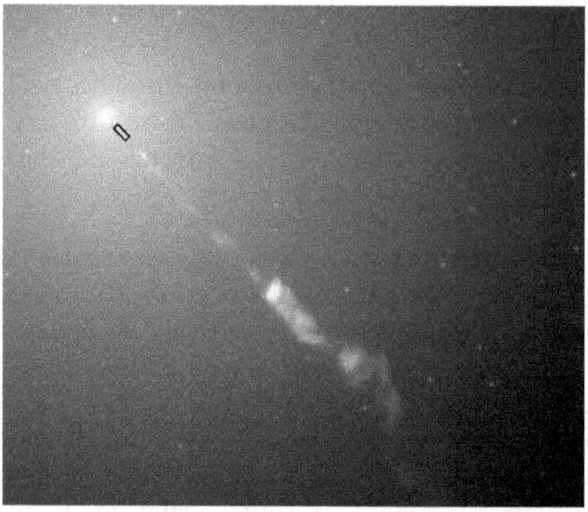

FIG. 21.4 – Jet relativiste émanant du noyau de la galaxie M87, à un facteur de Lorentz $\Gamma \sim 6$. La taille du jet visible sur cette image, prise par le télescope spatial Hubble, est de 5000 années-lumière. L'émission optique du jet est due au rayonnement synchrotron (*cf.* § 20.3) par des électrons. La zone délimitée par le petit rectangle correspond à la Fig. 5.16. On ne voit pas le jet qui part dans la direction opposée car son intensité est considérablement affaiblie par l'effet Doppler, ainsi que discuté au § 20.2.4 (*cf.* Fig. 20.4). (Source : NASA/HST.)

Il s'agit des jets émis par les noyaux actifs de galaxies et les micro-quasars, ainsi que la « boule de feu » des sursauts gamma.

Les jets astrophysiques sont constitués par de la matière éjectée depuis l'environnement immédiat d'un trou noir, qui peut être un trou noir massif au centre d'une galaxie – on parle alors de *noyau actif de galaxie* – ou un trou noir stellaire – on parle alors de *micro-quasar* [293]. Le mécanisme de formation et d'accélération du jet au niveau du trou noir n'est pas complètement élucidé, mais repose certainement sur le champ électromagnétique et la rotation du trou noir (*cf.* [374] pour une revue). Par contre, suffisamment loin du trou noir, le jet, qui est très faiblement auto-gravitant, est très bien décrit par l'hydrodynamique relativiste restreinte. Le jet est composé de protons, d'électrons et de positrons. Le facteur de Lorentz Γ de l'écoulement est compris entre 3 et 10. Un exemple d'observation d'un tel jet est donné sur la Fig. 21.4 (*cf.* aussi la Fig. 20.4 au chapitre précédent, ainsi que le spectre d'un jet sur la Fig. 9.12).

De nombreuses simulations numériques des jets astrophysiques ont été réalisées en intégrant le système de lois de conservations (21.61) à l'aide de schémas à haute résolution et à capture de chocs [273]. Un exemple est montré sur la Fig. 21.5. Le résultat du calcul de l'émission radio est à comparer avec les images observées, comme celle de la Fig. 20.4. On peut également effectuer la

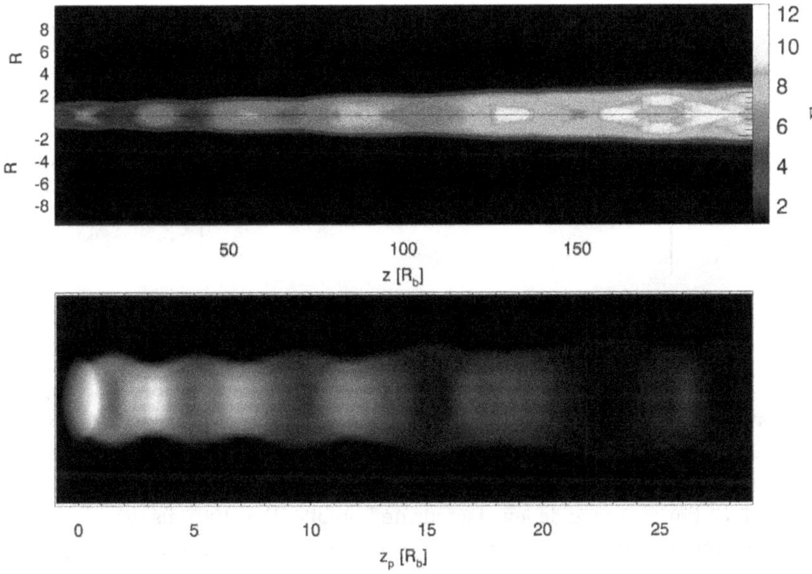

FIG. 21.5 – Simulation numérique de la propagation d'un jet relativiste dans un milieu externe (atmosphère), suivant le modèle « OP-L-AM » de Petar Mimica *et al.* (2009) [287]. L'atmosphère (en noir sur les figures) est beaucoup plus dense que le jet, le rapport des densités baryoniques étant $n_{\rm jet}/n_{\rm atm} = 10^{-3}$ à la base du jet. Par contre, la pression dans le jet est supérieure : $p_{\rm jet}/p_{\rm atm} = 1.5$. *Figure du haut :* facteur de Lorentz Γ du fluide dans le jet (il varie entre 2 et 12 ; *cf.* échelle de droite). *Figure du bas :* émission radio calculée à partir d'un modèle d'émission synchrotron (*cf.* § 20.3). L'axe horizontal correspond à la distance z à la base du jet en unités du rayon $R_{\rm b}$ du jet en $z = 0$. *N.B.* : l'échelle n'est pas la même sur les deux figures. (Source : M.A. Aloy, J.M. Ibáñez et P. Mimica [9].)

comparaison avec la Fig. 21.4, mais il faut garder à l'esprit que cette dernière a été obtenue dans le domaine optique et non en radio.

21.6.2 Plasma quark-gluon dans les collisionneurs

En 2005, les quatre équipes de recherche du collisionneur d'ions lourds relativistes RHIC à Brookhaven (*cf.* Table 17.1) ont annoncé avoir obtenu un « liquide parfait », c'est-à-dire de très faible viscosité [3, 4, 22, 30]. Ce liquide, constitué de quarks déconfinés[10] et de gluons – on parle de ***plasma quark-gluon*** – est formé lors de la collision de noyaux d'atome d'or accélérés à des facteurs de Lorentz de l'ordre de 100, ce qui correspond à une énergie par nucléon de l'ordre de 100 GeV. La collision, que l'on peut décrire comme une

10. Rappelons que dans la matière ordinaire, les quarks sont confinés par paquets de trois dans les protons et les neutrons ; on n'observe jamais de quark à l'état libre.

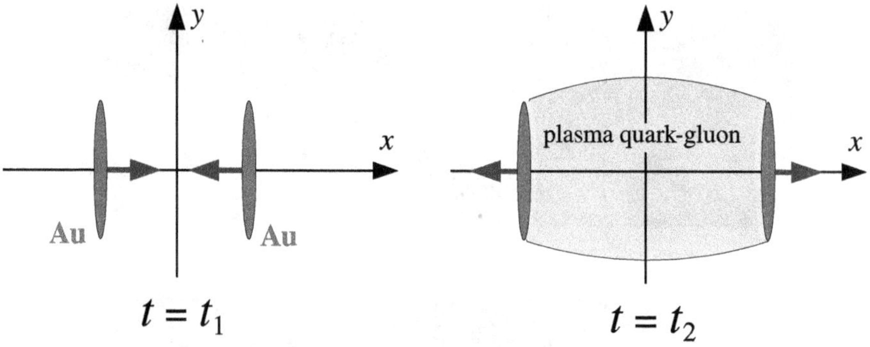

FIG. 21.6 – Collision de deux noyaux d'atome d'or, dans l'espace de repos de l'observateur $\mathcal{O}_0$ lié au centre de masse, à un instant $t_1 \sim 3 \times 10^{-24}$ s avant la collision et à un instant $t_2 \sim 10^{-23}$ s suivant la collision. Les noyaux apparaissent très aplatis du fait de la contraction des longueurs dans la direction du mouvement. Étant donnée l'importance de leur facteur de Lorentz ($\Gamma \sim 100$), ils devraient même apparaître comme des segments verticaux dans un dessin réaliste.

« interpénétration » des noyaux puisqu'ils ne perdent pas leur individualité (*cf.* Fig. 21.6), engendre des milliers de particules. Ces dernières interagissent entre elles essentiellement *via* l'interaction forte et on pense que ces interactions sont suffisantes pour atteindre un état d'équilibre thermodynamique local[11] environ 1 fm/$c = 3 \times 10^{-24}$ s après la collision. À partir de cet instant, l'évolution du système peut être décrite par l'hydrodynamique relativiste telle que présentée dans ce chapitre. Le fluide est en expansion ultra rapide et au bout de $\sim 3 \times 10^{-23}$ s, le système devient trop dilué pour que l'hypothèse hydrodynamique soit valable. On a alors un ensemble de particules libres qui évoluent sans pratiquement plus aucune interaction. Ce sont ces particules qui sont captées dans les différents détecteurs du RHIC.

Dans les collisions réalisées au RHIC, la température au début de la phase hydrodynamique est de l'ordre de $T \sim 4 \times 10^{12}$ K (soit $kT \sim 340$ MeV) et la densité d'énergie $\varepsilon \sim 30 \ \mathrm{GeV\,fm^{-3}}$. Dans ces conditions, on doit avoir un plasma quark-gluon, la température de déconfinement prédite par la chromodynamique quantique étant $T \sim 2.0 - 2.2 \times 10^{12}$ K (soit $kT \sim 170 - 190$ MeV) [64]. Le plasma quark-gluon au RHIC est assez bien décrit comme un gaz parfait de particules ultra-relativistes, dont l'équation d'état est [307]

$$n = 0 \tag{21.114}$$

$$\varepsilon = \varepsilon(s) = \frac{3\pi^{2/3}}{4(4g)^{1/3}} \hbar c \left(\frac{s}{k}\right)^{4/3}, \tag{21.115}$$

11. *Cf.* § 21.1.4.

où $k := 1.3806505 \times 10^{-23}$ J.K^{-1} est la constante de Boltzmann et g est le nombre de degrés de liberté de chaque particule (nombre d'états pour une énergie fixée, en variant le spin, la couleur et la saveur) : $g \simeq 40$. La propriété (21.114) (nullité de la densité baryonique) signifie que les milliers de particules créées lors de la collision se répartissent à égalité entre celles qui portent un nombre baryonique[12] positif et celles de nombre baryonique négatif. La température se déduit de (21.115) *via* la définition (21.18) : $T = \partial\varepsilon/\partial s$; il vient

$$T = \hbar c \left(\frac{\pi^2 s}{4gk^4}\right)^{1/3}. \tag{21.116}$$

Quant à la pression, on la calcule à partir de l'Éq. (21.23), qui dans le cas présent ($n = 0$) se réduit à $p = -\varepsilon + Ts$. On obtient ainsi

$$p = \frac{\varepsilon}{3}, \tag{21.117}$$

une relation typique d'un gaz de particules ultra-relativistes sans interaction.

Remarque : Le fait qu'à très haute densité d'énergie, les quarks n'aient pas d'interaction est appelée ***liberté asymptotique***. À plus basse température ou densité d'énergie, il est nécessaire de prendre en compte l'interaction forte entre les quarks. En première approximation, on peut le faire *via* un modèle phénoménologique simple appelé ***modèle du sac***. L'équation d'état devient alors

$$p = \frac{1}{3}(\varepsilon - 4B), \tag{21.118}$$

où B est une constante, de l'ordre de 60 MeV.fm^{-3}, appelée ***constante du sac***. Lorsque $\varepsilon \gg B$, on retrouve bien l'équation (21.117).

Pour des collisions exactement frontales, les lignes d'univers des centres de masse de chacun des noyaux sont contenues dans un même plan $\Pi \subset \mathscr{E}$, que nous qualifierons de ***plan de collision***, et se coupent en un événement O (la « collision ») (*cf.* Fig. 21.7). Appelons $\mathcal{O}_0$ l'observateur (inertiel) lié au centre de masse des deux noyaux. Si les deux faisceaux sont symétriques, on peut considérer que $\mathcal{O}_0$ est un observateur lié au laboratoire. Sa ligne d'univers est contenue dans Π et passe par O. Désignons par $(\vec{e}_0, \vec{e}_x, \vec{e}_y, \vec{e}_z)$ le référentiel de $\mathcal{O}_0$ et par (ct, x, y, z) les coordonnées associées, en supposant que la collision a lieu suivant l'axe des x (*cf.* Fig. 21.6).

Vue par $\mathcal{O}_0$, la collision apparaît symétrique. Une hypothèse simplificatrice a été introduite par James D. Bjorken[13] en 1983 [54]. Elle consiste à dire que la collision apparaît également symétrique et conduit à la même évolution

12. Rappelons que le nombre baryonique peut être fractionnaire ; ainsi il vaut 1/3 pour les quarks et −1/3 pour les antiquarks.

13. **James D. Bjorken** : Physicien théoricien américain né en 1934 ; spécialiste de physique des particules à l'université de Stanford. Avec Sheldon Glashow, il a prédit l'existence du quark charm en 1964.

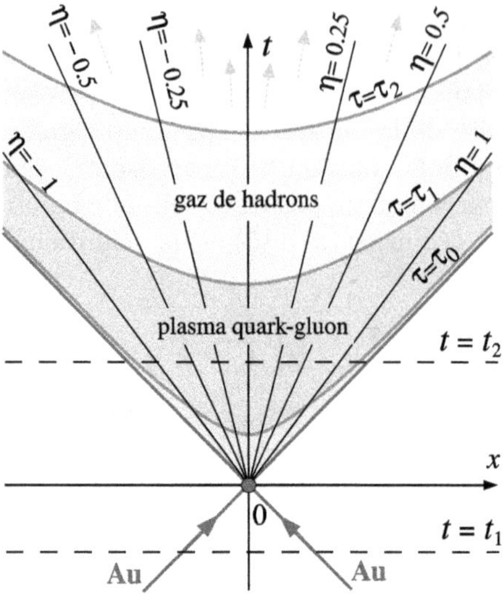

FIG. 21.7 – Diagramme d'espace-temps (dans le plan de collision Π) de la collision frontale de deux noyaux d'atome d'or. Les deux noyaux étant animés de vitesses ultra-relativistes ($\Gamma \sim 100$), leurs lignes d'univers apparaissent très proches du cône de lumière dans ce diagramme. Les deux instants t_1 et t_2 correspondent à la Fig. 21.6.

relative pour tous les observateurs inertiels qui sont « proches » de $\mathcal{O}_0$, dans le sens où

(i) leur ligne d'univers passe par O et est contenue dans le plan de collision Π ;

(ii) pour ces observateurs les deux noyaux émergents s'éloignent du point de collision à des vitesses proches de c.

La condition (ii) n'est évidemment pas vérifiée pour un observateur comobile avec l'un des noyaux, mais l'est pour tous les observateurs dont la vitesse $|U|$ par rapport à $\mathcal{O}_0$ n'est pas trop grande. L'hypothèse de Bjorken est étayée par des données expérimentales. Les lignes d'univers des observateurs qui vérifient (i) et (ii) sont représentées sur la Fig. 21.7. Elles sont étiquetées par leur rapidité η vis-à-vis de $\mathcal{O}_0$, plutôt que par U. Rappelons que η est reliée à U par la formule (6.80) :

$$\eta = \operatorname{argtanh} \frac{U}{c} = \frac{1}{2} \ln \left(\frac{1 + U/c}{1 - U/c} \right) \cdot \tag{21.119}$$

La zone de Π couverte par les observateurs introduits ci-dessus et dont la rapidité n'est pas trop grande, disons $-2 \leq \eta \leq 2$, est appelée ***région de rapidité centrale***. Nous appellerons donc les observateurs vérifiant les hypothèses (i) et (ii) ci-dessus ***observateurs de la région de rapidité centrale***. La ligne d'univers d'un tel observateur, soit $\mathcal{O}$, passe par O, ce qui implique qu'en chacun de ses points,

$$\frac{u^x_{\mathcal{O}}}{u^0_{\mathcal{O}}} = \frac{x}{ct},$$

où $u^0_{\mathcal{O}}$ et $u^x_{\mathcal{O}}$ sont les composantes de la 4-vitesse de $\mathcal{O}$ par rapport au référentiel $(\vec{e}_\alpha)$ de $\mathcal{O}_0$. Puisque $u^0_{\mathcal{O}} = \Gamma$ et $u^x_{\mathcal{O}} = \Gamma U/c$, on en déduit

$$U = \frac{x}{t}. \tag{21.120}$$

Par ailleurs, le temps propre τ écoulé depuis O pour l'observateur $\mathcal{O}$ est relié aux coordonnées (ct, x) par $\tau = t/\Gamma = t\sqrt{1 - U^2/c^2}$. Compte tenu de l'expression ci-dessus de U et de $t > 0$, il vient

$$\tau = \sqrt{t^2 - \frac{x^2}{c^2}}. \tag{21.121}$$

Remarque : Le couple (τ, η) forme un système de coordonnées de la région de rapidité centrale, relié aux coordonnées inertielles (t, x) par les transformations (21.119)–(21.121). La coordonnée η est appelée *rapidité d'espace-temps* par les physiciens des particules. La « grille » induite par le système (τ, η) est représentée sur la Fig. 21.7 : les lignes $\tau =$ const. sont des branches d'hyperbole d'axe vertical et les lignes $\eta =$ const. sont des droites passant par O. Ces coordonnées sont analogues aux coordonnées de Rindler introduites au § 12.1.7 ; elles s'en déduisent d'ailleurs par symétrie vis-à-vis de la première diagonale $(x = ct)$, ainsi qu'on peut le voir en comparant les Figs. 21.7 et 12.8.

Selon l'hypothèse de Bjorken, les particules produites par la collision atteignent l'équilibre thermodynamique local au bout du même temps propre τ_0 pour tous les observateurs $\mathcal{O}$ de la région de rapidité centrale. Le début de la phase hydrodynamique est donc constitué par l'hypersurface parallèle à $\vec{e}_y$ et $\vec{e}_z$ et dont l'intersection avec le plan Π est la courbe de tous les événements éloignés du même temps propre τ_0 de O le long des lignes d'univers de chacun des observateurs $\mathcal{O}$. D'après (21.121), il s'agit de l'hyperbole d'équation $c^2t^2 - x^2 = c^2\tau_0^2$ (*cf.* Fig. 21.7).

En première approximation, on peut considérer que le mouvement du fluide s'effectue uniquement dans le plan de collision Π, et qu'il dépend peu des coordonnées transverses (y, z) (dans la limite de l'extension transverse des noyaux bien entendu). Un tel mouvement est qualifié de ***longitudinal***. La 4-vitesse du fluide $\vec{u}$ est alors contenue dans le plan de collision Π. En tout point de la ligne d'univers de $\mathcal{O}_0$, $\vec{u}$ est égale à la 4-vitesse $\vec{e}_0$ de $\mathcal{O}_0$. Autrement dit, la vitesse du fluide par rapport à $\mathcal{O}_0$, $V(t, x)$, est nulle en $x = 0$. Il ne peut en être autrement étant donnée la symétrie du problème (*cf.* Fig. 21.6). D'après l'hypothèse de Bjorken, il doit en être de même pour tout observateur $\mathcal{O}$ de la région de rapidité centrale : en tout point de la ligne d'univers de $\mathcal{O}$, la 4-vitesse du fluide doit être égale à celle de $\mathcal{O}$:

$$\forall M \in \mathscr{L}_{\mathcal{O}}, \quad \vec{u}(M) = \vec{u}_{\mathcal{O}}. \tag{21.122}$$

On en déduit immédiatement que les lignes de fluide sont les lignes d'univers des observateurs de la région de rapidité centrale, à savoir des segments de droite contenus dans le plan Π et dont le prolongement passe par O. Il s'ensuit également que la coordonnée τ coïncide avec le temps propre du fluide et que la vitesse V du fluide par rapport à $\mathcal{O}_0$ est égale à la vitesse U de $\mathcal{O}$ par rapport à $\mathcal{O}_0$. On a donc, d'après (21.120),

$$V(t,x) = \frac{x}{t}\cdot \tag{21.123}$$

Les composantes du champ de vitesse du fluide par rapport à $\mathcal{O}_0$ sont alors

$$u^\alpha = \left(\Gamma, \Gamma\frac{x}{ct}, 0, 0\right) = \frac{1}{\tau}\left(t, \frac{x}{c}, 0, 0\right), \tag{21.124}$$

où la deuxième égalité résulte de (21.121). Toujours suivant l'hypothèse de Bjorken, en chaque point, la densité d'énergie propre ε, la densité d'entropie propre s, la pression p et la température T ne dépendent que de τ, car une dépendance en η équivaudrait à une dépendance vis-à-vis de l'observateur de la région de rapidité centrale :

$$\varepsilon = \varepsilon(\tau), \quad s = s(\tau), \quad p = p(\tau), \quad T = T(\tau). \tag{21.125}$$

Conjuguons à présent l'hypothèse de Bjorken avec les équations de l'hydrodynamique relativiste. Dans le cas présent, la forme la plus convenable de ces dernières est constituée par la loi de conservation de l'entropie (21.46) et l'équation d'Euler quadridimensionnelle (21.49) (avec $\mathscr{F}_{\rm ext} = 0$, c'est-à-dire en fait l'Éq. (21.72)). Réécrivons (21.46) sous la forme

$$\boldsymbol{\nabla}_{\vec{u}}\, s + s\, \boldsymbol{\nabla}\cdot\vec{u} = 0. \tag{21.126}$$

Or, puisque τ coïncide avec le temps propre du fluide et que $s = s(\tau)$, on a

$$\boldsymbol{\nabla}_{\vec{u}}\, s = \frac{1}{c}\frac{ds}{d\tau}\cdot \tag{21.127}$$

Par ailleurs, d'après (21.124) et le caractère inertiel des coordonnées $(x^\alpha) = (ct, x, y, z)$,

$$\boldsymbol{\nabla}\cdot\vec{u} = \frac{\partial u^\alpha}{\partial x^\alpha} = \frac{1}{c}\frac{\partial}{\partial t}\left(\frac{t}{\tau}\right) + \frac{\partial}{\partial x}\left(\frac{x}{c\tau}\right)\cdot$$

Or, étant donnée l'expression (21.121) de τ comme fonction de (t, x),

$$\frac{\partial\tau}{\partial x^\alpha} = \left(\frac{1}{c}\frac{\partial\tau}{\partial t}, \frac{\partial\tau}{\partial x}, 0, 0\right) = \left(\frac{t}{c\tau}, -\frac{x}{c^2\tau}, 0, 0\right), \tag{21.128}$$

si bien qu'il vient

$$\boldsymbol{\nabla}\cdot\vec{u} = \frac{1}{c\tau}\cdot \tag{21.129}$$

En reportant (21.127) et (21.129) dans (21.126), on obtient

$$\frac{ds}{d\tau} + \frac{s}{\tau} = 0. \tag{21.130}$$

Cette équation différentielle s'intègre en

$$\boxed{s = s_0 \frac{\tau_0}{\tau}}, \tag{21.131}$$

où s_0 est la densité propre d'entropie au début de la phase hydrodynamique ($\tau = \tau_0$). La densité propre d'énergie ε s'en déduit *via* l'équation d'état (21.115) :

$$\boxed{\varepsilon = \varepsilon_0 \left(\frac{\tau_0}{\tau}\right)^{4/3}}, \tag{21.132}$$

où $\varepsilon_0 \sim 30$ GeV.fm^{-3} est la densité propre d'énergie à $\tau = \tau_0$. De même, l'évolution temporelle de la pression et de la température se déduisent de (21.117) et (21.116)

$$\boxed{p = \frac{\varepsilon_0}{3} \left(\frac{\tau_0}{\tau}\right)^{4/3}} \quad \text{et} \quad \boxed{T = T_0 \left(\frac{\tau_0}{\tau}\right)^{1/3}}. \tag{21.133}$$

Considérons à présent l'équation d'Euler quadridimensionnelle (21.49). Dans le cas présent, $\underline{\boldsymbol{a}} = 0$ car les lignes de fluide sont des segments de droite. L'équation se réduit donc à

$$\boldsymbol{\nabla} p + (\boldsymbol{\nabla}_{\vec{u}}\, p)\underline{\boldsymbol{u}} = 0.$$

Or p dépend uniquement de τ, si bien que $\boldsymbol{\nabla} p = (dp/d\tau)\boldsymbol{\nabla}\tau$ et $\boldsymbol{\nabla}_{\vec{u}}\, p = c^{-1}\, dp/d\tau$, et l'équation ci-dessus devient

$$\boldsymbol{\nabla}\tau + \frac{1}{c}\underline{\boldsymbol{u}} = 0. \tag{21.134}$$

Les composantes $\nabla_\alpha \tau$ de $\boldsymbol{\nabla}\tau$ sont données par (21.128) et celles de $\underline{\boldsymbol{u}}$ se déduisent de (21.124) *via* la matrice de Minkowski : $u_\alpha = \eta_{\alpha\beta} u^\beta = (-t/\tau, x/(c\tau), 0, 0)$. On constate alors que l'équation (21.134) est bien satisfaite. Il en est donc de même de l'équation d'Euler quadridimensionnelle (21.49).

Au final, les formules (21.124), (21.131), (21.132) et (21.133) définissent une solution de l'équation $\vec{\boldsymbol{\nabla}} \cdot \boldsymbol{T} = 0$ de l'hydrodynamique relativiste. Cette solution correspond à un plasma quark-gluon formé lors la collision de deux ions lourds, pour peu que l'on néglige la composante du mouvement transverse à la direction de la collision et que l'on suppose l'invariance vis-à-vis des observateurs de la région de rapidité centrale (hypothèse de Bjorken). Des solutions plus complexes, qui relâchent les hypothèses ci-dessus et décrivent notamment des collisions non frontales, sont présentées dans les articles de revue [175, 210, 213, 307].

L'étude du plasma quark-gluon n'en est qu'à ses débuts. L'expérience ALICE au LHC (*cf.* Table 17.1 et Fig. 17.14) doit observer prochainement le plasma quark-gluon formé lors de la collision de noyaux d'atomes de plomb à des énergies 30 fois supérieures à celles atteintes au RHIC. Soulignons que la compréhension du plasma quark-gluon est de grande importance pour la cosmologie : dans les premières microsecondes après le big-bang, la matière devait se trouver dans cet état. Ce n'est que lorsque la température de l'univers est descendue en dessous de $kT \sim 170$ MeV que les hadrons (protons et neutrons) se sont formés.

Note historique : *C'est Lev D. Landau (*cf. *p. 443) qui, en 1953, a eu le premier l'idée d'appliquer l'hydrodynamique relativiste à l'étude des collisions de particules [230]. Dans le modèle de Landau, les noyaux incidents sont stoppés net au point de collision vis-à-vis de l'observateur du centre de masse $\mathcal{O}_0$. Les conditions initiales à $\tau = \tau_0$ pour la phase hydrodynamique ne sont alors pas invariantes vis-à-vis de l'observateur de la région de rapidité centrale, contrairement au modèle de Bjorken exposé ci-dessus : c'est seulement pour l'observateur $\mathcal{O}_0$ que la vitesse initiale est nulle (*cf. *[50] pour une comparaison des modèles de Landau et Bjorken). Après une phase de relatif oubli, le modèle de Landau a connu un renouveau au début des années 1970 pour expliquer les collisions proton-proton observées au CERN, sous l'impulsion notamment du physicien théoricien américain Peter A. Carruthers (1935–1997). Du côté expérimental, des preuves de la création du plasma quark-gluon ont été annoncées par le CERN en 2000 [64, 204], à partir de l'analyse de collisions de noyaux d'atomes de plomb réalisées dans le synchrotron SPS (*cf. *Fig. 17.14), à des énergies dix fois plus basses qu'au RHIC. Ce dernier est entré en service la même année, conduisant aux résultats décrits plus haut.*

21.7 Pour aller plus loin...

Dans ce chapitre, nous n'avons pas traité des ondes de choc dans les fluides relativistes. On pourra trouver une telle étude au Chap. 15 du manuel de Landau et Lifchitz [232] et l'exposé de la solution exacte du problème de Riemann relativiste dans l'article de revue de J.M. Martí et E. Müller [273]. Par ailleurs, nous nous sommes limités aux fluides parfaits. Le traitement relativiste des fluides dissipatifs (c'est-à-dire avec viscosité ou conductivité thermique) est délicat. La généralisation « naïve » des équations de Navier-Stokes, telle que présentée par exemple par Landau et Lifchitz [232], conduit en effet à des équations elliptiques ou paraboliques, c'est-à-dire à une vitesse infinie de propagation de l'information, et viole ainsi la causalité relativiste. Une discussion des théories causales des fluides dissipatifs est effectuée dans l'article de revue de N. Andersson et G.L. Comer [16].

Chapitre 22

Et la gravitation ?

Sommaire

Des quatre interactions fondamentales (électromagnétisme, interaction faible, interaction forte et gravitation), seuls l'électromagnétisme et la gravitation sont à longue portée et susceptibles d'une description non-quantique. L'électromagnétisme trouvant magnifiquement sa place dans la relativité restreinte (Chaps. 17 à 20), il est naturel de se poser la question de la gravitation. Dans ce chapitre, nous commençons donc par tenter d'incorporer le champ gravitationnel dans l'espace-temps de Minkowski (§ 22.1). Nous verrons au § 22.2 qu'une telle approche n'est pas tenable (sauf à créer une théorie très compliquée), en raison de la propriété fondamentale qui singularise la gravitation parmi toutes les interactions, à savoir l'égalité masse grave-masse inerte. La (très !) bonne théorie relativiste de la gravitation s'avère être la relativité générale, qui sort du cadre de cet ouvrage, mais dont nous dirons quelques mots au § 22.3.

22.1 Gravitation dans l'espace-temps de Minkowski

La théorie newtonienne de la gravitation est basée sur l'équation de Poisson

$$\Delta\Phi = 4\pi G\,\rho, \tag{22.1}$$

où Φ est le potentiel gravitationnel, ρ la densité de masse, $G = 6.6743 \times 10^{-11}$ m^3.kg^{-1}.s^{-2} la constante gravitationnelle et Δ l'opérateur laplacien : $\Delta := \partial^2/\partial x^2 + \partial^2/\partial y^2 + \partial^2/\partial z^2$ dans des coordonnées cartésiennes (x, y, z). Le mouvement $\vec{r} = \vec{r}(t)$ d'une particule massive dans le champ gravitationnel est régi par l'équation

$$\frac{d^2\vec{r}}{dt^2} = -\vec{\nabla}\Phi. \tag{22.2}$$

Toute théorie relativiste de la gravitation doit fournir une généralisation des équations (22.1) et (22.2). Nous allons discuter dans ce qui suit de diverses tentatives (infructueuses !) d'obtenir une telle généralisation dans le cadre de l'espace-temps de Minkowski $(\mathscr{E}, \boldsymbol{g})$.

22.1.1 Théorie scalaire de Nordström

Il est clair qu'en théorie newtonienne la gravitation est décrite par un champ scalaire : le potentiel Φ. Il est donc naturel de chercher dans un premier temps une généralisation relativiste qui repose sur un champ scalaire Φ sur l'espace-temps de Minkowski. Il s'agit alors de trouver à quelle équation doit satisfaire Φ, équation dont la limite non-relativiste doit être (22.1). Le laplacien qui apparaît dans (22.1) n'est pas un opérateur différentiel intrinsèque de l'espace-temps de Minkowski $(\mathscr{E}, \boldsymbol{g})$: il dépend de l'observateur inertiel dont on utilise les coordonnées spatiales $(x^i) = (x, y, z)$ pour définir les dérivées partielles secondes. Par contre, un opérateur intrinsèque à $(\mathscr{E}, \boldsymbol{g})$ est le d'alembertien défini par (18.56) :

$$\Box = \nabla_\mu \nabla^\mu = \eta^{\mu\nu} \frac{\partial}{\partial x^\mu} \frac{\partial}{\partial x^\nu} = -\frac{1}{c^2}\frac{\partial^2}{\partial t^2} + \frac{\partial^2}{\partial x^2} + \frac{\partial^2}{\partial y^2} + \frac{\partial^2}{\partial z^2}, \tag{22.3}$$

où l'expression en fonction des coordonnées inertielles (ct, x, y, z) ne dépend pas du choix de ces dernières. De plus, $\Box\Phi$ se réduit à $\Delta\Phi$ lorsque la vitesse de variation de Φ est faible, c'est-à-dire lorsque

$$\left|\frac{\partial^2\Phi}{\partial t^2}\right| \ll c^2 \left|\frac{\partial^2\Phi}{\partial x^2} + \frac{\partial^2\Phi}{\partial y^2} + \frac{\partial^2\Phi}{\partial z^2}\right|. \tag{22.4}$$

Il donc naturel de proposer comme extension relativiste de l'équation de Poisson (22.1) l'équation

$$\Box\Phi = 4\pi G\,\mathcal{S}, \tag{22.5}$$

où $\mathcal{S}$ est une source qui « généralise » la densité de masse ρ et qui reste à déterminer. En vertu de l'équivalence masse-énergie, une première idée pourrait être $\mathcal{S} = \varepsilon/c^2$ où ε est la densité d'énergie totale de la matière (incluant l'énergie de masse). Mais ε, tout comme l'énergie, n'est pas une quantité invariante : elle dépend de l'observateur considéré et ce doublement : en tant qu'énergie et en tant que quantité par unité de volume.

Pour déterminer $\mathcal{S}$ de manière satisfaisante, nous allons faire appel à un principe de moindre action. D'une manière générale, un tel principe est souvent le moyen d'obtenir une théorie physique bien posée (bien que cela ne le garantisse pas). Nous avons vu notamment au § 18.6 que les équations du champ électromagnétique, à savoir les équations de Maxwell, se déduisent d'un principe de moindre action. Dans le cas présent, l'avantage du principe de moindre action est, non seulement de déterminer $\mathcal{S}$, mais aussi de conduire à la généralisation relativiste de l'équation (22.2) pour le mouvement d'une particule dans le champ gravitationnel. Pour être concret, considérons un système de N particules simples[1], $(\mathscr{P}_a)_{1\leq a\leq N}$. Notons m_a la masse de la particule $\mathscr{P}_a$ et $\vec{u}_a$ sa 4-vitesse. Nous supposons que le champ gravitationnel est entièrement généré par ces N particules et qu'en retour le mouvement de chacune d'entre elles est régi par le seul champ gravitationnel. Le problème traité est donc la généralisation relativiste du *problème des N corps* de la gravitation newtonienne. Dans ces conditions, l'action totale du système champ gravitationnel + particules peut s'écrire

$$\boxed{S = S_{\text{champ}} + S_{\text{inter}} + S_{\text{part. libres}}}, \qquad (22.6)$$

où S_{champ} est l'action du champ gravitationnel libre, c'est-à-dire l'action qui régirait complètement la dynamique du champ s'il n'y avait pas de particules, et $S_{\text{part. libres}}$ est l'action décrivant les particules libres, c'est-à-dire en l'absence de champ gravitationnel. S_{inter} est alors la partie de l'action qui décrit l'interaction entre les particules et le champ gravitationnel. Nous allons choisir pour chacune de ces trois actions des formes déjà rencontrées dans ce livre :

- Pour S_{champ}, nous prendrons l'action la plus simple qui soit pour un champ scalaire, à savoir l'action de Klein-Gordon introduite au § 18.6.1. En effet, si l'on choisit un champ de masse nulle, le paramètre ℓ^{-2} dans l'équation de Klein-Gordon (18.143) est zéro et cette dernière se réduit à $\square\Phi = 0$, qui est exactement l'équation que nous cherchons lorsqu'il n'y a pas de particule. Nous postulons donc

$$S_{\text{champ}} = -\frac{1}{8\pi Gc}\int_{\mathscr{U}} \langle \boldsymbol{\nabla}\Phi, \vec{\boldsymbol{\nabla}}\Phi\rangle\, \epsilon = -\frac{1}{8\pi Gc}\int_{\mathscr{U}} g^{\mu\nu}\frac{\partial\Phi}{\partial x^\mu}\frac{\partial\Phi}{\partial x^\nu}\, dU, \qquad (22.7)$$

  où $\mathscr{U}$ est un domaine quadridimensionnel de $\mathscr{E}$ et (x^α) un système de coordonnées sur $\mathscr{U}$. La différence avec l'action basée sur le lagrangien de Klein-Gordon (18.138) est, hormis $\ell^{-2} = 0$, le facteur constant $4\pi Gc$. Ce dernier joue le rôle de ***constante de couplage*** entre le champ gravitationnel et les particules.

- Quant à $S_{\text{part. libres}}$, elle est naturellement constituée de la somme de l'action de chaque particule considérée comme libre, cette dernière étant

1. Au sens défini au § 9.1.1.

donnée par les Éqs. (11.6) et (11.21) (*cf.* aussi (11.105) avec $K = 0$) :

$$S_{\text{part. libres}} = -\sum_{a=1}^{N} m_a c \int_{\lambda_1}^{\lambda_2} \sqrt{-g_{\alpha\beta}\, \dot{x}_a^\alpha\, \dot{x}_a^\beta}\, d\lambda, \qquad (22.8)$$

où λ est un paramètre le long de la ligne d'univers $\mathscr{L}_a$ de la particule $\mathscr{P}_a$ et les fonctions $x_a^\alpha(\lambda)$ forment l'équation paramétrique de $\mathscr{L}_a$ dans le système de coordonnées (x^α).

- Enfin, pour S_{inter}, choisissons l'interaction avec un champ scalaire déjà rencontrée au § 11.1.7, à savoir celle donnée par le lagrangien (11.37). Pour chaque particule, nous fixons la charge scalaire égale à la masse : $q_a = m_a$. C'est la traduction de l'égalité classique entre la *masse grave* (q_a dans le cas présent) et la *masse inerte* (m_a). Nous discuterons ce point plus en détail au § 22.2. Nous avons donc

$$S_{\text{inter}} = -\sum_{a=1}^{N} \frac{m_a}{c} \int_{\lambda_1}^{\lambda_2} \Phi(x_a^\alpha(\lambda)) \sqrt{-g_{\alpha\beta}\, \dot{x}_a^\alpha\, \dot{x}_a^\beta}\, d\lambda. \qquad (22.9)$$

Au vu des Éqs. (22.6)–(22.9), l'action totale S est une fonctionnelle de Φ et des $x_a^\alpha(\lambda)$. Appliquons tout d'abord le principe de moindre action aux variations par rapport à (x_a^α) pour a fixé. Cela ne fait intervenir que la partie $S_{\text{part. libres}} + S_{\text{inter}}$ de S, et plus particulièrement le terme numéro a de cette somme. Il s'agit en fait de l'action issue du lagrangien (11.36) étudié au § 11.1.7. Nous y avons montré que les équations d'Euler-Lagrange conduisent aux équations du mouvement suivantes (Éq. (11.38) avec $q = m$) :

$$\boxed{\left(c^2 + \Phi\right) \underline{\boldsymbol{a}}_a = -\boldsymbol{\nabla}\Phi \circ \perp_{\boldsymbol{u}_a}}, \qquad (22.10)$$

où $\vec{\boldsymbol{a}}_a$ désigne la 4-accélération de la particule $\mathscr{P}_a$ et $\perp_{\boldsymbol{u}_a}$ le projecteur orthogonal sur son espace local de repos. En terme des composantes par rapport aux coordonnées inertielles (x^α), cette équation s'écrit

$$\boxed{\left(1 + \frac{\Phi}{c^2}\right) \frac{d^2 x_a^\alpha}{d\tau_a^2} = -\left(g^{\alpha\beta} + \frac{1}{c^2} \frac{dx_a^\alpha}{d\tau_a} \frac{dx_a^\beta}{d\tau_a}\right) \frac{\partial \Phi}{\partial x^\beta}}, \qquad (22.11)$$

où τ_a est le temps propre de la particule $\mathscr{P}_a$. Pour le champ Φ, la limite non-relativiste est définie par

$$\boxed{\frac{|\Phi|}{c^2} \ll 1}_{\text{non rel.}} . \qquad (22.12)$$

De plus, à la limite non-relativiste, $\tau_a \to t$ et $|dx_a^i/d\tau_a| \ll c$. La limite non-relativiste des composantes $\alpha = i \in \{1, 2, 3\}$ de (22.11) est donc bien l'équation du mouvement newtonienne (22.2).

Remarque : Pour le champ gravitationnel à la surface de la Terre, $\Phi \simeq -GM_\oplus/R_\oplus$ et $|\Phi|/c^2 \sim 10^{-10}$, de sorte que la condition (22.12) est bien satisfaite. Il en est de même du champ gravitationnel dans le Système solaire, où $|\Phi|/c^2$ atteint son maximum, de l'ordre de 10^{-6}, au voisinage du Soleil. Par contre, pour une étoile à neutrons, $|\Phi|/c^2 \sim 0.2$, ce qui montre que ces objets sont relativistes.

Passons à présent à la minimisation de l'action S vis-à-vis des variations du champ Φ. Cela ne concerne que le terme $S_{\text{champ}} + S_{\text{inter}}$ car $S_{\text{part. libres}}$ ne contient pas Φ. Pour pouvoir appliquer les équations d'Euler-Lagrange obtenues au § 18.6.1, il faut exprimer l'action S_{inter} sous la forme de l'intégrale d'une densité de lagrangien $\mathcal{L}_{\text{inter}}$ sur une région quadridimensionnelle de $\mathscr{E}$, alors qu'elle est donnée par (22.9) comme une somme d'intégrales unidimensionnelles. Réécrivons tout d'abord (22.9) en choisissant comme paramètre $\lambda = c\tau$, τ étant le temps propre de la particule considérée :

$$S_{\text{inter}} = -\sum_{a=1}^{N} m_a \int_{\tau_1}^{\tau_2} \Phi(A_a(\tau))\, d\tau, \tag{22.13}$$

où $A_a(\tau)$ est le point générique de la ligne d'univers $\mathscr{L}_a$, c'est-à-dire le point de coordonnées $(x_a^\alpha(\tau))$. Il est alors facile de faire apparaître une intégrale quadridimensionnelle grâce à la mesure de Dirac introduite au § 18.1.1 (Éq. (18.3)) :

$$S_{\text{inter}} = \int_{\mathscr{U}} \mathcal{L}_{\text{inter}}\, dU, \tag{22.14}$$

avec

$$\mathcal{L}_{\text{inter}}(M) = \Phi(M) \left[-\sum_{a=1}^{N} m_a \int_{\tau_1}^{\tau_2} \delta_{A_a(\tau)}(M)\, d\tau \right]. \tag{22.15}$$

On reconnaît dans le terme entre crochets la trace du tenseur énergie-impulsion $\boldsymbol{T}$ du système de particules, à un facteur c^3 près. En effet, $\boldsymbol{T}$ est donné par l'Éq. (19.3). En y reportant $\boldsymbol{p}_a = m_a c \underline{\boldsymbol{u}}_a$ (particule simple, *cf.* Éq. (9.3)) et en prenant la trace à l'aide du tenseur métrique $\boldsymbol{g}$ (c'est-à-dire en effectuant la contraction C_1^1 du tenseur $\vec{\boldsymbol{T}}$, *cf.* Éq. (14.33)), il vient, puisque $u_a^\mu (u_a)_\mu = -1$,

$$T := T^\mu{}_\mu = g^{\mu\nu} T_{\mu\nu} = -\sum_{a=1}^{N} m_a c^2 \int_{-\infty}^{+\infty} \delta_{A_a(\tau)}(M)\, c\, d\tau. \tag{22.16}$$

La différence avec (22.15) concerne les bornes de l'intégrale sur τ, mais cela n'a pas d'importance pour la suite, car l'on peut faire $\tau_1 \to -\infty$ et $\tau_2 \to +\infty$ dans (22.15), sans changer le contenu du principe de moindre action. On a donc

$$\boxed{\mathcal{L}_{\text{inter}} = \frac{1}{c^3} \Phi T}. \tag{22.17}$$

La densité de lagrangien complète pour le champ gravitationnel s'écrit, au vu de (22.7) et (22.17) :

$$\mathcal{L}_{\text{champ}} + \mathcal{L}_{\text{inter}} = -\frac{1}{8\pi Gc} g^{\mu\nu} \frac{\partial \Phi}{\partial x^\mu} \frac{\partial \Phi}{\partial x^\nu} + \frac{1}{c^3} \Phi T. \tag{22.18}$$

Il est alors facile d'écrire l'équation du champ (18.142) exprimant la minimisation de S vis-à-vis des variations de Φ. Nous avons vu au § 18.6.1 que le terme $\mathcal{L}_{\text{champ}}$ donne la contribution $(4\pi Gc)^{-1}\Box\Phi$ (*cf.* Éq. (18.143) avec $\ell^{-2} = 0$). Quant au terme $\mathcal{L}_{\text{inter}}$, il donne la contribution $\partial/\partial\Phi(\Phi T/c^3) = T/c^3$. L'équation du champ (18.142) s'écrit donc

$$\boxed{\Box\Phi = -\frac{4\pi G}{c^2} T}. \tag{22.19}$$

On obtient donc bien une équation de la forme (22.5) avec $\mathcal{S} := -T/c^2$. Contrairement à la densité d'énergie, T est une quantité indépendante de tout observateur. De plus, à la limite non-relativiste, l'Éq. (22.19) redonne l'équation de Poisson (22.1). En effet, dans cette limite, $\tau \to t$ et (22.16) donne (*cf.* (18.4))

$$\begin{aligned} T(t,x,y,z) &= -\sum_{a=1}^{N} m_a c^2 \int_{-\infty}^{+\infty} \delta(ct - ct')\,\delta(x - x_a(t'))\,\delta(y - y_a(t')) \\ &\qquad\qquad \times \delta(z - z_a(t'))\, c\,dt' \\ &= -c^2 \sum_{a=1}^{N} m_a \delta(x - x_a(t))\,\delta(y - y_a(t))\,\delta(z - z_a(t)). \end{aligned}$$

On reconnaît dans le dernier terme l'expression newtonienne de la densité de masse ρ du système de particules, de sorte que $T/c^2 = -\rho$. La limite non-relativiste se traduit également par un champ lentement variable (Éq. (22.4)), si bien que $\Box\Phi \to \Delta\Phi$. Il est alors clair que (22.19) se réduit à (22.1).

Nous avons dérivé l'équation du champ gravitationnel scalaire (22.19) dans le cas spécifique d'un système de N particules simples. Nous pouvons alors postuler le :

> **Principe de couplage universel de la gravitation :** N'importe quel type de matière (par exemple un fluide) ou de champ (par exemple le champ électromagnétique) génère un champ gravitationnel selon l'équation (22.19), où T est la trace du tenseur énergie-impulsion de ladite matière ou dudit champ.

Ce principe est intimement relié à l'équivalence masse-énergie et à l'égalité entre masse grave et masse inerte. Avec lui, nous obtenons une théorie scalaire complète du champ gravitationnel dans l'espace-temps de Minkowski.

Exemple : Si la source du champ gravitationnel est un fluide parfait, alors d'après la forme (21.1) du tenseur énergie-impulsion de ce dernier,

$$T = T^{\mu}{}_{\mu} = (\varepsilon + p)\underbrace{u^{\mu}u_{\mu}}_{-1} + p\,\underbrace{g^{\mu\nu}g_{\mu\nu}}_{4} = 3p - \varepsilon,$$

si bien que la décomposition (21.17) de ε en densité d'énergie de masse ρc^2 et densité d'énergie interne ε_{int} conduit à

$$-\frac{T}{c^2} = \rho + \frac{\varepsilon_{\text{int}} - 3p}{c^2}.$$

La limite non-relativiste (21.57) donne alors $-T/c^2 \simeq \rho$ et l'équation du champ (22.19) se réduit bien à l'équation de Poisson (22.1).

Remarque 1 : On peut montrer (*cf.* par exemple [47, 178]) que dans la théorie présentée ci-dessus, le tenseur énergie-impulsion qui est conservé, c'est-à-dire qui vérifie l'équation (19.27) : $\vec{\boldsymbol{\nabla}} \cdot \boldsymbol{T}_{\text{tot}} = 0$, est le tenseur

$$\boldsymbol{T}_{\text{tot}} = \boldsymbol{T}_{\text{mat}} + \boldsymbol{T}_{\text{grav}}, \tag{22.20}$$

avec

$$\boldsymbol{T}_{\text{mat}} := \left(1 + \frac{\Phi}{c^2}\right)\boldsymbol{T}, \tag{22.21}$$

$\boldsymbol{T}$ étant le tenseur énergie-impulsion « ordinaire » de la matière, c'est-à-dire le tenseur donné par (19.3), et

$$\boldsymbol{T}_{\text{grav}} := \frac{1}{4\pi G}\left[\boldsymbol{\nabla}\Phi \otimes \boldsymbol{\nabla}\Phi - \frac{1}{2}\langle \boldsymbol{\nabla}\Phi, \vec{\boldsymbol{\nabla}}\Phi\rangle\, \boldsymbol{g}\right]. \tag{22.22}$$

Ce dernier terme peut être interprété comme le tenseur énergie-impulsion du champ gravitationnel. On déduit de (22.21) la relation suivante entre les traces des tenseurs $\boldsymbol{T}$ et $\boldsymbol{T}_{\text{mat}}$: $T = (1+\Phi/c^2)^{-1}T_{\text{mat}}$, de sorte que l'on peut réécrire l'équation du champ (22.19) comme

$$\left(1 + \frac{\Phi}{c^2}\right)\Box\Phi = -\frac{4\pi G}{c^2}T_{\text{mat}}. \tag{22.23}$$

Ainsi écrite, l'équation du champ gravitationnel apparaît non linéaire. Il s'agit de l'équation obtenue en 1913 par G. Nordström [305] (*cf.* note ci-dessous).

Remarque 2 : La théorie de la gravitation décrite ci-dessus n'est pas la seule théorie scalaire possible. Ainsi, dans l'exercice 7.1 de leur livre [294] (*cf.* [382] pour la solution), C.W. Misner, K.S. Thorne et J.A. Wheeler (*cf.* p. 82) proposent une théorie également dérivée d'un principe de moindre action, en utilisant

$$S_{\text{part. libres}} + S_{\text{inter}} = -\sum_{a=1}^{N} m_a c \int_{\lambda_1}^{\lambda_2} \mathrm{e}^{\Phi(x_a^{\alpha}(\lambda))/c^2} \sqrt{-g_{\alpha\beta}\,\dot{x}_a^{\alpha}\,\dot{x}_a^{\beta}}\; d\lambda, \tag{22.24}$$

plutôt que la somme de (22.8) et (22.9), ce qui revient à remplacer $(1+\Phi/c^2)$ par e^{Φ/c^2} dans l'action totale.

Note historique : *Dans le « mémoire de Palerme » publié en 1906 [333] et que nous avons eu maintes occasions de mentionner dans les chapitres précédents, Henri Poincaré* (cf. *p. 25) a présenté des tentatives d'extension relativiste de la force de gravitation en* $1/r^2$ *de Newton, en mettant l'accent sur l'invariance vis-à-vis du groupe de Lorentz* (cf. *[428]). Le traitement de la gravitation comme un champ scalaire sur l'espace-temps de Minkowski a été développé entre 1911 et 1913 par les physiciens allemands Max Abraham*[2], *Gustav Mie*[3] *et Albert Einstein* (cf. *p. 25) et par Gunnar Nordström*[4] (cf. *[306, 308] pour les détails historiques). C'est Max Laue* (cf. *p. 151) qui a suggéré à Einstein que le terme source d'une équation scalaire du champ gravitationnel devait être la trace du tenseur énergie-impulsion. Einstein appelait d'ailleurs T le « scalaire de Laue ». La théorie la plus achevée a été celle de Nordström, notamment dans sa version publiée en 1913 [305]. Elle est équivalente à la théorie exposée ci-dessus, mais Nordström ne l'a pas dérivée d'un principe variationnel : il a postulé l'équation du champ sous la forme* $\Box\Phi = -4\pi G g(\Phi) T_{\text{mat}}/c^2$ *et, par un argument basé sur l'égalité masse grave et masse inerte, a déterminé la fonction* $g(\Phi)$ *comme* $g(\Phi) = (1 + \Phi/c^2)^{-1}$, *obtenant ainsi l'Éq. (22.23). En 1914, Einstein et Adriaan Fokker* (cf. *p. 339) [142] ont montré que la théorie de Nordström pouvait se mettre sous une forme purement métrique, c'est-à-dire une forme où n'apparaît plus le champ scalaire* Φ, *mais seulement la métrique* $\tilde{\boldsymbol{g}} := (1 + \Phi/c^2)^2 \boldsymbol{g}$. *On dit que* $\tilde{\boldsymbol{g}}$ *est une métrique* ***conforme*** *à la métrique* $\boldsymbol{g}$. *La métrique physique sur* $\mathscr{E}$, *au sens de celle qui donne le temps propre le long des lignes d'univers, est alors* $\tilde{\boldsymbol{g}}$ *et non plus la métrique de Minkowski* $\boldsymbol{g}$. *Dans cette approche, la notion de 4-force gravitationnelle disparaît et les trajectoires des particules dans le champ gravitationnel sont simplement les géodésiques de* $\tilde{\boldsymbol{g}}$. *Remarquons que les métriques* $\tilde{\boldsymbol{g}}$ *et* $\boldsymbol{g}$ *ont les mêmes cônes de lumière :* $\tilde{\boldsymbol{g}}(\vec{v}, \vec{v}) = 0 \iff \boldsymbol{g}(\vec{v}, \vec{v}) = 0$. *Avec l'approche d'Einstein et Fokker, la théorie de Nordström devient ainsi la première théorie purement métrique de la gravitation, juste avant la relativité générale.*

22.1.2 Incompatibilité avec les observations

La théorie scalaire exposée ci-dessus est une théorie bien posée qui généralise la gravitation newtonienne. Mais elle présente un défaut rédhibitoire : elle n'est pas conforme à l'expérience ! En effet, appliquée au mouvement des planètes autour du Soleil, elle prédit un retard du périhélie, alors que les obser-

2. **Max Abraham** (1875–1922) : Physicien allemand, étudiant de Max Planck (*cf.* p. 282), tenant de la théorie de l'éther, il développa une théorie de l'électron le considérant comme sphère rigide uniformément chargée qui doit toute sa masse à l'énergie électromagnétique.

3. **Gustav Mie** (1869–1957) : Physicien allemand, connu pour sa théorie de la diffusion des ondes électromagnétiques par des particules sphériques.

4. **Gunnar Nordström** (1881–1923) : Physicien finlandais, connu pour sa théorie scalaire de la gravitation et pour une solution de l'équation d'Einstein (Éq. (22.32)) correspondant à une source sphérique électriquement chargée.

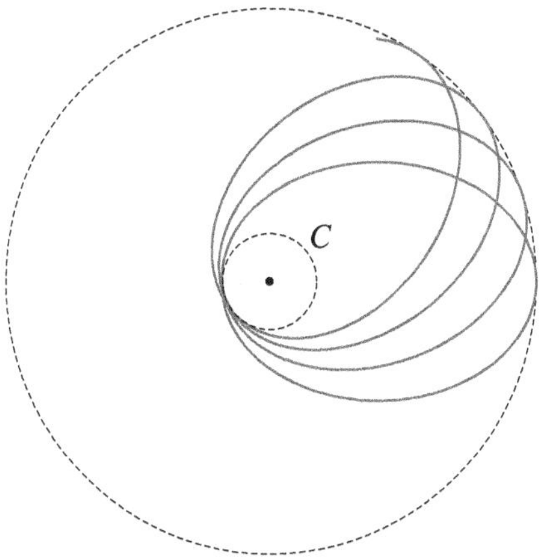

FIG. 22.1 – Avance du périhélie de Mercure. Sur cette figure, à la fois l'excentricité et l'avance du périhélie sont exagérées.

vations, notamment de la planète Mercure, montrent une *avance* du périhélie, qui plus est d'une amplitude six fois plus grande.

Le problème de l'avance du périhélie de Mercure est en effet un test crucial pour toute théorie relativiste de la gravitation. En gravitation newtonienne, si l'on suppose le Soleil exactement sphérique et on néglige l'action des autres planètes, l'orbite de Mercure doit être une ellipse parfaite (solution du problème de Kepler). Toute perturbation du champ gravitationnel en $1/r^2$ (aplatissement du Soleil, champ gravitationnel des autres planètes, prise en compte de termes relativistes) fait dévier l'orbite d'une ellipse. En particulier, l'orbite n'est plus une courbe fermée et le point de passage au ***périhélie*** (distance minimale au Soleil) varie légèrement d'une orbite à l'autre (*cf.* Fig. 22.1). Ce point décrit un cercle (noté C sur la Fig. 22.1) à une vitesse angulaire appelée ***avance du périhélie***. La valeur mesurée est de $574''$ par siècle. Or en 1859, l'astronome français Urbain Le Verrier (1811–1877) a découvert que la théorie newtonienne, *via* les perturbations des autres planètes (la contribution due à l'aplatissement du Soleil s'avère négligeable), ne rend pas compte de la totalité de cette avance, laissant $43''$ par siècle inexpliquées[5].

En prédisant une avance du périhélie de $-7''$ par siècle (*cf.* par exemple [178] pour le détail des calculs), la théorie scalaire de Nordström est clairement en désaccord avec les observations, à la fois quant au signe et à l'amplitude de l'effet.

Remarque : L'avance du périhélie de Mercure est faible ($43''$ par siècle !), mais il existe des systèmes astrophysiques où l'avance est beaucoup plus marquée, en raison d'un champ gravitationnel plus important que celui du Soleil. Il s'agit

5. Il s'agit là de la valeur moderne, la valeur obtenue par Le Verrier en 1859 étant $38''$ par siècle.

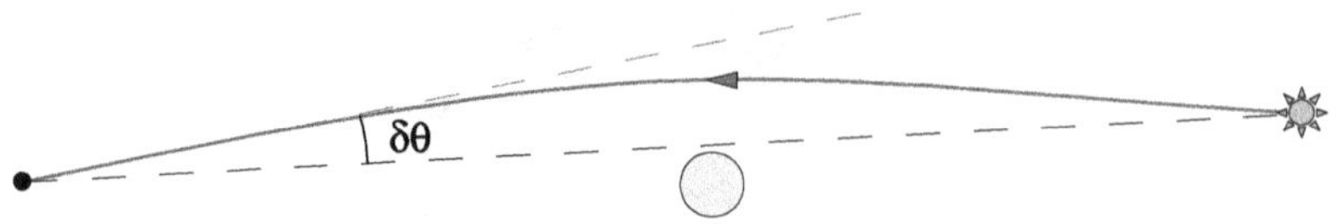

FIG. 22.2 – Déviation des rayons lumineux : écart $\delta\theta$ entre la position apparente d'un astre et la position qu'il aurait si le rayon lumineux n'était pas passé dans le champ gravitationnel d'un corps massif (Soleil).

de systèmes binaires d'étoiles à neutrons. Par exemple, pour l'un d'entre eux, découvert en 2003 et appelé *pulsar double PSR J0737-3039* [440], l'avance du périastre atteint 17° par an !

Une autre source de désaccord avec les observations est le phénomène de ***déviation des rayons lumineux*** [196]. Il s'agit du changement de la direction apparente des étoiles lorsque le Soleil passe devant elles, un phénomène observable lors d'une éclipse (*cf.* Fig. 22.2). L'effet est d'autant plus marqué que le rayon lumineux passe près du Soleil. Pour un rayon qui frôle le disque solaire, la déviation atteint $\delta\theta = 1.75''$. Elle a été mesurée la première fois en 1919 lors d'une éclipse de Soleil, et a été depuis confirmée avec une grande précision avec des sources radio compactes comme les quasars [383].

Or la théorie scalaire de Nordström ne prédit pas de déviation des rayons lumineux, car le champ électromagnétique n'interagit pas avec le champ gravitationnel dans cette théorie. Cela se voit sur le lagrangien d'interaction (22.17), où le couplage avec le champ gravitationnel Φ ne s'effectue que par la trace T du tenseur énergie-impulsion. Or le champ électromagnétique a la propriété d'avoir un tenseur énergie-impulsion de trace nulle, ainsi qu'il est clair à partir de l'expression (20.3) de $\boldsymbol{T}^{\rm em}$:

$$T^{\rm em} = g^{\alpha\beta} T^{\rm em}_{\alpha\beta} = \varepsilon_0 \Big(F_{\mu\alpha} \underbrace{g^{\alpha\beta} F^{\mu}{}_{\beta}}_{F^{\mu\alpha}} - \frac{1}{4} F_{\mu\nu} F^{\mu\nu} \underbrace{g^{\alpha\beta} g_{\alpha\beta}}_{4} \Big) = 0.$$

22.1.3 Théorie vectorielle

La théorie scalaire de la gravitation était l'extension relativiste la plus simple de la théorie de Newton. Comme elle doit être rejetée parce qu'en désaccord avec l'expérience, il est naturel de se tourner vers une théorie vectorielle, d'autant plus qu'on connaît au moins un cas de succès d'une telle théorie : l'électromagnétisme. C'est même le prototype des théories vectorielles ! (*cf.* § 11.1.6 et 18.6.2). Mais il y a une différence fondamentale entre l'électromagnétisme et la gravitation : pour cette dernière deux masses identiques s'attirent alors que deux charges électriques identiques se repoussent. Cela se traduit par un changement de signe dans les constantes : pour obtenir une formulation de la gravitation analogue à l'électromagnétisme, il faut effectuer la substitution

$$\varepsilon_0 \longleftrightarrow -\frac{1}{4\pi G}. \tag{22.25}$$

La première composante de l'équation de Maxwell (18.72) redonne alors l'équation de Poisson (22.1) dans le cas d'un champ lentement variable ($\Box \to \Delta$).

Le changement de signe dans (22.25), que l'on pourrait penser anodin, a en fait une conséquence désastreuse sur la théorie. Considérons par exemple une particule accélérée de masse $m > 0$. Elle émet un rayonnement gravitationnel, tout comme une particule chargée accélérée émet un rayonnement électromagnétique (*cf.* § 20.2). Supposons que, par rapport à un observateur inertiel $\mathcal{O}$, l'accélération $\vec{\gamma}$ de la particule soit toujours colinéaire à sa vitesse $\vec{\boldsymbol{V}}$ (c'est le cas d'une particule oscillant le long d'un axe). Le vecteur flux d'énergie du rayonnement (vecteur de Poynting) est alors donné par la formule (20.26) dans laquelle on effectue la substitution (22.25), ainsi que bien évidemment $q \to m$:

$$\vec{\varphi} = -\frac{G m^2 \gamma^2 \sin^2\theta}{4\pi c^3 r^2 \left(1 - \frac{V}{c}\cos\theta\right)^6}\, \vec{\boldsymbol{n}}, \tag{22.26}$$

où $\vec{\boldsymbol{n}}$ est le vecteur unitaire joignant la position vis-à-vis de $\mathcal{O}$ de la particule à l'instant retardé $t - r/c$ au point d'observation où l'on évalue $\vec{\varphi}$ (*cf.* Fig. 18.6). On constate que $\vec{\varphi}$ est colinéaire, mais de sens opposé à $\vec{\boldsymbol{n}}$. Cela signifie que l'énergie « rayonnée » est dirigée vers la particule et non vers l'extérieur ! Autrement dit, le système champ gravitationnel + particule gagne de l'énergie au fur et à mesure des oscillations. Cette propriété conduit à une instabilité du mouvement et n'est pas physiquement acceptable. Ainsi, la théorie de la gravitation ne peut être une théorie vectorielle, de type électromagnétisme de Maxwell.

Remarque : La théorie scalaire de la gravitation avait dû être rejetée parce qu'elle n'était pas en accord avec l'expérience. Ici, c'est plus grave : la gravitation vectorielle n'est même pas viable sur le plan théorique.

Note historique : *Dès 1865, James Clerk Maxwell (*cf.* p. 588) avait remarqué qu'une théorie de la gravitation construite sur le modèle de l'électromagnétisme conduirait à une densité d'énergie négative pour le champ gravitationnel (§ 82 de [279]). En effet la substitution (22.25) dans la formule (20.7) qui donne la densité d'énergie du champ par rapport à un observateur $\mathcal{O}$ conduit à*

$$\rho_{\rm grav} = -\frac{1}{8\pi G}\left(\vec{\boldsymbol{E}}\cdot\vec{\boldsymbol{E}} + c^2\vec{\boldsymbol{B}}\cdot\vec{\boldsymbol{B}}\right), \tag{22.27}$$

où $\vec{\boldsymbol{E}}$ et $\vec{\boldsymbol{B}}$ sont les vecteurs champ « électrique » et champ « magnétique » gravitationnels. Ce caractère négatif de la densité d'énergie parut douteux à Maxwell, qui conclut qu'il ne vaut pas la peine d'explorer plus en avant une telle théorie du champ gravitationnel.

22.1.4 Théorie tensorielle

Poursuivons notre recherche d'une théorie de la gravitation dans l'espace-temps de Minkowski par la discussion d'un champ tensoriel de valence 2, après les champs scalaire (valence 0) et vectoriel (valence 1). Sans entrer dans les détails (*cf.* § 8.10 de [14], Box. 7.1 de [294] et § 1.2 de [394]), indiquons simplement que l'idée principale est d'introduire sur $\mathscr{E}$ un champ tensoriel $\boldsymbol{h}$, de type $(0,2)$ et symétrique. Le couplage à la matière et aux autres champs s'effectue alors naturellement en contractant $\boldsymbol{h}$ avec le tenseur énergie-impulsion total $\boldsymbol{T}$ pour former le lagrangien d'interaction

$$\mathcal{L}_{\text{inter}} = \frac{1}{2c} h_{\mu\nu} T^{\mu\nu}. \qquad (22.28)$$

Cette formule est à comparer avec celle du cas scalaire (Éq. (22.17)) et implémente le principe du couplage universel de la gravitation (*cf.* § 22.1.1). Dans le cas d'une particule, $\boldsymbol{T}$ étant de la forme (19.3) avec $N = 1$, elle redonne le lagrangien (11.41) avec $q = m$.

En ce qui concerne le lagrangien du champ libre, $\mathcal{L}_{\text{champ}}$, il y a une façon assez naturelle de l'écrire, énoncée en 1939 par le physicien suisse Markus Fierz (1912–2006) et Wolfgang Pauli (*cf.* p. 535) [157]. En terme de théorie des champs, il s'agit du lagrangien pour un champ de spin 2 sans masse. Cependant, la théorie ainsi obtenue est telle que la matière à la source du champ gravitationnel ne ressent pas la gravitation ! Plus précisément, dans cette théorie, le tenseur énergie-impulsion de la matière $\boldsymbol{T}$ vérifie à lui seul l'équation de conservation $\vec{\boldsymbol{\nabla}} \cdot \boldsymbol{T} = 0$ (*cf.* Box. 7.1 de [294] et § 1.2 de [394]). Cela signifie que la densité de 4-force gravitationnelle est nulle (*cf.* Éq. (19.28)). Pour obtenir une théorie satisfaisante, où la matière est sensible à la gravitation, il faut ajouter des termes d'ordre plus élevé que quadratique dans $\mathcal{L}_{\text{champ}}$. On aboutit alors à une théorie compliquée, qui est en fait localement équivalente à la relativité générale [117] : la métrique de Minkowski $\boldsymbol{g}$ de départ perd toute signification physique, au dépend de la métrique

$$\boldsymbol{g}^* = \boldsymbol{g} + \boldsymbol{h}. \qquad (22.29)$$

Il est alors plus simple de se placer d'emblée dans le cadre de la relativité générale (§ 22.3) et non dans celui d'une théorie de champ dans l'espace-temps de Minkowski.

Note historique : *L'approche, équivalente à la relativité générale, qui consiste à traiter la gravitation comme un champ tensoriel de valence 2 dans un espace-temps de Minkowski « de fond », a été développée et utilisée notamment par le physicien grec Achilles Papapetrou (1907–1997) [309], le physicien* *américano-indien Suraj N. Gupta [188], Richard Feynman (cf. p. 375) [156], Stanley Deser*[6] *[117], Steven Weinberg*[7] *[431] et le Russe Leonid Grishchuk [29, 185].*

22.2 Principe d'équivalence

22.2.1 Énoncé

Le fait que dans une théorie relativiste acceptable de la gravitation, la métrique de Minkowski s'efface au profit d'une métrique plus « physique » (Éq. (22.29)) est la traduction géométrique du *principe d'équivalence.* Ce dernier émerge d'une caractéristique qui singularise la gravitation parmi toutes les interactions fondamentales : l'égalité entre la masse grave (la charge « gravitationnelle ») et la masse inerte (que dans les chapitres précédents, nous avons appelé, *masse* tout court). Il s'ensuit que l'accélération d'une particule dans un champ gravitationnel donné est indépendante de la nature de cette particule. Il n'en va pas de même pour le champ électromagnétique : le mouvement dépend du rapport de la charge électrique sur la masse de la particule. D'un point de vue expérimental, l'égalité masse grave-masse inerte a été vérifiée à un très haut degré de précision : d'abord au niveau 10^{-8} par le physicien hongrois Loránd Eötvös (1848–1919) en 1909 (*cf.* Chap. 7 du livre de Rémi Hakim [196]) jusqu'à 3×10^{-13} aujourd'hui [440]. Le satellite Microscope doit être lancé en 2011 par le CNES pour augmenter cette précision jusqu'à 10^{-15} (*cf.* Fig. 22.3).

En raison de l'égalité masse grave-masse inerte, un champ de gravitation uniforme dans un référentiel galiléen se comporte exactement comme la force d'inertie d'entraînement dans un référentiel uniformément accéléré. Cette propriété permet de généraliser le principe d'égalité masse grave-masse inerte à la théorie de la relativité, où le concept de masse a perdu quelque peu de son caractère premier en raison de l'équivalence masse-énergie. On postule en effet le

> **Principe d'équivalence :** Les mesures physiques effectuées par un observateur inertiel[8] dans un champ de gravitation uniforme sont en tout point identiques aux mesures effectuées par un observateur uniformément accéléré.

6. **Stanley Deser** : Physicien américain né en 1931, connu pour ses travaux en relativité générale et en gravitation quantique. Il a notamment développé, avec Richard Arnowitt et Charles W. Misner (*cf.* p. 82), une formulation hamiltonienne de la relativité générale, célèbre sous le nom d'ADM.

7. **Steven Weinberg** : Physicien américain né en 1933, prix Nobel de physique 1979 pour l'unification de l'électromagnétisme et de l'interaction nucléaire faible, auteur d'un célèbre manuel de relativité générale [431].

8. Par *inertiel*, nous entendons dont la ligne d'univers est une droite de l'espace-temps de Minkowski et dont la 4-rotation est nulle (*cf.* Chap. 8). Il ne s'agit pas d'un observateur inertiel au sens de la ralativité générale.

FIG. 22.3 – Satellite Microscope : en orbite polaire à 700 km d'altitude et équipé de deux accéléromètres différentiels, il doit tester le principe d'équivalence en comparant le mouvement dans le champ gravitationnel terrestre de corps d'épreuve différents (titane et platine) [W12]. (Source : CNES (illust. D. Ducros).)

On illustre souvent ce principe par l'image suivante : un observateur enfermé dans une cabine sans hublot n'a aucun moyen de savoir, par quelque expérience que ce soit, s'il est au repos à la surface de la Terre ou s'il voyage loin de toute influence gravitationnelle, emporté par une fusée qui développe une accélération égale à celle de la pesanteur terrestre ($\gamma = 9.8 \text{ m.s}^{-2}$).

22.2.2 Effet Einstein et incompatibilité avec la métrique de Minkowski

Grâce aux résultats du Chap. 12 sur les observateurs accélérés, il est facile de voir que le principe d'équivalence conduit à l'abandon de la métrique de Minkowski dans toute théorie relativiste de la gravitation, sans avoir à entrer dans le détail de cette théorie. Nous allons en effet montrer que le principe d'équivalence conduit à un effet physique, l'effet Einstein, dont ne peut rendre compte la métrique de Minkowski.

Considérons donc deux observateurs inertiels immobiles l'un par rapport à l'autre dans un champ de gravitation uniforme (*cf.* Fig. 22.4). Supposons que $\mathcal{O}'$ émette des signaux lumineux périodiques, de période $\Delta t'$ (vis-à-vis de son temps propre). Ces signaux sont reçus par $\mathcal{O}$ à une période Δt de son temps propre. D'après le principe d'équivalence, tout se passe comme si $\mathcal{O}$ et $\mathcal{O}'$ étaient uniformément accélérés et la situation décrite par la Fig. 22.4 doit être analogue à celle décrite par la Fig. 12.14 (on suppose que la 4-accélération $\vec{a}$ de $\mathcal{O}$ nécessaire pour « simuler » le champ gravitationnel est suivant le vecteur $\vec{e}_x$ joignant $\mathcal{O}$ à $\mathcal{O}'$). La relation entre Δt et $\Delta t'$ est alors

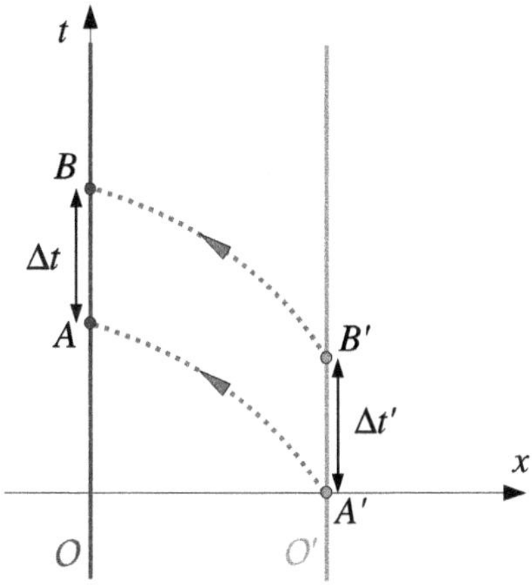

FIG. 22.4 – Égalité entre les intervalles de temps Δt et $\Delta t'$ mesurés par respectivement deux observateurs, $\mathcal{O}$ et $\mathcal{O}'$, entre deux signaux, $\mathcal{O}$ étant l'émetteur et $\mathcal{O}'$ le récepteur.

donnée par la formule (12.72) :

$$\boxed{\Delta t = \frac{\Delta t'}{1 + \gamma x_{\rm em}/c^2}}, \tag{22.30}$$

où $x_{\rm em}$ est l'abscisse de l'émetteur $\mathcal{O}'$ dans le référentiel de $\mathcal{O}$ et où nous avons remplacé la norme a de la 4-accélération « effective » de $\mathcal{O}$ par son expression en fonction de l'accélération γ de $\mathcal{O}$ vis-à-vis d'un observateur inertiel momentanément au repos par rapport à lui, suivant la relation (4.64) : $a = \gamma/c^2$. Le fait que, suivant l'Éq. (22.30), le champ gravitationnel induise $\Delta t \neq \Delta t'$ est appelé ***effet Einstein*** ou ***décalage spectral gravitationnel***. Cet effet a été vérifié par de nombreuses expériences, ainsi que nous le détaillerons plus bas.

L'effet Einstein conduit à abandonner la métrique de Minkowski en présence du champ gravitationnel. Plus précisément, si l'on suppose le champ gravitationnel stationnaire, les trajectoires du premier signal lumineux et du deuxième se déduisent l'une de l'autre par une simple translation dans la direction $\vec{e}_t$ (*cf.* Fig. 22.4). Par conséquent, la distance métrique entre les événements A et B doit être la même qu'entre les événements A' et B'. Or par définition même du temps propre, la première distance est $c\Delta t$ et la deuxième $c\Delta t'$. Ainsi, la métrique de Minkowski conduit à $\Delta t = \Delta t'$. On en conclut que si le champ gravitationnel obéit au principe d'équivalence, alors le temps propre ne peut plus être donné par la métrique de Minkowski. Notons que cette conclusion ne dépend pas du détail de la trajectoire des photons entre $\mathcal{O}'$ et $\mathcal{O}$. Par exemple, sur la Fig. 22.4, nous n'avons pas supposé que les photons se déplacent suivant des droites de $\mathscr{E}$, comme ils le feraient en l'absence de champ gravitationnel.

Note historique : *Le principe d'équivalence a été énoncé par Albert Einstein en 1907 [134]. Il a constitué le fil directeur qui allait le conduire à la théorie de la relativité générale huit ans plus tard. Einstein le qualifiera d'« idée la plus heureuse » de sa vie* (cf. *Chap. 9 de [308]). L'argument conduisant à l'abandon de la métrique de Minkowski présenté ci-dessus est dû à Alfred Schild* (cf. *p. 375), qui l'a publié en 1960 [375].*

22.2.3 Vérifications expérimentales de l'effet Einstein

L'effet Einstein, qui est l'une des principales prédictions de toute théorie relativiste de la gravitation basée sur le principe d'équivalence, a été confirmé par plusieurs expériences, que nous décrivons brièvement ici.

Expérience de Pound et Rebka (1960)

Dans le champ gravitationnel de la Terre, l'effet Einstein est très faible car si l'on fait $\gamma = g = 9.8 \text{ m.s}^{-2}$ dans la formule (22.30), il vient

$$\frac{\gamma x_{\text{em}}}{c^2} = 1.1 \times 10^{-16} \left(\frac{x_{\text{em}}}{1 \text{ m}}\right). \tag{22.31}$$

On peut accéder au minuscule décalage temporel correspondant en mesurant des fréquences de raies nucléaires. Ainsi la première vérification expérimentale de l'effet Einstein, qui est due aux physiciens américains Robert V. Pound et Glen A. Rebka en 1960 [337], a consisté à comparer les fréquences de la raie gamma ($E = 14$ keV, $\lambda = 0.09$ nm) de désintégration du ^{57}Fe (isotope instable du fer, de durée de vie 10^{-7} s) entre le bas et le sommet d'une tour de l'université d'Harvard. Le décalage spectral d'ordre 10^{-15} ($x_{\text{em}} = 22$ m dans (22.31)) a pu être mis en évidence grâce à l'effet Mössbauer, qui réduit considérablement la largeur de raie Doppler. La valeur obtenue s'avéra en accord avec la prédiction de la relativité générale avec une marge d'erreur d'environ 10 %. L'expérience fut reproduite en 1965 par R.V. Pound et J.L. Snider [338] qui atteignirent un accord de 1 % avec la relativité générale.

Horloges atomiques à bord d'avions

Les expériences d'Hafele et Keating (1971) et d'Alley (1975) décrites au § 2.5.5 ont permis de vérifier l'effet Einstein avec une précision de l'ordre de 10 % pour la première et 1 % pour la seconde.

Expérience de Vessot et Levine (1976)

Pour augmenter la précision, il fallait accroître l'amplitude de l'effet et donc x_{em}, c'est-à-dire la différence d'altitude entre l'émetteur et le récepteur.

L'idée fut alors de lancer une fusée avec une horloge embarquée et de comparer sa fréquence avec celle d'une horloge identique restée au sol. L'expérience, appelée *Gravity Probe A*, a été réalisée en 1976 sous la direction de Robert Vessot et Martin Levine avec une horloge atomique à maser hydrogène ($\lambda =$ 21 cm) embarquée sur une fusée Scout D [422]. Dans ce cas, le décalage spectral gravitationnel atteint 4×10^{-10}. La formule n'est pas donnée par (22.30) car le champ gravitationnel n'est pas uniforme à l'échelle du trajet de la fusée (altitude maximale égale à 10^4 km). Bien que considérablement plus grand que dans le cas de l'expérience de Pound et Rebka, ce décalage spectral est 10^5 fois plus petit que le décalage Doppler dû au mouvement de la fusée (*cf.* § 5.4) ! La mesure a été rendue possible grâce à l'utilisation d'un transpondeur à bord de la fusée qui, recevant un signal du sol, le renvoie à exactement la même fréquence que celle à laquelle il l'a reçu. La fréquence du signal retour mesurée au sol est décalée par l'effet Doppler du premier ordre, et ce doublement : une fois à l'aller, l'autre fois au retour (dans les deux cas l'émetteur et le récepteur s'éloignent l'un de l'autre, ce qui donne un décalage vers le rouge). Par contre, le signal qui revient à la station au sol n'est affecté ni par l'effet Doppler transverse, ni par l'effet Einstein. Le trajet retour annule en effet les deux décalages de ce type subis à l'aller. Ayant mesuré l'effet Doppler du premier ordre par ce biais, on obtient la vitesse de la fusée. On peut alors calculer l'effet Doppler transverse. Ayant les deux effets Doppler, on les retranche au signal et il ne reste plus que l'effet Einstein. Les résultats de l'expérience de Vessot et Levine ont ainsi été suffisamment précis pour affirmer que l'accord relatif avec la prédiction du principe d'équivalence est de 7×10^{-5}.

Horloges spatiales à atomes froids : ACES/PHARAO

Le projet ACES (Atomic Clock Ensemble in Space) de l'ESA est un ensemble d'horloges atomiques qui doit être installé sur la Station Spatiale Internationale. Il comprend l'horloge PHARAO, qui est une horloge à atomes de césium refroidis par laser, développée au LNE-SYRTE (Observatoire de Paris) et au Laboratoire Kastler Brossel (École Normale Supérieure), et financée par le CNES [346] [W11]. La comparaison avec des horloges à atomes froids au sol (fontaines atomiques) devrait permettre d'affiner à 2×10^{-6} le test de l'effet Einstein, soit un gain d'un facteur 35 par rapport à l'expérience de Vessot et Levine. Le modèle d'ingénierie de PHARAO est actuellement en phase de tests, avant la construction du modèle de vol. Le lancement d'ACES est prévu pour 2013.

Système de positionnement GPS

L'effet Einstein joue un rôle crucial dans les systèmes de positionnement GPS et Galileo. Si l'on n'en tenait pas compte, le GPS serait complètement inopérant [24] ! Ce système repose en effet sur le principe suivant : un observateur qui reçoit les signaux d'au moins quatre satellites de la constellation

GPS peut calculer sa position $\vec{r}$ en résolvant le système de quatre équations :

$$\|\vec{r} - \vec{r}_i\| - c(t - t_i) = 0, \qquad i \in \{1, 2, 3, 4\},$$

où $(t_i, \vec{r}_i)$ est la date et position d'émission encodées dans le signal du satellite n^o i, la date t_i étant fournie par l'horloge atomique embarquée dans le satellite. Les quatre inconnues sont les trois composantes du vecteur position $\vec{r}$ et la date t de réception simultanée des quatre signaux. Pour avoir une précision de l'ordre du mètre sur $\vec{r}$, il faut une précision sur les dates t_i de l'ordre de

$$\delta t \sim \frac{1 \text{ m}}{c} \sim 3 \text{ ns}.$$

Deux effets relativistes conduisent à un δt bien supérieur à la valeur ci-dessus :

- *la dilatation des temps* (*cf.* § 4.1.3) : les satellites sont en mouvement par rapport à l'observateur ; $r_{\text{sat}} = 2.65 \times 10^4$ km étant le rayon de leurs orbites et $M_\oplus = 5.97 \times 10^{24}$ kg la masse de la Terre, la vitesse orbitale d'un satellite est $v = \sqrt{GM_\oplus / r_{\text{sat}}} \simeq 3.87 \text{ km.s}^{-1}$ ce qui donne $v/c \simeq 1.3 \times 10^{-5}$ et un facteur de Lorentz $\Gamma = 1 + 8.3 \times 10^{-11}$. En vertu de la formule (4.1), il en résulte $\delta t/t = \Gamma - 1 \simeq 8.3 \times 10^{-11}$. Si aucune correction n'était appliquée, on atteindrait $\delta t = 3$ ns en $t \sim$ une demi-minute !

- *l'effet Einstein :* les satellites sont environ quatre fois plus élevés dans le potentiel gravitationnel de la Terre que les observateurs au sol. Les temps propres issus de leurs horloges, une fois transmis vers le sol, sont donc décalés par rapport à des horloges au sol, d'une valeur dont on obtient un ordre de grandeur[9] en faisant $x_{\text{em}} = r_{\text{sat}} - R_\oplus \simeq 2 \times 10^4$ km dans (22.31) : $\delta t/t \sim 10^{-9}$. La valeur exacte est $\delta t/t \simeq 5.3 \times 10^{-10}$. Cet effet est encore plus marqué que le précédent. Si aucune correction n'était appliquée, on atteindrait $\delta t = 3$ ns en 6 secondes ! En un jour, la dérive temporelle atteindrait $\delta t = 46$ μs, ce qui correspondrait à une erreur de positionnement de 28 km !

Le GPS constitue donc une application pratique (à ce jour la seule !) où le caractère relativiste du champ gravitationnel doit être pris en compte.

22.2.4 Déviation des rayons lumineux

À côté de l'effet Einstein, une autre conséquence du principe d'équivalence est la déviation des rayons lumineux, c'est-à-dire le fait que les photons ne se propagent pas suivant des lignes droites en présence d'un champ gravitationnel (*cf.* § 22.1.2). En effet, nous avons vu au Chap. 12 que, par rapport à un observateur accéléré, les photons décrivent des lignes courbes, *cf.* notamment

9. Il ne s'agit pas de la valeur exacte, car l'accélération de la pesanteur γ n'est pas constante entre l'observateur et le satellite.

la Fig. 12.13. La valeur de la courbure est donnée par l'Éq. (12.67). Cette formule n'est valable qu'à petite échelle, dans une région où le champ gravitationnel peut être considéré comme homogène. Elle ne suffit donc pas pour interpréter les observations de la déviation au voisinage du Soleil mentionnées au § 22.1.2.

22.3 La relativité générale

Nous avons vu au § 22.2.2 que la métrique de Minkowski ne peut rendre compte de l'effet Einstein. Nous avons également souligné au § 22.1.4 que toute théorie tensorielle cohérente de la gravitation relativiste conduit nécessairement à l'introduction d'une métrique « physique », reléguant la métrique de Minkowski au second plan. Tout cela signifie que la structure mathématique introduite au Chap. 1, à savoir un espace affine $\mathscr{E}$ et une forme bilinéaire $\boldsymbol{g}$ symétrique non-dégénérée et de signature $(-,+,+,+)$ sur l'espace vectoriel E associé à $\mathscr{E}$, n'est pas adaptée à la gravitation. Il faut donc abandonner la relativité restreinte et passer à la relativité générale. Cette dernière, élaborée par Albert Einstein en 1915 [137, 138], est la théorie la plus simple de la gravitation relativiste. Elle a de plus passé avec succès tous les tests expérimentaux et observationnels réalisés à ce jour [440].

Le cadre mathématique de la relativité générale diffère de celui de la relativité restreinte par les points suivants :

- l'espace de base $\mathscr{E}$ n'est pas nécessairement un espace affine, mais une structure plus générale : celle de *variété différentielle* (définie au § 7.1.1) ;

- la structure de variété implique qu'il n'y a plus un unique espace vectoriel E associé à $\mathscr{E}$, mais une infinité d'espaces vectoriels E_A : un en chaque point $A \in \mathscr{E}$, avec $E_A \neq E_B$ si $A \neq B$; E_A est appelé espace vectoriel tangent à $\mathscr{E}$ en A (*cf.* Fig. 22.5) ;

- le tenseur métrique $\boldsymbol{g}$ est un champ sur $\mathscr{E}$: en chaque point $A \in \mathscr{E}$, $\boldsymbol{g}(A)$ est une forme bilinéaire sur E_A, symétrique, non-dégénérée et de signature $(-,+,+,+)$;

- en général, il n'existe pas de système de coordonnées inertielles (x^α) sur $\mathscr{E}$ tout entier, c'est-à-dire de système de coordonnées où, en tout point de $\mathscr{E}$, les composantes de $\boldsymbol{g}$ sont données par la matrice de Minkowski : $g_{\alpha\beta} = \eta_{\alpha\beta} = \mathrm{diag}(-1, 1, 1, 1)$.

La relativité générale implémente l'égalité masse grave – masse inerte – et donc le principe d'équivalence – en stipulant que les lignes d'univers des particules en présence d'un champ gravitationnel sont indépendantes de la nature de ces particules : ce sont des lignes bien définies de l'espace-temps, à savoir des géodésiques de la métrique $\boldsymbol{g}$. Les particules massives suivent ainsi

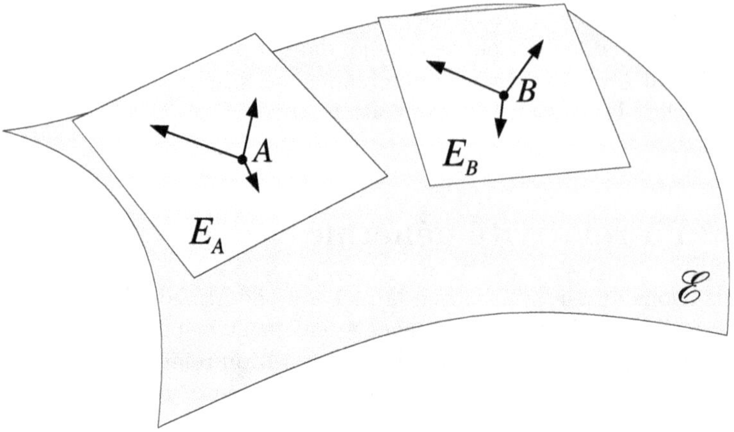

FIG. 22.5 – Variété espace-temps $\mathscr{E}$ de la relativité générale, avec les espaces vectoriels E_A et E_B tangents en deux points A et B (pour les besoins du graphique, la dimension de $\mathscr{E}$ a été réduite de 4 à 2). Cette figure est à comparer avec la Fig. 1.1, qui décrit l'espace affine de la relativité restreinte.

des géodésiques du genre temps et les particules de masse nulle (photons) suivent des géodésiques du genre lumière.

Localement, on ne peut pas distinguer la gravitation d'une accélération (principe d'équivalence), mais à une échelle un peu plus grande, le champ gravitationnel se caractérise par la variation de la distance (métrique) entre deux géodésiques proches et initialement parallèles. Cette dernière propriété est appelée ***courbure*** en géométrie différentielle, ce qui explique pourquoi on résume souvent les choses en disant que la gravitation se traduit par la courbure de l'espace-temps. Dans le cas de l'espace-temps de Minkowski, deux géodésiques initialement parallèles restent toujours à la même distance puisque les géodésiques sont des droites dans l'espace affine $\mathscr{E}$. Cela implique que la courbure est nulle et donc que l'espace-temps de Minkowski est vide de tout champ gravitationnel.

L'équation fondamentale de la relativité générale est l'***équation d'Einstein*** :

$$\boxed{\boldsymbol{R} - \frac{1}{2} R \boldsymbol{g} = \frac{8\pi G}{c^4} \boldsymbol{T}}. \qquad (22.32)$$

Il s'agit d'une égalité entre deux champs de formes bilinéaires symétriques, $\boldsymbol{T}$ étant le tenseur énergie-impulsion de la matière et de tous les champs autres que le champ gravitationnel, $\boldsymbol{R}$ est un tenseur de type $(0, 2)$ symétrique qui décrit une partie de la courbure de l'espace-temps et R est la trace de $\boldsymbol{R}$ par rapport à $\boldsymbol{g}$: $R := g^{\mu\nu} R_{\mu\nu}$. $\boldsymbol{R}$ est appelé ***tenseur de Ricci*** et R ***scalaire de courbure***. À la limite newtonienne, une des dix composantes de l'équation d'Einstein se réduit à l'équation de Poisson (22.1) et les neuf autres à « $0 = 0$ ».

En champ gravitationnel faiblement relativiste, c'est-à-dire avec $\boldsymbol{g} = \bar{\boldsymbol{g}} + \boldsymbol{h}$, $\bar{\boldsymbol{g}}$ métrique de Minkowski et $\boldsymbol{h}$ « petit », l'équation d'Einstein linéarisée en $\boldsymbol{h}$ redonne l'équation dynamique de la théorie tensorielle considérée au § 22.1.4 (lagrangien de Fierz-Pauli + lagrangien d'interaction (22.28)).

Remarque : Dans la théorie scalaire de Nordström étudiée au § 22.1.1, les particules suivent des géodésiques de la métrique $\boldsymbol{g} = (1+\Phi/c^2)^2\bar{\boldsymbol{g}}$, ainsi que l'ont montré Einstein et Fokker (*cf.* note historique p. 704). L'équation du champ (22.19) peut alors se mettre sous la forme

$$R = \frac{24\pi G}{c^4} T, \tag{22.33}$$

où T est la trace du tenseur énergie-impulsion $\boldsymbol{T}$ par rapport à $\boldsymbol{g}$: $T = g^{\mu\nu} T_{\mu\nu} = (1 + \Phi/c^2)^{-2} \bar{T}$, $\bar{T}$ étant la trace de $\boldsymbol{T}$ par rapport à la métrique de Minkowski ($\bar{T}$ est noté T au § 22.1.1). L'équation (22.33), qui fait intervenir le scalaire de courbure R dans son membre de gauche, est à rapprocher de l'équation d'Einstein (22.32).

Nous arrêtons ici ce petit aperçu de la relativité générale, en renvoyant le lecteur aux divers livres sur le sujet : [56, 196, 209, 265, 414] en français et [75, 86, 199, 394] en anglais, pour ne citer que des ouvrages récents.

Annexe A

Rappels d'algèbre

A.1 Structures de base

A.1.1 Groupe

Un ***groupe*** est un ensemble G muni d'une loi de composition interne $*$, c'est-à-dire d'une application $G \times G \to G$, $(g_1, g_2) \mapsto g_1 * g_2$, telle que

- $*$ est associative : $g_1 * (g_2 * g_3) = (g_1 * g_2) * g_3$;
- $*$ admet un élément neutre e : $\forall g \in G, e * g = g * e = g$;
- tout $g \in G$ admet un inverse $g^{-1} \in G$ pour $*$: $g^{-1} * g = g * g^{-1} = e$.

Si la loi $*$ est commutative, c'est-à-dire si $\forall (g_1, g_2) \in G^2, g_1 * g_2 = g_2 * g_1$, le groupe $(G, *)$ est qualifié d'***abélien***.

Exemples : Dans ce livre, nous avons rencontré le groupe de Lorentz $\mathrm{O}(3,1)$ (§ 6.1.2), le groupe de Lorentz restreint $\mathrm{SO}_\circ(3,1)$ (§ 6.2.3), le groupe de Poincaré $\mathrm{IO}(3,1)$ (§ 8.2.3), le groupe linéaire de E, $\mathrm{GL}(E)$ (§ 6.1.2), le groupe des rotations de l'espace euclidien tridimensionnel $\mathrm{SO}(3)$ (§ 7.4.2), le groupe spécial linéaire complexe $\mathrm{SL}(2,\mathbb{C})$ (§ 7.4), le groupe spécial unitaire $\mathrm{SU}(2)$ (§ 7.4.2), le groupe de Klein $\mathbb{Z}/2\mathbb{Z} \times \mathbb{Z}/2\mathbb{Z}$ (§ 6.2.4) et le groupe symétrique $\mathfrak{S}_n$ (§ 1.4.2 et 14.3.2). Seuls le groupe de Klein et $\mathfrak{S}_n$ pour $n \leq 2$ sont abéliens.

Étant donnés deux groupes $(G, *)$ et $(F, \star)$, une application $f : G \to F$ est un ***morphisme de groupe*** (on dit également ***homomorphisme***) ssi

$$\forall (g_1, g_2) \in G^2, \quad f(g_1) \star f(g_2) = f(g_1 * g_2). \tag{A.1}$$

Si de plus f est bijective, on dit que f est ***isomorphisme*** et que les groupes G et F sont ***isomorphes***, ce que l'on note par le symbole $\simeq$:

$$G \simeq F. \tag{A.2}$$

Un isomorphisme $G \to G$ est appelé ***automorphisme***.

Si $(G, *)$ est un groupe, on appelle ***sous-groupe*** de G toute partie $H \subset G$ telle que $(H, *)$ soit un groupe. On dit qu'un sous-groupe H est ***distingué*** ssi

$$\forall (g, h) \in G \times H, \quad g * h * g^{-1} \in H. \tag{A.3}$$

Si G est abélien, tous les sous-groupes sont évidemment distingués. L'intérêt des sous-groupes distingués est de pouvoir « diviser » le groupe de départ pour obtenir un groupe plus simple. En effet, si H est un sous-groupe distingué, on définit une relation d'équivalence sur G par

$$\forall (g_1, g_2) \in G^2, \quad g_1 \sim g_2 \iff \exists h \in H, \; g_2 = g_1 * h. \tag{A.4}$$

La classe d'un élément $g \in G$ pour cette relation d'équivalence est l'ensemble des éléments de G qui ne diffèrent de g que par la composition avec un élément de H ; on la note

$$gH := \{g * h, \; h \in H\}. \tag{A.5}$$

Le ***groupe quotient*** G/H est l'ensemble des classes d'équivalence muni de la loi de composition interne $\bar{*}$ définie par

$$(g_1 H) \,\bar{*}\, (g_2 H) := (g_1 * g_2) H. \tag{A.6}$$

Il est facile de voir que cette opération est bien définie parce que H est un sous-groupe distingué : la classe $(g_1 * g_2)H$ ne dépend pas du choix des représentants g_1 et g_2 des classes $g_1 H$ et $g_2 H$.

Un groupe G est dit ***simple*** ssi il n'admet pas d'autres sous-groupes distingués que lui-même et $\{e\}$. Il n'existe alors pas de quotient non trivial de G. Par contre, si G n'est pas un groupe simple et que H en est un sous-groupe distingué, on peut former le groupe quotient G/H et ramener l'étude de G à celle des groupes « plus petits » G/H et H.

Exemple : Les groupes cycliques $\mathbb{Z}/p\mathbb{Z}$ avec p premier sont des groupes simples. Par contre, le groupe de Klein $\{\mathrm{Id}, \boldsymbol{I}, \boldsymbol{T}, \boldsymbol{P}\} \simeq \mathbb{Z}/2\mathbb{Z} \times \mathbb{Z}/2\mathbb{Z}$ rencontré au § 6.2.4 n'est pas un groupe simple : il admet $\{\mathrm{Id}, \boldsymbol{I}\}$, $\{\mathrm{Id}, \boldsymbol{T}\}$ et $\{\mathrm{Id}, \boldsymbol{P}\}$ comme sous-groupes distingués.

A.1.2 Corps

Un ***corps*** est un ensemble K muni de deux lois de composition interne, $+$ et $.$, telles que

- $(K, +)$ est un groupe abélien ;
- $(K \backslash \{0\}, .)$, où 0 désigne l'élément neutre de $(K, +)$, est un groupe ;
- la loi . est distributive par rapport à $+$:

$$\forall (a, b, c) \in K, \quad a.(b + c) = a.b + a.c \quad \text{et} \quad (b + c).a = b.a + c.a.$$

Si $(K\backslash\{0\}, .)$ est un groupe abélien, on dit que K est un ***corps commutatif***.

Exemples : Le corps des réels $\mathbb{R}$, le corps des complexes $\mathbb{C}$ et le corps des quaternions $\mathbb{H}$ (§ 7.4.2), ce dernier n'étant pas commutatif, contrairement aux deux précédents.

A.2 Algèbre linéaire

A.2.1 Espace vectoriel

Un ***espace vectoriel*** sur un corps commutatif K est un ensemble F muni d'une loi de composition interne $+$ et d'une loi de composition externe de K sur F, c'est-à-dire d'une application $K \times F \to F$, $(\lambda, x) \mapsto \lambda x$, telles que

- $(F, +)$ est un groupe abélien ;
- la loi externe vérifie

$$\forall(\lambda,\mu) \in K^2,\ \forall(x,y) \in F^2, \quad \begin{aligned} (\lambda\mu)x &= \lambda(\mu x) \\ (\lambda+\mu)x &= \lambda x + \mu x \\ \lambda(x+y) &= \lambda x + \lambda y \\ 1x &= x, \end{aligned}$$

  où 1 désigne l'élément neutre pour la multiplication dans K.

Une ***base*** de F est une famille $(e_i)_{i\in I}$ d'éléments de F, indexée dans un certain ensemble I, telle que tout élément de $x \in F$ s'écrit de manière unique comme une combinaison linéaire finie des e_i : $x = \sum_{i\in I} \lambda_i e_i$, où la somme ne comporte qu'un nombre fini de termes non nuls. On montre que si $(e_i)_{i\in I}$ et $(e'_j)_{j\in I'}$ sont deux bases, les ensembles I et I' sont en bijection. On appelle alors ***dimension*** de l'espace vectoriel F, et on note $\dim F$, le cardinal commun de I et I'. F est ainsi de dimension finie ssi I est un ensemble fini.

Exemples : Quelques exemples d'espaces vectoriels rencontrés dans ce livre sont l'espace E associé à l'espace-temps de Minkowski $\mathscr{E}$ (espace vectoriel de dimension 4 sur $\mathbb{R}$, § 1.1.1), l'espace local de repos d'un observateur $E_{\boldsymbol{u}}$ (espace vectoriel de dimension 3 sur $\mathbb{R}$, § 3.1.3), l'espace $\mathrm{Herm}(2,\mathbb{C})$ des matrices hermitiennes de taille 2 (espace vectoriel de dimension 4 sur $\mathbb{R}$, § 7.4.1), l'ensemble $\mathscr{T}_{(k,\ell)}(E)$ des tenseurs de type (k,ℓ) sur E (espace vectoriel de dimension $4^{k+\ell}$ sur $\mathbb{R}$, § 14.1.1), l'ensemble $\mathscr{A}_p(E)$ des p-formes linéaires sur E (espace vectoriel de dimension C_4^p sur $\mathbb{R}$, § 14.3.1) et l'ensemble des champs tensoriels de type (k,ℓ) sur $\mathscr{E}$ (espace vectoriel de dimension infinie sur $\mathbb{R}$, § 15.2.1).

Une partie de F qui est elle-même un espace vectoriel sur K pour les mêmes lois de composition interne et externe est naturellement appelée un ***sous-espace vectoriel*** de F. Si F est de dimension finie, un ***hyperplan*** de F est un sous-espace vectoriel H vérifiant $\dim H = \dim F - 1$. On appelle

sous-espace vectoriel engendré par une famille $(x_1, \ldots, x_n)$ de n éléments de F le plus petit sous-espace vectoriel de F contenant $x_1, \ldots, x_n$; on le désigne par $\mathrm{Vect}(x_1, \ldots, x_n)$.

Étant donnés deux espace vectoriels F et G sur un même corps K, on appelle ***application linéaire*** de F vers G toute application $f : F \to G$ telle que

$$\forall \lambda \in K,\ \forall (x, y) \in F^2, \quad f(\lambda x + y) = \lambda f(x) + f(y).$$

Le ***noyau*** de f est l'ensemble des antécédents de 0 par f : $\mathrm{Ker} f := \{x \in F,\ f(x) = 0\}$ et l'***image*** de f est le sous-ensemble des éléments de G qui ont un antécédent par f : $\mathrm{Im}\, f := \{f(x),\ x \in F\}$. $\mathrm{Ker} f$ est un sous-espace vectoriel de F et $\mathrm{Im}\, f$ un sous-espace vectoriel de G. f est injective ssi $\mathrm{Ker} f = \{0\}$.

On appelle ***isomorphisme*** une application linéaire $f : F \to G$ qui est bijective. Si F et G sont de dimension finie, on a nécessairement $\dim F = \dim G$. Une application linéaire de F dans lui-même est appelé un ***endomorphisme*** de F. Si elle est bijective (c'est-à-dire s'il s'agit d'un isomorphisme de F vers lui-même), on la qualifie d'***automorphisme***. L'ensemble des automorphismes d'un espace vectoriel F, muni de la loi de composition $\circ$, forme un groupe, appelé ***groupe linéaire de*** F et noté $\mathrm{GL}(F)$.

A.2.2 Algèbre

Une ***algèbre*** sur un corps commutatif K est un espace vectoriel F sur K muni d'une loi de composition interne $*$ vérifiant

$$\forall \lambda \in K,\ \forall (x, y, z) \in F^3, \quad \begin{aligned} &(\lambda x) * y = x * (\lambda y) = \lambda (x * y) \\ &x * (y + z) = x * y + x * z \\ &(y + z) * x = y * x + z * x. \end{aligned}$$

On dit que F est une ***algèbre associative*** ssi la loi $*$ est associative : $x * (y * z) = (x * y) * z$.

Exemples : Des algèbres rencontrées dans ce livre sont l'ensemble $\mathcal{L}(E)$ de tous les endormorphismes de E (algèbre associative sur $\mathbb{R}$ pour $* = \circ$, § 7.2.1), l'algèbre de Lie du groupe de Lorentz, so(3, 1), et celle du groupe de Poincaré, iso(3, 1) (algèbres non-associatives sur $\mathbb{R}$ pour $* = [,]$, § 7.2.2 et § 8.2.4), l'ensemble $\mathrm{SL}(2, \mathbb{C})$ des matrices carrées complexe de taille 2 (algèbre associative sur $\mathbb{C}$ pour $*$ = multiplication matricielle, § 7.4), le corps des quaternions $\mathbb{H}$ (algèbre associative sur $\mathbb{R}$, § 7.4.2), l'algèbre de Lie $\mathrm{sl}(2, \mathbb{C})$ (algèbre non-associative de dimension 3 sur $\mathbb{C}$ et 6 sur $\mathbb{R}$ pour $* = [,]$, § 7.4.6) et l'ensemble des tenseurs sur E (algèbre associative de dimension infinie sur $\mathbb{R}$ pour $* = \otimes$ (produit tensoriel), § 14.2.1).

Annexe B

Sites web

Il y a énormément de sites web consacrés à la relativité. Nous présentons ci-dessous une petite sélection, que le lecteur pourra retrouver sur la page web dédiée au livre :

http://relativite.obspm.fr

Sites généraux

[**W1**] Pages de Wikipedia :
http://fr.wikipedia.org/wiki/Relativit%C3%A9_restreinte (en français)
http://en.wikipedia.org/wiki/Special_relativity (en anglais)

[**W2**] Usenet Physics FAQ (D. Kock et J. Baez) :
http://math.ucr.edu/home/baez/physics/

[**W3**] Einstein Online (Albert Einstein Institute) :
http://www.einstein-online.info/

Visualisation

[**W4**] Space Time Travel (U. Kraus et C. Zahn, Universität Hildesheim) :
http://www.spacetimetravel.org/

[**W5**] Seeing Relativity (A. Searle, Australian National University) :
http://www.anu.edu.au/Physics/Searle/

[**W6**] Guide to Special Relativistic Flight Simulators (A.J.S. Hamilton, University of Colorado) :
http://casa.colorado.edu/%7Eajsh/sr/srfs.html

[**W7**] Visualizing Relativity (D. Weiskopf, Universität Stuttgart) :
http://www.vis.uni-stuttgart.de/relativity/

Expériences

[W8] What is the experimental basis of Special Relativity ? (T. Roberts et S. Schleif, Fermilab) :
`http://math.ucr.edu/home/baez/physics/Relativity/SR/experiments.html`

[W9] SYRTE, Observatoire de Paris (horloges atomiques, métrologie du temps) :
`http://syrte.obspm.fr`

[W10] Ring Laser Group (Univ. Canterbury) (effet Sagnac) :
`http://www.ringlaser.org.nz/`

[W11] PHARAO : horloge à atomes froids en orbite terrestre :
`http://smsc.cnes.fr/PHARAO/Fr/`

[W12] Microscope : satellite pour tester le principe d'équivalence :
`http://smsc.cnes.fr/MICROSCOPE/Fr/`

Sources historiques

[W13] Archives Albert Einstein :
`http://www.albert-einstein.org/`

[W14] Articles d'Einstein dans *Annalen der Physik* :
`http://www.physik.uni-augsburg.de/annalen/history/Einstein-in-AdP.htm`

[W15] Archives Henri Poincaré :
`http://poincare.univ-nancy2.fr/`

[W16] Historic papers (Physis)
`http://home.tiscali.nl/physis/HistoricPaper/`

Divers

[W17] Rotations lumière (Greg Egan) :
`http://www.gregegan.net/SCIENCE/GR2plus1/NullRotations.html`

Annexe C

Livres de relativité restreinte

Il existe de nombreux manuels de relativité restreinte. Nous en listons ci-dessous une petite sélection, en mentionnant dans chaque cas la signature adoptée pour le tenseur métrique (*cf.* la discussion p. 9). Soulignons que de nombreux ouvrages de relativité générale comportent plusieurs chapitres entièrement consacrés à la relativité restreinte : c'est le cas notamment de [196, 199, 294, 414].

Approche géométrique

- O. Costa de Beauregard (1949) : *La théorie de la relativité restreinte* [94] ; (+,+,+,−)
- J.L. Synge (1956) : *Relativity : the Special Theory* [399] ; (+,+,+,−)
- W.G. Dixon (1978) : *Special relativity. The foundation of macroscopic physics* [123] ; (+,+,+,−)
- G.L. Naber (1992) : *The Geometry of Minkowski Spacetime* [301] ; (+,+,+,−)
- A. Das (1993) : *The Special Theory of Relativity – A Mathematical Exposition* [109] ; (+,+,+,−)
- E.G.P. Rowe (2001) : *Geometrical Physics in Minkowski Spacetime* [369] ; (−,+,+,+)
- J. Parizet (2008) : *La géométrie de la relativité restreinte* [310] ; (+,−,−,−)

Approche « classique »

Nous ne mentionnons que des livres publiés après 1990.

- M. Boratav et R. Kerner (1991) : *Relativité* [56] ; (+,+,+,−)

- W. Rindler (1991) : *Introduction to Special Relativity* [353] ; (+,−,−,−)
- E.F. Taylor et J.A. Wheeler (1992) : *Spacetime physics – introduction to special relativity* [407] ; (+,−,−,−)
- M. Hulin, N. Hulin et L. Mousselin (1998) : *Relativité restreinte* [212] ; (+,+,+,−)
- M. Fayngold (2002) : *Special Relativity and Motions Faster than Light* [149] ; (+,−,−,−)
- Y. Simon (2004) : *Relativité restreinte* [384] ; (+,+,+,−)
- A. Rougé (2004) : *Introduction à la relativité* [365] ; (+,−,−,−)
- J.-P. Pérez (2005) : *Relativité et invariance* [320] ; (+,−,−,−)
- C. Semay et B. Silvestre-Brac B. (2005) : *Relativité restreinte : bases et applications* [380] ; (+,−,−,−)
- D. Giulini (2005) : *Special Relativity, a first encounter* [176] ; (+,−,−,−)
- R. Ferraro (2007) : *Einstein's Space-Time* [153] ; (+,−,−,−)
- M. Fayngold (2008) : *Special Relativity and How it Works* [150] ; (+,−,−,−)

Livres avancés

- A.O. Barut (1964) : *Electrodynamics and classical theory of fields and particles* [37] ; (+,−,−,−)
- J.L. Anderson (1967) : *Principles of Relativistic Physics* [14] ; (+,−,−,−)
- H. Bacry (1967) : *Leçons sur la théorie des groupes et les symétries des particules élémentaires* [31] ; (+,−,−,−)
- A. Lichnerowicz (1967) : *Relativistic hydrodynamics and magnetohydrodynamics* [255] ; (+,−,−,−)
- H.C. Corben (1968) : *Classical and Quantum Theories of Spinning Particles* [93] ; (+,+,+,−)
- A.M. Anile (1989) : *Relativistic Fluids and Magnetofluids* [17] ; (−,+,+,+)
- Y.Z. Zhang (1997) : *Special Relativity and Its Experimental Foundation* [449] ; (+,−,−,−)
- R.U. Sexl et H.K. Urbantke (2001) : *Relativity, Groups, Particles: Special Relativity and Relativistic Symmetry in Field and Particle Physics* [381] ; (+,−,−,−)

Bibliographie

[1] ABBASI R.U. *et al.*, 2008, *First Observation of the Greisen-Zatsepin-Kuzmin Suppression*, Phys. Rev. Lett. **100**, 101101.

[2] ABRAHAM J. *et al.*, 2008, *Observation of the Suppression of the Flux of Cosmic Rays above* 4×10^{19} *eV*, Phys. Rev. Lett. **101**, 061101.

[3] ADAMS J. *et al.*, 2005, *Experimental and Theoretical Challenges in the Search for the Quark Gluon Plasma: The STAR Collaboration's Critical Assessment of the Evidence from RHIC Collisions*, Nuclear Physics A **757**, 102.

[4] ADCOX K *et al.*, 2005, *Formation of dense partonic matter in relativistic nucleus-nucleus collisions at RHIC: Experimental evaluation by the PHENIX collaboration*, Nuclear Physics A **757**, 184.

[5] AHARONIAN F. *et al.*, 2008, *Limits on an Energy Dependence of the Speed of Light from a Flare of the Active Galaxy PKS 2155-304*, Phys. Rev. Lett. **101**, 170402.

[6] AHARONIAN F. *et al.*, 2008, *Discovery of VHE gamma-rays from the high-frequency-peaked BL Lac object RGB J0152+017*, Astronomy and Astrophysics **481**, L103.

[7] ALLAN D.W., WEISS M.A. ET ASHBY N., 1985, *Around-the-World Relativistic Sagnac Experiment*, Science **228**, 69.

[8] ALLEY C.O., 1983, *Proper Time Experiments in Gravitational Fields with Atomic Clocks, Aircraft, and Laser Light Pulses*, dans *Quantum Optics, Experimental Gravitation, and Measurement Theory*, par P. Meystre et M.O. Scully (eds.), Plenum Press (New York), p. 363.

[9] ALOY M.A., IBÁÑEZ J.M. ET MIMICA P., 2009, communication privée.

[10] ALVÄGER T., FARLEY F.J.M., KJELLMAN J. ET WALLIN I., 1964, *Test of the second postulate of special relativity in the GeV region*, Physics Letters **12**, 260.

[11] ANANDAN J., 1981, *Sagnac effect in relativistic and nonrelativistic physics*, Phys. Rev. D **24**, 338.

[12] ANDERSON C.D., 1932, *The Apparent Existence of Easily Deflectable Positives*, Science **76**, 238.

[13] ANDERSON C.D., 1933, *The Positive Electron*, Phys. Rev. **43**, 491.

[14] ANDERSON J.L., 1967, *Principles of Relativistic Physics*, Academic Press (New York).

[15] ANDERSON R., BILGER H.R. ET STEDMAN G.E., 1994, *"Sagnac" effect: A century of Earth-rotated interferometers*, Amer. J. Phys. **62**, 975.

[16] ANDERSSON N. ET COMER G.L., 2007, *Relativistic Fluid Dynamics: Physics for Many Different Scales*, Living Reviews in Relativity **10**, 1 ; `http://www.livingreviews.org/lrr-2007-1`

[17] ANILE A.M., 1989, *Relativistic Fluids and Magnetofluids*, Cambridge University Press (Cambridge).

[18] ARAGO F., 1853, *Mémoire sur la vitesse de la lumière, lu à la première Classe de l'Institut, le 10 décembre 1810*, Comptes Rendus des Séances de l'Académie des Sciences **36**, 38 ; `http://gallica.bnf.fr/ark:/12148/bpt6k2993z`

[19] ARAVIND P.K., 1997, *The Wigner angle as an anholonomy in rapidity space*, Amer. J. Phys. **65**, 634.

[20] ARCHIBALD R.C., 1914, *Times as a fourth dimension*, Bulletin of the American Mathematical Society **20**, 409 ; `http://projecteuclid.org/euclid.bams/1183422749`

[21] ARDITTY H.J. ET LEFEVRE H.C., 1981, *Sagnac effect in fiber gyroscopes*, Optics Letters **6**, 401.

[22] ARSENE I. *et al.*, 2005, *Quark Gluon Plasma an Color Glass Condensate at RHIC? The perspective from the BRAHMS experiment*, Nuclear Physics A **757**, 1.

[23] ARZELIÈS H., 1955, *La cinématique relativiste*, Gauthier-Villars (Paris).

[24] ASHBY N., 2003, *Relativity in the Global Positioning System*, Living Reviews in Relativity **6**, 1 ; `http://www.livingreviews.org/lrr-2003-1`

[25] ASHBY N., 2004, *The Sagnac effect in the Global Positioning System*, dans [356], p. 11.

[26] ASHBY N. ET ALLAN D.W, 1979, *Practical implications of relativity for a global coordinate time scale*, Radio Science **14**, 649 ; `http://tf.nist.gov/timefreq/general/pdf/133.pdf`

[27] ASPECT A., BOUCHET F., BRUNET É., COHEN-TANNOUDJI C., DALIBARD J., DAMOUR T., DARRIGOL O., DERRIDA B., GRANGIER P., LALOË F. ET POCHOLLE J.-P., 2005, *Einstein aujourd'hui*, CNRS Éditions (Paris)/EDP Sciences (Les Ulis).

[28] ATWOOD D.K., HORNE M.A., SHULL C.G., ET ARTHUR J., 1984, *Neutron Phase Shift in a Rotating Two-Crystal Interferometer*, Phys. Rev. Lett. **52**, 1673.

[29] BABAK S.V. ET GRISHCHUK L.P., 1999, *Energy-momentum tensor for the gravitational field*, Phys. Rev. D **61**, 024038 ; *cf.* correction dans [69].

[30] BACK B.B. *et al.*, 2005, *The PHOBOS Perspective on Discoveries at RHIC*, Nuclear Physcis A **757**, 28.

[31] BACRY H., 1967, *Leçons sur la théorie des groupes et les symétries des particules élémentaires*, Gordon & Breach (Paris).

[32] BAILEY J. *et al.*, 1979, *Final report on the CERN muon storage ring including the anomalous magnetic moment and the electric dipole mo-*

ment of the muon, and a direct test of relativistic time dilation, Nuclear Physics B **150**, 1.

[33] BALIBAR F. (sous la direction de), 1989, *Albert Einstein, œuvres choisies*, volume 1 : *Quanta*, Éditions du Seuil/Éditions du CNRS (Paris).

[34] BALIBAR F. (sous la direction de), 1993, *Albert Einstein, œuvres choisies*, volume 2 : *Relativités I*, Éditions du Seuil/Éditions du CNRS (Paris).

[35] BARGMANN V., MICHEL L. ET TELEGDI V.L., 1959, *Precession of the Polarization of Particles Moving in a Homogeneous Electromagnetic Field*, Phys. Rev. Lett. **2**, 435.

[36] BARISH B., WALKER N. ET YAMAMOTO H., 2008, *L'ILC, collisionneur de prochaine génération*, Pour la Science **369**, 36.

[37] BARUT A.O., 1964, *Electrodynamics and classical theory of fields and particles*, Macmillan (New York) ; réédité par Dover (New York) en 1980.

[38] BASDEVANT J.-L., 2005, *Principes variationnels et dynamique*, Vuibert (Paris).

[39] BAYLIS W.E. ET JONES G., 1987, *Special relativity with Clifford algebras and* 2×2 *matrices, and the exact product of two boosts*, J. Math. Phys. **29**, 57.

[40] BELL L., 1970, *Dynamique des systèmes de N particules ponctuelles en relativité restreinte*, Ann. Institut Henri Poincaré A **12**, 307 ; `http://www.numdam.org/item?id=AIHPA_1970__12_3_307_0`

[41] BELLONI L. ET REINA C., 1986, *Sommerfeld's way to the Thomas precession*, Eur. J. Phys. **7**, 55.

[42] BERENDA C.W., 1942, *The Problem of the Rotating Disk*, Phys. Rev. **62**, 280.

[43] BERGER M., 1978, *Géométrie*, volume 4 : *formes quadratiques, quadriques et coniques*, Cedic/Fernand Nathan (Paris) ; réédité dans [45].

[44] BERGER M., 1979, *Géométrie*, volume 5 : *la sphère pour elle-même, géométrie hyperbolique, l'espace des sphères*, Cedic/Fernand Nathan (Paris).

[45] BERGER M., 1990, *Géométrie*, tome 2, Nathan (Paris).

[46] BERGER M. ET GOSTIAUX B., 1987, *Géométrie différentielle : variétés, courbes et surfaces*, Presses Universitaires de France (Paris) (2e édition : 1992).

[47] BERGMANN O., 1956, *Scalar Field Theory as a Theory of Gravitation. I*, Amer. J. Phys. **24**, 38.

[48] BERNARDEAU F., 2007, *Cosmologie : des fondements théoriques aux observations*, EDP Sciences (Les Ulis)/CNRS Éditions (Paris).

[49] BERTOZZI W., 1964, *Speed and Kinetic Energy of Relativistic Electrons*, Amer. J. Phys. **32**, 551.

[50] BIALAS A., JANIK R.A. ET PESCHANSKI R., 2007, *Unified description of Bjorken and Landau 1+1 hydrodynamics*, Phys. Rev. C **76**, 054901.

[51] Bini D., Carini P. et Jantzen R.T., 1995, *Relative observer kinematics in general relativity*, Classical and Quantum Gravity **12**, 2549.

[52] Bird D.J. *et al.*, 1993, *Evidence for correlated changes in the spectrum and composition of cosmic rays at extremely high energies*, Phys. Rev. Lett. **71**, 3401.

[53] Biretta J.A., Sparks W.B. et Macchetto F., 1999, *Hubble Space Telescope Observations of Superluminal Motion in the M87 jet*, Astrophysical Journal **520**, 621.

[54] Bjorken J.D., 1983, *Highly relativistic nucleus-nucleus collisions: The central rapidity region*, Phys. Rev. D **27**, 140.

[55] Blanchet L., Salomon C., Teyssandier P. et Wolf P., 2001, *Relativistic theory for time and frequency transfer to order* c^{-3}, Astronomy and Astrophysics **370**, 320.

[56] Boratav M. et Kerner R., 1991, *Relativité*, Ellipses (Paris).

[57] Bordé C.J., 1991, *Atomic Interferometry and Laser Spectroscopy*, dans *Proceedings of the 10th International Conference on Laser Spectroscopy*, par Ducloy M., Giacobino E. et Camy G. (eds.), World Scientific (Singapore), p. 239.

[58] Bordé C.J., Houard J.-C. et Karasiewicz A., 2000, *Relativistic phase shift for Dirac particles interacting with weak gravitational fields in matter-wave interferometers*, dans *Gyros, Clocks and Interferometers : Testing relativistic gravity in space*, par Lämmerzahl C., Everitt C.W.F. & Hehl F.W. (eds.), Springer-Verlag (Berlin), p. 403.

[59] Borel É., 1913, *La théorie de la relativité et la cinématique*, Comptes Rendus des Séances de l'Académie des Sciences **156**, 215 ; réédité dans [60] ; `http://gallica.bnf.fr/ark:/12148/bpt6k3109m/f215.table`

[60] Borel É., 1914, *Introduction géométrique à quelques théories physiques*, Gauthier-Villars (Paris) ; `http://mathbooks.library.cornell.edu:8085/Dienst/UIMATH/1.0/Display/cul.math/04710001`

[61] Born M., 1909, *Die Theorie des starren Elektrons in der Kinematik des Relativitätsprinzips*, Annalen der Physik **30**, 1 ; `http://gallica.bnf.fr/ark:/12148/bpt6k15334h.image.f7`

[62] Bracco C. et Provost J.-P., 2009, *De l'électromagnétisme à la mécanique : le rôle de l'action dans le mémoire de Poincaré de 1905*, Revue d'Histoire des Sciences, sous presse.

[63] Bradley J., 1728, *Account of a new discovered Motion of the Fix'd Stars*, Philosophical Transactions of the Royal Society of London **35**, 637 ; `http://rstl.royalsocietypublishing.org/content/35/399-406.toc`

[64] Braun-Munzinger P. et Stachel J., 2007, *The quest for the quark-gluon plasma*, Nature **448**, 302.

[65] Brecher K., 1977, *Is the Speed of Light Independent of the Velocity of the Source ?*, Phys. Rev. Lett. **39**, 1051.

[66] BRIGINSHAW A.J., 1979, *The axiomatic geometry of Space-Time: An assessment of the work of A. A. Robb*, Centaurus **22**, 315.

[67] BRILLET A. ET HALL J.L., 1979, *Improved Laser Test of the Isotropy of Space*, Phys. Rev. Lett. **42**, 549.

[68] BRODSKY S.J., PAULI H.-C. ET PINSKY S.S., 1998, *Quantum chromodynamics and other field theories on the light cone*, Physics Reports **301**, 299.

[69] BUTCHER L.M., LASENBY A. ET HOBSON M., 2008, *Physical significance of the Babak-Grishchuk gravitational energy-momentum tensor*, Phys. Rev. D **78**, 064034.

[70] BYERS N., 1999, *E. Noether's Discovery of the Deep Connection Between Symmetries and Conservation Laws*, dans *The heritage of Emmy Noether*, par Teicher M. (ed.), Israel Mathematics Conference Proceedings **12**, Bar-Ilan University (Ramat-Gan) ; `http://arxiv.org/abs/physics/9807044`

[71] CALLAHAN J.J., 2000, *The geometry of spacetime*, Springer (New York).

[72] CANTONI V., 1968, *What is Wrong with Relativistic Kinematics ?*, Il Nuovo Cimento **57** B, 220.

[73] CANUEL B., 2007, *Étude d'un gyromètre à atomes froids*, thèse de doctorat, Université Paris-Sud (Orsay) ;
`http://tel.archives-ouvertes.fr/tel-00193288/fr/`

[74] CANUEL B., LEDUC F., HOLLEVILLE D., GAUGUET A., FILS J., VIRDIS A., CLAIRON A., DIMARCQ N., BORDÉ C.J., LANDRAGIN A. ET BOUYER P., 2006, *Six-Axis Inertial Sensor Using Cold-Atom Interferometry*, Phys. Rev. Lett. **97**, 010402.

[75] CARROLL S.M., 2004, *Spacetime and Geometry: An Introduction to General Relativity*, Addison Wesley (Pearson Education), San Fransisco.

[76] CARTAN É., 1899, *Sur certaines expressions différentielles et le problème de Pfaff*, Annales scientifiques de l'École Normale Supérieure, Sér. 3, **16**, 239 ; `http://www.numdam.org/item?id=ASENS_1899_3_16__239_0`

[77] CARTAN É., 1914, *Les groupes réels simples, finis et continus*, Annales scientifiques de l'École Normale Supérieure, Sér. 3, **31**, 263 ;
`http://www.numdam.org/item?id=ASENS_1914_3_31__263_0`

[78] CARTAN É., 1923, *Sur les variétés à connexion affine et la théorie de la relativité généralisée (première partie)*, Annales scientifiques de l'École Normale Supérieure, Sér. 3, **40**, 325 ; `http://www.numdam.org/item?id=ASENS_1923_3_40__325_0`

[79] CARTAN É., 1924, *Sur les variétés à connexion affine et la théorie de la relativité généralisée (première partie) (Suite)*, Annales scientifiques de l'École Normale Supérieure, Sér. 3, **41**, 1 ; `http://www.numdam.org/item?id=ASENS_1924_3_41__1_0`

[80] CARTAN É., 1925, *Sur les variétés à connexion affine, et la théorie de la relativité généralisée (deuxième partie)*, Annales scientifiques de l'École

Normale Supérieure, Sér. 3, **42**, 17 ; http://www.numdam.org/item?id=ASENS_1925_3_42__17_0

[81] CARTAN É., 1945, *Les systèmes différentiels extérieurs et leurs applications géométriques*, Hermann (Paris).

[82] CARTER B., 1979, *Perfect fluid and magnetic field conservations laws in the theory of black hole accretion rings*, dans *Active Galactic Nuclei*, Hazard C. et Mitton S. (eds.), Cambridge University Press (Cambridge), p. 273.

[83] CARTER B., 1989, *Covariant theory of conductivity in ideal fluid or solid media*, dans *Relativistic Fluid Dynamics*, Anile A. et Choquet-Bruhat Y., Springer-Verlag (Berlin), p. 1.

[84] CHAKRABARTI A., 1964, *Applications of the Lorentz Transformation Properties of Canonical Spin Tenors*, J. Math. Phys. **5**, 1747.

[85] CHAMBERLAIN O., SEGRÈ E., WIEGAND C. ET YPSILANTIS T., 1955, *Observation of Antiprotons*, Phys. Rev. **100**, 947.

[86] CHOQUET-BRUHAT Y., 2009, *General Relativity and the Einstein Equations*, Oxford University Press (Oxford).

[87] CHOQUET-BRUHAT Y., DE WITT-MORETTE C. ET DILLARD-BLEICK M., 1977, *Analysis, manifold and physics*, North-Holland (Amsterdam).

[88] CHOW W.W., GEA-BANACLOCHE J., PEDROTTI L.M., SANDERS V.E., SCHLEICH W., ET SCULLY M.O., 1985, *The ring laser gyro*, Reviews of Modern Physics **57**, 61.

[89] COLLADAY D. ET KOSTELECKÝ V.A., 1998, *Lorentz-violating extension of the standard model*, Phys. Rev. D **58**, 116002.

[90] COLLIN-ZAHN S., 2009, *Des quasars aux trous noirs*, EDP Sciences (Les Ulis).

[91] COMPTON A.H., 1923, *A Quantum Theory of the Scattering of X-rays by Light Elements*, Phys. Rev. **21**, 483 ; http://www.aip.org/history/gap/PDF/pdf.html

[92] CONVERSI M., PANCINI E. ET PICCIONI O., 1947, *On the Disintegration of Negative Mesons*, Phys. Rev. **71**, 209.

[93] CORBEN H.C., 1968, *Classical and Quantum Theories of Spinning Particles*, Holden-Day (San Fransisco).

[94] COSTA DE BEAUREGARD O., 1949, *La théorie de la relativité restreinte*, Masson (Paris).

[95] COSTELLA J.P., MCKELLAR B.H.J., RAWLINSON A.A. ET STEPHENSON G.J., 2001, *The Thomas rotation*, Amer. J. Phys. **69**, 837.

[96] CRONIN J.W., GAISSER T.K. ET SWORDY S.P., 1997, *Cosmic Rays at Energy Frontier*, Scientific American **276**, 44.

[97] CROZON M., 2005, *Quand le ciel nous bombarde*, Vuibert (Paris).

[98] CURRIE D.G., JORDAN T.F. ET SUDARSHAN E.C.G., 1963, *Relativistic Invariance and Hamiltonian Theories of Interacting Particles*, Reviews of Modern Physics **35**, 350 ; errata dans Reviews of Modern Physics **35**, 1032 (1963).

[99] DAMOUR T., 2005, *Si Einstein m'était conté*, Le Cherche Midi (Paris).
[100] DAMOUR T., 2006, *Einstein 1905–1955: His Approach to Physics*, dans [104], p. 151.
[101] DAMOUR T., 2007, *Poincaré, Relativity, Billiards and Symmetry*, dans [174], p. 149 ; http://arxiv.org/abs/hep-th/0501168
[102] DAMOUR T., 2008, *What is missing from Minkowski's "Raum und Zeit" lecture*, Annalen der Physik **17**, 619 (2008) ; http://arxiv.org/abs/0807.1300
[103] DAMOUR T., 2009, communication privée.
[104] DAMOUR T., DARRIGOL O., DUPLANTIER B. ET RIVASSEAU V. (sous la direction de), 2006, *Einstein, 1905–2005 (Poincaré Seminar 2005)*, Birkhäuser Verlag (Basel).
[105] DARRIGOL O., 2000, *Electrodynamics from Ampère to Einstein*, Oxford University Press (Oxford).
[106] DARRIGOL O., 2004, *The Mystery of the Einstein-Poincaré Connection*, Isis **95**, 614 ; http://www.journals.uchicago.edu/doi/full/10.1086/430652
[107] DARRIGOL O., 2005, *Les équations de Maxwell : De McCullagh à Lorentz*, Belin (Paris).
[108] DARRIGOL O., 2006, *The Genesis of the Theory of Relativity*, dans [104], p. 1.
[109] DAS A., 1993, *The Special Theory of Relativity – A Mathematical Exposition*, Springer (New York).
[110] DAVIES P., 2007, *Comment construire une machine à explorer le temps ?*, EDP Sciences (Les Ulis).
[111] DEHEUVELS R., 1981, *Formes quadratiques et groupes classiques*, Presses Universitaires de France (Paris).
[112] DELVA P., 2007, *Outils théoriques pour la gravitation expérimentale et applications aux interféromètres et cavités à ondes de matière*, thèse de doctorat, Université Pierre et Marie Curie (Paris 6) ; http://tel.archives-ouvertes.fr/tel-00268764/fr/
[113] DERUELLE N. ET UZAN J.-P., 2006, *Mécanique et gravitation newtoniennes*, Vuibert (Paris).
[114] DE SITTER W., 1913, *Ein astronomischer Beweis für die Kontanz der Lichtgeschwindigkeit*, Physikalische Zeitschrift **14**, 429 ; http://www.datasync.com/~rsf1/desitter.htm
[115] DE SITTER W., 1913, *Über die Genauigkeit, innerhalb welcher die Unabhängigkeit der Lichtgeschwindigkeit von der Bewegung der Quelle behauptet werden kann*, Physikalische Zeitschrift **14**, 1267 ; http://www.datasync.com/~rsf1/desitter.htm
[116] DE SITTER W., 1913, *A proof of the constancy of the velocity of light*, Proceedings of the Section of Sciences – Koninklijke Academie van Wetenschappen – te Amsterdam, **15**, 1297 ; **16**, 305 ; http://www.datasync.com/~rsf1/desitter.htm

[117] DESER S., 1970, *Self-interaction and gauge invariance*, General Relativity and Gravitation **1**, 9 ; http//arxiv.org/abs/gr-qc/0411023

[118] DIRAC P.A.M., 1938, *Classical Theory of Radiating Electrons*, Proceedings of the Royal Society of London **A167**, 148.

[119] DIRAC P.A.M., 1939, *La théorie de l'électron et du champ électromagnétique*, Ann. Institut Henri Poincaré **9**, 13 ; http://www.numdam.org/item?id=AIHP_1939__9_2_13_0

[120] DIRAC P.A.M., 1949, *Forms of Relativistic Dynamics*, Reviews of Modern Physics **21**, 392.

[121] DIRAC P.A.M., 1964, *Lectures on Quantum Mechanics*, Belfer Graduate School of Science, Yeshiva University (New York) ; réédité par Dover (Mineola) en 2001.

[122] DIU B., GUTHMANN C., LEDERER D. ET ROULET B., 1989, *Physique statistique*, Hermann (Paris).

[123] DIXON W.G., 1978, *Special relativity. The foundation of macroscopic physics*, Cambridge University Press (Cambridge).

[124] DOPPLER C., 1842, *Über das farbige Licht der Doppelsterne und einiger anderer Gestirne des Himmels*, Verlag der Königl. Böhm. Gesellschaft der Wissenschaften (Prague) ; http://commons.wikimedia.org/wiki/Category:Doppelsterne_(Doppler)_1842 ; traduction anglaise partielle sur http://en.wikipedia.org/wiki/Über_das_farbige_Licht_der_Doppelsterne_und_einiger_anderer_Gestirne_des_Himmels

[125] DROZ-VINCENT P., 1970, *Relativistic Systems of Interacting Particles*, Physica Scripta **2**, 129.

[126] DROZ-VINCENT P., 1975, *Hamiltonian systems of relativistic particles*, Reports on Mathematical Physics **8**, 79.

[127] DROZ-VINCENT P., 1977, *Two-body relativistic systems*, Ann. Institut Henri Poincaré A **27**, 407 ; http://www.numdam.org/item?id=AIHPA_1977__27_4_407_0

[128] EHLERS J., 1961, *Beiträge zur relativistischen Mechanik kontinuierlicher Medien*, Verlag der Akademie der Wissenschaften und der Literatur in Mainz, Abhandlungen der Mathematisch-Naturwissenschaftlichen Klasse **11**, 793 ; traduction anglaise dans General Relativity and Gravitation **25**, 1225 (1993).

[129] EHLERS J. ET LÄMMERZAHL C. (eds.), 2006, *Special Relativity: Will it Survive the Next 100 Years ?*, Lecture Notes in Physics **702**, Springer (Berlin).

[130] EHRENFEST P., 1909, *Gleichförmige Rotation starrer Körper und Relativitätstheorie*, Physikalische Zeitschrift **10**, 918 ; traduction anglaise dans [356], p. 3.

[131] EINSTEIN A., 1905, *Über einen die Erzeugung und Verwandlung des Lichtes betreffenden heuristischen Gesichtspunkt*, Annalen der Phy-

sik **17**, 132 ; `http://gallica.bnf.fr/ark:/12148/bpt6k2094597.image.f137` ; traduction française dans [33], p. 39.

[132] EINSTEIN A., 1905, *Zur Elektrodynamik bewegter Körper*, Annalen der Physik **17**, 891 ; `http://gallica.bnf.fr/ark:/12148/bpt6k2094597.image.f896` ; traduction française dans [34], p. 31, ainsi que dans [140].

[133] EINSTEIN A., 1905, *Ist die Trägheit eines Körpers von seinem Energieinhalt abhängig ?*, Annalen der Physik **18**, 639 ; `http://gallica.bnf.fr/ark:/12148/bpt6k15325j.image.f647` ; traduction française dans [34], p. 60, ainsi que dans [140].

[134] EINSTEIN A., 1907, *Über das Relativitätsprinzip und die aus demselben gezogenen Folgerungen*, Jahrbuch der Radioaktivität **4**, 411 ; errata dans [135] ; traduction française dans [34], p. 84 ; `http://www.soso.ch/wissen/hist/SRT/srt.htm`

[135] EINSTEIN A., 1908, *Berichtigungen zu der Arbeit : "Über das Relativitätsprinzip und die aus demselben gezogenen Folgerungen"*, Jahrbuch der Radioaktivität **5**, 98 ; traduction française dans [34], p. 124 ; `http://www.soso.ch/wissen/hist/SRT/srt.htm`

[136] EINSTEIN A., 1913, *Entwurf einer verallgemeinerten Relativitätstheorie und eine Theorie der Gravitation. I.*, Zeitschrift für Mathematik und Physik **62**, 225 ; traduction française dans [34], p. 149.

[137] EINSTEIN A., 1915, *Die Feldgleichungen der Gravitation*, Preussische Akademie der Wissenschaften, Sitzungsberichte, 1915, 844.

[138] EINSTEIN A., 1916, *Die Grundlage der allgemeinen Relativitätstheorie*, Annalen der Physik **49**, 769 ; `http://www.physik.uni-augsburg.de/annalen/history/einstein-papers/1916_49_769-822.pdf` ; traduction française dans [34], p. 179.

[139] EINSTEIN A., 1919, lettre à Joseph Petzold (18 août 1919) ; publiée dans *Briefe Albert Einsteins an Joseph Petzoldt* par Thiele J., NTM-Schriftenr. Gesh., Naturwiss., Technik, Med. **8**, 70 (1971) ; traduction anglaise et commentaires dans [390].

[140] EINSTEIN A., 1925, *Sur l'électrodynamique des corps en mouvement*, Gauthier-Villars (Paris) ; réimprimé aux Éditions Jacques Gabay (Paris) en 2005.

[141] EINSTEIN A., 2001, *La relativité*, Payot (Paris).

[142] EINSTEIN A. ET FOKKER A.D., 1914, *Die Nordströmsche Gravitationstheorie vom Standpunkt des absoluten Differentialkalküls*, Annalen der Physik **44**, 321 ; `http://gallica.bnf.fr/ark:/12148/bpt6k15347v.image.f347`

[143] EINSTEIN A. ET ROSEN N., 1935, *The Particle Problem in the General Theory of Relativity*, Phys. Rev. **48**, 73.

[144] EISELE C., NEVSKY A.Y. ET SCHILLER S., 2009, *Laboratory Test of the Isotropy of Light Propagation at the* 10^{-17} *Level*, Phys. Rev. Lett. **103**, 090401.

[145] EISENHART L.P., 1924, *Space-Time Continua of Perfect Fluids in General Relativity*, Transactions of the American Mathematical Society **26**, 205.

[146] EISENSTAEDT J., 2007, *From Newton to Einstein: A forgotten relativistic optics of moving bodies*, Amer. J. Phys. **75**, 741.

[147] ELLIS G.F.R. ET UZAN J.-P., 2005, *c is the speed of light, isn't it ?*, Amer. J. Phys. **73**, 240.

[148] ELLIS J., GIUDICE G., MANGANO M., TKACHEV I. ET WIEDEMANN U., 2008, *Review of the safety of LHC collisions*, Journal of Physics G **35**, 115004.

[149] FAYNGOLD M., 2002, *Special Relativity and Motions Faster than Light*, Wiley-VCH (Weinheim).

[150] FAYNGOLD M., 2008, *Special Relativity and How it Works*, Wiley-VCH (Weinheim).

[151] FEINBERG G., 1967, *Possibility of Faster-Than-Light Particles*, Phys. Rev. **159**, 1089.

[152] FERMI E., 1922, *Sopra i fenomeni che avvengono in vicinanza di una linea oraria*, Atti della Reale Accademia dei Lincei Rend. Cl. Sci. Fis. Mat. Nat **31**, 21 ; traduction française dans [112], p. 145.

[153] FERRARO R., 2007, *Einstein's Space-Time*, Springer (New York).

[154] FERRARO R. ET SFORZA D.M., 2005, *Arago (1810): the first experimental result against the ether*, European Journal of Physics **26**, 195.

[155] FEYNMAN R.P., LEIGHTON R.B. ET SANDS M., 1979, *Le cours de physique de Feynman : 2. Électromagnétisme, 1ère partie*, InterEditions (Paris).

[156] FEYNMAN R.P., MORINIGO F.B. ET WAGNER W.G., 1995, *Feynman Lectures on Gravitation*, Hatfield B. (ed.), Addison-Wesley (Reading).

[157] FIERZ M. ET PAULI W., 1939, *On relativistic wawe equations for particles of arbitrary spin in an electromagnetic field*, Proc. Royal Soc. London Ser. A **173**, 211.

[158] FITZGERALD G.F., 1889, *The Ether and the Earth's Atmosphere*, Science **13**, 390.

[159] FIZEAU H., 1849, *Sur une expérience relative à la vitesse de propagation de la lumière*, Comptes Rendus des Séances de l'Académie des Sciences **29**, 90 ; `http://gallica.bnf.fr/ark:/12148/bpt6k2986m`

[160] FIZEAU H., 1851, *Sur les hypothèses relatives à l'éther lumineux, et sur une expérience qui paraît démontrer que le mouvement des corps change la vitesse avec laquelle la lumière se propage dans leur intérieur*, Comptes Rendus des Séances de l'Académie des Sciences **33**, 349 ; `http://gallica.bnf.fr/ark:/12148/bpt6k29901`

[161] FOCK V.A., 1955, *Teoria prostranstva, vremeni i tyagoteniya*, Gosudarstvennoe Izdatelstvo Tekhniko-Teoreticheskoi Literaturi (Moscou)

(en russe) ; traduction anglaise : *The Theory of Space Time and Gravitation*, Pergamon Press (London) (1959).

[162] FOKKER A.D., 1929, *Relativiteitstheorie*, Noordhoff, Groningen.

[163] FOKKER A.D., 1929, *Ein invarianter Variationssatz für die Bewegung mehrerer elektrischer Massenteilchen*, Zeitschrift für Physik **58**, 386.

[164] FONT J.A., IBÁÑEZ J.M., MARQUINA A. ET MARTÍ J.M., 1994, *Multidimensional relativistic hydrodynamics: characteristic fields and modern high-resolution shock-capturing schemes*, Astronomy and Astrophysics **282**, 304.

[165] FOUCAULT L., 1862, *Détermination expérimentale de la vitesse de la lumière; parallaxe du Soleil*, Comptes Rendus des Séances de l'Académie des Sciences **55**, 501 ; `http://gallica.bnf.fr/ark:/12148/bpt6k3012g`

[166] FOURÈS-BRUHAT Y. (CHOQUET-BRUHAT Y.), 1958, *Théorèmes d'existence en mécanique des fluides relativistes*, Bulletin de la Société Mathématique de France **86**, 155 ; `http://www.numdam.org/item?id=BSMF_1958__86__155_0`

[167] FRENKEL J., 1926, *Die Elektrodynamik des rotierenden Elektrons*, Zeitschrift für Physik **37**, 243.

[168] FRESNEL A.J., 1818, *Lettre de M. Fresnel à M. Arago sur l'influence du mouvement terrestre dans quelques phénomènes d'optique*, Annales de chimie et de physique **9**, 57.

[169] FRIEDMAN M., 1983, *Foundations of Spacetime Theories – Relativistic Physics and Philosophy of Science*, Princeton University Press (Princeton).

[170] FRISCH D.H. ET SMITH J.H., 1963, *Measurement of the Relativistic Time Dilation Using μ-Mesons*, Amer. J. Phys. **31**, 342.

[171] GALISON P., 2005, *L'empire du temps : Les horloges d'Einstein et les cartes de Poincaré*, Robert Laffont (Paris), réédité en poche par Gallimard (collection Folio Essais) (Paris, 2006).

[172] GALLIER J., 2009, *Notes on Differential Geometry and Lie Groups*; `http://www.cis.upenn.edu/~jean/gbooks/manif.html`

[173] GAMOW G., 1939, *Mr Tompkins in Wonderland*, Cambridge University Press (Cambridge) ; version française : *Monsieur Tompkins au pays des merveilles*, Dunod (Paris 1965).

[174] GASPARD P., HENNEAUX M. ET LAMBERT F. (eds.), 2007, Compte-rendus du *Symposium Henri Poincaré* (Bruxelles, 8–9 octobre 2004), Solvay Workshops and Symposia, volume 2 ; `http://www.solvayinstitutes.be/Activities/Poincare/Poincare.html`

[175] GELIS F., 2008, *Some aspects of ultra-relativistic heavy ion collisions*, Acta Physica Polonica B, Proceedings Supplement **1**, 395.

[176] GIULINI D., 2005, *Special Relativity, a first encounter*, Oxford University Press (Oxford).

[177] GIULINI D., 2006, *Algebraic and geometric structures of Special Relativity*, dans [129], p. 45 ; http://arxiv.org/abs/math-ph/0602018

[178] GIULINI D., 2008, *What is (not) wrong with scalar gravity ?*, Studies in the History and Philosophy of Modern Physics **39**, 154.

[179] GIULINI D., 2009, *The Rich Structure of Minkowski Space*, dans [323] ; http://arxiv.org/abs/0802.4345

[180] GODEMENT R., 2004, *Introduction à la théorie des groupes de Lie*, Springer (Berlin).

[181] GOLDSTEIN H., POOLE C. ET SAFKO J., 2002, *Classical Mechanics* (third edition), Addison-Wesley (San Fransisco).

[182] GOURGOULHON E., 2006, *An introduction to relativistic hydrodynamics*, dans *Stellar Fluid Dynamics and Numerical Simulations: From the Sun to Neutron Stars*, Rieutord M. et Dubrulle B. (eds.), EAS Publications Series **21**, 43 ; http://arxiv.org/abs/gr-qc/0603009

[183] GRANDOU T. ET RUBIN J.L., 2009, *On the Ingredients of the Twin Paradox*, International Journal of Theoretical Physics **48**, 101.

[184] GREISEN K., 1966, *End to the Cosmic-Ray Spectrum ?*, Phys. Rev. Lett. **16**, 748.

[185] GRISHCHUK L.P., PETROV A.N. ET POPOVA A.D., 1984, *Exact theory of the (Einstein) gravitational field in an arbitrary background spacetime*, Communications in Mathematical Physics **94**, 379.

[186] GRØN Ø., 2004, *Space geometry in rotating reference frames: a historical appraisal*, dans [356], p. 285.

[187] GRUBER C. ET BENOIT W., 1998, *Mécanique générale*, Presses polytechniques et universitaires romandes (Lausanne).

[188] GUPTA S.N., 1954, *Gravitation and Electromagnetism*, Phys. Rev. **96**, 1683.

[189] GUSTAVSON T.L., BOUYER P. ET KASEVICH M.A., 1997, *Precision Rotation Measurements with an Atom Interferometer Gyroscope*, Phys. Rev. Lett. **78**, 2046.

[190] GUSTAVSON T.L., LANDRAGIN A. ET KASEVICH M.A., 2000, *Rotation sensing with a dual atom-interferometer Sagnac gyroscope*, Class. Quantum Grav. **17**, 2385.

[191] GUYON E., HULIN J.-P. ET PETIT L., 2001, *Hydrodynamique physique* (2ème édition), EDP Sciences (Les Ulis)/CNRS Éditions (Paris).

[192] HAFELE J.C., 1972, *Relativistic Time for Terrestrial Circumnavigations*, Amer. J. Phys. **40**, 81.

[193] HAFELE J.C., 1972, *Performance and results of portable clocks in aircraft*, dans *Proceedings of the Precise Time and Time Interval (PTTI) Applications and Planning meeting (16–18 Nov. 1971)*, U.S. Naval Observatory (Washington), p. 261 ; http://tycho.usno.navy.mil/ptti/index9.html

[194] HAFELE J.C. ET KEATING R.E., 1972, *Around-the-World Atomic Clocks: Predicted Relativistic Time Gains*, Science **177**, 166.

[195] HAFELE J.C. ET KEATING R.E., 1972, *Around-the-World Atomic Clocks: Observed Relativistic Time Gains*, Science **177**, 168.

[196] HAKIM R., 1994, *Gravitation relativiste*, InterEditions (Paris)/CNRS Éditions (Paris) ; réédité en 2001 chez EDP Sciences (Les Ulis)/CNRS Éditions (Paris).

[197] HAKIM R., 1995, *Mécanique*, Armand Colin (Paris).

[198] HARRESS F., 1912, *Die Geschwindigkeit des Lichtes in bewegten Körpen*, Dissertation Friedrich-Schiller-Universität (Jena).

[199] HARTLE J.B., 2003, *Gravity: An Introduction to Einstein's General Relativity*, Addison Wesley (Pearson Education), San Fransisco.

[200] HARZER P., 1914, *Über die Mitführung des Lichtes in Glas und die Aberration*, Astronomische Nachrichten **198**, 377.

[201] HASSELBACH F. ET NICKLAUS M., 1993, *Sagnac experiment with electrons: Observation of the rotational phase shift of electron waves in vacuum*, Phys. Rev. A **48**, 143.

[202] HAWKING S.W. ET ELLIS G.F.R., 1973, *The large scale structure of space-time*, Cambridge University Press (Cambridge).

[203] HEAVISIDE O., 1885, *Electromagnetic induction and its propagation*, The Electrician ; traduction française dans [107], p. 173.

[204] HEINZ U. ET JACOB M, 2000, *Evidence for a New State of Matter: An Assessment of the Results from the CERN Lead Beam Programme* ; `http://arxiv.org/abs/nucl-th/0002042`

[205] HERGLOTZ G., 1909, *Bewegung starrer Körper und Relativitätstheorie*, Physikalische Zeitschrift **10**, 997.

[206] HERGLOTZ G., 1911, *Über die Mechanik des deformierbaren Körpers vom Standpunkte der Relativitätstheorie*, Annalen der Physik **36**, 493 ; `http://gallica.bnf.fr/ark:/12148/bpt6k153397.image.f509`

[207] HERRMANN S., SENGER A., MÖHLE K., NAGEL M., KOVALCHUK E.V. ET PETERS A., 2009, *Rotating optical cavity experiment testing Lorentz invariance at the* 10^{-17} *level*, Phys. Rev. D **80**, 105011.

[208] HERTZ H., 1890, *Über die Grundgleichungen der Elektrodynamik für ruhende Körper*, Annalen der Physik **40**, 577 ; traduction française dans [107], p. 201.

[209] HEYVAERTS J., 2006, *Astrophysique : étoiles, univers et relativité*, Dunod, Paris.

[210] HIRANO T., VAN DER KOLK N. ET BILANDZIC A., 2009, *Hydrodynamics and Flow*, dans les compte-rendus de la *QGP Winter School*, Jaipur, India, Feb. 1–3, 2008, Springer Lecture Notes in Physcis, sous presse ; `http://arxiv.org/abs/0808.2684`

[211] HOLLEVILLE D., 2001, *Conception et réalisation d'un gyromètre à atomes froids fondé sur l'effet Sagnac pour les ondes de matière*, thèse de doctorat, Université Paris-Sud (Orsay) ;
`http://tel.archives-ouvertes.fr/tel-00001098/fr/`

[212] HULIN M., HULIN N. ET MOUSSELIN L., 1998, *Relativité restreinte* (2e édition), Dunod (Paris).

[213] HUOVINEN P. ET RUUSKANEN P.V., 2006, *Hydrodynamic Models for Heavy Ion Collisions*, Annual Review of Nuclear and Particle Science **56**, 163.

[214] INÖNÜ E. ET WIGNER E.P., 1952, *Representations of the Galilei group*, Il Nuovo Cimento **9**, 705.

[215] IVES H.E. ET STILWELL G.R., 1938, *An Experimental Study of the Rate of a Moving Atomic Clock*, Journal of the Optical Society of America **28**, 215 ; `http://www.opticsinfobase.org/josa/abstract.cfm?URI=josa-28-7-215`

[216] JACKSON J.D., 1998, *Classical Electrodynamics* (third edition), John Wiley & Sons (New York).

[217] JACKSON J.D. ET OKUN L.B., 2001, *Historical roots of gauge invariance*, Reviews of Modern Physics **73**, 663.

[218] JACOBI C.G.J., 1866, *Vorlesungen über Dynamik*, Reimer (Berlin) ; réimprimé en 1890 dans *C.G.J. Jacobi's gesammelte Werke*, Reimer (Berlin) `http://gallica.bnf.fr/ark:/12148/bpt6k902111.image.f11.N290`

[219] JANTZEN R.T., CARINI P. ET BINI D., 1992, *The Many Faces of Gravitoelectromagnetism*, Annals of Physics **215**, 1 ; errata dans `http://arxiv.org/abs/gr-qc/0106043`

[220] JONSSON R., 2006, *A covariant formulation of spin precession with respect to a reference congruence*, Class. Quantum Grav. **23**, 37.

[221] JONSSON R., 2007, *Gyroscope precession in special and general relativity from basic principles*, Amer. J. Phys. **75**, 463.

[222] KALUZA T., 1910, *Zur Relativitätstheorie*, Physikalische Zeitschrift **11**, 977.

[223] KATZ J., 1984, *Relativistic potential vorticity*, Proc. Royal Soc. London Ser. A, **391**, 415.

[224] KENNEDY R.J. ET THORNDIKE E.M., 1932, *Experimental Establishment of the Relativity of Time*, Phys. Rev. **42**, 400.

[225] KLEIN F., 1910, *Über die geometrischen Grundlagen der Lorentzgruppe*, Jahresbericht der deutschen Mathematiker - Vereinigung **19**, 281 ; réimprimé dans Physikalische Zeitschrift **12**, 17 (1911) ; `http://commons.wikimedia.org/wiki/File:Lorentzgruppe_(Klein).djvu`

[226] KRAUS U., 2005, *Bewegung am kosmischen Tempolimit*, Sterne und Weltraum **8|05**, 40 ; version anglaise sur `http://www.spacetimetravel.org/`

[227] KRAUS U., RUDER H., WEISKOPF D. ET ZAHN C., 2002, *Was Einstein noch nicht sehen konnte*, Physik Journal **1**, N° 7/8, 1.

[228] LÄMMERZAHL C., 2006, *Test Theories for Lorentz Invariance*, dans [129], p. 349.

[229] Lampa A., 1924, *Wie erscheint nach der Relativitätstheorie ein bewegter Stab einem ruhenden Beobachter ?*, Zeitschrift für Physik **27**, 138.

[230] Landau L.D., 1953, *Sur la production de multi-particules dans les collisions à haute énergie* (en russe), Izv. Akad. Nauk SSSR Ser. Fiz. **17**, 51 ; traduction anglaise dans D. ter Haar : *Collected Papers of L. D. Landau*, Gordon and Breach (New York) (1965).

[231] Landau L. et Lifchitz E., 1989, *Physique théorique*, tome 2 : *Théorie des champs*, 4e édition, Mir (Moscou) ; réédité par Ellipses (Paris) (1994).

[232] Landau L. et Lifchitz E., 1989, *Physique théorique*, tome 6 : *Mécanique des fluides*, 2e édition, Mir (Moscou) ; réédité par Ellipses (Paris) (1994).

[233] Langevin P., 1911, *L'évolution de l'espace et du temps*, Scientia (Bologna) **10**, 31 ; `http://diglib.cib.unibo.it/diglib.php?inv=7&int_ptnum=10&term_ptnum=39`

[234] Langevin P., 1921, *Sur la théorie de relativité et l'expérience de M. Sagnac*, Comptes Rendus des Séances de l'Académie des Sciences **173**, 831 ; `http://gallica.bnf.fr/ark:/12148/bpt6k31267/f831.page`

[235] Langevin P., 1926, *Déduction simplifiée du facteur de Thomas*, conférence donnée à Zurich, publiée par A. Sommerfeld dans [388] ; *cf.* la discussion dans [41].

[236] Langevin P., 1935, *Remarques au sujet de la Note de M. Prunier*, Comptes Rendus des Séances de l'Académie des Sciences **200**, 48 ; `http://gallica.bnf.fr/ark:/12148/bpt6k3152t/f48.page`

[237] Langevin P., 1937, *Sur l'expérience de Sagnac*, Comptes Rendus des Séances de l'Académie des Sciences **205**, 304 ; `http://gallica.bnf.fr/ark:/12148/bpt6k3157c/f303.page`

[238] Larmor J., 1897, *A Dynamical Theory of the Electric and Luminiferous Medium – Part 3. Relations with material media*, Philosophical Transactions of the Royal Society of London. Series A, Mathematics **190**, 205 ; `http://gallica.bnf.fr/ark:/12148/bpt6k559956/f226.table`

[239] Larmor J., 1900, *Aether and Matter*, Cambridge University Press ; `http://www.archive.org/details/aethermatterdeve00larmuoft`

[240] Lattes C.M.G., Occhialini G.P.S. et Powell C.F., 1947, *Observations on the Tracks of Slow Mesons in Photographic Emulsions*, Nature **160**, 453.

[241] Laue M., 1907, *Die Mitführung des Lichtes durch bewegte Körper nach dem Relativitätsprinzip*, Annalen der Physik **23**, 989 ; `http://gallica.bnf.fr/ark:/12148/bpt6k153304.image.f993`

[242] Laue M., 1911, Sitzungsberichte Bayerische Akademie der Wissenschaften 404.

[243] Laue M., 1911, *Zur Dynamik der Relativitätstheorie*, Annalen der Physik **35**, 524 ;
`http://gallica.bnf.fr/ark:/12148/bpt6k15338w.image.f535`

[244] LAUE M., 1911, *Das Relativitätsprinzip*, Friedrich Vieweg und Sohn (Braunschweig) ; http://www.archive.org/details/dasrelativittsp00lauegoog

[245] LAUE M. VON, 1920, *Zum Versuch von F. Harress*, Annalen der Physik **62**, 448 ; http://gallica.bnf.fr/ark:/12148/bpt6k15364f.image.f452

[246] LE BELLAC M., 2007, *Physique quantique* (2e édition),

[247] LEBLANC Y., DULK G.A., SAULT R.J. ET HUNSTEAD R.W, 1997, *The radiation belts of Jupiter at 13 and 22 cm. I. Observations and 3-D reconstruction*, Astronomy and Astrophysics **319**, 274.

[248] LEHOUCQ R., 2004, *Voyager dans le temps ?*, Pour la Science **326**, 140.

[249] LENEF A., HAMMOND T.D., SMITH E.T., CHAPMAN M.S., RUBENSTEIN R.A. ET PRITCHARD D.E., 1997, *Rotation Sensing with an Atom Interferometer*, Phys. Rev. Lett. **78**, 760.

[250] LEUBNER C., 1986, *The proper choice of the Lagrangian for a relativistic particle in external fields*, Eur. J. Phys. **7**, 17.

[251] LÉVY-LEBLOND J.-M. ET PROVOST J.-P., 1979, *Additivity, rapidity, relativity*, Amer. J. Phys. **47**, 1045.

[252] LICHNEROWICZ A., 1940, *Sur un théorème d'hydrodynamique relativiste*, Comptes Rendus des Séances de l'Académie des Sciences **211**, 117 ; http://gallica.bnf.fr/ark:/12148/bpt6k3163d/f117.page

[253] LICHNEROWICZ A., 1941, *Sur l'invariant intégral de l'hydrodynamique relativiste*, Annales scientifiques de l'École Normale Supérieure **58**, 285 ; http://www.numdam.org/item?id=ASENS_1941_3_58__285_0

[254] LICHNEROWICZ A., 1955, *Théories relativistes de la gravitation et de l'électromagnétisme*, Masson (Paris) ; réimprimé aux Éditions Jacques Gabay (Paris) en 2008.

[255] LICHNEROWICZ A., 1967, *Relativistic hydrodynamics and magnetohydrodynamics*, Benjamin (New York).

[256] LIEBSCHER D.-E. ET BROSCHE P., 1998, *Aberration and relativity*, Astronomische Nachrichten **319**, 309.

[257] LIÉNARD A.-M., 1898, *Champ électrique et magnétique produit par une charge électrique concentrée en un point et animée d'un mouvement quelconque*, L'Éclairage Électrique **16**, 5, 53 et 106.

[258] LLOSA J. (ed.), 1982, *Relativistic Action at a Distance: Classical and Quantum Aspects*, Lecture Notes in Physics **162**, Springer-Verlag (Berlin).

[259] LODGE O.J., 1893, *Aberration Problems. A Discussion concerning the Motion of the Ether near the Earth, and concerning the Connexion between Ether and Gross Matter; with Some New Experiments*, Philosophical Transactions of the Royal Society of London. A **184**, 727.

[260] LODGE O., 1897, *Experiments on the Absence of Mechanical Connexion between Ether and Matter*, Philosophical Transactions of the Royal Society of London. A **189**, 149.

[261] LORENTZ H.A., 1892, *De relative beweging van de aarde en den aether*, Koninklijke Akademie van Wetenschappen te Amsterdam, Wis-en Natuurkundige Afdeeling, Versalagen der Zittingen **1**, 74 ; `http://de.wikisource.org/wiki/Die_relative_Bewegung_der_Erde_und_des_Äthers` ; traduction anglaise dans *Collected papers*, Zeeman P. et Fokker A.D. (eds.), Nijhjoff (The Hague) (1937), vol. 4, p. 220.

[262] LORENTZ H.A., 1895, *Versuch einer theorie der electrischen und optischen erscheinungen bewegten körpern*, Brill (Leiden) ; traduction anglaise dans [264], p. 1 ; `http://www.historyofscience.nl/search/detail.cfm?pubid=2690&view=image&startrow=1`

[263] LORENTZ H.A., 1904, *Electromagnetic phenomena in a system moving with any velocity smaller than that of light*, Koninklijke Akademie van Wetenschappen te Amsterdam **6**, 809 ; réédité dans [264], p. 9 ; `http://www.historyofscience.nl/search/detail.cfm?pubid=615&view=image&startrow=1`

[264] LORENTZ H.A., EINSTEIN A., MINKOWSKI H. ET WEYL H., 1923, *The Principle of Relativity: A Collection of Original Memoirs on the Special and General Theory of Relativity*, Methuen ; réédité par Dover (New York) en 1952.

[265] LUDVIGSEN M., 2002, *La relativité générale : une approche géométrique*, Dunod (Paris).

[266] MACFARLANE A.J., 1962, *On the Restricted Lorentz Group and Groups Homomorphically Related to It*, J. Math. Phys. **3**, 1116.

[267] MAGGIORE M., 2005, *A Modern Introduction to Quantum Field Theory*, Oxford University Press (Oxford).

[268] MALYKIN G.B., 2000, *The Sagnac effect: correct and incorrect explanations*, Uspekhi Fizicheskikh Nauk **170**, 1325 ; traduction anglaise dans Physics-Uspekhi **43**, 1229 (2000).

[269] MANDELSTAM S., 1958, *Determination of the Pion-Nucleon Scattering Amplitude from Dispersion Relations and Unitarity. General Theory*, Phys. Rev. **112**, 1344.

[270] MANSOURI R. ET SEXL R.U., 1977, *A test theory of special relativity. I. Simultaneity and clock synchronization*, General Relativity and Gravitation **8**, 497.

[271] MARDER L., 1971, *Time and the Space-Traveller*, George Allen & Unwin (London).

[272] MARTÍ J.M., IBÁÑEZ J.M. ET MIRALLES J.A., 1991, *Numerical relativistic hydrodynamics: Local characteristic approach*, Phys. Rev. D **43**, 3794.

[273] MARTÍ J.M. ET MÜLLER E., 2003, *Numerical Hydrodynamics in Special Relativity*, Living Reviews in Relativity **6**, 7 ; `http://www.livingreviews.org/lrr-2003-7`

[274] Mashhoon B., 2004, *The hypothesis of locality and its limitations*, dans [356], p. 43.

[275] Mashhoon B., 2008, *Nonlocal special relativity*, Annalen der Physik **17**, 705 (2008).

[276] Mathisson M., 1937, *Neue Mechanik materieller Systeme*, Acta Physica Polonica **6**, 163.

[277] Mattingly D., 2005, *Modern Tests of Lorentz Invariance*, Living Reviews in Relativity **8**, 5 ; `http://www.livingreviews.org/lrr-2005-5`

[278] Maxwell J.C., 1861, *On Physical Lines of Force*, Philosophical Magazine and Journal of Science **21**, 161 ; `http://commons.wikimedia.org/wiki/File:On_Physical_Lines_of_Force.pdf` ; traduction française dans [107], p. 55.

[279] Maxwell J.C., 1865, *A Dynamical Theory of the Electromagnetic Field*, Philosophical Transactions of the Royal Society of London **155**, 459 ;
`http://commons.wikimedia.org/wiki/File:A_Dynamical_Theory_of_the_Electromagnetic_Field.pdf`

[280] Michelson A.A., 1904, *Relative motion of the earth and aether*, Philosophical Magazine **8**, 716.

[281] Michelson A.A., Gale H.G. et Pearson F., 1925, *The Effect of the Earth's Rotation on the Velocity of Light. II.*, Astrophysical Journal **61**, 140.

[282] Michelson A.A. et Morley E.W., 1886, *Influence of Motion of the Medium on the Velocity of Light*, American Journal of Science **31**, 377.

[283] Michelson A.A. et Morley E.W., 1887, *On the Relative Motion of the Earth and the Luminiferous Ether*, American Journal of Science **34**, 333 ; `http://www.aip.org/history/gap/PDF/pdf.html`

[284] Miller A.I., 1998, *Albert Einstein's Special Theory of Relativity*, Springer (New York).

[285] Milne E.A., 1934, *A Newtonian Expanding Universe*, Quartely Journal of Mathematics **5**, 64.

[286] Milne E.A. et Whitrow G.J., 1938, *On a linear equivalence discussed by L. Page*, Zeitschrift für Astrophysik **15**, 342.

[287] Mimica P., Aloy M.-A., Agudo I., Martí J.M., Gómez J.L. et Miralles J.A., 2009, *Spectral Evolution of Superluminal Components in Parsec-scale Jets*, Astrophysical Journal **696**, 1142.

[288] Minkowski H., 1907, *Das Relativitätsprinzip*, conférence donnée le 5 novembre 1907 devant la Göttinger Mathematischen Gesellschaft ; imprimée dans Annalen der Physik **47**, 927 (1915) ; `http://gallica.bnf.fr/ark:/12148/bpt6k15350r.image.f951`

[289] Minkowski H., 1908, *Die Grundgleichungen für die elektromagnetischen Vorgänge in bewegten Körpern*, Nachrichten von der Gesellschaft der Wissenschaften zu Göttingen, Mathematisch-Physikalische Klasse

1908, 53 ; réimprimé dans Mathematische Annalen **68**, 472 (1910) ; `http://resolver.sub.uni-goettingen.de/purl?GDZPPN00250152X`

[290] MINKOWSKI H., 1909, *Raum und Zeit*, Jahresberichte der deutschen Mathematiker-Vereinigung **18**, 75 ; réédité la même année sous la forme d'un livre par B.G. Teubner (Leipzig et Berlin) ; `http://de.wikisource.org/wiki/Raum_und_Zeit_%28Minkowski%29` ; traduction française dans [291] ; traduction anglaise dans [264], p. 73.

[291] MINKOWSKI H., 1909, *Espace et temps*, Annales scientifiques de l'École Normale Supérieure (3e série) **26**, 499 ; `http://www.numdam.org/item?id=ASENS_1909_3_26__499_0`

[292] MIRABEL I.F. ET RODRÍGUEZ L.F., 1994, *A superluminal source in the Galaxy*, Nature **371**, 46.

[293] MIRABEL I.F. ET RODRÍGUEZ L.F., 1999, *Sources of Relativistic Jets in the Galaxy*, Annual Review of Astronomy and Astrophysics **37**, 409.

[294] MISNER C.W., THORNE K.S. ET WHEELER J.A., 1973, *Gravitation*, Freeman (New York).

[295] MNEIMNÉ R. ET TESTARD F., 1986, *Introduction à la théorie des groupes de Lie classiques*, Hermann (Paris).

[296] MØLLER C., 1949a, *On the Definition of the Center of Gravity of an Arbitrary Closed System in the Theory of Relativity*, Communications of the Dublin Institute for Advanced Studies, **A 5**.

[297] MØLLER C., 1949b, *Sur la dynamique des systèmes ayant un moment angulaire interne*, Ann. Institut Henri Poincaré **11**, 251 ; `http://www.numdam.org/item?id=AIHP_1949__11_5_251_0`

[298] MØLLER C., 1952, *The Theory of Relativity*, Oxford University Press (London) ; `http://www.archive.org/details/theoryofrelativi029229mbp`

[299] MONCRIEF V., 1980, *Stability of stationary, spherical accretion onto a Schwarzschild black hole*, Astrohysical Journal **235**, 1038.

[300] MÜLLER H., STANWIX P.L., TOBAR M.E., IVANOV E., WOLF P., HERRMANN S., SENGER A., KOVALCHUK E. ET PETERS A., 2007, *Tests of Relativity by Complementary Rotating Michelson-Morley Experiments*, Phys. Rev. Lett. **99**, 050401.

[301] NABER G.L., 1992, *The Geometry of Minkowski Spacetime*, Springer-Verlag (New York) ; réédité par Dover (Mineola 2003).

[302] NEDDERMEYER S.H. ET ANDERSON C.D., 1937, *Note on the Nature of Cosmic-Ray Particles*, Phys. Rev. **51**, 884.

[303] NOETHER E., 1918, *Invariante Variationsprobleme*, Nachrichten von der Königlichen Gesellschaft der Wissinsechaften zu Göttingen, Mathematisch-Physikalische Klasse **1918**, 235 ; `http://resolver.sub.uni-goettingen.de/purl?GDZPPN00250510X` ; traduction anglaise sur `http://arxiv.org/abs/physics/0503066`.

[304] NOLLERT H.-P. ET RUDER H., 2008, *Carnets de voyages relativistes*, Belin (Paris).

[305] NORDSTRÖM G., 1913, *Zur Theorie der Gravitation vom Standpunkt des Relativitätsprinzips*, Annalen der Physik **42**, 533 ; http://gallica.bnf.fr/ark:/12148/bpt6k153455.image.f545

[306] NORTON J.D., 1992, *Einstein, Nordström and the early Demise of Lorentz-covariant, Scalar Theories of Gravitation*, Archive for History of Exact Sciences **45**, 17 ; http://www.pitt.edu/~jdnorton/jdnorton.html

[307] OLLITRAULT J.-Y., 2008, *Relativistic hydrodynamics for heavy-ion collisions*, European Journal of Physics **29**, 275.

[308] PAIS A., 1982, *Subtle is the Lord...*, Oxford University Press (Oxford).

[309] PAPAPETROU A., 1948, *Einstein's theory of gravitation and flat space*, Proceedings of the Royal Irish Academy Ser. A, **52**, 11.

[310] PARIZET J., 2008, *La géométrie de la relativité restreinte*, Ellipses (Paris).

[311] PATY M., 1996, *Poincaré et le principe de relativité*, dans *Henri Poincaré, Science et philosophie. Science and Philosophy. Wissenschaft und Philosophie*, par J.-L. Greffe, Heinzmann G. et Lorenz K. (eds.), Akademie Verlag (Berlin)/Albert Blanchart (Paris), p. 101 ; http://halshs.archives-ouvertes.fr/halshs-00182765

[312] PATY M., 1999, *Paul Langevin (1871–1946), la relativité et les quanta*, Bulletin de la Société Française de Physique **119**, 15 ; http://halshs.archives-ouvertes.fr/halshs-00181587

[313] PATY M., 1999, *Les trois stades du principe de relativité*, Revue des questions scientifiques **2**, 103 ; http://halshs.archives-ouvertes.fr/halshs-00170527

[314] PAULI W., 1921, *Relativitätstheorie*, dans *Encyklopädie der mathematischen Wissenschaften*, vol. **V19**, Teubner (Leipzig) ; traduction anglaise (avec notes complémentaires de l'auteur) dans [315].

[315] PAULI W., 1958, *Theory of Relativity*, Pergamon Press (Oxford).

[316] PAURI M. ET VALLISNERI M., 2000, *Märzke-Wheeler coordinates for accelerated observers in special relativity*, Foundations of Physics Letters **13**, 401.

[317] PENROSE R., 1959, *The apparent shape of a relativistically moving sphere*, Mathematical Proceedings of the Cambridge Philosophical Society **55**, 137.

[318] PENROSE R., 2007, *The Road to Reality*, Vintage Books (New York) ; traduction française parue en 2007 sous le titre *À la découverte des lois de l'univers*, Odile Jacob (Paris).

[319] PENROSE R. ET RINDLER W., 1984, *Spinors and space-time*, vol. 1, Cambridge University Press.

[320] PÉREZ J.-P., 2005, *Relativité et invariance* (2e édition), Dunod (Paris).

[321] PETER P. ET UZAN J.-P., 2005, *Cosmologie primordiale*, Belin (Paris).

[322] PETIT G. ET WOLF P., 2005, *Relativistic theory for time comparisons: a review*, Metrologia **42**, S138.

[323] PETKOV V. (ed.), 2009, *Minkowski Spacetime: A Hundred Years Later*, Spinger (Berlin), sous presse.

[324] PICARD J., 1680, *Voyage d'Uranibourg, ou Observations astronomiques faites en Dannemarck*, Imprimerie Royale (Paris) ; `http://www.cosmovisions.com/Picard0100.htm`

[325] PLANCK M., 1906, *Das Prinzip der Relativität und die Grundgleichungen der Mechanik*, Verhandlungen Deutsche Physikalische Gesellschaft **8**, 136 ; `http://wikisource.org/wiki/Das_Prinzip_der_Relativit%C3%A4t_und_die_Grundgleichungen_der_Mechanik`

[326] PLANCK M., 1907, *Zur Dynamik bewegter Systeme*, Sitzungsberichte der Königlich-Preussischen Akademie der Wissenschaften (Berlin) **29**, 542 ; `http://wikisource.org/wiki/Zur_Dynamik_bewegter_Systeme`

[327] PLANCK M., 1908, *Bemerkungen zum Prinzip der Aktion und Reaktion in der allgemeinen Dynamik*, Physikalische Zeitschrift **9**, 828 ; `http://www.physikdidaktik.uni-karlsruhe.de/divers/historisch.html`

[328] POINCARÉ H., 1898, *La mesure du temps*, Revue de Métaphysique et de Morale **6**, 1 ; réédité comme le Chapitre II de [331]. `http://www.univ-nancy2.fr/poincare/bhp/pdf/hp1898rm.pdf`

[329] POINCARÉ H., 1900, *La théorie de Lorentz et le principe de la réaction*, dans *Recueil de travaux offerts par les auteurs à H.A. Lorentz à l'occasion du 25ème anniversaire de son doctorat le 11 décembre 1900*, Archives néerlandaises des sciences exactes et naturelles **5**, 252 ; réédité dans le tome **9** de [335], p. 464 ; `http://www.soso.ch/wissen/hist/SRT/P-1900.pdf`

[330] POINCARÉ H., 1904, *L'état actuel et l'avenir de la physique mathématique*, conférence donnée le 24 septembre 1904 à Saint Louis (USA), publiée dans le Bulletin des Sciences Mathématiques **28**, 302, ainsi qu'en tant que Chaps. 8 et 9 de [331].

[331] POINCARÉ H., 1905, *La valeur de la science* ; réédité par Flammarion (Paris) en 1970 ; `http://fr.wikisource.org/wiki/La_Valeur_de_la_Science`

[332] POINCARÉ H., 1905, *Sur la dynamique de l'électron*, Comptes Rendus des Séances de l'Académie des Sciences **140**, 1504 ; réédité dans [334], p. 77 ; `http://www.univ-nancy2.fr/poincare/bhp/pdf/hp1905crb.pdf`

[333] POINCARÉ H., 1906, *Sur la dynamique de l'électron*, Rendiconti del Circolo Matematico di Palermo **21**, 129 ; `http://www.soso.ch/wissen/hist/SRT/P-1905.pdf` ; réédité dans [334], p. 18 et dans [335], tome 9, p. 494 ; morceaux choisis dans [366] ; `http://fr.wikisource.org/wiki/Sur_la_dynamique_de_l%27%C3%A9lectron_(juillet)` ; traduction anglaise sur `http://www.univ-nancy2.fr/poincare/bhp/pdf/hp2007gg.pdf`

[334] POINCARÉ H., 1924, *La mécanique nouvelle*, Gauthier-Villars (Paris) ; réimprimé aux Éditions Jacques Gabay (Paris) en 2007 ; `http://gallica.bnf.fr/ark:/12148/bpt6k29067t/f19`

[335] POINCARÉ H., 1954, *Œuvres*, Petiau G. (ed.), Gauthier-Villars (Paris) ; réimprimé aux Éditions Jacques Gabay (Paris 1995–2005).

[336] POST E.J., 1967, *Sagnac Effect*, Reviews of Modern Physics **39**, 475.

[337] POUND R.V. ET REBKA G.A., 1960, *Apparent Weight of Photons*, Phys. Rev. Lett. **4**, 337.

[338] POUND R.V. ET SNIDER J.L., 1965, *Effect of Gravity on Gamma Radiation*, Phys. Rev. **140**, B788.

[339] PRUNIER F., 1935, *Sur une expérience de Sagnac qui serait faite avec des flux d'électrons*, Comptes Rendus des Séances de l'Académie des Sciences **200**, 46 ; `http://gallica.bnf.fr/ark:/12148/bpt6k3152t/f46.page`

[340] PRYCE M.H.L., 1948, *The Mass-Centre in the Restricted Theory of Relativity and Its Connexion with the Quantum Theory of Elementary Particles*, Proc. Royal Soc. London Ser. A, **195**, 62.

[341] RAMOND P., 1973, *Action-at-a-Distance Theories and Dual Models*, Phys. Rev. D **7**, 449.

[342] REES M.J., 1966, *Appearance of Relativistically Expanding Radio Sources*, Nature **211**, 468.

[343] REICHENBACH H., 1924, *Axiomatik der relativistischen Raum-Zeit-Lehre*, Friedrich Vieweg & Sohn (Braunschweig) ; traduction anglaise dans *Axiomatization of the Theory of Relativity*, University of California Press (Berkeley 1969).

[344] REIGNIER J., 2007, *Poincaré Synchronization: From the Local Time to the Lorentz Group*, dans [174], p. 175.

[345] REINHARDT S. *et al.*, 2007, *Test of relativistic time dilation with fast optical atomic clocks at different velocities*, Nature Physics **3**, 861.

[346] REYNAUD S., SALOMON C. ET WOLF P., 2009, *Testing General Relativity with Atomic Clocks*, à paraître dans *The Nature of Gravity*, sous la direction de Everitt F. *et al.* ; `http://arxiv.org/abs/0903.1166`

[347] RHODES J.A. ET SEMON M.D., 2004, *Relativistic velocity space, Wigner rotation and Thomas precession*, Amer. J. Phys. **72**, 943.

[348] RIAZUELO A., 2009, communication privée.

[349] RIEHLE F., KISTERS T., WITTE A., HELMCKE J. ET BORDÉ C.J., 1991, *Optical Ramsey spectroscopy in a rotating frame: Sagnac effect in a matter-wave interferometer*, Phys. Rev. Lett. **67**, 177.

[350] RIEUTORD M., 1997, *Une introduction à la dynamique des fluides*, Masson (Paris).

[351] RINDLER W., 1966, *Kruskal Space and Uniformly Accelerated Frame*, Amer. J. Phys. **34**, 1174.

[352] RINDLER W., 1969, *Essential Relativity – Special, General and Cosmological*, Van Nostrand Reinhold (New York).

[353] RINDLER W., 1991, *Introduction to Special Relativity* (2e édition), Oxford University Press (New York).

[354] RITUS V.I., 1961, *Transformations of the inhomogeneous Lorentz group and the relativistic kinematics of polarized states*, Zhurnal Eksperimental'noi i Teoreticheskoi Fiziki **40**, 352 ; traduction anglaise dans Soviet Physics JETP **13**, 240 (1961).

[355] RIZZI G. ET RUGGIERO M.L, 2002, *Space geometry on rotating platforms: an operational approach*, Foundations of Physics **32**, 1525 (2002).

[356] RIZZI G. ET RUGGIERO M.L (eds.), 2004, *Relativity in Rotating Frames*, Kluwer (Dordrecht).

[357] RIZZI G. ET SERAFINI A., 2004, *Synchronisation and desynchronisation on rotating platforms*, dans [356], p. 79.

[358] RIZZI G. ET TARTAGLIA A., 1998, *Speed of Light on Rotating Platforms*, Foundations of Physics **28**, 1663.

[359] ROBB A.A., 1911, *Optical Geometry of Motion: A New View of the Theory of Relativity*, W. Heffer (Cambridge) ; `http://www.archive.org/details/opticalgeometryo00robbuoft`

[360] ROBB A.A., 1936, *Geometry of Space and Time*, Cambridge University Press (Cambridge) ; `http://www.archive.org/details/geometryoftimean032218mbp`

[361] ROBERTSON H., 1949, *Postulate versus Observation in the Special Theory of Relativity*, Reviews of Modern Physics **21**, 378.

[362] RØMER O. C., 1676, *Démonstration touchant le mouvement de la lumière*, Journal des Sçavans (1676), p. 233 ; `http://gallica.bnf.fr/ark:/12148/bpt6k56527v`

[363] ROSEN N., 1947, *Notes on Rotation and Rigid Bodies in Relativity Theory*, Phys. Rev. **71**, 54.

[364] ROSSI B. ET HALL D.B., 1941, *Variation of the Rate of Decay of Mesotrons with Momentum*, Phys. Rev. **59**, 223.

[365] ROUGÉ A., 2004, *Introduction à la relativité*, Éditions de l'École Polytechnique (Palaiseau).

[366] ROUGÉ A., 2008, *Relativité restreinte : la contribution d'Henri Poincaré*, Éditions de l'École Polytechnique (Palaiseau).

[367] ROWE E.G.P., 1984, *The Thomas precession*, Eur. J. Phys. **5**, 40.

[368] ROWE E.G.P., 1996, *Rest frames for a point particle in special relativity*, Amer. J. Phys. **64**, 1184.

[369] ROWE E.G.P., 2001, *Geometrical Physics in Minkowski Spacetime*, Springer (London).

[370] RYBICKI G.B. ET LIGHTMAN A.P., 1985, *Radiative Processes in Astrophysics*, Wiley-Interscience (New York).

[371] SAGNAC G., 1911, *Les systèmes optiques en mouvement et la translation de la Terre*, Comptes Rendus des Séances de l'Académie des Sciences

152, 310 ; http://gallica.bnf.fr/ark:/12148/bpt6k3105c/f310.table

[372] SAGNAC G., 1913, *L'éther lumineux démontré par l'effet du vent relatif d'éther dans un interféromètre en rotation uniforme*, Comptes Rendus des Séances de l'Académie des Sciences **157**, 708 ; http://gallica.bnf.fr/ark:/12148/bpt6k31103/f708.table

[373] SAGNAC G., 1913, *Sur la preuve de la réalité de l'éther lumineux par l'expérience de l'interférographe tournant*, Comptes Rendus des Séances de l'Académie des Sciences **157**, 1410 ; http://gallica.bnf.fr/ark:/12148/bpt6k31103/f1410.table

[374] SAUTY C., TSINGANOS K. ET TRUSSONI E., 2002, *Jet Formation and Collimation*, dans *Relativistic Flows in Astrophysics*, Guthmann A.W., Georganopoulos M. , Marcowith A. et Manolakou K. (eds.), Lecture Notes in Physics **589**, 41, Springer (Berlin) ; http://arxiv.org/abs/astro-ph/0108509

[375] SCHILD A., 1960, *Time*, Texas Quarterly **3**, 42.

[376] SCHILD A., 1963, *Electromagnetic Tow-Body Problem*, Phys. Rev. **131**, 2762.

[377] SCHWARTZ S., 2006, *Gyrolaser à état solide. Application des lasers à atomes à la gyrométrie*, thèse de doctorat de l'École polytechnique ; http://pastel.paristech.org/2959/

[378] SCHWARZSCHILD K., 1903, *Zur Elektrodynamik. I. Zwei Formen des Princips der Action in der Elektronentheorie*, Nachrichten von der Königlichen Gesellschaft der Wissinsechaften zu Göttingen, Mathematisch-Physikalische Klasse **1903**, 126 ; http://www.digizeitschriften.de/resolveppn/GDZPPN002499665

[379] SCHWARZSCHILD K., 1903, *Zur Elektrodynamik. II. Die elementare elektrodynamische Kraft*, Nachrichten von der Königlichen Gesellschaft der Wissinsechaften zu Göttingen, Mathematisch-Physikalische Klasse **1903**, 132 ; http://www.digizeitschriften.de/resolveppn/GDZPPN002499673

[380] SEMAY C. ET SILVESTRE-BRAC B., 2005, *Relativité restreinte : bases et applications*, Dunod (Paris).

[381] SEXL R.U. ET URBANTKE H.K., 2001, *Relativity, Groups, Particles: Special Relativity and Relativistic Symmetry in Field and Particle Physics*, Springer-Verlag (Wien).

[382] SHAPIRO S.L. ET TEUKOLSKY S.A., 1993, *Scalar gravitation: A laboratory for numerical relativity*, Phys. Rev. D **47**, 1529.

[383] SHAPIRO S.S., DAVIS J.L., LEBACH D.E. ET GREGORY J.S., 2004, *Measurement of the Solar Gravitational Deflection of Radio Waves using Geodetic Very-Long-Baseline Interferometry Data, 1979–1999*, Phys. Rev. Lett. **92**, 121101.

[384] SIMON Y., 2004, *Relativité restreinte*, Vuibert (Paris).

[385] SOMMERFELD A., 1909, *Über die Zusammensetzung der Geschwindigkeiten in der Relativtheorie*, Physikalische Zeitschrift **10**, 826 ; réédité dans le volume II de [389], p. 185.

[386] SOMMERFELD A., 1910, *Zur Relativitätstheorie I : Vierdimensionale Vektoralgebra*, Annalen der Physik **32**, 749 ; réédité dans le volume II de [389], p. 189.

[387] SOMMERFELD A., 1910, *Zur Relativitätstheorie II : Vierdimensionale Vektoranalysis*, Annalen der Physik **33**, 649 ; `http://gallica.bnf.fr/ark:/12148/bpt6k153366.image.f663` ; réédité dans le volume II de [389], p. 217.

[388] SOMMERFELD A., 1931, *Atombau und Spektrallinien*, 5e édition, Vieweg (Braunschweig).

[389] SOMMERFELD A., 1968, *Gesammelte Schriften*, Sauter F. (ed.), Vieweg (Braunschweig).

[390] STACHEL J., 1980, *Einstein and the Rigidly Rotating Disk*, dans *General Relativity and Gravitation: One Hundred Years After the Birth of Albert Einstein* par Held A. (ed.), Plenum Press (New York), p. 1.

[391] STAPP H.P., 1956, *Relativistic Theory of Polarization Phenomena*, Phys. Rev. **103**, 425.

[392] STEDMAN G.E., 1997, *Ring-laser tests of fundamental physics and geophysics*, Rep. Prog. Phys. **60**, 615.

[393] STRANDBERG M.W.P., 1986, *Abstract group-theoretical reduction of products of Lorentz-group representations*, Phys. Rev. A **34**, 2458.

[394] STRAUMANN N., 2004, *General Relativity*, Springer (Berlin).

[395] STREET J.C. ET STEVENSON E.C., 1937, *New Evidence for the Existence of a Particle of Mass Intermediate Between the Proton and Electron*, Phys. Rev. **52**, 1003.

[396] SUDARSHAN E.C.G. ET MUKUNDA N., 1974, *Classical Dynamics: A Modern Perspective*, Wiley (New York) ; réimprimé chez Krieger (Malabar 1983).

[397] SYNGE J.L., 1935, *Angular Momentum, Mass-Center and the Inverse Square Law in Special Relativity*, Phys. Rev. **47**, 760.

[398] SYNGE J.L., 1937, *Relativistic Hydrodynamics*, Proceedings of the London Mathematical Society **43**, 376 ; réimprimé dans General Relativity and Gravitation **34**, 2177 (2002).

[399] SYNGE J.L., 1956, *Relativity: the Special Theory*, North-Holland (Amsterdam) (2e édition : 1965).

[400] SYNGE J.L., 1960, *Relativity: the General Theory*, North-Holland (Amsterdam).

[401] TAILLET R., VILLAIN L. ET FEBVRE P., 2009, *Dictionnaire de physique* 2e édition, De Boeck (Bruxelles).

[402] TAKAHASHI Y., 1982, *Relativistic addition of velocities*, Amer. J. Phys. **50**, 1040.

[403] TAMM I., 1929, *Zur Elektrodynamik des rotierenden Elektrons*, Zeitschrift für Physik **55**, 199.

[404] TAUB A.H., 1954, *General Relativistic Variational Principle for Perfect Fluids*, Phys. Rev. **94**, 1468.

[405] TAUB A.H., 1959, *On Circulation in Relativistic Hydrodynamics*, Archive for Rational Mechanics and Analysis **3**, 312.

[406] TAYLOR E.F. ET WHEELER J.A., 1970, *À la découverte de l'espace-temps et de la physique relativiste*, Dunod (Paris).

[407] TAYLOR E.F. ET WHEELER J.A., 1992, *Spacetime physics – introduction to special relativity*, 2e édition, Freeman (New York).

[408] TERREL J., 1959, *Invisibility of the Lorentz Contraction*, Phys. Rev. **116**, 1041.

[409] TETRODE H., 1922, *Über den Wirkungszusammenhang der Welt. Eine Erweiterung der klassischen Dynamik*, Zeitschrift für Physik **10**, 317.

[410] THOMAS L.H., 1926, *The Motion of the Spinning Electron*, Nature **117**, 514.

[411] THOMAS L.H., 1927, *The Kinematics of an Electron with an Axis*, Philosophical Magazine and Journal of Science **3**, 1.

[412] THORNE K.S., 1997, *Trous noirs et distorsions du temps*, Flammarion (Paris) ; réédité en poche (collection Champs sciences 2009).

[413] TONNELAT M.-A., 1959, *Les principes de la théorie électromagnétique et de la relativité*, Masson (Paris).

[414] TOURRENC P., 1992, *Relativité et gravitation*, Armand Colin (Paris).

[415] TOURRENC P., MELLITI T. ET BOSREDON J., 1996, *A Covariant Frame to Test Special Relativity Including Relativistic Gravitation*, General Relativity and Gravitation **28**, 1071.

[416] UNGAR A.A., 1988, *Thomas Rotation and the Parametrization of the Lorentz transformation Group*, Foundation of Physics Letters **1**, 57.

[417] UNGAR A.A., 1991, *Thomas precession and its associated grouplike structure*, Amer. J. Phys. **59**, 824.

[418] UZAN J.-P., LUMINET J.-P., LEHOUCQ R. ET PETER P., 2002, *The twin paradox and space topology*, Eur. J. Phys. **23**, 277.

[419] VALLISNERI M., 2000, *Relativity and Acceleration*, thèse de doctorat de recherche, Université de Parme (Italie) ; `http://www.vallis.org/publications/tesidott.pdf`

[420] VAN DAM H. ET WIGNER E.P., 1965, *Classical Relativistic Mechanics of Interacting Point Particles*, Phys. Rev. **138**, B1576.

[421] VAN DAM H. ET WIGNER E.P., 1966, *Instantaneous and Asymptotic Conservation Laws for Classical Relativistic Mechanics of Interacting Point Particles*, Phys. Rev. **142**, 838.

[422] VESSOT R.F.C. *et al.*, 1980, *Test of Relativistic Gravitation with a Space-Borne Hydrogen Maser*, Phys. Rev. Lett. **45**, 2081.

[423] VOIGT W., 1887, *Über das Doppler'sche Princip*, Nachrichten von der Königlichen Gesellschaft der Wissenschaften zu Göttingen **2**, 41 ;

http://resolver.sub.uni-goettingen.de/purl?GDZPPN002522942 ; réédité (avec des commentaires additionnels de l'auteur) dans Physikalische Zeitschrift **16**, 381 (1915).

[424] WALKER A.G., 1932, *Relative coordinates*, Proc. Roy. Soc. Edinburgh **52**, 345.

[425] WALTER S., 1996, *Hermann Minkowski et la mathématisation de la théorie de la relativité restreinte (1905–1915)*, thèse de doctorat, Université Paris 7 ; www.univ-nancy2.fr/DepPhilo/walter/papers/thesis.pdf

[426] WALTER S., 1999, *Minkowski, Mathematicians, and the Mathematical Theory of Relativity*, dans *The Expanding Worlds of General Relativity (Einstein Studies, volume 7)* par Goenner H., Renn J., Ritter J. et Sauer T. (eds.), Birkhäuser (Boston/Basel), p. 45 ; http://www.univ-nancy2.fr/DepPhilo/walter/papers/einstd7.pdf

[427] WALTER S., 1999, *The non-Euclidean style of Minkowskian relativity*, dans *The Symbolic Universe*, par Gray J. (ed.), Oxford University Press (Oxford), p. 91 ; http://www.univ-nancy2.fr/DepPhilo/walter/papers/nes.pdf

[428] WALTER S., 2007, *Breaking in the 4-vectors: the four-dimensional movement in gravitation, 1905–1910*, dans *The Genesis of General Relativity, Vol. 3, Gravitation in the Twilight of Classical Physics: Between Mechanics, Field Theory, and Astronomy*, par Renn J. et Schemmel M., Springer (Berlin), p. 193 ; http://www.univ-nancy2.fr/DepPhilo/walter/papers/breaking2007.pdf

[429] WALTER S., 2008, *Henri Poincaré et l'espace-temps conventionnel*, Cahiers de philosophie de l'université de Caen **45**, 87 ; http://www.univ-nancy2.fr/DepPhilo/walter/papers/hpetc.pdf

[430] WALTER S., BOLMONT E. ET CORET A., 2007, *La correspondance entre Henri Poincaré et les physiciens, chimistes et ingénieurs*, Publications des Archives Henri-Poincaré, Birkhäuser (Basel).

[431] WEINBERG S., 1972, *Gravitation and Cosmology: Principles and Applications of the General Theory of Relativity*, John Wiley & Sons (New York).

[432] WERNER S.A., STAUDENMANN J.-L. ET COLELLA R., 1979, *Effect of Earth's Rotation on the Quantum Mechanical Phase of the Neutron*, Phys. Rev. Lett. **42**, 1103.

[433] WHEELER J.A. ET FEYNMAN R.P., 1945, *Interaction with the Absorber as the Mechanism of Radiation*, Reviews of Modern Physics **17**, 157.

[434] WHEELER J.A. ET FEYNMAN R.P., 1949, *Classical Electrodynamics in Terms of Direct Interparticle Action*, Reviews of Modern Physics **21**, 425.

[435] WHITNEY A.R. *et al.*, 1971, *Quasars Revisited: Rapid Time Variations Observed Via Very-Long-Baseline Interferometry*, Science **173**, 225.

[436] WIECHERT E., 1900, *Elektrodynamische Elementargesetze*, dans *Recueil de travaux offerts par les auteurs à H.A. Lorentz à l'occasion du 25ème anniversaire de son doctorat le 11 décembre 1900*, Archives néerlandaises des sciences exactes et naturelles **5**, 549 ; `http://www.archive.org/details/archivesnerlan0205holl`

[437] WIGNER E., 1939, *On Unitary Representations of the Inhomogeneous Lorentz Group*, Annals of Mathematics **40**, 149.

[438] WIGNER E., 1957, *Relativistic Invariance and Quantum Phenomena*, Reviews of Modern Physics **29**, 255.

[439] WILL C.M., 2006, *Special Relativity: A Centenary Perspective*, dans [104], p. 33.

[440] WILL C.M., 2006, *The Confrontation between General Relativity and Experiment*, Living Reviews in Relativity **9**, 3 ; `http://www.livingreviews.org/lrr-2006-3`

[441] WOLF P., BIZE S., CLAIRON A., LUITEN A.N., SANTARELLI G. ET TOBAR M.E., 2003, *Tests of Lorentz Invariance using a Microwave Resonator*, Phys. Rev. Lett. **90**, 060402.

[442] WOLF P., BIZE S, TOBAR M.E., CHAPELET F., CLAIRON A., LUITEN A.N. ET SANTARELLI G., 2006, *Recent Experimental Tests of Special Relativity*, dans [129], p. 451.

[443] WOLF P. ET PETIT G., 1997, *Satellite test of special relativity using the global positioning system*, Phys. Rev. A **56**, 4405.

[444] WOLF P., TOBAR M.E., BIZE S., CLAIRON A., LUITEN A.N. ET SANTARELLI G., 2004, *Whispering Gallery Resonators and Tests of Lorentz Invariance*, General Relativity and Gravitation **36**, 2351.

[445] YAO W.-M. *et al.* (Particule Data Group), 2006, *Review of Particle Physics*, J. Phys. G **33**, 1 ; disponible (avec des mises à jour) sur `http://pdg.lbl.gov`

[446] ZATSEPIN G.T. ET KUZ'MIN V.A., 1966, *Limites supérieures sur le spectre des rayons cosmiques* (en russe), Pis'ma v Zhurnal Eksperimental'noi i Teoreticheskoi Fiziki **4**, 114 ; traduction anglaise dans JETP Letters **4**, 78 (1966).

[447] ZEEMAN E.C., 1964, *Causality Implies the Lorentz Group*, J. Math. Phys. **5**, 490.

[448] ZELDOVICH Y.B. ET SUNYAEV R.A., 1969, *The Interaction of Matter and Radiation in a Hot-Model Universe*, Astrophysics and Space Science **4**, 301.

[449] ZHANG Y.Z., 1997, *Special Relativity and Its Experimental Foundation*, World Scientific (Singapore).

[450] ZIMMERMAN J.E. ET MERCEREAU J.E., 1965, *Compton Wavelength of Superconducting Electrons*, Phys. Rev. Lett. **14**, 887.

Index des notations

$\square$: opérateur d'alembertien, p. 594

$\simeq$: isomorphisme, p. 719

$\mathscr{A}_p(E)$: ensemble des p-formes linéaires sur E, p. 19, 478

c : constante de conversion temps $\rightarrow$ longueur $\equiv$ vitesse de la lumière, p. 5

$\Gamma^{\mu}{}_{\alpha\beta}$: coefficients de connexion, p. 503

$\mathbf{d}$: dérivée extérieure, p. 508

$\boldsymbol{D}_{\mathcal{O}}$: dérivée vectorielle par rapport à l'observateur $\mathcal{O}$, p. 92

$\boldsymbol{D}^{\mathrm{FW}}_{\boldsymbol{u}}$: dérivée de Fermi-Walker le long de la ligne d'univers de 4-vitesse $\vec{\boldsymbol{u}}$, p. 93

$\delta^{\alpha}{}_{\beta}$: symbole de Kronecker, p. 10

$\delta(x)$: distribution de Dirac sur $\mathbb{R}$, p. 374

δ_A : distribution de Dirac sur $(\mathscr{E}, \boldsymbol{g})$ centrée au point A, p. 579

$\dim F$: dimension d'un espace vectoriel F, p. 721

$\mathscr{E}$: espace-temps, p. 3

$\mathscr{E}_{\boldsymbol{u}}(A)$: espace local de repos de l'observateur de 4-vitesse $\vec{\boldsymbol{u}}$ en A, p. 70

$\mathscr{E}_{\boldsymbol{u}}(t)$: espace local de repos de l'observateur de 4-vitesse $\vec{\boldsymbol{u}}$ à la date t de son temps propre, p. 70

E : espace vectoriel associé à l'espace-temps, p. 3

E^* : espace vectoriel dual de E, p. 22

$E_{\boldsymbol{u}}(A)$: espace vectoriel local de repos de l'observateur de 4-vitesse $\vec{\boldsymbol{u}}$ en A, p. 71

$E_{\boldsymbol{u}}(t)$: espace vectoriel local de repos de l'observateur de 4-vitesse $\vec{\boldsymbol{u}}$ à la date t de son temps propre, p. 71

$\boldsymbol{\epsilon}$: tenseur de Levi-Civita, p. 20

$\boldsymbol{\epsilon}_{\boldsymbol{u}}$: forme trilinéaire produit mixte dans le sous-espace vectoriel $E_{\boldsymbol{u}}$, p. 87

$\boldsymbol{\epsilon}_{\mathscr{V}}$: élément de volume d'une hypersurface, p. 525

$\boldsymbol{\epsilon}_{\mathcal{S}}$: élément d'aire d'une surface, p. 527

${}^1\boldsymbol{\epsilon}$: tenseur de type $(1, 3)$ associé à $\boldsymbol{\epsilon}$ par dualité métrique, p. 484

${}^2\boldsymbol{\epsilon}$: tenseur de type $(2, 2)$ associé à $\boldsymbol{\epsilon}$ par dualité métrique, p. 484

Index

B

C

D

L

M

N

O

P

S

U

V

www.ingramcontent.com/pod-product-compliance
Lightning Source LLC
Chambersburg PA
CBHW060414220326
41598CB00021BA/2178
9782759800674